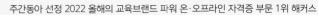

합격이 시작되는 다이어리, 시험 플래너 받고 합격!

무료로 다운받기 ▶

다이어리 속지 무료 다운로드

〉

합격생&선생님의 합격 노하우 및 과목별 공부법 확인

〉

직접 필기하며 공부시간/성적관리 등 학습 계획 수립하고 최종 합격하기

자격증 재도전&환승으로, 할인받고 합격!

이벤트 바로가기 ▶

시험 응시/ 타사 강의 수강/ 해커스자격증 수강 이력이 있다면?

〉

재도전&환승 이벤트 참여

〉

50% 할인받고 자격증 합격하기

2025 최신판

해커스
위험물
산업기사
필기
한권완성 기본이론

해커스

이승원

약력

서울시립대 대학원 졸업

전 | 연합플러스 평생교육원 강의 · 원장
전 | 공단기 일반화학, 환경공학 강의
전 | 산업환경연합회 초빙교수
전 | 명지대학교 대학원 초빙교수
전 | 안양대학교 초빙교수

저서

해커스 위험물산업기사 필기 한권완성 기본이론+기출문제
대기환경기사(산업기사), 원화출판
수질환경기사(산업기사), 원화출판
폐기물처리기사(산업기사), 원화출판
대기환경기술사, 성안당
수질환경기술사, 성안당
폐기물처리기술사, 성안당
수질환경기사(산업기사), 성안당
대기환경기사(산업기사), 성안당
폐기물처리기사(산업기사), 성안당
토양환경기사(산업기사), 성안당
소음진동환경기사(산업기사), 성안당
자연생태복원기사(산업기사), 성안당
조경기사(산업기사), 성안당
공무원 일반화학(공무원, 연구직, 군무원), 성안당
공무원 환경공학개론(공무원, 연구직, 군무원), 성안당
환경기능사, 성안당
조경기능사, 성안당
세탁기능사, 성안당
유기농업기능사, 성안당
산업위생관리기사(산업기사), 기문사
환경 · 보건 · 위생(환경직 공무원, 군무원), 기문사
대기환경기사(산업기사), 기문사
수질환경기사(산업기사), 기문사

위험물산업기사 단기합격을 향한 길을 비추는 환한 불빛 같은 수험서

해커스 위험물산업기사 필기 한권완성 기본이론 + 기출문제

슈퍼마켓이나 재래시장에 가면, 눈에 보이는 모든 것들이 여러분들의 먹거리 재료들로 차고 넘칩니다. 그런데 요리를 할 줄 모르면, 그 수많은 먹거리들을 바라보면서도 먹고 싶고, 입맛이 돌기는 커녕, 그림의 떡처럼 하나의 풍물로만 보일 뿐입니다.

시중에 출간되는 풍물같은 수 많은 교재가 그렇고, 무료강의가 가능한 수 많은 영상매체가 그러하며, 카페나 블로거도 이와 별반 다르지 않습니다.

그것은 하나같이 공부를 요리하는 방법이나 비법·방식·맞춤기능은 없이 특정한 일률적 양식에 따라 요점만을 정리해 두었기 때문에 처음 공부를 시작하는 수험생들에게는 수많은 수험도서나 동영상들이 그저 시장골목의 풍물로만 보여지고 집중할수록 뒷골이 당기듯 진통이 느껴진다는 것입니다.

한 때 "밑줄 쫙!!"이라는 유행어가 있었습니다. 이 또한 시험정보가 부족한 수험생들에게만 잠시 유행했던 것에 지나지 않습니다. 즉, 수험생들이 시험정보를 강사에게 절대적으로 의존할 때나 가능한 것입니다. 모든 시험정보를 쉽게 검색할 수 있는 지금 시대에 맞지 않게 "밑줄 쫙!!"이라는 강의가 있는 경우를 보았습니다. 밑줄을 치라고 했으면 확실한 가이드나 공부방법·학습비법을 알려 주어야 하는데, "밑줄 쫙!!"으로 면피(免避)를 하고나니 막상 공부하고 암기하는 것은 학생의 몫으로 된다는 것입니다.

「해커스 위험물산업기사 필기 한권완성 기본이론+기출문제」 교재는 두 가지의 차별점을 가지고 있습니다.

01 이 책은 집필의 기준점이 다릅니다.

이 책은 일반적인 교재와는 다른 특별한 관점에서 집필되었습니다.

제가 40여 년간 교단에서 학생들을 가르치고 책을 집필하면서, 학생들의 학습 특성을 세 가지 유형으로 분류하였습니다.

첫 번째는 "두부형" 학습자입니다. 이들은 마치 두부에 젓가락이 쉽게 들어가듯 새로운 지식을 빠르게 습득하는 특성을 가지고 있습니다. 약간의 설명만으로도 개념을 즉시 이해하는 뛰어난 학습 능력을 갖추었습니다. 그러나 두부를 흔들면 자국이 사라지듯, 빠르게 습득한 내용이 때로는 오래 기억되지 않을 수 있다는 특징도 있습니다. 이것이 이 유형의 학습자가 가진 장점이면서 동시에 단점이라고 할 수 있습니다.

두 번째는 "돌형" 학습자입니다. 돌에는 일반적인 도구로는 쉽게 자국을 낼 수 없고, 더 견고한 도구가 필요하며, 과도하게 자국을 내면 돌이 깨어집니다. 이 유형의 학습자들은 정보를 습득하는 데 체계적인 접근 방식이 필요하며, 학습 과정에서 쉽게 포기하지 않는 꾸준한 노력과 인내가 중요합니다.

세 번째는 "쇠형" 학습자입니다. 당구공처럼 견고한 쇠에는 일반적인 도구로는 자국을 내기 어렵고, 특별히 고안된 도구와 방법이 요구되는 것처럼, "쇠형" 학습자들은 새로운 개념을 습득하는 데 더 많은 시간과 집중적인 노력이 필요합니다. 그러나 한번 학습한 내용을 매우 오랫동안 견고하게 기억한다는 장점이 있습니다.

이 교재는 "두부형" 학습자보다는 "돌형"과 "쇠형" 학습자들을 위해 집필되었습니다. 학습 방법에 대한 체계적인 설명이 필요하거나, 정보를 이해하고 기억하는 데 더 많은 시간과 노력이 필요한 학습자들에게 효과적인 학습 전략을 제공합니다.

02 이 책은 요구되는 공부방식에 따라 다르게 편제하였습니다.

오랜 교육 경험을 바탕으로 학습 방식을 3가지로 분류하여 교재 집필에 반영하였습니다.

첫째 "명사적 공부"가 있습니다.
누구도 이견의 여지가 없는 것들이 이에 해당됩니다. 예를 들면 숫자나 명칭, 분류, 지정수량, 화학식, 각종 범위(연소 및 폭발범위 등), 각종 시설기준, 경보 및 피난설비, 기타 안전관리와 관련된 교육·행정등에 관한 법령과 그 내용들입니다.
이 내용들은 자격증 시험을 대비하기 위해서 필수적으로 살펴보고 넘어가야 하는 내용들입니다. 이 부분은 누가 많이, 잘·자주, 정리·기억해 두었느냐가 합격의 관건이 됩니다.

둘째 "부사적 공부"가 있습니다.
이 부분은 별도로 분류했습니다. 예를 들면 비교하는 것, 높은 것, 낮은 것, 큰 것, 작은 것 등이 바로 그것입니다. 시험에서 자주 등장하는 비중의 크기, 비점, 인화점, 발화점(착화점), 용해도 등과 같은 것들이 이에 해당됩니다.

셋째 "동사적 공부"가 있습니다.
개념과 이해도를 요구하는 시험내용, 예를 들면 물성과 성질, A물질과 B물질의 반응과 반응생성물의 생성량(양론적 계산)이나 위험특성, 화재발생 시 적용할 수 있는 소화시설, 소화반응, 소화약제, 혼합 위험성 등입니다.

이 교재의 첫째와 둘째 부분은 저자의 객관적 해설이나 개념보다는 있는 그대로를 학습하여 오래동안 기억할 수 있도록 "암기법"이 많이 소개되어 있으며, 문제 풀이에서는 저자가 이를 응용한 시범을 직접 보여드리기 위해 섬세하게 해설을 수록하였습니다.

셋째 부분은 필기 시험은 물론 실기 시험에도 포함되는 중요한 내용이 많기 때문에 저자의 주관적 해설·원리, 개념 위주로 편재하였고, 수험생들이 공부를 하면서 가질만 한 다양한 의문점을 해소하는데 조금이라도 도움을 드리고자 주요 포인트 마다 "주석"형식으로 내용을 첨삭하거나 "참고"를 달아두었습니다.

더불어 자격증 시험 전문 사이트 해커스자격증(pass.Hackers.com)에서 교재 학습 중 궁금한 점을 나누고 다양한 무료 학습자료를 함께 이용하여 학습 효과를 극대화할 수 있습니다.

끝으로 이 책은 IQ가 아닌 EQ로 학습할 수 있도록 이론을 정립하였고, 딱 3일간 머리에 기억되는 학습방식이 아닌 최소 3년 이상 가슴에 담을 수 있는 유일무이한 감동 학습방식을 담기 위해 나름대로 최선을 다하였습니다만 그래도 미치지 못하고, 부족함이 있을 수 있다고 생각됩니다. 많은 지도편달 있으시길 고대합니다.

수험생 여러분의 적극적인 관심과 지원을 부탁드리며, 수험생 여러분의 합격을 진심으로 기원합니다.

저자 이 승 원

목차

기본이론

기출문제

위험물산업기사 기출문제

 무료 특강 · 학습 콘텐츠 제공
pass.Hackers.com

책의 구성 및 특징

01 학습 중 놓치는 내용 없이 완벽한 이해를 가능하게!

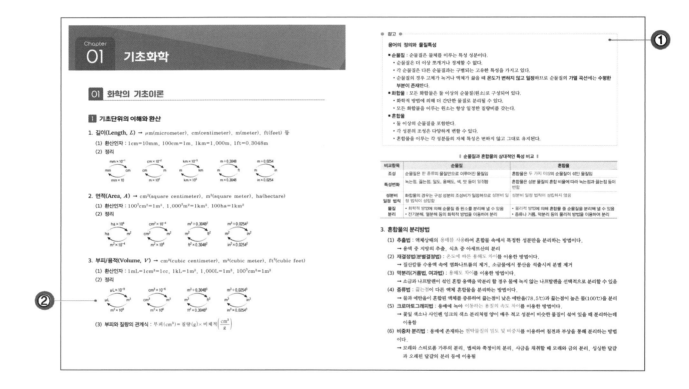

① 참고

더 알아두면 학습에 도움이 되는 배경 및 개념 등의 이론을 '참고'에 담아 수록하였습니다. 이를 통해 학습에 필요한 개념 및 이론 학습을 보충하고, 심화 내용까지 학습할 수 있습니다.

② 그림 및 사진자료

내용의 이해를 돕기 위해 다양한 그림 · 사진자료를 함께 수록하였습니다. 이를 통해 복잡하고 어려운 이론 내용을 쉽고 빠르게 이해하고 학습할 수 있습니다.

02 출제예상문제와 기출문제를 통해 실력 점검과 실전 대비까지 확실하게!

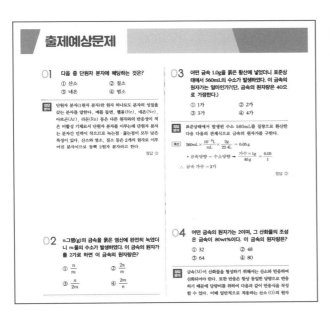

출제예상문제

- 주요 이론 또는 시험에 자주 출제되는 이론 및 기출문제를 변형하여 구성한 출제예상문제를 수록하였습니다.
- 이를 통해 학습한 내용을 정확히 이해하고 있는지 곧바로 확인할 수 있으며, 실제 시험에서 출제될 수 있는 문제의 경향도 함께 파악할 수 있습니다.

기출문제

- 2024 ~ 2017년의 8개년 기출문제를 수록하였습니다.
- 수록된 '모든' 문제에는 상세한 해설을 수록하여 문제풀이 과정에서 실전감각을 높이고 실력을 한층 향상시킬 수 있습니다.
- 또한 해설을 통해 옳은 지문뿐만 아니라 옳지 않은 지문의 내용까지 확인할 수 있으므로 문제를 풀고 답을 찾아가는 과정에서 자신의 학습 수준을 스스로 점검하고 보완하여 학습 효과를 높일 수 있습니다.

출제기준

※ 한국산업인력공단에 공시된 출제기준으로 [해커스 위험물산업기사 필기 한권완성 기본이론 + 기출문제] 전체 내용은 모두 아래 출제기준에 근거하여 제작되었습니다.

01 필기

필기 과목명	주요항목	세부항목	
물질의 물리 · 화학적 성질	1. 기초화학	(1) 물질의 상태와 화학의 기본법칙 (3) 산, 염기 (5) 산화, 환원	(2) 원자의 구조와 원소의 주기율 (4) 용액
	2. 유기화합물 위험성 파악	(1) 유기화합물 종류 · 특성 및 위험성	
	3. 무기화합물 위험성 파악	(1) 무기화합물 종류 · 특성 및 위험성	
화재예방과 소화방법	1. 위험물 사고 대비 · 대응	(1) 위험물 사고 대비	(2) 위험물 사고 대응
	2. 위험물 화재예방 · 소화방법	(1) 위험물 화재예방 방법	(2) 위험물 소화방법
	3. 위험물 제조소등의 안전계획	(1) 소화설비 적응성 (3) 경보설비 · 피난설비 적용	(2) 소화 난이도 및 소화설비 적용
위험물 성상 및 취급	1. 제1류 위험물 취급	(1) 성상 및 특성	(2) 저장 및 취급방법의 이해
	2. 제2류 위험물 취급	(1) 성상 및 특성	(2) 저장 및 취급방법의 이해
	3. 제3류 위험물 취급	(1) 성상 및 특성	(2) 저장 및 취급방법의 이해
	4. 제4류 위험물 취급	(1) 성상 및 특성	(2) 저장 및 취급방법의 이해
	5. 제5류 위험물 취급	(1) 성상 및 특성	(2) 저장 및 취급방법의 이해
	6. 제6류 위험물 취급	(1) 성상 및 특성	(2) 저장 및 취급방법의 이해
	7. 위험물 운송·운반	(1) 위험물 운송기준	(2) 위험물 운반기준
	8. 위험물 제조소등의 유지관리	(1) 위험물 제조소 (3) 위험물 취급소	(2) 위험물 저장소 (4) 제조소등의 소방시설 점검
	9. 위험물 저장 · 취급	(1) 위험물 저장기준 (3) 제조소등에서의 취급기준	(2) 위험물 취급기준
	10. 위험물안전관리감독 및 행정처리	(1) 위험물시설 유지관리감독	(2) 위험물안전관리법상 행정사항

02 실기

필기 과목명	주요항목	세부항목	
위험물 취급 실무	1. 제4류 위험물 취급	(1) 성상 · 유해성 조사하기 (3) 취급방법 파악하기	(2) 저장방법 확인하기 (4) 소화방법 수립하기
	2. 제1류, 제6류 위험물 취급	(1) 성상 · 유해성 조사하기 (3) 취급방법 파악하기	(2) 저장방법 확인하기 (4) 소화방법 수립하기
	3. 제2류, 제5류 위험물 취급	(1) 성상 · 유해성 조사하기 (3) 취급방법 파악하기	(2) 저장방법 확인하기 (4) 소화방법 수립하기
	4. 제3류 위험물 취급	(1) 성상 · 유해성 조사하기 (3) 취급방법 파악하기	(2) 저장방법 확인하기 (4) 소화방법 수립하기
	5. 위험물 운송 · 운반시설 기준 파악	(1) 운송기준 파악하기 (3) 운반기준 파악하기	(2) 운송시설 파악하기 (4) 운반시설 파악하기
	6. 위험물 안전계획 수립	(1) 위험물 저장 · 취급계획 수립하기 (3) 교육훈련계획 수립하기 (5) 사고대응 매뉴얼 작성하기	(2) 시설 유지관리계획 수립하기 (4) 위험물 안전감독계획 수립하기
	7. 위험물 화재예방 · 소화방법	(1) 위험물 화재예방 방법 파악하기 (3) 위험물 소화방법 파악하기	(2) 위험물 화재예방 계획 수립하기 (4) 위험물 소화방법 수립하기
	8. 위험물 제조소 유지관리	(1) 제조소의 시설기술기준 조사하기 (3) 제조소의 구조 점검하기 (5) 제조소의 소방시설 점검하기	(2) 제조소의 위치 점검하기 (4) 제조소의 설비 점검하기
	9. 위험물 저장소 유지관리	(1) 저장소의 시설기술기준 조사하기 (3) 저장소의 구조 점검하기 (5) 저장소의 소방시설 점검하기	(2) 저장소의 위치 점검하기 (4) 저장소의 설비 점검하기
	10. 위험물 취급소 유지관리	(1) 취급소의 시설기술기준 조사하기 (3) 취급소의 구조 점검하기 (5) 취급소의 소방시설 점검하기	(2) 취급소의 위치 점검하기 (4) 취급소의 설비 점검하기
	11. 위험물행정처리	(1) 예방규정 작성하기 (3) 신고서류 작성하기	(2) 허가신청하기 (4) 안전관리 인력관리하기

Part 01

일반화학

01 화학의 기초이론

1 기초단위의 이해와 환산

1. 길이(Length, L) → μm(micrometer), cm(centimeter), m(meter), ft(feet) 등

    (1) 환산인자 : 1cm=10mm, 100cm=1m, 1km=1,000m, 1ft=0.3048m

    (2) 정리

2. 면적(Area, A) → cm^2(square centimeter), m^2(square meter), ha(hectare)

    (1) 환산인자 : $100^2cm^2=1m^2$, $1,000^2m^2=1km^2$, $100ha=1km^2$

    (2) 정리

3. 부피/용적(Volume, V) → cm^3(cubic centimeter), m^3(cubic meter), ft^3(cubic feet)

    (1) 환산인자 : $1mL=1cm^3=1cc$, $1kL=1m^3$, $1,000L=1m^3$, $100^3cm^3=1m^3$

    (2) 정리

    (3) **부피와 질량의 관계식** : 부피(cm^3)＝질량$(g)\times$비체적$\left(\dfrac{cm^3}{g}\right)$

4. 질량(Mass, m)

(1) 단위 : μg(microgram), mg(milligram), g(gram), kg(kilogram), lb(pound) 등
(2) 환산인자 : $1\mu g=10^{-3}$mg, 1mg$=10^{-6}$kg, 10^3kg$=1$ton, 1lb$=0.4536$kg
(3) 정리

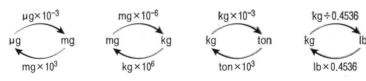

(4) 질량 - 부피의 관계식 : 질량$(g)=$부피$(cm^3)\times$밀도$\left(\dfrac{g}{cm^3}\right)$

5. 시간(Time, t)

(1) 단위 : sec(second), min(minute), hr(hour), 일(day), 년(year) 등
(2) 환산인자 : 60sec$=$1min, 60min$=$1hr, 24hr$=$1day, 365day$=$1년(year)

6. 밀도(Density, ρ)

(1) 정의 : 단위체적당 질량을 말한다.
(2) 단위 : g/cm^3(CGS), kg/m^3(MKS), lb/ft^3(FPS), 기타(kg/L, ton/m^3 등)
(3) 관계식 : 밀도$=\dfrac{질량}{부피}$ $\rightarrow$ $\rho=\dfrac{m}{V}$ $\begin{cases} m : 질량(g, kg, lb 등) \\ V : 부피(cm^3, mL, cc, L, m^3 등) \end{cases}$
(4) 이용 : 부피를 질량으로, 질량을 부피로 환산할 때 이용된다.

7. 비중(Specific Gravity, S)

(1) 정의 : 표준물질의 밀도를 기준으로 어떤 물질에 대한 밀도의 비(比)를 말한다.
(2) 단위 : 단위 없음(무차원)
(3) 관계식 : 비중$=\dfrac{대상물질의\ 밀도}{표준물질의\ 밀도}$ $\rightarrow$ $S=\dfrac{\rho_a}{\rho_s}$ $\begin{cases} \rho_a : 대상물질\ 밀도 \\ \rho_s : 표준물질\ 밀도 \end{cases}$

　　※ **표준물질의 적용** : 액체 또는 고체에 대한 표준물질은 4℃의 물(밀도 1,000 kg/m^3)

8. 점도(Dynamic Viscosity, μ)

(1) 정의 : 접선방향의 힘 또는 전단응력(剪斷應力)에 대한 저항의 크기를 나타낸다.
(2) 단위 : N·sec/m^2(SI), kg/m·sec(MKS), g/cm·sec(CGS), Pa·sec
(3) 상당량 : 1P(poise)$=$1g/cm·sec, 1cP(centipoise)$=$1mg/mm·sec
(4) 환산인자 : 1P$=10^{-1}$kg/m·sec, 1cP$=10^{-3}$kg/m·sec, 1mP$=10^{-4}$kg/m·sec

9. 동점도(Kinematic Viscosity, ν)

(1) 정의 : 점성계수(μ)를 밀도로 나눈 값을 말한다.

(2) 단위 : m^2/sec(MKS 단위계), cm^2/sec(CGS 단위계), ft^2/sec(FPS 단위계)

(3) 상당량 : $1stokes(St) = 1cm^2/sec$

(4) 관계식 : 동점도 $= \dfrac{\text{점도}}{\text{밀도}}$ → $\nu = \dfrac{\mu}{\rho}$ ··· (cm^2/sec or m^2/sec)

10. 온도(Temperature, t)

(1) 일반온도의 표시 : ℃(섭씨온도), ℉(화씨온도)

(2) 절대온도(Absolute Temperature)의 표시 : K(Kelvin), R(Rankine)

(3) 온도의 환산

- $t(℃) = \dfrac{5}{9}[t(℉) - 32]$

- $t(℉) = \dfrac{9}{5} \times t(℃) + 32$

- $K = 273.15(\fallingdotseq 273) + t(℃)$

- $R = 459.69(\fallingdotseq 460) + t(℉)$

11. 표준상태(STP ; Standard Temperature and Pressure, standard state or normal state)

(1) 기체의 표준상태 : 0℃, 1기압(1atm = 760mmHg) 상태를 의미한다.

(2) 열역학적 표준상태 : 25℃, 1기압(1atm = 760mmHg) 상태를 의미한다.

(3) 기계공학적 표준상태 : 20℃, 1기압(1atm = 760mmHg) 상태를 의미한다.

12. 비열(Specific heat, C_p)

(1) 정의 : 물질 1g의 온도를 상태변화 없이 1℃ 올리는데 필요한 열량을 말한다.

$$C_p = \frac{\text{열량}}{\text{물질의 질량} \times \text{온도변화}}$$

(2) 단위 : $J/g \cdot ℃$, $cal/g \cdot ℃$, $kcal/kg \cdot ℃$, $kcal/m^3 \cdot ℃$

13. 열량(Quantity of Heat, Q)

(1) 정의 : 열의 많고 적음을 나타내는 양이다. 열량의 단위는 칼로리(cal : 1cal = 4.186J)를 사용한다. 1cal 는 물 1g의 온도를 1℃만큼 올리는 데 필요한 열의 양이다.

(2) 관계식 : 열량(Q) = 물질량(G) × 비열(C_p) × 온도차(Δt)

14. 원자량과 분자량, 아보가드로 수

(1) 원자량(原子量, Atomic Weight) : 원자의 무게를 원자량이라고 한다. 세계 화학회는 탄소(C)의 원자량을 12.0000으로 정하고, 이를 기준으로 삼아 다른 모든 원자의 상대적인 원자량을 확정하고 있다.

- **원자 질량단위** : amu(atomic mass unit)
- 수소(H) 원자는 C원자보다 0.0833배 가볍다 ➞ $0.0833 \times 12 ≒ 1$amu
- 질소(N) 원자는 C원자보다 1.167배 무겁다 ➞ $1.167 \times 12 ≒ 14$amu
- 산소(O) 원자는 C원자보다 1.333배 무겁다 ➞ $1.333 \times 12 ≒ 16$amu

● **참고** ●

주요 원자량

원자량은 특정 산식이나 계산기를 동원해서 직접 산정하는 것이 아니라 암기해서 사용하는 것이다. 다음에 제시하는 **13가지 원자량**만 알면 수험대비 하는 데는 큰 문제가 없을 것이다.

- H : 1   C : 12   N : 14   O : 16   F : 19
- Na : 23   Al : 27   Si : 28   P : 31   S : 32   Cl : 35.5   Ca : 40   Fe : 56

※ **문제에서** 정확한 원자량이 **제시되지 않은 한** 무조건 위에 있는 원자량을 암기해서 활용하도록!!

● **참고** ●

평균 원자량과 amu-g의 관계

- **원소의 평균질량** : 원소(元素)의 원자질량을 정할 때는 자연계에서 존재하는 동위원소의 혼합물을 평균질량으로 정한다.

  예 탄소(C)의 동위원소는 C-12(98.90%), C-13(1.10%)이고, C-12의 원자질량은 12.00000 amu 이고, C-13의 원자질량은 13.00335amu이므로 자연계에 존재하는 탄소원자의 평균질량은 다음과 같이 산정된다.

  - $C = 12.00000\,\text{amu} \times \dfrac{98.90}{100} + 13.00335\,\text{amu} \times \dfrac{1.10}{100} = 12.01\,\text{amu}$

- **원자질량(amu)과 g의 관계** : C-12의 몰 질량은 12g이고, 그 안에 존재하는 원자의 개수는 6.022×10^{23}개이므로 다음의 관계식이 성립된다.

  - 탄소원자 1개의 질량 $= 12.00\text{g} \times \dfrac{1}{6.022 \times 10^{23}} = 1.993 \times 10^{-23}\text{g}$

  - 1g에 상당하는 amu의 산정 $= \dfrac{12\,\text{amu}}{1.993 \times 10^{-23}} = 6.022 \times 10^{23}\,\text{amu/g}$

  - 1amu에 상당하는 g의 산정 $= \dfrac{1}{6.022 \times 10^{23}} = 1.661 \times 10^{-24}\text{g/amu}$

(2) 분자량(分子量, Molecular Weight) : 분자량은 그 분자를 구성하는 모든 원자의 원자량을 합한 값이다.

- SO_2 분자량(몰 질량=화학식량) ➞ $32 + 16 \times 2 ≒ 64$
- NaOH 분자량(몰 질량=화학식량) ➞ $23 + 16 + 1 ≒ 40$

(3) 아보가드로 수(Avogadro's number) : 6.0221367×10^{23}개의 입자수를 의미한다.

- 1몰(mol)은 C-12 동위원소 12g 중에 포함되어 있는 원자의 개수와 같은 수(원자, 분자, 이온, 입자수)를 포함하는 물질의 양으로 정의된다.
- 1몰(mol)=6.0221367×10^{23}개 입자이다.
- 기체의 경우, 기체의 종류에 관계없이 같은 온도와 같은 압력에서 아보가드로 수가 같으면 항상 부피는 같다. → 1몰(mol)=6.0221367×10^{23}=22.414L(≒22.4L)(표준상태)

> ● 참고 ●
>
> **단원자 분자와 다원자 분자의 개념**
>
> ■ **단원자 분자(1원자 분자)** : 원자 하나로도 분자의 성질을 갖는 분자를 말하며, 헬륨(He), 네온(Ne), 아르곤(Ar), 라돈(Rn) 등의 다른 원자와의 반응성이 적은 비활성 기체가 단원자 분자를 이룬다.
>   - 단원자 분자는 분자간 인력이 작으므로 녹는점 · 끓는점이 모두 낮음
>   - 무거운 비활성 기체는 화합물을 형성할 수 있고, 더 가벼운 비활성 기체는 반응을 일으키지 않음
> ■ **2원자 분자** : 2개의 원자로 이루어진 분자를 말한다.
>   - **등핵(동핵) 2원자 분자** : 수소(H_2), 산소(O_2), 질소(N_2) 등
>   - **이핵 2원자 분자** : 염화수소(HCl), 일산화탄소(CO), 일산화질소(NO), 불화수소(HF) 등
> ■ **다원자 분자** : 3개 이상의 원자로 이루어진 분자를 말한다.
>   - **등핵 3원자 분자** : 오존(O_3) 등
>   - **다원자 분자** : 물(H_2O), 이산화탄소(CO_2), 메테인(CH_4), 에테인(C_2H_6), 아황산가스(SO_2) 등

2 농도 표시

1. 기체상(증기 포함) 물질의 농도 표시

(1) 백분율(%), ppm, ppb

구분	개념식	표시 / 적용	정의 / 관계
%(백분율) (Parts Per Hundred)	$C(\%) = \dfrac{\text{대상기체}}{\text{혼합기체}} \times 100$	W/W%, V/V%, W/V% 등	• 100g 중 성분함량(g) • 100mL 중 성분함량(mL) • 100mL 중 성분함량(g)
ppm(백만분율) (Parts Per Million)	$C_p(\text{ppm}) = \dfrac{\text{대상기체}}{\text{혼합기체}} \times 10^6$	V/Vppm(용량) W/Wppm(중량)	• $1\% = 10^4$ ppm • $1\text{ppm} = 1\text{mL}/\text{m}^3$ • $1\mu\text{L}/\text{L} = 1\text{mL}/\text{m}^3$
ppb(10억분율) (Parts Per Billion)	$C(\text{ppb}) = \dfrac{\text{대상기체}}{\text{혼합기체}} \times 10^9$	1ppm = 1,000ppb ※ $1\mu\text{L}/\text{m}^3 = 1\text{ppb(V/V)}$	

(2) "ppm" 단위와 "mg/m^3" 상호관계(표준상태 → 0℃, 1기압 기준)

(M_w : 기체의 분자량)

mg/m³를 ppm으로 환산할 때	ppm을 mg/m³으로 환산할 때
$C_p(\text{ppm}) = C_m(\text{mg}/\text{m}^3) \times \dfrac{22.4}{M_w}$	$C_m(\text{mg}/\text{m}^3) = C_p(\text{ppm}) \times \dfrac{M_w}{22.4}$

2. 액체상(고체 포함) 물질의 농도 표시

구분	개념식	표시 / 적용	정의 / 관계
%(백분율) (Parts Per Hundred)	$C(\%) = \dfrac{용질}{혼합용액} \times 100$	W/W%, V/V%, W/V% 등	• 100g 중 성분함량(g) • 100mL 중 성분함량(mL) • 100mL 중 성분함량(g)
ppm(백만분율) (Parts Per Million)	$C_p(\text{ppm}) = \dfrac{용질}{혼합용액} \times 10^6$	W/Wppm(중량)	• $1\% = 10^4\,\text{ppm}$ • 1ppm = 1mg/kg • 1ppm = 1mg/L
ppb(10억분율) (Parts Per Billion)	$C(\text{ppb}) = \dfrac{용질}{혼합용액} \times 10^9$	1ppm = 1,000ppb	

3. 혼합·희석·농축관련 계산공식

(1) **혼합농도** : $C_m = \dfrac{V_1 C_1 + V_2 C_2 + \cdots + V_n C_n}{V_1 + V_2 + \cdots + V_n}$

(2) **혼합질량** : $M_m = M_1 X_1 + \cdots + M_n X_n$

(3) **희석 및 농축** : $m_o x_o = m_t x_t$

여기서,
- $V_1, V_2, \cdots, V_n$: 각 물질의 부피
- $C_1, C_2, \cdots, C_n$: 각 물질의 농도
- $M_1, \cdots, M_n$: 각 물질의 분자량 또는 질량
- $X_1, \cdots, X_n$: 각 물질의 혼합비(Wt)
- m_o : 희석 및 농축 전 N, M 농도
- x_o : 희석 및 농축 전 물질량 및 함량
- m_t : 희석 및 농축 후 N, M 농도
- x_t : 희석 및 농축 후 물질량 및 함량

3 용액의 농도

1. 몰 농도(Molarity, mol/L)

(1) **정의** : 용액 1L당 대상물질 또는 용질의 몰(mol) 수를 말하며, 기호는 주로 "M"으로 표시한다.

(2) **개념식의 표현** → $M\left(\dfrac{\text{mol}}{L}\right) = \dfrac{용질(\text{mol})}{용액(L)}$

- 용질의 mol 수 = 용질의 질량(g) $\times \dfrac{1\text{mol}}{분자량(g)}$
- 용질의 질량(g) = 용질의 양(mL) $\times$ 용질의 밀도(g/mL) $\times$ 순도

※ 1. **용질(溶質, solute)** : 용매에 의해 녹는 물질
  2. **용매(溶媒, solvent)** : 용질을 녹여 용액을 만드는 물질
    ▷ 용액 = 용매+용질

2. 규정 농도(Normality, equivalent/L)

(1) **정의** : 노르말 농도라고도 하며, 용액 1L당 용질의 g당량 수를 말하며, 기호는 주로 "N"으로 표시한다.

(2) **g당량** : 그램당량이라 함은 당량(eq)에 그램을 붙인 양 『1g당량 ; 1gram equivalent』을 말한다. 이것은 그램당량이란 단위의 명칭을 나타내는 것이다.

(3) **개념식의 표현** → $N\left(\dfrac{eq}{L}\right) = \dfrac{\text{용질(g당량 수)}}{\text{용액(L)}} = M \times \text{가수}$

$$\text{용질의 당량 수} = \text{용질의 질량(g)} \times \dfrac{1eq}{\text{분자량(g)/가수}}$$

※ 가수 $\begin{cases} \text{• 산(酸)은 [H}^+\text{]의 수} \\ \text{• 염기는 [OH}^-\text{]의 수} \\ \text{• 이온의 경우는 산화수} \\ \text{• 산화 · 환원제의 경우는 교환되는 전자 수} \end{cases}$

(4) **이용 · 응용하는 단위공정** : 몰 농도와 달리 규정 농도는 용액 중의 당량을 나타내므로 화학반응 및 중화반응 등에서 산화수나 가수의 영향을 받지 않는 장점이 있다. 따라서 중화적정, 정밀 시약의 조제, 산화 · 환원, 기타 화학반응 및 반응 비율 등에 많이 사용된다.

3. 몰랄 농도(Molality, mol/kg)

(1) **정의** : 용매 1kg에 녹아 있는 용질의 몰수로 나타낸 농도로 m 으로 표시한다.

(2) **개념식의 표현** → $m\left(\dfrac{\text{mol}}{\text{kg}}\right) = \dfrac{\text{용질(mol 수)}}{\text{용매(kg)}}$

(3) **이용 · 응용하는 단위공정** : 몰 농도와 달리 몰랄 농도는 질량을 기준으로 하므로 온도변화에 영향을 받지 않는 장점이 있다. 따라서 용액의 농도에 따른 증기압력 내림, 끓는점 오름 또는 어는점 내림 등에 사용하며, 삼투압 측정 등에 사용된다.

4 산 – 염기의 중화반응과 pH

1. 용액의 중화(Neutralization)

(1) **응용** : 산(酸)과 염기(鹽基, 알칼리)의 반응에서 [OH$^-$]의 mol 수와 [H$^+$]의 mol 수를 같게 만드는 조작 또는 산과 염기의 당량(當量, equivalent) 수를 같게 하여 pH=7로 하는 일련의 화학적 조작을 중화적정(中和滴定, Neutralization Titration)이라 한다.

(2) **관계식** : $NV = N'V'$ $\begin{cases} N \text{ : 산의 규정 농도}(eq/L) \\ N' \text{ : 알칼리의 규정 농도}(eq/L) \\ V \text{ : 산의 양(L)} \\ V' \text{ : 알칼리의 양(L)} \end{cases}$

2. 산 - 염기의 불완전 중화

(1) **응용** : 산(酸)과 염기(鹽基)의 반응에서 $[OH^-]$의 mol 수와 $[H^+]$의 mol 수가 일치하지 않을 때의 산-염기 반응을 의미하며, 산 또는 염기 중 어느 한쪽이 과량(過量)으로 주입되었을 때, 다음의 관계식을 이용하여 혼합액의 화학성을 예측한다.

(2) **관계식** : $N^*(V_1 + V_2) = N_1 V_1 - N_2 V_2$

여기서, $\begin{cases} N^* : \text{혼합액의 과량주입 산 또는 염기의 규정 농도}(eq/\text{L}) \\ N_1 : \text{과량주입 산 또는 염기의 규정 농도}(eq/\text{L}) \\ V_1 : \text{과량주입 산 또는 염기의 양}(\text{L}) \\ N_2 : \text{부족량주입 산 또는 염기의 규정 농도}(eq/\text{L}) \\ V_2 : \text{부족량주입 산 또는 염기의 양}(\text{L}) \end{cases}$

3. pH(Potential of Hydrogen)

(1) **정의** : 수소이온의 농도(mol/L)를 나타내는 지수로서 수소이온 농도의 역수의 상용대수로 정의된다.

(2) **관계식**

- $pH = \log\dfrac{1}{[H^+]} = \log\dfrac{1}{\text{산(酸)의 N 농도}}$ → $[H^+]\,mol/L = 10^{-pH}$

- $pH = 14 - pOH = 14 - \log\dfrac{1}{[OH^-]}$ → $[OH^-]\,mol/L = 10^{-(14-pH)}$

- $pOH = \log\dfrac{1}{[OH^-]} = \log\left(\dfrac{1}{\text{염기(鹽基)의 N 농도}}\right)$

- $pOH = 14 - pH$

5 화합물의 조성백분율 · 화학식 · 실험식 · 분자식

1. 화합물의 조성백분율

(1) **개념** : 화합물의 조성은 구성원자의 수로 나타내는 방법과 원소의 백분율로 나타내는 방법이 있다. 에탄올을 예를 들면 다음과 같다.

(2) **에탄올**(C_2H_5OH) ⇨ 구성원소 $\begin{cases} \text{탄소(C)} : 2\text{개 (2mol)} \rightarrow \text{원소질량} = 2 \times 12 = 24\,g \\ \text{수소(H)} : 5+1 = 6\text{개 (6mol)} \rightarrow \text{원소질량} = 1 \times 6 = 6\,g \\ \text{산소(O)} : 1\text{개 (1mol)} \rightarrow \text{원소질량} = 1 \times 16 = 16\,g \end{cases}$

⇨ 에탄올 분자 1mol의 질량= $24 + 6 + 16 = 46\,g$

(3) **조성백분율** : 질량기준(무게기준)의 조성백분율은 1mol의 분자질량(분자량)을 기준으로 각 성분의 백분율을 표시하는 것으로 전체 합은 100%가 되어야 한다.

- 탄소 : $C(\%) = \dfrac{24\,g}{46\,g} \times 100 = 52.17\%(\text{Wt})$

- 수소 : $H(\%) = \dfrac{6\,g}{46\,g} \times 100 = 13.04\%(\text{Wt})$

- 산소 : $O(\%) = \dfrac{16\,g}{46\,g} \times 100 = 34.78\%(\text{Wt})$

2. 화학식의 종류와 특징

화학식이란 원소기호를 사용하여 화합물을 나타낸 것을 말하는데, 화학식은 분자식, 실험식, 시성식, 구조식 등으로 구분되어 사용되고 있다.

(1) **분자식** : 분자를 구성하고 있는 원자의 종류와 수를 나타낸 일반식을 말한다.

　　예 물 : H_2O, 에탄올 : C_2H_6O

(2) **실험식(조성식)** : 화합물 속의 원자의 조성을 나타내는 가장 간단한 화학식(각 성분원소의 원자 수의 비율을 간단한 정수비로 하여 각 원소기호 뒤에 숫자를 붙임)이다.

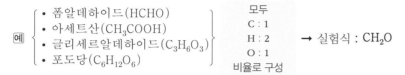

예 {
　• 폼알데하이드($HCHO$)
　• 아세트산(CH_3COOH)
　• 글리세르알데하이드($C_3H_6O_3$)
　• 포도당($C_6H_{12}O_6$)
} 모두 C : 1, H : 2, O : 1 비율로 구성 → 실험식 : CH_2O

(3) **시성식** : 분자가 가지는 특성을 쉽게 파악할 수 있도록 작용기를 써서 나타낸 식을 말한다.

① **작용기(作用基)** : 탄소화합물에서 독특한 성질을 나타내는 원자단을 말함

② **일반적인 작용기** {
　• 알코올 ➡ 하이드록실기(수산기) : $-OH$
　• 케톤 ➡ 카르보닐기 : $>C=O$
　• 알데하이드 ➡ 포르밀기 : $-CHO$
　• 유기산 ➡ 카르복시기 : $-COOH$
　• 아민 ➡ 아미노기 : $-NH_2$
}

③ **작용기에 따른 화합물의 특성**

　• 하이드록실기(수산기, $-OH$)가 있는 화합물 ➡ 대체로 물에 대한 용해성이 좋으며, 카르복시산과 에스터화 반응(에스테르화 반응)을 하고, 나트륨과 반응을 하여 수소를 발생시킴
　• 포르밀기($-CHO$)가 있는 화합물 ➡ 대체로 환원성이므로 은거울 반응과 펠링 용액 반응을 함
　• 카르복시기($-COOH$)가 함유되어 있는 화합물 ➡ 대체로 산성을 띰
　• 아미노기($-NH_2$)가 함유되어 있는 화합물 ➡ 대체로 염기성을 띰

(4) **구조식** : 분자를 구성하는 원자와 원자 사이의 결합모양 또는 배열상태를 결합선을 사용하여 선으로 나타낸 화학식을 말한다.

① **사슬구조와 고리구조**

　• 사슬구조(쇄형구조) : 알케인(CH_4 등), 알켄(C_2H_4 등), 알카인(C_2H_2 등)
　• 고리구조(환상구조) : 벤젠(C_6H_6), 사이클로헥세인(C_6H_{12}) 등
　※ 헤테로 고리화합물 : 고리구조를 가진 유기화합물 중에서 고리를 구성하는 원자가 탄소뿐만 아니라 탄소 이외의 질소나 산소 등의 원자를 함유하는 화합물을 말함

┃ 사슬구조를 갖는 탄화수소류 ┃

알케인(알칸) : C_nH_{2n+2}		알켄 : C_nH_{2n}	알카인(알킨) : C_nH_{2n-2}

CH_4 (메테인=메탄)	C_2H_6 (에테인=에탄)
C_3H_8 (프로페인=프로판)	C_4H_{10} (뷰테인=뷰탄)
C_5H_{12} (펜테인=펜탄)	C_6H_{14} (헥세인=헥산)
C_7H_{16} (헵테인=헵탄)	C_8H_{18} (옥테인=옥탄)
C_9H_{20} (노네인=노난)	$C_{10}H_{22}$ (데케인=데칸)

$CH_2=CH_2$ (에텐=에틸렌)
$CH_2=CHCH_3$ (프로펜=프로필렌)
$CH_2=CHCH_2CH_3$ (뷰텐=부틸렌)

$CH\equiv CH$ (에틴=아세틸렌)

② 지방족과 방향족

- **지방족(Aliphatic)** : 벤젠이나 벤젠고리를 지니지 않는 화합물을 말함
- **방향족(Aromatic)** : 벤젠핵을 가진 탄소 고리화합물을 말함

사슬구조		고리구조	
 메테인(메탄)	 에테인(에탄)	 벤젠	 메틸벤젠(= 톨루엔)
 에텐(에틸렌)	 프로펜(프로필렌)	 하이드록시벤젠(= 페놀)	 피리딘(pyridine)

3. 실험식(화학식)과 분자식의 산정

과정 1 조성백분율을 → 실험식(화학식)으로

(1) **개요** : 화합물의 조성백분율을 토대로 화학식을 얻을 수 있다. 화학식은 그 화합물에 들어 있는 원자의 수를 나타내기 때문에 조성백분율 100%(Wt)=100g으로 기준을 정한다.

(2) **화합물의 질량백분율** : 예 $\begin{cases} 탄소(C) : 38.67\% \\ 수소(H) : 16.22\% \\ 질소(N) : 45.11\% \end{cases}$

① 화합물 100g 중 각 원소의 질량을 원자량으로 나누어 mol 수로 전환한다.

- **탄소(C)** : $38.67\,g \times \dfrac{1mol}{12\,g} = 3.223\,mol(C)$

- **수소(H)** : $16.22\,g \times \dfrac{1mol}{1\,g} = 16.220\,mol(H)$

- 질소(N) : $45.11\,g\,\dfrac{1\,mol}{14\,g} = 3.222\,mol(N)$

② 원소질량 mol 수에서 가장 적은 값을 선택하여 각각 나누어 최소 정수비를 구한다.

- $C = \dfrac{3.223}{3.222} = 1.0$

- $H = \dfrac{16.220}{3.222} = 5.03 ≒ 5$

- $N = \dfrac{3.222}{3.222} = 1$

③ 화합물의 실험식과 화학식량(몰 질량)의 결정한다.

- $C_aH_bN_c = CH_5N$ → mol 질량 : $12+5+14 = 31\,g/mol ≈$ 화학식과 동일
- $[C_aH_bN_c]_2 = C_2H_{10}N_2$ → mol 질량 : $12×2+1×10+14×2 = 62\,g/mol$
- $[C_aH_bN_c]_3 = C_3H_{15}N_3$ → mol 질량 : $12×3+1×15+14×3 = 93\,g/mol$

과정 2 원소의 조성백분율과 mol 질량을 이용 → 분자식의 결정

(1) **개요** : 각 원소의 조성백분율과 화합물의 mol 질량(g/mol)을 토대로 해당 화합물의 분자식을 산정할 수 있다. 이때 조성백분율 100%(Wt)=100g으로 한다.

(2) **화합물의 기초자료**

예 $\begin{cases} 조성\,백분율 \begin{cases} 인(P) : 43.64\%(Wt) \\ 산소(O) : 56.36\%(Wt) \end{cases} \\ 화합물의\,mol\,질량 = 284\,g/mol \end{cases}$

① 화합물 100g 중 각 원소의 질량을 mol 수로 전환한다.

- **인(P)** : $43.64\,g\,\dfrac{1\,mol}{31\,g} = 1.408\,mol(P)$

- **산소(O)** : $56.36\,g\,\dfrac{1\,mol}{16\,g} = 3.523\,mol(O)$

② 원소의 질량 mol 수에서 가장 적은 값을 선택하여 나누어 최소 정수비를 구한다.

- $P = \dfrac{1.408}{1.408} = 1$

- $O = \dfrac{3.523}{1.408} = 2.502 ≒ 2.5$

⇨ "예비" 화학식

$$PO_{2.5} \xrightarrow[\text{각 원소에 2를 곱하면}]{\text{2.5를 정수로 전환하기 위해}} P_2O_5\,(실험식량 = 2×31+16×5 = 142\,g/mol)$$

③ 화합물의 제시된 mol 질량(284g/mol)과 산정된 화학식의 실험식량이 일치하지 않으므로 몰 질량과 실험식량의 정수배수를 구한다.

$$정수배수(n) = \dfrac{분자량(몰\,질량)}{실험식량} = \dfrac{284}{142} = 2$$

④ 산출된 정수배수 2를 실험식에 곱하여 "최종 완성된 분자식"을 얻는다.

⇨ 분자식 : $P_2O_5 × 2 = P_4O_{10}$

6 화학반응식 만들기와 반응식의 양적관계

1. 반응식의 토대

- 반응물 : 화살표의 왼쪽에 표시 (반응물과 반응물 간에는 +기호를 사용)
- 생성물 : 화살표의 오른쪽에 표시 (생성물과 생성물 간에는 +기호를 사용)
- ※ 반응계에 존재하는 원자들은 전량 생성계에 존재해야만 한다.

2. 연소반응식의 균형 맞추기

$$\underset{\text{반응계}}{\underline{CH_4(l) + xO_2(g)}} \quad \rightarrow \quad \underset{\text{생성계}}{\underline{yCO_2(g) + zH_2O(g)}}$$

과정

ⓐ CH_4 중 탄소(C) 1개 → 생성계에서 1mol의 CO_2로 산화됨 → ∴ $y = 1CO_2$

ⓑ CH_4 중 수소(H) 4개 → 생성계에서 2mol의 H_2O로 산화됨 → ∴ $z = 2H_2O$

ⓒ 생성계의 산소 수는 → CO_2에서 2개, $2H_2O$에서 2개 → 총 4개

ⓓ 산소원자 2개가 모여 하나의 분자(O_2)를 형성하므로 → $4O = 2O_2$

∴ $4 = xO_2 = 2O_2$ (이를 반응식에 넣어 산화반응을 완성함)

완성 $CH_4 + 2O_2 \rightarrow CO_2 + 2H_2O$

$$\underset{\text{반응계}}{\underline{C_2H_5OH(l) + xO_2(g)}} \quad \rightarrow \quad \underset{\text{생성계}}{\underline{yCO_2(g) + zH_2O(g)}}$$

과정

ⓐ C_2H_5OH 중 C 2개 → 생성계에서 2mol의 CO_2로 산화됨 → ∴ $y = 2CO_2$

ⓑ C_2H_5OH 중 H 6개 → 생성계에서 3mol의 H_2O로 산화됨 → ∴ $z = 3H_2O$

ⓒ 생성계의 산소 → $2CO_2$(산소 4개), $3H_2O$(산소 3개) → 산소 총 7개

ⓓ 반응물(C_2H_5OH) 중 산소(O)가 1개 있으므로 → $7 - 1 = 6$개

ⓔ 산소원자 2개가 모여 하나의 분자(O_2)를 형성하므로 → $6O = 3O_2$

∴ $xO_2 = 3O_2$ (이를 반응식에 넣어 산화반응을 완성)

완성 $C_2H_5OH + 3O_2 \rightarrow 2CO_2 + 3H_2O$

3. 탄화수소류의 연소반응식

$$C_mH_n + \left(m + \frac{n}{4}\right)O_2 \rightarrow mCO_2 + \frac{n}{2}H_2O \begin{cases} \cdot CH_4 + \left(1 + \frac{4}{4}\right)O_2 \rightarrow CO_2 + \frac{4}{2}H_2O \\ \cdot C_2H_6 + \left(2 + \frac{6}{4}\right)O_2 \rightarrow 2CO_2 + \frac{6}{2}H_2O \\ \cdot C_3H_8 + \left(3 + \frac{8}{4}\right)O_2 \rightarrow 3CO_2 + \frac{8}{2}H_2O \end{cases}$$

4. 반응식의 양적관계

    (1) **질량 : 질량** → 화학반응식의 계수비와 화학식량으로부터 질량관계를 구한다.

        • $C(s) + O_2(g) \rightarrow CO_2(g)$
             1   :   :   1   ➡ 몰수비(계수비)
           12 g   :   :   44 g

    (2) **질량 : 부피** → 화학반응식의 계수비와 화학식량으로부터 질량과 부피관계를 구한다.

        • $Mg(s) + 2HCl(aq) \rightarrow MgCl_2(aq) + H_2(g)$
            1   :   1   ➡ 몰수비(계수비)
          24 g   :   22.4 L

    (3) **몰수 : 질량** → 화학반응식의 계수비와 화학식량으로부터 몰수와 질량의 관계를 구한다.

        • $2H_2O(l) \rightarrow 2H_2(g) + O_2(g)$
            2   :   1   ➡ 몰수비(계수비)
          2 mol :   32 g

5. 화학반응의 한계반응물과 수득률

    (1) **한계반응물** : 화학반응에서 반응물 중 먼저 소모되는 화합물(부족한 물질)을 말하며, 따라서 일정량의 각 반응물들을 혼합하였을 때, 이들 중 가장 적은 양의 생성물을 만드는 반응물이 한계반응물(반응의 제한물질)이 된다.

    (2) **퍼센트 수율** : 생성물의 이론적 수율을 기준한 생성물의 실제수율의 백분율을 말한다.

$$\% \, 수율 = \frac{생성물의 \ 실제수율}{생성물의 \ 이론적 \ 수율} \times 100$$

● **참고** ●

이론수율과 실제수율의 차이가 발생하는 요인

• **온도** : 온도가 증가되면 반응속도는 빨라진다.
• **반응용기** : 반응용기의 벽면의 재료가 반응속도에 영향을 미칠 수 있다.
• **압력** : 기체반응에서 압력이 영향을 끼칠 수 있다.
• **매질** : 반응 산출물이 벤젠과 같은 반응매질의 영향을 받을 수 있다.
• **물질의 상** : 반응물은 기체, 액체, 고체일 수 있으며, 이것이 반응속도에 영향을 끼칠 수 있다.

7 화학결합의 유형과 특성

$\begin{cases} \text{분자 내 결합(원소간의 결합)} \\ \text{분자와 분자간의 힘에 의한 결합} \end{cases}$

1. 액체 · 기체의 분자 내 결합 → 영향인자 $\begin{cases} \bullet \text{ 정전기적인 힘 : 이온결합} \\ \bullet \text{ 전자쌍 공유 및 결합 구조(단일, 다중)} \\ \bullet \text{ 전기음성도 및 원자간 거리} \end{cases}$

(1) **이온결합** : 이온결합(Ionic Bond)은 전자의 이동으로 형성되는 결합으로 금속 원소 + 비금속 원소 간의 결합에 의해 형성된다. $NaCl$, CaO, CaF_2 등이 있다.

1 ~ 2족		+	16 ~ 17족		=	이온결합 물질		
Li	Be		O	F		NaCl	CaCl$_2$	Na$_2$O
Na	Mg		S	Cl		KF	MgF$_2$	K$_2$O
K	Ca		Se	Br		BaBr	MgCl$_2$	Na$_2$S
Rb	Sr		…	I		…	CaO	…

<그림> 이온결합의 형성

(2) **공유결합** : 공유결합(Covalent Bond)은 전자를 공유함으로써 형성되는 결합으로 비금속 원소+비금속 원소의 결합에 의해 형성된다. 수소결합을 하는 H_2O, NH_3, HF를 포함하여 O_2, N_2, CO_2, H_2S, SO_2, NO_2, CS_2, CH_4 등 다양한 분자들이 공유결합을 하고 있다.

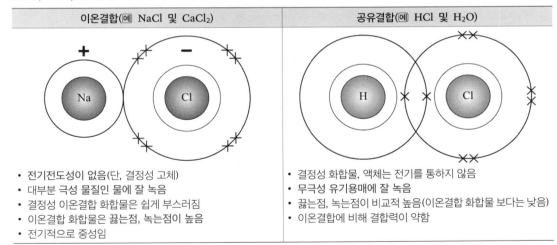

이온결합(예 NaCl 및 CaCl$_2$)	공유결합(예 HCl 및 H$_2$O)
• 전기전도성이 없음(단, 결정성 고체) • 대부분 극성 물질인 물에 잘 녹음 • 결정성 이온결합 화합물은 쉽게 부스러짐 • 이온결합 화합물은 끓는점, 녹는점이 높음 • 전기적으로 중성임	• 결정성 화합물, 액체는 전기를 통하지 않음 • 무극성 유기용매에 잘 녹음 • 끓는점, 녹는점이 비교적 높음(이온결합 화합물 보다는 낮음) • 이온결합에 비해 결합력이 약함

▌극성 공유결합과 비극성 공유결합의 특성비교 ▌

구분	극성 공유결합(Polar Covalent Bond)		비극성 공유결합(Nonpolar Covalent Bond)	
메커니즘	• 전기음성도가 다른 원자간의 결합 • 분자 내에 부분적으로 하전 HI의 전기음성도 = $2.1 - 2.5 = 0.4$		• 전기음성도가 같은 원자간의 결합 • 전기음성도가 다르지만 대칭구조를 갖는 분자 Cl_2의 전기음성도 = $3.0 - 3.0 = 0$	
보기	• H_2O, SO_2, NO_2, HCl, NH_3, C_2H_5OH 등		• CO_2, O_2, N_2, I_2, CH_4, C_6H_6, CCl_4 등	
반응 특성	• 전자의 비대칭적 분포에 의하여 결합분자가 양극 또는 음극을 가지게 됨 • 원자 간의 전기음성도 차이가 크면 결합은 강한 극성을 띠게 됨 • 원자 간의 전기음성도 차이가 작으면 결합은 약한 극성을 띠게 됨		• 전자의 대칭적 분포에 의하여 결합분자에 양극 또는 음극이 없음 • 비극성 분자는 극성 분자에 비해 일반적으로 분자간의 인력이 적으며, 반 데르 발스의 힘이라는 유사극성으로 결합력이 강화되기도 함	
이화학적 특성	• 물에 잘 용해됨 • 쌍극자 모멘트를 가지고 있음 • 극성은 비교적 고정되어 있음		• 물에 잘 용해되지 않음 • 쌍극자 모멘트가 0임 • 분자의 구조가 대칭형임	

● **참고** ●

■ **공유결정(公有結晶, Covalent Crystal)**

• **3차원적 공유결정물** : 다이아몬드 · 탄화규소 · 산화규소

• **2차원적 공유결정물** : 흑연, 운모

• **1차원적 공유결정물** : 염화베릴륨, 폴리에틸렌 등

(3) 배위결합 : 배위결합(Covalent Bond)은 비공유전자를 지니고 있는 원소가 전자쌍을 제공하여 형성되는 결합으로 반극성 결합이라고도 한다.

① 배위결합물 : NH_4^+, H_3O^+, BF_3NH_3, SO_4^{2-}, PO_4^{3-} 등

② 배위결합의 보기 : 배위 공유결합을 하는 과정에서 전자쌍을 받는 물질을 Lewis 산(酸)이라고 하며, 전자쌍을 주는 물질을 Lewis 염기(鹽基)라고 한다. 또한 Lewis 산과 Lewis 염기가 반응하여 생성된 물질을 착물(錯物, Complex)이라고 한다.

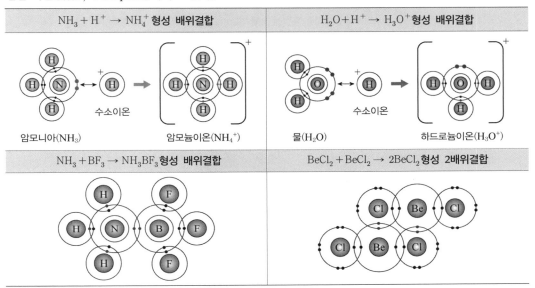

$NH_3 + H^+ \rightarrow NH_4^+$ 형성 배위결합	$H_2O + H^+ \rightarrow H_3O^+$ 형성 배위결합
암모니아(NH_3) 암모늄이온(NH_4^+)	물(H_2O) 하드로늄이온(H_3O^+)
$NH_3 + BF_3 \rightarrow NH_3BF_3$ 형성 배위결합	$BeCl_2 + BeCl_2 \rightarrow 2BeCl_2$ 형성 2배위결합

2. 액체 · 기체의 분자간의 힘에 의한 결합 → 영향인자 { • 수소결합 • 쌍극자인력 • Van der Waals 힘

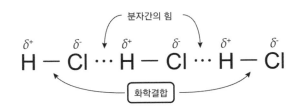

- **결합력의 크기** : 화학결합(결정 공유결합 > 이온결합) > 수소결합 > 쌍극자 인력 > 분산력
- **결합구조에 따른 결합력의 크기** : 삼중결합 > 이중결합 > 단일결합

(1) 수소결합 : 수소결합은 수소(H)가 O · N · F 등 전기음성도가 강한 2개의 원자 사이에 수소원자가 들어감으로써 생기는 화학결합을 말한다.

구분	화합물의 성질
예	• H_2O(물), NH_3(암모니아), HF(불화수소), CH_3COOH(초산), N_2H_4(하이드라진) 등
특성	• **수소결합의 특징** - 녹는점과 끓는점이 높음 - 비열(kJ/kg · ℃)이 큼 - 몰 증발열(kJ/mol) 및 밀도(g/cm³)가 큼 - 점성도가 큼 • **수소결합에 따른 물의 특성** - 분자량이 비슷한 다른 물질에 비해 녹는점, 끓는점, 용해열, 기화열이 큼 - 물은 비극성 화합물보다 극성 화합물이나 공유 · 이온 결합화합물을 잘 용해시킴 - 고체(얼음)가 되면 밀도가 감소함(물 위에 뜸)

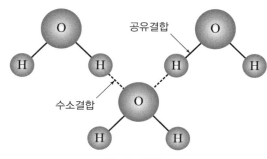

<그림> 수소결합(H_2O)

<그림> 수소결합의 유형

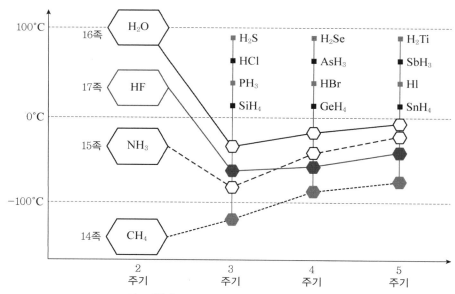

<그림> 결합성 수소화합물과 수소결합물의 끓는점 비교

(2) **쌍극자 인력(Dipole Interaction)** : 극성 분자들은 쌍극자 모멘트를 가지며, 이들은 양(+)의 끝과 음(−)의 끝을 서로 가깝게 배열함으로써 정전기적으로 서로 끌어당길 수 있는데 이를 쌍극자 인력이라고 한다.

<그림> 쌍극자 - 쌍극자의 인력

- 쌍극자 인력의 크기
  - 쌍극자 인력은 공유결합이나 이온결합의 1%정도임
  - 쌍극자 인력은 수소결합에 비해 약 1/5정도임
  - 쌍극자 인력은 이온간의 거리의 4승에 반비례($1/d^4$)하여 감소함
    ※ 이온간의 정전기적 인력은 ($1/d^2$)에 반비례함

(3) **런던 분산력(London Dispersion Force)** : 쌍극자 모멘트가 없는 비극성 분자들 간에 작용하는 힘으로 비대칭 전자들에 의해 일시적으로 나타나는 순간 쌍극자를 말한다.

쌍극자가 있는 A분자   쌍극자가 없는 B분자

<그림> 분산력의 작용에 의한 순간 쌍극자

- H_2, CH_4, CCl_4, CO_2 등 영구 쌍극자 모멘트가 없는 비극성 분자들은 런던 분산력을 통해 서로 끌어당기는 힘이 작용한다.
- 원자량 및 분자량이 클수록 런던 분산력은 증가한다.

3. 고체결합 → 결합형 분류 ⎰• 금속성 고체
⎱• 이온성 고체
• 분자형 고체
• 공유결합형(원자성, 그물망) 고체

(1) **결합형에 따른 특성**

구분	금속성 고체	이온성 고체	분자형 고체	공유결합형 고체 (원자성 고체)
단위 세포 입자	• 금속이온	• 양이온 - 음이온	• 분자	• 원자
입자간 인력	• 양이온과 전자간의 금속 결합	• 정전기적 인력	• 분산력, 수소결합 • 쌍극자 - 쌍극자	• 공유결합
성질	• 부드러움 • 단단함 • 열도체 • 전도체 • 녹는점 범위 넓음	• 단단함 • 부서지기 쉬움 • 낮은 열도체 • 낮은 전도체 • 녹는점 높음	• 부드러움 • 낮은 열전도 • 낮은 전도체 • 녹는점 낮음	• 매우 단단 • 열도체 • 전도체 • 녹는점 매우 높음
해당 물질	• Cu, Cr, Ni	• NaCl, K_2SO_4	• 황린(P_4), 얼음(H_2O)	• 다이아몬드, 석영

(2) 고체결정의 구조
  • 단순 입방구조(Simple Cubic) → 예 Po(Polonium, 폴로늄)
  • 면심 입방구조(Face Centered Cubic) → 예 NaCl, Al(알루미늄), Cu(구리), Au(금), Ag(은) 등
  • 체심 입방구조(Body Centered Cubic) → 예 Cr(크로뮴 = 크롬), Mo(몰리브데넘 = 몰리브뎀), W(텅스텐) 등

단순 입방구조   면심 입방구조   체심 입방구조
                    <그림> 고체결정의 종류

(3) 고체결정의 격자점
  • 이온성 고체 : 격자점을 이온이 차지 → 예 NaCl 등
  • 분자성 고체 : 격자점을 중성 분자가 차지 → 예 얼음, 설탕(Sucrose) 등
  • 원자성 고체 : 격자점을 원자가 차지 → 예 다이아몬드, 흑연, 석영, 규소 등

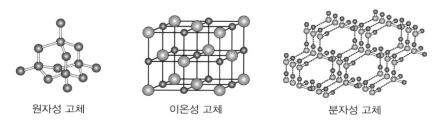

원자성 고체   이온성 고체   분자성 고체

(4) 결정성 고체의 녹는점과 끓는점
  • 그물망 결정(공유결합 원자) : 매우 높음
  • 이온성 결정 : 높거나 매우 높음
  • 금속성 결정 : 낮음부터 매우 높음까지 범위가 넓음
  • 분자성 결정 : 매우 낮거나 중간정도

(5) 이온성 결정의 특성
  • 이온성 고체는 양이온과 음이온 사이에 강한 전기적 인력이 작용한다.
  • 이온성 고체는 기계적인 강도가 약하여 강한 힘을 가하면 쉽게 부서진다.
  • 이온성 고체는 비휘발성이고, 녹는점과 끓는점이 높다.(이온 사이의 거리가 짧을수록 결합력이 증가하여
    녹는점과 끓는점이 높아짐)
      → 예 NaF > NaCl > NaBr

01 다음 중 단원자 분자에 해당하는 것은?

① 산소   ② 질소

③ 네온   ④ 염소

정답분석 단원자 분자(1원자 분자)란 원자 하나로도 분자의 성질을 갖는 분자를 말한다. 예를 들면, 헬륨(He), 네온(Ne), 아르곤(Ar), 라돈(Rn) 등은 다른 원자와의 반응성이 적은 비활성 기체로서 단원자 분자를 이루는데 단원자 분자는 분자간 인력이 작으므로 녹는점·끓는점이 모두 낮은 특징이 있다. 산소와 염소, 질소 등은 2개의 원자로 이루어진 분자이므로 등핵 2원자 분자라고 한다.

정답 ③

02 n그램(g)의 금속을 묽은 염산에 완전히 녹였더니 m몰의 수소가 발생하였다. 이 금속의 원자가를 2가로 하면 이 금속의 원자량은?

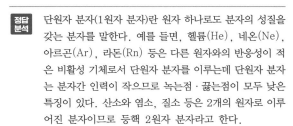

정답분석 수소(H)는 1가의 원소이다. 금속의 원자가(原子價)가 2가이므로 이와 반응하는 수소이온은 금속이온과 동일한 가수로 반응해야 하므로 금속이온 : 수소이온=1 : 2로 반응한다. 따라서 금속과 염산의 반응에 의한 수소의 생성 반응과 금속원소의 원자량의 관계식은 다음과 같이 작성하여 문제를 푼다.

계산
$$1M + 2HCl \rightarrow H_2 + MCl_2$$
$$1mol \quad : \quad 1mol$$

$$\Rightarrow H_2(m, \ mol) = n(g) \times \frac{금속\,mol}{금속\,원자량(g)} \times \frac{1mol}{1mol}$$

$$\therefore 금속\ 원자량 = \frac{n}{m} \times \frac{1}{1}$$

정답 ①

03 어떤 금속 1.0g을 묽은 황산에 넣었더니 표준상태에서 560mL의 수소가 발생하였다. 이 금속의 원자가는 얼마인가?(단, 금속의 원자량은 40으로 가정한다.)

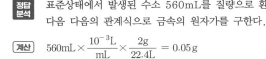

정답분석 표준상태에서 발생된 수소 560mL를 질량으로 환산한 다음 다음의 관계식으로 금속의 원자가를 구한다.

계산
$$560mL \times \frac{10^{-3}L}{mL} \times \frac{2g}{22.4L} = 0.05\,g$$

• 금속당량 = 수소당량 ➡ $\dfrac{가수 \times 1g}{40\,g} = \dfrac{0.05}{1}$

$$\therefore 금속\ 가수 = 2가$$

정답 ②

04 어떤 금속의 원자가는 2이며, 그 산화물의 조성은 금속이 80wt%이다. 이 금속의 원자량은?

① 32   ② 48

③ 64   ④ 80

정답분석 금속(M)이 산화물을 형성하기 위해서는 산소와 반응하여 산화되어야 한다. 또한 반응은 항상 동일한 당량으로 반응하기 때문에 당량비를 취하여 다음과 같이 반응식을 작성할 수 있다. 이때 일반적으로 적용하는 산소(O)의 원자량은 16, 가수는 2이다.

계산
$$M + O_2 \rightarrow MO_2$$
$$1eq : 1eq$$

$\begin{cases} M(금속) = 80\% = 80g \\ 나머지\ 산소(O_2) = 100 - 80 = 20\% = 20g \end{cases}$

• 금속당량$(eq) = 80\,g \times \dfrac{eq}{(M/2)\,g}$

• 산소당량$(eq) = 20\,g \times \dfrac{eq}{(16/2)\,g}$

$\Rightarrow$ 금속당량 = 산소당량 ➡ $\dfrac{160}{M} = \dfrac{20}{8}$

$$\therefore M(금속\ 원자량) = 64$$

정답 ③

05

물 2.5L 중에 어떤 불순물이 10mg이 함유되어 있다면 약 몇 ppm으로 나타낼 수 있는가?

① 0.4   ② 1
③ 4   ④ 40

정답분석 ppm은 백만분율(10^6)의 농도를 의미한다. 문제에서 제시된 조건이 액체 중의 ppm = mg/L 농도를 묻고 있으므로 다음과 같이 계산한다.

계산 $C_p(\text{ppm}) = \dfrac{\text{용질(mg)}}{\text{용액(L)}}$ $\begin{cases} \text{용질} = 10\,\text{mg} \\ \text{용액} = \text{물} = 2.5\,\text{L} \end{cases}$

$\therefore C_p(\text{ppm}) = \dfrac{10\,\text{mg}}{2.5\,\text{L}} = 4\text{mg/L}(=4\,\text{ppm})$

정답 ③

06

다음 중 1몰랄농도에 관한 설명으로 옳은 것은?

① 용액 1L 속에 녹아있는 용질의 몰 수
② 용매 100g 속에 녹아있는 용질의 g 수
③ 용매 1,000g 속에 녹아있는 용질의 몰 수
④ 용액 1L 속에 녹아있는 산 - 염기의 g당량 수

정답분석 몰랄농도(Molality)는 용매 1kg에 용해되어 있는 용질의 몰(mol) 수를 말한다. 몰랄농도는 용매의 단위를 온도에 따라 변하지 않는 질량(kg)을 사용함으로써 농도가 온도에 따라 변하지 않는 장점이 있다.

정답 ③

07

95wt% 황산의 비중은 1.84이다. 이 황산의 몰농도는 약 얼마인가?

① 4.5   ② 8.9
③ 17.8   ④ 35.6

정답분석 몰농도(Molarity)는 용액 1L에 용해되어 있는 용질의 몰(mol) 수를 말하므로 다음과 같이 계산한다. 황산(H_2SO_4) 1mol 질량(분자량)은 98이고, 비중 1.84를 밀도단위로 전환하면 1.84g/mL이다.

계산 $\text{M(mol/L)} = \dfrac{\text{용질(mol)}}{\text{용액(L)}}$

$\therefore \text{M} = \dfrac{1.84\text{g}}{\text{mL}} \times \dfrac{95\text{g}}{100\text{g}} \times \dfrac{\text{mol}}{98\text{g}} \times \dfrac{10^3\text{mL}}{\text{L}} = 17.84\text{mol/L}$

정답 ③

08

황산 196g으로 1M−H_2SO_4 용액을 몇 mL 만들 수 있는가?

① 1,000   ② 2,000
③ 3,000   ④ 4,000

정답분석 희석식을 이용한다. 황산(H_2SO_4) 1mol 질량(분자량)은 98이다.

계산 $MV = M'V'$ $\begin{cases} MV = \text{희석 전 용질의 mol 수} \\ M'V' = \text{희석 후 용질의 mol 수} \end{cases}$

$\Rightarrow 196\text{g} \times \dfrac{\text{mol}}{98\text{g}} = \dfrac{1\text{mol}}{\text{L}} \times x(\text{mL}) \times \dfrac{10^{-3}\text{L}}{\text{mL}}$

$\therefore x = 2,000\,\text{mL}$

정답 ②

09

100mL 메스플라스크로 10ppm 용액 100mL를 만들려고 한다. 1,000ppm 용액 몇 mL를 취해야 하는가?

① 0.1   ② 1
③ 10   ④ 100

정답분석 희석식을 이용한다.

계산 $CV = C'V'$ $\begin{cases} CV = \text{희석 전 용질의 양} \\ C'V' = \text{희석 후 용질의 양} \end{cases}$

$\Rightarrow 1,000\,\text{ppm} \times x(\text{mL}) = 10\,\text{ppm} \times 100\,\text{mL}$

$\therefore x(\text{mL}) = 1\text{mL}$

정답 ②

10

산성 용액 하에서 사용할 0.1N−$KMnO_4$ 용액 500mL를 만들려면 $KMnO_4$ 몇 g이 필요한가? (단, 원자량은 K : 39, Mn : 55, O : 16)

① 15.8g   ② 16.8g
③ 1.58g   ④ 0.89g

정답분석 희석식을 이용한다. $KMnO_4$는 5가의 산화제이므로 $1eq$(당량) = 분자량/가수 = 158/5 = 31.6g이다.

계산 $NV = N'V'$ $\begin{cases} NV = \text{희석 전 용질의 당량}(eq) \text{ 수} \\ N'V' = \text{희석 후 용질의 당량}(eq) \text{ 수} \end{cases}$

$\Rightarrow \dfrac{0.1eq}{\text{L}} \times 500\,\text{mL} \times \dfrac{10^{-3}\text{L}}{\text{mL}} = x(\text{g}) \times \dfrac{eq}{31.6\,\text{g}}$

$\therefore x = 1.58\text{g}$

정답 ③

11 NaOH 용액 100mL 속에 NaOH 10g이 녹아 있다면, 이 용액은 몇 N 농도인가?

① 1.0　　　　② 1.5
③ 2.0　　　　④ 2.5

[정답분석] 규정 농도(N)는 용액 1L에 용해되어 있는 용질의 당량(eq) 수를 말하므로 다음과 같이 계산한다. 가성소다(NaOH)는 1가의 염기이므로 1mol 질량(분자량)=1당량($1eq$)=40g이다.

[계산] $N(eq/\text{L}) = \dfrac{\text{용질}(eq)}{\text{용액}(\text{L})}$

$\therefore N = \dfrac{10\text{g}}{100\text{mL}} \times \dfrac{eq}{40\text{g}} \times \dfrac{10^3\text{mL}}{\text{L}} = 2.5\,eq/\text{L}$

정답 ④

12 다음 중 수용액의 pH가 가장 작은 것은? (단, 완전히 전리하는 것으로 함)

① 0.01N－HCl
② 0.1N－HCl
③ 0.01N－CH₃COOH
④ 0.1N－NaOH

[정답분석] pH 계산식을 이용한다. 사실 HCl과 NaOH의 경우는 전리도가 95%이므로 완전히 전리(해리)한다는 조건이 타당하지만 초산(CH_3COOH)의 경우는 5% 미만으로 전리하는 약산이기 때문에 전리도의 전제조건이 없이 이런 문제가 반복적으로 출제된다는 것 자체가 화학의 기본개념을 도외시 하는 것이라 생각되며, 수긍하기 어려운 문제유형이라 생각한다. 그러나 문제는 문제인 만큼 저자가 임의로 문제의 단서 조건 "(단, 완전히 전리하는 것으로 함)"을 추가하였음을 밝힌다.

[계산] 산의 $\text{pH} = \log \dfrac{1}{[\text{H}^+]}$

염기의 $\text{pH} = 14 - \log \dfrac{1}{[\text{OH}^-]}$

① $0.01\text{N} - \text{HCl} \rightarrow [\text{H}^+] = 0.01\,\text{mol/L} \Rightarrow \text{pH} = 2$
② $0.1\text{N} - \text{HCl} \rightarrow [\text{H}^+] = 0.1\,\text{mol/L} \Rightarrow \text{pH} = 1$
③ $0.01\text{N} - \text{CH}_3\text{COOH} \rightarrow [\text{H}^+] = 0.01\,\text{mol/L}$
　　$\Rightarrow \text{pH} = 2$
④ $0.1\text{N} - \text{NaOH} \rightarrow [\text{OH}^-] = 0.1\,\text{mol/L} \Rightarrow \text{pH} = 13$

$\therefore$ pH가 가장 낮은 것은 $0.1\text{N} - \text{HCl}$

정답 ②

13 25℃에서 83% 해리된 0.1N－HCl의 pH는 얼마인가?

① 1.08　　　　② 1.52
③ 2.02　　　　④ 2.25

[정답분석] pH 계산식을 이용한다.

[계산] $\text{pH} = \log \dfrac{1}{[\text{H}^+]}$

$\begin{cases} 0.1\text{N} - \text{HCl}이\ 100\%\ 해리할\ 때 \rightarrow [\text{H}^+] = 0.1\,\text{mol/L} \\ 83\%\ 해리할\ 때 \rightarrow [\text{H}^+] = 0.1 \times 0.83\,\text{mol/L} \end{cases}$

$\therefore \text{pH} = \log \dfrac{1}{0.1 \times 0.83} = 1.08$

정답 ①

14 0.001N－HCl의 pH는? (단, 완전히 전리하는 것으로 함)

① 2　　　　② 3
③ 4　　　　④ 5

[정답분석] 염산(HCl)과 같이 1가의 산(酸)인 경우 규정농도(Normality)는 수소이온 mol농도와 동일한 값을 가진다. 그러므로 다음과 같이 계산한다.

[계산] $\text{pH} = \log \dfrac{1}{[\text{H}^+]}$

$\therefore \text{pH} = \log \dfrac{1}{0.001} = 3$

정답 ②

15 pH가 2인 용액은 pH가 4인 용액과 비교하면 수소이온 농도가 몇 배인 용액이 되는가?

① 100배　　　　② 10배
③ 10⁻¹배　　　　④ 10⁻²배

[정답분석] pH와 수소이온 mol농도의 관계를 이용한다.

[계산] $\text{pH} = \log \dfrac{1}{[\text{H}^+]} \rightarrow \therefore [\text{H}^+] = 10^{-\text{pH}}$

$\therefore \dfrac{10^{-2}}{10^{-4}} = 100$

정답 ①

16 어떤 용액의 pH를 측정하였더니 4이었다. 이 용액을 1,000배 희석시킨 용액의 pH를 옳게 나타낸 것은?

① pH=3   ② pH=4

③ pH=5   ④ 6 < pH < 7

정답분석 pH 계산식을 이용한다.

계산 $pH = \log \dfrac{1}{[H^+]}$

$\begin{cases} \text{희석 전 : pH 4.0} \rightarrow [H^+] = 10^{-4} \, mol/L \\ \text{1,000배 희석} \\ \rightarrow [H^+] = 10^{-4} \times \dfrac{1}{1,000} = 1 \times 10^{-7} \, mol/L \end{cases}$

$\therefore pH = \log \dfrac{1}{1 \times 10^{-7}} = 7$

정답 ④

17 [OH⁻]=1×10^{-5}mol/L인 용액의 pH와 액성으로 옳은 것은?

① pH=5, 산성   ② pH=5, 알칼리성

③ pH=9, 산성   ④ pH=9, 알칼리성

정답분석 pH 계산식을 이용한다.

계산 $pH = 14 - \log \left(\dfrac{1}{OH^-} \right)$

$\therefore pH = 14 - \log \left(\dfrac{1}{1 \times 10^{-5}} \right) = 9$

pH > 7이므로 액성은 알칼리성이다.

정답 ④

18 표준상태에서 11.2L의 암모니아에 들어 있는 질소는 몇 g인가?

① 7   ② 8.5

③ 22.4   ④ 14

정답분석 암모니아의 분자식은 NH_3(질량 17)이고, 이 중에 질소 원자는 1개(질량 14)이므로 암모니아 11.2L 중 질소의 질량은 다음과 같이 계산한다.

계산 N의 질량 = NH_3의 양 × 반응비

$\begin{cases} \text{암모니아의 양} = 11.2L \times \dfrac{17g}{22.4L} = 8.5 \, g \\ \text{반응비 : } NH_3 \rightarrow N \\ \qquad\qquad 17g \quad : \quad 14g \end{cases}$

$\therefore$ 질소의 양 $= 8.5 \, g \times \left(\dfrac{14}{17} \right) = 7g$

정답 ①

19 NaOH 수용액 100mL를 중화하는데 2.5N의 HCl 80mL가 소요되었다. NaOH 용액의 농도(N)는?

① 1   ② 2

③ 3   ④ 4

정답분석 중화적정식을 이용한다.

계산 $NV = N'V' \begin{cases} NV = \text{산의 규정 농도} \times \text{산의 양} \\ N'V' = \text{염기의 규정 농도} \times \text{염기의 양} \end{cases}$

$\Rightarrow \dfrac{2.5 \, eq}{L} \times 80mL = N' \left(\dfrac{eq}{L} \right) \times 100 \, mL$

$\therefore N' = 2 \, eq/L (= 2N)$

정답 ②

20

10.0mL의 0.1M−NaOH을 25.0mL의 0.1M −HCl에 혼합하였을 때 이 혼합 용액의 pH는 얼마인가?

① 1.37   ② 2.82

③ 3.37   ④ 4.82

정답분석 HCl(酸, Acid)과 NaOH(鹽基, Base)의 반응에서 10×0.1(염기)<25×0.1(산)이므로 산(酸)이 과량으로 주입되었다. 따라서 불완전 중화적정식을 이용하여 문제를 풀어낸다. 참고로 NaOH와 HCl은 모두 1가이므로 몰 농도와 규정 농도가 동일하다.

계산 $N^*(V_1 + V_2) = N_1 V_1 - N_2 V_2$

$\begin{cases} N_1 V_1 = \text{과량주입 산의 규정 농도} \times \text{산의 양} \\ N_2 V_2 = \text{부족주입 염기의 규정 농도} \times \text{염기의 양} \end{cases}$

$\Rightarrow N^*(25+10) = 0.1 \times 25 - 0.1 \times 10$

• $N^* = 0.043$ eq/L (과량주입 HCl의 규정 농도)

• 산의 규정 농도(eq/L) = [H$^+$] mol/L = 0.043

$\therefore$ pH $= \log \dfrac{1}{[\mathrm{H}^+]} = \log \dfrac{1}{0.043} = 1.37$

정답 ①

21

0.1N−HCl 100mL 용액에 수산화나트륨 0.32g 을 넣고, 물을 첨가하여 1L로 만든 용액의 pH 값은 약 얼마인가?

① 1.7   ② 2.7

③ 3.7   ④ 4.7

정답분석 불완전 중화적정식(비평형 중화적정식)을 이용하여 문제를 풀어낸다.

계산 $N^*(V_1 + V_2) = N_1 V_1 - N_2 V_2$

• HCl의 당량(eq)

$= \dfrac{0.1\,eq}{\mathrm{L}} \times 100\,\mathrm{mL} \times \dfrac{10^{-3}\mathrm{L}}{\mathrm{mL}} = 0.01\,eq$

• NaOH의 당량(eq)

$= 0.32\,\mathrm{g} \times \dfrac{eq}{40\mathrm{g}} = 8 \times 10^{-3}\,eq$

→ 산(酸)이 과량

$\Rightarrow N^* = \dfrac{(0.01 - 8 \times 10^{-3})\,eq}{\mathrm{L}} = 2 \times 10^{-3}\,eq/\mathrm{L}$

→ [H$^+$] $= 2 \times 10^{-3}$ mol/L

$\therefore$ pH $= \log \dfrac{1}{[\mathrm{H}^+]} = \log \dfrac{1}{2 \times 10^{-3}} = 2.7$

정답 ②

22

0.01N−NaOH 용액 100mL에 0.02N−HCl 55mL를 넣고 증류수를 넣어 전체 용액을 1,000mL로 한 용액의 pH는?

① 3   ② 4

③ 10   ④ 11

정답분석 산과 염기의 비평형 중화식을 적용한다.

계산 $N_o(V_1 + V_2 + V_3) = N_1 V_1 - N_2 V_2$

$\begin{cases} V_1 + V_2 + V_3 = 1,000 \\ N_1 V_1 = 0.02 \times 55 = 1.1 \\ N_2 V_2 = 0.01 \times 100 = 1 \end{cases}$

$\Rightarrow N_o(1,000) = 1.1 - 1$, $N_o = 10^{-4}\,eq/\mathrm{L}$

$\therefore$ pH $= \log \dfrac{1}{[\mathrm{H}^+]} = \log \dfrac{1}{10^{-4}} = 4$

정답 ②

23

17g의 NH$_3$와 충분한 양의 황산이 반응하여 만들어지는 황산암모늄은 몇 g인가? (단, 원소의 원자량은 H : 1, N : 14, O : 16, S : 32이다.)

① 66g   ② 106g

③ 115g   ④ 132g

정답분석 반응의 결과물인 황산암모늄의 분자식이 (NH$_4$)$_2$SO$_4$이므로 암모니아 2mol과 황산 1mol이 반응하는 것을 알 수 있다. 따라서 암모니아를 기준으로 다음과 같이 계산한다.

계산 황산암모늄의 양 $=$ NH$_3$량 $\times$ 반응비$\left(\dfrac{\text{황산암모늄}}{\text{암모니아}} \right)$

$\begin{cases} \text{암모니아의 양} = 17\,\mathrm{g} \\ \text{반응비}: 2\mathrm{NH_3} \rightarrow (\mathrm{NH_4})_2\mathrm{SO_4} \\ \qquad\quad\ 2 \times 17\,\mathrm{g} \ : \qquad 132\,\mathrm{g} \end{cases}$

$\therefore$ 황산암모늄의 양 $= 17\,\mathrm{g} \times \left(\dfrac{132}{2 \times 17} \right) = 66\,\mathrm{g}$

정답 ①

24 다음 분자 중 가장 무거운 분자의 질량은 가장 가벼운 분자의 몇 배인가? (단, Cl의 원자량은 35.5이다.)

$$H_2, \ Cl_2, \ CH_4, \ CO_2$$

① 4배　　　　　　② 22배

③ 30.5배　　　　④ 35.5배

─────────────────────

정답분석 가장 무거운 분자는 Cl_2이며, 가장 가벼운 분자는 H_2이다.

계산 $\dfrac{Cl_2}{H_2} = \dfrac{71}{2} = 35.5$배

정답 ④

26 물 100g에 황산구리 결정($CuSO_4 \cdot 5H_2O$) 2g을 넣으면 몇 % 용액이 되는가? (단, $CuSO_4$의 분자량은 160g/mol이다.)

① 1.25%　　　　　② 1.96%

③ 2.4%　　　　　④ 4.42%

─────────────────────

정답분석 질량백분율 계산식을 적용한다.

계산 농도(%) $= \dfrac{용질}{용액} \times 100$

$$\begin{cases} 용질 = 2g \ CuSO_4 \cdot 5H_2O \times \dfrac{CuSO_4}{CuSO_4 \cdot 5H_2O} \\ \quad\quad = 2 \times \dfrac{160}{160 + (5 \times 18)} = 1.28g \\ 용액 = 100 + 2 = 102g \end{cases}$$

$\therefore$ 농도(%) $= \dfrac{1.28g}{102g} \times 100 = 1.25\%$

정답 ①

25 100mL 메스플라스크로 10ppm 용액 100mL를 만들려고 한다. 1,000ppm 용액 몇 mL를 취해야 하는가?

① 0.1　　　　　　② 1

③ 10　　　　　　④ 100

─────────────────────

정답분석 희석 전·후의 용질의 질량은 일정하므로 희석식(농도×부피)을 적용한다.

계산 $CV = C'V'$ $\begin{cases} CV = 희석 \ 전 \ 용질의 \ 양 \\ C'V' = 희석 \ 후 \ 용질의 \ 양 \end{cases}$

$\Rightarrow 1,000 \, ppm \times x \, (mL) = 10 \, ppm \times 100 \, mL$

$\therefore x(mL) = 1mL$

정답 ②

27 에테인(에탄)을 연소시키면 이산화탄소(CO_2)와 수증기(H_2O)가 생성된다. 표준상태에서 에탄 30g을 반응시킬 때 발생하는 이산화탄소와 수증기의 분자 수는 모두 몇 개인가?

① 6×10^{23}개　　　② 12×10^{23}개

③ 18×10^{23}개　　④ 30×10^{23}개

─────────────────────

정답분석 모든 기체 1mol의 분자 수는 6.023×10^{23}개이므로 에탄의 연소산화에 의해 생성되는 이산화탄소와 수증기의 몰수를 합산하여 6.023×10^{23}을 곱하면 합산된 분자 수를 구할 수 있다.

계산 분자 수 $= (CO_2 mol + H_2O mol) \times 6.023 \times 10^{23}$

$$\begin{cases} 연소반응 \\ C_2H_6 + 3.5O_2 \rightarrow 2CO_2 + 3H_2O \\ \ 30g \quad\quad : \quad\quad 5mol \end{cases}$$

$\therefore$ 분자 수 $= 5 \, mol \times \left(\dfrac{6.023 \times 10^{23}}{mol} \right) = 30 \times 10^{23}$

정답 ④

28 탄소 3g이 산소 16g 중에서 완전연소되었다면, 연소한 후 혼합기체의 부피는 표준상태에서 몇 L가 되는가?

① 5.6   ② 6.8
③ 11.2   ④ 22.4

[정답분석] 탄소의 연소반응을 이용한다. 다음의 탄소와 산소의 연소 반응비를 보면 → 질량비로 $12 : 32$임을 알 수 있다. 문제에서 제시된 연소되는 탄소가 3g일 때,
소비되는 산소 $= 3g \times (32/12) = 8g$이므로 나머지의 산소 $16g - 8g = 8g$은 미반응 물질로 연소가스 중의 기체로 배출 될 것이다. 따라서 연소한 후 혼합기체의 부피는 탄소가 연소되어 생성하는 CO_2부피와 반응하지 않은 O_2부피의 합이 된다.

[계산] 연소 후 혼합기체 $= CO_2$ 부피 + 미반응 O_2부피

$$\begin{cases} 탄소량 = 3g \\ 반응비 : \quad C \; + \; O_2 \; \rightarrow \; CO_2 \\ \qquad\qquad 12g : \; 32g \; : \; 22.4L \end{cases}$$

- CO_2 부피
$$= 탄소량(g) \times \frac{22.4L(CO_2)}{12g(C)}$$
$$= 3g \times \frac{22.4L}{12g} = 5.6 \, L \text{ as } CO_2$$

- 미반응 O_2 부피(L)
$$= (16g - 8g)O_2 \times \frac{22.4L(O_2)}{32g(O_2)}$$
$$= 5.6 \, L \text{ as } O_2$$

$\therefore$ 연소 후 혼합기체 부피 $= 5.6L + 5.6L = 11.2L$

정답 ③

29 다음 화합물 중 2mol이 완전연소될 때 6mol의 산소가 필요한 것은?

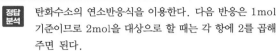
① $CH_3 - CH_3$ ② $CH_2 = CH_2$
③ $CH \equiv CH$ ④ C_6H_6

[정답분석] 탄화수소의 연소반응식을 이용한다. 다음 반응은 1mol 기준이므로 2mol을 대상으로 할 때는 각 항에 2를 곱해 주면 된다.

[계산]
$$C_mH_n + \left(m + \frac{n}{4}\right)O_2 \; \rightarrow \; mCO_2 + \frac{n}{2}H_2O$$

$$\begin{cases} ① \; CH_3 - CH_3 \; \rightarrow C_2H_6 + \left(2 + \dfrac{6}{4}\right)O_2 \\ \qquad \rightarrow 2CO_2 + \dfrac{6}{2}H_2O \\ ② \; CH_2 = CH_2 \; \rightarrow C_2H_4 + \left(2 + \dfrac{4}{4}\right)O_2 \\ \qquad \rightarrow 2CO_2 + \dfrac{4}{2}H_2O \\ ③ \; CH \equiv CH \; \rightarrow C_2H_2 + \left(2 + \dfrac{2}{4}\right)O_2 \\ \qquad \rightarrow 2CO_2 + \dfrac{2}{2}H_2O \\ ④ \; C_6H_6 \; \rightarrow C_6H_6 + \left(6 + \dfrac{6}{4}\right)O_2 \; \rightarrow 6CO_2 + \dfrac{6}{2}H_2O \end{cases}$$

정답 ②

30 어떤 물질이 산소 50wt%, 황 50wt%로 구성되어 있다. 이 물질의 실험식을 옳게 나타낸 것은?

① SO   ② SO_2
③ SO_3 ④ SO_4

[정답분석] 질량백분율 100%는 화합물 100g당 각 원소의 그램 수를 의미하며, 실험식을 나타낼 때는 각 몰 값의 가장 작은 정수로 나타낸다.

[계산] 다음과 같이 실험식을 구한다.

$$S_aO_b \begin{cases} \bullet \; S \; \rightarrow 50g \times \dfrac{1mol}{32g} = 1.563 \, mol \, S \\ \quad (※ 32 = 황의 원자량) \\ \bullet \; O \; \rightarrow 50g \times \dfrac{1mol}{16g} = 3.125 \, mol \, O \\ \quad (※ 16 = 산소의 원자량) \end{cases}$$

㉠ 최소 정수비로 나누면 $\begin{cases} \bullet \; S = \dfrac{1.563}{1.563} = 1 \\ \bullet \; O = \dfrac{3.125}{1.563} = 1.999 = 2 \end{cases}$

㉡ a 및 b 값 $\begin{cases} a = 1 \\ b = 2 \end{cases}$

$\therefore S_aO_b = SO_2$

정답 ②

31

유기화합물을 질량 분석한 결과 C 84%, H 16%의 결과를 얻었다. 다음 중 이 물질에 해당하는 실험식은?

① C_5H ② C_2H_2

③ C_7H_6 ④ C_7H_{16}

정답분석 질량백분율 100%는 화합물 100g당 각 원소의 그램 수를 의미하며, 실험식을 나타낼 때는 각 몰 값의 가장 작은 정수로 나타낸다.

계산 실험식은 다음과 같이 산정한다.

$$C_aH_b \begin{cases} \cdot\ C \rightarrow 84g \times \dfrac{1mol}{12g} = 7\,mol\,(C) \\ \quad (\text{※ } 12 = \text{탄소의 원자량}) \\ \cdot\ H \rightarrow 16g \times \dfrac{1mol}{1g} = 16\,mol\,(O) \\ \quad (\text{※ } 1 = \text{수소의 원자량}) \end{cases}$$

$$\therefore\ C_aH_b = C_7H_{16}$$

정답 ④

32

원자량이 56인 금속 M 1.12g을 산화시켜 실험식이 M_xO_y인 산화물 1.60g을 얻었다. x, y는 각각 얼마인가?

① $x=1,\ y=2$ ② $x=2,\ y=3$

③ $x=3,\ y=2$ ④ $x=2,\ y=1$

정답분석 금속(M)의 산소(O)에 의한 산화반응을 이용하여 계산한다.

계산 $x\,M + y\,O \rightarrow M_xO_y$

$$\begin{cases} \cdot\ M \rightarrow 1.12g \times \dfrac{1mol}{56g} = 0.02\,mol\,(M) \\ \quad (\text{※ } 56 = M\text{의 원자량}) \\ \cdot\ O \rightarrow (1.6-1.12)g \times \dfrac{1mol}{16g} = 0.03\,mol\,(O) \\ \quad (\text{※ } 16 = \text{산소의 원자량}) \end{cases}$$

㉠ 최소 정수비로 나누면

$$\begin{cases} \cdot\ M = \dfrac{0.02}{0.02} = 1 \rightarrow 2\text{배수} \rightarrow 2\times1 = 2 \\ \cdot\ O = \dfrac{0.03}{0.02} = 1.5 \rightarrow 2\text{배수} \rightarrow 2\times1.5 = 3 \end{cases}$$

㉡ x 및 y 값 $\begin{cases} x=2 \\ y=3 \end{cases}$

$$\therefore\ M_xO_y = M_2O_3$$

정답 ②

33

730mmHg, 100℃에서 257mL 부피의 용기 속에 어떤 기체가 채워져 있다. 그 무게는 1.671g이다. 이 물질의 분자량은 약 얼마인가?

① 28   ② 56

③ 207   ④ 257

정답분석 온도와 압력이 제시될 때에는 보일 – 샤를의 법칙을 "부피" 단위에만 집중하여 보정한다. 100℃, 730mmHg에서의 부피 257mL(=0.257L)을 0℃ 상태의 부피로 환산한다고 생각하고 문제를 푼다.

계산 기체부피 $=$ 질량$\times \dfrac{22.4}{\text{분자량}} \times \dfrac{273+t}{273} \times \dfrac{760}{P}$

$$\begin{cases} \text{부피} = 257mL = 0.257\,L \\ \text{질량} = 1.671g \\ t\,(\text{온도}) = 100℃ \\ P(\text{압력}) = 730\,mmHg \\ 760 = \text{표준상태 압력}(mmHg) \end{cases}$$

$\cdot\ 0.257L = 1.671g \times \dfrac{22.4}{\text{분자량}} \times \dfrac{273+100}{273} \times \dfrac{760}{730}$

$$\therefore\ \text{분자량} = \dfrac{1.671\times22.4\times(273+100)\times760}{0.257\times273\times730}$$
$$= 207.17$$

정답 ③

34

휘발성 유기물 1.39g을 증발시켰더니 100℃, 760mmHg에서 420mL이었다. 이 물질의 분자량은 약 몇 g/mol인가?

① 53   ② 73

③ 101   ④ 150

정답분석 온도와 압력이 제시될 때에는 보일 – 샤를의 법칙을 "부피" 단위에만 집중하여 보정한다. 100℃, 760mmHg에서의 부피 420mL(=0.42L)을 0℃ 상태의 부피로 환산한다고 생각하고 문제를 푼다.

계산 기체부피 $=$ 질량$\times \dfrac{22.4}{\text{분자량}} \times \dfrac{273+t}{273} \times \dfrac{760}{P}$

$$\begin{cases} \text{부피} = 420mL = 0.42\,L \\ \text{질량} = 1.39g \\ t\,(\text{온도}) = 100℃ \\ P(\text{압력}) = 760\,mmHg \\ 760 = \text{표준상태 압력}(mmHg) \end{cases}$$

$\Rightarrow\ 0.42L = 1.39g \times \dfrac{22.4}{\text{분자량}} \times \dfrac{273+100}{273} \times \dfrac{760}{760}$

$$\therefore\ \text{분자량} = \dfrac{1.39\times22.4\times(273+100)\times760}{0.42\times273\times760} = 101.29$$

정답 ③

35

96wt% H_2SO_4(A)와 60wt% H_2SO_4(B)를 혼합하여 80wt% H_2SO_4 100kg 만들려고 한다. 각각 몇 kg씩 혼합하여야 하는가?

① A : 30, B : 70

② A : 44.4, B : 55.6

③ A : 55.6, B : 44.4

④ A : 70, B : 30

정답분석 혼합식을 이용한다.

계산 혼합량 $= M_A X_A + M_B X_B$

$$\begin{cases} \text{혼합량} = 100\,kg \times 0.8 = 80\,kg \\ M_A X_A = M_A \times 0.96 \\ M_B X_B = M_B \times 0.6 \end{cases}$$

$\Rightarrow 80 = M_A \times 0.96 + M_B \times 0.6$

$\quad \leftarrow (M_A + M_B = 100\,kg)$

$\Rightarrow 80 = (100 - M_B) \times 0.96 + M_B \times 0.6$

$$\begin{cases} M_B = \dfrac{100 \times 0.96 - 80}{0.96 - 0.6} = 44.444\,kg \\ M_A = 100 - 44.444 = 55.556\,kg \end{cases}$$

$\therefore\ M_A = 55.556\,kg \qquad M_B = 44.444\,kg$

정답 ③

36

CH_4 16g 중에서 C가 몇 mol 포함되었는가?

① 1 　　　② 2

③ 4 　　　④ 16

정답분석 CH_4 중 탄소 mol 수는 CH_4의 질량에 탄소의 구성비를 곱하여 산출한다.

계산 $C\,(mol) = CH_4\ \text{질량} \times \text{구성비}\left(\dfrac{C\ \text{원자량}}{CH_4\ \text{분자량}}\right)$

$\qquad\qquad \times \dfrac{mol}{C\text{의 원자량}}$

$\therefore\ C\,(mol) = 16\,g \times \dfrac{12}{16} \times \dfrac{mol}{12\,g} = 1\,mol$

정답 ①

37

C_3H_8 22.0g을 완전연소시켰을 때 필요한 공기의 부피는 약 얼마인가? (단, 0℃, 1기압 기준이며, 공기 중의 산소량은 21%이다.)

① 56L 　　　② 112L

③ 224L 　　　④ 267L

정답분석 프로페인(프로판, C_3H_5)의 연소반응에서 이론산소량(O_o)을 산정하고, 이를 토대로 이론공기량의 부피(A_o)를 산출한다.

계산 $A_o = O_o \times \dfrac{1}{0.21}$

$$\begin{cases} C_3H_8\ +\ 5O_2\ \rightarrow\ 3CO_2 + 4H_2O \\ 44g\ :\ 5 \times 22.4L \end{cases}$$

$\therefore\ A_o = 22g \times \dfrac{5 \times 22.4L}{44g} \times \dfrac{1}{0.21} = 266.67L$

정답 ④

38

표준상태에서 벤젠 2mol이 완전연소하는데 필요한 이론공기요구량은 몇 L인가? (단, 공기 중 산소는 21vol%이다.)

① 168 　　　② 336

③ 1,600 　　　④ 3,200

정답분석 벤젠의 연소반응식을 이용하여 이론산소량(O_o)의 부피를 구하고, 이를 토대로 이론공기량(A_o)의 부피를 산출한다.

계산 $A_o = O_o \times \dfrac{1}{0.21}$

$$\begin{cases} C_6H_6\ +\ 7.5O_2\ \rightarrow\ 6CO_2 + 3H_2O \\ 1mol\ :\ 7.5 \times 22.4L \end{cases}$$

$\therefore\ A_o = 2mol \times \dfrac{7.5 \times 22.4L}{1mol} \times \dfrac{1}{0.21} = 1,600L$

정답 ③

39 어떤 기체가 탄소원자 1개당 2개의 수소원자를 함유하고 0℃, 1기압에서 밀도가 1.25g/L일 때, 이 기체에 해당하는 것은?

① CH_2
② C_2H_4
③ C_3H_6
④ C_4H_8

정답분석 표준상태(0℃, 1기압)에서 모든 기체의 밀도는 분자량을 1mol의 부피(22.414≒22.4)로 나누어 산정한다. 분자량은 원자량의 합이므로 탄소와 수소의 원자량과 개수를 곱하여 산정하면 된다.

계산 기체밀도 = $\dfrac{분자량}{22.4}$

분자량 $\begin{cases} CH_2 = 12+2 = 14 \\ C_2H_4 = 12\times2+4 = 28 \\ C_3H_6 = 12\times3+6 = 42 \\ C_4H_8 = 12\times4+8 = 56 \end{cases}$

∴ 해당 기체의 분자량
= 밀도×22.4 = 1.25×22.4 = 28

정답 ②

40 이상기체의 거동을 가정할 때, 표준상태에서의 기체 밀도가 약 1.96g/L인 기체는?

① O_2
② CH_4
③ CO_2
④ N_2

정답분석 표준상태(0℃, 1기압)에서 모든 기체의 밀도는 분자량을 1mol의 부피(22.414≒22.4 이하 동일)로 나누어 산정한다. 분자량은 원자량의 합이므로 탄소와 수소의 원자량과 개수를 곱하여 산정하면 된다.

계산 기체 밀도 = $\dfrac{분자량}{22.4}$

분자량 $\begin{cases} O_2 = 16\times2 = 32 \\ CH_4 = 12\times1+4 = 16 \\ CO_2 = 12\times1+16\times2 = 44 \\ N_2 = 14\times2 = 28 \end{cases}$

∴ 해당 기체의 분자량 = 밀도×22.4
= 1.96×22.4 ≒ 44

정답 ③

41 탄소와 수소로 되어 있는 유기화합물을 연소시켜 CO_2 44g, H_2O 27g을 얻었다. 이 유기화합물의 탄소와 수소 몰비율(C : H)은 얼마인가?

① 1 : 3
② 1 : 4
③ 3 : 1
④ 4 : 1

정답분석 탄화수소 연소반응식을 적용하여 연소 후 생성된 CO_2와 H_2O의 mol량으로 부터 유기화합물의 탄소와 수소 mol 비율을 산정할 수 있다.

계산 $C_mH_n + \left(m+\dfrac{n}{4}\right)O_2 \rightarrow mCO_2 + \dfrac{n}{2}H_2O$

$m = 44g \times \dfrac{1mol}{44g} = 1$

$\dfrac{n}{2} = 27g \times \dfrac{1mol}{18g} = 1.5$

∴ C : H = m : n = 1 : 3

정답 ①

42 H_2O가 H_2S보다 비등점이 높은 이유는?

① 이온결합을 하고 있기 때문에
② 수소결합을 하고 있기 때문에
③ 공유결합을 하고 있기 때문에
④ 분자량이 적기 때문에

정답분석 수소결합(hydrogen bond)을 갖는 분자(H, …, F, O, N) 는 분자간의 인력이 강해 분자 사이의 인력을 끊기 위해서는 많은 에너지가 필요하기 때문에 유사한 분자량을 가진 화합물과 비교할 때 녹는점, 끓는점이 높다.

정답 ②

43 NH_4Cl에서 배위결합을 하고 있는 부분을 옳게 설명한 것은?

① NH_3의 N-H 결합
② H^+과 Cl^-과의 결합
③ NH_3와 H^+과의 결합
④ NH_4^+과 Cl^-과의 결합

정답분석 배위결합(Covalent Bond)이란 비공유 전자쌍을 지니고 있는 분자나 이온이 결합에 필요한 전자쌍을 제공하는 결합을 말한다. N과 H는 공유결합, NH_3와 H^+의 결합은 배위결합이다. 배위결합물에는 NH_4^+, H_3O^+, BF_3NH_3, SO_4^{2-}, PO_4^{3-} 등이 있다.

정답 ③

02 물질의 상태와 화학의 기본 법칙

1 물질(物質, Matter)

1. 정의 : 물질이란 질량(g, kg)을 가지면서 공간을 차지하는 것을 말한다.

2. 물질의 분류

  (1) **순물질** : 규정된 일정한 특성(조성, 모양, 맛, 냄새 등)을 가지면서 특정적인 성질을 갖는 것을 말한다. 순물질은 원소와 원소들의 결합에 의해 이루어진 화합물로 구분된다.

    ① 원소(元素, Element)는 화학적 방법으로 더 간단한 순물질로 분리할 수 없는 물질이다.

      다이아몬드, 흑연, 산소(O), 인(P), 황(S), 구리(Cu), 철(Fe)

    ② **화합물** : 둘 이상의 원소 원자들이 정해져 있는 비율에 따라 화학적으로 결합하여 만들어진 물질을 말한다.

      염화나트륨($NaCl$), 물(H_2O), 이산화탄소(CO_2), 염화수소(HCl), 암모니아(NH_3)

    ③ **단체** : 산소나 수은처럼 한 종류의 원소로만 구성되어 있는 순물질을 말한다.

> **● 참고 ●**
>
> **동소체와 동소체의 확인**
>
> ■ **동소체(同素體)** : 같은 원소로 되어 있으나 **모양과 성질이 다른 홑원소 물질**로 물리적 성질이 서로 다른 것을 말함
> - 산소(O_2) ↔ 오존(O_3)
> - 다이아몬드 ↔ 흑연
> - 고무상황 ↔ 단사황 ↔ 사방황(斜方黃)
> - 흰인(白燐) ↔ 붉은인(赤燐)
>
> ■ **동소체의 확인방법** : 같은 원소로 되어 있는 물질은 연소할 경우 생성되는 연소생성 물질이 동일하다. 연소생성 물질이 한 종류이면 홑원소 물질, 두 가지 이상이면 화합물이다.
> - C(다이아몬드, 흑연, 활성탄) → CO_2
> - P(흰인, 붉은인) → P_2O_5
> - 고무상황, 단사황, 사방황 → SO_2
> - 탄화수소류 → CO_2, H_2O

  (2) **혼합물** : 독특한 성질을 유지하고 있는 둘 이상 순물질의 조합을 말한다. 혼합물은 균일성의 정도에 따라 균일 혼합물과 불균일 혼합물로 구분된다.

    ① **균일 혼합물** : 혼합물 개개의 형태를 육안으로 구별이 가능하지 않은 것

      (예) 용액, 공기, 탄산음료 등)

    ② **불균일 혼합물** : 혼합되어 있지만 혼합물 개개의 형태를 육안으로 구별이 가능한 것

      (예) 화강암, 우유, 흙탕물 등)

용어의 정의와 물질특성

■ **순물질** : 순물질은 물체를 이루는 특성 성분이다.
  • 순물질은 더 이상 쪼개거나 정제할 수 없다.
  • 각 순물질은 다른 순물질과는 구별되는 고유한 특성을 가지고 있다.
  • 순물질의 경우 고체가 녹거나 액체가 끓을 때 **온도가 변하지 않고 일정**하므로 순물질의 **가열 곡선에는 수평한 부분이 존재**한다.
■ **화합물** : 모든 화합물은 둘 이상의 순물질(원소)로 구성되어 있다.
  • 화학적 방법에 의해 더 간단한 물질로 분리될 수 있다.
  • 모든 화합물을 이루는 원소는 항상 일정한 질량비를 갖는다.
■ **혼합물**
  • 둘 이상의 순물질을 포함한다.
  • 각 성분의 조성은 다양하게 변할 수 있다.
  • 혼합물을 이루는 각 성분들의 자체 특성은 변하지 않고 그대로 유지된다.

▌ **순물질과 혼합물의 상대적인 특성 비교** ▌

비교항목	순물질	혼합물
조성	순물질은 한 종류의 물질만으로 이루어진 물질임	혼합물은 두 가지 이상의 순물질이 섞인 물질임
특성변화	녹는점, 끓는점, 밀도, 용해도, 색, 맛 등이 일정함	혼합물은 성분 물질의 혼합 비율에 따라 녹는점과 끓는점 등이 변함
성분비 일정 법칙	화합물의 경우는 구성 성분의 조성비가 일정하므로 성분비 일정 법칙이 성립함	성분비 일정 법칙이 성립하지 않음
물질 분리	• 화학적 방법에 의해 순물질 중 원소를 분리해 낼 수 있음 • 전기분해, 열분해 등의 화학적 방법을 이용하여 분리	• 물리적 방법에 의해 혼합물 중 순물질을 분리해 낼 수 있음 • 증류나 거름, 막분리 등의 물리적 방법을 이용하여 분리

3. 혼합물의 분리방법

(1) **추출법** : 액체상태의 용매를 사용하여 혼합물 속에서 특정한 성분만을 분리하는 방법이다.
  → 용액 중 지방의 추출, 식초 중 아세트산의 분리
(2) **재결정법(분별결정법)** : 온도에 따른 용해도 차이를 이용한 방법이다.
  → 질산칼륨 수용액 속에 염화나트륨의 제거, 소금물에서 붕산을 석출시켜 분별 제거
(3) **막분리(거름법, 여과법)** : 용해도 차이를 이용한 방법이다.
  → 소금과 나프탈렌이 섞인 혼합 용액을 막분리 할 경우 물에 녹지 않는 나프탈렌을 선택적으로 분리할 수 있음
(4) **증류법** : 끓는점이 다른 액체 혼합물을 분리하는 방법이다.
  → 물과 에탄올이 혼합된 액체를 증류하여 끓는점이 낮은 에탄올(78.5℃)과 끓는점이 높은 물(100℃)을 분리
(5) **크로마토그래피법** : 용매에 녹아 이동하는 용질의 속도 차이를 이용한 방법이다.
  → 꽃잎 색소나 사인펜 잉크의 색소 분리처럼 양이 매우 적고 성분이 비슷한 물질이 섞여 있을 때 분리하는데 이용함
(6) **비중차 분리법** : 용매에 존재하는 현탁물질의 밀도 및 비중차를 이용하여 침전과 부상을 통해 분리하는 방법이다.
  → 모래와 스티로폼 가루의 분리, 볍씨와 쭉정이의 분리, 사금을 채취할 때 모래와 금의 분리, 싱싱한 달걀과 오래된 달걀의 분리 등에 이용됨

2 물질의 상태와 성질

1. 물질의 상태 : 물질은 고체, 액체, 기체의 3가지 상태로 분류된다.

고체	액체	기체
• 규정된 모양을 가짐 • 결정성 고체(규칙적 배열) • 비결정성 고체(불규칙적 배열)	• 고체보다 덜 단단함, 흐를 수 있음 • 용기의 모양을 띠는 유체임(일정한 모양이 없고, 외부압력에 의해 팽창하지 않음) • 같은 질량의 기체에 비해 부피가 매우 작음	• 액체처럼 유체(Fluid)임 • 흐를 수 있음 • 용기의 모양을 띰 • 무한히 팽창할 수 있음 • 끊임없이 무질서하고, 불규칙적인 직선운동을 함

2. 물질의 성질(Property)

물질의 성질이란 물질을 확인할 수 있는 특성으로 화학적 성질과 물리적 성질로 구분할 수 있다.

(1) **화학적 성질** : 하나의 물질이 반응을 통해 다른 물질을 생성하는 독특한 성질을 말한다.

　　예 물(H_2O) + 활성금속 → 수소 + 다른 화합물

　　• 물질의 조성변화가 있을 때 나타나는 성질(반응 후 고유성질은 없어짐)

　　• 반응 후 생성물질은 초기 반응물의 화학적 조성과는 완전히 달라짐

(2) **물리적 성질** : 물질의 고유한 조성변화가 없이 다른 물질을 생성하는 독특한 성질을 말한다. → 색, 밀도, 세기, 녹는점, 끓는점, 전기전도도 등

　　예 물(H_2O) → 얼음 → 증기

　　• 물질의 조성변화가 일어나지 않고, 상태변화만 일어나는 성질임

　　• 물질의 물리적 성질은 온도나 압력에 따라 변함

　　• 반응 후 생성물질은 초기 반응물의 화학적 조성과 동일함

> • **물질의 크기 성질** : 물질의 양에 의존하는 성질 → 부피, 질량
> • **물질의 세기 성질** : 물질이 많고 적음에 영향을 받지 않는 성질 → 색, 녹는점

3 물질에 적용되는 기본 법칙

1. 질량보존의 법칙 : 화학적 반응이나 물리적 변화가 일어나는 동안 물질의 양(질량)의 변화는 일어나지 않는다.

　　예 마그네슘(Mg) + 산소($\frac{1}{2}O_2$) → MgO + 에너지
　　　　24.3 g　　　+　 16g　　 →　 40.3 g

2. 에너지 보존의 법칙

화학적 반응이나 물리적 변화가 일어나는 과정에서 에너지는 생성되거나 소멸될 수 없으며, 총량(E_T)은 일정하다. 다만, 에너지의 형태(열, 전기, 빛 등)만 바뀔 뿐이다.

$$
\boxed{예}\ 반응물(E_T) \xrightarrow{\ 반응\ 및\ 변화\ } \begin{cases} 운동\ ⓐ \\ 위치변화\ ⓑ \\ 상태변화\ ⓒ \\ 기타\ ⓓ \end{cases} \quad \therefore\ ⓐ + ⓑ + ⓒ + ⓓ = E_T
$$

4 상평형과 용해

1. 상평형 그림

상평형 그림은 온도와 압력에 따른 물질의 평형상태를 나타낸 그림을 말하며, 상평형 그림은 삼중점, 융해곡선, 기화곡선, 승화곡선으로 구성되어 있다.

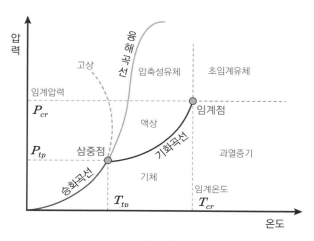

<그림> 상평형

(1) **융해곡선(融解曲線)**: 고체와 액체가 상평형을 이루는 온도−압력 관계의 곡선을 말한다.
  - 물의 통상적인 융해곡선의 기울기는 (−)값을 가지며, 이산화탄소의 통상적인 융해 곡선의 기울기는 (+)값을 가짐
  - 융해곡선의 기울기가 (−)값을 가질 때 어는점은 낮아짐
  - 융해곡선의 기울기가 (+)값을 가질 때 어는점은 높아짐

(2) **기화곡선(氣化曲線)**: 액체와 기체가 상평형을 이루는 온도−압력 관계의 곡선을 말한다.

(3) **삼중점(三重點)**: 기체, 액체, 고체의 3가지 상태가 함께 존재하는 온도 − 압력을 말한다.
  - 물의 삼중점은 $0.0098℃$, $0.006atm$
  - 물은 삼중점보다 높은 압력에서 온도를 높이면 고체 → 액체 → 기체로 상태변화
  - 물은 삼중점보다 낮은 압력에서 온도를 높이면 고체 → 기체로 상태변화
  - 삼중점 압력보다 낮을 경우는 승화성(昇華性)을 가짐(드라이아이스 삼중점 5.1기압)

(4) **증기압력 곡선** : 액체−기체가 평형을 이루는 온도와 증기압력의 관계를 나타낸 곡선이다.

- 온도가 높을수록 증기압력은 높아짐
- 분자간의 인력이 작을수록 증기압력은 높아짐[분자간 인력 → 물>에탄올>에터(에테르)]

┃ 물의 상평형과 CO_2 상평형의 비교 ┃

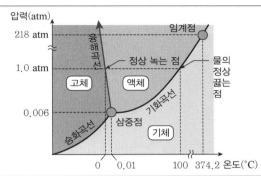 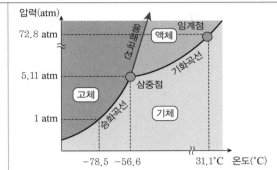

• 고체 - 액체선이 음의 기울기를 갖는 것은 얼음의 밀도가 물보다 작은 것이 반영되었기 때문임 • 물은 음(−)의 기울기를 가지므로 외부압력이 커지면 어는점이 낮아짐 • 물의 삼중점은 1기압 이하이므로 1atm에서는 온도를 높이면 고체에서 액체를 거쳐 기체상태로 변하지만 삼중점 기압(0.006atm) 이하에서 온도를 증가시키면 액체를 거치지 않고 기체로 승화가 일어남	• 고체 - 액체선이 양의 기울기를 가지며, 1atm에서 드라이아이스는 승화성을 가짐 • CO_2의 용해곡선의 기울기가 양(+)의 값을 가지므로 외부 압력이 높아지면 어는점이 증가함 • 이산화탄소의 삼중점은 5.11atm, -56.6℃임 • CO_2의 삼중점은 1기압 이상이므로 1atm에서 액체를 거치지 않고, 기체로 승화된다. CO_2의 임계점은 72.8atm, 31.1℃임

2. 용해(溶解, Dissolution)

(1) **용해도** : 어떤 온도에서 용매 100g에 최대로 녹을 수 있는 용질의 g 수로 나타낸다.

(2) **용해과정에서 엔탈피 및 엔트로피의 변화**
- 고체가 액체 용매에 녹는 과정은 보통 흡열과정, 엔트로피가 증가하는 방향임
- 기체가 액체 용매에 녹는 과정은 보통 발열과정, 엔트로피가 감소하는 과정임

(3) **용해도에 영향을 미치는 인자**
① **용질과 용질간의 인력** → 약할수록 용해도가 증가함
② **용매와 용매간의 인력** → 약할수록 용해도가 증가함
③ **용매와 용질간의 인력** → 강할수록 용해도가 증가함
④ **분자의 극성** → 용질과 용매가 비슷한 극성을 가질 경우 용해도가 증가함
⑤ **압력**
   - 고체나 액체의 용해도는 압력의 영향을 거의 받지 않음
   - 기체의 용해도는 압력이 높을수록 증가함
⑥ **온도**
   - 고체는 높은 온도에서 용해되는 속도는 대체로 증가되지만 용해되는 용질의 양은 증가(KCl, $NaNO_3$ 등)할 수도 있고, 감소할 수도 있음
     예 $Ca(OH)_2$
   - 기체의 용해도는 온도가 높을수록 감소함

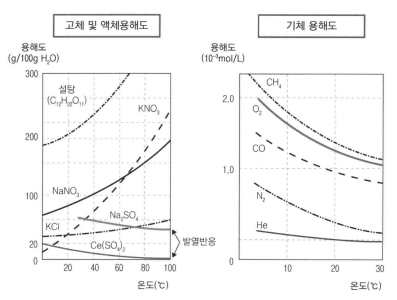

| 고체 및 액체용해도 | 기체 용해도 |

<그림> 고체 및 기체 용해도의 온도에 따른 변화

(4) 용해단계와 용해열의 산정
① 용해단계
- 1단계 : 용질의 팽창(흡열, ΔH_1) → 용질이 각 성분으로 분리됨
- 2단계 : 용매의 팽창(흡열, ΔH_2) → 용매에 용질이 들어갈 수 있는 공간 확보
- 3단계 : 상호작용(발열, ΔH_3) → 용질과 용매의 상호작용으로 용액을 형성함
② 용해열의 산정

$$\pm \Delta H_\text{용해} = (\Delta H_1 + \Delta H_2) + (-\Delta H_3)$$

5 상변화와 에너지

물질의 상태변화를 일으키는 과정을 상변화(相變化, Phase Change)라고 한다.

1. 상변화의 분류

(1) **물리적 변화** : 물질의 본질은 변하지 않고 상태나 모양이 변하는 것을 말한다.
→ 끓이고, 얼리는 과정, 승화, 용해, 용융, 증류, 여과, 증발에 의한 소금의 분리 등

(2) **화학적 변화** : 물질의 본질이 변하여 전혀 다른 물질로 변하는 것을 말한다.
→ 발효, 풍해, 합성, 원소의 결합, 산화와 환원 반응 등

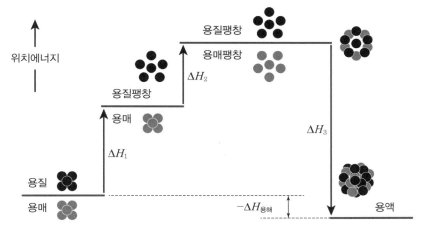

<그림> 상변화에 따른 위치에너지의 변화

2. 용어의 정의

(1) **융해(融解)** : 온도가 상승하여 고체가 액체로 변하는 과정을 말한다.

(2) **증발(蒸發)·기화(氣化)** : 액체에서 기체로 변하는 과정을 말한다.

(3) **승화(昇華)** : 고체로부터 직접 기체로 변하는 과정을 말한다. 증기압이 높은 고체일수록 승화할 가능성이 높다. → 아이오딘(요오드), 드라이아이스

(4) **석출(析出)·증착(蒸着)·침적(沈積)** : 기체에서 직접 고체로 변하는 과정을 말한다.

(5) **응고(凝固)** : 액체에서 고체로 변하는 과정을 말한다.

(6) **응축(凝縮)·액화(液化)** : 기체에서 고체나 액체로 변하는 과정을 말한다.

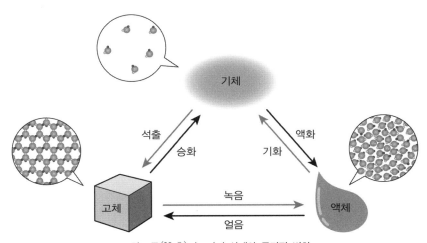

<그림> 물(H_2O)의 3가지 상태와 물리적 변화

(7) **끓는점** : 증기압이 계의 압력(외부압)과 동일해지는 지점의 온도를 말한다.

(8) **정상 끓는점** : 증기압이 1기압과 정확하게 일치하는 지점의 온도를 말한다.

(9) **임계온도** : 어떤 온도 이상에서 기체의 액화가 불가능할 때의 온도를 말한다. 임계온도 위에 존재하는 물질을 초임계유체라 한다.

(10) **임계압력** : 임계온도에서 기체가 액화되는데 필요한 압력을 말한다. 임계온도와 임계압력의 조합을 임계점(臨界點, Critical Point)이라 한다.

(11) **물리적 평형** : 응축하는 속도와 증발하는 속도가 같게 되는 상태를 말한다.

(12) **흡열과정과 발열과정** : 계에 에너지가 가해지는 과정을 흡열과정이라 하고, 계로부터 에너지가 유출되는 과정을 발열과정이라 한다. 이때 계에 가한 에너지를 양(+)으로 정의하고, 계로부터 유출된 에너지를 음(−)으로 정의한다.

(13) **현열과 잠열** : 물질의 상태는 변화하지 않고 온도만을 증가시키는데 기여한 열량을 현열(顯熱, Sensible Heat)이라 하고, 물질의 온도변화 없이 상태변화만 일으키는 데 필요한 열량을 잠열(潛熱, Latent Heat)이라 한다.

(14) **기화열 · 기화엔탈피** : 액체가 기화하는데 필요한 열량(엔탈피)을 말한다.

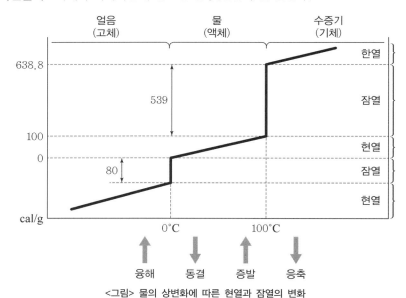

<그림> 물의 상변화에 따른 현열과 잠열의 변화

● **참고** ●

열용량과 비열

- **열용량(熱容量, Heat Capacity)** : 물질의 온도를 1℃ 높이는데 필요한 열량으로 cal/℃로 나타냄. 물질의 종류와 양에 따라 달라지는 값이며, 열용량이 클수록 물질의 온도를 높이는데 필요한 열량은 증가하게 됨
- **비열(比熱, Specific Heat)** : 물질 1g의 온도를 1℃ 상승시키는데 필요한 열량으로 단위는 cal/g · ℃로 나타냄. 일반적인 **물의 비열**은 1cal/g · ℃임

  열량 = 열용량(물질량×비열)×온도변화
  　　 = 물질의 양×비열×온도변화

---

6 **수용액의 총괄성**

총괄성(總括性, Colligetive Propery, 집합성)이란 용매 자체의 성질보다 용질입자의 농도에 지배(입자의 수에 의존)를 받는 특성 값(묽은 용액에서 용질의 mol 수에만 의존하고 용질의 종류에는 무관한 물리적 성질)을 말하는 것으로 → 증기압 내림, 끓는점 오름과 어는점 내림, 삼투압(滲透壓, Osmotic Pressure) 등이 이에 속한다.

1. 라울의 법칙(Raoult's Law)과 증기압 내림

증기압 내림이란 일정한 온도에서 비휘발성 용질이 녹아 있는 용액의 증기압력이 순수한 용매의 증기압력보다 낮아지는 현상을 말한다.

(1) 증기압 내림의 원리 : 용매에 다른 물질(비휘발성 또는 비활성 용질)을 녹이면 → 용질 입자가 용액 표면에서 용매의 증발을 방해함 → 증발할 수 있는 용매 입자 수가 감소함 → 용액의 증기압력은 순용매보다 낮아지게 된다.

(2) 증기압에 따른 특성

- 같은 온도에서 용액은 순수한 용매보다 → 증발하기 어려움
- 용액의 증기압 내림은 → 용질의 몰랄농도(Molality)에 비례함
- 용질이 비전해질이거나 비휘발성인 경우 → 순수한 용매의 증기압보다 낮음
- 용질이 비휘발성일 경우 용액의 증기압은 → 그 종류에는 관계 없이 용질의 양에 의해서 결정됨
- 증기압 내림은 → 용액의 농도가 진할수록 커짐
- 증기압 내림은 온도가 일정할 때 → 용질의 종류에는 영향을 받지 않고, 용매의 종류와 용질의 몰분율(Mole Fraction)에만 영향을 받음

(3) 관계식

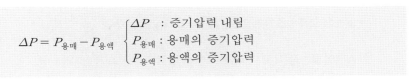

$$\Delta P = P_{용매} - P_{용액} \quad \begin{cases} \Delta P \ : \ 증기압력\ 내림 \\ P_{용매} : \ 용매의\ 증기압력 \\ P_{용액} : \ 용액의\ 증기압력 \end{cases}$$

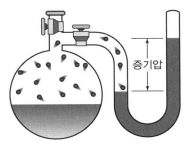

용제

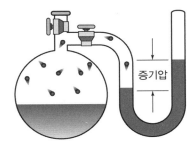

용제+용매

2. 끓는점 오름과 어는점 내림

수용액의 끓는점과 용매의 끓는점의 차를 끓는점 오름이라 하고, 수용액의 어는점과 용매의 어는점의 차를 어는점 내림이라 한다.

(1) 끓는점과 어는점

- 끓는점(Boiling Point)은 액체의 증기압이 외부의 압력과 같아지는 온도로 정의되며, 외부의 압력이 커질수록 끓는점은 높아지고, 외부의 압력이 낮아지면 끓는점도 낮아짐
- 어는점(Freezing Point)은 고체상의 물질이 액체상과 평형에 있을 때의 온도를 말하며, 응고점이라고도 함. 일반적으로는 녹는점 또는 용해점과 동일한 온도임

(2) 끓는점과 어는점의 변화
- 순수한 물질에 용질을 가하면 → 용액의 어는점이 낮아짐 → 어는점 내림
- 순수한 물질에 용질을 가하면 → 용액의 끓는점이 높아짐 → 끓는점 오름

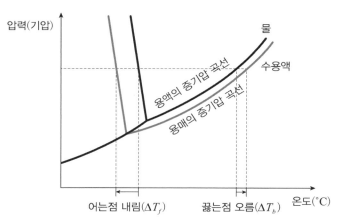

<그림> 증기압 곡선과 끓는점 및 어는점 변화

(3) 관계식

- 끓는점 오름 : $\Delta T_b = \Delta T_{b(용액)} - \Delta T_{b(용매)} = K_b \times m$ $\begin{cases} \Delta T_b : \text{용액의 끓는점 오름} \\ K_b : \text{오름상수} \\ m : \text{몰랄 농도(용질 mol/용매 kg)} \end{cases}$

∴ 용액의 끓는점 $[t(℃)]$ = 용매의 끓는점$(℃)$ + ΔT_b

$$\text{몰랄 농도(molality, mol/kg)} = \frac{\text{용해되어 있는 용질의 양(mol)}}{\text{용매의 양(kg)}}$$

- 어는점 내림 : $\Delta T_f = \Delta T_{f(용매)} - \Delta T_{f(용액)} = K_f \times m$

∴ 용액의 어는점 $[t(℃)]$ = 용매의 어는점$(℃)$ - ΔT_f

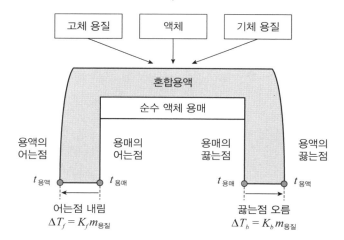

3. 반트 호프의 법칙(Van't hoff Law)과 삼투압

묽은 용액의 삼투압(π)은 용액의 농도와 절대온도에 비례한다는 법칙이다. 삼투압(Osmotic Pressure)이란 농도가 서로 다른 두 액체 사이를 반투막으로 막아놓았을 때, 용질의 농도가 낮은 쪽에서 → 농도가 높은 쪽으로 용매가 옮겨가는 현상에 의해 나타나는 압력(수두의 평형을 유지하기 위해 진한 용액 측에 가하는 압력 → 삼투압)을 말한다.

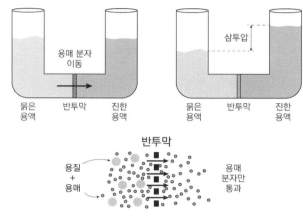

<그림> 용매의 이동과 삼투압의 개념

(1) 삼투

삼투(滲透, Osmosis)란 용매 분자들이 반투막을 통해서 순수한 용매나 묽은 용액으로부터 조금 더 농도가 높은 용액 쪽으로 이동하는 알짜이동을 말한다. 삼투현상의 예를 들면,
- 배추 또는 오이를 소금에 절이면 부피가 줄어들면서 쭈그러듦
- 진한 설탕물에 적혈구를 담가 두면 쭈그러들고, 물에 담가 두면 부풀어 터짐

(2) 삼투압의 크기 : 삼투압의 크기는 용액의 농도와 절대온도에 비례하여 증가함

$$\pi = mRT = \frac{nRT}{V} = \frac{w}{M}\frac{RT}{V}$$

여기서, $\begin{cases} \pi : \text{삼투압(atm)}, & m : \text{몰 농도(mol/L)} \\ R : \text{기체상수(0.082)}, & T : \text{절대온도(K)} \\ V : \text{용액의 부피(L)}, & n : \text{용질의 mol 수(mol)} \\ w : \text{질량(g)}, & M : \text{분자량} \end{cases}$

7 화학의 일반적인 기본 법칙

1. 열역학 제1법칙

(1) 개념 : 우주의 전체 에너지 양은 일정하다. "에너지는 한 형태에서 다른 형태로 변환은 되지만 창조되거나 소멸되지 않는다."라는 에너지 보존의 법칙에 근거를 두고 있다.

(2) 관계식

■ 에너지의 변화

$$\Delta E = E_f - E_o$$
$$= E_{생성물} - E_{반응물}$$
$$= 열(q) + 일(w)$$
$$= \Delta H - \Delta(PV)$$
$$\xrightarrow[PV=nRT]{이상기체일 때} = \Delta H - \Delta(nRT)$$
$$= \Delta H - RT\Delta n$$

$$\begin{cases} \Delta E : \text{내부에너지의 변화} \\ E_f : \text{최종 상태에너지} \\ E_o : \text{최초 상태에너지} \\ 일(w) = 힘(F) \times 거리(d) \\ \qquad\quad = -\,압력(P) \times 부피변화(\Delta V) \cdots 기체 적용 \\ P : \text{압력(atm)} \\ V : \text{부피} \\ n : \text{몰수} \\ R : \text{기체상수} \\ T : \text{절대온도} \\ \Delta n = n_{생성계 \, 몰수} - n_{반응계 \, 몰수} \end{cases}$$

※ 압축 시 w값의 부호는 → (+), 팽창 시 w값의 부호는 → (−)

■ 열의 양

$$열량(q) = 열용량(m \cdot C_p) \times 온도차(\Delta t)$$

$$\begin{cases} q : \text{열량(cal)} \\ m : \text{물질의 양} \\ C_p : \text{비열(cal/g} \cdot \text{℃)} \\ \Delta t\,(온도차, ℃) = t_{최종} - t_{최초} \end{cases}$$

■ 엔탈피의 변화

$$\Delta H = H_{생성물} - H_{반응물}$$
$$= \Delta E + \Delta(PV)$$
$$\xrightarrow{압력이 일정할 때} = \Delta E + P\Delta V$$

$$\begin{cases} \Delta H : \text{엔탈피의 변화} \\ H_{생성물} : \text{생성물의 엔탈피} \\ H_{반응물} : \text{반응물의 엔탈피} \\ \Delta E : \text{내부에너지의 변화} \\ P : \text{계의 압력} \\ V : \text{계의 부피} \end{cases}$$

■ 부피가 일정할 때 $\xrightarrow[\Delta E = 열(q) + 일(w)에서]{\Delta V = 0} \Delta E = 열(q) + 0$

$$\therefore \ \Delta E = 열(q)$$

(3) 응용 → 엔탈피의 변화와 발열 및 흡열 반응 예측 $\begin{cases} \cdot \ \Delta H > 0 : 흡열반응 \\ \cdot \ \Delta H < 0 : 발열반응 \end{cases}$

2. 열역학 제2법칙

(1) **개념** : 엔트로피와 반응의 자발성 사이의 관계를 나타낸다. 우주의 엔트로피는 자발적 과정에서 증가하며, 평형과정에서는 변하지 않는다.

(2) **관계식**

· 엔트로피의 변화 $\begin{cases} 자발적 과정 → \Delta S_{우주} = \Delta S_{계} + \Delta S_{주위} > 0 \\ 평형과정 → \Delta S_{우주} = \Delta S_{계} + \Delta S_{주위} = 0 \end{cases}$

· 표준반응 엔트로피 : $\Delta S^o_{표준} = \sum n S^o_{(생성계)} - \sum m S^o_{(반응계)}$

예 $a\mathrm{A} + b\mathrm{B} \rightarrow c\mathrm{C} + d\mathrm{D}$ $\begin{cases} \cdot \ \sum n S^o = c S^o(\mathrm{C}) + d S^o(\mathrm{D}) \\ \cdot \ \sum m S^o = a S^o(\mathrm{A}) + b S^o(\mathrm{B}) \end{cases}$

(3) 응용 → 엔트로피 변화와 반응의 자발성 예측 $\begin{cases} \cdot \ \Delta S_{우주} > 0 \ : \ 자발성 \\ \cdot \ \Delta S_{우주} < 0 \ : \ 비자발성 \end{cases}$

- $\Delta S_{우주} = \Delta S_{계} + \Delta S_{주위}$

- $\Delta S_{계} = S_{최종} - \Delta S_{초기}$

- $\Delta S_{주위} = -\dfrac{\Delta H_{계}}{T}$

3. 열역학 제3법칙

(1) **개념** : 순수하고, 완전한(완벽하게 정렬된) 결정물질의 엔트로피는 절대영도(0K)에서 0(Zero)이다.

$$\Delta S_{298K} = \Delta S_{최종} - \Delta S_{초기}$$

(2) **응용** → 물질의 절대엔트로피 값을 정할 수 있다.

4. 헤스의 법칙(Hess' Law)

(1) **개념** : 화학반응에서 발생 또는 흡수되는 열량은 "그 반응 전의 물질의 종류와 상태 및 반응 후의 물질의 종류 와 상태가 결정되면 그 도중의 경로에 관계 없이 반응열의 총합은 항상 일정하다."는 열합산 법칙이다.

(2) **응용** → 엔탈피 변화를 예측하기 어려운 반응에 유용하게 적용된다.

$$\Delta H^{o}_{rxn} = \Delta H^{o}_{1} + \Delta H^{o}_{2} + \cdots + \Delta H^{o}_{n} \begin{cases} \Delta H^{o}_{rxn} : 반응엔탈피 \ 변화 \\ \Delta H^{o}_{1}, \Delta H^{o}_{2}, \cdots, \Delta H^{o}_{n} : 각 반응에서의 엔탈피 \ 변화 \end{cases}$$

● **참고** ●

주의

- 반응이 **역으로 진행**되면 ΔH의 **부호는 반대**로 되어야 함
- ΔH의 크기는 반응에 참여하는 반응물과 생성물의 양에 비례함
- 반응식의 계수를 정수배 한 경우는 ΔH 값에도 동일한 정수배를 곱해 주어야 함

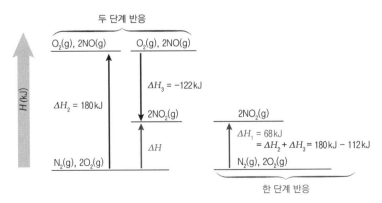

질소와 산소가 반응하여 이산화질소를 형성할 때, 반응이 1단계로 일어나든 2단계로 일어나든 관계 없이 동일한 엔탈피변화가 일어난다.

5. 배수 비례의 법칙(Law of Multiple Proportion) - 돌턴(Dalton)

(1) **개념** : 두 원소가 서로 다른 한 개 이상의 화합물을 형성할 때, 첫 번째 원소 1g과 결합하는 다른 원소의 질량비는 항상 간단한 정수비가 성립된다는 법칙이다.

(2) **응용**

- 물(H_2O)과 과산화수소(H_2O_2)의 경우 → 수소에 결합하는 산소의 질량비는 1 : 2이다.
- CO와 CO_2의 경우 → 탄소에 결합하는 산소의 질량비는 1 : 2이다.
- SO_2와 SO_3의 경우 → 황에 결합하는 산소의 질량비는 2 : 3이다.
- N_2O_3와 NO의 경우 → 질소에 결합하는 산소의 질량비는 3 : 2이다.

$$\circ\ N_2O_3 \to \frac{O\,(g)}{N\,(g)} = \frac{16g \times 3}{14g \times 2} = 1.71\,g\,O/g\,N$$
$$\circ\ NO \to \frac{O\,(g)}{N\,(g)} = \frac{16g \times 1}{14g \times 1} = 1.14\,g\,O/g\,N$$
$$\Rightarrow \frac{1.71}{1.14} = \frac{1.5}{1} = \frac{3}{2}$$

6. 일정 성분비의 법칙(Law of Definite Proportion)

(1) **개념** : 화합물을 구성하는 각 원소(元素)는 항상 일정한 질량비를 유지하며, 결합된다는 법칙이다.

(2) **응용**

- 수소(H) 1에 언제나 8 만큼의 산소(O)가 질량비로 반응하여 물(H_2O)을 생성시킨다.

$$\circ\ 2H_2 + O_2 \to 2H_2O \qquad \circ\ 2H_2 + O_2 \to 2H_2O$$

$\circ\ 2H_2$	$+$	O_2	$\to$	$2H_2O$		$\circ\ 2H_2$	$+$	O_2	$\to$	$2H_2O$	
4g	:	32g	:	36g		6g	:	32g	:	36g	: 남은 수소 2g
2g	:	16g	:	18g		4g	:	64g	:	36g	: 남은 수소 32g

- 수소(H_2) 1mol에 언제나 1mol 만큼의 염소(Cl_2)가 질량비로 반응하여 염화수소(HCl)을 생성시킨다.

$\circ\ H_2$	$+$	Cl_2	$\to$	$2HCl$		$\circ\ 1.5H_2$	$+$	Cl_2	$\to$	$2HCl + 0.5H_2$	
1mol	:	1mol	:	2mol		1.5mol	:	1mol	:	2mol	: 0.5mol
2g	:	71g	:	73g		3g	:	71g	:	73g	: 1g
4g	:	142g	:	146g							

7. 라울의 법칙(Raoult's Law)

(1) **개념** : 혼합 용액에서 한 성분의 부분증기압력(P_v)은 혼합액에서 그 물질의 몰 분율(x_i)에 순수한 성분의 증기압(P_{ov}^{*})을 곱한 것과 같다는 법칙, 즉 용액 내 용매의 증기압은 용액 내 용매의 몰 분율에 비례함을 나타내는 법칙이다.

$$\text{증기분압}(P_v) = x_i P_{ov}^{*} \begin{cases} P_v : \text{용액 내 용매의 증기압} \\ x_i : \text{용액 내 용매의 몰 분율} \\ P_{ov}^{*} : \text{순수한 용매의 증기압} \end{cases}$$

(2) **응용** : 액체에 용질이 용해되면 용질이 가해지는 양 만큼 용액의 부피가 증가하지만 용매의 양은 그대로 유지되기 때문에 단위용적당 용매의 양은 감소(용적당 용매의 개수가 감소)하게 되고, 액체의 표면에서 용매 분자들은 더욱 날아가기 어렵게 변화되는 것이므로 순수한 액체에 비하여 용매의 증발속도는 감소하게 된다.

→ 입자 개수의 함수

- **증기압 내림** : 일정한 온도에서 비휘발성이며, 비전해질인 용질이 녹은 묽은 용액의 증기압력 내림은 일정량의 용매에 녹아 있는 용질의 몰(mol) 수에 비례한다.

$$
\begin{aligned}
\circ\ P_{용액} &= P_{용매} \times \frac{n_{용매}}{n_{용질} + n_{용매}} \\
&= P_{용매} \times x_{용매} \\
\circ\ \Delta P &= P_{용매} \times x_{용질} = m\,K_{vp}
\end{aligned}
\qquad
\begin{cases}
P : \text{용액 및 용매의 증기압력} \\
x : \text{용매 및 용질의 몰 분율} \\
n : \text{용매 및 용질의 몰 수} \\
\Delta P : \text{증기압 내림} \\
m : \text{몰랄 농도(용질 mol/용매 kg)} \\
K_{vp} : \text{증기압 내림상수}
\end{cases}
$$

- **VOCs(Volatile Organic Compounds)의 공기 중 농도** : 일정한 온도에서 증기압이 높을수록 휘발성 유기화합물(VOCs)의 공기 중 농도는 증가한다.

$$
\text{공기 중 농도(SVC)} = \frac{P_v}{P_a} \times 10^6
\qquad
\begin{cases}
SVC : \text{공기 중 VOC 농도(ppm)} \\
P_a : \text{대기압} \\
P_v : \text{VOC의 증기압}
\end{cases}
$$

8. 푸리에 법칙(Fourier's Law)

(1) **개념** : 열전도에 있어서의 기본 법칙으로 열전도량은 온도구배에 비례한다는 법칙이다. 물체 내에 온도 차이가 있어 온도가 높은 쪽에서 낮은 쪽으로 열이 흐를 때, 열의 흐름에 직각 방향인 면을 생각하면, 그 면을 단위시간당 통과하는 열량 Q(kcal/hr)는 그곳의 온도 기울기 dt/dx(℃/m) 및 면적 A(m²)에 비례한다는 것이 Fourier 열전도 법칙의 핵심이론이다.

$$
\text{전도에 의한 열전달량} \propto \frac{\text{면적} \times \text{온도차}}{\text{두께}}
$$

(2) **응용** : 전도에 의한 시간당 열전달량은 열전도율과 면적 및 온도경사의 곱으로 산정할 수 있다.

$$
\begin{aligned}
&\bullet\ Q = kA\frac{dt}{dx} \\
&\bullet\ Q(\text{시간당 열전달량}) = kA\frac{t_1 - t_2}{L}
\end{aligned}
\qquad
\begin{cases}
k : \text{비례상수(열전도율)(kcal/m·hr·℃)} \\
A : \text{열전달 방향의 직각 단면적(m}^2\text{)} \\
\dfrac{dt}{dx} : \text{온도경사(℃/m)} \\
t_1 - t_2 : \text{열전달면의 온도차(℃)} \\
L : \text{열전도 거리(두께)(m)}
\end{cases}
$$

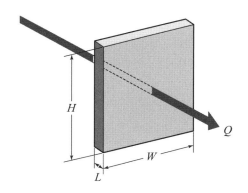

9. 이상기체와 이상기체 상태방정식

(1) **이상기체** : 이상기체(Ideal Gas)란 밀도가 0에 가깝고, 고온에서는 분자 자신의 부피를 무시할 정도가 되며, 분자의 운동이 빨라져 분자 간의 힘이 무시할 만한 정도가 되는 가상적인 기체를 말한다.

(2) **이상기체 상태방정식** : 이상기체 상태방정식은 다양한 기체 법칙의 조합에 의해 만들어진다.

- **보일의 법칙** : 온도가 일정하면 압력과 부피는 반비례한다.
- **샤를의 법칙** : 압력이 일정하면 부피는 온도에 비례한다.
- **보일-샤를의 법칙** : 부피는 압력에 반비례하고 온도에 비례한다.
- **아보가드로의 법칙** : 온도와 압력이 일정하면 부피는 몰수에 비례한다.
- **돌턴의 법칙** : 혼합기체의 전체 압력은 각각의 기체의 부분압력을 모두 더한 값과 같다.

$$PV = nRT \begin{cases} P : \text{압력} \\ V : \text{부피} \\ n : \text{기체의 몰수} \\ R : \text{기체상수}[8.31\,\text{J/mol}\cdot\text{K} \\ \quad (0.082\text{atm}\cdot\text{L/mol}\cdot\text{K})] \\ T : \text{절대온도(K)} \end{cases}$$

10. 기타 기체의 부피 · 확산 · 농도에 적용되는 법칙

구분	개념	환산인자 / 관계식
보일-샤를의 법칙 (Boyle-Charle's Law)	일정량의 기체의 체적(V)은 압력(P)에 반비례하고, 절대온도(T)에 비례한다는 법칙	$V_2 = V_1 \times \dfrac{T_2}{T_1} \times \dfrac{P_1}{P_2}$
게이뤼삭의 법칙 (Gay-Lussac's Law)	기체 화학반응에서 반응하는 기체와 생성하는 기체의 부피사이에 정수관계가 성립한다는 법칙	$2H_2 + O_2 = 2H_2O$ $\ 2\ :\ 1\ :\ 2$
헨리의 법칙 (Henry's Law)	용해되는 난용성 기체의 양(C_s)은 그 액체 위에 미치는 **기체분압**(P_i)에 비례한다는 법칙	용해도(C_s) = $P_i \times H$ ※ C_s : 기체 용해도(난용성) H : 헨리상수
그레이엄의 법칙 (Graham's Law)	기체 및 액체의 확산속도(V)는 그 분자량(M_w)의 그 제곱근에 반비례한다는 법칙으로 미지의 기체분자량을 측정에 이용할 수 있다는 법칙	확산속도(V) = $K\dfrac{1}{\sqrt{M_w}}$ ※ K : 비례상수 M_w : 분자량

8 화학평형의 법칙(화학평형과 평형이동)

1. 화학평형과 평형상수

화학평형(Chemical Equilibrium)은 정반응과 역반응의 두 반응이 동일한 속도로 동시에 일어남으로써 동적 평형(Dynamic Equilibrium)을 이룰 때 존재한다.

$$2A + B \;\underset{k_r}{\overset{k_f}{\rightleftarrows}}\; A_2B$$

- 정반응 속도 : $v_f = k_f [A]^2 [B]$
- 역반응 속도 : $v_r = k_r [A_2B]$

(1) 농도평형상수(K_c)

① 관계식 산정

$$\text{정반응 속도}(v_f) = \text{역반응 속도}(v_r) \begin{cases} \bullet\; v_f = k_f[A]^2[B] \\ \bullet\; v_r = k_r[A_2B] \\ \text{※ [ ] 내의 농도 = mol 농도임} \end{cases}$$

$\Rightarrow$ 평형상태에서는 $\rightarrow$ $k_f[A]^2[B] = k_r[A_2B]$

$\Rightarrow$ $\dfrac{k_f}{k_r} = \dfrac{[A_2B]}{[A]^2[B]} = K_c$ (평형상수)

$$\therefore \text{평형상수}(K_c) = \dfrac{[A_2B]}{[A]^2[B]} = \dfrac{\text{생성물의 곱}}{\text{반응물의 곱}}$$

② 농도평형상수(K_c)의 특성

- K_c는 주어진 온도에서 일정함
- K_c는 온도에 따라 변함
- K_c는 초기 농도에 의존하지 않음

(2) 압력평형상수(K_p) : 이상기체 상태방정식($PV = nRT$)에서 단위부피당 mol 수를 n/V라고 하면, $P = (n/V)RT = CRT$ 로 나타낼 수 있는데, 여기서 C 는 기체의 몰 농도(mol/L)를 의미한다.

$$K_p = K_c \times (RT)^{\Delta n}$$

2. 화학평형의 이동 예측 { • 반응지수(Q)에 의한 예측
{ • 르 샤틀리에(Le Chatelier)의 원리에 의한 예측

(1) 반응지수(Q)에 의한 예측 : 화학반응이 평형에 도달해 있지 않은 경우 그 반응에 참여하는 물질의 농도를 평형상수식에 대입해 계산한 값을 반응지수(Q, Reaction Quotient)라고 한다.

$$a\,A + b\,B \;\rightleftharpoons\; c\,C + d\,D$$

◦ 평형상수 : $K_c = \dfrac{[C]^c[D]^d}{[A]^a[B]^b}$ { 평형상수식에는 화학평형상태의 mol 농도를 사용

◦ 반응지수 : $Q = \dfrac{[C]_o^c[D]_o^d}{[A]_o^a[B]_o^b}$ { 반응지수식에는 평형 농도가 아닌 초기 농도를 사용

• Q와 K_c의 크기 비교에 따른 평형이동의 예측
  – $Q = K_c$: 완전한 평형상태 → 계는 어느 방향으로도 이동하지 않음
  – $Q > K_c$: 계에 과량의 생성물이 존재함 → 계는 평형에 도달할 때까지 생성물 측에서 반응물 측으로 (왼쪽으로, 역반응 쪽) 평형이 이동됨
  – $Q < K_c$: 계에 과량의 반응물이 존재함 → 계는 평형에 도달할 때까지 반응물 측에서 생성물 측으로 (오른쪽으로, 정반응 쪽) 평형이 이동됨

(2) 르 샤틀리에의 원리에 의한 예측 : 르 샤틀리에(Le Chatelier)의 평형이동 법칙은 "가역반응이 평형상태에 있을 때 반응조건(농도, 온도, 압력)을 변화시키면 변화된 조건을 없애고자 하는 방향으로 반응이 진행되어 새로운 평행에 도달하게 된다."라는 법칙이다.

① 농도의 변화 { 반응물의 증가 / 감소
{ 생성물의 증가 / 감소
{ 외부에서 첨가 / 제거

  • 반응물의 증가 → 첨가한 농도를 낮추는 방향(오른쪽, 정반응 방향)으로 평형이 이동됨
  • 생성물의 증가 → 첨가한 농도를 낮추는 방향(왼쪽, 역반응 방향)으로 평형이 이동됨

② 온도의 변화 { 반응물의 발열반응 }
{ 반응물의 흡열반응 } ※ 열이 하나의 생성물로 작용함 → K_c값이 변함
{ 반응조의 외부가열 }   단, K_c의 변화정도는 알 수 없음

  • 발열반응($-\Delta H^o$) → 에너지를 소비하는 방향(왼쪽, 역반응 방향)으로 평형이 이동됨
  • 흡열반응($+\Delta H^o$) → 에너지를 소비하는 방향(오른쪽, 정반응 방향)으로 평형이 이동됨

③ 기체의 압력변화 { 반응물/생성물의 첨가 }
{ 비활성 기체 첨가 } ※ 평형의 위치만 변화 → K_c값은 불변
{ 반응조의 부피변화 }

  • 반응물 또는 생성물의 첨가 → 농도가 증가하는 성분의 반대방향으로 평형이 이동함
  • 비활성 기체 첨가 → 총 압력은 증가하지만 농도나 부분압력에는 변화를 주지 못하므로 평형에 영향을 미치지 못함
  • 반응조의 부피, 압력변화 → 반응조의 부피를 줄이거나 압력을 증가시키면 부피를 감소시키는 방향 (mol 수를 감소시키는 방향)으로 평형이 이동됨(반응지수를 이용하여 예측 가능)

3. 반응성의 크기에 따른 예측

17족 할로젠(할로겐) 원소(F, Cl, Br, I 등)는 원자가 전자가 7개로 외부의 전자 1개를 받아들여 안정화 되고자 하는 성질이 강하기 때문에 화학반응의 진행방향에 큰 영향을 미친다.

(1) **반응성의 크기** : 전기음성도가 클수록 반응성이 좋음 → $F_2 > Cl_2 > Br_2 > I_2$

(2) **보기**
$$\begin{cases} \bullet\ 2KI + F_2 \rightleftharpoons 2KF + I_2 \quad \cdots \quad F_2 > I_2 \quad \therefore \text{우측으로 진행} \\ \bullet\ 2KBr + I_2 \rightleftharpoons 2KI + Br_2 \quad \cdots \quad Br_2 > I_2 \quad \therefore \text{좌측으로 진행} \\ \bullet\ 2KF + Br_2 \rightleftharpoons 2KBr + F_2 \quad \cdots \quad F_2 > I_2 \quad \therefore \text{좌측으로 진행} \end{cases}$$

9 화학반응의 속도 법칙

1. 개념 : 화학반응에서 변화하는 것은 반응물이나 생성물의 양이나 농도이며, 반응속도는 단위시간당 반응물 또는 생성물의 농도변화를 의미한다. 반응물의 경우, 농도가 시간에 따라 항상 감소하므로 속도 법칙상에는 음(−)의 부호가 붙지만 속도계산 결과는 양(+)의 값으로 된다는 것을 유의하기 바란다.

$$\text{반응속도 값} = \frac{-\ \text{반응물의 농도변화}}{\text{반응시간}} \ (\text{mol/L} \cdot \text{sec}^{-1})$$

※ 속도 법칙은 역반응을 고려하지 않으며, 반응물의 농도만을 포함한다.

2. 속도 법칙의 종류와 적용 : 화학반응의 속도 법칙은 미분 속도 법칙과 적분 속도 법칙으로 대별되는데, 이 두 법칙이 서로 다른 것이 아니라, 둘 중 하나만 파악하면 자동적으로 다른 하나의 속도 법칙을 알 수 있다. 일반 계산에서는 적분 속도 법칙을 많이 사용하는 편이다.

(1) **미분 속도 법칙** : 반응속도가 농도 의존성일 때 많이 사용된다.

예 $v = -\dfrac{d[A]}{dt} = k[A]^m$
$$\begin{cases} v : \text{반응속도} \\ d[A] : \text{A물질의 mol 농도 변화} \\ dt : \text{반응시간의 변화} \\ k : \text{반응속도상수} \\ [A] : \text{A물질의 mol 농도} \\ m : \text{반응차수} \end{cases}$$

(2) **적분 속도 법칙** : 반응속도가 시간에 따른 농도 의존성일 때 많이 사용된다.

예 $\ln \dfrac{[A_t]}{[A_o]} = -kt$ ※ 단, 1차 반응
$$\begin{cases} [A_o] : \text{초기 mol 농도} \\ [A_t] : t\text{시간 반응 후 잔류 mol 농도} \\ k : \text{반응속도상수} \\ t : \text{반응시간} \end{cases}$$

구 분	반응차수		
	0차 반응	1차 반응	2차 반응
속도	속도 $= k$	속도 $= k[\mathrm{A}]$	속도 $= k[\mathrm{A}]^2$
적분속도식	$[\mathrm{A}_t] - [\mathrm{A}_o] = -kt$	$\ln \dfrac{[\mathrm{A}_t]}{[\mathrm{A}_o]} = -kt$	$\dfrac{1}{[\mathrm{A}_t]} - \dfrac{1}{[\mathrm{A}_o]} = kt$
기울기	$-k$	$-k$	k

❚ 반응차수에 따른 적분식의 표현과 시간에 따른 농도 변화 ❚

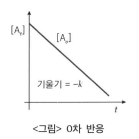

<그림> 0차 반응

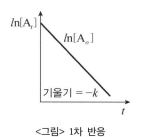

<그림> 1차 반응

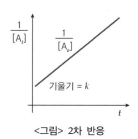

<그림> 2차 반응

3. 반응차수(m)와 반응속도상수(k)

$$[\mathrm{A}] + [\mathrm{B}] \;\rightarrow\; [\mathrm{C}] + [\mathrm{D}]$$

- 반응속도(v) $= k[\mathrm{A}]^x[\mathrm{B}]^y$
- 전체 반응차수(m) $= x + y$
- 반응속도상수(k) $= \dfrac{속도}{[\mathrm{A}]^x[\mathrm{B}]^y}$

(1) 반응차수(m)

- 반응차수는 반응물의 농도로 결정되며, 생성물의 농도와는 무관함
- 반응차수는 균형 반응식의 화학양론적 계수를 이용하는 것이 아니라 반드시 반응속도 실험을 통해서 결정되어야 함

$$반응속도\ 비 = \frac{v_2}{v_1} = [농도\ 비]^m$$

(2) 반응속도상수(k)

- k 값은 반응물이나 생성물의 농도 증감에 따라서는 변하지 않음
- k 값은 특정한 온도에서의 값이며, 온도에 따라 변함
- k 값의 크기는 촉매의 존재 유무에 따라 변함
- k의 단위는 반응의 전체 차수(m)에 의존함
- 0차 반응의 속도상수 단위 ➡ $k = \mathrm{mol/L \cdot sec}$
- 1차 반응의 속도상수 단위 ➡ $k = \mathrm{sec}^{-1}$
- 2차 반응의 속도상수 단위 ➡ $k = \mathrm{L/mol \cdot sec}$
- 3차 반응의 속도상수 단위 ➡ $k = \mathrm{L}^2/\mathrm{mol}^2 \cdot \mathrm{sec}$

4. 반응속도의 영향인자

(1) 반응물의 성질
   - 이온화에너지가 낮을수록 반응속도는 빨라짐
   - 공유결합 물질보다 비공유결합 물질의 반응속도가 빠름

(2) 성상 및 표면적
   - 반응물이 고체보다는 기체나 수용액 상태일 때 반응속도가 빠름
   - 비표면적이 클수록 반응속도는 증가함

(3) **충돌방향** : 반응하는 입자들이 적합한 방향으로 충돌할 때, 반응이 일어나며, 반응속도도 빨라짐

(4) **농도** : 반응물의 농도가 높을수록 단위부피당 입자 수가 증가하여 입자간의 충돌 횟수가 증가하므로 반응속도는 빨라짐

(5) **온도** : 온도가 높아지면 분자들의 평균 운동에너지가 증가하게 되고, 활성화에너지보다 큰 에너지를 갖는 분자 수가 증가하기 때문에 반응속도는 빨라짐

(6) **촉매(Catalyst)**
   - 정촉매를 사용할 경우 활성화에너지를 감소시켜 반응속도상수를 크게 하고, 반응할 수 있는 분자 수를 증대시키므로 반응속도가 빨라짐
   - 부촉매를 사용할 경우 활성화에너지를 증가시켜 반응속도상수를 작게 하고, 반응할 수 있는 분자 수가 감소되므로 반응속도가 느려짐

(7) **압력** : 기체반응에 국한되는 인자임. 기체의 압력이 증가하면 단위부피당 기체분자 수가 증가하고, 입자간의 충돌 횟수가 증가하므로 반응속도는 빨라짐

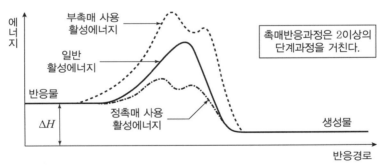

<그림> 촉매사용과 활성에너지의 변화

10 반응열의 종류 · 반응의 자발성 · 화학적 평형

1. 반응에너지의 종류

- **생성열** : 안정된 홑원소 물질로부터 어떤 물질 1mol을 발생시킬 때 필요로 하는 방출 또는 흡수 열량(25℃, 1기압)을 말한다. 가장 안정한 홑원소 물질의 경우 표준 생성열은 0kJ/mol이다.

   예) $N_2(g) + O_2(g) \rightarrow 2NO(g)$ $\Delta H = 180.4\,kJ$

   ∴ NO의 생성열(ΔH_f) = 90.2 kJ

- **표준 몰 생성엔탈피**(ΔH_f^o) : 표준상태의 원소로부터 특정상태의 물질 1mol이 생성되는 반응엔탈피를 의미한다. "표준 몰 생성열" 또는 "생성열"이라 표현하기도 한다.
- **반응엔탈피**(ΔH) : 생성물의 엔탈피와 반응물의 엔탈피 차를 말한다.

    예 $\Delta H = H_{생성물} - H_{반응물}$

- **분해열** : 어떤 물질 1mol을 안정된 홑원소 물질로 분해시킬 때 필요로 하는 반응열(反應熱)을 말한다. 생성열(生成熱)과 분해열(分解熱)은 절대 값의 크기는 같고, 부호만 반대이다.

    예 $NO(g) \rightarrow 0.5N_2(g) + 0.5O_2(g)$ $\Delta H = -90.3kJ$

- **연소열** : 가연물질(可燃物質) 1mol을 연소시킬 경우 안정된 물질로 전환되면서 방출하는 열량(熱量)을 말한다. 연소반응은 발열반응이므로 엔탈피변화(ΔH)는 항상 0보다 작다.

    예 $C(s) + O_2(g) \rightarrow CO_2(g)$ $\Delta H = -394kJ$

- **중화열** : 산(H^+)과 염기(OH^-)가 중화반응을 할 때 발생되는 열량(熱量)이다. 중화열(中和熱)은 반응하는 산(酸)과 염기(鹽基)의 종류에 관계 없이 일정하다.

    예 $H^+(aq) + OH^-(aq) \rightarrow H_2O(l)$ $\Delta H = -58.0kJ$

- **용해열** : 어떤 물질 1mol을 용해시킬 때 방출되거나 흡수하는 열량을 말한다.

    예 $H_2SO_4 + 물 \rightarrow H_2SO_4(aq)$ $\Delta H = 81.93kJ$

- **결합엔탈피** : 어떤 물질 1mol의 결합이 기체상태에서 끊어지는데 필요한 엔탈피를 말한다.

    예 $\underline{C_3H_8(g) + Cl_2(g)} \rightarrow \underline{C_3H_7Cl(g) + HCl(g)}$
    　　　　　반응계　　　　　　　　생성계

    > ※ **가령**, 제시된 각 결합에너지(kJ/mol)
    > - C−H(413), Cl−Cl(242), C−Cl(339)
    > - H−Cl(432), C−C(346), C=C(602), C≡C(835)

    산식 : $\Delta H_f^o = \sum BE_{반응계} - \sum BE_{생성계}$

● **참고** ●

결합에너지 계산순서

① 반응계와 생성계의 원소결합의 수(결합수)를 산정한다.

- 반응계 $\begin{cases} C-H \text{ 결합 } 8개 \\ C-C \text{ 결합 } 3개 \\ Cl-Cl \text{ 결합 } 1개 \end{cases}$ ・생성계 $\begin{cases} C-H \text{ 결합 } 7개 \\ C-C \text{ 결합 } 3개 \\ C-Cl \text{ 결합 } 1개 \\ H-Cl \text{ 결합 } 1개 \end{cases}$

② 문제에서 제시된 각 결합에너지를 결합수에 곱한다.

- 반응계 : $\sum BE_{반응계} = 8 \times 413 + 3 \times 346 + 242 = 4,584 \, kJ/mol$
- 생성계 : $\sum BE_{생성계} = 7 \times 413 + 3 \times 346 + 339 + 432 = 4,700 \, kJ/mol$

③ 산식에 이 값을 대입하여 결합에너지를 산출한다.

∴ $\Delta H_f^o = 4,584 - 4,700 = -116 \, kJ/mol$

참고

결합에너지의 특성

- 공유결합이 끊어질 때는 에너지가 흡수, 생성계에서 결합이 형성될 때는 에너지가 방출됨
- 반응물의 결합에너지 < 생성물의 결합에너지인 경우는 → **발열반응**임
- 반응물의 결합에너지 > 생성물의 결합에너지인 경우는 → **흡열반응**임
- 원자 간의 결합이 강할수록 결합에너지는 높음 → $H-H > Cl-Cl$
- 동일 원자 간의 결합이라도 **결합수에 비례**하여 결합에너지는 커짐
  → $C \equiv C > C = C > C - C$

2. 반응의 자발성

(1) **발열반응** : 열을 방출하는 화학반응으로, 연소반응, 중화반응, 상온에서의 반응 대부분이 포함된다.

① **엔탈피변화 계산** : $\Delta H_f = \Delta H_{생성물} - \Delta H_{반응물}$

② **열량계산**

- Q(발생열량) $= m$(질량) $\times C_p$(비열) $\times \Delta t$(온도차)
- Q(발생열량) $= m\,C_p$(열용량) $\times \Delta t$(온도차)
- Q(발생열량) $= Hl$(발열량) $\times G_f$(가연물의 양)

③ **발열반응의 특징**

- 엔탈피변화(ΔH) : 항상 0보다 작은 음(−)의 값을 가짐 → $\Delta H < 0$
- 항상 자발적으로 일어나는 경우
- 엔트로피변화(ΔS)가 0보다 크고 → $\Delta S > 0$
- 모든 온도에서 깁스 자유에너지변화(ΔG)가 0보다 작을 때 → $\Delta G < 0$

참고

깁스 자유에너지(Gibbs free energy)변화

- **깁스 자유에너지변화** : 깁스 자유에너지(G)는 일정한 온도와 압력에서 계가 할 수 있는 일의 양을 표시하는 열역학적 상태함수이며, 깁스 자유에너지변화량(ΔG)은 화학반응의 평형상태를 설명할 때 사용되는 열역학 변수 중의 하나로 반응의 엔트로피변화와 엔탈피변화를 절충한 함수이다.

- **관계식** : $\Delta G = \Delta H - T\Delta S$
  $\Delta G = -RT \ln K$
  $\begin{cases} \Delta G : \text{Gibbs 자유에너지변화량(kcal/mol)} \\ \Delta H : \text{엔탈피의 변화량} \\ \Delta S : \text{엔트로피의 변화량} \\ T : \text{열역학적 절대온도(K)} \\ R : \text{기체상수} \\ K : \text{평형상수} \end{cases}$

- $\Delta G < 0$ 이면 → **자발적 반응**에서 Gibbs 에너지는 **감소**한다. 일정온도와 일정압력 하에서 일어나는 반응은 자발적이고, 부수적인 생성물이 형성될 수 없음
- $\Delta G > 0$ 이면 → **비자발적 반응**에서 Gibbs 에너지는 **증가**한다. 일정온도와 일정압력 하에서 일어나는 반응은 비자발적이고, 에너지의 주입 없이는 부수적인 생성물이 생성될 수 없음
- $\Delta G = 0$ 이면 → 일정온도와 일정압력 하에서 일어나는 반응은 평형상태에 있으며, 더 이상 변화가 일어나지 않음

(2) **흡열반응** : 주위에서 열을 흡수함으로써 진행되는 화학반응으로 발열반응의 반대 개념이다.

   ① **엔탈피변화 계산** : $\Delta H_f = \Delta H_{생성물} - \Delta H_{반응물}$

   ② **열량계산**

      • $Q(흡수열량) = m(질량) \times C_p(비열) \times \Delta t(온도차)$

      • $Q(흡수열량) = m\,C_p(열용량) \times \Delta t(온도차)$

   ③ **흡열반응의 특징**

      • **엔탈피변화(ΔH)** : 항상 0보다 큰 양(+)의 값을 가짐 ➝ $\Delta H > 0$

      • 비자발적으로 일어나는 경우

      • 엔트로피변화(ΔS)가 0보다 작고 ➝ $\Delta S < 0$

      • 모든 온도에서 깁스 자유에너지변화(ΔG)가 0보다 클 때 ➝ $\Delta G > 0$

● **참고** ●

반응의 화학적 평형

• 반응물의 농도와 생성물의 농도가 일정하게 유지되는 상태
• 정반응속도(v_f)와 역반응속도(v_r)가 동일하게 되는 상태
• 깁스 자유에너지(G)가 0인 상태
• 평형상수(K)와 반응지수(Q)가 같은 상태

출제예상문제

 고체 유기물질을 정제하는 과정에서 이 물질이 순물질인지를 알아보기 위한 조사 방법으로 다음 중 가장 적합한 방법은 무엇인가?

① 육안 관찰　　　② 녹는점 측정
③ 광학현미경 분석　④ 전도도 측정

> **정답 분석** 순물질의 경우는 물질의 특성인 녹는점, 끓는점, 밀도, 용해도, 색, 맛 등이 일정하지만 혼합물은 성분 물질의 혼합 비율에 따라 녹는점과 끓는점 등이 변한다. 어떤 물질이 순물질인지 혼합물인지를 알아보려면 그 물질의 녹는점이나 끓는점 등을 조사하면 된다.
>
> 정답 ②

 혼합물의 분리 방법 중 액체의 용해도를 이용하여 미량의 불순물을 제거하는 방법은?

① 증류　　　　　② 증발
③ 재결정　　　　④ 추출

> **정답 분석** 액체상태의 용매를 사용하여 혼합물 속의 특정한 성분만이 용해되는 특성을 이용하여 미량의 불순물을 제거하는 방법을 추출이라 한다.
>
> 정답 ④

03 질산칼륨 수용액 속에 소량의 염화나트륨이 불순물로 포함되어 있다. 용해도 차이를 이용하여 이 불순물을 제거하는 방법으로 가장 적당한 것은?

① 증류　　　　　② 막분리
③ 재결정　　　　④ 전기분해

> **정답 분석** 소량의 불순물이 포함되어 순수한 물질을 얻을 수 없을 때는 불순물이 포함된 결정을 수용액에 용해시킨 후 용해도 차이를 이용하여 불순물을 제거하는 재결정법이 사용된다.
>
> 정답 ③

 다음의 변화 중 에너지가 가장 많이 필요한 경우는?

① 0℃의 물 1몰을 100℃ 물로 변화시킬 때
② 0℃의 얼음 1몰을 50℃ 물로 변화시킬 때
③ 0℃의 얼음 10g을 100℃ 물로 변화시킬 때
④ 100℃의 물 1몰을 100℃ 수증기로 변화시킬 때

> **정답 분석** 100℃의 물 1몰을 100℃ 수증기로 변화시킬 때는 증발잠열이 소요되므로 물 1kg당 539kcal가 필요하다. 반면에 액체인 상태에서 온도를 증가할 때는 물 1kg을 1℃ 상승시키는데 요구되는 열량이 1kcal이므로 각 항목별 소요되는 열량은 다음과 같이 산출된다.
>
> ① 0℃의 물 1몰을 100℃ 물로 변화시킬 때
>
> $$\rightarrow 1mol \times \frac{18g}{1mol} \times \frac{1cal}{g \cdot ℃} \times (100-0)℃ = 1,800\,cal$$
>
> ② 0℃의 얼음 1몰을 50℃ 물로 변화시킬 때
>
> $$\rightarrow 1mol \times \frac{80cal}{g} \times \frac{18g}{mol} + \frac{18g}{1mol} \times \frac{1cal}{g \cdot ℃}$$
> $$\times (50-0)℃ = 2,340\,cal$$
>
> ③ 0℃의 얼음 10g을 100℃ 물로 변화시킬 때
>
> $$\rightarrow 10g \times \frac{80cal}{g} + 10g \times \frac{1cal}{g \cdot ℃} \times (100-0)℃$$
> $$= 1,800\,cal$$
>
> ④ 100℃의 물 1몰을 100℃ 수증기로 변화시킬 때
>
> $$\rightarrow \frac{539cal}{g} \times 1mol \times \frac{18g}{1mol} = 9,702\,cal$$
>
> 정답 ④

 액체 공기에서 질소 등을 분리하여 산소를 얻는 방법은 다음 중 어떤 성질을 이용한 것인가?

① 용해도　　　　② 비등점
③ 색상　　　　　④ 압축률

> **정답 분석** 공기는 질소 79%와 산소 21%로 이루어져 있으며, 질소와 산소의 비등점(끓는점)을 이용하여 산소를 분리할 수 있다. 질소의 비등점은 −196℃로 산소의 비등점인 −183℃보다 낮기 때문에 질소가 기체로 먼저 분리된 후 산소가 분리되면서 산소를 얻을 수 있다. 용해도가 높은 화학종은 대체로 비등점 상승도가 높다.
>
> 정답 ②

06 물(H_2O)의 끓는점이 황화수소(H_2S)의 끓는점
보다 높은 이유는?

① 수소결합 때문에
② 극성 결합 때문에
③ pH가 높기 때문에
④ 분자량이 작기 때문에

정답 분석 수소결합(Hydrogen Bond)을 갖는 분자(H, ···, F, O, N)는 분자간의 인력이 강해 분자 사이의 인력을 끊기 위해서는 많은 에너지가 필요하기 때문에 유사한 분자량을 가진 화합물과 비교할 때 녹는점, 끓는점이 높다($H_2O > HF > NH_3$). 수소결합(Hydrogen Bond)은 전기음성도가 큰 (F, O, N)에 입자가 작은 수소(H)가 결합되어 있기 때문에 비정상적으로 매우 강한 쌍극자 – 쌍극자 힘을 갖게 된다. 따라서 쌍극자들이 서로 가깝게 결합되어 있을수록, 분자당 수소결합 수가 많을수록 끓는점은 높아진다.

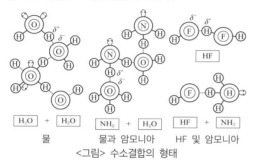

<그림> 수소결합의 형태

정답 ①

 07 NH_4Cl에서 배위결합을 하고 있는 부분을 옳게
설명한 것은?

① NH_3의 N−H 결합
② NH_3와 H^+과의 결합
③ NH_4^+과 Cl^-과의 결합
④ H^+과 Cl^-과의 결합

정답 분석 배위결합(Covalent Bond)이란 비공유 전자쌍을 지니고 있는 분자나 이온이 결합에 필요한 전자쌍을 제공하는 결합을 말한다. N과 H는 공유결합, NH_3와 H^+의 결합은 배위결합이다. 배위결합물에는 NH_4^+, H_3O^+, BF_3NH_3, SO_4^{2-}, PO_4^{3-} 등이 있다.

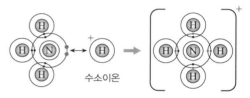

암모니아(NH_3) 수소이온 암모늄이온(NH_4^+)

<그림> $NH_3 + H^+ \rightarrow NH_4^+$ 형성 배위결합

정답 ②

08 결합력이 큰 것부터 작은 순서로 나열한 것은?

① 공유결합>수소결합>반 데르 발스 결합
② 수소결합>공유결합>반 데르 발스 결합
③ 반 데르 발스 결합>수소결합>공유결합
④ 수소결합>반 데르 발스 결합>공유결합

정답 분석 결합력의 세기는 공유결합>이온결합>금속결합>수소결합>반 데르 발스 결합 순서이다.

정답 ①

다이아몬드의 결합 형태는?

① 금속결합　　　② 이온결합
③ 공유결합　　　④ 수소결합

정답분석 다이아몬드는 3차원적 공유결정물이다. 공유결정(共有 結晶, covalent crystal)은 결정을 구성하는 기본 입자 가 분자(分子)가 아닌 원자(原子)이며, 원자들의 공유결 합만으로 이루어진 결정이다. 공유결정에는 다이아몬드, 흑연, 규소 등이 있다.

다이아몬드	이산화규소	탄화규소	흑 연

정답 ③

10 NaCl의 결정계는 다음 중 무엇에 해당되는가?

① 입방정계(cubic)
② 정방정계(tetragonal)
③ 육방정계(hexagonal)
④ 단사정계(monoclinic)

정답분석 NaCl은 면심 입방구조(Face Centered Cubic)를 가 진다.

정답 ①

 이온결합 물질의 일반적인 성질에 관한 설명 중 틀린 것은?

① 녹는점이 비교적 높다.
② 단단하며 부스러지기 쉽다.
③ 고체와 액체 상태에서 모두 도체이다.
④ 물과 같은 극성 용매에 용해되기 쉽다.

정답분석 이온결정 상태의 이온은 다른 이온들로부터 둘러싸여 있 어서 이동할 수 없기 때문에 전기전도성이 낮다. 이온결정 은 고체에서는 전기전도성이 없으나 액체상태에서는 전기 전도성이 있다. 한편, 이온결합 물질은 쉽게 부스러지는 특성을 가지며, 끓는점, 녹는점이 높은 특성이 있다.

정답 ③

12 다음 이원자 분자 중 결합에너지 값이 가장 큰 것은?

① H_2　　　② N_2
③ O_2　　　④ F_2

정답분석 동일 원자간의 결합이라도 결합 수가 증가할수록 결합에 너지는 커진다. 결합구조에 따른 결합력 크기는 삼중결합 (N_2, $N \equiv N$)>이중결합(O_2, $O = O$)>단일결합(H_2, F_2)이다.

정답 ②

 요소 6g을 물에 녹여 1,000L로 만든 용액의 27℃에서의 삼투압은 약 몇 atm인가? (단, 요소 의 분자량은 60이다.)

① 1.26×10^{-1}　　② 1.26×10^{-2}
③ 2.46×10^{-3}　　④ 2.56×10^{-4}

정답분석 삼투압의 크기는 용액의 농도와 절대온도에 비례하여 증 가하므로 다음과 같이 계산한다.

계산 $\pi = mRT \begin{cases} \pi : 삼투압(atm) \\ m : 몰 농도(mol/L) \\ R : 기체상수(0.082) \\ T : 절대온도(K) \end{cases}$

- $m(몰 농도) = \dfrac{질량}{용액량} \times \dfrac{1}{분자량} = \dfrac{6g}{1,000L} \times \dfrac{mol}{60g}$
  $= 1 \times 10^{-4} mol/L$

$\therefore \ \pi = 1 \times 10^{-4} \times 0.082 \times (273 + 27)$
$\quad = 2.46 \times 10^{-3}$ atm

정답 ③

14 25℃에서 500mL에 6g의 비전해질을 녹인 용액의 삼투압은 7.4기압이었다. 이 물질의 분자량은 약 얼마인가?

① 20.78 ② 39.89
③ 58.16 ④ 77.65

정답분석 삼투압의 크기는 용액의 농도와 절대온도에 비례하여 증가하므로 다음과 같이 계산한다.

계산 $\pi = mRT$ $\begin{cases} \pi : \text{삼투압}(\text{atm}) = 7.4 \text{ atm} \\ m : \text{몰 농도}(\text{mol/L}) \\ \quad = \dfrac{6\text{g}}{500\text{mL}} \times \dfrac{\text{mol}}{\text{M}} \times \dfrac{10^3\text{mL}}{\text{L}} \\ \quad = 12 \times \dfrac{1}{\text{M}} \text{ mol/L} \\ R : \text{기체상수}(0.082) \\ T : \text{절대온도}(\text{K}) = 273 + 25 = 298\text{ K} \end{cases}$

$\therefore M = \dfrac{12 \times 0.082 \times 298}{7.4} = 39.63$

정답 ②

15 어떤 비전해질 12g을 물 60.0g에 녹였다. 이 용액이 −1.88℃의 빙점 강하를 보였을 때 이 물질의 분자량은? (단, 물의 몰랄 어는점 내림상수 K_f=1.86℃ · kg/mol이다.)

① 297 ② 202
③ 198 ④ 165

정답분석 삼투압의 크기는 용액의 농도와 절대온도에 비례하여 증가하므로 다음과 같이 계산한다.

계산 $\triangle T_f = \triangle T_{f(\text{용액})} - \triangle T_{f(\text{용매})} = K_f \times m$

$\begin{cases} \triangle T_f : \text{용액의 어는점 내림}(℃) \\ K_f : \text{내림상수}(℃/\text{몰랄 농도}) \\ m : \text{몰랄 농도}(\text{용질 mol/용매kg}) \end{cases}$

• $m = \dfrac{\text{용질의 양}(\text{mol})}{\text{용매의 양}(\text{kg})}$

$\begin{cases} \text{용질}(\text{mol}) = \text{질량}(\text{g}) \times \dfrac{1}{\text{분자량}} \\ \quad = 12\text{g} \times \dfrac{1\text{mol}}{x\text{g}} = \dfrac{12}{x}\text{mol} \\ \text{용매}(\text{kg}) = \text{물}(\text{kg}) = 60\text{g} \times \dfrac{10^{-3}\text{kg}}{\text{g}} = 0.06\text{kg} \end{cases}$

• $1.88 = 1.86℃ \cdot \text{kg/mol} \times \dfrac{12/x(\text{mol})}{0.06\text{kg}}$

$\therefore$ 분자량 $= 197.87\text{g/mol}$

정답 ③

16 물 200g에 A 물질 2.9g을 녹인 용액의 빙점(어는점)은? (단, 물의 어는점 내림상수는 1.86℃ · kg/mol이고, A 물질의 분자량은 580이다.)

① −0.465℃ ② −0.932℃
③ −1.871℃ ④ −2.453℃

정답분석 어는점 내림의 관계식을 이용한다.

계산 $\triangle T_f = \triangle T_{f(\text{용매})} - \triangle T_{f(\text{용액})} = K_f \times m$

$\begin{cases} \triangle T_f : \text{용액의 어는점 내림}(℃) \\ K_f : \text{내림상수}(℃/\text{몰랄 농도}) \\ m : \text{몰랄 농도}(\text{용질mol/용매kg}) \end{cases}$

• $m = \dfrac{\text{용질의 양}(\text{mol})}{\text{용매의 양}(\text{kg})}$

$\begin{cases} \text{용질}(\text{mol}) = \text{질량}(\text{g}) \times \dfrac{\text{mol}}{\text{분자량}} = 2.9\text{g} \times \dfrac{1\text{mol}}{58\text{g}} \\ \quad = 0.05\text{mol} \\ \text{용매}(\text{kg}) = \text{물}(\text{kg}) = 200\text{g} \times \dfrac{10^{-3}\text{kg}}{\text{g}} = 0.2\text{kg} \end{cases}$

• $\triangle T_f = 1.86℃ \cdot \text{kg/mol} \times \dfrac{0.05\text{mol}}{0.2\text{kg}} = 0.465℃$

$\therefore$ 용액의 어는점$[t(℃)] =$ 용매의 어는점$(℃) - \triangle T_f$
$= 0℃ - 0.465℃ = -0.465℃$

정답 ①

17 다음 물질 1g을 각각 1kg의 물에 녹였을 때 빙점 강하가 가장 큰 것은?

① CH_3OH ② C_2H_5OH
③ $C_3H_5(OH)_3$ ④ $C_6H_{12}O_6$

정답분석 빙점강하는 몰랄 농도(mol/kg)에 비례하기 때문에 분자량이 가장 작은 CH_3OH의 빙점 강하가 가장 크다.

정답 ①

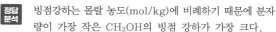

18

25.0g의 물 속에 2.85g의 설탕($C_{12}H_{22}O_{11}$)이 녹아 있는 용액의 끓는점은? (단, 물의 끓는점 오름 상수는 0.52이다.)

① 100.0℃   ② 100.08℃

③ 100.17℃   ④ 100.34℃

[정답분석] 끓는점 오름의 관계식을 이용한다.

[계산]

$$\Delta T_b = \Delta T_{b(\text{용액})} - \Delta T_{b(\text{용매})} = K_b \times m$$

$$\begin{cases} \Delta T_b : \text{용액의 끓는점 오름(℃)} \\ K_b : \text{오름상수(℃/몰랄 농도)} \\ m : \text{몰랄 농도(용질 mol/용매 kg)} \end{cases}$$

• $m = \dfrac{\text{용질의 양(mol)}}{\text{용매의 양(kg)}}$

$$\begin{cases} \text{용질(mol)} = \text{질량(g)} \times \dfrac{\text{mol}}{\text{분자량}} = 2.85\text{g} \times \dfrac{1\text{mol}}{342\text{g}} \\ \qquad\qquad = 8.333 \times 10^{-3}\,\text{mol} \\ \text{용매(kg)} = \text{물(kg)} = 25\,\text{g} \times \dfrac{10^{-3}\,\text{kg}}{\text{g}} = 0.025\,\text{kg} \end{cases}$$

• $\Delta T_b = 0.52\,℃ \cdot \text{kg/mol} \times \dfrac{8.333 \times 10^{-3}\,\text{mol}}{0.025\,\text{kg}}$
$\qquad = 0.173\,℃$

$\therefore$ 용액의 끓는점(t ℃)
$\quad$ = 용매의 끓는점(℃) + ΔT_b
$\quad$ = 100℃ + 0.173℃ = 100.173℃

정답 ③

19

다음 화학반응으로부터 설명하기 어려운 것은?

$$2H_2(g) + O_2(g) \rightarrow 2H_2O(g)$$

① 배수비례의 법칙
② 일정 성분비의 법칙
③ 반응물질 및 생성물질의 몰수비
④ 반응물질 및 생성물질의 부피비

[정답분석] 배수비례의 법칙은 두 원소가 서로 다른 한 개 이상의 화합물을 형성할 때 성립된다.

정답 ①

20

다음 중 증기비중이 가장 큰 것은?

① 벤젠   ② 아세톤

③ 아세트알데하이드   ④ 톨루엔

[정답분석] 증기의 비중은 공기를 표준물질로 한 밀도(기체 분자량/22.4)의 배수로 산출할 수 있다.

[계산] 증기비중 $= \dfrac{\text{분자량}/22.4}{29/22.4}$

$$\leftarrow \text{분자량} = \begin{cases} \text{벤젠}(C_6H_6) = 78 \\ \text{아세톤}(CH_3COCH_3) = 58 \\ \text{아세트알데하이드}(CH_3CHO) = 44 \\ \text{톨루엔}(C_6H_5CH_3) = 92 \end{cases}$$

$\therefore$ 증기의 비중이 가장 큰 것은 톨루엔(메틸벤젠)이다.

정답 ④

21

표준상태를 기준으로 수소 2.24L가 염소와 완전히 반응했다면 생성된 염화수소의 부피는 몇 L인가?

① 2.24   ② 4.48

③ 22.4   ④ 44.8

[정답분석] 수소와 염소의 반응식을 적용한다.

[계산]
$$H_2 + Cl_2 \rightarrow 2HCl$$
$$1\text{mol} \quad : \quad 2\text{mol}$$

$\therefore V = 2.24\text{L} \times \dfrac{2 \times 22.4}{22.4} = 4.48\text{L}$

정답 ②

22

20℃에서 4L를 차지하는 기체가 있다. 동일한 압력 40℃에서는 몇 L를 차지하는가?

① 0.23   ② 1.23

③ 4.27   ④ 5.27

[정답분석] 온도와 압력이 제시될 때에는 보일 – 샤를의 법칙을 "부피" 단위에만 집중하여 보정한다. 20℃에서 부피 4L인 것을 40℃ 상태의 부피로 환산한다고 생각하고 문제를 푼다.

[계산] $V_2 = V_1 \times \dfrac{273 + t_2}{273 + t_1} \times \dfrac{P_1}{P_2}$ $\begin{cases} V_1 = 4\text{L} \\ t_1 = 20\,℃ \\ t_2 = 40\,℃ \\ P_1 = P_2 \end{cases}$

$\therefore V_2 = 4\text{L} \times \dfrac{273 + 40}{273 + 20} = 4.27\text{ L}$

정답 ③

23 1기압, 27℃에서 아세톤 58g을 완전히 기화시키면 부피는 약 몇 L가 되는가?

① 22.4 ② 24.6
③ 27.4 ④ 58.0

정답분석 아세톤의 화학식은 C_3H_6O이고, 분자량은 58이며, 기화될 때 1mol의 표준상태 부피는 22.4L이다.

계산 $V = m \times \dfrac{22.4}{M} \times \dfrac{273+t}{273} \times \dfrac{760}{P}$ $\begin{cases} m\,(질량) = 58g \\ M\,(분자량) = 58 \\ t\,(온도) = 27℃ \\ P = 760\,mmHg \end{cases}$

$\therefore V = 58g \times \dfrac{mol}{58g} \times \dfrac{22.4L}{mol} \times \dfrac{273+27}{273} \times \dfrac{760}{760} = 24.6L$

정답 ②

24 어떤 주어진 양의 기체의 부피가 21℃, 1.4atm에서 250mL이다. 온도가 49℃로 상승되었을 때의 부피가 300mL라고 하면, 이 때의 압력은 약 얼마인가?

① 1.35atm ② 1.28atm
③ 1.21atm ④ 1.16atm

정답분석 보일 – 샤를의 법칙(Boyle-Charle's Law)을 적용한다.

계산 $V_2 = V_1 \times \dfrac{T_2}{T_1} \times \dfrac{P_1}{P_2}$

$\Rightarrow 300 = 250 \times \dfrac{273+49}{273+21} \times \dfrac{1.4}{P_2}$

$\therefore P_2 = 1.28\,atm$

정답 ②

25 물 36g을 모두 증발시키면 수증기가 차지하는 부피는 표준상태를 기준으로 몇 L인가?

① 11.2L ② 22.4L
③ 33.6L ④ 44.8L

정답분석 물이 증기로 변화되면 기체에 준하는 법칙을 적용한다. 따라서 물(H_2O) 1mol의 질량은 18g, 1mol의 표준상태 체적(증기)은 22.4L이다.

계산 수증기 부피 $= 36g \times \dfrac{22.4L}{18g} = 44.8L$

※ 만약, 온도(35℃), 압력(780mmHg)의 상태에서 부피를 묻는다면

$\Rightarrow$ 수증기 부피 $= 36g \times \dfrac{22.4L}{18g} \times \dfrac{273+35}{273} \times \dfrac{760}{780}$
$= 49.25L$

정답 ④

26 1기압, 100℃에서 물 36g이 모두 기화되었다. 생성된 기체는 약 몇 L인가?

① 11.2 ② 22.4
③ 44.8 ④ 61.2

정답분석 물이 증기로 변화되면 기체에 준하는 법칙을 적용한다. 따라서 물(H_2O) 1mol의 질량은 18g, 1mol의 표준상태 체적(증기)은 22.4L이다.

계산 수증기 부피 $= 36g \times \dfrac{22.4L}{18g} \times \dfrac{273+100}{273} = 61.21L$

정답 ④

27 구리선의 밀도가 7.81g/mL이고, 질량이 3.72g이다. 이 구리선의 부피는 얼마인가?

① 0.48 ② 2.09
③ 1.48 ④ 3.09

정답분석 액체 및 고체의 밀도는 질량을 부피로 나누어 산정한다. 액체와 고체의 밀도는 질량과 부피를 직접 제어서 산출하므로 기체와 같이 22.4라는 값을 사용하지 않는다는 것을 기억해 두도록!!

계산 고체 밀도 $= \dfrac{질량}{부피}$ $\begin{cases} 밀도 = 7.81\,g/mL \\ 질량 = 3.72\,g \end{cases}$

$\therefore$ 구리의 부피 $= 3.72g \times \dfrac{mL}{7.81g} = 0.48\,mL$

정답 ①

28 어떤 용기에 수소 1g과 산소 16g을 넣고 전기불꽃을 이용하여 반응시켜 수증기를 생성하였다. 반응 전과 동일한 온도·압력으로 유지시켰을 때, 최종 기체의 총 부피는 처음 기체 총 부피의 얼마가 되는가?

① 1
② 1/2
③ 2/3
④ 3/4

 정답분석 일정성분비 법칙을 응용한다. 수소와 산소는 1 : 0.5의 mol비율로 반응하여 1mol의 H_2O를 생성한다. 현재 제시된 수소(H_2)는 1g(=0.5mol)이고, 산소(O_2)는 16g(=0.5mol)이다. 따라서 수소와 산소는 1 : 0.5의 mol비율로 반응하기 때문에 수소 0.5mol당 산소는 0.25mol만 반응하여 물(H_2O) 0.5mol을 생성시키므로 수소는 전량 반응하여 소멸되었지만 산소의 경우는 전체 0.5mol 중 0.25mol은 반응하고, 0.25mol은 미반응 물질로 그대로 존재하게 된다.

계산
$$H_2 \quad + \quad 0.5O_2 \quad \rightarrow \quad H_2O$$
$$1mol : 0.5mol : 1mol$$
$$2g : 16g : 18g$$

• 반응 전 $\begin{cases} H_2 = 1g \times \dfrac{1mol}{2g} = 0.5mol \\ O_2 = 16g \times \dfrac{22.4L}{32g} = 0.5mol \end{cases}$

• 반응 후
$\begin{cases} H_2 = 0\,mol\,(전량\,반응하여\,H_2O형성) \\ O_2\,(잔류량) = 전체량 - 반응량 = (0.5-0.25) \\ \qquad\qquad = 0.25\,mol\,(미반응\,잔류) \\ H_2O = 0.5mol\,(반응\,생성물) \end{cases}$

$$\therefore 부피비 = \frac{반응\,후}{반응\,전} = \frac{(0.25+0.5)\,mol}{(0.5+0.5)\,mol}$$
$$= \frac{0.75}{1} = \frac{3}{4}$$

정답 ④

29 공기 중에 포함되어 있는 질소와 산소의 부피비는 0.79 : 0.21이므로 질소와 산소의 분자수의 비도 0.79 : 0.21이다. 이와 관계있는 법칙은?

① 아보가드로의 법칙
② 일정 성분비의 법칙
③ 배수비례의 법칙
④ 질량보존의 법칙

 정답분석 아보가드로의 법칙에 따르면 기체의 종류가 다르더라도 온도와 압력이 같다면 일정 부피 안에 들어있는 기체의 입자수는 같다.

정답 ①

30 1기압의 수소 2L와 3기압의 산소 2L를 동일 온도에서 5L의 용기에 넣으면 전체 압력은 몇 기압이 되는가?

① 4/5
② 8/5
③ 12/5
④ 16/5

정답분석 부분압력의 합은 전체압력과 동일하다는 돌턴(Dalton)의 부분압력 법칙에 따른다.

계산 전체 압력(기압) $= \sum 부분압력 \times 체적비$

$\begin{cases} 수소\,압력 = 1기압 \\ 수소\,체적비 = 2/5 \\ 산소\,압력 = 3기압 \\ 산소\,체적비 = 2/5 \end{cases}$

$\therefore$ 전체 압력(기압)
$$= 1 \times \frac{2}{5} + 3 \times \frac{2}{5} = 1.6기압\,(=8/5기압)$$

정답 ②

31 어떤 기체의 확산속도는 SO_2의 2배이다. 이 기체의 분자량은 얼마인가?

① 8
② 16
③ 32
④ 64

정답분석 SO_2의 분자량은 64이므로 그레이엄의 법칙에 이를 적용하여 문제를 푼다.

계산
$$\frac{V_2}{V_1} = \frac{K\dfrac{1}{\sqrt{M_{w(2)}}}}{K\dfrac{1}{\sqrt{64}}} = \frac{\dfrac{1}{\sqrt{M_{w(2)}}}}{0.125} = 2$$

$$\therefore M_{w(2)} = 16$$

정답 ②

32
다음의 평형계에서 압력을 증가시키면 반응에 어떤 영향이 나타나는가?

$$N_2(g) + 3H_2(g) \rightleftarrows 2NH_3(g)$$

① 무변화
② 왼쪽으로 진행
③ 오른쪽으로 진행
④ 왼쪽과 오른쪽으로 모두 진행

 르 샤틀리에의 원리를 적용하면, 압력을 증가시키면 부피가 큰 쪽에서 작은 쪽으로 평형이 이동한다. 제시된 반응에서 반응계의 부피비 : 생성계 부피비=(1+3) : 2이므로 반응은 정반응으로 진행된다.

정답 ③

33
다음은 열역학 제 몇 법칙에 대한 내용인가?

0K(절대영도)에서 물질의 엔트로피는 0이다.

① 열역학 제0법칙
② 열역학 제1법칙
③ 열역학 제2법칙
④ 열역학 제3법칙

정답분석 엔트로피에 대한 법칙은 열역학 제3법칙이다.
• 제1법칙 : 우주의 에너지는 일정하다.
• 제2법칙 : 자발적인 과정에서 우주의 엔트로피는 항상 증가한다.
• 제3법칙 : 0K(절대영도)에서 물질의 엔트로피는 0이다.

정답 ④

34
수소 1.2몰과 염소 2몰이 반응할 경우 생성되는 염화수소의 몰수는?

① 1.2
② 2
③ 2.4
④ 4.8

 수소와 염소는 1 : 1의 mol비율로 반응하여 2mol의 염화수소를 생성한다. 현재 제시된 비율을 보면 수소에 대한 염소가 과잉으로 존재하기 때문에 수소가 전체 반응을 좌우하는 제한 물질이 된다. 따라서 염소를 아무리 많이 주입하더라도 수소와 동일한 1.2mol 만큼만 반응하고, 나머지는 미반응 물질의 염소로 잔류하게 된다.

계산
$$H_2 \quad + \quad Cl_2 \quad \rightarrow \quad 2HCl$$
1mol : 1mol : 2mol
1.2mol : 2mol : (2×1.2) mol
+ 미반응 염소(2−1.2)mol

∴ HCl = 2×1.2 = 2.4mol

정답 ③

35
다음 중 헨리의 법칙으로 설명되는 것은?

① 사이다의 병마개를 따면 거품이 난다.
② 극성이 큰 물질일수록 물에 잘 녹는다.
③ 비눗물은 0℃보다 낮은 온도에서 언다.
④ 높은 산 위에서는 물이 100℃ 이하에서 끓는다.

 헨리(Henry)의 법칙은 기체의 용해도는 압력에 정비례한다는 법칙이다. 탄산음료를 제조할 때 이산화탄소의 농도를 높게 유지하기 위해 고압상태의 이산화탄소를 주입한다.

정답 ①

36 다음 반응식 중 흡열반응을 나타내는 것은?

① $CO + \frac{1}{2}O_2 \rightarrow CO_2 + 68kcal$

② $N_2 + O_2 \rightarrow 2NO,\ \Delta H = +42kcal$

③ $C + O_2 \rightarrow CO_2,\quad \Delta H = -94kcal$

④ $H_2 + \frac{1}{2}O_2 - 58kcal \rightarrow H_2O$

정답분석 흡열반응은 생성계의 엔탈피변화(ΔH)가 양(+)의 값을 가지거나 생성계의 열(에너지, E)이 음(−)의 값을 가지는 경우로 나타낸다. ①은 생성계의 열(에너지, E)이 양(+)의 값을 가지므로 발열반응, ③은 생성계의 엔탈피변화(ΔH)가 음(−)의 값을 가지므로 발열반응, ④는 반응계에서 열(에너지, E)이 음(−)의 값을 가지는데 이를 생성계 측으로 옮겨오면

→ $H_2 + 0.5O_2 \rightarrow H_2O + 58kcal$ 으로 되기 때문에 발열반응이 된다.

정답 ②

37 대기압 하에서 열린 실린더에 있는 1mol의 기체를 20℃에서 120℃까지 가열하면 기체가 흡수하는 열량은 몇 cal인가? (단, 기체 몰열용량은 4.97cal/mol·℃이다.)

① 97   ② 100

③ 497   ④ 760

정답분석 변화되는 열량은 열용량(물질량×비열)×온도차로 계산하므로 다음과 같이 산출할 수 있다.

계산 θ (흡수열량) $= mC_p$(열용량)$\times \Delta t$(온도차)

∴ $\theta = 1mol \times \dfrac{4.97cal}{mol \cdot ℃} \times (120-20)℃ = 497cal$

정답 ③

38 0℃의 얼음 20g을 100℃의 수증기로 만드는데 필요한 열량은? (단, 융해열은 80cal/g, 기화열은 539cal/g이다.)

① 3,600cal   ② 11,600cal

③ 12,380cal   ④ 14,380cal

정답분석 총 열량은 얼음의 융해열과 100℃의 물로 가열하는데 필요한 현열, 100℃의 물을 증발시키는데 소요되는 열량(잠열)을 합산한 열량으로 산정한다.

계산 $Q = Q_1 + Q_2 + Q_3$

• 0℃의 얼음 20g → 0℃의 물(융해열) :
  $Q_1(cal) = 80cal/g \times 20g = 1,600cal$

• 0℃의 물 20g → 100℃의 물(현열) :
  $Q_2(cal) = 1cal/g \times 20g \times 100 = 2,000cal$

• 100℃의 물 20g → 100℃의 수증기(기화열) :
  $Q_3(cal) = 539cal/g \times 20g = 10,780cal$

∴ $Q = 1,600 + 2,000 + 10,780 = 14,380cal$

정답 ④

39 3가지 기체 물질 A, B, C가 일정한 온도에서 다음과 같은 반응을 하고 있다. 평형에서 A, B, C가 각각 1몰, 2몰, 4몰이라면 평형상수 K의 값은?

$$A + 3B \rightarrow 2C + 열$$

① 0.5   ② 2

③ 3   ④ 4

정답분석 평형상수는 반응물과 생성물의 농도 관계를 나타낸 상수이며, 반응물 및 생성물의 초기 농도에 관계없이 항상 같은 값을 지니는데 반응계와 생성계의 몰 농도 곱의 비로 나타낸다.

계산 $K = \dfrac{생성계\ 몰\ 농도\ 곱}{반응계\ 몰\ 농도\ 곱} \leftarrow A + 3B \rightleftarrows 2C$

∴ $K = \dfrac{[C]^2}{[A][B]^3} = \dfrac{[4]^2}{[1][2]^3} = 2.0$

정답 ②

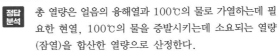

40 평형상태를 이동시키는 조건에 해당되지 않는 것은?

① 온도
② 농도
③ 촉매
④ 압력

 정답분석 촉매는 활성화에너지를 낮추거나 반응경로를 변경하는 등 반응속도를 제어하는 인자로 작용하며, 평형을 이동시키는 요소는 아니다. 평형상태를 이동시킬 수 있는 인자는 온도, 농도, 압력이다.

정답 ③

41 수소와 질소로 암모니아를 합성하는 반응의 화학반응식은 다음과 같다. 암모니아의 생성률을 높이기 위한 조건은?

$$N_2 + 3H_2 \rightarrow 2NH_3 + 22.1kcal$$

① 온도와 압력을 낮춘다.
② 온도와 압력을 높인다.
③ 온도를 높이고, 압력을 낮춘다.
④ 온도는 낮추고, 압력은 높인다.

 정답분석 제시된 반응은 발열반응이기 때문에 온도를 낮추고, 압력을 높여야만 평형을 오른쪽으로 이동시켜 암모니아의 생성률을 높일 수 있다.

정답 ④

42 다음과 같은 반응에서 평형을 왼쪽으로 이동시킬 수 있는 조건은?

$$A_2(g) + 2B_2(g) \rightleftarrows 2AB_2(g) + 열$$

① 압력 감소, 온도 감소
② 압력 증가, 온도 증가
③ 압력 감소, 온도 증가
④ 압력 증가, 온도 감소

 정답분석 제시된 반응은 발열반응이므로 평형을 왼쪽으로(역반응) 이동시키려면 온도를 높이고, 압력을 낮추어야 한다.

정답 ③

43 다음 화학반응식 중 실제로 반응이 오른쪽으로 진행되는 것은?

① $2KI + F_2 \rightarrow 2KF + I_2$
② $2KBr + I_2 \rightarrow 2KI + Br_2$
③ $2KF + Br_2 \rightarrow 2KBr + F_2$
④ $2KCl + Br_2 \rightarrow 2KBr + Cl_2$

 정답분석 기체분자의 반응은 반응성의 크기가 큰 반응계에서 낮은 반응계로 진행된다. 반응성의 크기는 플루오린 – 염소 – 브로민 – 아이오딘($F_2 > Cl_2 > Br_2 > I_2$)의 순서이다.
따라서 ①은 오른쪽, ②는 왼쪽, ③은 왼쪽, ④는 왼쪽으로 반응이 진행된다.

정답 ①

44 $CH_3COOH \rightarrow CH_3COO^- + H^+$의 반응식에서 전리평형상수 K는 다음과 같다. K값을 변화시키기 위한 조건으로 옳은 것은?

$$K = \frac{[CH_3COOH^-][H^+]}{[CH_3COOH]}$$

① 온도를 변화시킨다.
② 압력을 변화시킨다.
③ 농도를 변화시킨다.
④ 촉매의 양을 변화시킨다.

 전리평형상수는 온도의 함수이므로 온도가 변화하면 K 값이 변화한다.

정답 ①

45 일정한 온도 하에서 물질 A와 B가 반응을 할 때 A의 농도만 2배로 하면 반응속도가 2배가 되고 B의 농도만 2배로 하면 반응속도가 4배로 된다. 이 반응의 속도식은? (단, 반응속도상수는 k이다.)

① $v = k[A][B]^2$
② $v = k[A]^2[B]$
③ $v = k[A][B]^{0.5}$
④ $v = k[A][B]$

정답분석 반응속도는 반응물의 농도와 반응차수에 관계되므로 다음과 같이 관계식을 만들 수 있다.

계산 반응속도비 $(R) = \dfrac{v_2}{v_1} = \left(\dfrac{농도_2}{농도_1}\right)^m$

- $2 = \dfrac{v_2}{v_1} = \dfrac{[2A_1]^x}{[A_1]^x} = (2)^m, \qquad m = 1$

- $4 = \dfrac{v_2}{v_1} = \dfrac{[2B_1]^x}{[B_1]^x} = (2)^m, \qquad m = 2$

∴ 반응차수는 A물질에 대하여 1차, B물질에 대하여 2차이므로 → $v = k[A]^1[B]^2$

정답 ①

46 수성가스(Water Gas)의 주성분을 옳게 나타낸 것은?

① CO_2, CH_4
② CO, H_2
③ CO_2, H_2, O_2
④ H_2, H_2O

 수성가스(Water Gas)는 백열된 석탄 또는 코크스에 수증기를 주입하여 얻어지는 기체연료로서 수소(45 ~ 50%), CO(45 ~ 50%)를 주성분으로 하는 단열화염온도가 높은 연료이다.

참고 주요 연료가스의 생산원리와 주성분

- **수성가스** : 석탄을 발생로에서 고온으로 가열하여 고온의 공기와 수증기를 가스화제로 투입하여 가스화시킨다. 주성분은 수소와 CO이다.
- **발생로가스** : 석탄이나 코크스를 불완전연소시켜 얻어지는 가스로서 다량의 질소(N_2)를 함유하며, 일산화탄소(25 ~ 30%)와 수소(10 ~ 15%), 그 외 CH_4를 함유하고 있다.
- **고로가스** : 고로가스는 제철용 고로(용광로)에서 선철을 제조할 때 부생하는 것으로 CO(23 ~ 30%) 및 N_2 (≒60%)가 주성분이다. 한편, 선철을 제강과정에서 강철로 만드는 과정에서 발생하는 전로가스는 주성분이 CO이다.
- **코크스로가스** : 코크스로가스는 코크스로에서 석탄을 건류하여 코크스를 제조할 때 부생되는 가스로서 수소(48%) 및 메테인(메탄, 31%)이 주성분이다.

정답 ②

03 원자의 구조와 원소의 주기율

1 원자의 구조

1. 원자

돌턴(Dalton, 1803)의 원자론에 근거하면 원자(原子, Atom)는 화학결합을 할 수 있는 기본단위로 정의할 수 있으며, 지속적인 연구를 통해 원자는 아원자 입자(원자보다 작은 입자 혹은 원자를 구성하는 기본 입자)라고 하는 훨씬 더 작은 입자로 구성되어 있으며, 전자, 양성자, 중성자 3가지의 입자로 되어 있음을 밝혀내었다.

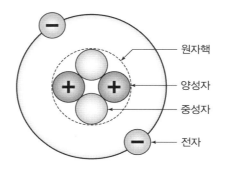

2. 원자의 구성 입자와 관련한 실험과 발견

- **원자핵** : 1911년 러더퍼드가 α입자 산란 실험을 통하여 발견함
- **전자** : 1987년 톰슨이 음극선 실험을 통하여 발견함
- **양성자** : 1886년 유겐 골드슈타인이 음극선관에서 음극선만이 아니라 양극선도 방출된다는 것을 발견함
- **중성자** : 1932년 채드윅에 의해 발견됨
- **전자의 전하량** : 1909년 밀리컨과 플레처의 기름방울 실험으로 전자의 전하를 측정함

3. 원자번호, 질량 수 및 동위원소

(1) **원자번호** : 한 원소의 원자핵에 있는 양성자의 수를 나타낸다. 중성원자에서 양성자의 수는 전자의 수와 같기 때문에 원자번호는 원자에 있는 전자의 수를 가리키기도 한다.

(2) **질량 수** : 한 원소의 원자핵에 있는 양성자의 수(원자번호)에 중성자의 수를 합한 수이다.

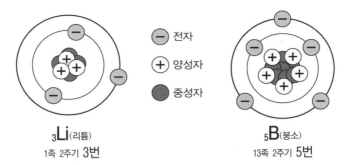

$_3$Li(리튬)
1족 2주기 3번

$_5$B(붕소)
13족 2주기 5번

(3) **동위원소** : 원자번호는 같지만 질량 수가 다른 원자를 말한다.

- 동위원소는 양성자 수는 동일하지만 중성자 수가 다름 → 따라서 질량이 다름
- 동위원소는 원자의 전자 배치는 같지만 원자핵의 구조가 다름
- 동위원소는 화학적 성질이 같지만 밀도 등 물리적 성질은 다름

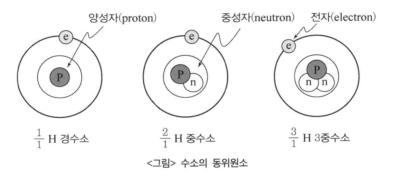

$\frac{1}{1}$H 경수소

$\frac{2}{1}$H 중수소

$\frac{3}{1}$H 3중수소

<그림> 수소의 동위원소

2 원소의 주기율

1. 주기율표의 배경

(1) **최초 주기율표** : 1869년 멘델레예프(Mendeleev)가 63종의 원소를 원자량 순서로 배열함

(2) **현재의 주기율표** : 1913년 모즐리(Moseley)가 X선 연구를 통해 양전하 수를 결정하는 방법으로 원자번호를 결정함

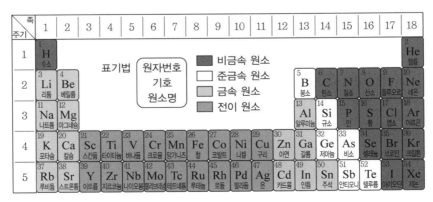

2. 주기율표의 배열과 원소의 특성

주기율표는 원자번호가 증가하는 순서로 원소를 배치하면서 화학적·물리적으로 유사한 성질을 갖는 원소를 함께 한 무리로 배열한 것이다. 따라서 주기율표에서 같은 족에 속하는 원소들은 최외각 전자수(= 제일 바깥의 전자궤도에 들어 있는 전자의 수)가 동일하기 때문에 물리적·화학적 성질이 비슷하다.

(1) 1족에 있는 리튬(Li), 소듐(Na), 포타슘(K)은 모두 물과 격렬하게 반응하여 수소가스를 발생하는 특성을 가지며, 알칼리족 금속이라 한다.

(2) 2족에 있는 베릴륨(Be), 마그네슘(Mg), 칼슘(Ca), 스트론튬(Sr) 등은 알칼리 토금속이라 한다.

(3) 17족 원소들은 염(鹽)을 형성한다는 의미의 할로젠(할로겐)(Halogen)이라 한다. 유효 핵전하 값이 크기 때문에 전자를 떼어내기가 힘들지만 전자를 쉽게 받아들이는 특성이 있다.

(4) 18족(0족)에 있는 헬륨(He), 네온(He), 아르곤(Ar)은 다른 물질과 반응하지 않는 특성을 가지므로 비활성 기체라 한다. 유효 핵전하 값이 가장 크기 때문에 전자가 떨어지려고 하지 않고, 전자를 받아들이지 않는 특성이 있다.

3. 금속과 비금속 원소

(1) 준금속(Metalloid) : 13족의 붕소(B)를 기점으로 오른쪽 아래로 선을 그었을 때 맞닿는 6개의 원소, 즉 붕소(B), 실리콘(Si), 저마늄(Ge), 비소(As), 안티모니(Sb), 텔루륨(Te) 등이 이에 해당한다.
- 금속과 비금속의 중간적 성질을 보임
- 대체로 상온에서 고체이나 전기도체는 아님
- 양쪽성 산화물을 만들며, 반도체나 반금속과 비슷한 역할을 함

(2) 비금속(Nonmetal) : 준금속의 우측에 배열되는 약 18개의 원소들(수소 포함)이 이에 해당한다.

(3) 금속(Metal) : 준금속의 좌측에 배열되는 약 80개의 원소들(수소 제외)이 이에 해당한다.

▎금속과 비금속의 화학적 성질 비교 ▎

비교항목	금속	비금속
원자가 껍질	작음(3개 이하), 외각전자 적음	많음(4개 이상), 외각전자 많음
전자 및 이온	전자를 잃고, 양이온이 되기 쉬움	전자를 얻어 음이온이 되기 쉬움
이온성 화합물	비금속과 이온성 화합물을 형성함	금속과 이온성 화합물을 형성함
결합물 형성	금속결합에 의한 고체	공유결합의 분자
산화물	금속의 산화물은 염기성임	비금속의 산화물은 산성임
이온화에너지	낮음	높음
전기음성도	낮음	높음

▎금속과 비금속의 물리적 성질 비교 ▎

비교항목	금속	비금속
전기전도도	높음(온도가 증가하면 감소함)	거의 없음(흑연 형태의 탄소 제외)
열전도도	높음	나쁨(절연체)(다이아몬드형 탄소 제외)
광택	있음(회색, 은빛 등)	없음
전성	있음(얇게 펼 수 있음)	없음(부서짐)
연성	있음(가는 줄 모양으로 뽑을 수 있음)	없음

4. 전이금속(전이원소)

(1) 범위 : 주기율표의 4주기 스칸듐(Sc, 21번) ~ 구리(Cu, 29번)까지와 5주기 이트륨(Y, 39번) ~ 은(Ag, 47번)까지의 원소를 전이금속 또는 천이원소(遷移元素)라고도 한다.

※ 전이금속의 그 범위는 일정하지 않아서 원자번호 30인 아연과 원자번호 48인 카드뮴, 원자번호 57인 란타넘부터 원자번호 80인 수은까지의 원소들과 원자번호 89인 악티늄을 포함시키기도 함

(2) 전이금속의 특성

- 산화상태가 다양하고, 여러 가지 원자가의 화합물을 만듦
- 화합물을 형성하지 않은 홑원소 물질은 모두 금속임
- 경도가 높고, 대부분의 화합물은 상자성임
- 밀도가 크고, 녹는점이 높으며, 안정된 착물을 만들기 쉬움
- 대부분의 화합물은 d오비탈의 성격에 의해 착색되어 있음
- 산화물은 고원자가에서는 산성, 저원자가에서는 염기성을 나타냄

3 원자의 주기적 경향

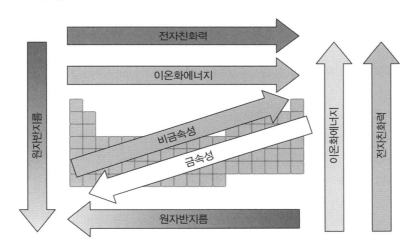

1. 원자 반지름과 이온 반지름

(1) 원자 반지름 : 원자 반지름은 한 가지 물질로 이루어진 물질에서 가장 가까운 원자간의 거리로 측정하여 반으로 나눈 값을 의미한다.

- 주기율표의 같은 주기에서는 ➔ 왼쪽에서 오른쪽으로 갈수록 반지름은 작아진다.
- 주기율표의 같은 족에서는 ➔ 아래로 갈수록 반지름은 커진다.

(2) 이온 반지름 : 이온 반지름은 같은 족에서 주기율표의 아래로(주기 증가) 갈수록 증가하며, 음이온 및 양이온의 반지름은 주기율표에서 왼쪽에서 오른쪽으로 갈수로 작아진다.

- 금속 원자에서 생성된 양이온은 ➔ 금속 원자보다 크기가 작아진다.
- 비금속 원자에서 생성된 음이온은 ➔ 비금속 원자보다 크기가 커진다.

구분	원자	이온(양이온과 음이온)
금속 원소	₂₀Ca 외곽전자 2개 잃음 → 반지름: 0.197 nm	Ca²⁺ 반지름: 0.099 nm
비금속 원소	₁₇Cl 외곽전자 1개 얻음 → 반지름: 0.099 nm	₁₇Cl⁻ 반지름: 0.181 nm

2. 이온화에너지와 전자친화도

(1) **이온화에너지** : 이온화에너지는 바닥상태의 기체상태 원자에서 1개의 전자를 제거하기가 얼마나 어려운가를 나타내는 척도이다.

   ① **1차 이온화에너지** : 기체상태의 원자에서 최외각 전자 1개를 제거하여 +1가 이온으로 만드는데 필요한 에너지이다.

     • $M(g) \rightarrow M^+(g) + e^-$ ΔE_1 = 1차 이온화에너지

   ② **이온화에너지의 주기성 및 특성** : 이온화에너지는 족 수가 높을수록 커지며, 같은 족에서는 주기가 낮을수록 커진다.

     • 이온화에너지가 클수록 화학적 안정성이 높음
     • 18족(0족) 원소(He > Ne > Ar > Kr > Xe)가 이온화에너지가 가장 높음
     • 1족 원소(Li > Na > K > Rb > Cs)가 이온화에너지가 가장 낮음(수소 제외)
     • 주기율표에서 왼쪽으로부터 오른쪽으로 갈수록 증가함
     • 주기율표에서 아래에서 위로 갈수록 증가함
     • 이온화에너지의 크기는 원자 반지름과 반비례 관계임

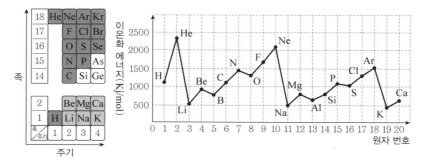

<그림> 에너지 주기성의 예외
• 13족의 B, Al ➡ 부양자수 변화로 인해 감소함
• 16족의 O, S ➡ 전자배치의 달라짐으로 감소함

(2) **전자친화도** : 전자친화도는 고립된 기체상태의 원자가 전자를 받아들여 −1가 전하를 갖는 이온을 형성할 때 흡수(방출)하는 에너지로 정의된다.

- 큰 전자친화도를 갖는 원소는 쉽게 전자를 얻어 음이온을 형성함
- 18족(0족) 원소의 전자친화도는 0kJ/mol임
- 17족 할로젠(할로겐) 원소(F, Cl, Br 등)는 음의 값으로 가장 큰 전자친화도를 가짐
- 2족 원소(Be, Mg, Ca)는 음의 값으로 가장 작은 전자친화도를 가짐(−0kJ/mol)
- 주기율표에서 왼쪽에서 오른쪽으로 갈수록 전자친화도는 증가함(예외, 2족, 15족)

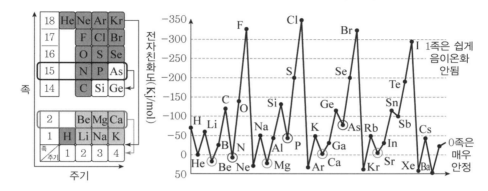

3. 전기음성도

공유결합을 이루는 전자쌍을 자기 쪽으로 끌어당기는 원자의 능력에 대한 척도를 말한다. 따라서 원자의 전기음성도가 클수록 전자에 대한 인력이 크다.

- 18족(0족) 원소는 전기음성도를 따지지 않음
- 전기음성도가 높은 원소(비금속)는 전자를 얻어 음이온을 형성함
- 전기음성도가 낮은 원소(금속)는 전자를 잃어 양이온을 형성함
- 주족 원소의 전기음성도는 주기율표에서 왼쪽에서 오른쪽으로 갈수록 증가하고, 위에서 아래로 갈수록 감소함

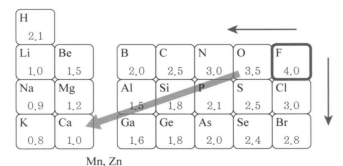

Mn, Zn

<그림> 폴링(Pauling)의 전기음성도

4 양자수와 전자배치

1. 원자 스펙트럼

기체원소의 원자가 높은 에너지상태에 있을 경우, 들뜬 상태의 전자가 낮은 에너지 준위로 떨어지면서 전자가 갖는 에너지 준위 사이의 에너지 차이에 따라 특정 에너지만 방출하기 때문에 특정 파장으로 구성된 불연속적인 스펙트럼을 나타낸다.

원자에서 복사되는 선 스펙트럼으로부터 전자껍질의 에너지는 연속적이지 않고, 불연속성을 갖는다는 사실을 알 수 있게 되었다.

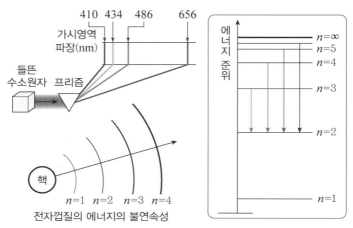

<그림> 보어(Bohr)의 원자 스펙트럼

2. 양자수(量子數)

현대적 원자모형은 슈뢰딩거(Schrödinger)와 같은 학자들이 양자역학을 토대로 하여 제시한 모형으로 전자의 분포확률을 계산하여 원자 내에서의 확률 분포를 구름처럼 나타내었고, 때문에 이를 전자구름 모형이라 부른다.

슈뢰딩거 방정식은 하나의 양성자와 하나의 전자를 갖는 간단한 수소원자에 대해서는 잘 들어맞지만 둘 이상의 전자를 포함하는 어떤 원자에 대해서는 정확히 일치하지 않는 문제점이 발생하였고, 이에 수소와 다른 원자 내의 전자분포를 3차원적으로 나타내기 위해 3개의 양자수(주양자수, 각운동량 양자수, 자기 양자수)를 도입하게 되었다.

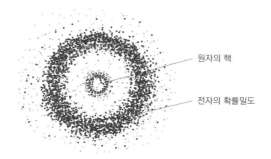

<그림> 원자핵과 주변 전자의 확률밀도

(1) **주양자수** : 전자가 채워지는 주 에너지의 준위 및 껍질을 나타낸다.

　① **기호** : n ➡ n은 1 이상의 정수 값만 가질 수 있음($n=1$, 2, 3, 4, ⋯ ➡ 전자껍질 K, L, M, N)

　② **영향**

- 각 껍질에는 껍질 하나당 최대 $2n^2$개의 전자가 들어감
- 원자궤도 함수, 즉 오비탈의 수는 n^2개가 포함됨
- 전자의 에너지를 결정하는데 가장 중요함
- n에 비례하여 에너지는 증가함
- n이 증가하면 전자는 핵으로부터의 더 먼 위치에서 발견됨

　③ **에너지 준위** : $ns < np < nd < nf$

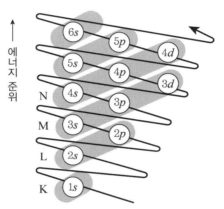

\<그림\> 에너지의 준위(전자배치의 역순임)

(2) **각운동량 양자수(방위양자수)** : 전자가 채워지는 궤도 함수(오비탈)의 모양(s, p, d, f)을 나타낸다.

　① **기호** : l ➡ l은 $0 \sim (n-1)$ 이상의 정수 값을 가짐($l=0$, 1, 2, 3, ⋯)

　② **주양자수(n)와의 관계**

n	1	2		3			4			
	K껍질	L껍질		M껍질			N껍질			
l 부준위	0	0	1	0	1	2	0	1	2	3
	$1s$	$2s$	$2p$	$3s$	$3p$	$3d$	$4s$	$4p$	$4d$	$4f$
수용전자 $2n^2$	2개	2개	6개	2개	6개	10개	2개	6개	10개	14개
오비탈수 n^2	1 $(1s)$	4 $(1s, 2p_x, 2p_y, 2p_z)$		9 $(3s, 3개의 3p, 5개의 3d)$			16			

　③ **영향**

- l 값은 주양자수 n 값에 의존함
- 같은 n 값을 갖는 궤도 함수의 집합을 껍질(Shell)이라 부름
- 같은 n과 l 값을 갖는 하나 이상의 껍질을 부껍질(Subshell)이라 부름

(3) **자기양자수(궤도 함수)** : 부껍질에 존재하는 궤도 함수(오비탈)의 배향을 나타낸다.

　① **기호** : m_l ➡ m_l은 $-l \sim +l$까지 정수 값을 가짐

　　※ m_l의 개수 $= (2l+1)$

② 주양자수(n) - 각운동량 양자수(l)와의 관계

n	1	2		3			4			
	K껍질	L껍질		M껍질			N껍질			
l 부준위	0	0	1	0	1	2	0	1	2	3
	$1s$	$2s$	$2p$	$3s$	$3p$	$3d$	$4s$	$4p$	$4d$	$4f$
m_l	0	0	-1, 0, +1	0	-1, 0, +1	-2 ~ 0 ~ +2	0	-1, 0, +1	-2 ~ 0 ~ +2	-3 ~ 0 ~ +3

(4) 스핀양자수(전자스핀) : 전자의 회전운동방향을 나타낸다.

- 기호 : m_s ➡ m_s는 시계방향 회전 $+(1/2)$과 반시계방향 회전 $-(1/2)$의 두 값만 가짐

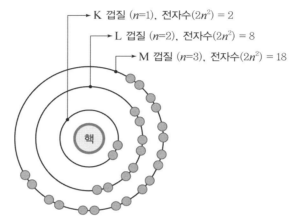

<그림> 전자껍질의 배열과 각 껍질의 최대 수용전자의 수

3. 전자배치

(1) 파울리(Pauli)의 배타 원리
- 전자는 1개의 오비탈에 최대 2개까지 채워진다.
- 1개의 오비탈에는 스핀방향이 같은 전자가 존재할 수 없다.
- 1개의 오비탈에는 스핀방향이 반대인 2개의 전자가 쌍을 이루어 존재한다.
- 한 원자 내에 4가지 양자수(주양자수, 부양자수, 자기양자수, 스핀양자수)가 모두 동일한 전자는 존재하지 않는다. ➡ 스핀양자수(m_s)는 항상 $+1/2$, $-1/2$만 존재
  - 예 1. $(n, l, m_l, m_s) = 3, 1, 0, +1/2$ ➡ 가능($3p$에서)
  - 2. $(n, l, m_l, m_s) = 2, 0, 0, -1/2$ ➡ 가능($2s$에서)
  - 3. $(n, l, m_l, m_s) = 1, 1, 0, +1/2$
    ➡ 불가능 [n과 l은 같을 수 없음 $\therefore l = (n-1)$]
  - 4. $(n, l, m_l, m_s) = 2, 1, 0, 0$ ➡ 불가능(m_s는 0이라는 값이 있을 수 없음)

(2) **훈트의 규칙(Hund's Rule)** : 에너지가 가장 낮은 전자배치는 홀전자수가 가장 많고, 이들이 모두 같은 스핀 양자수를 가진다는 규칙을 말한다.

- 에너지 준위가 같은 오비탈이 여러 개 있을 때 가능한 한 쌍을 이루지 않는 전자(홀전자) 수가 많아지도록 전자가 채워진다.
- 전자들이 1개의 오비탈에 쌍을 이루어 들어가는 것보다 에너지 준위가 같은 여러 개의 오비탈에 1개씩 들어가는 것이 전자 상호간의 반발력이 작기 때문에 더 안정하다.

4. 쌓음 원리 · 마델룽 규칙

바닥상태 원자에서 전자들이 궤도(Orbital)를 채워가는 순서는 대체로 원자의 전자배치 원리(Aufbau Principle) · 마델룽 규칙(Madelung rule)에 따른다. 이 원리는 전자가 채워질 때 주양자수(n)와 방위양자수(l)의 합($n+l$)이 적은 궤도부터 채워지며, ($n+l$)이 같은 경우는 n이 작은 궤도에 먼저 채워진다는 것이다.

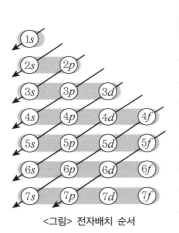

<그림> 전자배치 순서

원소	단순 표시	궤도 함수 표시					
		$1s$	$2s$	$2p$		$3s$	$3p$
$_3$Li	$1s^2 2s^1$	↑↓	↑				
$_4$Be	$1s^2 2s^2$	↑↓	↑↓				
$_5$B	$1s^2 2s^2 2p^1$	↑↓	↑↓	↑			
$_6$C	$1s^2 2s^2 2p^2$	↑↓	↑↓	↑	↑		
$_7$N	$1s^2 2s^2 2p^3$	↑↓	↑↓	↑	↑	↑	
$_8$O	$1s^2 2s^2 2p^4$	↑↓	↑↓	↑↓	↑	↑	
$_9$F	$1s^2 2s^2 2p^5$	↑↓	↑↓	↑↓	↑↓	↑	
$_{10}$Ne	$1s^2 2s^2 2p^6$	↑↓	↑↓	↑↓	↑↓	↑↓	
$_{11}$Na	$1s^2 2s^2 2p^6 3s^1$	↑↓	↑↓	↑↓	↑↓	↑↓	↑
$_{12}$Mg	$1s^2 2s^2 2p^6 3s^2$	↑↓	↑↓	↑↓	↑↓	↑↓	↑↓

■ **쌓음 원리의 예외**

① **크롬(크로뮴)**(Cr) : 원자번호 24번
- 쌓음의 원리에 따른 전자배치의 예측 → $1s^2 2s^2 2p^6 3s^2 3p^6 4s^2 3d^4$
- 실제 측정에 전자배치 → $1s^2 2s^2 2p^6 3s^2 3p^6 4s^1 3d^5$

$_{24}$Cr : [Ar] $4s^1 3d^5$ ↑↓ ↑↓ ↑↓ ↑↓ ↑↓ ↑↓ ↑↓ ↑↓ ↑↓ ↑ ↑ ↑ ↑ ↑ ↑
$1s^2$ $2s^2$ $2p^6$ □ □ $3s^2$ $3p^6$ □ □ $4s^1$ $3d^5$ □ □ □ □

② **구리**(Cu) : 원자번호 29번
- 쌓음의 원리에 따른 전자배치의 예측 → $1s^2 2s^2 2p^6 3s^2 3p^6 4s^2 3d^9$
- 실제 측정에 전자배치 → $1s^2 2s^2 2p^6 3s^2 3p^6 4s^1 3d^{10}$

$_{29}$Cu : [Ar] $4s^1 3d^{10}$ ↑↓ ↑↓ ↑↓ ↑↓ ↑↓ ↑↓ ↑↓ ↑↓ ↑↓ ↑ ↑↓ ↑↓ ↑↓ ↑↓ ↑↓
$1s^2$ $2s^2$ $2p^6$ □ □ $3s^2$ $3p^6$ □ □ $4s^1$ $3d^{10}$ □ □ □ □

5 혼성 오비탈

1. 개념 : 혼성 오비탈(Hybrid Orbital)은 오비탈(s, p, d, f)이 서로 결합하여 생성한 새로운 오비탈을 말한다.

2. 분류

(1) sp**혼성 오비탈** : 1개의 s오비탈과 1개의 p오비탈이 혼성하여 만들어지는 2개의 sp오비탈

형태 : 선형	관련 분자
	BeF_2, $BeCl_2$, N_2, O_2, CO_2

(2) sp^2**혼성 오비탈** : 1개의 s오비탈과 2개의 p오비탈이 혼성하여 만들어지는 3개의 sp^2오비탈

형태 : 평면삼각	관련 분자
	BCl_3, BF_3, SO_3, C_2H_4

(3) sp^3**혼성 오비탈** : 1개의 s오비탈과 3개의 p오비탈이 혼성하여 만들어지는 4개의 sp^3오비탈

형태 : 사면체	관련 분자
	CH_4, NH_3, H_2O, NH_4^+

출제예상문제

01 원자번호 11이고, 중성자수가 12인 나트륨의 질량수는?

① 11 　　　　② 12
③ 23 　　　　④ 24

───────────────────

정답분석 질량수는 원소의 원자핵에 있는 양성자의 수(원자번호)에 중성자의 수를 합한 수이므로 다음과 같이 산정한다.

계산 질량수＝원자번호＋중성자수
∴ 질량수 ＝ 11 + 12 = 23

정답 ③

02 원소의 주기율표에서 같은 족에 속하는 원소들의 화학적 성질에는 비슷한 점이 많다. 이것과 관련 있는 설명은?

① 핵의 양하전의 크기가 같다.
② 같은 크기의 반지름을 가지는 이온이 된다.
③ 제일 바깥의 전자궤도에 들어 있는 전자의 수가 같다.
④ 원자번호를 8a＋b라는 일반식으로 나타낼 수 있다

───────────────────

정답분석 주기율표에서 같은 족에 속하는 원소들은 최외각 전자수(＝제일 바깥의 전자궤도에 들어 있는 전자의 수)가 동일하기 때문에 화학적 성질이 비슷하다.

정답 ③

03 다음 중 원자번호가 7인 질소와 같은 족에 해당되는 원소의 원자번호는?

① 15 　　　　② 16
③ 17 　　　　④ 18

───────────────────

정답분석 질소(N)는 15족에 해당하는 원소이다. 주기율표의 15족에는 N(원자번호 7), P(원자번호 15), As(원자번호 33) 등이 있다. 15, 16, 17족 원소는 꼭 암기해 두도록!!

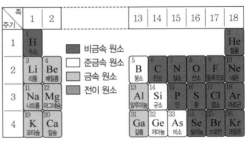

정답 ①

04 다음과 같은 순서로 커지는 성질이 아닌 것은?

$$F_2 < Cl_2 < Br_2 < I_2$$

① 구성 원자의 전기음성도
② 녹는점
③ 끓는점
④ 구성 원자의 반지름

───────────────────

정답분석 전기음성도의 세기는 $F_2 > Cl_2 > Br_2 > I_2$이다.

정답 ①

05 주기율표에서 원소를 차례대로 나열할 때 기준이 되는 것은?

① 원자의 부피　　② 원자핵의 양성자수
③ 원자가 전자수　　④ 원자 반지름의 크기

정답분석 현재 사용되고 있는 주기율표는 1913년 모즐리(Moseley) 가 X선 연구를 통해 양전하수를 결정하는 방법으로 원자번호를 결정한 것을 사용하고 있다.

정답 ②

 06 같은 주기에서 원자번호가 증가할수록 감소하는 것은?

① 이온화에너지　　② 원자 반지름
③ 비금속성　　④ 전기음성도

정답분석 원자의 반지름은 주기율표의 주기가 증가할수록 커지며, 같은 주기에서는 1족 알칼리 금속방향(왼쪽)으로 갈수록 커지는 경향이 있다. 나머지 항목인 이온화에너지, 비금속성, 전기음성도는 오른쪽 상단으로 갈수록 커진다.

정답 ②

 07 다음의 금속 원소를 반응성이 큰 순서부터 나열한 것은?

Na, Li, Cs, K, Rb

① $Cs > Rb > K > Na > Li$
② $Li > Na > K > Rb > Cs$
③ $K > Na > Rb > Cs > Li$
④ $Na > K > Rb > Cs > Li$

정답분석 금속의 반응성은 1족 원소에서 주기가 높을수록 반응성이 가장 좋다. 1족($Fr > Cs > Rb > K > Na > Li$) > 2족($Ra > Ba > Sr > Ca > Mg > Be$)의 순서이다.

정답 ①

 08 다전자 원자에서 에너지 준위의 순서가 옳은 것은?

① $1s < 2s < 3s < 4s < 2p < 3p < 4p$
② $1s < 2s < 2p < 3s < 3p < 3d < 4s$
③ $1s < 2s < 2p < 3s < 3p < 4s < 4p$
④ $1s < 2s < 2p < 3s < 3p < 4s < 3d$

정답분석 다음의 좌측 그림은 전자배치의 쌓음 원리이고, 우측의 그림은 에너지 준위를 나타내는 그림이다. 두 그림은 서로 역방향으로 된다는 것을 알면 전자배치와 에너지 준위에 대해 이해가 빠르게 될 것이다.

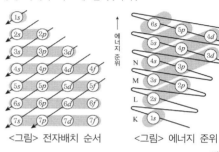

〈그림〉 전자배치 순서　　〈그림〉 에너지 준위

정답 ④

 09 다음 중 1차 이온화에너지(kcal/mol)가 가장 큰 것은?

① He　　② Ne
③ Ar　　④ Xe

정답분석 이온화에너지는 18족(0족) 원소가 가장 높다. 같은 18족에서도 아래로 내려갈수록(원자번호가 클수록) 이온화에너지가 낮아지므로 He > Ne > Ar > Kr > Xe의 순서가 된다.

정답 ①

10 다음 중 1차 이온화에너지가 가장 작은 것은?

① Li ② O
③ Cs ④ Cl

 정답분석 이온화에너지의 크기는 원자 반지름과 반비례 관계이므로 원자 반지름이 큰 1족 원소로서 6주기인 세슘(Cs, 원자번호 55)이 가장 이온화에너지가 작다. 세슘의 방사성 동위원소는 135세슘과 137세슘 등 30여 종이 알려져 있으며, 이들 대부분은 자연상태에서는 존재하지 않고, 핵실험 등의 결과로 발생하는 인공적 원자들이다.

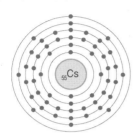

정답 ③

11 할로젠(할로겐) 원소에 대한 설명 중 옳지 않은 것은?

① 아이오딘의 최외각 전자는 7개이다.
② 할로젠(할로겐) 원소 중 원자 반지름이 가장 작은 원소는 F이다.
③ 염화이온은 염화은의 흰색침전 생성에 관여한다.
④ 브로민은 상온에서 적갈색 기체로 존재한다.

정답분석 상온에서 액체로 존재하는 원소는 금속인 수은(Hg)과 비금속인 브로민 뿐이다. 브로민은 적갈색을 띠며 부식성, 독성, 휘발성이 크고 증기는 강한 자극적인 냄새가 난다. 할로젠(할로겐) 원소는 주기율표 17족 원소로 F(플루오르), Cl(염소), Br(브로민), I(아이오드) 등이 이에 해당한다. 17족 원소의 원자가 전자는 모두 7개이고, 할로젠(할로겐) 원소 중 원자 반지름이 가장 작은 원소는 F이다. 염화이온(Cl^-)은 은이온(Ag^+)과 반응하여 염화은의 흰색 앙금을 형성한다.
($Ag^+ + Cl^- \rightarrow AgCl\downarrow$)

정답 ④

12 Ca^{2+}의 전자배치를 옳게 나타낸 것은?

① $1s^2 2s^2 2p^6 3s^2 3p^6 3d^2$
② $1s^2 2s^2 2p^6 3s^2 3p^6 4s^2$
③ $1s^2 2s^2 2p^6 3s^2 3p^6 4s^2 3d^2$
④ $1s^2 2s^2 2p^6 3s^2 3p^6$

 정답분석 Ca^{2+} 이온의 전자배치는 Ca(원자번호 20)의 전자배치에서 최외각 전자 2개를 뺀 전자배치와 같다.
• Ca : $1s^2 2s^2 2p^6 3s^2 3p^6 4s^2$
∴ Ca^{2+} : $1s^2 2s^2 2p^6 3s^2 3p^6$

정답 ④

13 최외각 전자가 2개 또는 8개로서 불활성인 것은?

① Na과 Br ② N와 Cl
③ C와 B ④ He와 Ne

 정답분석 최외각 전자가 2개로서 불활성인 것은 18족의 헬륨(He)이고, 최외각 전자가 8개로서 불활성인 것은 18족의 네온(Ne), 아르곤(Ar), 크립톤(Kr), 제논(Xe) 등이다.

정답 ④

14 $ns^2 np^5$의 전자구조를 가지지 않는 것은?

① F(원자번호 9) ② Cl(원자번호 17)
③ Se(원자번호 34) ④ I(원자번호 53)

 정답분석 $ns^2 np^5$의 전자배치를 갖는다면 $2+5=7$, 즉 원자가 전자가 7개인 17족의 원소가 아닌 것을 고르면 된다. 17족 원소는 할로젠 원소로서 F, Cl, Br, I이다.

정답 ③

15 원자가 전자배열이 as^2ap^2인 것은? (단, $a = 2$, 3이다.)

① Ne, Ar
② Li, Na
③ C, Si
④ N, P

 정답분석 as^2ap^2의 전자배치를 갖는다면 $2+2=4$, 즉 원자가 전자가 4개인 14족의 원소를 고르면 된다. Ne-Ar은 18족, Li-Na은 1족, C-Si는 14족, N-P는 15족이다.

① Ne : $1s^2 2s^2 2p^6$ Ar : $1s^2 2s^2 2p^6 3s^2 3p^6$

② Li : $1s^2 2s^1$ Na : $1s^2 2s^2 2p^6 3s^1$

③ C : $1s^2 2s^2 2p^2$ Si : $1s^2 2s^2 2p^6 3s^2 3p^2$

④ N : $1s^2 2s^2 2p^3$ P : $1s^2 2s^2 2p^6 3s^2 3p^3$

정답 ③

16 sp^3 혼성 오비탈을 가지고 있는 것은?

① BF_3
② $BeCl_2$
③ C_2H_4
④ CH_4

 정답분석 sp^3혼성 오비탈을 갖는 분자는 CH_4, NH_3, H_2O, NH_4 등이 있다.

① BF_3 : sp^2 ② $BeCl_2$: sp ③ C_2H_4 : sp^2

정답 ④

17 염소원자의 최외각 전자수는 몇 개인가?

① 1
② 2
③ 7
④ 8

 정답분석 염소는 17족 원소이기 때문에 원자가 전자는 7개이다. 원자가 전자란 최외각 전자껍질에 존재하는 전자의 수를 말하는데 통상 족의 1자리 숫자와 일치한다.

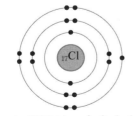

<그림> Cl(염소) : $1s^2 2s^2 2p^6 3s^2 3p^5$

정답 ③

18 비활성 기체 원자 Ar과 같은 전자배치를 가지고 있는 것은?

① Na^+
② Li^+
③ Al^{3+}
④ S^{2-}

 정답분석 아르곤(Ar)은 18족(3주기, 원자번호 18번)이고, 원자가 전자는 8개로 불활성이다. 1족 3주기인 나트륨(Na^+)은 전자 하나를 잃었으므로 18족 - 2주기의 네온(Ne)과 같은 전자배치를 가지며, 1족 2주기인 리튬(Li^+)은 전자 하나를 잃었으므로 8족 - 1주기의 헬륨(He)과 같은 전자배치를 가진다. 13족 3주기인 알루미늄(Al^{3+})은 전자 3개를 잃었으므로 18족 - 2주기의 네온(Ne)과 같은 전자배치를 가지며, 16족 3주기인 황(S^{2-})은 전자 2개를 얻었으므로 18족 - 3주기의 아르곤(Ar)과 같은 전자배치를 가진다.

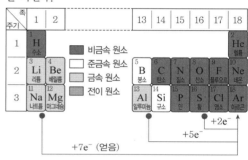

• Ar : $1s^2 2s^2 2p^6 3s^2 3p^6$

① Na^+ : $1s^2 2s^2 2p^6$

② Li^+ : $1s^2$

③ Al^{3+} : $1s^2 2s^2 2p^6$

④ S^{2-} : $1s^2 2s^2 2p^6 3s^2 3p^6$

정답 ④

19 원자에서 복사되는 빛은 선 스펙트럼을 만드는데 이것으로부터 알 수 있는 사실은?

① 원자핵 내부의 구조
② 빛에 의한 광전자의 방출
③ 전자껍질의 에너지의 불연속성
④ 빛이 파동의 성질을 가지고 있다는 사실

 전자가 갖는 에너지 준위 사이의 에너지 차이에 따라 특정 에너지만 방출하기 때문에 전자껍질에 따른 에너지의 불연속성을 알 수 있다.

정답 ③

20 p 오비탈에 대한 설명 중 옳은 것은?

① 원자핵에서 가장 가까운 오비탈이다.
② s 오비탈보다는 약간 높은 모든 에너지 준위에서 발견된다.
③ X, Y의 2방향을 축으로 한 원형 오비탈이다.
④ 오비탈의 수는 3개, 들어갈 수 있는 최대 전자수는 6개이다.

 p오비탈은 X, Y, Z 3방향을 축으로 하는 아령형의 오비탈이며, 최대로 들어갈 수 있는 전자수는 6개이다. s오비탈은 최대 2개의 전자를 수용하고, p오비탈은 최대 6개, d오비탈은 최대 10개, f오비탈은 최대 14개의 전자를 수용할 수 있다. 반드시 암기해 두어야 한다.

정답 ④

21 d오비탈이 수용할 수 있는 최대전자의 총 수는?

① 6
② 8
③ 10
④ 14

 s오비탈은 최대 2개, p오비탈은 최대 6개, d오비탈은 최대 10개, f오비탈은 최대 14개의 전자를 수용할 수 있다.

정답 ③

22 주양자수가 4일 때, 이 속에 포함된 오비탈수는?

① 4
② 9
③ 16
④ 32

 주양자수가 4일 때 오비탈(궤도 함수)은 $n^2 = 4^2 = 16$이다. 참고로 주양자수가 4일 때, 수용전자의 최대 수는 껍질 하나당 $2n^2$개이다. 관계식을 혼동하지 않게 잘 숙지해 두어야 한다. 오비탈의 수는 전자가 쌍을 이루고 들어가는 방의 수를 말한다. 방 하나에는 전자가 둘씩 다른 방향을 가지고 배치된다.

정답 ③

23 옥텟규칙(Octet Rule)에 따르면 저마늄(Germanium)이 반응할 때, 다음 중 어떤 원소의 전자수와 같아지려고 하는가?

① Kr
② Si
③ Sn
④ As

 옥텟규칙(Octet Rule)은 원자가 최외각 껍질을 완전히 채우거나 전자 8개(4쌍)를 가질 때 가장 안정하다는 규칙으로 팔전자 규칙이라고도 한다. 18족 이외의 원자는 화학결합(공유결합)을 통해 18족(0족) 기체와 같은 전자배치를 가지려고 한다. 따라서 저마늄(Ge)은 14족 32번 원소로서 원자가 전자는 4개이다. 저마늄(Ge)이 반응한다면, 전자 4개를 받아들여 최외각 전자 8개를 가득 채움으로써 18족 36번 원소인 크립톤(Kr)과 같은 원자가 전자를 가지려고 한다.

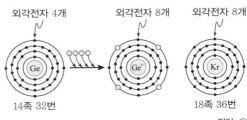

정답 ①

04 산과 염기, 염 및 착염

1 산과 염기

1. 개요

산−염기 이론 중 가장 넓은 적용 범위를 갖는 것은 루이스(Lewis) 이론이다.

아레니우스는 수용액상에 수소이온(H^+)의 농도를 증가시키는 물질을 산(酸), 수산화이온(OH^-)의 농도를 증가시키는 물질을 염기(鹽基)라고 하였다. 그런데 이 정의는 수용액 상태에서만 설명이 가능하므로 매우 제한된 정의라고 할 수 있다. NH_3 분자의 경우 물에 녹으면 염기성을 나타내지만 분자 내에 OH^-이 없으므로 아레니우스의 산 − 염기 개념으로는 염기라 정의할 수가 없다.

보다 보편적인 산−염기의 정의가 브뢴스테드(Brønsted)와 로우리(Lowry)에 의해 제안되었는데 이들은 다른 물질에 양성자를 줄 수 있는 물질을 산(酸)이라고 정의하였으며, 양성자를 받는 물질을 염기라고 하였다. 조건에 따라 산으로 또는 염기로 작용할 수 있는 물질을 양쪽성 물질이라고 하는데, 대표적인 양쪽성 물질로는 물, 순수한 아세트산, 액체 암모니아 등이다. 그러나 $BF_3 + NH_3 \rightarrow BF_3NH_3$의 반응에서는 양성자를 주고, 받지 않으므로 브뢴스테드의 산−염기 반응으로는 설명할 수 없다. 이와 같이 산−염기 반응의 특징을 모두 가지고 있으면서 브뢴스테드−로우리의 개념에 따르지 않는 반응이 많다.

루이스(Lewis)는 위에 설명한 산−염기에 대한 제한성을 해결하고, 개념을 더욱 확장시키기 위해 한 쌍의 전자를 제공하여 공유결합을 형성하는 물질을 염기(鹽基)라고 하였으며, 한 쌍의 전자를 받아들여 공유결합을 하는 물질을 산(酸)이라고 정의하였다. 예를 들면 암모니아가 전자쌍을 주고, 삼플루오르화붕소(BF_3)는 전자쌍을 받기 때문에 루이스의 산−염기 개념으로 이 반응을 설명할 수 있게 되었다.

2. 산(酸)과 염기(鹽基)의 정의

구 분	산의 정의	염기의 정의
아레니우스	[H^+]을 생성하는 물질	[OH^-]를 생성하는 물질
브뢴스테드와 로우리	양성자를 공급하는 이온 또는 분자	양성자를 수용하는 이온 또는 분자
루이스(Lewis)	전자쌍의 수용체(전자쌍 받게)	전자쌍의 공여체(전자쌍 주게)

- 산(酸, Acid) : HCl(염산), H_2SO_4(황산), HNO_3(질산), H_3PO_4(인산), H_2CO_3(탄산), CH_3COOH(초산) 등
- 염기(鹽基, Base) : $Ca(OH)_2$(수산화칼슘), NaOH(수산화나트륨), KOH(수산화칼륨), $Mg(OH)_2$(수산화마그네슘), NH_4OH(수산화암모늄) 등

3. 산과 염기의 성질 비교

구분	산의 성질	염기의 성질
감촉 및 맛	신맛을 냄	미끈거리고, 쓴맛을 냄
금속과의 반응	금속을 용해, 수소기체 발생	반응이 없음
시약 반응	리트머스 시험지 : 청색 → 적색	리트머스 시험지 : 적색 → 청색
	BTB 용액 → 노란색	BTB 용액 → 청색
	페놀프탈레인 용액 → 변화 없음	페놀프탈레인 용액 → 적색

4. 산·염기의 세기와 이온화도

(1) 산의 세기 : $NH_3 < H_2O < NH_4^+ < HOCl < NHO_2 < HF < H_3O^+ < HNO_3 < HCl < HClO_4$

(2) 염기의 세기 : $ClO_4^- < Cl^- < NO_3^- < H_2O < F^- < NO_2^- < OCl^- < NH_3 < OH^- < NH_2^-$

구분		산 (Acid)	염기 (Base)
세기	이온화 정도		
강함	대부분 이온화	• $HCl(0.94)$ • $HNO_3(0.92)$ • $H_2SO_4(0.62)$	• $NaOH(0.91)$ • $KOH(0.91)$ • $Ca(OH)_2(0.9)$
약함	일부만 이온화	• $HF(0.001)$, $H_2CO_3(0.017)$ • $CH_3COOH(0.013)$ • C_6H_5COOH(탄산보다는 강산)	• $NH_3(0.013)$ • $C_6H_5NH_2$(NH_3보다 약염기)

※ ( ) 내는 이온화도를 나타냄

- HF는 플루오린(F)과 수소(H) 사이에 강한 수소결합에 의해 이온화가 잘 일어나지 않으므로 약산으로 분류됨
- **할로젠(할로겐)화수소의 결합 세기** : HF(약산)$\gg HCl > HBr > HI$(강산) … 수소결합의 결합 세기와 산(酸)의 세기는 서로 반대임

5. 산·염기의 적정시약의 선정

중화적정의 지시약은 적정곡선에서 pH가 급격하게 변하는 구간에 지시약의 변색범위가 포함되는 것을 사용하여야 한다.

지시약	pKa	사용가능한 pH 범위	색깔변화		
			산성	중성	염기성
메틸오렌지	4.2	3.1 ~ 4.4	빨강	노랑	노랑
메틸레드	5.0	4.4 ~ 6.2	빨강	주홍	노랑
페놀프탈레인	9.5	8.2 ~ 10.0	무색	무색	빨강
티몰블루	1.7	1.2 ~ 2.8	빨강	주홍	노랑

※ **리트머스(Litmus) 종이** : 지시약은 아니지만 산-염기를 구분하는데 이용할 수 있음 → 빨간색 종이가 파란색이 되면 염기성(鹽基性)이고, 파란색 종이가 빨간색이 되면 산성(酸性)임

2 염(鹽) · 착염(錯鹽) · 금속산화물 등

1. 염(鹽, Salt)

(1) **정의** : 염(鹽)은 수소이온 이외의 양이온과 OH^-이나 O^{2-} 이외의 음이온으로 구성된 화합물을 말한다.

(2) **염의 생성과 화학성**
- 양이온이 강염기에서 오고, 음이온이 강산에서 온 염 → 중성염을 형성함

  예 KCl, KNO_3, $KClO_4$, $NaCl$, $NaNO_3$ 등
- 양이온이 강염기(Na^+, K^+)에서 오고, 음이온이 약산(CH_3COO^-, CN^-, F^-)에서 온 염 → 염기성 염

  예 CH_3COONa, KCN, NaF, Na_3PO_4 등
- 양이온이 약염기의 짝산(NH_4^+)이고, 음이온이 강산에서 온 염(Cl^-, NO_3^-)

  → 산성 염

  예 NH_4Cl, NH_4NO_3, NH_4I 등(양이온이 산으로 작용하고, 음이온은 pH에 영향을 주지 않음)

(3) **염의 가수분해와 화학성**
- 가수분해가 되지 않는 염 → $NaCl$, KNO_3, $NaNO_3$, Na_2SO_3 등
- 가수분해되어 중성을 띠는 염 → NH_4CN, CH_3COONH_4 등
- 가수분해되어 산성을 띠는 염 → NH_4Cl, $CuSO_4$, $FeCl_3$ 등
- 가수분해되어 염기성을 띠는 염 → $NaCN$, $NaCO_3$, K_2CO_3 등

2. 착염(錯鹽, Complex Salt)

(1) **정의** : 착이온을 함유한 염을 착염이라 한다. 착이온이란 하나의 중심 금속 양이온에 하나 이상의 분자나 이온이 결합하여 생성된 이온을 말한다.

  예 $K_4Fe(CN)_6$, $[Co(NH_3)_6]Cl_3$, $K_3[CrCl_6]$, $[Cr_2(OH)(NH_3)_{10}]Cl_5$ 등

(2) **착염의 형성**

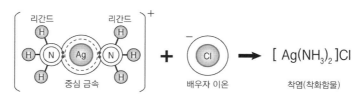

※ 리간드(Ligand): 착이온에서 중심 금속이온을 둘러싸고 있는 분자나 이온으로 금속이온에 비공유 전자쌍을 제공하여 배위결합을 형성하는 분자나 이온을 말함

3. 금속산화물 등

(1) **이온성과 분자성** : 이온성 금속산화물은 녹는점과 끓는점이 매우 높고, 거대한 3차원 구조를 가지며, 분자성 물질은 불연속 분자단위로 끓는점과 녹는점이 낮은 편이다. 다만, SiO_2는 분자성 물질이지만 거대한 3차원 구조를 가지고, 끓는점과 녹는점이 매우 높은 특이성을 갖는다.

- 이온성 : Na_2O, MgO, Al_2O_3
- 분자성 : SiO_2, P_4O_{10}, SO_3, Cl_2O_7

(2) **산화물의 산 - 염기 성질** : 일반적인 금속산화물은 대체로 염기이고, 대부분의 비금속산화물은 산성이다. 산화물의 중간적인 성질(양쪽성, Amphoteric)은 주기율표의 주기 내에서 중간에 위치한 원소에서 주로 나타난다.

- 염기성 산화물 : Na_2O, CaO, BaO, MgO 등
- 양쪽성 산화물 : Al_2O_3, ZnO, PbO, BeO, Bi_2O_3 등
- 산성 산화물 : SiO_2, P_4O_{10}, SO_3, CO_2, NO_2, Cl_2O_7 등

3 짝산과 짝염기

1. 개념

짝산 – 짝염기는 H^+의 이동에 따라 산(酸)과 염기(鹽基)가 되는 한 쌍의 물질을 말한다. 브뢴스테드 산이란 양성자를 주는 물질 또는 양성자 주게이며, 브뢴스테드 염기는 양성자를 받는 물질 또는 양성자 받게이다. 여기서, 양성자(Proton accepter)는 수소원자의 핵을 말하며, 나트륨원자, 염소원자 또는 다른 원자에 존재하는 양성자와는 전혀 관계가 없다.

2. 특성

(1) 강산의 짝염기는 → 약염기이고, 약산의 짝염기는 → 강염기임
(2) 산의 세기가 강할수록 그 짝염기의 세기는 약하고, 산의 세기가 약할수록 그 짝염기의 세기는 강함

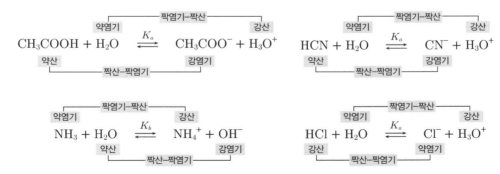

출제예상문제

01 염(Salt)을 만드는 화학반응식이 아닌 것은?

① $CuO + H_2 \rightarrow Cu + H_2O$
② $HCl + NaOH \rightarrow NaCl + H_2O$
③ $H_2SO_4 + Ca(OH)_2 \rightarrow CaSO_4 + 2H_2O$
④ $2NH_4OH + H_2SO_4 \rightarrow (NH_4)_2SO_4 + 2H_2O$

 정답분석 ①은 산화구리의 환원, 수소의 산화를 나타내는 반응이다.

정답 ①

02 다음 중 물이 산으로 작용하는 반응은?

① $HCl + H_2O \rightarrow H_3O^+ + Cl^-$
② $NH_4^+ + H_2O \rightarrow NH_3 + H_3O^+$
③ $HCOOH + H_2O \rightarrow HCOO^- + H_3O^+$
④ $CH_3COO^- + H_2O \rightarrow CH_3COOH + OH^-$

정답분석 수용액에서 H^+을 내놓는 물질이 산이며, CH_3COO^-이 H^+을 받아 CH_3COOH로 생성되었기 때문에 ④항의 물이 산으로 작용한다.

정답 ④

03 모두 염기성 산화물로만 나타낸 것은?

① CaO, Na_2O ② K_2O, SO_2
③ CO_2, SO_3 ④ Al_2O_3, P_2O_5

정답분석 금속 원소와 산소가 결합하면 염기성 산화물을 형성한다. 반면에 비금속 원소와 산소가 결합되면 산성 산화물을 만든다.

정답 ①

04 다음 중 산성 산화물에 해당하는 것은?

① CaO ② Na_2O
③ CO_2 ④ MgO

정답분석 산성 산화물은 물과 반응하여 산소산이 되고, 염기와 반응하여 염을 형성하는 물질이다. 탄산가스는 물과 반응하여 탄산(H_2CO_3)을 형성하므로 산성 산화물에 해당한다.

정답 ③

05 다음 중 수용액에서 산성의 세기가 가장 큰 것은?

① HF ② HCl
③ HBr ④ HI

 정답분석 $HF < HCl < HBr < HI$ 순으로 산성의 세기가 커진다. 결합의 세기가 강할수록 산(酸)의 세기는 약하다. 전기음성도가 가장 큰 플루오린(F)은 결합의 세기가 가장 크므로 산성의 세기가 가장 약한 산으로 분류된다.

정답 ④

06 산의 일반적 성질을 옳게 나타낸 것은?

① 수용액에서 OH^-을 내놓는다.
② 금속의 수산화물로서 비전해질이다.
③ 수소보다 이온화 경향이 큰 금속과 반응하여 수소를 발생한다.
④ 쓴맛이 있는 미끈거리는 액체로 리트머스 시험지를 푸르게 한다.

 정답분석 ①, ②, ④는 염기의 성질이다. 산(酸)은 신맛이 있는 액체로 리트머스 시험지를 붉게 하며, 수용액에서 H^+을 내놓는다.

정답 ③

07 지시약으로 사용되는 페놀프탈레인 용액은 산성에서 어떤 색을 띠는가?

① 적색   ② 청색

③ 무색   ④ 황색

정답분석 페놀프탈레인은 트리페닐메탄계의 색소로서 산성 용액은 무색, 염기성에서는 적색으로 변한다. pH 변색 범위는 약 8.3 ~ 10.0이다.

정답 ③

 08 네슬러 시약에 의하여 적갈색으로 검출되는 물질은?

① 질산이온

② 암모늄이온

③ 아황산이온

④ 일산화탄소

정답분석 네슬러 시약은 암모늄이온(NH_4^+)의 검출에 사용되는 시약으로 적갈색의 침전이 생긴다.

정답 ②

 09 다음 물질 중에서 염기성인 것은?

① $C_6H_5NH_2$

② $C_6H_5NO_2$

③ C_6H_5OH

④ C_6H_5COOH

정답분석 아닐린($C_6H_5NH_2$)은 암모니아보다 약염기에 속한다. 벤조산(C_6H_5COOH)은 탄산(H_2CO_3)보다는 강한 산성을 띠고, 알코올의 작용기($-OH$)는 공유결합성이므로 염기로 작용하지 않으며, 매우 약한 산성(대체로 중성에 가까움)이므로 $NaOH$와 같은 강염기와는 반응하지 않는 특징이 있다.

정답 ①

 10 다음 화합물의 0.1mol 수용액 중에서 가장 약한 산성을 나타내는 것은?

① H_2SO_4 ② HCl

③ CH_3COOH ④ HNO_3

정답분석 약산(Weak Acid)은 전리도가 3% 이하로 극히 일부분만 물에서 이온화하는 물질이다. 평형에서 약한 산 용액은 이온화하지 않는 산(酸) 분자나 H_3O^+ 및 짝염기 혼합물을 포함하는데, 예를 들면 플루오린화수소산(HF), 아세트산(CH_3COOH), 암모늄이온(NH_4^+) 등이 이에 속한다.

정답 ③

11 물이 브뢴스테드의 산으로 작용한 것은?

① $HCl + H_2O \rightleftharpoons H_3O^+ + Cl^-$

② $HCOOH + H_2O \rightleftharpoons HCOO^- + H_3O^+$

③ $NH_3 + H_2O \rightleftharpoons NH_4^+ + OH^-$

④ $3Fe + 4H_2O \rightleftharpoons Fe_3O_4 + 4H_2$

 브뢴스테드 로우리는 양성자를 제공하는 것을 산(酸), 양성자를 받아들이는 것을 염기라고 하였다. 물(H_2O)의 독특한 성질 중의 하나는 산과 염기로 작용할 수 있는 양쪽성을 갖는다는 것인데, HCl이나 CH_3COOH와 같은 산과 반응할 때는 염기로, NH_3와 같은 염기와 반응할 때는 산으로 작용한다. 물(H_2O)은 산과 염기 양쪽으로 작용하는 양쪽성 물질이지만 하이드로늄이온(H_3O^+)은 강산으로 작용하며, 암모니아(NH_3)는 약한 염기이지만 암모늄이온(NH_4^+)은 약산이고, 폼산($HCOOH$)은 약산이지만 그 이온($HCOO^-$)은 약염기로 작용한다.

정답 ③

12 다음 반응식에서 브뢴스테드의 산·염기 개념으로 볼 때 산에 해당하는 것은?

$$H_2O + NH_3 \rightleftharpoons OH^- + NH_4^+$$

① NH_3와 NH_4^+

② NH_3와 OH^-

③ H_2O와 OH^-

④ H_2O와 NH_4^+

 물(H_2O)은 산과 염기 양쪽으로 작용하는 양쪽성 물질이지만 하이드로늄이온(H_3O^+)은 강산으로 작용하며, 암모니아(NH_3)는 약한 염기이지만 암모늄이온(NH_4^+)은 약산이고, 폼산($HCOOH$)은 약산이지만 그 이온($HCOO^-$)은 약염기로 작용한다.

정답 ④

13 다음 중 양쪽성 산화물에 해당하는 것은?

① NO_2 ② Al_2O_3

③ MgO ④ Na_2O

 산화물의 중간적인 성질(양쪽성, amphoteric)은 주기율표의 주기 내에서 중간에 위치한 원소에서 주로 나타난다. NO_2는 산성 산화물, MgO, Na_2O는 염기성 산화물이다.

정답 ②

14 $Fe(CN)_6^{4-}$ 과 4개의 K^+으로 이루어진 물질 $K_4Fe(CN)_6$을 무엇이라 하는가?

① 착화합물

② 할로젠(할로겐)화합물

③ 유기화합물

④ 수소화합물

 $K_4Fe(CN)_6$는 철(Fe)을 중심 금속으로 주변에 1자리 리간드인 시안이온 6개가 둘러싸서 착이온을 형성하고 여기에 배우자 이온인 포타슘이온(K^+)이 결합되어 있으므로 착화합물이다.

정답 ①

05 용액, 용해도 및 용액의 농도

1 용해와 용해도

1. 용해의 일반특성

(1) 극성의 용매(NH_3, H_2O, 알코올 등)는 이온성 물질과 극성 용질을 잘 녹인다.

(2) 비극성의 용매(벤젠, 사염화탄소, 헥세인 등)는 비극성 용질을 잘 녹인다.

- 이온성 용질 : $NaCl$, $AgCl$ 등
- 극성 용질 : HCl(염화수소), SO_2(이산화황), 설탕 등
- 비극성 용질 : CO_2, O_2, N_2, CH_4 등

2. 용해도

고체 및 액체의 용해도는 어떤 온도에서 용매 100g에 최대로 녹을 수 있는 용질의 g 수로 표시하고, 기체의 용해도는 용매 1mL에 녹는 기체의 부피를 mL로 표시한다.

$$용해도(g/100g) = \frac{용질(g)}{용매의 \ 양(g)} \times 100$$

(1) 고체의 용해도는 온도가 상승하면 대체로 증가한다.

(2) 기체의 용해도는 온도가 상승함에 따라 감소한다. 또한 기체의 용해도는 기체의 부분압력에 비례하여 증대(헨리의 법칙) 한다.

- 용해열이 음(흡열)이면 용해도는 온도와 함께 증대(온도를 높이면 용해도가 증가)한다.
- 용해열이 양(발열)이면 용해도는 온도와 함께 감소(온도를 높이면 용해도가 감소)한다.

2 용해도곱 상수와 이온곱 상수

1. 용해도곱 상수(K_{sp})

(1) 개념 : 용해도곱 상수는 고체염(固體鹽)이 용액 내에서 녹아 이온으로 전리될 때의 평형상수 값을 나타낸 것으로 구성 이온들의 몰 농도들의 곱으로 나타낸다.

(2) 적용 및 특징

- 용해도곱은 난용성의 염(鹽)에 대해서만 적용된다.
- 용해도곱은 온도가 일정하면 일정한 값을 가지지만 용해도는 온도, pH에 따라 변한다.

(3) **용해도곱의 산정** : 용해도곱 상수는 대상물질이 순수한 고체 또는 액체일 때만 적용되는데 그 이유는 이온성 물질이 순수한 고체나 액체일 때는 그 양에 관계없이 활동도를 1(무명수)로 적용하기 때문이다.

$$A_mB_n \rightleftarrows mA^+ + nB^-$$

$$[A_mB_n] K_{sp} = [A^+]^m [B^-]^n \rightarrow K_{sp} = \frac{[A^+]^m [B^-]^n}{[A_mB_n]}$$

(4) **용해도곱 상수와 mol 용해도의 관계**

$$\begin{cases} \cdot\ MA \rightleftarrows [M^+] + [A^-] \text{일 때} \rightarrow L_m(\text{mol/L}) = \sqrt{K_{sp}} \\ \cdot\ M_2A \rightleftarrows 2[M^+] + [A^{2-}] \text{일 때} \rightarrow L_m = \sqrt[3]{\dfrac{K_{sp}}{4}} \\ \cdot\ M_3A \rightleftarrows 3[M^+] + [A^{3-}] \text{일 때} \rightarrow L_m = \sqrt[4]{\dfrac{K_{sp}}{27}} \end{cases}$$

2. 이온곱 상수(반응지수)(Q)

(1) **개념** : 이온곱 상수는 화학반응이 평형에 도달해 있지 않은 경우 그 반응에 참여하는 물질의 농도를 평형상수 식에 대입하여 얻은 값을 말한다.

(2) **특징**
- 반응지수가 평형상수보다 작을 때에는 그 값이 같아질 때까지 정반응(正反應)이 일어난다.
- 평형상수보다 클 때에는 그 값이 같아질 때까지 역반응(逆反應)이 일어난다.

(3) **이온곱의 산정**

$$A_mB_n \rightleftarrows mA^+ + nB^-$$

$$[A_mB_n] = [A^+]^m [B^-]^n \rightarrow Q = [A^+]^m [B^-]^n$$

3. 침전형성의 예측

(1) $Q > K_{sp}$일 때 : 과포화상태로 침전물을 형성함

(2) $Q < K_{sp}$일 때 : 불포화상태로 용해성을 가짐

(3) $Q = K_{sp}$일 때 : 화학적 평형상태임

③ 전해질과 전리평형

1. 개념

전해질(電解質, electrolyte)은 물에 용해되었을 때 전기를 전도(傳導)하는 물질을 말하며, 비전해질은 전기를 전도하지 않는 물질을 말한다.

2. 전해특성에 따른 분류

강전해질	약전해질	비전해질
HCl(염산), HNO$_3$(질산), H$_2$SO$_4$(황산)	CH$_3$COOH(초산)	(NH$_2$)$_2$CO(요소)
HClO$_4$(과염소산)	HF(플루오린화수소산)	CH$_3$OH(메틸알코올)
NaOH(가성소다)	HNO$_2$(아질산)	C$_2$H$_5$OH(에틸알코올)
Ba(OH)$_2$(수산화바륨)	NH$_3$(암모니아)	C$_6$H$_{12}$O$_6$(글루코오스)
NaCl 등 이온결합 화합물	H$_2$O(물)	C$_{12}$H$_{22}$O$_{11}$(맥아당)

3. 전리평형과 전리도

전리평형(이온화 평형)이란 전해질 용액 가운데서 이온화하여 생긴 이온과 이온화하지 않은 분자 사이에 성립하는 평형상태를 말하며, 다음의 관계식이 성립된다.

(1) **약산의 경우** : $HA(aq) + H_2O(l) \xrightleftharpoons{K_a} H_3O^+ + A^-$

$\qquad\qquad\quad C(1-\alpha)\,(mol/L) \quad : \quad C\alpha\,(mol/L) : C\alpha\,(mol/L)$

$$K_a(\text{산 전리상수}) = \frac{[H_3O^+][A^-]}{[HA]_t} \xrightarrow[\text{고려하여 다시 쓰면}]{\text{전리도 }\alpha\text{를}} K_a = \frac{C\alpha \times C\alpha}{C(1-\alpha)} \approx \frac{C\alpha^2}{1-C\alpha}$$

(2) **약염기의 경우** : $B(aq) + H_2O(l) \xrightleftharpoons{K_b} OH^- + BH^+$

$\qquad\qquad\quad C(1-\alpha)\,(mol/L) \quad : \quad C\alpha\,(mol/L) : C\alpha\,(mol/L)$

$$K_b(\text{염기 전리상수}) = \frac{[OH^-][BH^+]}{[B]_t} \xrightarrow[\text{고려하여 다시 쓰면}]{\text{전리도 }\alpha\text{를}} K_b = \frac{C\alpha \times C\alpha}{C(1-\alpha)} \approx \frac{C\alpha^2}{1-C\alpha}$$

④ 완충용액

1. 개요

평형상태에 있는 수용액 내에 함유되어 있는 이온과 동일한 이온(공통 이온)이 작용하면 화학적 평형은 그 이온의 농도가 감소하는 방향으로 평형이 이동하는 현상이 발생한다. 이러한 작용에 의해 약한 전해질의 이온화가 억제되는데 이를 공통 이온효과라고 하며, 완충능력을 갖는 용액이라 한다. 따라서 완충용액(buffer solution)이란 외부로부터 어느 정도의 산(酸)이나 염기(鹽基)를 가했을 때, 그 영향을 크게 받지 않고 pH를 일정하게 유지할 수 있는 능력을 가진 용액을 의미한다.

2. 완충용액의 조제와 특성

(1) **완충용액의 조제** : 완충용액은 일반적으로 약산에 그 짝염기를, 또는 약염기에 그 짝산을 약 1 : 1의 몰수 비로 혼합하여 만든다.

　　예 $CH_3COOH-CH_3COONa$ 용액, $H_2CO_3-NaHCO_3$ 용액, $NaH_2PO_4-Na_2HPO_4$용액, NH_3-NH_4Cl 용액

(2) **완충용액의 특성**
- 완충용액에는 강산이나 강염기를 첨가해도 pH가 잘 변하지 않음
- 완충용액은 약산의 pK_a와 거의 동일한 pH를 가짐

3. 완충방정식 : 완충방정식은 헨더슨 하셀발히(Henderson-Hasselbalch)식이 사용된다.

$$\mathrm{pH} = \log\left(\frac{1}{K_a}\right) + \log\left(\frac{\text{염의 mol 농도}}{\text{산의 mol 농도}}\right) \begin{cases} K_a : \text{이온화상수(전리상수)} \\ \log(1/K_a) = pK_a \end{cases}$$

5 콜로이드(Colloid)

1. 정의

콜로이드는 분산매(分散媒) 중에 분산된 입자상(粒子狀)의 분산질(分散質)로서 그 크기가 $1\,\mathrm{nm} \sim 1\,\mu\mathrm{m}$의 범위이며, 육안으로는 거의 식별이 불가능하다.

2. 콜로이드의 특성

(1) **입자의 크기 때문에 나타나는 현상** : 틴들현상, 브라운 운동, 투석, 흡착 등
- **틴들(Tyndall)현상** : 입자에 의해 빛이 산란되는 현상
- **브라운(Brownian) 운동** : 작은 입자의 불규칙한 운동
- **투석(透析, Dialysis)** : 콜로이드는 반투막을 통과하지 못함(이를 이용하여 반투막을 사용하여 콜로이드 입자를 전해질이나 작은 분자로부터 분리 · 정제함)
- **흡착(吸着, Adsorption)** : 2개의 상이 접할 때, 경계면에 농축되는 현상

(2) **전하를 띠고 있기 때문에 나타나는 현상** : 전기이동, 엉김과 염석 등
- **전기이동(電氣移動, Cataphoresis)** : 콜로이드 용액 속에 전극을 넣고 직류 전압을 가했을 때 콜로이드 입자가 어느 한쪽의 전극을 향해서 이동하는 현상으로 전기영동(電氣泳動)이라고도 함
- **엉김(Flocculation)** : 입자와 반대전하를 띤 이온이 모여 콜로이드 입자가 서로 엉켜 침전되는 현상
- **염석(鹽析, Salting Out)** : 다량의 전해질에 의해 침전이 일어나는 현상(소수성 콜로이드는 염에 민감함)

3. 콜로이드의 분류와 성질

비교항목	소수성 Colloid	친수성 Colloid	보호 Colloid
존재 형태	현탁상태(Suspensoid)	유탁상태(Emulsion)	친수성 + [소수성] 콜로이드
대표적 물질	먹물, 점토, 금, 은, 금속수산화물	단백질, 박테리아 등	아교, 녹말, 젤라틴, 알부민
물과 반응성	물과 반발하는 성질	물과 쉽게 반응	• 보호 콜로이드는 불안정한 소수 콜로이드 주변을 둘러싸는 친수성의 콜로이드를 말함 • 전체가 친수 콜로이드의 성질을 띠게 됨 • 소수성 콜로이드의 제조나 보존을 위해 이용됨
염과 반응성	염에 민감	염에 민감하지 못함	
표면장력	용매와 비슷함	용매보다 약함	
점도	분산상과 비슷함	분산상보다 점도가 높음	
틴들효과	틴들(Tyndall)효과가 큼	틴들효과가 거의 없음	
재생성	재생이 되기 어려움	쉽게 재생됨	

$$\zeta(\text{제타 전위}) = \frac{4\pi LQ}{D}
\begin{cases}
\zeta : \text{제타 전위(콜로이드의 하전에 의한 반발력의 척도)} \\
D : \text{액체의 도전상수(導電常數)} \\
Q : \text{단위면적당 전하량} \\
L : \text{전하가 영향을 미치는 표면층의 두께}
\end{cases}$$

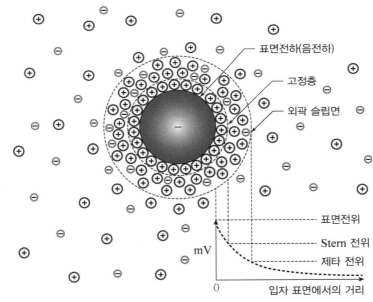

<그림> 콜로이드 입자와 주변 분산 이중층의 전위

출제예상문제

01 다음 중 침전을 형성하는 조건은?

① 이온곱＞용해도곱　② 이온곱＝용해도곱

③ 이온곱＜용해도곱　④ 이온곱＋용해도곱

정답분석 침전을 형성하는 조건은 용해도곱에 비해 이온곱이 큰 상태이어야 한다.

- 이온곱(Q)＞용해도곱(K_{sp}) : 과포화상태(침전형성)
- 이온곱(Q)＜용해도곱(K_{sp}) : 불포화상태
- 이온곱(Q)＝용해도곱(K_{sp}) : 포화상태

정답 ①

02 25℃의 포화용액 90g 속에 어떤 물질이 30g 녹아 있다. 이 온도에서 이 물질의 용해도는 얼마인가?

① 30　　　　　　② 33

③ 50　　　　　　④ 63

정답분석 용해도의 관계식을 이용한다.

계산 용해도$(g/100g) = \dfrac{\text{용질}(g)}{\text{용매의 양}(g)} \times 100$

$\begin{cases} \text{용매} = \text{용액} - \text{용질} = 60\,g \\ \text{용질} = 30\,g \\ \text{용액} = 90\,g \end{cases}$

$\therefore$ 용해도 $= \dfrac{30\,g}{60\,g} \times 100 = 50\,g/100g \cdot \text{용매}$

정답 ③

03 어떤 온도에서 물 200g에 설탕이 최대 90g 녹는다. 이 온도에서 설탕의 용해도는?

① 45　　　　　　② 90

③ 180　　　　　④ 290

정답분석 용해도의 관계식을 이용한다.

계산 용해도$(g/100g) = \dfrac{\text{용질}(g)}{\text{용매의 양}(g)} \times 100$

$\begin{cases} \text{용매} = \text{물} = 200\,g \\ \text{용질} = \text{설탕} = 90\,g \end{cases}$

$\therefore$ 용해도 $= \dfrac{90\,g}{200\,g} \times 100 = 45\,g/100gH_2O$

정답 ①

04 60℃에서 KNO_3의 포화용액 100g을 10℃로 냉각시키면 몇 g의 KNO_3가 석출되는가? (단, 용해도는 60℃에서 100g KNO_3/100g H_2O, 10℃에서 20g KNO_3/100g H_2O이다.)

① 4　　　　　　② 40

③ 80　　　　　④ 120

정답분석 용해도의 관계식을 이용한다.

계산 용해도$(g/100g) = \dfrac{\text{용질}(g)}{\text{용매의 양}(g)} \times 100$

$\begin{cases} \text{용매} : H_2O \\ \text{용질} : KNO_3 \end{cases}$

㉠ 60℃에서

$\begin{cases} \text{용질} = \text{포화용액} \times \dfrac{\text{용질}}{\text{용매} + \text{용질}} \\ \qquad = 100g \times \dfrac{100g}{100g + 100g} = 50g \\ \text{용매} = \text{포화용액} \times \dfrac{\text{용매}}{\text{용매} + \text{용질}} \\ \qquad = 100g \times \dfrac{100g}{100g + 100g} = 50g \end{cases}$

㉡ 10℃에서

- 용질 $= 50g$
  (∵ 용질은 온도에 관계없이 일정하므로)
- 용매의 양에 따른 용질량의 변화
  (비례식으로 …)
  → $100g : 20g = 50g : x(g)$,
  $x = 10g$(10℃ 용매에 용해되어 있는 용질의 양)

$\therefore$ 석출되는 KNO_3의 양 $= 50g - 10g = 40g$

정답 ②

05 다음의 그래프는 어떤 고체물질의 용해도 곡선이다. 100℃ 포화용액(비중 1.4) 100mL를 20℃의 포화용액으로 만들려면 몇 g의 물을 더 가해야 하는가?

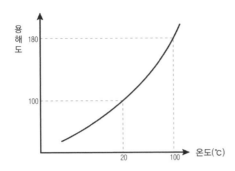

① 20g   ② 40g
③ 60g   ④ 80g

정답분석 용해도의 관계식을 이용한다.

계산 용해도$(g/100g) = \dfrac{\text{용질}(g)}{\text{용매의 양}(g)} \times 100$

$\begin{cases} \text{용매 : 물} \\ \text{용질 : 어떤 고체} \end{cases}$

㉠ 용액의 양$(g) = 100\,mL \times \dfrac{1.4\,g}{mL} = 140\,g$

$\begin{cases} 100℃\text{에서 용질}(g) = 140g \times \dfrac{180\,g}{100g + 180g} = 90\,g \\ 100℃\text{에서 용매}(g) = 140g \times \dfrac{100\,g}{100g + 180g} = 50\,g \end{cases}$

㉡ $\begin{cases} 20℃\text{에서 용질}(g) \\ = 90\,g\,(\text{용질의 양은 일정}) \\ 20℃\text{에서 용해도}(\text{그림에서}) \\ = 100g\ \text{용질}/100g\ \text{용매} \\ = \dfrac{90\,g}{x\,(g)} \times 100,\ \ x(=\text{용매}) = 90\,(g) \end{cases}$

∴ 증가 투입해야 할 용매의 양 $= 90\,g - 50\,g = 40\,g$

정답 ②

06 $PbSO_4$의 용해도를 실험한 결과 0.045g/L이었다. $PbSO_4$의 용해도곱 상수(K_{sp})는? (단, $PbSO_4$의 분자량은 303.27이다.)

① 5.5×10^{-2} ② 4.5×10^{-4}
③ 3.4×10^{-6} ④ 2.2×10^{-8}

정답분석 고체의 mol 용해도와 K_{sp}의 관계식을 이용한다.

계산 용해도$(mol/L) = \sqrt{K_{sp}}$

• mol 용해도 $= \dfrac{0.045\,g}{L} \times \dfrac{mol}{303.27\,g}$
$\qquad\qquad\quad = 1.484 \times 10^{-4}\ mol/L$

∴ $K_{sp} = (1.484 \times 10^{-4})^2 = 2.2 \times 10^{-8}$

정답 ④

07 AgCl의 용해도는 0.0016g/L이다. 이 AgCl의 용해도곱(Solubility product)은 약 얼마인가? (단, 원자량은 각각 Ag 108, Cl 35.5이다.)

① 1.24×10^{-10} ② 2.245×10^{-10}
③ 1.12×10^{-5} ④ 4×10^{-4}

정답분석 고체의 mol 용해도와 K_{sp}의 관계식을 이용한다.

계산 용해도$(mol/L) = \sqrt{K_{sp}}$

• mol 용해도 $= \dfrac{0.0016\,g}{L} \times \dfrac{mol}{(108 + 35.5)\,g}$
$\qquad\qquad\quad = 1.115 \times 10^{-5}\ mol/L$

∴ $K_{sp} = (1.115 \times 10^{-5})^2 = 1.24 \times 10^{-10}$

정답 ①

08

용액온도 25℃에서, Cd(OH)₂염의 몰 용해도는 1.7×10^{-5} mol/L이다. Cd(OH)₂염의 용해도곱 상수, K_{sp}를 구하면 약 얼마인가?

① 2.0×10^{-14} ② 2.2×10^{-12}

③ 2.4×10^{-10} ④ 2.6×10^{-8}

정답분석 몰 용해도와 용해도곱 상수의 관계식을 적용한다. Cd(OH)₂ 염이 전리될 경우 생성되는 카드뮴이온은 1mol, 수산화이온은 2mol이므로 다음의 관계식이 성립된다.

[계산] $L_m = \sqrt[3]{K_{sp}/4} \quad \{ \leftarrow Cd(OH)_2 \rightarrow Cd^{2+} + 2OH^- $

$$\Rightarrow 1.7 \times 10^{-5} = \sqrt[3]{K_{sp}/4}$$

$$\therefore K_{sp} = 2 \times 10^{-14}$$

정답 ①

09

다음 중 완충용액에 해당하는 것은?

① CH₃COONa와 CH₃COOH

② NH₄Cl와 HCl

③ CH₃COONa와 NaOH

④ HCOONa와 Na₂SO₄

정답분석 완충용액은 약산에 그 짝염기를, 또는 약염기에 그 짝산을 약 1 : 1의 몰수 비로 혼합하여 만든다. ②는 HCl이 강산이고, ③은 NaOH가 강염기이므로 완충용액이 될 수 없다. ④는 전리되어 공통이온을 발생하지 않으므로 완충용액이 되지 않는다.

정답 ①

10

먹물에 아교를 약간 풀어 주면 탄소 입자가 쉽게 침전되지 않는다. 이 때 가해준 아교를 무슨 콜로이드라 하는가?

① 서스펜션   ② 소수

③ 에멀션   ④ 보호

정답분석 먹물은 안정성이 낮은 소수성 콜로이드이다. 친수성인 아교를 약간 풀어 줌으로써 탄소 입자가 쉽게 침전되지 않는데 이것은 불안정한 소수성 콜로이드 주변을 친수성인 아교가 둘러쌈으로서 콜로이드를 안정하게 하는데 이때 탄소를 둘러싸는 친수성의 아교를 보호 콜로이드라 부른다.

정답 ④

11

다음 물질 중 비전해질인 것은?

① CH₃COOH   ② C₂H₅OH

③ NH₄OH   ④ HCl

정답분석 CH₃OH, C₂H₅OH 등 알코올류는 산(酸)도 염(鹽)도 아니다. OH기를 가지고 있지만 금속 수산화물이 아니므로 염기가 아니며, 또한 비전해질이다. 대부분의 다른 물질들도 비전해질이다.

정답 ②

12 다음 중 전리도가 가장 커지는 경우는?

① 농도와 온도가 일정할 때
② 농도가 진하고, 온도가 높을수록
③ 농도가 묽고, 온도가 높을수록
④ 농도가 진하고, 온도가 낮을수록

 농도가 묽고, 온도가 높을수록 전리도는 증가한다.

정답 ③

14 다음 화합물 수용액 농도가 모두 0.5M일 때 끓는점이 가장 높은 것은?

① $C_6H_{12}O_6$(포도당) ② $C_{12}H_{22}O_7$(설탕)
③ $CaCl_2$(염화칼슘) ④ $NaCl$(염화나트륨)

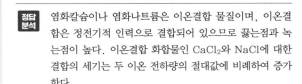 염화칼슘이나 염화나트륨은 이온결합 물질이며, 이온결합은 정전기적 인력으로 결합되어 있으므로 끓는점과 녹는점이 높다. 이온결합 화합물인 $CaCl_2$와 $NaCl$에 대한 결합의 세기는 두 이온 전하량의 절대값에 비례하여 증가한다.

반응 $CaCl_2 \rightarrow Ca^{2+} + 2Cl^- \rightarrow 2 \times 1 = 2$
$NaCl \rightarrow Na^+ + Cl^- \rightarrow 1 \times 1 = 1$

정답 ③

13 상온에서 1L의 순수한 물이 전리되었을 때 $[H^+]$과 $[OH^-]$은 각각 얼마나 존재하는가? (단, $[H^+]$과 $[OH^-]$ 순이다.)

① $1.008 \times 10^{-7}g$, $17.008 \times 10^{-7}g$
② $1,000 \times \dfrac{1}{18}g$, $1,000 \times \dfrac{17}{18}g$
③ $18.016 \times 10^{-7}g$, $18.016 \times 10^{-7}g$
④ $1.008 \times 10^{-14}g$, $17.008 \times 10^{-14}g$

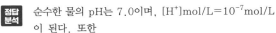 순수한 물의 pH는 7.0이며, $[H^+]mol/L = 10^{-7}mol/L$이 된다. 또한
물의 전리에 따른 물의 이온곱 상수$(K_w) = 1 \times 10^{-14}$이다. 따라서 다음의 관계식이 성립된다.

계산 K_w(물의 이온곱 상수) $= [H^+][OH^-]$

$\begin{cases} pH = 7일 때 \ [H^+] = 10^{-7} mol/L \\ [OH^-] = \dfrac{K_w}{[H^+]} = \dfrac{1 \times 10^{-14}}{1 \times 10^{-7}} = 1 \times 10^{-7} mol/L \end{cases}$

$\therefore OH^- = \dfrac{1 \times 10^{-7} mol}{L} \times 1 L \times \dfrac{17g}{mol} = 17 \times 10^{-7} g$

정답 ①

06 산화와 환원

1 산화수

1. 산화수(Oxidation Number)의 규칙

- 자유상태에 있는 원자(비결합 원소)의 산화수는 0이다.(H_2, O_2, S_2, P_4 등 다원자 원소 포함)
- 화합물 안의 모든 원자수의 산화수 합은 0이다.
- 하나의 원자로 이루어진 이온에서의 산화수는 이온의 전하와 같다.
- 다원자 이온에서 원자들의 산화수 합은 그 이온의 전하와 같다.
- 플루오르 화합물 안에서 플루오르의 산화수는 −1이다.
- 수소의 산화수는 결합하지 않으면 +1이고, 금속과 결합하면 산화수는 −1이다.
- 산소는 화합물에서의 산화수가 통상 −2이다. [단, KO_2 등 초과산화물에서 산소의 산화수는 −1/2이고, 과산화물(H_2O_2 등)에서 산화수는 −1이며, OF_2에서 산소의 산화수는 +2이다.]

2. 원자가(原子價) 전자수

원자가 전자수	1	2	3	4	5	6	7
가장 큰 산화수	+1	+2	+3	+4	+5	+6	+7
가장 작은 산화수	−1(H 만)			−4	−3	−2	−1
원소 (우선 적용 산화수)	H^+ Li^+ Na^+ K^+	Be^{2+} Mg^{2+} Ca^{2+} 중금속	Cr^{3+} B Al^{3+} Sc	Ti C^{4+} Si^{4+} Ge	V N P As	O^{2-} S^{2-} Se	F^- Cl^- Br^- I^-

2 산화 – 환원 반응

1. 개념

산화물질(산화수가 증가하거나 전자를 잃는 물질)과 환원물질(산화수가 감소하거나 전자를 얻는 물질)이 반응할 때 산화 – 환원 반응이라 한다. 산화와 환원은 동시에 일어나며, 이때 잃은 전자수와 얻은 전자수는 항상 같다. 그리고 산화 – 환원 반응이 일어날 때 산화수(酸化數, Oxdation number)의 변화가 일어나는데 산화수란 일반적으로 이온으로 되었을 때 전하량(電荷量, Quantity of Electric Charge)이다.

▌ 산화와 환원의 개념 비교 ▌

비교	산화(Oxidation)	환원(Reduction)
원소의 산화수	증가	감소
결합산소	증가	감소
전자수	감소(잃음)	증가(얻음)
결합수소	감소(잃음)	증가(얻음)

(1) **산화제(Oxidizing agent)** : 자신은 환원되면서 다른 물질을 산화시키는 물질

　• 전자 받게 – 산소 분리(제공) – 산화수 감소

(2) **환원제(Reducing agent)** : 자신은 산화되면서 다른 물질을 환원시키는 물질

　• 전자 주게 – 산소 결합(받음) – 산화수 증가

‖ 산화제와 환원제의 개념 비교 ‖

비교	산화제	환원제
전자의 이동	다른 물질로부터 전자를 빼앗음	다른 물질에 전자를 제공함
발생기	발생기 산소를 내기 쉬운 물질	발생기 수소를 내기 쉬운 물질
표준 환원전위	전위 값이 큰 물질	전위 값이 작은 물질
화학성	전기음성도가 큰 물질	이온화 경향이 큰 물질

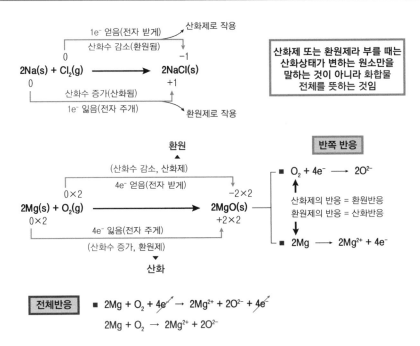

2. 산화 - 환원 반응의 응용

(1) **연소반응** : 유기성 가연물질은 산소와 결합하여 연소 · 산화 반응을 하면서 열을 생산함

　　┌─── 0 → +4 ───┐
　• $C(s) + O_2(g) \rightarrow CO_2(g)$

　　┌─── -2.67 → ───┐
　• $C_3H_8(g) + 5O_2(g) \rightarrow 3CO_2(g) + 4H_2O(g)$

(2) **금속제련 및 야금** : 환원제(코크스, 수소, Al 등)를 사용하여 금속제련 및 야금을 함

　　┌── +6 → 0 ──┐
　• $2FeO_3(s) + 3C(s) \rightarrow 4Fe(s) + 3CO_2(g)$
　　　　　　└── 0 → +4 ──┘

　　┌── +3 → 0 ──┐
　• $Cr_2O_3(s) + 2Al(s) \rightarrow Al_2O_3(s) + 2Cr(s)$
　　　└── 0 → +3 ──┘

(3) **기타** : 화학전지, 산화표백제 및 환원표백제, 섬유공업이나 상수도의 살균 및 소독제 등
- **산화표백제** : Cl_2, ClO_2, $HOCl$, $CaOCl_2$, $KMnO_4$, O_3, H_2O_2
- **환원표백제** : SO_2, Na_2SO_3, $Na_2S_2O_4$

3. 산화력 · 환원력의 세기와 이온화 경향의 크기

(1) **환원력의 세기**

$$F_2 > Cl_2 > Br_2 > Ag^+ > Fe^{3+} > I_2 > Cu^{2+} > H^+ > Pb^{2+} > Ni^{2+} > Fe^{2+} > Zn^{2+} > Mg^{2+} > Na+ > Ca^{2+} > K^+ > Li^+$$

(2) **산화력의 세기** : 환원력 세기의 반대이다.

(3) **금속의 이온화 경향의 크기** : K(포타슘) > Ca(칼슘) > Na(나트륨) > Mg(마그네슘) > Al(알루미늄) > Zn(아연) > Fe(철) > Ni(니켈) > Sn(주석) > Pb(납) > H(수소) > Cu(구리) > Hg(수은) > Ag(은) > Pt(백금) > Au(금)의 순서로 감소한다.

※ **암기요령** : 포카 나마알아 철니주나 물 구수한 백금

---

3 전기분해

1. 개념

물질에 전기에너지를 가하여 비자발적인 산화 · 환원 반응이 일어나도록 하는 것을 말한다. 전기분해를 할 때는 (-)극에서는 (+)이온이 환원되고, (+)극에서는 (-)이온이 산화된다.

2. 적용

금속 도금, 알루미늄 제련, 구리 정제 등 다양한 분야에 이용되고 있다.

3. 전기분해의 기본 법칙과 생성물의 계산

(1) **패러데이의 법칙(Faraday's law)** : 전기분해를 하는 동안 전극에 흐르는 전하량(전류×시간)과 전기분해로 인해 생긴 화학변화의 양 사이의 정량적인 관계를 나타내는 법칙으로 전기화학의 가장 기본적인 법칙이다.
  ① **제1법칙** : 석출되는 물질의 양은 전류(A)와 시간(t, sec)의 곱에 비례한다.
  ② **제2법칙** : 석출되는 물질의 질량은 화학당량(원자량/원자가)에 비례한다. 1그램당량의 물질량을 전기분해하여 석출하는 데 필요한 전기량은 물질의 종류에 관계없이 $96,500C$(쿨롱)로 항상 일정하다. 따라서 1F(패러데이)는 전자의 전하량($1.602 \times 10^{-19}C/e^-$)과 아보가드로 수($6.023 \times 10^{23}mol^{-1}$)의 곱과 같다. (1F = 96,500C)

(2) **전기분해 생성물의 계산** : 패러데이의 법칙(Faraday's law)을 적용한다. 이 법칙에 따르면 전기분해에 의해 석출되는 물질의 양은 전류와 시간의 곱에 비례하고, 당량(금속원소의 1당량=원자량/전자가)에 비례한다.

- $m_c(\text{g}) = \dfrac{\text{가해진 전기량(F)}}{1\text{F(기준 전기량)}} \times \dfrac{\text{원자량(M)}}{\text{전자가}(e^-)} = \dfrac{\text{가해진 전하량(C)}}{\text{기준 전하량(96,500C)}} \times \dfrac{\text{M}}{\text{전자가}}$

- $\text{원자수} = \text{질량(g)} \times \dfrac{\text{mol}}{\text{원자량(g)}} \times 6.023 \times 10^{23}$

4. 전기분해의 이용

(1) **물의 전기분해** : 물에 소량의 전해질(수산화나트륨, 황산나트륨 등)을 가하여 전류를 흘릴 경우 (+)극은 산화반응으로 산소를 얻을 수 있고, (−)극에서는 환원반응이 일어나 수소를 얻을 수 있다.

$$H_2O \xrightarrow{\text{전기분해}} 2H^+ + O^{2-}$$

- 음극(−) ↔ $2H^+ \rightarrow H_2 \uparrow$
- 양극(+) ↔ $O^{2-} \rightarrow O_2 \uparrow$

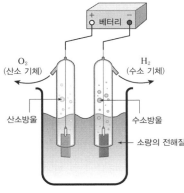

<그림> 물의 전기분해

(2) **염화나트륨 수용액의 전기분해** : 염화나트륨(NaCl) 수용액에 전극을 넣고 전압을 걸어주면 (+)극에서는 염소이온(Cl^-)이 산화되고, (−)극에서는 나트륨이온(Na^+) 대신에 물이 환원된다. (−)극의 Na^+ 외에도 K^+, Ca^{2+}, Mg^{2+}, Al^{3+} 등의 양이온은 물보다 이온화 경향이 커서 물보다 환원되기가 어렵다.

$$NaCl + H_2O \xrightarrow{\substack{\text{전기} \\ \text{분해}}} Na^+ + Cl^- + H^+ + OH^-$$

- 음극(−) ↔ $H^+ \rightarrow H_2 \uparrow$
- 양극(+) ↔ $Cl^- \rightarrow Cl_2 \uparrow$

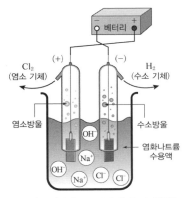

<그림> 염화나트륨 수용액의 전기분해

4 화학전지

1. 전지의 표기식(전지 도표)

$$Zn(s) \,|\, Zn^{2+}(1M) \,\|\, Cu^{2+}(1M) \,|\, Cu(s)$$

- 전지 표기에서 산화전극의 반응을 먼저 표기한다.
- 산화전극 반응(산화)은 왼쪽에 표시하며, 아연원자(Zn)는 아연이온(Zn^{2+})으로 산화된다.
- 환원전극 반응(환원)은 오른쪽에 표시하며, 구리이온(Cu^{2+})은 구리원자(Cu)로 환원된다.
- 염다리는 가운데에 이중 수직선($\|$)으로 표시한다.
- 단일 수직선($|$)은 고체 전극과 수용액 사이의 상 경계를 나타낸다.

비교항목		전기분해	화학전지
에너지의 전환		전기에너지를 → 화학에너지로	화학에너지를 → 전기에너지로
전 극	음(−)극	환원반응	산화반응
	양(+)극	산화반응	환원반응

2. 볼타전지와 다니엘전지

(1) **볼타전지(Volta cell)** : 묽은 황산용액에 구리와 아연을 담근 것이 볼타전지의 개념($Zn \mid H_2SO_4$용액 $\mid Cu$)
  이다.
  - Zn이 Cu에 비해 이온화 경향이 크므로 산화반응을 하면서 전자를 내어놓고, (−)극이 된다.
  - 전자는 도선을 따라 아연판의 (−)극에서 구리판의 (+)극으로 이동한다.
  - (+)극에서는 방전 시 환원반응이 일어나면서 수소기체를 생성시킨다.
  - 전류는 전자의 흐름과 반대방향으로 흐른다.
    - **(−)극(아연판-산화전극)** : $Zn(s) \rightarrow Zn^{2+}(aq) + 2e^-$ (산화반응)
    - **(+)극(구리판-환원전극)** : $2H^+(aq) + 2e^- \rightarrow H_2(g)$ (환원반응)

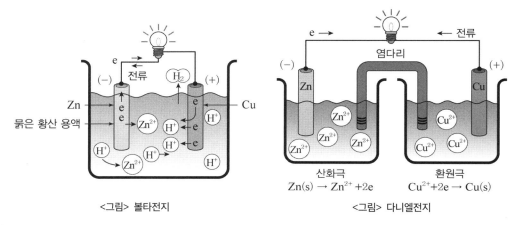

<그림> 볼타전지　　　　　　　　　　<그림> 다니엘전지

(2) **다니엘전지(Daniell cell)** : 황산구리용액에는 구리를 넣고, 황산아연용액에는 아연을 담근 것을 다니엘전
  지의 개념($Zn \mid ZnSO_4 \Vert CuSO_4$수용액 $\mid Cu$)이다.
  - Zn이 Cu에 비해 이온화 경향이 크므로 산화반응을 하면서 전자를 내어놓고, (−)극이 된다.
  - 전자는 도선을 따라 아연판의 (−)극에서 구리판의 (+)극으로 이동한다.
  - (+)극에서는 방전 시 환원반응이 일어나면서 구리 $[Cu(s)]$가 석출된다.
  - 전류는 전자의 흐름과 반대방향으로 흐른다.
  - 두 전극을 별도의 전해질 용액에 담그고, 염다리($\Vert$)로 연결하여 분극현상이 일어나지 않게 한다.
  - 아연판에서는 아연이 아연이온으로 산화되므로 질량이 감소하고, 구리판에서는 구리이온이 구리로 환원
    되므로 질량이 증가한다.
    - **(−)극(아연판-산화전극)** : $Zn(s) \rightarrow Zn^{2+}(aq) + 2e^-$ (산화반응)
    - **(+)극(구리판-환원전극)** : $Cu^{2+}(aq) + 2e^- \rightarrow Cu(s)$ (환원반응)

01 다이크로뮴산이온($Cr_2O_7^{2-}$)에서 Cr의 산화수는?

① +3 ② +6

③ +7 ④ +12

정답분석 다이크로뮴산이온(중크롬산이온, $Cr_2O_7^{2-}$)의 전체 산화수는 -2이고, 산소(O)의 산화수는 -2이므로 다음과 같이 크롬의 산화수를 구할 수 있다.

계산 $Cr_2O_7^{2-} \rightarrow -2 = (x \times 2) + (-2 \times 7)$, $x = +6$

∴ Cr 산화수 $= +6$

정답 ②

02 KIO_3에서 I의 산화수는?

① +3 ② +5

③ +7 ④ +12

정답분석 KIO_3의 전체 산화수는 0이고, K의 산화수는 $+1$, 산소(O)의 산화수는 -2이므로 다음과 같이 아이오딘(I)의 산화수를 구할 수 있다.

계산 $KIO_3 \rightarrow 0 = (+1 \times 1) + x + (-2 \times 3)$, $x = 15$

∴ I 산화수 $= +5$

정답 ②

03 중크롬산칼륨(다이크로뮴산칼륨)에서 크로뮴의 산화수는?

① 2 ② 4

③ 6 ④ 8

정답분석 다이크로뮴산($K_2Cr_2O_7$)의 전체 산화수는 0이고, 산소(O)의 산화수는 -2이므로 다음과 같이 크로뮴의 산화수를 구할 수 있다.

계산 $K_2Cr_2O_7 \rightarrow 0 = (1 \times 2) + (x \times 2) + (-2 \times 7)$

∴ Cr 산화수 $= +6$

정답 ③

04 화약제조에 사용되는 물질인 질산칼륨에서 N의 산화수는 얼마인가?

① +1 ② +3

③ +5 ④ +7

정답분석 질산칼륨(KNO_3)의 전체 산화수는 0이고, 산소(O)의 산화수는 -2이므로 다음과 같이 질소의 산화수를 구할 수 있다.

계산 $KNO_3 \rightarrow 0 = (1) + (x) + (-2 \times 3)$

∴ N 산화수 $= +5$

정답 ③

05 $KMnO_4$에서 Mn의 산화수는 얼마인가?

① +3 ② +5

③ +7 ④ +9

정답분석 과망가니즈산칼륨(과망가니즈산포타슘)($KMnO_4$)의 전체 산화수는 0이고, 산소(O)의 산화수는 -2이므로 다음과 같이 Mn의 산화수를 구할 수 있다.

계산 $KMnO_4 \rightarrow 0 = (1) + (x) + (-2 \times 4)$

∴ Mn 산화수 $= +7$

정답 ③

06 밑줄 친 원소 중 산화수가 $+5$인 것은?

① $K_2\underline{Cr}_2O_7$ ② $K_2\underline{S}O_4$

③ $K\underline{N}O_3$ ④ $\underline{Cr}O_3$

정답분석 밑줄 친 원소 중 산화수가 $+5$인 것은 ③의 질소(N)이다.

- $K_2\underline{Cr}_2O_7 \rightarrow 0 = (1 \times 2) + (x \times 2) + (-2 \times 7)$
- $K_2\underline{S}O_4 \rightarrow 0 = (1 \times 2) + (x) + (-2 \times 4)$
- $K\underline{N}O_3 \rightarrow 0 = (1) + (x) + (-2 \times 3)$
- $\underline{Cr}O_3 \rightarrow 0 = (x) + (-2 \times 3)$

정답 ③

07 밑줄 친 원소의 산화수가 +5인 것은?

① $H_3\underline{P}O_4$ ② $K\underline{Mn}O_4$

③ $K_2\underline{Cr}_2O_7$ ④ $K_3[\underline{Fe}(CN)_6]$

정답분석 밑줄 친 원소 중 산화수가 +5인 것은 ①의 인(P)이다.

정답 ①

08 다음의 산화·환원 반응에서 $Cr_2O_7^{2-}$ 1몰은 몇 당량인가?

$$6Fe^{2+}+Cr_2O_7^{2-}+14H^+$$
$$\rightarrow 2Cr^{3+}+6Fe^{3+}+7H_2O$$

① 3당량   ② 4당량

③ 5당량   ④ 6당량

정답분석 당량(equivalent)은 몰(mol) 수에 가수(價數)를 곱하여 산출한다.

계산 당량$(eq) =$ 몰$(mol) \times \dfrac{\text{가수}}{mol}$

※ 가수(교환 전자수)

- 반응계 $Cr_2O_7^{2-}$ 중 Cr 산화수
  → $-2 = (x) + (-2 \times 7)$, $x(=2Cr) = +12$
- 생성계 $2Cr^{3+}$ 에서 Cr 산화수
  → $+3 \times 2 = +6$
- ∴ 교환 전자수 6개 → 6가

∴ 당량$(eq) = 1mol \times \dfrac{6}{mol} = 6\ eq$

정답 ④

09 일반적으로 환원제가 될 수 있는 물질이 아닌 것은?

① 수소를 내기 쉬운 물질
② 전자를 잃기 쉬운 물질
③ 산소와 화합하기 쉬운 물질
④ 발생기의 산소를 내는 물질

정답분석 발생기 산소를 내기 쉬운 물질은 산화제이다.

정답 ④

10 산화 - 환원에 대한 설명 중 틀린 것은?

① 전자를 잃은 반응을 산화라 한다.
② 한 원소의 산화수가 증가하였을 때 산화되었다고 한다.
③ 산화제는 다른 화학종을 환원시키며, 그 자신의 산화수는 증가하는 물질을 말한다.
④ 중성인 화합물에서 모든 원자와 이온의 산화수의 합은 0이다.

정답분석 산화제는 다른 화학종을 산화시켜, 그 자신의 산화수는 감소하면서 환원되는 물질이다.

정답 ③

 11 $H_2S+I_2 \rightarrow 2HI+S$ 에서 I_2의 역할은?

① 산화제이다.
② 환원제이다.
③ 산화제이면서 환원제이다.
④ 촉매역할을 한다.

정답분석 I_2는 H_2S로부터 발생기 수소를 받아 HI로 전환하였으므로 산화제로 작용하였고, H_2S는 발생기 수소를 내어놓고, HI 및 S로 전환되었으므로 환원제로 작용하였다. 굳이 특정 원소를 대상으로 산화수를 직접 계산하지 않아도 그 원리만 알면 이러한 유형의 문제를 쉽게 풀어낼 수 있다.

정답 ①

12

이산화황이 산화제로 작용하는 화학반응은?

① $SO_2 + H_2O \rightarrow H_2SO_4$

② $SO_2 + NaOH \rightarrow NaHSO_3$

③ $SO_2 + 2H_2S \rightarrow 3S + 2H_2O$

④ $SO_2 + Cl_2 + 2H_2O \rightarrow H_2SO_4 + 2HCl$

 두 화학종이 반응할 때 어느 물질이 발생기 산소를 내어놓는지를 구분할 수 있다면 그것이 바로 산화제로 작용한 물질이다. 그리고 발생기 수소를 내어놓는 화학종이 환원제로 추정하면 된다. 판단이 애매할 때는 이산화황(SO_2)에서 황(S)의 산화수를 증가시키는데 기여한 반응물질이 산화제이고, 그 반대로 산화수를 감소시킨 물질은 환원제이다.

$$\overset{\boxed{+4 \rightarrow +6}}{}$$
① $SO_2 + H_2O \rightarrow H_2SO_4$
　　　산화제

$$\overset{\boxed{+4 \rightarrow +4}}{}$$
② $SO_2 + NaOH \rightarrow NaHSO_3$
발생기 산소 제공(산화제)

$$\overset{\boxed{+4 \rightarrow 0}}{}$$
③ $SO_2 + 2H_2S \rightarrow 3S + 2H_2O$
발생기 산소 제공(산화제)

$$\overset{\boxed{+4 \rightarrow +6}}{}$$
④ $SO_2 + Cl_2 + 2H_2O \rightarrow H_2SO_4 + 2HCl$
　　　산화제

정답 ③

13

A는 B이온과 반응하나 C이온과는 반응하지 않고 D는 C이온과 반응한다고 할 때 A, B, C, D의 환원력의 세기를 큰 것부터 차례대로 나타낸 것은?

① A > B > D > C

② D > C > A > B

③ C > D > B > A

④ B > A > C > D

 반응하는 상대이온보다 환원력이 강한 이온일수록 반응하기 어렵다. A는 B이온과 반응하나 C이온과는 반응하지 않는다는 것은 A이온이 B이온보다는 환원력이 강하고, C보다는 환원력이 약함을 의미한다. 또한 D는 C이온과 반응한다고 하였으므로 C이온의 환원력에 비해 D이온의 환원력이 더 크다는 것을 알 수 있다. 따라서 환원력의 세기는 D > C > A > B의 순서로 된다.

- 환원력의 세기 : $F_2 > Cl_2 > Br_2 > Ag^+ > Fe^{3+} > I_2 > Cu^{2+} > H^+ > Pb^{2+} > Ni^{2+} > Fe^{2+} > Zn^{2+} > Mg^{2+} > Na^+ > Ca^{2+} > K^+ > Li^+$의 순서이다.
- 산화력의 세기 : 환원력 세기의 반대

정답 ②

14

질산은 용액에 담갔을 때 은(Ag)이 석출되지 않는 것은?

① 백금　　　　　② 납

③ 구리　　　　　④ 아연

 이온화 경향은 K(포타슘, 칼륨)가 가장 크고, 칼슘과 마그네슘, …, 백금, 금으로 갈수록 이온화 경향이 작아진다. 질산은($AgNO_3$)용액에서 은(Ag)이 석출되게 하려면 은(Ag)보다 이온화 경향이 큰 금속을 사용하여야 한다. 따라서 백금(Pt)이나 금(Au)은 은(Ag)보다 이온화 경향이 낮기 때문에 질산은 용액에 담갔을 때 은이 석출되지 않는다.

금속의 이온화 경향 : K(포타슘) > Ca(칼슘) > Na(나트륨) > Mg(마그네슘) > Al(알루미늄) > Zn(아연) > Fe(철) > Ni(니켈) > Sn(주석) > Pb(납) > H(수소) > Cu(구리) > Hg(수은) > Ag(은) > Pt(백금) > Au(금)

정답 ①

15

다음 중 반응이 정반응으로 진행되는 것은?

① $Pb^{2+} + Zn \rightarrow Zn^{2+} + Pb$

② $I_2 + 2Cl^- \rightarrow 2I^- + Cl_2$

③ $2Fe^{3+} + 3Cu \rightarrow 3Cu^{2+} + 2Fe$

④ $Mg^{2+} + Zn \rightarrow Zn^{2+} + Mg$

 Pb(납)보다 Zn(아연)의 이온화 경향이 더 크므로, 전자를 더 잘 잃는다. 따라서 아연이 양이온으로 산화되면서 2개의 전자를 잃게 되고, 이때 납은 2개의 전자를 받아 환원되면서 고체의 납으로 석출하게 되므로 ①의 반응은 정반응으로 진행된다. 한편, 비금속에서는 F > Cl > Br > I 전기음성도의 크기를 비교한다. 전기음성도가 클수록 전자를 더 잘 얻는다. I(아이오딘 = 요오드)보다 Cl(염소)의 전기음성도가 더 크기 때문에 ②는 역반응으로 진행된다.

정답 ①

16 $CuSO_4$ 용액에 0.5F의 전기량을 흘렸을 때, 약 몇 g의 구리가 석출되겠는가? (단, 원자량은 Cu 64, S 32, O 16이다.)

① 16 　　　　　　② 32

③ 64 　　　　　　④ 128

정답분석 패러데이의 법칙(Faraday's law)에 따르면 전기분해에 의해 석출되는 물질의 양은 전류와 시간의 곱에 비례한다. 석출되는 물질의 질량은 원자량(M)에 비례하고, 원자가 (전자가)에 반비례, 즉 금속원소의 당량에 비례한다.

$$CuSO_4\,(l) \rightarrow \underbrace{Cu^{2+} + SO_4^{2-} + 2e^- \rightarrow}_{환원}\ Cu(s)$$

(+2 → 0)

계산
$$m_c\,(g) = \frac{가해진\ 전기량(F)}{1F(기준\ 전기량)} \times \frac{원자량(M)}{전자가(e^-)}$$
$$= \frac{가해진\ 전하량(C)}{기준\ 전하량(96,500\,C)} \times \frac{M}{전자가}$$

$$\therefore\ m_c = \frac{0.5\,F}{1\,F} \times \frac{64}{2} = 16\,g$$

정답 ①

---

17 $CuCl_2$의 용액에 5A 전류를 1시간 동안 흐르게 하면 몇 g의 구리가 석출되는가? (단, Cu의 원자량은 63.54)

① 3.17 　　　　　　② 4.83

③ 5.93 　　　　　　④ 6.35

정답분석 패러데이의 법칙(Faraday's law)을 적용한다.

계산
$$m_c\,(g) = \frac{가해진\ 전하량(C)}{기준\ 전하량(96,500\,C)} \times \frac{M}{전자가}$$

$\begin{cases} m_c : 석출\ 금속량(g) \\ 가해진\ 전하량 = 전류 \times 시간(초) = 5A \times 3,600초 \\ 원자량 : 63.54 \\ 전자가 : 2 \end{cases}$

$$\therefore\ m_c\,(g) = \frac{5 \times 3,600\,C}{96,500\,C} \times \frac{63.54}{2} = 5.93\,g$$

정답 ③

---

18 $CuSO_4$ 수용액에 1.93A의 전류를 통할 때 매 초 음극에서 석출되는 Cu의 원자수를 구하면 약 몇 개가 존재하는가? (단, 원자량은 Cu 64)

① 3.12×10^{18} 　　　② 4.02×10^{18}

③ 5.12×10^{18} 　　　④ 6.02×10^{18}

정답분석 패러데이의 법칙(Faraday's law)을 적용한다.

계산
$$원자수 = 질량(g) \times \frac{mol}{원자량(g)} \times 6.023 \times 10^{23}$$

$$\bullet\ 질량(g) = \frac{가해진\ 전하량(C)}{기준\ 전하량(=96,500\,C)} \times \frac{원자량(M)}{전자가(e^-)}$$
$$= \frac{1.93\,A \times 1\,sec}{96,500} \times \frac{64}{2} = 6.4 \times 10^{-4}\,g$$

$\therefore\ 원자수$
$$= 6.4 \times 10^{-4}\,g \times \frac{mol}{64\,g} \times 6.023 \times 10^{23} = 6.023 \times 10^{18}\,개$$

정답 ④

---

19 전기화학 반응을 통해 전극에서 금속으로 석출되는 다음 원소 중 가해지는 전기량이 동일할 때, 석출되는 무게 값이 가장 큰 것은? (단, 각 원소의 원자량은 Ag는 107.868, Cu는 63.546, Al는 26.982, Pb는 207.20이다.)

① Ag 　　　　　　② Cu

③ Al 　　　　　　④ Pb

정답분석 패러데이의 법칙(Faraday's law)을 적용한다. 이 법칙에 따르면 전기분해에 의해 석출되는 물질의 양은 전류와 시간의 곱에 비례하고, 당량(금속 원소의 1당량=원자량/전자가)에 비례한다.

계산
$$m_c\,(g) = \frac{가해진\ 전기량(F)}{1F(기준\ 전기량)} \times \frac{원자량(M)}{전자가(e^-)}$$

$\begin{cases} Ag : 107.868\ (전자가 = 1) \\ Cu : 63.546\ (전자가 = 2) \\ Al : 26.982\ (전자가 = 3) \\ Pb : 207.2\ (전자가 = 2) \end{cases}$

$\therefore$ 1당량이 가장 큰 원소가 무게가 가장 크다.

$$\rightarrow\ 1당량 = \frac{원자량}{전자가}$$

정답 ①

20 20%의 소금물을 전기분해하여 수산화나트륨 1몰을 얻는데는 1A의 전류를 몇 시간 통해야 하는가?

① 13.4   ② 26.8
③ 53.6   ④ 104.2

정답분석 전기분해에 의해 석출되는 물질량은 다음의 계산식으로 구한다.

계산 m_c(석출량 g)$= \dfrac{1A \times t(\sec)}{96,500 \, C} \times \dfrac{분자량}{전자가}$

- 석출량 $= 1mol \times \dfrac{40g}{1mol} = 40g$

- $\dfrac{분자량}{전자가} = \dfrac{40}{1}$ (∵ NaOH는 1가의 염기)

⇒ $40 \, g = \dfrac{1 \times t(\sec)}{96,500} \times \dfrac{40}{1}$

∴ $t = 96525.1 \sec = 26.8 hr$

정답 ②

21 황산구리 수용액을 Pt 전극을 써서 전기분해하여 음극에서 63.5g의 구리를 얻고자 한다. 10A의 전류를 약 몇 시간 흐르게 하여야 하는가? (단, 구리의 원자량은 63.5이다.)

① 2.36   ② 5.36
③ 8.16   ④ 9.16

정답분석 전류를 흐르게 한 시간은 전기분해에 의해 석출되는 물질량과 전류량의 관계식으로부터 다음과 같이 산출한다.

계산 $m_c = \dfrac{10A \times t(\sec)}{96,500} \times \dfrac{63.5}{2} = 63.5g$

∴ $t = 19,300 \sec = 5.36 hr$

정답 ②

22 볼타전지에서 갑자기 전류가 약해지는 현상을 "분극현상"이라 한다. 이 분극현상을 방지해 주는 감극제로 사용되는 물질은?

① MnO_2 ② $CuSO_3$
③ $NaCl$ ④ $Pb(NO_3)_2$

정답분석 볼타전지의 구성은 묽은 황산 수용액에 아연판과 구리판을 넣고 도선으로 연결한 전지로, (−)극인 아연판에서 아연이온(Zn^{2+})이 녹아 들어가면서 산화반응이 일어나고, (+)극인 구리판에서는 수소(H_2)가 발생하면서 환원반응이 일어난다. 이때 발생한 수소가스로 인해 기전력이 약 1.3V에서 0.4V로 전압이 급격히 떨어지는 분극현상이 발생하는데 이를 방지하기 위해 감극제(MnO_2, H_2O, $KMnO_7$ 등)를 사용한다.

정답 ①

23 다음 물질의 수용액을 같은 전기량으로 전기분해해서 금속을 석출한다고 가정할 때, 석출되는 금속의 질량이 가장 많은 것은? (단, 괄호 안의 값은 석출되는 금속의 원자량이다.)

① $CuSO_4$(Cu=64)
② $NiSO_4$(Ni=59)
③ $AgNO_3$(Ag=108)
④ $Pb(NO_3)_2$(Pb=207)

정답분석 패러데이의 법칙(Faraday's law)에 따르면 전기분해에 의해 석출되는 물질의 양(m_c)은 전류와 시간의 곱에 비례하고, 당량(금속원소의 1당량=원자량/전자가)에 비례한다.

계산 m_c(g)$= \dfrac{가해진 전기량(F)}{1F(기준 전기량)} \times \dfrac{원자량(M)}{전자가(e^-)}$

① Cu^{2+} : 64/2   ② Ni^{2+} : 59/2
③ Ag^- : 108/1   ④ Pb^{2+} : 207/2

정답 ③

24 백금 전극을 사용하여 물을 전기분해할 때 (+)극에서 5.6L의 기체가 발생하는 동안 (−)극에서 발생하는 기체의 부피는?

① 5.6L   ② 11.2L

③ 22.4L   ④ 44.8L

 화학전지는 산화전극이 음(−)극이 되지만 전기분해를 할 때는 산화전극이 양(+)극이 되고, 환원전극이 음(−)극이 된다는 것을 유의해야 한다. 물을 전기분해하면 산화전극(+)에서는 산소(O_2)가 발생되고, 환원전극(−)에서는 수소(H_2)가 발생된다.

[계산] 음극의 기체량(L) = 양극의 기체량(L)×반응비

• 반응비 : $2H_2O \xrightarrow{\text{전기분해}} \underset{2\,mol}{2H_2}\,(+극) + \underset{1\,mol}{O_2}\,(−극)$

∴ 음극의 기체량 = 5.6L×2 = 11.2L

정답 ②

25 염화나트륨 수용액의 전기분해 시 음극(Cathode)에서 일어나는 반응식을 옳게 나타낸 것은?

① $2H_2O(l) + 2Cl^-(aq)$
     $\rightarrow H_2(g) + Cl_2(g) + 2OH^-(aq)$

② $2Cl^-(aq) \rightarrow Cl_2(g) + 2e^-$

③ $2H_2O(l) + 2e^- \rightarrow H_2(g) + 2OH^-(aq)$

④ $2H_2O \rightarrow O_2 + 4H^+ + 4e^-$

 화학전지는 산화전극이 음(−)극이 되지만 전기분해를 할 때는 산화전극이 양(+)극이 되고, 환원전극이 음(−)극이 된다는 것에 유의해야 한다. 염화나트륨 수용액을 전기분해하면 산화전극(+)에서는 염소(Cl_2)가 발생되고, 환원전극(−)에서는 수소(H_2)가 발생된다.

[반응] $NaCl + H_2O \xrightarrow{\text{전기분해}} Na^+ + Cl^- + H^+ + OH^-$

$\begin{cases} \text{음극}(−) \leftrightarrow H^+,\ Na^+ \\ \text{양극}(+) \leftrightarrow Cl^-,\ OH^- \end{cases}$

정답 ③

26 볼타전지에 관련된 내용으로 가장 거리가 먼 것은?

① 아연판과 구리판   ② 화학전지

③ 진한 질산 용액   ④ 분극현상

 볼타전지(Volta cell)는 1800년에 이탈리아의 A.볼타가 발명한 세계 최초의 1차 전지로서 현재는 묽은 황산 속에 구리와 아연을 담근 것을 볼타전지의 개념(Zn | H_2SO_4 용액 | Cu)이라 한다.

• 아연이 구리에 비해 이온화 경향이 크므로 산화반응을 하면서 전자를 내어놓고, (−)극이 된다.
• 전자는 도선을 따라 아연판의 (−)극에서 구리판의 (+)극으로 이동한다.
• (+)극에서는 방전 시 환원반응이 일어나면서 수소 기체를 생성시킨다.
• 전류는 전자의 흐름과 반대방향으로 흐른다.
  ◦ (−)극(아연판 − 산화전극) :
    $Zn(s) \rightarrow Zn^{2+}(aq) + 2e^-$ (산화반응)
  ◦ (+)극(구리판 − 환원전극) :
    $2H^+(aq) + 2e^- \rightarrow H_2(g)$ (환원반응)

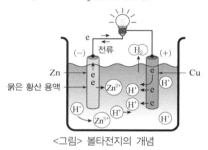

<그림> 볼타전지의 개념

정답 ③

27 볼타전지에서 갑자기 전류가 약해지는 현상을 "분극현상"이라 한다. 이 분극현상을 방지해 주는 감극제로 사용 가능한 물질은?

① H_2O_2 ② $CuSO_4$

③ $CaCl_2$ ④ $Zn(NO_3)_2$

 볼타전지의 구성은 묽은 황산 수용액에 아연판과 구리판을 넣고 도선으로 연결한 전지로, (−)극인 아연판에서 아연이온(Zn^{2+})이 녹아 들어가면서 산화반응이 일어나고 (+)극인 구리판에서는 수소(H_2)가 발생하면서 환원반응이 일어난다. 이때 발생한 수소가스로 인해 기전력이 약 1.3V에서 0.4V로 전압이 급격히 떨어지는 분극현상이 발생하는데 이를 방지하기 위해 감극제(MnO_2, $KMnO_4$, H_2O_2 등)를 사용한다.

정답 ①

Chapter 02 유·무기 화합물

01 무기화합물

1 금속 원소 · 전이 원소 · 비금속 원소

1. 금속

금속은 일반적으로 낮은 이온화에너지와 낮은 전기음성도를 가지며, 열과 전기의 양도체이다. 뿐만 아니라 높은 전성과 연성을 가지고 있으며, 금과 구리를 제외하면 은백색의 금속광택을 나타낸다. 또한 금속 원자들은 원자끼리 공유결합을 형성하지 않으며, 비금속 원소와 이온결합을 한다.

(1) 1족 금속(알칼리 금속)

2주기	3주기	4주기	5주기	6주기	7주기
Li	Na	K	Rb	Cs	Fr

① 1족 금속의 화학성
- 산소나 물에 의해 쉽게 산화되기 때문에 자연계에서는 원소상태로 존재하지 않음
- 활성이 매우 큰 금속으로 쉽게 +1가의 산화상태로 변함
- 자신이 산화되려는 성질이 강하므로 강한 환원제 역할을 함

① 1족 금속의 불꽃반응
- 리튬(Li)은 공기 중에서 잘 연소하며, 아름다운 붉은 색을 띰
- 나트륨염은 밝은 노란색을 띰
- 칼륨염은 엷은 보라색을 띰

(2) 2족 금속(알칼리 토금속)

2주기	3주기	4주기	5주기	6주기	7주기
Be	Mg	Ca	Sr	Ba	Ra

① 2족 금속의 화학성
- 자연계에서는 원소상태로 존재하지 않음
- 2족 금속 중 베릴륨, 마그네슘만 공기 중에서 비교적 안정함
- 마그네슘은 찬물과 반응하지 않지만 끓는 물이나 수증기와는 반응하여 수소를 발생시킴
- 베릴륨은 물과 전혀 반응하지 않음
- 베릴륨과 마그네슘은 산(酸)이나 염기와 반응하는 양쪽성을 갖지만 나머지 2족 금속 및 산화물은 양쪽성이 전혀 없음

② 2족 금속의 이용
  • 베릴륨 – 철 합금은 망치와 같은 단단한 공구재료로 이용
  • 베릴륨 – 구리 합금은 용수철과 같은 재료로 이용
  • 마그네슘 – 알루미늄 합금은 항공기의 부품재료로 이용
  • Ca, Sr, Ba은 산소나 습기에 대한 반응성이 크기 때문에 금속으로서의 이용성이 낮음
  • 칼슘의 탄산염은 석회석, 산화칼슘(생석회) 등으로 이용됨
  • 산화마그네슘은 물과 잘 반응하지 않으므로 내화벽돌 원료로 이용됨
  • 황산바륨은 흰색 안료 및 섬유의 충전제로 많이 사용됨
③ 2족 금속의 불꽃반응
  • 마그네슘은 푸른색의 스펙트럼을 내놓음
  • 칼슘염은 붉은 벽돌색의 스펙트럼을 내놓음
  • 스트론튬염은 심홍색의 스펙트럼을 내놓음
  • 바륨은 황록색의 불꽃을 냄

(3) 13족, 14족, 15족 금속
① 특징
  • 13족 원소는 가장 아래에 있는 붕소를 제외한 모두가 금속이지만 3주기의 알루미늄만이 실용적인 면에서 중요하다. 알루미늄은 보크사이트($Al_2O_3 \cdot xH_2O$)를 전기분해하여 생산함
  • 14족에서는 주석과 납이 금속이고, 15족에서는 가장 아래에 있는 비스무트만이 금속임
② 이용, 용도 및 화학성
  ■ 알루미늄
    • 알루미늄은 쉽게 산화되는 성질이 있지만 그 산화물은 구조가 치밀하므로 더 이상 부식되지 않도록 피막을 형성하기 때문에 pH 4.5~8.5의 환경에서 내식성 재료로 분류됨
    • 자동차, 항공기 부품 등 다양한 용도로 이용됨
    • 알루미늄은 양쪽성을 가지며, 산과 염기 어느 것과도 잘 반응함
    • Al_2O_3는 인공위성의 고체 추진제로 이용되기도 함
    • 알루미늄은 이온화 경향이 커서 부식 환경 하에서 Fe, Cu, Pb 등과 접촉하면 심하게 부식되고, 수은(Hg)은 미량의 ppm 농도 단위로 존재하여도 심하게 부식됨
  ■ 주석과 납
    • 주석은 내식성이 강하므로 철판 표면에 도포시켜 부식을 방지하는데 이용됨
    • 청동 등의 합금재료로 이용됨
    • 납은 황화납(방연광)을 산화시켜 산화납으로 한 다음 탄소로 환원하여 금속 납을 생산함
    • 금속 납은 축전지, 땜납 등의 재료로 이용됨
    • 주석과 납은 양쪽성 원소이므로 산 및 염기와 잘 반응함
    • 산화납(PbO)은 요업에서 유약으로 이용되기도 함
    • 연단(Pb_3O_4)은 부식방지 페인트의 원료로 이용됨
  ■ 비스무트
    • 비스무트는 황화물이나 산화물로 산출되며, 주석이나 납과 유사한 방법으로 환원 · 생산함
    • 용융상태에서 고체로 될 때 팽창하는 성질이 있음

2. 전이원소

전이원소는 대체로 둘 이상의 산화상태를 나타내며, 금속 원자는 짝짓지 않은 홀전자를 가지고 있기 때문에 상자기성을 나타낸다. 그리고 많은 화합물이 색을 띠고 있으며, 착이온을 형성하려는 경향이 크다.

(1) 11족의 주화금속(구리, 은, 금)

① 특징
- 11족 원소는 수소보다 높은 환원전위를 가지고 있으므로 염산(HCl)이나 황산(H_2SO_4)과 같은 비산화성 산에는 녹지 않음
- Cu와 Ag는 질산(HNO_3)과 같은 산화성 산에는 녹음
- 금(Au)은 진한 질산에도 녹지 않으나 왕수(＝염산＋질산＝3 : 1)에는 약간 녹는데, 그것은 금이온이 염소이온과 착이온을 형성하기 때문임

② 용도
- 11족 금속은 비교적 활성이 낮고, 전기전도도가 높아 전선이나 장식품 등에 많이 이용됨
- 은(Ag)의 할로젠화물인 $AgCl$, $AgBr$, AgI 등은 감광성이 우수하기 때문에 사진필름이나 인화지 제조에 다량으로 이용됨

(2) 12족의 금속(아연, 카드뮴, 수은)

① 특징
- 아연은 철보다 환원전위가 낮고, 공기 중의 습기 및 탄산가스와 반응하여 $Zn_2(OH)_2CO_3$의 피막을 형성함
- 아연은 양쪽성이지만 카드뮴은 그렇지 않음. 따라서 아연은 염기에만 녹지만 카드뮴은 산(酸)에만 녹음
- 수은은 상온에서 유일하게 액체로 존재하는 금속
- 수은은 아연이나 카드뮴보다 반응성이 낮으며, 염산이나 황산에 녹지 않으나 질산에는 녹음

② 용도
- 아연은 철 구조물의 음극화 보호용 희생양극이나 건전지의 양극으로 이용됨
- 아연은 철의 표면에 $Zn_2(OH)_2CO_3$의 피막을 형성하여 부식을 억제하는데 기여함
- 수은은 다양한 금속을 녹여 혼합액을 만들 수 있는데 이것을 아말감이라 함

3. 비금속 원소

(1) 비금속 원소의 종류 : 수소(1족), 탄소(14족), 질소 · 인(15족), 산소 · 황 · 셀레늄(16족), 플루오린 · 염소 · 브로민 · 아이오딘(17족), 헬륨 · 네온 · 아르곤 · 크립톤 · 제논 · 라돈(18족)

(2) 비금속 원소의 특징
- 대체로 전기음성도, 이온화에너지, 전자친화도가 큼
- 비금속 원소는 전자를 받아들이는 경향이 큼
- 금속의 고유 특징인 금속결합은 하지 못하고, 전기전도에 중요한 역할을 하는 자유전자가 생겨나지 않으므로 열전도성과 전기전도성이 낮음
- 금속 원소와 결합하여 이온결합 물질을 생성하거나, 다른 비금속 원소와 결합하여 공유결합 물질을 잘 형성함
- 비금속 – 금속의 결합에서 금속은 전자를 쉽게 내놓고, 비금속은 전자를 가져가려고 하는 성질이 강하므로 양이온과 음이온이 되어 이온화합물을 이루게 됨

- 비금속 – 비금속 간의 결합은 전자를 일방적으로 주거나 받지 못하므로 전자를 공유하여 옥텟을 만족하는 공유결합 또는 배위결합을 이룸

2 금속의 합금

1. 개요

합금을 만드는 목적은 크게 두 가지로 구별할 수 있는데, 하나는 베이스인 금속 특색을 살리고 이것을 개량하기 위한 것이며, 다른 하나는 베이스인 금속결정을 보완하여 그것을 개량하고자 하는 것이다. 구리의 뛰어난 전기 전도도와 내식성을 살리고 강도를 향상시킨 고력고전도합금(高力高電導合金)인 저베릴륨구리, 알루미늄의 가벼운 장점을 살리고 강도를 크게 향상시켜 항공기체 재료로 적합하게 한 두랄루민은 전자(前者)의 예이고, 철에 크로뮴·니켈을 가하여 철의 부식하기 쉬운 결점을 제거하고 강도를 향상시켜 염가(廉價)라는 특색을 살린 스테인리스강은 후자(後者)의 예이다.

2. 탄소강

- **저탄소강** : 탄소함량 0.25% 미만으로 비교적 연하고 약하며, 우수한 연성과 인성을 가진다.
- **중탄소강** : 탄소함량 0.25 ~ 0.60% 범위로 열처리에 의해 기계적 성질이 향상되고, 경화능이 낮다.
- **고탄소강** : 탄소함량 0.6 ~ 1.4% 범위로 탄소강 중에서 가장 강하고 연성이 낮다.

3. 스테인리스강 : 크로뮴이 11% 이상 함유되어 있으며, 니켈, 몰리브덴이 첨가되어 대기 중 내부식성이 우수하다.

4. 주철 : 탄소함량 3.0 ~ 4.5% 범위로 쉽게 용융되고, 주조가 용이하나 충격에 약하다.

5. 구리 합금

- **황동(brass, 놋쇠)** : 구리+아연의 합금으로 ➡ 톰백(5~20% Zn), 카트리지브라스(7/3황동), 문쯔메탈(6/4황동), 주석황동, 애드미럴티 황동, 납황동, 철황동, 망가니즈황동, 니켈황동 등이 있다.
- **청동(bronze)** : 구리+주석, 알루미늄, 실리콘, 니켈의 합금으로 ➡ 포금(8 ~ 12% Sn에 1 ~ 2% Zn 함유), 미술용 청동, 화폐용 청동, 인청동(1% P 함유), 납청동, 알루미늄청동, 규소청동(Si 4% 이하), 베릴륨청동, 망가니즈청동(5~15% Mn 함유), 크로뮴청동(0.5~0.8% Cr 함유), 티탄청동(5.8% Ti 함유)
- **백동(cupro-nickel)** : 니켈을 10~30% 함유한 구리–니켈계 합금으로 연성이 뛰어나고, 가공성·열간 단조성이 좋으며, 내식성이 우수하다.
- **양은(german silver)** : 구리에 니켈 16~20%와 아연 15~35%를 첨가한 구리 합금으로 은백색 비슷한 색으로, 기계적 성질·내식성·내열성이 우수하여 스프링 재료로 사용된다.

6. 알루미늄 합금

- **주물용 합금** : Al-Cu계 합금, Al-Si계 합금, A1-Cu-Mg-Ni계 합금, 이 외에 A1-Mg, A1-Cu-Si계 합금 등이 있다.
- **고강도 알루미늄 합금** : A1-Cu-Mg계 합금(두랄루민, 초두랄루민), Al-Zn-Mg계 합금(초초두랄루민) 등이 있다.

- **내식용 알루미늄 합금** : 구리, 니켈, 철 등의 함유량을 적게 하고, 강도를 개선하는 망가니즈, 마그네슘, 규소 등을 첨가한 합금으로서, A1-Mn계, Al-Mg계, Al-Mg_2Si계 등이 있다.

● **참고** ●

테르밋(thermite)

- **산화철**(FeO)과 **알루미늄**(Al)의 당량 혼합 분말을 말한다. 점화하면 알루미늄이 산화되어 고온을 발생하고 환원되어 생기는 철이 용해하므로 철이나 강의 용접에 사용된다. 알루미늄분의 산화로 발생하는 다량의 열과 그 환원력을 이용하는 야금법을 테르밋법이라 한다.
- **테르밋**(Thermite)은 **금속 분말**(연료)과 **금속 산화물**(산화제)을 혼합한 것으로 테르밋 제작 시 연료로는 알루미늄, 마그네슘, 티타늄, 아연, 규소, 붕소 등 다양한 물질이 사용될 수 있으나 끓는점이 높고, 가격이 저렴한 알루미늄이 가장 흔하게 사용된다. 산화제로는 산화철, 산화비스무트, 삼산화붕소, 이산화규소, 산화크로뮴, 이산화망가니즈, 산화구리, 산화납 등이 사용된다.

---

3 무기화합물의 명명법

1. 이온화합물의 명명

음이온을 먼저 명명한 다음 양이온을 명명한다(단, 영어 이름의 경우는 양이온을 먼저 명명한 후 음이온을 명명한다).

(1) **양이온의 명명**

① 단원자 양이온 : 금속 양이온의 이름은 본래 금속의 이름과 같다.
- K^+ : 칼륨 or 포타슘
- Mg^{2+} : 마그네슘
- Al^{3+} : 알루미늄

② 1개 이상의 산화수를 갖는 양이온 : 이온의 이름 다음에 산화수를 로마숫자로 표시한다.
- Ti^{2+} : 타이타늄(Ⅱ)
- Ti^{4+} : 타이타늄(Ⅳ)
- Co^{2+} : 코발트(Ⅱ)
- Co^{3+} : 코발트(Ⅲ)
- Sn^{2+} : 주석(Ⅱ)
- Sn^{4+} : 주석(Ⅳ)

(2) **음이온의 명명**

① 단원자 음이온 : 원소의 이름 끝에 -화이온을 붙여서 명명한다.
- C^{4-} : 탄화
- N^{3-} : 질소화
- S^{2-} : 황화
- F^- : 플루오린화
- Cl^- : 염화
- Br^- : 브로민화

② 다원자 음이온 : 두 종류의 산소산 음이온이 존재할 때 산소원자를 더 많이 포함하는 산소산 음이온을 -산(-ate) 이온이라고 명명하고 산소원자를 적게 포함하는 산소산 음이온을 아-산(-ite) 이온이라고 명명하고, 두 종류 이상의 산소산 음이온이 존재할 경우는 산소원자를 가장 적게 포함하는 이온은 접두사 하이포-(hypo-), 산소원자를 가장 많이 포함하는 이온은 접두사 과-(per-)를 붙여 명명한다.
- NO_3^- : 질산이온
- NO_2^- : 아질산이온
- SO_4^{2-} : 황산이온
- SO_3^{2-} : 아황산이온

- ClO^- : 하이포아염소산이온
- ClO_2^- : 아염소산이온
- ClO_3^- : 염소산이온
- ClO_4^- : 과염소산이온
- HSO_4^- : 황산수소이온

2. 산소산의 명명

산소산 음이온이 −산 음이온으로 명명되는 경우 이에 해당되는 산(기준산)은 −산으로 명명하고 산화상태가 기준산보다 첫째로 낮은 산은 아 − 산으로 명명하며, 산화상태가 그 다음으로 낮은 산을 하이포아 − 산으로 명명한다. 기준산과 비교하여 산화상태가 높은 산은 과 − 산으로 명명한다.

- HNO_3 : 질산
- HNO_2 : 아질산
- H_2SO_4 : 황산
- H_2SO_3 : 아황산
- H_2CO_3 : 탄산
- $HClO_3$: 염소산
- $HClO_4$: 과염소산
- H_3PO_4 : 인산

3. 비금속 이원소화합물의 명명

H원자는 항상 구조식의 처음에 나오고 명명할 때는 나중에 명명하고, 다른 비금속은 음이온과 같이 명명한다. 이때 원소의 수는 이−(di−), 삼−(tri−), 사−(tetra−), 오−(penta−) 등의 접두어를 사용하여 나타낸다.

- HCl : 염화수소
- H_2S : 황화수소
- HF : 플루오린화수소
- NF_3 : 삼플루오린화질소
- N_2O : 일산화이질소
- PCl_3 : 삼염화인
- PF_5 : 오플루오린화인
- SF_6 : 육플루오린화황
- N_2O_4 : 사산화이질소

4 무기화합물의 생산 및 양금 생성반응

1. 무기화합물의 생산

(1) **염소화합물의 생산** : 염소계 표백제로는 염소(Cl_2), 이산화염소(ClO_2), 염소산소산이 있다. 염소산소산 중 하이포아염소산나트륨($NaClO$), 하이포아염소산칼슘[$Ca(ClO)_2$], 아염소산나트륨($NaClO_2$)이 표백제로 사용되고 있다.

① **염소(Cl_2)** : 소금 또는 진한 염산(HCl)이나 황산(H_2SO_4)용액에 이산화망가니즈를 가하여 고온에서 반응시킨 후 발생한 염소가스(Cl_2)를 물에 녹여 액체염소를 조제한다. 액체염소는 종이, 펄프 공업의 표백제 또는 상수도의 살균제로 많이 이용되고 있다.

- $2NaCl + 2H_2O \rightarrow Cl_2 + H_2 + 2NaOH$
- $4HCl + MnO_2 \rightarrow Cl_2 + 2H_2O + MnCl_2$
- $2HCl + Ca(OCl)Cl \rightarrow Cl_2 + CaCl_2 + H_2O$

② **이산화염소(ClO_2)** : 종이, 펄프의 착색성분인 리그닌을 선택적으로 분해시킬 수 있는 표백제로 염소산나트륨을 이산화황이나 염산으로 환원하여 생산한다.

- $2NaClO_3 + 4HCl \rightarrow 2ClO_2 + Cl_2 + 2H_2O$
- $2NaClO_3 + H_2SO_4 + SO_2 \rightarrow 2ClO_2 + 2NaHSO_4$

③ **하이포아염소산나트륨**($NaClO$) : 담록황색의 투명한 수용액으로 표백제 및 살균제, 로켓 연료의 히드라진 제조용 등으로 이용되며, 염소가스를 $25 \sim 30\%$의 수산화나트륨에 통과시켜 제조한다.

- $Cl_2 + 2NaOH \rightarrow NaClO + NaCl + H_2O$

④ **하이포아염소산칼슘**[$Ca(ClO)_2$] : 소석회에 염소를 서서히 반응시켜 제조하며, 하이포아염소산칼슘의 농도가 높은 것을 고도 표백분이라 한다.

- $2Cl_2 + 2Ca(OH)_2 \rightarrow Ca(ClO)_2 + CaCl_2 + 2H_2O$

⑤ **아염소산나트륨**($NaClO_2$) : 이산화염소를 과산화수소를 환원제로 하는 수산화나트륨과 반응시켜 제조한다.

- $2ClO_2 + 2NaOH + H_2O_2 \rightarrow 2NaClO_2 + O_2 + 2H_2O$

(2) 질소화합물의 생산

① **암모니아**(NH_3) : 암모니아는 질소와 수소의 합성반응으로 생산된다.

- $1/2N_2 + 3/2H_2 \rightarrow NH_3$

② **요소**(NH_2CONH_2) : 요소는 암모니아와 이산화탄소의 합성반응에 의해 생산된다.

- $2NH_3 + CO_2 \rightarrow (NH_2)_2CO + H_2O$

③ **하이드라진**(NH_2NH_2) : 하이드라진은 로켓의 추진장약이나 합성수지의 발포제 등으로 이용되며, 암모니아 혹은 요소에 하이포아염소산나트륨을 작용시킨 후 조제한다.

- $NH_3 + NaH_2Cl + NaOH \rightarrow NH_2NH_2 + NaCl + H_2O$

④ **하이드록실아민**(NH_2OH) : 나일론 6의 제조 원료가 된다.

- $NO_2^- + 2HSO_3^- + H_2O \rightarrow NH_2OH + 2SO_4^{2-} + H^+$

(3) 탄산나트륨의 생산

① **르블랑(Leblance pocess)법** : 소금을 황산으로 복분해시켜 Na_2SO_4로 만든 다음 탄소 및 석회석으로 가열하여 환원 및 복분해를 통해 탄산나트륨을 제조하는 방법이다.

- $2NaCl + H_2SO_4 \rightarrow Na_2SO_4 + HCl$
- $Na_2SO_4 + 4C \rightarrow Na_2S + 4CO$
- $Na_2S + CaCO_3 \rightarrow Na_2CO_3 + CaS$

② **솔베이(Solvay pocess, 암모니아소다법)** : 식염수에 이산화탄소와 암모니아를 불어넣어 탄산수소나트륨을 침전·분리시킨 다음 침전물을 가열·분해시켜 탄산나트륨을 얻는 방법이다.

- $NaCl + NH_3 + CO_2 + H_2O \rightarrow NaHCO_3 + NH_4Cl$
- $2NaHCO_3 \rightarrow Na_2CO_3 + CO_2 + H_2O$

2. 앙금 생성반응

염(鹽) 중에서도 난용성 또는 불용성의 염을 앙금이라고 하며, 서로 다른 전해질 수용액과 혼합되었을 때 양이온과 음이온이 강하게 결합하여 물에 녹지 않는 앙금을 생성하는 반응을 앙금 생성반응이라 한다.

(1) **앙금 생성** : 할로젠(할로겐) 원소($X =$ F, Cl, Br, I)는 전자 1개를 얻어 -1가의 음이온이 되기 쉬우므로 반응성이 매우 커서 대부분의 금속·비금속 원소(M)와 반응하여 염(MX)을 형성한다.

$$M^+ + X^- \rightarrow MX \begin{cases} Ag^+ + Cl^- \rightarrow AgCl \ (\text{백색 앙금}) \\ Ag^+ + Br^- \rightarrow AgBr \ (\text{연황색 앙금}) \\ Ag^+ + I^- \rightarrow AgI \quad (\text{황색 앙금}) \\ Ag^+ + F^- \rightarrow AgF \quad (\text{용해성}) \end{cases}$$

(2) **앙금의 성분과 색상**

앙금	반응	색상
염화은 앙금	$Ag^+ + Cl^- \rightarrow AgCl$	백색
황산바륨 앙금	$Ba^{2+} + SO_4^{2-} \rightarrow BaSO_4$	백색
탄산칼슘 앙금	$Ca^{2+} + CO_3^{2-} \rightarrow CaCO_3$	백색
납 앙금	$2I^+ + Pb^{2+} \rightarrow PbI_2$	황색
구리 앙금	$S^{2-} + Cu^{2+} \rightarrow CuS$	흑색

(3) **앙금의 화학적 제거** : 염(鹽)은 대체로 물, 산(酸) 및 염기를 사용하더라도 잘 녹지 않는다. 따라서 앙금을 형성하는 화합물의 종류에 따라 적절한 약품을 사용하여야 효과적으로 제거할 수 있다.

구분	Ag^+	Cu^{2+}	Ca^{2+}	Al^{3+}
앙금	AgCl	CuS	$CaCO_3$	$Al(OH)_3$
앙금의 제거약품	NH_3	NH_3	CO_2	산용액

5 방사성 원소

1. 개념

방사성 원소(放射性元素)란 방사능을 가진 원소를 총칭한다. 방사성 원소는 원자핵이 α선(알파선), β선(베타선), γ선(감마선) 등의 방사선을 방출하고 여러 번의 붕괴를 거치면서 안정한 원소로 변하는데 과정에 따라 우라늄계열, 토륨계열, 악티늄계열로 분류한다.

• 원자번호 81번인 탈륨(Tl)에서 92번의 우라늄(U)까지는 모두 천연 방사성 원소임
• 칼륨(K), 루비듐(Rb), 사마륨(Sm), 루테튬(Lu) 등도 아주 미약한 방사능을 가짐

\<그림\> 천연 방사성 물질

2. 방사선의 특징

- **α선(알파선)** : +2의 전하를 띠고 있으므로 전기장의 영향을 받아 휘어지며, β선(베타선)보다 무겁고, 방사선 의 본질은 비활성 원소인 헬륨 원자의 핵($\frac{4}{2}$He)으로 되어 있다.

- **β선(베타선)** : -1의 전하를 띠고 있으므로 전기장의 영향을 받아 휘어지며, α선(알파선) 보다 가볍고, α선 (알파선)보다 100배의 투과력을 가지며, 방사선의 본질은 전자(電子)이다.

- **γ선(감마선)** : 전하를 띠지 않고 질량이 없으며, 파장이 가장 짧고 전기장의 영향을 받지 않아 휘어지지 않으 며, α선(알파선)보다 1,000배의 투과력을 가지고 방사선의 본질은 높은 에너지의 광자(光子)이다.

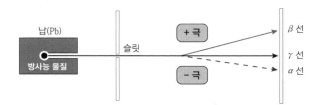

<그림> 러더포드 실험에 의한 전기장에서 α, β, γ선의 거동

3. 방사성 붕괴

핵이 자발적으로 붕괴되는 현상을 말하며, 이때 방사선의 방출은 불안정한 핵이 에너지가 낮은 더 안정한 핵으로 변환되는 일련의 과정 중 하나이며, 방출되는 방사선은 과량의 에너지를 운반하는 운반체가 된다.

(1) **α붕괴** : 비활성 원소 헬륨-4인 핵의 흐름으로 α붕괴는 질량수가 4 감소하고, 원자번호는 2 감소한다.

- $\frac{238}{92}$U $\rightarrow$ $\frac{234}{90}$Th + $\frac{4}{2}$He
- $\frac{230}{90}$Th $\rightarrow$ $\frac{226}{88}$Ra + $\frac{4}{2}$He
- $\frac{226}{88}$Ra $\rightarrow$ $\frac{222}{86}$Ra + $\frac{4}{2}$He
- $\frac{226}{88}$Ra $\rightarrow$ $\frac{222}{86}$Rn + $\frac{4}{2}$He

(2) **β붕괴** : β입자는 전자($\frac{0}{-1}$e)이다. 위 첨자가 0으로 나타내는 것은 전자의 질량이 너무 작기 때문이며, 아 래 첨자가 -1인 것은 양성자와 반대로 음의 전하를 띠고 있음을 의미한다. β입자가 방출되면 핵 속에 있는 중성자가 양성자로 변하므로 핵의 원자번호는 1만큼 증가한다.

- $\frac{239}{92}$U $\rightarrow$ $\frac{239}{93}$Np + $\frac{0}{1}$e
- $\frac{239}{93}$Np $\rightarrow$ $\frac{239}{94}$Pu + $\frac{0}{1}$e
- $\frac{131}{53}$I $\rightarrow$ $\frac{131}{54}$Xe + $\frac{0}{1}$e
- $\frac{231}{90}$Th $\rightarrow$ $\frac{231}{91}$Pa + $\frac{0}{1}$e

(3) **γ붕괴** : γ선은 핵의 원자번호 및 질량수를 변화시키지 않는다. 따라서 핵반응을 나타낼 때에는 γ에 대해서 는 별도로 표시하지 않는다.

4. 핵변환

핵에 중성자($\frac{1}{0}$n)나 다른 원자핵을 충돌시킴으로써 핵반응을 일으킬 수 있는데 이를 핵변환이라 한다. 이를 통해 자연계에 존재하지 않는 특정한 수의 양성자와 중성자를 갖는 핵종(核種)을 만들 수도 있다.

- $\frac{35}{17}$Cl $+ \frac{1}{0}$n $\rightarrow \frac{35}{16}$S $+ \frac{1}{1}$H
- $\frac{27}{13}$Al $+ \frac{4}{2}$He $\rightarrow \frac{30}{15}$P $+ \frac{1}{0}$n

- $\frac{14}{7}$N $+ \frac{4}{2}$He $\rightarrow \frac{17}{8}$O $+ \frac{1}{1}$H
- $\frac{27}{13}$Al $+ \frac{1}{0}$n $\rightarrow \frac{24}{11}$Na $+ \frac{4}{2}$He

5. 반감기(Half Life)

반감기는 어떤 물질의 주어진 양이 반으로 줄어드는데 필요한 시간이다. 핵의 붕괴속도는 일반적으로 이들의 반감기로 설명된다. 일반적으로 방사성 붕괴는 1차 반응속도식에 따른다.

- $\ln \dfrac{0.5 N_o}{N_o} = -Kt \begin{cases} N_o : \text{붕괴 이전의 질량(초기 질량)} \\ 0.5 N_o = N_t : t \text{시간 붕괴 후(반감기) 잔류하는 질량} \\ K : \text{반응속도상수} \\ t : \text{반응시간(반감기)} \end{cases}$

6. 연대 측정

C-14는 유기물의 연대를 측정하는데 많이 이용된다. C-14는 반감기가 5,730년인 β붕괴를 하는 방사성 물질이다. 우라늄(U-238)은 암석의 연대를 측정하는데 많이 이용한다. 우라늄이 붕괴되어 Pb-206으로 되는 반감기는 4.5×10^9년이 걸린다.

- $\frac{14}{6}$C $\rightarrow \frac{14}{7}$O $+ \frac{1}{0}$e

출제예상문제

01 산화제와 혼합되어 연소할 때 자외선을 많이 포함하는 불꽃을 내는 것은?

① 셀룰로이드
② 글리세린
③ 마그네슘분
④ 나이트로셀룰로오스

 정답분석 마그네슘은 푸른색의 스펙트럼을 내놓기 때문에 연소할 때 자외선을 많이 포함하는 불꽃을 띤다.
• 칼슘염은 붉은 벽돌색의 스펙트럼을 내놓음
• 스트론튬염은 심홍색의 스펙트럼을 내놓음
• 바륨은 황록색의 불꽃을 냄

정답 ③

02 불꽃반응 시 보라색을 나타내는 금속은?

① Li
② K
③ Na
④ Ba

 정답분석 칼륨(포타슘, K)은 불꽃반응 시 엷은 보라색을 띤다.
• 리튬(Li)은 공기 중에서 잘 연소하며, 아름다운 붉은색을 띰
• 나트륨(Na)은 밝은 노란색을 띰
• 칼륨(K)은 엷은 보라색을 띰

정답 ②

03 불꽃반응 결과 노란색을 나타내는 미지의 시료를 녹인 용액에 $AgNO_3$ 용액을 넣으니 백색침전이 생겼다. 이 시료의 성분은?

① Na_2SO_4
② $CaCl_2$
③ $NaCl$
④ KCl

정답분석 염화나트륨은 불꽃반응에서 노란색을 나타내며, 질산은 용액과 반응하여 백색침전을 생성한다.
반응 $NaCl + AgNO_3 \rightarrow NaNO_3 + AgCl$(백색침전)

정답 ③

04 전기로에서 탄소와 모래를 용융 화합시켜서 얻을 수 있는 물질은?

① 카보런덤
② 카바이트
③ 규산석회
④ 유리

 정답분석 카보런덤(carborundum)은 탄화규소(SiC)의 상품명으로 전기로에서 탄소와 모래를 응용·화합시켜서 얻을 수 있다. 카보런덤은 경도가 커서 거의 다이아몬드와 같기 때문에 연마제(研磨劑)로 사용된다.

정답 ①

05 집기병 속에 물에 적신 빨간 꽃잎을 넣고 어떤 기체를 채웠더니 얼마 후 꽃잎이 탈색되었다. 이와 같이 색을 탈색(표백)시키는 성질을 가진 기체는?

① He
② CO_2
③ N_2
④ Cl_2

 정답분석 염소 기체를 찬물에 녹이면 하이포염소산(HOCl)이 생성되며, 이 용액은 가정용 표백제로 사용된다.

정답 ④

06 솔베이법으로 만들어지는 물질이 아닌 것은?

① Na_2CO_3 ② NH_4Cl

③ $CaCl_2$ ④ H_2SO_4

정답분석 솔베이(Solvay)법(=암모니아소다법)은 식염수에 이산화탄소와 암모니아를 불어넣어 생성된 염화암모늄(NH_4Cl)과 침전된 탄산수소나트륨($NaHCO_3$)을 가열하여 탄산나트륨(Na_2CO_3)을 얻게 되며, 염화암모늄에 수산화칼슘을 가한 후 암모니아를 뽑아내어 순환 재사용된다.

반응 $NH_4Cl + Ca(OH)_2 \rightarrow 2NH_3 + CaCl_2 + 2H_2O$

정답 ④

07 17g의 NH_3와 충분한 양의 황산이 반응하여 만들어지는 황산암모늄은 몇 g인가? (단, 원소의 원자량은 H : 1, N : 14, O : 16, S : 32이다.)

① 66g   ② 106g

③ 115g   ④ 132g

정답분석 반응의 결과물인 황산암모늄의 분자식이 $(NH_4)_2SO_4$이므로 암모니아 2mol과 황산 1mol이 반응하는 것을 알 수 있다. 따라서 암모니아를 기준으로 다음과 같이 계산한다.

계산 황산암모늄의 양 = 암모니아의 양 × 반응비

• 암모니아의 양 = 17g

• 반응비 : $2NH_3 \rightarrow (NH_4)_2SO_4$
$2 \times 17g$: $132g$

∴ 황산암모늄의 양 = $17g \times \left(\dfrac{132}{2 \times 17} \right) = 66g$

정답 ①

08 금속의 특징에 대한 설명 중 틀린 것은?

① 상온에서 모두 고체이다.

② 고체 금속은 연성과 전성이 있다.

③ 고체상태에서 결정구조를 형성한다.

④ 반도체, 절연체에 비하여 전기전도도가 크다.

정답분석 금속 수은(Hg)은 유일하게 상온에서 액체로 존재한다.

정답 ①

09 다음 합금 중 주요 성분으로 구리가 포함되지 않은 것은?

① 두랄루민   ② 문쯔메탈

③ 톰백   ④ 고속도강

정답분석 고속도강(高速度鋼, high speed steel)은 빠른 속도로 절삭하는 공구에 사용되는 특수강이다. 표준조성은 텅스텐(W) 18%, 크롬(크로뮴, Cr) 4%, 바나듐(V) 1% 정도 함유된다.

정답 ④

10 불꽃반응 결과 노란색을 나타내는 미지의 시료를 녹인 용액에 $AgNO_3$ 용액을 넣으니 백색침전이 생겼다. 이 시료의 성분은?

① Na_2SO_4 ② $CaCl_2$

③ $NaCl$ ④ KCl

정답분석 염화나트륨은 불꽃반응에서 노란색을 나타내며, 질산은 용액과 반응하여 백색침전을 생성한다.

$NaCl + AgNO_3 \rightarrow NaNO_3 + AgCl$ (백색침전)

정답 ③

11 방사성 동위원소의 반감기가 20일일 때 40일이 지난 후 남은 원소의 분율은?

① 1/2   ② 1/3

③ 1/4   ④ 1/6

정답분석 방사성 붕괴는 1차 반응속도식에 따른다.

계산 $\ln\dfrac{N_t}{N_o} = -Kt$ $\begin{cases} N_t : \text{붕괴 후 잔류하는 질량} \\ N_o : \text{초기의 질량} \\ K : \text{반응속도상수} \\ t : \text{경과시간} \end{cases}$

$\Rightarrow \ln\dfrac{N_o \times 0.5}{N_o} = -K \times 20\,\text{day}, \ K = 0.035\,\text{day}^{-1}$

$\therefore N_{t(40)} = N_o \times e^{-Kt} = N_o \times e^{-0.035 \times 40} = 0.25 N_o$

정답 ③

12 반감기가 5일인 미지 시료가 2g 있을 때 10일이 경과하면 남은 양은 몇 g인가?

① 2   ② 1

③ 0.5   ④ 0.25

정답분석 방사성 붕괴는 1차 반응속도식에 따른다.

계산 $\ln\dfrac{N_t}{N_o} = -Kt$

$\begin{cases} N_t : \text{붕괴 후 잔류하는 질량} = 2\text{g} \times 0.5 = 1\text{g} \\ N_o : \text{초기의 질량} = 2\text{g} \\ K : \text{반응속도상수} \\ t : \text{경과시간} = 5\,\text{day} \end{cases}$

$\Rightarrow \ln\dfrac{1\text{g}}{2\text{g}} = -K \times 5\,\text{day}, \qquad K = 0.139\,\text{day}^{-1}$

$\therefore N_t^* = N_o \times e^{-Kt} = 2\text{g} \times e^{-0.139 \times 10} = 0.5\text{g}$

정답 ③

13 방사성 원소에서 방출되는 방사선 중 전기장의 영향을 받지 않아 휘어지지 않는 선은?

① α선

② β선

③ γ선

④ α선, β선, γ선

정답분석 γ선(감마선)은 전하를 띠지 않고 질량이 없으며, 파장이 가장 짧고 전기장의 영향을 받지 않아 휘어지지 않으며, 선(알파선)보다 1,000배의 투과력을 가지고 방사선의 본질은 높은 에너지의 광자(光子)이다.

정답 ③

14 방사선 중 감마선에 대한 설명으로 옳은 것은?

① 질량을 갖고 음의 전하를 띰

② 질량을 갖고 전하를 띠지 않음

③ 질량이 없고 전하를 띠지 않음

④ 질량이 없고 음의 전하를 띰

정답분석 γ선(감마선)은 전하를 띠지 않고, 질량이 없으며, 파장이 가장 짧고, 전기장의 영향을 받지 않아 휘어지지 않으며, α선(알파선)보다 1,000배의 투과력을 가지고, 방사선의 본질은 높은 에너지의 광자(光子)이다.

정답 ③

15 방사선에서 γ 선과 비교한 α 선에 대한 설명 중 틀린 것은?

① γ선보다 투과력이 강하다.
② γ선보다 형광작용이 강하다.
③ γ선보다 감광작용이 강하다.
④ γ선보다 전리작용이 강하다.

 γ선은 파장이 가장 짧고 전기장의 영향을 받지 않아 휘어지지 않으며, α선(알파선)보다 1,000배의 투과력이 강하다.

정답 ①

16 방사능 붕괴의 형태 중 $^{226}_{88}\mathrm{Ra}$이 α 붕괴할 때 생기는 원소는?

① $^{222}_{86}\mathrm{Rn}$ ② $^{232}_{90}\mathrm{Th}$
③ $^{231}_{91}\mathrm{Pa}$ ④ $^{238}_{92}\mathrm{U}$

 α붕괴는 비활성 원소 헬륨-4인 핵의 흐름으로 α붕괴는 질량수가 4 감소하고, 원자번호는 2 감소한다.
※ $^{226}_{88}\mathrm{Ra} \rightarrow {}^{222}_{86}\mathrm{Ra} + {}^{4}_{2}\mathrm{He}$

정답 ①

17 $^{226}_{88}\mathrm{Ra}$의 α 붕괴 후 생성물은 어떤 물질인가?

① 금속 원소 ② 비활성 원소
③ 양쪽 원소 ④ 할로젠 원소

 α붕괴는 비활성 원소 헬륨-4인 핵의 흐름이므로 붕괴 후 생성물은 비활성 원소인 헬륨이 생성된다.

정답 ②

18 $^{237}_{93}\mathrm{Np}$ 방사성 원소가 β선을 1회 방출한 경우 생성 원소는?

① Pa ② U
③ Th ④ Pu

 β입자는 전자($\frac{1}{0}\mathrm{e}$)이다. β입자가 방출되면 핵 속에 있는 중성자가 양성자로 변하므로 핵의 원자번호는 1만큼 증가한다.
※ $^{239}_{93}\mathrm{Np} \rightarrow {}^{239}_{94}\mathrm{Pu} + {}^{1}_{0}\mathrm{e}$

정답 ④

19 다음 핵화학 반응식에서 산소(O)의 원자번호는 얼마인가?

$$^{14}_{7}\mathrm{N} + {}^{4}_{2}\mathrm{He}(\alpha) \rightarrow \mathrm{O} + {}^{1}_{1}\mathrm{H}$$

① 6 ② 7
③ 8 ④ 9

 질소핵에 헬륨핵이 충돌하여 핵반응을 일으키는 핵변환반응에서 좌우항의 질량수와 원자번호의 합산 값이 동일하여야 하므로 다음의 핵변환 반응식을 만들 수 있다.
[핵변환] $^{14}_{7}\mathrm{N} + {}^{4}_{2}\mathrm{He} \rightarrow {}^{17}_{8}\mathrm{O} + {}^{1}_{1}\mathrm{H}$

정답 ③

02 유기화합물

1 유기화합물의 특성

유기화합물에는 여러 종류가 있고 그 성질도 일정하지 않은데, 전형적인 유기화합물은 전형적인 무기화합물과는 현저하게 대비적인 성질을 갖는다.

1. 무기화합물은 대체로 수용액 중에서 이온으로 해리하지만 유기화합물의 대부분은 물에 녹지 않고, 물에 녹는 유기화합물도 유기산이나 유기 염기의 염(鹽) 외에는 해리해서 이온이 되지 않는다.

2. 유기화합물은 물에 녹지 않고, 에탄올, 에터(에테르), 벤젠, 벤진(Benzine, 공업용 가솔린의 일종) 등의 유기용매에 녹는 것이 많다.

3. 수산기, 카복시기, 아미노기 등 친수성 원자단을 갖는 유기화합물은 유기용매 및 물에 녹는데, 분자량이 커지면 물에 대한 용해도가 감소한다.

4. 유기화합물은 일반적으로 휘발성이고, 고체 유기화합물도 비교적 녹는점이 낮고, 분해하지 않으며, 증류(蒸溜)가 가능한 것이 많다.

2 지방족 화합물

1. 개요

유기화학에서 지방족 화합물(脂肪族化合物)은 벤젠과 같은 고리구조를 가지는 방향족 화합물을 제외한 유기화합물을 말한다. 탄화수소 전반에 공통적인 성질로는 쌍극자 모멘트를 가지지 않으며, 무극성(無極性)인 용매에 잘녹고, 가연성을 가지는 특성이 있다.

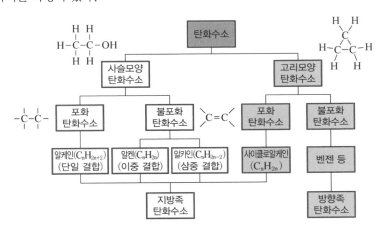

2. 사슬모양 탄화수소

C와 H로만 구성된 화합물 중 탄소원자가 사슬모양으로 결합하고 있는 것을 총칭한다.

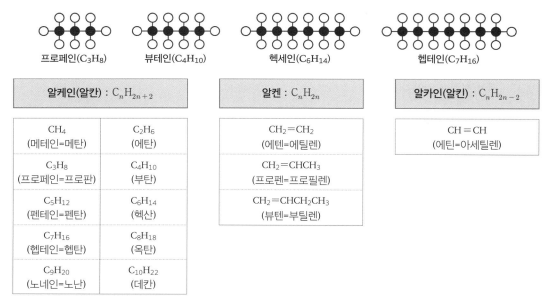

프로페인(C_3H_8)   뷰테인(C_4H_{10})   헥세인(C_6H_{14})   헵테인(C_7H_{16})

알케인(알칸) : C_nH_{2n+2}		알켄 : C_nH_{2n}	알카인(알킨) : C_nH_{2n-2}
CH_4 (메테인=메탄)	C_2H_6 (에탄)	$CH_2=CH_2$ (에텐=에틸렌)	$CH\equiv CH$ (에틴=아세틸렌)
C_3H_8 (프로페인=프로판)	C_4H_{10} (부탄)	$CH_2=CHCH_3$ (프로펜=프로필렌)	
C_5H_{12} (펜테인=펜탄)	C_6H_{14} (헥산)	$CH_2=CHCH_2CH_3$ (뷰텐=부틸렌)	
C_7H_{16} (헵테인=헵탄)	C_8H_{18} (옥탄)		
C_9H_{20} (노네인=노난)	$C_{10}H_{22}$ (데칸)		

<그림> -CH_3 [메틸기]   -C_2H_5 [에틸기]   -C_3H_7 [프로필기]   -C_4H_9 [부틸기]

(1) **알케인(Alkane, C_nH_{2n+2})** : 단일결합(C–C)으로 된 포화 탄화수소로서 파라핀(Paraffin)계 또는 메테인계 탄화수소라고 한다. 탄소가 n개일 때, 수소의 수가 $2n+2$개의 분자식을 가지며, 반응성이 낮은 특징이 있다.

▌ 처음 10개의 가지가 없는 알케인 ▌

명칭	분자식	선 화학식
메테인	CH_4	CH_4
에테인	C_2H_6	CH_3CH_3
프로페인	C_3H_8	$CH_3CH_2CH_3$
뷰테인	C_4H_{10}	$CH_3CH_2CH_2CH_3$
펜테인	C_5H_{12}	$CH_3CH_2CH_2CH_2CH_3$
헥세인	C_6H_{14}	$CH_3CH_2CH_2CH_2CH_2CH_3$
헵테인	C_7H_{16}	$CH_3CH_2CH_2CH_2CH_2CH_2CH_3$
옥테인	C_8H_{18}	$CH_3CH_2CH_2CH_2CH_2CH_2CH_2CH_3$
노네인	C_9H_{20}	$CH_3CH_2CH_2CH_2CH_2CH_2CH_2CH_2CH_3$
데케인	$C_{10}H_{22}$	$CH_3CH_2CH_2CH_2CH_2CH_2CH_2CH_2CH_2CH_3$

① 알케인의 구조적 특성
- 메테인(메탄), 에테인(에탄), 프로페인(프로판)은 구조식이 각각 하나로서 한 가지 물질이 존재하나 탄소의 수가 4개인 뷰테인(부탄)부터는 서로 다른 구조식의 물질(구조 이성질체)이 존재한다.
- 탄소원자가 직선상으로($CH_3CH_2CH_2CH_3$) 늘어서 있는 것을 노말(normal)이라 하고, 측쇄로 가지가 있는 것을 아이소(iso)라 부른다.
- 표준상태에서 탄소수 4 ~ 10개까지의 알케인은 기체, 탄소수 5 ~ 17개까지의 알케인은 액체, 탄소수 18개 이상부터는 고체로 존재한다.

┃ 알케인의 구조 이성질체 ┃

메탄(CH_4)	1개	헥산(C_6H_{14})	5개
에탄(C_2H_6)	1개	헵탄(C_7H_{16})	9개
프로판(C_3H_8)	1개	옥탄(C_8H_{18})	18개
부탄(C_4H_{10})	2개	노난(C_9H_{20})	35개
펜탄(C_5H_{12})	3개	데칸($C_{10}H_{22}$)	75개

② 알케인의 이화학적 특성
- 곧은 사슬 포화 탄화수소는 탄소수가 증가하면 비점과 빙점이 모두 증가한다.
- 알케인(파라핀계, 메테인계)은 전기 전도도가 없다. 또한 전기장에서 비유전율도 매우 낮다.
- 알케인은 수소결합을 형성하지 않으며, 물과 같은 극성 용매에 녹지 않으며, 무극성 용매에 잘 용해된다.
- 알케인은 산 및 염기와는 잘 반응하지 않고 소수성이며, 방수에 사용할 수 있다.
- 알케인은 비교적 반응성이 낮지만 할로젠(할로겐)과 반응하여 분자 내의 수소가 할로젠으로 치환되는 치환반응이 일어날 수 있으며, 이때 반응은 발열반응이다.

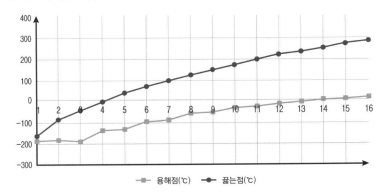

<그림> 탄소수에 따른 끓는점의 변화

비고
- 알케인은 분자간에 반 데르 발스 힘을 받으며, 이러한 분자간 힘이 클수록 알케인의 끓는점이 높아지게 된다.
- 일반적으로 **분자량이 클수록**, 분자의 표면적이 넓을수록 **끓는점**이 높아지고, 탄소수가 증가할수록 **점화에 더 많은 에너지를 필요로** 한다.
- 일반적으로 알케인의 끓는점은 분자량에 거의 정비례하며, 사슬에 탄소가 1개 추가될 때마다 약 20~30℃ 정도 끓는점이 증가한다.
- **곧은 사슬모양의 알케인이 가지 달린 알케인보다 끓는점이 높은데**, 이는 분자의 표면적이 더 넓어 이웃한 분자와의 반 데르 발스 힘이 더 커지기 때문이다.

(2) **알켄(Alkene, C_nH_{2n})** : 이중결합($C=C$)으로 된 불포화 탄화수소로서 탄소가 n개일 때, 수소의 수가 $2n$개의 분자식을 가지며, 반응성이 높은 특징이 있다.

▌ 처음 4개의 가지가 없는 알켄 ▌

명칭	분자식	선 화학식
에텐(에틸렌)	C_2H_4	$CH_2 = CH_2$
프로펜(프로필렌)	C_3H_6	$CH_3CH = CH_2$
1-뷰텐	C_4H_8	$CH_2 = CHCH_2CH_3$
2-뷰텐	C_4H_8	$CH_3CH = CHCH_3$

● **참고** ●

올레핀계 탄화수소

올레핀계 탄화수소는 파라핀계와 같은 **직선 사슬구조**이며, 프로펜(C_3H_6), 부텐(C_4H_8), 펜텐(C_5H_{10}), 헥센(C_6H_{12}), 이소프렌(C_5H_8) 등이 이에 속한다. 모노-올레핀(mono-Olefin)은 탄소원자 간의 **이중결합이 1개**이고, 다이-올레핀(di-Olefin)은 **이중결합이 2개**라는 점에서 다르다.

• 모노올레핀의 분자식 : C_nH_{2n}
• 다이올레핀의 분자식 : C_nH_{2n-2}

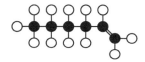
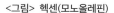

<그림> 헥센(모노올레핀)   <그림> 부타디엔(다이올레핀)

(3) **알카인(Alkyne, C_nH_{2n-2})** : 삼중결합($C\equiv C$)으로 된 불포화 탄화수소로서 탄소가 n개일 때, 수소의 수가 $2n-2$개의 분자식을 가지며, 아세틸렌계 탄화수소라고도 한다. 반응성이 가장 높은 탄화수소이다.

▌ 가장 간단한 알카인 ▌

명 칭	분자식	선 화학식
에틴(아세틸렌)	C_2H_2	$CH \equiv CH$
에틸아세틸렌(1-뷰타인)	C_4H_6	$CH \equiv CCH_2CH_3$
디메틸아세틸렌(2-뷰타인)	C_4H_6	$CH_3C \equiv CCH_3$

● **참고** ●

에타인(아세틸렌, C_2H_2)의 화학적 특성

에타인(아세틸렌, C_2H_2)의 **삼중결합**에는 다량의 에너지가 포함되어 있어, **반응성이 풍부**하다. 에타인의 특성을 정리하면 다음과 같다.

• 천연으로는 존재하지 않으며, 탄소의 삼중결합을 가지므로, 이중결합을 가진 에텐(에틸렌, C_2H_4)보다 불포화도가 크다.
• 연소열이 높기 때문에 **용접**에 이용된다.

- 탄소의 삼중결합으로 **첨가반응**을 잘 일으키기 때문에 합성 화학원료로 사용되며, 염화수소 등과 반응시키면 **염화비닐**(Vinyl Chloride) 등이 생긴다.
- 황산수은 등의 촉매 존재 하에 물과 반응하여 아세트알데하이드를 생성한다.
- 에타인(아세틸렌)의 수소원자는 다른 탄화수소보다 산성이 강하여, 아세틸리드(Acetylide)라고 하는 금속염을 생성한다.
- 촉매 존재 하에 수소와 반응하면 에텐(에틸렌, C_2H_4)이나 에테인(에탄, C_2H_6)이 발생한다.
- 에타인(C_2H_2) 3분자가 중합되면 벤젠(C_6H_6)이 만들어진다.

3. 고리모양 탄화수소

탄소원자의 결합이 고리모양의 탄소 골격을 형성하고 있는 탄화수소, 즉 사이클로알케인(Cycloalkane)을 말하며, 일반식은 C_nH_{2n} ($n = 3, 4, \cdots$)이다. 가장 간단한 사이클로알케인은 사이클로프로페인이다.

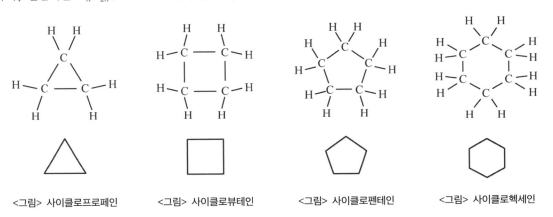

| <그림> 사이클로프로페인 | <그림> 사이클로뷰테인 | <그림> 사이클로펜테인 | <그림> 사이클로헥세인 |

● **참고** ●

사이클로알케인의 화학적 특성

- 알케인과 마찬가지로 첨가반응을 하지 않고, **치환반응**을 한다.
- 분자가 작은 사이클로알케인(사이클로프로페인과 사이클로뷰테인)의 경우, 고리가 끊어지기 쉽기 때문에 **불안정**하다.
- 사슬모양의 불포화 탄화수소 중 알켄과 이성질체 관계를 갖는다.
- 사이클로헥세인(C_6H_{12})의 경우 개별 탄소원자들이 안정한 정사면체구조를 이루고자 하기 때문에 공간적으로 구부러진 의자모양과 배모양을 형성하는데 의자모양이 보다 안정하다.

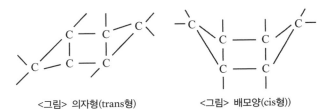

<그림> 의자형(trans형)   <그림> 배모양(cis형))

3 방향족 화합물

1. 개요

방향족 화합물은 C와 H로 구성된 고리모양의 불포화 탄화수소이며, 기본이 되는 것은 6각형 고리구조를 갖는 벤젠이다. 벤젠고리를 포함하고 있는 방향족 화합물은 대체적으로 향기가 있으므로 "방향족"이라는 이름이 붙게 되었다.

2. 벤젠과 그 화합물

방향족 화합물에는 벤젠, 페놀, 벤조산, 나이트로벤젠 등이 있다.

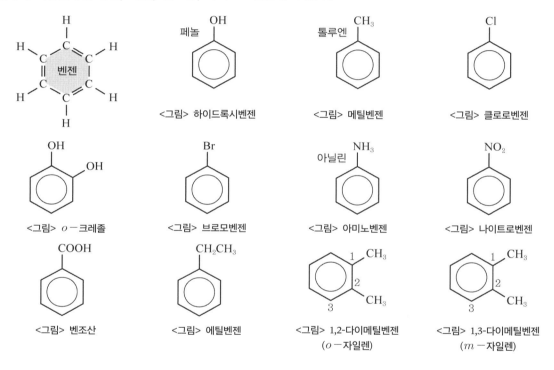

<그림> 하이드록시벤젠   <그림> 메틸벤젠   <그림> 클로로벤젠

<그림> o -크레졸   <그림> 브로모벤젠   <그림> 아미노벤젠   <그림> 나이트로벤젠

<그림> 벤조산   <그림> 에틸벤젠   <그림> 1,2-다이메틸벤젠   <그림> 1,3-다이메틸벤젠
                                                    (o -자일렌)   (m -자일렌)

3. 방향족 화합물의 개별 특성

(1) 벤젠(Benzene, C_6H_6)

① 일반 특성

- 벤젠은 대표적인 방향족 유기화합물로 휘발성이 강한 액체임
- 벤젠은 인화성이 높고, 방향성이 있음
- 벤젠은 체적 저항률이 높아 유체마찰에 의한 정전기의 발생 및 축적 위험이 있음
- 벤젠은 무극성 용매(유기용매)로 물과 잘 섞이지 않으나 알코올, 에터(에테르), 아세톤 등에는 잘 녹으며, 연소 시 그을음을 많이 내면서 연소함

② 구조적 특성
- 정육각형의 평면구조로 120°의 결합각을 가짐
- 벤젠은 sp^2혼성 공명구조(2개 이상의 구조식이 중첩으로 나타나는 구조)를 가짐
- 벤젠은 탄소간의 결합이 단일결합과 이중결합의 중간인 1.5중 결합을 이루고 있음
- 벤젠의 일치환체는 이성질체가 없으며, 이치환체에는 ortho, meta, para 3종이 있음

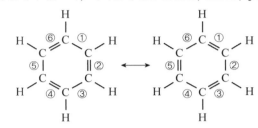

<그림> 벤젠의 공명구조

③ 반응 특성 : 벤젠은 2중 결합(C=C)이 3개 있고, 불포화도가 높아 에텐(에틸렌)이나 에타인(아세틸렌)보다 반응성이 높을 것 같지만 사실은 이들에 비해 반응성이 낮다.
- 벤젠은 불포화결합을 이루고 있으나 전형적인 알켄보다 더 안정하고, 반응성은 떨어짐
- 벤젠은 대체로 알켄 첨가반응을 하지 않으며, 치환반응이 지배적이지만 고온(300℃)에서 니켈 등 촉매의 존재 하에 수소(H_2)를 첨가할 경우 사이클로헥세인(C_6H_{12})이 생성됨
- 브로민(브롬, Br_2)과는 느리게 반응하여 치환 생성물인 C_6H_5Br을 생성함

(2) 페놀(Phenol, C_6H_5OH)
① 일반 특성
- 페놀은 무색의 결정(結晶)으로 에탄올, 에터(에테르) 등에 잘 녹음
- 페놀은 하이드록시기를 지니고 있는 점에서는 알코올과 비슷하여 금속나트륨과 반응하고 카복시산과 에스터(에스테르화) 반응을 함
- 페놀과 알코올은 동일한 작용기인 수산기(水酸基, −OH)를 가지고 있기 때문에 공통된 반응도 많지만, 알코올은 중성 화합물, 페놀은 산성 화합물로 상당히 다른 성질을 갖고 있음
- 알칼리 수용액과 중화반응하여 염을 생성하므로 알칼리 수용액에는 매우 잘 용해됨
- **용해도** : 저위의 페놀은 에탄올, 에터(에테르)에 녹고, 물에도 약간 녹는 특성이 있으나 고위의 페놀은 수산기의 수가 많을수록 물에 대해 용해도는 증가됨. 대부분의 수산화알칼리 수용액에는 녹지만 탄산 알칼리 수용액에는 녹지 않음
- **끓는점** : 비슷한 분자량을 가지는 방향족 탄화수소보다 끓는점이 훨씬 높음
- **냄새** : 1가 페놀 및 그 동족체는 특유한 냄새가 있지만 다가 페놀은 냄새가 없음
- **산도(酸度)** : 물에 분해된 수소이온에 의해 산성을 띠게 됨. 페놀은 방향족 고리의 공명을 통한 짝염기의 안정화 때문에 알코올보다 강한 산성을 띠지만 카복시산보다 훨씬 산성이 약함

② 구조적 특성
- 방향족 고리의 수소가 하이드록시기(−OH)로 치환된 물질로 일반식은 Ar−OH로 나타냄
- 페놀은 알코올과 마찬가지로 물 분자의 한 개의 수소가 유기(有機) 그룹으로 치환된 것으로 봄
- 분자 내에 수산기 한 개를 갖는 것을 1가 페놀, 수산기 2개를 갖는 것을 2가 페놀, 3개를 갖는 것을 3가 페놀로 부름

1가 페놀	2가 페놀	3가 페놀
$o-$크레졸	카테콜	피로갈롤
$m-$크레졸	레조르시놀	플로로글루시놀
$p-$크레졸	하이드로퀴논	

③ 반응 특성
- 페놀은 염화철($FeCl_3$)에 의해 짙은 청자색 발색반응을 하고, 브로민수(브롬수)에는 백색 침전이 생김
- 산염화물, 산무수물 등의 작용으로 에스터(에스테르)를 생성함

$$ArOH + RCOCl \xrightarrow[\text{NaOH}]{\text{피리딘}} ArOCOR + HCl$$

- 할로젠화알킬, 황산알킬, 다이아조메테인 등의 작용으로 페놀에터(페놀에테르)를 생성함

$$ArOH + CH_2N_2 \rightarrow ArOCH_3 + N_2$$

(3) 톨루엔(Toluene, $C_6H_5CH_3$)
① 일반 특성
- 벤젠의 수소원자 1개를 메틸기(基)로 치환한 화합물로서 메틸벤젠이라고도 함
- 인화성 액체로 액체는 물보다 가볍지만 증기는 공기보다 무거움
- 물에는 녹지 않지만 에탄올이나 벤젠 등 대부분의 유기용매에 용해됨

② 반응 및 이용성
- 도료의 용제로 사용되는 시너(Thinner)는 톨루엔을 주성분(65%)으로 하여 아세트산에틸 등을 배합한 것임
- 톨루엔을 황산 촉매 하에서 질산과 반응시키는 나이트로화(니트로화) 반응을 통해 트라이나이트로톨루엔(TNT)이 생성됨

$$C_6H_5CH_3 + 3HNO_3 \xrightarrow[\text{나이트로화}]{c-H_2SO_4} C_6H_2CH_3(NO_2)_3 + 3H_2O$$

<그림> TNT(trinitrotoluene)

4 이성질체(異性質體, isomer)

1. 개요

이성질체는 분자식은 같으나 분자 내에 있는 구성 원자의 연결방식이나 공간배열이 동일하지 않은 화합물을 말하며, 이성질체에는 크게 입체 이성질체와 구조 이성질체로 분류된다.

- **입체 이성질체** : 분자 내 원자의 공간배열이 달라짐에 따라 생기는 이성질체를 말하며 거울상 이성질체(광학 이성질체)와 부분입체 이성질체로 분류됨
- **구조 이성질체** : 분자식은 동일하나 분자 내 구성 원자들의 연결방식이 서로 다른 화합물을 말하며, 결합 이성질체와 배위 이성질체로 분류됨

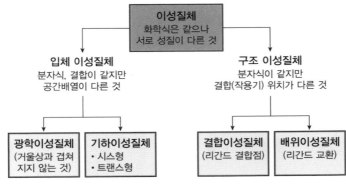

<그림> 이성질체의 분류체계

2. 기하 이성질체

원소의 종류와 개수는 같고, 화학결합도 같으나 공간적인 배열이 달라 확연히 다른 물리적, 화학적 성질이 다른 화합물로서 이러한 결합은 화학결합을 끊지 않는 한 상호 전환이 불가능하다.

(cis 형태의 다이클로로에틸렌)	• 쌍극자 모멘트(μ) 있음 • 끓는점이 높음	(trans 형태의 다이클로로에틸렌)	• 쌍극자 모멘트(μ) 없음 • 끓는점이 상대적으로 낮음
(cis 형태의 뷰텐(부틸렌))	• 쌍극자 모멘트(μ) 있음 • 끓는점이 높음	(trans 형태의 뷰텐(부틸렌))	• 쌍극자 모멘트(μ) 없음 • 끓는점이 상대적으로 낮음

3. 광학 이성질체

중심원소(M)를 기점으로 주변의 작용기가 모두 다른 화합물로 서로 거울상은 되지만 겹쳐지지 않는다. 광학 이성질체는 모양, 비중, 끓는점과 같은 물리적, 화학적 성질은 동일하지만 빛의 흡수 특성이 달라 편광면(偏光面, plane of polarization)이 다르게 나타난다.

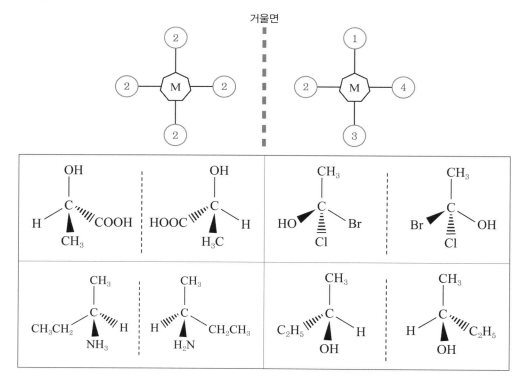

4. 구조 이성질체

분자식은 같지만 구조가 다르므로 다른 성질을 갖는 화합물을 말한다. 탄소 사슬의 모양이 다른 경우, 작용기의 위치가 다른 경우 등이 이에 해당한다.

(1) 골격이 다른 경우 $\begin{cases} \text{곧은 사슬}(n-\text{뷰테인}) \rightarrow CH_3-CH_2-CH_2-CH_3 \\ \text{가지 달린 사슬}(i-\text{뷰테인}) \rightarrow CH_3-CH-CH_3 \\ \qquad\qquad\qquad\qquad\qquad\qquad\quad CH_3 \end{cases}$

$CH_3-CH_2-CH_2-CH_2-CH_3$

<그림> 펜테인(펜탄)

$CH_3-CH_2-CH-CH_3$
$\qquad\qquad\qquad CH_3$

<그림> $i-$펜테인

$CH_3-\overset{\overset{\displaystyle CH_3}{|}}{\underset{\underset{\displaystyle CH_3}{|}}{C}}-CH_3$

<그림> $neo-$펜테인

(2) 이중결합의 위치가 다른 경우 → 예 뷰텐(C_4H_8)

$CH_3-CH_2-CH=CH_2$

<그림> 1−뷰텐(1−부틸렌)

$CH_3-CH=CH-CH_3$

<그림> 2−뷰텐(2−부틸렌)

<그림> $trans-2-$뷰텐

<그림> 2−메틸프로펜(아이소부틸렌)

(3) 작용기의 위치가 다른 경우
→ 예 2가 알코올인 프로페인다이올($C_3H_8O_2$)

$\overset{\displaystyle OH}{\underset{\displaystyle OH}{\overset{|}{\underset{|}{H_2C-CH-CH_3}}}}$

<그림> 1,2−프로페인다이올

$\overset{\displaystyle OH}{\underset{\displaystyle OH}{\overset{|}{\underset{|}{H_2C-CH_2-CH_2}}}}$

<그림> 1,3−프로페인다이올

예 다이클로로벤젠($C_6H_4Cl_2$)

<그림> $o-$다이클로로벤젠

<그림> $m-$다이클로로벤젠

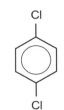

<그림> $p-$다이클로로벤젠

5 유기화합물의 작용기

1. 작용기의 기능과 종류

(1) **작용기의 기능** : 유기화합물의 성질을 결정하는 원자단으로 몇 개의 원자가 결합해 있는데 이때 작용기(作用基)는 화합물이 어떤 성질을 가지게 되는지 결정하는 역할을 한다.
- 작용기(作用基, function group)는 특정 조건 하에서 반응성을 지니는 분자 내 한 원자 또는 원자단을 말함
- 작용기는 공통된 화학적 특성을 지니는 한 무리의 유기화합물에서 그 특성의 원인이 되는 공통된 원자단의 결합 양식으로 표현되며, 기능 원자단·기능기 또는 관능기(官能基)라고도 함

(2) **작용기의 종류(부류)**

구분			보기
부류	일반식	작용기	
알코올	ROH	$-\overset{\vert}{\underset{\vert}{C}}-\ddot{O}H$	$H-\overset{\overset{H}{\vert}}{\underset{\underset{H}{\vert}}{C}}-\overset{\overset{H}{\vert}}{\underset{\underset{H}{\vert}}{C}}-OH$ 에탄올
케톤	$\overset{O}{\overset{\Vert}{RCR'}}$	$-\overset{\vert}{\underset{\vert}{C}}-\overset{\ddot{O}}{\overset{\Vert}{C}}-\overset{\vert}{\underset{\vert}{C}}-$	$R-\overset{O}{\overset{\Vert}{C}}-R$ 케톤
에터(에테르)	ROR	$-\overset{\vert}{\underset{\vert}{C}}-\ddot{O}-\overset{\vert}{\underset{\vert}{C}}-$	$H_3C-\overset{O}{\diagdown}-CH_3$ 다이메틸에테르
에스터(에스테르)	$\overset{O}{\overset{\Vert}{RCOR'}}$	$-\overset{\ddot{O}}{\overset{\Vert}{C}}-\ddot{O}-\overset{\vert}{\underset{\vert}{C}}-$	$R-\overset{O}{\overset{\Vert}{C}}-OR$ 에스터(에스테르)
카복실산 (카르복시산)	$\overset{O}{\overset{\Vert}{RCOH}}$	$-\overset{\ddot{O}}{\overset{\Vert}{C}}-\ddot{O}H$	$R-\overset{O}{\overset{\Vert}{C}}-OH$ 카르복시산
알데하이드 (알데히드)	$\overset{O}{\overset{\Vert}{RCH}}$	$-\overset{\ddot{O}}{\overset{\Vert}{C}}-H$	$R-\overset{O}{\overset{\Vert}{C}}-H$ 알데하이드(알데히드)
아민	RNH_2	$-\overset{\vert}{\underset{\vert}{C}}-\ddot{N}-$	$R-\overset{O}{\overset{\Vert}{C}}-NH_2$ 아미드(아마이드)

2. 작용기의 종류별 특성

(1) **알코올(Alcohol, ROH)** : 탄화수소의 수소원자가 하이드록시기(−OH)로 치환된 화합물의 총칭이다.

① **특성**
- **결합** : 비극성의 알킬기(R)와 극성 부분의 하이드록시기(OH)의 결합으로 구성됨
- **용해도** : 저분자량($C_1 \sim C_3$까지) 알코올은 물에 용해되지만 C_4이상은 분자량이 클수록 비극성이 작은 탄화수소 부분이 증가하여 극성이 작아지므로 용해도가 급격히 낮아짐
- **끓는점** : 수산기(−OH)는 수소결합을 형성하므로 일반적인 분자량이 비슷한 메테인계 탄화수소보다 끓는점이 높음. 또한 끓는점은 분자량이 클수록 증가함
- **반응성** : 알코올의 작용기(−OH)는 공유결합성이므로 염기로 작용하지 않음. 매우 약한 산성(대체로 중성에 가까움)이므로 NaOH와 같은 강염기와는 반응하지 않음

② **이용성**
- 메탄올(CH_3OH)은 독성이 높음(인체 구역질, 실명), 휴대용 연료로 이용
- 에탄올(C_2H_5OH)은 곧은 사슬 알코올 중 유일하게 무독성임(알코올 음료)
- 2-프로판올[$CH_3CH(OH)CH_3$]은 소독용 알코올로 이용됨
- 에틸렌글라이콜[$HO(CH_2)_2OH$]은 자동차 부동액으로 이용되며, 유독함

③ **알코올의 산화**
- 1차 알코올(탄소에 붙어 있는 알킬기의 수가 1개) → H원자 2개 잃으면(1차 산화) 폼알데하이드 및 아세트알데하이드가 되고, 폼알데하이드(포름알데히드)가 산소에 의해 산화(2차 산화)되면 폼산(Formic Acid)으로, 아세트알데하이드가 산소에 의해 산화(2차 산화)되면 아세트산(Acetic Acid)이 된다.

- 2차 알코올(탄소에 붙어 있는 알킬기의 수가 2개) → 1번 산화될 경우 케톤(ketone)을 형성함

- 3차 알코올(탄소에 붙어 있는 알킬기의 수가 3개) → 산화되지 않음

④ 알코올의 반응
- 금속과 반응 : Na와 같이 활성이 매우 큰 금속과 반응하여 수소와 유기염(알콕시드＝반응 시약)을 생성함

$$2CH_3OH(L) + 2Na(s) \longrightarrow 2CH_3ONa(s) + H_2(g)$$
메톡시화 소듐

- 황산과 반응 : 황산과 같은 탈수제의 존재 하에 가열하면 에터(에테르, Ether)가 생성됨

$$ROH + ROH \xrightarrow[\text{(황산 등)}]{\text{탈수제}} ROR + H_2O$$

$$CH_3CH_2OH + HOCH_2CH_3 \xrightarrow{H_2SO_4} CH_3CH_2OCH_2CH_3 + H_2O$$
에탄올　　　　　　　에탄올　　　　　　　　　　　　다이에틸 에터(에테르)

- 유기산과 반응 : 유기산과 반응하면 에스터(에스테르, Ester)가 생성됨(에스터화 반응)

카보닐기(유기산, 케톤, 에스터, 아마이드)

$$CH_3\overset{\overset{O}{\|}}{C}-OH + HOCH_2CH_3 \longrightarrow CH_3\overset{\overset{O}{\|}}{C}-O-CH_2CH_3 + H_2O$$
아세트산　　　　　　에탄올　　　　　　　　　　　　　아세트산 에틸(향기) → 니스, 래커, 필름

(2) 에터(에테르, ROR′)

에터(Ether)는 산소원자가 2개의 알킬기 사이에 결합된 탄화수소의 유도체(R-O-R′)이다.

다이메틸에터　　　　　　　　메틸에틸에터　　　　　　　　다이에틸에터

① 생산 : 에터는 황산과 같은 탈수제의 존재 하에 가열하여 얻는다.

$$CH_3CH_2OH + HOCH_2CH_3 \xrightarrow{H_2SO_4} CH_3CH_2OCH_2CH_3 + H_2O$$
에탄올　　　　　　　에탄올　　　　　　　　　　　　다이에틸에터(에테르)

$$CH_3OH + HOCH_2CH_3 \xrightarrow{H_2SO_4} CH_3OCH_2CH_3 + H_2O$$
메탄올　　　　　　　에탄올　　　　　　　　　메틸에틸에터(에테르)

② 특성
- 에터(에테르)와 알코올은 분자식이 $C_nH_{2n+2}O$로 같기 때문에 서로 이성질체임
- 다이에틸에터는 중추신경 억제작용 ➡ 과거에는 마취제로 사용됨(부작용＝구역질, 구토)

에탄올(C_2H_6O)　　　　　　　　　　　다이메틸에터(C_2H_6O)

(3) 알데하이드와 케톤

① **구조** : 알데하이드(알데히드)와 케톤은 탄소 사슬의 중간에 있는 탄소원자가 산소원자와 이중결합을 갖는 원자단, 즉 카보닐기($C = O$)를 갖는 화합물로서 알데하이드는 카보닐 탄소에 수소 한 개가 붙어 있고, 케톤은 두 개의 탄소(알킬기, R)가 붙어 있다.

$$R-\overset{\overset{\displaystyle O}{\|}}{C}-H$$ 알데하이드(Aldehyde)		$$R-\overset{\overset{\displaystyle O}{\|}}{C}-R'$$ 케톤(Ketone)	
알데하이드류는 탄화수소의 모체에 -알을 붙임		**케톤류**는 탄화수소의 모체에 -온을 붙임	
$$H-\overset{\overset{\displaystyle O}{\|}}{C}-H$$	메탄알 (폼알데하이드)	$$CH_3-\overset{\overset{\displaystyle O}{\|}}{C}-CH_3$$	아세톤 (다이메틸케톤)
$$CH_3-\overset{\overset{\displaystyle O}{\|}}{C}-H$$	에탄알 (아세트알데하이드)	$$CH_3-\overset{\overset{\displaystyle O}{\|}}{C}-CH_2CH_3$$	2-뷰타논 (메틸에틸케톤)
$$CH_3CH_2-\overset{\overset{\displaystyle O}{\|}}{C}-H$$	프로판알 (프로피온알데하이드)	$$C_2H_5-\overset{\overset{\displaystyle O}{\|}}{C}-C_2H_5$$	다이에틸케톤

② **알데하이드와 케톤의 일반 특성**
- 알데하이드와 케톤은 일반식이 $C_nH_{2n}O$로서 서로 이성질체임
- 케톤은 우수한 용매이며, 대부분의 유기물을 용해하고, 물과도 잘 섞임
- 폼알데하이드는 포르말린의 37% 수용액으로 과거 방부제로 사용되었음
- 저급 지방족 포화알데하이드는 자극성 냄새를 지닌 기체 또는 액체, 물에 녹음
- 탄소 사슬 길이가 6 ~ 9개인 알데하이드는 향료 및 향수 원료로 사용되고, 9개 이상인 것은 물에 녹지 않는 고체임
- 카보닐기가 첨가화합물을 생성하거나 카보닐시약과 반응하는 점은 알데하이드와 케톤이 유사함

③ **알데하이드와 케톤의 반응성 차이**
- 알데하이드는 탄소−산소의 이중결합을 포함하므로 반응성이 매우 크지만 케톤은 알데하이드보다 반응성이 약한 편임
- 알데하이드는 산소 및 산화제에 의해 쉽게 산화되지만 케톤은 카보닐 탄소와 결합된 수소가 없기 때문에 산화반응을 잘 하지 않음

알데하이드

$$\underset{H}{\overset{R}{>}}C=O + KMnO_4 \xrightarrow[\text{강산화제}]{\text{산화}} \overset{O}{\underset{}{RCO-}} \xrightarrow{H_3O^+} \overset{O}{\underset{}{RCOH}} \quad \text{카복실산 (carboxylic acid)}$$

$$\underset{H}{\overset{R}{>}}C=O + Ag_2O \xrightarrow[\text{약한 산화제}]{\text{산화}} \overset{O}{\underset{}{RCO-}} \xrightarrow{H_3O^+} \overset{O}{\underset{}{RCOH}} \quad \text{카복실산 (carboxylic acid)}$$

케톤(ketone)

$$\underset{R}{\overset{R}{>}}C=O + KMnO_4, Ag_2O \xrightarrow[\text{산화제}]{} \text{쉽게 반응하지 않음}$$

• 알데하이드는 은거울 반응을 하지만 케톤은 은거울 반응을 하지 않음

알데히드

Tollens 시약(암모니아 수용액+질산은 수용액)

$$\underset{H}{\overset{R}{>}}C=O + \xrightarrow[H_2O]{Ag(NH_3)_2^+} \overset{O}{\underset{\text{카복실산이온}}{R-C-O^-}} + \underset{\text{은거울}}{Ag\downarrow}$$

※ 알데하이드기 자체가 산화되어 다른 화합물을 환원시키는 특성을 가짐

케톤(ketone)

$$\underset{R}{\overset{R}{>}}C=O + \xrightarrow[H_2O]{Ag(NH_3)_2^+} \text{반응하지 않음(음성반응)}$$

(4) 유기산과 카복실산

① **구조** : 넓은 의미에서 유기산(Organic Acid)이라고 하면 산성을 갖는 유기화합물 전체를 총칭한다. 유기산은 분자 내에 카복시기($-COOH$)와 또 다른 작용기(수소, 알킬기, 설폰기, 인산기 등)를 가지고 있으며, 카복실산(Carboxylic Acid)도 분자 내에 카복시기(Carboxyl Group)를 가지고 있으므로 유기산에 포함된다. 카복실산에는 폼산($HCOOH$), 아세트산(CH_3COOH)을 비롯하여 벤조산(C_6H_5COOH) 등 다양하다.

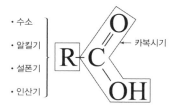

• 수소
• 알킬기
• 설폰기
• 인산기

→ 카복시기

<그림> 유기산의 구조

<그림> 폼산(Formic acid)

<그림> 아스피린

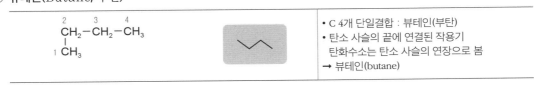

<그림> 메탄산(폼산) 　　<그림> 에탄산(아세트산) 　　<그림> 프로피온산 　　<그림> 옥살산(수산)

<그림> 말산(사과, 포도, 수박, 와인) 　　　　<그림> 타르타르산(포도주스, 와인)

② **카복시산의 화학적 특성**

- 수용액에서 대체로 약산의 역할을 함(단, 트라이클로로아세트산은 강산임)
- 에스터화 반응에 의해 에스터(Ester)와 H_2O를 생성함

$$CH_3-\overset{\overset{\displaystyle O}{\|}}{C}-OH + HO-CH_3 \xrightarrow{\ H^+\ } CH_3-O-\overset{\overset{\displaystyle O}{\|}}{C}-CH_3 + H_2O$$

수소원자가 탄소원자로 치환

아세트산　　　　메틸알코올　　　　　　　　　　아세트산메틸

- 강염기와 반응에 의해 비누(지방산나트륨, $RCOO-Na^+$)를 얻음

$$CH_3(CH_2)_{16}-\overset{\overset{\displaystyle O}{\|}}{C}-OH + OH^- \longrightarrow Na^+, {}^-O-\overset{\overset{\displaystyle O}{\|}}{C}-CH_3(CH_2)_{16} + H_2O$$

스테아르산　　　　　　　　　강염기　　　　　　비누의 스테아레이트소듐

6 유기화합물의 명명법

1. 알케인(알칸, C_nH_{2n+2})의 명명법

(1) 핵심사항

- C 사슬 중 가장 긴 사슬을 기준으로 명명한다.
- 수소원자가 1개 제거된 가지의 탄화수소는 "일(yl)"로 바꾸어 명명한다.
- 작용기 및 다중결합은 사슬에서 위치번호를 부여한다. 이때 사슬의 양끝 중에서 작용기가 부착된 쪽에 가까이 있는 탄소원자부터 번호를 매긴다.

(2) 보기

① 뷰테인(Butane, 부탄)

$\overset{2}{CH_2}-\overset{3}{CH_2}-\overset{4}{CH_3}$ 　$\vert$ $\underset{1}{CH_3}$　　〔그림〕	• C 4개 단일결합 : 뷰테인(부탄) • 탄소 사슬의 끝에 연결된 작용기 탄화수소는 탄소 사슬의 연장으로 봄 → 뷰테인(butane)

② 펜테인(pentane, 펜탄)

$\overset{1}{C}H_3-\overset{2}{C}H-\overset{3}{C}H_2-\overset{4}{C}H_2-\overset{5}{C}H_3$ $\qquad\quad\overset{}{\underset{}{C}H_3}$		• C 5개 단일결합 : 펜테인 • 2번 탄소에 메틸기(CH_3) 1개 → 2-메틸펜테인(2-methylpentane)
$\overset{5}{C}H_3-\overset{4}{C}H_2-\overset{3}{C}H_2-\overset{2}{C}H-\overset{1}{C}H_3$ $\qquad\qquad\qquad\quad\overset{}{\underset{}{C}H_3}$		• C 5개 단일결합 : 펜테인 • 2번 탄소에 메틸기(CH_3) 1개 → 2-메틸펜테인(2-methylpentane)
$\overset{1}{C}H_3-\overset{2}{C}H-\overset{3}{C}H_2-\overset{4}{C}H_3$ $\qquad\quad\overset{2}{\underset{}{C}H_2}$ $\qquad\quad\overset{1}{\underset{}{C}H_3}$		• C 5개 단일결합 : 펜테인 • 좌측 1번은 3번 탄소에 결합된 메틸기(CH_3)임 → 3-메틸펜테인(3-methylpentane)

③ 작용기가 부착된 경우

$\overset{1}{C}H_3-\overset{2}{C}H-\overset{3}{C}H-\overset{4}{C}H_2-\overset{5}{C}H_2-\overset{6}{C}H_3$ $\qquad\quad\overset{}{\underset{}{N}O_2}\;\;\overset{}{\underset{}{B}r}$	• C 6개 단일결합 : 헥세인(헥산) • 2번, 3번 탄소에 NO_2, Cl 작용기 → 3-브로모-2나이트로헥세인

2. 알켄(C_nH_{2n})과 알카인(C_nH_{2n-2})의 명명법

(1) 핵심사항
- 이중결합이 포함된 가장 긴 사슬을 찾는다.
- 알켄은 알케인의 "에인(ane)" 대신 "엔(ene)"을, 알카인은 "인(yne)"을 붙임
- 위치번호의 시작은 다중결합에 가까운 쪽의 끝에서 시작하되 다중 결합부분의 번호가 최소가 되도록 한다. 알코올기 탄소에 작은 번호가 배정되도록 한다.

(2) 보기

구조식	• 탄소의 2중 결합 : 알켄 • 2중 결합부분의 탄소를 1번으로 함 • 끝 번호 6 → 탄소 6개 알켄 → 헥센 → 1-헥센

<그림> 3-에틸-3-헥센

<그림> *trans*-4-메틸-2-헥센

$\overset{4}{C}H_3 - \overset{3}{C}H = \overset{2}{C} = \overset{1}{C}H_2$

<그림> 1,2-부타디엔

$\overset{1}{C}H_2 = \overset{2}{C}H - \overset{3}{C}H = \overset{4}{C}H_2$

<그림> 1,3-부타디엔

3. 고리구조 알켄

(1) 핵심사항

- 알케인의 기본명 앞에 접두어로 고리형을 의미하는 사이클로(cyclo)를 붙임
- 고리의 번호는 치환기의 알파벳 순으로 하되 번호가 작은 값을 갖도록 붙임. 단, 알코올기인 경우는 작은 번호가 배정되도록 번호 위치를 조정함
- 3개 이상의 치환기는 알파벳 순서보다는 번호가 작은 값을 갖도록 붙임
- 탄소수가 더 많은 탄화수소가 고리에 연결된 경우 고리형 알케인의 이름을 작용기로 붙인 다음 탄소수가 많은 탄화수소의 이름을 붙여 명명함(알코올기의 표시는 마지막에)

(2) 보기

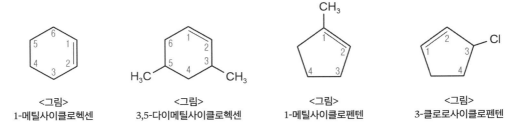

<그림>	<그림>	<그림>	<그림>
1-메틸사이클로헥센	3,5-다이메틸사이클로헥센	1-메틸사이클로펜텐	3-클로로사이클로펜텐

4. 방향족 탄화수소

(1) 핵심사항

- 고리구조의 포화 탄화수소 명명방식과 유사함
- 치환기가 2개 이상 있을 때는 첫 번째 치환기에 대한 두 번째 치환기의 위치를 나타낼 수 있도록 번호를 붙임[가능한 작은 번호, 바로 옆 ortho(오쏘), 건너뛰면 meta(메타), 대칭이면 para(파라)를 붙이기도 함 = 치환기 3개 이내에서만 가능]

(2) 보기

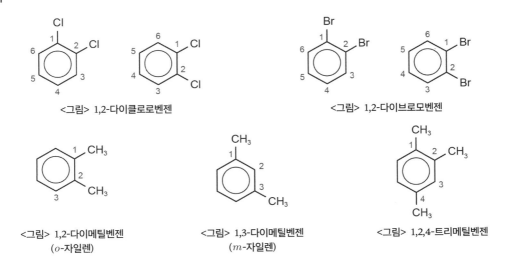

<그림> 1,2-다이클로로벤젠

<그림> 1,2-다이브로모벤젠

<그림> 1,2-다이메틸벤젠
(*o*-자일렌)

<그림> 1,3-다이메틸벤젠
(*m*-자일렌)

<그림> 1,2,4-트리메틸벤젠

01 다음 작용기 중에서 메틸(Methyl)기에 해당하는 것은?

① $-C_2H_5$　　　　② $-COCH_3$
③ $-NH_2$　　　　④ $-CH_3$

정답 분석 메틸(methyl)기는 메테인(CH_4)에서 수소원자 1개를 제거한 1가의 원자단($-CH_3$)을 말한다.

알킬기	메틸기 ($n=1$)	에틸기 ($n=2$)	프로필기 ($n=3$)	부틸기 ($n=4$)
C_nH_{2n+1}	$-CH_3$	$-C_2H_5$	$-C_3H_7$	$-C_4H_9$

정답 ④

 02 페놀 수산기($-OH$)의 특성에 대한 설명으로 옳은 것은?

① 수용액이 강알칼리성이다.
② 카르복실산과 반응하지 않는다.
③ $FeCl_3$ 용액과 정색반응을 한다.
④ $-OH$기가 하나 더 첨가되면 물에 대한 용해도가 작아진다.

정답 분석 페놀은 염화철($FeCl_3$)에 의해 짙은 청자색 발색반응을 하고, 브로민수에는 백색 침전이 생긴다.

 바르게 고쳐보기
① 페놀 수용액은 약산성이다.
② 페놀은 카복실산($-COOH$)과 반응하여 에스터(에스테르)를 형성한다.
④ 2가 페놀 수산기의 수가 많은 것은 물에 대해 용해도가 늘어난다.

정답 ③

 03 다음 중 방향족 화합물이 아닌 것은?

① 톨루엔　　　　② 아세톤
③ 페놀　　　　④ 아닐린

정답 분석 방향족 화합물(芳香族化合物)은 분자 내에 벤젠고리를 함유하는 유기화합물을 말한다. 모체가 되는 화합물은 벤젠이며, 방향족 화합물은 벤젠의 유도체이다.

정답 ②

04 다음 중 두 물질을 섞었을 때 용해성이 가장 낮은 것은?

① C_6H_6과 H_2O　　　　② $NaCl$과 H_2O
③ C_2H_5OH과 H_2O　　　　④ C_2H_5OH과 CH_3OH

정답 분석 벤젠(C_6H_6)은 제1석유류 비수용성 물질로 휘발성이 있으며, 알코올 · 에테르 · 이황화탄소 · 아세톤 등의 유기용매에 녹지만, 물에는 잘 녹지 않는다.

정답 ①

 05 다음 화합물 가운데 기하학적 이성질체를 가지고 있는 것은?

① $CH_2=CH-CH$
② $CH_3-CH_2-CH_2-OH$
③ $H-C\equiv C-H$
④ $CH_3-CH=CH-CH_3$

정답 분석 기하학적 이성질체는 시스(cis)형태와 트랜스($trans$) 형태로 배열되어야 하므로 분자식으로 판단할 때는 작용기가 되는 원소가 2개 존재하는 ④항이 기하학적 이성질체를 형성할 수 있는 화합물이다.

정답 ④

06 다음 중 이성질체로 짝지어진 것은?

① CH_3OH와 CH_4

② CH_4와 C_2H_8

③ CH_3OCH_3와 $CH_3CH_2OCH_2CH_3$

④ C_2H_5OH와 CH_3OCH_3

 정답 분석
에탄올(C_2H_5OH)과 다이메틸에테르(CH_3OCH_3)는 C_2H_6O의 같은 분자식을 갖지만 결합형태가 다른 구조 이성질체이다. 즉, 알코올과 에터(에테르)의 일반적인 분자식이 $C_nH_{2n+2}O$으로 같기 때문에 서로 이성질체이다.

정답 ④

07 산화에 의하여 카보닐기를 가진 케톤을 만들 수 있는 것은?

① $CH_3-CH_2-CH_2-COOH$

② $CH_3-CH-CH_3$
   $\quad\quad\quad |$
   $\quad\quad\quad OH$

③ $CH_3-CH_2-CH_2-OH$

④ CH_2-CH_2
   $\quad |\quad\quad |$
   $\quad OH\quad OH$

 정답 분석
카보닐기(carbonyl group, $>C=O$) 화합물은 분자 내에 산소원자(O)와 이중결합으로 결합된 탄소원자(C)가 있는 작용기(作用基)를 가진 화합물로서 케톤류, 알데하이드류와 유기산류 및 카복시산의 유도체인 에스터(ester) 등이 이에 속한다. 제시된 항목 중 산화(酸化)에 의하여 카보닐기를 가진 케톤을 만들 수 있는 것은 1차 및 2차 알코올이다. 2차 알코올인 이소프로필알코올[$(CH_3)_2CHOH$]을 산화시키면 아세톤이 된다.

정답 ②

08 다음 중 3차 알코올에 해당되는 것은?

①
$$H-\overset{\overset{\displaystyle OH}{|}}{\underset{\underset{\displaystyle H}{|}}{C}}-\overset{\overset{\displaystyle H}{|}}{\underset{\underset{\displaystyle H}{|}}{C}}-\overset{\overset{\displaystyle H}{|}}{\underset{\underset{\displaystyle H}{|}}{C}}-H$$

②
$$H-\overset{\overset{\displaystyle H}{|}}{\underset{\underset{\displaystyle H}{|}}{C}}-\overset{\overset{\displaystyle H}{|}}{\underset{\underset{\displaystyle H}{|}}{C}}-\overset{\overset{\displaystyle H}{|}}{\underset{\underset{\displaystyle H}{|}}{C}}-OH$$

③
$$H-\overset{\overset{\displaystyle H}{|}}{\underset{\underset{\displaystyle H}{|}}{C}}-\overset{\overset{\displaystyle H}{|}}{\underset{\underset{\displaystyle OH}{|}}{C}}-\overset{\overset{\displaystyle H}{|}}{\underset{\underset{\displaystyle H}{|}}{C}}-H$$

④
$$CH_3-\overset{\overset{\displaystyle CH_3}{|}}{\underset{\underset{\displaystyle OH}{|}}{C}}-CH_3$$

정답 분석
탄소를 중심으로 메틸기($-CH_3$)가 3개가 붙어 있는 것이 3차 알코올이다. 알코올은 하이드록시기($-OH$)를 가지는 것이 특징인데 1차, 2차, 3차 알코올은 탄소에 결합된 알킬기 수에 따라서 분류된다.

정답 ④

09 다음에서 설명하는 물질의 명칭은?

- HCl과 반응하여 염산염을 만든다.
- 나이트로벤젠을 수소로 환원하여 만든다.
- $CaOCl_2$ 용액에서 붉은 보라색을 띤다.

① 페놀   ② 아닐린

③ 톨루엔   ④ 벤젠술폰산

 정답 분석
아닐린은 나이트로벤젠을 금속과 염산으로 환원시켜 만든 방향족 아민($C_6H_5NO_2 \rightarrow C_6H_5NH$)이다. 즉, 아닐린은 나이트로벤젠을 주석 또는 철과 염산에 의해 환원시키거나 니켈 등 금속 촉매를 써서 접촉수소 첨가법으로 생성시킨다. 아닐린($C_6H_5NH_2$)은 제4류 위험물 중 제3석유류이다.

답 ②

10 다음 벤젠의 유도체 중에서 T.N.T(tri-nitrotoluene)의 구조식은?

①

②

③

④

정답 분석 트리나이트로톨루엔(TNT)은 톨루엔을 황산의 존재 하에 질산과 나이트로화 반응에 의해 생성되며, 트리나이트로톨루엔은 담황색 고체로 폭발성을 가져 폭약 등으로 이용된다.

반응 $C_6H_5CH_3 + 3HNO_3 \xrightarrow[나이트로화]{H_2SO_4} C_6H_2CH_3(NO_2)_3 + 3H_2O$

정답 ①

11 TNT의 폭발, 분해 시 생성물이 아닌 것은?

① CO ② N_2
③ SO_2 ④ H_2

정답 분석 TNT의 화학식은 $C_7H_5(NO_2)_3$이고, 폭발분해할 경우 생성되는 물질은 CO, H_2, N_2, C이다.

반응 $C_7H_5(NO_2)_3 \rightarrow 6CO + 2.5H_2 + 1.5N_2 + C$

정답 ③

12 다음 중 $FeCl_3$과 반응하면 색깔이 보라색으로 되는 현상을 이용해서 검출하는 것은?

① CH_3OH ② C_6H_5OH
③ $C_6H_5NH_2$ ④ $C_6H_5CH_3$

정답 분석 페놀(C_6H_5OH)은 염화철($FeCl_3$)과 반응하여 보라색의 정색반응을 한다.

정답 ②

13 C−C−C−C을 뷰테인(butane)이라고 한다면 C=C−C−C의 명명은? (단, C와 결합된 원소는 H이다.)

① 1 - 뷰테인 ② 2 - 뷰테인
③ 1,2 - 뷰테인 ④ 3,4 - 뷰테인

정답 분석 Alkene을 명명할 때에는 이중결합과 가까이 있는 탄소부터 번호를 매기며, 이중결합이 존재하는 탄소번호의 숫자와 전체 탄소 개수에 해당하는 어근에 '−ene'을 붙여 명명한다.

$\underset{1\quad 2\quad 3\quad 4}{C=C-C-C} \rightarrow \therefore$ 1−butene

정답 ①

14 다음 화학식의 IUPAC 명명법에 따른 올바른 명명법은?

$$\underset{CH_3-CH_2-\underset{|}{CH}-CH_2-CH_3}{\overset{CH_3}{}}$$

① 3 - 메틸펜테인
② 2,3,5 - 트리메틸헥세인
③ 아이소뷰테인
④ 1,4 - 헥세인

정답 분석 가장 긴 탄소사슬에 번호를 매기면, 탄소수가 5개인 포화탄화수소 펜테인(Pentane)의 3번 탄소에 메틸기가 치환되어 있음을 알 수 있다. 따라서 3-메틸펜테인(3-methyl pentane)이라 명명한다.

정답 ①

03 유기화학의 반응

1 치환반응 및 첨가반응

1. 개요

- 치환반응(置換反應, Substitution Reaction)은 탄소에 결합된 원자나 원자단이 제거되고, 다른 원자나 원자단이 그 자리를 차지하는 반응으로 반응이 할로젠(할로겐)화 반응, 나이트로화 반응, 술폰화 반응, 알킬화 반응 등이 여기에 속하며, 반응 후 탄소의 포화정도에는 변화가 없음
- 첨가반응(添加反應, Addition Reaction)은 탄소에 결합되는 원자나 원자단의 수가 증가하면서 분자는 포화상태에 이름

2. 나이트로화 반응(Nitroification Reaction)

유기화합물에 나이트로기(니트로기, $-NO_2$)를 결합시키는 반응으로, 벤젠과 같은 방향족 화합물을 나이트로화 할 때에는 진한 질산과 진한 황산의 혼합액을 사용하여 반응시킨다. 나이트로화는 염료·농약·폭약(TNT)의 제조 등 공업적으로 매우 중요하다.

나이트로벤젠

트라이나이트로톨루엔(TNT)

3. 할로젠화반응(Halogenation Reaction)

탄소화합물에서 탄소원자와 할로젠(할로겐) 원자의 결합이 이루어지는 반응을 할로젠화 반응이라고 한다. 할로젠화 반응에는 치환반응과 첨가반응의 두 가지가 있다.

(1) 할로젠화 치환반응

① 포화 탄화수소(알케인, C_nH_{2n+2})는 화학적으로 비활성이며, $KMnO_4$ 또는 $K_2Cr_2O_7$과 같은 강산화제와도 반응하지 않는다. 그러나 할로젠(할로겐)과 진한 질산에는 반응을 하며, 고온에서 햇빛이나 자외선이 존재하면 탄화수소의 수소가 할로젠으로 쉽게 치환된다.

② 방향족 고리화합물인 벤젠은 염화철 촉매(루이스산)의 존재 하에서 Cl_2 및 Br_2와 쉽게 치환반응을 한다.

$$\text{벤젠} + Cl-Cl \xrightarrow[\text{촉매}]{FeCl_3} \text{클로로벤젠} + HCl$$

③ 톨루엔은 $FeCl_3$ 촉매의 존재 하에서 염소(Cl_2)와 치환반응을 통해 클로로톨루엔을 생성한다.

$$\text{톨루엔} + Cl_2 \xrightarrow[\text{촉매}]{FeCl_3} \text{o-클로로톨루엔} + \text{p-클로로톨루엔}$$

o-클로로톨루엔   p-클로로톨루엔

(2) 할로젠화 첨가반응 : 불포화결합을 지닌 탄소화합물이 할로젠(할로겐) 원소 또는 염화수소(또는 할로젠화 수소)와 반응할 때에는 첨가반응이 일어난다. 에텐(에틸렌)과 염소가 반응하면 1,2-다이클로로에테인이 되며, 아세틸렌(에틴)과 염화수소가 반응하면 염화비닐이 된다.

$$\cdot\ CH_2=CH_2 + Cl-Cl \xrightarrow{\text{상온반응}} Cl-\overset{\displaystyle H}{\underset{\displaystyle H}{C}}-\overset{\displaystyle H}{\underset{\displaystyle H}{C}}-Cl$$

$$\cdot\ CH\equiv CH + HCl \xrightarrow[\substack{\text{흡착시킨}\\\text{활성탄 촉매}}]{HgCl_2\text{를}} \overset{H}{\underset{H}{C}}=\overset{H}{\underset{H}{C}}$$

(3) 수소 첨가반응(수소화 반응) : 불포화결합에 수소를 첨가시키는 반응으로 환원반응의 일종이다.

① 불포화 탄화수소(에텐 = 에틸렌)를 고온, 고압 촉매(Pt, Pd, Ni 등)의 존재 하에서 수소를 첨가할 경우 포화 탄화수소로 전환할 수 있다.

$$\cdot\ CH_2=CH_2 + H_2 \xrightarrow[\text{고온 · 고압}]{\text{촉매}} H-\overset{\displaystyle H}{\underset{\displaystyle H}{C}}-\overset{\displaystyle H}{\underset{\displaystyle H}{C}}-H$$

② 벤젠(C_6H_6)의 이중결합 부분에 니켈, 팔라듐 등의 촉매를 이용하여 수소(H_2)를 첨가(300℃)할 경우, 사이클로헥세인(C_6H_{12})이 생성된다. 사이클로헥세인은 다양한 전환과정을 거쳐 나일론의 원료로 이용된다.

$$\text{벤젠} + 3H_2 \xrightarrow[Ni,\ Pd]{\text{촉매}} \text{사이클로헥세인}$$

(4) 물의 첨가반응(수화반응) : 불포화 탄화수소(에텐 = 에틸렌)를 진한 황산의 촉매 하에서 물을 첨가반응시킬 경우, 에탄올(에틸알코올)을 얻을 수 있다.

$$\cdot \ CH_2 = CH_2 \ + \ H_2O \xrightarrow[\text{촉매}]{H_2SO_4} H - \overset{\overset{\displaystyle H}{|}}{\underset{\underset{\displaystyle H}{|}}{C}} - \overset{\overset{\displaystyle H}{|}}{\underset{\underset{\displaystyle H}{|}}{C}} - OH$$

4. 프리델 - 크래프츠 반응

할로겐(할로젠)화 알루미늄 무수물(無水物)의 존재 하에 방향족화합물과 할로젠화알킬 또는 할로젠화아실을 반응시켜서 각각 알킬화 또는 아실화를 행하는 반응을 말한다. 1877년에 프리델(Friedel)과 크래프츠(Crafts)가 할로젠화알킬과 금속 알루미늄의 반응을 연구하는 과정에서 발견한 반응이다. 프리델-크래프츠 반응은 분자 내 고리화반응에도 이용된다.

(1) 반응

$$\cdot \ C_6H_6 + CH_3Cl \xrightarrow[\text{촉매}]{AlCl_3} C_6H_5CH_3 + HCl \ \cdots \ 알킬화$$

$$\cdot \ C_6H_6 + CH_3COCl \xrightarrow[\text{촉매}]{AlCl_3} C_6H_5COCH_3 + HCl \ \cdots \ 아실화$$

(2) 촉매 : 촉매로는 할로젠화 알루미늄($AlCl_3$)이 주로 사용되며, 이 외에 염화안티몬(V)·염화철(Ⅲ)·염화주석(Ⅳ) 등의 금속 할로젠화물도 사용할 수 있다. 이 반응은 페놀합성의 중간체인 에틸벤젠, 세제(洗劑)의 중간물질인 도데실벤젠 등의 생산에 이용된다.

● **참고** ●

비누화 반응과 비누화 값

• **비누화 반응** : 지방산의 나트륨염이 바로 비누이며, 에스터(에스테르)가 강한 염기와 만나 비누를 형성하는 반응을 비누화 반응이라고 한다.

$$\begin{matrix} R_1 - COO - CH_2 \\ \vdots \\ R_2 - COO - CH \\ \vdots \\ R_3 - COO - CH_2 \end{matrix} \ + \ \begin{matrix} KOH \\ NaOH \end{matrix} \xrightarrow{\text{비누화 반응}} \boxed{\begin{matrix} R_1 - COO^- Na^+ \\ R_2 - COO^- Na^+ \\ R_3 - COO^- Na^+ \end{matrix}} \ + \ \begin{matrix} CH_2 - OH \\ \vdots \\ CH_2 - OH \\ \vdots \\ CH_2 - OH \end{matrix}$$

유지 (에스터)　　　　강염기　　　　　　　　　비누　　　　　　　글리세롤

• **비누화 값** : 유지 1g을 비누화시키는 데 필요한 강염기의 mg 수를 의미한다. 이 값은 지방산의 성질, 비누화 되지 않는 물질의 양을 추정하는 데 사용되며, 비누화 값은 원래 에스터(에스테르) 값과 같지만, 유리지방산이 들어 있는 경우에는 비누화 값 = 에스터 값 + 산화 값이 된다.
- **일반적인 동·식물유의 비누화 값** : 190 정도
- **분자량이 작은 글리세리드가 들어 있는 유지** : 240~250
- **분자량이 큰 고급 지방산의 에스터(에스테르), 고급 알코올 또는 탄화수소, 불순물이 많이 들어 있는 유지의 경우에는 비누화 값이 작아진다.**

2 제거반응 · 축합반응 · 중합반응

1. 개요

- 제거반응(除去反應, Elimination Reaction)은 원자 또는 작용기가 소실되어 이중 또는 삼중 결합이 형성되는 반응으로 주로 포화 탄화수소에 결합된 할로젠(할로겐) 작용기와 수소 하나가 제거되면서 탄소에 결합된 원자나 원자단의 수가 감소되면서 불포화도 정도가 증가되는 반응임
- 축합반응(縮合反應, Condensation Reaction)은 2개의 분자가 첨가반응을 할 때 작은 분자(물 분자인 경우가 많음)의 이탈에 수반하여 생기는 경우를 말함
- 중합반응(重合反應, Polymerization)은 작은 단위체의 분자를 조합하여 고분자 사슬을 만들거나 삼차원 망상구조의 천연고분자 또는 합성고분자를 만드는 반응을 말함

2. 할로젠화수소 제거반응 : 할로젠화수소 제거(이탈)반응은 수산화나트륨($NaOH$)과 같은 강염기를 필요로 한다.

브로모에테인   에텐(에틸렌)

3. 알코올의 탈수반응 : 제거반응의 한 형태인 알코올의 탈수반응은 알카인(알켄)의 수화반응에 의한 알코올 생성반응의 역반응으로 근접한 두 탄소에 있는 H와 OH가 제거되어 이중결합구조를 갖는 에텐(에틸렌)으로 전환되는 반응이다. 탈수반응은 황산(H_2SO_4)과 가열 촉매(Al_2O_3)에 의해 촉진된다.

에탄올   에텐(에틸렌)

4. 카복시산의 축합반응 : 카복시산(RCOOH)은 산(酸) 촉매 하에 알코올과 축합반응을 하여 에스터(에스테르)를 생성시킨다.

카복시산   알코올   에스터   물

5. 에틸알코올의 탈수 · 축합 반응 : 에틸알코올(ROH)은 산(酸) 촉매 하에 에틸알코올(ROH)과 축합반응을 하여 에틸에터(에틸에테르)를 생성시킨다.

- $C_2H_5OH + C_2H_5OH \xrightarrow[\text{가열}(130\sim140℃)]{\overset{\text{진한 황산}(H_2SO_4)}{\text{촉매}}} C_2H_5OC_2H_5 + H_2O$

또한, 에틸알코올은 산(酸) 촉매 하에 아세트산과 에스터화반응(에스테르화반응)을 하여 아세트산에틸을 생성시킨다.

- $C_2H_5OH + CH_3COOH \xrightarrow[\text{가열}]{\overset{\text{소량의 황산}(H_2SO_4)}{\text{촉매}}} CH_3COOC_2H_5 + H_2O$

6. 중합반응

- **부가중합(첨가중합)** : 이중결합 또는 삼중결합을 가지는 단위체가 같은 종류의 분자와 첨가반응을 반복하여 중합체를 생성하는 반응
- **축합중합** : 두 개 이상의 분자가 결합할 때 반응하여 물이나 알코올과 같은 저분자 물질이 만들어지면서 중합이 진행되는 것
- **공중합** : 두 가지 이상의 단량체가 중합되어 주사슬을 이루는 고분자를 말함

(1) 부가중합(첨가중합)

- $n\,CH_2 = CH_2 \xrightarrow{\overset{\text{트리알킬알루미늄}(R_3Al),}{\text{사염화티타늄}(TiCl_4) \text{ 촉매}}} -(CH_2 - CH_2)_n-$
  에텐(에틸렌) / 폴리에텐(폴리에틸렌)
- $n\,CF_2 = CF_2 \xrightarrow[\text{가열}]{\text{촉매}} -(CF_2 - CF_2)_n-$
  사불화에텐(에틸렌) / 테프론

(2) 축합중합

① **폴리에스터(폴리에스테르)** : 다가 알코올인 에틸렌글리콜과 테레프탈산의 반응에 의해 얻어지는 축합고분자이다. 각 단위체의 양쪽 끝에 에스터(에스테르) 다리가 생겨 거대 분자가 형성된다.

테레프탈산 · 에틸렌글리콜 · $-H_2O$ · 폴리에틸렌 테레프탈레이트(PET)

② **폴리아마이드** : 폴리아마이드는 아마이드결합(아미드결합, $-CONH-$)으로 연결된 중합체를 총칭하며, 다이아민과 2가산(二價酸)의 축합중합으로 얻을 수 있다. 지방족 폴리아마이드의 대표적인 것에는 나일론 66이 있는데, 탄소수 6개인 헥사메틸렌다이아민과 탄소수 6개인 아디프산의 축합중합에 의해 제조된다.

아디프산 · 헥사메틸렌다이아민 · 가열 $-H_2O$ · 나일론 66

┃ 합성고분자의 분류와 반복 단위체 ┃

구분	합성 고분자	반복 단위체
축합 중합체	폴리아마이드	$-(NH-R-CO)_n$
	폴리에스터(폴리에스테르)	$-(O-R-CO)_n$
	폴리우레탄	$-(O-R-OCO-NH-R'-NH-CO)_n$
	폴리아세탈	$-(O-R'-OCHR)_n$
첨가 중합체	폴리에텐(폴리에틸렌)	$-(CH_2-CH_2)_n$
	폴리프로필렌	$-(CH_2-CH(CH_3))_n$
	폴리부틸렌	$-(CH_2-C(CH_3)_2)_n$
	폴리염화비닐	$-(CH_2-CH(Cl))_n$
	폴리비닐클로라이드	$-(CH_2-C(Cl)_2)_n$
	폴리아크릴로나이트릴	$-(CH_2-CH(CN))_n$
	폴리비닐아세테이트	$-(CH_2-CH(OCOCH_3))_n$
	폴리테트라플루오르에텐	$-(CF_2-CF_2)_n$

③ **공중합(共重合, copolymerization)** : 종류가 다른 단량체를 혼합·중합함으로써 이화학적 특징이 있는 중합체를 형성하는 반응이다. 예를 들면, 사란(염화비닐과 염화비닐리덴)이나 ABS 수지(아크릴나이트릴, 부타젠, 스틸렌) 등은 공중합체이다.

<그림> ABS 수지

합성 수지의 종류와 특성

• **열가소성** : 열을 가하면 부드럽게 되는 특성을 가짐
• **열경화성** : 열을 가하면 굳어지는 특성을 가짐

구분	합성 고분자	특징
열가소성	폴리염화비닐 (염화비닐 수지)	• PVC로 약칭함 • 전기절연성 · 내약품성 좋음, 고온 및 저온에 약함
	아크릴 수지	투광성 좋음, 내후성 양호, 착색 용이
	초산비닐 수지	무색투명, 접착성 양호, 내열성 낮음
	비닐아세틸 수지	무색투명, 밀착성 양호
	메틸메타크릴 수지	무색투명, 내약품성 좋음
	폴리스티렌 수지	무색투명, 전기절연성 좋음, 내수성 · 내약품성 좋음
	폴리에틸렌 수지	물보다 가벼움, 내약품성 좋음, 유연성 · 내열성 낮음
	폴리아마이드(나일론)	강인하고 내마모성 좋음, 내광성 약함
	셀룰로이드	투명하고 가공성이 좋음, 내열성이 없음
열경화성	폴리에스테르 수지	전기절연성 및 내열성이 좋고, 내약품성이 우수함
	폴리우레탄 수지	열절연성 우수, 내약품성, 내열성 좋음
	페놀 수지	전기절연성 · 내산성 · 내열성 우수, 내알칼리성 낮음
	요소 수지	페놀 수지와 유사, 내수성이 다소 약함
	에폭시 수지	금속의 접착성 우수, 내약품성 · 내열성 좋음
	실리콘 수지	열절연성 우수, 내약품성, 내후성 좋음
	규소 수지	내열성 · 전기절연성 및 발수성 양호
	멜라민 수지	요소 수지와 유사, 경도가 크지만 내수성은 약함

01 다음 화합물 가운데 기하학적 이성질체를 가지고 있는 것은?

① $CH_2=CH-CH$
② $CH_3-CH_2-CH_2-OH$
③ $H-C\equiv C-H$
④ $CH_3-CH=CH-CH_3$

정답분석 기하학적 이성질체는 시스(cis)형태와 트랜스($trans$) 형태로 배열되어야 하므로 분자식으로 판단할 때는 작용기가 되는 원소가 2개 존재하는 ④항이 기하학적 이성질체를 형성할 수 있는 화합물이다.

정답 ②

02 벤젠에 수소원자 한 개는 $-CH_3$기로, 또 다른 수소원자 한 개는 $-OH$기로 치환되었다면 이성질체수는 몇 개인가?

① 1 ② 2
③ 3 ④ 4

정답분석 벤젠에 수소원자 한 개는 $-CH_3$기로, 또 다른 수소원자 한 개는 $-OH$기로 치환된 것은 1가 페놀인 크레졸(메틸페놀)이다. 두 치환기가 서로 옆에 있으면 오쏘(ortho-, o-), 한 개의 탄소를 건너뛰어 있으면 메타(meta-, m-), 서로 반대방향에 있으면 파라(para-, p-) 크레졸(메틸페놀)을 형성할 수 있다. 따라서 1가 페놀의 이성질체수는 3개이다.

<그림> o-크레졸 <그림> m-크레졸 <그림> p-크레졸

정답 ③

03 다이클로로벤젠의 구조 이성질체수는 몇 개인가?

① 5 ② 4
③ 3 ④ 2

정답분석 다이클로로벤젠은 벤젠고리에 염소가 2개 존재하는 물질이므로 o-다이클로로벤젠, m-다이클로로벤젠, p-다이클로로벤젠 3가지가 존재할 수 있다.

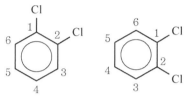
<그림> 1,2-다이클로로벤젠

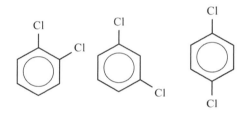

정답 ③

04 산화에 의하여 카보닐기를 가진 케톤을 만들 수 있는 것은?

① $CH_3-CH_2-CH_2-COOH$
② $CH_3-\underset{\underset{OH}{|}}{CH}-CH_3$
③ $CH_3-CH_2-CH_2-OH$
④ $\underset{\underset{OH}{|}}{CH_2}-\underset{\underset{OH}{|}}{CH_2}$

정답분석 카보닐기(carbonyl group, $>C=O$) 화합물은 분자 내에 산소원자(O)와 이중결합으로 결합된 탄소원자(C)가 있는 작용기(作用基)를 가진 화합물로서 케톤류, 알데하이드류와 유기산류 및 카복시산의 유도체인 에스터(ester) 등이 이에 속한다. 제시된 항목 중 산화(酸化)에 의하여 카보닐기를 가진 케톤을 만들 수 있는 것은 1차 및 2차 알코올이다. 2차 알코올인 이소프로필알코올[$(CH_3)_2CHOH$]을 산화시키면 아세톤이 된다.

정답 ②

05 다음 중 $FeCl_3$과 반응하면 색깔이 보라색으로 되는 현상을 이용해서 검출하는 것은?

① CH_3OH ② C_6H_5OH

③ $C_6H_5NH_2$ ④ $C_6H_5CH_3$

 페놀(C_6H_5OH)은 염화철($FeCl_3$)과 반응하여 보라색의 정색반응을 한다.

정답 ②

06 벤젠을 약 300℃, 높은 압력으로 Ni 촉매로 수소와 반응시켰을 때 얻어지는 물질은?

① Cyclooctane ② Cyclohexane

③ Cyclopentane ④ Cyclopropane

 벤젠에 수소를 첨가하여 니켈 촉매의 존재 하에 고온(300℃)으로 가열하면 첨가반응에 의해 사이클로헥세인(C_6H_{12})이 생성된다.

정답 ②

07 다음 물질 중 C_2H_2와 첨가반응이 일어나지 않는 것은?

① 염소 ② 수은

③ 브로민 ④ 아이오딘

 에타인(아세틸렌, C_2H_2)은 할로젠(할로겐)족 원소와 첨가반응을 잘 하며, 브로민(Br_2)과 첨가반응을 하여 적갈색의 브로민수를 탈색시키는 반응을 한다.

정답 ②

08 프리델 - 크래프츠 반응에서 사용하는 촉매는?

① $NHO_3 + H_2SO_4$ ② SO_3

③ Fe ④ $AlCl_3$

 프리델 – 크래프츠 반응에 주로 사용되는 촉매는 할로젠(할로겐)화알루미늄($AlCl_3$)이며, 이 외에 염화안티몬(Ⅴ)·염화철(Ⅲ)·염화주석(Ⅳ) 등의 금속 할로젠화물도 사용할 수 있다.

정답 ④

09 에텐(에틸렌, C_2H_4)을 원료로 하지 않는 것은?

① 아세트산 ② 염화비닐

③ 에탄올 ④ 메탄올

 메탄올(CH_3OH)은 일산화탄소(CO)와 수소(H_2)를 원료로 이용한다. 에탄올의 공업적 생산은 고온에서 촉매(ZnO/Cr_2O_3 등)의 존재 하에서 일산화탄소와 수소를 반응시켜 얻는다.

정답 ④

10 벤젠에 진한 질산과 진한 황산의 혼합물을 작용시킬 때 황산이 촉매 및 탈수제 역할을 하여 얻어지는 화합물은?

① 나이트로벤젠 ② 클로로벤젠

③ 알킬벤젠 ④ 벤젠술폰산

[정답분석] 벤젠에 황산을 촉매로 하여 진한 질산을 가하면 수소원자의 치환반응이 일어나 나이트로벤젠($C_6H_5NO_2$)이 생성된다.

[반응] $C_6H_6 + HNO_3 \xrightarrow[\text{나이트로화}]{H_2SO_4} C_6H_5NO_2 + H_2O$

정답 ①

11 다음 중 유리기구 사용을 피해야 하는 화학반응은?

① $CaCO_3 + HCl$ ② $Na_2CO_3 + Ca(OH)_2$

③ $Mg + HCl$ ④ $CaF_2 + H_2SO_4$

 ④항의 $CaF_2 + H_2SO_4 \rightarrow 2HF + CaSO_4$에서 생성된 불화수소(HF)는 약산이지만 부식성이 높아 유리를 녹일 수 있기 때문에 유리기구 사용을 피해야 한다.

정답 ④

13 축중합반응에 의하여 나일론-66을 제조할 때 사용되는 주 원료는?

① 아디프산과 헥사메틸렌디아민

② 이소프렌과 아세트산

③ 염화비닐과 폴리에틸렌

④ 멜라민과 클로로벤젠

 나일론의 단위체인 아디프산과 헥사메틸렌디아민이 축합중합반응을 하여 나일론-66으로 합성된다.

정답 ①

12 다음에서 설명하는 물질의 명칭은?

• HCl과 반응하여 염산염을 만든다.
• 나이트로벤젠을 수소로 환원하여 만든다.
• $CaOCl_2$ 용액에서 붉은 보라색을 띤다.

① 페놀   ② 아닐린

③ 톨루엔   ④ 벤젠술폰산

 아닐린은 나이트로벤젠을 금속과 염산으로 환원시켜 만든 방향족 아민($C_6H_5NO_2 \rightarrow C_6H_5NH_2$)이다. 즉, 아닐린은 나이트로벤젠을 주석 또는 철과 염산에 의해 환원시키거나 니켈 등 금속 촉매를 써서 접촉수소 첨가법으로 생성시킨다. 아닐린($C_6H_5NH_2$)은 제4류 위험물 중 제3석유류이다.

정답 ②

14 다음 화합물 중 펩타이드 결합이 들어있는 것은?

① 폴리염화비닐   ② 유지

③ 탄수화물   ④ 단백질

 단백질에 들어있는 펩타이드 결합($-CO-NH-$)은 카르복실기($-COOH$)와 아미노기($-NH_2$)가 축합중합하여 만들어진다.

정답 ④

15

다음 중 펩타이드 결합(-CO-NH-)을 가진 물질은?

① 포도당   ② 지방산

③ 아미노산   ④ 글리세린

정답 분석
아미노산은 탄소원자에 아미노기($-NH_2$), 카복시기($-COOH$), 수소원자, 곁사슬(R)이 결합된 구조이며, 이와 같은 결합 반응이 연속적으로 일어나 여러 개의 아미노산이 연결되어 폴리펩타이드를 형성하면 하나의 커다란 단백질 분자(폴리펩타이드)가 된다.

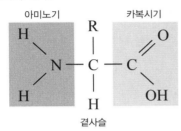

폴리펩타이드 형성반응은 아미노산이 펩타이드의 결합고리[아마이드기($-CO-NH$기)]로 수십 개 이상 연결되면서 물 분자가 빠져나오는 일종의 탈수 축합 중합반응이다. 단백질의 기본 단위는 아미노산이며, 아미노산의 배열 순서에 따라 단백질의 종류가 달라진다.

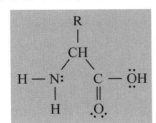

아미노산

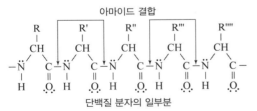

단백질 분자의 일부분

정답 ③

16

폴리염화비닐의 단위체와 합성법이 옳게 나열된 것은?

① $CH_2=CHCl$, 첨가중합

② $CH_2=CHCl$, 축합중합

③ $CH_2=CHCN$, 첨가중합

④ $CH_2=CHCN$, 축합중합

정답 분석
폴리염화비닐은 염화비닐[$-(CH_2CHCl)_n-$]의 중합체이다. 첨가중합(부가중합)은 이중결합 또는 삼중결합을 가지는 단위체가 같은 종류의 분자와 첨가반응을 반복하여 중합체를 생성한다. 단량체인 염화비닐에서 첨가중합 반응에 의해 폴리염화비닐이 합성된다.

정답 ①

17

벤조산은 무엇을 산화하면 얻을 수 있는가?

① 톨루엔

② 나이트로벤젠

③ 트리나이트로톨루엔

④ 페놀

정답 분석
벤조산(C_6H_5COOH)은 톨루엔($C_6H_5CH_3$)을 질산이나 다이크로뮴산 등으로 산화할 경우 얻을 수 있다.

<그림> 벤조산

정답 ①

18

은거울반응을 하는 화합물은?

① CH_3COCH_3 ② CH_3OCH_3

③ $HCHO$ ④ CH_3CH_2OH

정답 분석
은거울반응(silver mirror reaction)은 환원성 유기화합물을 검출하는 반응의 하나로 시료 용액에 질산은암모니아용액을 가하여 가열하면 은이온이 환원되어 유리 용기가 은거울(은도금)로 되는 반응이다. 폼알데하이드($HCHO$), 아세트알데하이드(CH_3CHO) · 글루코오스($C_6H_{12}O_6$) · 타타르산염($M_2C_4H_4O_6$) 등의 환원성 유기화합물은 이 반응에 의해 검출할 수 있다.

반응 $R-CHO+2Ag(NH_3)_2OH$
$\rightarrow R-COOH+2Ag+4NH_3+H_2O$

정답 ③

해커스 **위험물산업기사 필기** 한권완성 기본이론 + 기출문제

Part 02

화재예방과 소화방법

01 화재 및 소화

1 연소이론

1. 연소반응(Combustion Reaction)의 요소

- 3요소
  - 가연물(연료, Fuel)
  - 산소(산화제, Oxygen)
  - 점화원 / 열(온도, Heat)

- 4요소
  - 가연물(연료, Fuel)
  - 산소(산화제, Oxygen)
  - 점화원 / 열(온도, Heat)
  - 화학적 연쇄반응

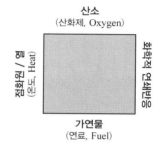

(1) 가연물이 될 수 없는 물질

- **비활성 기체** : 주기율표 0족(18족) 원소인 비활성 기체 헬륨(He), 네온(Ne), 아르곤(Ar) 등은 최외각 전자수가 모두 채워진 안정한 상태를 이루기 때문에 다른 원소들과 쉽게 결합하지 못하므로 가연물이 될 수 없다.
- **흡열반응을 하는 물질** : 산소와 화합하여 산화물을 생성하나 발열반응을 하지 않고, 흡열반응을 하는 물질인 질소 및 그 산화물(N_2, NO 등)은 물질의 에너지가 상대적으로 작고, 생성물질의 에너지가 크기 때문에 반응이 진행될수록 주변의 온도가 낮아지게 되므로 가연물질이 될 수 없다.
- **반응이 완결된 물질** : 물(H_2O), 이산화탄소(CO_2), 산화알루미늄(Al_2O_3), 오산화인(P_2O_5) 등 산소와 반응이 완결된 물질은 더 이상 산소와 결합하지 않으므로 가연물이 될 수 없다.

(2) 가연물질(연료)의 구비조건

- 단위량(중량, 용적)당 발열량이 높을 것
- 구입이 용이하고, 가격이 저렴할 것
- 저장 및 취급이 용이할 것
- 대기오염을 유발하는 물질이 발생되지 않을 것
- 산소와의 친화력이 좋을 것
- 열의 축적이 용이하고, 열전도의 값이 적을 것
- 점화 및 소화가 용이할 것

- 부하변동에 따른 연소조절이 용이할 것
- 연쇄반응을 일으킬 수 있을 것
- 비표면적이 클 것

(3) **연소용 공기(산소)**

① **공기 중 산소** : 일반적으로 공기 중 함유되어 있는 산소(O_2)의 양은 용량(부피)으로 21%(Vt)이며, 무게로는 23%(Wt)로 존재하고 있다.

② **연소용 공기 중 산소** : 산소의 농도가 높을수록 연소가 용이하며, 산소 농도 15% 이하에서는 일반 가연물질의 연소가 곤란하다.

● 참고 ●

산화제 및 산소공급 물질

■ **산화제** : 제1류 위험물은 산소를 함유하고 있는 염소산염류, 과염소산염류, 과산화물, 질산염류, 과망가니즈산염류, 무기과산화물류 등은 강산화제로서 작용하며, 제6류 위험물인 과염소산, 질산 등은 산화제로 작용한다.

■ **산소발생 반응**
- **과산화칼륨(K_2O_2)** : 물과 접촉하거나 가열하면 산소를 발생시킨다.
  - $2K_2O_2 + 4H_2O \rightarrow 4KOH + 2H_2O + O_2 \uparrow$
  - $2K_2O_2 \xrightarrow{\text{가열}} 2K_2O + O_2 \uparrow$
- **과산화나트륨(Na_2O_2)** : 수용액은 30 ~ 40℃의 열을 가하면 산소를 발생시킨다.
  - $2Na_2O_2 \xrightarrow{\text{가열}} 2NaO + O_2 \uparrow$
- **질산나트륨($NaNO_3$)** : 조해성이 있어 열을 가하면 아질산나트륨과 산소가 발생한다.
  - $2NaNO_3 \xrightarrow{\text{가열}} 2NaNO_2 + O_2 \uparrow$

---

(4) **자기반응성 물질** : 분자 내에 가연물과 산소를 충분히 함유하고 있기 때문에 외부로부터 별도의 산소공급을 요하지 않는 물질(나이트로글리세린, 셀룰로이드, TNT 등)이 이에 속한다.

① **제5류 위험물** : 유기과산화물, 질산에스터류, 나이트로화합물, 나이트로소화합물, 아조화합물, 다이아조화합물, 하이드라진 유도체, 하이드록실아민, 하이드록실아민염류 등은 자기반응성 물질이다.

② **자기반응성 물질의 특성**
- 가연성 물질로서 그 자체가 산소를 함유하므로 내부연소(자기연소)를 일으키기 쉬움
- 유기질화물로 가열, 충격, 마찰 등으로 인한 폭발위험이 있음
- 장시간 저장 시 화학반응이 일어나 열분해되어 자연발화할 수 있음
- 연소 시 연소속도가 매우 빨라 폭발성이 강함

(5) **점화원**

① **직접화염 등의 화기**
② **온도** : 표면온도가 물질의 최저 발화온도의 80% 이상이 될 경우
③ **기계적 에너지** : 마찰열, 단열압축열, 충격 시 발생하는 불꽃 등
④ **화학적 에너지** : 화학반응에 따른 연소열, 분해열, 용해열, 산화열 등
⑤ **전기적 에너지** : 정전기열, 저항열, 유도열, 아크열 등

2. 관련 주요 용어의 정의

연소	• 가연물이 공기의 산소 또는 산화제와 반응하여 열과 빛을 발생하면서 산화하는 현상을 말함 • 발열반응이 계속되면 발생되는 열에 의해 가연물질이 고온화 되어 지속적인 연소를 하게 됨
점화에너지	• 일련의 연소반응을 개시할 수 있는 활성에너지(최소 점화에너지)를 점화에너지 · 점화원 · 발화원 또는 최소점화(착화)에너지라고 함 • 점화 시에는 통상 약 $10^{-6} \sim 10^{-4}$ J의 에너지를 필요로 함
자연발화	• 인위적으로 가열하지 않았지만 일정한 장소에 장시간 저장할 때 내부의 열이 축적됨으로서 발화점에 도달하여 부분적으로 발화되는 현상을 말함 • 석탄, 금속가루, 고무분말, 셀룰로이드, 플라스틱 등의 자연발화가 이에 해당함
인화점	가연물을 외부로부터 직접 점화하여 가열하였을 때 불꽃에 의해 연소되는 최저온도를 말함
착화점 (발화점)	외부의 직접적인 점화원이 없이 가열된 열의 축적에 의하여 발화가 되고, 연소가 되는 최저의 온도, 즉 점화원이 없는 상태에서 가연성 물질을 가열함으로써 발화되는 최저온도를 말함

3. 연소점 · 연소범위 및 화재위험성

(1) **연소점** : 연소상태가 계속될 수 있는 온도를 말하며, 일반적으로 인화점(외부의 직접적인 점화원에 의해 인화하는 최저온도)보다 대략 $10℃$ 정도 높은 온도로서 연소상태가 5초 이상 유지될 수 있는 최저온도를 말한다.
- 가연성 증기 발생속도가 연소속도보다 빠를 때 이루어짐
- 온도의 크기는 인화점 < 연소점 < 발화점의 순서임

(2) **연소범위** : 가연성 증기와 공기와의 혼합상태에서의 증기의 부피를 말하며, 연소 농도의 최저한도를 하한(下限), 최고한도를 상한(上限)이라 한다.

(3) **화재위험성과 연소특성**
- 착화온도가 낮을수록 위험성이 큼
- 인화점이 낮을수록 위험성이 큼
- 폭발한계가 넓을수록 위험성이 큼

(4) **인화 및 화재 위험성의 증가요인**
- 증기압이 높을 경우
- 주변의 온도가 높을 경우
- 물질의 인화점, 발화점, 연소점이 낮을 경우
- 연소범위 하한치가 낮을 경우
- 융점 및 비점이 낮을 경우
- 최소 착화에너지(점화에너지)가 낮을 경우

● 참고 ●

최소 착화에너지 측정

■ **개요** : 가연성 가스와 공기와의 혼합가스를 넣고 용기 속에 장치된 전극 간에 전기스파크를 발생시켜 발화여부를 조사하여 최소 착화에너지를 측정한다.

■ **관계식** : 최소 착화에너지의 크기는 전기량 및 방전전압의 크기를 측정하여 다음 식으로 산정된다.

• $E = \dfrac{1}{2} QV = \dfrac{1}{2}(CV)V = \dfrac{1}{2}CV^2$ $\begin{cases} E : \text{착화에너지(J)} \\ Q : \text{전기량} \\ C : \text{전기용량(F)} \\ V : \text{방전전압(V)} \end{cases}$

4. 자연발화의 조건과 방지대책

(1) 자연발화가 잘 일어날 수 있는 조건

- 발열량이 높은 물질
- 열전도율이 적은 물질
- 주위의 온도가 높을 때
- 표면적 또는 비표면적이 큰 물질일 때
- 습도가 높을 때

(2) 자연발화의 방지대책

- 열이 축적되지 않도록 저장실의 온도를 낮출 것
- 통풍을 잘 시키고, 습도를 낮출 것
- 불활성 가스를 주입하여 산소와의 접촉을 최소화할 것
- 직사광선을 피할 것

● 참고 ●

착화온도(발화점)의 특성과 영향요소

■ **착화온도(발화점)의 특성**
- 다양한 조건에 따라 변동하기 때문에 고유 물질상수로 볼 수 없음
- 착화점(발화점)은 인화점보다 높은 온도를 요함
- 일반적으로 산소와의 친화력이 큰 물질일수록 발화점이 낮고, 발화하기 쉬움
- 분자의 구조가 복잡할수록, 발열량이 높을수록 착화온도는 낮아짐
- 탄화수소의 분자량이 클수록 낮아짐
- 압력 · 화학적 활성도, 비표면적이 클수록 착화온도는 낮아짐
- 열전도율과 습도가 낮을수록, 활성화에너지가 낮을수록, 탄화도가 작을수록 착화온도는 낮아짐

■ **착화온도에 영향을 미치는 요소** : 착화온도는 가연성 가스와 공기의 조성비, 가연물의 재질과 크기 및 모양 등에 따라 달라지며, 발화를 일으키는 공간의 형태와 규모, 가열방식, 가열속도, 가열시간 등에 따라 달라짐
- 클수록 착화온도가 낮아지는 요소 : 산소와의 친화력, 분자량, 분자구조의 복잡성, 발열량, 가연물의 압력 · 화학적 활성도, 화학반응성, 공기 중의 산소 농도 및 압력, 비표면적
- 작을수록 착화온도가 낮아지는 요소 : 열전도율, 습도, 활성화에너지, 탄화도

착화온도	가연물질	착화온도	가연물질
50℃ 이하	황린(34)	300 ~ 400℃	• 아역청탄, 역청탄 • 목탄, 뷰테인(부탄)(440 ~ 500), 코크스, 에탄올
100℃ 전후	이황화탄소(100)	400 ~ 500℃	• 무연탄 • 등유, 프로페인, 고무
100~230℃	황, 등유	500 ~ 600℃	증유(530 ~ 580), 메테인(메탄)(540), 휘발유, 수소, 에테인(에탄), 에텐(에틸렌)
230~260℃	적린, 파라핀왁스, 헥세인, 경유	600 ~ 700℃	일산화탄소, 메테인(메탄), 견사
260~300℃	목재, 종이, 이탄, 갈탄	700 ~ 800℃	발생로 가스 < 탄소

5. 연소속도(燃燒速度, Burning Velocity)

(1) 정의

가연물과 산소와의 반응속도(분자간의 충돌속도)를 말하며, "선연소속도(線燃燒速度)" 또는 "정상불꽃속도"라고도 한다. 또한 연소속도는 가연물이 산화반응을 일으켜 발열하기 때문에 산화속도(酸化速度)와 동일어로 사용되기도 한다.

(2) 단위

cm/sec or mm/min(단, 고체연료의 표면연소 연소속도 ➜ $kg/m^2 \cdot sec$)

- 연소 중인 물질의 반응열과 반응속도가 클수록 연소속도도는 빨라진다.
- 연소속도가 그 매질에서의 음속(340m/sec) 이상이면 폭발현상이 발생한다.
- 일반연소의 연소속도는 그 매질에서의 음속 이하(10 ~ 30cm/sec)이다.

(3) 영향인자

① **연소속도의 비례영향요소** : 가연물질이 산화되기 쉬울수록, 발열량이 높을수록, 비표면적이 클수록(미세입자) 연소속도가 빠르며, 가연물질의 농도에는 거듭제곱에 비례하여 연소속도가 증가한다.

② **연소속도의 반비례영향요소** : 열전도율이 낮을수록, 활성화에너지가 낮을수록 연소속도는 빨라진다.

● **참고** ●

연소속도의 영향인자

- 산소의 농도 및 공기 중 산소의 확산속도
- 분무기의 확산 및 산소와의 혼합
- 반응계의 온도 및 농도(또는 압력)
- 촉매(정촉매)
- 활성화에너지

6. 연료의 이화학적 특성항목

(1) 비중(Specific Gravity) : 어떤 물질의 질량에 대하여 동일한 부피를 가진 표준물질의 질량과의 비율을 말한다.

기체 및 증기	액체연료

• 비중이 클수록 → 공기보다 무거워서 아래 부분에 쌓이게 되고, 연소(폭발) 위험성이 커짐
• 증기압이 높을수록 → 인화점 · 착화점이 낮아 위험성이 높음
• 석유류의 증기압 → 40℃의 압력(kg/cm²)으로 나타냄
	• 액체연료의 비중이 클수록
	  - 증가하는 요소 : 유동점, 점도, 잔류탄소, 착화온도
	  - 저하하는 요소 : 유동성, 연소성, 발열량
	  - 비중이 클수록 연료의 C/H비 증가하고, 화염의 휘도가 높아지며, 매연이 발생하기 쉬움
	• 경질유 : API 34° 이상, 중질유 : API 30° 이하

(2) 비점(Boiling Point)

    액체의 증기압은 대기압에서 동일하고 액체가 끓으면서 증발이 일어날 때의 온도를 액체의 비점이라 함

● **참고** ●

■ **석유의 비점 크기 : 중유 > 경유 > 등유 > 휘발유**

• 비점이 낮을수록 연소가 용이하며, 대체로 **비점이 낮으면 인화점이 낮은 경향**이 있음
• **휘발유** → 비점(30 ~ 210℃), 인화점(-43 ~ -20℃)
• **등유** → 비점(150 ~ 300℃), 인화점(40 ~ 70℃)

(3) **동점도**(Kinematic Viscosity)

    점도를 밀도로 나눈 값으로 정의된다.

$$\text{동점도}(\nu) = \frac{\text{점도}(\mu)}{\text{밀도}(\rho)} \begin{cases} \text{• 동점도가 증가하면 끓는점(비점)이 낮아짐} \\ \text{• 동점도가 증가하면 인화점이 낮아짐} \\ \text{• 동점도가 증가하면 유동성은 향상됨} \end{cases}$$

(4) **비열**(Specific Heat)

    단위질량에 대한 열용량 즉, 어떤 물질 1g의 온도를 1℃ 만큼 올리는 데 필요한 열량으로 **정의된다**. 순수한 물의 비열은 $1\text{cal/g} \cdot$ ℃로서 다른 물질에 비해 큰 편이며, 석탄의 비열은 역청탄(0.24 ~ 0.26)>무연탄(0.22 ~ 0.23)cal/g · ℃정도이다.

● **참고** ●

■ **비열의 특성**

• 비열은 **상태함수가 아니고** 경로(또는 반응조건)에 따라 달라짐
• 이상기체의 경우 **정압비열**(C_p)은 항상 **정적비열**(C_v)**보다 큼**

  → $C_p = C_v + R$

• 동일한 온도에서 정압비열(C_p)이 클수록 엔탈피(H)는 증가함

  → $\Delta H = C_p \Delta T$

• 어떤 경로에 관여한 열함량 변화의 합은 같다.(Hess' Law)

  → $Q = m C_p \Delta T$

융점 (融點, Melting Point)	• 대기압(1atm) 하에서 고체가 녹아 액체가 되는 온도를 말함 • 융점이 낮은 경우 액체로 변화하기가 용이하고 위험성이 높음
현열 (顯熱, Sensible Heat)	• 물체의 온도가 가열, 냉각에 따라 변화하는 데 필요한 열량을 말함 • 물질에 의하여 흡수 또는 방출된 열이 온도변화로 나타남 • 물질의 상태변화에는 사용되지 않는 열임
잠열 (潛熱, Latent Heat)	• 물질의 상태변화에만 사용되고, 온도 상승의 효과를 나타내지 않는 열을 말함 • 물의 융해잠열은 80cal/g, 100℃에서의 증발잠열은 539cal/g • 실온상태 물의 증발잠열은 ≒ 600kcal/kg
점도 (粘度, Viscosity)	• 액체의 점도는 점착과 응집력의 효과로 인한 흐름에 대한 저항의 크기임 • 점성이 낮아지면 유동점도 낮아짐 ⤳ 저점도 유류가 유동성이 좋음

● 참고 ●

■ 유동점과 동점도

• 유동점(流動點, Pour Point) : 액체연료를 냉각시켰을 때 유동성이 없어지고, 굳어지기 시작하는 온도를 응고점이라고 하며, 유동점은 이때 응고점보다 2.5℃ 높은 온도를 말함

• 동점도(動粘度, Kinematic Viscosity) : 점도(μ)를 밀도(ρ)로 나눈 값. MKS 단위계에서는 m²/sec이고, CGS 단위계에서는 스토크스(Stoke, St)로 나타낸다.

$$1St = 1cm^2/sec, \quad 1cSt = 10^{-2}St$$

7 연료의 연소형태 및 특징

(1) 액체연료의 연소형태 { • 증발연소(액면연소)
• 분해연소
• 등심연소

연소형태	특징
증발연소 (액면연소)	• 액체 가연물질이 액체 표면에 발생한 가연성 증기와 공기가 혼합된 상태에서 연소가 되는 형태(액면의 상부에서 연소되는 반복적 현상) • 액체의 가장 일반적인 연소형태임(석유류, 알코올, 에테르, 이황화탄소 등)
분해연소	• 비휘발성 액체 또는 비중이 큰 연료에 높은 온도를 가하여 열분해한 분해가스를 연소 • 점도가 높고, 비휘발성이거나 비중이 큰 액체 가연물의 연소(예 중유의 연소) • 탄소성분이 많은 중질유 등의 연소에서는 초기에는 증발연소를 하고, 그 열에 의해 연료성분이 분해되면서 연소함
등심연소	• 연료를 심지의 모세관현상을 이용하여 상부로 빨아올린 다음 대류나 복사열로 가열될 때 심지 상부에서 발생하는 증기를 연소(예 등잔불, 석유램프, 양초의 연소, 알코올 램프의 연소)

(2) 기체연료의 연소형태 { • 확산연소(발염연소)
• 예혼합연소
• 부분예혼합연소
• 폭발연소

※ 기체연료는 특히, 연소 시의 이상연소 및 이상현상이 발생될 경우 폭굉 및 폭발을 수반할 위험성이 높음

연소형태	특징
확산연소 (발염연소)	• 버너 주변에 가연성 가스를 확산·형성된 연소범위의 혼합가스가 연소하는 현상 • 기체의 일반적 연소형태임(LPG-공기, 수소-산소 등)

예혼합연소	• 연소 전에 이미 연소가능한 혼합가스가 연소하는 현상(예 가솔린엔진의 연소) • 역화(逆火)를 일으킬 위험성이 큼
부분 예혼합연소	• 연소용 공기의 일부를 미리 연료와 혼합하고, 나머지의 공기는 연소실 내에서 혼합하여 확산연소시키는 형태 • 예혼합형과 확산형의 절충식 연소형태
폭발연소	• 많은 양의 가연성 기체와 산소가 혼합되어 일시에 폭발적으로 연소하는 현상 • 비정상연소임

(3) **고체연료의 연소형태**
- 표면연소(직접연소)
- 증발연소
- 분해연소
- 자기연소(내부연소)

연소형태	특징
표면연소 (직접연소)	• 가연물이 열분해나 증발하지 않고, 표면에서 산소와 급격히 연소하는 현상 • 열분해에 의해서 가연성 가스를 발생하지 않고, 그 물질 자체가 연소하는 현상 • 불꽃이 거의 없는(무염연소) 것이 특징(예 흑연, 목탄, 코크스, 숯, 금속가루)
증발연소	• 가연물이 열분해를 일으키지 않고, 증발하여 증기가 연소되거나 먼저 융해된 액체가 기화하여 증기가 된 다음 연소하는 현상 • 황(S), 나프탈렌($C_{10}H_8$), 장뇌 등과 같은 승화성 물질이나 양초(파라핀), 제4류 위험물(인화성 액체) 등
분해연소	• 연소 초기 가열에 의해 열분해되어 발생된 가스(CO, CH_4, H_2 등)가 연소하는 형태 • 목재, 석탄, 종이, 섬유, 플라스틱, 합성수지, 고무류 등의 연소 • 연소 초기에는 휘도가 높은 긴 화염을 발생시키면서 연소함 • 그을림 연소는 숯불과 같이 불꽃을 동반하지 않는 **열분해와 표면연소의 복합형태**라 볼 수 있음
자기연소 (내부연소)	• 가연물의 분자 내에 산소를 함유하고 있어 열분해에 의해서 가연성 가스와 산소를 동시에 발생시키므로 공기 및 산소 없이 연소할 수 있는 것을 말함 • 피크르산, 질산에스터류, 셀룰로이드류, 나이트로글리세린(NG) 등의 나이트로 화합물과 하이드라진 유도체 등의 제5류 위험물은 자체 내에 산소를 포함하고 있어 외부로부터 산소공급이 없어도 연소할 수 있음

8. 이상연소(異常燃燒, Abnormal Combustion)

가연성 물질이 연소할 때 화염의 위치나 그 모양이 변하지 않고, 연소가 일어나는 곳의 열의 발생속도와 방출속도가 서로 균형을 이룰 때를 정상연소(Normal Combustion)라고 하는데 이러한 정상연소방식과는 다른 연소형태를 총칭하여 비정상연소 또는 이상연소라 한다.

(1) **역화(백파이어, Back Fire)**
  ① **정의** : 연료의 분출속도가 연소속도보다 느릴 때 불꽃이 연소기의 내부로 빨려들어가 혼합관 속에서 연소하는 현상을 말한다.
  ② **발생원인**
   • 연소속도보다 혼합가스의 분출속도가 느릴 때
   • 압력이 과다할 때
   • 혼합 가스량이 너무 적을 때
   • 기타 분무노즐의 부식 및 연소버너의 과열

(2) **선화(리프팅, Lifting)**
  ① **정의** : 역화의 반대현상으로 불꽃이 버너의 노즐에서 떨어져서 연소하는 현상을 말한다.
  ② **발생원인**
   • 연료가스의 분출속도가 연소속도보다 **빠를** 때
   • 공기공급이 부적절할 때

(3) 블로우 오프(Blow-Off)

① **정의** : 선화상태에서 화염이 노즐에 정착하지 못하고 떨어져 화염이 꺼지는 현상을 말한다.

② **발생원인**

- 연료가스의 분출속도가 증가하거나 주위공기의 유동이 심할 때
- 과잉공기가 과다할 때

(4) 불완전연소(不完全練燒)

① **정의** : 가연물질이 완전연소하지 못하고, 미가연물질이 발생되는 연소상태로 노즐의 선단에 적황색 부분이 늘어나거나 CO, 매연, 그을음 등이 발생하는 연소현상을 말한다.

② **발생원인**

- 공기의 공급이 부족할 때
- 연소온도가 낮을 때
- 연료의 공급상태가 불안정할 때

9. 연소계산

(1) 이론산소량 계산

① **고체 및 액체상 연료**

$$※ \ 연소반응 \begin{cases} \bullet \ C + O_2 \rightarrow CO_2 \\ \bullet \ H_2 + \dfrac{1}{2}O_2 \rightarrow H_2O \\ \bullet \ S + O_2 \rightarrow SO_2 \end{cases}$$

- 연료 kg당 산소부피 : $O_o = 1.867C + 5.6H + 0.7S - 0.7O \ \cdots \ (\mathrm{m^3/kg})$
- 연료 kg당 산소무게 : $O_{om} = 2.667C + 8H + S - O \ \cdots \cdots \ (\mathrm{kg/kg})$

② **기체 및 탄수화물**

- $※ \ 연소반응 : C_mH_nO_a + \left(m + \dfrac{n}{4} - \dfrac{a}{2}\right)O_2 = m\,CO_2 + \dfrac{n}{2}H_2O$

- 연료 m³당 산소부피 : $O_o = \left(m + \dfrac{n}{4} - \dfrac{a}{2}\right) \ \cdots \ (\mathrm{m^3/m^3})$

- 연료 kg당 산소부피 : $O_o = \left(m + \dfrac{n}{4} - \dfrac{a}{2}\right) \times \dfrac{22.4}{M_f} \ \cdots \ (\mathrm{m^3/kg})$

- 연료 kg당 공기무게 : $O_{om} = \left(m + \dfrac{n}{4} - \dfrac{a}{2}\right) \times \dfrac{32}{M_f} \ \cdots \ (\mathrm{kg/kg})$

$$\begin{cases} O_o : 이론산소량의 \ 부피 \\ O_{om} : 이론산소량의 \ 무게 \\ C, H, O, S : 연소되는 \ 고체 \ 및 \ 액체상 \ 물질 \ 중 \ 탄소, \ 수소, \ 산소, \ 황의 \ 무게비 \\ m, n, a : 탄수화물의 \ 분자식에서 \ 탄소의 \ 수, \ 수소의 \ 수, \ 산소의 \ 수 \\ M_f : 연소되는 \ 탄수화물의 \ 분자량(원자량의 \ 합) \\ 22.4 : 산소(O_2) \ 1mol의 \ 부피 \\ 32 \ \ : 산소(O_2)의 \ 분자량 \end{cases}$$

(2) 이론공기량 계산

① 고체 및 액체상 연료

※ 연소반응 $\begin{cases} \bullet\ C + O_2 \rightarrow CO_2 \\ \bullet\ H_2 + \dfrac{1}{2}O_2 \rightarrow H_2O \\ \bullet\ S + O_2 \rightarrow SO_2 \end{cases}$

• kg당 공기부피 : $A_o = O_o \times \dfrac{1}{0.21} = \dfrac{1}{0.21}[1.867C + 5.6H + 0.7S - 0.7O] \cdots (m^3/kg)$

• kg당 공기무게 : $A_{om} = O_{om} \times \dfrac{1}{0.232} = \dfrac{1}{0.232}[2.667C + 8H + S - O] \cdots (kg/kg)$

② 기체 및 탄수화물

※ 연소반응 : $C_m H_n O_a + \left(m + \dfrac{n}{4} - \dfrac{a}{2}\right)O_2 = m\,CO_2 + \dfrac{n}{2}H_2O$

• m³당 공기부피 : $A_o = \left(m + \dfrac{n}{4} - \dfrac{a}{2}\right) \times \dfrac{1}{0.21} \cdots (m^3/m^3)$

• kg당 공기부피 : $A_o = \left(m + \dfrac{n}{4} - \dfrac{a}{2}\right) \times \dfrac{22.4}{M_f} \times \dfrac{1}{0.21} \cdots (m^3/kg)$

$\begin{cases} A_o\ : 이론공기량의\ 부피 \\ A_{om} : 이론공기량의\ 무게 \\ 0.21 : 공기\ 중\ 산소의\ 부피비 \\ 0.232 : 공기\ 중\ 산소의\ 무게비 \end{cases}$

(3) 과잉공기비(공기비), 실제공기량, 과잉공기량, 과잉공기율 산출

① 과잉공기비 : $m = \dfrac{A}{A_o}$ or $m = \dfrac{21}{21 - (O_2)}$ or $m = \dfrac{N_2}{N_2 - 3.76 \times (O_2)}$

② 실제공기량 : $A = m\,A_o$

③ 과잉공기량 : $A_G = A - A_o = (m-1)A_o$

④ 과잉산소량(부피) : $O_2 = (A - A_o) \times 0.21 = (m-1)A_o \times 0.21$

⑤ 과잉공기율(%) : $A_p(\%) = \dfrac{A - A_o}{A_o} \times 100 = (m-1) \times 100$

$\begin{cases} A\ : 실제공기량 \\ A_o : 이론공기량 \\ m\ : 공기비(과잉공기계수) \\ (O_2) : 연소가스\ 중\ 산소(\%) \\ N_2 : 연소가스\ 중\ 질소(\%) \end{cases}$

(4) 이론가스량 계산

① 고체 및 액체상 연료 ※ 연소반응 $\begin{cases} \bullet\ C + O_2 \rightarrow CO_2 \\ \bullet\ H_2 + \dfrac{1}{2}O_2 \rightarrow H_2O \\ \bullet\ S + O_2 \rightarrow SO_2 \end{cases}$

• 건조가스량의 부피(m^3/kg) : $G_{od} = (1 - 0.21)A_o + 1.867C + 0.7S + 0.8N$

• 습가스량의 부피(m^3/kg) : $G_{ow} = (1 - 0.21)A_o + 1.867C + 0.7S + 0.8N + 11.2H + 1.244W$

② 기체 및 탄수화물

$$연소반응 : C_mH_nO_a + \left(m + \frac{n}{4} - \frac{a}{2}\right)O_2 = m\,CO_2 + \frac{n}{2}H_2O$$

- 건조가스량의 부피 : $G_{od} = (1-0.21)A_o + m \cdots (\mathrm{m^3/m^3})$

- 습가스량의 부피 : $G_{ow} = (1-0.21)A_o + m + \frac{n}{2} \cdots (\mathrm{m^3/m^3})$

$\begin{cases} G_{od} : \text{이론 건조가스량(부피)}, & G_{ow} : \text{이론 습가스량(부피)} \\ W \ : \text{연료 중의 수분량(무게비)}, & m \ \ : CO_2\text{의 생성 몰수} \\ n/2 : H_2O\text{의 생성 몰수} \end{cases}$

● **참고** ●

용어 혼동 유의

- 습연소가스=습배기가스=습가스=습윤가스
- 건연소가스=건배기가스=건가스=건조가스

(5) 실제가스량 계산

① 고체 및 액체상 연료 ※ 연소반응 $\begin{cases} \bullet \ C + O_2 \rightarrow CO_2 \\ \bullet \ H_2 + \frac{1}{2}O_2 \rightarrow H_2O \\ \bullet \ S + O_2 \rightarrow SO_2 \end{cases}$

- 건조가스량의 부피

$$G_d = (m - 0.21)A_o + 1.867C + 0.7S + 0.8N = G_{od} + (m-1)A_o$$

- 습가스량의 부피$(\mathrm{m^3/kg})$

$$G_w = G_d + 11.2H + 1.244W = G_{ow} + (m-1)A_o$$
$$= (m-0.21)A_o + 1.867C + 0.7S + 0.8N + 11.2H + 1.244W$$

② 기체 및 탄수화물

※ 연소반응 : $C_mH_nO_a + \left(m + \frac{n}{4} - \frac{a}{2}\right)O_2 = m\,CO_2 + \frac{n}{2}H_2O$

- 건조가스량의 부피 $(\mathrm{m^3/m^3})$: $G_d = (m - 0.21)A_o + m$

- 습가스량의 부피 $(\mathrm{m^3/m^3})$: $G_w = (m - 0.21)A_o + m + \frac{n}{2} = G_d + \frac{n}{2}$

$\begin{cases} G_d \ : \text{실제 건조가스량(부피)} \\ G_w \ : \text{실제 습가스량(부피)} \\ G_{ow} : \text{이론 습가스량(부피)} \\ W : \text{연료 중의 수분량(무게비)} \end{cases}$

10. 발열량 및 연소온도 · 방사에너지 · 불꽃온도

(1) 발열량
- 고위발열량(Hh) = 열량계의 측정열량(수분의 증발잠열 포함)
- 저위발열량(Hl) = 고위(총)발열량 − 수분의 증발잠열

① **고체 · 액체** → 조성 : C(탄소), H(수소), O(산소), S(황), W(수분)

※ 유효수소 : $\left(H - \dfrac{O}{8}\right)$

- $Hh = 8{,}100C + 34{,}000\left(H - \dfrac{O}{8}\right) + 2{,}500S$

- $Hl = Hh - 600(9H + W)$

- C : 연료 중 탄소량(kg)
- H : 연료 중 수소량(kg)
- S : 연료 중 황의 양(kg)
- W : 연료 중 수분량(kg)
- 600 : 수분 1kg의 증발잠열(kcal/kg)
- (9H + W) : 연소과정에서 생성되는 총 수분량(kg/kg)

② **기체** → 조성 : CO, H_2, C_mH_n 등

- $Hh = 3{,}015CO + 3{,}072H_2 + 9{,}493CH_4 + \cdots +$

- $Hl = Hh - 480 \times \sum n_i H_2O \cdots kcal/m^3$

- CO : 연료 중 CO량 (m^3)
- H_2 : 연료 중 수소량 (m^3)
- CH_4 : 연료 중 메탄의 양 (m^3)
- 480 : 수분 $1m^3$의 증발잠열$(kcal/m^3)$
- $\sum n_i H_2O$: 연소과정에서 생성되는 총 수분량(m^3/m^3)

(2) **연소온도 및 방사에너지 및 불꽃의 온도**

① **연소온도** : $t_o(℃) = \dfrac{Hl}{G \cdot C_p} + t$

- t_o : 연소온도(℃)
- Hl : 저위발열량 (kcal/단위연료량)
- G : 연소가스량(m^3/단위연료량)
- C_p : 연소가스의 비열 (m^3/단위가스량)
- t : 기준온도(실내온도)

② **방사에너지** : $E = \sigma \times T^4$

- E : 방사에너지
- σ : 스테판−볼츠만 상수
- T : 절대온도

③ **불꽃 및 방사체의 색깔과 온도** : 가연물질과 공기가 적절하게 혼합 · 교란되어 완전연소할 때의 연소불꽃은 휘백색으로 나타나고 온도는 약 $1{,}500℃$에 이르게 되지만 산소의 공급이 부족하여 불완전연소할 때는 암적색으로 불꽃의 온도가 약 $700℃$로 급격이 떨어진다.

불꽃 색	암적색	적색	휘적색	황적색	백적색	휘백색
불꽃 온도	700℃	850℃	950℃	1,100℃	1,300℃	1,500℃

2 소화이론

소화(消火, extinguishment)란 화재를 제어하여 가연물의 연소반응을 중지시키는 것을 말한다. 즉, 다양한 물리적 또는 화학적 방법을 이용하여 가연물의 연소반응을 억제함으로써 인명 및 재산상의 피해를 줄이는 일련의 과정을 총칭한다.

1. 소화의 기본원리

소화의 기본적인 원리는 연소의 4요소와 연관된 제거소화, 냉각소화, 질식소화, 부촉매소화가 있으며 이외도 유화소화, 희석소화, 피복소화, 방진소화, 탈수소화 등이 있다.

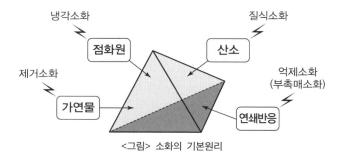

<그림> 소화의 기본원리

2. 소화방법의 분류

- 물리적 소화
  - 질식소화 → 산소공급원 차단
  - 냉각소화 → 점화원 및 점화에너지 차단
  - 제거소화 → 가연물 제거 또는 차단
- 화학적 소화 : 억제소화(부촉매소화) → 연쇄반응 차단

3. 각 소화방법의 특징

(1) **질식소화** : 질식소화는 가연물 주위의 공기 중 산소 농도를 낮추어 소화하는 방법이다. 연소반응에서 대기 중 산소 농도가 15%(Vt) 이하일 경우 연소가 진행될 수 없다. 질식소화를 위한 대표적인 방법으로 공기차단법과 희석법이 있다.

① **공기차단법** : 점화원이나 화염을 주위 공기로부터 차단하는 방법이다.
- 초기화재 시 밀폐성 고체 또는 마른 모래, 물에 젖은 담요 등을 화염 위에 덮어주는 방법
- 지하공간의 출입구와 개구부의 밀폐
- 발포성 소화약제 거품을 이용하는 방법

② **희석법** : 공기 중 산소 농도를 연소범위 이하로 낮추는 방법이다.
- 이산화탄소 등 비가연성 기체를 가연물 주위에 분사
- 실내 비치용 소화기, 대규모 사업장 자동소화설비

(2) **냉각소화** : 냉각소화는 가연물의 온도를 낮추어 연소의 진행을 억제하는 소화법으로 가장 대표적인 냉각소화법은 물을 뿌리는 방법이다.

① 발화점 이하의 에너지상태로 가연물의 온도 유지 → 예 539cal/g으로 증발열이 높은 물의 사용

② 가연성 연소분해물의 생성 억제 → 냉각을 통해 온도에 비례하여 발생하는 가연성 분해생성물의 양을 감소시켜 화염의 성장과 연소 억제

③ 연소반응속도의 지연 → 냉각을 통해 연소반응속도를 지연시키거나 점화원을 제거함

(3) **제거소화** : 제거소화는 가연물을 연소반응의 진행으로부터 제거하는 소화법이다. 가연물을 제거하는 방법은 격리, 소멸, 희석 등의 방법이 있다.

① **격리** : 가연성 물질과 화염과의 접촉을 차단하는 방법으로서 가장 대표적인 제거소화법이다.
   • 바람을 불어 촛불을 끄는 행위
   • 가스화재 시 가스누출관의 차단밸브를 잠그는 행위
   • 산불화재 시 인접 삼림을 베는 행위

② **소멸** : 소멸은 격리와 구분상의 경계가 모호한 부분이 있으나 유전화재에서 질소폭탄을 터뜨려 화염을 소멸시키는 방법을 예로 들 수 있다.

③ **희석** : 가연성 가스나 증기의 농도를 연소한계(하한) 이하로 하여 소화하는 방법이 이에 해당한다.
   • **기체 가연물의 경우** → 다량의 이산화탄소 기체를 분사하여 질식소화 작용과 함께 연소범위 이하로 낮추어진 농도로 인해 가연물 기체의 지속적인 연소를 불가능하게 하는 방법이 이에 해당한다.
   • **액체 가연물의 경우** → 알코올류 저장탱크 화재에서 다량의 물을 탱크 내로 주입하여 알코올의 농도를 연소범위 이하로 낮추는 방법이 이에 해당한다.

(4) **부촉매소화** : 연쇄반응과 관련된 소화법을 부촉매소화라고 한다. 여기서 부촉매작용(anti-Catalysis)의 의미는 촉매작용을 반대한다는 뜻으로 매우 빠른 화학반응의 진행을 방해하거나 저지하는 역할을 의미한다.

① 연소과정에서 발생되는 라디칼(Radical)을 감소시키거나 제거함으로써 연소반응을 억제하는 방법이 이에 해당한다.

② 화염을 동반한 일반적 연소반응에서 유용하게 사용되는 부촉매물질은 할로젠화합물이며 이를 이용한 약제를 할로젠 소화약제라고 한다.

③ 실제 생활에서는 물품이 처음부터 불이 잘 붙지 못하도록 하는 방염처리(커튼, 카펫, 벽지 등에 불이 잘 붙지 않도록 약품 처리하는 것)도 이와 같은 원리를 이용한 것이다.

4. 한계산소농도(LOC ; Limiting Oxygen Concentration)

(1) **개념** : 불활성 가스를 첨가하여 공기 중의 산소 농도를 떨어뜨리면 연소가 일어나지 않는 한계가 나타나는데, 이 한계점에서 산소 농도를 한계산소농도(LOC) 또는 최소산소농도(MOC)라 한다.

(2) **LOC와 소화 농도의 관계**

<u>관계식</u> CO_2의 소화 농도(%, Vt) $= \dfrac{21 - LOC}{21} \times 100$

여기서, LOC(Limited Oxygen Concentration, 한계산소농도 %)
   • 한계산소농도가 높으면 적은 양의 이산화탄소 소화약제가 요구됨
   • 한계산소농도가 낮으면 많은 양의 이산화탄소 소화약제가 요구됨

(3) **가연물질별 한계산소농도** : 가연물이 연소될 때 필요한 한계산소량은 평균 $11 \sim 15\%$(Vt)이며, 가연물질별 불활성 가스인 CO_2를 첨가하였을 때 나타나는 한계산소농도는 다음과 같다..

‖ 가연물질의 한계산소농도 ‖

물질명	LOC (vol%)	물질명	LOC (vol%)
수소	7.98	프로페인(프로판)	14.7
에타인(아세틸렌)	9.45	헥세인(헥산), 아세톤	14.91
이황화탄소	9.45	뷰테인(부탄)	15.12
일산화탄소	9.87	펜테인(펜탄)	14.91
에텐(에틸렌)	12.39	가솔린	15.12
에틸알코올	13.44	윤활유	15.12
에테인(에탄)	14.07	메틸알코올	15.65
벤젠	14.49	메테인(메탄)	15.96

3 폭발의 종류 및 특성

폭발은 일반적으로 압력의 급격한 발생 또는 개방한 결과로 인해 폭음을 수반하는 파열(破裂)이나 가스 팽창이 일어나는 현상을 말하며, 사고인 경우에는 폭발과 연소(화재)가 연쇄적으로 발생하는 일이 많다.

1. 연소 · 폭발의 개념적 구분

(1) **연소(Combustion)** : 일반연소는 폭발(爆發) 및 폭굉(爆轟)과는 달리 아음속(亞音速)의 연소파(燃燒波)가 생기는 현상이며, 이때 연소면의 진행속도는 가스 농도, 온도, 압력에 따라 다소 달라지나 대략 $0.1 \sim 10$m/sec에 이르며 이러한 연소면의 진행을 연소파라 한다.

(2) **폭발(Explosion)** : 급격한 화학반응이나 기계적 팽창으로 급격히 이동하는 압력파(壓力波)나 충격파(衝擊波)를 만들어 넘으로써 용기의 파열이나 급격한 기체의 팽창으로 폭발음이나 파괴작용을 수반하는 현상이 일어난다.

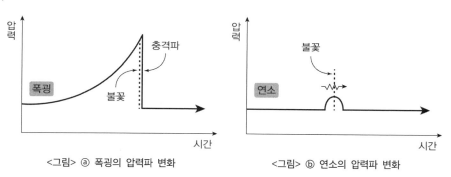

<그림> ⓐ 폭굉의 압력파 변화   <그림> ⓑ 연소의 압력파 변화

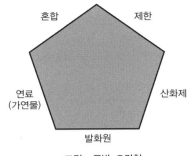

혼합 제한

연료
(가연물) 산화제

발화원

<그림> 폭발 오각형

2. 폭연(爆燃)과 폭굉(爆轟)의 개념 구분

충격파의 전파속도가 음속(공기 중 330m/sec)보다 빠른 경우를 폭굉(Detonation), 충격파의 전파속도가 음속보다 느린 경우의 폭연(Deflagration)으로 구분한다.

(1) 폭연(Deflagration)

급격한 연소현상으로 화염전파속도가 음속보다 느린 것(아음속)을 말한다. 파면선단에 정압만 형성될 뿐 충격파와 같은 압력파는 형성하지 않는 것이 특징이며, 반응 또는 화염면의 전파가 분자량이나 난류확산에 영향을 받으며, 에너지 방출속도가 물질전달속도에 영향을 받는다.

- **연소속도** : 음속(340m/sec)보다 느림
- **압력** : 7 ~ 8atm

(2) 폭굉(Detonation)

초음속의 연소파가 생겨서 파면 뒤에서 압력상승과 밀도의 증대를 가져온다. 폭굉은 화학반응의 에너지에 의해 유지되는 충격파이며, 화학반응은 충격압축에 의해 시발된다.

- **연소속도** : 음속보다 빠름(음속의 약 5 ~ 9배, 2,000 ~ 3,000m/sec)
- **압력** : 약 1,000atm
① **폭굉의 성립요소** : 밀폐공간, 점화원, 폭발범위(연소범위)
② **폭굉의 형성과정** : 최초의 압축파가 주위에 전달 → 압축파 내부에서 단열압축 → 온도상승 → 속도증가 (압축파 후단부 전파속도 > 전단부 전파속도) → 후방의 압축파가 전방으로 추격 → 강성충격파 생성 → 충격파는 음속을 초과함
③ **폭굉유도거리**
　㉠ **개념** : 폭굉유도거리란 최초의 완만한 연소에서 격렬한 폭굉으로 발전할 때까지의 전파거리를 말한다.
　㉡ **폭굉유도거리가 짧아지는 조건**
　　- 연소속도가 큰 혼합가스인 경우
　　- 점화원의 에너지가 큰 경우
　　- 압력이 높은 경우
　　- 관경이 작은 경우
　　- 관 속에 이물질이나 방해물이 있는 경우

3. 폭발(爆發)의 현상적 분류

(1) 물리적 폭발

진공용기의 압괴, 과열액체의 급격한 비등에 의한 증기폭발, 용기의 과압과 과충진 등에 의한 용기파열 등을 들 수 있으며 물질의 용해열, 수화열도 물리적 폭발요인이 된다.

(2) 화학적 폭발

화학반응에 의하여 단시간에 급격한 압력상승을 수반할 때 폭발이 이루어지고 이러한 화학반응으로는 산화·분해·중합 반응 등이 있으며, 폭발 시에 많은 양의 열이 발생한다.

화학적 폭발	발생의 주요원인	보기
산화폭발	비정상적인 연소 시 가연성 물질이 공기와의 혼합, 화합으로 산화반응을 일으킴	가연성 가스, 증기, 미스트와 공기와의 혼합, 밀폐 공간 내부에 가연성 가스 체류 시 등
분해폭발	자기분해성 물질의 분해	산화에텐(산화에틸렌), 에타인(아세틸렌)의 분해반응, 다이아조(디아조) 화합물의 분해열 등
중합폭발	발열중합반응 시 온도조절(냉각 등) 실패로 인한 급격한 압력 상승, 2차로 증기운 폭발을 일으킴	촉매 이상으로 인한 이상반응, 냉각설비 고장으로 인한 온도조절 실패 등

4. 폭발의 성립조건과 폭발범위(연소범위)

(1) 폭발의 성립조건

폭발은 연소의 3요소에 밀폐된 공간이 있으면 성립한다.
- 밀폐된 공간일 것
- 가연성 가스, 증기 또는 분진의 농도가 폭발범위 내에 있을 것
- 점화원(Energy)이 있을 것

(2) 폭발범위(연소범위)

가연성 증기와 공기와의 혼합상태에서의 증기의 부피를 말하며, 연소 농도의 최저한도를 하한, 최고한도를 상한이라 한다. 연소범위는 온도와 압력이 상승함에 따라 대개 확대되어 위험성이 증가한다.

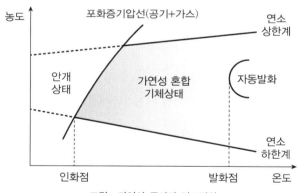

\<그림\> 가연성 증기의 연소범위

┃ 가연성 물질의 연소범위 ┃

물질명	연소범위 (용량%)		물질명	폭발범위 (연소범위) (용량%)	
	하한 (LEL)	상한 (UEL)		하한 (LEL)	상한 (UEL)
휘발유	1.2	7.6	메테인(메탄)	5	15
톨루엔	1.27	7.0	에테인(에탄)	3.0	12.5
다이에틸에터	1.9	48	프로페인(프로판)	2.1	9.5
아세톤	2	13	뷰테인(부탄)	1.8	8.4
에타인(아세틸렌)	2.5	82	메틸알코올	7.3	36
에텐(에틸렌)	3.0	33.5	에틸알코올	3.5	20
산화프로필렌	2.5	39	황화수소	4	46
산화에텐(산화에틸렌)	3.0	80	사이안화수소	5.6	40
수소	4.0	74.5	암모니아	15.7	27.4
일산화탄소	12	75	벤젠	1.4	7.1

※ 하한이 낮을수록 폭발위험이 높고, 하한이 높을수록 피해범위가 넓음

(3) 혼합가스에 대한 연소범위 및 위험도

2종류 이상으로 혼합된 가연성 가스의 연소 하한(LEL)과 상한(UEL)은 르 샤틀리에(Le Chatelier)식을 적용한다.

구분	관계식	비고
하한 (LEL) 상한 (UEL)	$$\frac{100}{\text{LEL}} = \frac{V_1}{L_1} + \frac{V_2}{L_2} + \cdots + \frac{V_n}{L_n}$$ $$\frac{100}{\text{UEL}} = \frac{V_1}{U_1} + \frac{V_2}{U_2} + \cdots + \frac{V_n}{U_n}$$	V : 각 성분가스의 체적(%) L : 각 성분가스의 폭발하한계(LEL) U : 각 성분가스의 폭발상한계(UEL)
위험도 (H)	$$H = \frac{U-L}{L}$$	U : 폭발상한 값(vol%) L : 폭발하한 값(vol%)

(4) 연소범위(폭발범위)의 변화요인

① 가스의 온도가 높아지면 → 연소범위는 넓어짐

② 가스의 압력이 높아지면 → 연소범위의 하한 값은 크게 변화되지 않으나 상한 값은 넓어짐(고온, 고압의 경우 연소범위는 넓어짐)

③ 압력이 높아지면 → 연소범위는 압력이 상압(1기압)보다 높아질 때 변화가 큼. 다만, 일산화탄소는 연소 범위가 좁아지며, 수소는 10atm까지는 좁아지지만 그 이상의 압력에서는 점차 넓어짐

④ 공기 중에서 보다 → 산소 중에서 연소범위는 넓어짐(넓어지는 정도 ⤳ 산소 > 염소 > 공기)

⑤ 불활성 가스의 혼합비율이 증가하면 → 연소범위는 좁아짐

⑥ 일산화탄소 - 질소 - 공기 시스템 → 압력이 증가하면 폭발범위가 좁아짐

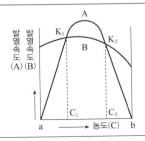

- 가연성 가스는 산소 또는 공기와 혼합되어 고유의 폭발범위(= 연소범위, 가연범위, 가연한계)를 가진다.
- 연소하한계(C_1)보다 낮은 농도 또는 연소상한계(C_2)보다 높은 농도에서는 연소가 일어나지 않는데 가연성 가스의 분자와 산소와의 분자수가 한쪽으로 치우치면 유효충돌횟수가 감소하기 때문이다.
- 연소하한계(C_1)에서 연소상한계(C_2) 사이에만 존재할 때 연소가 일어난다.

5. 폭발(爆發)의 종류

폭발의 종류는 다음과 같은 형식이 있으며, 통상 단일현상으로 보이지만, 탄진폭발(炭塵爆發, coal dust explosion)과 같이 메테인(메탄)의 2차 폭발 때문에 비산하는 탄진의 2차 폭발 등 복합현상도 있다.

- 가연성 가스·증기의 폭발[에타인(아세틸렌), 수소, 가솔린 등]
- 분해폭발성 가스의 폭발[에타인(아세틸렌), 산화에텐(산화에틸렌) 등]
- 가연성 미스트(mist)의 폭발(분출한 작동유, 디젤기관 내의 경유 등)
- 가연성 분진(dust)의 폭발(플라스틱 분말, 곡물 분진, 탄 분진, 금속분말 등)
- 증기운 폭발(누출된 가연성 가스·액체의 증발로 인해 형성된 증기가 공기와 혼합기를 형성하면서 파이어볼(fireball)을 수반하면서 일어나는 폭발)
- 고체·액체의 분해폭발(화약류, 유기과산화물 등)
- 수증기폭발(용융금속·용융염과 물의 접촉에 의한 폭발과 같이 비등하는 액체가 기체로 될 때 1000~2000배로 급격하게 체적이 팽창되면서 일어나는 폭발)
- 기타(전선폭발, 반응폭주 등)

6. 폭발의 특성

(1) 비등액체 팽창증기 폭발(블레비, BLEVE)

① 개념 : 비등액체 팽창증기 폭발(BLEVE ; Boiling Liquid Expanded Vapor Explosion)은 액체 탱크 및 액화가스 저장탱크가 외부화재에 의해 열을 받을 때, 액면 상부의 금속부분이 약화되고 내부의 발생증기에 의한 과압(過壓)을 견디지 못하여 약화된 금속이 파열되면서 폭발이 일어나는 현상이다. BLEVE가 화재에 기인한 것이 아닐 때에는 증기운이 형성되어 그 결과 증기운 폭발(VCE ; Vapor Cloud Exposion)을 일으킬 수 있다.

② BLEVE로의 발달과정
- 액체가 들어있는 탱크의 주위에서 화재가 발생
- 화재로 인한 열에 의하여 탱크의 벽에 가열
- 액면 이하의 탱크 벽은 액에 의하여 냉각되나, 액의 온도는 올라가고 탱크 내의 압력이 증가하게 됨
- 화염이 열을 제거시킬 액이 없고 증기만 존재하는 탱크의 벽이나 천장에 도달하면, 화염에 접촉하는 부위의 금속온도가 상승하여 그 구조적 강도를 잃게 됨
- 탱크는 파열되고 그 내용물은 폭발적으로 증발하게 됨

③ BLEVE의 방지대책
- 내화구조
- 방유제의 경사화
- 물분무 설비
- 비상차단장치(Remote Control) 설치
- 내부 위험물의 출하(Pumping) 설비 설치
- 감압장치 부착

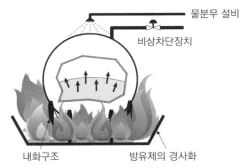

<그림> BLEVE의 방지대책

물분무 설비
비상차단장치
내화구조
방유제의 경사화

(2) 증기운 폭발(Vapor Cloud Explosion)

① 개념 : 다량의 가연성 증기가 방출되어 주변공기와 혼합기를 형성한 때에는 증기운(蒸氣雲)의 폭발이 일어날 수 있다. 증기운 화재와 증기운 폭발의 구분은 연소속도의 차이에 의하며, 폭풍압효과(爆風壓效果)가 있는 경우가 증기운 폭발(VCE)이며, 없는 경우가 증기운 화재(플래시 화재)가 된다.

② 증기운 폭발(VCE)의 발달과정

   ㄱ 다량의 가연성 증기가 급격히 방출(일반적으로 과열로 압축된 액체의 용기가 파열할 때)

   ㄴ 플랜트에서 증기가 분산되어 공기와 혼합

   ㄷ 증기운의 점화

③ 증기운 폭발(VCE)의 특성

   • 대부분 개방계 증기운 폭발(UVCE ; Unconfined Vapor Cloud Explosion)임

   • 증기운의 크기가 증가하면 점화확률이 증가됨

   • 연소에너지의 약 20%가 폭풍파로 전환(폭발효율 낮음)

   • 방출점(放出點)에서 거리가 멀수록 폭발효율은 증가함

④ 증기운 폭발(VCE)의 영향변수 : 방출물질의 양, 증발물질의 분율, 증기운의 점화확률, 점화되기 전의 증기운 이동거리, 증기운의 점화 지연시간, 폭발확률, 물질이 폭발한계량 이상 존재, 폭발효율, 방출에 관련한 점화원의 위치 등이다.

⑤ 증기운 폭발(VCE)의 과압형성 조건 : UVCE의 심각한 과압형성의 요소로는 난류혼합, 제한물이나 방출물, 폭굉의 3가지를 들 수 있다.

   • 방출물질이 가연성이고 압력 및 온도가 폭발에 적합한 조건일 것

   • 발화하기 전에 충분한 크기의 구름이 형성되어 확산상태일 것

   • 충분한 양의 구름이 연소범위 내로서 강한 과압형성의 원인이 될 것

   • 증기운 폭발의 폭풍압효과(爆風壓效果)는 크게 변하며, 화염전파속도에 의해 결정될 것(대부분 화염전파는 폭연의 양상임)

⑥ 폭발 방지대책

   • 혼합가스의 누설, 누출 방지 등으로 폭발범위 외의 농도 유지

   • 불활성 물질(질소, 수증기, CO_2, 할로젠화 탄화수소)의 사용

   • 착화원 관리

   • 전기설비 방폭화

   • 정전기 제거 및 가스 농도 검지

(3) 분진폭발(Dust Explosion)

① **분진의 개념** : 분진(粉塵)의 입경은 일반적으로 $76\mu m$ 이하의 입자로 한정하고 있으며, 부유분진 뿐만 아니라 보통 침강이나 포집에 의해 층상으로 누적된 입자군(粒子群)이나 퇴적된 입자군도 포함하여 공기 중에 분진이 비교적 균일하게 부유·분산된 상태의 고−기 혼합물을 분진운(粉塵雲)이라 한다.

② **분진폭발** : 분진폭발은 가연성 분진이 공기 중에 분산(分散)되어 있고 점화원이 존재할 때 발생한다. 그 발생요건은 연소의 개시조건과 동일하게 가연물, 산소, 착화원이 갖추어져야 한다. 특히 입자가 미세할수록, 단위무게당 표면적(비표면적)이 증가하기 때문에 반응속도가 증가하고, 위험성 또한 높아진다.

- 석탄가루에 의한 탄진폭발이 잘 알려져 있으며, 그 밖에 밀가루·설탕·철가루·플라스틱 가루·폴리에틸렌·페놀 수지·금속가루·세제 등 많은 것이 분진폭발을 일으킨다.
- 분진폭발은 가스폭발이나 화약폭발에 비하여 발화에 필요로 하는 에너지가 훨씬 크다.
- 분진폭발은 증기폭발에 비해 충격량(Total Impulse)이 크고, 과압지속시간이 길며, 느린 화염속도를 가지는 경향이 있으므로 더 심각한 폭발피해를 야기할 수 있다.
- 일반적으로 분진운(粉塵雲)을 통한 화염전파속도는 $100 \sim 300\text{m/sec}$의 범위로서 분진운의 연소는 일반적으로 폭굉보다는 폭연에 더 가까운 영향을 준다.

③ **분진폭발의 단계·과정** : 분진폭발은 1차 폭발과 2차 폭발로 나눌 수 있는데, 1차 폭발은 부유된 가연성 분진이 초기에 점화되었을 때 일어나며, 2차 폭발은 평형 표면 위에 축적되어 있거나 가라앉아 있는 분진이 1차 분진폭발의 결과로 분산되어 연속적으로 점화하며 일어난다. 분진폭발의 과정을 나타내면 다음과 같다.

- 입자에 열에너지가 작용하면 입자의 표면온도가 상승함
- 입자표면의 열분해 및 건류작용에 의해 입자의 주위에 기체가 방출됨
- 기체가 공기와 혼합하여 폭발성 혼합기체를 생성하여 발화하여 화염을 발생시킴
- 화염에 의해 생성된 열은 다시 분말의 분해를 촉진시켜 차례로 기상에 가연성 기체를 방출시켜 공기와 혼합 → 발화·전파함

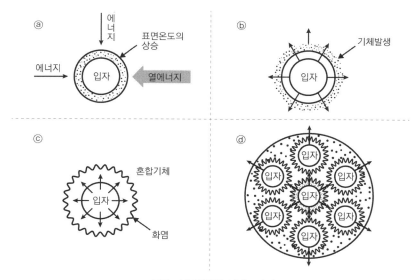

<그림> 분진폭발의 단계·과정

④ **분진폭발의 전파조건** : 분진폭발이 전파되기 위해서는 다음 조건을 만족하여야 한다.
- 가연성 분진일 것
- 공기에 의해 수송가능한 분진일 것
- 화염을 전파할 수 있는 분진 크기 분포를 가질 것
- 분진 농도가 폭발범위 이내일 것
- 화염전파를 개시하기 위한 충분한 에너지의 점화원이 존재할 것
- 충분한 산소가 존재하고, 지속적으로 공급될 것

⑤ **분진폭발의 영향인자**
- ㉠ **화학조성** : COOH, OH, NH_2, NO_2, C≡N, C=N 및 N=N 그룹은 폭발위험을 증가시키는 경향이 있고, Cl, Br, F와 같은 할로젠 그룹은 폭발위험을 감소시키는 경향이 있음
- ㉡ **입자 크기** : 일반적으로 입자의 크기가 감소할수록 폭발위험은 더 커짐
- ㉢ **분진 농도** : 분진 농도가 높을수록 폭발위험은 증가함
- ㉣ **수분함량** : 수분함량이 높을수록 폭발위험은 감소함
- ㉤ **난류** : 난류확산은 분진폭발의 위험을 증가시킴
- ㉥ **압력** : 분진운의 초기압력이 높을수록 분진폭발의 위험은 증가됨
- ㉦ **온도** : 높은 온도에서 분진-공기 혼합물의 점화는 최대폭발압력을 감소시키고 최대압력 상승속도를 증가시킴

∥ **분진운의 폭발특성** ∥

폭발의 용이성	폭발의 격렬성
폭발하한 농도 폭발상한 농도 발화온도 최소 착화에너지 폭발한계 산소 농도	폭발압력 폭발압력 상승속도 화염전파속도

4 화재의 분류 및 특성

1. 화재의 분류

화재가 발생하는데 필요한 연소의 3요소 중 가연물질의 종류와 성상에 따라 분류하고 있다. 국내의 경우도 선진국의 분류기준에 준하여 화재를 분류하고 있으며, A, B, C, D의 4등급으로 구분하여 적용하고 있다.

∥ **연소대상물에 의한 화재 분류** ∥

구분	화재대상	특징	소화기 색상	소화방법
A급	일반 가연물 (목재, 종이, 섬유류)	연소 후 재를 남기는 화재	백색	냉각소화
B급	유류 (가연성 액체 포함)	연소 후 재를 남기지 않는 화재	황색	질식소화
C급	전기	전기에 의한 발열체가 발화원이 되는 화재	청색	질식소화
D급	금속	금속의 분·박 등이 발화원이 되는 화재	무색	피복소화

(1) **일반화재(보통화재, A급 화재)**

　① **정의** : A급 화재는 일반적으로 다량의 물 또는 수용액으로 소화할 때 냉각효과가 가장 큰 소화역할을 할 수 있는 것으로서 연소 후 연소 재를 남기는 화재를 일반화재라 한다.

　② **특징**
- 백색화재라고도 함
- 면화류, 대패밥, 넝마 및 종이, 볏짚, 고무, 석탄, 목탄, 목재 가공품 등의 가연물과 합성 섬유, 합성 수지에 의한 화재 등이 이에 속함
- 화재 중 발생빈도 및 피해액이 가장 많은 화재임

(2) **유류 및 가스 화재(황색화재, B급 화재)**

　① **정의** : 연소 후 재를 남기지 않는 화재로서 유류(가연성 액체 포함) 및 가스화재를 말한다.

　② **특징**
- 황색화재 또는 B급 화재라고도 함
- 특수인화물류, 제1석유류 · 제2석유류 · 제3석유류 · 제4석유류 · 에스터류 · 케톤류 · 알코올류 · 동식물류 등의 제4류 위험물 화재가 여기에 속함
- 유류화재는 액체 가연물의 취급부주의로 발생하고, 일반화재보다는 화재의 위험성이 크고 연소성이 좋기 때문에 매우 위험함

(3) **전기화재(청색화재, C급 화재)**

　① **정의** : 전기화재는 전기가 유인되어 발화한다는 의미가 아니고 전기기기(電氣機器)가 설치되어 있는 장소에서의 화재를 말하며, 발생요인은 줄(Joule)열과 불꽃방전이다. 따라서 전기화재란 전기에 의한 발열체가 발화원이 되는 화재의 총칭이다.

　② **특징**
- 청색화재 또는 C급 화재라고도 함
- 전기화재의 발생원인은 전기 기기 · 기구의 합선(단락)에 의한 화재가 가장 많으며, 그 다음이 누전 · 과전류 · 절연 불량 · 스파크 등임

(4) **금속화재(무색화재, D급 화재)**

　① **정의** : 금속화재는 철분 · 마그네슘 · 금속분류 등의 가연성 고체, 칼륨 · 나트륨 · 알킬알루미늄 및 알킬리튬 · 알칼리금속(칼륨 및 나트륨 제외)류, 유기금속화합물류(알칼리토금속류, 알킬알루미늄 및 알킬리튬을 제외), 금속수소화합물류, 금속인화합물류, 칼슘 또는 알루미늄의 탄화물류 등의 금속(자연발화성 물질 및 금수성 물질)에 의해서 발생된다.

　② **특징**
- 대부분의 금속은 연소 시 많은 열을 발생하며, 나트륨(Na), 칼륨(K), 알루미늄(Al) 등은 발화점이 낮아 화재를 발생시킬 위험성이 다른 금속에 비하여 높음
- 금속화재로 인한 재산 및 인명 피해는 일반화재 · 유류화재 등에 비하여 적은 편임

(5) **가스화재(국내 분류 : B급 화재)**

　① **정의** : 국내의 경우 특별한 분류 없이 B급 유류화재에 포함시키고 있으나 선진국에서는 E급 화재로 분류되고 있다.

② 특징

- 가스화재를 일으키는 가연성 가스는 압축·액화·용해 가스로 존재하며, 도시가스, 천연가스, 수소가스, 에타인(아세틸렌), LP가스 등의 가연성 가스가 배관이나 기타 설비에서 누설되었을 경우 착화하여 연소되는 화재임
- 가연성 기체의 연소에 있어 가장 큰 특색은 가연성 액체나 고체에 비하여 지연성 가스와의 접촉 시 비정상연소, 즉 폭발을 일으킬 우려가 있음

2. 화재의 종류와 특성

(1) 건축물 화재 형태 ⎰ • 백드래프트(Backdraft)
⎨ • 플래시오버(Flashover)
⎱ • 롤오버(Rollover)

① 백드래프트(Backdraft)

㉠ 개념 : 밀폐된 공간에서 과농도 연료가스가 충분히 집적된 뒤 갑작스럽게 공기에 노출되어 급속하게 연소되는 현상을 말한다. 이러한 현상은 주로 밀폐로 인해 산소가 부족한 상태에서 과열된 불완전연소물이 축적되어 있다가 외부로부터 갑자기 공기가 유입될 경우 화염이 폭발적으로 생성된다.

㉡ 특징

- 화재 공간의 산소가 부족할 때 발생함
- CO 12.6% 범위 정도, 온도 600℃ 이상일 때에 새로운 공기가 유입되면 발생됨
- 산소가 유입된 곳으로 갑자기 분출되며, 폭발력이 강함
- 주로 지하실이나 폐쇄된 공간에서 잘 발생함

② 플래시오버(Flashover)

㉠ 개념 : 실내 화재에서 열복사에 노출된 표면이 발화온도에 도달하여 화재가 빠르게 공간 전체로 확산되는 단계를 말한다. 이러한 현상은 실내 화재 시 고온의 가스가 천장으로 올라가서 복사열로 인해 가연성 물질이 발화온도까지 가열되면서 거의 동시에 점화되어 나타나게 된다.

㉡ 특징

- 불이 난 후 3 ~ 10분 정도에서 발생함
- 실내 온도가 약 550℃ 전후에서 발생됨
- 플래시오버 이후에는 불길이 밖으로 솟아나며, 불덩어리가 실내에 떠다니는 것을 볼 수 있음

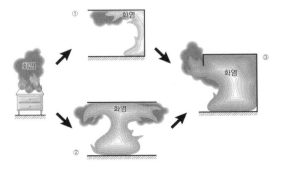

<그림> 발화에서 Flashover로의 경로

③ 롤오버(Rollover)
  ㉠ 개념 : 실내 화재 초기단계에서 발생된 뜨거운 가연성 가스가 천장부근에 축적되어 실내 공기압의 차이로 천장을 구르면서 화재가 발생되지 않은 곳으로 굴러가는 현상으로 플래시오버의 전초현상이다.
  ㉡ 특징
    • 롤오버는 복사열의 영향이 그리 크지 않음
    • 롤오버는 실내 전체를 발화시키지는 않은 단계임

화염면

<그림> 롤오버(Rollover)

▌ 건축물의 실내 공간의 규모에 따른 영향 ▌

구분	소규모 공간	대규모 공간
	주택 거실·회의실	극장·전시장
연소의 확대 성상	Flashover까지의 시간이 짧음	Flashover까지의 시간은 비교적 김
내장재 방화대책 시 고려사항	수납물의 규모·연소성에 따라서는 내장재가 타지 않아도 Flashover가 일어날 수 있음	• 내장재가 주된 연소확대 경로가 될 수 있음 • 수납물만으로는 대규모 연소확대를 일으키기 어려움
피난조건	발화실에서 피난시간이 짧음	화재실의 피난에 시간이 걸림

▌ 목재의 인화점 및 발화점 ▌

목재의 종류	인화점 (℃)	발화점 (℃)	목재의 종류	인화점 (℃)	발화점 (℃)
소나무	253	435	느티나무	264	426
계수나무	270	455	자작나무	263	-
삼 목	240	-	밤나무	260 ~ 272	426
오동나무	269	435	삼나무	264 ~ 270	-
나한백	259	-	낙엽송	271	-

(2) **공정화재(유류 · 가스 탱크 등) 형태**
- 파이어볼(Fireball, 火球)
- 제트화재(Jet flame)
- 플레어(Flare)
- 증기운화재(Vapor cloud fire)
- 보일오버(Boilover)
- 슬롭오버(Slopover)

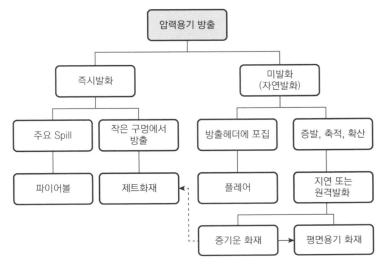

<그림> 공정화재의 발화과정

① **파이어볼**(Fireball, 火球)
  ㉠ **개념** : 대규모 화재 또는 폭발로 인해 화원부(火元部) 위로 상승하는 증기운(蒸氣雲)에 커다란 구상의 화염을 형성하는 화재이다.
  ㉡ **특징**
  - LPG 또는 액화가스류 화재에서 흔히 발생됨
  - 비등액체 팽창 증기폭발(BLEVE)에 이후 발생됨
  - 화재지속 시간이 수 초 이내로 짧아 폭발에 가까움
  - 증기화재보다 심각한 화재로 복사열에 의한 피해가 큼

<그림> 파이어볼(Fireball)

② 제트 화재(Jet Flame)
　　㉠ 개념 : 누설지점에서 즉시 발화되어 버너화염의 양상을 나타내는 화재이다.
　　㉡ 특징
　　　• 탄화수소계의 이송 배관이나 용기로부터 고속으로 누출이 계속될 때에 점화되어 화재로 이어지는 경우로서 난류확산형 화재임
　　　• 화재가 수 시간 지속될 수 있음
③ 플레어(Flare) : 방출 헤드의 포집된 유증기 및 가스에 발생된 화재로 화염이 확산속도가 낮고, 너울성을 가지며, 배기관으로 화염이 방출될 수 있으므로 심각한 화재로 잘 전이되지 않음
④ 증기운 화재(Vapor Cloud Fire)
　　㉠ 개념 : 가연성 증기에 점화되어 화재로 전이되는 것을 말한다.
　　㉡ 특징
　　　• 탄화수소계가 개방된 자유공간에 상대적으로 서서히 누출될 때 발생함
　　　• 심각한 화염으로 가속되지 않음
⑤ 평면용기 화재(Pool Fire)
　　㉠ 개념 : 탄화수소계가 저장된 개방된 용기 내에서 증발되는 연료에 점화되어 난류적인 확산형의 화재이다.
　　㉡ 특징
　　　• 풀(Pool)의 상부 표면에서 연소가 일어남
　　　• 증발 풀 화재는 초기에 진압하지 않으면 진압이 어려움
　　　• 화재가 수 시간 지속될 수 있음
⑥ 보일오버(Boilover)
　　㉠ 개념 : 상부 개방탱크의 중질유의 저장소에서 장시간 조용히 연소하다가 폭발의 격렬성에 의해 탱크 내 유류가 외부로 분출되면서 화염을 형성하는 화재이다.
　　㉡ 발생요인
　　　• 유류탱크에서 탱크 바닥에 물과 기름의 에멀션이 섞여 있을 때 주로 발생함
　　　• 중질분의 물질이동속도가 화재에 따른 액면 강하속도보다 빠를 때 발생함
　　㉢ 특징
　　　• 원유, 중유 등을 저장하는 탱크에서 발생할 수 있음
　　　• 원추형 탱크의 지붕판이 폭발에 의해 날아가고 화재가 확대될 때 저장된 연소 중인 기름에서 발생할 수 있는 현상임
　　　• 화재가 지속된 부유식 탱크나 지붕과 측판을 약하게 결합한 구조의 기름 탱크에서도 일어날 수 있음
　　　• 넓은 지역으로 확산되어 Fire ball로 발달할 가능성도 있음
⑦ 슬롭오버(Slopover)
　　㉠ 개념 : 물은 100℃ 이상에서는 수증기로 기화되면서 부피가 최대 1,500배까지 팽창하게 한다. 유류 탱크 상부로부터 소화작업 시 주수되는 물에 접촉된 불티가 일출하는 기름 및 수증기와 함께 외부로 분출되면서 발생하는 화재이다.
　　㉡ 특징
　　　• 원유나 중유 등의 중질유탱크 화재 시 발생
　　　• 고온층의 표면에 소화용 물이나 포가 주입될 때 발생
　　　• 표면의 유류만 관여되므로 비교적 소규모임

⑧ 프로스오버(Frothover)

    ㉠ **개념** : 뜨거운 아스팔트를 물이 약간 있는 이동탱크로 이송할 때 점성의 뜨거운 유류 표면아래에서 물이 비등(沸騰)함으로 인하여 점성의 유류가 용기 밖으로 넘치는 현상이다.

    ㉡ **특징**

- Frothover는 화재가 아님
- 바닥에 물이 존재하는 저장탱크에 고온의 점성 Oil을 넣을 때 주로 발생함

● 참고 ●

유사용어 한번 더 개념잡기

- **Fire Ball(파이어볼)** : 블레비(BLEVE)가 발생할 때 동반되는 현상으로 폭발적으로 발생된 대량의 증기에 의해 화염이 구형(버섯형)의 모양을 이루며 공기 중으로 상승하는 것을 말함
- **Boil Over(보일오버)** : 기름탱크에서의 **물, 수증기의 팽창**으로 인한 폭발현상을 말함
- **Oil Over(오일오버)** : 저장탱크 내에 저장된 유류 저장량이 내용·적의 이하로 충전되어 있을 때 화재로 인하여 탱크 50%가 폭발하는 현상
- **Slop Over(슬롭오버)** : 화재 시 기름 속의 수분이 급격히 증발하여 **기름거품을 형성**하면서 팽창을 거듭하여 방사한 물 또는 포가 위험물과 함께 탱크 밖으로 흘러넘치는 현상을 말함
- **Froth Over(프로스오버)** : 원유, 중유 등 고점도의 기름 속에 수증기를 포함한 **볼 형태의 거품(물방울)**이 형성되어 탱크 밖으로 넘치는 현상을 말함
- **Flash Over(플래시 오버)** : 화재 발생 시 열에 의한 복사현상으로 화염이 옮겨 붙어 그 불길이 확대될 때 일어나는데, 일정 공간 안에 축적된 가연성 가스가 발화온도에 도달하여 급속하게 공간 전체에 화염이 휩싸이는 현상을 말함
- **Back Draft(백드래프트)** : 역화(逆火)라고도 하는데, 산소의 부족으로 불이 꺼졌을 때 대류에 의한 산소의 유입에 의해 화재가 재발하며 연소가스가 순간적으로 발화하는 현상을 말하며, 강한 폭발력을 가짐. 주로 폐쇄된 공간이나 지하실에서 화재가 진행될 때 발생함
- **Pool Fire(액면화재)** : 개방된 공간의 액체 표면에서 증발되는 가연성 증기에 착화되어 난류확산화염을 발생하는 화재를 말함

<그림> Slop Over

<그림> Froth Over

<그림> Boil Over

출제예상문제

 01 다음 중 연소의 3요소에 해당되지 않는 것은?

① 가연물　　　② 점화원

③ 연쇄반응　　④ 산소공급원

정답분석 연소반응의 3요소는 가연물(Fuel), 점화원(온도·스파크·열 등, Heat), 산소공급원(공기·산화제, Oxygen)이다.

정답 ③

02 연소반응이 용이하게 일어나기 위한 조건으로 틀린 것은?

① 가연물이 산소와 친화력이 클 것
② 가연물의 열전도율이 클 것
③ 가연물의 표면적이 클 것
④ 가연물의 활성화에너지가 작을 것

 정답분석 열은 항상 고온에서 저온으로 이동하며, 물체에 직접 닿아 다른 부분으로 열이 이동하는 현상을 열전도(熱傳導)라 한다. 열전도율이 작다면 열을 잘 이동시키지 못하고 그만큼 열의 축적에 용이해지기 때문에 연소반응이 잘 일어나게 된다.

정답 ②

 03 화재를 잘 일으킬 수 있는 일반적인 경우에 대한 설명 중 틀린 것은?

① 산소와 친화력이 클수록 연소가 잘 된다.
② 온도가 상승하면 연소가 잘 된다.
③ 연소범위가 넓을수록 연소가 잘 된다.
④ 발화점이 높을수록 연소가 잘 된다.

정답분석 연소가 잘 일어나려면 주변온도가 높아야 열 축적에 용이하고, 열전도율이 낮을수록 분산되는 열은 작아지고 축적되는 열이 늘어나 연소가 잘 일어나며, 공기와 접촉할 수 있는 표면적이 클수록 산화가 쉬워지므로 연소가 잘 일어난다. 작은 값의 활성화에너지(화학반응을 일으키는데 필요한 최소한의 에너지)일수록 즉, 작은 에너지로도 화학반응을 일으킬 수 있으므로 활성화에너지는 작을수록 연소가 잘 일어나게 된다. 발화점(＝착화점)이란 외부의 점화원 없이 가열된 열만 가지고 스스로 연소가 시작되는 최저온도이며, 이 온도가 낮을수록 연소하기가 쉽다.

정답 ④

 04 위험물의 화재위험에 대한 설명으로 옳은 것은?

① 인화점이 높을수록 위험하다.
② 착화점이 높을수록 위험하다.
③ 착화에너지가 작을수록 위험하다.
④ 연소열이 작을수록 위험하다.

정답분석 ③만 올바르다. 착화에너지가 작을수록 화재위험성이 높다. 위험물의 화재위험성은 인화점이 낮을수록, 착화점이 낮을수록, 연소열이 클수록 위험성이 증가한다.

정답 ③

05 연소 시 온도에 따른 불꽃의 색상이 잘못된 것은?

① 적색 : 약 850℃

② 황적색 : 약 1,100℃

③ 휘적색 : 약 1,200℃

④ 백적색 : 약 1,300℃

정답분석 휘적색은 1,000℃ 미만으로 약 950℃정도이다. 불꽃의 색깔에 따른 온도는 암적색(700℃)<적색(850℃)<휘적색(950℃)<황적색(1,100℃)<백적색(1,300℃)<휘백색(1,500℃) 순서이다.

정답 ③

06 불꽃의 표면온도가 300℃에서 360℃로 상승하였다면 300℃보다 약 몇 배의 열을 방출하는가?

① 1.49배   ② 3배

③ 7.27배   ④ 10배

정답분석 스테판 – 볼츠만(Stephan-Bolzmann)의 방사 법칙을 적용하여 계산한다.

계산 $E = \sigma \times T^4$

$\begin{cases} \sigma : \text{상수} \\ T : \text{절대온도} \end{cases} \rightarrow \therefore \dfrac{E_2}{E_1} = \dfrac{\sigma(273+360)^4}{\sigma(273+300)^4} = 1.49$

정답 ①

07 최소 착화에너지를 측정하기 위해 콘덴서를 이용하여 불꽃 방전 실험을 하고자 한다. 콘덴서의 전기용량을 C, 방전전압을 V, 전기량을 Q라 할 때 착화에 필요한 최소 전기에너지 E를 옳게 나타낸 것은?

① $E = \dfrac{1}{2}CQ^2$ ② $E = \dfrac{1}{2}C^2V$

③ $E = \dfrac{1}{2}QV^2$ ④ $E = \dfrac{1}{2}CV^2$

정답분석 최소 착화에너지의 크기는 전기량 및 방전전압의 크기를 측정하여 다음 식으로 산정된다.

관계식 $E = \dfrac{1}{2}QV = \dfrac{1}{2}(CV)V = \dfrac{1}{2}CV^2$

$\begin{cases} E : \text{착화에너지(J)} \\ Q : \text{전기량} \\ C : \text{전기용량(F)} \\ V : \text{방전전압(V)} \end{cases}$

정답 ④

08 가연물에 대한 일반적인 설명으로 옳지 않은 것은?

① 주기율표에서 0족의 원소는 가연물이 될 수 없다.

② 활성화에너지가 작을수록 가연물이 되기 쉽다.

③ 산화반응이 완결된 산화물은 가연물이 아니다.

④ 질소는 비활성 기체이므로 질소의 산화물은 존재하지 않는다.

정답분석 질소는 비활성 기체이지만 비금속 원소와 반응하여 암모니아, 산화질소 등의 질소화합물을 만든다.

정답 ④

09 다음 중 자연발화가 쉽게 일어나는 조건으로 틀린 것은?

① 주위온도가 높을수록

② 열 축적이 클수록

③ 적당량의 수분이 존재할 때

④ 표면적이 작을수록

 정답분석 자연발화가 잘 일어날 수 있는 여건은 발열량이 높은 물질, 열전도율이 낮은 물질, 주위의 온도가 높을 때, 표면적 또는 비표면적이 큰 물질일 때, 적당량의 습도(수분)가 높을 때이다.

정답 ④

11 자연발화에 영향을 주는 인자로 가장 거리가 먼 것은?

① 수분   ② 증발열

③ 발열량   ④ 열전도율

 정답분석 자연발화에 영향을 주는 인자는 수분, 발열량, 열전도율, 온도, 표면적 등이다.

정답 ②

12 자연발화성을 가진 물질이 자연발화를 일으키는 원인으로 거리가 먼 것은?

① 분해열   ② 증발열

③ 산화열   ④ 중합열

정답분석 자연발화의 원인이 되는 내부의 축적열은 분해열, 산화열, 중합열, 발효열, 압착열 등이다.

정답 ②

10 자연발화가 잘 일어나는 조건에 해당하지 않는 것은?

① 주위 습도가 높을 것

② 열전도율이 클 것

③ 주위 온도가 높을 것

④ 표면적이 넓을 것

 정답분석 열전도율이 낮을수록 분산되는 열은 작아지고, 축적되는 열이 늘어나 연소가 잘 일어난다.

정답 ②

13 자연발화의 방지법으로 가장 거리가 먼 것은?

① 통풍을 잘 하여야 한다.

② 습도가 낮은 곳을 피한다.

③ 열이 쌓이지 않도록 유의한다.

④ 저장실의 온도를 낮춘다.

 정답분석 수분이나 습도는 자연발화를 일으키는데 촉매 역할을 한다. 따라서 자연발화를 방지하기 위해서는 습도가 높은곳을 피하여야 한다.

정답 ②

14 셀룰로이드류를 다량으로 저장하는 경우, 자연발화의 위험성을 고려하였을 때 다음 중 가장 적합한 장소는?

① 습도가 높고, 온도가 낮은 곳
② 습도와 온도가 모두 낮은 곳
③ 습도와 온도가 모두 높은 곳
④ 습도가 낮고, 온도가 높은 곳

 셀룰로이드류는 질소함유량 약 11%의 나이트로셀룰로오스를 장뇌와 알코올에 녹여 교질상태로 만든 것으로 제5류 위험물(자기반응성 물질)에 속한다. 자기반응성 물질은 대체로 물질 자체에 산소를 포함하고 있어 자기연소를 쉽게 일으키기 때문에 자연발화의 위험이 있으므로 습도와 온도가 모두 낮은 냉암소 등에 저장하여야 한다.

정답 ②

16 자연발화가 일어나는 물질과 대표적인 에너지원의 관계로 옳지 않은 것은?

① 셀룰로이드 - 흡착열에 의한 발열
② 활성탄 - 흡착열에 의한 발열
③ 퇴비 - 미생물에 의한 발열
④ 먼지 - 미생물에 의한 발열

 자연발화는 인위적으로 가열하지 않았지만 일정한 장소에 장시간 저장할 때 내부의 열이 축적됨으로서 발화점에 도달하여 부분적으로 발화되는 현상을 말하는데 석탄, 금속가루, 고무분말, 셀룰로이드, 플라스틱 등의 자연발화 가능성이 높은 물질이다.

정답 ①

15 다음 중 자연발화의 방지법에 관계가 없는 것은?

① 점화원을 제거한다.
② 저장소 등의 주위온도를 낮게 한다.
③ 습기가 많은 곳에는 저장하지 않는다.
④ 통풍이나 저장법을 고려하여 열의 축적을 방지한다.

 자연발화(自然發火, Spontaneous Ignition)는 인위적으로 가열하지 않았지만 일정한 장소에 장시간 저장할 때 내부의 열이 축적(분해열, 산화열, 중합열, 발효열, 압착열 등)됨으로서 발화점에 도달하여 부분적으로 발화되는 현상을 말히므로 점화원과는 연관성이 없다.

정답 ①

17 연소 및 소화에 대한 설명으로 틀린 것은?

① 공기 중의 산소 농도가 0%까지 떨어져야만 연소가 중단되는 것은 아니다.
② 질식소화, 냉각소화 등은 물리적 소화에 해당한다.
③ 연소의 연쇄반응을 차단하는 것은 화학적 소화에 해당한다.
④ 가연물질에 상관없이 온도, 압력이 동일하면 한계산소량은 일정한 값을 가진다.

 한계산소량은 평균적으로 10 ~ 15%이며, 가연물질에 따라 약간의 차이가 있다.

정답 ④

18 주된 연소형태가 분해연소인 것은?

① 금속분 ② 유황

③ 목재 ④ 피크르산

연소의 형태는 가연성 물질의 상태에 따라 기체연료의 연소, 액체연료의 연소, 고체연료의 연소로 분류한다. 제시된 문제의 보기는 고체연료에 해당하는데, 고체연료의 연소는 표면연소, 분해연소, 증발연소, 자기연소로 구분할 수 있다.

• 표면연소 : 휘발분이 거의 함유되지 않은 숯이나 코크스, 목탄, 금속가루 등이 연소될 때 가연성 가스를 발생하지 않고 표면의 탄소로부터 직접 연소되는 형태
• 분해연소 : 열분해 온도가 증발온도보다 낮은 목재나 연탄, 종이, 석탄, 중유 등이 가열에 의해 휘발분이 생성되고 이것이 연소되는 형태
• 증발연소 : 유황, 나프탈렌, 장뇌 등과 같은 승화성 물질이나 촛불(파라핀), 제4류 위험물(인화성 액체) 등이 가열에 의해 열분해를 일으키지 않고 증발하여 그 증기가 연소되거나 먼저 융해된 액체가 기화하여 증기가 된 후 연소되는 형태
• 자기연소 : 피크르산, 질산에스터류, 셀룰로이드류, 나이트로 화합물, 하이드라진 유도체류 등과 같은 제5류 위험물은 자체 내에 산소를 포함하고 있어 공기 중의 산소 없이 연소할 수 있는 형태

정답 ③

19 다음 중 고체의 연소방식에 관한 설명으로 옳은 것은?

① 분해연소란 고체가 표면의 고온을 유지하며 타는 것을 말한다.
② 분무연소란 고체가 가열되어 가연성가스를 발생시키며 타는 것을 말한다.
③ 자기연소란 공기 중 산소를 필요로 하지 않고, 자신이 분해되며 타는 것을 말한다.
④ 표면연소란 고체가 가열되어 열분해가 일어나고 가연성 가스가 공기 중의 산소와 타는 것을 말한다.

③만 올바르다. 자기연소란 일명 내부연소라고도 하는데, 가연물의 분자 내에 산소를 함유하거나 열분해에 의해서 가연성 가스와 산소를 동시에 발생시키므로 공기 및 산소 없이 연소할 수 있는 연소형태이다. 예를 들면, 나이트로셀룰로오스(NC), 나이트로글리세린(NG), 트라이나이트로톨루엔(TNT), 트라이나이트로페놀(TNP) 등 대부분 폭발성을 지닌 위험물의 연소가 대표적인 자기연소 형태를 갖는다.

정답 ③

20 어떤 물질 내에서 반응전파속도가 음속보다 빠르게 진행되며 이로 인해 발생된 충격파가 반응을 일으키고 유지하는 발열반응을 무엇이라 하는가?

① 점화(Ignition)
② 폭연(Deflagration)
③ 폭발(Explosion)
④ 폭굉(Detonation)

폭굉(爆轟, Detonation)은 반응·전파속도가 음속보다 빠르게 진행되며 이로 인해 발생된 충격파가 반응을 일으키고 유지하는 발열반응으로 충격파의 전파속도가 음속(330m/sec)보다 약 5 ~ 9배 정도 빠른 것을 말한다.

정답 ④

21 폭굉유도거리(DID)가 짧아지는 요건에 해당되지 않는 것은?

① 압력이 높을 경우
② 점화원의 에너지가 클 경우
③ 정상연소속도가 큰 혼합가스일 경우
④ 관 속에 방해물이 없거나 관경이 큰 경우

 관경이 작은 경우, 관 속에 이물질이나 방해물이 있는 경우 폭굉유도거리(DID)가 짧아진다.

정답 ④

22 폭발압력과 인화성 가스의 농도와의 관계에 대해 설명한 것 중 옳은 것은?

① 인화성 가스의 농도와 폭발압력은 반비례 관계이다.
② 인화성 가스의 농도가 너무 희박하거나 진하여도 폭발압력은 높아진다.
③ 폭발압력은 화학양론농도보다 약간 높은 농도에서 최대 폭발압력이 된다.
④ 최대 폭발압력의 크기는 공기와의 혼합기체에서보다 산소의 농도가 큰 혼합기체에서 더 낮아진다.

 ③만 올바르다. 가연성가스의 농도와 폭발압력은 비례 관계이며, 가연성가스의 농도가 너무 희박하거나 너무 진하여도 폭발 압력은 최소로 낮아진다. 이론적 폭발압력은 양론농도보다 약간 높은 농도에서 최대 폭발압력이 된다. 그런데, 공기와의 혼합물에서 개시압력이 대기압일 때, 최대 폭발압력은 대부분 $6 \sim 8 \, \mathrm{kg}_f/\mathrm{cm}^2$ 정도이며, $10 \, \mathrm{kg}_f/\mathrm{cm}^2$ 를 초과하는 경우는 많지 않다.

정답 ③

23 다음 중 가연성가스가 밀폐된 용기 안에서 폭발할 때, 최대 폭발압력에 영향을 주는 인자로 가장 거리가 먼 것은?

① 가연성가스의 초기농도(몰수)
② 가연성가스의 초기온도
③ 가연성가스의 유속·유량
④ 가연성가스의 초기압력

 밀폐된 용기 안에서 폭발할 때, 최대 폭발압력에 영향을 주는 인자는 가연성가스의 농도(몰수, 혼합농도에서 최대), 가연성가스의 초기온도(초기온도가 높을수록 감소), 가연성가스의 초기압력(초기 압력이 상승할수록 증가), 산화제의 형태, 폭발방출 면적의 크기, 밀폐계 및 개방계 등에 따라 달라진다. 최대 폭발압력에 영향을 미치지 않는 인자는 유속, 유량, 용기의 형태, 부피 등이다. 다만, 기체 유속의 영향은 유속이 빨라지면 발화한계온도는 높아진다.

정답 ③

24 다음 중 분진폭발의 위험성이 가장 작은 것은?

① 석탄분   ② 시멘트
③ 설탕   ④ 커피

 분진 종류에 따라 폭발의 위험성이 달라지며 소맥분(밀가루), 석탄, 유황, 마그네슘, 알루미늄, 플라스틱, 설탕, 커피분말 등이 분진폭발을 잘 일으키는 물질에 해당한다.

정답 ②

25 BLEVE 현상에 대한 설명으로 가장 옳은 것은?

① 기름탱크에서의 수증기의 폭발현상

② 비등상태의 액화가스가 기화하여 팽창하고 폭발하는 현상

③ 화재 시 기름 속의 수분이 급격히 증발하여 기름거품이 되고 팽창해서 기름탱크에서 밖으로 내뿜어져 나오는 현상

④ 원유, 중유 등 고점도의 기름 속에 수증기를 포함한 볼 형태의 물방울이 형성되어 탱크 밖으로 넘치는 현상

정답분석 BLEVE(Boiling Liquid Expanding Vapor Explosion) 현상은 비등점 이상의 온도로 유지되는 액체가 들어있는 탱크가 파열될 때 비등상태의 액화가스가 기화하여 팽창하고 폭발하는 현상이다.
①은 보일오버(Boil over)에 대한 설명이다.
③은 슬롭오버(Slop over)에 대한 설명이다.
④은 프로스오버(Froth over)에 대한 설명이다.

정답 ②

26 연소범위에 대한 일반적인 설명 중 틀린 것은?

① 연소범위는 온도가 높아지면 넓어진다.

② 연소범위 농도 이하에서는 연소되기 어렵다.

③ 공기 중에서 보다 산소 중에서 연소범위는 넓어진다.

④ 압력이 높아지면 상한 값은 변하지 않으나 하한 값은 커진다.

정답분석 연소범위는 온도가 상승하면 연소하한이 낮아지고 상한 값은 높아지게 되고, 압력이 증가하면 연소하한 값은 변하지 않으나 상한 값이 커지면서 연소범위가 넓어지게 되고, 산소의 농도가 증가하면 연소상한이 증가하여 연소범위가 넓어지게 된다.

정답 ④

27 다음 중 액체 표면에서 발생한 증기농도가 공기 중에서 연소한 농도가 될 수 있는 가장 낮은 액체온도를 무엇이라 하는가?

① 인화점   ② 비등점

③ 연소점   ④ 발화온도

정답분석 인화점(引火點)은 가연성 액체의 액면 부근에 인화하기에 충분한 농도의 증기를 발산(發散)하게 되는 최저온도이므로 혼합가스의 폭발하한(LEL)과 밀접한 관계를 갖는다.

정답 ①

28 다음 인화성 가스 혹은 증기에서 공기 중 최소 발화에너지 값이 가장 작은 물질은?

① $CH_2=CH_2$ ② $CH_2=CHCH_3$

③ CH_4 ④ C_2H_6

정답분석 최소 발화에너지 값의 크기는 이황화탄소<수소<에타인(아세틸렌)<에텐(에틸렌)<벤젠<에테인(에탄)<프로페인(부탄)<뷰테인(부탄)<메테인(메탄)<헥세인(헥산)<알데하이드 순서이다.

정답 ①

29 다음 중 메탄올의 연소범위에 가장 가까운 것은?

① 약 1.4 ~ 5.6%   ② 약 7.3 ~ 36%

③ 약 20.3 ~ 66%   ④ 약 42.0 ~ 77%

정답분석 메탄올의 연소범위는 하한 7.3% ~ 상한 36%이다.

정답 ②

30

프로페인(프로판, C_3H_8)의 연소 하한계가 2.2vol% 일 때, 연소를 위한 최소 산소농도(MOC)는 몇 vol% 인가?

① 5.0 　　　　② 7.0

③ 9.9 　　　　④ 11.0

 정답 분석 연소 하한계(LFL, Lower Flammability Limit)와 폭발 하한계(LEL, Lower Explosive Limit)는 동일한 의미로 사용되므로 출제되는 문제의 용어에 따른 혼동 없기 바란다. 또한, 폭발범위＝연소범위, 폭발 상한계(UEL)＝연소상한계(UFL)로 표현할 수 있다. 가연물질에 대한 연소하한계와 최소 산소농도(MOC)의 관계식을 이용하여 문제를 푼다.

[계산] $MOC(\%) = LEL \times \dfrac{m_{O_2}}{m_f}$

$$\begin{cases} \circ\ m_{O_2} = 탄소수 + \dfrac{수소수}{4} = 3 + \dfrac{8}{4} = 5 \\ \circ\ m_f = 1\ (항상\ 1.0이라고\ 생각하면\ 됨) \end{cases}$$

$\therefore MOC = 2.2 \times 5 = 11\%$

정답 ④

31

8vol% 헥세인(헥산), 3vol% 메테인(메탄), 1vol% 에테인(에틸렌)으로 구성된 혼합가스의 연소 하한값(LFL)은 약 몇 vol% 인가? (단, 각 물질의 공기 중 연소하한 값은 헥세인(헥산) 1.1vol%, 메테인(메탄) 5.0vol%, 에텐(에틸렌) 2.7vol% 이다.)

① 0.69 　　　　② 1.46

③ 1.95 　　　　④ 2.45

 정답 분석 2종류 이상으로 혼합된 가연성가스(혼합가스)의 연소하한값(LFL)은 다음과 같이 계산된다.

[계산] $LEL = \dfrac{총\ 시료(\%)}{(V_1/L_1) + (V_2/L_2) + (V_3/L_3)}$

$\therefore LEL = \dfrac{(8+3+1)\%}{(8/1.1) + (3/5) + (1/2.7)} = 1.46\%$

정답 ②

32

다음 중 공기 속에서 폭발 하한계(vol%) 값의 크기가 가장 작은 것은?

① H_2 　　　　② CH_4

③ CO 　　　　④ C_2H_2

 정답 분석 공기의 존재하에 폭발 하한계(LEL, vol%) 값의 크기는 벤젠(1.3)＜뷰테인(부탄)(1.8)＜프로페인(C_3H_8)＜에타인(아세틸렌, C_2H_2)＜산화에텐(산화에틸렌)＜수소(4.0)＜황화수소(H_2S)＜메테인(메탄, CH_4)＜사이안화수소(HCN)＜일산화탄소(CO)＜암모니아(15)의 순서이다. 한편, 폭발 상한계(UEL, vol%) 값의 크기는 에타인(아세틸렌)(81)＞산화에텐(산화에틸렌)＞수소(75)＞일산화탄소＞암모니아＞메테인(메탄)(15)＞뷰테인(부탄)(8.4)＞벤젠(8)의 순서이다. 참고해 두면, 응용 출제문제에 대해 정답을 신속히 체크하는데 도움이 될 것이다.

그리고, 폭발범위의 크기는 에타인(아세틸렌)＞산화에텐(산화에틸렌)＞수소＞일산화탄소＞암모니아＞메테인(메탄)＞프로페인＞벤젠＞뷰테인(부탄)의 순서이다. 참고해 두면, 유사문제 및 응용 출제문제에 대해 정답을 신속히 체크하는데 도움이 될 것이다.

정답 ④

33

다음 중 폭발범위에 관한 설명으로 틀린 것은?

① 상한값과 하한값이 존재한다.

② 온도에는 비례하지만 압력과는 무관하다.

③ 가연성 가스의 종류에 따라 각각 다른 값을 갖는다.

④ 공기와 혼합된 가연성 가스의 체적 농도로 나타낸다.

 정답 분석 압력이 상승하면 → 분자간 거리가 감소 → 화염전달이 용이 → 연소범위가 넓어진다. 따라서 압력과 무관하지는 않다. 그렇지만 연소한계의 압력 의존성은 온도와 달리 일정한 규칙성이 없다.

정답 ②

34 공정별로 폭발을 분류할 때, 물리적 폭발이 아닌 것은?

① 분해폭발
② 탱크의 감압폭발
③ 수증기 폭발
④ 고압용기의 폭발

 분해폭발은 폭발의 원인이 화학적 반응을 통한 압력발생에 의해 발생하는 폭발이므로 공정별로 폭발을 분류할 때 화학적 폭발로 분류된다.

정답 ①

35 폭발 원인물질의 물리적 상태에 따라 구분할 때 기상폭발(Gas Explosion)에 해당되지 않는 것은?

① 분진폭발
② 응상폭발
③ 분무폭발
④ 가스폭발

 응상폭발과 기상폭발은 분류체계가 다르다. 기상폭발에는 가스폭발, 분무폭발, 분진폭발, 분해폭발 등이 있고, 응상폭발에는 화약폭발, 수증기·증기폭발, 전선폭발 등이 있다.

정답 ②

36 비점이 낮은 가연성 액체 저장탱크 주위에 화재가 발생했을 때, 저장탱크 내부의 비등현상으로 인한 압력상승으로 탱크가 파열되어 그 내용물이 증발·팽창하면서 발생되는 폭발현상은?

① Back Draft
② BLEVE
③ Flash Over
④ UVCE

 블레비(BLEVE)는 비등상태의 액화가스가 기화하여 팽창하고 폭발하는 현상을 말한다. BLEVE(Boiling Liquid Expanding Vapor Explosion) 현상은 비등점 이상의 온도로 유지되는 액체가 들어있는 탱크가 파열될 때 비등상태의 액화가스가 기화하여 팽창하고 폭발하는 현상으로 비등액 팽창증기폭발이라고도 한다.

• Back Draft(백드래프트) : 역화(逆火)라고도 하는데, 산소의 부족으로 불이 꺼졌을 때 대류에 의한 산소의 유입에 의해 화재가 재발하며 연소가스가 순간적으로 발화하는 현상을 말하며, 강한 폭발력을 가진다. 주로 폐쇄된 공간이나 지하실에서 화재가 진행될 때 발생한다.
• Flash Over(플래시 오버) : 화재 발생 시 열에 의한 복사현상으로 화염이 옮겨 붙어 그 불길이 확대될 때 일어나는 데, 일정 공간 안에 축적된 가연성 가스가 발화온도에 도달하여 급속하게 공간 전체에 화염이 휩싸이는 현상을 말한다.
• UVCE(증기운 폭발, Unconfined Vapor Cloud Explosion) : 공기와 혼합기를 형성하고 있는 가연성가스(증기운)가 점화원에 의해 급격한 폭발을 일으키는 현상을 말한다.

정답 ②

37 위험물 저장탱크의 화재시 물 또는 포를 화염이 왕성한 표면에 방사할 때 위험물과 함께 탱크 밖으로 흘러넘치는 현상을 무엇이라 하는가?

① 보일 오버(Boil Over)

② 파이어 볼(Fire Ball)

③ 링 화이어(Ring Fire)

④ 슬롭 오버(Slop Over)

위험물 저장탱크의 화재시 물 또는 포를 화염이 왕성한 표면에 방사할 때 위험물과 함께 탱크 밖으로 흘러넘치는 현상을 슬롭 오버(Slop Over)라고 한다.

• Boil Over(보일 오버) : 기름탱크에서의 수증기의 폭발하는 현상을 말함

• Fire Ball(파이어볼) : 블레비(BLEVE)가 발생할 때 동반되는 현상으로 폭발적으로 발생된 화염이 구형의 모양을 이루며 공기 중으로 상승하는 것을 말함

• 링 화이어(Ring Fire, 윤화) : 유류화재 시 방사된 포소화약제를 통해 유류 중앙부분은 소화가 되지만 가장자리는 가열된 탱크에 의해 포가 깨져 링 모양(환상, 環狀)으로 화염이 올라오는 현상을 말함

정답 ④

38 다음 중 Flash Over의 방지(지연)대책으로 가장 적합한 것은?

① 개구부 제한

② 실내의 가열

③ 가연성 건축자재 사용

④ 출입구 개방전 외부공기 유입

Flash Over(플래시 오버)는 화재가 발생했을 때, 열에 의한 복사현상으로 화염이 옮겨 붙어 그 불길이 확대될 때 일어나는 현상으로 일정 공간 안에 축적된 가연성 가스가 발화온도에 도달하여 급속하게 공간 전체에 화염이 휩싸이게 된다. 그러므로 Flash Over의 방지(지연)대책은 천장 및 측벽을 불연화하여 화재의 발전을 지연하거나 불연성·난연성 건축자재를 사용하여 건물을 불연화, 난연화한다. 그리고 개구인자가 적으면 Flash Over 발생 시기가 늦으므로 개구부의 크기를 제한하여 지연시킨다. 단, 개구부가 적으면 Back Draft 의 우려가 있다는 것을 유의하여야 한다.

정답 ①

39 분진폭발의 발생순서로 옳은 것은?

① 비산 → 분산 → 퇴적분진 → 발화원 → 2차 폭발 → 전면폭발

② 비산 → 퇴적분진 → 분산 → 발화원 → 2차 폭발 → 전면폭발

③ 퇴적분진 → 발화원 → 분산 → 비산 → 전면 폭발 → 2차 폭발

④ 퇴적분진 → 비산 → 분산 → 발화원 → 전면 폭발 → 2차 폭발

분진의 폭발과정은 퇴적분진의 입자내의 열에너지가 증가하여 표면온도가 높아지면 → 입자표면이 건류·열분해되면서 휘발성의 기체가 방출되고 → 이것이 공기중으로 비산·분산되어 폭발성 혼합기체를 형성하게 된다. → 여기에 발화원이 작용하여 착화되면 전면폭발이 일어나고 → 전면폭발에 의해 발생된 압력파가 주위의 분진을 재차 비산·교란함으로써 2차, 3차의 연쇄폭발로 파급되는 과정을 거치게 된다.

정답 ④

40 분진폭발의 특징으로 옳은 것은?

① 연소속도가 가스폭발보다 크다.

② 완전연소로 가스중독의 위험이 작다.

③ 화염의 파급속도보다 압력의 파급속도가 빠르다.

④ 가스폭발보다 연소시간은 짧고 발생에너지는 작다.

③만 올바르다. 분진폭발에서는 먼저 폭발압력이 나타난 후 $0.1 \sim 0.2$초 정도 늦게 화염이 나타난다. 화염의 파급속도는 상온·상압하에서 초기에는 $2 \sim 3\text{m/sec}$ 정도 되지만 연소되는 분진의 열팽창으로 인해 압력이 상승하면서 파급속도 또한 가속되는 특징이 있다. 분진폭발의 연소속도나 폭발압력은 가스폭발에 비해 작으나 연소시간이 길고, 발생에너지가 크기 때문에 파괴력에 의한 피해는 더 크다. 분진폭발의 발생에너지가 큰 것은 가스에 비해 단위 체적당 탄화수소의 양이 많기 때문이다.

정답 ③

41 메테인(메탄, CH_4) 100mol이 산소 중에서 완전 연소하였다면, 이 때 소비된 산소량 몇 mol인가?

① 50   ② 100
③ 150   ④ 200

 메테인(메탄, CH_4)의 연소 양론식으로부터 완전연소에 소요되는 산소량을 구한다. 반응식은 모두 작성하고, 비례식에 의한 계산은 산소까지 작성해서 문제를 푼다.

[계산]
$$CH_4(g) + 2O_2(g) \rightarrow CO_2(g) + 2H_2O$$
$$1 \qquad\quad 2 \qquad\qquad 1 \qquad\quad 2$$
$$100\text{mol} : x , \qquad x = 200\ \text{mol}$$
→ 몰수비(= 계수비)

정답 ④

42 에틸알코올 1몰이 완전 연소 시 생성되는 CO_2와 H_2O의 몰수로 옳은 것은?

① CO_2 : 1, H_2O : 4
② CO_2 : 2, H_2O : 3
③ CO_2 : 3, H_2O : 2
④ CO_2 : 4, H_2O : 1

[정답분석] 에틸알콜은 에테인(에탄, C_2H_6)에서 수소이온(H)하나가 수산화이온(OH)으로 치환된 물질이므로 그 분자식은 C_2H_5OH가 된다. 따라서 에틸알콜의 완전연소 반응식으로부터 CO_2와 H_2O의 화학 양론계수(mol수)를 구할 수 있다.

[계산]
$$C_2H_5OH(l) + 3O_2(g) \rightarrow 2CO_2(g) + 3H_2O$$
$$1 \qquad\qquad : \qquad\qquad 2 \qquad\quad 3$$
→ 몰수비(= 계수비)
∴ CO_2와 H_2O의 몰수 = 2 와 3

[더 간단한 방법]
• CO_2 mol 수 = 분자식의 탄소수 = 2
• H_2O mol 수 = $\dfrac{\text{분자식의 수소수}(=6)}{2}$ = 3
(모든 탄화수소에 적용)

정답 ②

43 C_3H_8 1몰을 완전연소하는데 필요한 산소의 이론량을 표준상태에서 계산하면 몇 L가 되는가?

① 22.4   ② 44.8
③ 89.6   ④ 112.0

[정답분석] 이론산소량은 연소되는 가연물질인 프로페인(프로판, C_3H_8)의 양과 반응하는 산소의 양(반응비)을 토대로 다음과 같이 계산한다.

[계산]
$$O_o = C_3H_8\text{의 양} \times \text{반응비}\left(\frac{\text{산소}}{\text{프로판}}\right)$$
$$\begin{cases} C_3H_8 + 5O_2 \rightarrow 3CO_2 + 4H_2O \\ 1\text{mol} \quad : \quad 5 \times 22.4\text{L} \end{cases}$$
$$\therefore O_o = 1\text{mol} \times \left(\frac{5 \times 22.4\text{L}}{1\text{mol}}\right) = 112\text{L}$$

정답 ④

44 탄소 1mol이 완전연소하는 데 필요한 최소 이론 공기량은 약 몇 L인가? (단, 0℃, 1기압 기준이며, 공기 중 산소의 농도는 21vol%이다.)

① 10.7   ② 22.4
③ 107   ④ 224

 이론공기량의 부피는 이론산소량의 부피를 토대로 다음과 같이 계산한다.

[계산]
$$A_o = O_o \times \frac{1}{0.21} \begin{cases} A_o : \text{이론공기량} \\ O_o : \text{이론산소량} \\ 0.21 : \text{공기 중의 산소 함량비} \end{cases}$$

• O_o(이론산소량)
$$= \text{탄소량} \times \text{산소와의 반응비}\left(\frac{\text{산소량}}{\text{탄소량}}\right)$$
$$\begin{cases} C + O_2 \rightarrow CO_2 \\ 1\text{mol} : 22.4\text{L} \end{cases}$$
$$\therefore A_o = 1\text{mol} \times \left(\frac{22.4\text{L}}{1\text{mol}}\right) \times \frac{1}{0.21} = 106.67\ \text{L}$$

정답 ③

45 프로페인(프로판) 2m³가 완전연소할 때, 필요한 이론공기량은 약 몇 m³인가? (단, 공기 중 산소의 농도는 21vol%이다.)

① 23.81 ② 35.72
③ 47.62 ④ 71.43

[정답분석] 이론공기량의 부피는 이론산소량의 부피를 토대로 다음과 같이 계산한다.

[계산] $A_o = O_o \times \dfrac{1}{0.21}$
$\begin{cases} A_o : \text{이론공기량} \\ O_o : \text{이론산소량} \\ 0.21 : \text{공기 중의 산소 함량비} \end{cases}$

• $O_o = C_3H_8 \text{탄소량} \times \text{산소와의 반응비}\left(\dfrac{\text{산소량}}{C_3H_8}\right)$

$\begin{cases} C_3H_8 + 5O_2 \rightarrow 3CO_2 + 4H_2O \\ 22.4m^3 : 5 \times 22.4m^3 \end{cases}$

$\therefore A_o = 2m^3 \times \left(\dfrac{5 \times 22.4m^3}{22.4m^3}\right) \times \dfrac{1}{0.21} = 47.62m^3$

정답 ③

46 표준상태에서 적린 8mol이 완전연소하여 오산화인을 만드는데 필요한 이론공기량은 약 몇 L인가? (단, 공기 중 산소는 21vol%이다.)

① 1066.7 ② 806.7
③ 224 ④ 22.4

[정답분석] 인(P)의 연소반응식으로부터 이론산소량을 먼저 구하고, 이를 토대로 공기량을 계산한다. 인(P)의 연소에 의해 생성되는 오산화인의 분자식은 P_2O_5이다.

[계산] $A_o = O_o \times \dfrac{1}{0.21}$
$\begin{cases} A_o : \text{이론공기량} \\ O_o : \text{이론산소량} \\ 0.21 : \text{공기 중의 산소 함량비} \end{cases}$

• $O_o = \text{P의 양} \times \text{산소와의 반응비}\left(\dfrac{\text{산소량}}{\text{P의 양}}\right)$

$\begin{cases} 2P + 2.5O_2 \rightarrow P_2O_5 \\ 2mol : 2.5 \times 22.4L \end{cases}$

$\therefore A_o = 8mol \times \left(\dfrac{2.5 \times 22.4L}{2mol}\right) \times \dfrac{1}{0.21} = 1066.67L$

정답 ①

47 소화기가 유류화재에 적응력이 있음을 표시하는 색은?

① 백색 ② 황색
③ 청색 ④ 흑색

[정답분석] 유류화재에 적응력이 있음을 표시하는 소화기의 색은 황색이다.
• A급 화재(목재, 종이, 섬유류 등의 일반 가연물 – 연소 후 재를 남기는 화재) : 백색
• B급 화재(유류, 가연성 액체 포함 – 연소 후 재를 남기지 않는 화재) : 황색
• C급 화재(전기 – 전기에 의한 발열체가 발화원이 되는 화재) : 청색
• D급 화재(금속 – 금속의 분·박 등이 발화원이 되는 화재) : 무색

정답 ②

02 화재예방 및 소화방법

1 각종 위험물의 화재예방

1. 제1류 위험물의 화재예방

(1) 제1류 위험물 → 산화성 고체 : 아염소산염류, 염소산염류, 과염소산염류, 무기과산화물, 브로민산염류, 질산염류, 아이오딘산염류(요오드산염류), 과망가니즈산염류(과망간산염류), 다이크로뮴산염류(중크롬산염류) 등

(2) 유의할 이화학적 성질
- 반응성이 커서 열, 충격, 마찰 또는 분해를 촉진하는 약품과 접촉할 경우 폭발할 수 있음
- 가열하여 용융된 진한 용액은 가연성 물질과 접촉 시 혼촉·발화할 위험성이 있음

(3) 화재예방 대책
- 저장, 취급 및 운반 시 가열·충격·마찰을 피할 것
- 환기가 잘 되고, 차가운 곳에 저장할 것
- 분해를 촉진하는 물질과의 접촉을 피할 것
- 조해성이 있으므로 습기 등에 주의하여 밀폐하여 저장할 것
- 다른 약품류 및 가연물과의 접촉을 피할 것
- 열원이나 산화되기 쉬운 물질과 산 또는 화재 위험이 있는 곳으로부터 멀리할 것
- 용기의 파손에 의한 위험물의 누설에 주의할 것

2. 제2류 위험물의 화재예방

(1) 제2류 위험물 → 가연성 고체 : 황화인, 적린, 유황, 철분, 금속분, 마그네슘 등의 인화성 고체

(2) 유의할 이화학적 성질
- 철분, 마그네슘, 금속분류는 물과 산과 접촉하면 발열함
- 산화제와 접촉, 마찰로 인하여 착화되면 급격히 연소함
- 금속분, 철분, 마그네슘의 연소 시 주수하면 급격한 수증기 압력이나 분해에 의해 발생된 수소에 의한 폭발위험과 연소 중인 금속의 비산으로 화재면적을 확대시킬 수 있음

(3) 화재예방 대책
- 철분, 마그네슘, 금속분류는 산 또는 물과의 접촉을 피할 것
- 점화원을 멀리하고 가열을 피할 것, 산화제와의 접촉을 피할 것
- 용기의 파손으로 위험물의 누설에 주의할 것

3. 제3류 위험물의 화재예방

(1) 제3류 위험물 → 자연발화성 물질 및 금수성 물질 : 칼륨, 나트륨, 알킬알루미늄, 알킬리튬, 황린(= 백린, P_4), 알칼리금속(칼륨 및 나트륨 제외) 및 알칼리토금속, 유기금속화합물(알킬알루미늄 및 알킬리튬을 제외), 금속의 수소화물, 금속의 인화물, 칼슘 또는 알루미늄의 탄화물 등

(2) 유의할 이화학적 성질

- 칼륨과 나트륨은 금수성 물질로 물과 반응하여 가연성 기체를 발생함
- 탄화칼슘은 물과 반응하여 폭발성의 에타인(아세틸렌)가스를 발생시킴
- 알킬알루미늄 중 탄소수 1 ~ 4개의 화합물은 공기와 접촉하면 자연발화 위험이 있으며, 물과 접촉할 경우 에테인(에탄)(C_2H_6) 등의 가연성 가스가 발생되므로 저장용기의 상부는 불연성 가스로 봉입하여야 함
- 알킬알루미늄 중 탄소수 5개의 화합물은 점화원을 가했을 때 연소될 수 있으며, 탄소수 6개 이상은 공기 중에서 서서히 산화하여 흰 연기를 발생시킴
- 황린(백린, P_4)은 자연발화성 물질이며, 물과 반응하지 않으나 강알칼리성 용액과 반응하여 유독성의 포스핀(PH_3)(=인화수소)을 발생시킴.[인화칼슘(Ca_3P_2)은 물과 반응하여 유독성의 포스핀가스를 발생시킴]

(3) 화재예방 대책

- 화재발생에 대비하여 희석제를 혼합하거나 수분의 침입이 없도록 할 것
- 물과 접촉하여 가연성 가스를 발생하므로 화기로부터 멀리할 것
- 보호액 속에 위험물을 저장할 경우 위험물이 보호액 표면에 노출되지 않게 할 것
- 용기의 파손 및 부식을 막으며 공기 또는 수분의 접촉을 방지할 것
- 황린(백린, P_4)은 주수 소화 시 비산하여 연소가 확대될 위험이 있으므로 주의하여야 하고, 고온에서 산화되어 독성 가스인 오산화인(P_2O_5)을 발생시키므로 유의하여야 함

4. 제4류 위험물의 화재예방

(1) 제4류 위험물 → 인화성 액체 : 특수인화물, 제1석유류, 알코올류, 제2석유류, 제3석유류, 제4석유류, 동식물유류 등

(2) 유의할 이화학적 성질

- 상온에서 액체이며, 대단히 인화되기 쉬움
- 증기는 공기와 약간 혼합되어도 연소하며, 공기보다 무거움[단, 사이안화수소(시안화수소)는 예외]
- 특수인화물인 이황화탄소(CS_2)는 비수용성이면서 물보다 비중이 크기 때문에 수조(물탱크)에 보관하며, 액면을 물로 채워 증기의 발생을 억제시켜야 함

(3) 화재예방 대책

- 증기 및 액체의 누설에 주의하여 저장할 것
- 정전기의 발생에 주의하여 저장 · 취급할 것
- 인화점 이상 가열하여 취급하지 말 것

5. 제5류 위험물의 화재예방

(1) 제5류 위험물 → 자기반응성 물질 : 유기과산화물, 질산에스터류, 나이트로화합물, 나이트로소화합물, 아조화합물, 다이아조화합물, 하이드라진 유도체, 하이드록실아민, 하이드록실아민염류 등

(2) 유의할 이화학적 성질

- 가연성 물질로서 그 자체가 산소를 함유하므로 내부 연소(자기연소)를 일으키기 쉬운 자기반응성 물질임
- 대부분 유기화물이므로 가열, 충격, 마찰 등으로 인한 폭발위험이 있음
- 장시간 저장 시 화학반응이 일어나 열분해되어 자연 발화함
- 과산화벤조일(=벤조일퍼옥사이드) 등의 유기과산화물은 물에 녹지 않으므로, 화재 시 다량의 물을 이용한 주수소화하는 것이 바람직함

(3) 화재예방 대책

- 가열, 충격, 마찰 등을 피하고 화기 및 점화원으로부터 멀리 저장할 것
- 열원으로부터 멀리할 것
- 직사광선을 피할 것
- 진한 질산, 진한 황산과의 접촉을 피할 것
- 유기과산화물은 산소-산소 결합에 의해 다른 물질을 산화시키는 특성(산화성)을 갖고 있어 환원제나 산화제와의 접촉을 피할 것
- 자기연소성 물질은 CO_2, 분말, 할론, 포 등에 의한 질식소화는 효과가 없으며, 다량의 물로 냉각하는 것이 적당함

6. 제6류 위험물의 화재예방

(1) 제6류 위험물 → 산화성 액체 : 과염소산, 과산화수소, 질산 등

(2) 유의할 이화학적 성질

- 부식성 및 유독성이 강한 강산화제임
- 물과 만나면 발열함
- 암모니아 등 가연물 및 분해를 촉진하는 약품과 접촉할 경우 폭발함
- 소량 화재 시는 다량의 물로 희석할 수 있지만 원칙적으로 주수는 하지 않아야 함

(3) 화재예방 대책

- 물, 유기물, 가연물 및 산화제와의 접촉을 피할 것
- 용기는 착색하여 직사광선이 닿지 않게 할 것
- 분해를 막기 위해 분해방지 안정제(인산, 요산 등)를 사용할 것
- 저장용기는 내산성 용기를 사용하며, 흡습성이 강하므로 용기는 밀전, 밀봉하여 액체의 누설이 되지 않도록 할 것. 다만, 과산화수소는 분해될 때 산소를 발생하기 때문에 내압에 의해 파열될 수 있으므로 저장용기는 밀전하지 않고 구멍이 뚫린 마개를 사용할 것

2 각종 위험물의 화재 시 조치방법

1. 제1류 위험물

(1) **성상** : 산화성 고체 → 아염소산염류, 염소산염류, 과염소산염류, 무기과산화물(지정수량 50kg)/브로산염류, 질산염류, 아이오딘산염류(지정수량 300kg)/과망가니즈산염류, 다이크로뮴산염류(지정수량 1,000kg) 등

(2) **화재 시 조치방법** : 위험물의 분해를 억제하는 것을 중점으로 대량 방수를 하고 연소물과 위험물의 온도를 내리는 방법을 취한다.

- 직사 · 분무 방수, 포말소화, 건조사가 효과적임
- 분말소화는 인산염류로 제조한 것을 사용함
- 알칼리금속인 과산화물에의 방수는 절대 엄금해야 함. 초기 단계에서는 탄산수소염류 등을 사용한 분말 소화기, 마른 모래 등을 이용하여 질식소화함

2. 제2류 위험물

(1) **성상** : 가연성 고체 → 황화인, 적린, 유황(지정수량 100kg)/철분, 금속분, 마그네슘(지정수량 500kg)/
인화성 고체(지정수량 1,000kg) 등

(2) **화재 시 조치방법** : 질식 또는 방수소화 방법을 취한다.
- 일반적으로 물, 거품, 건조제 등으로 소화함
- 직사, 분무방수, 포말소화 사용시 고압방수에 의한 위험물의 비산에 유의할 것(피할 것)
- 금속분 등의 금속성 물질은 건조사로 질식소화의 방법을 취함
- 주수에 의하여 발연하는 것(황화인)은 마른 모래 등으로 질식소화하거나 금속화재용 분말소화제를 이용할 것

3. 제3류 위험물

(1) **성상** : 자연발화성 물질 및 금수성 물질
- 칼륨, 나트륨, 알킬알루미늄, 알킬리튬(지정수량 10kg)
- 황린(지정수량 20kg)
- 알칼리금속(Ca, Na 제외) 및 알칼리토금속, 유기금속(알킬알루미늄 및 알킬리튬을 제외)(지정수량 50kg)
- 금속의 수소화물, 금속의 인화물, 칼슘 또는 알루미늄의 탄화물(지정수량 300kg)

(2) **화재 시 조치방법** : 방수소화를 피하고 주위로의 연소방지에 중점을 둔다.
- 직접소화방법으로서는 건조사로 질식소화 또는 금속화재소화용 분말소화제를 사용함
- 금수성 물질 이외(자연발화성 물질)의 것은 포소화설비에 적응성이 있음
- 보호액인 석유가 연소할 경우에는 CO_2나 분말을 사용해도 좋음
- 마른 모래, 팽창질석과 진주암은 제3류 위험물 전체에 적응성이 있음
- 자연발화성만 가진 위험물(황린 등)의 소화에는 물 또는 강화액 포와 같은 물같은 소화제를 사용할 수 있음

4. 제4류 위험물

(1) **성상** : 인화성 액체
- 특수인화물(이황화탄소, 산화프로필렌, 아세트알데하이드 등)(지정수량 50L)
- 제1석유류 중 비수용성(휘발유, 벤젠, 톨루엔, 초산에틸 등)(지정수량 200L), 제1석유류 중 수용성[아세톤, 사이안화수소(시안화수소), 피리딘 등](지정수량 400L)
- 알코올류(지정수량 400L)
- 제2석유류 중 비수용성(등유, 경유, 자일렌, 클로로벤젠 등)(지정수량 1,000L), 제2석유류 중 수용성(아크릴산, 하이드라진, 에틸렌다이아민 등)(지정수량 2,000L)
- 제3석유류 중 비수용성(중유, 아닐린, 벤질알코올, 나이트로벤젠 등)(지정수량 2,000L), 제3석유류 중 수용성(에틸렌글리콜, 글리세린, 올레인산 등)(지정수량 4,000L)
- 제4석유류(윤활기유, 트리벤질페놀, 메테인술폰산 등)(지정수량 6,000L)
- 동식물유류(아마인유, 피마자유, 야자유, 채종유 등)(지정수량 10,000L)

(2) **화재 시 조치방법** : 소화방법은 질식소화가 효과적이다. 그 수단으로서 연소위험물에 대한 소화와 화면(火面) 확대방지 조치를 동시에 계획하여야 한다.

- 포(거품), 이산화탄소, 할로젠화물, 분말, 무상의 강화액 등으로 소화함
- 비중이 1보다 작은 위험물의 화재에 주수하면 위험물이 부유하여 화재면을 확대시키기 때문에 일반적으로 물에 의한 소화는 적당하지 않음. 주수소화는 할 수 없으나 무상인 경우에는 사용이 가능함
- 수용성의 위험물화재에는 수용성이 아닌 특수한 내알코올포(수용성 위험물용 포소화약제)를 사용함
- 평면적 유류화재의 초기 소화에 필요한 포의 두께는 최저 5 ~ 6cm이어야 하기 때문에 연소면적에 따라 필요한 소화포의 양을 적산함
- 화면확대를 방지하기 위하여 토사 등을 유효하게 활용하여 위험물의 유동을 막는 조치를 취함
- 유류화재에 대한 방수소화의 효과는 인화점이 낮고 휘발성이 강한 것은 방수에 의한 냉각소화는 불가능하지만 소량이면 분무방수에 의한 화재 억제효과가 있음
- 인화점이 높고 휘발성이 약한 것은 강력한 분무방수로 소화할 수 있는 경우가 많음

5. 제5류 위험물

(1) **성상** : 자기반응성 물질
- 유기과산화물, 질산에스터류(지정수량 10kg)
- 하이드록실아민, 하이드록실아민염류(지정수량 100kg)
- 나이트로화합물, 나이트로소화합물, 아조화합물, 다이아조화합물, 하이드라진 유도체(지정수량 200kg)

(2) **화재 시 조치방법** : 일반적으로 대량 방수에 의하여 냉각소화 한다.
- 일반적으로 대량의 물을 사용하는 것이 가장 효과적으로, 포(거품)도 사용할 수 있음
- 폭발위험이 있으므로 안전거리를 유지하여야 함
- 산소함유 물질이므로 질식소화는 효과가 없음
- 셀룰로이드류의 화재는 순식간에 확대될 위험이 있고, 물의 침투성이 나쁘기 때문에 계면활성제를 혼용하거나 응급적으로 포(泡)를 사용하는 것도 좋음

6. 제6류 위험물

(1) **성상** : 산화성 액체
- 과염소산, 과산화수소, 질산, 할로젠간화합물(지정수량 300kg)

(2) **화재 시 조치방법** : 위험물 자체는 연소하지 않으므로 연소물에 맞는 소화방법을 취하고 있으나 제6류 위험물은 물과 만나면 발열반응을 하기 때문에 이것에 대한 방수는 피해야 한다.
- 연소물에 대응한 소화법으로 소화하고 2차 재해의 방지도 고려하여야 함
- 유출사고 시에는 마른 모래를 뿌리거나 중화제로 중화함
- 위험물의 유동을 제어했더라도 고농도의 위험물은 물과 작용하여 비산할 수 있고, 인체에 접촉하면 화상을 일으킬 수 있음을 유의해야 함
- 발생하는 증기는 유해한 것이 많으므로 활동 중에는 호흡기 보호장구를 착용해야 함
- 유출사고 시는 유동범위가 최소화되도록 적극적으로 방어하고 소다회, 중탄산소다, 소석회 등의 중화제를 사용하고, 소량일 때에는 건조사, 흙 등으로 흡수시킴
- 주위의 상황에 따라서는 대량의 물로 희석하는 방법도 고려할 수 있음

3 화재의 특성 등급에 따른 소화방법

1. 일반가연물 화재(A급 화재)

(1) **대상** : 연소 후 재를 남기는 종류의 화재로서 목재, 종이, 섬유, 플라스틱 등으로 만들어진 가재도구, 각종 생활용품 등이 타는 화재를 말한다.

(2) **소화방법** : 주로 물에 의한 냉각소화 또는 분말소화약제를 사용한다.

2. 유류 및 가스 화재(B급 화재)

(1) **대상** : 연소 후 아무 것도 남기지 않는 종류의 화재로서 휘발유, 경유, 알코올, LPG 등 인화성 액체, 기체 등의 화재를 말한다.

(2) **소화방법** : 공기를 차단시켜 질식소화하는 방법으로 포소화약제를 이용하거나, 할로젠화합물, 이산화탄소, 분말소화약제 등을 사용한다.

3. 전기화재(C급 화재)

(1) **대상** : 전기기계 · 기구 등에 전기가 공급되는 상태에서 발생된 화재로서 전기적 절연성을 가진 소화약제로 소화해야 하는 화재를 말한다.

(2) **소화방법** : 이산화탄소, 할로젠화물소화약제, 분말소화약제를 사용한다.

4. 금속화재(D급 화재)

(1) **대상** : 특별히 금속화재를 분류할 경우에는 리튬, 나트륨, 마그네슘 같은 금속화재를 D급 화재로 분류한다.

(2) **소화방법** : 팽창질석, 팽창진주암, 마른 모래 등을 사용한다.

5. 식용유화재(F급 화재 또는 K급 화재)

(1) **대상** : 튀김용기의 식용유가 과열되면 불이 붙기 쉽고, 불을 끄더라도 냉각이 쉽지 않아 순간적으로 꺼졌던 불이 다시 붙는 재발화의 위험성이 있어 과거에는 유류화재(B급 화재)로 분류하였으나 최근에는 별도 분류하는 경향이 있다.

(2) **소화방법** : 보통의 소화방법으로는 분말소화약제를 사용한다.

출제예상문제

01 다량의 황산이 가연물과 혼합되어 화재가 발생하였을 경우의 소화방법으로 적절하지 않은 방법은?

① 건조분말로 질식소화를 한다.

② 회(灰)로 덮어 질식소화를 한다.

③ 마른 모래로 덮어 질식소화를 한다.

④ 물을 뿌려 냉각소화 및 질식소화를 한다.

정답분석 황산, 질산은 유독물질이지만 질산과 달리 황산 자체는 열이나 불꽃 등에 의해 화재나 폭발 위험성은 낮기 때문에 비위험물로 분류되어 있다. 황산은 불연성이며 부식성과 흡습성이 강하고, 물과 접촉할 경우 강한 발열반응을 일으켜 굉장히높은 열을 발생시키는 특성이 있으므로 물을 뿌려 냉각소화 및 질식소화를 피해야 한다. 황산은 피부를 부식시키는 성질이 있어서 황산과 접촉하게 되면 피부에 3도 화상을 입을 수 있고, 눈에 심각한 화상을 입어 실명할 수도 있다.

이론PLUS 위험물의 분류별 화재 시 조치방법

- **제1류 위험물(산화성 고체 ; 염소산염류, 질산염류, 과망가니즈산염류, 다이크로뮴산염류 등)**
  - 조치 : 위험물의 분해를 억제하는 것을 중점으로 대량방수를 하고 연소물과 위험물의 온도를 내리는 방법을 취한다.
    - 직사, 분무방수, 포말소화, 건조사가 효과적임
    - 분말소화는 인산염류로 제조한 것을 사용해야 함
  - 유의사항 : 알칼리금속인 과산화물에의 방수는 절대 엄금
- **제2류 위험물(가연성 고체 ; 황화인, 적린, 유황, 철분, 금속분, 마그네슘 등)**
  - 조치 : 질식 또는 방수 소화방법을 취한다.
    - 직사, 분무방수, 포말소화, 건조사로 소화함
    - 고압방수에 의한 위험물의 비산은 피해야 함
  - 유의사항 : 금수성 물질(금속분 등)은 건조사로 질식소화의 방법을 취해야 함
- **제3류 위험물[자연발화성 물질 및 금수성 물질 ; 칼륨, 나트륨, 알칼리금속, 알킬리튬, 황린(= 백린, P_4) 등]**
  - 조치 : 방수소화를 피하고 주위로의 연소방지에 중점을 둔다.
    - 직접 소화방법으로서는 건조사로 질식소화 또는 금속화재소화용 분말소화제를 사용함
    - 보호액인 석유가 연소할 경우에는 CO_2나 분말을 사용하여도 좋음
  - 유의사항 : 방수소화를 피할 것

- **제4류 위험물(인화성 액체 ; CS_2등 특수인화물, 제1 ~ 4석유류, 동식물유류 등)**
  - 조치 : 질식소화가 효과적이다. 그 수단으로서 연소위험물에 대한 소화와 화면 확대방지 태세를 취하여야 한다.
    - 소화는 포, 분말, CO_2 가스, 건조사 등을 주로 사용함
    - 상황에 따라서는 탱크용기 등을 외부에서 냉각시켜 가연성 증기의 발생을 억제할 것
    - 화면 확대를 방지하기 위하여 토사 등을 유효하게 활용하여 위험물의 유동을 막을 것
    - 인화점이 높고 휘발성이 약한 것은 강력한 분무방수로 소화할 수 있음
  - 유의사항 : 유류화재에 대한 방수소화의 효과는 인화점이 낮고 휘발성이 강한 것은 방수에 의한 냉각소화는 불가능하지만 소량이면 분무방수에 의한 화세 억제의 효과가 있음
- **제5류 위험물(자기반응성 물질 ; 유기과산화물, 나이트로화합물, 셀룰로이드류 등)**
  - 조치 : 일반적으로 대량방수에 의하여 냉각소화 한다.
    - 위험물이 소량일 때 또는 화재의 초기에는 소화가 가능하지만 그 이상일 때는 폭발에 주의하면서 원격소화 함
    - 셀룰로이드류의 화재는 순식간에 확대될 위험이 있으며, 물의 침투성이 나쁘기 때문에 계면활성제를 사용하거나 응급적으로 포를 사용할 것
  - 유의사항 : 산소함유 물질이므로 질식소화는 효과가 없음
- **제6류 위험물(산화성 액체 ; 과염소산, 과산화수소, 질산, 할로젠간화합물 등)**
  - 조치 : 위험물 자체는 연소하지 않으므로 연소물에 맞는 소화방법을 취한다.
    - 유출 사고 시는 유동범위가 최소화되도록 적극적으로 방어하고 소다회, 중탄산소다, 소석회 등의 중화제를 사용함
    - 소량일 때에는 건조사, 흙 등으로 흡수시킴
    - 주위의 상황에 따라서 대량의 물로 희석하는 방법을 적용할 수 있음
  - 유의사항
    - 물과 발열반응 하는 물질에는 가능한 한 방수를 피할 것
    - 고농도의 위험물은 물과 작용하여 비산하며, 인체에 접촉하면 화상을 일으킬 수 있음
    - 발생하는 증기는 유해한 것이 많으므로 활동 중에는 공기호흡기 등을 착용할 것

정답 ④

02 다음 제1류 위험물 중 물과의 접촉이 가장 위험한 것은?

① 아염소산나트륨
② 과산화나트륨
③ 과염소산나트륨
④ 다이크로뮴산암모늄

정답 분석 K_2O_2는 알칼리금속 과산화물로 금수성 물질이기 때문에 화재 시 탄산수소염류 소화기, 건조사, 팽창질석 또는 팽창진주암 등으로 질식소화 하는 것이 적합하다.

정답 ②

03 마그네슘에 화재가 발생하여 물을 주수하였다. 그에 대한 설명으로 옳은 것은?

① 냉각소화 효과에 의해서 화재가 진압된다.
② 주수된 물이 증발하여 질식소화 효과에 의해서 화재가 진압된다.
③ 수소가 발생하여 폭발 및 화재 확산의 위험성이 증가한다.
④ 물과 반응하여 독성 가스를 발생한다.

정답 분석 Mg(마그네슘)은 제2류 위험물로서 금수성이다.

반응 $Mg + 2H_2O \rightarrow Mg(OH)_2 + H_2$

정답 ③

04 위험물안전관리법령상 제3류 위험물 중 금수성 물질 이외의 것에 적응성이 있는 소화설비는?

① 포소화설비
② 분말소화설비
③ 불활성 가스소화설비
④ 할로젠화합물소화설비

정답 분석 제3류 위험물 중 금수성 물질 이외의 것이므로 자연발화성 물질에 해당되며, 자연발화성 물질은 할로젠화합물, 불활성 가스, 이산화탄소 분말에 적응성이 없으며, 포소화설비에 적응성이 있다.
제3류 위험물 중 금수성 물질에 속하는 것은 칼륨, 나트륨, 알킬알루미늄, 황린(= 백린, P_4), 알칼리금속 및 알칼리토금속, 유기금속화합물, 금속의 수소화물, 금속의 인화물, 칼슘 또는 알루미늄의 탄화물 등이다.

정답 ①

05 다음 위험물을 보관하는 창고에 화재가 발생하였을 때 물을 사용하여 소화하면 위험성이 증가하는 것은?

① 질산암모늄   ② 탄화칼슘
③ 과염소산나트륨   ④ 셀룰로이드

정답 분석 탄화칼슘(CaC_2)은 제3류 위험물의 금수성 물질이며, 물과 반응 시 가연성의 에타인(아세틸렌, C_2H_2) 가스를 발생시킨다.

반응 $CaC_2 + 2H_2O \rightarrow C_2H_2 + Ca(OH)_2$

정답 ②

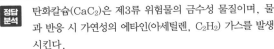

06 트리에틸알루미늄의 화재 발생 시 물을 이용한 소화가 위험한 이유를 옳게 설명한 것은?

① 가연성의 수소가스가 발생하기 때문에
② 유독성의 포스핀가스가 발생하기 때문에
③ 유독성의 포스겐가스가 발생하기 때문에
④ 가연성의 에테인(에탄)가스가 발생하기 때문에

 트리에틸알루미늄은 제3류 위험물의 금수성 물질로 물과 반응하여 에테인(에탄, C_2H_6)가스를 발생시킨다.

[반응] $(C_2H_5)_3Al + 3H_2O \rightarrow 3C_2H_6 + Al(OH)_3$

정답 ④

07 제2류 위험물의 화재에 대한 일반적인 특징으로 옳은 것은?

① 연소속도가 빠르다.
② 산소를 함유하고 있어 질식소화는 효과가 없다.
③ 화재 시 자신이 환원되고 다른 물질을 산화시킨다.
④ 연소열이 거의 없어 초기 화재 시 발견이 어렵다.

 제2류 위험물은 가연성 고체로 비교적 낮은 온도에서 착화하기 쉬운 이연성(易燃性), 속연성(速燃性) 물질로 연소속도가 매우 빠르며, 연소열이 큰 편으로 초기 화재 시 발견이 용이하다.

정답 ①

08 화재발생 시 소화방법으로 공기를 차단하는 것이 효과가 있으며, 연소물질을 제거하거나 액체를 인화점 이하로 냉각시켜 소화할 수도 있는 위험물은?

① 제1류 위험물   ② 제4류 위험물
③ 제5류 위험물   ④ 제6류 위험물

 제4류 위험물(인화성 액체)은 건조사, 팽창질석 또는 팽창진주암 등을 이용하여 공기를 차단하는 질식소화방법과 수용성인 인화성 액체는 알코올포, 무상강화액 소화기 등으로 액체를 인화점 이하로 냉각시켜 주수소화 하는 방법이 사용된다.

정답 ②

09 제4류 위험물의 소화방법에 대한 설명 중 틀린 것은?

① 물분무소화도 적응성이 있다.
② 공기차단에 의한 질식소화가 효과적이다.
③ 수용성인 가연성 액체의 화재에는 수성막포에 의한 소화가 효과적이다.
④ 비중이 물보다 작은 위험물의 경우는 주수소화가 효과가 떨어진다.

정답분석 알코올과 같은 수용성 액체의 화재에 수성막 포소화약제를 사용하면 알코올이 포(泡)에 함유되어 있는 수분에 녹아 거품을 제거하는 소포(消泡)작용이 일어난다. 이에 대응하기 위해 알코올과 같은 수용성 액체의 화재에는 내알코올형 소화약제가 사용되고 있다. 포가 소멸되기 때문에 소화효과가 낮으므로 알코올 포소화약제를 사용하여야 한다.

정답 ③

10 위험물안전관리법령상 톨루엔의 화재에 적응성이 있는 소화방법은?

① 무상수(霧狀水) 소화기에 의한 소화
② 무상 강화액 소화기에 의한 소화
③ 봉상수(棒狀水) 소화기에 의한 소화
④ 봉상 강화액 소화기에 의한 소화

정답분석 톨루엔은 제4류 위험물로 물분무소화설비, 포소화설비, 할로젠화합물소화설비, 불활성 가스소화설비, 무상 강화액 소화기, 이산화탄소 소화기 등에 적응성이 있다.

정답 ②

11 위험물안전관리법령상 인화성 고체와 질산에 공통적으로 적응성이 있는 소화설비는 어느 것인가?

① 불활성 가스소화설비
② 할로젠화합물소화설비
③ 탄산수소염류분말소화설비
④ 포 소화설비

 정답분석 제6류 위험물인 질산(HNO₃)은 가스계 소화설비(이산화탄소소화설비, 불활성 가스소화설비, 할로젠화합물소화설비 등)와 탄산수소염류 분말소화설비에 적응성이 없다. 제2류 위험물인 인화성 고체와 제6류 위험물인 질산(HNO₃)에 공통적으로 적응성이 있는 소화설비는 포 소화설비이다.

이론 PLUS 포 소화설비의 적용대상과 비적용 장소
• 적용 장소
  – 비행기 격납고, 자동차 정비공장, 차고 등 주로 기름을 사용하는 장소
  – 특수가연물을 저장 취급하는 장소
  – 제4류 위험물, 제5류 위험물, 제6류 위험물에 적용 가능
• 비적용 장소
  – 제1류 위험물 중 알칼리금속과 제2류 위험물 중 금속분
  – 제3류 위험물 중 금수성 물질에는 적용을 할 수 없음
  – 포 소화설비는 위험물안전관리법령상 전기설비에 적응성이 없음

정답 ④

12 위험물안전관리법령상 이산화탄소 소화기가 적응성이 있는 위험물은?

① 철분
② 인화성 고체
③ 과산화나트륨
④ 트라이나이트로톨루엔

 정답분석 인화성 고체는 이산화탄소, 할로젠화합물, 분말소화설비, 물분무소화설비에 적응성이 있다.

정답 ②

13 가연성 가스나 증기의 농도를 연소한계(하한) 이하로 하여 소화하는 방법은?

① 희석소화
② 제거소화
③ 질식소화
④ 냉각소화

 정답분석 수용성 액체의 경우 물을 주입하거나, 기체의 경우 공기 중에 CO₂ 가스를 주입하여 산소 농도를 묽게 만들어 연소한계 이하로 소화하는 방법을 희석소화(稀釋消化, dilute digestion)라 한다.

정답 ①

14 다음 중 이황화탄소의 액면 위에 물을 채워두는 이유로 가장 적합한 것은?

① 자연분해를 방지하기 위해
② 불순물을 물에 용해시키기 위해
③ 화재발생 시 물로 소화하기 위해
④ 가연성 증기의 발생을 방지하기 위해

 정답분석 이황화탄소(CS₂)는 제4류 위험물(인화성 액체) 중 특수인화물로 비수용성 액체이며, 물보다 무겁고, 휘발성이 강하므로 주로 수조(물탱크)에 보관하며, 액면을 물로 채워 증기의 발생을 억제시키고 있다.

정답 ④

15 유기과산화물의 화재예방상 주의사항으로 틀린 것은?

① 직사광선을 피한다.
② 열원으로부터 멀리한다.
③ 용기의 파손 여부를 정기적으로 점검한다.
④ 가급적 환원제와 접촉하고, 산화제는 멀리한다.

 정답분석 제5류 위험물에 속하는 유기과산화물은 매우 불안정한 과산화수소(H–O–O–H)의 유도체로 산소 – 산소 결합에 의해 다른 물질을 산화시키는 특성(산화성)을 갖고 있어 환원제나 산화제와의 접촉을 피해야 한다.

정답 ④

16 제2류 위험물의 화재에 대한 일반적인 특징을 가장 옳게 설명한 것은?

① 연소속도가 빠르다.
② 산소를 함유하고 있어 질식소화는 효과가 없다.
③ 화재 시 자신이 환원되고 다른 물질을 산화시킨다.
④ 연소열이 거의 없어 초기 화재 시 발견이 어렵다.

 정답 분석 제2류 위험물은 가연성 고체로 비교적 낮은 온도에서 착화하기 쉬운 이연성(易燃性), 속연성(速燃性) 물질로 연소속도가 매우 빠르며, 연소열이 큰 편으로 초기화재 시 발견이 용이하다.

정답 ①

17 제5류 위험물의 일반적인 취급 및 소화 방법으로 틀린 것은?

① 화재 시 소화방법으로는 질식소화가 가장 이상적이다.
② 대량 화재 시 소화가 곤란하므로 가급적 소분하여 저장한다.
③ 운반용기 외부에는 주의사항으로 화기엄금 및 충격주의 표시를 한다.
④ 화재 시 폭발의 위험성이 있으므로 충분한 안전거리를 확보하여야 한다.

정답 분석 제5류 위험물(자기반응성 물질)은 열적으로 불안정하여 산소의 공급이 없어도 강렬하게 발열 · 분해하기 쉬운 물질이며, 자체 내에 산소를 포함하고 있으므로 질식소화는 효과가 없고 다량의 물에 의한 냉각소화가 가장 이상적이다. 초기화재 또는 소량화재 시에는 분말로 일시에 화재를 소화할 수 있으나 재발화의 위험이 있어 최종적으로는 물로 냉각소화 하여야 한다.

정답 ①

18 위험물에 화재가 발생하였을 경우 물과의 반응으로 인해 주수소화가 적당하지 않은 것은?

① CH_3ONO_2 ② $KClO_3$
③ Li_2O_2 ④ P

 정답 분석 과산화리튬(Li_2O_2)은 제1류 위험물의 무기과산화물 중 알칼리금속과산화물로 금수성이기 때문에 주수소화는 적합하지 않다. 물과 반응하여 산소가스를 발생시키므로 건조사, 팽창질석 또는 팽창진주암 등으로 질식소화 하는 것이 적절하다.

① 질산메틸(CH_3ONO_2)은 제5류 위험물(자기반응성 물질) 중 질산에터류(질산에스테르류)에 속한다. 제5류 위험물은 다량에 의한 주수소화가 적당하다.
② 염소산칼륨($KClO_3$)은 제1류 위험물(산화성 고체)의 염소산염류로 제1류 위험물 중 무기과산화물(알칼리금속의 과산화물)을 제외하고는 주수소화가 효과적이다.
④ 적린(P)은 제2류 위험물로 화재 시 다량의 물에 의한 주수소화가 가장 효과적이며, 소량인 경우 건조사, CO_2 등의 질식소화도 효과가 있다. 연소 시 유독한 오산화인(P_2O_5)을 생성하기 때문에 공기 호흡기 등의 보호장구를 착용하여야 한다. 인은 색에 따라 백린(＝황린, P_4), 적린(질산에스터류, P), 흑린 등의 동소체가 존재하는데 적린(P)은 제2류 위험물(가연성 고체)에 해당하는 붉은 색의 인으로 강알칼리와 반응하여 포스핀(PH_3)가스를 발생한다. 백린(P_4)은 백색 결정형 또는 불순물로 인한 황색 결정으로 변하여 황린으로도 불리고, 마늘 냄새가 나는 제3류 위험물에 속한다. 또한 물에 잘 녹지 않기 때문에 물속에 보관하여 유독성의 포스핀(PH_3)가스 발생을 막을 수 있다.

정답 ③

19 위험물의 저장창고에 화재가 발생하였을 때 소화 방법으로 주수소화가 적당하지 않은 것은?

① $NaClO_3$ ② NaH
③ S ④ TNT

 정답 분석 주수소화가 적당하지 않은 금수성 물질을 찾는 문제이다. 하나의 금속과 수소가 결합된 금속수소화물인 수소화나트륨(NaH)은 제3류 위험물에 속하여 물과 반응 시 수소가스를 발생하므로 금속수소화물을 보관할 때 건조한 불활성 기체를 주입하여 습기가 없는 상태로 만들어주어야 한다. 화재 시 물, CO_2, 할로겐화합물 등의 소화약제는 사용해서는 안 되며, 건조사 또는 팽창질석, 팽창진주암 등으로 질식소화 하는 것이 적합하다.

정답 ②

20 다음 중 Ca_3P_2 화재 시 가장 적합한 소화방법은?

① 봉상의 물로 소화한다.
② 화학포 소화기로 소화한다.
③ 마른 모래로 덮어 소화한다.
④ 산·알칼리 소화기로 소화한다.

 인화칼슘(Ca_3P_2)은 제3류 위험물 중 금수성 물질이므로 마른 모래로 질식소화 하여야 한다.

정답 ③

22 제4류 위험물 중 비수용성 인화성 액체의 탱크 화재 시 물을 뿌려 소화하는 것은 적당하지 않다고 한다. 그 이유로서 가장 적당한 것은?

① 인화점이 낮아진다.
② 가연성 가스가 발생한다.
③ 화재면(연소면)이 확대된다.
④ 발화점이 낮아진다.

 제4류 위험물 중 비수용성 액체의 화재는 물에 녹지 않기 때문에 여기에 물을 뿌려 소화하면 화재면(연소면)이 확대되어 위험성이 커진다.

정답 ③

21 수소화나트륨 저장 창고에 화재가 발생하였을 때 주수소화가 부적합한 이유로 옳은 것은?

① 발열반응을 일으키고 수소를 발생한다.
② 수화반응을 일으키고 수소를 발생한다.
③ 중화반응을 일으키고 수소를 발생한다.
④ 중합반응을 일으키고 수소를 발생한다.

 NaH(수소화나트륨)은 제3류 위험물로 물과 반응 시 발열반응과 함께 수소를 발생시키기 때문에 주수소화가 불가능하며, 건조사 또는 팽창질석, 팽창진주암 등으로 질식소화 하여야 한다.

[반응] $2NaH + 2H_2O \rightarrow 2NaOH + H_2$

정답 ①

23 트리나이트로톨루엔에 대한 설명으로 틀린 것은?

① 벤젠, 아세톤 등에 잘 녹는다.
② 폭약의 원료로 사용될 수 있다.
③ 햇빛을 받으면 다갈색으로 변한다.
④ 건조사 또는 팽창질석만 소화설비로 사용할 수 있다.

 트리나이트로톨루엔(TNT)은 제5류 위험물로 화재의 초기에 다량의 물을 사용하여 냉각소화 하는 것이 적합하다. 에테르(에터), 아세톤, 벤젠 등에 잘 녹으며 폭약, 살충제 등의 원료로 사용된다.

정답 ④

01 소화약제

1 소화약제의 구비조건

1. 소화성능이 뛰어날 것(연소의 4요소 중 1가지 이상을 제어할 수 있을 것)
2. 독성이 없어 인체에 무해할 것
3. 환경에 대한 악영향을 끼치지 않을 것
4. 장기적 저장에 안정할 것
5. 경제적이고, 원료의 구입이 용이할 것

2 소화약제의 종류와 특징

1. 물(H_2O) 소화약제

   (1) 구성 및 조성 : 물(H_2O)

   (2) 이화학적 특징
   - 수소결합이 갖는 물의 특성으로 인하여 어는점 0℃, 끓는점 100℃이며, 비열 1.0cal/g · ℃, 증발열 539cal/g으로 높음
   - 무독성, 변질우려가 없어 장기간 보관가능, 안전성이 높고, 쉽게 조달가능

   (3) 화재 적용특성
   - 물의 냉각효과는 이산화탄소 소화약제, 할로젠화합물 소화약제, 청정 소화약제 등에 비해 월등하게 우수함
   - 분무상주수(噴霧狀注水)는 비중이 물보다 큰 중유 또는 윤활유 등의 유류 화재의 소화약제로 사용이 가능함
   - 스프링클러, 소화전 등의 다양한 소화설비에 이용됨

   (4) 소화원리
   - 냉각작용
   - 질식작용
   - 유화작용
   - 희석작용
   - 타격작용

   - 물은 기화열(539kcal/kg)이 높아 냉각효과가 뛰어남
   - 물이 액체에서 기체로 증발하여 수증기를 형성할 경우 대기압 하에서 그 체적은 1,670배로 증가하는데 그 팽창된 수증기가 연소면을 덮어 산소의 공급을 차단하는 질식효과를 일으킴
   - 물의 미립자가 유류(석유류)의 연소면을 두드려서 유류 표면에 엷은 수성막을 형성하거나 에멀션(Emulsion)화 됨으로써 유류의 증기압을 낮춤

- 알코올 등과 같은 수용성 액체 위험물은 물에 잘 녹아 희석됨
- 물을 봉상이나 적상으로 주수할 경우 연소물을 파괴해서 소화할 수 있음. 다만, 유류화재는 거품이 격렬하게 발생되기 때문에 봉상주수를 피해야 함

(5) **소화효과** : 물은 A급 화재(일반화재)에 적응되며, 물 입자(粒子)를 무상(霧狀)으로 방사할 경우에는 C급 화재(전기화재)에도 적응성을 가짐

(6) **물 사용금지 및 제한요소** : 물은 다음의 몇 가지 가연성 물질의 화재에 대해서는 사용을 금지하거나 사용상 각별한 유의를 요한다.

① 물과 반응하여 가연성 가스와 열이 발생되는 화학약품
- 탄화칼슘(CaC_2) : $CaC_2 + 2H_2O \rightarrow C_2H_2 + Ca(OH)_2$
- 트리에틸알루미늄[$(C_2H_5)_3Al$] : $(C_2H_5)_3Al + 3H_2O \rightarrow 3C_2H_6 + Al(OH)_3$
- 탄화알루미늄(Al_4C_3) : $Al_4C_3 + 12H_2O \rightarrow 3CH_4 + 4Al(OH)_3$

② 물과 반응하여 수소가스를 발생하는 **가연성 금속류**(K, Na, Al, Mg, Ca, Zn, Ti)
- 칼륨(K, 포타슘) : $2K + 2H_2O \rightarrow H_2 + 2KOH$
- 나트륨(Na) : $2Na + 2H_2O \rightarrow H_2 + 2NaOH$
- 마그네슘(Mg) : $Mg + 2H_2O \rightarrow H_2 + Mg(OH)_2$

③ 물 또는 수분과 반응하여 산소를 발생하는 **과산화물**(K_2O_2, Na_2O_2 등)
- 과산화칼륨(K_2O_2) : $2K_2O_2 + 2H_2O \rightarrow O_2 + 4KOH$
- 과산화나트륨(Na_2O_2) : $2Na_2O_2 + 2H_2O \rightarrow O_2 + 4NaOH$
- 과산화마그네슘(MgO_2) : $2MgO_2 + 2H_2O \rightarrow O_2 + 2Mg(OH)_2$
- 과산화바륨(BaO_2) : $2BaO_2 + 2H_2O \rightarrow O_2 + 2Ba(OH)_2$

④ 물보다 비중이 작은 비수용성 액체 → 벤젠(C_6H_6), 톨루엔($C_6H_5CH_3$) 자일렌[$C_6H_4(CH_3)_2$] 등은 주수소화하게 되면 화재면이 확대되어 위험성이 커지게 됨(분말, CO_2, 포 소화약제 사용)

● **참고** ●

■ **위험물질의 저장특성 정리**

- 물에 안전하고, 불용성이며, 물속에 저장하는 위험물 → 황린(P_4), 이황화탄소(CS_2)
- 등유에 저장하는 위험물 → 칼륨(K), 나트륨(Na), 리튬(Li)
- 알코올에 저장하는 위험물 → 나이트로셀룰로오스

---

2. 강화액(强化液, Loaded Steam)

(1) **구성 및 조성**
- 물(H_2O)
- 염류[K_2CO_3, $NaHCO_3$, $(NH_4)_2SO_4$, $(NH_4)H_2PO_4$]
- 침투제

강화액 약제(藥劑)는 물 소화약제의 동결(凍結)현상을 극복하고, 소화능력을 증대시키기 위해 탄산칼륨(K_2CO_3), 탄산수소나트륨(중탄산나트륨, $NaHCO_3$), 황산암모늄[$(NH_4)_2SO_4$], 제1인산암모늄($NH_4H_2PO_4$) 및 침투제 등을 첨가한 알칼리성 약제임

(2) **이화학적 특징**
- pH 11 ~ 12이상, 응고점은 −26 ~ −30℃ 범위로 한랭지에서도 잘 얼지 않음
- 강알칼리성으로 철, 구리 등의 금속에 부식성이 있음

(3) **화재 적용특성** { • 물에 의한 냉각효과
• 금속염에 의한 억제효과 및 부촉매효과
• 열분해시 발생되는 CO_2에 의한 질식효과

- 강화액은 물의 냉각효과 외에 금속염에 의한 억제효과, 열분해 생성물의 CO_2에 의한 질식효과가 있으며, 기타 방염성도 있으므로 물에 비하여 소화효과가 큼
- 일반화재에는 봉상주수를 통한 냉각소화와 질식소화를 나타냄
- 분무상태로 하면 질식, 억제효과가 있고 유류나 전기화재에도 사용할 수 있음

(4) **소화원리** : 물에 용해된 알칼리 금속염류 및 첨가제[K_2CO_3, $NaHCO_3$, $(NH_4)_2SO_4$, $NH_4H_2PO_4$]가 고온에서 열분해(熱分解)할 때 발생하는 탄산가스(CO_2)의 질식작용 및 열분해과정에서 부생되는 유리이온(Na^+, K^+, NH_4^+)에 의한 부촉매효과가 소화(消火) 메커니즘으로 작용함

- K_2CO_3 + 화염 (온도) $\xrightarrow[\text{열분해}]{\text{흡열반응}}$ CO_2 + K_2O

- $NH_4H_2PO_4$ + 화염 (온도) $\xrightarrow[\text{열분해}]{\text{흡열반응}}$ H_2O + NH_3 + HPO_3

(5) **소화효과** : A급 화재에 대한 소화능력이 우수함. 무상(霧狀)으로 방사할 경우는 소규모의 C급 화재에도 적용됨. 주로 소화기용으로 사용되며, 주로 목재 등의 고체가연물 화재진압에 효과적임

(6) **제한요소**
- 금수성 물질(禁水性物質)에 사용제한
- 금속화재에는 물과 마찬가지로 사용할 수 없음

3. 포(泡, Foam)

(1) **구성 및 조성** : 포 소화제는 그 발포기구에 따라 화학포와 기계포(공기포)로 나눌 수 있으며, 화학포는 화학반응으로 만들어진 포(泡)로서 현재에는 국내생산이 되지 않고 있다. 기계포(공기포)는 기계적 동력으로 인해 강제로 흡입된 공기에 의해 발생된 거품을 기계적 동력을 이용하여 분출하게 되며, 거품 기체(포핵)는 공기 또는 불활성 기체가 된다.

① **화학포(化学泡, Chemical Foam)**

알칼리성 A제+산성 B제+기포안정제 → (포핵 ; 탄산가스) → 질식 · 냉각작용

- **A제(알칼리성)** : 탄산수소나트륨(중탄산나트륨, $NaHCO_3$)
- **B제(산성)** : 황산알루미늄[$Al_2(SO_4)_3 \cdot 18H_2O$]
- **기포안정제** : 사포닌, 계면활성제, 소다회, 가수분해(수용성)단백질 등

▶ **소화작용** ◀ { • 질식작용
• 냉각작용

- A약제 + B약제 $\xrightarrow[\text{화학반응}]{\text{고온}}$ 기포(핵 CO_2) + H_2O + 기타

- $6NaHCO_3 + Al_2(SO_4)_3 \cdot 18H_2O \xrightarrow[\text{화학반응}]{\text{고온}} 6CO_2 + 18H_2O + 3Na_2SO_4 + 2Al(OH)_3$

- 발생한 CO_2 가스의 압력에 의하여 포(泡)가 분출되고, 화재에 질식효과를 가짐
- 발생한 H_2O 및 수산화물은 냉각효과를 유발함

② **기계포**(機械泡, Mechanical Foam ; 공기포)

> 소화약제 원액+물+흡입공기 → (포핵 ; 공기) → 질식 · 냉각 · 유화 · 희석작용

- 약제 원액 : 단백포, 계면활성제포, 수성막포, 불화단백포, 내알코올포 등
- 물(H_2O)
- 기계적 동력

▶ 소화작용 ◀ { · 질식작용 / · 냉각작용 / · 유화작용 / · 희석작용 }

- 원액약제 + 물 $\xrightarrow[\text{교반 후 동력분사}]{\text{흡입공기}}$ 기포(핵, Air) + H_2O + 기타

  단백포, 계면활성제포, 불화단백포, 내알코올포, 수성막포

㉠ **단백포** { 동식물 단백질 / 가수분해 물질 / 안정제(제1철염) / 부동액(에틸렌글리콜) } + 물 $\xrightarrow[\text{교반 후 동력분사}]{\text{흡입공기}}$ 기포(핵, Air) + H_2O

  - 기포는 양친매성(물과 기름 모두 친함)이고, 점착성 및 재연방지 효과 우수함
  - 내유성이 좋지 않으며, 유동성이 낮음

㉡ **합성계면활성제포** { 계면활성제 (고급알코올황산에스테르염) / 안정제 } + 물 $\xrightarrow[\text{동력분사}]{\text{흡입공기}}$ 기포(Air) + H_2O

  - 기포는 양친매성(물과 기름 모두 친함)이고, 점착성이 좋으며, 고팽창포로 사용
  - 내열성 · 내유성이 좋지 않으며, 유동성이 낮음

㉢ **수성막포** { 불소계 계면활성제 / 안정제 } + 물 $\xrightarrow[\text{교반 후 동력분사}]{\text{흡입공기}}$ 기포(핵, Air) + H_2O

  - 기포는 단친매성(물하고만 친함)이고, 내유성이 좋으며, 유동성이 우수함
  - 내열성이 아주 약함(대형화재, 고온화재에 적용 제한)
  - 내약품성으로 분말 소화약제와 트윈 에이젠트 시스템(Twin Agent System)이 가능함
  - 알코올 화재 시 수성막포는 효과가 없음(알코올이 수용성이어서 포를 소멸시킴)

㉣ **내알코올포** : 알코올이 수성막포를 파괴하는 소포성(消泡性)을 방지하기 위해 점성이 크고, 반알코올성 물질을 첨가하여 수분과 수용성 액체와의 치환현상을 억제시킨 소화약제임. 내알코올포는 단백질의 가수분해 물질, 계면활성제에 금속비누 등이 첨가됨

포소화설비의 특성

현재 국내의 경우, 소화설비용 포(泡) 소화약제는 모두 대형이 가능한 기계포(공기포) 소화약제이며, 소량의 약제로도 많은 대량의 포를 생산할 수 있고, 저장과 보존이 용이하며 대규모 화재에 대한 소화능력이 우수할 뿐만 아니라 가동비용과 인력이 적게 드는 점 등이 **기계포(공기포) 소화설비의 장점**이다. 따라서 포(泡) 소화약제라고 하면 일반적으로 기계포(공기포) 소화약제를 가리킨다.

(2) **화재 적용특성** : 포(泡, Foam)를 유류 탱크화재에 사용하는 경우 근거리에서 유류를 향하여 방사하면 포가 일단 유류 속에 침투했다가 유류를 부착하여 다시 부상(浮上)하여 소화가 곤란하게 됨. 그러므로 탱크의 벽면을 방수 목표로 하여 포가 유면(油面)에 넓게 퍼지도록 방사해야 함
- 소화용의 또는 내열성이 우수하고, 환원시간이 길며, 유동성이 좋아야 함

(3) **포 소화약제의 구비조건**
- 포의 안정성, 내유성, 유동성이 좋을 것
- 포의 소포성이 적을 것(포의 내열성이 좋아야 함)
- 유류와의 점착성이 좋고, 유류의 표면에 잘 분산될 것
- 독성이 없고, 인체에 무해할 것
- 바람 등에 견디며, 응집성과 안정성이 있을 것

(4) **소화원리** : 화학포 → 질식, 냉각작용, 기계포 → 질식, 냉각, 유화, 희석작용

(5) **적용대상**
- 비행기 격납고, 자동차 정비공장, 차고 등 주로 기름을 사용하는 장소
- 특수가연물을 저장 취급하는 장소
- 제4류 위험물, 제5류 위험물, 제6류 위험물에 적용가능

(6) **사용제한**
- 제1류 위험물 중 알칼리금속과 제2류 위험물 중 금속분, 제3류 위험물 중 금수성 물질에는 적용을 할 수 없음
- 포 소화설비는 위험물안전관리법령상 전기설비에 적응성이 없음

4. 이산화탄소(CO_2)

(1) **구성 및 조성** : 이산화탄소는 더 이상 산소와 반응하지 않는 불연성 물질임(질소, 아르곤, 할론 등의 불활성 기체와 함께 가스계 소화약제로 널리 이용되고 있음)

구분	1종	2종	3종
CO_2 순도 (vol%)	99.5% 이상	99.5% 이상	99.9% 이상
수분 (vol%)	0.12% 이하	0.012% 이하	0.005% 이하

(2) **이화학적 특징**
- CO_2는 공기보다 1.5배 정도 무거움
- 압력을 가하면 쉽게 액화되기 때문에 고압가스 용기 속에서 액화시켜 보관할 수 있음
- 자체 증기압이 $21℃$에서 $57.8kg/cm^2$ 정도로 매우 높기 때문에 자체압력으로 방사 가능함
- 가스 자체의 변화가 없으므로 장기보존성이 있음

(3) **화재 적용특성**: 주된 소화효과는 질식효과이며, 피복효과와 약간의 냉각효과를 가진다.
- 자체 증기압이 높아서 심부화재까지 침투가 용이함
- 무색, 무취이며 부식성이 없음
- 전기적으로 비전도성임(C급 화재에도 사용할 수 있음)

(4) **소화원리** → 질식효과, 냉각효과, 피복효과(가장 주된 소화효과는 질식효과)

(5) **CO_2의 소화작용**
- 질식효과
- 줄 – 톰슨효과(냉각효과)
- 피복효과

① **질식효과**
- 탄산가스 소화약제를 방사하여 산소 농도를 15% 이하로 저하시켜 소화시키는 작용임
- 이론적인 최소소화 농도는 다음 수식으로 구할 수 있음(설계 농도는 이 값에 약 20%의 여유분을 고려하여 산정함)

$$CO_2 \text{ 소화 농도}(\%) = \frac{21 - \text{한계 산소농도}}{21} \times 100$$

② **냉각효과**
- 탄산가스를 방출할 때 줄 – 톰슨 효과(Joule-Thomson effect)에 의해 기화열을 주위로부터 흡수하는 소화효과임
- 유류탱크 화재처럼 불타는 물질에 직접 방출하는 경우에 가장 효과적으로 작용함
- 미세한 드라이아이스(Dry Ice) 입자가 존재하는 경우에는 냉각효과가 더욱 증대됨

③ **피복효과**
- 이산화탄소는 공기의 약 1.5배 정도로 무겁기 때문에 가연물이나 화염 표면을 덮어 공기의 공급을 차단하는 효과를 일으킬 수 있음
- 표면화재의 소화 메커니즘으로 작용함

(6) **소화효과**
- 유류화재(B급 화재), 전기화재(C급 화재)의 소화에 사용할 수 있음
- 제4류 위험물, 특수 가연물 등의 소화에 사용할 수 있음
- 통신실, 전산실, 변전실 등의 전기설비 취급장소에 적응성이 있음

(7) **탄산가스 소화제의 사용제한(비적응성 장소)**
- 인명 피해가 우려되는 밀폐된 장소
- 금속물질(Na, K, Al, Mg 등)을 저장 · 취급하는 장소
- 금속의 수소화합물(NaH, CaH_2 등)을 저장 · 취급하는 장소
- 제5류 위험물(자기반응성 물질)을 저장 · 취급하는 장소(나이트로셀룰로오스 등)

(8) 탄산가스 소화약제의 장단점

장점	단점
• 공기보다 무거우므로 화재 심부까지 침투 용이 • 높은 증발잠열에 의한 냉각효과가 큼 • 기화 팽창률이 큼 • 표면화재, 심부화재, 전기화재에 적용 가능 • 진화 후 소화약제에 의한 오손이 없음	• 질식의 위험성이 있음 • 기화 시 급랭하여 동상의 우려가 있음 • 흰색 운무에 의한 가시도 저하 • 동결에 따른 정밀기기의 손상 유발가능 • 방사소음 문제 있음 • 물에 용해될 경우 약산성을 띰

5. 할로젠화합물(할론류)

(1) 구성 및 조성
- 할로젠화합물 소화약제는 메테인(메탄, CH_4), 에테인(에탄, C_2H_6) 등의 수소 일부 또는 전부가 할로젠 원소(F, Cl, Br, I 등)로 치환된 화합물을 말하며, 할론(Halon)이라고 부르고 있다.

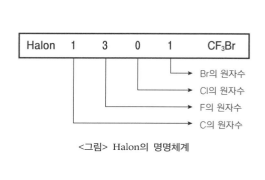

<그림> Halon의 명명체계

분자식	Halon No.
CH_3Br	Halon 1001
CH_3I	Halon 10001
CH_2ClBr	Halon 1011
CF_2Br_2	Halon 1202
CF_2ClBr	Halon 1211
CF_3Br	Halon 1301
CCl_4	Halon 104
$C_2F_4Br_2$	Halon 2402

- 할론은 C, F, Cl, Br, I의 순서로 개수를 나타내어 명명하는데 해당 원소가 없는 경우는 0으로 표시한다. 맨 끝의 숫자가 0이면 생략한다.

(2) 이화학적 특징
- 할로젠화합물은 공기보다 무거운 불연성 기체임
- 전기절연성이 좋고, 소화약제에 의한 오손이 없음
- 밀폐공간에서 5 ~ 10%의 방사 농도로 소화되므로 산소결핍에 의한 인체의 질식염려가 적지만 약제 자체와 열분해생성물 모두 인체에 유해함

(3) **화재 적용특성** : 할로젠화합물의 주요 소화기능은 연쇄반응을 억제시켜 소화하는 부촉매 효과이고, 이외에 질식효과, 냉각소화 기능이 있다.
- 일반적으로 유류화재(B급 화재), 전기화재(C급 화재)에 적합하나 전역방출과 같은 밀폐상태에서는 일반화재(A급 화재)에도 사용할 수 있음
- 상온, 상압에서 Halon 1301, Halon 1211은 기체상태로, Halon 2402, Halon 1011, Halon 104는 액체상태로 존재함
- Halon 1301은 전체 Halon 중에서 가장 소화효과가 크고, 독성은 가장 적음
- 할론의 분자식에서 F(불소)는 불활성과 안정성을 높여주고 Br(브로민)은 부촉매 소화효과를 증대시켜 주는 기능을 함

(4) 소화원리 → 부촉매효과, 질식효과, 냉각효과(가장 주된 소화효과는 부촉매효과)

(5) 할론류의 소화작용
- 억제효과(부촉매효과)
- 질식효과
- 냉각효과

① 억제효과(부촉매효과) : 주된 소화작용으로 소화약제가 고온에서 분해될 때 발생하는 유리할로젠이 가연물의 활성라디칼인 연쇄전달체에 작용하여 활성화에너지를 증가시킴으로써 연소반응을 억제시킴

② 질식효과 : 소화약제가 고온에서 분해될 때 발생하는 불활성 가스(HF, HBr 등)가 산소를 희석시킴으로써 연소를 지속할 수 없게 함

③ 냉각효과 : 할로젠화합물은 저비점(低沸點)을 갖는 물질이므로 고온에서 증발할 때, 주변의 열을 다량 흡수함으로써 연소반응을 억제함

(6) 할로젠화합물 소화약제의 장단점

장점	단점	
• 부촉매효과에 의한 소화능력이 우수함 • 공기보다 5.1배 이상 무거워 심부화재에 효과적임 • 전기적 부도체이므로 C급 화재에 효과적임 • 저농도 소화가 가능하며, 질식의 우려가 없음 • 금속에 대한 부식성이 적고, 독성이 비교적 낮음 • 진화 후 소화약제에 의한 오손이 없음	• CFC계열은 오존층 파괴의 원인물질임 • 사용제한 규제에 따른 수급이 불안정함 • 가격이 고가임	

(7) 소화효과
- 제4류 위험물, 특수 가연물 등의 소화에 사용할 수 있음
- 통신실, 전산실, 변전실 등의 전기설비 취급장소에 적응성이 있음

(8) 할로젠 소화제의 사용제한(비적응성 장소)
- 금속물질(Na, K, Al, Mg 등)을 저장·취급하는 장소
- 금속의 수소화합물(NaH, CaH_2 등)을 저장·취급하는 장소
- 제5류 위험물(자기반응성 물질)을 저장·취급하는 장소(나이트로셀룰로오스 등)

(9) 할론 104(사염화탄소)의 사용제한 : 현재 사용금지 소화제(포스겐 발생)
- 수분과 반응 포스겐 발생 : $CCl_4 + H_2O \rightarrow COCl_2 + 2HCl$
- 공기 중 산소와 반응 포스겐 발생 : $2CCl_4 + O_2 \rightarrow 2COCl_2 + 2Cl_2$
- 탄산가스와 반응 포스겐 발생 : $CCl_4 + CO_2 \rightarrow 2COCl_2$

6. 분말 소화제

(1) 구성 및 조성 : 분말 소화약제는 탄산수소나트륨($NaHCO_3$), 탄산수소칼륨($KHCO_3$), 제1인산암모늄($NH_4H_2PO_4$) 등의 물질을 미세한 분말로 만들어 유동성을 높인 후 이를 질소 또는 이산화탄소의 가스압으로 분출·소화하는 약제이다. 분출되는 분말의 입자는 $10 \sim 70\mu m$ 범위이지만 최적의 소화효과를 나타내는 입자는 $20 \sim 25\mu m$ 범위임

구분	1종	2종	3종	4종
주성분	$NaHCO_3$	$KHCO_3$	$NH_4H_2PO_4$	$KHCO_3 + (NH_2)_2CO$
착색	백색	보라색/담회색	담홍색	회색

(2) **소화원리** → 부촉매효과, 질식효과, 열방사 차단효과, 냉각효과 등(주된 소화효과는 부촉매효과)

(3) **소화작용**
- 질식작용 − CO_2방출
- 냉각작용 − 열분해, 흡열반응
- 억제작용(부촉매효과 = Na^+, K^+, NH_4^+등)
- 방진효과

① **1종 분말소화제** : 탄산수소나트륨(중탄산나트륨, $NaHCO_3$) 분말은 고온(270 ~ 850℃)에서 흡열반응을 통해 CO_2와 H_2O를 생성시킴

$$2NaHCO_3 \xrightarrow[\text{흡열반응}]{\text{고온}(270℃)\ \text{열분해}} CO_2 + H_2O + Na_2CO_3$$

$$2NaHCO_3 \xrightarrow[\text{흡열반응}]{\text{고온}(850℃\uparrow)\ \text{열분해}} 2CO_2 + H_2O + Na_2O$$

② **2종 분말소화제** : 탄산수소칼륨($KHCO_3$) 분말은 고온(190 ~ 590℃)에서 흡열반응을 통해 CO_2와 H_2O를 생성시킴

$$2KHCO_3 \xrightarrow[\text{흡열반응}]{\text{고온}(190℃)\ \text{열분해}} CO_2 + H_2O + K_2CO_3$$

$$2KHCO_3 \xrightarrow[\text{흡열반응}]{\text{고온}(590℃\uparrow)\ \text{열분해}} 2CO_2 + H_2O + K_2O$$

③ **3종 분말소화제** : 제1인산암모늄($NH_4H_2PO_4$) 분말은 고온(166 ~ 360℃)에서 흡열반응을 통해 NH_3와 H_2O를 생성시킴

$$NH_4H_2PO_4 \xrightarrow[\text{흡열반응}]{\text{고온}(166℃)\ \text{열분해}} NH_3 + H_3PO_4$$

$$NH_4H_2PO_4 \xrightarrow[\text{흡열반응}]{\text{고온}(360℃\uparrow)\ \text{열분해}} NH_3 + H_2O + HPO_3$$

● **참고** ●

- **올소인산**(H_3PO_4) : 섬유소의 탈수·탄화 효과를 유발하여 난연성으로 전환시키는 작용을 함
- **메타인산**(HPO_3) : 가연성 물질이 숯불형태로 연소하는 것을 방지하는 작용을 함

④ **4종 분말소화제** : $KHCO_3$+$(NH_2)_2CO$(요소)의 혼합 분말은 고온에서 흡열반응을 통해 NH_3와 H_2O를 생성시킴

$$2KHCO_3 + (NH_2)_2CO \xrightarrow[\text{흡열반응}]{\text{고온 열분해}} 2NH_3 + 2CO_2 + K_2CO_3$$

분말 소화약제의 부촉매효과, 탈수 탄화효과, 방진효과

① **부촉매효과** : 소화약제가 고온에서 분해될 때 발생하는 **유리이온**(Na^+, K^+, NH_4^+)이 가연물의 활성라디칼인 연쇄전달체에 작용하여 **활성화에너지를 증가**시킴으로써 연소반응을 억제시킴

   ※ **부촉매효과의 크기** : $Rb > K > Na > Li$

② **탈수 탄화효과** : 제1인산암모늄이 열분해 될 때 생성되는 **올소인산**(H_3PO_4)은 **탈수 탄화작용**을 유발하여 섬유소를 난연성의 탄소와 물로 분해함으로써 연소를 차단하는 작용을 함

③ **방진효과** : 올소인산(H_3PO_4)이 고온에서 2차 분해되어 유리상의 **메타인산**(HPO_3)을 형성하는데, 이 메타인산은 가연성 물질이 숯불형태로 연소하는 것을 방지하는 작용을 함

④ **열차단효과** : 분말 소화약제가 방출되면서 화염과 가연물 사이에 운무를 형성하게 되고 이것이 화염의 방사열을 차단하는 효과로 작용함

(3) **화재 적용특성** : 일반적으로 소화기에 사용되는 분말은 제3종 분말(ABC급 적용)을 사용하며, 고정식 분말 소화설비를 차고, 주차장에 설치할 경우에는 제3종 분말만을 사용하도록 규정하고 있음

  • 분말 소화약제의 소화작용은 부촉매작용, 질식작용, 냉각작용 등임

  • 기본적으로 유류화재(B급 화재), 전기화재(C급 화재)에 적용함

  • 소화능력이 크고 효과가 빠르며, 소화 후의 오손도 적은 장점이 있음

  • 다른 소화약제에 비해 재발화 방지효과가 떨어짐

(4) **분말 소화약제의 요구조건**

  • 분말의 안식각이 작아 유동성이 클 것

  • 수분에 대한 내습성과 시간에 따른 안정성이 커 덩어리짐이 없을 것

  • 다양한 입자 크기(입도)가 유지되어 우수한 소화기능을 가질 것

  • 밀도 $0.82g/mL$ 이상일 것

  • 장치에 대한 부식성이 없고, 열분해 시 독성 유발물질이 생성되지 않을 것

(5) **사용상 유의할 점**

  • 약알칼리 또는 약산성을 나타내기 때문에 금속을 부식시킬 수 있으므로 소화 후 즉시 청소를 해야 함

  • 제3종 분말 소화약제는 A, B, C급 화재 모두 적용 가능함

(6) **분말 소화약제의 비적응성 장소**

  • 금속물질(Na, K, Al, Mg 등)을 저장·취급하는 장소

  • 제5류 위험물(자기반응성 물질)을 저장·취급하는 장소

  • 정밀한 전기, 전자 장비가 설비되어 있는 장소(컴퓨터실 등)

  • 일반 가연물의 심부화재

주요 시험 포인트 정리

- 나트륨이온(Na$^+$)의 부촉매효과가 있는 것 → **1종** 분말소화제
- 칼륨이온(K$^+$)의 부촉매효과가 있는 것 → **2종** 분말소화제
- 암모늄이온(NH$_4^+$)의 부촉매효과가 있는 것 → **3종** 분말소화제
- 분말 소화약제 중 소화효과가 가장 우수한 것 → **4종** 분말소화제
- 요리용 기름화재(F급 화재)에도 적용할 수 있는 것 → **1종** 분말소화제
- 다른 분말 소화약제와 달리 A급 화재에도 적용할 수 있는 것 → **3종** 분말소화제
- A, B, C급 분말소화제 → 제1인산암모늄(NH$_4$H$_2$PO$_4$)이 주성분인 **3종** 분말소화제
- 방진성능을 가진 분말소화제 → **3종** 분말소화제

7. 청정 소화약제

(1) **구성 및 조성** : 청정 소화약제란 할로젠화합물(할론 1301, 할론 2402, 할론 1211 제외)이나 불활성 기체로 구성된 소화약제로서 화재 진화 후 잔사가 남지 않으며, 전기적으로 비전도성인 약제를 말한다.

- 할로젠화합물 청정소화약제는 할론 소화약제의 기본골격에서 염소(Cl) 대신 수소(H) 또는 플루오린(F), 아이오딘(I)으로 치환한 것으로 할론 소화약제의 결점인 환경친화성을 개선한 것임
- 불활성 기체 청정소화약제는 헬륨(He), 네온(Ne), 아르곤(Ar), 질소(N$_2$)로 구성된 약제임
- 불활성 가스 청정소화약제는 He, Ne, Ar 또는 질소가스 중 하나 이상의 원소를 기본성분으로 하는 소화약제를 말함

∥ 할로젠화합물 청정 소화약제 ∥

약제 기호	분자식/성분	약제 기호	분자식/성분
FIC-1311	CF$_3$I	HCFC-124	CHClFCF$_3$
HFC-23	CHF$_3$	FK-5-12	CF$_3$CF$_2$C(O)CF(CF$_3$)$_2$
HFC-125	CHF$_2$CF$_3$	HCFC BLEND A (혼화제)	HCFC-22 82% HCFC-123 4.75% HCFC-124 9.5% C$_{10}$H$_{16}$ 3.75%
HFC-227	CF$_3$CHFCF$_3$		
HFC-236	CF$_3$CH$_2$CF$_3$		
FC-3110	C$_4$F$_{10}$		

∥ 불활성 기체 청정 소화약제 ∥

약제 기호	분자식/성분	약제 기호	분자식/성분
IG-01	Ar	IG-55	Ar(50%) + N$_2$(50%)
IG-100	N$_2$	IG-541	N$_2$(52%) + Ar(40%) + CO$_2$(8%)

할로젠화합물 청정소화약제 명명체계	약제 기호	분자식
소화약제(기호번호)+90 = [a][b][c] → [a][b][c] $\dfrac{C, H, F의 순서대로}{단위 분자의 원소수임}$ → $C_aH_bF_c$ ※ **감 잡기** – **십**단위(탄소수 1개) 첫 번째[a] = 탄소수, 맨 끝 숫자 = 불소수 ※ **감 잡기** – **1백**미만(탄소수 2개) 첫 번째[a] = 탄소수, 맨 끝 숫자 = 불소수 ※ **감 잡기** – **2백**미만(탄소수 3개) 첫 번째[a] = 탄소수, 맨 끝 숫자 = 불소수 ※ **감 잡기** – **천**단위 이상 첫 번째[a] = 탄소수, 맨 끝 숫자 = I or Br 수 ※ **별종** : FC-3110 = C_4F_{10}	HFC-23 23 + 90 = 113	C 1, H 1, F 3 CHF_3
	HFC-125 125 + 90 = 215	C 1, H 2, F 5 C_2HF_5 or CHF_2CF_3
	HFC-227 227 + 90 = 317	C 3, H 1, F 7 C_3HF_7 or CF_3CHFCF_3
	HFC-236 236 + 90 = 326	C 3, H 2, F 6 $C_3H_2F_6$ or $CF_3CH_2CF_3$
	HCFC-124 124 + 90 = 214	C 2, H 1, F 4 C_2HF_4Cl or $CHClFCF_3$

(2) 저장공간 및 설비용량

- 기존 Halon, CO_2 소화설비보다 소화약제량이 많아 넓은 저장공간을 필요로 함
- 저장 용기수가 Halon, CO_2 소화설비에 비해 2배 필요함

(3) 화재 적용특성

- 할로젠화합물 청정 소화약제 : 냉각, 부촉매 효과에 의한 소화작용
  - F, Cl이 들어가는 물질 → 냉각이 주 효과이고, 부촉매가 보조 효과임
  - Br, I가 들어가는 물질 → 부촉매가 주 효과이고, 냉각이 보조 효과임
- 불활성 기체 청정 소화약제 : 질식, 냉각 효과에 의한 소화작용

(4) 설치 제한

청정소화약제 소화설비는 다음의 장소에는 설치할 수 없다.

- 사람이 상주하는 곳으로 최대허용 설계농도를 초과하는 장소
- 제3류 위험물 및 제5류 위험물을 사용하는 장소

02 소화기

1 소화기의 종류 · 적용성 · 성능

1. 소화기의 종류

화재종류에 따른 적용성 : A급 화재(일반화재), B급 화재(유류화재), C급 화재(전기화재)로 구분된다.

(1) A급 화재

목재, 섬유, 종이, 고무, 플라스틱과 같은 일반적인 가연성 물질의 화재를 말함

- A급 화재에 적용하는 소화기 → 표면을 백색으로 표시

(2) B급 화재

가연성 액체, 타르, 석유류, 유지, 유류, 알코올 및 인화성 가스의 화재를 말함
- B급 화재에 적응하는 소화기 → 표면을 황색으로 표시

(3) C급 화재

통전 중인 전기장치를 포함하는 화재를 C급 화재라 함
- C급 화재에 적응하는 소화기 → 표면을 청색으로 표시

‖ 소화기의 종류별 적응성 ‖

종류	분류	약제성분	적응성		
			A급	B급	C급
분말	ABC급	인산암모늄	●	●	●
	BC급	탄산수소나트륨(중탄산나트륨)	-	●	●
할론	1211	$CBrClF_2$	○	●	●
	1301	$CBrF_3$	○	●	●
이산화탄소		CO_2	-	●	●

2. 소화기의 방사성능

소화기는 정상적인 조작방법으로 방사하였을 때 방사 조작완료 즉시 소화약제를 유효하게 방사할 수 있어야 함
- 소화기의 방사시간은 온도 20 ± 2℃에서 충전 소화약제의 중량이 700g 미만인 것은 5초 이상, 700g 이상 1kg 이하인 것은 6초 이상, 1kg을 초과하는 것은 8초 이상이어야 함
- 소화에 유효한 충분한 방사거리가 있어야 하며, 충전된 소화약제의 용량 또는 중량의 90%(포말소화기는 85%) 이상의 양이 방사되어야 함

‖ 소화기의 방사 및 가압방식 ‖

소화약제	축압식	가압식		
		가스압식	반응식	수동펌프식
물 소화기	○	○		○
산·알칼리 소화기			○	
강화액 소화기	○	○	○	
화학포 소화기			○	
기계포(공기포) 소화기	○			
할론 소화기	○			
이산화탄소 소화기	○			
분말 소화기	○	○		

(1) 소화기의 안전장치

안전장치는 스테인리스강, 비철재질로 또는 합성 수지 등 내식성 재질로 제조되어야 하며, 불의의 작동을 방지하기 위한 안전장치를 설치하여야 한다. 다만, 수동펌프에 의하여 작동하는 물 소화기 또는 전도에 의해 작동하는 소화기는 그렇지 않음

(2) 소화기의 사용온도 범위

소화기는 그 종류에 따라 규정하는 온도범위에서 소화 및 방사의 기능을 유효하게 발휘할 수 있는 것이어야 함

① 강화액 소화기 : 영하 20 ~ 40℃ 이하

② 분말 소화기 : 영하 20 ~ 40℃ 이하

③ 기타 소화기 : 0 ~ 40℃ 이하

2 소화기의 능력단위 · 표시사항

1. 소화기의 소화능력단위

소화기의 소화능력은 각각의 소화기에 화재의 종류별로 일정한 화재모형을 설정하고, 규격된 소화시험에 의해 측정한 수치를 말함

- 소화능력단위 값은 1단위 이상일 것
- 대형소화기로 A급 화재에 적응하는 것은 능력단위가 10단위 이상일 것
- B급 화재에 적응하는 것은 능력단위가 20단위 이상일 것

예 1. B-2 : B는 유류화재(B급), 숫자 2는 소화기의 능력단위를 나타냄
    2. A-2 : A는 일반화재(A급), 숫자 2는 소화기의 능력단위를 나타냄

2. 소화기의 분류체계와 표시사항

(1) 소화기의 분류

소화기는 크게 나누어 수계(水系)소화기와 가스계 소화기, 분말계 소화기로 분류할 수 있으며, 각 소화기의 주성분을 정리하면 다음 표와 같음

┃ 소화기의 분류와 각 소화기의 주성분 ┃

구분			주성분
수계 소화기	물 소화기		H_2O+침윤제 첨가
	산 · 알칼리 소화기		A제 : $NaHCO_3$, B제 : H_2SO_4
	강화액 소화기		K_2CO_3, H_2SO_4
	포 소화기	화학포	A제 : $NaHCO_3$, B제 : $Al_2(SO_4)_3$
		기계포	AFFF(수성막포) FFFP(수막형성 불화단백포)
가스계 소화기	CO_2 소화기		CO_2
	청정약제 소화기		국가 화재안전기준에 규정한 13종 - 일부 소화기유
	Halon 소화기	1211	CF_2ClBr
		1301	CF_3Br
분말계 소화기	A, B, C급 소화기		$NH_4H_2PO_4$(제1인산암모늄)
	B, C급 소화기		$NaHCO_3$(1종) 또는 $KHCO_3$(2종)

(2) 소화기 외부의 표시사항

용기본체의 외부에 표시하여야 할 사항은 다음과 같다.

- 종별 및 형식, 형식승인번호, 제조년월·제조번호, 제조업체명(상호), 수입업체명(수입품에 한함)
- 사용온도범위, 소화능력단위, 충전된 소화약제의 주성분 및 중(용)량
- 소화기 가압용 가스용기의 가스 종류 및 가스량(가압식 소화기에 한함), 총 중량
- 취급상의 주의사항, 적응화재별 표시사항, 사용방법
- 품질보증에 관한 사항(보증기간, 보증내용, A/S방법, 자체검사필 등)
- 부품(용기, 밸브, 호스, 소화약제)에 대한 원산지

3 소화기 특성 및 보관·사용상 유의점

1. 물 소화기

(1) 방출조작

수동 펌프를 설치한 펌프식, 압축공기를 주입해서 이 압력에 의해 물을 방출하는 축압식, 별도로 이산화탄소 등의 가압용 봄베 등을 설치하여 그 가스압력으로 물을 방출하는 가압식 등이 있음

(2) 유의사항

- 물을 B급 화재(유류화재)에 사용하게 되면, 화재면(연소면) 확대의 우려가 발생되므로 사용을 금하는 것이 좋음
- 물 소화기는 기온이 0℃ 이하의 장소에 설치할 때는 부동액($CaCl_2$) 또는 식염($NaCl$)을 넣어두거나 보온을 유지해야 함

(3) 화재 적응성

기화잠열(539kcal/kg)이 다른 물질에 비해 매우 높기 때문에 다른 물질에 비해 냉각효과가 뛰어나다. 그러므로 A급 화재(일반화재)에 적응되며, 입자를 무상으로 방사할 경우에는 C급 화재(전기화재)에도 적응성을 가짐

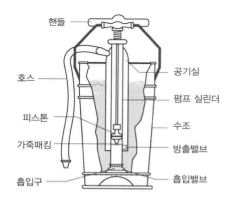
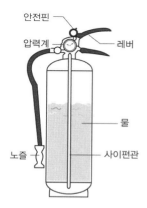

<그림> 물 소화기

2. 산·알칼리 소화기

(1) **방출조작** : 산·알칼리 소화기는 물 소화기의 일종으로 산과 알칼리의 반응에 의해서 생기는 이산화탄소의 가스압을 이용하여 물을 방출하게 됨

- 용기에 탄산수소나트륨(중탄산나트륨, $NaHCO_3$)의 수용액과 앰플에는 황산(H_2SO_4)이 봉입
- 누름쇠에 충격을 가함으로써 황산앰플이 파괴되어 황산과 탄산수소나트륨(중탄산나트륨)이 산·알칼리 반응을 일으켜서 이산화탄소가 발생함
- 이산화탄소의 압력은 약 $5kg/cm^2$으로 중화된 소화약제를 자력으로 용기 밖으로 방사됨

    반응 $2NaHCO_3 + H_2SO_4 \rightarrow 2CO_2 + 2H_2O + Na_2SO_4$

(2) **화재 적응성**

A급 화재(일반화재)에 적합하며, 무상일 경우 C급 화재(전기화재)에도 가능하다.

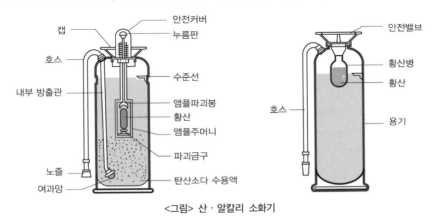

<그림> 산·알칼리 소화기

3. 강화액 소화기

(1) **방출조작** : 용기 내에 강화액 탄산칼륨(KCO_3)의 진한 수용액이 충전되고, 압축공기 또는 질소가스가 $7.0 \sim 9.8kg/cm^2$의 압력으로 봉입되어 있는 축압식(지시 압력계가 반드시 부착)과 가압용 가스용기를 본체의 용기 속에 취부하는 가압식 및 용기 속에 황산을 넣고, 산·알칼리 반응에 의하여 발생하는 이산화탄소의 압력에 의해서 방사하는 반응식이 있음

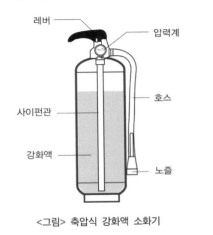

<그림> 축압식 강화액 소화기

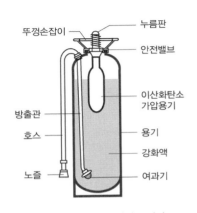

<그림> 가압식 강화액 소화기

(2) **강화액의 조건**
- 강화액 소화약제는 알칼리 금속염류의 수용액인 경우에는 알칼리성 반응을 나타내어야 하며, 응고점이 영하 20℃ 이하이어야 함
- 소화기를 정상적인 상태에서 작동하였을 때에 방사되는 강화액은 방염성이 있고, 또한 응고점(동결점)이 영하 20℃ 이하이어야 함
- 부촉매효과에 의한 화염의 억제작용과 재연소방지 작용이 있을 것

(3) **화재 적응성** : 적용화재는 입자형태에 따라 봉상일 때는 A급 화재(일반화재), 무상일 경우에는 A, B, C급 (일반, 유류, 전기) 화재에 적용됨

4. 포말 소화기

(1) **방출조작** : 전도식과 파괴식으로 나누어지는데 대부분 전도식이다. 외통액은 탄산수소나트륨(중탄산나트륨)이 충전되고, 포 안정제로서 단백질 및 방부제를 사용하며, 내통액은 황산알루미늄이 충전된다. 두 약제의 화학반응에 의하여 발생한 이산화탄소가스의 압력에 의하여 포가 방출된다.

> **반응** $6NaHCO_3 + Al_2(SO_4)_3 \cdot 18H_2O \rightarrow 6CO_2 + 18H_2O + 2Al(OH)_3 + 3Na_2SO_4$

(2) **포 약제의 조건**
- 부패, 변질 등의 염려가 있는 포 소화약제는 방부처리된 것일 것
- 소화기로부터 방사되는 거품은 내화성을 지속할 수 있을 것
- 화학포 소화약제의 불용해분은 0.1vol% 이하이어야 함
- 섭씨 20±2℃의 소화약제를 충전한 소화기를 작동하여 방사되는 거품의 용량은 소화약제 용량의 5배 이상이어야 함
- 발포 종료로부터 1분이 경과한 때, 거품으로부터 환원되는 수용액이 발포전 수용액의 25% 이하이어야 함

(3) **화재 적응성** : 포말 소화기는 A급 화재(일반화재), B급 화재(유류화재)에 적응성을 보임

5. 할로젠화합물 소화기(증발성 액체 소화기)

(1) **방출조작** : 일반적으로 압축공기 또는 질소가스를 넣어서 축압해 둔 축압식과 본체 용기에 수동펌프가 부착된 수동펌프식, 공기 가압펌프가 붙어 있고, 보조적으로 내부의 공기를 가압하는 수동 축압식, 상온에서 기체인 할로젠화합물의 경우 자기증기압식(할론 1301)이 있음

(2) **사용상 유의사항**
- 직사일광, 고온, 다습한 장소에는 두지 말 것
- 할론 1301을 제외한 할론 소화기는 좁고 밀폐한 실내에서는 사용하지 말 것
- 발생가스는 유독하기 때문에 바람방향에서 방사하고, 사용 후에는 신속히 환기할 것

(3) **화재 적응성** : 할론 소화기는 B급 화재(유류화재), C급 화재(전기화재)에 주된 적응성을 보이며, 할론 1301, 할론 1211은 A급 화재(일반화재)에도 적응성이 있음

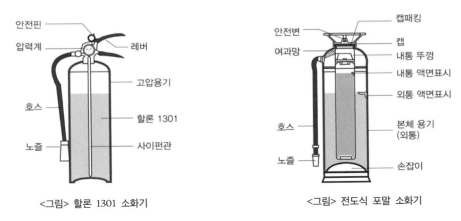

<그림> 할론 1301 소화기   <그림> 전도식 포말 소화기

6. 이산화탄소 소화기

(1) **방출조작** : 용기 내부에 액화된 이산화탄소가스가 충전(1kg에 대하여 용기의 내용적 1,500mL 이상)되어 있어 레버의 작동으로 액화된 이산화탄소가 가스모양이나 드라이아이스로 방사됨

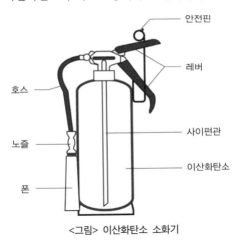

<그림> 이산화탄소 소화기

(2) **CO_2약제의 조건**
- 탄산가스는 용량이 99.5% 이상의 액화 탄산가스로서 냄새가 없을 것
- 수분은 0.05% 이하 일 것

(3) **화재 적응성** : 소화작용은 방사할 때 기화잠열에 의하여 드라이아이스 모양이 되므로 그 냉각효과와 이산화탄소가스에 의한 질식작용에 의하여 B급 화재(유류화재) 및 C급 화재(전기화재)에 적응성이 있음

7. 분말 소화기

(1) **방출조작** : 용기에 분말 소화약제와 방출압력원인 질소가스가 함께 축압되어 있는 축압식과 별도로 이산화탄소가 충전된 가압 봄베를 본체 용기 안에 또는 본체 용기 밖에 설치하는 가스가압식으로 분류됨

(2) 분말 소화약제의 조건 : 분말 소화약제는 방습가공을 한 나트륨 및 칼륨의 중탄산염 기타의 염류 또는 인산염류, 황산염류 기타 방염성을 가진 염류임. 따라서 다음의 조건을 충족하여야 함
- 약제의 겉보기 비중은 $0.820g/mL$ 이상일 것(입자크기 $20 \sim 25\mu m$)
- 분말을 수면에 균일하게 살포할 경우에 1시간 이내에 침강하지 않을 것
- 칼륨의 중탄산염이 주성분인 소화약제는 담자색으로 인산염 등이 주성분인 소화약제는 담홍색(또는 황색)으로 각각 착색할 것
- 중탄산염이 주성분인 소화약제와 인산염 등이 주성분인 소화약제를 혼합해서는 안 됨

(3) 화재 적응성
- 제3종 분말 소화기는 열분해에 의해 부착성이 좋은 메타인산(HPO_3)을 생성하므로 A, B, C급 화재(일반, 유류, 전기)에 적용됨
- 제1, 2종 분말 소화기는 B, C급 화재(유류, 전기)에 효과가 있음
- 타 소화기에 비해 재발화방지 효과가 적은 단점이 있음

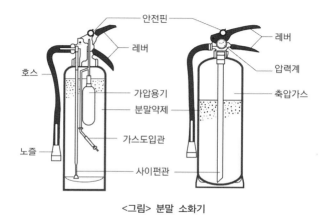

<그림> 분말 소화기

출제예상문제

01 다음 중 물을 소화제로 사용하는 주된 이유로 가장 적합한 것은?

① 기화되기 쉬우므로
② 증발잠열이 크므로
③ 환원성이므로
④ 부촉매효과가 있으므로

 정답분석 소화제로 사용되는 물은 무독성, 변질우려가 없어 장기간 보관가능, 안전성이 높고, 쉽게 조달가능하며, 끓는점이 100℃이며, 증발잠열 539cal/g으로 높은 특징이 있다.

이론PLUS 물(H_2O) 소화제

• 화재 적용특성
  - 물의 소화작용은 냉각작용, 질식작용, 유화작용, 희석작용이며 이외에 봉상주수법에 의한 타격 소화작용 등은 A급 화재에 이용될 수 있음
  - 물의 냉각효과는 이산화탄소 소화약제, 할로젠화합물 소화약제, 청정 소화약제 등에 비해 월등하게 우수함
  - 분무상주수(噴霧狀注水)는 비중이 물보다 큰 중유 또는 윤활유 등의 유류 화재에도 사용이 가능함
  - 스프링클러, 소화전 등의 다양한 소화설비에 이용됨
• 물의 사용제한
  - 물과 반응하여 가연성 가스와 열이 발생되는 화학약품에는 적용제한 → 탄화칼슘, 트리에틸알루미늄, 탄화알루미늄 등
  - 물과 반응하여 수소가스를 발생하는 가연성 금속류는 적용제한 → K, Na, Al, Mg, Ca, Zn, Ti 등
  - 물 또는 수분과 반응하여 산소를 발생하는 과산화물은 적용제한 → 과산화칼륨(K_2O_2), 과산화나트륨(Na_2O_2), 과산화마그네슘(MgO_2), 과산화바륨(BaO_2) 등
  - 물보다 비중이 작은 비수용성 액체의 소화에는 적용제한 → 벤젠(C_6H_6), 톨루엔($C_6H_5CH_3$) 자일렌[$C_6H_4(CH_3)_2$] 등은 주수소화하게 되면 화재면이 확대되어 위험성이 커지게 됨(분말, CO_2, 포 소화약제 사용하여야 함)

정답 ②

02 소화약제로서 물이 갖는 특성에 대한 설명으로 가장 거리가 먼 것은?

① 기화팽창률이 커서 질식효과가 있다.
② 증발잠열이 커서 기화 시 다량의 열을 제거한다.
③ 유화효과(Emulsification Effect)도 기대할 수 있다.
④ 용융잠열이 커서 주수 시 냉각효과가 뛰어나다.

 정답분석 물의 냉각효과가 뛰어난 것은 액체 중 가장 큰 증발잠열(기화잠열, 539cal/g)을 가지기 때문이다.

정답 ④

03 물의 특성 및 소화효과에 관한 설명으로 틀린 것은?

① 극성분자이다.
② 이산화탄소보다 기화잠열이 크다.
③ 이산화탄소보다 비열이 작다.
④ 주된 소화효과가 냉각소화이다.

 정답분석 비열이란 1g의 물질을 1℃ 올리는데 필요한 열량이며, 물은 비열과 증발잠열이 크기 때문에 냉각소화에 효과적이며, 물의 비열은 1.0cal/g · ℃(15℃)이고 증발잠열(기화잠열)은 539cal/g(100℃)이다. 물은 극성분자로 H^+과 OH^-이 서로 극성을 이루므로 유용한 용매가 된다.

정답 ③

04 물을 소화약제로 사용하는 장점이 아닌 것은?

① 구입이 용이하다.
② 취급이 간편하다.
③ 기화잠열이 크다.
④ 피연소 물질에 대한 피해가 없다.

 정답분석 물 소화약제는 피연소 물질에 2차 피해를 유발하는 단점이 있다.

이론PLUS

장점	단점
• 비열과 증발(기화)잠열이 커서 냉각효과가 크다. • 비교적 구하기 쉽고, 취급과 이송이 간편하다. • 가격이 저렴하다.	• 피연소 물질에 대한 습윤피해가 있다. • 동파의 우려가 있어 저온이나 동절기에 사용이 어렵다.

정답 ④

05 다음 중 증발잠열이 가장 큰 것은?

① 아세톤
② 사염화탄소
③ 이산화탄소
④ 물

 정답분석 물은 증발잠열이 539cal/g으로 가장 큰 냉각효과를 일으킬 수 있다.

정답 ④

06 위험물안전관리법령상 물분무소화설비가 적응성이 있는 위험물은?

① 알칼리금속과산화물
② 금속분·마그네슘
③ 금수성 물질
④ 인화성 고체

 정답분석 인화성 고체는 물분무소화설비에 적응성이 있다. 알칼리금속과산화물과 철분·금속분·마그네슘, 금수성 물질에는 주수소화를 금하며 건조사, 팽창질석 또는 팽창진주암으로 질식소화하여야 한다.

정답 ④

07 액체상태의 물이 1기압, 100℃ 수증기로 변하면 체적이 약 몇 배 증가하는가?

① 530 ~ 540
② 900 ~ 1,100
③ 1,600 ~ 1,700
④ 2,300 ~ 2,400

 정답분석 표준상태에서 물이 수증기로 기화하면 체적이 약 $1,680$배로 증가하며, 이로 인한 질식효과가 있다.

계산
$$V_2 = V_1 \times \frac{T_2}{T_1} \times \frac{P_1}{P_2}$$

$\begin{cases} \text{액체상태의 물} = 1\text{L} \\ \text{기체상태의 증기} \end{cases}$
$= 1\text{L} \times \frac{1\text{kg}}{\text{L}} \times \frac{22.4\,\text{m}^3}{18\text{kg}} \times \frac{10^3\text{L}}{\text{m}^3} \times \frac{273+100}{273} = 1,700\,\text{L}$

$$\therefore \frac{V_2}{V_1} = \frac{1,700}{1} = 1,700$$

정답 ③

08 다음 중 소화약제로 사용되는 이산화탄소에 관한 설명으로 틀린 것은?

① 자체압력으로 방사가 가능하다.
② 주된 소화효과는 억제소화이다.
③ 장시간 저장하여도 변화가 없다.
④ 사용 후에 오염의 영향이 거의 없다.

 정답분석
이산화탄소(CO_2)의 주된 소화효과는 질식효과이며, 피복효과와 약간의 냉각효과를 가진다.

 이론 PLUS 이산화탄소의 소화효과

- 개요 : 불연성 가스로 질소, 아르곤, 할론 등의 불활성 기체와 함께 가스계 소화약제로 널리 이용되고 있음
- 질식효과와 최소 소화농도 : CO_2의에 의한 질식 소화 효과는 탄산가스 소화약제를 방사하여 산소 농도를 15% 이하로 저하시켜 소화시키는 작용임. 이론적인 최소소화 농도는 다음 수식으로 구할 수 있음(설계 농도 는 이 값에 약 20%의 여유분을 고려하여 산정함)

$$CO_2 \text{ 소화 농도}(\%) = \frac{21 - \text{한계 산소농도}}{21} \times 100$$

- 적용대상과 비적용 장소
  - 적용 : B(유류화재), C(전기화재)뿐만 아니라 밀폐 공간에서는 A급(일반화재)도 적용가능
  - 탄산가스 소화제의 비적용 장소
    - 제5류 위험물(자기반응성 물질 : 유기과산화물, 나이트로화합물 등) 저장ㆍ취급소
    - 인명 피해가 우려되는 밀폐된 장소
    - 활성 금속물질(Na, K, Al, Mg 등)을 저장ㆍ취급하는 장소
    - 금속의 수소화합물(NaH, CaH_2 등)을 저장ㆍ취급하는 장소
  - 이산화탄소의 이화학적 특성
    - 압력을 가하면 쉽게 액화되기 때문에 고압가스 용기 속에서 액화시켜 보관할 수 있음
    - 자체 증기압이 21℃에서 57.8kg/cm² 정도로 매우 높기 때문에 자체압력으로 방사 가능함
    - 기체 팽창률이 높고(15℃ 팽창률 534L/kg), 기화잠열이 큼(56.1kcal/kg)
    - 가스 자체의 변화가 없으므로 장기보존성이 있음

정답 ②

09 화재의 종류별 적응 소화제에 대한 설명 중 틀린 것은?

① 물은 Ca_3P_2의 화재에 부적당하다.
② 물은 $Zn(ClO_3)_2$의 화재에 적당하다.
③ 이산화탄소 소화약제는 칼륨의 화재에 적당하다.
④ 이산화탄소 소화약제는 마그네슘분의 화재에 부적당하다.

 정답분석
제1류 위험물의 알칼리금속과산화물, 제2류 위험물의 철분ㆍ금속분ㆍ마그네슘, 제3류 위험물의 금수성 물질에 적응성 있는 소화설비는 모두 동일하다. 탄산수소염류 분말소화기, 건조사(마른 모래), 팽창질석 또는 팽창진주암으로 질식소화하여야 한다.

정답 ③

10 이산화탄소 소화약제에 대한 설명으로 틀린 것은?

① 장기간 저장하여도 변질, 부패 또는 분해를 일으키지 않는다.
② 한랭지에서 동결의 우려가 없고 전기절연성이 있다.
③ 밀폐된 지역에서 방출 시 인명피해의 위험이 있다.
④ 표면화재보다는 심부화재에 적응력이 뛰어나다.

 정답분석
표면(表面)화재란 가연성 물질의 표면에서 연소하는 화재를 말하며, 심부(深部)화재란 목재 또는 섬유류와 같은 고체가연물에서 발생하는 화재형태로서 가연물 내부에서 연소하는 화재를 말한다. 이산화탄소는 심부화재보다는 표면화재에 효과가 뛰어나다.

정답 ④

11 드라이아이스의 성분을 옳게 나타낸 것은?

① H_2O ② CO_2

③ H_2O+CO_2 ④ $N_2+H_2O+CO_2$

───

정답분석 고압의 기체를 저압으로 하게 되면 온도가 급격히 냉각되어지는 줄 – 톰슨(Joule-Thomson) 효과에 의해 CO_2에서 고체상태인 드라이아이스가 만들어진다. 드라이아이스가 주위의 열을 흡수하여 승화하면서 이산화탄소 소화기의 냉각소화 작용을 하는 것이다.

정답 ②

12 드라이아이스 1kg이 완전히 기화하면 약 몇 몰의 이산화탄소가 되겠는가?

① 22.7   ② 51.3

③ 230.1   ④ 515.0

───

정답분석 드라이아이스는 고체의 이산화탄소(CO_2)이므로 1mol의 질량(분자량)은 44g이다.

계산 $$CO_2(mol) = CO_2(g) \times \frac{mol}{44g}$$

$$\therefore CO_2(mol) = 1kg \times \frac{1,000g}{kg} \times \frac{mol}{44g} = 22.7\,mol$$

정답 ①

13 표준상태(0℃, 1atm)에서 2kg의 이산화탄소가 모두 기체상태의 소화약제로 방사될 경우 부피는 몇 m³인가?

① 1.018   ② 10.18

③ 101.8   ④ 1,018

───

정답분석 이산화탄소(CO_2)의 분자량은 44, 1kmol의 표준상태 체적(증기)은 $22.4m^3$이므로 이산화탄소의 부피는 다음과 같이 계산한다.

계산 $$CO_2(m^3) = CO_2(kg) \times \frac{22.4\,m^3}{44\,kg}$$

$$\therefore CO_2(m^3) = 2kg \times \frac{22.4\,m^3}{44\,kg} = 1.018\,m^3$$

정답 ①

14 강화액 소화기에 대한 설명으로 옳은 것은?

① 산 · 알칼리 액을 주성분으로 한다.

② 물의 표면장력을 강화한 소화기이다.

③ 물의 소화효과를 높이기 위해 염류를 첨가한 소화기이다.

④ 물의 유동성을 크게 하기 위한 유화제를 첨가한 소화기이다.

───

정답분석 강화액 소화기는 동절기 물 소화약제의 어는 단점을 보완하기 위해 물에 염류를 첨가한 것으로 탄산칼륨(K_2CO_3) 또는 인산암모늄[$(NH_4)_2PO_4$]을 첨가하여 약알칼리성(pH 11 ~ 12)으로 개발되었다.

이론PLUS 강화액(强化液, Loaded Steam)

- 약제 성분 : 강화액 약제는 물 소화약제의 동결현상을 극복하고, 소화능력을 증대시키기 위해 탄산칼륨(K_2CO_3), 탄산수소나트륨(중탄산나트륨, $NaHCO_3$), 황산암모늄[$(NH_4)_2SO_4$], 인산암모늄[$(NH_4)H_2PO_4$] 및 침투제 등을 첨가한 약알칼리성 약제이다.

- 사용 · 적용 : 물의 주수형태에 따라 크게 봉상(棒狀)주수와 적상(滴狀)주수, 무상(霧狀)주수로 분류한다. 봉상(棒狀)주수란 막대모양의 물줄기를 뜻하며 봉상강화액 소화기인 경우 전기화재와 제4류 위험물에는 적응성이 없어 일반 고체가연물 화재에만 적응성이 있다. 반면에 무상(霧狀)주수란 안개모양의 물줄기를 말하며, 무상강화액 소화기일 경우 전기화재와 제4류 위험물에 적응성이 있어 A급, B급, C급의 화재에 효과가 있다.

- 특성
  - 물의 냉각효과 외에 금속염에 의한 억제효과, 열분해 생성물의 CO_2에 의한 질식효과가 있음
  - 일반화재에는 봉상주수를 통한 냉각소화와 질식소화를 나타내며, 물에 비하여 소화효과가 큼
  - 약알칼리성으로 철, 구리 등의 금속에 부식성이 있음
  - 분무상태로 하면 질식, 억제효과가 있고 유류나 전기화재에도 사용할 수 있음

정답 ③

15 화학포에 사용되는 기포안정제가 아닌 것은?

① 탄산수소나트륨　② 단백질 분해물
③ 계면활성제　　　④ 사포닌

 화학포 소화약제에 첨가되는 기포안정제에는 사포닌, 계면활성제, 소다회, 가수분해(수용성) 단백질 등이 있다.

 화학포와 공기포

■ 화학포 : A제[탄산수소나트륨(중탄산나트륨)]와 B제(황산알루미늄)를 기포안정제(사포닌, 계면활성제, 소다회 등)와 혼합, 화학반응을 유도하여 만들어진 포(泡)를 화구에 분사하는 것으로 현재 국내생산이 되지 않음

　　　알칼리성 A제+산성 B제+기포안정제
　　→ (포핵 ; 탄산가스) → 질식 · 냉각작용

■ 공기포(기계포) : 기계적 동력으로 인해 강제로 흡입된 공기에 의해 발생된 거품을 기계적 동력을 이용하여 분출하게 되며, 거품 기체(포핵)는 공기 또는 불활성 기체가 됨. 유류저장탱크, 비행기 격납고. 주차장 또는 차고 등의 소화설비에 채용됨

　　　　소화약제 원액+물+흡입공기
　→ (포핵 ; 공기) → 질식 · 냉각 · 유화 · 희석작용

• 내알콜포 : 단백질의 가수분해물에 합성세제를 혼합해서 제조한 소화약제임. 소포성의 수용성액체[알코올, 에스터류(에스테르류) 등]와 같이 수용성 액체 위험물의 소화에 많이 이용됨

• 단백포 : 동물성 단백질 가수분해물에 염화제1철염의 안정제를 첨가한 소화약제임. 흑갈색으로 냄새가 나며, 포의 유동성이 작고, 소화속도가 느린반면, 안정성이 높고, 제연방지 성능이 우수함

• 합성 계면활성제포 : 고급 알코올 황산에스터염을 기포제로 사용하며, 냄새가 없는 황색의 액체로서 밀폐 또는 준밀폐 구조물의 화재 시 고팽창포로 사용하여 화재를 진압할 수 있는 포 소화약제임. 팽창범위가 넓고, 유동성이 좋아 고체 및 기체연료의 화재 등 사용범위가 넓지만 내유성이 떨어지고, 포가 빨리 소멸되는 단점이 있음

• 수성막포 : 불소 계통의 습윤제에 합성 계면활성제를 첨가한 소화약제임. 화학적으로 안정성이 높고, 보존성 및 내약품성도 우수하며, 단백포 소화약제에 비해 약 300% 성능을 발휘할 수 있으나 대형화재 및 고온화재시 표면막 생성이 곤란한 단점이 있음

• 불화단백포 : 단백포에 불소계 계면활성제를 소량 첨가한 소화약제임. 단백포와 수성막포의 단점인 유동성과 열안정성을 보완한 약제로 포소화약제 중 가장 우수하나 가격이 비싸 잘 유통되고 있지 않음

■ 포 소화설비의 적용대상과 비적용 장소
• 적용 장소
　－ 비행기 격납고, 자동차 정비공장, 차고 등 주로 기름을 사용하는 장소
　－ 특수가연물을 저장 취급하는 장소
　－ 제4류 위험물, 제5류 위험물, 제6류 위험물에 적용가능
• 비적용 장소
　－ 제1류 위험물 중 알칼리금속과 제2류 위험물 중 금속분
　－ 제3류 위험물 중 금수성 물질에는 적용을 할 수 없음
　－ 포 소화설비는 위험물안전관리법령상 전기설비에 적응성이 없음

정답 ①

16 화학포 소화약제의 화학반응식은?

① $2NaHCO_3 \rightarrow Na_2CO_3 + H_2O + CO_2$

② $2NaHCO_3 + H_2SO_4 \rightarrow Na_2SO_4 + 2H_2O + CO_2$

③ $4KMnO_4 + 6H_2SO_4 \rightarrow 2K_2SO_4 + 4MnSO_4 + 6H_2O + SO_2$

④ $6NaHCO_3 + Al_2(SO_4)_3 \cdot 18H_2O \rightarrow 6CO_2 + 2Al(OH)_3 + 3Na_2SO_4 + 18H_2O$

 화학포 소화약제는 2가지의 약품을 혼합시켜 생성되는 거품에 의해 소화가 진행되는데, 이 거품을 구성하는 성분은 외약제(A제)인 탄산수소나트륨(＝중탄산나트륨, 중조) 수용액에 첨가되는 기포안정제와 내약제(B제)인 황산알루미늄 수용액[$Al_2(SO_4)_3 \cdot 18H_2O$]이다. 화학반응에 의해 포가 생성되고 발생하는 CO_2에 의해 포를 외부로 방사하게 된다. 첨가되는 기포안정제에는 사포닌, 계면활성제, 소다회, 가수분해(수용성) 단백질 등이 있다.

정답 ④

17 일반적으로 고급알코올황산에스터염을 기포제로 사용하며 냄새가 없는 황색의 액체로서 밀폐 또는 준밀폐 구조물의 화재 시 고팽창포로 사용하여 화재를 진압할 수 있는 포 소화약제는?

① 단백포 소화약제

② 합성계면활성제포 소화약제

③ 알코올형포 소화약제

④ 수성막포 소화약제

 고팽창포로 사용하는 것은 합성계면활성제포 소화약제이다. 합성계면활성제포는 합성계면활성제를 주원료로 하는 포 소화약제로 발포를 위한 기포제, 발포된 기포의 지속성 유지를 위한 기포안정제, 빙점을 낮추기 위한 유동점 강하제로 구성되어 있다. 냄새가 없는 황색의 액체로 음이온계 계면활성제인 고급알코올황산에스터염($ROSO_3Na$)을 기포제로 많이 이용한다. 최종 발생한 포 체적을 원래 포 수용액 체적으로 나눈 값을 팽창비라 하는데 포는 팽창비에 따라 팽창비가 80배 이상 1,000배 미만인 것은 고발포용, 20배 이하인 것은 저발포용으로 분류하는데 합성계면활성제포는 저발포용 및 고발포용 포소화약제 모두에 적합한 것으로 보고, 그 이외의 포 소화약제는 저발포용 포 소화약제에만 적합한 것으로 본다.

정답 ②

18 포 소화약제와 분말 소화약제의 공통적인 주요 소화효과는?

① 질식효과 　　② 부촉매효과

③ 제거효과 　　④ 억제효과

 포 소화약제와 분말 소화약제의 공통 소화효과는 질식효과이다.

정답 ①

19 수성막포 소화약제에 대한 설명으로 옳은 것은?

① 일반적으로 불소계 계면활성제를 사용한다.

② 계면활성제를 사용하지 않고 수성의 막을 이용한다.

③ 내열성이 뛰어나고 고온의 화재일수록 효과적이다.

④ 물보다 가벼운 유류의 화재에는 사용할 수 없다.

 ①만 올바르다.

 ② 계면활성제를 사용하며, 불소계 계면활성제가 주 원료로 사용되고 있다.

③ 내열성이 약해 고온의 화재 시 윤화(Ring fire)현상이 일어나며, 이를 보완하기 위해 내열성이 강한 불화단백포 소화약제를 사용한다.

④ 물보다 가벼운 유류의 화재에 적응성이 있으나, 수용성 알코올의 화재에 적응성이 없다.

정답 ①

20 위험물안전관리법령상 전기설비에 적응성이 없는 소화설비는?

① 포 소화설비

② 비활성 가스 소화설비

③ 물분무 소화설비

④ 할로젠화합물 소화설비

 포 소화설비는 위험물안전관리법령상 전기설비의 화재에 적응성이 없다.

정답 ①

21 알코올 화재 시 수성막포 소화약제는 내알코올포 소화약제에 비하여 소화효과가 낮다. 그 이유로 가장 타당한 것은?

① 소화약제와 섞이지 않아서 연소면을 확대하기 때문에

② 알코올은 포와 반응하여 가연성 가스를 발생하기 때문에

③ 알코올이 연료로 사용되어 불꽃의 온도가 올라가기 때문에

④ 수용성 알코올로 인해 포가 소멸되기 때문에

 알코올과 같은 수용성 액체의 화재에 수성막포 소화약제를 사용하면 알코올이 포(泡)에 함유되어 있는 수분에 녹아 거품을 제거하는 소포(消泡)작용이 일어난다.

정답 ④

22 할로젠화합물 소화약제를 구성하는 할로젠 원소가 아닌 것은?

① 불소(F)　　　② 염소(Cl)

③ 브로민(Br)　　④ 네온(Ne)

 할로젠화합물 소화약제는 알케인(alkane) 탄화수소에 할로젠 원소인 불소(F), 염소(Cl), 브로민(Br), 아이오딘(I)로 치환시켜 제조한 물질이므로 주성분은 C, F, Cl, Br, I이다.

▐ 대표적인 할론 소화약제의 명칭과 분자식 ▐

명 칭	분자식	Halon No.
Methylbromide	CH_3Br	Halon 1001
Methyliodide	CH_3I	Halon 10001
Bromochloromethane	CH_2ClBr	Halon 1011
Dibromodifluoromethane	CF_2Br_2	Halon 1202
Bromochlorodifluoromethane	CF_2ClBr	Halon 1211
Bromotrifluoromethane	CF_3Br	Halon 1301
Carbontetrachloride	CCl_4	Halon 104
Dibromotetrafluoroethane	$C_2F_4Br_2$	Halon 2402

정답 ④

23 Halon 1301, Halon 1211, Halon 2402 중 상온·상압에서 액체상태인 Halon 소화약제로만 나열한 것은?

① Halon 1211

② Halon 2402

③ Halon 1301, Halon 1211

④ Halon 2402, Halon 1211

 Halon 소화약제 중 상온·상압에서 Halon 1301, Halon 1211은 기체상태로, Halon 2402는 액체상태로 존재한다. Halon 1301은 전체 Halon 중에서 가장 소화효과가 크고, 독성은 가장 적다.

정답 ②

24 할로젠화합물 중 CH_3I에 해당하는 할론번호는?

① 1031　　　　② 1301

③ 13001　　　④ 10001

 할론(Halon)은 C, F, Cl, Br, I의 순서로 개수를 숫자로 나타내므로 Halon CH_3I은 C 1개, F 0개, Cl 0개, Br 0개, I 1개이므로 Halon 10001의 번호를 부여한다.

정답 ④

25 할로젠화합물 소화약제의 구비조건으로 틀린 것은?

① 전기절연성이 우수할 것

② 공기보다 가벼울 것

③ 증발 잔유물이 없을 것

④ 인화성이 없을 것

 할로젠화합물 소화약제는 공기보다 무거워야 한다. 할로젠화합물 소화약제는 비중이 공기보다 5배 이상 무겁기 때문에 산소공급을 차단하여 질식소화 효과를 유발한다. 유류화재(B급)에 적응성이 있고, 전기절연성이 우수하여 전기화재(C급)에도 적응성이 있다.

정답 ②

26 다음 중 상온에서의 상태(기체, 액체, 고체)가 동일한 것을 모두 나열한 것은?

> Halon 1301, Halon 1211, Halon 2402

① Halon 1301, Halon 2402
② Halon 1211, Halon 2402
③ Halon 1301, Halon 1211
④ Halon 1301, Halon 1211, Halon 2402

 Halon 1301, Halon 1211은 상온에서 기체상태이며, Halon 2402는 액체상태이다.

정답 ③

27 할로젠화합물 소화약제의 조건으로 옳은 것은?

① 비점이 높을 것
② 기화되기 쉬울 것
③ 공기보다 가벼울 것
④ 연소성이 좋을 것

 ②만 올바르다. 할로젠화합물 소화약제의 조건은 비점이 낮아야 기화가 용이하며, 공기보다 무거워야 질식소화에 유리하고, 연소성이 없어야 한다.

정답 ②

28 비활성 가스 소화약제 중 "IG-55"의 성분 및 그 비율을 옳게 나타낸 것은? (단, 용량비 기준이다.)

① 질소 : 이산화탄소=55 : 45
② 질소 : 이산화탄소=0 : 50
③ 질소 : 아르곤=55 : 45
④ 질소 : 아르곤=50 : 50

 IG-55의 조성은 질소(N_2) 50%, 아르곤(Ar) 50%이다.

종류	조성 비율
IG-01	Ar : 100%
IG-100	N_2 : 100%
IG-541	N_2 : 52%, Ar : 40%, CO_2 : 8%
IG-55	N_2 : 50, Ar : 50%

정답 ④

29 청정 소화약제 중 IG-541의 구성 성분을 옳게 나타낸 것은?

① 헬륨, 네온, 아르곤
② 질소, 아르곤, 이산화탄소
③ 질소, 이산화탄소, 헬륨
④ 헬륨, 네온, 이산화탄소

 IG-541은 질소와 아르곤과 이산화탄소의 용량비가 52 대 40 대 8인 혼합물이다.

정답 ②

30 과염소산 1몰을 모두 기체로 변환하였을 때 질량은 1기압, 50℃를 기준으로 몇 g인가? (단, Cl의 원자량은 35.50이다.)

① 5.4   ② 22.4
③ 100.5   ④ 224

 과염소산의 분자식은 $HClO_4$이고, 1몰의 질량은 100.5g이다. 과염소산을 기화시키면 염화수소 1몰과 산소 2몰을 생성하는데 분해과정에 외부의 첨가물이 없기 때문에 질량보존의 법칙에 따라 생성되는 기체의 총 질량은 과염소산의 질량과 동일하다.

반응 $HClO_4 \rightarrow HCl + 2O_2$
 1mol : 1mol : 2mol
 100.5g : 36.5g : 2×32g

∴ $HCl + O_2 = 100.5$ g

정답 ③

31 분말 소화약제로 사용되는 탄산수소칼륨(중탄산칼륨)의 착색 색상은?

① 백색　　　　　② 담홍색
③ 청색　　　　　④ 담회색

 제2종 분말 소화약제의 주성분인 KHCO₃(탄산수소칼륨)의 착색 색상은 담회색이다.

 ■ 분말 소화약제 : 탄산수소나트륨(중탄산나트륨, $NaHCO_3$), 탄산수소칼륨($KHCO_3$), 제1인산암모늄($NH_4H_2PO_4$) 등의 물질을 미세한 분말($10 \sim 70\mu m$)로 만들어 유동성을 높인 후 이를 질소 또는 이산화탄소의 가스압으로 분출·소화하는 약제임

구분	주성분	착색	사용가능 화재등급
제1종 분말	$NaHCO_3$	백색	B, C
제2종 분말	$KHCO_3$	보라색/담회색	B, C
제3종 분말	$NH_4H_2PO_4$ (제1인산암모늄)	담홍색 (분홍)	A, B, C
제4종 분말	$KHCO_3 + (NH_2)_2CO$	회색	B, C

■ 소화기능(효과) : 분말소화제는 일반적으로 유류(B급 화재) 화재에 적합하고, 전기(C급 화재)에도 유효함
　• 다른 분말 소화약제와 달리 A급 화재에도 적용할 수 있는 것 → 3종 분말소화제
　• A, B, C급 분말소화제 → 제1인산암모늄($NH_4H_2PO_4$)이 주성분인 3종 분말소화제
　• 방진성능을 가진 분말소화제 → 3종 분말소화제
　• 요리용 기름화재(F급 화재)에도 적용할 수 있는 것 → 1종 분말소화제
　• 분말 소화약제 중 소화효과가 가장 우수한 것 → 4종 분말소화제
　• 나트륨이온(Na^+)의 부촉매효과가 있는 것 → 1종 분말소화제
　• 칼륨이온(K^+)의 부촉매효과가 있는 것 → 2종 및 4종 분말소화제
　• 암모늄이온(NH_4^+)의 부촉매효과가 있는 것 → 3종 및 4종 분말소화제
■ 녹다운 효과(Knock Down Effect) : 화염면에 방사된 분말 소화약제가 화염을 입체적으로 포위하여 불꽃이 순식간에 가라 앉도록 하는 효과(차단효과, 질식효과, 부촉매효과)를 말함. 이 효과는 통상 분말소화제가 방사 후 가라 앉는 시간인 10 ~ 20초 이내에 이루어짐

정답 ④

32 분말소화기의 각 종별 소화약제 주성분이 옳게 연결된 것은?

① 제1종 소화분말 : $KHCO_3$
② 제2종 소화분말 : $NaHCO_3$
③ 제3종 소화분말 : $NH_4H_2PO_4$
④ 제4종 소화분말 : $NaHCO_3 + (NH_2)_2CO$

 제3종 분말소화약제의 주성분은 제1인산암모늄($NH_4H_2PO_4$) (= 인산이수소암모늄)으로 일반화재(A급), 유류화재(B급), 전기화재(C급)에 적용성이 있다.

정답 ③

33 분말 소화약제를 종별로 주성분을 바르게 연결한 것은?

① 1종 분말약제 : 탄산수소나트륨
② 1종 분말약제 : 인산암모늄
③ 3종 분말약제 : 탄산수소칼륨
④ 4종 분말약제 : 탄산수소칼륨+인산암모늄

 1종 분말약제의 주성분은 $NaHCO_3$[탄산수소나트륨(중탄산나트륨)]으로 유류화재(B급), 전기화재(C급)에 적응성이 있다.

 ② 3종 분말약제 : 인산암모늄
③ 2종 분말약제 : 탄산수소칼륨
④ 4종 분말약제 : 탄산수소칼륨+요소

정답 ①

34 분말소화기에 사용되는 소화약제 주성분이 아닌 것은?

① $NH_4H_2PO_4$　　　② Na_2SO_4
③ $NaHCO_3$　　　　④ $KHCO_3$

 Na_2SO_4(황산나트륨)은 분말 소화약제에 속하지 않는다.
① $NH_4H_2PO_4$(인산이수소암모늄)의 소화약제는 제3종 분말 소화약제이다.
③ $NaHCO_3$[탄산수소나트륨(중탄산나트륨)]의 소화약제는 제1종 분말 소화약제이다.
④ $KHCO_3$(탄산수소칼륨)의 소화약제는 제2종 분말 소화약제이다.

정답 ②

35 분말 소화약제의 소화효과로 가장 거리가 먼 것은?

① 질식효과　　　　② 냉각효과
③ 제거효과　　　　④ 방사열 차단효과

 분말 소화약제는 질식, 냉각, 방사열 차단 등의 효과가 있으며, 가연물을 제거하는 제거효과와는 관련이 없다.

정답 ③

36 제1종 분말 소화약제의 소화효과에 대한 설명으로 가장 거리가 먼 것은?

① H^+에 의한 부촉매 효과
② 열분해 시 흡열반응에 의한 냉각효과
③ 분말 운무에 의한 열방사의 차단효과
④ 열분해 시 발생하는 이산화탄소와 수증기에 의한 질식효과

 제1종 분말 소화약제는 Na^+에 대한 부촉매효과가 있다. 제1종 분말 소화약제의 주성분인 탄산수소나트륨(중탄산나트륨, $NaHCO_3$)이며, 고온의 화염과 접촉하면 열분해되어 이산화탄소, 수증기, 탄산나트륨으로 분해된다. 따라서 이산화탄소와 수증기에 의한 산소공급을 차단시키는 질식효과와 열분해 시 흡열반응에 의한 냉각효과, 열분해 반응과정에서 생성된 나트륨이온(Na^+)에 의한 부촉매효과, 분말 운무에 의한 열방사의 차단효과 등이 소화메커니즘으로 작용한다. 이 중에서 가장 주된 소화효과는 부촉매 소화효과이다.

[반응] $2NaHCO_3 \rightarrow CO_2 + H_2O + Na_2CO_3$

정답 ①

37 분말 소화약제의 화학반응식이다. (　　) 안에 알맞은 것은?

$$2NaHCO_3 \rightarrow (\qquad) + CO_2 + H_2O$$

① $2NaCO$　　　　② $2NaCO_2$
③ Na_2CO_3　　　　④ Na_2CO_4

 제1종 분말 소화약제의 주성분인 탄산수소나트륨(중탄산나트륨, $NaHCO_3$)에 열을 가해주면 탄산나트륨($NaHCO_3$), 이산화탄소(CO_2) 및 물(H_2O)로 분해된다. 270℃에서 저온 열분해가 일어나고, 850℃에서 고온 열분해가 일어난다.
<저온> $2NaHCO_3 \rightarrow Na_2CO_3 + CO_2 + H_2O$
<고온> $2NaHCO_3 \rightarrow Na_2O + 2CO_2 + H_2O$

정답 ③

38 소화약제의 열분해 반응식으로 옳은 것은?

① $NH_4H_2PO_4 \xrightarrow{\Delta} HPO_3 + NH_3 + H_2O$

② $2KNO_3 \xrightarrow{\Delta} 2KNO_2 + O_2$

③ $KClO_4 \xrightarrow{\Delta} KCl + 2O_2$

④ $2CaHCO_3 \xrightarrow{\Delta} 2CaO + H_2CO_3$

 ①은 제3종 분말소화약제($NH_4H_2PO_4$)의 열분해 반응식으로 올바르다.
• 1종 : $NaHCO_3$
• 2종 : $KHCO_3$
• 4종 : $KHCO_3 + (NH_2)_2CO$

정답 ①

39 제3종 분말 소화약제(제1인산암모늄)를 화재면에 방출 시 부착성이 좋은 막을 형성하여 연소에 필요한 산소의 유입을 차단하기 때문에 연소를 중단시킬 수 있다. 그러한 막을 구성하는 물질은?

① H_3PO_4　　　　② PO_4
③ HPO_3　　　　④ P_2O_5

 제3종 분말 소화약제의 주성분은 제1인산암모늄($NH_4H_2PO_4$)이다. 제1인산암모늄이 고온의 화염과 접촉하여 1차 열분해 할 때 올소인산(H_3PO_4)이 생성되고, 올소인산(H_3PO_4)이 다시 고온에서 2차 분해되면 최종적으로 가장 안정된 유리상의 메타인산(HPO_3)이 된다. 이 메타인산은 가연성 물질이 숯불형태로 연소하는 것을 방지하는 작용으로 숯불에 융착하여 유리상의 피막을 이루어 산소의 유입을 차단하는 소화효과를 발휘하는데 이를 **방진효과**라 한다.

[반응] $NH_4H_2PO_4 \rightarrow HPO_3 + NH_3 + H_2O$(360℃ 이상)

정답 ③

40 제3종 분말 소화약제가 열분해될 때 생성되는 물질로서 목재, 섬유 등을 구성하고 있는 섬유소를 탈수·탄화시켜 연소를 억제하는 것은?

① CO_2　　　　　　② NH_3PO_4

③ H_3PO_4　　　　　④ NH_3

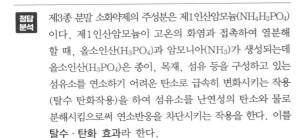

정답 분석　제3종 분말 소화약제의 주성분은 제1인산암모늄($NH_4H_2PO_4$)이다. 제1인산암모늄이 고온의 화염과 접촉하여 열분해할 때, 올소인산(H_3PO_4)과 암모니아(NH_3)가 생성되는데 올소인산(H_3PO_4)은 종이, 목재, 섬유 등을 구성하고 있는 섬유소를 연소하기 어려운 탄소로 급속히 변화시키는 작용(탈수 탄화작용)을 하여 섬유소를 난연성의 탄소와 물로 분해시킴으로써 연소반응을 차단시키는 작용을 한다. 이를 **탈수·탄화 효과**라 한다.

반응　$NH_4H_2PO_4 \rightarrow H_3PO_4 + NH_3$

정답 ③

---

41 제1종 분말 소화약제가 1차 열분해되어 표준상태를 기준으로 10m³의 탄산가스가 생성되었다. 몇 kg의 탄산수소나트륨(중탄산나트륨)이 사용되었는가? (단, 나트륨의 원자량은 23이다.)

① 18.75　　　　　　② 37

③ 56.25　　　　　　④ 75

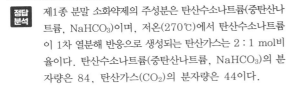

정답 분석　제1종 분말 소화약제의 주성분은 탄산수소나트륨(중탄산나트륨, $NaHCO_3$)이며, 저온(270℃)에서 탄산수소나트륨이 1차 열분해 반응으로 생성되는 탄산가스는 2 : 1 mol비율이다. 탄산수소나트륨(중탄산나트륨, $NaHCO_3$)의 분자량은 84, 탄산가스(CO_2)의 분자량은 44이다.

계산　$NaHCO_3$의 양(kg) = CO_2의 양(kg) × 반응비

• CO_2의 양(kg) = $10m^3 \times \dfrac{44kg}{22.4m^3} = 19.64\,kg$

• 반응비 :　$2NaHCO_3 \rightarrow CO_2 + Na_2CO_3 + H_2O$
　　　　　　2×84 　:　 44

∴ $NaHCO_3$의 양(kg) $= 19.64\,kg \times \dfrac{2 \times 84}{44} = 75\,kg$

정답 ④

---

42 분말 소화약제인 탄산수소나트륨(중탄산나트륨) 10kg이 1기압, 270℃에서 방사되었을 때 발생하는 이산화탄소의 양은 약 몇 m³인가?

① 2.65　　　　　　② 3.65

③ 18.22　　　　　④ 36.44

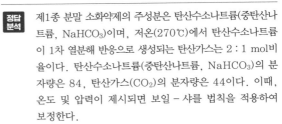

정답 분석　제1종 분말 소화약제의 주성분은 탄산수소나트륨(중탄산나트륨, $NaHCO_3$)이며, 저온(270℃)에서 탄산수소나트륨이 1차 열분해 반응으로 생성되는 탄산가스는 2 : 1 mol비율이다. 탄산수소나트륨(중탄산나트륨, $NaHCO_3$)의 분자량은 84, 탄산가스(CO_2)의 분자량은 44이다. 이때, 온도 및 압력이 제시되면 보일 – 샤를 법칙을 적용하여 보정한다.

계산　CO_2의 양(m³) = $NaHCO_3$의 양(kg) × 반응비

• $NaHCO_3$의 양(kg) = 10kg

• 반응비 :　$2NaHCO_3 \rightarrow CO_2 + Na_2CO_3 + H_2O$
　　　　　　2×84 kg 　:　 22.4m³

∴ CO_2의 양(m³) $= 10\,kg \times \dfrac{22.4\,Sm^3}{2 \times 84\,kg} \times \dfrac{273 + 270}{273}$
　　　　　　　　　$= 2.65\,am^3$

정답 ①

---

43 제1인산암모늄을 주성분으로 하는 분말 소화약제에서 발수제 역할을 하는 물질은?

① 실리콘 오일　　　② 실리카겔

③ 활성탄　　　　　④ 소다라임

정답 분석　제1인산암모늄($NH_4H_2PO_4$)이 주성분인 제3종 분말 소화약제는 수분 흡수율이 높아 발수제 역할을 하는 물질인 실리콘 오일을 첨가해야 한다.

정답 ①

44

알코올 화재 시 수성막포는 효과가 없다. 그 이유로 가장 적당한 것은?

① 알코올이 수용성이어서 포를 소멸시키므로
② 알코올이 반응하여 가연성 가스를 발생하므로
③ 알코올이 화재 시 불꽃의 온도가 매우 높으므로
④ 알코올이 포 소화약제와 발열반응을 하므로

 정답 분석 알코올과 같은 수용성 액체의 화재에 수성막포 소화약제를 사용하면 알코올이 포(泡)에 함유되어 있는 수분에 녹아 거품을 제거하는 소포(消泡)작용이 일어난다. 이에 대응하기 위해 알코올과 같은 수용성 액체의 화재에는 내알코올형 소화약제가 사용되고 있다.

정답 ①

45

소화약제 제조 시 사용되는 성분이 아닌 것은?

① 탄산칼륨　　　② 인화알루미늄
③ 에틸렌글리콜　　④ 인산이수소암모늄

 정답 분석 인화알루미늄은 소화약제로 사용되지 않는다. 에틸렌글리콜($C_2H_6O_2$)은 강화액 소화기의 성분 중 어는점 조절을 위한 부동액으로 사용된다.

정답 ②

46

소화기에 "B-2"라고 표시되어 있었다. 이 표시의 의미를 가장 옳게 나타낸 것은?

① 일반화재에 대한 능력단위 2단위에 적용되는 소화기
② 일반화재에 대한 압력단위 2단위에 적용되는 소화기
③ 유류화재에 대한 능력단위 2단위에 적용되는 소화기
④ 유류화재에 대한 압력단위 2단위에 적용되는 소화기

 정답 분석 "B-2"에서 B는 유류화재의 B급을 뜻하며, 숫자 2는 소화기의 능력단위를 나타낸다.

정답 ③

47

다음 중 소화기의 외부 표시사항으로 가장 거리가 먼 것은?

① 유효기간과 폐기날짜
② 적응화재 표시
③ 소화능력단위
④ 취급상의 주의사항

 정답 분석 유효기간과 폐기날짜는 소화기의 외부 표시사항에 해당하지 않는다.

정답 ①

48

이산화탄소 소화기 사용 중 소화기 방출구에서 생길 수 있는 물질은?

① 포스겐　　　② 일산화탄소
③ 드라이아이스　④ 수소가스

 정답 분석 이산화탄소가 방출될 때 줄 - 톰슨(Joule-Thomson) 효과에 의해 온도가 급격히 냉각되어 드라이아이스가 만들어진다.

정답 ③

Chapter 03 소방시설 설치·운영

01 소화설비의 설치 및 운영

1 소방시설

소방시설
- 소화설비
- 경보설비
- 피난설비
- 소화용수설비
- 그 밖에 소화활동설비

1. 소화설비

물 또는 그 밖의 소화약제를 사용하여 소화하는 기계·기구 또는 설비로서 다음의 것을 말함

(1) **소화기구** : 소화기, 간이소화용구(에어로졸식 소화용구, 투척용 소화용구 및 소화약제 외의 것을 이용한 간이소화용구), 자동확산소화기

(2) **자동소화장치** : 주거용 주방자동소화장치, 상업용 주방자동소화장치, 캐비닛형 자동소화장치, 가스자동소화장치, 분말자동소화장치, 고체에어로졸 자동소화장치

(3) **옥내소화전설비**(호스릴 옥내소화전설비를 포함)

(4) **스프링클러설비등** : 스프링클러설비, 간이스프링클러설비(캐비닛형 간이스프링클러설비를 포함), 화재조기진압용 스프링클러설비

(5) **물분무등 소화설비** : 물분무소화설비, 미분무소화설비, 포소화설비, 이산화탄소소화설비, 할로젠화합물소화설비, 청정소화약제소화설비, 분말소화설비, 강화액소화설비

(6) **옥외소화전설비**

2. 경보설비

단독경보형 감지기, 비상경보설비(비상벨설비, 자동식 사이렌설비), 시각경보기, 자동화재탐지설비, 비상방송설비, 자동화재속보설비, 통합감시시설, 누전경보기, 가스누설경보기

3. 피난설비

피난기구(피난사다리, 구조대, 완강기), 인명구조기구(방열복, 공기호흡기, 인공소생기), 유도등(피난유도선, 피난구유도등, 통로유도등, 객석유도등, 유도표지), 비상조명등 및 휴대용 비상조명등

4. 소화용수설비

상수도소화용수설비, 소화수조·저수조, 그 밖의 소화용수설비

5. 소화활동설비

제연설비, 연결송수관설비, 연결살수설비, 비상콘센트설비, 무선통신보조설비, 연소방지설비 등

2 소화설비의 종류 및 특성

1. 옥내소화전설비

(1) **시설의 개념**

옥내소화전설비는 화재 초기에 건축물 내의 화재를 진화하도록 소화전함에 비치되어 있는 호스 및 노즐을 이용하여 소화작업을 하는 설비이다.

(2) **구성** : 일반적으로 수원, 가압송수장치, 개폐밸브, 호스, 노즐, 소화전함, 비상전원 등으로 구성되어 있다.

(3) **설치장소** : 주로 학교, 공장, 창고, 위험물제조소등 사업장의 옥내에 설치된다.

(4) **작동방식**

① **수동기동방식(on-off방식)** : 소화전함의 기동스위치를 누르고 앵글밸브를 열면 가압송수장치의 펌프가 기동되어 방수가 시작되는 방식이다.

② **자동기동방식(기동용 수압개폐방식)** : 소화전함의 앵글밸브를 열면 배관 내의 압력감소로 압력감지장치에 의해 펌프가 기동되어 방수가 시작되는 방식이다.

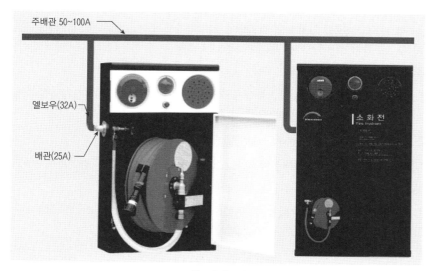

<그림> 옥내소화전

2. 옥외소화전설비

(1) **시설의 개념** : 옥외소화전설비는 건물의 아래층(1 ~ 2층)의 초기화재 뿐만 아니라 본격화재에도 적합하며, 인접건물로의 연소방지를 위해서 건축물 외부로부터의 소화작업을 실시하기 위한 설비로 자위소방대가 사용하는 것은 물론이고 소방서의 소방대도 사용 가능하도록 한 소화설비이다.

(2) **구성**

옥외소화전설비는 수원(지하수조), 가압송수장치(소화전펌프), 배관, 옥외소화전, 부속장치 등에 의해서 구성된다.

(3) 설치장소

공장이나 학교·주택가 등의 건축물 외부에 설치되며, 지상식과 지하식, 단구식과 쌍구식, 부동식과 보통식이 있다.

(4) 작동방식

옥외소화전은 수원가압송수장치 제어반 등이 옥내소화전설비와 비슷하다. 단, 대화재 시나 인접건물의 연소에 대처하지 않으면 안 되기 때문에 옥내소화전설비에 비해 방수압력도 높고, 방수량도 많으며, 소화성능을 확대한 것이다.

3. 스프링클러소화설비

(1) 시설의 개념

스프링클러설비는 화재를 초기에 소화할 목적으로 설치된 소화설비이다. 화재가 발생한 경우 천장이나 반자에 설치된 헤드가 감열작동하여 자동적으로 화재를 감지함과 동시에 주변에 비가 오듯이 물을 뿌려주므로 효과적으로 화재를 진압할 수 있는 고정식 소화설비이다.

(2) 장단점

장점	단점	
• 초기 진화에 절대적인 효과가 있음 • 오작동, 오보가 발생하지 않음 • 물을 약제로 사용하므로 경제적이고 복구가 쉬움 • 조작이 간편하고 안전함 • 야간에도 자동적으로 감지·경보·소화할 수 있음	• 초기 시설비가 많이 듦 • 시공이 다른 설비에 비해 복잡함 • 물로 인한 피해가 발생할 수 있음	

(3) 스프링클러소화설비 시스템의 종류

① 습식 스프링클러(알람밸브 시스템)

ㄱ) 개요

- 스프링클러 시스템 중 표준방식으로 펌프 토출측에서부터 스프링클러 헤드까지 항상 가압된 물이 충만되어 있다.
- 시설비가 적게 소요되지만 기온이 영하로 떨어질 경우 동파에 세심한 주의가 필요하다.

ㄴ) 작동원리 : 화재가 발생할 경우 스프링클러헤드의 퓨즈가 녹거나 글라스벌브(Glass Bulb)의 유리가 파괴되어 감지와 동시에 소화수를 방출하여 소화하는 시스템이다.

② 건식 스프링클러(드라이파이프밸브 시스템)

ㄱ) 개요

- 건식 시스템은 알람밸브 대신에 드라이파이프밸브가 설치되어 있다.
- 1차측은 가압수로, 2차측은 압축공기 또는 질소가스로 압력균형을 이루고 있다.

ㄴ) 작동원리 : 작동원리는 습식과 유사하나 헤드 감열 후 소화수가 방출되기 이전에 압축공기가 배출된 후 소방수가 방출되기 때문에 습식에 비해 시간지연이 발생한다.

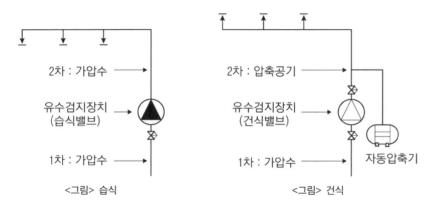

2차 : 가압수 →

유수검지장치
(습식밸브) →

1차 : 가압수 →

<그림> 습식

2차 : 압축공기 →

유수검지장치
(건식밸브) →

1차 : 가압수 →

자동압축기

<그림> 건식

③ 준비작동식 스프링클러(프리액션밸브 시스템)
　㉠ 개요
　　• 평상시에는 준비작동식 밸브의 1차측에 가압수를 채워놓고 2차측에는 저압 또는 대기압 상태의 공기를 채운 상태로 유지된다.
　　• 습식설비에 비해 감지기 설치 및 밸브 기동에 필요한 전기적인 장치가 필요하므로 공사비가 많이 들지만 동파 우려가 높은 장소에 설치할 수 있는 이점이 있다.
　　• 감지기의 동작으로 대부분의 화재에는 경보를 발하므로, 신속히 사람이 달려가 헤드가 개방되기 전에 초기소화 할 수 있는 가장 안전하고 발달된 방식이다.
　㉡ **작동원리** : 화재발생 시 화재감지기가 작동하면 자동적으로 프리액션밸브(솔레노이드밸브)를 개방함과 동시에 가압송수장치를 가동시켜 물을 각 헤드까지 송수하며 헤드가 열에 의해 개방되면 살수 · 소화가 이행된다.

④ 일제살수식 스프링클러(델류지밸브 시스템)
　㉠ 개요
　　• 스프링클러헤드가 개방되어 있는 상태이므로 밸브의 개방과 동시에 소화수가 방출된다.
　　• 오작동에 의한 피해가 우려되지만 급격한 연소확대가 우려되는 장소에 많이 적용된다.
　　• 극장의 무대부 등 천장이 대단히 높은 경우와 같은 특수한 장소에 설치된다.
　㉡ **작동원리** : 각 경계구역마다 설치되어 있는 감지기에서 화재발생을 감지하면 자동적으로 델류지밸브(Deluge Valve)를 열어주어 그 밸브에 연결되어 있는 모든 개방형 헤드로부터 일제히 살수된다.

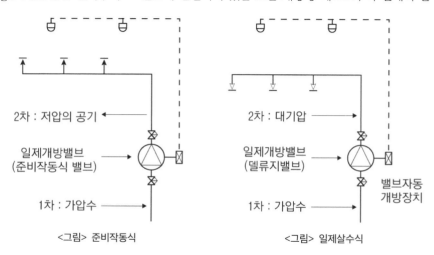

2차 : 저압의 공기 ←

일제개방밸브
(준비작동식 밸브) →

1차 : 가압수 →

<그림> 준비작동식

2차 : 대기압 →

일제개방밸브
(델류지밸브) →

1차 : 가압수 →

밸브자동
개방장치

<그림> 일제살수식

4. 물분무등 소화설비

(1) 물분무소화설비

① 개요 : 물분무소화설비는 물을 미립자상태의 무상(안개)으로 방사시키는 시스템이다.

② 소화기능 및 효과
- 물에 의한 냉각작용
- 화재발생 시 열에 의해 발생하는 수증기에 의한 질식작용(산소 농도 21% → 15% 이하로)
- 유류화재 시 물이 기름표면에 불연성의 유화층을 형성, 유면을 덮는 유화(에멀젼)작용
- 수용성의 희석작용 등에 의해서 소화하여 화재의 억제 및 연소방지 작용

(2) 포 소화설비

① 개요 : 포 소화설비는 인화성 및 가연성 액체를 저장하는 탱크(Tank) 화재에 적용한다. 물과 포 소화약제를 일정한 비율로 혼합한 수용액을 공기로 발포시켜 형성된 미세한 기포의 집합체가 연소물의 표면을 차단시킴으로써 질식소화를 하고, 또한 기포 속에 함유되어 있는 수분에 의하여 연소물질을 냉각소화한다.

② 포 소화설비의 종류
- **포 워터스프링클러설비** : 일제살수식 스프링클러설비와 유사하며, 포 소화약제와 물이 혼합된 포 수용액이 헤드를 통해 방사된다.
- **포 헤드설비** : 포 워터스프링클러설비와 구조는 유사하며, 바닥 유류화재와 같은 평면화재에 사용하며, 주로 화재강도가 낮은 장소에 설치하는 설비이다.
- **고정포 방출설비** : 천장 또는 벽면에 설치된 고발포용 포방출구를 통해 포 소화약제와 물이 혼합된 포 수용액이 고발포로 방출하여 소화한다.
- **포 소화전설비** : 포 소화약제와 물이 혼합된 포 수용액이 포 소화전방수구, 호스 및 이동식 포노즐을 통해 방사되어 소화한다.
- **호스릴포 소화설비** : 포 소화약제와 물이 혼합된 포 수용액이 호스릴포 방수구, 호스릴 및 이동식 포 노즐을 통하여 방사되어 소화한다.

③ **포의 발포배율(팽창비)** : 포의 발포배율에 따라 저발포용과 고발포용으로 구분할 수 있는데 팽창비가 20 이하인 것은 저발포용, 팽창비가 80 ~ 1,000인 것은 고발포용으로 구분한다.

$$\boxed{\text{관계식}} \quad \text{팽창비} = \frac{V}{W_2 - W_1} \quad \begin{cases} V : \text{포 수집용기의 내용적(mL)} \\ W_1 : \text{포 수집용기의 중량(g)} \\ W_2 : \text{충분한 포를 포함한 포 수집용기의 총 중량(g)} \end{cases}$$

④ **포 소화약제의 성상에 따른 종류와 특성**
- ㉠ **단백포 소화약제** : 동물성 단백질을 가수분해한 것을 주원료로 하는 약제로 흑갈색의 특이한 냄새가 나는 끈끈한 액체이다.
  - 주로 팽창비 10 이하의 저팽창포로 사용됨
  - 포의 내화성 및 유면 봉쇄성이 매우 우수하여 재발화 방지효과가 있음
  - 포의 유동성이 나빠 소화효과가 늦은 특징이 있음

ⓛ **불포화단백포 소화약제** : 단백포 소화약제에 불소계 계면활성제를 첨가하여 단백포와 수성막포의 단점을 보완한 약제이다.

- 단백포의 결점과 수성막포의 결점을 보완한 약제임
- 계면활성제를 첨가했기 때문에 유류와 친화력을 갖지 않고, 겉돌게 되므로 유류를 오염시키지 않는 장점이 있음

ⓒ **합성계면활성제포 소화약제** : 합성세제의 주성분과 같은 종류의 계면활성제에 안정제, 부동제, 방청제 등을 첨가한 약제이다.

- 저팽창포 ~ 고팽창포까지 넓은 범위에 사용될 수 있음
- 유동성 및 안정성이 좋은 반면 내열성, 유면 봉쇄성이 좋지 않음
- 다량의 유류화재 특히, 가연성 액체위험물의 저장탱크 등의 고정소화설비에는 그다지 효과적이지 못하고 합성계면활성제가 용이하게 분해되지 않기 때문에 세제공해와 같은 환경문제를 일으킴

ⓓ **수성막포 소화약제** : 불소계 계면활성제를 주성분으로 하여 물과 적절한 비율로 혼합한 후 기존의 포방출구로 방사하면 물보다 가벼운 인화성 액체 위에 물이 떠 있도록 하는 획기적인 약제이다.

- 기름의 표면에 거품과 수성의 막(Film)을 형성하기 때문에 질식과 냉각 작용이 우수함
- 타 포 원액에 비하여 장기보존성이 우수함
- 무독성고, 유동성 및 안정성이 좋지만 내열성, 유면 봉쇄성은 좋지 않음

ⓔ **내알코올포 소화약제** : 수용성 유기용매들의 포속 물 탈취에 의한 포의 파괴방지를 목적으로 개발된 약제이다.

- 제4류 위험물 중 알코올류 · 에스터류 · 케톤류 · 알데하이드류 · 아민류 · 니트릴(Nitrile)류 및 유기산 등과 같은 수용성 용제의 소화에 사용됨

‖ 기계포 소화약제의 특성 ‖

명칭	팽창비	특성
단백포	저발포	• 동 · 식물의 단백질 가수분해, 내유성 우수 • 포의 유동성이 좋지 않고, 자극성 냄새 • 가격은 저렴하나 변질로 인한 보관성 문제
합성계면활성제포	저발포	• 합성계면활성제 사용 • 팽창범위 다양 • 포의 유동성 우수, 내유성 단점
	중발포	
	고발포	
수성막포	저발포	• 불소계 첨가로 안정성 및 내약품성 우수 • 소화능력 및 보존성 우수, 대형화재 시 표면막 생성 어려움
불화단백포	저발포	불소계 첨가로 안정적임, 내약품성 우수, 표면하주입법도 효과적
내알코올포	저발포	수용성 액체(알코올, 케톤 등), 알코올류 소화에 사용

(3) 이산화탄소소화설비

① **개요**

CO_2 소화설비는 스프링클러설비나 포 소화설비 등, 물에 의한 피해가 예상되는 장소나 전기화재, 유류화재 등에 사용된다.

② **방출방식** { • 전역방출방식
• 국소방출방식
• 이동식

③ 장단점

장점	단점
• 약제의 변질이 없고, 한 번 설치하면 반영구적으로 사용이 가능함 • 복잡 · 입체적 구조물이라도 침투성이 강해 심층부까지 파고들어 완전소화가 됨 • A급 화재(일반화재), B급 화재(유류화재), C급 화재(전기화재) 등 모두 유효하게 적용할 수 있음 • 오손, 부식, 손상의 우려가 없고, 소화 후에도 잔류물이 남지 않는 특징이 있음 • CO_2는 비전도성이므로 전기설비의 전도성이 있는 장소에 소화가 가능함 • 자체 압력으로도 소화가 가능하므로 가압할 필요가 없으며, 증거보존이 양호하고, 화재원인의 조사가 용이함	• 소화 시 산소의 농도를 저하시키므로 질식의 우려가 있음 • 방사 시 액체상태, 영하로 저장하였다가 기화하므로 동상의 우려가 있음 • 자체압력으로 소화가 가능하므로 고압저장 시 주의를 요함 • CO_2 방사 시 소음이 큼

● 참고 ●

소화설비의 방출방식

- **전역방출방식** : 전역방출방식이란 고정식 포 발생장치로 구성되어 포 수용액이 방호대상물 주위가 막혀진 공간이나 밀폐공간 속으로 방출되도록 한 설비방식을 말한다.
- **국소방출방식** : 국소방출방식이란 고정된 포 발생장치로 구성되어 화점이나 연소 유출물 위에 직접 포를 방출하도록 설치된 설비방식을 말한다.
- **호스릴방식** : 호스릴방식이란 **이동식 방출방식**이라고도 하며, 분사헤드가 배관에 고정되어 있지 않고 소화약제 저장용기에 호스를 연결하여 사람이 직접 화점에 소화약제를 방출하는 이동식 소화설비를 말한다.

(4) 할로젠화합물소화설비

① **개요**

할로젠화합물소화약제는 탄화수소인 메테인(CH_4) · 에테인(C_2H_6)에 할로젠족 원소인 불소(F) · 염소(Cl) 및 브로민(Br)을 수소(H)원자와 치환시켜 제조된 물질로 Halon 소화약제로 불리워지고 있다.

② **할로젠소화약제의 특성**

- 대부분 상온 · 상압에서 기체상으로 존재함
- 전기적 절연성 우수, 피연소물질에 물리 · 화학적 변화를 초래하지 않음
- 오랜 기간이 지나도 변질되거나 부패되지 않고, 이 · 화학적으로 물성변화를 초래하지 않음
- 장기간 저장이 가능함
- 오존층을 파괴하는 물질이므로 생산 및 사용이 제한 또는 금지됨

(5) 분말소화설비

① **개요**

분말소화설비는 연소 확대위험이 특히 많거나 또는 열과 연기가 충만하여 소화기구로는 소화할 수 없는 특수한 대상물에 설치하여 수동 또는 자동 조작에 의하여 작동시켜 불연성 가스(주로 질소가스)의 압력으로 소화분말을 배관 내에 압송시켜 고정된 헤드 또는 노즐로 하여금 방호대상물 또는 방호구역에 분말소화제를 방출하는 설비이다.

② 특성
- 급격히 확대하는 가연성 액체의 표면화재를 소화하는데 가장 효과적이고 능률적임
- 소화분말은 전기의 분말도체의 성질이 있어 전기설비에도 사용될 수 있음

3 소화설비 설치기준

1. 소화기구 설치대상과 설치기준

(1) **소화기구 설치대상** : 화재안전기준에 따라 소화기구를 설치하여야 하는 특정소방대상물은 다음과 같다.
① 연면적 $33m^2$이상인 것(다만, 노유자시설의 경우에는 투척용 소화용구 등을 화재안전기준에 따라 산정된 소화기 수량의 2분의 1 이상으로 설치할 수 있다.)
② 위의 대상에 해당하지 않는 시설로서 지정문화재 및 가스시설
③ 터널

(2) **전기설비의 소화설비** : 제조소등에 전기설비(전기배선, 조명기구 등은 제외)가 설치된 경우에는 당해 장소의 면적 $100m^2$마다 소형수동식 소화기를 1개 이상 설치할 것

(3) **소화기구 설치기준** : 소화기는 다음의 기준에 따라 설치하여야 한다.
① 각 층마다 설치
  ㉠ **특정소방대상물 ~ 1개의 소화기까지의 보행거리**
    - **소형 소화기** : 20m 이내
    - **대형 소화기** : 30m 이내가 되도록 배치
  ㉡ **가연성 물질이 없는 작업장** : 작업장의 실정에 맞게 보행거리를 완화하여 배치할 수 있음
  ㉢ **지하구의 경우** : 화재발생의 우려가 있거나 사람의 접근이 쉬운 장소에 한하여 설치
② 층이 2이상의 거실로 구획된 경우 : 규정에 따라 각 층마다 설치하는 것 외에 바닥면적이 $33m^2$ 이상으로 구획된 각 거실(아파트의 경우에는 각 세대를 말함)에도 배치할 것

(4) **수동식 소화기 설치기준**
① 대형수동식 소화기
  - 대형 수동식 소화기의 설치기준은 방호대상물의 각 부분으로부터 하나의 대형 수동식 소화기까지의 보행거리가 30m 이하가 되도록 설치할 것
  - 다만, 옥내소화전설비, 옥외소화전설비, 스프링클러설비 또는 물분무등 소화설비와 함께 설치하는 경우에는 그러하지 아니하다.
② 소형수동식 소화기
  - 소형수동식 소화기 등의 설치기준은 소형수동식 소화기 또는 그 밖의 소화설비는 지하탱크저장소, 간이탱크저장소, 이동탱크저장소, 주유취급소 또는 판매취급소에서는 유효하게 소화할 수 있는 위치에 설치하여야 한다.
  - 그 밖의 제조소등에서는 방호대상물의 각 부분으로부터 하나의 소형수동식 소화기까지의 보행거리가 20m 이하가 되도록 설치할 것
  - 다만, 옥내소화전설비, 옥외소화전설비, 스프링클러설비, 물분무등 소화설비 또는 대형수동식 소화기와 함께 설치하는 경우에는 그러하지 아니하다.

> **● 참고 ●**
>
> **소화기의 구분**
>
> • **소화기의 정의** : "소화기"란 소화약제를 압력에 따라 방사하는 기구로서 사람이 **수동으로 조작**하여 소화하는 다음의 것을 말한다.
> - "소형소화기"란 능력단위가 **1단위 이상**이고 대형소화기의 능력단위 미만인 소화기를 말한다.
> - "대형소화기"란 화재 시 사람이 운반할 수 있도록 운반대와 바퀴가 설치되어 있고 능력단위가 A급 10단위 이상, B급 20단위 이상인 소화기를 말한다.

2. 옥내 및 옥외 소화전의 설치대상과 설치기준

(1) 옥내소화전 설치대상

옥내소화전설비를 설치하여야 하는 특정소방대상물(위험물 저장 및 처리 시설 중 가스시설, 지하구 및 방재실 등에서 스프링클러설비 또는 물분무등 소화설비를 원격으로 조정할 수 있는 업무시설 중 무인변전소는 제외)은 다음과 같다.

① 연면적 3천m² 이상(지하가 중 터널은 제외)이거나 지하층·무창층(축사는 제외) 또는 층수가 4층 이상인 것 중 바닥면적이 600m² 이상인 층이 있는 것은 모든 층

② 지하가 중 터널로서 길이가 1천m 이상인 터널

③ ①에 해당하지 않는 근린생활시설, 판매시설, 운수시설, 의료시설, 노유자시설, 업무시설, 숙박시설, 위락시설, 공장·창고시설, 항공기 및 자동차 관련 시설, 교정 및 군사시설 중 국방·군사시설, 방송통신시설, 발전시설, 장례식장 또는 복합건축물로서 연면적 1천5백m² 이상이거나 지하층·무창층 또는 층수가 4층 이상인 층 중 바닥면적이 300m² 이상인 층이 있는 것은 모든 층

④ 건축물의 옥상에 설치된 차고 또는 주차장으로서 차고 또는 주차의 용도로 사용되는 부분의 면적이 200m² 이상인 것

⑤ 위 항목에 해당하지 않는 공장 또는 창고시설로서 「소방기본법 시행령」에서 정하는 수량의 750배 이상의 특수가연물을 저장·취급하는 것

(2) 옥외소화전 설치대상

옥외소화전설비를 설치하여야 하는 특정소방대상물(아파트 등, 위험물 저장 및 처리 시설 중 가스시설, 지하구 또는 지하가 중 터널은 제외)은 다음의 어느 하나와 같다.

① 지상 1층 및 2층의 바닥면적의 합계가 9천m² 이상인 것. 이 경우 같은 구(區) 내의 둘 이상의 특정소방대상물이 행정안전부령으로 정하는 연소(延燒) 우려가 있는 구조인 경우에는 이를 하나의 특정소방대상물로 본다.

② 보물 또는 국보로 지정된 목조건축물

③ ①에 해당하지 않는 공장 또는 창고시설로서 「소방기본법 시행령」에서 정하는 수량의 750배 이상의 특수가연물을 저장·취급하는 것

(3) 옥내 · 옥외 소화전 설치기준

① 설치개수, 수원의 수량, 방수압력, 방수량

옥내소화전	옥외소화전
• 옥내소화전의 개폐밸브 및 호스접속구는 바닥면으로부터 1.5m 이하의 높이에 설치할 것 • 제조소등의 건축물의 층마다 당해 층의 각 부분에서 하나의 호스접속구까지의 수평거리가 25m 이하가 되도록 설치할 것. 이 경우 옥내소화전은 각 층의 출입구 부근에 1개 이상 설치하여야 한다. • 수원의 수량은 옥내소화전이 가장 많이 설치된 층의 옥내소화전 설치개수(설치개수가 5개 이상인 경우는 5개)에 7.8m³를 곱한 양 이상이 되도록 설치할 것 　**계산** 수원수량(m³) = 소화전 개수×7.8m³ • 옥내소화전설비는 각 층을 기준으로 하여 당해 층의 모든 옥내소화전(설치개수가 5개 이상인 경우는 5개)을 동시에 사용할 경우에 각 노즐선단의 **방수압력**이 350kPa 이상이고 방수량이 1분당 260L 이상의 성능이 되도록 할 것 　**계산** 방수량(L/min) = 소화전 개수×260 • 가압송수장치의 펌프 토출량은 옥내소화전이 가장 많이 설치된 층의 설치개수(옥내소화전이 5개 이상 설치된 경우에는 5개)에 130L/min를 곱한 양 이상이 되도록 할 것 　**계산** 토출량(L/min) = 소화전 개수×130	• 옥외소화전의 개폐밸브 및 호스접속구는 지반면으로부터 1.5m 이하의 높이에 설치할 것 • 방호대상물의 각 부분(건축물의 경우에는 당해 건축물의 1층 및 2층의 부분에 한함)에서 하나의 호스접속구까지의 수평거리가 40m 이하가 되도록 설치할 것. 이 경우 그 설치개수가 1개일 때는 2개로 하여야 한다. • 수원의 수량은 옥외소화전의 설치개수(설치개수가 4개 이상인 경우는 4개)에 13.5m³를 곱한 양 이상이 되도록 설치할 것 　**계산** 수원수량(m³) = 소화전 개수×13.5m³ • 옥외소화전설비는 모든 옥외소화전(설치개수가 4개 이상인 경우는 4개)을 동시에 사용할 경우에 각 노즐선단의 방수압력이 350kPa 이상이고, 방수량이 1분당 450L 이상의 성능이 되도록 할 것 　**계산** 방수량(L/min) = 소화전 개수×450 • 가압송수장치의 방수량은 해당 특정소방대상물에 설치된 옥외소화전(2개 이상 설치된 경우에는 2개)을 동시에 사용할 경우 각 옥외소화전의 노즐선단에서의 방수압력이 0.25MPa 이상이고, 방수량이 350L/min 이상이 되는 성능의 것으로 할 것 • 펌프는 전용으로 할 것
• 옥내소화전함 표면에 "소화전"이라고 표시할 것 • 옥내소화전함의 상부의 벽면에 적색의 표시등을 설치하되, 당해 표시등의 부착면과 15° 이상의 각도가 되는 방향으로 10m 떨어진 곳에서 용이하게 식별이 가능하도록 할 것 • **축전지설비**는 설치된 실의 벽으로부터 0.1m 이상 이격할 것 • 축전지설비를 동일실에 2 이상 설치하는 경우에는 축전지설비의 **상호간격**은 0.6m 이상 이격할 것(높이가 1.6m 이상인 선반을 설치한 경우에는 1m) • 비상전원의 용량은 45분 이상일 것	• 옥외소화전함은 **보행거리** 5m 이하의 장소로서 화재발생 시 쉽게 접근가능하고 화재 등의 피해를 받을 우려가 적은 장소에 설치할 것 • 옥외소화전함에는 그 표면에 "호스격납함"이라고 표시할 것. 다만, 호스접속구 및 개폐밸브를 옥외소화전함의 내부에 설치하는 경우에는 "소화전"이라고 표시할 수도 있다. • 옥외소화전에는 직근의 보기 쉬운 장소에 "소화전"이라고 표시할 것

※ 옥외소화전설비는 건축물의 1층 및 2층 부분만을 방사능력범위로 하고, 건축물의 지하층 및 3층 이상의 층에 대하여 다른 소화설비를 설치할 것

② 비상전원, 소화전설비의 형식

옥내소화전	옥외소화전
• 옥내소화전설비의 비상전원 및 용량 　- 자가발전설비 또는 축전지설비에 의함 　- 용량은 옥내소화전설비를 유효하게 45분 이상 작동시키는 것이 가능할 것	• 옥외소화전설비의 비상전원 및 용량 : 좌동
• 소화전설비의 형식 : 습식으로 하고 동결방지조치를 할 것	• 소화전설비의 형식 : 좌동

가압송수장치 설치기준

■ 고가수조를 이용한 가압송수장치

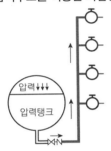

• 필요 낙차수두
- 고가수조를 이용한 가압송수장치의 낙차(수조의 하단 ~ 호스접속구 수직거리)는 다음 식에 의하여 구한 수치 이상으로 할 것
- 수조에는 수위계, 배수관, 오버플로용 배수관, 보급수관 및 맨홀을 설치할 것

$$H = h_1 + h_2 + 35m$$
$$\begin{cases} H : 필요낙차(m) \\ h_1 : 방수용 \ 호스의 \ 마찰손실수두(m) \\ h_2 : 배관의 \ 마찰손실수두(m) \end{cases}$$

• 배관
- 주배관 중 **입상관은** 관의 직경이 **50mm 이상**인 것으로 할 것
- 배관은 당해 배관에 급수하는 가압송수장치의 **체절압력의 1.5배 이상**의 수압을 견딜 수 있는 것으로 할 것

■ 압력수조를 이용한 가압송수장치

• 압력수조의 압력 : 압력수조의 압력은 다음 식에 의하여 구한 수치 이상으로 할 것

$$P = p_1 + p_2 + p_3 + 0.35\,MPa$$
$$\begin{cases} P : 필요압력(MPa) \\ p_1 : 호스의 \ 마찰손실수두압(MPa) \\ p_2 : 배관의 \ 마찰손실수두압(MPa) \\ p_3 : 낙차의 \ 환산수두압(MPa) \end{cases}$$

- 압력수조의 **수량은** 당해 압력수조 체적의 **2/3 이하**일 것
- 압력수조에는 압력계, 수위계, 배수관, 보급수관, 통기관 및 맨홀을 설치할 것

■ 펌프를 이용한 가압송수장치

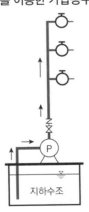

• 펌프의 전양정 : 펌프의 전양정은 다음에 의하여 구한 수치 이상으로 할 것

$$H = h_1 + h_2 + h_3 + 35m$$
$$\begin{cases} H : 펌프의 \ 전양정(m) \\ h_1 : 호스의 \ 마찰손실수두(m) \\ h_2 : 배관의 \ 마찰손실수두(m) \\ h_3 : 낙차(m) \end{cases}$$

- 펌프의 토출량은 옥내소화전의 설치개수가 가장 많은 층에 대해 당해 설치개수(설치개수가 5개 이상인 경우에는 5개로 함)에 **260L/min**를 곱한 양 이상이 되도록 할 것
- 펌프의 토출량이 정격토출량의 **150%**인 경우에는 전양정은 정격전양정의 **65% 이상**일 것

3. 자동소화장치의 종류와 설치대상

(1) 자동소화장치의 종류

① **주방용 자동소화장치** : 가연성 가스 등의 누출을 자동으로 차단하며, 소화약제를 방사하여 소화하는 소화 장치를 말한다.

② **캐비넷형 자동소화장치** : 열, 연기 또는 불꽃 등을 감지하여 소화약제를 방사하여 소화하는 캐비넷형태의 소화장치를 말한다.

③ **가스식 자동소화장치** : 열, 연기 또는 불꽃 등을 감지하여 가스계 소화약제를 방사하여 소화하는 소화장치 를 말한다.

④ **분말식 자동소화장치** : 열, 연기 또는 불꽃 등을 감지하여 분말의 소화약제를 방사하여 소화하는 소화장치 를 말한다.

⑤ **고체에어로졸식 자동소화장치** : 열, 연기 또는 불꽃 등을 감지하여 에어로졸의 소화약제를 방사하여 소화 하는 소화장치를 말한다.

⑥ **자동확산소화장치** : 화재 시 화염이나 열에 따라 소화약제가 확산하여 국소적으로 소화하는 소화장치를 말한다.

(2) 자동소화장치 설치대상

① 주거용 주방자동소화장치를 설치하여야 하는 것 → 아파트 등 및 30층 이상 오피스텔의 모든 층

② 캐비닛형 자동소화장치, 가스자동소화장치, 분말자동소화장치 또는 고체에어로졸자동소화장치를 설치 하여야 하는 것 → 화재안전기준에서 정하는 장소

4. 스프링클러 & 물소화설비의 설치대상과 설치기준

(1) 스프링클러 설치대상

① 문화 및 집회 시설(동ㆍ식물원은 제외), 종교시설(주요 구조부가 목조인 것은 제외), 운동시설(물놀이형 시설은 제외)로서 다음의 어느 하나에 해당하는 경우에는 모든 층

   ㉠ 수용인원이 100명 이상인 것

   ㉡ 영화상영관의 용도로 쓰이는 층의 바닥면적이 지하층 또는 무창층인 경우에는 $500m^2$ 이상, 그 밖의 층의 경우에는 1천m^2 이상인 것

   ㉢ 무대부가 지하층ㆍ무창층 또는 4층 이상의 층에 있는 경우에는 무대부의 면적이 $300m^2$ 이상인 것

   ㉣ 무대부가 ㉢ 외의 층에 있는 경우에는 무대부의 면적이 $500m^2$ 이상인 것

② 판매시설, 운수시설 및 창고시설(물류터미널에 한정)로서 바닥면적의 합계가 5천m^2 이상이거나 수용인 원이 500명 이상인 경우에는 모든 층

③ 층수가 6층 이상인 특정소방대상물의 경우에는 모든 층. 다만, 주택관련 법령에 따라 기존의 아파트 등 을 리모델링하는 경우로서 건축물의 연면적 및 층높이가 변경되지 않는 경우에는 해당 아파트 등의 사용 검사 당시의 소방시설 적용기준을 적용한다.

④ 다음의 어느 하나에 해당하는 용도로 사용되는 시설의 바닥면적의 합계가 $600m^2$ 이상인 것은 모든 층

   ㉠ 의료시설 중 정신의료기관

   ㉡ 의료시설 중 요양병원(정신병원은 제외)

   ㉢ 노유자시설

   ㉣ 숙박이 가능한 수련시설

⑤ 창고시설(물류터미널은 제외)로서 바닥면적 합계가 5천m² 이상인 경우에는 모든 층

⑥ 특정소방대상물에 해당하지 않는 상기 외의 특정소방대상물의 지하층·무창층(축사는 제외) 또는 층수가 4층 이상인 층으로서 바닥면적이 1천m² 이상인 층

⑦ 지하가(터널은 제외)로서 연면적 1천m² 이상인 것

⑧ 기숙사(교육연구시설·수련시설 내에 있는 학생 수용을 위한 것) 또는 복합건축물로서 연면적 5천m² 이상인 경우에는 모든 층

(2) **간이스프링클러 설치대상** : 간이스프링클러설비를 설치하여야 하는 특정소방대상물은 다음의 어느 하나와 같다.

① 근린생활시설로 사용하는 부분의 바닥면적 합계가 1천m² 이상인 것은 모든 층

② 교육연구시설 내에 합숙소로서 연면적 100m² 이상인 경우에는 모든 층

③ 의료시설 중 정신의료기관 또는 요양병원으로서 다음의 어느 하나에 해당하는 시설

  ㉠ 요양병원(의료재활시설은 제외)의 바닥면적의 합계가 600m² 미만인 시설

  ㉡ 정신의료기관 또는 의료재활시설의 바닥면적의 합계가 300m² 이상 600m² 미만인 시설

  ㉢ 정신의료기관 또는 의료재활시설로 사용되는 바닥면적의 합계가 300m² 미만이고, 창살(철재·플라스틱 또는 목재 등으로 사람의 탈출 등을 막기 위하여 설치한 것을 말하며, 화재 시 자동으로 열리는 구조로 되어 있는 창살은 제외)이 설치된 시설

④ 숙박시설로 사용되는 바닥면적의 합계가 300m² 이상 600m² 미만인 시설

⑤ 복합건축물로서 연면적 1천m² 이상인 것은 모든 층

● **참고** ●

살수기준면적에 따른 스프링클러설비의 살수밀도

살수기준면적 (m²)	방사밀도 (L/m²분)		비 고
	인화점 38℃ 미만	인화점 38℃ 이상	
279 미만	16.3 이상	12.2 이상	• 살수기준면적은 내화구조의 벽 및 바닥으로 구획된 하나의 실의 바닥면적을 말함
279 이상 372 미만	15.5 이상	11.8 이상	
372 이상 465 미만	13.9 이상	9.8 이상	• 하나의 실의 바닥면적이 465m² 이상인 경우의 살수기준면적은 465m²로 한다.
465 이상	12.2 이상	8.1 이상	

(3) **물분무등 소화설비 설치대상**

① 항공기 및 자동차 관련 시설 중 항공기격납고

② 주차용 건축물(기계식 주차장 포함)로서 연면적 800m² 이상

③ 건축물 내부에 설치된 차고 또는 주차장으로 바닥면적의 합계가 200m² 이상

④ 기계식 주차시설로 20대 이상의 주차하는 시설

⑤ 전기실·발전실·변전실·축전지실·통신기기실 또는 전산실은 바닥면적이 300m² 이상

⑥ 지하가 중 예상 교통량, 경사도 등 터널의 특성을 고려하여 행정안전부령으로 정하는 터널. 다만, 이 경우에는 물분무소화설비를 설치하여야 한다.

⑦ 지정문화재 중 소방청장이 문화재청장과 협의하여 정하는 것

물분무등 소화설비

물분무소화설비, 미분무소화설비, 포소화설비, 이산화탄소소화설비, 할로겐화합물소화설비, 청정소화약제소화설비, 분말소화설비, 강화액소화설비

스프링클러설비 & 물분무소화설비 일반 설치기준

스프링클러설비	물분무소화설비
• 스프링클러헤드는 방호대상물의 천장 또는 건축물의 최상부 부근에 설치하되 방호대상물의 각 부분에서 하나의 스프링클러헤드까지의 수평거리가 1.7m(살수밀도의 기준을 충족하는 경우에는 2.6m) 이하가 되도록 설치할 것 • 개방형 스프링클러헤드를 이용한 스프링클러설비의 **방사구역**(하나의 일제개방밸브에 의하여 동시에 방사되는 구역을 말함)은 150m² **이상**(방호대상물의 바닥면적이 150m² 미만인 경우에는 당해 바닥면적)으로 할 것 • 수원의 수량은 폐쇄형 스프링클러헤드를 사용하는 것은 30(헤드의 설치개수가 30 미만인 방호대상물인 경우에는 당해 설치개수), **개방형** 스프링클러헤드를 사용하는 것은 스프링클러헤드가 가장 많이 설치된 방사구역의 스프링클러헤드 설치개수에 2.4m³를 곱한 양 이상이 되도록 설치할 것 • 스프링클러설비는 스프링클러헤드를 동시에 사용할 경우에 각 선단의 **방사압력이 100kPa**(살수밀도의 기준을 충족하는 경우에는 50kPa) 이상이고, 방수량이 1분당 80L(살수밀도의 기준을 충족하는 경우에는 56L) 이상의 성능이 되도록 할 것 • 제어밸브는 바닥면으로부터 0.8m 이상 1.5m 이하의 높이에 설치하여야 한다.	• 분무헤드로부터 방사되는 물분무에 의하여 방호대상물의 모든 표면을 유효하게 소화할 수 있도록 설치할 것 • 방호대상물의 표면적(건축물에 있어서는 바닥면적) 1m²당 규정에 따라 산정된 양의 수량을 표준방사량으로 방사할 수 있도록 설치할 것 • 물분무소화설비의 **방사구역은 150m² 이상**(방호대상물의 표면적이 150m² 미만인 경우에는 당해 표면적)으로 할 것 • **수원의 수량**은 분무헤드가 가장 많이 설치된 방사구역의 모든 분무헤드를 동시에 사용할 경우에 당해 방사구역의 **표면적 1m²당 1분당 20L**의 비율로 계산한 양으로 **30분간 방사**할 수 있는 양 이상이 되도록 설치할 것 • 물분무소화설비는 분무헤드를 동시에 사용할 경우에 각 선단의 **방사압력이 350kPa 이상**으로 표준방사량을 방사할 수 있는 성능이 되도록 할 것 • 물분무소화설비의 제어밸브는 바닥으로부터 0.8m 이상 1.5m 이하의 높이에 설치하여야 한다.

스프링클러설비의 세부 설치기준

① 개방형 스프링클러
- 스프링클러헤드의 반사판으로부터 하방으로 0.45m, 수평방향으로 0.3m의 공간을 보유할 것
- 스프링클러헤드는 헤드의 축심이 당해 헤드의 부착면에 대하여 직각이 되도록 설치할 것
- 일제개방밸브의 기동조작부 및 수동식개방밸브는 화재 시 쉽게 접근가능한 바닥면으로부터 1.5m 이하의 높이에 설치할 것
- 수동식개방밸브를 개방 조작하는데 필요한 힘이 15kg 이하가 되도록 설치할 것

② 폐쇄형 스프링클러
- 스프링클러헤드의 반사판과 당해 헤드의 부착면과의 거리는 0.3m 이하일 것
- 스프링클러헤드는 당해 헤드의 부착면으로부터 0.4m 이상 돌출한 보 등에 의하여 구획된 부분마다 설치할 것
- 급배기용 덕트 등의 긴 변의 길이가 1.2m를 초과하는 것이 있는 경우에는 당해 덕트 등의 아래면에도 스프링클러헤드를 설치할 것
- 스프링클러헤드는 그 부착장소의 평상시의 최고 주위온도에 따라 다음 표에 정한 표시온도를 갖는 것을 설치할 것

부착장소 최고 주위온도	표시온도
28℃ 미만	58℃ 미만
28 ~ 39℃ 미만	58 ~ 79℃ 미만
39 ~ 64℃ 미만	79 ~ 121℃ 미만
64 ~ 106℃ 미만	121 ~ 162℃ 미만
106℃ 이상	162℃ 이상

● 참고 ●

물분무소화설비의 세부 설치기준

• 물분무소화설비에 2 이상의 방사구역을 두는 경우에는 화재를 유효하게 소화할 수 있도록 인접하는 **방사구역이 상호 중복**되도록 할 것
• 고압의 전기설비가 있는 장소에는 당해 전기설비와 분무헤드 및 배관과 사이에 전기절연을 위하여 필요한 공간을 보유할 것

● 참고 ●

분말소화설비 설치기준

① **전역방출방식** : 고정식 포 발생장치로 구성되어 포 수용액이 방호대상물 주위가 막혀진 공간이나 밀폐 공간 속으로 방출되도록 된 설비방식을 말한다.
   • 방사된 소화약제가 방호구역의 전역에 균일하고 신속하게 확산할 수 있도록 설치할 것
   • 분사헤드의 방사압력은 0.1MPa 이상일 것
   • 소화약제의 양을 30초 이내에 균일하게 방사할 수 있을 것
② **국소방출방식** : 고정된 포 발생장치로 구성되어 화점이나 연소 유출물 위에 직접 포를 방출하도록 설치된 설비방식을 말한다.
   • 분사헤드는 방호대상물의 모든 표면이 분사헤드의 유효사정 내에 있도록 설치할 것
   • 소화약제의 방사에 의하여 위험물이 비산되지 않는 장소에 설치할 것
   • 소화약제의 양을 30초 이내에 균일하게 방사할 수 있을 것

5. 포 소화설비의 설치대상과 설치기준

(1) 포 소화설비 적응대상

① **특수가연물을 저장·취급하는 공장 또는 창고** : 포 워터스프링클러설비·포 헤드설비 또는 고정포 방출설비, 압축공기포 소화설비
② **차고 또는 주차장** : 포워터스프링클러설비·포 헤드설비, 고정포 방출설비, 압축공기포 소화설비
③ **항공기 격납고** : 포워터스프링클러설비·포 헤드설비 또는 고정포 방출설비, 압축공기포 소화설비

(2) 수원

포 소화설비의 수원은 그 저수량이 특정소방대상물 또는 포 소화설비에 따라 다음의 기준에 적합하도록 하여야 한다.

① 특정소방대상물
- **특수가연물을 저장·취급하는 공장 또는 창고** : 가장 많이 설치된 층(방호구역 안)의 포 헤드 또는 고정포방출구에서 동시에 표준방사량으로 10분간 방사할 수 있는 양 이상으로 한다.
- **차고 또는 주차장** : 호스릴포 소화설비 또는 포 소화전설비의 경우에는 방수구가 가장 많은 층의 설치개수(5개 이상 설치된 경우에는 5개)에 $6m^3$를 곱한 양 이상으로 한다.
- **항공기 격납고** : 포 헤드 또는 고정포방출구가 가장 많이 설치된 항공기 격납고의 포 헤드 또는 고정포방출구에서 동시에 표준방사량으로 10분간 방사할 수 있는 양 이상으로 한다.

② **압축공기포 소화설비** : 압축공기포 소화설비의 방수량은 설계 사양에 따라 방호구역에 최소 10분간 방사할 수 있어야 한다.

   ※ 압축공기포 소화설비의 설계 방출밀도($L/min·m^2$)
   - 일반가연물, 탄화수소류 ➞ $1.63L/min·m^2$ 이상
   - 특수가연물, 알코올류, 케톤류 ➞ $2.3L/min·m^2$ 이상

③ **포 헤드방식** : 포 헤드방식의 것은 헤드의 가장 많이 설치된 방사구역의 모든 헤드를 동시에 사용할 경우에 규정 방사량($6.5L/m^2·min$)을 10분간 방사할 수 있는 양

④ **보조포 소화전** : 20분간 방사할 수 있는 양

⑤ **포 모니터노즐방식** : 각 노즐선단의 규정방사량($1,900L/min$)을 30분간 방사할 수 있는 양

⑥ **이동식 포 소화설비** : 4개(4개 미만인 경우에는 그 개수)의 노즐을 동시에 사용할 경우에 각 노즐선단의 방사압력은 0.35MPa 이상이고 방사량은 옥내에 설치한 것은 $200L/min$ 이상, 옥외에 설치한 것은 $400L/min$ 이상으로 30분간 방사할 수 있는 양

(3) **가압수송장치** : 가압송수장치는 직접조작에 의해서만 정지되도록 할 것

① **펌프 가압송수장치** : 펌프의 전양정은 다음에 의하여 구한 수치 이상으로 할 것

$$H = h_1 + h_2 + h_3 + h_4 \quad \begin{cases} H : 펌프의 \ 전양정(m) \\ h_1 : 방출구 \ 환산압력수두(m) \\ h_2 : 배관의 \ 마찰손실수두(m) \\ h_3 : 낙차(m) \\ h_4 : 소방호스의 \ 마찰손실수두(m) \end{cases}$$

- 펌프의 토출량이 정격토출량의 150%인 경우에는 전양정은 정격전양정의 65% 이상일 것
- 펌프를 시동한 후 5분 이내에 포 수용액을 포방출구 등까지 송액할 수 있도록 하거나 또는 펌프로부터 포방출구 등까지의 수평거리를 500m 이내로 할 것

② **고가수조 가압송수장치** : 다음 식으로 산출한 수치 이상이 되도록 할 것

$$H = h_1 + h_2 + h_3 \quad \begin{cases} H : 필요낙차(m) \\ h_1 : 방출구 \ 압력환산수두(m) \\ h_2 : 배관의 \ 마찰손실수두(m) \\ h_3 : 소방용 \ 호스의 \ 마찰손실수두(m) \end{cases}$$

③ 압력수조 가압송수장치 : 압력수조의 압력은 다음 식에 의하여 구한 수치 이상으로 할 것

$$P = p_1 + p_2 + p_3 + p_4$$

P : 필요압력(MPa)
p_1 : 방출구의 설계압력 또는 노즐의 방사압력(MPa)
p_2 : 배관의 마찰손실수두압(MPa)
p_3 : 낙차의 환산수두압(MPa)
p_4 : 소방용 호스의 마찰손실수두압(MPa)

▌ 위험물의 종류 및 포방출구 종류에 따른 포수용액량 및 방출률 ▌

포방출구의 종류 위험물의 구분	I 형		II 형		특형		III 형		IV 형	
	포 수용액 (L/m²)	방출률 (L/m²· min)	포 수용액 (L/m²)	방출률 (L/m²· min)	포 수용액 (L/m²)	방출률 (L/m²· min)	포 수용액 (L/m²)	방출률 (L/m²· min)	포 수용액 (L/m²)	방출률 (L/m²· min)
제4류 위험물 중 인화점 21℃ 미만	120	4	220	4	240	8	220	4	220	4
제4류 위험물 중 인화점 21 ~ 70℃	80	4	120	4	160	8	120	4	120	4
제4류 위험물 중 인화점 70℃ 이상	60	4	100	4	120	8	100	4	100	4

● **참고** ●

고정식의 포방출구

- **I형** : 고정지붕구조의 탱크에 상부 포 주입법(고정포방출구를 탱크 옆판의 상부에 설치하여 액표면상에 포를 방출하는 방법)을 이용하는 것으로서 방출된 포가 액면 아래로 몰입되거나 액면을 뒤섞지 않고 액면상을 덮을 수 있는 통계단 또는 미끄럼판 등의 설비 및 탱크 내의 위험물 증기가 외부로 역류되는 것을 저지할 수 있는 포방출구를 가짐
- **II형** : 고정지붕구조 또는 부상덮개부착 고정지붕구조(옥외저장탱크의 액상에 금속제의 플로팅, 팬 등의 덮개를 부착한 고정지붕구조의 것)의 탱크에 상부 포 주입법을 이용하는 것으로서 방출된 포가 탱크 옆판의 내면을 따라 흘러내려 가면서 액면 아래로 몰입되거나 액면을 뒤섞지 않고 액면상을 덮을 수 있는 반사판 및 탱크 내의 위험물 증기가 외부로 역류되는 것을 저지할 수 있는 구조·기구를 갖는 포방출구를 가짐
- **특형** : 부상지붕구조의 탱크에 상부 포 주입법을 이용하는 것으로서 부상지붕의 부상부분상에 높이 0.9m 이상의 금속제의 칸막이(방출된 포의 유출을 막을 수 있고 충분한 배수능력을 갖는 배수구를 설치한 것에 한함)를 탱크 옆판의 내측으로부터 1.2m 이상 이격하여 설치하고 탱크 옆판과 칸막이에 의하여 형성된 환상부분에 포를 주입하는 것이 가능한 구조의 반사판을 갖는 포방출구를 가짐
- **III형** : 고정지붕구조의 탱크에 저부 포 주입법(탱크의 액면 하에 설치된 포방출구로부터 포를 탱크 내에 주입하는 방법)을 이용하는 것으로서 송포관(발포기 또는 포 발생기에 의하여 발생된 포를 보내는 배관)으로부터 포를 방출하는 포방출구
- **IV형** : 고정지붕구조의 탱크에 저부 포 주입법을 이용하는 것으로서 평상시에는 탱크의 액면 하의 저부에 설치된 격납통(포를 보내는 것에 의하여 용이하게 이탈되는 캡을 갖는 것을 포함)에 수납되어 있는 특수 호스 등이 송포관의 말단에 접속되어 있다가 포를 보내는 것에 의하여 특수 호스 등이 전개되어 그 선단이 액면까지 도달한 후 포를 방출하는 포방출구를 가짐

(4) **포 헤드의 설치기준** : 포 헤드는 다음의 기준에 따라 설치하여야 한다.

① 포 워터스프링클러헤드(포 워터스프링클러헤드를 사용하는 포 소화설비)는 특정소방대상물의 천장 또는 반자에 설치하되, 바닥면적 $8m^2$마다 1개 이상으로 할 것

② 포 헤드는 특정소방대상물의 천장 또는 반자에 설치하되, 바닥면적 $9m^2$마다 1개 이상으로 하여 해당 방호대상물의 화재를 유효하게 소화할 수 있도록 할 것

- 방호대상물의 표면적 $1m^2$당의 방사량이 $6.5L/min$ 이상의 비율로 계산한 양의 포 수용액을 표준방사량으로 방사할 수 있도록 설치할 것
- 방사구역은 $100m^2$ 이상(표면적이 $100m^2$ 미만인 경우에는 당해 표면적)으로 할 것
- 특정소방대상물별로 그에 사용되는 포 소화약제에 따라 1분당 방사량이 다음 표에 따른 양 이상이 되는 것으로 할 것

소방대상물	포 소화약제의 종류	바닥면적 $1m^2$당 방사량
차고 · 주차장 및 항공기 격납고	단백포	6.5L 이상
	합성계면활성제포	8.0L 이상
	수성막포	3.7L 이상
특수가연물을 저장 · 취급하는 소방대상물	단백포	6.5L 이상
	합성계면활성제포	
	수성막포	

③ 압축공기포 소화설비의 분사헤드는 천장 또는 반자에 설치하되 방호대상물에 따라 측벽에 설치할 수 있으며, 유류탱크 주위에는 바닥면적 $13.9m^2$마다 1개 이상, 특수가연물저장소에는 바닥면적 $9.3m^2$마다 1개 이상으로 당해 방호대상물의 화재를 유효하게 소화할 수 있도록 할 것

방호대상물	방호면적 $1m^2$에 대한 1분당 방출량
특수가연물	2.3L
기타	1.63L

(5) **기동장치** : 기동장치는 자동식의 기동장치 또는 수동식의 기동장치를 설치하여야 하며 그 기준은 다음에 정한 것에 의할 것

① **자동식기동장치** : 자동화재탐지설비의 감지기의 작동 또는 폐쇄형 스프링클러헤드의 개방과 연동하여 가압송수장치, 일제개방밸브 및 포 소화약제혼합장치가 기동될 수 있도록 할 것

② **수동식기동장치** : 수동식기동장치는 다음에 정한 것에 의할 것

- 직접조작 또는 원격조작에 의하여 가압송수장치, 수동식개방밸브 및 포 소화약제혼합장치를 기동할 수 있을 것
- 기동장치의 조작부는 화재 시 용이하게 접근이 가능하고 바닥면으로부터 $0.8m$ 이상 $1.5m$ 이하의 높이에 설치할 것

(6) **비상전원** : 방사시간의 1.5배 이상 소화설비를 작동시킬 수 있는 용량으로 하고 옥내소화전설비의 기준의 예에 의할 것

(7) 보조 포 소화전의 설치기준

- 방유제 외측의 소화활동상 유효한 위치에 설치하되 각각의 보조 포 소화전 상호간의 보행거리가 75m 이하가 되도록 설치할 것
- 보조 포 소화전은 3개(호스접속구가 3개 미만인 경우에는 그 개수)의 노즐을 동시에 사용할 경우에 각각의 노즐선단의 방사압력이 0.35MPa 이상이고 방사량이 400L/min 이상으로 할 것

6. 불활성 가스 소화설비의 기준

(1) 불활성 가스 소화설비의 소화약제

① 불활성 가스 소화설비에 사용하는 소화약제는 이산화탄소, IG-100, IG-55 또는 IG-541로 하되, 국소방출방식의 불활성 가스 소화설비에 사용하는 소화약제는 이산화탄소로 할 것

② 전역방출방식의 불활성 가스 소화설비에 사용하는 소화약제는 다음 표에 의할 것

제조소 등의 구분		소화약제 종류
제4류 위험물을 저장 또는 취급하는 제조소등	방호구획의 체적이 1,000m³ 이상의 것	이산화탄소
	방호구획의 체적이 1,000m³ 미만의 것	이산화탄소, IG-100, IG-55, IG-541
제4류 외의 위험물을 저장 또는 취급하는 제조소등		이산화탄소

※ 1. IG-100 : 질소 100%
  2. IG-55 : 질소와 아르곤의 용량비가 50 대 50인 혼합물
  3. IG-541 : 질소와 아르곤과 이산화탄소의 용량비가 52 대 40 대 8인 혼합물

(2) 분사헤드의 방사압력과 방사시간

① 전역방출방식

- 이산화탄소 방사식

고압식	저압식
2.1 MPa 이상	1.05 MPa 이상

※ 1. 고압식 : 소화약제가 상온으로 용기에 저장되어 있는 것
  2. 저압식 : 소화약제가 영하 18℃ 이하의 온도로 용기에 저장되어 있는 것

- **기타 불활성 가스** : IG-100, IG-55, IG-541을 방사하는 분사헤드는 1.9MPa 이상일 것
- **방사시간** : 이산화탄소를 방사하는 것은 소화약제의 양을 60초 이내에 균일하게 방사하고, 기타 불활성 가스를 방사하는 것은 소화약제의 양의 95% 이상을 60초 이내에 방사할 것

② 국소방출식 : 이산화탄소 소화약제에 한함

- 분사헤드는 방호대상물의 모든 표면이 분사헤드의 유효사정 내에 있도록 설치할 것
- 소화약제의 양을 30초 이내에 균일하게 방사할 것

(3) 저장용기의 설치장소

- 방호구역 외의 장소에 설치할 것
- 온도가 40℃ 이하이고, 온도변화가 적은 장소에 설치할 것
- 직사일광 및 빗물이 침투할 우려가 적은 장소에 설치할 것
- 저장용기에는 안전장치(용기밸브에 설치되어 있는 것을 포함)를 설치할 것
- 저장용기의 외면에 소화약제의 종류와 양, 제조년도 및 제조자를 표시할 것

(4) 저장용기에 저장하여야 하는 소화약제의 양 : 방호구역의 체적에 따라 방호구역의 체적 $1m^3$당 소화약제의 양의 비율로 계산한 양 이상을 저장하여야 한다.

방호구역의 체적 (단위 m^3)	방호구역의 체적 $1m^3$당 소화약제의 양 (단위 kg)	소화약제 총량의 최저한도 (단위 kg)
5 미만	1.20	-
5 이상 15 미만	1.10	6
15 이상 45 미만	1.00	17
45 이상 150 미만	0.90	45
150 이상 1,500 미만	0.80	135
1,500 이상	0.75	1,200

(5) 저장용기 및 충전비율
- 이산화탄소를 저장하는 저압식 저장용기에는 용기 내부의 온도를 $-20℃ \sim -18℃$ 이하로 유지할 수 있는 자동냉동기를 설치할 것
- 이산화탄소를 저장하는 저압식 저장용기에는 2.3MPa 이상의 압력 및 1.9MPa 이하의 압력에서 작동하는 압력경보장치를 설치할 것
- 이산화탄소를 소화약제로 하는 경우에 저장용기의 충전비(용기 내용적의 수치와 소화약제중량의 수치와의 비율)는 고압식인 경우에는 1.5 이상 1.9 이하이고, 저압식인 경우에는 1.1 이상 1.4 이하일 것
- IG-100, IG-55 또는 IG-541을 소화약제로 하는 경우에는 저장용기의 충전압력을 21℃의 온도에서 32MPa 이하로 할 것
- IG-100, IG-55 또는 IG-541을 방사하는 것의 기동장치는 자동식으로 할 것
- 기동용 가스용기는 25MPa 이상의 압력에 견딜 수 있는 것일 것
- 기동용 가스용기의 내용적은 1L 이상으로 하고 당해 용기에 저장하는 이산화탄소의 양은 0.6kg 이상으로 하되 그 충전비는 1.5 이상일 것

(6) 배관 : 전용으로 할 것
① 이산화탄소를 방사하는 배관
- **강관배관** : 압력배관용 탄소강관 중에서 고압식인 것은 스케줄 80 이상, 저압식인 것은 스케줄 40 이상의 것 또는 이와 동등 이상의 강도를 갖는 것으로서 아연도금 등에 의한 방식처리를 한 것을 사용할 것
- **동관배관** : 이음매 없는 구리 및 구리합금관 또는 이와 동등 이상의 강도를 갖는 것으로서 고압식인 것은 16.5MPa 이상, 저압식인 것은 3.75MPa 이상의 압력에 견딜 수 있는 것을 사용할 것
- **관이음쇠** : 고압식인 것은 16.5MPa 이상, 저압식인 것은 3.75MPa 이상의 압력에 견딜 수 있는 것으로서 적절한 방식처리를 한 것을 사용할 것
- **낙차(배관의 가장 높은 곳과 낮은 곳의 수직거리)** : 50m 이하일 것
② IG-100, IG-55, IG-541를 방사하는 배관
- **강관배관** : 압력배관용 탄소강관 중에서 스케줄 80 이상의 것 또는 이와 동등 이상의 강도를 갖는 것으로서 아연도금 등에 의한 방식처리를 한 것을 사용할 것
- **동관배관** : 이음매 없는 구리 및 구리합금관 또는 이와 동등 이상의 강도를 갖는 것으로서 16.5MPa 이상의 압력에 견딜 수 있는 것을 사용할 것

- 관이음쇠 : 고압식인 것은 16.5MPa 이상, 저압식인 것은 3.75MPa 이상의 압력에 견딜 수 있는 것으로서 적절한 방식처리를 한 것을 사용할 것
- 낙차(배관의 가장 높은 곳과 낮은 곳의 수직거리) : 50m 이하일 것

(7) 이동식 불활성 가스(고정된 이산화탄소 공급장치로부터 호스로 공급) 소화설비 설치기준
- 방호대상물의 각 부분으로부터 하나의 호스접속구까지의 수평거리가 15m 이하가 되도록 할 것
- 노즐은 20℃에서 하나의 노즐마다 60kg/min 이상의 소화약제를 방사할 수 있는 것으로 할 것
- 소화약제 저장용기는 호스릴을 설치하는 장소마다 설치할 것
- 소화약제 저장용기의 개방밸브는 호스의 설치장소에서 수동으로 개폐할 수 있는 것으로 할 것

7. 할로젠화물소화설비의 기준

(1) 불활성 가스 소화설비의 소화약제
① 국소방출방식 : 소화약제는 할론 2402, 할론 1211 또는 할론 1301로 할 것
② 전역방출방식 : 소화약제는 다음 [표]에 의할 것

제조소등의 구분		소화약제 종류
제4류 위험물을 저장 또는 취급하는 제조소등	방호구획의 체적이 1,000m³ 이상의 것	할론 2402, 할론 1211 또는 할론 1301
	방호구획의 체적이 1,000m³ 미만의 것	할론 2402, 할론 1211, 할론 1301, HFC-23, HFC-125, HFC-227ea
제4류 외의 위험물을 저장 또는 취급하는 제조소등		할론 2402, 할론 1211 또는 할론 1301

(2) 방사압력과 방사시간
① 방사압력

할론 2402	할론 1211	할론 1301	HFC 23	HFC 125	HFC 227ea
0.1MPa 이상	0.2MPa 이상	0.9MPa 이상	0.9MPa 이상	0.9MPa 이상	0.3MPa 이상

② 방사시간 : 할론 2402, 할론 1211, 할론 1301은 30초 이내에 균일하게 방사하고, HFC-23, HFC-125 또는 HFC-227ea를 방사하는 것은 10초 이내에 균일하게 방사할 것

(3) 할로젠화합물소화약제의 저장용기와 충전비
① 축압식 저장용기
- 축압식 저장용기의 압력은 온도 20℃에서 할론 1211을 저장하는 것은 1.1MPa 또는 2.5MPa, 할론 1301을 저장하는 것은 2.5MPa 또는 4.2MPa이 되도록 질소가스로 축압할 것
② 가압용 가스용기
- 가압용 가스용기는 질소가스가 충전된 것으로 하고, 그 압력은 21℃에서 2.5MPa 또는 4.2MPa이 되도록 하여야 한다.
- 할로젠화합물소화약제 저장용기의 개방밸브는 전기식·가스압력식 또는 기계식에 따라 자동으로 개방되고 수동으로도 개방되는 것으로서 안전장치가 부착된 것으로 하여야 한다.
- 가압식 저장용기에는 2.0MPa 이하의 압력으로 조정할 수 있는 압력조정장치를 설치하여야 한다.
③ 저장용기의 충전비
- 저장용기의 충전비는 할론 2402를 저장하는 것 중 가압식 저장용기는 0.51 이상 0.67 미만, 축압식 저장용기는 0.67 이상 2.75 이하로 할 것
- 할론 1211은 0.7 이상 1.4 이하, 할론 1301은 0.9 이상 1.6 이하로 할 것

(4) 저장용기에 저장하여야 하는 소화약제의 양

① **전역방출방식** : 방호구역의 체적 $1m^3$당 소화약제의 양이 할론 2402에 있어서는 $0.40kg$, 할론 1211에 있어서는 $0.36kg$, 할론 1301에 있어서는 $0.32kg$의 비율로 계산한 양 이상을 저장할 수 있어야 한다.

② **국소방출방식**

- **면적식의 국소방출방식** : 윗면이 개방된 용기에 저장하는 경우와 화재 시 연소면이 1면에 한정되고 가연물이 비산할 우려가 없는 경우는 다음 식에 따라 소화약제저장량을 구할 수 있다.

산식 소화약제량(Q)＝표면적×$1m^2$당 소화약제량×K×위험물계수

약제	방호대상물의 표면적 $1m^2$에 대한 소화약제의 양	K (소화약제계수)
할론 2402	8.8kg	1.1
할론 1211	7.6kg	1.1
할론 1301	6.8kg	1.25

- **용적식의 국소방출방식** : 용적식(면적식 이외)으로 하여 다음 식에 따라 소화약제저장량을 구할 수 있으며, 고정벽은 방호대상물로부터 $0.6m$ 미만의 거리에 둔다.

산식 약제량(Q) $= 8-6\dfrac{a}{A}\begin{cases} a : \text{고정벽 면적의 합계}(m^2) \\ A : \text{방호공간 전체 둘레의 면적}(m^2) \end{cases}$

▌ 위험물의 종류에 대한 "가스계" 소화약제의 계수 ▌

소화약제의 종별 위험물의 종류	이산화 탄소	IG-100	IG-55	IG-541	할로젠화물				
					할론1301	할론1211	HFC-23	HFC-125	HFC-227ea
아크릴로니트릴	1.2	1.2	1.2	1.2	1.4	1.2	1.4	1.4	1.4
아이소프렌(이소프렌)	1.0	1.0	1.0	1.0	1.2	1.0	1.2	1.2	1.2
에탄올	1.2	1.2	1.2	1.2	1.0	1.2	1.0	1.0	1.0
옥테인(옥탄)	1.2	1.2	1.2	1.2	1.0	1.0	1.0	1.0	1.0
폼산메틸	1.0	1.0	1.0	1.0	1.4	1.4	1.4	1.4	1.4
산화프로펜 (산화프로필렌)	1.8	1.8	1.8	1.8	2.0	1.8	2.0	2.0	2.0
다이에틸에터 (디에틸에테르)	1.2	1.2	1.2	1.2	1.2	1.0	1.2	1.2	1.2
다이옥산	1.6	1.6	1.6	1.6	1.8	1.6	1.8	1.8	1.8
테트라하이드로퓨란	1.0	1.0	1.0	1.0	1.4	1.4	1.4	1.4	1.4
이황화탄소	3.0	3.0	3.0	3.0	4.2	1.0	4.2	4.2	4.2
비닐에틸에터	1.2	1.2	1.2	1.2	1.6	1.4	1.6	1.6	1.6
메탄올	1.6	1.6	1.6	1.6	2.2	2.4	2.2	2.2	2.2

※ 1. 모든 소화제에 1.0을 적용하는 위험물 : 원유, 중유, 경유, 등유, 휘발유, 아이소옥테인(이소옥탄), 헥세인(헥산), 헵테인(헵탄), 펜테인(펜탄), 벤젠, 아세톤, 톨루엔, 윤활유, 나프타, 폼산, 폼산프로필, 아세트니트릴, 메틸에틸케톤(MEK), 에틸아민, 다이에틸아민, 트리에틸아민, 프로필아민, 아이소프로필아민, 아이소헥세인(헥산), 아이소헵테인(이소헵탄), 아이소펜테인(이소펜탄), 사이클로헥세인(사이클로헥산), 초산에틸, 초산메틸, 프로페인올, 2-프로페인올
　 2. 모든 소화제에 1.1을 적용하는 위험물 : 아세트알데하이드, 모노클로로벤젠, 아닐린, 염화비닐, 채종유, 초산, 피리딘, 부탄올
　 3. 기타 : 1.0과 1.1 이외의 계수를 적용하는 위험물

(5) 이동식(호스릴방식) 소화설비

- 이동식 할로젠화물소화설비의 소화약제는 할론 2402, 할론 1211 또는 할론 1301로 할 것
- 호스릴 할로젠화합물소화설비는 방호대상물의 각 부분으로부터 하나의 호스접결구까지의 수평거리가 20m 이하가 되도록 할 것
- 이동식 할로젠화물소화설비는 20℃의 온도에서 하나의 노즐마다 다음에 정한 소화약제의 종류에 따른 분당 방사량 이상으로 할 것

소화약제의 종별	할론 2402	할론 1211	할론 1301
방사약제의 양 (단위 kg/min)	45	40	35

8. 분말소화설비의 기준

(1) 방사압력 및 방사시간

① 전역방출방식

- 분사헤드의 방사압력은 0.1MPa 이상일 것
- 소화약제의 양을 30초 이내에 균일하게 방사할 것

② 국소방출방식

- 소화약제의 방사에 의하여 위험물이 비산되지 않는 장소에 설치할 것
- 소화약제의 양을 30초 이내에 균일하게 방사할 것

(2) 저장해야 할 소화약제의 양

① 전역방출방식

소화약제의 종별	방호구역의 1m³당 소화약제의 양 (kg)
탄산수소나트륨(중탄산나트륨)을 주성분(제1종 분말)	0.60
탄산수소칼륨을 주성분(제2종 분말) 인산염류 등을 주성분(제3종 분말)	0.36
탄산수소칼륨과 요소의 반응생성물(제4종 분말)	0.24
특정의 위험물에 적응성이 있는 것(제5종 분말)	소화약제에 따라 필요한 양

② **국소방출방식** : 국소방출방식의 분말소화설비는 전역방출방식의 산출된 양에 저장 또는 취급하는 위험물에 따른 소화약제의 계수를 곱하고, 다시 1.1을 곱한 양 이상으로 할 것

(3) 이동식(호스릴) 분말소화설비 : 호스릴 분말소화설비는 하나의 노즐마다 다음 표에 정한 소화약제의 종류에 따른 양 이상으로 할 것

소화약제의 종별	소화약제의 양 (kg)
제1종 분말	50
제2종 분말 또는 제3종 분말	30
제4종 분말	20
제5종 분말	소화약제에 따라 필요한 양

- 이동식(호스릴) 분말소화설비는 하나의 노즐마다 매 분당 소화약제방사량은 다음에 정한 소화약제의 종류에 따른 양 이상으로 할 것

소화약제의 종류	소화약제의 양 (kg)
제1종 분말	45
제2종 분말 또는 제3종 분말	27
제4종 분말	18

(4) **저장용기의 충전비** : 저장용기 등의 충전비는 다음 표에 정한 소화약제의 종별에 따른 것으로 할 것

소화약제의 종별	충전비의 범위
제1종 분말	0.85 이상 1.45 이하
제2종 분말 또는 제3종 분말	1.05 이상 1.75 이하
제4종 분말	1.50 이상 2.50 이하

(5) **기동용 가스용기**
- 내용적은 0.27L 이상, 당해 용기에 저장하는 가스의 양은 145g 이상일 것
- 충전비는 1.5 이상일 것

(6) **가압용 또는 축압용 가스** : 가압용 또는 축압용 가스는 질소 또는 이산화탄소로 할 것
　① **가압용 가스**
- **질소 사용** : 소화약제 1kg당 온도 35℃에서 0MPa의 상태로 환산한 체적 40L 이상일 것
- **이산화탄소 사용** : 소화약제 1kg당 20g에 배관의 청소에 필요한 양을 더한 양 이상일 것
- 가압식의 분말소화설비에는 2.5MPa 이하의 압력으로 조정할 수 있는 압력조정기를 설치할 것
　② **축압용 가스**
- **질소 사용** : 소화약제 1kg당 온도 35℃에서 0MPa의 상태로 환산한 체적 10L에 배관의 청소에 필요한 양을 더한 양 이상일 것
- **이산화탄소 사용** : 소화약제 1kg당 20g에 배관의 청소에 필요한 양을 더한 양 이상일 것
- 축압식의 분말소화설비에는 사용압력의 범위를 녹색으로 표시한 지시압력계를 설치할 것

(7) **배관** : 전용으로 할 것
　① **강관배관** : 배관용 탄소강관에 적합하고 아연도금 등에 의하여 방식처리를 한 것을 사용할 것. 다만, 축압식인 것 중에서 온도 20℃에서 압력이 2.5MPa을 초과하고 4.2MPa 이하인 것에 있어서는 압력배관용 탄소강관 중에서 스케줄40 이상이고 아연도금 등에 의하여 방식처리를 한 것 또는 이와 동등 이상의 강도와 내식성이 있는 것을 사용할 것
　② **동관배관** : 이음매 없는 구리 및 구리합금관 또는 이와 동등 이상의 강도 및 내식성을 갖는 것으로 조정압력 또는 최고사용압력의 1.5배 이상의 압력에 견딜 수 있는 것을 사용할 것

4 위험물별 소화설비의 적응성

소화설비의 구분		건축물 그 밖의 공작물	전기설비	제1류 위험물 — 알칼리금속과산화물	제1류 위험물 — 그 밖의 것	제2류 위험물 — 철분·금속분·마그네슘 등	제2류 위험물 — 인화성고체	제2류 위험물 — 그 밖의 것	제3류 위험물 — 금수성물품	제3류 위험물 — 그 밖의 것	제4류 위험물	제5류 위험물	제6류 위험물
옥내소화전 또는 옥외소화전 설비		○			○		○	○		○		○	○
스프링클러설비		○			○		○	○		○	△	○	○
물분무등 소화설비	물분무소화설비	○	○		○		○	○		○	○	○	○
	포 소화설비	○			○		○	○		○	○	○	○
	불활성 가스 소화설비		○				○				○		
	할로겐화합물소화설비		○				○				○		
	분말소화설비 — 인산염류 등	○	○		○		○	○			○		○
	분말소화설비 — 탄산수소염류 등		○	○		○	○		○		○		
	분말소화설비 — 그 밖의 것			○		○			○				
대형·소형 수동식 소화기	봉상수(棒狀水)소화기	○			○		○	○		○		○	○
	무상수(霧狀水)소화기	○	○		○		○	○		○		○	○
	봉상 강화액소화기	○			○		○	○		○		○	○
	무상 강화액소화기	○	○		○		○	○		○	○	○	○
	포 소화기	○			○		○	○		○	○	○	○
	이산화탄소 소화기		○				○				○		△
	할로겐화합물소화기		○				○				○		
	분말소화기 — 인산염류소화기	○	○		○		○	○			○		○
	분말소화기 — 탄산수소염류소화기		○	○		○	○		○		○		
	분말소화기 — 그 밖의 것			○		○			○				
기타	물통 또는 수조	○			○		○	○		○		○	○
	건조사			○	○	○	○	○	○	○	○	○	○
	팽창질석 또는 팽창진주암			○	○	○	○	○	○	○	○	○	○

출제예상문제

01 다음 ( )에 알맞은 수치를 옳게 나열한 것은?

위험물안전관리법령상 옥내소화전설비는 각 층을 기준으로 하여 당해 층의 모든 옥내소화전(설치개수가 5개 이상인 경우는 5개의 옥내소화전)을 동시에 사용할 경우에 각 노즐선단의 방수압력이 ( )kPa 이상이고, 방수량이 1분당 ( )L 이상의 성능이 되도록 할 것

① 350, 260   ② 260, 350
③ 450, 260   ④ 260, 450

정답분석 옥내소화전의 설치개수가 5개 이상인 경우는 5개를 동시에 사용할 경우에 각 노즐선단의 방수압력이 350kPa 이상이고, 방수량이 1분당 260L 이상의 성능이 되도록 하여야 한다.

정답 ①

02 위험물안전관리법령상 옥내소화전설비의 기준에서 옥내소화전의 개폐밸브 및 호스접속구의 바닥면으로부터 설치높이 기준으로 옳은 것은?

① 1.2m 이하   ② 1.2m 이상
③ 1.5m 이하   ④ 1.5m 이상

정답분석 옥내소화전의 개폐밸브 및 호스접속구는 바닥면(지반)으로부터 1.5m 이하의 높이에 설치하여야 한다.

정답 ③

03 위험물제조소등에 설치된 옥외소화전설비는 모든 옥외소화전(설치개수가 4개 이상인 경우는 4개의 옥외소화전)을 동시에 사용할 경우 각 노즐선단의 방수압력은 몇 kPa 이상이어야 하는가?

① 250   ② 300
③ 350   ④ 450

정답분석 옥외소화전설비의 각 노즐선단의 방수압력은 350kPa 이상이어야 한다.

정답 ③

04 일반취급소 1층에 옥내소화전 6개, 2층에 옥내소화전 5개, 3층에 옥내소화전 5개를 설치하고자 한다. 위험물안전관리법령상 이 일반취급소에 설치되는 옥내소화전에 있어서 수원의 수량은 얼마 이상이어야 하는가?

① 13m³   ② 15.6m³
③ 39m³   ④ 46.8m³

정답분석 옥내소화전의 수원수량은 소화전이 가장 많이 설치된 층을 기준으로 하며, 옥내소화전의 개수(n)는 최대 5개이다.

계산 수원의 수량(Q) = 소화전 개수(n) ×7.8
• 설치개수가 가장 많은 1층은 6개이지만 소화전 개수는 최대 5개까지 유효 → $n = 5$
∴ $Q = 5 \times 7.8m^3 = 39m^3$

정답 ③

05 위험물안전관리법령상 방호대상물의 표면적이 70m²인 경우 물분무소화설비의 방사구역은 몇 m²로 하여야 하는가?

① 35   ② 70
③ 150   ④ 300

정답분석 방호대상 표면적이 150m² 미만일 경우 당해 표면적을 방사구역으로 한다.

정답 ②

06 위험물안전관리법령에서 정한 물분무소화설비의 설치기준에서 물분무소화설비의 방사구역은 몇 m² 이상으로 하여야 하는가? (단, 방호대상물의 표면적이 150m² 이상인 경우이다.)

① 75   ② 100
③ 150   ④ 350

정답분석 물분무소화설비의 방사구역은 150m² 이상(방호대상물의 표면적이 150m² 미만인 경우에는 당해 표면적)으로 한다.

정답 ③

07 불활성 가스 소화약제 중 IG-541의 구성 성분이 아닌 것은?

① N_2　　　　　　② Ar
③ He　　　　　　④ CO_2

정답분석 IG-541은 질소와 아르곤과 이산화탄소의 용량비가 52 대 40 대 8인 혼합물이다.

정답 ③

08 이산화탄소를 이용한 질식소화에 있어서 아세톤의 한계산소농도(vol%)에 가장 가까운 값은?

① 15　　　　　　② 18
③ 21　　　　　　④ 25

정답분석 가연물의 한계산소농도는 평균적으로 10 ~ 15vol%이며, 아세톤의 경우 한계산소농도가 15vol% 미만이 되면 더 이상 연소가 이루어지지 않는다.

정답 ①

09 위험물안전관리법령상 이산화탄소를 저장하는 저압식 저장용기에는 용기 내부의 온도를 어떤 범위로 유지할 수 있는 자동냉동기를 설치하여야 하는가?

① 영하 20℃ ~ 영하 18℃
② 영하 20℃ ~ 0℃
③ 영하 25℃ ~ 영하 18℃
④ 영하 25℃ ~ 0℃

정답분석 이산화탄소 소화기의 저압식 저장용기에는 영하 20℃ ~ 영하 18℃로 유지하는 자동냉동기를 설치하여야 한다.

정답 ①

10 위험물안전관리법령상 이동식 불활성 가스 소화설비의 호스접속구는 모든 방호대상물에 대하여 당해 방호 대상물의 각 부분으로부터 하나의 호스접속구까지의 수평거리가 몇 m 이하가 되도록 설치하여야 하는가?

① 5　　　　　　② 10
③ 15　　　　　　④ 20

정답분석 이동식 불활성 가스 소화설비는 방호대상물의 각 부분으로부터 하나의 호스접속구까지의 수평거리가 15m 이하가 되도록 하여야 한다.

정답 ③

11 위험물안전관리법령에 따른 불활성 가스 소화설비의 저장용기 설치기준으로 틀린 것은?

① 방호구역 외의 장소에 설치할 것
② 저장용기에는 안전장치(용기밸브에 설치되어 있는 것은 제외)를 설치할 것
③ 저장용기의 외면에 소화약제의 종류와 양, 제조년도 및 제조자를 표시할 것
④ 온도가 섭씨 40도 이하이고, 온도변화가 적은 장소에 설치할 것

정답분석 저장용기에는 안전장치(용기밸브에 설치되어 있는 것을 포함)를 설치할 것

정답 ②

12

할론 2402를 소화약제로 사용하는 이동식 할로젠화물소화설비는 20℃의 온도에서 하나의 노즐마다 분당 방사되는 소화약제의 양(kg)을 얼마 이상으로 하여야 하는가?

① 5　　　　　　② 35
③ 45　　　　　　④ 50

 정답분석 이동식(호스릴방식) 할로젠화물소화설비 중 할론 2402는 하나의 노즐마다 온도 20℃에서 1분당 45kg/min 이상을 방사할 수 있어야 한다.

정답 ③

13

소화약제의 종류에 해당하지 않는 것은?

① CF_2BrCl　　　② $NaHCO_3$
③ NH_4BrO_3　　　④ CF_3Br

 정답분석 브로민산암모늄(NH_4BrO_3)은 무색의 결정성 고체로 강한 산화제이며, 불안정하고 가열하면 폭발하는 제1류 위험물로 분류된다. ①은 할론 1211, ②는 제1종 분말소화약제, ④는 할론 1301의 화학식이다.

정답 ③

14

위험물안전관리법령상 전역방출방식 또는 국소방출방식의 분말소화설비의 기준에서 가압식의 분말소화설비에는 얼마 이하의 압력으로 조정할 수 있는 압력조정기를 설치하여야 하는가?

① 2.0MPa　　　② 2.5MPa
③ 3.0MPa　　　④ 5MPa

 정답분석 가압식의 분말소화설비에는 2.5MPa 이하의 압력으로 조정할 수 있는 압력조정기를 설치하여야 한다.

정답 ②

15

제1종 분말소화약제가 1차 열분해되어 표준상태를 기준으로 2m³의 탄산가스가 생성되었다. 몇 kg의 탄산수소나트륨(중탄산나트륨)이 사용되었는가? (단, 나트륨의 원자량은 230이다.)

① 15　　　　　　② 18.75
③ 56.25　　　　④ 75

정답분석 제1종 분말소화약제의 주성분은 탄산수소나트륨(중탄산나트륨, $NaHCO_3$)이며, 저온(270℃)에서 탄산수소나트륨이 1차 열분해 반응으로 생성되는 탄산가스는 2 : 1 mol비율이다. 탄산수소나트륨($NaHCO_3$)의 분자량은 84, 탄산가스(CO_2)의 분자량은 44이다.

계산 $NaHCO_3$량 $=CO_2$의 양 $\times$ 반응비$\left(\dfrac{NaHCO_3}{CO_2}\right)$

$\begin{cases} CO_2 의\ 양(kg)=2m^3 \times \dfrac{44\,kg}{22.4\,m^3}=3.93\,kg \\ 반응비 :\ 2NaHCO_3 \rightarrow CO_2+Na_2CO_3+H_2O \\ \qquad\qquad\ \ 2\times84\ \ :\ \ 44 \end{cases}$

$\therefore\ NaHCO_3$의 양$(kg)=3.93\,kg \times \dfrac{2\times84}{44}=15kg$

정답 ①

16

위험물안전관리법령에 따른 옥내소화전설비의 기준에서 펌프를 이용한 가압송수장치의 경우 펌프의 전양정 H는 소정의 산식에 의한 수치 이상이어야 한다. 전양정 H를 구하는 식으로 옳은 것은? (단, h_1은 소방용 호스의 마찰손실수두, h_2는 배관의 마찰손실수두, h_3는 낙차이며, h_1, h_2, h_3의 단위는 모두 m이다.)

① $H=h_1+h_2+h_3$
② $H=h_1+h_2+h_3+0.35m$
③ $H=h_1+h_2+h_3+35m$
④ $H=h_1+h_2+0.35m$

정답분석 양정이란 펌프가 물을 끓어 올릴 수 있는 수직높이(m)로 관의 마찰에 따른 손실과 낙차를 고려하여 전양정을 구할 수 있다.

계산 전양정$(H)(m)=h_1+h_2+h_3+35m$

$\begin{cases} h_1 : 소방용\ 호스의\ 마찰손실수두 \\ h_2 : 배관의\ 마찰손실수두 \\ h_3 : 낙차 \end{cases}$

정답 ③

17 공기포 발포배율을 측정하기 위해 중량 340g, 용량 1,800mL의 포 수집용기에 가득히 포를 채취하여 측정한 용기의 무게가 540g이였다면 발포배율은? (단, 포 수용액의 비중은 1로 가정한다.)

① 3배　　　　② 5배

③ 7배　　　　④ 9배

정답분석 포 소화제는 발포배율(팽창비)에 따라 저발포용과 고발포용으로 구분할 수 있는데 팽창비가 20 이하인 것은 저발포용, 팽창비가 80 이상인 것은 고발포용에 해당한다.

계산 발포배율(팽창비) = $\dfrac{V}{W_2 - W_1}$

$\begin{cases} V : \text{포 수집용기의 내용적} = 1,800\,\text{mL} \\ W_1 : \text{포 수집용기의 중량} = 340\,\text{g} \\ W_2 : \text{충분한 포를 포함한 포 수집용기의 총중량} \\ \qquad = 540\,\text{g} \end{cases}$

∴ 발포배율(팽창비) = $\dfrac{1,800}{540 - 340} = 9$ 배

정답 ④

18 펌프와 발포기의 중간에 설치된 벤투리관의 벤투리작용과 펌프 가압수의 포 소화약제 저장탱크에 대한 압력에 의하여 포 소화약제를 흡입·혼합하는 방식은?

① 프레셔 프로포셔너

② 펌프 프로포셔너

③ 프레셔사이드 프로포셔너

④ 라인 프로포셔너

정답분석 포 소화약제 혼합장치 중 펌프와 발포기의 중간에 설치된 벤투리관이 부설되어 있는 혼합방식은 프레셔 프로포셔너 방식(Pressure proportioner type)이다.

정답 ①

● **참고** ●

포 소화약제 혼합방식의 종류

• 펌프 프로포셔너방식(Pump proportioner type) : 펌프의 토출관과 흡입관 사이의 배관 도중에 설치한 흡입기에 펌프에서 토출된 물의 일부를 보내고 농도 조절밸브에서 조정된 포 소화약제의 필요량을 포 소화약제 탱크에서 펌프 흡입측으로 보내어 이를 혼합하는 방식이다.

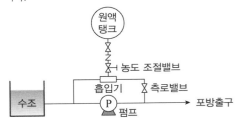

• 프레셔 프로포셔너방식(Pressure proportioner type) : 펌프와 발포기의 중간에 설치된 벤투리관의 벤투리작용과 펌프 가압수의 포 소화약제 저장탱크에 대한 압력에 따라 포 소화약제를 흡입·혼합하는 방식이다.

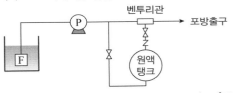

• 라인 프로포셔너방식(Line proportioner type) : 펌프와 발포기의 중간에 설치된 벤투리관(Venturi tube)의 벤투리작용에 따라 포 소화약제를 흡입·혼합하는 방식이다.

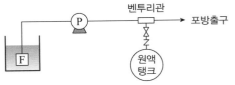

• 프레셔사이드 프로포셔너방식(Pressure side proportioner type) : 송수 전용 펌프와 포 소화약제 압입용 전용 펌프를 각각 설치하는 방식으로 펌프의 토출관에 압입기를 설치하여 포 소화약제 압입용 펌프로 포 소화약제를 압입시켜 혼합한다.

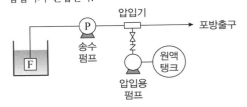

19 위험물제조소에서 옥내소화전이 1층에 4개, 2층에 6개가 설치되어 있을 때 수원의 수량은 몇 L 이상이 되도록 설치하여야 하는가?

① 13,000   ② 15,600

③ 39,000   ④ 46,800

정답분석 옥내소화전의 수원수량은 소화전이 가장 많이 설치된 층을 기준으로 하며, 옥내소화전의 개수(n)는 최대 5개이다.

계산 수원의 수량(Q) = 소화전 개수(n) × 7.8

- 설치개수가 가장 많은 2층은 6개이지만 소화전 개수는 최대 5개까지 유효 → $n = 5$

$$\therefore 5 \times 7.8\text{m}^3 \times \frac{1,000\,\text{L}}{\text{m}^3} = 39,000\,\text{L}$$

정답 ③

20 위험물안전관리법상 옥내소화전설비에 관한 기준에 대해 다음 ( )에 알맞은 수치를 옳게 나열한 것은?

> 옥내소화전 각 층을 기준으로 하여 해당 층의 모든 옥내소화전(설치개수가 5개 이상인 경우는 5개의 옥내소화전)을 동시에 사용할 경우에 각 노즐선단의 방수압력이 (ⓐ)kPa 이상이고, 방수량이 1분당 (ⓑ)L 이상의 성능이 되도록 할 것

① ⓐ 350, ⓑ 260   ② ⓐ 450, ⓑ 260

③ ⓐ 350, ⓑ 450   ④ ⓐ 450, ⓑ 450

정답분석 옥외소화전설비는 각 노즐선단의 방수압력이 350kPa 이상이고, 방수량이 1분당 450L 이상의 성능이 되도록 하여야 한다.

이론PLUS 소화전설비와 스프링클러설비의 방수압력과 방수량 비교표

구분	옥내소화전설비	옥외소화전설비	스프링클러설비
방수압력	350kPa 이상	350kPa 이상	100kPa 이상
방수량	260L/min 이상	450L/min 이상	80L/min 이상

정답 ③

21 옥내소화전설비에서 펌프를 이용한 가압송수장치의 경우 펌프의 전양정 H는 소정의 산식에 의한 수치 이상이어야 한다. 전양정 H를 구하는 식으로 옳은 것은? (단, h_1은 소방용 호스의 마찰손실수두, h_2는 배관의 마찰손실수두, h_3는 낙차이며, h_1, h_2, h_3의 단위는 모두 m이다.)

① $H = h_1 + h_2 + h_3$

② $H = h_1 + h_2 + h_3 + 0.35\text{m}$

③ $H = h_1 + h_2 + h_3 + 35\text{m}$

④ $H = h_1 + h_2 + 0.35\text{m}$

정답분석 양정이란 펌프가 물을 끌어 올릴 수 있는 수직높이(m)로 관의 마찰에 따른 손실과 낙차를 고려하여 전양정(total head)을 구할 수 있다.

계산 전양정(H)(m) = $h_1 + h_2 + h_3 + 35\text{m}$

$\begin{cases} h_1 : \text{소방용 호스의 마찰손실수두} \\ h_2 : \text{배관의 마찰손실수두} \\ h_3 : \text{낙차} \end{cases}$

정답 ③

22 옥내소화전설비의 기준에서 큐비클식 비상전원 전용 수전설비는 해당 수전설비의 전면에 폭 얼마이상의 공지를 보유하여야 하는가?

① 0.5m   ② 1.0m

③ 1.5m   ④ 2.0m

정답분석 큐비클식 비상전원 전용 수전설비는 당해 수전설비의 전면에 폭 1m 이상의 공지를 보유하여야 하며, 다른 자가발전·축전설비(큐비클식 제외) 또는 건축물·공작물로부터 1m 이상 이격하여야 한다. 큐비클(Cubicle)이란 수전설비나 변전설비 등을 금속제로 접지된 캐비닛에 수납하여 설치하는 수변전시설을 말한다.

정답 ②

23 위험물안전관리법상 옥외소화전설비의 옥외소화전이 3개 설치되었을 경우 수원의 수량은 몇 m³ 이상이 되어야 하는가?

① 7   ② 20.4
③ 40.5   ④ 100

 정답분석 옥외소화전의 수원의 수량은 소화전이 가장 많이 설치된 층을 기준으로 하며, 옥외소화전의 개수는 4개 이상일 때는 최대 4개를 적용하지만 현재 설치된 옥외소화전이 3개이므로 이를 적용하여 산정한다.

계산 옥외소화전 수원의 수량(Q) = 개수 × 13.5 m³

∴ $Q = 3 \times 13.5\,\text{m}^3 = 40.5\,\text{m}^3$

정답 ③

24 위험물안전관리법에 따르면 옥외소화전의 개폐밸브 및 호스접속구는 지반면으로부터 몇 m 이하의 높이에 설치해야 하는가?

① 1.5   ② 2.5
③ 3.5   ④ 4.5

 정답분석 옥외소화전의 개폐밸브 및 호스접속구는 지반면으로부터 1.5m 이하의 높이에 설치할 것

정답 ①

25 위험물제조소등에 설치하는 옥외소화전설비에 있어서 옥외소화전함은 옥외소화전으로부터 보행거리 몇 m 이하의 장소에 설치하는가?

① 2m   ② 3m
③ 5m   ④ 10m

 정답분석 방수용 기구를 격납하는 함(옥외소화전함)은 불연재료로 제작하고 옥외소화전으로부터 보행거리 5m 이하의 장소로서 화재발생 시 쉽게 접근가능하고 화재 등의 피해를 받을 우려가 적은 장소에 설치하여야 한다.

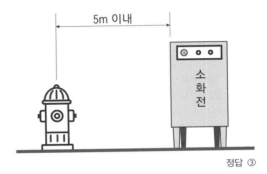

정답 ③

26 스프링클러설비의 장점이 아닌 것은?

① 소화약제가 물이므로 비용이 절감된다.
② 초기 시공비가 적게 든다.
③ 화재 시 사람의 조작없이 작동이 가능하다.
④ 초기화재의 진화에 효과적이다.

 정답분석 스프링클러설비는 초기 시공비가 많이 든다. 스프링클러설비의 장·단점을 정리하면 다음과 같다.

장점	단점
• 초기화재 진화에 효과적이다.	• 초기 시공비가 많이 든다.
• 소화약제가 물이므로 가격이 저렴하다.	• 다른 소화설비보다 시공이 복잡하다.
• 사람의 조작없이 자동적으로 화재를 감지하여 작동한다.	• 물로 인한 피연소 물질에 2차 피해를 유발한다.

정답 ②

27 스프링클러설비에 대한 설명 중 옳지 않은 것은?

① 초기 진화작업에 효과가 크다.
② 규정에 의해 설치된 개수의 스프링클러헤드를 동시에 사용할 경우에 각 선단의 방사 압력이 100kPa 이상의 성능이 되도록 하여야 한다.
③ 스프링클러헤드는 방호대상물의 각 부분에서 하나의 스프링클러헤드까지의 수평거리가 1.7m 이하가 되도록 설치하여야 한다.
④ 습식 스프링클러설비는 감지부가 전자장치로 구성되어 있어 동작이 정확하다.

 습식 스프링클러설비는 스프링클러헤드가 감열에 의해 작동되는 방식이다. 화재가 발생되었을 때 감지기나 감지용 헤드가 동작하여 자동으로 전자밸브를 개방시켜 소화하는 방식은 준비작동식 스프링클러 소화설비(Pre-Action Sprinkler System)이다.

정답 ④

28 위험물안전관리법에 의거하여 개방형 스프링클러헤드를 이용하는 스프링클러설비에 설치하는 수동식 개방밸브를 개방 조작하는데 필요한 힘은 몇 kg 이하가 되도록 설치하여야 하는가?

① 5
② 10
③ 15
④ 20

 개방형 스프링클러의 수동식 개방밸브를 개방 조작하는데 필요한 힘은 15kg 이하가 되도록 설치하여야 한다.

정답 ③

29 고정식 포 소화설비의 포방출구의 형태 중 고정지붕구조의 위험물탱크에 적합하지 않은 것은?

① 특형
② Ⅱ형
③ Ⅲ형
④ Ⅳ형

고정식 포 소화설비의 포방출구는 Ⅰ형, Ⅱ형, 특형, Ⅲ형, Ⅳ형으로 분류되는데, 특형은 부상지붕구조의 탱크에 적합하다. 부상지붕구조의 탱크(Floating Roof Tank)란 액면 위에 지붕이 떠 있는 상태로 탱크 내 석유류의 양에 의해 부상 또는 하강하는 형태이다.

정답 ①

30 위험물제조소등에 설치하는 포 소화설비의 기준에 따르면 포 헤드방식의 포 헤드는 방호대상물의 표면적 1m²당의 방사량이 몇 L/min 이상의 비율로 계산한 양의 포 수용액을 표준방사량으로 방사할 수 있도록 설치하여야 하는가?

① 3.5
② 4
③ 6.5
④ 9

포 헤드방식은 방호대상물의 표면적 1m²당의 방사량이 6.5L/min 이상의 비율로 계산한 양의 포 수용액을 표준방사량으로 방사할 수 있어야 한다.

정답 ③

31 위험물제조소등에 설치하는 포 소화설비에 있어서 포 헤드방식의 포 헤드는 방호대상물의 표면적(m²) 얼마당 1개 이상의 헤드를 설치하여야 하는가?

① 3
② 6
③ 9
④ 12

포 소화설비의 포 헤드는 방호대상물의 표면적 9m²당 1개 이상의 헤드를 설치하여야 한다.

정답 ③

32 위험물안전관리법에 따른 이산화탄소 소화약제의 저장용기 설치장소에 대한 설명으로 틀린 것은?

① 방호구역 내의 장소에 설치하여야 한다.
② 직사일광 및 빗물이 침투할 우려가 적은 장소에 설치하여야 한다.
③ 온도변화가 적은 장소에 설치하여야 한다.
④ 온도가 섭씨 40도 이하인 곳에 설치하여야 한다.

 이산화탄소 소화약제의 저장용기는 방호구역 외의 장소에 설치하여야 한다.

정답 ①

33 위험물제조소등에 설치하는 이산화탄 소소화설비의 기준으로 틀린 것은?

① 저장용기의 충전비는 고압식에 있어서는 1.5 이상 1.9 이하, 저압식에 있어서는 1.1 이상 1.4 이하로 한다.
② 저압식 저장용기에는 2.3MPa 이상 및 1.9MPa 이하의 압력에서 작동하는 압력경보장치를 설치한다.
③ 저압식 저장용기에는 용기 내부의 온도를 −20℃ 이상 −18℃ 이하로 유지할 수 있는 자동냉동기를 설치한다.
④ 기동용 가스용기는 20MPa 이상의 압력에 견딜 수 있는 것이어야 한다.

 기동용 가스용기에 사용하는 밸브는 25MPa 이상의 압력에 견딜 수 있는 것이어야 하고, 안전장치는 내압시험압력의 0.8배부터 내압시험압력 이하에서 작동하여야 한다. 기동용 가스용기의 용적은 5L 이상으로 하고 해당 용기에 저장하는 질소 등의 비활성 기체는 6.0MPa 이상 (21℃ 기준)의 압력으로 충전하여야 하고, 충전여부를 확인할 수 있는 압력게이지를 설치한다.

정답 ④

34 이산화탄소 소화설비의 저압식 저장용기에 설치하는 압력경보장치의 작동압력은?

① 1.9MPa 이상의 압력 및 1.5MPa 이하의 압력
② 2.3MPa 이상의 압력 및 1.9MPa 이하의 압력
③ 3.75MPa 이상의 압력 및 2.3MPa 이하의 압력
④ 4.5MPa 이상의 압력 및 3.75MPa 이하의 압력

 이산화탄소 소화설비의 저압식 저장용기에 설치하는 압력경보장치의 작동압력은 2.3MPa 이상의 압력 및 1.9MPa 이하의 압력이다.
• 저압식 저장용기에는 액면계, 압력계, 파괴판, 방출밸브를 설치하여야 한다.
• 저압식 저장용기에는 2.3MPa 이상의 압력 및 1.9MPa 이하의 압력에서 작동하는 압력경보장치를 설치하여야 한다.
• 저압식 용기 내부의 온도를 영하 20℃ 이상, 영하 18℃ 이하로 유지할 수 있는 자동냉동기를 설치하여야 하고, 영하 18℃ 이하에서 2.1MPa의 압력을 유지할 수 있어야 한다.
• 저장용기의 충전비는 고압식은 1.5 이상 1.9 이하, 저압식은 1.1 이상 1.4 이하로 한다.
• 저장용기 내압시험의 경우, 고압식은 25MPa 이상, 저압식은 3.5MPa 이상의 내압시험압력에 합격한 것으로 한다.

정답 ②

35 할론 2402를 소화약제로 사용하는 이동식 할로젠화물소화설비는 20℃의 온도에서 하나의 노즐마다 분당 방사되는 소화약제의 양(kg)을 얼마 이상으로 하여야 하는가?

① 5   ② 35
③ 45   ④ 50

 이동식(호스릴방식) 할로젠화물소화설비는 하나의 노즐마다 온도 20℃에서 1분당 다음 표에 정한 소화약제의 종류에 따른 양(kg) 이상을 방사할 수 있어야 한다.

소화약제의 종별	할론 2402	할론 1211	할론 1301
소화약제의 양 (단위 kg)	45	40	35

정답 ③

36 다음 [조건] 하에 국소방출방식의 할로젠화물소화설비를 설치하는 경우 저장하여야 하는 소화약제의 양은 몇 kg 이상이어야 하는가?

- 저장하는 위험물 : 휘발유
- 방호대상물의 표면적 : 55m²
- 소화약제의 종류 : 할론 1301
- 윗면이 개방된 용기에 저장함

① 222.5 ② 311.5
③ 467.5 ④ 574.5

 할로젠화물을 사용하는 국소방출방식으로 윗면이 개방된 용기에 저장되어 있으므로 면적식의 국소방출방식이고, 소화약제의 종류가 할론 1301이므로 표면적 1m²에 대한 소화약제의 양은 6.8kg, 소화약제계수는 1.25이며, 저장하는 위험물이 휘발유이므로 위험물의 종류에 대한 가스계 소화약제의 계수는 1.0이다. 따라서 이를 모두 곱하여 면적식 국소방출방식의 소화약제 저장량을 구할 수 있다.

[계산]
$$소화약제량(Q) = 방호면적 \times 1m^2 당 소화약제량 \\ \times 소화제계수 \times 위험물계수$$

∴ $Q = 55\,m^2 \times 6.8\,kg/m^2 \times 1.25 \times 1.0 = 467.5\,kg$

정답 ③

37 할로젠화물 소화에서 할론 2402를 가압식 저장용기에 저장하는 경우 충전비로 옳은 것은?

① 0.51 이상 0.67 이하
② 0.7 이상 1.4 미만
③ 0.9 이상 1.6 이하
④ 0.67 이상 2.75 이하

 저장용기의 충전비는 할론 2402를 저장하는 것 중 가압식 저장용기는 0.51 이상 0.67 미만, 축압식 저장용기는 0.67 이상 2.75 이하로 한다. 할로젠화합물 소화약제의 저장용기 설치기준은 다음과 같다.

구분	할론 2402	할론 1211	할론 1301
저장용기의 충전비	• 가압식 : 0.51 이상 0.67 미만 • 축압식 : 0.67 이상 2.75 이하	0.7 이상 1.4 이하	0.9 이상 1.6 이하
축압식 저장용기의 20℃ 압력(MPa)	–	1.1MPa 또는 2.5MPa	2.5MPa 또는 4.2MPa

※ 충전비 : 소화약제 중량(kg)에 대한 용기 내용적(L)의 비율

정답 ①

38 전역방출방식의 할로젠화물소화설비의 분사헤드에서 Halon 1211을 방사하는 경우의 방사압력은 얼마 이상으로 하여야 하는가?

① 0.1MPa ② 0.2MPa
③ 0.5MPa ④ 0.9MPa

 분사헤드의 방사압력은 할론 2402를 방사하는 것은 0.1MPa 이상, 할론 1211을 방사하는 것은 0.2MPa 이상, 할론 1301을 방사하는 것은 0.9MPa 이상으로 한다.

할론 2402	할론 1211	할론 1301	HFC 23	HFC 125	HFC 227ea
0.1MPa 이상	0.2MPa 이상	0.9MPa 이상	0.9MPa 이상	0.9MPa 이상	0.3MPa 이상

정답 ②

39 위험물안전관리법령상 분말소화설비의 기준에서 가압용 또는 축압용 가스로 사용하도록 지정한 것은?

① 헬륨 ② 질소
③ 일산화탄소 ④ 아르곤

 분말소화설비의 기준에서 가압용 또는 축압용 가스로 사용하는 것은 질소 또는 이산화탄소이다.

정답 ②

40 분말소화설비는 분말소화설비의 기준에서 정하는 소화약제의 약을 몇 초 이내에 균일하게 방사하여야 하는가?

① 15 ② 30
③ 45 ④ 60

 분말소화설비의 소화약제 저장량은 30초 이내에 방사할 수 있는 것으로 한다.

정답 ②

41 위험물안전관리법령상 소화설비의 적응성에서 이산화탄소 소화기가 적응성이 있는 것은?

① 제1류 위험물   ② 제3류 위험물
③ 제4류 위험물   ④ 제5류 위험물

 이산화탄소 소화기에 적응성이 있는 것은 전기설비, 제2류 위험물 중 인화성 고체, 제4류 위험물에 적응성이 있다. 제6류 위험물을 저장 또는 취급하는 장소가 폭발의 위험이 없는 장소에 한하여 이산화탄소 소화기의 적응성이 있다.

정답 ③

● **참고** ●

• **특히 적응성이 있는 것 정리**
  - 1류 중 알칼리금속과산화물 : 분말(인산염류 제외), 건조사, 팽창질석
  - 2류 중 철분, 금속분, 마그네슘 : 분말(인산염류 제외), 건조사, 팽창질석
  - 3류 중 금수성 물질 : 분말(인산염류 제외), 건조사, 팽창질석

• **적응성이 없는 것 정리**
  - A급 화재 : 불활성 가스, 할로겐화합물, CO_2 소화기, 인산염류를 제외한 분말, 건조사, 팽창질석
  - 전기설비 : 소화전, 스프링클러, 포 소화설비, 포 소화기, 봉상수(棒狀水) 소화기, 봉상 강화액소화기, 물통, 건조사, 팽창질석 등
  - 1류 중 알칼리금속과산화물을 제외한 물질 : 불활성 가스, 할로겐화합물, 이산화탄소, 분말(인산염류만 적응성을 가짐)
  - 3류 중 금수성을 제외한 물질 : 불활성 가스, 할로겐화합물, 이산화탄소, 분말
  - 4류 : 소화전, 인산염류 및 탄산수소염류를 제외한 분말, 봉상수, 무상수, 봉상강화액, 물통
  - 5류 : 불활성 가스, 할로겐화합물, 분말, 이산화탄소
  - 6류 : 불활성 가스, 할로겐화합물, 분말(인산염류만 적응성), 이산화탄소

• **대표적 소화시설로서 특성 정리**
  ㉠ 소화전
    ◦ 적응성
      - A급 화재, 제1류 위험물 중 알칼리금속과산화물을 제외한 물질에 적응성이 있음
      - 제2류 위험물 중 철분, 금속분, 마그네슘을 제외한 물질에 적응성이 있음
      - 제3류 위험물 중 금수성 물질을 제외한 물질에 적응성이 있음
      - 제5, 6류 위험물에 적응성이 있음

    ◦ 비적응성
      - 전기설비, 알칼리금속과산화물, 철분·금속분·마그네슘, 금수성 물질에 비적응
      - 제4류 위험물에 적응할 수 없음
  ㉡ 스프링클러
    ◦ 적응성 : 소화전설비의 적응성과 동일
    ◦ 비적응성 : 소화전설비와 동일(제4류 위험물에는 규정 살수밀도 이상일 때 적용)
  ㉢ 물분무소화설비
    ◦ 적응성 : 소화전설비와 유사하나 전기설비와 제4류 위험물에 적응성이 있는 것이 다름
    ◦ 비적응성 : 소화전설비와 유사(전기설비와 제4류 위험물 제외)
  ㉣ 포 소화설비
    ◦ 적응성 : 소화전설비와 유사하나 제4류 위험물에 적응성이 있는 것이 다름
    ◦ 비적응성 : 소화전설비와 유사(전기설비와 제4류 위험물 제외)
  ㉤ 불활성 가스, 할로겐소화설비 : 전기설비, 인화성 고체, 제4류 위험물에만 적응성이 있음
  ㉥ 이산화탄소 소화기 : 전기설비, 인화성 고체, 제4류 위험물에만 적응성이 있음

소화설비의 구분		건축물·그 밖의 공작물	전기설비	제1류 위험물		제2류 위험물			제3류 위험물		제4류 위험물	제5류 위험물	제6류 위험물
				알칼리금속과산화물 등	그 밖의 것	철분·금속분·마그네슘 등	인화성 고체	그 밖의 것	금수성 물품	그 밖의 것			
옥내소화전 또는 옥외소화전 설비		○			○		○	○		○		○	○
스프링클러설비		○			○		○	○		○	△	○	○
물분무등 소화설비		○	○		○		○	○		○	○	○	○
포 소화설비		○			○		○	○		○	○	○	○
불활성 가스 소화설비, CO_2 소화기			○				○			○			
할로젠화합물 소화설비			○				○			○			
분말 소화 설비	인산염류 등	○	○		○		○	○		○			○
	탄산수소염류 등	○	○	○		○	○		○		○		
	그 밖의 것		○	○		○			○				

42 다음 중 C급 화재에 가장 적응성이 있는 소화설비는?

① 봉상 강화액소화기
② 포 소화기
③ 이산화탄소 소화기
④ 스프링클러설비

정답 분석 C급 화재(전기화재)는 물분무소화설비, 불활성 가스 소화설비, 할로젠화합물소화기, 인산염류·탄산수소염류 등 분말소화기, 이산화탄소 소화기, 무상수소화기, 무상 강화액소화기 등에 적응성이 있다. 봉상수소화기 또는 봉상 강화액소화기와 달리 무상수소화기 또는 무상 강화액소화기는 물이 미립자 형태이기 때문에 전기전도성이 좋지 않아 전기화재에 적응성이 있다.

정답 ③

43 과산화나트륨의 화재 시 적응성이 있는 소화설비는?

① 포 소화기
② 건조사
③ 이산화탄소소화기
④ 물통

정답 분석 과산화나트륨(Na_2O_2)은 순수한 산소 중에서 나트륨이 연소하여 생성된 물질로 제1류 위험물 중 알칼리금속 과산화물에 속한다. 금수성 물질이기 때문에 화재 시 탄산수소염류소화기, 건조사, 팽창질석 또는 팽창진주암 등에 적응성이 있다.

정답 ②

44 위험물안전관리법령상 질산나트륨에 대한 소화설비의 적응성으로 옳은 것은?

① 건조사만 적응성이 있다.
② 이산화탄소 소화기는 적응성이 있다.
③ 포 소화기는 적응성이 없다.
④ 할로젠화합물소화기는 적응성이 없다.

정답 분석 질산나트륨($NaNO_3$)은 제1류 위험물 중 알칼리금속의 과산화물 이외의 것으로 불활성 가스 소화설비, 이산화탄소 소화기, 할로젠화합물소화기, 탄산수소염류분말소화기에는 적응성이 없다.

참고 • 특히 적응성이 있는 것 정리
 - 1류 중 알칼리금속과산화물 : 분말(인산염류 제외), 건조사, 팽창질석
 - 2류 중 철분, 금속분, 마그네슘 : 분말(인산염류 제외), 건조사, 팽창질석
 - 3류 중 금수성 물질 : 분말(인산염류 제외), 건조사, 팽창질석
• 적응성이 없는 것 정리
 - A급 화재 : 불활성 가스, 할로젠화합물, CO_2 소화기, 인산염류를 제외한 분말, 건조사, 팽창질석
 - 전기설비 : 소화전, 스프링클러, 포 소화설비, 포 소화기, 봉상수(棒狀水) 소화기, 봉상 강화액소화기, 물통, 건조사, 팽창질석 등
 - 1류 중 알칼리금속과산화물을 제외한 물질 : 불활성 가스, 할로젠화합물, 이산화탄소, 분말(인산염류만 적응성을 가짐)
 - 3류 중 금수성을 제외한 물질 : 불활성 가스, 할로젠화합물, 이산화탄소, 분말
 - 4류 : 소화전, 인산염류 및 탄산수소염류를 제외한 분말, 봉상수, 무상수, 봉상강화액, 물통
 - 5류 : 불활성 가스, 할로젠화합물, 분말, 이산화탄소
 - 6류 : 불활성 가스, 할로젠화합물, 분말(인산염류만 적응성), 이산화탄소

정답 ④

45 트리에틸알루미늄의 소화약제로서 다음 중 가장 적당한 것은?

① 마른 모래, 팽창질석
② 물, 수성막포
③ 할로젠화물, 단백포
④ 이산화탄소, 강화액

정답분석 트리에틸알루미늄[(C₂H₅)₃Al]은 무색·투명한 액체로 자연발화성이 강하여 공기와 접촉하면 흰 연기를 내며 연소하고, 물과 접촉하면 폭발적으로 반응하여 가연성의 에테인(에탄)가스를 발생시키며 폭발의 위험이 있기 때문에 주수소화가 위험하다. 따라서 마른 모래, 팽창질석 또는 팽창진주암 등으로 질식소화 한다.

반응 트리에틸알루미늄의 반응
• $2(C_2H_5)_3Al + 21O_2 \rightarrow 12CO_2 + Al_2O_3 + 15H_2O$
• $(C_2H_5)_3Al + 3H_2O \rightarrow Al(OH)_3 + 3C_2H_6$

정답 ①

46 다음 중 제5류 위험물의 화재 시에 가장 적당한 소화방법은?

① 질소가스를 사용한다.
② 할로젠화합물을 사용한다.
③ 탄산가스를 사용한다.
④ 다량의 물을 사용한다.

정답분석 제5류 위험물(자기반응성 물질)은 내부에 산소가 포함되어 있어 화재 시에 질식소화는 효과가 없으며, 다량의 물을 이용한 주수소화가 효과적이다.

정답 ④

47 인화성 고체와 질산에 공통적으로 적응성이 있는 소화설비는?

① 이산화탄소소화설비
② 할로젠화합물소화설비
③ 탄산수소염류분말소화설비
④ 포 소화설비

정답분석 제2류 위험물인 인화성 고체와 제6류 위험물인 질산(HNO₃)에 공통적으로 적응성이 있는 소화설비는 포 소화설비이다.

정답 ④

48 위험물안전관리법령상 지정수량의 10배 이상의 위험물을 저장, 취급하는 제조소등에 설치하여야 할 경보설비 종류에 해당되는 않는 것은?

① 확성장치
② 비상방송설비
③ 자동화재탐지설비
④ 무선통신설비

정답분석 지정수량의 10배 이상을 저장 또는 취급하는 제조소등에는 자동화재탐지설비, 비상경보설비, 확성장치 또는 비상방송설비 중 1종 이상을 설치하여야 한다.

정답 ④

02 경보 및 피난설비의 설치기준

1 경보설비

1. 경보설비의 종류

비상경보설비(비상벨설비, 자동식사이렌설비), 단독경보형 감지기, 비상방송설비, 시각경보기, 자동화재탐지설비, 자동화재속보설비, 통합감시시설, 누전경보기, 가스누설경보기 등

2. 경보설비의 설치대상과 설치기준

(1) **경보설비 설치대상(위험물관리법 제42조)** : 지정수량의 10배 이상의 위험물을 저장 또는 취급하는 제조소 등(이동탱크 저장소 제외)에는 화재발생 시 이를 알릴 수 있는 경보설비를 설치하여야 한다.

(2) **경보설비의 범위** : 경보설비는 자동화재탐지설비 · 비상경보설비(비상벨장치 또는 경종을 포함) · 확성장치 (휴대용 확성기 포함) 및 비상방송설비로 구분한다.

(3) **경보설비의 설치기준(소방시설법 시행령 별표 4)** : 제조소별로 설치하여야 하는 경보설비의 종류 및 자동화 재탐지설비의 설치기준은 다음과 같다.

비상경보설비	단독경보형 감지기	비상방송설비
• 연면적 400m² 이상(터널 또는 사람이 거주하지 않거나 벽이 없는 축사등 동식물 관련시설을 제외) • 지하층 · 무창층의 바닥면적이 150m² 이상(공연장은 100m²이상) • 지하가 중 터널 길이가 500m 이상인 것 • 50인 이상의 근로자가 작업하는 옥내작업장	• 연면적 400m² 미만의 유치원 • 교육연구시설 또는 수련시설 내에 있는 합숙소 또는 기숙사로서 연면적 2,000m² 미만인 것 • 수련시설 내에 있는 기숙사 또는 합숙소로서 연면적 2,000m² 미만의 것 • 자동화재탐지설비가 설치되지 않은 청소년시설(숙박시설이 있는 것에 한함) • 공동주택 중 연립주택 및 다세대주택	• 연면적 3,500m² 이상인 것 • 지하층을 제외한 층수가 11층 이상인 것 • 지하층의 층수가 3개 층 이상인 것

참고

비상방송설비 설치방법[비상방송설비의 화재기준(NFTC 202)]

• 확성기의 음성입력은 3W(실내에 설치하는 것에 있어서는 1W 이상)일 것
• 확성기는 각 층마다 설치하되 그 층의 각 부분으로부터 하나의 확성기까지의 수평거리가 25m 이하가 되도록 하고, 당해 층의 각 부분에 유효하게 경보를 발할 수 있도록 설치할 것
• 음량조정기를 설치하는 경우 음량조정기의 배선은 3선식으로 할 것
• 조작부의 조작스위치는 바닥으로부터 0.8 ~ 1.5m 이하의 높이에 설치할 것

자동화재탐지설비

1. 자동화재탐지설비 동작 개념도

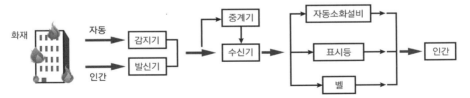

<그림> 자동화재탐지설비 동작 개념도

① 감지기 : 감지기는 화재로 발생되는 열·연기 및 불꽃을 이용하여 자동적으로 화재발생을 감지한 후 수신기에 전달하는 기기로 열을 이용하는 열감지기와 연기를 이용하는 연기감지기, 불꽃을 이용하는 불꽃감지기가 있다.

▌ **감지기 설치 제외장소** ▐

- 천장 또는 반자의 높이가 20m 이상인 장소
- 헛간 등 외부와 기류가 통하는 장소로서 감지기에 따라 화재발생을 유효하게 감지할 수 없는 장소
- 부식성 가스가 체류하고 있는 장소
- 고온 및 저온으로 감지기의 기능이 정지되기 쉽거나 감지기의 유지관리가 어려운 장소
- 목욕실·화장실 기타 이와 유사한 장소
- 파이프 덕트 등 이와 비슷한 것으로서 2개 층마다 방화구획된 것이나 수평단면적이 5m² 이하인 것
- 먼지·가루 또는 수증기가 다량으로 체류하는 장소 또는 주방 등 평상시에 연기가 발생하는 장소(연기감지기에 한함)
- 기타 화재발생의 위험이 적은 장소로서 감지기의 유지관리가 어려운 장소

② 발신기 : 발신기란 화재발생 시 수신기 또는 중계기에 수동으로 신호를 보내는 것을 말하며, 수동조작이므로 신뢰성이 높다. 발신기는 경종·표시등과 함께 벽에 취부되며, **발신기의 색은 적색**으로 표시한다.
- **발신기의 종류** : P형, T형, M형 등
- **수신기의 특성**

P형 발신기		T형 발신기	M형 발신기
누름식			
1급	2급	전화식	M형 수신기와 연결하여 사용
수신기와 전화연락을 할 수 있는 전화잭이 있음	전화잭이 없음		

③ 수신기 : 수신기는 자동화재탐지설비 중 인간의 두뇌와 같은 역할을 하는 것으로 감지기나 발신기에서 발하는 화재신호를 수신하여 소방대상물 관계자에게 경보해 주거나 소방관서에 통보하는 장치이다.
- **수신기의 종류** : P(1급, 2급)형, R형, M형 등
- **수신기의 특성**

P형	감지기나 발신기로부터 발생하는 신호를 공통신호로 수신하는 형식	1급	화재신호를 접점신호로 수신하는 형식으로 각 경계구역마다 1조의 배선으로 수신하는 수신기
		2급	소규모 대상물(경계구역 5 이하)에 사용하는 수신기
R형	감지기나 발신기로부터 발생하는 신호를 고유신호로 수신하는 형식		다중통신 신호방식으로 신호를 주고받기 때문에 하나의 선로를 통하여 많은 신호를 주고받을 수 있어 배선 수를 획기적으로 감소시킬 수 있어 경계구역 수가 많은 대형 건물에 많이 사용된다.
M형	발신기로부터 발하는 신호를 수신하여 화재의 발생을 수신하는 기기		소방관서에 주로 설치되며, 소방관서에서 신호발신위치를 파악할 수 있다.

④ **중계기** : 중계기란 감지기 또는 발신기(M형 발신기 제외) 작동에 의한 신호 또는 가스누설경보기의 탐지부에서 발신된 가스누설신호를 받아 이를 수신기(M형 수신기 제외), 가스누설경보기, 자동소화설비의 제어반에 발신하며, 소화설비·제연설비 그 밖의 이와 유사한 방재설비에 제어신호를 발생하는 설비를 말한다.

   • **중계기의 종류** : R형, P형 등
   • **중계기의 적용**

R형 중계기	P형 중계기
P형 또는 R형 수신기에 사용함	연기감지기 및 가스누설경보기의 탐지부 등의 특수 감지기에 사용함

2. **자동화재탐지설비 설치대상**
   ① **제조소 및 일반취급소**
      • **연면적 500m² 이상인 것**
      • 옥내에서 **지정수량의 100배 이상**을 취급하는 것(고인화점 위험물만을 100℃ 미만의 온도에서 취급하는 것을 제외)
      • 일반취급소로 사용되는 부분 **외의 부분**이 있는 건축물에 설치된 **일반취급소**(일반취급소와 일반취급소 외의 부분이 내화구조의 바닥, 벽으로 개구부 없이 구획된 것을 제외)
   ② **옥내저장소**
      • **처마높이가 6m 이상인 단층 건물의 것**
      • 저장창고의 **연면적이 150m²를 초과하는 것**(당해 저장창고가 연면적 150m² 이내마다 불연재료의 격벽으로 개구부 없이 완전히 구획된 것과 인화성고체 외의 제2류 위험물 또는 인화점 70℃ 이상의 제4류 위험물만을 저장하는 것은 제외)
      • **지정수량의 150배 이상**을 저장 또는 취급하는 것(고인화점 위험물만을 저장 또는 취급하는 것을 제외한다.)
      • 옥내저장소로 사용되는 부분 **외의 부분**이 있는 건축물에 설치된 옥내저장소(제2류 또는 제4류의 위험물(인화성 고체 및 인화점이 70℃ 미만인 제4류 위험물 제외)만을 저장 또는 취급하는 것을 제외)
   ③ **옥내탱크 저장소** : 단층 건물 **외의 건축물**에 설치된 옥내탱크 저장소로서 **소화난이도 등급 I** 에 해당하는 것
   ④ **주유취급소** : 옥내주유취급소

‖ 자동화재탐지설비의 설치기준 ‖

> • 경계구역
>   - 건축물 그 밖의 공작물의 2 이상의 층에 걸치지 아니하도록 할 것
>   다만, 하나의 경계구역의 면적이 500m² 이하이면서 당해 경계구역이 두 개의 층에 걸치는 경우이거나 계단·경사로·승강기의 승강로 그 밖에 이와 유사한 장소에 연기감지기를 설치하는 경우에는 그러하지 아니하다.
>   - 하나의 경계구역의 면적은 600m² 이하로 하고, 그 한 변의 길이는 50m(광전식분리형 감지기를 설치할 경우에는 100m) 이하로 할 것
>   다만, 당해 건축물 그 밖의 공작물의 주요한 출입구에서 그 내부의 전체를 볼 수 있는 경우에 있어서는 그 면적을 1,000m² 이하로 할 수 있다.
> • 설치위치
>   자동화재탐지설비의 감지기는 지붕(상층이 있는 경우에는 상층의 바닥) 또는 벽의 옥내에 면한 부분(천장이 있는 경우에는 천장 또는 벽의 옥내에 면한 부분 및 천장의 뒷부분)에 유효하게 화재의 발생을 감지할 수 있도록 설치할 것

2 피난설비 및 설치기준

1. 피난설비의 종류와 특징

(1) 피난기구의 종류
- 피난기구(피난사다리, 구조대, 완강기 등)
- 인명구조기구(방열복, 공기호흡기, 인공소생기)
- 유도등(피난유도선, 피난구유도등, 통로유도등, 객석유도등, 유도표지)
- 비상조명등 및 휴대용비상조명등

(2) 피난기구의 특징
① **피난사다리** : 피난사다리는 재질 및 사용방법에 따라 금속제 피난사다리와 금속제 이외의 피난사다리로 분류된다. 또한 이들은 각각 고정식 사다리, 올림식 사다리, 내림식 사다리로 나누어진다.

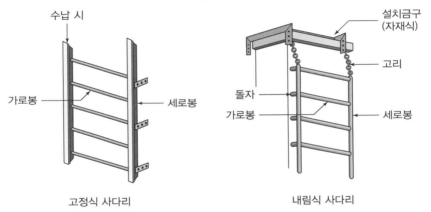

<그림> 피난사다리

② **완강기** : 완강기는 사용방법에 따라 1인용 및 다수인용(2인용, 3인용)의 것이 있는데 일반적으로 사용자의 중량에 의해 자동적으로 하강하는 것으로서 조속기, 후크(조속기의 연결고리), 벨트, 로프, 릴 등으로 구성되어 있다.
- 완강기의 중요부분은 조속기로서 분해하여 청소를 하지 못하도록 봉인이 되어 있어야 한다.
- 하중에 의해 일정한 안전하강속도(16 ~ 150cm/sec)를 조절하는 능력을 지닌 것이어야 한다.
- 모래, 기타의 이물질이 쉽게 들어가지 않도록 견고한 커버가 되어 있어야 한다.

<그림> 완강기

③ **구조대**

구조대는 설치방법에 따라 크게 사강식과 수직하강식으로 분류되며, 주로 3층 이상의 층에 설치된다. 화재 시 건물의 창, 발코니 등에서 지상까지 굴같은 포대(개구부는 $0.5m \times 0.5m$ 이상)를 설치하여 포대 속으로 하강하는 피난기구이다. 사강식, 수직하강식 등이 있다.

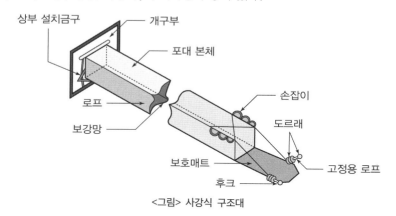

<그림> 사강식 구조대

④ **피난구 유도등**

    ㉠ **설치장소** : 피난구 유도등은 다음의 장소에 설치하여야 한다.

- 옥내로부터 직접 지상으로 통하는 출입구 및 그 부속실의 출입구
- 직통계단 · 직통계단의 계단실 및 그 부속실의 출입구
- 복도 또는 통로로 통하는 출입구
- 안전구획된 거실로 통하는 출입구

    ㉡ **설치위치** : 바닥으로부터 높이 $1.5m$ 이상으로서 출입구에 인접하도록 설치하여야 한다.

⑤ **통로 유도등**

- **설치장소** : 통로 유도등은 특정소방대상물의 각 거실과 그로부터 지상에 이르는 복도 또는 계단의 통로에 설치한다.

복도통로 유도등	거실통로 유도등	계단통로 유도등
• 구부러진 모퉁이 및 보행거리 20m마다 설치할 것 • 바닥으로부터 높이 1m 이하의 위치에 설치할 것	• 구부러진 모퉁이 및 보행거리 20m마다 설치할 것 • 바닥으로부터 높이 1.5m 이상의 위치에 설치할 것(단, 거실통로에 기둥이 설치된 경우에는 기둥 부분의 바닥으로부터 높이 1.5m 이하의 위치에 설치할 수 있음)	• 각 층의 경사로 참 또는 계단 참마다(1개 층에 경사로 참 또는 계단 참이 2 이상 있는 경우에는 2개의 계단 참마다) 설치할 것 • 바닥으로부터 높이 1m 이하의 위치에 설치할 것

⑥ **객석 유도등**

    ㉠ **설치위치** : 객석 유도등은 객석의 통로, 바닥 또는 벽에 설치하여야 한다.

    ㉡ **설치개수** : 객석 내의 통로가 경사로 또는 수평로로 되어 있는 부분은 다음의 식에 따라 산출한 수(소수점 이하의 수는 1로 본다.)의 유도등을 설치하여야 한다.

    계산식   유도등 수 $= \dfrac{객석\ 통로의\ 직선부분\ 길이(m)}{4} - 1$

⑦ 유도표지

　　㉠ 계단에 설치하는 것을 제외하고는 각 층마다 복도 및 통로의 각 부분으로부터 하나의 유도표지까지의 보행거리가 15m 이하가 되는 곳과 구부러진 모퉁이의 벽에 설치할 것

　　㉡ 피난구 유도표지는 출입구 상단에 설치하고, 통로 유도표지는 바닥으로부터 높이 1m 이하의 위치에 설치할 것

2. 피난설비의 설치장소

(1) 주유취급소 중 건축물의 2층 이상의 부분을 점포·휴게음식점 또는 전시장의 용도로 사용하는 것과 옥내주유취급소에는 피난설비를 설치하여야 한다. 당해 건축물의 2층 이상으로부터 주유취급소의 부지 밖으로 통하는 출입구와 당해 출입구로 통하는 통로·계단 및 출입구에 유도등을 설치하여야 한다.

(2) 옥내주유취급소에 있어서는 당해 사무소 등의 출입구 및 피난구와 당해 피난구로 통하는 통로·계단 및 출입구에 유도등을 설치하여야 한다.

01 다음 중 경보설비는 지정수량 몇 배 이상의 위험물을 저장, 취급하는 제조소등에 설치하는가?

① 2　　　　　② 4

③ 8　　　　　④ 10

정답분석 경보설비는 지정수량 10배 이상의 제조소등에 설치한다. 경보설비의 종류는 단독경보형 감지기, 비상경보설비(비상벨설비, 자동식 사이렌설비), 시각경보기, 자동화재탐지설비, 비상방송설비, 자동화재속보설비, 통합감시시설, 누전경보기, 가스누설경보기 등이 있다.

※ 비슷한 문제: 피뢰설비 설치기준 – 지정수량 10배 이상

정답 ④

 03 처마의 높이가 6m 이상인 단층 건물에 설치된 옥내저장소의 소화설비로 고려될 수 없는 것은?

① 고정식 포 소화설비

② 옥내소화전설비

③ 고정식 이산화탄소소화설비

④ 고정식 분말소화설비

정답분석 처마 높이가 6m 이상인 단층 건물 또는 다른 용도의 부분이 있는 건축물에 설치한 옥내저장소에는 스프링클러설비 또는 이동식 외의 물분무등 소화설비를 갖추어야 한다. 물분무등 소화설비에는 물분무소화설비, 포 소화설비, 불활성 가스 소화설비, 할로젠화합물소화설비, 분말소화설비가 이에 해당한다.

정답 ②

02 인화점이 70℃ 이상인 제4류 위험물을 저장·취급하는 소화난이도 등급 I 의 옥외탱크저장소(지중탱크 또는 해상탱크 외의 것)에 설치하는 소화설비는?

① 스프링클러소화설비

② 물분무소화설비

③ 간이소화설비

④ 분말소화설비

정답분석 제4류 위험물을 저장·취급하는 소화난이도 등급 I 의 옥외탱크저장소의 소화설비는 물분무소화설비 또는 고정식 포 소화설비를 갖추어야 한다.

정답 ②

04 위험물안전관리법령상 다음 사항을 참고하여 제조소의 소화설비의 소요단위의 합을 옳게 산출한 것은?

> • 제조소 건축물의 연면적은 3,000m²이다.
> • 제조소 건축물의 외벽은 내화구조이다.
> • 제조소 허가 지정수량은 3,000배이다.
> • 제조소의 옥외 공작물은 최대수평투영면적은 500m²이다.

① 335 ② 395
③ 400 ④ 440

 각각 해당되는 소요단위의 합을 구한다.

 ㉠ 제조소 또는 취급소의 건축물로 외벽이 내화구조인 것은 연면적 100m²를 1소요단위로 한다.

$$소요단위 = 건축물 연면적 \times \frac{1단위}{100m^2}$$

∴ 제조소 소요단위 $= 3,000m^2 \times \dfrac{1단위}{100m^2} = 30$

㉡ 허가 지정수량에 대해서는 지정수량의 10배가 1소요단위이므로 3,000배는 300소요단위이다.

㉢ 옥외 공작물은 외벽이 내화구조인 것으로 간주하고, 최대수평투영면적을 연면적으로 간주하여 소요단위를 산정한다. 제조소 또는 취급소의 건축물로 외벽이 내화구조인 것은 연면적 100m²를 1소요단위로 한다.

$$소요단위 = 투영면적(건축물 연면적) \times \frac{1단위}{100m^2}$$

∴ 옥외공작물 소요단위 $= 500m^2 \times \dfrac{1단위}{100m^2} = 5$

→ 소요단위의 합 $= 30 + 300 + 5 = 335$

정답 ①

05 외벽이 내화구조인 위험물저장소 건축물의 연면적이 1,500m²인 경우 소요단위는?

① 6 ② 10
③ 13 ④ 14

 저장소 건축물의 외벽이 내화구조인 것은 연면적 150m²를 1소요단위로 하므로 연면적이 1,500m²인 경우 소요단위는 10이 된다.

정답 ②

06 위험물저장소 건축물의 외벽이 내화구조인 것은 연면적 얼마를 1소요단위로 하는가?

① 50m² ② 75m
③ 100m² ④ 150m²

 저장소의 건축물은 외벽이 내화구조인 것은 연면적 150m²를 1소요단위로 한다.

정답 ④

07 다음 중 위험물취급소의 건축물 연면적이 500m²인 경우 소요단위는? (단, 외벽은 내화구조이다.)

① 2단위 ② 5단위
③ 10단위 ④ 50단위

 제조소 또는 취급소의 건축물로 외벽이 내화구조인 것은 연면적 100m²를 1소요단위로 한다.

$$소요단위 = 연면적 \times \frac{1단위}{100m^2}$$

∴ 소요단위 $= 500m^2 \times \dfrac{1단위}{100m^2} = 5$

정답 ②

08 탄화칼슘 60,000kg를 소요단위로 산정하면 몇 단위인가?

① 10단위   ② 20단위
③ 30단위   ④ 40단위

정답 분석 위험물은 지정수량의 10배가 1소요단위이다. 탄화칼슘은 제3류 위험물의 칼슘 또는 알루미늄의 탄화물로 지정수량이 300kg이다.

계산 소요단위 = $\dfrac{\text{저장수량}}{\text{지정수량} \times 10}$

∴ 소요단위 = $\dfrac{60,000\text{kg}}{300\text{kg} \times 10} = 20$

정답 ②

10 다이에틸에터 2,000L와 아세톤 4,000L를 옥내저장소에 저장하고 있다면 총 소요단위는 얼마인가?

① 5   ② 6
③ 50   ④ 60

정답 분석 다이에틸에테르는 제4류 위험물 중 특수인화물이며, 지정수량은 50L이다. 아세톤은 제4류 위험물 중 제1석유류이며, 지정수량은 400L이다.

계산 소요단위 = $\dfrac{\text{저장수량}}{\text{지정수량} \times 10}$

∴ 소요단위 = $\dfrac{2,000\text{L}}{50\text{L} \times 10} + \dfrac{4,000\text{L}}{400\text{L} \times 10} = 5$단위

정답 ①

09 클로로벤젠 300,000L의 소요단위는 얼마인가?

① 20   ② 30
③ 200   ④ 300

정답 분석 클로로벤젠은 제4류 위험물 중 제2석유류이며, 지정수량은 1,000L이다.

계산 소요단위 = $\dfrac{\text{저장수량}}{\text{지정수량} \times 10}$

∴ 소요단위 = $\dfrac{300000}{1000 \times 10} = 30$단위

정답 ②

11 알코올류 40,000리터에 대한 소화설비의 소요단위는?

① 5단위   ② 10단위
③ 15단위   ④ 20단위

정답 분석 알코올류의 지정수량은 400L이다.

계산 소요단위 = $\dfrac{\text{저장수량}}{\text{지정수량} \times 10}$

∴ 소요단위 = $\dfrac{40,000\text{L}}{400\text{L} \times 10} = 10$단위

정답 ②

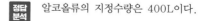

03 소화난이도 등급 · 소요단위 · 능력단위 기준

1 소화난이도 등급과 소화설비

1. 소화난이도 등급 I 및 소화설비

제조소 구분	제조소등의 규모, 저장 또는 취급하는 위험물의 품명 및 최대수량 등
제조소 일반취급소	연면적 1,000m² 이상인 것
	지정수량의 100배 이상인 것
	지반면으로부터 6m 이상의 높이에 위험물 취급설비가 있는 것
	일반취급소로 사용되는 부분 외의 부분을 갖는 건축물에 설치된 것
주유취급소	면적의 합이 500m²를 초과하는 것
옥내 저장소	지정수량의 150배 이상인 것
	연면적 150m²를 초과하는 것
	처마높이가 6m 이상인 단층 건물의 것
	옥내저장소로 사용되는 부분 외의 부분이 있는 건축물에 설치된 것
옥외탱크 저장소	액표면적이 40m² 이상인 것
	지반면으로부터 탱크 옆판의 상단까지 높이가 6m 이상인 것
	지중탱크 또는 해상탱크로서 지정수량의 100배 이상인 것
	고체위험물을 저장하는 것으로서 지정수량의 100배 이상인 것
옥내탱크 저장소	액표면적이 40m² 이상인 것
	바닥면으로부터 탱크 옆판의 상단까지 높이가 6m 이상인 것
	탱크 전용실이 단층 건물 외의 건축물에 있는 것으로서 인화점 38℃ 이상 70℃ 미만의 위험물을 지정수량의 5배 이상 저장하는 것
옥외 저장소	덩어리상태의 유황을 저장하는 것으로서 경계표시 내부의 면적이 100m² 이상인 것
	인화성 고체, 제1석유류 또는 알코올류를 저장하는 것으로서 지정수량의 100배 이상인 것
암반탱크 저장소	액표면적이 40m² 이상인 것
	고체위험물만을 저장하는 것으로서 지정수량의 100배 이상인 것
이송취급소	모든 대상

▌ 소화난이도 등급 I 의 제조소등에 설치하여야 하는 소화설비 ▌

제조소등의 구분		소화설비
제조소 및 일반취급소		옥내소화전설비, 옥외소화전설비, 스프링클러설비 또는 물분무소화설비(화재발생 시 연기가 충만할 우려가 있는 장소에는 스프링클러설비 또는 이동식 외의 물분무소화설비)
주유취급소		스프링클러설비(건축물에 한정), 소형수동식 소화기
옥내 저장소	처마높이가 6m 이상인 단층 건물 또는 다른 용도의 부분이 있는 건축물에 설치한 옥내저장소	스프링클러설비 또는 이동식 외의 물분무등소화설비
	그 밖의 것	옥외소화전설비, 스프링클러설비, 이동식 외의 물분무소화설비 또는 이동식 포 소화설비(옥외에 설치하는 것에 한함)

		유황만을 저장·취급하는 것	물분무소화설비
옥외 탱크 저장소	지중탱크 또는 해상탱크 외의 것	인화점 70℃ 이상의 **제4류 위험물만을 저장·취급하는 것**	물분무소화설비 또는 고정식 포 소화설비
		그 밖의 것	고정식 포 소화설비(적응성이 없는 경우에는 분말소화설비)
	지중탱크		고정식 포 소화설비, 이동식 이외의 불활성 가스 소화설비 또는 이동식 이외의 할로젠화합물소화설비
	해상탱크		고정식 포 소화설비, 물분무소화설비, 이동식 이외의 불활성 가스 소화설비 또는 이동식 이외의 할로젠화합물소화설비
옥내 탱크 저장소	유황만을 저장·취급하는 것		물분무소화설비
	인화점 70℃ 이상의 **제4류 위험물만을 저장·취급하는 것**		물분무소화설비, 고정식 포 소화설비, 이동식 이외의 불활성 가스 소화설비, 이동식 이외의 할로젠화합물소화설비 또는 이동식 이외의 분말소화설비
	그 밖의 것		고정식 포 소화설비, 이동식 이외의 불활성 가스 소화설비, 이동식 이외의 할로젠화합물소화설비 또는 이동식 이외의 분말소화설비
옥외저장소 및 이송취급소			옥내소화전설비, 옥외소화전설비, 스프링클러설비 또는 물분무소화설비(화재발생 시 연기가 충만할 우려가 있는 장소에는 스프링클러설비 또는 이동식 이외의 물분무소화설비)
암반 탱크 저장소	유황만을 저장·취급하는 것		물분무소화설비
	인화점 70℃ 이상의 **제4류 위험물만을 저장·취급하는 것**		물분무소화설비 또는 고정식 포 소화설비
	그 밖의 것		고정식 포 소화설비(적응성이 없는 경우에는 분말소화설비)

2. 소화난이도 등급 Ⅱ 및 소화설비

제조소등의 구분	제조소등의 규모, 저장 또는 취급하는 위험물의 품명 및 최대수량 등
제조소 일반취급소	• 연면적 600m² 이상인 것 • 지정수량의 10배 이상인 것 • 일반취급소로서 소화난이도 등급 Ⅰ의 제조소등에 해당하지 아니하는 것
옥내저장소	• 단층건물 이외의 것 • 다층건물, 소규모 옥내저장소 • 지정수량의 10배 이상인 것 • 연면적 150m² 초과인 것 • 복합용도 건축물의 옥내저장소로서 소화난이도 등급 Ⅰ의 제조소등에 해당하지 않는 것
옥외/옥내 탱크저장소	소화난이도 등급 Ⅰ의 제조소등 외의 것
옥외저장소	• 덩어리상태의 유황을 저장하는 것으로서 내부의 면적이 5m² 이상 100m² 미만인 것 • 인화성 고체, 제1석유류 또는 알코올류를 저장하는 것으로서 지정수량의 10배 이상 100배 미만인 것 • 지정수량의 100배 이상인 것
주유취급소	옥내주유취급소로서 소화난이도 등급 Ⅰ의 제조소등에 해당하지 아니하는 것
판매취급소	제2종 판매취급소

┃ 소화난이도 등급Ⅱ의 제조소등에 설치하여야 하는 소화설비 ┃

제조소등의 구분	소화설비
제조소 옥내/옥외 저장소 주유취급소 판매취급소 일반취급소	• 방사능력 범위 내에 당해 건축물 • 그 밖의 공작물 및 위험물이 포함되도록 대형수동식 소화기를 설치하고, 당해 위험물의 소요단위의 1/5 이상에 해당되는 능력단위의 소형수동식 소화기 등을 설치할 것
옥외/옥내 탱크저장소	대형수동식 소화기 및 소형수동식 소화기 등을 각각 1개 이상 설치할 것

3. 소화난이도 등급 Ⅲ 및 소화설비

제조소등의 구분	제조소등의 규모, 저장 또는 취급하는 위험물의 품명 및 최대수량 등
제조소 일반취급소	• 화약류에 해당하는 위험물을 취급하는 것 • 화약류에 해당하는 위험물 외의 것을 취급하는 것으로서 소화난이도 등급 Ⅰ 또는 소화난이도 등급Ⅱ의 제조소등에 해당하지 아니하는 것
옥내저장소	• 화약류에 해당하는 위험물을 취급하는 것 • 화약류에 해당하는 위험물 외의 것을 취급하는 것으로서 소화난이도 등급 Ⅰ 또는 소화난이도 등급Ⅱ의 제조소등에 해당하지 아니하는 것
지하/간이/이동 탱크저장소	모든 대상
옥외저장소	• 덩어리상태의 유황을 저장하는 것으로서 경계표시 내부의 면적이 5m² 미만인 것 • 덩어리상태의 유황 외의 것을 저장하는 것으로서 소화난이도 등급 Ⅰ 또는 소화난이도 등급Ⅱ의 제조소등에 해당하지 아니하는 것
주유취급소	옥내주유취급소 외의 것으로서 소화난이도 등급 Ⅰ의 제조소등에 해당하지 않는 것
제1종 판매취급소	모든 대상

┃ 소화난이도 등급Ⅲ의 제조소등에 설치하여야 하는 소화설비 ┃

제조소등의 구분	소화설비	설치기준	
지하탱크저장소	소형수동식 소화기 등	• 능력단위의 수치가 3 이상	2개 이상
이동탱크저장소	자동차용 소화기	• 무상의 강화액 8L 이상 • 이산화탄소 3.2kg 이상 • 일브로민화일염화이플루오르화메테인 2L 이상 • 일브로민화삼플루오르화메테인(CF₃Br) 2L 이상 • 이브로민화사플루오르화메테인(C₂F₄Br₂) 1L 이상 • 소화분말 3.3kg 이상	2개 이상
	마른 모래 및 팽창질석 또는 팽창진주암	• 마른 모래 150L 이상 • 팽창질석 또는 팽창진주암 640L 이상	-

2 소요단위

1. 용어의 정의

소요단위는 소화설비의 설치대상이 되는 건축물·공작물의 규모 또는 위험물의 양의 기준단위를 의미한다. 반면에 능력단위는 소요단위에 대응하는 소화설비의 소화능력의 기준단위를 의미한다.

2. 소요단위의 기준

건축물 그 밖의 공작물 또는 위험물의 소요단위의 계산방법은 다음의 기준에 의한다.

① 제조소 또는 취급소의 건축물은 외벽이 내화구조인 것은 연면적 100m²를 1소요단위로 하며, 외벽이 내화구조가 아닌 것은 연면적 50m²를 1소요단위로 한다.

② 저장소의 건축물의 외벽이 내화구조인 것은 연면적 150m²를 1소요단위로 하고, 외벽이 내화구조가 아닌 것은 연면적 75m²를 1소요단위로 한다.

③ 제조소등의 옥외에 설치된 공작물은 외벽이 내화구조인 것으로 간주하고 공작물의 최대수평투영면적을 연면적으로 간주하여 위의 ①, ②의 규정에 의하여 소요단위를 산정한다.

④ 위험물은 지정수량의 10배를 1소요단위로 한다.

3 소화능력단위

1. 용어의 정의

능력단위는 소요단위에 대응하는 소화설비의 소화능력의 기준단위를 의미한다. 반면에 소요단위는 소화설비의 설치대상이 되는 건축물·공작물의 규모 또는 위험물 양의 기준단위를 의미한다.

2. 소화설비의 능력단위

수동식 소화기의 능력단위는 수동식 소화기의 형식승인 및 검정기술기준에 의하여 형식승인 받은 수치로 하고, 기타 소화설비의 능력단위는 다음의 표에 의한다.

소화설비	용량	능력단위
소화전용(轉用) 물통	8L	0.3
수조(소화전용 물통 3개 포함)	80L	1.5
수조(소화전용 물통 6개 포함)	190L	2.5
마른 모래(삽 1개 포함)	50L	0.5
팽창질석 또는 팽창진주암(삽 1개 포함)	160L	1.0

01 다음 중 소화설비와 능력단위의 연결이 옳은 것은?

① 마른 모래(삽 1개 포함) 50L-0.5능력단위

② 팽창질석(삽 1개 포함) 80L-1.0능력단위

③ 소화전용 물통 3L-0.3능력단위

④ 수조(소화전용 물통 6개 포함) 190L-1.5능력단위

 정답분석 기타 소화설비(물통, 수조, 마른 모래, 팽창질석, 팽창진주암)의 능력단위는 다음과 같다.

소화설비	용량	능력단위
소화전용(轉用) 물통	8L	0.3
수조(소화전용 물통 3개 포함)	80L	1.5
수조(소화전용 물통 6개 포함)	190L	2.5
마른 모래(삽 1개 포함)	50L	0.5
팽창질석 또는 팽창진주암(삽 1개 포함)	160L	1.0

정답 ①

02 위험물안전관리법령에서 정한 다음의 소화설비 중 능력단위가 가장 큰 것은?

① 팽창진주암 160L(삽 1개 포함)

② 수조 80L(소화전용 물통 3개 포함)

③ 마른 모래 50L(삽 1개 포함)

④ 팽창질석 160L(삽 1개 포함)

 정답분석 마른 모래(삽 1개 포함) 50L의 능력단위는 0.5이다.

정답 ②

03 소화설비 중 능력단위가 1.0인 것은?

① 삽 1개를 포함한 마른 모래 50L

② 삽 1개를 포함한 마른 모래 150L

③ 삽 1개를 포함한 마른 모래 100L

④ 삽 1개를 포함한 마른 모래 160L

정답분석 마른 모래(삽 1개 포함) 50L의 능력단위는 0.5이므로, 160L의 능력단위는 1.0이다.

정답 ④

04 위험물취급소의 건축물 연면적이 500m²인 경우 소요단위는? (단, 외벽은 내화구조이다.)

① 2단위

② 5단위

③ 10단위

④ 50단위

 정답분석 제조소 또는 취급소의 건축물로 외벽이 내화구조인 것은 연면적 100m²를 1소요단위로 한다.

계산 소요단위 = 연면적 × $\dfrac{1단위}{100m^2}$

∴ 소요단위 = 500m² × $\dfrac{1단위}{100m^2}$ = 5

정답 ②

05 위험물안전관리법령상 다음 사항을 참고하여 제조소의 소화설비의 소요단위의 합을 옳게 산출한 것은?

- 제조소 건축물의 연면적은 3,000m²
- 제조소 건축물의 외벽은 내화구조이다.
- 제조소 허가 지정수량은 3,000배이다.
- 제조소의 옥외 공작물은 최대수평투영면적은 500m²이다.

① 335

② 395

③ 400

④ 440

 정답분석 제조소 또는 취급소 건축물의 외벽이 내화구조이면 100m²를 1소요단위로 하므로 소요단위는 30이고, 지정수량의 10배를 1소요단위로 하므로 소요단위는 300이며, 옥외 공작물은 내화구조로 간주하며, 최대수평투영면적을 연면적으로 간주하므로 소요단위는 5이다.

∴ 소화설비의 소요단위의 합은 335이다.

정답 ①

Part 03

위험물의 성질과 취급

Chapter 01 위험물의 종류 및 성질

01 총론

1 위험물의 분류와 지정수량

1. 유(類)별 분류와 지정수량의 의미

위험물안전관리법에 적용을 받는 위험물에 대하여 제1류에서 제6류까지 구별하고, 각 유(類)별로 품명의 지정 수량을 지정하고 있다. 지정수량이란 위험물안전관리법상에서 규정하는 수량을 말한다.

2. 품명의 지정

품명의 지정은 지정대상 위험물의 화학적 조성, 형태 및 성상, 농도, 사용·저장상태, 특수 위험성 등에 따라 지정되었다.

[보기]

① **화학적 조성** : 비슷한 성질을 가진 원소, 비슷한 성분과 조성을 가진 화합물은 각각 유사한 성질을 나타내기 때문에 화학적 성질이 유사한 화합물은 대체로 동일군의 품명으로 지정된다. 예를 들면, 산화성 고체물질군은 제1류 위험물로 산화성 액체물질군은 제6류 위험물로서 규제대상이 되고 있다.

② **형태 및 성상** : 동일한 양의 물질이라도 형태에 따라 위험성에 차이가 있다. 예를 들면, Fe, Zn, Al분 등의 금속분은 보통 괴상(槐狀)은 규제대상이 아니지만 분상(粉狀)은 제2류 위험물로서 규제대상이 된다. 또한 동일한 산화성을 갖지만 고체 산화물인 경우는 제1류 위험물로 액체 산화물인 경우는 제6류 위험물로 분류된다.

③ **농도** : 위험성을 갖는 물질은 농도에 비례하여 위험성이 증가하게 된다. 예를 들면, H_2O_2(과산화수소) 3% 수용액은 흔히 소독제로 사용하는 물질이지만 36wt% 이상으로 농도가 높은 경우는 위험물로서 규제대상이 된다.

④ **사용·저장상태** : 동일 물품이라도 보관상태에 따라서 위험물로서 규제대상이 안될 수도 있다. 예를 들면, 동식물유류 10,000L 이상이면 제4류 위험물로서 규제를 받지만 불연성 용기에 수납·밀전되어 저장 보관되어 있을 경우는 위험물안전관리법상 위험물로 보지 않는다.

⑤ **특수 위험성** : 일반 위험보다도 특수 위험성을 우선하여 지정된다. 예를 들면 액체상의 유기과산화물은 과산화 다이알킬(R-O-O-R) 구조를 가지므로 가연성·인화성 액체이다. 그러므로 제4류 위험물로 분류될 수 있으나 유기과산화물의 자기반응성에 따른 특수 위험성이 중시되었기 때문에 제5류 위험물로 분류되고 있다.

3. 위험물의 분류와 품명 및 지정수량

위험물안전관리법에 따른 위험물의 분류와 품명 및 지정수량은 다음과 같다.

위험물			지정수량
유(類)별	성질	품명	
제1류	산화성 고체	무기과산화물, 염소산염류, 아염소산염류, 과염소산염류	50kg
		질산염류, 퍼옥소이황산염류, 아이오딘산염류, 브로민산염류	300kg
		과망가니즈산염류, 다이크롬산염류	1,000kg
제2류	가연성 고체	황화린, 적린, 유황	100kg
		철분, 금속분, 마그네슘	500kg
		인화성 고체(소디움메틸레이트, 마그네슘에틸레이트 등)	1,000kg
제3류	자연발화성 물질 및 금수성 물질	칼륨, 나트륨, 알킬알루미늄, 알킬리튬	10kg
		황린	20kg
		알칼리금속(칼륨 및 나트륨 제외) 및 알칼리토금속	50kg
		유기금속화합물(알킬알루미늄 및 알킬리튬을 제외)	50kg
		금속의 수소화물, 금속의 인화물, 칼슘 또는 알루미늄의 탄화물	300kg
제4류	인화성 액체	특수인화물[이황화탄소, 산화프로펜(산화프로필렌), 아세트알데하이드 등]	50L
		제1석유류 — 비수용성(휘발유, 벤젠, 톨루엔, 초산에틸 등)	200L
		제1석유류 — 수용성[아세톤, 사이안화수소(시안화수소), 피리딘 등]	400L
		알코올류(메틸알코올, 에틸알코올, 아이소프로필알코올 등)	400L
		제2석유류 — 비수용성(등유, 경유, 자일렌, 클로로벤젠 등)	1,000L
		제2석유류 — 수용성(아크릴산, 하이드라진, 에틸렌다이아민 등)	2,000L
		제3석유류 — 비수용성(중유, 아닐린, 벤질알코올, 니트로벤젠 등)	2,000L
		제3석유류 — 수용성(에틸렌글리콜, 글리세린, 올레인산 등)	4,000L

		제4석유류(윤활기유, 트리벤질페놀, 메테인술폰산 등)
		• 윤활유 : 기어유, 실린더유, 터빈유, 모빌유, 엔진오일 등
		• 가소제(可塑劑, Plasticizer)
		  - 프탈레이트(Phthalate)계 - DBP, DOP
		  - 인산염(Phophate)계 - TCP, TOP
		  - 세바스산염(Sebacate)계 - DBS, DOS 등
			6,000L

		동식물유류(아마인유, 피마자유, 야자유, 채종유 등)	10,000L
제5류	자기반응성 물질	유기과산화물, 질산에스터류(질산에스테르류)	10kg
		나이트로화합물, 나이트로소화합물, 아조화합물, 다이아조화합물, 하이드라진 유도체	200kg
		하이드록실아민, 하이드록실아민염류	100kg
제6류	산화성 액체	과염소산, 과산화수소, 질산, 할로젠간화합물	300kg

4. 지정수량의 표시와 의미

(1) **지정수량의 표시** : 고체에 대하여는 질량(kg)으로, 액체는 용량(L)으로 나타내고 있다. 단, 제6류 위험물은 액체인데도 kg으로 표시하고 있는데, 이는 비중을 보다 엄격히 규제하고자 하는 의미가 있다.

▌ 제6류 위험물의 종류와 비중 ▌

구분	질산(HNO_3)	과염소산($HClO_4$)	과산화수소(H_2O_2)
비중	1.5 (비중 1.49 이상)	1.76	1.5

(2) **지정수량과 위험성** : 지정수량이 적은 물품은 큰 물품보다 더 위험하고 동량의 것은 대체로 비슷하며, 지정수량을 초과했다 하여 갑자기 위험성이 생기는 것은 아니다. 따라서 지정수량의 크기에 따라 위험성의 크기를 등급으로 분류해서는 안 된다.

(3) **2 이상 품명을 갖는 위험물의 수량 환산** : 지정수량에 미달하는 위험물을 2 이상의 품명이 동일한 장소 또는 시설에서 제조 · 저장 또는 취급할 경우에 품명별로 제조 · 저장 또는 취급하는 수량을 품명별 지정수량으로 나누어 얻은 수의 합계가 1 이상이 될 때에는 이를 지정수량 이상의 위험물로 본다.

산정 계산 값 $= \dfrac{\text{A품명의 수량}}{\text{A품명의 지정수량}} + \dfrac{\text{B품명의 수량}}{\text{B품명의 지정수량}} + \cdots +$

규제 적용 계산 값 $\geq$ 1일 때 **→** 위험물로 분류

　　　　　　　　　　→ 위험물안전관리법의 규제를 받음

　　　　　계산 값 $<$ 1일 때 **→** 소량 위험물로 분류

　　　　　　　　　　→ 지방자치단체의 조례규제

(4) **지정수량 미만인 위험물의 저장 · 취급** : 지정수량 미만인 위험물의 저장 또는 취급에 관한 기술상의 기준은 특별시 · 광역시 · 특별자치시 · 도 및 특별자치도(시 · 도)의 조례로 정한다.

2 위험물의 인화(引火)특성

1. 위험물안전관리법상 용어의 정의

① 인화성 고체라 함은 고형 알코올 그 밖에 1기압에서 인화점이 40℃ 미만인 고체를 말한다.

② 인화성 액체라 함은 액체(제3석유류, 제4석유류 및 동 · 식물유류에 있어서는 1기압과 20℃에서 액상인 것에 한함)로서 인화의 위험성이 있는 것을 말한다.

③ 특수인화물이라 함은 이황화탄소, 다이에틸에터(디에틸에테르) 그 밖에 1기압에서 발화점이 100℃ 이하인 것 또는 인화점이 영하 20℃ 이하이고 비점이 40℃ 이하인 것을 말한다.

④ 제4류 위험물의 제1석유류라 함은 아세톤, 휘발유 그 밖에 1기압에서 인화점이 21℃ 미만인 것을 말한다.

⑤ 제4류 위험물의 제2석유류라 함은 등유, 경유 그 밖에 1기압에서 인화점이 21℃ 이상 70℃ 미만인 것을 말한다. 다만, 도료류 그 밖의 물품에 있어서 가연성 액체량이 40%(wt) 이하이면서 인화점이 40℃ 이상인 동시에 연소점이 60℃ 이상인 것은 제외한다.

⑥ 제4류 위험물의 제3석유류라 함은 중유, 클레오소트유 그 밖에 1기압에서 인화점이 70℃ 이상 200℃ 미만인 것을 말한다. 다만, 도료류 그 밖의 물품은 가연성 액체량이 40%(wt) 이하인 것은 제외한다.

⑦ 제4류 위험물의 제4석유류라 함은 기어유, 실린더유 그 밖에 1기압에서 인화점이 $200℃$ 이상 $250℃$ 미만의 것을 말한다. 다만, 도료류 그 밖의 물품은 가연성 액체량이 40%(wt) 이하인 것은 제외한다.

⑧ 제4류 위험물의 동·식물유류라 함은 동물의 지육 등 또는 식물의 종자나 과육으로부터 추출한 것으로서 1기압에서 인화점이 $250℃$ 미만인 것을 말한다.

⑨ 제4류 위험물의 알코올류라 함은 1분자를 구성하는 탄소원자의 수가 1개부터 3개까지인 포화 1가 알코올(변성알코올을 포함)을 말한다. 다만, 가연성 액체량이 60%(wt) 미만이고 인화점 및 연소점(태그개방식 인화점 측정기에 의한 연소점)이 에틸알코올 60%(wt) 수용액의 인화점 및 연소점을 초과하는 것은 제외한다.

‖ 주요 위험물의 인화점 ‖

구분	특수인화물	제1석유류	제2석유류	제3석유류	제4석유류	동·식물유
인화점	$-20℃$ 미만	$21℃$ 미만	$21 \sim 70℃$	$70 \sim 200℃$	$200 \sim 250℃$	$250℃$ 미만

<그림> 석유류의 인화점

구분	품명	인화점 (℃)
특수인화물 ($-20℃$ 이하)	다이에틸에터(디에틸에테르)	-45
	산화프로펜(산화프로필렌)	-37
	이황화탄소	-30
제1석유류 ($21℃$ 미만)	아세톤	-18
	휘발유	$-20 \sim -43$
알코올류	메틸알코올(메탄올)	11
	에틸알코올(에탄올)	13
제2석유류 ($21℃$ 이상 $70℃$ 미만)	등유	$43 \sim 72$
	경유	$50 \sim 70$
나프탈렌		80

2. 물질의 위험성을 나타내는 성질

- 연소범위
- 증기압
- 인화점, 발화점, 비점
- 증발열, 비열, 비중

- 연소범위 : 넓을수록 위험도가 증가함
- 증기압 : 높을수록 위험도가 증가함
- 인화점, 발화점, 비점 : 낮을수록 위험도가 증가함
- 증발열, 비열, 비중 : 낮을수록 위험도가 증가함(단, 액체위험 물질은 예외)

(1) 연소범위 : 주요 가연물질의 연소범위는 다음과 같다.

물질명	연소범위 (용량%)		물질명	폭발범위 (용량%)	
	하한 (LEL)	상한 (UEL)		하한 (LEL)	상한 (UEL)
휘발유	1.4	7.6	메테인(메탄)	5	15
톨루엔	1.27	7.0	에테인(에탄)	3.0	12.5
에틸에터 (에틸에테르)	1.9	48	프로페인(프로판)	2.1	9.5
아세톤	2	13	뷰테인(부탄)	1.8	8.4
에타인(아세틸렌)	2.5	82	메틸알코올	7.3	36
에텐(에틸렌)	3.0	33.5	에틸알코올	3.5	20
산화프로펜 (산화프로필렌)	2.5	38.5	황화수소	4.3	45
산화에텐 (산화에틸렌)	3.0	80	사이안화수소 (시안화수소)	5.6	40
수소	4.0	74.5	암모니아	15.7	27.4
일산화탄소	12	75	벤젠	1.4	7.1

(2) 발화온도 : 주요 가연물질의 발화온도는 다음과 같다.

발화온도	가연물질	발화온도	가연물질
50℃ 이하	• 황린(34℃)	300~400℃	• 에타인(아세틸렌, 300℃) • 목탄, 갈탄(320~370℃) • 뷰테인(부탄, 365℃)
100℃ 전후	• 이황화탄소(100℃) • 황화인(100℃)	400~500℃	• 에틸알코올(423℃) • 역청탄(450℃) • 프로페인(프로판, 470℃) • 아세톤(465℃)
100~230℃	• 셀룰로이드(180℃) • 아세트알데하이드(185℃) • 경유(210℃) • 등유(220℃) • 휘발유(246℃) • 황(232℃)	500~600℃	• 벤젠(500℃) • 메테인(메탄, 537℃) • 에테인(에탄, 515℃) • 수소(580~600℃) • 무연탄(600℃) • 도시가스(550~600℃)
230~260℃	• 헥세인(234℃) • 파라핀왁스(240℃) • 아탄(250℃) • 적린(260℃)	600~700℃	• 일산화탄소(609℃) • 코크스(650℃) • 메테인(메탄, 650~750) • 견사(650℃)
260~300℃	• 목재(400~450℃) • 종이(300~500℃) • 중유(250~300℃)	700~800℃	• 코크스로 가스(650~750℃) • 탄소(800℃)

(3) 밀도(ρ) : 단위체적당 질량을 말한다.

관계식　밀도 $= \dfrac{질량}{부피}$ → $\rho = \dfrac{m}{V}$ $\begin{cases} m : 질량\,(\text{g, kg, lb 등}) \\ V : 부피(\text{cm}^3,\ \text{mL}\ ,\ \text{cc, L, m}^3\ 등) \end{cases}$

(4) 비중(S) : 표준물질의 밀도를 기준으로 어떤 물질에 대한 밀도의 비(比)를 말한다.

관계식　비중 $= \dfrac{대상물질의\ 밀도}{표준물질의\ 밀도}$ → $S = \dfrac{\rho_a}{\rho_s}$ $\begin{cases} \rho_a : 대상물질\ 밀도 \\ \rho_s : 표준물질\ 밀도 \end{cases}$

3　위험물의 종류별 성상 판정시험의 종류

1. 제1류 위험물

　① 산화성 시험 : 연소시험, 대량연소시험

　② 충격민감성 시험 : 낙구식 타격감도시험, 철관시험

2. 제2류 위험물

　① 착화성 시험 : 작은 불꽃 착화시험

　② 인화성 시험 : 인화점 측정시험

3. 제3류 위험물

　① 자연발화성 시험

　② 금수성 시험 : 물과의 반응성 시험

4. 제4류 위험물 : 인화성 시험 → 인화점 측정시험, 연소점 측정시험, 발화점 측정시험, 비점 측정시험

5. 제5류 위험물

　① 폭발성 시험 : 열분석 시험

　② 가열분해성 시험 : 압력용기 시험

6. 제6류 위험물 : 산화성 시험 → 연소시험

출제예상문제

01
위험물안전관리법령에 따른 제4류 위험물 중 제1석유류에 해당하지 않는 것은?

① 등유
② 벤젠
③ 메틸에틸케톤
④ 톨루엔

 정답분석 등유는 제2석유류 비수용성에 해당한다.

정답 ①

02
위험물안전관리법령상 HCN의 품명으로 옳은 것은?

① 제1석유류
② 제2석유류
③ 제3석유류
④ 제4석유류

 정답분석 사이안화수소(시안화수소, HCN)는 제4류 위험물 중 제1석유류에 속한다.

정답 ①

03
위험물을 지정수량이 큰 것부터 작은 순서로 옳게 나열한 것은?

① 나이트로화합물 > 브로민산염류 > 하이드록실아민
② 나이트로화합물 > 하이드록실아민 > 브로민산염류
③ 브로민산염류 > 하이드록실아민 > 나이트로화합물
④ 브로민산염류 > 나이트로화합물 > 하이드록실아민

 정답분석 제시된 품목에 대한 위험물 지정수량의 크기는 브로민산염류(300kg) > 나이트로화합물(200kg) > 하이드록실아민(100kg)이다.

정답 ④

04
다음 표의 빈칸(㉠, ㉡)에 알맞은 품명은?

품명	지정수량
㉠	100킬로그램
㉡	1,000킬로그램

① ㉠ 철분, ㉡ 인화성 고체
② ㉠ 적린, ㉡ 인화성 고체
③ ㉠ 철분, ㉡ 마그네슘
④ ㉠ 적린, ㉡ 마그네슘

 정답분석 지정수량이 100kg인 것은 제시된 품목 중 적린이고, 지정수량이 1,000kg인 것은 제시된 품목 중 인화성 고체이다. 철분과 마그네슘의 지정수량은 500kg이다.

정답 ②

05
다음의 물질 중 위험물안전관리법령상 제1류 위험물에 해당하는 것의 지정수량을 모두 합산한 값은?

- 옥소이황산염류
- 아이오딘산
- 과염소산
- 차아염소산염류

① 350kg
② 400kg
③ 650kg
④ 1,350kg

 정답분석 제1류 위험물에 해당하는 물질은 퍼옥소이황산염류(300kg), 차아염소산염류(50kg)이다.

계산 지정수량 총합 = 300 + 50 = 350kg

정답 ①

06 다음과 같이 위험물을 저장할 경우 각각의 지정 수량 배수의 총합은 얼마인가?

- 클로로벤젠 : 1,000L
- 동·식물유류 : 5,000L
- 제4석유류 : 12,000L

① 2.5 ② 3.0
③ 3.5 ④ 4.0

 정답 분석 클로로벤젠 : 1,000L, 동·식물유류 : 10,000L, 제4 석유류 : 6,000L이므로 지정수량의 배수는 다음과 같이 산정한다.

[계산] 배수 $= \dfrac{1,000L}{1,000L} + \dfrac{5,000L}{10,000L} + \dfrac{12,000L}{6,000L} = 3.5$

정답 ③

07 다음 중 지정수량이 나머지 셋과 다른 금속은?

① Fe분 ② Zn분
③ Na ④ Mg

 정답 분석 제2류 위험물인 철분, 아연분, 마그네슘의 지정수량은 500kg이며, 제3류 위험물인 나트륨의 지정수량은 10kg 이다.

정답 ③

08 금속칼륨 20kg, 금속나트륨 40kg, 탄화칼슘 600kg 각각의 지정수량 배수의 총합은 얼마 인가?

① 2 ② 4
③ 6 ④ 8

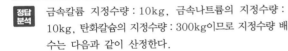 **정답 분석** 금속칼륨 지정수량 : 10kg, 금속나트륨의 지정수량 : 10kg, 탄화칼슘의 지정수량 : 300kg이므로 지정수량 배 수는 다음과 같이 산정한다.

[계산] 지정수량 배수 합 $= \dfrac{20}{10} + \dfrac{40}{10} + \dfrac{600}{300} = 8$

정답 ④

09 다음 Ⓐ ~ Ⓒ 물질 중 위험물안전관리법상 제6류 위험물에 해당하는 것은 모두 몇 개인가?

Ⓐ 비중 1.49인 질산
Ⓑ 비중 1.7인 과염소산
Ⓒ 물 60g+과산화수소 40g 혼합 수용액

① 1개 ② 2개
③ 3개 ④ 없음

 정답 분석 질산은 비중이 1.49 이상인 것을, 과산화수소의 농도는 36중량% 이상인 것을 위험물로 취급하며, 과염소산에 대한 기준은 제한이 없으므로 제6류 위험물에 해당하는 것은 총 3개이다.

정답 ③

10 다음 물질 중 인화점이 가장 낮은 것은?

① CS_2 ② $C_2H_5OC_2H_5$
③ CH_3COCH_3 ④ CH_3OH

 정답 분석 특수인화물 중 인화점이 가장 낮은 것은 다이에틸에테르(디에 틸에테르, $C_2H_5OC_2H_5$)로 −45℃의 인화점을 갖는다.

① 인화점 −30℃
③ 인화점 −18℃
④ 인화점 11℃

정답 ②

11 다음 제4류 위험물 중 인화점이 가장 낮은 것은?

① 아세톤
② 아세트알데하이드(아세트알데히드)
③ 산화프로펜(산화프로필렌)
④ 다이에틸에터(디에틸에테르)

 정답 분석 제4석유류 중 특수인화물인 다이에틸에터(디에틸에테 르)가 인화점이 −45℃로 가장 낮다.

정답 ④

12 다음 중 에틸알코올의 인화점(℃)에 가장 가까운 것은?

① −4℃　　　　② 3℃

③ 13℃　　　　④ 27℃

 에틸알코올의 인화점은 13℃, 메틸알코올의 인화점은 11℃이다.

정답 ③

13 다음 위험물 중 인화점이 가장 높은 것은?

① 메탄올　　　② 휘발유

③ 아세트산메틸　④ 메틸에틸케톤

 제시된 위험물 중 인화점이 가장 높은 것은 메탄올이다.

① 메탄올 : 11℃

② 휘발유 : −43℃

③ 아세트산메틸 : −10℃

④ 메틸에틸케톤 : −7℃

정답 ①

14 1기압, 27℃에서 아세톤 58g을 완전히 기화시키면 부피는 약 몇 L가 되는가?

① 22.4　　　　② 24.6

③ 27.4　　　　④ 58.0

[정답분석] 아세톤의 화학식은 C_3H_6O이고, 분자량은 58이며, 기화될 때 1mol의 표준상태 부피는 22.4L이다.

[계산] $V = 58g \times \dfrac{mol}{58g} \times \dfrac{22.4L}{mol} \times \dfrac{273+27}{273} = 24.6L$

정답 ②

15 다음 중 증기비중이 가장 큰 것은?

① 벤젠

② 아세톤

③ 아세트알데하이드(아세트알데히드)

④ 톨루엔

[정답분석] 증기의 비중은 공기를 표준물질로 한 밀도(기체 분자량/22.4)의 배수로 산출할 수 있다.

[계산] 증기비중 = $\dfrac{분자량/22.4}{29/22.4}$

분자량 = $\begin{cases} 벤젠(C_6H_6) = 78 \\ 아세톤(CH_3COCH_3) = 58 \\ 아세트알데하이드(CH_3CHO) = 44 \\ 톨루엔(C_6H_5CH_3) = 92 \end{cases}$

29 : 공기의 분자량, 22.4 : 표준상태의 기체 부피

∴ 증기의 비중이 가장 큰 것은 톨루엔(메틸벤젠)이다.

정답 ④

16 다음 물질 중 증기비중이 가장 작은 것은?

① 이황화탄소

② 아세톤

③ 아세트알데하이드(아세트알데히드)

④ 다이에틸에터(디에틸에테르)

[정답분석] 증기의 비중은 공기를 표준물질로 한 밀도(기체분자량/22.4)의 배수로 산출할 수 있다.

[계산] 증기비중 = $\dfrac{분자량/22.4}{29/22.4}$

분자량 = $\begin{cases} 이황화탄소(CS_2) = 76 \\ 아세톤(CH_3COCH_3) = 58 \\ 아세트알데하이드(CH_3CHO) = 44 \\ 다이에틸에터(C_2H_5OC_2H_5) = 74 \end{cases}$

29 : 공기의 분자량

22.4 : 표준상태의 기체 부피

∴ 증기의 비중이 가장 작은 것은 아세트알데하이드(아세트알데히드)이다.

정답 ③

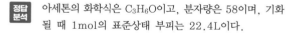

17 산화프로펜(산화프로필렌)에 대한 설명으로 틀린 것은?

① 무색의 휘발성 액체이고, 물에 녹는다.
② 증기압이 낮고, 연소범위가 좁아서 위험성이 높다.
③ 은, 마그네슘 등의 금속과 반응하여 폭발성 혼합물을 생성한다.
④ 인화점이 상온 이하이므로 가연성 증기발생을 억제하여 보관해야 한다.

 정답분석 산화프로펜(산화프로필렌)은 증기압이 높고, 2.5 ~ 38.5%의 넓은 연소범위를 갖기 때문에 위험성이 크다.

정답 ②

18 어떤 공장에서 아세톤과 메탄올을 18L 용기에 각각 10개, 등유를 200L 드럼으로 3드럼을 저장하고 있다면 각각의 지정수량 배수의 총합은 얼마인가?

① 1.3 ② 1.5
③ 2.3 ④ 2.5

 정답분석 아세톤은 제4류 위험물, 1석유류로서 수용성이므로 지정수량은 400L, 메탄올은 제4류 위험물 알코올류로서 지정수량 400L, 등유는 제4류 위험물, 2석유류로서 비수용성이므로 지정수량은 1,000L이다.

[계산] 지정수량 배수 $= \dfrac{저장수량}{지정수량}$

$\therefore$ 배수 $= \left(\dfrac{18L}{400L} + \dfrac{18L}{400L} \right) \times 10 + \dfrac{200L}{1,000L} \times 3 = 1.5$

정답 ②

19 다음과 같이 위험물을 저장할 경우 각각의 지정수량 배수의 총합은 얼마인가?

- 클로로벤젠 : 1,000L
- 동 · 식물유류 : 5,000L
- 제4석유류 : 12,000L

① 2.5 ② 3.0
③ 3.5 ④ 4.0

 정답분석 클로로벤젠 : 1,000L, 동 · 식물유류 : 10,000L, 제4석유류 : 6,000L

$\therefore$ 배수 $= \dfrac{1,000L}{1,000L} + \dfrac{5,000L}{10,000L} + \dfrac{12,000L}{6,000L} = 3.5$

정답 ③

20 산화프로펜(산화프로필렌) 300L, 메탄올 400L, 벤젠 200L를 저장하고 있는 경우 각각 지정수량 배수의 총합은 얼마인가?

① 4 ② 6
③ 8 ④ 10

 정답분석 산화프로펜(산화프로필렌) : 50L, 메탄올 : 400L, 벤젠 : 200L

$\therefore$ 배수 $= \dfrac{300L}{50L} + \dfrac{400L}{400L} + \dfrac{200L}{200L} = 8$

정답 ③

21 다음 위험물의 저장 또는 취급에 관한 기술상의 기준과 관련하여 시 · 도의 조례에 의해 규제를 받는 경우는?

① 등유 2,000L를 저장하는 경우
② 중유 3,000L를 저장하는 경우
③ 윤활유 5,000L를 저장하는 경우
④ 휘발유 400L를 저장하는 경우

정답분석 지정수량 미만인 위험물의 저장 또는 취급에 관한 기술상의 기준은 특별시 · 광역시 · 특별자치시 · 도 및 특별자치도(시 · 도)의 조례로 정한다. 제4석유류인 윤활유의 지정수량은 6,000L이므로 6,000L 이하로 저장하는 경우 시 · 도의 조례에 의해 규제를 받는다.

정답 ③

1 제1류 위험물의 종류 및 화학적 성질

1. 제1류 위험물의 종류 · 품명 · 지정수량

성질	품명	지정수량
산화성 고체	아염소산염류, 염소산염류, 과염소산염류, 무기과산화물류	50kg
	브로민산염류(브롬산염류), 질산염류, 아이오딘산염류(요오드산염류)	300kg
	과망가니즈산염류(과망간산염류), 다이크로뮴산염류(중크롬산염류)	1,000kg

● 참고 ●

제1류 위험물

- **산화성 고체** : 그 자체로는 연소하지 아니하더라도 일반적으로 산소를 발생시켜 다른 물질을 연소시키거나 연소를 돕는 고체를 말함
- **각 품명의 대표적인 품목**
  - 아염소산염류 : 아염소산나트륨($NaClO_2$), 아염소산칼륨($KClO_2$)
  - 염소산염류 : 염소산나트륨($NaClO_3$), 염소산칼륨($KClO_3$)
  - 과염소산염류 : 과염소산나트륨($NaClO_4$), 과염소산칼륨($KClO_4$)
  - 무기과산화물류 : 과산화나트륨(Na_2O_2), 과산화칼륨(K_2O_2)
  - 브로민산염류(브롬산염류) : 브로민산나트륨($NaBrO_3$), 브로민산칼륨($KBrO_3$)
  - 질산염류 : 질산나트륨($NaNO_3$), 질산칼륨(KNO_3), 질산암모늄(NH_4NO_3)
  - 아이오딘산염류(요오드산염류) : 아이오딘산나트륨($NaIO_3$), 아이오딘산칼륨(KIO_3)
  - 과망가니즈산염류(과망간산염류) : 과망가니즈산나트륨($NaMnO_4$), 과망가니즈산칼륨($KMnO_4$)
  - 다이크로뮴산염류(중크롬산염류) : 다이크로뮴산나트륨($Na_2Cr_2O_7$) 다이크로뮴산칼륨($K_2Cr_2O_7$)

2. 제1류 위험물의 화학적 성질

[공통적인 특성]

- 불연성이며, 무기화합물로서 강산화제로 작용한다.
- 다량의 산소를 함유하고 있는 강력한 산화제로서 분해하면 산소를 방출한다.
- 대부분 무색의 결정 또는 백색분말로서 비중이 1보다 크고, 물에 잘 녹는다.
- 산화성 고체의 일부는 물과 반응하여 열과 산소를 발생시키는 것도 있다.
- 열 · 충격 · 마찰 또는 분해를 촉진하는 약품과 접촉할 경우 폭발할 위험성이 있다.
- 다른 약품과 접촉할 경우 분해하면서 다량의 산소를 방출하기 때문에 다른 가연물의 연소를 촉진하는 성질이 있다.

① 아염소산염류 →
- 아염소산 : $HClO_2$
- 아염소산염류 : $MClO_2$

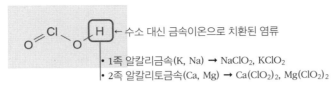 ← 수소 대신 금속이온으로 치환된 염류

- 1족 알칼리금속(K, Na) → $NaClO_2$, $KClO_2$
- 2족 알칼리토금속(Ca, Mg) → $Ca(ClO_2)_2$, $Mg(ClO_2)_2$

- 무색의 고체로서 중성·염기성 용액에서는 안정되나 빛에는 민감함
- Ag, Pb, Hg염 이외는 물에 용해성이며, 중금속류염은 기폭제로 이용됨
- 차아염소산(HOCl)염보다는 안정되나 염소산($HClO_3$)염보다는 불안정함
- 급속 가열 또는 산(酸)을 가하면 위험한 ClO_2를 발생하고, 폭발하는 것이 있음
- 산화력이 강하여 살균 및 표백제로 많이 사용됨

② 염소산염류 →
- 염소산 : $HClO_3$
- 염소산염류 : $MClO_3$

← 수소 대신 금속이온으로 치환된 염류

- 1족 알칼리금속(K, Na) → $NaClO_3$, $KClO_3$
- 2족 알칼리토금속(Ca, Mg) → $Ca(ClO_3)_2$, $Mg(ClO_3)_2$

- 무색의 고체로 알칼리금속염은 MnO_2 등의 촉매와 가열하면 산소를 발생함
- $KClO_3$는 냉수, 알코올에는 잘 녹지 않으나 온수, 글리세린에는 잘 녹음
- $NaClO_3$는 물, 알코올, 글리세린, 에터(에테르)에 모두 잘 녹음
- 강산(强酸)을 작용시키면 대량의 이산화염소를 발생시키므로 매우 위험함
- 급격한 가열이나 가연물의 존재 하에서 마찰이나 충격으로 폭발위험이 있음

③ 과염소산염류 →
- 과염소산 : $HClO_4$
- 과염소산염류 : $MClO_4$

← 수소 대신 금속이온으로 치환된 염류

- 1족 알칼리금속(K, Na) → $NaClO_4$, $KClO_4$
- 2족 알칼리토금속(Ca, Mg) → $Ca(ClO_4)_2$, $Mg(ClO_4)_2$

- 무색의 고체로 조해성이며, 염소의 염소산염 중에서 가장 안정성이 높음
- 가연성이 있는 물질 하에서 가열하거나 연마하면 폭발할 위험성이 있음
- 대부분 물에 쉽게 녹지만 알칼리금속류와 결합한 염(예 $KClO_4$ 등)은 물, 알코올, 에터(에테르)에 잘 녹지 않음. 그러나 알칼리금속염 외의 과염소산염은 알코올, 아세톤에 비교적 용해성임)
- 온도가 낮을 때는 산화력이 약하지만 고온에서 농도가 높은 경우, 강한 산화력을 갖는 특성이 있음

④ **무기과산화물류** →
- 과산화물 : 분자내 퍼옥시(O−O−)결합을 갖는 산화물을 총칭함
- 무기과산화물 : H_2O_2에서 수소 1 ~ 2개가 무기원소(K, Na, Ca 등)인 것
- ※ 유기과산화물 : H_2O_2에서 수소 1 ~ 2개가 유기원소(C 및 그 화합물)인 것

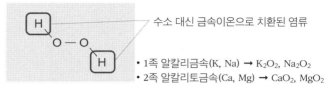

수소 대신 금속이온으로 치환된 염류

- 1족 알칼리금속(K, Na) → K_2O_2, Na_2O_2
- 2족 알칼리토금속(Ca, Mg) → CaO_2, MgO_2

- 무기과산화물류는 O_2^{2-}의 화합물로 분자구조 내 O − O결합을 가짐
- M_2O_2 유형에서 M은 무기물(알칼리금속 또는 기타 금속)임
- M이 유기물일 경우에는 유기과산화물로서 제5류 위험물로 분류됨
- 과산화수소(H_2O_2)는 O−O결합을 갖지만 제6류 위험물 산화성 액체로 분류됨
- 알칼리 금속염은 원자번호가 증가함에 따라 백색 → 황색 → 황갈색으로 됨
- 알칼리토류 금속염은 대부분 백색임
- 무기과산화물류는 물과 산(酸)에 접촉하면 분해, 수산화물과 과산화수소를 생성함
- 무기과산화물류는 강한 산화제이므로 산화제나 표백제로 사용됨

[제1류 위험물의 화학적 특성 정리]

(1) 용해 특성

물에 잘 녹는 것	• 아염소산나트륨($NaClO_2$) • 과염소산나트륨($NaClO_4$), 과염소산암모늄(NH_4ClO_4) • 브로민산나트륨(브롬산나트륨, $NaBrO_3$), 질산나트륨($NaNO_3$) • 아이오딘산칼륨(요오드산칼륨, KIO_3) • 과망가니즈산나트륨(과망간산나트륨, $NaMnO_4$) • 과망가니즈산암모늄(과망간산암모늄, NH_4MnO_4)
물에 쉽게 분해되는 것	• 과산화나트륨(Na_2O_2), 과산화칼륨(K_2O_2)
물에 약간 녹는 것	• 과산화마그네슘(MgO_2)
물에 녹지 않는 것	• 과아이오딘산칼륨(과요오드산칼륨, KIO_4)
물에는 잘 녹으나 에터(에테르), 알코올에는 잘 녹지 않는 것	• 아이오딘산나트륨(요오드산 나트륨, $NaIO_3$)
온수, 글리세린에 녹지만 냉수, 알코올에 잘 안 녹는 것	• 염소산칼륨($KClO_3$)
물에는 미량 녹으나 에터(에테르), 알코올에는 녹지 않는 것	• 과염소산칼륨($KClO_4$) • 다이크로뮴산칼륨(중크롬산칼륨, $K_2Cr_2O_7$) • 다이크로뮴산나트륨(중크롬산나트륨, $Na_2Cr_2O_7$)
물, 에터(에테르), 알코올에 모두 잘 녹는 것	• 염소산나트륨($NaClO_3$)
물과 알코올 모두 잘 녹는 것	• 질산암모늄(NH_4NO_3)
물에 녹지만 알코올에는 분해되는 것	• 과망가니즈산칼륨(과망간산칼륨, $KMnO_4$)
물에 잘 녹지 않고, 에탄올, 에터(에테르)에도 녹지 않는 것	• 과산화칼슘(CaO_2)

(2) 색깔 특성

- 무색인 것 → $NaClO_2$, $NaClO_3$, $NaClO_4$, $NaNO_2$, $NaBrO_3$, KNO_3, $KClO_3$, $KClO_4$, KNO_2, KIO_3, NH_4ClO_3, NH_4ClO_4, NH_4NO_3, $Ca(ClO_3)_2$

- 백색인 것 → $KClO_2$, $Ca(ClO_2)_2$, MgO_2
- 무색 또는 담황색인 것 → 질산나트륨($NaNO_3$)
- 백색 또는 담황색인 것 → 과산화칼슘(CaO_2)
- 기타

담황색	황색 및 오렌지색	적색	적자색	흑자색	등적색	흑갈색
$AgNO_2$	Na_2O_2 K_2O_2	Pb_3O_4	$KMnO_4$ $NaMnO_4$	NH_4MnO_4	$K_2Cr_2O_7$ $Na_2Cr_2O_7$	PbO_2

(3) 고온의 분해반응 특성

- 염소산나트륨 : $3NaClO_3 \xrightarrow[\text{과염소산나트륨, 이산화염소 발생}]{\text{저온분해}} NaClO_4 + 2ClO_2 + Na_2O$

- 과염소산암모늄 : $2NH_4ClO_4 \xrightarrow[\text{산소, 염소가스 발생}]{130℃ \ 이상} 2O_2 + Cl_2 + N_2 + 4H_2O$

- 아염소산칼륨 : $KClO_2 \xrightarrow[\text{산소, KCl 발생}]{160℃ \ 이상에서 \ 분해} O_2 + KCl$

  ※ 열, 햇빛, 충격에 의해 **폭발위험**이 있다.

- 질산암모늄 : $2NH_4NO_3 \xrightarrow[\text{산소 발생, 폭발}]{200℃ \ 이상} O_2 + 2N_2 + 4H_2O$

- 과산화칼슘 : $2CaO_2 \xrightarrow[\text{산소 발생}]{270℃ \ 이상} O_2 + 2CaO$

- 염소산나트륨 : $2NaClO_3 \xrightarrow[\text{산소 발생}]{300℃ \ 이상 \ 고온분해} 3O_2 + 2NaCl$

- 아염소산나트륨 : $3NaClO_2 \xrightarrow[\text{산소 발생}]{350℃ \ 이상 \ (수분 \ 존재 \ 시 \ 130℃↑)} 2O_2 + 2NaOCl + NaCl$

- 브로민산칼륨 : $2KBrO_3 \xrightarrow[\text{산소 발생}]{380℃ \ 이상} 3O_2 + 2KBr$

- 질산칼륨 : $2KNO_3 \xrightarrow[\text{산소 발생}]{380℃ \ 이상} O_2 + 2KNO_2$

  ※ 유기물의 분말 또는 **활성탄과의 혼합물**은 충격에 의해 **폭발의 위험**이 있다.

- 질산나트륨 : $2NaNO_3 \xrightarrow[\text{산소 발생}]{380℃ \ 이상} O_2 + 2NaNO_2$

  ※ 질산나트륨은 일명 **칠레초석**으로 불리며, 유기물과 혼합되면 **저온에서도 폭발**한다.

- 염소산칼륨 : $2KClO_3 \xrightarrow[\text{산소 발생}]{400℃ \ 이상 \ (촉매 \ 존재 \ 시 \ 200℃↑)} 3O_2 + 2KCl$

- 과염소산칼륨 : $KClO_4 \xrightarrow[\text{산소 발생}]{400℃ \ 이상} 2O_2 + KCl$

- 과산화칼륨 : $2K_2O_2 \xrightarrow[\text{산소 발생}]{450℃ \ 이상} O_2 + 2K_2O$

- 과산화나트륨 : $2Na_2O_2 \xrightarrow[\text{산소 발생}]{460℃ \ 이상} O_2 + 2Na_2O$

- 다이크로뮴산칼륨 : $4K_2Cr_2O_7 \xrightarrow[\text{산소 발생}]{500℃ \ 이상} 3O_2 + 4K_2CrO_4 + 2Cr_2O_3$

(4) 산(强酸)과의 반응 특성

- 아염소산나트륨 : $3NaClO_2$ $\xrightarrow[\text{과산화수소, 이산화염소 가스 발생}]{\text{강산(HCl 존재 시)}}$ $H_2O_2 + 2ClO_2 + 3NaCl$

- 염소산나트륨 : $NaClO_3$ $\xrightarrow[\text{과산화수소, 이산화염소 가스 발생}]{\text{강산(HCl 존재 시)}}$ $H_2O_2 + 2ClO_2 + 2NaCl$

- 과산화마그네슘 : MgO_2 $\xrightarrow[\text{과산화수소 발생}]{\text{강산(HCl 2mol과 반응)}}$ $H_2O_2 + MgCl_2$

- 과산화나트륨 : Na_2O_2 $\xrightarrow[\text{과산화수소 발생}]{\text{강산(HCl 2mol과 반응)}}$ $H_2O_2 + 2NaCl$

- 과산화나트륨 : Na_2O_2 $\xrightarrow[\text{과산화수소 발생}]{\text{약산(CH}_3\text{COOH 2mol과 반응)}}$ $H_2O_2 + 2CH_3COONa$

- 염소산칼륨 : $6KClO_3 + H_2SO_4$ $\xrightarrow[\text{산소, 이산화염소 가스 발생}]{\text{강산(H}_2\text{SO}_4\text{ 존재 시)}}$ $2H_2O + 4ClO_2 + 3K_2SO_4 + 2HClO_4$

- 과염소산암모늄 : NH_4ClO_4 $\xrightarrow[\text{HClO}_4\text{ 발생}]{\text{강산(H}_2\text{SO}_4\text{ 존재 시)}}$ $HClO_4 + NH_4HSO_4$

- 과산화칼륨 : K_2O_2 $\xrightarrow[\text{과산화수소 발생}]{\text{강산(H}_2\text{SO}_4\text{ 존재 시)}}$ $H_2O_2 + K_2SO_4$

- 과산화칼륨 : K_2O_2 $\xrightarrow[\text{과산화수소 발생}]{\text{약산(CH}_3\text{COOH 2mol과 반응)}}$ $H_2O_2 + 2CH_3COOK$

- 과망가니즈산칼륨 : $4KMnO_4$ $\xrightarrow[\text{산소 발생}]{\text{묽은 강산(H}_2\text{SO}_4\text{ 6mol과 반응)}}$ $5O_2 + 2K_2SO_4 + 4MnSO_4 + 6H_2O$

- 다이크로뮴산칼륨 : $K_2Cr_2O_7$ $\xrightarrow[\text{산소 발생}]{\text{강산(H}_2\text{SO}_4\text{와 반응)}}$ $O_2 + K_2SO_4 + Cr_2(SO_4)_3 + H_2O$

(5) 물(수분)과의 반응 특성

- 과산화칼륨 : $2K_2O_2$ $\xrightarrow[\text{산소 발생, 발열}]{\text{수분(H}_2\text{O) 2mol과 반응}}$ $O_2 + 4KOH$

- 과산화나트륨 : $2Na_2O_2$ $\xrightarrow[\text{산소 발생, 발열}]{\text{수분(H}_2\text{O) 2mol과 반응}}$ $O_2 + 4NaOH$

- 과산화마그네슘 : $2MgO_2$ $\xrightarrow[\text{산소 발생, 발열}]{\text{수분(H}_2\text{O) 2mol과 반응}}$ $O_2 + 2Mg(OH)_2$

(6) 환원제 및 금속분과 반응 특성

- 아염소산나트륨 : $2NaClO_2$ $\xrightarrow[\text{염소 등 유해가스 발생}]{\text{환원물질(S) 3mol과 반응}}$ $Cl_2 + 2SO_2 + Na_2S$

  ※ 목탄, 유황, 인, 금속물과 혼합하면 약간의 충격에 의해서도 폭발한다.

- 아염소산나트륨 : $3NaClO_2$ $\xrightarrow[\text{Al}_2\text{O}_3\text{ 등 폭발성 물질 생성}]{\text{금속분(Al) 4mol과 반응}}$ $2Al_2O_3 + 3NaCl$

- 질산칼륨 : KNO_3 $\xrightarrow[\text{흑색화약효과 혼촉 발화 위험}]{\text{유기물(C, S), Na 등 금속분과 반응}}$ $xCO_2 + yH_2O + zN_2 + 기타$

(7) 탄산가스 및 알코올과의 반응 특성

- 과산화칼륨 : $2K_2O_2$ $\xrightarrow[\text{산소 발생}]{\text{CO}_2\text{ 2mol과 반응}}$ $O_2 + 2K_2CO_3$

- 과산화칼륨 : K_2O_2 $\xrightarrow[\text{과산화수소 발생}]{C_2H_5OH\ 2mol 과\ 반응}$ $H_2O_2 + 2CH_3COOK$

- 과산화나트륨 : $2Na_2O_2$ $\xrightarrow[\text{산소 발생}]{\text{탄산가스}(CO_2)\ 2mol 과\ 반응}$ $O_2 + 2Na_2CO_3$

- 과산화나트륨 : Na_2O_2 $\xrightarrow[\text{과산화수소 발생}]{C_2H_5OH\ 2mol 과\ 반응}$ $H_2O_2 + 2CH_3COONa$

2 제1류 위험물의 저장 · 취급 방법과 화재 대응방법

1. 저장 및 취급 방법

- 조해성이 있으므로 습기에 주의하며, 용기는 밀폐하여 저장한다.
- 환기가 양호한 냉암소에 저장한다.
- 환원제, 산(酸) 또는 화기와 가열위험이 있는 곳으로부터 멀리한다.
- 가열 · 충격 · 마찰 등을 피하고, 분해를 촉진하는 약품류 및 가연물과 접촉을 피한다.
- 용기는 밀봉하고, 파손에 의한 위험물의 누설에 주의한다.

2. 화재 대응방법

(1) 일반사항

- 제1류 위험물은 분해하면서 산소를 방출하기 때문에 연소가 급격하고 위험물 자체의 분해도 빠르게 진행하게 된다. 따라서 대량의 물로 냉각하여 분해온도 이하로 내림으로써 위험물의 분해와 가연물의 연소속도를 억제할 수 있다.
- 물과 반응하여 산소를 방출하는 알칼리금속의 과산화물 등에 관련된 화재의 경우 초기단계에서는 탄산수소염류 등을 사용한 분말소화기, 마른 모래 등을 이용하여 질식소화한다.

(2) 각개 대응

 ㉠ 아염소산나트륨($NaClO_2$)
- 대량의 물을 사용하되 폭발우려가 있으므로 가까이 접근하지 않도록 한다.
- 부식성이 강하므로 가급적 부식성 장비는 사용하지 않는 것이 좋다.

 ㉡ 아질산나트륨($NaNO_2$), 차아염소산칼슘[$Ca(OCl)_2$], 과산화마그네슘(MgO_2)
- 소화제 및 장비나 물 또는 분말, 포를 사용한다.
- 폭발에 대비하여 충분한 안전거리 확보 후 무인 방수소화가 바람직하다.

 ㉢ 무수크로뮴산(CrO_3), 아이오딘산칼륨(KIO_4), 과염소산나트륨($NaClO_4$)
- 화재 시 탄산가스, 분말, 포 등은 효과가 없다.
- 대량의 물을 사용하되, 2차적 오염에 유의하여야 한다.
- 유기물 또는 가연성 물질과 접촉하여 발화, 폭발의 우려가 있으므로 유기물이나 가연성 물질은 제거하는 한편 흡착제는 불연성(마른 모래, 흙 등)을 사용한다.

 ㉣ 질산암모늄(NH_4NO_3), 과염소산나트륨($NaClO_4$)
- 환원성 물질이나 금속분, 가연물 등과 접촉 시 폭발의 위험이 있으므로 사전에 제거한다.
- 대량의 물을 사용하되, 가열 시 유독가스가 발생하므로 공기호흡기를 착용한다.

출제예상문제

01 과산화칼륨에 대한 설명으로 옳지 않은 것은?

① 물과 반응하여 수소를 생성한다.
② 탄산가스와 반응하여 산소를 생성한다.
③ 염산과 반응하여 과산화수소를 생성한다.
④ 물과의 접촉을 피하고, 밀전하여 저장한다.

 과산화칼륨은 물과 반응 시 산소를 생성하기 때문에 밀전하여 저장해야 한다.
① $2K_2O_2 + 2H_2O \rightarrow 4KOH + O_2$: 산소 생성
② $2K_2O_2 + 2CO_2 \rightarrow 2K_2CO_3 + O_2$: 산소 생성
③ $K_2O_2 + 2HCl \rightarrow 2KCl + H_2O_2$: 과산화수소 생성

정답 ①

02 과산화나트륨의 위험성에 대한 설명으로 틀린 것은?

① 가열하면 분해하여 산소를 방출한다.
② 부식성 물질이므로 취급 시 주의해야 한다.
③ 물과 접촉하면 가연성 수소가스를 방출한다.
④ 이산화탄소와 반응을 일으킨다.

정답분석 과산화나트륨(Na_2O_2)은 제1류 위험물 중 무기과산화물(알칼리금속의 과산화물)로 물과 접촉하면 발열반응과 함께 산소를 방출하므로 주수소화를 금한다.

반응 $2Na_2O_2 + 2H_2O \rightarrow 4NaOH + O_2$

정답 ③

03 과산화나트륨이 물과 반응할 때의 변화를 가장 옳게 설명한 것은?

① 산화나트륨과 수소를 발생한다.
② 물을 흡수하여 탄산나트륨이 된다.
③ 산소를 방출하여 수산화나트륨이 된다.
④ 서서히 물에 녹아 과산화나트륨의 안정한 수용액이 된다.

정답분석 금수성 물질인 과산화나트륨(Na_2O_2)과 물이 반응하면 산소를 방출하며, 수산화나트륨이 생성된다.

정답 ③

04 연소반응을 위한 산소 공급원이 될 수 없는 것은?

① 과망가니즈산칼륨
② 염소산칼륨
③ 탄화칼슘
④ 질산칼륨

정답분석 산소 공급원에는 공기, 산화제, 자기반응성 물질 등이 있다. 탄화칼슘(CaC_2)은 산소를 포함하지 않으므로 산소 공급원이 될 수 없다.

정답 ③

05 과염소산과 과산화수소의 공통된 성질이 아닌 것은?

① 비중이 1보다 크다.
② 물에 녹지 않는다.
③ 산화제이다.
④ 산소를 포함한다.

 제1류 위험물 산화성 고체(과염소산)와 제6류 위험물 산화성 액체(과산화수소)의 공통적 성질을 묻는 문제이다. 과염소산은 물에 용해되고 과산화수소는 물, 에터(에테르), 알코올에 용해된다. 과염소산의 비중은 1.76, 과산화수소의 비중은 1.47이며, 제1류 위험물과 제6류 위험물은 불연성 물질로 산소를 포함한 강산화제이며, 다른 물질의 연소를 돕는 특성(조연성)을 갖는다.

정답 ②

06 다음 중 물과 반응하여 수소를 발생하지 않는 물질은?

① 칼륨
② 수소화붕소나트륨
③ 탄화칼슘
④ 수소화칼슘

 ①, ②, ④는 물과 반응하여 수소를 발생하는 반면에 탄화칼슘(CaC_2)은 물과 반응하여 수산화칼슘과 에타인(아세틸렌)가스가 생성된다.

정답 ③

07 염소산나트륨이 열분해하였을 때 발생하는 기체는?

① 나트륨 ② 염화수소

③ 염소 ④ 산소

정답 분석 염소산나트륨($NaClO_3$)이 300℃ 이상의 고온에서 열분해하면 산소 기체(O_2)와 염화나트륨($NaCl$)이 생성된다.

반응 $2NaClO_3 \rightarrow 3O_2 + 2NaCl$

정답 ④

 08 염소산나트륨의 위험성에 대한 설명 중 틀린 것은?

① 산과 반응하여 이산화염소를 발생한다.

② 조해성이 강하므로 저장용기는 밀전한다.

③ 황, 목탄, 유기물 등과 혼합한 것은 위험하다.

④ 유리용기를 부식시키므로 철제용기에 저장한다.

정답 분석 철제용기를 부식시키므로 유리용기에 저장한다.

정답 ④

 09 다음 중 제1류 위험물의 과염소산염류에 속하는 것은?

① $KClO_3$ ② $NaClO_4$

③ HIO_4 ④ $NaClO_2$

정답 분석 제1류 위험물의 과염소산염류에 속하는 것은 $NaClO_4$이다.
① 제1류 위험물 – 염소산염류
③ 제6류 위험물 – 과염소산
④ 제1류 위험물 – 아염소산염류

정답 ②

 10 아염소산나트륨의 성상에 관한 설명 중 틀린 것은?

① 조해성이 있다.

② 자신은 불연성이다.

③ 열분해하면 산소를 방출한다.

④ 수용액상태에서도 강력한 환원력을 가지고 있다.

정답 분석 아염소산나트륨($NaClO_2$)은 제1류 위험물로 산화성 고체이므로 강력한 산화력을 갖는다.

이론 PLUS • 아염소산나트륨 특징
- 다량의 산소를 포함하고 있으며, 180℃ 이상 가열하면 산소를 방출한다.
- 무색의 결정으로 물에 잘 녹는 수용성이며, 산화력을 갖는다.
- 산을 가하면 유독성의 이산화염소를 발생한다.
- 티오황산나트륨, 다이에틸에터(디에틸에테르), 목탄, 유황, 인 등과 혼합하면 폭발한다.
- 조해성이 있으므로 용기는 밀폐 · 밀봉하여 저장한다.

정답 ④

 11 과산화나트륨이 물과 반응할 때의 변화를 가장 옳게 설명한 것은?

① 산화나트륨과 수소를 발생한다.

② 물을 흡수하여 탄산나트륨이 된다.

③ 산소를 방출하며, 수산화나트륨이 된다.

④ 서서히 물에 녹아 과산화나트륨의 안정한 수용액이 된다.

정답 분석 금수성 물질인 과산화나트륨(Na_2O_2)과 물이 반응하면 산소를 방출하여 수산화나트륨이 생성된다.

정답 ③

12 염소산칼륨이 고온에서 완전 열분해할 때 주로 생성되는 물질은?

① 칼륨과 물 및 산소
② 염화칼륨과 산소
③ 이염화칼륨과 수소
④ 칼륨과 물

 정답분석 염소산칼륨($KClO_3$)이 고온에서 완전 열분해하여 염화칼륨과 산소가 생성된다.

[반응] $2KClO_3 \rightarrow 2KCl + 3O_2$

정답 ②

13 염소산칼륨에 대한 설명으로 옳은 것은?

① 점성이 있는 액체이다.
② 폭약의 원료로 사용된다.
③ 녹는점이 700℃ 이상이다.
④ 강한 산화제이며, 열분해하여 염소를 발생한다.

정답분석 염소산칼륨($KClO_3$)은 제1류 위험물로 산화성 고체이다. 성냥, 폭약 등의 원료로 사용되며, 강한 산화제로 작용한다. 열분해할 경우 염화칼륨과 산소를 발생하며, 염소산칼륨의 녹는점은 368℃이다.

정답 ②

14 염소산칼륨에 관한 설명 중 옳지 않은 것은?

① 강산화제로 가열에 의해 분해하여 산소를 방출한다.
② 무색의 결정 또는 분말이다.
③ 온수 및 글리세린에 녹지 않는다.
④ 인체에 유독하다.

정답분석 염소산칼륨($KClO_3$)은 온수 및 글리세린에 잘 녹지만 냉수 및 알코올에 녹지 않는다.

정답 ③

15 다음 중 물과 반응하여 산소와 열을 발생하는 것은?

① 염소산칼륨
② 과산화나트륨
③ 금속나트륨
④ 과산화벤조일

 정답분석 과산화나트륨은 제1류 위험물 중 알칼리금속의 과산화물로 물과 반응할 경우 발열반응과 함께 산소를 발생시킨다.

정답 ②

16 위험물안전관리법령에서 정한 제1류 위험물이 아닌 것은?

① 질산메틸
② 질산나트륨
③ 질산칼륨
④ 질산암모늄

 정답분석 질산메틸은 제5류 위험물 중 질산에스터류(질산에스테르류)에 속한다.

정답 ①

03 제2류 위험물

1 제2류 위험물의 종류 및 화학적 성질

1. 제2류 위험물의 종류 · 품명 · 지정수량

성질	품명	지정수량
가연성 고체	황화인(황화린), 적린, 유황	100kg
	철분, 금속분, 마그네슘	500kg
	인화성 고체	1,000kg

● 참고 ●

제2류 위험물

■ **가연성 고체** : 고체로서 화염에 의한 발화의 위험성 또는 인화의 위험성을 판단하기 위하여 고시로 정하는 시험에서 고시로 정하는 성질과 상태를 나타내는 것을 말한다.
■ **각 품명에 대한 규정**
  • 유황은 순도가 60%(중량) 이상인 것을 말한다.
  • 철분이라 함은 철의 분말로서 53μm의 표준체를 통과하는 것이 50%(중량) 미만인 것은 제외한다.
  • 금속분이라 함은 알칼리금속 · 알칼리토금속 · 철 및 마그네슘 외의 금속의 분말을 말하고, 구리분 · 니켈분 및 150μm의 체를 통과하는 것이 50%(중량) 미만인 것은 제외한다.
  • 마그네슘 및 마그네슘을 함유한 것에 있어서는 다음에 해당하는 것은 제외한다.
  • 2mm 이상의 덩어리 상태, 직경 2mm 이상의 막대모양
  • 인화성 고체라 함은 고형 알코올 그 밖에 1기압에서 인화점이 $40℃$ 미만인 고체를 말한다.

2. 제2류 위험물의 화학적 성질

[공통적인 특성]
• 비교적 낮은 온도에서 착화하기 쉬운 가연성 고체로서 이연성, 속연성 물질이다.
• 대단히 연소속도가 빠른 고체이다.
• 강한 환원제로서 비중이 1보다 크다.
• 철분, 마그네슘, 금속분류는 물과 산과 접촉하면 발열한다.
• 산화제와 접촉, 마찰로 인하여 착화되면 급격히 연소한다.
• 산소를 함유하고 있지 않기 때문에 강력한 환원제(산소결합 용이) 연소열이 크고, 연소온도가 높다.

(1) 황화인(黃化燐)

<그림> P_4S_3 <그림> P_4S_4 <그림> P_4S_5 <그림> P_4S_7 <그림> P_4S_{10}

① 황화인의 이화학적 특성

구분	삼황화인(P_4S_3)	오황화인(P_2S_5)	칠황화인(P_4S_7)
색상 조해성	황색, 흡습성	담황색, 조해성, 흡습성	담황색, 조해성, 흡습성
용해성	물에 불용 (뜨거운 물에서 분해)	물에 용해, 알칼리에 분해	가장 가수분해 되기 쉬움
	질산, 이황화탄소, 벤젠에 용해	이황화탄소에 용해	이황화탄소에 약간 용해
발화온도	약 100℃	약 140℃	―
용도	성냥, 유기합성 탈색	선광제, 농약제조 등	유기황화물 합성
반응성	• 공기 중에서는 인광을 발하고 가열하면 발화되어 아산화유황, 산화인이 생긴다. ❶ • 산소, 습기가 없으면 700℃에서도 분해하지 않는다. • 끓는 물에서 천천히 분해하여 황화수소를 발생, 인산을 생성한다. ❷	• 물에서 분해되어 황화수소와 인산으로 된다. ❷ • 170 ~ 220℃에서 용융하지만 동시에 분해된다.	• 더운물에서는 급격히 분해하여 황화수소를 발생한다. ❸ • 유기옥시화합물(알코올, 케톤 등)과의 반응성이 좋다.
	❶ $P_4S_3 + 8O_2 \rightarrow 2P_2O_5 + 3SO_2$ ❷ $a\,(P_4S_3 \text{ or } P_2S_5) + b\,H_2O \rightarrow x\,H_2S + z\,H_3PO_4$ ❸ $aP_4S_7 + bH_2O \rightarrow x\,H_2S + z\,H_3PO_4 + 기타$		

② 황화인의 위험물 특성

- 삼황화인(P_4S_3)은 뜨거운 물에서는 분해되어 황화수소 및 인의 산소산인 혼합물을 만들고, 공기 중에서 가열하면 발화되어 아산화유황, 산화인이 생긴다.
- 칠황화인(P_4S_7)은 냉수에서는 서서히 분해되지만 더운물에서는 급격히 분해하여 황화수소를 발생시킨다.

(2) 적린(赤燐)

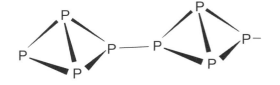 

<그림> 적린(赤燐)   <그림> 백린(白燐, 황린)

백린과 황린 / 백린과 적린

■ **백린과 황린** : 인(燐)은 새로 증류한 직후에는 무색이기 때문에 백린(白燐)이라 하지만 잠시 후에 표면이 담황색으로 되므로 황린(黃燐)이라 한다. 따라서 보통 황린이라 하지만 백린이라고도 한다.

■ **황린(백린)과 적린**

• **분류 비교** : 적린(P)은 제2류 위험물로 분류되고, 황린(백린, P_4)은 제3류 위험물로 분류됨

• **구조 비교** : **황린**(백린, 白燐)은 인원자 4개로 이루어진 정사면체모양의 **분자상태**로 존재하지만 **적린**(赤燐)은 사슬모양의 **중합체의 구조**를 가진다.

• **화학성 비교**

- **황린**(백린, 白燐)은 인 동소체들 중 가장 불안정하고 가장 반응성이 크며, 밀도는 가장 작고(비중 1.82) 다른 동소체에 비해 독성이 매우 크다.

- 황린은 적린으로 변환되는 성질이 있으므로 황린(백린) 속에는 항상 소량의 적린이 존재하며, 이로 인해 황린은 **노란색**을 띤다.

- 황린(백린)은 공기 중에서는 산화되어 발화하므로 수중에 저장하며, 유독하다.

- **적린**(赤燐)의 비중은 2.34로 황린에 비해 크며, 적린은 백린을 250℃ 이상으로 가열하거나 태양광에 노출시킴으로서 만들 수 있으며, 그 이상 가열하면 인(P) 결정(고체)이 생성된다.

- 적린은 장시간 가열하거나 보관하면 색이 더 어두워지며, **훨씬 안정**해져서 공기 중에서 **스스로 발화하지 않**는다.

- 적린은 암적색으로 자연발화의 위험이 없으며, 황린(백린)에 비하여 독성이 약하다.

① **적린의 이화학적 특성**

• 적린(赤燐)은 암적색의 분말로 황린과의 동소체이다.

• 황린과는 달리 자연발화성, 인광, 맹독성은 아니다.

• 물, 이황화탄소, 알칼리, 에터(에테르)에 녹지 않는다.

• 자연발화 하지는 않지만 260℃ 이상 가열하면 발화하고, 400℃ 이상에서 승화한다.

② **적린의 위험물 특성**

• 수산화칼륨 등의 강알칼리용액과 반응할 경우 가연성, 유독성의 포스핀가스를 발생한다.

$$4P + 3KOH + 3H_2O \rightarrow PH_3(\text{포스핀}) + 3KH_2PO_2$$

• 연소하면 황린과 같이 유독성의 P_2O_5를 발생하고, 일부는 포스핀으로 전환된다.

$$4P + 5O_2 \rightarrow 2P_2O_5$$

• 강산화제와 혼합하면 불안정한 폭발물과 같은 형태로 되어 가열 · 충격 · 마찰에 의해 폭발한다.

$$6P + 5KClO_3 \rightarrow 3P_2O_5 + 5KCl$$

• 무기과산화물류와 혼합한 것에 약간의 수분이 침투하면 발화한다.

• 질산칼륨(KNO_3), 질산나트륨($NaNO_3$)과 혼촉하면 발화위험이 있다.

• 분진은 공기 중 부유할 때 점화원에 의해 분진폭발을 일으킨다.

(3) 황(黃, S)

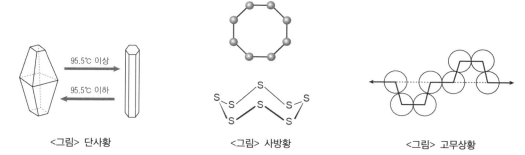

<그림> 단사황   <그림> 사방황   <그림> 고무상황

① 황의 이화학적 특성

구분		단사황(S_8)	사방황(S_8)	고무상황$[S_8]_n$
형태 및 변화		침상형	왕관형(판면체)	무정형(사슬형)
		• 천연의 황을 용융시킨 후 응고시킬 때 석출되는 담황색의 결정이 단사황임 • 액체의 황을 물에서 급랭시키면 황갈색의 고무상황이 됨 • 모든 황은 방치해 두면 사방황이 됨 • 95.5℃ 이상에서는 단사황이 안정하고, 95.5℃ 이하에서는 사방황이 가장 안정함		
용해성		물에 녹지 않음	물에 녹지 않음	물에 녹지 않음
		질산, CS_2, 벤젠에 용해됨	• CS_2 · 염화황에 잘 녹음 • 알코올, 에터(에테르), 벤젠, 글리세롤에는 약간 녹음	CS_2에 약간 용해됨
화학성		• 황은 전기부도체이고, 마찰에 의해 대전됨 • 화학적으로는 산소와 비슷하고, 활성이 상당히 좋음 • 황(S)은 공기 중에서 가열하면 푸른 불꽃을 내며, 연소되어 이산화황이 됨 • 분말은 상온의 공기 중에서 산화되며, 금 · 백금 이외의 금속과는 직접 화합함		
용도		황산 · 이황화탄소 · 성냥 · 흑색 화약 · 염료, 살충제, 농약, 합성섬유공업에 이용됨		

② 황의 위험물 특성

• 위험물안전관리법상 위험물에 해당하는 것은 순도가 $60wt\%$ 이상인 것을 말한다.

• 연소하기 쉬운 가연성 고체로서 연소 자체는 격렬하지 않지만 다량의 유독성 가스를 발생한다.

$$S + O_2 \rightarrow SO_2$$

• 질산칼륨 등 강산화성 물질과 혼합하고 있는 것을 가열, 충격, 마찰을 가하면 발화, 폭발한다.

$$3S + 16KNO_3 + 21C \xrightarrow[\text{혼촉 발화 위험}]{\text{흑색 화약효과}} 13CO_2 + 3CO + 8N_2 + 5K_2CO_3 + K_2SO_4 + K_2S$$

• 황은 환원성 물질이므로 아염소산나트륨과 접촉하면 염소 등 유해가스를 발생시킨다.

$$3S + 2NaClO_2 \xrightarrow{\text{유해가스 발생}} Cl_2 + 2SO_2 + Na_2S$$

• 미세한 분말상태로 공기 중에 부유하면 분진폭발을 일으킨다.

(4) 금속분

① 금속분의 이화학적 특성

구 분	철분(Fe)	알루미늄분(Al)	마그네슘분(Mg)	아연분(Zn)
색상	회백색	은백색	회백색	회색
비중	약 7.9	약 2.7	약 1.7	약 7.14
연소성	연소되기 쉬움	연소되기 쉬움	연소되기 쉬움	가열 시 연소되기 쉬움
자연발화 가능성 등	기름접촉 자연발화	물과 접촉 자연발화 산화피막 형성	물과 접촉 자연발화	물과 접촉 자연발화 산화피막 형성

② 금속분의 위험물 특성

㉠ **산소에 의한 연소 발열반응** → Al, Mg, Zn

• 알루미늄(Al)분말은 산소와 반응하여 연소열을 발생시킴

$$4Al + 3O_2 \rightarrow 2Al_2O_3$$

• 마그네슘분(Mg)은 산소와 반응하여 연소열을 발생시킴

$$2Mg + O_2 \rightarrow 2MgO$$

• 아연(Zn)분말은 산소와 반응하여 연소열을 발생시킴

$$2Zn + O_2 \rightarrow 2ZnO$$

㉡ **산소 외 물질에 발열반응** → $Mg + N_2$, $Fe + Br_2$

• 가열된 마그네슘(Mg)분말은 N_2에 의해 발열한다.

$$3Mg + N_2 \rightarrow Mg_3N_2$$

• 가열된 철(Fe)분말은 Br_2에 의해 발열한다.

$$2Fe + 3Br_2 \rightarrow 2FeBr_3$$

㉢ **산소 외 물질에 의한 산화반응** : 가열된 마그네슘(Mg)분말은 SO_2, CO_2에 의해 산화된다.

• $3Mg + SO_2$(산화제) $\rightarrow 2MgO + MgS$
• $Mg + CO_2$(산화제) $\rightarrow MgO + CO$

㉣ **수소의 발생** → Al, Fe, Mg, Zn, Zr

• 알루미늄(Al)은 산(酸), 물, 알칼리와 반응하여 수소를 발생시킴

• $2Al + 6HCl \rightarrow 3H_2 + 2AlCl_3$
• $2Al + 6H_2O \rightarrow 3H_2 + 2Al(OH)_3$
• $2Al + 2NaOH + 2H_2O \rightarrow 3H_2 + 2NaAlO_2$

- 철분(Fe)은 산($酸$) 및 온수와 반응하여 열($熱$)과 수소를 발생시킴

$$• 2Fe + 6HCl \rightarrow 3H_2 + 2FeCl_3$$
$$• 2Fe + 3H_2O \rightarrow 3H_2 + Fe_2O_3$$

- 마그네슘분(Mg)은 산($酸$) 및 온수와 반응하여 열($熱$)과 수소를 발생시킴

$$• Mg + 2HCl \rightarrow H_2 + MgCl_2$$
$$• Mg + 2H_2O \rightarrow H_2 + Mg(OH)_2$$

- 아연분(Zn)은 산($酸$)과 반응하여 수소를 발생시킴

$$• Zn + 2HCl \rightarrow H_2 + ZnCl_2$$
$$• Zn + H_2SO_4 \rightarrow H_2 + ZnSO_4$$

- 지르코늄분(Zr)은 불화수소산(HF)과 반응하여 수소를 발생시킴

$$Zr + 7HF \rightarrow 2H_2 + H_3ZrF_7$$

(5) 인화성 고체

① 품목

- 소디움메틸레이트, 마그네슘에틸레이트, 알루미늄에틸레이트, 2,2,3,3-사메틸뷰테인
- 에틸마그네슘브로마이드, 알루미늄아이소프로폭사이드, 트리메틸아민보란 등

구분	$NaOCH_3$ (소디움메틸레이트)	C_2H_5MgBr (에틸마그네슘브로마이드)
색상/성상	백색, 고체분말	회색, 고체분말
인화점	33℃	35℃
발화점	240℃	−

② 인화성 고체의 위험물 특성

㉠ 소디움메틸레이트

- 물과 접촉 시 격렬하게 폭발적으로 반응하며, 유거수는 화재 또는 폭발위험이 있다.
- 공기 중 분산되거나 입자를 형성하게 되면 Dust 폭발이 일어날 가능성이 있다.

㉡ 에틸마그네슘브로마이드

- 마찰, 열, 스파크 또는 화염에 의해 화재나 폭발될 수 있다.
- 물과 반응하므로 물의 접촉을 금해야 하며, 연소할 경우 유독가스를 발생한다.

2 제2류 위험물의 저장·취급 방법과 화재 대응방법

1. 저장 및 취급 방법

(1) 점화원을 멀리하고, 가열을 피할 것

(2) 용기의 파손으로 위험물의 누설에 주의할 것

(3) 산화제와의 접촉을 피할 것

(4) 철분, 마그네슘, 금속분류는 산 또는 물과의 접촉을 피할 것

2. 화재 대응방법

(1) 일반사항

① 금속분, 철분, 마그네슘, 황화인은 건조사, 건조분말 등으로 질식소화하며, 적린과 유황은 물에 의한 냉각소화가 적당하다.

② 금속분, 철분, 마그네슘의 연소 시 주수하면 급격한 수증기 압력이나 분해에 의해, 발생된 수소에 의한 폭발위험과 연소 중인 금속의 비산(飛散)으로 화재면적을 확대시킬 수 있다.

③ 연소 시 발생하는 유독가스의 흡입방지를 위해 공기호흡기를 착용해야 한다.

(2) 각개 대응

① 황화인

• 물과 반응하므로 물의 사용은 금한다.

• 소화약제로서의 포, 탄산가스, 분말은 효과가 없기 때문에 건토, 건사 또는 불연소성의 물질이나 모래, 흙 또는 질석을 사용하여 방제하는 것이 효과적이다.

• 부식성이 있으므로 부식성 장구는 가급적 사용하지 않는다.

• 화재 시 유독가스를 발생하므로 바람을 등지거나 가급적 공기호흡기를 착용하여야 한다.

② 적린 : 적린 자체 독성은 없으나 독성이 강한 황린이 포함되는 경우가 있으므로 유의해야 한다. 주로 다량의 주수소화를 한다.

③ 유황 : 물, 이산화탄소, 분말, 거품, 토사에 의한 소화로 방제한다.

④ 금속분

• **알루미늄분** : 물이나 할로젠소화약제는 사용할 수 없다. 건조사, 건조분말이나 CO_2에 의한 방제가 바람직하다.

• **아연분, 주석분** : 건조사, 건조분말, 물분무(비산방지에 주의)에 의한 소화를 한다.

• **카드뮴분, 크로뮴분** : 화재 초기에 물을 사용하지 말고, CO_2 또는 분말 등을 사용하여 질식 소화한다.

• **티타늄분** : 팽창질석이나 건조사를 사용한 소화를 한다.

• **망가니즈분** : 물, 이산화탄소 혹은 폼을 사용할 수 없다. 모래, 불활성 건조 파우더로 덮어서 소화시킬 필요가 있다.

⑤ 인화성 고체

• 일부는 물과 접촉할 경우 격렬·폭발적으로 반응하여 인화성 가스를 생성하기 때문에 물이나 습한 공기와 접촉되지 않도록 해야 한다.

• 포, 물을 사용하는 소화법을 배제하고, 분말소화약제 혹은 이산화탄소를 사용하여 소화시키는 것이 효과적이다.

출제예상문제

01 위험물안전관리법령에서 정의한 철분의 정의로 옳은 것은?

① "철분"이라 함은 철의 분말로서 53마이크로미터의 표준체를 통과하는 것이 50중량퍼센트 미만인 것은 제외한다.

② "철분"이라 함은 철의 분말로서 50마이크로미터의 표준체를 통과하는 것이 53중량퍼센트 미만인 것은 제외한다.

③ "철분"이라 함은 철의 분말로서 53마이크로미터의 표준체를 통과하는 것이 50부피퍼센트 미만인 것은 제외한다.

④ "철분"이라 함은 철의 분말로서 50마이크로미터의 표준체를 통과하는 것이 53부피퍼센트 미만인 것은 제외한다.

> **정답분석** 철분이라 함은 철의 분말로서 $53\mu m$의 표준체를 통과하는 것이 50%(중량) 미만인 것은 제외한다. 한편, 금속분이라 함은 알칼리금속·알칼리토금속·철 및 마그네슘 외의 금속의 분말을 말하고, 구리분·니켈분 및 $150\mu m$의 체를 통과하는 것이 50%(중량) 미만인 것은 제외한다.
>
> 정답 ①

02 오황화인에 관한 설명으로 옳은 것은?

① 공기 중에서 자연발화 한다.

② 물과 반응하면 불연성 기체가 발생된다.

③ P_5S_2로 표현되며, 물에 녹지 않는다.

④ 담황색 결정으로서 흡습성과 조해성이 있다.

> **정답분석** 오황화인(P_2S_5)은 담황색 고체로 조해성, 흡습성을 가지며, 물과 알칼리에 녹는다. 물에 용해되고, 알칼리에도 분해된다. 물 또는 산과 반응하여 가연성 기체인 황화수소(H_2S)가 발생된다. 공기 중 오황화인의 발화온도는 약 $140℃$이므로 자연발화 하지 않는다.
>
> 정답 ④

03 삼황화인과 오황화인의 공통 연소생성물을 모두 나타낸 것은?

① H_2S, SO_2 ② P_2O_5, H_2S

③ SO_2, P_2O_5 ④ H_2S, SO_2, P_2O_5

> **정답분석** 삼황화인, 오황화인, 칠황화인은 동소체 관계로 연소할 때 공통적으로 유독성의 기체 SO_2와 P_2O_5를 발생한다.
>
> 정답 ③

04 황의 연소생성물과 그 특성을 옳게 나타낸 것은?

① SO_2, 유독가스   ② SO_2, 청정가스

③ H_2S, 유독가스   ④ H_2S, 청정가스

> **정답분석** 황이 연소되면 유독가스인 이산화황(SO_2)을 생성시킨다.
>
> **반응** $S + O_2 \rightarrow SO_2$
>
> 정답 ①

05 알루미늄의 연소생성물을 옳게 나타낸 것은?

① Al_2O_3 ② $Al(OH)_3$

③ Al_2O_3, H_2O ④ $Al(OH)_3$, H_2O

> **정답분석** 알루미늄(Al) 분말은 산소와 반응하여 연소열을 발생시킨다.
>
> **반응** $4Al + 3O_2 \rightarrow 2Al_2O_3$
>
> 정답 ①

06 마그네슘 리본에 불을 붙여 이산화탄소 기체 속에 넣었을 때 일어나는 현상은?

① 즉시 소화된다.
② 연소를 지속하며 유독성의 기체를 발생한다.
③ 연소를 지속하며 수소 기체를 발생한다.
④ 산소를 발생하며 서서히 소화된다.

정답 분석 마그네슘 리본에 불을 붙여 이산화탄소 기체 속에 넣었을 때 일어나는 현상은 가연물인 탄소를 발생시키며 연소가 지속된다.

반응 $2Mg + CO_2 \rightarrow 2MgO + C$

정답 ②

07 제2류 위험물의 일반적인 특징에 대한 설명으로 가장 옳은 것은?

① 비교적 낮은 온도에서 연소하기 쉬운 물질이다.
② 위험물 자체 내에 산소를 갖고 있다.
③ 연소속도가 느리지만 지속적으로 연소한다.
④ 대부분 물보다 가볍고 물에 잘 녹는다.

정답 분석 제2류 위험물은 가연성 고체로 비교적 낮은 온도에서 착화하기 쉬운 이연성(易燃性), 속연성(速燃性) 물질로 연소속도가 매우 빠르며, 연소열이 큰 편으로 초기 화재 시 발견이 용이하다.

정답 ①

08 제2류 위험물과 제5류 위험물의 공통점에 해당하는 것은?

① 유기화합물이다.
② 가연성 물질이다.
③ 자연발화성 물질이다.
④ 산소를 포함하고 있는 물질이다.

정답 분석 제2류 위험물(가연성 고체)과 제5류 위험물(자기반응성 물질)은 공통적으로 가연성이다. 제5류 위험물(자기반응성 물질)은 내부에 산소를 포함하지만 제2류 위험물(가연성 고체)은 내부에 산소를 포함하지 않는다.

정답 ②

09 황이 연소할 때 발생하는 가스는?

① H_2S
② SO_2
③ CO_2
④ H_2O

정답 분석 유황은 제2류 위험물로 연소할 때 유독성의 이산화황이 발생된다.

반응 $S + O_2 \rightarrow SO_2$

정답 ②

10 위험물의 저장방법에 대한 설명 중 틀린 것은?

① 황린은 산화제와 혼합되지 않게 저장한다.
② 황은 정전기가 축적되지 않도록 저장한다.
③ 적린은 인화성 물질로부터 격리 저장한다.
④ 마그네슘분은 분진을 방지하기 위해 약간의 수분을 포함시켜 저장한다.

정답 분석 마그네슘분은 금수성 물질로 물과 접촉 시 발화, 수소를 발생시키며 폭발한다.

반응 $Mg + 2H_2O \rightarrow H_2 + Mg(OH)_2$

정답 ④

11 은백색의 광택이 있는 비중 약 2.7의 금속으로서 열, 전기의 전도성이 크며, 진한 질산에서는 부동태가 되고 묽은 질산에 잘 녹는 것은?

① Al
② Mg
③ Zn
④ Sb

정답 분석 알루미늄분은 제2류 위험물로 은백색의 융점 660℃, 비중 2.7의 금속이며, 염산 및 수분과 접촉 시 수소가스를 발생한다. 진한 질산은 금·백금·로듐·이리듐 등의 귀금속 이외의 금속과 격렬히 반응하고 이들을 녹이지만, 철·크로뮴·알루미늄·칼슘 등은 부동상태를 만들므로 침식되지 않는다.

정답 ①

04 제3류 위험물

1 제3류 위험물의 종류 및 화학적 성질

1. 제3류 위험물의 종류 · 품명 · 지정수량

성질	품명	지정수량
자연발화성 물질 및 금수성 물질	칼륨, 나트륨, 알킬알루미늄, 알킬리튬	10kg
	황린	20kg
	알칼리금속(칼륨 및 나트륨 제외) 및 알칼리토금속	50kg
	유기금속화합물(알킬알루미늄 및 알킬리튬을 제외)	50kg
	금속의 수소화물, 금속의 인화물, 칼슘 또는 알루미늄의 탄화물	300kg

2. 제3류 위험물의 화학적 성질

(1) **일반적 특성** : 제3류 위험물은 무기화합물과 유기화합물로 구성되어 있으며, 다음과 같은 일반적인 특성을 가지고 있다.

- 제3류 위험물은 대부분 고체(단, 알킬알루미늄, 알킬리튬은 고체 또는 액체)
- 칼륨(K), 나트륨(Na), 알킬알루미늄(RAl), 알킬리튬(RLi)을 제외하고 물보다 무겁다.
- 물과 반응하여 화학적으로 활성화되며, 황린(黃燐)을 제외한 모든 물질이 물에 대해 위험한 반응을 일으킨다. → 물과 반응하여 가연성 가스를 발생한다.(황린은 제외)
- 칼륨, 나트륨, 알칼리금속, 알칼리토금속 → 보호액(석유) 속에 보관
- 알킬알루미늄, 알킬리튬은 물 또는 공기와 접촉하면 폭발한다. → 헥세인(헥산) 속에 저장
- 황린은 공기와 접촉하면 자연발화한다. → pH 9의 물속에 저장
- 가열 또는 강산화성 물질, 강산(強酸)류와 접촉으로 위험성이 증가한다.

(2) **알칼리금속 및 알칼리토금속류**

① 알칼리금속의 이화학적 특성

구분	칼륨(K)	나트륨(Na)	리튬(Li)	루비듐(Rb)	세슘(Cs)
강도	경금속(무름)	경금속(무름)	경금속(무름)	금속(무름)	금속(무름)
비중	0.86	0.97	0.53	1.53	1.93
색상	은백색	은백색	회백색	은백색	노란색
비열			가장 큼		
불꽃반응	적자색(보라색)	황색	적색	적색	청색
화학반응성	높음	높음	가장 낮음	높음	가장 높음
물과 반응	격렬히 반응	격렬히 반응	격렬반응(고온)	폭발적 반응	폭발적 반응

㉠ **칼륨**(K)**의 반응** : 은백색의 광택이 있는 금속이지만 실온의 공기 중 빠르게 산화되어 피막을 형성하여 광택을 잃는다. 공기 중에 방치하면 자연발화의 위험이 있다.

- 칼륨은 흡습성, 조해성이 있고, 물과는 격렬히 반응하여 발열하고, 수소를 발생한다.
- 알코올 및 묽은 산(酸)과 반응하여 수소를 발생시킨다.

- 이산화탄소, 사염화탄소와도 반응한다.
- 산화성 물질과 접촉 시 충격 · 마찰에 의해 폭발의 위험이 있다.
- **연소반응** : $4K + O_2 \xrightarrow[\text{보라색 불꽃}]{\text{녹는점 64℃ 이상}} 2K_2O$

$$x\,K + \text{모래}(n\,SiO_2) \xrightarrow[\text{연소성 촉진}]{\text{모래를 뿌릴 경우}} y\,K_2O \cdot n\,SiO_2$$

- **수분과 발열반응** : $2K + 2H_2O \xrightarrow[\text{수소가스}(H_2)\ \text{발생}]{\text{발열반응}} H_2 + 2KOH$

- **알코올과의 발열반응** : $2K + 2C_2H_5OH \xrightarrow[\text{수소가스}(H_2)\ \text{발생}]{\text{발열반응}} H_2 + 2C_2H_5OK$

- **탄소화합물과 폭발반응** : $4K + 3CO_2 \longrightarrow C + 2K_2CO_3 \quad 4K + CCl_4 \longrightarrow C + 4KCl$

ⓒ **나트륨**(Na)**의 반응** : 은백색의 광택이 있는 경금속이지만 실온의 공기 중에서 빠르게 산화되어 피막을 형성하고 광택을 잃는다. 공기 중 방치하면 자연발화하고 산소 중 가열하면 황색불꽃을 내면서 연소한다.
- 물과는 격렬히 반응하여 발열하고, 수소를 발생한다.
- 알코올, 산, 액체암모니아와 반응하여 수소를 발생한다.
- 이산화탄소, 사염화탄소와도 반응한다.
- 강산화성 물질과 혼합한 것은 가열, 충격, 마찰에 의해 폭발의 위험이 있다.
- **연소반응** : $4Na + O_2 \xrightarrow[\text{황색 불꽃}]{\text{녹는점 98℃ 이상}} 2Na_2O$

- **수분과 발열반응** : $2Na + 2H_2O \xrightarrow[\text{수소가스}(H_2)\ \text{발생}]{\text{발열반응}} H_2 + 2NaOH$

- **알코올과의 발열반응** : $2Na + 2C_2H_5OH \xrightarrow[\text{수소가스}(H_2)\ \text{발생}]{\text{발열반응}} H_2 + 2C_2H_5ONa$

- **암모니아와의 반응** : $2Na + 2NH_3 \xrightarrow[\text{수소가스}(H_2)\ \text{발생}]{\text{용해}} H_2 + 2NaNH_2$

- **탄소화합물과의 반응** : $4Na + CCl_4 \longrightarrow C + 4NaCl$

ⓒ **리튬**(Li)**의 반응** : 산소와 반응하지 않지만, 200℃로 가열하면 강한 백색 불꽃을 내며 연소하여 산화물이 된다. 수소와는 연소하여 LiH가 되고, 질소와는 고온에서 화합하여 Li_3N이 된다.
- 강산화제와 혼합 시 발열하고, 질산과 혼합 시 발화한다.
- 물과 상온에서는 서서히, 고온에서는 격렬하게 반응하여 수소를 발생한다.
- 탄산가스 속에서도 꺼지지 않고 연소가 지속된다.
- 산, 알코올과 반응하여 수소가스를 발생한다.

- $4Li + O_2 \xrightarrow[\text{불꽃(백색 \sim 녹색)}]{\text{200℃ 이상 가열}} 2Li_2O$
- $2Li + 2H_2O \xrightarrow[\text{수소가스 발생}]{\text{실온에서 서서히(고온에서는 격렬히) 녹음}} H_2 + 2LiOH$

② 알칼리토금속의 이화학적 특성

구분	칼슘(Ca)	베릴륨(Be)	스트론튬(Sr)	바륨(Ba)	라듐(Ra)
강도	금속	금속	금속(무름)	금속(무름)	금속(방사성)
비중	1.55	1.85	2.64	3.5	5.5
색상	은백색	회백색	은백색 ~ 노란색	은백색	은백색
불꽃색	주홍색	없음	붉은색	황록색	분홍색
화학반응성	반응성 큼	반응성 큼	Ca보다 반응성 큼	Sr보다 반응성 큼	가장 격렬함

㉠ **칼슘(Ca)의 반응** : 은백색의 금속으로 고온으로 가열하면 등색불꽃을 내며, 연소하여 산화칼슘이 된다.
- 물과 반응하여 상온에서 서서히, 고온에서는 수소(H_2) 기체를 발생한다.
- 묽은 산, 알코올과 반응하여 수소(H_2) 기체를 발생한다.

$$• \ 2Ca + O_2 \xrightarrow[\text{불꽃(등적색 ~ 주홍색)}]{850℃ \ 이상 \ 가열} 2CaO$$

$$• \ Ca + 2H_2O \xrightarrow[\text{수소가스 \ 발생}]{\text{실온에서 \ 서서히(고온에서는 \ 격렬히) \ 녹음}} H_2 + Ca(OH)_2$$

$$• \ Ca + 2HNO_3 \xrightarrow[\text{수소가스 \ 발생}]{\text{반응}} H_2 + Ca(NO_3)_2$$

$$• \ 알칼리토 \ 금속 + xC_2H_5OH \xrightarrow[\text{수소가스 \ 발생}]{\text{반응}} H_2 + y(\text{Alkoxide})$$

㉡ **베릴륨(Be)의 반응** : 회백색의 단단하고 가벼운 금속으로 환원성이 강하며, 내열성이 풍부하기 때문에 상온에서는 공기 또는 물과 잘 반응하지 않는다.
- 상온에서 공기 또는 물과 잘 반응하지 않는다.
- 뜨거운 물이나 묽은 산, 알칼리 수용액에 녹아 수소(H_2) 기체를 발생한다.

$$• \ Be + 2H_2O \xrightarrow[\text{수소가스 \ 발생}]{\text{고온에서 \ 녹음}} H_2 + Be(OH)_2$$

$$• \ Be + 2HCl \xrightarrow[\text{수소가스 \ 발생}]{\text{염산에 \ 녹음}} H_2 + BeCl_2$$

㉢ **바륨(Ba)의 반응** : 바륨은 은백색의 무른 금속으로 화학적으로 칼슘이나 스트론튬과 비슷하나 반응성은 이들보다 크다.
- 공기에 노출되면 산소와 쉽게 반응하여 산화된다.
- 황산을 제외한 대부분의 산에 잘 녹는다.
- 물과 알코올과도 반응하여 수소(H_2) 기체를 발생한다.

$$• \ 2Ba + O_2 \xrightarrow[\text{산화반응}]{\text{상온에서}} 2BaO$$

$$• \ Ba + 2H_2O \xrightarrow[\text{수소가스 \ 발생}]{\text{실온에서 \ 서서히 \ 녹음}} H_2 + Ba(OH)_2$$

(3) 알킬기(R)와 결합된 금속화합물
- 알킬알루미늄
- 알킬리튬
- 유기금속화합물

$$\text{금속}\begin{cases}\text{Al(3가)}\\\text{Li(1가)}\\\text{중금속}\end{cases} + \text{알킬그룹}\begin{cases}\text{3R or 2R+X}\\\text{R}\end{cases} = \text{알킬금속화합물}\begin{cases}R_3Al\\R_2AlX\\RLi\end{cases}$$

① **알킬금속화합물의 이화학적 특성**

㉠ **알킬알루미늄** = **알킬기 + Al**

명칭	트리메틸알루미늄	트리에틸알루미늄
분자식	$(CH_3)_3Al$	$(C_2H_5)_3Al$
비중	0.75	0.83
색상	무색액체	무색액체
물과 반응	심하게 반응·폭발	폭발적 반응(에테인 = 에탄생성)
공기노출	자연발화	자연발화(탄소수 $C_1 \sim C_4$)
산, 알코올	심하게 반응	심하게 반응

㉡ **알킬리튬** = **알킬기 + Li**

명칭	메틸리튬	뷰틸리튬
분자식	$(CH_3)Li$	$(C_4H_9)Li$
물과 반응	심하게 반응·폭발(메테인 = 메탄생성)	심하게 반응·폭발(뷰테인 = 부탄생성)
공기노출	자연발화	자연발화
산, 알코올	심하게 반응	심하게 반응

㉢ **유기금속화합물** = **알킬기 + 중금속**

명칭	다이메틸아연	다이에틸텔루트
분자식	$Zn(CH_3)_2$	$Te(C_2H_5)_2$
물과 반응	결렬반응, 인화성 증기와 열발생	격렬반응, 인화성 증기와 열발생
공기노출	자연발화	자연발화
알코올	심하게 반응	심하게 반응

② **알킬금속화합물의 위험물 특성**

㉠ **자연발화**
- 알킬알루미늄(트리메틸알루미늄, 트리에틸알루미늄, 트리아이소부틸알루미늄 등) 중 탄소수 1 ~ 4개인 것은 발화성이 강하여 공기 중에 노출하면 백연을 내며 연소한다.

  - $2(CH_3)_3Al + 12O_2 \rightarrow Al_2O_3 + 6CO_2 + 9H_2O$
  - $2(C_2H_5)_3Al + 21O_2 \rightarrow Al_2O_3 + 12CO_2 + 15H_2O$

- 알킬리튬(메틸리튬, 에틸리튬, 뷰틸리튬 등)은 발화성이 강하여 공기 중에 노출되면 어떤 온도에서도 자연발화한다.

  - $4(CH_3)Li + 9O_2 \rightarrow 4LiO + 4CO_2 + 6H_2O$
  - $4(C_2H_5)Li + 15O_2 \rightarrow 4LiO + 8CO_2 + 10H_2O$

- 유기금속화합물(메틸주석, 다이메틸칼륨 등)은 공기 중에서 자연발화의 위험이 있다. 단, 사에틸납[$(C_2H_5)_4Pb$]은 자연발화성이 없으며, 대부분의 유기용제에 녹지만 물, 묽은 산, 묽은 알칼리에는 녹지 않는다.

  - $Sn(CH_3)_2 + 4.5O_2 \rightarrow SnO_2 + 2CO_2 + 3H_2O$
  - $Ga(CH_3)_2 + 4.5O_2 \rightarrow GaO_2 + 2CO_2 + 3H_2O$

ⓒ 수분과의 반응
- 알킬알루미늄(트리메틸알루미늄, 트리에틸알루미늄, 트리아이소부틸알루미늄 등)은 수분과 접촉하면 폭발적으로 반응하여 가연성 가스[메테인(메탄), 에테인(에탄) 등]를 형성하고 발열·폭발한다.

  - $(CH_3)_3Al + 3H_2O \rightarrow 3CH_4 + Al(OH)_3$
  - $(C_2H_5)_3Al + 3H_2O \rightarrow 3C_2H_6 + Al(OH)_3$

- 알킬리튬(메틸리튬, 에틸리튬, 뷰틸리튬 등)은 수분과 접촉하면 폭발적으로 반응하여 가연성 가스[메테인(메탄), 에테인(에탄) 등]를 형성하고 발열·폭발한다.

  - $(CH_3)Li + H_2O \rightarrow CH_4 + LiOH$
  - $(C_2H_5)Li + H_2O \rightarrow C_2H_6 + LiOH$

ⓒ 알코올·산(酸)과의 반응
- 알킬알루미늄(트리메틸알루미늄, 트리에틸알루미늄, 트리아이소부틸알루미늄 등)은 알코올 및 산과 접촉하면 폭발적으로 반응하여 가연성 가스[메테인(메탄), 에테인(에탄) 등]를 형성하고 발열·폭발한다.

  - $(CH_3)_3Al + 3CH_3OH \rightarrow 3CH_4 + Al(CH_3O)_3$
  - $(C_2H_5)_3Al + 3CH_3OH \rightarrow 3C_2H_6 + Al(CH_3O)_3$
  - $(C_2H_5)_3Al + HCl \rightarrow C_2H_6 + (C_2H_5)_2AlCl$

(4) 금속의 수소화물
- 염류성(鹽類性) 수소화물
- 금속성 수소화물
- 이합체성 또는 중합체성 수소화물
- 휘발성 공유결합 수소화물

① **금속수소화물의 이화학적 특성** : 금속의 수소화물은 금속이나 준금속 원자에 1개 이상의 수소원자가 결합하고 있는 화합물을 말한다.

㉠ **염류성 수소화물**
- 2원소 염류성 화합물 : NaH, LiH, CaH_2
- 다원소 염류성 화합물 : $LiAlH_4$, $NaBH_4$

- 수소가 음이온으로 존재하는 수소화물임
- 물과 격렬하게 반응하여 다량의 수소 기체를 발생시킴
- 염류성 수소화물은 환원제로 널리 사용됨

㉡ **금속성 수소화물**
- 수소화 티탄(TiH_2)
- 수소화 토륨(ThH_2, Th_4H_{15})

- 전기전도도가 큰 금속의 특징을 가짐
- 염과 합금 사이의 중간적인 성질을 가짐

㉢ **이합체성 또는 중합체성 수소화물**
- 디보란(B_2H_6, $H_2BH_2BH_2$)
- 펜타보란[B_5H_9, $H_2B(BH_2)_2B-BH_3$]

- 수소가 금속이나 준금속 원자를 이어주는 다리 역할을 하는 수소화물임
- 연소 시는 탄화수소들이 탈 때보다 훨씬 더 많은 에너지를 방출함
- 알루미늄·구리·베릴륨의 수소화물들은 고체·액체·기체 형태로 존재하는 부도체들로서 열에 불안정하며, 공기나 습기 중에서 폭발하기도 함

㉣ **휘발성 공유결합 수소화물**
- 실란(SiH_4)
- 아르신(AsH_3)
- 수소화붕소알루미늄[$Al(BH_4)_3$]

- 원자의 전기음성도가 서로 비슷하여 전자쌍을 공유하여 결합을 형성하고 있는 수소화물임
- 휘발성이 있고 열에 불안정하며, 냄새가 남
- 수소화붕소알루미늄과 같은 수소화물은 공기와 습기 중에서 발화함

② **금속 수소화합물의 위험물 특성**

㉠ **수분과의 반응** : 금속 수소화합물은 대체로 습기, 물과 격렬히 반응하여 수소를 발생하고, 이 발열반응에 의해 발생한 열에 의해 자연발화할 수 있다.

- LiH(수소화리튬) + H_2O → H_2 + $LiOH$
- KH(수소화칼륨) + H_2O → H_2 + KOH
- NaH(수소화나트륨) + H_2O → H_2 + $NaOH$
- CaH_2(수소화칼슘) + $2H_2O$ → $2H_2$ + $Ca(OH)_2$
- $Li(AlH_4)$(수소화알루미늄리튬) + $4H_2O$ → $4H_2$ + $LiOH$ + $Al(OH)_3$

ⓛ 산(酸)과의 반응 : 금속 수소화합물은 산(酸)과 반응하여 수소를 발생하며 화재, 폭발의 위험이 크다.

$$\cdot\ 2AlH_3(수소화알루미늄) + 2CH_3COOH \rightarrow 4H_2 + 2CH_3COOAl$$

$$\cdot\ Li(AlH_4)(수소화알루미늄리튬) + CH_3COOH \rightarrow H_2 + CH_3COOLi + AlH_3$$

(5) 칼슘 또는 알루미늄 등의 탄화물
$$\begin{cases} \cdot\ 탄화칼슘(CaC_2, 카바이드) \\ \cdot\ 탄화알루미늄(Al_4C_3) \\ \cdot\ 기타\ 탄화물(Mn_3C, MgC_2, LiC_2, K_2C_2\ 등) \end{cases}$$

① **이화학적 특성** : 탄화물이란 탄소와 그 보다 양성인 원소와의 화합물을 말한다.
  • 칼슘 또는 알루미늄의 탄화물은 이온성 탄화물로서 순수한 시료는 낮은 투명한 고체이다.
  • 산(酸)이나 어떤 경우에는 물과도 반응하여 탄화수소와 금속의 수산화물로 분해된다.
  • 탄화칼슘은 흑회색의 괴상으로 물과 알코올에 분해되나 에터(에테르)에는 녹지 않는다.
  • 탄화알루미늄은 무색 또는 황색으로 물에 분해되지만 알코올과 에터(에테르)에는 녹지 않는다.

② **칼슘 또는 알루미늄 등 탄화물의 위험물 특성**
  ㉠ 물 및 습기와 반응하여 가연성 기체[수소, 메테인(메탄), 에테인(아세틸렌)]를 발생한다.
    • 물, 습기와 반응하여 에타인(아세틸렌)을 발생하는 것

$$\cdot\ CaC_2(탄화칼슘) + 2H_2O \rightarrow C_2H_2 + Ca(OH)_2$$

$$\cdot\ K_2C_2(탄화칼륨) + 2H_2O \rightarrow C_2H_2 + 2KOH$$

$$\cdot\ MgC_2(탄화마그네슘) + 2H_2O \rightarrow C_2H_2 + Mg(OH)_2$$

    • 물, 습기와 반응하여 메테인(메탄)을 발생하는 것

$$\cdot\ Al_4C_3(탄화알루미늄) + 12H_2O \rightarrow 3CH_4 + 4Al(OH)_3$$

$$\cdot\ BeC_2(탄화베릴륨) + 4H_2O \rightarrow CH_4 + 2Be(OH)_2$$

    • 물, 습기와 반응하여 메테인(메탄)과 수소를 발생하는 것

$$\cdot\ Mn_3C(탄화망가니즈) + 6H_2O \rightarrow CH_4 + H_2 + 3Mn(OH)_2$$

  ㉡ 다른 위험물질과 혼합할 경우 발열하거나 발화의 위험이 있다.
    • 탄화칼슘은 황(S), 황산, 염산, 사염화탄소, 클로로벤젠 등과 혼합 시 가열, 충격 등에 의해 발열하거나 발화의 위험이 있다.
    • 탄화알루미늄은 제1류 위험물(NaClO_4 등 산화성 염류)이나 제6류 위험물(H_2O_2 등 산화성 액체)과 반응할 경우 심하게 발열한다.

(6) **금속의 인화물**
- 인화칼슘(Ca_3P_2)
- 인화알루미늄(AlP)
- 인화아연(Zn_3P_2)
- 인화나트륨(NaP)
- 인화마그네슘(Mg_3P_2)
- 인화스트론튬(Sr_3P_2) 등

① **이화학적 특성** : 금속의 인화물은 인과 금속 원소로 이루어지는 화합물을 말한다.
- 고온에서는 분해되어 인을 만드는 것이 많다.
- 공유결합성은 강하지 않은데 물 또는 묽은 산과 쉽게 반응하여 포스핀을 만든다.

② **금속 인화물의 위험물 특성**

　㉠ 물 및 습기와 반응하여 유독성 가스(PH_3, 포스핀)를 발생한다.

$$• Ca_3P_2(인화칼슘) + 6H_2O \rightarrow 2PH_3 + 3Ca(OH)_2$$
$$• AlP(인화알루미늄) + 3H_2O \rightarrow PH_3 + Al(OH)_3$$

　㉡ 산(酸)과 반응하여 유독성 가스(PH_3, 포스핀)를 발생한다.

$$• Ca_3P_2(인화칼슘) + 6HCl \rightarrow 2PH_3 + 3CaCl_2$$
$$• Zn_3P_2(인화아연) + 6HCl \rightarrow 2PH_3 + 3ZnCl_2$$

　㉢ 연소반응에 의해 유해성 가스(P_2O_5, 오산화인)를 발생한다.

$$• 2AlP(인화알루미늄) + 4O_2 \rightarrow P_2O_5 + Al_2O_3$$

(7) **황린(P_4)**

① **이화학적 특성**
- 황린은 백색 또는 담황색 왁스상의 가연성 고체로 발화점이 34℃이다.
- 물에 녹지 않지만(물속에 저장) 벤젠, 이황화탄소에 녹는다.
- 어두운 곳에서 청백색의 인광을 낸다.

② **황린의 위험물 특성**
- 증기는 공기보다 무겁고 맹독성, 가연성이다.
- 발화점이 매우 낮아 공기 중에 노출되면 자연발화한다.
- 공기 중에서 격렬하게 연소하여 유독성 가스인 오산화인의 백연을 낸다.
- 강산화제와 접촉하면 발화위험이 있으며 충격, 마찰에 의해서도 발화한다.
- 수산화나트륨 등 강알칼리용액과 반응하여 맹독성의 포스핀가스를 발생한다.

$$• P_4(황린) + 5O_2 \rightarrow 2P_2O_5$$
$$• P_4(황린) + 3NaOH + 3H_2O \rightarrow PH_3 + 3NaH_2PO_2$$
$$• P_4(황린) + 3KOH + 3H_2O \rightarrow PH_3 + 3KH_2PO_2$$

2 제3류 위험물의 저장 · 취급 방법과 화재 대응방법

1. 저장 및 취급 방법

- 용기는 완전히 밀폐하고 공기 또는 물과의 접촉을 방지하여야 한다.
- 제1류 위험물, 제6류 위험물 등 산화성 물질과 강산류와의 접촉을 방지한다.
- 용기가 가열되지 않도록 하고 보호액에 들어있는 것은 용기 밖으로 누출되지 않도록 한다.
- 알킬알루미늄, 알킬리튬, 유기금속화합물은 화기를 엄금하고 용기 내압이 상승하지 않도록 한다.
- 황린은 저장액인 물의 증발 또는 용기 파손에 의한 물의 누출을 방지하여야 한다.

2. 화재 대응방법

(1) 일반사항

① 황린을 제외하고는 주수소화를 금지한다.

② 주수소화를 할 수 없는 물질은 마른 모래, 팽창질석, 팽창진주암 및 금속 화재용 분말소화약제를 사용하여 질식소화한다.

③ 화재 시에는 화원(火原)의 진압보다는 연소 확대방지에 주력해야 한다.

④ 금속화재에는 금속화재용 분말소화약제에 의한 질식소화를 한다.

- 황린 → 물, 포, 분말 사용
- 금속의 인화물 → 물, 알코올 포말, CO_2 사용(인화알루미늄은 특수 분말, 건조 모래 외의 다른 약품은 사용금지)
- 알킬알루미늄, 금속의 탄화물 → CO_2, 분말, 건조사 사용
- 유기금속화합물 → CO_2, 분말 사용(다이에틸아연은 분말 사용금지, 다이메틸클로로실란은 물사용 가능, 다이메틸텔루륨은 화재 시 물질에 직접적으로 이산화탄소 혹은 포를 이용하여 소화시키지 말 것)
- 금속의 수소화물 → 분말, 건조사, 무화된 물(안개 주수), 일반 포말 사용

(2) 각개 대응

① 주수엄금 : 물이 함유된 소화약제는 금속화재에 절대로 사용해서는 안 된다.

- 리튬(Li), 나트륨(Na), 칼륨(K) 등 알칼리금속과 칼슘(Ca) 등의 알칼리토금속 → 제3류 위험물
- 철가루, 마그네슘 등 금속 또는 금속가루 → 제2류 위험물

② 물, 분말 약제 사용 금지 : 금속리튬, 유기금속화합물(일부)

③ 물, 포, 할로젠 약제 사용 엄금 : 알킬알루미늄

④ 물, CO_2, 사염화탄소 사용 엄금 : 나트륨(Na)

출제예상문제

01
금속칼륨의 일반적인 성질에 대한 설명으로 틀린 것은?

① 칼로 자를 수 있는 무른 금속이다.
② 에탄올과 반응하여 조연성 기체(산소)를 발생한다.
③ 물과 반응하여 가연성 기체를 발생한다.
④ 물보다 가벼운 은백색의 금속이다.

정답분석 칼륨이 에탄올과 반응하여 칼륨에틸레이트를 생성하며 가연성 기체인 수소를 발생한다.

정답 ②

02
금속나트륨에 대한 설명으로 옳은 것은?

① 청색 불꽃을 내며 연소한다.
② 경도가 높은 중금속에 해당한다.
③ 녹는점이 100℃보다 낮다.
④ 25% 이상의 알코올 수용액에 저장한다.

정답분석 알칼리 금속 내의 금속결합은 결합이 약하여 끓는점과 녹는점이 낮은 편이다.

정답 ③

03
트리에틸알루미늄(Triethyl Aluminium) 분자식에 포함된 탄소의 개수는?

① 2
② 3
③ 5
④ 6

정답분석 트리에틸알루미늄은 알루미늄에 3개의 알킬기가 붙어있는 $(C_2H_5)_3Al$의 화학식을 가지므로 분자 내에 포함된 탄소 개수는 6개임을 알 수 있다.

정답 ④

04
트리에틸알루미늄이 습기와 반응할 때 발생되는 가스는?

① 수소
② 에테인(에탄)
③ 에타인(아세틸렌)
④ 메테인(메탄)

정답분석 트리에틸알루미늄$[(C_2H_5)_3Al)]$이 물과 반응할 경우, 수산화알루미늄과 에테인(에탄)가스가 발생된다.

반응 $(C_2H_5)_3Al + 3H_2O \rightarrow 3C_2H_6 + Al(OH)_3$

반면에 트리메틸알루미늄$[(CH_3)_3Al)]$이 물과 반응할 경우, 수산화알루미늄과 메테인(메탄)가스가 발생된다.

$(CH_3)_3Al + 3H_2O \rightarrow 3CH_4 + Al(OH)_3$

정답 ②

05
다음 중 탄화알루미늄이 물과 반응할 때 생성되는 가스는?

① H_2
② CH_4
③ O_2
④ C_2H_2

정답분석 탄화알루미늄(Al_4C_3)은 물과 반응하여 CH_4를 발생한다.

반응 $Al_4C_3 + 12H_2O \rightarrow 4Al(OH)_3 + 3CH_4$

정답 ②

06
다음 중 물과 접촉 시 유독성의 가스를 발생하지는 않지만 화재의 위험성이 증가하는 것은?

① 인화칼슘
② 황린
③ 적린
④ 나트륨

정답분석 나트륨은 물과 접촉 시 유독성의 가스를 발생하지는 않지만 가연성의 수소가스를 발생하여 화재의 위험성을 증가시킨다.

정답 ④

07 탄화칼슘에 대한 설명으로 틀린 것은?

① 화재 시 이산화탄소 소화기가 적응성이 있다.

② 비중은 약 2.2로 물보다 무겁다.

③ 질소 중에서 고온으로 가열하면 $CaCN_2$가 얻어진다.

④ 물과 반응하면 에타인(아세틸렌)가스가 발생한다.

 탄화칼슘(CaC_2)은 제3류 위험물 중 금수성 물질로 건조사, 팽창질석, 팽창진주암, 탄산수소염류 분말소화기에 적응성이 있으며 이산화탄소 소화기에는 적응성이 없다.

정답 ①

08 다음 위험물 중 물과 반응하여 연소범위가 약 2.5 ~ 81%인 위험한 가스를 발생시키는 것은?

① Na　　　　　　② P

③ CaC_2　　　　 ④ Na_2O_2

정답분석 연소범위 약 2.5 ~ 81%인 가스는 에타인(아세틸렌)가스로 탄화칼슘이 물과 반응하여 에타인(아세틸렌)가스를 발생시킨다.

정답 ③

09 인화칼슘이 물과 반응해서 생성되는 유독가스는?

① PH_3　　　　　② CO

③ CS_2　　　　　④ H_2S

 인화칼슘(Ca_3P_2)은 물과 반응하여 유독성의 포스핀(PH_3) 가스를 생성한다.

정답 ①

10 인화칼슘의 성질이 아닌 것은?

① 적갈색의 괴상고체이다.

② 물과 반응하여 포스핀가스를 발생한다.

③ 물과 반응하여 유독한 불연성 가스를 발생한다.

④ 산과 반응하여 포스핀가스를 발생한다.

정답분석 인화칼슘은 물과 반응하여 유독성의 가스인 포스핀(PH_3) 가스를 방출한다.

반응 $Ca_3P_2 + 6H_2O \rightarrow 3Ca(OH)_2 + 2PH_3$

정답 ③

11 다음 중 물과 반응하여 수소를 발생하지 않는 물질은?

① 칼륨　　　　　　② 수소화붕소나트륨

③ 탄화칼슘　　　　④ 수소화칼슘

정답분석 ①, ②, ④는 물과 반응하여 수소를 발생하는 반면에 탄화칼슘(CaC_2)은 물과 반응하여 수산화칼슘과 에타인(아세틸렌)가스가 생성된다.

정답 ③

12 물과 접촉되었을 때 연소범위의 하한 값이 2.5vol%인 가연성 가스가 발생하는 것은 어느 것인가?

① 금속나트륨　　　② 인화칼슘

③ 과산화칼륨　　　④ 탄화칼슘

정답분석 물과 접촉하여 연소범위 2.5 ~ 81vol%인 에타인(아세틸렌, C_2H_2)가스를 발생하는 물질은 제3류 위험물 중 금수성 물질인 탄화칼슘(CaC_2)이다.

반응 $CaC_2 + H_2O \rightarrow C_2H_2 + Ca(OH)_2$

정답 ④

13 물과 접촉 시 발생되는 가스의 종류가 나머지 셋과 다른 하나는?

① 나트륨　　　　② 수소화칼슘

③ 인화칼슘　　　④ 수소화나트륨

 정답분석 탄화칼슘(CaC_2)이 물과 접촉할 경우, 연소범위 2.5 ~ 81vol%인 에타인(아세틸렌, C_2H_2)가스가 발생된다. ①, ②, ④는 물과 접촉 시 수소가스가 발생된다.

반응 $CaC_2 + H_2O \rightarrow C_2H_2 + Ca(OH)_2$

정답 ③

14 황린의 연소 생성물은?

① 삼황화인　　　② 인화수소

③ 오산화인　　　④ 오황화인

정답분석 황린(P_4)이 연소하면 흰색의 연기를 내며 오산화인이 생성된다.

반응 황린의 연소 반응식 : $P_4 + 5O_2 \rightarrow 2P_2O_5$

정답 ③

15 황린에 공기를 차단하고 약 몇 ℃로 가열하면 적린이 되는가?

① 250℃　　　　② 120℃

③ 44℃　　　　　④ 34℃

정답분석 황린(P_4)에 공기를 차단하고, 약 250℃로 가열하면 암적색 분말인 적린(P)이 된다. 황린과 적린은 인의 동소체이지만 비중이 각각 다르다.

정답 ①

16 황린을 물속에 저장할 때 인화수소의 발생을 방지하기 위한 물의 pH는 얼마 정도가 좋은가?

① 4　　　　　　② 5

③ 7　　　　　　④ 9

정답분석 황린은 강알칼리용액(pH 9 이상)과 반응하면 유독성의 포스핀가스(=인화수소)를 발생하기 때문에 pH=9(약알칼리성)의 물속에 저장한다.

정답 ④

17 다음 중 나트륨의 보호액으로 가장 적합한 것은?

① 메탄올　　　　② 수은

③ 물　　　　　　④ 유동 파라핀

정답분석 나트륨과 칼륨처럼 반응성이 큰 알칼리 금속은 유동성 파라핀, 경유, 등유, 석유 속에 보관한다.

정답 ④

18 다음 중 물과 접촉하였을 때 위험성이 가장 높은 것은?

① S　　　　　　② CH_3COOH

③ C_2H_5OH　　④ K

정답분석 칼륨은 제3류 위험물 중 금수성 물질로 물과 접촉할 경우 수산화칼륨과 수소가스와 함께 발열반응을 한다.

반응 $2K + 2H_2O \rightarrow 2KOH + H_2$

정답 ④

19 자연발화를 방지하는 방법으로 가장 거리가 먼 것은?

① 습도를 높게 할 것

② 통풍이 잘 되게 할 것

③ 저장실의 온도를 낮게 할 것

④ 열의 축적을 용이하지 않게 할 것

정답분석 자연발화를 방지하기 위해서는 온도와 습도를 모두 낮추어야 한다.

정답 ①

05 | 제4류 위험물

1 제4류 위험물의 종류 및 화학적 성질

1. 제4류 위험물의 종류 · 품명 · 지정수량

성질	품명		지정수량
인화성 액체	특수인화물		50L
	제1석유류	비수용성 액체	200L
		수용성 액체	400L
	알코올류		400L
	제2석유류	비수용성 액체	1,000L
		수용성 액체	2,000L
	제3석유류	비수용성 액체	2,000L
		수용성 액체	4,000L
	제4석유류		6,000L
	동 · 식물유류		10,000L

┃ 제4류 위험물의 "인화점"에 따른 분류 ┃

구분	특수인화물	제1석유류	제2석유류	제3석유류	제4석유류	동 · 식물유류
인화점	− 20℃ 미만	21℃ 미만	21℃ ~ 70℃	70℃ ~ 200℃	200℃ ~ 250℃	250℃ 미만

2. 제4류 위험물의 일반적 특성

인화성 액체는 제4류 위험물로 분류된다. 인화성 액체란 액체로서 인화의 위험성이 있는 것을 말하며, 인화의 위험성이란 액체가 온도 상승에 의해 증기가 발생하게 되고 점화를 시키면 증기가 점화원에 의해 순간 연소하는 현상을 말한다. 제4류 위험물은 다음과 같은 일반적인 특성을 가지고 있으며, 제1석유류 ~ 제4석유류는 인화점의 크기로 구분된다.

- 물에는 녹지 않는 것이 많다.
- 화기 등에 의한 인화, 폭발의 위험이 크다.
- 액체의 비중은 1보다 작은(물보다 가벼운) 것이 많다.
- 증기비중은 공기보다 무거우며, 1보다 커서 낮은 곳에 체류하고 낮게 멀리 이동한다.
- 전기부도체로 정전기가 축적되기 쉽고, 정전기 방전불꽃에 의하여 인화하는 것도 있다.
- 액체는 유동성이 있고, 화재발생 시 확대위험이 있다.

3. 각 품명별 세부 품목과 그 특성

(1) **특수인화물** : 특수인화물이라 함은 이황화탄소, 디에틸에테르(다이에틸에터) 그 밖에 1기압에서 발화점이 100℃ 이하인 것 또는 인화점이 영하 20℃ 이하이고, 비점이 40℃ 이하인 것을 말한다.

① **품목** : 이황화탄소(CS_2), 아세트알데하이드(아세트알데히드, CH_3CHO), 다이에틸에터(디에틸에테르, $C_2H_5OC_2H_5$), 프로필렌옥사이드(CH_3CHOCH_2), 플로로톨루엔(C_7H_7F), 에틸브로마이드 (C_2H_5Br), 에틸퓨란(C_6H_8O), 클로로아세톤(C_3H_5ClO) 등

② **주요 품목과 이화학적 특성**

구분	CS_2 (이황화탄소) S=C=S	$C_2H_5OC_2H_5$ (디에틸에테르) $H_3C-O-CH_3$	CH_3CHOCH_2 (산화프로필렌) $H_2C-CH-CH_3$ (O)	CH_3CHO (아세트알데하이드)	C_2H_5Br (에틸브로마이드)
인화점	-30℃	-45℃ 미만	-37.2℃	-39℃	-20℃
발화점	90℃	160℃	465℃	175℃	511℃
비점	46℃	34.5℃	35℃	21℃	38.4℃
비중	1.26	0.7	0.82	0.78	1.46
연소범위	1.2 ~ 44%	1.9 ~ 48%	2.5 ~ 38.5%	4.1 ~ 57%	‒
물 용해성	불용(물속 보관)	물에 잘 안 녹음	물과 혼합	물에 잘 녹음	물에 잘 안 녹음

③ **특수인화물의 위험물 특성**

㉠ 이황화탄소는 연소 또는 물과 반응하여 유해성 가스를 발생한다.

- $CS_2 + 3O_2 \rightarrow 2SO_2$(유독성 가스) $+ CO_2$
- $CS_2 + 2H_2O$(고온수) $\rightarrow 2H_2S$ (유독성 가스) $+ CO_2$

㉡ 디에틸에테르(다이에틸에터)는 공기 중에서 산화알데하이드(산화알데히드) 및 과산화물을 생성하여 폭발할 수 있다. 과산화물은 100℃ 이상에서 폭발한다.

$$C_2H_5OC_2H_5 + 3.5O_2(공기산화) \rightarrow C_2H_5COOH (유독 \cdot 가연성) + 2CO_2 + 2H_2O$$

㉢ 에틸브로마이드는 물 또는 수증기와 반응하여 부식성이 강한 브로민(브롬) 또는 브로민화수소(브롬화수소)를 발생한다.

$$C_2H_5Br + H_2O(수분 접촉) \rightarrow HBr(부식성) + CH_3CH_2OH$$

(2) **제1석유류** : 아세톤, 휘발유 그 밖에 1기압에서 인화점이 21℃ 미만인 것을 말한다.

① **품목**

- 아세톤(CH_3COCH_3), 메틸에틸케톤($CH_3COC_2H_5$), 염화아세틸(CH_3COCl), 이염화에테인(이염화에탄, $C_2H_4Cl_2$)
- 휘발유($C_5H_{12} \sim C_9H_{20}$), n-옥테인(옥탄, C_8H_{18}), 사이클로펜테인(사이클로펜탄, C_5H_{10}), 사이클로헥세인(사이클로헥산, C_6H_{12})

- 벤젠(C_6H_6), 톨루엔($C_6H_5CH_3$), 에틸벤젠($C_6H_5C_2H_5$)
- 초산메틸(CH_3COOCH_3), 초산에틸($CH_3COOC_2H_5$), 초산프로필($CH_3COOC_3H_7$)
- 포름산메틸(폼산메틸, $HCOOCH_3$), 포름산에틸(폼산에틸, $HCOOC_2H_5$), 포름산프로필(폼산프로 필, $HCOOC_3H_7$), 포름산부틸(폼산부틸, $HCOOC_4H_9$)
- 사이안화수소(시안화수소, HCN), 피리딘(C_5H_5N), 다이에틸아민[$(C_2H_5)_2NH$], 트리에틸아민[$(C_2H_5)_3N$]
- 아크롤레인($CH_2=CHCHO$), 아크릴로니트릴($CH_2=CHCN$), 아세토니트릴(CH_3CN), 다이옥산, 아밀알코올[$CH_3CH_2C(CH_3)_2OH$], 붕산트리메틸[$B(OCH_3)_3$] 등

※ 아민류 중에서
  1. 메틸아민(아미노메테인, CH_3NH_2)은 위험물로 분류되지 않는다.
  2. 에틸아민, 아이소프로필아민, 다이메틸에틸아민은 제1석유류가 아닌 특수인화물에 속한다.

② 주요 품목과 이화학적 특성

구 분	CH_3COCH_3 (아세톤)	C_6H_6 (벤젠)	$C_6H_5CH_3$ (톨루엔)	$CH_3COOC_2H_5$ (초산에틸)	$CH_3COC_2H_5$ (메틸에틸케톤)
인화점	$-20℃$	$-11℃$	$4℃$	$-3℃$	$-7℃$
발화점	$465℃$	$562℃$	$480℃$	$429℃$	$516℃$
비점	$56℃$	$80℃$	$111℃$	$77.5℃$	$380℃$
물 용해성	녹음	녹지 않음	녹지 않음	녹음	녹음
액체비중	0.79	0.95	0.87	0.93	0.8
증기비중	2	2.8	3.14	2.55	2.4

- 벤젠유도체의 구조와 위험물 분류

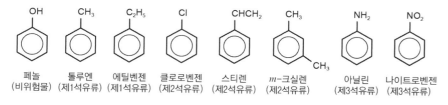

페놀(비위험물), 톨루엔(제1석유류), 에틸벤젠(제1석유류), 클로로벤젠(제2석유류), 스티렌(제2석유류), m-크실렌(제2석유류), 아닐린(제3석유류), 나이트로벤젠(제3석유류)

③ 제1석유류의 위험물 특성
  ㉠ 대체로 액체의 비중은 물보다 가볍지만 증기의 경우는 공기보다 무겁다. 특히, 증기비중이 무거운 것은 → 가솔린($3 \sim 4$), o-크실렌(3.66), 톨루엔(3.14)이다.
  ㉡ 석유류는 정전기 발생에 의해 연소될 수 있으며, 연소 시는 고온의 열을 발생시키고, 이산화탄소와 물을 발생한다.

  - C_8H_{18} (가솔린) $+ 12.5O_2 \rightarrow 8CO_2 + 9H_2O$
  - C_6H_6 (벤젠) $+ 7.5O_2 \rightarrow 6CO_2 + 3H_2O$
  - $CH_3COC_2H_5$ (메틸에틸케톤) $+ 5.5O_2 \rightarrow 4CO_2 + 4H_2O$

(3) **제2석유류** : 등유, 경유 그 밖에 1기압에서 인화점이 21℃ 이상 70℃ 미만인 것을 말한다. 다만, 도료류 그 밖의 물품에 있어서 가연성 액체량이 40%(wt) 이하이면서 인화점이 40℃ 이상인 동시에 연소점이 60℃ 이상인 것은 제외한다.

① 품목

- 등유($C_9 \sim C_{18}$), 경유($C_{10} \sim C_{20}$), 아세트산(초산, CH_3COOH), 포름산(폼산 = 의산, $HCOOH$)
- 부탄올($CH_3CH_2CH_2CH_2OH$), 아릴알코올($CH_2=CHCH_2OH$)
- 크실렌(자일렌)[$C_6H_4(CH_3)_2$], 클로로벤젠(C_6H_5Cl), 스티렌($C_6H_5CH=CH_2$)
- 아크릴산($CH_2=CHCOOH$), 프로피온산(CH_3CH_2COOH)

② 주요 품목과 이화학적 특성

구분	등유 탄소수 $C_9 \sim C_{18}$	경유 탄소수 $C_{10} \sim C_{20}$	CH_3COOH (아세트산)	$HCOOH$ 포름산(폼산) (86% 이상)	C_4H_9OH (n-부탄올)
	끓는점 범위가 180 ~ 250℃인 석유	끓는점 범위가 250 ~ 350℃인 석유			
인화점	39℃ 이상	41℃ 이상	40℃	55℃	35℃
발화점	210℃	257℃	485℃	540℃	343℃
비점	150 ~ 300℃	150℃ ~ 375℃	118℃	108℃	117℃
물 용해성	불용해	불용해	용해	용해	용해
액체비중	0.8 ~ 0.85	0.82 ~ 0.84	1.05	1.2	0.81
증기비중	4 ~ 5	4 ~ 5	2.07	1.6	2.6

- **포름산의 분류**
  - 1석유류 : 포름산(폼산)메틸, 포름산에틸, 클로로포름산에틸
  - 2석유류 : 포름산(폼산 86%↑), 클로로포름산아릴에스테르, 포름산노르말부틸에스테르, 포름산이소아밀, 오소포름산에틸, 포름산디에틸에스테르
  - 3석유류 : 클로로포름산메틸에스테르, 오소포름산, n-프로필

- **알코올의 분류**
  - 1석유류 : 3차-아밀알코올
  - 2석유류 : 알릴알코올, 다이아세톤알코올, 아이소아밀알코올
  - 3석유류 : 벤질알코올, 데실알코올, 펜에틸알코올
  - 알코올류 : 메틸알코올, 에틸알코올, 아이소프로필알코올, 1-프로판올

- **부탄올의 분류**
  - 1석유류 : t-부탄올
  - 2석유류 : n-부탄올, sec-부탄올, i-부탄올, 에틸부탄올, 시클로부탄올
  - 3석유류 : 4-아미노-1-부탄올, 디엘-2-아미노-1-부탄올

- **벤젠의 분류**
  - 1석유류 : 벤젠, 에틸벤젠, 플루오르벤젠, 헥사플로로벤젠, 클로로 플로로벤젠
  - 2석유류 : 1,2-다이클로로벤젠, 브로모벤젠, 아이소부틸벤젠, 1,2-다이에틸벤젠
  - 3석유류 : 나이트로벤젠, 도데실벤젠, 1-에틸-4-나이트로벤젠, 아이오도벤젠

③ 제2석유류의 위험물 특성

  ㉠ 스티렌($C_6H_5CH=CH_2$)은 자체가 유독성 및 마취성을 가지고 있다. 실온에서 쉽게 인화될 수 있으며, 화재 시에는 방향족 화합물 특유의 그을음을 내며 연소하고, 폭발성의 유기과산화물을 발생한다.

ⓛ 하이드라진(히드라진, Hydrazine, N_2H_4)은 제2석유류로 분류되지만 1,2-다이메틸하이드라진 ($C_2H_8N_2$)은 제1석유류로 분류된다. 하이드라진(히드라진, N_2H_4)은 발연성의 액체로 열(熱)에 불안 정하며, 공기 중에서 가열하면 약 180℃에서 분해하여 수소, 암모니아, 질소가스를 발생한다. 또한 강한 환원성 물질로 산소가 존재하지 않아도 열, 화염, 기타 점화원과의 접촉에 의해 폭발할 수 있다.

$$\bullet\ 2N_2H_4\ \rightarrow\ H_2\ +\ 2NH_3\ +\ N_2$$
$$\bullet\ N_2H_4\ +\ 2H_2O_2\ \rightarrow\ N_2\ +\ 4H_2O$$

<그림> 스티렌(styrene)	<그림> 하이드라진(Hydrazine)	<그림> 1,2-다이메틸하이드라진

ⓒ 포름산($HCOOH$)은 백금 등의 촉매 존재 하에서는 분해하여 수소를 발생하고, 진한 황산과 접촉할 경우는 탈수반응에 의해 유해성이 높은 CO를 발생한다. 또한 수소화알루미늄이나 칼륨, 나트륨 등 알칼리금속과 반응하여 수소를 발생하기도 한다.

$$\bullet\ 2HCOOH\ +\ 2AlH_3\ \rightarrow\ 2H_2\ +2CH_3COOAl$$
$$\bullet\ HCOOH\ \xrightarrow[\text{탈수 작용}]{\text{진한 황산}}\ CO\ +H_2O$$

ⓓ 자일렌[크실렌, $C_6H_4(CH_3)_2$]은 이성질체 분리에 의해 p-자일렌, o-자일렌, m-자일렌 3가지가 있으며 산화성 물질과의 혼합 시 폭발할 우려가 있다.

오쏘(o)-자일렌	메타(m)-자일렌	파라(p)-자일렌
발화점 : 106.2℃	발화점 : 528℃	발화점 : 529℃
인화점 : 32℃	인화점 : 25℃	인화점 : 25℃

(4) 제3석유류 : 제3석유류라 함은 중유, 클레오소트유 그 밖에 1기압에서 인화점이 70℃ 이상 200℃ 미만인 것을 말한다. 다만, 도료류 그 밖의 물품은 가연성 액체량이 40%(wt) 이하인 것은 제외한다.

① **품목**
  - 중유, 클레오소트유(Creosote oil), 니코틴(Nicotine), m-크레졸($CH_3C_6H_4OH$)
  - 글리세린[$C_3H_5(OH)_3$], 에틸렌글리콜[$C_2H_4(OH)_2$], 다이에틸렌글리콜[$(HOCH_2CH_2)_2O$]
  - 나이트로벤젠($C_6H_5NO_2$), 오쏘-나이트로톨루엔($C_6H_4CH_3NO_2$), 염화벤조일(C_6H_5COCl)
  - 아닐린($C_6H_5NH_2$), 다이클로로에틸렌($ClCH=CHCl$), 올레인산[$CH_3(CH_2)_7CH=CH(CH_2)_7COOH$]

② 주요 품목과 이화학적 특성

구분	중유 (중질유)	클레오소트유 (부식성 있음)	$C_3H_5(OH)_3$ (글리세린)	$C_2H_4(OH)_2$ (에틸렌글리콜)	$C_6H_5NH_2$ (아닐린)
	끓는점 범위가 350℃ 이상인 유분	타르에서 증류에 의해 얻어지는 중유 이상의 증류분의 혼합물	(글리세린 구조식)	(에틸렌글리콜 구조식)	(아닐린 구조식)
인화점	70℃ 이상	74℃ 이상	160℃	120℃	70℃
발화점	400℃ 이상	336℃	370℃	398℃	615℃
비점	200℃ 이상	194 ~ 400℃	182℃	198℃	184℃
물 용해성	불용해	불용해	물에 잘 녹음	물에 잘 녹음	소량 녹음
액체비중	0.92 ~ 1.0	1.05	1.26	1.1	1.02

③ 제3석유류의 위험물 특성

  ㉠ 중유는 암갈색의 액체연료로 많이 이용되며, 액체연료이지만 분해연소를 하는 특성이 있으며, 강산
    화제와 혼합할 경우 발화위험이 있다.

  ㉡ 아닐린($C_6H_5NH_2$)의 가열증기는 인화, 폭발위험이 있으며, 황산이나 강산화제와 접촉할 경우 격렬
    하게 반응한다.

  ㉢ 나이트로벤젠(니트로벤젠, $C_6H_5NO_2$)을 비점 이상으로 가열할 경우 인화, 폭발위험이 있으며, 강
    산화제와 접촉할 경우 격렬하게 발화한다.

  ㉣ 염화벤조일(C_6H_5COCl)을 강산화제와 접촉시킬 경우 폭발할 위험이 있다.

(5) 제4석유류 · 동식물유류

① 제4석유류 : 제4석유류는 기어유, 실린더유 그 밖에 1기압에서 인화점이 200℃ 이상 250℃ 미만의 것
  을 말한다. 다만, 도료류 그 밖의 물품은 가연성 액체량이 40%(wt) 이하인 것은 제외한다.

  ㉠ 품목
    • 윤활기유, 실린더유, 미네랄오일, 스쿠알렌
    • 폴리에틸렌글리콜[$H(OCH_2CH_2)_nOH$], 디옥틸프탈레이트(DOP), 메테인술폰산(메탄술폰산, CH_3SO_3H)
    • 트리페닐포스파이트[$(C_6H_5O)_3P$], DIDA(Diisodecyl adipate) 등

  ㉡ 제4석유류의 위험물 특성
    • 제4석유류는 다른 물질에 비해 인화점이 높기 때문에 가열되지 않는 한 인화위험은 거의 없으나 화
      재로 인해 일단 액온(液溫)의 상승과 더불어 연소가 진행되는 상황에서는 진압하기 매우 어렵다.
    • 산화프로펜(산화프로필렌)의 연소범위는 2.5 ~ 38.5%로 구리, 은, 마그네슘과 접촉 시 폭발성
      의 아세틸라이드를 만든다.

② 동식물유류 : 동식물유류라 함은 동물의 지육 등 또는 식물의 종자나 과육으로부터 추출한 것으로서 1기
  압에서 인화점이 250℃ 미만인 것을 말한다.

  ㉠ 품목 : 아마인유, 동유(오동나무 열매의 기름), 피마자유, 올리브유, 야자유, 테레핀유, 채종유, 정
    어리기름

  ㉡ 분류
    ㉮ 건성유[요오드가(아이오딘가) 130 이상] : 해바라기유, 동유(오동기름), 정어리유, 아마인유, 들
      기름

④ 반건성유[요오드가(아이오딘가) 100 ~ 130] : 채종유(겨자), 쌀겨유, 면실유(목화), 참기름, 옥수수유, 콩기름

④ 불건성유[요오드가(아이오딘가) 100 미만] : 야자유, 올리브유, 피마자유, 낙화생기름

※ **요오드가** : 유지(油脂) 100g당 부가되는 요오드의 g 수를 말하며, 이 값이 클수록 유지류의 불포화도가 높으며, 자연발화의 위험성이 높다.

© **건성유의 이화학적 특성 → 요오드가(아이오딘가) 130 이상**

구분	들기름	아마인유	정어리유	동유(오동기름)	해바라기유
요오드가	192 ~ 208	170 ~ 204	154 ~ 196	145 ~ 176	113 ~ 146
인화점	279℃	222℃	223℃	289℃	235℃
비중	0.93	0.93	0.93	0.93	0.92

② **반건성유의 이화학적 특성 → 요오드가(아이오딘가) 100 ~ 130**

구 분	콩기름	옥수수유	면실유(목화)	참기름	쌀겨유
요오드가	117 ~ 141	88 ~ 148	88 ~ 121	104 ~ 116	97 ~ 107
인화점	282℃	232℃	252℃	255℃	234℃
비중	0.91	0.91	0.91	0.92	0.91

© **불건성유의 이화학적 특성 → 요오드가(아이오딘가) 100 미만**

구 분	땅콩기름	피마자유	올리브유	야자유
요오드가	84 ~ 102	81 ~ 91	70 ~ 90	7 ~ 11
인화점	282℃	229℃	225℃	216℃
비중	0.91	0.96	0.91	0.91

(6) **알코올류** : 알코올류라 함은 1분자를 구성하는 탄소원자의 수가 1개부터 3개까지인 포화 1가 알코올(변성 알코올을 포함)을 말한다. 다만, 가연성 액체량이 60%(wt) 미만이고 인화점 및 연소점(태그개방식 인화점 측정기에 의한 연소점)이 에틸알코올 60%(wt) 수용액의 인화점 및 연소점을 초과하는 것은 제외한다.

① **품목**
- 메틸알코올, 에틸알코올, 아이소프로필알코올(2-프로판올), 프로필알코올(1-프로판올)
- 정부틸알코올, 아밀알코올, 수산화 테트라-n-부틸암모늄

② **주요 품목과 이화학적 특성**

구분	CH_3OH (메틸알코올)	C_2H_5OH (에틸알코올)	$(CH_3)_2CHOH$ (아이소프로필알코올)	$CH_3CH_2CH_2OH$ (프로필알코올)
인화점	11℃	13℃	11.7℃	15℃
발화점	464℃	363℃	399℃	371℃
비점	64.6℃	80℃	81.8℃	97℃
물 용해성	용해성	용해성	용해성	용해성
증기비중	1.1(공기보다 무거움)	1.59	2.07	2.1
액체비중	0.79(물보다 가벼움)	0.79	0.79	0.8
연소범위	7.3 ~ 36%(넓음)	3.3 ~ 19%	2 ~ 12%(좁음)	2.1 ~ 13.5%

③ 알코올류의 위험물 특성

   ㉠ 알코올류는 인화점이 낮고, 연소범위가 넓기 때문에 인화의 위험성이 높다. 알코올류의 연소반응은 다음과 같다.

   - CH_3OH (메틸알코올) + $1.5O_2$ → CO_2 + $2H_2O$
   - C_2H_5OH (에틸알코올) + $3O_2$ → $2CO_2$ + $3H_2O$
   - $(CH)_3CHOH$ (아이소프로필알코올) + $4.75O_2$ → $4CO_2$ + $2.5H_2O$

   ㉡ 알코올류는 강한 산화제 및 고농도의 과산화수소와 접촉할 경우 폭발위험이 따른다.
   ㉢ 알코올류는 칼륨, 나트륨 등의 알칼리금속과 접촉할 폭발위험이 높은 수소가스를 발생한다.

   - CH_3OH (메틸알코올) + Na → $2H_2$ + $2CH_3Na$
   - $2C_2H_5OH$ (에틸알코올) + $2Na$ → H_2 + $2C_2H_5ONa$

2 제4류 위험물의 저장 · 취급 방법과 화재 대응방법

1. 저장 및 취급 방법

(1) 용기는 밀전하여 통풍이 잘 되는 냉암소에 저장한다.
(2) 화기 및 점화원으로부터 먼 곳에 저장한다.
(3) 증기 및 액체의 누설에 주의하여 저장한다.
(4) 인화점 이상 가열하지 않도록 해야 한다.
(5) 정전기의 발생에 주의하여 저장 · 취급한다. → 다이에틸에터(디에틸에테르) 등을 저장할 때는 정전기 생성 방지를 위해 약간의 $CaCl_2$를 넣어준다.

● 참고 ●

정전기 제거대책

- 접지할 것
- 공기 중의 상대습도를 70% 이상으로 높게 유지할 것
- 공기를 이온화할 것

2. 화재 대응방법

(1) 타고 있는 위험물을 제거시킨다.
(2) 이산화탄소 소화기는 적응성이 있다.
(3) 소량의 연소에는 물을 제외한 소화약제로 질식소화하는 것이 효과적이며, 대량의 연소에는 포에 의한 질식 소화가 좋다.
(4) 높은 인화점을 가지거나 휘발성이 낮은 위험물의 화재 시 증기발생을 억제한다.
(5) 알코올 등 수용성 위험물에는 알코올 포를 사용하거나 다량의 물로 희석시켜 가연성 증기의 발생을 억제하여 소화한다.

출제예상문제

01 위험물안전관리법령상 HCN의 품명으로 옳은 것은?

① 제1석유류　　② 제2석유류
③ 제3석유류　　④ 제4석유류

 사이안화수소(시안화수소, HCN)는 제4류 위험물 중 제1석유류에 속한다.

- 특수인화물 : 인화점 −20℃ 미만(발화점 100℃ 이하, 비점 40℃ 이하)
  → −이황화탄소(CS_2)
  　−아세트알데하이드(아세트알데히드, CH_3CHO)
  　−다이에틸에터(디에틸에테르, $C_2H_5OC_2H_5$)
  　−프로필렌옥사이드(CH_3CHOCH_2)
  　−플로로톨루엔(C_7H_7F)
  　−에틸브로마이드(C_2H_5Br), 에틸퓨란(C_6H_8O)
  　−클로로아세톤(C_3H_5ClO) 등
- 1석유류 : 인화점 21℃ 미만
  → −케톤류 : 아세톤(CH_3COCH_3)
  　−메틸에틸케톤($CH_3COC_2H_5$)
  　−염화아세틸(CH_3COCl)
  　−이염화에테인(이염화에탄, $C_2H_4Cl_2$)
  　−휘발유 등 : n−옥테인(옥탄, C_8H_{18})
  　−사이클로펜테인(사이클로펜탄, C_5H_{10})
  　−사이클로헥세인(사이클로헥산, C_6H_{12})
  　−벤젠, 톨루엔, 에틸벤젠
  　−초산화물 및 포름산화물 : CH_3COOH를 제외한 초산화물, HCOOH를 제외한 포름산화물
  　−사이안화수소(시안화수소, HCN)
  　−피리딘, 아민, 아크롤레인
- 2석유류 : 인화점 21℃ ~ 70℃ 미만
  → −등유, 경유
  　−아세트산(초산, CH_3COOH), 포름산(폼산, HCOOH)
  　−부탄올, 아릴알코올
  　−크실렌(o−, m−, p−)
  　−클로로벤젠, 스티렌
  　−아크릴산, 프로피온산
- 3석유류 : 인화점 70℃ ~ 200℃ 미만
  → −중유
  　−클레오소트유, m−크레졸
  　−글리세린[$C_3H_5(OH)_3$]
  　−에틸렌글리콜(CH_2OHCH_2OH)
  　−다이에틸렌글리콜(디에틸렌글리콜)
  　−나이트로벤젠(니트로벤젠, $C_6H_5NO_2$)
  　−염화벤조일(C_6H_5COCl)
  　−아닐린($C_6H_5NH_2$) 등

- 4석유류 : 인화점 200℃ ~ 250℃ 미만
  → −윤활기유
  　−실린더유, 미네랄오일, 스쿠알렌
- 동식물류 : 인화점 250℃ 미만
  → −해바라기유, 동유, 정어리유, 아마인유, 들기름
  　−채종유(겨자), 쌀겨유, 면실유, 참기름, 옥수수유, 콩기름
  　−야자유, 올리브유, 피마자유, 낙화생기름

정답 ①

02 위험물안전관리법령상 제1석유류에 속하지 않는 것은?

① CH_3COCH_3　　② C_6H_6
③ $CH_3COC_2H_5$　　④ CH_3COOH

 아세트산(CH_3COOH)은 제2석유류이다. 아세톤(CH_3COCH_3)은 제1석유류, 벤젠(C_6H_6)은 제1석유류, 메틸에틸케톤(MEK, $CH_3COC_2H_5$)은 제1석유류이다.

정답 ④

03 위험물안전관리법령에서 정한 품명이 나머지 셋과 다른 하나는?

① $(CH_3)_2CHCH_2OH$
② $CH_2OHCHOHCH_2OH$
③ CH_2OHCH_2OH
④ $C_6H_5NO_2$

 아이소부탄올[이소부탄올, $(CH_3)_2CHCH_2OH$]은 제2석유류에 해당한다.
②의 글리세린($CH_2OHCHOHCH_2OH$),
③의 에틸렌글리콜(CH_2OHCH_2OH), ④의 나이트로벤젠(니트로벤젠, $C_6H_5NO_2$)은 제3석유류로 분류된다.

정답 ①

04 이황화탄소의 인화점, 발화점, 끓는점에 해당하는 온도를 낮은 것부터 차례대로 나타낸 것은?

① 끓는점 < 인화점 < 발화점
② 끓는점 < 발화점 < 인화점
③ 인화점 < 끓는점 < 발화점
④ 인화점 < 발화점 < 끓는점

 정답분석 CS_2는 특수인화물이므로 인화점이 $-20℃$ 미만이다. 따라서 이황화탄소의 인화점이 가장 낮고($-30℃$) 다음이 끓는점($46.3℃$), 발화점($90℃$)의 순서가 된다.

정답 ③

05 다음 제4류 위험물 중 인화점이 가장 낮은 것은?

① 아세톤
② 아세트알데하이드
③ 산화프로필렌(산화프로펜)
④ 다이에틸에터

 정답분석 제4석유류 중 특수인화물인 다이에틸에터(디에틸에테르, $CH_3CH_2OCH_2CH_3$)가 인화점이 $-45℃$로 가장 낮다.

‖ 제4류 위험물의 인화점에 따른 분류 ‖

구분	특수 인화물	제1 석유류	제2 석유류	제3 석유류	제4 석유류	동식물 유류
인화점	$-20℃$ 미만	$21℃$ 미만	21 $\sim 70℃$	70 $\sim 200℃$	200 $\sim 250℃$	$250℃$ 미만

정답 ④

06 다음 중 인화점이 20℃ 이상인 것은?

① CH_3COOCH_3
② CH_3COCH_3
③ CH_3COOH
④ CH_3CHO

 정답분석 초산(아세트산, CH_3COOH)은 제2석유류로 분류되므로 인화점이 $21℃$ 이상 $71℃$ 미만(인화점 $40℃$)이다.
① CH_3COOCH_3(초산메틸) → 제1석유류($-13℃$)
② CH_3COCH_3(아세톤) → 제1석유류($-18.5℃$)
④ CH_3CHO(아세트알데하이드) → 특수인화물($-39℃$)

정답 ③

07 위험물안전관리법령상 1기압에서 제3석유류의 인화점 범위로 옳은 것은?

① $21 \sim 70℃$
② $70 \sim 200℃$
③ $200 \sim 300℃$
④ $300 \sim 400℃$

 정답분석 제3석유류의 인화점은 $70℃$ 이상 $200℃$ 미만이다. 제3석유류에 속하는 것은 중유, 클레오소트유, m-크레졸, 글리세린[$C_3H_5(OH)_3$], 에틸렌글리콜(CH_2OHCH_2OH), 디에틸렌글리콜, 나이트로벤젠($C_6H_5NO_2$), 염화벤조일(C_6H_5COCl), 아닐린($C_6H_5NH_2$) 등이다.

정답 ②

08 다음 중 물에 가장 잘 녹는 것은?

① CH_3CHO
② $C_2H_5OC_2H_5$
③ P_4
④ $C_2H_5ONO_2$

 정답분석 아세트알데하이드(CH_3CHO)는 제4류 위험물 중 특수인화물이며, 수용성이다.
• 물에 녹는 물질 : 아세트알데하이드(CH_3CHO), 아세트산(초산, CH_3COOH), 포름산(폼산, $HCOOH$), 글리세린[$C_3H_5(OH)_3$], 알코올류, 에틸렌글리콜[$C_2H_4(OH)_2$], 아세톤(CH_3COCH_3), 메틸에틸케톤($CH_3COC_2H_5$), 아염소산염, 염소산염, 무기과산화물 등
• 물에 잘 녹지 않는 물질 : 황(S), 황린(P_4), 이황화탄소(CS_2), 벤젠(C_6H_6), 나이트로벤젠($C_6H_5NO_2$), 톨루엔($C_6H_5CH_3$), 에터류(에테르류, $C_2H_5OC_2H_5$, $CH_3OC_2H_5$), 질산에스터($C_2H_5ONO_2$), 클레오소트유, 등유, 경유, 중유, 과염소산염 등

정답 ①

09 다음 인화성 액체 위험물 중 비중이 가장 큰 것은?

① 경유
② 아세톤
③ 이황화탄소
④ 중유

 정답분석 이황화탄소(CS_2)는 비중 1.26으로 제시된 항목 중 비중이 가장 크다.

정답 ③

10 다음에 설명하는 위험물은?

> • 순수한 것은 무색·투명한 액체이다.
> • 물에 녹지 않고, 벤젠에는 녹는다.
> • 물보다 무겁고, 독성이 있다.

① 아세트알데하이드
② 다이에틸에터(디에틸에테르)
③ 아세톤
④ 이황화탄소

 제4류 위험물 중 특수인화물인 이황화탄소(CS_2)는 비중이 1.26으로 독성이 있으며, 물보다 무겁다. 물에 녹지 않아 가연성 증기발생을 억제하기 위해 물속에 저장한다.

정답 ④

11 다음 물질 중 발화점이 가장 낮은 것은?

① CS_2
② C_6H_6
③ CH_3COCH_3
④ CH_3COOCH_3

 이황화탄소(CS_2)는 특수인화물로서 발화점이 100℃ 이하의 위험물로 분류된다. 이황화탄소(CS_2)의 발화점은 90℃이다. 반면에 벤젠과 아세톤, 아세트산메틸은 제1석유류로서 벤젠(C_6H_6)의 발화점은 498℃, 아세톤(CH_3COCH_3)은 465℃, 아세트산메틸(CH_3COOCH_3)의 발화점은 440℃이다.

정답 ①

12 아밀알코올에 대한 설명으로 틀린 것은?

① 8가지 이성체가 있다.
② 청색이고, 무취의 액체이다.
③ 분자량은 약 88.15이다.
④ 포화지방족 알코올이다.

 아밀알코올($C_5H_{11}OH$)은 무색의 달콤한 냄새가 나며, 에터(에테르), 벤젠 등 유기용제에 잘 녹는다.

• 아밀알코올 : 일명 펜탄올이라고도 하는데 화학식은 $C_5H_{11}OH$이고, 포화지방족 알코올로서 모두 8가지 이성질체가 알려져 있다. n-아밀알코올, sec-아밀알코올, 3-펜탄올, 아이소아밀알코올, 활성아밀알코올, sec-아이소아밀알코올, t-뷰티르카빈올, t-아밀알코올이다.

– 특유의 불쾌한 냄새가 나는 무색 물질이다.
– 끓는점이 130 ~ 132℃로, 분별증류가 곤란하다.
– 산화성 물질과의 혼합 시 폭발할 우려가 있고, 격렬하게 중합반응하여 화재와 폭발을 일으킬 수 있다.
– 끓는점 103℃, 인화점 20℃, 발화점 1.2℃, 비중 0.8, 폭발하한범위는 9%의 특징을 가지고 있다.

정답 ②

13 메틸알코올의 성질로 옳은 것은?

① 물에 녹기 어렵다.
② 비점은 물보다 높다.
③ 증기비중이 공기보다 크다.
④ 인화점 이하가 되면 밀폐된 상태에서 연소하여 폭발한다.

 메틸알코올(CH_3OH)은 제4류 위험물의 알코올류로 분류된다. 무색이며, 물이나 에탄올, 에터(에테르), 벤젠 등에 녹고, 물에 잘 혼합된다. 끓는점은 65℃로 물보다 낮으며, 비중은 0.79로 물보다 가볍다. 증기비중은 1.1로 공기보다 무거우며, 발화점은 464℃, 연소범위는 6 ~ 36%이다.

┃ 알코올류의 특성 비교 ┃

구분	CH_3OH (메틸알코올)	C_2H_5OH (에틸알코올)	$(CH_3)_2CHOH$ (이소프로필 알코올)	$CH_3CH_2CH_2OH$ (프로필 알코올)
	H H-C-OH H	H H H-C-C-OH H H	OH H₃C-C-CH₃ H	H H H H-C-C-C-OH H H H
비점	64.6℃	80℃	81.8℃	97℃
증기 비중	1.1 (공기보다 무거움)	1.59	2.07	2.1
액체 비중	0.79 (물보다 가벼움)	0.79	0.79	0.8
연소 범위	6 ~ 36% (넓음)	3.3 ~ 19%	2 ~ 12% (좁음)	2.1 ~ 13.5%

정답 ③

14 메틸에틸케톤의 저장 또는 취급 시 유의할 점으로 가장 거리가 먼 것은?

① 통풍을 잘 시킬 것
② 찬곳에 저장할 것
③ 직사일광을 피할 것
④ 저장 용기에는 증기 배출을 위해 구멍을 설치할 것

 정답분석 메틸에틸케톤(MEK)은 비수용성으로 제4류 위험물 중 1석유류이므로 통풍이 잘 되는 건조한 냉암소에 보관하며, 밀폐된 용기에 보관하여야 한다. 저장 용기에는 증기 배출을 위해 구멍을 설치하는 대표적인 위험물은 제6류 위험물 중 과산화수소이다.

정답 ④

15 다음에서 설명하는 위험물을 옳게 나타낸 것은?

- 지정수량은 2,000L이다.
- 로켓의 연료, 플라스틱 발포제 등으로 사용된다.
- 암모니아와 비슷한 냄새가 나고, 녹는점은 약 2℃이다.

① N_2H_4
② $C_6H_5CH=CH_2$
③ NH_4ClO_4
④ C_6H_5Br

 정답분석 히드라진(N_2H_4)은 암모니아와 비슷한 냄새가 나는 액체이다. 제4류 위험물 중 제2석유류 수용성으로 지정수량은 2,000L이며, 발연성이 높아 로켓의 연료와 플라스틱 발포제로 쓰인다.

정답 ①

16 위험물안전관리법령의 동식물유류에 대한 설명으로 옳은 것은?

① 피마자유는 건성유이다.
② 요오드 값이 130 이하인 것이 건성유이다.
③ 불포화도가 클수록 자연발화하기 쉽다.
④ 동식물유류의 지정수량은 20,000L이다.

 정답분석 불포화도가 클수록 불포화도의 지표인 요오드 값이 증가하며, 자연발화하기 쉽다.
① 피마자유는 불건성유이다.
② 요오드 값이 100 ~ 130인 것은 반건성유이다.
④ 동식물유류의 지정수량은 10,000L이다.

정답 ③

17 다음 중 요오드가(아이오딘가)가 가장 큰 것은?

① 땅콩기름
② 해바라기기름
③ 면실유
④ 아마인유

 정답분석 건성유가 요오드 값이 가장 높다. 요오드 값이 높을수록 건조성이 강한 것, 즉 건성유에 해당하는데, 제시된 항목 중 해바라기유의 요오드가(아이오딘가)가 가장 크다.

이론PLUS 동·식물유의 종류와 요오드 값
- 건성유 → 아이오딘가 130 이상 : 정어리유, 해바라기유, 아마인유, 동유, 들기름 등
- 반건성유 → 아이오딘가 100 ~ 130 : 쌀겨기름, 면실유, 옥수수기름, 참기름, 콩기름 등
- 불건성유 → 아이오딘가 100 이하 : 피마자유, 올리브유, 야자유 등

정답 ②

18 짚, 헝겊 등을 다음의 물질과 적셔서 대량으로 쌓아두었을 경우 자연발화의 위험성이 제일 높은 것은?

① 동유
② 야자유
③ 올리브유
④ 피마자유

 정답분석 요오드 값이 클수록 자연발화하기 쉽다. 동유(오동기름)는 건성유로 아이오딘가이 130 이상이며, 야자유, 올리브유, 피마자유는 불건성유로 아이오딘가 100 이하이다.

정답 ①

19 다음 물질 중 지정수량이 400L인 것은?

① 포름산메틸
② 벤젠
③ 톨루엔
④ 벤즈알데하이드

 정답분석 포름산메틸(폼산메틸)은 제4류 위험물 중 1석유류 수용성 액체이므로 지정수량이 400L이다.

정답 ①

20

다음 중 위험물안전관리법령상 제2석유류에 해당되는 것은?

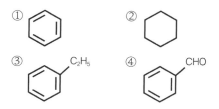

① ② ③ C₂H₅ ④ CHO

 위험물안전관리법령상 제2석유류에 해당되는 것은 ④의 벤즈알데하이드이다.

① 벤젠 – 제1석유류
② 사이클로헥세인 – 제1석유류
③ 에틸벤젠 – 제1석유류

정답 ④

21

벤젠에 관한 설명으로 틀린 것은?

① 화학식은 C_6H_{12}이다.
② 알코올, 에터(에테르)에 잘 녹는다.
③ 물보다 가볍다.
④ 추운 겨울날씨에 응고될 수 있다.

 벤젠(benzene)은 제4류 위험물 중 제1석유류이며, 분자식이 C_6H_6으로 분자량 78, 정육각형 모양의 분자구조를 갖는다.

• 벤젠은 대표적인 방향족 화합물로 가연성이 있는 무색 액체이며, 녹는점 7℃, 끓는점 79℃로 추운 겨울날씨에는 응고될 수 있다.
• 가열하면 쉽게 증발한다. 증기밀도는 2.8로서 공기보다 무겁고, 액체비중은 0.95로 물보다 가볍다.
• 인화점이 -11℃로 낮으며, 발화점은 498℃이다.
• 벤젠은 물에 섞이지 않고(무극성), 알코올·에터(에테르)·아세톤 등에 잘 녹으며, 유지나 수지 등을 잘 녹이는 특성이 있다.

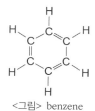

<그림> benzene

정답 ①

22

다음 벤젠의 성질에 대한 설명 중 틀린 것은?

① 증기는 유독하다.
② 물에 녹지 않는다.
③ CS_2보다 인화점이 낮다.
④ 독특한 냄새가 있는 액체이다.

 벤젠(C_6H_6)의 인화점은 -11℃로 이황화탄소(CS_2)의 인화점(-30℃)보다 높다.

정답 ③

23

다음 중 C_5H_5N에 대한 설명으로 틀린 것은?

① 순수한 것은 무색이고, 악취가 나는 액체이다.
② 상온에서 인화의 위험이 있다.
③ 물에 녹는다.
④ 강한 산성을 나타낸다.

 피리딘(C_5H_5N)은 제4류 위험물 중 제1석유류에 속하며, 비린내가 나는 무색 또는 담황색의 액체로 pH 8.5정도의 약한 알칼리성을 나타낸다.

• 피리딘은 고리 안에 질소원자가 1개 함유하는 헤테로 고리화합물로서 방향족성(芳香族性)이 있다.
• 녹는점은 -42℃, 끓는점은 115.5℃, 액체비중 0.99, 증기비중 2.73, 인화점 16℃이다.
• 피리딘은 약한 염기성을 가지고 있으므로 산에는 염(鹽)을 만들며 녹는다.
• 물에 잘 용해되고, 에탄올·에터(에테르)와도 섞인다.

<그림> pyridine

정답 ④

24 제4류 위험물의 일반적인 성질 또는 취급 시 주의사항에 대한 설명 중 가장 거리가 먼 것은?

① 액체의 비중은 물보다 가벼운 것이 많다.
② 대부분 증기는 공기보다 무겁다.
③ 제1석유류 ~ 제4석유류는 비점으로 구분한다.
④ 정전기 발생에 주의하여 취급하여야 한다.

 제1석유류 ~ 제4석유류는 인화점으로 구분하며, 정전기 제거설비를 하여 정전기의 축적을 방지하여야 하고, 정전기 발생에 주의하여야 한다.

정답 ③

25 제4류 위험물의 저장 및 취급 시 화재예방 및 주의사항에 대한 일반적인 설명으로 틀린 것은?

① 증기의 누출에 유의할 것
② 증기는 낮은 곳에 체류하기 쉬우므로 조심할 것
③ 전도성이 좋은 석유류는 정전기 발생에 유의할 것
④ 서늘하고 통풍이 양호한 곳에 저장할 것

 석유류는 전도성이 낮으므로 정전기 제거설비를 하여 정전기가 축적되는 것을 방지하여야 한다.

정답 ③

26 저장할 때 상부에 물을 덮어서 저장하는 것은?

① 디에틸에테르(다이에틸에테르)
② 아세트알데하이드
③ 산화프로펜(산화프로필렌)
④ 이황화탄소

 이황화탄소는 가연성 증기 발생을 억제하기 위해 물속에 저장하며, 비중은 1.26으로 물보다 무겁다.

정답 ④

27 취급하는 장치가 구리나 마그네슘으로 되어 있을 때 반응을 일으켜서 폭발성의 아세틸라이드를 생성하는 물질은?

① 이황화탄소
② 아이소프로필알코올
③ 산화프로펜(산화프로필렌)
④ 아세톤

 산화프로펜(산화프로필렌, C_3H_6O)은 제4류 위험물 중 특수인화물로 구리, 마그네슘, 수은, 은 등과 반응 시 폭발성의 아세틸라이드를 생성하기 때문에 저장용기에는 불연성 가스를 주입하여야 한다.

• 산화프로펜(산화프로필렌)은 프로페인(프로판)의 1, 2 – 자리가 산소원자로 결합된 구조가 있는 하나의 3원고리 에터(에테르)이다.
• 에터(에테르)와 같은 냄새를 가진 액체이며, 끓는점은 35℃, 인화점 –37℃, 발화점 449℃이다.
• 액체의 비중은 0.82, 증기비중은 2.0이며, 물에 비교적 잘 녹고, 에탄올, 에터(에테르)와도 혼합된다.
• 알루미나와 가열하면 프로피온알데하이드가 되고 물과 가열하면 프로필렌글리콜이 된다.

<그림> 산화프로펜(산화프로필렌)

정답 ③

28 동식물유류를 취급 및 저장할 때 주의사항으로 옳은 것은?

① 아마인유는 불건성유이므로 옥외 저장 시 자연발화의 위험이 없다.
② 요오드가(아이오딘가)가 130 이상인 것은 섬유질에 스며들어 자연발화의 위험이 있다.
③ 요오드가(아이오딘가)가 100 이상인 것은 불건성유이므로 저장할 때 주의를 요한다.
④ 인화점이 상온 이하이므로 소화에는 별 어려움이 없다.

 요오드가(아이오딘가)가 높을수록 자연발화의 위험성이 커진다.
① : 아마인유는 건성유(아이오딘가 130 이상)이므로 자연발화의 위험이 크다.
③ : 요오드가(아이오딘가)가 100 이하인 것은 불건성유이다.
④ : 동식물유류는 인화점이 250℃ 미만이다.

정답 ②

06 제5류 위험물

1 제5류 위험물의 종류 및 화학적 성질

1. 제5류 위험물의 종류 · 품명 · 지정수량

성질	품명	지정수량
자기반응성 물질	유기과산화물, 질산에터류(질산에스테르류)	10kg
	나이트로화합물, 나이트로소화합물, 아조화합물, 다이아조화합물(디아조화합물), 하이드라진 유도체(히드라진 유도체)	200kg
	하이드록실아민(히드록실아민), 하이드록실아민염류	100kg

2. 제5류 위험물의 일반적 특성 : 제5류 위험물은 다음과 같은 일반적인 특성을 가지고 있다.

- 제5류 위험물은 가연성 물질로서 그 자체가 산소를 함유하므로 내부연소(자기연소)를 일으키기 쉬운 자기반응성 물질이다.
- 대체로 물보다 무거운 고체 또는 액체의 가연성 물질이며, 산소함유 물질도 있기 때문에 자기연소를 일으키기 쉽고 연소속도가 매우 빨라 폭발성이 강한 물질이다.
- 모두 유기화합물이므로 가열, 충격, 마찰 등으로 인한 폭발위험이 있다.
- 장시간 저장 시 화학반응이 일어나 열분해되어 자연발화할 수 있다.
- 제5류 위험물 중 유기과산화물을 제외한 물질은 일반적으로 불연성이지만 단독으로 존재하는 것보다 가연물과 혼재한 경우가 위험성이 더 높아진다.

3. 각 품명별 세부 품목과 그 특성

(1) 유기과산화물

- 유기과산화물은 스스로 발열 · 분해하는 화학제품이다.
- 분자 내에 $-O-O-$의 퍼옥시(peroxy)기가 존재하기 때문에 불안정하고, 반응성이 높으며, 쉽게 분해되어 활성산소를 방출하는 특성을 가진다.

① 품목 : 벤조일퍼옥사이드, 메틸에틸케톤퍼옥사이드, 다이큐밀퍼옥사이드, 라우로일퍼옥사이드, 다이아이소프로필퍼옥시다이카보네이트, 숙신산퍼옥사이드, 큐멘하이드로퍼옥사이드, 사이클로헥사논퍼옥사이드, 메틸아이소부틸케톤퍼옥사이드, 과산화초산, 메틸히드리진, 과산화벤조일, 과산화아세트산 등

② 주요 품목과 이화학적 특성

구분	$(C_6H_5CO)_2O_2$ (벤조일퍼옥사이드) (과산화벤조일)	$C_8H_{14}O_6$ (다이아이소프로필퍼옥시다이카보네이트)	$C_8H_{18}O_6$ (메틸에틸케톤퍼옥사이드)
인화점	80℃	79℃	59℃
발화점	80℃	125℃	556℃

비점	폭발함	폭발됨(205℃)	75℃
비중	1.33	1.0	1.06
용해성	물에 잘 녹지 않음	거의 불용성	물에 약간 녹음
	유기용매에 용해됨	탄화수소와 혼합됨	케톤류, 에테르에 녹음
	알코올에 일부 용해	염화탄화수소와 혼합됨	알코올에 잘 녹음

③ 유기과산화물의 위험물 특성

　　㉠ 과산화벤조일[벤조일퍼옥사이드, $(C_6H_5CO)_2O_2$]

　　　• 열, 스파크에 의해 점화될 수 있으며, 충격과 마찰에 민감하고, 가열 시 불안정하다.

　　　• 환원제류와 접촉 시 자연적인 화학물질 반응에 의해 중간 정도의 화재위험이 있다.

　　㉡ 다이아이소프로필퍼옥시다이카보네이트

　　　• 온도의 상승에 특히 민감하고, 공기에 노출 시 자연발화가 일어날 수 있으며, 재점화 가능성이 높은 물질이다.

　　　• 열, 스파크 또는 불꽃에 의해 발화될 수 있으며, 유거수는 화재나 폭발 위험성이 있다.

　　㉢ 메틸에틸케톤퍼옥사이드

　　　• 가열에 의해 화재 또는 폭발할 수 있다.

　　　• 충격 또는 고온에서 격렬한 분해를 일으킬 수 있으며, 폭발성 과산화물을 형성할 수 있다.

(2) 질산에스터류(질산에스테르류)

　• 질산의 수소 원자를 알킬기로 치환한 화합물(일반식, $RONO_2$)이다.

　• 분해하여 산화질소를 생성하므로 폭발하기 쉽다.

　• 폭발성이 크고 폭약이나 로켓용 액체연료로 사용된다.

① 품목

　• 상온에서 액체인 것: 질산메틸, 질산에틸, 나이트로글리세린, 나이트로글리콜

　• 상온에서 고체인 것: 셀룰로이드, 나이트로셀룰로오스

② 주요 품목과 이화학적 특성

　　㉠ 나이트로셀룰로오스(면화약, 니트로셀룰로오스, $C_{24}H_{36}N_8O_{38}$)

　　　• 일반적으로 무연 화약에는 질소량이 12% 이상, 다이너마이트용에는 12% 정도, 도료용, 셀룰로이드용 등에는 12% 이하를 사용한다.

　　　• 질소량이 약 13% 이상의 것을 강면약, 약 10 ~ 12%의 것을 약면약이라 한다.

　　㉡ 나이트로글리세린(니트로글리세린, $C_3H_5N_3O_9$)

　　　• 강산화제, 유기용제, 강산, NaOH, 나트륨 금속 등과 혼촉 시 발화폭발한다.

　　　• 물에는 잘 녹지 않으나, 에탄올에는 녹으며, 에터(에테르)와 임의의 비율로 섞인다. 벤젠 등 유기용매에는 잘 녹는다.

(3) 나이트로소화합물(니트로소화합물)

- $-NO_2$(나이트로기=니트로기)가 질소에 결합한 유기화합물이다.
- 무기화합물에서는 니트록실이라고 하기도 하는데, 강력한 변이원성을 나타내는 것이 많다.
- **품목** : 나이트로메테인(니트로메탄, CH_3NO_2), 나이트로에테인(니트로에탄, $C_2H_5NO_2$), 테트라나이트로메테인(테트라니트로메탄, $C(NO_2)_4$), 피크린산[트리나이트로페놀(TNP), $C_6H_2(OH)(NO_2)_3$], 2,4,6-트리나이트로톨루엔[트리니트로톨루엔(TNT), $C_6H_2(NO_2)_3CH_3$], 트리나이트로벤젠[트리니트로벤젠(TNB), $C_6H_3(NO_2)_3$], 피크린산암모늄, 다이나이트로벤젠(디니트로벤젠), 트리나이트로벤조산, 테트릴(tetryl, tetranitromethyl aniline, $C_7H_5N_5O_8$) 등

구분	$C_6H_2(NO_2)_3CH_3$ (2,4,6-트리나이트로톨루엔)	$C_6H_3(NO_2)_3$ (1,3,5-트리나이트로벤젠)	$C_6H_2(NO_2)_3OH$ [피크린산(트리나이트로페놀)]
구분			
용도	폭약(TNT)	폭발 물질(TNB)	폭약(TNP)
특성	• 240℃ 이상 가열 시 폭발함 • 열분해 시 질산화물의 고독성 흄(fume)을 방출 • K, KOH, HCl과 접촉 시 발화·폭발 위험	• 부분적으로 함수상태에서도 연소될 수 있음 • 마찰이나 열·스파크에 의해 화재 또는 폭발을 일으킬 수 있음	• 물, 에탄올에 녹음 • 300℃ 이상 급격하게 가열할 경우 폭발함 • 암소에 저온으로 보존

(4) 아조화합물 : 아조기($-N=N-$)를 가지는 화합물을 총칭한다. 아조기는 강력한 발색단(發色團)을 가지고 있으므로 아조염료로 주로 이용되고 있다.

- **품목** : 아조비스아이소부티로니트릴, 아조다이카본아마이드, 1,3-다이페닐트리아진, 5-메틸-1H-테트라졸, 2,2′-아조비스아이소부틸산디메틸, 다이메틸시클로헥세인(1.2-) 등

구분	$(CH_3)_2C(CN)N=NC(CH_3)_2CN$ (아조비스아이소부티로니트릴)	$NH_2CON=NCONH_2$ (아조다이카본아마이드)	$[COOCH_3(CH_3)_2CN]_2$ (2,2′-아조비스아이소부틸산디메틸)
구분			
특성	• 열분해 시 독성 물질(HCN)이 발생될 수 있음 • 다른 가연성 물질과 접촉하여 화재를 일으킬 수 있음 • 고온에서 격렬하게 중합반응하여 폭발을 일으킴	• 열분해 시 독성 물질(HCN)이 발생될 수 있음 • 고온에서 격렬하게 중합반응하여 폭발을 일으킴 • 열, 스파크, 화염에 의해 점화될 수 있음	• 산화성 물질과의 혼합 시 폭발할 우려가 있음 • 분진은 공기와 결합하여 폭발성 혼합물을 형성하여 점화원이 존재하면 폭발할 수 있음

(5) **다이아조화합물(디아조화합물)** : 질소 2개가 연결된 다이아조기($=N_2$)를 가지는 화합물을 총칭한다. 다이아조기는 반응성이 풍부하므로 유기인조 및 농약, 살충제 등 다양한 화학원료로 이용되고 있다.

- **품목** : 1,3-다이페닐트리아진, 2-다이아조-1-나프토온-5-술폰산염화물 등

구분	$C_{12}H_{11}N_3$ (1,3-다이페닐트리아진)	$C_{10}H_5C_1N_2O_3S$ (2-다이아조-1-나프토온-5-술폰산염화물)
특성	• 가열 시 폭발할 수 있음 • 더스트는 공기와 결합하여 폭발성 혼합물을 형성할 수 있음 • 일반적으로 초기 또는 주요 폭발은 밀폐된 공간에서 발생함 • 연소성 고체로 탈수는 있지만 화염이 퍼지기 어려움	• 가열 시 폭발할 수 있음 • 더스트는 공기와 결합하여 폭발성 혼합물을 형성할 수 있음 • 연소성 고체로 연소 후 황산화물, 질소산화물 등 유해성 가스를 발생시킴

(6) **하이드라진 유도체(히드라진 유도체)** : 제4류 위험물 중 제2석유류로 분류되는 하이드라진(히드라진, H_2N-NH_2)의 유도체들이 이에 해당한다. 반응성이 풍부하므로 다양한 화학원료로 이용되고 있으며, 열에 의해 분해할 경우 부식성을 가지며, 유해성 증기를 생성한다.

- **품목** : 염산하이드라진, 황산하이드라진, 티오세미카바지트, 3-메틸-5-피라졸론, p-톨루엔설포닐히드라지드, 티오카보히드라지드 등

$C_2H_8N_2$ (N,N-다이메틸하이드라진)	$O(C_6H_4SO_2NHNH_2)_2$ (벤젠설포닐히드라지드)	$NH_2CSNHNH_2$ (티오세미카바지트)

(7) **하이드록실아민(히드록실아민) 및 하이드록실아민염류** : 하이드라진(H_2N-NH_2)에서 아미노기($-NH_2$)하나가 수산기($-OH$)로 치환된 것이 하이드록실아민($HO-NH_2$)이며, 여기에 황산(H_2SO_4), 염산(HCl) 등의 강산이 결합되어 있는 것이 하이드록실아민염류이다.

① **품목** : 염산하이드라진, 황산하이드라진, 티오세미카바지트, 3-메틸-5-피라졸론, p-톨루엔설포닐히드

② **특성**
- 하이드록실아민은 조해성이 매우 강하며, 물, 에테인(에탄)올과는 어떠한 비율에서도 혼합된다.
- 에터(에테르), 클로로포름, 벤젠, 이황화탄소에 잘 안 녹는다.
- 가열하면 15℃부터 분해가 시작되고, 질소, 암모니아, 물 등을 만든다.
- 강하게 가열하면 격렬한 폭발성을 가지며, 자외선에 의해서도 폭발한다.

2 제5류 위험물의 저장 · 취급 방법과 화재 대응방법

1. 저장 및 취급 방법

- 용기의 파손 및 균열에 주의하며, 통풍이 잘되는 냉암소 등에 저장해야 한다.
- 가열, 충격, 마찰 등을 피하고, 화기 및 점화원으로부터 멀리 이격해야 한다.
- 용기는 밀전, 밀봉하여야 한다.
- 화재 시 소화가 곤란하므로 소분(小分)하여 저장한다.
- 트리나이트로페놀[피크르산, TNP, $C_6H_2(NO_2)_3OH$]은 휘황색을 띤 침상결정으로 비중이 약 1.8로 물보다 무겁다. 단독으로는 충격, 마찰에 둔감한 편이지만 저장할 때는 철, 납, 구리, 아연으로 된 용기를 사용할 경우 충격, 마찰에 의해 피크린산염을 생성하면서 폭발할 위험이 있다.
- 나이트로셀룰로오스[면화약, $C_6H_7(NO_2)_3O_5$]는 습도가 낮은 건조한 상태일 때 폭발위험이 있으므로 저장할 때에는 알코올 수용액 또는 물로 습면하고 안정제를 가하여 저장한다.

2. 화재 대응방법

- 일반적으로 대량 방수에 의하여 냉각소화 한다.
- 자기연소성 물질(산소함유 물질)이기 때문에 CO_2, 분말, 할론, 포 등에 의한 질식소화는 효과가 없으며, 다량의 물로 냉각하는 것이 적당하다.
- 초기화재 또는 소량화재 시에는 분말로 일시에 화염을 제거하여 소화할 수 있으나 재발화가 염려되므로 최종적으로는 물로 냉각소화하여야 한다.
- 화재 시 폭발위험이 상존하므로 화재진압 시에는 충분히 안전거리를 유지하고, 접근 시에는 엄폐물을 이용하며 방수 시에는 무인방수포 등을 이용한다.
- 셀룰로이드류의 화재는 순식간에 확대될 위험이 있으며, 물의 침투성이 나쁘기 때문에 계면활성제를 사용하든지, 응급적으로 포를 사용해도 좋다.

출제예상문제

01 외부의 산소공급이 없이도 연소하는 물질이 아닌 것은?

① 알루미늄의 탄화물
② 하이드록실아민
③ 유기과산화물
④ 질산에스테르

 자기반응성 물질(5류 위험물)은 분자 내에 산소를 포함하고 있다.

정답 ①

02 제5류 위험물인 자기반응성 물질에 포함되지 않는 것은?

① CH_3NO_2
② $[C_6H_7O_2(ONO_2)_3]_n$
③ $C_6H_2CH_3(NO_2)_3$
④ $C_6H_5NO_2$

 나이트로벤젠($C_6H_5NO_2$)은 제4류 위험물(제3석유류)로 분류된다.
나이트로메탄(CH_3NO_2), 나이트로셀룰로오스[니트로셀룰로오스, $C_6H_7O_2(ONO_2)_3]_n$, 트리나이트로톨루엔[T.N.T, $C_6H_2CH_3(NO_2)_3$]은 제5류 위험물(자기반응성 물질)에 속한다.

■ **벤젠류의 위험물 분류 특징**
• 제4류 위험물
  – 제1석유류 : 벤젠, 에틸벤젠, 플루오르벤젠, 다이플루오르벤젠(1,3 –)
  – 제2석유류 : 클로로벤젠, 브로모벤젠, 1,2 – 다이클로로벤젠, 클로로에틸벤젠, 부틸(2차)벤젠, 아이소부틸벤젠, 다이에틸벤젠, 알릴벤젠 등
  – 제3석유류 : 나이트로벤젠, 직쇄형 알킬벤젠, 다이메틸나이트로벤젠, 플로로나이트로벤젠, 트리데실벤젠, 도데실벤젠, 다이메톡시벤젠 등
• 제5류 위험물 : 다이나이트로벤젠, 1,3,5 – 트리나이트로벤젠, 파라 – 다이나이트로벤젠, 벤젠설포닐히드라지드 등

정답 ④

03 제5류 위험물에 해당하지 않는 것은?

① 나이트로글리콜
② 나이트로글리세린
③ 트리나이트로톨루엔
④ 나이트로톨루엔

 나이트로톨루엔(니트로톨루엔)은 제4류 위험물 중 제3석유류에 해당한다.

정답 ④

04 위험물안전관리법령상의 지정수량이 나머지 셋과 다른 하나는?

① 질산에스터류(질산에스테르류)
② 나이트로소화합물
③ 다이아조화합물
④ 하이드라진 유도체

 질산에스터류(질산에스테르류)의 지정수량은 10kg이다.
나머지 물질의 지정수량은 200kg이다.

정답 ①

05 트리나이트로톨루엔에 관한 설명 중 틀린 것은?

① TNT라고 한다.
② 피크린산에 비해 충격, 마찰에 둔감하다.
③ 물에 녹아 발열·발화한다.
④ 폭발 시 다량의 가스를 발생한다.

 톨루엔($C_6H_5CH_3$)과 같은 방향족 고리에 진한 질산과 황산의 혼합액으로 반응시키는 것을 니트로화라 한다. 나이트로화합물인 트리나이트로톨루엔(트리니트로톨루엔, Trinitrotoluene, T.N.T)은 무취의 담황색 고체로 물에 녹지 않고 알코올, 벤젠, 아세톤 등에 녹는다. 다른 나이트로화합물(니트로화합물)에 비해 폭발속도(6,900m/sec)와 폭발력이 상대적으로 낮다.

정답 ③

■ TNT와 TNP

• TNT(트리나이트로톨루엔, Trinitrotoluene) → 제5류 자기반응성 물질의 나이트로화합물임
  - 트리나이트로톨루엔(트리니트로톨루엔, $C_7H_5N_3O_6$)은 톨루엔의 수소 3개를 나이트로기(基)로 치환한 화합물이다.
  - 많은 이성질체가 알려져 있는데, 이들 중에서 2,4,6-트리나이트로톨루엔(트리니트로톨루엔)은 폭약으로 알려져 있다.

• TNP(트리나이트로페놀, Trinitrophenol) → 제5류 자기반응성 물질의 나이트로화합물임
  - 피크린산 또는 피크르산이라고도 한다.
  - 트리나이트로페놀($C_6H_3N_3O_7$)은 페놀의 수소 3개를 나이트로기(基)로 치환한 화합물이다.
  - TNT와 함께 폭약으로서도 사용되며, 또 의약품으로서의 용도도 있다.

구분	$C_6H_2(NO_2)_3CH_3$ (트리나이트로톨루엔)	$C_6H_2(NO_2)_3OH$ (피크린산 (트리나이트로페놀))
용도	폭약(TNT)	황색염료, 폭약(TNP)
제법	톨루엔을 황산과 질산의 혼합물에 의해서 나이트로화 반응에 의해 조제된다.	페놀에 진한 황산을 작용시켜 질산과 나이트로화 반응에 의해 조제된다.
성상 특성	• 연한 노란색의 막대모양 결정이다. • 물에는 거의 녹지 않는다. • 벤젠에 쉽게 녹고, 알코올에도 상당량 녹는다.	• 순수한 것은 무색이지만 공업용은 황색의 침상결정이다. • 물에 전리하여 강한 산이 되며, 쓴맛을 가진다. • 알코올, 아세톤에 녹는다.
녹는점	80℃	122℃
인화점	2℃	150℃
발화점	300℃	300℃
끓는점	280℃	255℃

06 다음 중 TNT의 폭발, 분해 시 생성물이 아닌 것은?

① CO
② N₂
③ SO₂
④ H₂

정답분석 TNT$[C_7H_5(NO_2)_3]$의 폭발분해 시 생성물은 일산화탄소, 질소, 수소, 탄소이다.

반응 $C_7H_5(NO_2)_3 \rightarrow 6CO + 2.5H_2 + 1.5N_2 + C$

정답 ③

07 충격마찰에 예민하고 폭발위력이 큰 물질로 뇌관의 첨장약으로 사용되는 것은?

① 테트릴
② 질산메틸
③ 나이트로글리콜(니트로글리콜)
④ 나이트로셀룰로오스(니트로셀룰로오스)

정답분석 테트릴(tetryl)은 제5류 위험물 중 나이트로소화합물의 하나이며, 다이메틸아닐린을 진한 황산에 녹여 질산과 황산의 혼산(混酸)으로 나이트로화하여 제조하며, 공업뇌관과 첨장약으로 널리 사용된다.

<그림> 테트릴(tetryl)

정답 ①

08 트리나이트로페놀(Trinitro Phenol)의 성질로 틀린 것은?

① 저장 시 폭발에 대비하여 철이나 구리로 만든 용기에 저장한다.
② 순수한 것은 무색이지만 보통 공업용은 휘황색의 침상결정이다.
③ 물에 전리하여 강한 산이 되며, 이때 선명한 황색이 된다.
④ 단독으로는 충격, 마찰에 둔감하고 안정한 편이다.

정답분석 트리나이트로페놀은 철, 납, 구리, 아연 등과 반응 시 피크린산염을 생성하여 폭발의 위험이 있다.

정답 ①

09 피크르산(피크린산)에 대한 설명으로 틀린 것은?

① 화재발생 시 다량의 물로 주수소화 할 수 있다.
② 트리나이트로페놀이라고도 한다.
③ 알코올, 아세톤에 녹는다.
④ 플라스틱과 반응하므로 철 또는 납의 금속용기에 저장해야 한다.

정답분석 피크르산($C_6H_3N_3O_7$)은 트리나이트로페놀(T.N.P)이라고도 하며, 페놀의 2, 4, 6 – 자리에 3개의 나이트로기가 있는 화합물이며, 철, 납, 구리, 아연 등과 같은 금속과 반응 시 폭발의 위험이 있는 금속염(피크린산염)을 생성한다.

<그림> 피크르산(Picric Acid)

정답 ④

10 다음의 2가지 물질을 혼합하였을 때 위험성이 증가하는 경우가 아닌 것은?

① 과망가니즈산칼륨+황산
② 나이트로셀룰로오스+알코올 수용액
③ 질산나트륨+유기물
④ 질산+에틸알코올

정답분석 니트로셀룰로오스는 제5류 자기반응성 물질의 질산에스터류(질산에스테르류)로 분류되는 물질이지만 알코올 수용액과의 혼합은 발화·폭발의 위험성은 증가되지 않는다. 나이트로셀룰로오스에 알코올 수용액(에탄올)을 가하는 것은 산업용으로 흔히 이용되고 있다. 예를 들면, 나이트로셀룰로오스에 알코올 수용액과 에터(에테르, 다이에틸에테르)를 가하면 끈적끈적한 콜로디온(collodion)용액이 형성되는데, 이 때 생성된 콜로디온은 붕대재료, 투석막, 감광막, 탁구공, 완구 등의 원재료로 사용된다.

정답 ②

11 질산메틸의 성상에 관한 설명 중 틀린 것은?

① 향기를 갖는 무색의 액체이다.
② 물에는 녹지 않으나 에터(에테르)에 녹는다.
③ 휘발성 물질로 증기비중은 공기보다 가볍다.
④ 비점 이상으로 가열하면 폭발의 위험이 있다.

정답분석 질산메틸(CH_3NO_3)은 휘발성이 강하여 안전하게 다루거나 저장하기 곤란하며, 폭발성이 강하다. 증기비중은 증기비중 2.66으로 공기보다 무겁다.

특성 비교	질산메틸	질산에틸
내용	• 무색 투명한 액체, 방향성 있음 • 휘발성이 크고 폭발하기 쉬움 • 강한 자극성이 있으며, 열, 빛, 습기에 의해 자연발화의 위험이 있음 • 물에 녹지 않으나 알코올 및 에터(에테르)에 녹음 • 증기비중 2.66 • 분자식 CH_3NO_3 • 분자량 77	• 무색 투명한 액체, 방향성 있음 • 휘발성이 크고 폭발하기 쉬움 • 증기는 낮은 곳에 체류하며 인화점이 낮기 때문에 인화하기 쉬움 • 물에 일부 녹고(화학대사전), 유기용제에 잘 녹음 • 증기비중 3.14 • 분자식 $C_2H_5NO_3$ • 분자량 91

정답 ③

12 과산화벤조일에 대한 설명으로 틀린 것은?

① 상온에서 고체이다.

② 벤조일퍼옥사이드라고도 한다.

③ 산소를 포함하지 않는 환원성 물질이다.

④ 희석제를 첨가하여 폭발성을 낮출 수 있다.

정답분석 과산화벤조일($C_{14}H_{10}O_4$)은 제5류 위험물의 유기과산화물로 벤조일퍼옥사이드(BPO)라고도 하며, 투명한 백색의 고체로 산소를 다량 포함하는 산화성 물질이다. 열을 가하면 폭발하므로 화기에 주의해야 하며, 비활성의 프탈산다이메틸(DMP), 프탈산다이부틸(DBP)의 희석제를 첨가하면 폭발성을 낮출 수 있다.

<그림> 과산화벤조일($C_6H_5CO \cdot O_2 \cdot COC_6H_5$)

정답 ③

13 나이트로셀룰로오스(니트로셀룰로오스)의 안전한 저장 및 운반에 대한 설명으로 옳은 것은?

① 습도가 높으면 위험하므로 건조한 상태로 취급한다.

② 아닐린과 혼합한다.

③ 산을 첨가하여 중화시킨다.

④ 알코올 수용액으로 습면시킨다.

정답분석 나이트로셀룰로오스[질화면, 면화약=니트로셀룰로오스, $C_6H_7(NO_2)_3O_5$]는 습도가 낮은 건조한 상태일 때 폭발위험이 있으므로 알코올 수용액 또는 물로 습면시켜 저장한다.

정답 ④

14 나이트로셀룰로오스의 저장 및 취급 방법으로 틀린 것은?

① 가열, 마찰을 피한다.

② 열원을 멀리하고, 냉암소에 저장한다.

③ 알코올 용액으로 습면하여 운반한다.

④ 물과의 접촉을 피하기 위해 석유에 저장한다.

정답분석 나이트로셀룰로오스는 건조한 상태일 때 폭발의 위험이 있어 물 또는 알코올 수용액으로 습윤(습면)하여 저장한다.

정답 ④

15 셀룰로이드류를 다량으로 저장하는 경우, 자연발화의 위험성을 고려하였을 때 다음 중 가장 적합한 장소는?

① 습도가 높고, 온도가 낮은 곳

② 습도와 온도가 모두 낮은 곳

③ 습도와 온도가 모두 높은 곳

④ 습도가 낮고, 온도가 높은 곳

정답분석 셀룰로이드류의 자연발화의 위험성을 고려하였을 때 가장 적합한 저장 장소는 습도와 온도가 모두 낮은 곳이다.

정답 ②

07 제6류 위험물

1 제6류 위험물의 종류 및 화학적 성질

1. 제6류 위험물의 종류·품명·지정수량

성 질	품 명	지정수량
산화성 액체	과염소산, 과산화수소, 질산, 할로겐(할로겐)간화합물	300kg

2. 제6류 위험물의 일반적 특성 : 위험물안전관리법상의 제1류 위험물 및 제6류 위험물은 강력한 산화제로 작용하는데, 제1류 위험물은 산화성 고체로서 분자 내에 산소를 다량 함유하고 있어 이 산소가 가연성 물질의 전자를 빼앗아 산화시키는 작용을 하며, 제6류 위험물은 산화성 액체로서 분자구조 내에 산소 또는 할로겐이 가연물의 전자를 빼앗아 산화시키는 작용을 한다.

- 제6류 위험물은 모두 강산류(强酸類)인 동시에 강산화제이지만 모두 불연성(不燃性)이다.
- 비중이 1보다 크며 물에 잘 녹고, 물과 반응 시 발열한다.
- 부식성 및 유독성이 강한 강산화제이다.
- 산소를 많이 포함하여 다른 가연물의 연소를 돕는다.
- 가연물 및 분해를 촉진하는 약품과 분해·폭발한다.

3. 각 품명별 세부 품목과 그 특성

- **품목** : 과염소산, 과산화수소, 질산, 할로겐간화합물[삼불화브로민(삼불화브롬), 오불화아이오딘(오불화요오드), 오불화브로민(오불화브롬) 등]

구분	$HClO_4$ (과염소산)	H_2O_2 (과산화수소)	HNO_3 (질산)
색상/냄새	무색, 무취	무색, 무취	무색(노랑, 적색), 자극취
비점	39℃	125℃	122℃
액체비중	1.76	1.46	1.49
증기비중	3.46	1.0	2.2
반응성	염소산 중에서 가장 강한 산(酸)임	산화제 및 환원제로 작용함	흡습성, 부식성이 강한 강산(强酸)임
	알코올류와 접촉 시 발화·폭발	물, 알코올류, 에터(에테르)에 녹음	물, 알코올, 에터(에테르)에 잘 녹음
	금속(Fe, Cu, Zn)과 격렬한 반응	**석유 및 벤젠에는 녹지 않음**	구리와 반응하여 NO, NO_2 발생

※ **할로겐간화합물**(할로겐간화합물)은 플루오르화브롬(플루오린화브로민), 염화요오드(염화아이오딘), 브롬화요오드(브로민화아이오딘), 염화브롬(염화브로민), 플루오르화염소(플루오린화염소), IF_5, BrF_5, ICl_3, BrF_3, ClF_3, ICl, IBr, BrF, $BrCl$, ClF 등이 있다.

4. 산화성 액체의 위험물 특성

(1) 가열 또는 금속 촉매와 접촉 시 화재 및 폭발성의 위험성이 있다.

- $HClO_4$ (과염소산) $\xrightarrow[\text{HCl과 산소 발생}]{\text{가열}}$ $HCl + 2O_2$

- $2H_2O_2$ (과산화수소) $\xrightarrow[\text{산소 발생}]{\text{가열}}$ $O_2 + 2H_2O$

- $2HNO_3$ (질산) $\xrightarrow[\text{NO}_2\text{ 발생}]{\text{가열}}$ $2NO_2 + 2H_2O$

$$2NO_2 + H_2O + 0.5O_2$$

(6류 위험물 중 질산은 이산화질소와 산소를 발생시키므로)

(2) 과염소산은 금속, 환원제류, 유기물과 접촉 시 폭발과 화재의 위험이 있다.

(3) 질산은 화재 및 폭발 위험은 없지만 과산화질소, 질소산화물, 질산 흄(fume) 등의 부식성·독성 흄이 생성된다.

(4) 할로젠간화합물은 모두 휘발성이고, 대부분 불안정하나 폭발하지는 않는다.

2 제6류 위험물의 저장·취급 방법과 화재 대응방법

1. 저장 및 취급 방법

(1) 물, 유기물, 가연물 및 산화제와의 접촉을 피해야 한다.

(2) 저장용기는 내산성 용기를 사용하며, 흡습성이 강하므로 용기는 밀전, 밀봉하여 액체의 누설이 되지 않도록 한다.

(3) 증기는 유독하므로 취급 시에는 보호구를 착용한다.

(4) 과산화수소의 저장 용기는 구멍이 뚫린 마개를 사용하여 분해되는 가스를 방출시켜야 한다.

(5) 과산화수소는 분해방지를 위하여 인산(H_3PO_4), 요산($C_5H_4N_4O_3$) 등의 안정제를 첨가하여 보관하는 것이 좋다.

(6) 열과 빛에 의해 분해될 수 있으므로 갈색 유리병에 넣어 냉암소에 보관하여야 한다.

(7) 제6류 위험물을 운반할 때에는 제1류 위험물과 혼재(混在)할 수 있다.

2. 화재 대응방법

(1) 자신은 불연성이지만 연소를 돕는 물질이므로 화재 시에는 가연물과 격리하도록 한다.

(2) 소량 화재 시는 다량의 물로 희석할 수 있지만 원칙적으로 주수는 하지 않아야 한다.

(3) 유출 사고 시에는 마른 모래를 뿌리거나 중화제로 중화한다.

(4) 바람을 등지고 소화작업을 하고, 발생하는 가스에 대비하여 안전장구를 착용한다.

출제예상문제

01 다음 중 위험물 중 가연성 액체를 옳게 나타낸 것은?

$$HNO_3,\ HClO_4,\ H_2O_2$$

① $HClO_4$, HNO_3
② HNO_3, H_2O_2
③ HNO_3, $HClO_4$, H_2O_2
④ 모두 가연성이 아님

정답 분석 HNO_3, $HClO_4$, H_2O_2는 모두 제6류 위험물로 산화성 액체이며, 모두 불연성 물질이다.

정답 ④

02 과산화수소의 성질에 관한 설명으로 옳지 않은 것은?

① 에터(에테르)에 녹지 않으며, 벤젠에 잘 녹는다.
② 산화제이지만 환원제로서 작용하는 경우도 있다.
③ 농도에 따라 위험물에 해당하지 않는 것도 있다.
④ 분해방지를 위해 보관 시 안정제를 가할 수 있다.

정답 분석 과산화수소(H_2O_2)는 물과 에터(에테르), 알코올에 잘 녹으며, 석유에터(에테르)와 벤젠에는 녹지 않는다. 위험물 안전관리법령에서 정한 과산화수소의 농도는 36%(wt) 이상의 것만 위험물로 취급하며, 알칼리성이 되면 격렬하게 분해되어 산소를 발생시킨다. 이러한 분해를 방지하기 위하여 인산(H_3PO_4), 요산($C_5H_4N_4O_3$) 등의 안정제를 첨가하여 보관한다. 과산화수소는 일반적으로 강력한 산화제이지만 강산화물과 공존할 경우 환원제로 작용하는 양쪽성 물질이다.

정답 ①

03 과산화수소의 성질 및 취급 방법에 관한 설명 중 틀린 것은?

① 햇빛에 의하여 분해한다.
② 인산, 요산 등의 분해방지 안정제를 넣는다.
③ 저장 용기는 공기가 통하지 않게 마개로 꼭 막아둔다.
④ 에테인(에탄)올에 녹는다.

정답 분석 과산화수소의 저장 용기는 구멍이 뚫린 마개를 사용하여 분해되는 가스를 방출시켜야 한다. 또한 직사광선이 닿지 않도록 갈색 유리병에 저장하며, 운반 시 차광성이 있는 피복으로 가려야 한다.

정답 ③

04 위험물안전관리법령에 따른 질산에 대한 설명으로 틀린 것은?

① 위험등급은 Ⅰ등급이다.
② 지정수량은 300kg이다.
③ 운반 시 제1류 위험물과 혼재할 수 있다.
④ 농도가 36%(중량) 이상인 것에 한하여 위험물로 간주된다.

정답 분석 위험물안전관리법령에서 정한 질산은 비중이 1.49 이상인 것에 한하여 위험물로 간주된다. 36중량퍼센트 이상의 농도를 위험물로 한하는 것은 과산화수소에 해당한다. 제6류 위험물의 위험등급은 Ⅰ등급으로 지정수량은 300kg이며, 제1류 위험물과 혼재가 가능하다.

정답 ④

05

가열했을 때 분해하여 적갈색의 유독한 가스를 방출하는 것은?

① 과염소산   ② 질산
③ 과산화수소   ④ 적린

정답분석 질산은 열과 빛에 의해 적갈색의 이산화질소와 물과 산소로 분해된다.

반응 $4HNO_3 \rightarrow 4NO_2 + 2H_2O + O_2$

정답 ②

07

위험물안전관리법령상 제6류 위험물에 해당하는 물질로서 햇빛에 의해 갈색의 연기를 내며 분해할 위험이 있으므로 갈색병에 보관해야 하는 것은?

① 질산   ② 황산
③ 염산   ④ 과산화수소

정답분석 질산은 제6류 위험물에 해당하는 물질로서 햇빛에 의해 갈색의 연기를 내며 분해할 위험이 있으므로 갈색병에 보관해야 한다.

정답 ①

06

질산의 성질에 대한 설명으로 옳지 않은 것은?

① 무색 투명하며, 공업용은 황색을 띤다.
② 구리와 반응하여 질산염을 생성한다.
③ 햇빛에 분해되고, 적갈색 가스는 인체에 유독하다.
④ 환원성 물질이나 유기물질 등과 반응하여 부동태가 된다.

정답분석 질산(HNO_3)은 자극적인 냄새가 나는 무색 또는 황색의 액체로 환원성 물질이나 유기화합물과 접촉할 경우, 폭발과 화재의 위험이 있다. 이온화경향이 작은 금속(Cu, Hg, Ag 등)과 반응하여 질산의 농도가 묽고 진함에 따라 NO_2, NO와 함께 그 금속의 질산염을 생성한다. 순수할 때는 무색이나 열과 빛에 의해 분해되면서 적갈색의 이산화질소(NO_2) 가스를 발생하므로 갈색 병에 넣어 냉암소에 보관하여야 한다.

정답 ④

Chapter 02 위험물 안전

01 위험물의 저장 · 취급 · 운반 · 운송 방법

1 위험물의 저장 · 취급의 공통기준

- 제조소등에서 허가 및 신고와 관련되는 품명 외의 위험물 또는 이러한 허가 및 신고와 관련되는 수량 또는 지정수량의 배수를 초과하는 위험물을 저장 또는 취급하지 아니하여야 한다(중요기준).
- 위험물을 저장 또는 취급하는 건축물 그 밖의 공작물 또는 설비는 당해 위험물의 성질에 따라 차광 또는 환기를 실시하여야 한다.
- 위험물은 온도계, 습도계, 압력계 그 밖의 계기를 감시하여 당해 위험물의 성질에 맞는 적정한 온도, 습도 또는 압력을 유지하도록 저장 또는 취급하여야 한다.
- 위험물을 저장 또는 취급하는 경우에는 위험물의 변질, 이물의 혼입 등에 의하여 당해 위험물의 위험성이 증대되지 아니하도록 필요한 조치를 강구하여야 한다.
- 위험물이 남아 있거나 남아 있을 우려가 있는 설비, 기계 · 기구, 용기 등을 수리하는 경우에는 안전한 장소에서 위험물을 완전하게 제거한 후에 실시하여야 한다.
- 위험물을 용기에 수납하여 저장 또는 취급할 때에는 그 용기는 당해 위험물의 성질에 적응하고 파손 · 부식 · 균열 등이 없는 것으로 하여야 한다.
- 가연성의 액체 · 증기 또는 가스가 새거나 체류할 우려가 있는 장소 또는 가연성의 미분이 현저하게 부유할 우려가 있는 장소에서는 전선과 전기기구를 완전히 접속하고 불꽃을 발하는 기계 · 기구 · 공구 · 신발 등을 사용하지 아니하여야 한다.
- 위험물을 보호액 중에 보존하는 경우에는 당해 위험물이 보호액으로부터 노출되지 아니하도록 하여야 한다.

1. 위험물의 유별 저장 · 취급의 공통기준(중요기준)

(1) 제1류 위험물은 가연물과의 접촉 · 혼합이나 분해를 촉진하는 물품과의 접근 또는 과열 · 충격 · 마찰 등을 피하는 한편, 알칼리금속의 과산화물 및 이를 함유한 것에 있어서는 물과의 접촉을 피하여야 한다.

(2) 제2류 위험물은 산화제와의 접촉 · 혼합이나 불티 · 불꽃 · 고온체와의 접근 또는 과열을 피하는 한편, 철분 · 금속분 · 마그네슘 및 이를 함유한 것에 있어서는 물이나 산과의 접촉을 피하고 인화성 고체에 있어서는 함부로 증기를 발생시키지 아니하여야 한다.

(3) 제3류 위험물 중 자연발화성 물질에 있어서는 불티 · 불꽃 또는 고온체와의 접근 · 과열 또는 공기와의 접촉을 피하고, 금수성 물질에 있어서는 물과의 접촉을 피하여야 한다.

(4) 제4류 위험물은 불티 · 불꽃 · 고온체와의 접근 또는 과열을 피하고, 함부로 증기를 발생시키지 아니하여야 한다.

(5) 제5류 위험물은 불티 · 불꽃 · 고온체와의 접근이나 과열 · 충격 또는 마찰을 피하여야 한다.

(6) 제6류 위험물은 가연물과의 접촉 · 혼합이나 분해를 촉진하는 물품과의 접근 또는 과열을 피하여야 한다.

2. 위험물의 위험등급

위험등급	해당 품명 및 품목
Ⅰ등급 위험물	• 제1류 위험물 중 아염소산염류, 염소산염류, 과염소산염류, 무기과산화물 그 밖에 지정수량이 50kg인 위험물 • 제3류 위험물 중 칼륨, 나트륨, 알킬알루미늄, 알킬리튬, 황린 그 밖에 지정수량이 10kg 또는 20kg인 위험물 • 제4류 위험물 중 특수인화물 • 제5류 위험물 중 유기과산화물, 질산에스터류(질산에스테르류) 그 밖에 지정수량이 10kg인 위험물 • 제6류 위험물
Ⅱ등급 위험물	• 제1류 위험물 중 브로민산염류(브롬산염류), 질산염류, 아이오딘산염류(요오드산염류) 그 밖에 지정수량이 300kg인 위험물 • 제2류 위험물 중 황화인, 적린, 유황 그 밖에 지정수량이 100kg인 위험물 • 제3류 위험물 중 알칼리금속(칼륨 및 나트륨을 제외한다.) 및 알칼리토금속, 유기금속화합물(알킬알루미늄 및 알킬리튬을 제외한다.) 그 밖에 지정수량이 50kg인 위험물 • 제4류 위험물 중 제1석유류 및 알코올류 • 제5류 위험물 중 Ⅰ등급 이외 위험물
Ⅲ등급 위험물	Ⅰ등급 및 Ⅱ등급 외의 위험물

2 위험물의 저장기준

1. 설비에 사용할 수 없는 재료

아세트알데하이드(아세트알데히드), 산화프로펜(산화프로필렌) 등의 옥외저장탱크의 설비는 동·마그네슘·은·수은 또는 이들을 성분으로 하는 합금으로 만들지 아니할 것

2. 저장소의 저장기준

저장소에는 위험물 외의 물품을 저장하지 아니하여야 한다. 다만, 다음에 해당하는 경우에는 그러하지 아니하다 (중요기준).

(1) 옥내저장소 또는 옥외저장소에서 위험물과 위험물이 아닌 물품을 함께 저장하는 경우. 단, 위험물과 위험물이 아닌 물품은 각각 모아서 저장하고 상호간에는 1m 이상의 간격을 두어야 한다.

(2) 옥외탱크저장소·옥내탱크저장소·지하탱크저장소 또는 이동탱크저장소에서 당해 옥외탱크저장소 등의 구조 및 설비에 나쁜 영향을 주지 아니하면서 다음에서 정하는 위험물이 아닌 물품을 저장하는 경우
  ① 제4류 위험물을 저장 또는 취급하는 옥외탱크저장소 등 : 합성수지류 등 또는 위험물에 해당하지 아니하는 물품 또는 위험물에 해당하지 아니하는 불연성 물품
  ② 제6류 위험물을 저장 또는 취급하는 옥외탱크저장소 등 : 위험물에 해당하지 아니하는 물품 또는 위험물에 해당하지 아니하는 불연성 물품

(3) 유별(類別)을 달리하는 위험물 : 유별을 달리하는 위험물은 동일한 저장소(내화구조의 격벽으로 완전히 구획된 실이 2이상 있는 저장소에 있어서는 동일한 실)에 저장하지 아니하여야 한다.
  다만, 옥내저장소 또는 옥외저장소에 있어서 다음의 규정에 의한 위험물을 저장하는 경우로서 위험물을 유별로 정리하여 저장하는 한편, 서로 1m 이상의 간격을 두는 경우에는 그러하지 아니하다(중요기준).

● 참고 ●

함께 저장하는 것이 법적으로 허용되는 것

• **제1류 위험물**
 - **제1류 위험물**(알칼리금속의 과산화물 제외)과 **제5류 위험물**을 저장하는 경우
 - **제1류 위험물**(산화성 고체)과 **제6류 위험물**(산화성 액체)을 저장하는 경우
 - **제1류 위험물**과 **제3류 위험물** 중 자연발화성 물질(**황린**을 함유한 것에 한함)을 저장하는 경우
• **제2류 위험물** 중 **인화성 고체**와 **제4류 위험물**을 저장하는 경우
• **제3류 위험물** 중 **알킬알루미늄등**과 **제4류 위험물**(알킬알루미늄 또는 알킬리튬에 한함)을 저장하는 경우
• **제4류 위험물** 중 유기과산화물 또는 이를 함유하는 것과 **제5류 위험물** 중 유기과산화물 또는 이를 함유한 것을 저장하는 경우

(4) **황린의 저장** : 제3류 위험물 중 황린 그 밖에 물속에 저장하는 물품과 금수성 물질은 동일한 저장소에서 저장하지 아니하여야 한다(중요기준).

(5) **용기수납** : 옥내저장소에 있어서 위험물은 용기에 수납하여 저장하여야 한다. 다만, 덩어리상태의 유황은 그러하지 아니하다.

(6) **품명별 이격거리** : 옥내저장소에서 동일 품명의 위험물이더라도 자연발화할 우려가 있는 위험물 또는 재해가 현저하게 증대할 우려가 있는 위험물을 다량 저장하는 경우에는 지정수량의 10배 이하마다 구분하여 상호간 0.3m 이상의 간격을 두어 저장하여야 한다.

(7) **용기의 쌓는 높이** : 옥내저장소에서 위험물을 저장하는 경우에는 다음 규정에 의한 높이를 초과하여 용기를 겹쳐 쌓지 아니하여야 한다.
 ① 기계에 의하여 하역하는 구조로 된 용기만을 겹쳐 쌓는 경우에 있어서는 6m
 ② 제4류 위험물
  • 제3석유류, 제4석유류 및 동식물유류를 수납하는 용기만을 겹쳐 쌓는 경우에 있어서는 4m
  • 그 밖의 경우에 있어서는 3m

(8) **저장온도** : 옥내저장소에서는 용기에 수납하여 저장하는 위험물의 온도가 55℃를 넘지 않도록 **필요한 조치**를 강구하여야 한다(중요기준).

(9) **밸브 및 뚜껑 · 방유제의 관리**
 ① 옥외저장탱크 · 옥내저장탱크 또는 지하저장탱크의 주된 밸브(액체의 위험물을 이송하기 위한 배관에 설치된 밸브 중 탱크의 바로 옆에 있는 것) 및 주입구의 밸브 또는 뚜껑은 위험물을 넣거나 **빼낼 때** 외에는 폐쇄하여야 한다.
 ② 옥외저장탱크의 주위에 방유제가 있는 경우에는 그 배수구를 평상시 폐쇄하여 두고, 당해 방유제의 내부에 유류 또는 물이 괴었을 때에는 지체없이 이를 배출하여야 한다.

(10) 이동저장탱크

① **표지부착** : 이동저장탱크에는 당해 탱크에 저장 또는 취급하는 위험물의 위험성을 알리는 표지를 부착하고 잘 보일 수 있도록 관리하여야 한다.

② **안전장치·배출밸브관리** : 이동저장탱크 및 그 안전장치와 그 밖의 부속배관은 균열, 결합불량, 극단적인 변형, 주입호스의 손상 등에 의한 위험물의 누설이 일어나지 아니하도록 하고, 당해 탱크의 배출밸브는 사용 시 외에는 완전하게 폐쇄하여야 한다.

③ **견인자동차관리** : 피견인자동차에 고정된 이동저장탱크에 위험물을 저장할 때에는 당해 피견인자동차에 견인자동차를 결합한 상태로 두어야 한다. 다만, 피견인자동차를 철도·궤도상의 차량에 싣거나 차량으로부터 내리는 경우에는 그러하지 아니하다.

- 피견인자동차를 차량에 싣는 것은 견인자동차를 분리한 즉시 실시하고, 피견인자동차를 차량으로부터 내렸을 때에는 즉시 당해 피견인자동차를 견인자동차에 결합할 것
- 컨테이너식 이동탱크저장소 외의 이동탱크저장소에 있어서는 위험물을 저장한 상태로 이동저장탱크를 옮겨 싣지 아니하여야 한다(중요기준).

④ **이동탱크저장소** : 이동탱크저장소에는 당해 이동탱크저장소의 완공검사필증 및 정기점검기록을 비치하여야 한다.

⑤ **알킬알루미늄의 저장·취급 이동탱크저장소** : 알킬알루미늄등을 저장 또는 취급하는 이동탱크저장소에는 긴급시의 연락처, 응급조치에 관하여 필요한 사항을 기재한 서류, 방호복, 고무장갑, 밸브 등을 죄는 결합공구 및 휴대용 확성기를 비치하여야 한다.

(11) 옥외저장소

① **용기수납** : 옥외저장소에 있어서 위험물은 용기에 수납하여 저장하여야 한다.

- 옥외저장소에서 위험물을 저장하는 경우에 있어서는 규정에 의한 높이를 초과하여 용기를 겹쳐 쌓지 아니하여야 한다.
- 옥외저장소에서 위험물을 수납한 용기를 선반에 저장하는 경우에는 6m를 초과하여 저장하지 아니하여야 한다.

② **유황의 저장** : 유황을 용기에 수납하지 아니하고 저장하는 옥외저장소에서는 유황을 경계표시의 높이 이하로 저장하고, 유황이 넘치거나 비산하는 것을 방지할 수 있도록 경계표시 내부의 전체를 난연성 또는 불연성의 천막 등으로 덮고 당해 천막 등을 경계표시에 고정하여야 한다.

③ **저장탱크의 압력과 온도**

㉠ **압력탱크**
- 알킬알루미늄등은 당해 탱크 내의 압력이 상용압력 이하로 저하하지 아니하도록 할 것
- 압력탱크에 저장하는 아세트알데하이드등 또는 디에틸에터등의 온도는 40℃ 이하로 유지할 것

㉡ **압력탱크 외의 탱크**
- 알킬알루미늄은 취출이나 온도의 저하에 의한 공기의 혼입을 방지할 수 있도록 불활성의 기체를 봉입할 것
- 압력탱크 외의 탱크에 저장하는 다이에틸에터(디에틸에테르) 등 또는 아세트알데하이드(아세트알데히드) 등의 온도는 산화프로펜(산화프로필렌)과 이를 함유한 것 또는 다이에틸에터(디에틸에테르) 등에 있어서는 30℃ 이하로, 아세트알데하이드(아세트알데히드) 또는 이를 함유한 것에 있어서는 15℃ 이하로 각각 유지할 것

ⓒ **새롭게 주입할 경우** : 새롭게 알킬알루미늄등을 주입하는 때에는 미리 당해 탱크 안의 공기를 불활성 기체와 치환하여 둘 것

ⓔ **봉입압력** : 이동저장탱크에 알킬알루미늄등을 저장하는 경우에는 20kPa 이하의 압력으로 불활성의 기체를 봉입하여 둘 것

ⓜ **보냉장치 유무에 따른 온도유지**
- 보냉장치가 있는 경우 : 이동저장탱크에 저장하는 아세트알데하이드 또는 다이에틸에터(디에틸에테르)의 온도는 당해 위험물의 비점 이하로 유지할 것
- 보냉장치가 없는 경우 : 이동저장탱크에 저장하는 아세트알데하이드 또는 다이에틸에터(디에틸에테르)의 온도는 40℃ 이하로 유지할 것

3 위험물의 취급기준

1. 제조공정기준

(1) **증류공정** : 위험물을 취급하는 설비의 내부압력의 변동 등에 의하여 액체 또는 증기가 새지 아니하도록 할 것

(2) **추출공정** : 추출관의 내부압력이 비정상으로 상승하지 아니하도록 할 것

(3) **건조공정** : 위험물의 온도가 국부적으로 상승하지 아니하는 방법으로 가열 또는 건조할 것

(4) **분쇄공정** : 위험물의 분말이 현저하게 부유하고 있거나 위험물의 분말이 현저하게 기계·기구 등에 부착하고 있는 상태로 그 기계·기구를 취급하지 아니할 것

2. 주유취급소·판매취급소·이송취급소 또는 이동탱크저장소에서의 위험물 취급기준

(1) **주유취급소의 위험물 취급기준**
- 자동차 등에 주유할 때에는 고정주유설비를 사용하여 직접 주유할 것(중요기준)
- 자동차 등에 인화점 40℃ 미만의 위험물을 주유할 때에는 자동차 등의 원동기를 정지시킬 것
- 자동차 등에 주유할 때에는 고정주유설비 또는 고정주유설비에 접속된 탱크의 주입구로부터 4m 이내의 부분에, 이동저장탱크로부터 전용탱크에 위험물을 주입할 때에는 전용탱크의 주입구로부터 3m 이내의 부분 및 전용탱크 통기관의 선단으로부터 수평거리 1.5m 이내의 부분에 있어서는 다른 자동차 등의 주차를 금지하고 자동차 등의 점검·정비 또는 세정을 하지 아니할 것
- 수상구조물에 설치하는 고정주유설비를 이용하여 주유작업을 할 때에는 5m 이내에 다른 선박의 정박 또는 계류를 금지할 것
- 수상구조물에 설치하는 고정주유설비를 이용한 주유작업은 총 톤수가 300 미만인 선박에 대해서만 실시할 것(중요기준)

(2) **판매취급소에서의 취급기준** : 판매취급소에서는 도료류, 제1류 위험물 중 염소산염류 및 염소산염류만을 함유한 것, 유황 또는 인화점이 38℃ 이상인 제4류 위험물을 배합실에서 배합하는 경우 외에는 위험물을 배합하거나 옮겨 담는 작업을 하지 아니할 것

(3) **이송취급소에서의 취급기준** : 위험물의 이송은 위험물을 이송하기 위한 배관·펌프 및 그에 부속한 설비의 안전을 확인한 후에 개시할 것(중요기준)

(4) 이동탱크저장소(컨테이너식 이동탱크저장소를 제외)에서의 취급기준
- 이동저장탱크로부터 위험물을 저장 또는 취급하는 탱크에 액체의 위험물을 주입할 경우에는 그 탱크의 주입구에 이동저장탱크의 주입 호스를 견고하게 결합할 것
- 이동저장탱크로부터 액체위험물을 용기에 옮겨 담지 아니할 것
- 이동저장탱크로부터 위험물을 저장 또는 취급하는 탱크에 인화점이 40℃ 미만인 위험물을 주입할 때에는 이동탱크저장소의 원동기를 정지시킬 것
- 이동저장탱크의 밑부분으로부터 위험물을 주입할 때에는 위험물의 액표면이 주입관의 정상부분을 넘는 높이가 될 때까지 그 주입배관 내의 유속을 초당 1m 이하로 할 것

3. 위험물의 저장 및 취급제한

지정수량 이상의 위험물을 저장소가 아닌 장소에서 저장하거나 제조소등이 아닌 장소에서 취급하여서는 아니된다. 다만, 다음의 어느 하나에 해당하는 경우에는 제조소등이 아닌 장소에서 지정수량 이상의 위험물을 취급할 수 있다.
- 시·도의 조례가 정하는 바에 따라 관할소방서장의 승인을 받아 지정수량 이상의 위험물을 90일 이내의 기간 동안 임시로 저장 또는 취급하는 경우
- 군부대가 지정수량 이상의 위험물을 군사목적으로 임시로 저장 또는 취급하는 경우

4 위험물의 운반기준

1. 운반용기

(1) **용기의 재질** : 운반용기의 재질은 강판·알루미늄판·양철판·유리·금속판·종이·플라스틱·섬유판·고무류·합성섬유·삼·짚 또는 나무 등으로 한다.
- **내장용기의 재료** : 금속, 플라스틱, 플라스틱 필름포대, 종이포대
- **외장용기의 재료** : 나무상자, 플라스틱상자, 파이버판상자, 금속제드럼, 합성수지포대(방수성이 있는 것), 플라스틱 필름포대, 섬유포대(방수성이 있는 것) 또는 종이포대(여러 겹으로서 방수성이 있는 것)

(2) **용기의 구조** : 운반용기는 부식 등의 열화에 대하여 적절히 보호되고, 수납하는 위험물의 내압 및 취급 시와 운반 시의 하중에 의하여 당해 용기에 생기는 응력에 대하여 안전할 것

(3) **탱크의 용량** : 탱크의 용량은 당해 탱크의 내용적에서 공간용적을 뺀 용적으로 한다.

구분	타원형 탱크	내용적 계산방법
양쪽이 볼록한 것		$\dfrac{\pi ab}{4}\left(l+\dfrac{l_1+l_2}{3}\right)$

구분	원통형 탱크	내용적 계산방법
한쪽은 볼록하고 다른 한쪽은 오목한 것		$\dfrac{\pi ab}{4}\left(l + \dfrac{l_1 - l_2}{3}\right)$
횡(가로)으로 설치한 것		$\pi r^2\left(l + \dfrac{l_1 + l_2}{3}\right)$
종(세로)으로 설치한 것		$\pi r^2 l$

(4) **운반용기의 최대용적** : 내장용기의 종류에 따른 최대용적은 다음과 같다.

구분	금속제 용기	유리 용기	플라스틱 용기
고체위험물 최대용적	30L	10L	10L
액체위험물 최대용적	30L	5 ~ 10L	10L

2. 적재방법

위험물은 운반용기를 이용하여 다음의 기준에 따라 수납하여 적재하여야 한다. 다만, 덩어리상태의 유황을 운반하기 위하여 적재하는 경우 또는 위험물을 동일구 내에 있는 제조소등의 상호간에 운반하기 위하여 적재하는 경우에는 그러하지 아니하다(중요기준).

(1) **용기의 재질** : 수납하는 위험물과 위험한 반응을 일으키지 아니하는 등 당해 위험물의 성질에 적합한 재질의 운반용기에 수납할 것

(2) **용기의 수납률 등** : 하나의 외장용기에는 다른 종류의 위험물을 수납하지 아니할 것
  ① **고체위험물** : 운반용기 내용적의 95% 이하의 수납률로 수납할 것
  ② **액체위험물** : 운반용기 내용적의 98% 이하의 수납률로 수납하되, $55℃$의 온도에서 누설되지 아니하도록 충분한 공간용적을 유지하도록 할 것
  ③ **제3류 위험물** : 다음의 기준에 따라 운반용기에 수납할 것
   • **자연발화성 물질** : 불활성 기체를 봉입하여 밀봉하는 등 공기와 접하지 아니하도록 할 것
   • **자연발화성 물질 외의 물품** : 파라핀 · 경유 · 등유 등의 보호액으로 채워 밀봉하거나 불활성 기체를 봉입하여 밀봉하는 등 수분과 접하지 아니하도록 할 것
   • **알킬알루미늄** : 위의 규정에 불구하고 자연발화성 물질 중 알킬알루미늄등은 운반용기의 내용적의 90% 이하의 수납률로 수납하되, $50℃$의 온도에서 5% 이상의 공간용적을 유지하도록 할 것

보호액의 예
- 니트로셀룰로오스, 인화석회 – 알코올
- 이황화탄소, 황린 – 물
- 금속칼륨, 금속나트륨 – 등유, 경유, 석유등
- 알킬알루미늄, 탄화칼슘등 – 질소 등 불활성 가스

(3) **용기의 적재**

① 위험물 수납 운반용기가 전도 · 낙하 또는 파손되지 아니하도록 적재하여야 한다.

② 운반용기는 수납구를 위로 향하게 하여 적재하여야 한다(중요기준).

③ 적재하는 위험물의 성질에 따라 일광의 직사 또는 빗물의 침투를 방지하기 위하여 유효하게 피복하는 등 다음에 정하는 기준에 따른 조치를 하여야 한다(중요기준).

- **차광성이 있는 피복으로 가려야 하는 것** : 제1류 위험물, 제3류 위험물 중 자연발화성 물질, 제4류 위험물 중 특수인화물, 제5류 위험물 또는 제6류 위험물

- **방수성이 있는 피복으로 덮어야 하는 것** : 제1류 위험물 중 알칼리금속의 과산화물 또는 이를 함유한 것, 제2류 위험물 중 철분 · 금속분 · 마그네슘 또는 이들 중 어느 하나 이상을 함유한 것 또는 제3류 위험물 중 금수성 물질

- **보냉 컨테이너에 수납하는 등 적정한 온도관리를 해야 하는 것** : 제5류 위험물 중 $55℃$ 이하의 온도에서 분해될 우려가 있는 것

(4) **위험물의 혼재기준** : 위험물은 다음의 규정에 의한 바에 따라 종류를 달리하는 그 밖의 위험물 또는 재해를 발생시킬 우려가 있는 물품과 함께 적재하지 아니하여야 한다(중요기준).

위험물의 구분	제1류	제2류	제3류	제4류	제5류	제6류
제1류		×	×	×	×	○
제2류	×		×	○	○	×
제3류	×	×		○	×	×
제4류	×	○	○		○	×
제5류	×	○	×	○		×
제6류	○	×	×	×	×	

비고
- "×" 표시는 혼재할 수 없음을 표시한다.
- "○" 표시는 혼재할 수 있음을 표시한다.
- 이 표는 지정수량의 1/10 이하의 위험물에 대하여는 적용하지 아니 한다.

(5) **적재높이** : 위험물을 수납한 운반용기를 겹쳐 쌓는 경우에는 그 높이를 3m 이하로 하고, 용기의 상부에 걸리는 하중은 당해 용기 위에 당해 용기와 동종의 용기를 겹쳐 쌓아 3m의 높이로 하였을 때에 걸리는 하중 이하로 하여야 한다(중요기준).

(6) **운반용기의 표시** : 위험물은 그 운반용기의 외부에 다음에 정하는 바에 따라 위험물의 품명, 수량 등을 표시하여 적재하여야 한다.

- 위험물의 품명, 위험등급, 화학명, 수용성(제4류 위험물로서 수용성인 것에 한함)
- 위험물의 수량
- 주의사항의 표시

① **제1류 위험물**
- 알칼리금속의 과산화물 ➔ "화기 · 충격주의", "물기엄금" 및 "가연물접촉주의"
- 그 밖의 것 ➔ "화기 · 충격주의" 및 "가연물접촉주의"

② 제2류 위험물
- 철분 · 금속분 · 마그네슘 → "화기주의" 및 "물기엄금"
- 인화성 고체 → "화기엄금"
- 그 밖의 것 → "화기주의"

③ 제3류 위험물
- 자연발화성 물질 → "화기엄금" 및 "공기접촉엄금"
- 금수성 물질 → "물기엄금"

④ 제4류 위험물 → "화기엄금"

⑤ 제5류 위험물 → "화기엄금" 및 "충격주의"

⑥ 제6류 위험물 → "가연물접촉주의"

비고
1. 위의 규정에 불구하고 제1류 · 제2류 또는 제4류 위험물(위험등급Ⅰ의 위험물 제외)의 운반용기로서 **최대용적이 1L 이하**인 운반용기의 품명 및 주의사항은 위험물의 통칭명 및 당해 주의사항과 동일한 의미가 있는 다른 표시로 대신할 수 있다.
2. 위의 규정에 불구하고 제4류 위험물에 해당하는 **화장품(에어졸을 제외)의 운반용기 중 최대용적이 150mL 이하**인 것에 대하여는 규정에 의한 표시를 하지 아니할 수 있고, 최대용적이 **150mL 초과 300mL 이하**의 것에 대하여는 위험물의 품명 · 위험등급 · 화학명 및 수용성제 표시를 하지 아니할 수 있으며, 규정에 의한 주의사항을 당해 주의사항과 동일한 의미가 있는 다른 표시로 대신할 수 있다.
3. 위의 규정에 불구하고 제4류 위험물에 해당하는 **에어졸의 운반용기로서 최대용적이 300mL 이하**의 것에 대하여는 위험물의 품명 · 위험등급 · 화학명 및 수용성제 표시를 하지 아니할 수 있으며, 규정에 의한 주의사항을 당해 주의사항과 동일한 의미가 있는 다른 표시로 대신할 수 있다.
4. 위의 규정에 불구하고 제4류 위험물 중 **동식물유류의 운반용기로서 최대용적이 3L 이하**인 것에 대하여는 위험물의 품명 · 위험등급 · 화학명 및 수용성제의 표시에 대하여 각각 위험물의 통칭명 및 규정에 의한 표시와 동일한 의미가 있는 다른 표시로 대신할 수 있다.

(7) **주의사항 게시판의 표지**
① 위험물별 표시사항
- 제1류 위험물 중 알칼리금속의 과산화물, 제3류 위험물 중 금수성 물질
  → 물기엄금
- 제2류 위험물(인화성 고체를 제외) → 화기주의
- 제2류 위험물 중 인화성 고체, 제3류 위험물 중 자연발화성 물질, 제4류 위험물 또는 제5류 위험물 → 화기엄금

② 바탕색과 글자색
- **물기엄금** : 청색바탕에 백색문자
- **화기주의, 화기엄금** : 적색바탕에 백색문자

(8) **운반차량의 표시** : 지정수량 이상의 위험물을 차량으로 운반하는 경우에는 당해 차량에 다음 기준에 의한 표지를 설치하여야 한다.
- 한 변의 길이가 0.3m 이상, 다른 한 변의 길이가 0.6m 이상인 직사각형의 판으로 표지를 설치하여야 한다.
- 바탕은 흑색으로 하고, 황색의 반사도료 또는 그 밖의 반사성이 있는 재료로 "위험물"이라고 표시한다.
- 표지는 차량의 전면 및 후면의 보기 쉬운 곳에 설치한다.

3. 운반방법

(1) 위험물 또는 위험물을 수납한 운반용기가 현저하게 마찰 또는 동요를 일으키지 아니하도록 운반하여야 한다 (중요기준).

(2) 지정수량 이상의 위험물을 차량으로 운반하는 경우에는 해당 차량에 소방청장이 정하여 고시하는 바에 따라 운반하는 위험물의 위험성을 알리는 표지를 설치하여야 한다.

(3) 지정수량 이상의 위험물을 차량으로 운반하는 경우에 있어서 다른 차량에 바꾸어 싣거나 휴식 · 고장 등으로 차량을 일시 정차시킬 때에는 안전한 장소를 택하고 운반하는 위험물의 안전확보에 주의하여야 한다.

(4) 지정수량 이상의 위험물을 차량으로 운반하는 경우에는 당해 위험물에 적응성이 있는 소형수동식 소화기를 당해 위험물의 소요단위에 상응하는 능력단위 이상 갖추어야 한다.

(5) 위험물의 운반도중 위험물이 현저하게 새는 등 재난발생의 우려가 있는 경우에는 응급조치를 강구하는 동시에 가까운 소방관서 그 밖의 관계기관에 통보하여야 한다.

(6) 품명 또는 지정수량을 달리하는 2 이상의 위험물을 운반하는 경우에 있어서 운반하는 각각의 위험물의 수량을 당해 위험물의 지정수량으로 나누어 얻은 수의 합이 1 이상인 때에는 지정수량 이상의 위험물을 운반하는 것으로 본다.

5 위험물의 운송기준

1. 운송책임자의 자격요건 : 위험물 운송책임자는 다음에 해당하는 자로 한다.

- 당해 위험물의 취급에 관한 국가기술자격을 취득하고 관련 업무에 1년 이상 종사한 경력이 있는 자
- 위험물의 운송에 관한 안전교육을 수료하고 관련 업무에 2년 이상 종사한 경력이 있는 자

2. 운송책임자의 감독 또는 지원의 방법

(1) 운송책임자가 이동탱크저장소에 동승하여 운송중인 위험물의 안전확보에 관하여 운전자에게 필요한 감독 또는 지원을 하는 방법. 다만, 운전자가 운반책임자의 자격이 있는 경우에는 운송책임자의 자격이 없는 자가 동승할 수 있다.

(2) 운송의 감독 또는 지원을 위하여 마련한 별도의 사무실에 운송책임자가 대기하면서 다음의 사항을 이행하는 방법
- 운송경로를 미리 파악하고 관할소방관서 또는 관련업체(비상대응에 관한 협력을 얻을 수 있는 업체를 말한다.)에 대한 연락체계를 갖추는 것
- 이동탱크저장소의 운전자에 대하여 수시로 안전확보 상황을 확인하는 것
- 비상시의 응급처치에 관하여 조언을 하는 것
- 그 밖에 위험물의 운송 중 안전확보에 관하여 필요한 정보를 제공하고 감독 또는 지원하는 것

3. 이동탱크저장소에 의한 위험물의 운송 시에 준수하여야 하는 기준

(1) 위험물운송자는 운송의 개시 전에 이동저장탱크의 배출밸브 등의 밸브와 폐쇄장치, 맨홀 및 주입구의 뚜껑, 소화기 등의 점검을 충분히 실시할 것

(2) 위험물운송자는 장거리(고속국도에 있어서는 340km 이상, 그 밖의 도로에 있어서는 200km 이상)에 걸치는 운송을 하는 때에는 2명 이상의 운전자로 할 것. 다만, 다음에 해당하는 경우에는 그러하지 아니하다.
- 운송책임자를 동승시킨 경우
- 운송하는 위험물이 제2류 위험물·제3류 위험물(칼슘 또는 알루미늄의 탄화물과 이것만을 함유한 것에 한함) 또는 제4류 위험물(특수인화물을 제외)인 경우
- 운송도중에 2시간 이내마다 20분 이상씩 휴식하는 경우

(3) 위험물운송자는 이동탱크저장소를 휴식·고장 등으로 일시 정차시킬 때에는 안전한 장소를 택하고 당해 이동탱크저장소의 안전을 위한 감시를 할 수 있는 위치에 있는 등 운송하는 위험물의 안전확보에 주의할 것

(4) 위험물운송자는 이동저장탱크로부터 위험물이 현저하게 새는 등 재해발생의 우려가 있는 경우에는 재난을 방지하기 위한 응급조치를 강구하는 동시에 소방관서 그 밖의 관계 기관에 통보할 것

(5) 위험물(제4류 위험물에 있어서는 특수인화물 및 제1석유류에 한함)을 운송하게 하는 자는 위험물안전카드를 위험물운송자로 하여금 휴대하게 할 것

(6) 위험물운송자는 위험물안전카드를 휴대하고 당해 카드에 기재된 내용에 따를 것. 다만, 재난 그 밖의 불가피한 이유가 있는 경우에는 당해 기재된 내용에 따르지 아니할 수 있다.

02 자체소방대

1 설치대상과 제외대상

1. 자체소방대 설치대상

- 제4류 위험물을 취급하는 제조소등 또는 일반취급소.(보일러로 위험물을 소비하는 일반취급소 등 행정안전부령으로 정하는 일반취급소는 제외)
- 제4류 위험물을 저장하는 옥외탱크저장소
- 제조소등 또는 일반취급소에서 취급하는 제4류 위험물의 최대수량의 합이 지정수량의 3천배 이상
- 옥외탱크저장소에 저장하는 제4류 위험물의 최대수량이 지정수량의 50만배 이상

2. 자체소방대 설치 제외대상

- 보일러, 버너 그 밖에 이와 유사한 장치로 위험물을 소비하는 일반취급소
- 이동저장탱크 그 밖에 이와 유사한 것에 위험물을 주입하는 일반취급소
- 용기에 위험물을 옮겨 담는 일반취급소
- 유압장치, 윤활유 순환장치 그 밖에 이와 유사한 장치로 위험물을 취급하는 일반취급소
- 「광산보안법」의 적용을 받는 일반취급소

② 자체소방대의 구비 소화능력 · 소방대원

자체소방대를 설치하는 사업소의 관계인은 규정에 의하여 자체소방대에 화학소방자동차 및 자체소방대원을 두어야 한다. 다만, 화재 그 밖의 재난발생 시 다른 사업소 등과 상호응원에 관한 협정을 체결하고 있는 사업소에 있어서는 화학소방자동차 및 인원의 수를 달리할 수 있다.

▌ 자체소방대에 두는 화학소방자동차 및 인원 ▌

<위험물안전관리법 시행령 별표 8>

사업소의 구분	화학소방자동차	자체소방대원의 수
1. 제조소등 또는 일반취급소에서 취급하는 제4류 위험물의 최대수량의 합이 지정수량의 12만배 미만인 사업소	1대	5인
2. 제조소등 또는 일반취급소에서 취급하는 제4류 위험물의 최대수량의 합이 지정수량의 12만배 이상 24만배 미만인 사업소	2대	10인
3. 제조소등 또는 일반취급소에서 취급하는 제4류 위험물의 최대수량의 합이 지정수량의 24만배 이상 48만배 미만인 사업소	3대	15인
4. 제조소등 또는 일반취급소에서 취급하는 제4류 위험물의 최대수량의 합이 지정수량의 48만배 이상인 사업소	4대	20인
5. 옥외탱크저장소에 저장하는 제4류 위험물의 최대수량이 지정수량의 50만배 이상인 사업소	2대	10인

비고

화학소방자동차에는 행정안전부령으로 정하는 소화능력 및 설비를 갖추어야 하고, 소화활동에 필요한 소화약제 및 기구(방열복 등 개인장구를 포함)를 비치하여야 한다.

③ 자체소방대의 편성 특례

1. 2 이상의 사업소가 상호응원에 관한 협정을 체결하고 있는 경우에는 당해 모든 사업소를 하나의 사업소로 보고 제조소등 또는 취급소에서 취급하는 제4류 위험물을 합산한 양을 하나의 사업소에서 취급하는 제4류 위험물의 최대수량으로 간주하여 동항 본문의 규정에 의한 화학소방자동차의 대수 및 자체소방대원을 정할 수 있다. 이 경우 상호응원에 관한 협정을 체결하고 있는 각 사업소의 자체소방대에는 규정에 의한 화학소방차 대수의 2분의 1 이상의 대수와 화학소방자동차마다 5인 이상의 자체소방대원을 두어야 한다.

2. 규정에 의하여 화학소방자동차(내폭화학차 및 제독차를 포함)에 갖추어야 하는 소화능력 및 설비의 기준은 다음 표와 같다.

∥ 화학소방자동차에 갖추어야 하는 소화능력 및 설비의 기준 ∥

화학소방자동차의 구분	소화능력 및 설비의 기준
포 수용액 방사차	포수용액의 방사능력이 매분 2,000L 이상일 것
	소화약액탱크 및 소화약액혼합장치를 비치할 것
	10만L 이상의 포수용액을 방사할 수 있는 양의 소화약제를 비치할 것
분말 방사차	분말의 방사능력이 35kg/sec 이상일 것
	분말탱크 및 가압용가스설비를 비치할 것
	1,400kg 이상의 분말을 비치할 것
할로젠화합물 방사차	할로젠화합물의 방사능력이 40kg/sec 이상일 것
	할로젠화합물탱크 및 가압용가스설비를 비치할 것
	1,000kg 이상의 할로젠화합물을 비치할 것
이산화탄소 방사차	이산화탄소의 방사능력이 40kg/sec 이상일 것
	이산화탄소저장용기를 비치할 것
	3,000kg 이상의 이산화탄소를 비치할 것
제독차	가성소오다 및 규조토를 각각 50kg 이상 비치할 것

3. 포 수용액을 방사하는 화학소방자동차의 대수는 규정에 의한 화학소방자동차의 대수의 3분의 2 이상으로 하여야 한다.

03 위험물 시설의 안전관리

1 안전관리자의 선임

1. 제조소등의 관계인은 위험물의 안전관리에 관한 직무를 수행하게 하기 위하여 제조소등마다 대통령령이 정하는 위험물의 취급에 관한 자격이 있는 자(위험물취급자격자)를 위험물안전관리자로 선임하여야 한다. 다만, 제조소등에서 저장·취급하는 위험물이 「화학물질관리법」에 따른 유독물질에 해당하는 경우 등 대통령령이 정하는 경우에는 당해 제조소등을 설치한 자는 다른 법률에 의하여 안전관리업무를 하는 자로 선임된 자 가운데 대통령령이 정하는 자를 안전관리자로 선임할 수 있다.

2. 규정에 따라 안전관리자를 선임한 제조소등의 관계인은 그 안전관리자를 해임하거나 안전관리자가 퇴직한 때에는 해임하거나 퇴직한 날부터 30일 이내에 다시 안전관리자를 선임하여야 한다.

3. 제조소등의 관계인은 안전관리자를 선임한 경우에는 선임한 날부터 14일 이내에 행정안전부령으로 정하는 바에 따라 소방본부장 또는 소방서장에게 신고하여야 한다.

4. 규정에 따라 안전관리자를 선임한 제조소등의 관계인은 안전관리자가 여행·질병 그 밖의 사유로 인하여 일시적으로 직무를 수행할 수 없거나 안전관리자의 해임 또는 퇴직과 동시에 다른 안전관리자를 선임하지 못하는 경우에는 국가기술자격법에 따른 위험물의 취급에 관한 자격취득자 또는 위험물안전에 관한 기본지식과 경험이 있는 자로서 행정안전부령이 정하는 자를 대리자(代理者)로 지정하여 그 직무를 대행하게 하여야 한다. 이 경우 대리자가 안전관리자의 직무를 대행하는 기간은 30일을 초과할 수 없다.

5. 안전관리자는 위험물을 취급하는 작업을 하는 때에는 작업자에게 안전관리에 관한 필요한 지시를 하는 등 행정안전부령이 정하는 바에 따라 위험물의 취급에 관한 안전관리와 감독을 하여야 하고, 제조소등의 관계인과 그 종사자는 안전관리자의 위험물안전관리에 관한 의견을 존중하고 그 권고에 따라야 한다.

6. 제조소등에 있어서 위험물취급자격자가 아닌 자는 안전관리자 또는 대리자가 참여한 상태에서 위험물을 취급하여야 한다.

7. 다수의 제조소등을 동일인이 설치한 경우에는 대통령령이 정하는 바에 따라 1인의 안전관리자를 중복하여 선임할 수 있다. 이 경우 대통령령이 정하는 제조소등의 관계인은 규정에 따른 대리자의 자격이 있는 자를 각 제조소등별로 지정하여 안전관리자를 보조하게 하여야 한다.

8. 제조소등의 종류 및 규모에 따라 선임하여야 하는 안전관리자의 자격은 대통령령으로 정한다.

2 1인의 안전관리자를 중복하여 선임할 수 있는 저장소

1. 보일러·버너 또는 이와 비슷한 것으로서 위험물을 소비하는 장치로 이루어진 7개 이하의 일반취급소와 그 일반취급소에 공급하기 위한 위험물을 저장하는 저장소(일반취급소 및 저장소가 모두 동일구 내)를 동일인이 설치한 경우

2. 위험물을 차량에 고정된 탱크 또는 운반용기에 옮겨 담기 위한 5개 이하의 일반취급소(일반취급소간의 보행거리가 300미터 이내인 경우에 한함)와 그 일반취급소에 공급하기 위한 위험물을 저장하는 저장소를 동일인이 설치한 경우

3. 동일구 내에 있거나 상호 100미터 이내의 거리에 있는 저장소로서 저장소의 규모, 저장하는 위험물의 종류 등을 고려하여 행정안전부령이 정하는 다음의 저장소를 동일인이 설치한 경우
   • 10개 이하의 옥내저장소, 30개 이하의 옥외탱크저장소
   • 옥내탱크저장소, 지하탱크저장소, 간이탱크저장소
   • 10개 이하의 옥외저장소, 10개 이하의 암반탱크저장소

3 위험물취급자의 자격

위험물취급자격자의 구분	취급할 수 있는 위험물
1. 「국가기술자격법」에 따라 위험물기능장, 위험물산업기사, 위험물기능사의 자격을 취득한 사람	모든 위험물
2. 안전관리자 교육이수자	제4류 위험물
3. 소방공무원 경력자(소방공무원으로 근무한 경력이 3년 이상인 자)	제4류 위험물

출제예상문제

01 위험물안전관리법령상 제4류 위험물의 위험등급에 대한 설명으로 옳은 것은?

① 제2석유류는 위험등급 Ⅱ이다.

② 특수인화물과 제1석유류는 위험등급 Ⅰ이다.

③ 특수인화물은 위험등급 Ⅰ, 그 이외에는 위험등급 Ⅱ이다.

④ 특수인화물은 위험등급 Ⅰ, 알코올류는 위험등급 Ⅱ이다.

 ④만 올바르다. 재4류 위험물 중 특수인화물은 위험등급 Ⅰ, 제4류 위험물 중 제1석유류 및 알코올류는 위험등급 Ⅱ이다.

 ① 제2석유류는 위험등급 Ⅲ이다.

② 특수인화물은 위험등급 Ⅰ, 제1석유류는 위험등급 Ⅱ이다.

③ 특수인화물은 위험등급 Ⅰ, Ⅰ등급과 Ⅱ등급 외의 위험물은 위험등급 Ⅲ이다.

정답 ④

02 다음은 위험물안전관리법령상 제조소등에서의 위험물의 저장 및 취급에 관한 기준 중 저장 기준의 일부이다. ( ) 안에 알맞은 것은?

> 옥내저장소에 있어서 위험물은 규정에 의한 바에 따라 용기에 수납하여 저장하여야 한다. 다만, ( )과 별도의 규정에 의한 위험물에 있어서는 그러하지 아니하다.

① 동식물유류

② 덩어리상태의 유황

③ 고체상태의 알코올

④ 고화된 제4석유류

 옥내저장소에 있어서 위험물은 용기에 수납하여 저장하여야 한다. 다만, 덩어리상태의 유황은 용기에 수납하지 않아도 된다.

정답 ②

03 위험물안전관리법령상 시·도의 조례가 정하는 바에 따라, 관할소방서장의 승인을 받아 지정수량 이상의 위험물을 임시로 제조소등이 아닌 장소에서 취급할 때 며칠 이내의 기간동안 취급할 수 있는가?

① 7

② 30

③ 90

④ 180

 시·도의 조례가 정하는 바에 따라 관할소방서장의 승인을 받는 경우, 지정수량 이상의 위험물을 90일 이내의 기간동안 임시로 저장 또는 취급할 수 있다.

정답 ③

04 위험물의 운반용기 재질 중 액체위험물의 외장용기로 사용할 수 없는 것은?

① 유리

② 나무

③ 파이버판

④ 플라스틱

 액체위험물의 외장용기로 사용할 수 있는 것은 나무상자, 플라스틱상자, 파이버판상자, 금속제드럼, 합성수지 포대(방수성이 있는 것), 플라스틱 필름포대, 섬유포대(방수성이 있는 것) 또는 종이포대(여러 겹으로서 방수성이 있는 것)이다.

■ 내장용기의 재료 : 금속, 플라스틱, 플라스틱 필름포대, 종이포대

■ 외장용기의 재료 : 나무상자, 플라스틱상자, 파이버판상자, 금속제드럼, 합성수지 포대(방수성이 있는 것), 플라스틱 필름포대, 섬유포대(방수성이 있는 것) 또는 종이포대(여러 겹으로서 방수성이 있는 것)

• 나무 또는 플라스틱 상자(불활성의 완충재를 채울 것)

• 파이버판 상자(불활성의 완충재를 채울 것)

• 금속제용기 및 금속제드럼(뚜껑고정식, 뚜껑탈착식)

• 플라스틱용기 및 플라스틱 또는 파이버드럼(플라스틱 내 용기부착의 것)

정답 ①

05

위험물안전관리법령에 근거한 위험물 운반 및 수납 시 주의사항에 대한 설명 중 틀린 것은?

① 위험물을 수납하는 용기는 위험물이 누출되지 않게 밀봉시켜야 한다.
② 온도변화로 가스발생 우려가 있는 것은 가스배출구를 설치한 운반용기에 수납할 수 있다.
③ 액체위험물은 운반용기 내용적의 98% 이하의 수납률로 수납하되 55℃의 온도에서 누설되지 아니하도록 충분한 공간 용적을 유지하도록 하여야 한다.
④ 고체위험물은 운반용기 내용적의 98% 이하의 수납률로 수납하여야 한다.

 정답분석
고체위험물은 운반용기 내용적의 95% 이하의 수납률로 수납하여야 한다.

정답 ④

06

운반할 때 빗물의 침투를 방지하기 위하여 방수성이 있는 피복으로 덮어야 하는 위험물은?

① TNT   ② 이황화탄소
③ 과염소산   ④ 마그네슘

정답분석
제1류 위험물 중 알칼리금속의 과산화물, 제2류 위험물 중 철분·금속분·마그네슘, 제3류 위험물 중 금수성 물질은 방수성이 있는 피복으로 덮어야 한다.
- 차광성이 있는 피복으로 가려야 하는 것 : 제1류 위험물, 제3류 위험물 중 자연발화성 물질, 제4류 위험물 중 특수인화물, 제5류 위험물 또는 제6류 위험물
- 방수성이 있는 피복으로 덮어야 하는 것 : 제1류 위험물 중 알칼리금속의 과산화물 또는 이를 함유한 것, 제2류 위험물 중 철분·금속분·마그네슘 또는 이들 중 어느 하나 이상을 함유한 것 또는 제3류 위험물 중 금수성 물질
- 보냉 컨테이너에 수납하는 등 적정한 온도관리를 해야 하는 것 : 제5류 위험물 중 55℃ 이하의 온도에서 분해될 우려가 있는 것

정답 ④

07

다음 중 적재 시 일광의 직사를 피하기 위하여 차광성이 있는 피복으로 가려야 하는 것은?

① 메탄올   ② 과산화수소
③ 철분   ④ 가솔린

 정답분석
적재할 때 차광성이 있는 피복으로 가려야 하는 것은 제1류 위험물, 제3류 위험물 중 자연발화성 물질, 제4류 위험물 중 특수인화물, 제5류 위험물 또는 제6류 위험물이다. 제6류 위험물인 과산화수소 저장 용기는 구멍이 뚫린 마개를 사용하여 분해되는 가스를 방출시켜야 하므로 직사광선이 닿지 않도록 갈색 유리병에 저장해야 하고, 운반할 때는 광성이 있는 피복으로 가려야 한다. 그리고 과산화수소 또는 과염소산을 저장하는 옥외저장소에는 불연성 또는 난연성의 천막 등을 설치하여 햇빛을 가릴 수 있는 가림막을 설치하여야 한다.

정답 ②

08

위험물안전관리법령상 운반 시 적재하는 위험물에 차광성이 있는 피복으로 가리지 않아도 되는 것은?

① 제2류 위험물 중 철분
② 제4류 위험물 중 특수인화물
③ 제5류 위험물
④ 제6류 위험물

 정답분석
적재할 때 차광성이 있는 피복으로 가려야 하는 것은 제1류 위험물, 제3류 위험물 중 자연발화성 물질, 제4류 위험물 중 특수인화물, 제5류 위험물 또는 제6류 위험물이다.

정답 ①

09 다음은 위험물안전관리법령상 위험물의 운반 기준 중 적재방법에 관한 내용이다. (   )에 알맞은 내용은?

> (   ) 위험물 중 (   )℃ 이하의 온도에서 분해될 우려가 있는 것은 보냉 컨테이너에 수납하는 등 적정한 온도관리를 할 것

① 제5류, 25   ② 제5류, 55
③ 제6류, 25   ④ 제6류, 55

정답 분석 제5류 위험물 중 55℃ 이하의 온도에서 분해될 우려가 있는 것은 보냉 컨테이너에 수납하는 등 적정한 온도관리를 하여야 한다.

정답 ②

10 옥외저장탱크 · 옥내저장탱크 또는 지하저장탱크 중 압력탱크에 저장하는 아세트알데하이드 등의 온도는 몇 ℃ 이하로 유지하여야 하는가?

① 30   ② 40
③ 55   ④ 65

정답 분석 압력탱크에 저장하는 아세트알데하이드(아세트알데히드) 등 또는 다이에틸에터(디에틸에테르)등의 온도는 40℃ 이하로 유지하여야 한다. 한편, 압력탱크 외의 탱크에 저장하는 다이에틸에터(디에틸에테르)등 또는 아세트알데하이드등의 온도는 산화프로펜(프로필렌)과 이를 함유한 것 또는 다이에틸에터(디에틸에테르)등은 30℃ 이하로, 아세트알데하이드 또는 이를 함유한 것은 15℃ 이하로 각각 유지하여야 한다.

정답 ②

11 위험물안전관리법령에 따르면 보냉장치가 없는 이동저장탱크에 저장하는 아세트알데하이드의 온도는 몇 ℃ 이하로 유지하여야 하는가?

① 30   ② 40
③ 50   ④ 60

정답 분석 보냉장치가 없는 이동저장탱크에 저장하는 아세트알데하이드 또는 다이에틸에터(디에틸에테르)등의 온도는 40℃ 이하로 유지하여야 한다. 반면, 보냉장치가 있는 이동저장탱크에 저장하는 아세트알데하이드 또는 다이에틸에터(디에틸에테르)등의 온도는 당해 위험물의 비점 이하로 유지하여야 한다.

정답 ②

12 위험물의 적재방법에 관한 기준으로 틀린 것은?

① 위험물은 규정에 의한 바에 따라 재해를 발생시킬 우려가 있는 물품과 함께 적재하지 아니하여야 한다.
② 적재하는 위험물의 성질에 따라 일광의 직사 또는 빗물의 침투를 방지하기 위하여 유효하게 피복하는 등 규정에서 정하는 기준에 따른 조치를 하여야 한다.
③ 증기발생 · 폭발에 대비하여 운반용기의 수납구를 옆 또는 아래로 향하게 하여야 한다.
④ 위험물을 수납한 운반용기가 전도 · 낙하 또는 파손되지 아니하도록 적재하여야 한다.

정답 분석 운반용기는 수납구를 위로 향하게 하여 적재하여야 한다.

정답 ③

13 위험물안전관리법령상 유별을 달리하는 위험물의 혼재기준에서 제6류 위험물과 혼재할 수 있는 위험물의 유별에 해당하는 것은? (단, 지정수량의 1/10을 초과하는 경우이다.)

① 제1류   ② 제2류
③ 제3류   ④ 제4류

정답 분석 위험물 혼재기준에 따라 제6류 위험물은 제1류 위험물과 혼재가 가능하다. 위험물의 혼재기준은 다음 [표]와 같고, "×" 표시는 혼재할 수 없음을, "○" 표시는 혼재할 수 있음을 표시한다. 이 표는 지정수량의 1/10 이하의 위험물에 대하여는 적용하지 않는다.

위험물의 구분	제1류	제2류	제3류	제4류	제5류	제6류
제1류		×	×	×	×	○
제2류	×		×	○	○	×
제3류	×	×		○	×	×
제4류	×	○	○		○	×
제5류	×	○	×	○		×
제6류	○	×	×	×	×	

정답 ①

위험물의 성질과 취급 | 해커스 **위험물산업기사 필기** 안전관리 기본이론 + 기출문제

14 지정수량 10배의 위험물을 운반할 때 다음 중 혼재가 금지된 경우는?

① 제2류 위험물과 제4류 위험물
② 제2류 위험물과 제5류 위험물
③ 제3류 위험물과 제4류 위험물
④ 제3류 위험물과 제5류 위험물

 지정수량 10배의 위험물을 운반할 때 다음 중 혼재가 금지된 경우는 제3류 위험물과는 제1, 2, 5, 6류 위험물을 혼재해서는 안된다. 제3류 위험물과 혼재가능한 것은 제4류 위험물이다.

정답 ④

15 위험물의 운반에 관한 기준에서 위험물의 적재 시 혼재가 가능한 위험물은? (단, 지정수량의 5배인 경우이다.)

① 과염소산칼륨 - 황린
② 질산메틸 - 경유
③ 마그네슘 - 알킬알루미늄
④ 탄화칼슘 - 나이트로글리세린

 질산메틸(제5류 위험물)과 경유(제4류 위험물)는 혼재가 가능하다.

정답 ②

16 제3류 위험물의 운반 시 혼재할 수 있는 위험물은 제 몇 류 위험물인가? (단, 각각 지정수량의 10배인 경우이다.)

① 제1류   ② 제2류
③ 제4류   ④ 제5류

 제3류 위험물의 운반 시 혼재할 수 있는 위험물은 제4류 위험물이다.

정답 ③

17 위험물안전관리법령상 위험물 운반 시에 혼재가 금지된 위험물로 이루어진 것은? (단, 지정수량의 1/10 초과이다.)

① 과산화나트륨과 유황
② 유황과 과산화벤조일
③ 황린과 휘발유
④ 과염소산과 과산화나트륨

 제1류 위험물(과산화나트륨)과 제2류 위험물(유황)은 운반 시에 혼재를 금지한다.

정답 ①

18 다음의 2가지 물질을 혼합하였을 때 위험성이 증가하는 경우가 아닌 것은?

① 과망가니즈산칼륨+황산
② 나이트로셀룰로오스+알코올 수용액
③ 질산나트륨+유기물
④ 질산+에틸알코올

 니트로셀룰로오스는 제5류 자기반응성 물질의 질산에스터류(질산에스테르류)로 분류되는 물질이지만 알코올 수용액과 혼합하더라도 발화·폭발의 위험성이 증가되지 않는다.

정답 ②

19 질산나트륨을 저장하고 있는 옥내저장소(내화구조의 격벽으로 완전히 구획된 실이 2 이상 있는 경우에는 동일한 실)에 함께 저장하는 것이 법적으로 허용되는 것은? (단, 위험물을 유별로 정리하여 서로 1m 이상의 간격을 두는 경우이다.)

① 적린
② 인화성 고체
③ 동식물유류
④ 과염소산

 질산나트륨은 산화성 고체이므로 제1류 위험물이다. 따라서 산화성 액체인 과염소산은 제6류 위험물이므로 함께 저장하는 것이 법적으로 허용된다.

 함께 저장하는 것이 법적으로 허용되는 것
• 제1류 위험물(알칼리금속의 과산화물 제외)과 제5류 위험물을 저장하는 경우
• 제1류 위험물(산화성 고체)와 제6류 위험물(산화성 액체)을 저장하는 경우
• 제1류 위험물과 제3류 위험물 중 자연발화성 물질(황린을 함유한 것에 한함)을 저장하는 경우
• 제2류 위험물 중 인화성 고체와 제4류 위험물을 저장하는 경우
• 제3류 위험물 중 알킬알루미늄등과 제4류 위험물(알킬알루미늄 또는 알킬리튬에 한함)을 저장하는 경우
• 제4류 위험물 중 유기과산화물 또는 이를 함유하는 것과 제5류 위험물 중 유기과산화물 또는 이를 함유한 것을 저장하는 경우

정답 ④

20 위험물안전관리법령에 따른 위험물 저장기준으로 틀린 것은?

① 이동탱크저장소에는 설치허가증을 비치하여야 한다.
② 지하저장탱크의 주된 밸브는 위험물을 넣거나 빼낼 때 외에는 폐쇄하여야 한다.
③ 아세트알데하이드를 저장하는 이동저장탱크에는 탱크 안에 불활성 가스를 봉입하여야 한다.
④ 옥외저장탱크 주위에 설치된 방유제의 내부에 물이나 유류가 괴였을 경우에는 즉시 배출하여야 한다.

 이동탱크저장소에는 당해 이동탱크저장소의 완공검사필증 및 정기점검기록을 비치하여야 한다.

정답 ①

21 위험물을 저장 또는 취급하는 탱크의 용량산정 방법에 관한 설명으로 옳은 것은?

① 탱크의 내용적에서 공간용적을 뺀 용적으로 한다.
② 탱크의 공간용적에서 내용적을 뺀 용적으로 한다.
③ 탱크의 공간용적에 내용적을 더한 용적으로 한다.
④ 탱크의 볼록하거나 오목한 부분을 뺀 내용적으로 한다.

 위험물의 저장탱크 용량은 탱크의 내용적에서 공간용적을 뺀 용적으로 한다.

정답 ①

22 다음 [그림]과 같은 위험물을 저장하는 탱크의 내용적은 약 몇 m³인가? (단, r은 10m, l은 25m 이다.)

① 3,612 ② 4,712
③ 5,812 ④ 7,854

정답분석 종(縱)으로 설치한 원통형 탱크의 내용적은 다음과 같이 계산한다.

계산 내용적 = $\pi r^2 l$ $\begin{cases} r : \text{반지름} = 10\text{m} \\ l : \text{높이} = 25\text{ m} \end{cases}$

∴ $3.14 \times 10^2 \times 25 = 7,850\text{m}^3$

정답 ④

23 그림과 같은 타원형 탱크의 내용적은 약 몇 m³인가?

① 453 ② 553
③ 653 ④ 753

정답분석 양쪽이 볼록한 타원형 탱크의 내용적은 다음과 같이 계산한다.

계산 내용적 = $\dfrac{\pi ab}{4}\left(l + \dfrac{l_1 + l_2}{3}\right)$

∴ 내용적 = $\dfrac{3.14 \times 8\text{m} \times 6\text{m}}{4} \times \left(16\text{m} + \dfrac{2\text{m} + 2\text{m}}{3}\right)$
= 653.12m^3

정답 ③

24 다음은 위험물안전관리법령에서 정한 제조소등에서의 위험물의 저장 및 취급에 관한 기준 중 위험물의 유별 저장·취급의 공통기준에 관한 내용이다. (　) 안에 알맞은 것은?

> (　)은 가연물과의 접촉·혼합이나 분해를 촉진하는 물품과의 접근 또는 과열을 피하여야 한다.

① 제2류 위험물 ② 제4류 위험물
③ 제5류 위험물 ④ 제6류 위험물

정답분석 위험물의 유별 저장·취급의 공통기준에서 제6류 위험물은 가연물과의 접촉·혼합이나 분해를 촉진하는 물품과의 접근 또는 과열을 피하여야 한다.

정답 ④

25 위험물안전관리법령상 위험물의 운반용기 외부에 표시해야 할 사항이 아닌 것은? (단, 용기의 용적은 10L이며, 원칙적인 경우에 한한다.)

① 위험물의 수량 ② 위험물의 품명
③ 위험물의 화학명 ④ 위험물의 지정수량

정답분석 위험물의 운반용기 외부에는 화학명, 품명, 수량, 위험등급, 주의사항, 수용성·비수용성(제4류 위험물)을 표시하여야 한다.

정답 ④

26 위험물의 운반용기 외부에 표시하여야 하는 주의 사항에 "화기엄금"이 포함되지 않은 것은?

① 제5류 위험물
② 제2류 위험물 중 인화성 고체
③ 제3류 위험물 중 자연발화성 물질
④ 제1류 위험물 중 알칼리금속의 과산화물

 제1류 위험물 중 알칼리금속의 과산화물은 "화기·충격주의", "물기엄금" 및 "가연물접촉주의"로 표시하여야 한다.

 주의사항의 표시
• 제1류 위험물
 − 알칼리금속의 과산화물 ➡ "화기·충격주의", "물기엄금" 및 "가연물접촉주의"
 − 그 밖의 것 ➡ "화기·충격주의" 및 "가연물접촉주의"
• 제2류 위험물
 − 철분·금속분·마그네슘 ➡ "화기주의" 및 "물기엄금"
 − 인화성 고체 ➡ "화기엄금"
 − 그 밖의 것 ➡ "화기주의"
• 제3류 위험물
 − 자연발화성 물질 ➡ "화기엄금" 및 "공기접촉엄금"
 − 금수성 물질 ➡ "물기엄금"
• 제4류 위험물 ➡ "화기엄금"
• 제5류 위험물 ➡ "화기엄금" 및 "충격주의"
• 제6류 위험물 ➡ "가연물접촉주의"

정답 ④

27 위험물안전관리법령상 제1류 위험물 중 알칼리 금속의 과산화물의 운반용기 외부에 표시하여야 하는 주의사항을 모두 나타낸 것은?

① "화기엄금" 및 "물기엄금"
② "화기주의" 및 "물기엄금"
③ "화기엄금", "충격주의" 및 "가연물접촉주의"
④ "화기·충격주의", "물기엄금" 및 "가연물접 촉주의"

 제1류 위험물 중 알칼리금속의 과산화물의 운반용기 외부에는 화기·충격주의, 물기엄금 및 가연물접촉주의 표시를 하여야 한다.

정답 ④

28 위험물 운반용기 외부 표시의 주의사항으로 틀린 것은?

① 제1류 위험물 중 알칼리금속의 과산화물 : 화기·충격주의, 물기엄금 및 가연물접촉주의
② 제2류 위험물 중 인화성 고체 : 화기엄금
③ 제4류 위험물 : 화기엄금
④ 제5류 위험물 : 물기엄금

 제5류 위험물의 운반용기 외부 표시의 주의사항은 화기엄금, 충격주의에 해당한다.

정답 ④

29 제3류 위험물 중 금수성 물질의 위험물제조소에 설치하는 주의사항 게시판의 색상 및 표시내용으로 옳은 것은?

① 청색바탕 - 백색문자, "물기엄금"
② 청색바탕 - 백색문자, "물기주의"
③ 백색바탕 - 청색문자, "물기엄금"
④ 백색바탕 - 청색문자, "물기주의"

 물기엄금은 청색바탕에 백색문자로 한다.

정답 ①

30 지정수량 이상의 위험물을 차량으로 운반하는 경우 해당 차량에 표지를 설치하여야 한다. 다음 중 표지의 규격으로 옳은 것은?

① 장변 길이 : 0.6m 이상, 단변 길이 : 0.3m 이상

② 장변 길이 : 0.4m 이상, 단변 길이 : 0.3m 이상

③ 가로, 세로 모두 0.3m 이상

④ 가로, 세로 모두 0.4m 이상

 지정수량 이상의 위험물을 차량으로 운반하는 경우에는 한 변의 길이가 0.3m 이상, 다른 한 변의 길이가 0.6m 이상인 직사각형의 판으로 표지를 설치하여야 한다. 바탕은 흑색으로 하고, 황색의 반사도료 또는 그 밖의 반사성이 있는 재료로 "위험물"이라고 표시한다.

정답 ①

31 위험물의 저장액(보호액)으로서 잘못된 것은?

① 황린 - 물

② 인화석회 - 물

③ 금속나트륨 - 등유

④ 나이트로셀룰로오스 - 함수알코올

 인화석회(＝인화칼슘)는 물과 격렬히 반응하여 폭발성 가스인 포스핀을 발생시킨다. 인화석회의 보호액은 알코올이다.

정답 ②

32 다음은 위험물안전관리법령에 관한 내용이다. (   )에 알맞은 수치의 합은?

- 위험물안전관리자를 선임한 제조소등의 관계인은 그 안전관리자를 해임하거나 안전관리자가 퇴직한 때에는 해임하거나 퇴직한 날부터 (   )일 이내에 다시 안전관리자를 선임하여야 한다.
- 제조소등의 관계인은 당해 제조소등의 용도를 폐지한 때에는 행정안전부령이 정하는 바에 따라 제조소등의 용도를 폐지한 날부터 (   )일 이내에 시·도지사에게 신고하여야 한다.

① 30

② 44

③ 49

④ 62

 제시된 수치의 합은 30＋14＝44이다. 안전관리자를 선임한 제조소등의 관계인은 그 안전관리자를 해임하거나 안전관리자가 퇴직한 때에는 해임하거나 퇴직한 날부터 30일 이내에 다시 안전관리자를 선임하여야 한다. 한편, 제조소등의 관계인(소유자·점유자 또는 관리자)은 당해 제조소등의 용도를 폐지(장래에 대하여 위험물시설로서의 기능을 완전히 상실시키는 것을 말한다)한 때에는 행정안전부령이 정하는 바에 따라 제조소등의 용도를 폐지한 날부터 14일 이내에 시·도지사에게 신고하여야 한다.

정답 ②

33 위험물제조소에서 취급하는 제4류 위험물의 최대수량의 합이 지정수량의 15만배인 사업소에 두어야 할 자체소방대의 화학소방자동차와 자체소방대원의 수는 각각 얼마로 규정되어 있는가? (단, 상호응원협정을 체결한 경우는 제외한다.)

① 1대, 5인
② 2대, 10인
③ 3대, 15인
④ 4대, 20인

 화학소방자동차란 소방펌프자동차의 차대에 포 소화장치·분말소화장치 또는 할론소화장치 등이 각각 복합적으로 고정되어 소방용으로 사용하는 자동차를 말한다. 최대수량의 합에 따라 자체소방대에 두는 자동차 대수와 인원은 다음과 같다.

사업소의 구분	화학소방자동차	자체소방대원의 수
최대수량의 합이 지정수량의 12만배 미만	1대	5인
최대수량의 합이 지정수량의 12만배 이상 24만배 미만	2대	10인
최대수량의 합이 지정수량의 24만배 이상 48만배 미만	3대	15인
최대수량의 합이 지정수량의 48만배 이상	4대	20인
옥외탱크저장소에 저장하는 제4류 위험물의 최대수량이 지정수량의 50만배 이상인 사업소	2대	10인

정답 ②

34 위험물안전관리법령상 위험물 저장·취급 시 화재 또는 재난을 방지하기 위하여 자체소방대를 두어야 하는 경우가 아닌 것은?

① 지정수량의 3천배 이상의 제4류 위험물을 저장·취급하는 제조소
② 지정수량의 3천배 이상의 제4류 위험물을 저장·취급하는 일반취급소
③ 지정수량의 3천배 이상의 제4류 위험물을 저장·취급하는 옥외탱크저장소
④ 지정수량의 2천배의 제4류 위험물을 취급하는 일반취급소와 지정수량의 1천배의 제4류 위험물을 취급하는 제조소가 동일한 사업소에 있는 경우

 지정수량의 3천배 이상의 제4류 위험물을 취급하는 제조소 또는 일반취급소에는 자체소방대를 두어야 한다. 제조소 또는 취급소에서 취급하는 제4류 위험물을 합산하여 제4류 위험물의 최대수량으로 간주한다.

정답 ③

01 제조소의 위치 · 구조 및 설비기준

1 안전거리(수평거리) ← 제조소 중 제6류 위험물을 취급하는 제조소는 제외

1. 사용전압이 7,000V 초과 35,000V 이하의 특고압 가공전선 → 3m 이상

2. 사용전압이 35,000V 초과하는 특고압 가공전선 → 5m 이상

3. 일반 건축물 그 밖의 공작물로서 주거용으로 사용되는 것(제조소가 설치된 부지 내에 있는 것을 제외) → 10m 이상

4. 고압가스, 액화석유가스 또는 도시가스를 저장 또는 취급하는 시설 → 20m 이상
   • 고압가스 사용시설로서 1일 30m³ 이상의 용적을 취급하는 시설이 있는 것
   • 고압가스저장시설
   • 액화산소를 소비하는 시설
   • 액화석유가스 제조시설 및 액화석유가스 저장시설
   • 가스공급시설

5. 학교 · 병원 · 극장 그 밖에 다수인을 수용하는 시설 → 30m 이상
   • 학교
   • 병원급 의료기관
   • 공연장, 영화상영관 등으로 3백명 이상의 인원을 수용할 수 있는 것
   • 아동복지시설, 노인복지시설, 장애인복지시설, 한부모가족복지시설, 어린이집, 성매매피해자 등을 위한 지원시설, 정신보건시설, 가정폭력피해자 보호시설 및 그 밖에 이와 유사한 시설로서 20명 이상의 인원을 수용할 수 있는 것

6. 유형문화재와 기념물 중 지정문화재 → 50m 이상

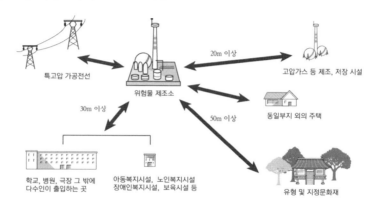

■ 안전거리의 단축

1. 적용대상

- 취급하는 위험물의 최대수량(지정수량의 배수)이 10배 미만
- 제조소등의 외벽 또는 이에 상당하는 공작물의 외측까지의 사이에 불연재료로 된 방화상 유효한 담 또는 벽을 설치하는 경우

∥ 방화상 유효한 담 또는 벽을 설치하는 경우의 안전거리 단축 ∥

구분	취급하는 위험물의 최대수량 (지정수량의 배수)	안전거리 (이상) (단위 : m)		
		주거용 건축물	학교 · 유치원 등	문화재
제조소 · 일반취급소	10배 미만	6.5	20	35
	10배 이상	7.0	22	38

2. 방화상 유효한 담의 높이

(1) 주변건물의 높이가 낮은 경우, 즉 $H \leqq pD^2 + a$일 때

→ 방화상 유효한 담의 높이$(h) = 2\text{m}$ 이상이어야 함

(2) 주변건물의 높이가 높은 경우, 즉 $H > pD^2 + a$일 때

→ 방화상 유효한 담의 높이$(h) = H - p(D^2 - d^2)\text{m}$ 이상이어야 함

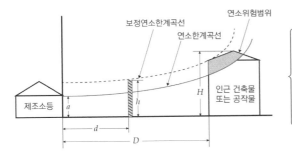

D : 제조소등과 인근 건축물과의 거리(m)

H : 인근 건축물 또는 공작물의 높이(m)

a : 제조소등의 외벽의 높이(m)

d : 제조소등과 방화 담과의 거리(m)

h : 방화상 유효한 담의 높이(m)

p : 상수(건축물의 방호안전에 따른 상수)

p값의 적용

$p = 0.04$ {건축물 또는 공작물이 목조인 경우 / 건축물 또는 공작물이 방화구조 또는 내화구조 / 제조소등과 면한 부분의 개구부에 방화문이 설치되지 않은 경우}

$p = 0.15$ {건축물 또는 공작물이 방화구조인 경우 / 건축물 또는 공작물이 방화구조 또는 내화구조 / 제조소등과 면한 부분의 개구부에 **을종방화문**이 설치되지 않은 경우}

$p = \infty$ {건축물 또는 공작물이 내화구조이고 / 제조소등에 면한 개구부에 **갑종방화문**이 설치된 경우}

3. 방화상 유효한 담의 길이 : 제조소등의 외벽의 양단을 중심으로 인근 건축물 또는 공작물까지의 안전거리를 반지름으로 한 원을 그려서 당해 원의 내부에 들어오는 인근 건축물의 양단을 연결하는 선분을 연결한 선분의 간격을 담의 길이로 함

담의 높이와 안전거리에 따른 보강

(1) 담의 높이에 따른 보강 : 본문의 ①항 **계산식**에 의해 산출된 담의 수치가 2 미만일 때에는 담의 **높이를 2m**로, 4 이상일 때에는 담의 **높이를 4m**로 하되, 다음의 **소화설비를 보강**할 것
　① 소형소화기 설치대상인 것 ➔ 대형소화기를 1개 이상 증설을 할 것
　② ①항의 소화설비 설치대상 ➔ 대형소화기 대신 소화전·스프링클러설비, 물·포·불활성 가스·할로겐화 합물·분말설비 중 적응소화설비를 설치할 것
　③ ②항의 소화설비 설치대상 ➔ 반경 30m마다 대형소화기 1개 이상을 증설할 것

(2) 안전거리에 따른 보강
　① 담은 제조소등으로부터 5m 미만의 거리에 설치하는 경우에는 **내화구조**로 할 것
　② 담은 제조소등으로부터 5m 이상의 거리에 설치하는 경우에는 **불연재료**로 할 것
　③ 제조소등의 **벽을 높게** 하여 방화상 유효한 담을 갈음하는 경우에는 그 벽을 **내화구조**로 하고 **개구부를 설치해서는 안 됨**

2 보유공지

1. 보유공지의 확보 : 위험물을 취급하는 건축물 주위에는 그 취급하는 위험물의 최대수량에 따라 다음 표에 의한 너비의 공지를 보유하여야 함

취급하는 위험물의 최대수량	공지의 너비
지정수량의 10배 이하	3m 이상
지정수량의 10배 초과	5m 이상

<그림> 제조소의 보유공지

2. 보유공지의 예외규정 : 제조소등의 작업공정이 다른 작업장의 작업공정과 연속되어 있어, 제조소등의 건축물 그 밖의 공작물의 주위에 공지를 두게 되면 그 제조소등의 작업에 현저한 지장이 생길 우려가 있는 경우 당해 제조소등와 다른 작업장 사이에 다음의 기준에 따라 방화상 유효한 격벽을 설치한 때에는 당해 제조소등와 다른 작업장 사이에 **1.**의 규정에 의한 공지를 보유하지 아니할 수 있다.

• 내화구조로 된 격벽을 설치할 것(제6류 위험물인 경우에는 불연재료로 할 수 있음)
• 방화벽에 설치하는 출입구 및 창 등의 개구부는 가능한 한 최소로 하고, 출입구 및 창에는 자동폐쇄식의 갑종 방화문을 설치할 것
• 방화벽의 양단 및 상단이 외벽 또는 지붕으로부터 50cm 이상 돌출하도록 할 것

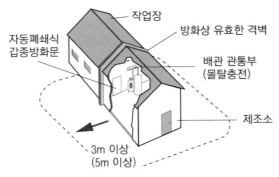

作業場

방화상 유효한 격벽

자동폐쇄식
갑종방화문

배관 관통부
(몰탈충전)

제조소

3m 이상
(5m 이상)

<그림> 제조소의 격벽 및 방화구조

● 참고 ●

방화문과 방화벽

(1) **방화문** : 화재의 확대, 연소를 방지하기 위해 개구부에 설치하는 문을 말함

    ① **갑종방화문** : 비차열(非遮熱) 1시간 이상의 성능을 확보할 수 있는 문
      • **양면 철판** : 0.5mm 이상
      • **한 철판** : 1.5mm 이상
    ② **을종방화문** : 비차열 30분 이상의 성능을 확보할 수 있는 문
      • **한면 철판** : 0.8 ~ 1.5mm
      • **망입 유리**
    ※ **비차열(非遮熱)** : 화재로 인한 열은 막지 못하지만 화염은 막음

(2) **방화벽** : 화재발생 시 불이 더 이상 번지지 않도록 불연재로 만든 벽을 말함
    ① 벽돌조로서 두께가 19cm 이상인 것
    ② 철근콘크리트조 또는 철골철근콘크리트조로서 두께가 10cm 이상인 것
    ③ 골구를 철골조로 하고, 그 양면을 두께 4cm 이상의 철망모르타르 바름 등

---

③ 표지 및 게시판 등

1. 표지판 : 제조소에는 보기 쉬운 곳에 다음의 기준에 따라 "위험물제조소"라는 표시를 한 표지를 설치할 것
    (1) **크기** : 한 변의 길이가 0.3m 이상, 다른 한 변의 길이가 0.6m 이상인 직사각형
    (2) **바탕색과 글자색** : 표지의 바탕은 백색으로, 문자는 흑색으로 할 것

2. 게시판
    (1) **크기** : 한 변의 길이가 0.3m 이상, 다른 한 변의 길이가 0.6m 이상인 직사각형
    (2) **바탕색과 글자색** : 표지의 바탕은 백색으로, 문자는 흑색으로 할 것
    (3) **게시판 기재사항**
      • 저장 또는 취급하는 위험물의 유별 · 품명 및 저장최대수량 또는 취급최대수량
      • 지정수량의 배수
      • 안전관리자의 성명 또는 직명

3. 제조소 게시판의 주의사항

(1) 위험물별 표시사항

① 제1류 위험물 중 알칼리금속의 과산화물, 제3류 위험물 중 금수성 물질 → 물기엄금

② 제2류 위험물(인화성 고체를 제외) → 화기주의

③ 제2류 중 인화성 고체, 제3류 중 자연발화성 물질, 제4류 위험물 또는 제5류 위험물 → 화기엄금

(2) 바탕색과 글자색

① 물기엄금 : 청색바탕에 백색문자

② 화기주의, 화기엄금 : 적색바탕에 백색문자

4 건축물의 구조기준

1. 지하층 : 지하층이 없도록할 것

2. 벽 · 바닥 · 기둥 등

- 벽 · 기둥 · 바닥 · 보 · 서까래 및 계단 : 불연재료로 할 것
- 연소의 우려가 있는 외벽은 출입구 외의 개구부가 없는 내화구조의 벽으로 할 것
- 제6류 위험물을 취급하는 건축물은 위험물이 스며들 우려가 있는 부분에 대하여는 아스팔트 그 밖에 부식되지 아니하는 재료로 피복할 것

3. 지붕 : 지붕은 폭발력이 위로 방출될 정도의 가벼운 불연재료로 덮을 것

4. 출입구

- 출입구와 비상구에는 갑종방화문 또는 을종방화문을 설치할 것
- 연소의 우려가 있는 외벽에 설치하는 출입구에는 수시로 열 수 있는 자동폐쇄식의 갑종방화문을 설치할 것

5. 창문 : 유리를 이용하는 경우에는 망입유리로 할 것

6. 바닥

- 액체취급 시 바닥은 위험물이 스며들지 못하는 재료를 사용할 것
- 적당한 경사를 두어 그 최저부에 집유설비를 할 것

5 채광 및 조명 · 환기 설비

1. 채광설비

- 불연재료로 할 것
- 연소의 우려가 없는 장소에 설치할 것
- 채광면적을 최소로 할 것

2. 조명설비

- 가연성 가스 등이 체류할 우려가 있는 장소의 조명등은 방폭등으로 할 것
- 전선은 내화 · 내열 전선으로 할 것
- 점멸스위치는 출입구 바깥부분에 설치할 것

3. 환기설비

(1) **배기방식** : 자연배기방식으로 할 것

(2) **급기구**

① **개수** : 바닥면적 $150m^2$마다 1개 이상으로 할 것

② **크기** : 급기구의 크기는 $800cm^2$ 이상으로 할 것. 다만, 바닥면적이 $150m^2$ 미만인 경우에는 다음의 크기로 하여야 함

바닥면적	급기구의 면적
$60m^2$ 미만	$150cm^2$ 이상
$60m^2 \sim 90m^2$ 미만	$300cm^2$ 이상
$90m^2 \sim 120m^2$ 미만	$450cm^2$ 이상
$120m^2 \sim 150m^2$ 미만	$600cm^2$ 이상

③ **급기구 위치**

- 급기구는 낮은 곳에 설치할 것
- 가는 눈의 구리망 등으로 인화방지망을 설치할 것

(3) **환기구**

- 환기구는 지붕위 또는 지상 2m 이상의 높이에 설치할 것
- 회전식 고정벤티레이터 또는 루푸팬방식으로 설치할 것

6 배출설비

1. **배출설비의 형식** : 배출설비는 원칙적으로 국소방식으로 하여야 한다. 다만, 다음에 해당하는 경우에는 전역방식으로 할 수 있음

- 위험물취급설비가 배관이음 등으로만 된 경우
- 건축물의 구조 · 작업장소의 분포 등의 조건에 의하여 전역방식이 유효한 경우

2. **배출방식** : 배출설비는 배풍기 · 배출덕트 · 후드 등을 이용하여 강제적으로 배출할 것

3. **배출능력**

- 1시간당 배출장소 용적의 20배 이상인 것으로 할 것
- 전역방식의 경우에는 바닥면적 $1m^2$당 $18m^3$ 이상으로 할 수 있음

4. 급기구 · 배출구의 설치기준

- 급기구 : 높은 곳에 설치하고, 가는 눈의 구리망 등으로 인화방지망을 설치할 것
- 배출구 : 지상 2m 이상으로서 연소의 우려가 없는 장소에 설치하고, 배출덕트가 관통하는 벽부분의 바로 가까이에 화재 시 자동으로 폐쇄되는 방화댐퍼를 설치할 것
- 배풍기 : 강제배기방식으로 하고, 옥내덕트의 내압이 대기압 이상이 되지 아니하는 위치에 설치할 것

7 옥외설비의 바닥

1. 바닥둘레 : 바닥의 둘레에 높이 0.15m 이상의 턱을 설치할 것

2. 바닥재료 : 바닥은 콘크리트 등 위험물이 스며들지 아니하는 재료로 하고, 턱이 있는 쪽이 낮게 경사지게 할 것

3. 부속설비

- 바닥의 최저부에 집유설비를 할 것
- 온도 20℃의 물 100g에 용해되는 양이 1g 미만인 위험물을 취급하는 설비에 있어서는 당해 위험물이 직접 배수구에 흘러들어가지 아니하도록 집유설비에 유분리장치를 설치하여야 함

8 기타 설비

1. 압력계 안전장치

- 자동적으로 압력의 상승을 정지시키는 장치
- 감압측에 안전밸브를 부착한 감압밸브
- 안전밸브를 병용하는 경보장치
- 파괴판(위험물의 성질에 따라 안전밸브의 작동이 곤란한 가압설비에 한함)

2. 정전기 제거설비

- 접지에 의한 방법
- 공기 중의 상대습도를 70% 이상으로 하는 방법
- 공기를 이온화하는 방법

3. 피뢰설비 : 지정수량의 10배 이상의 위험물을 취급하는 제조소(제6류 위험물을 취급하는 위험물제조소를 제외)

9 위험물 취급탱크

1. **방유제의 설치** : 옥외에 있는 위험물취급탱크로서 액체위험물(이황화탄소를 제외)을 취급하는 것의 주위에는 다음의 기준에 의하여 방유제를 설치할 것

   (1) **방유제의 용량**

   ① **하나의 취급탱크 주위에 설치** : 방유제의 용량은 탱크용량의 50% 이상

   ② **둘 이상의 취급탱크 주위에 하나의 방유제를 설치** : 방유제의 용량은 당해 탱크 중 용량이 최대인 것의 50% 에 나머지 탱크용량 합계의 10%를 가산

   ※ **방유제의 용량**은 당해 방유제의 **내용적**에서 용량이 최대인 탱크 외의 탱크의 **방유제 높이 이하 부분의 용적**, 당해 방유제 내에 있는 모든 탱크의 **지반면 이상 부분의 기초의 체적, 간막이 둑의 체적** 및 당해 방유제 내에 있는 **배관 등의 체적**을 뺀 것으로 한다.

   (2) **방유제의 구조 및 설비** : 옥외저장탱크의 방유제의 기준에 적합하게 할 것

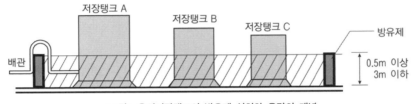

   <그림> 옥외저장탱크의 방유제 설치와 용량의 개념

2. **배관(配管)**

   (1) **배관의 재질**

   • 강관 그 밖에 이와 유사한 금속성으로 할 것

   • 유리섬유강화플라스틱 · 고밀도폴리에틸렌 또는 폴리우레탄으로 할 것

   (2) **배관의 구조**

   ① 내관 및 외관의 이중으로 하고, 내관과 외관의 사이에는 틈새공간을 두어 누설여부를 외부에서 쉽게 확인할 수 있도록 할 것

   ② 배관은 지하에 매설할 것

   • 금속성 배관의 외면에는 부식방지를 위한 도복장 · 코팅 · 전기방식 등의 조치

   • 배관의 접합부분에는 누설감시용 점검구를 설치할 것

   • 지면에 미치는 중량이 당해 배관에 미치지 아니하도록 보호할 것

   (3) **배관의 내압성** : 배관에 걸리는 최대상용압력의 1.5배 이상의 압력으로 수압시험(불연성의 액체 또는 기체를 이용하여 실시하는 시험을 포함)을 실시하여 누설 그 밖의 이상이 없는 것으로 하여야 함

🔟 위험물의 성질에 따른 제조소의 특례

1. 알킬알루미늄등을 취급하는 제조소

- 설비의 주위에는 누설범위를 국한하기 위한 설비와 누설된 알킬알루미늄등을 안전한 장소에 설치된 저장실에 유입시킬 수 있는 설비를 갖출 것
- 알킬알루미늄등을 취급하는 설비에는 불활성 기체를 봉입하는 장치를 갖출 것

2. 아세트알데하이드등을 취급하는 제조소

- 아세트알데하이드등을 취급하는 설비는 은·수은·동·마그네슘 또는 이들을 성분으로 하는 합금으로 만들지 않을 것
- 아세트알데하이드등을 취급하는 설비에는 연소성 혼합기체의 생성에 의한 폭발을 방지하기 위한 불활성 기체 또는 수증기를 봉입하는 장치를 갖출 것
- 아세트알데하이드등을 취급하는 탱크(옥외에 있는 탱크 또는 옥내에 있는 탱크로서 그 용량이 지정수량의 5분의 1 미만은 제외)에는 보냉장치 및 연소성 혼합기체의 생성에 의한 폭발을 방지하기 위한 불활성 기체를 봉입하는 장치를 갖출 것
- 냉각장치 또는 보냉장치는 2 이상 설치하여 하나의 냉각장치 또는 보냉장치가 고장난 때에도 일정 온도를 유지할 수 있도록 하고, 비상전원을 갖출 것
- 아세트알데하이드등을 취급하는 탱크를 지하에 매설하는 경우에는 당해 탱크를 탱크전용실에 설치할 것

3. 하이드록실아민(히드록실아민) 등을 취급하는 제조소

(1) **안전 이격 거리**(지정수량 이상의 하이드록실아민등을 취급하는 제조소의 위치)

$$D = 51.1 \sqrt[3]{N} \begin{cases} D : \text{거리(m, 공작물의 외측까지의 사이거리)} \\ N : \text{해당 제조소에서 취급하는 히드록실아민 등의 지정수량의 배수} \end{cases}$$

(2) **제조소의 주위의 담 또는 토제(土堤) 설치규격**
- 담 또는 토제는 공작물의 외측으로부터 2m 이상 떨어진 장소에 설치할 것
- 담 또는 토제의 높이는 하이드록실아민등을 취급하는 부분의 높이 이상으로 할 것
- 담의 두께 15cm 이상의 철근콘크리트조·철골철근콘크리트조 또는 두께 20cm 이상의 보강콘크리트 블록조로 할 것
- 토제 경사면의 경사도는 60도 미만으로 할 것

(3) **철이온 흡입방지** : 하이드록실아민등을 취급하는 설비에는 철이온 등의 혼입에 의한 위험한 반응을 방지하기 위한 조치를 강구할 것

출제예상문제

01
위험물안전관리법령상 위험물제조소와 안전거리 기준이 50m 이상이어야 하는 것은?

① 극장
② 학교·병원
③ 유형문화재
④ 고압가스 취급시설

 정답분석 위험물안전관리법령상 안전거리 기준이 고압가스 취급시설은 20m 이상, 학교·병원·극장은 30m 이상이어야 한다.

 이론PLUS 제조소의 안전거리
- 주거용으로 사용되는 것 건축물 그 밖의 공작물 : 10m 이상
- 학교·병원·극장 등 : 30m 이상
- 유형문화재와 기념물 중 지정문화재 : 50m 이상
- 고압가스, 액화석유가스 또는 도시가스를 저장·취급 시설 : 20m 이상
- 사용전압이 7,000V 초과 35,000V 이하의 특고압가 공전선 : 3m 이상
- 사용전압이 35,000V를 초과하는 특고압가공전선 : 5m 이상

정답 ③

02
제3류 위험물을 취급하는 제조소와 3백명 이상의 인원을 수용하는 영화상영관과의 안전거리는 몇 m 이상이어야 하는가?

① 10
② 20
③ 30
④ 60

 정답분석 학교·병원·극장 그 밖에 다수인을 수용하는 시설에 있어서는 안전거리가 30m 이상이어야 한다.

정답 ③

03
위험물안전관리법령에서 정하는 제조소와의 안전거리의 기준이 다음 중 가장 큰 것은?

① 「고압가스안전관리법」의 규정에 의하여 허가를 받거나 신고를 하여야 하는 고압가스 저장시설
② 사용전압이 35,000V를 초과하는 특고압 가공전선
③ 병원, 학교, 극장
④ 「문화재보호법」의 규정에 의한 유형문화재와 기념물 중 지정문화재

 정답분석 ①은 20m 이상, ②는 5m 이상, ③은 30m 이상, ④는 50m 이상이다.

정답 ④

04
위험물안전관리법령에 따른 위험물제조소의 안전거리 기준으로 틀린 것은?

① 학교로부터 30m 이상
② 주택으로부터 10m 이상
③ 병원으로부터 30m 이상
④ 유형문화재와 기념물 중 지정문화재로부터는 30m 이상

 정답분석 유형문화재와 기념물 중 지정문화재로부터는 50m 이상으로 하여야 한다.

정답 ④

05 주거용 건축물과 위험물제조소와의 안전거리를 단축할 수 있는 경우는?

① 취급하는 위험물이 단일 품목일 경우
② 위험물을 취급하는 시설이 철근콘크리트 벽일 경우
③ 제조소가 위험물의 화재 진압을 하는 소방서와 근거리에 있는 경우
④ 취급하는 위험물의 최대수량(지정수량의 배수)이 10배 미만이고, 기준에 의한 방화상 유효한 벽을 설치한 경우

정답 분석 제조소와 일반취급소에서 방화상 유효한 담을 설치한 경우의 안전거리를 다음과 같이 단축할 수 있다. 단, 취급하는 위험물의 양이 주거지역에 있어서는 30배, 상업지역에 있어서는 35배, 공업지역에 있어서는 50배 이상인 것을 제외한다.

구분	지정수량의 배수	안전거리(이상) [단위 : m]		
		주거용	학교, 유치원	문화재
제조소 · 일반취급소	10배 미만	6.5	20	35
	10배 이상	7.0	22	38

정답 ④

06 위험물안전관리법령상 연소의 우려가 있는 위험물제조소의 외벽의 기준으로 옳은 것은?

① 개구부가 없는 불연재료의 벽으로 하여야 한다.
② 개구부가 없는 내화구조의 벽으로 하여야 한다.
③ 출입구 외의 개구부가 없는 불연재료의 벽으로 하여야 한다.
④ 출입구 외의 개구부가 없는 내화구조의 벽으로 하여야 한다.

정답 분석 연소의 우려가 있는 위험물제조소의 외벽은 출입구 외의 개구부가 없는 내화구조의 벽으로 하여야 한다.
정답 ④

07 위험물제조소등의 안전거리의 단축기준과 관련해서 $H \leq pD^2 + a$인 경우 방화상 유효한 담의 높이는 2m 이상으로 한다. 다음 중 a에 해당되는 것은?

① 인근 건축물의 높이(m)
② 제조소등의 외벽의 높이(m)
③ 제조소등과 공작물과의 거리(m)
④ 제조소등과 방화상 유효한 담과의 거리(m)

정답 분석 a는 제조소등의 외벽의 높이(m)이다. 방화상 유효한 담의 높이(h)는 다음에 의하여 산정한 높이 이상으로 한다.

관계식
$$H \leq pD^2 + a$$
H : 인근 건축물 또는 공작물의 높이(m)
D : 제조소 등과 인근 건축물 또는 공작물과의 거리(m)
a : 제조소등의 외벽의 높이(m)
p : 상수

정답 ②

08 위험물제조소등의 안전거리의 단축기준과 관련해서 $H \leq pD^2 + a$인 경우 방화상 유효한 담의 높이는 2m 이상으로 한다. 다음 중 H에 해당되는 것은?

① 인근 건축물의 높이(m)
② 제조소등의 외벽의 높이(m)
③ 제조소등과 공작물과의 거리(m)
④ 제조소등과 방화상 유효한 담과의 거리(m)

정답 분석 H는 인근 건축물 또는 공작물의 높이(m)에 해당된다.
정답 ①

09 제조소에서 취급하는 위험물의 최대수량이 지정수량의 20배인 경우 보유공지의 너비는 얼마인가?

① 3m 이상 　　② 5m 이상
③ 10m 이상 　　④ 20m 이상

 지정수량 10배 초과의 위험물을 취급하는 건축물이 보유하여야 할 공지는 5m 이상이다. 보유공지란 위험물을 취급하는 시설에서 화재 등이 발생하는 경우 초기 소화 등의 소화활동 공간과 피난상 확보해야 할 절대공지를 말하며, 위험물의 최대수량에 따라 다음에 의한 너비의 공지를 보유하여야 한다.

취급하는 위험물의 최대수량	공지의 너비
지정수량의 10배 이하	3m 이상
지정수량의 10배 초과	5m 이상

정답 ②

10 위험물제조소 건축물의 구조 기준이 아닌 것은?

① 출입구에는 갑종방화문 또는 을종방화문을 설치할 것
② 지붕은 폭발력이 위로 방출될 정도의 가벼운 불연재료로 덮을 것
③ 벽·기둥·바닥·보·서까래 및 계단을 불연재료로 하고, 연소(延燒)의 우려가 있는 외벽은 출입구 외의 개구부가 없는 내화구조의 벽으로 하여야 한다.
④ 산화성 고체, 가연성 고체 위험물을 취급하는 건축물의 바닥은 위험물이 스며들지 못하는 재료를 사용할 것

 액체의 위험물을 취급하는 건축물의 바닥은 위험물이 스며들지 못하는 재료를 사용하고, 적당한 경사를 두어 그 최저부에 집유설비를 하여야 한다.

정답 ④

11 제5류 위험물의 제조소등에 설치하는 주의사항 게시판에서 게시판 바탕 및 문자색을 옳게 나타낸 것은?

① 백색바탕 - 청색문자
② 청색바탕 - 백색문자
③ 적색바탕 - 백색문자
④ 백색바탕 - 적색문자

 제5류 위험물의 주의사항 게시판에는 화기엄금으로 표시되어야 하고, 화기주의 또는 화기엄금은 적색바탕에 백색문자로 나타낸다.

‖ 위험물 제조소의 표지 및 게시판 ‖

구분	표지판	게시판	주의사항 게시판
크기	0.3m×0.6m 이상	0.3m×0.6m 이상	-
바탕	백색	백색	물기엄금 → 청색 화기주의, 화기엄금 → 적색
글자색	흑색	흑색	백색
표시	위험물제조소	위험물 유별, 품명 최대수량, 지정수량의 배수 안전관리자의 성명(직명)	• 물기엄금 : 1류 과산화물, 3류 금수성물질 • 화기주의 : 2류 • 화기엄금 : 2류(인화성고체), 3류(자연발화성), 4류, 5류 위험물

정답 ③

12 위험물제조소의 표지의 크기 규격으로 옳은 것은?

① 0.2m×0.4m 　　② 0.3m×0.3m
③ 0.3m×0.6m 　　④ 0.6m×0.2m

위험물제조소의 표지의 크기 규격은 한 변의 길이가 0.3m 이상, 다른 한 변의 길이가 0.6m 이상인 직사각형으로 하여야 한다.

정답 ③

13 위험물제조소등에 "화기주의"라고 표시한 게시판을 설치하는 경우 몇 류 위험물의 제조소인가?

① 제1류 위험물   ② 제2류 위험물
③ 제4류 위험물   ④ 제5류 위험물

 "화기주의"라고 표시한 게시판이 설치된 경우, 2류 위험물의 제조소이다.
- 제1류 위험물 중 알칼리금속의 과산화물과 이를 함유한 것 또는 제3류 위험물 중 금수성물질에 있어서는 "물기엄금"
- 제2류 위험물(인화성고체를 제외)에 있어서는 "화기주의"
- 제2류 위험물 중 인화성고체, 제3류 위험물 중 자연발화성물질, 제4류 위험물 또는 제5류 위험물에 있어서는 "화기엄금"
- 게시판의 색은 "물기엄금"을 표시하는 것에 있어서는 청색바탕에 백색문자로, "화기주의" 또는 "화기엄금"을 표시하는 것에 있어서는 적색바탕에 백색문자로 할 것

정답 ②

14 가연성의 증기 또는 미분이 체류할 우려가 있는 건축물에는 배출설비를 하여야 하는데 배출능력은 1시간당 배출장소 용적의 몇 배 이상인 것으로 하여야 하는가? (단, 국소방식의 경우이다.)

① 5배   ② 10배
③ 15배   ④ 20배

 배출능력은 1시간당 배출장소 용적의 20배 이상인 것으로 하여야 한다. 다만, 전역방식의 경우에는 바닥면적 1m²당 18m³ 이상으로 할 수 있다.

정답 ④

15 제조소에서 위험물을 취급함에 있어서 정전기를 유효하게 제거할 수 있는 방법으로 가장 거리가 먼 것은?

① 접지에 의한 방법
② 부도체 재료를 사용하는 방법
③ 공기를 이온화하는 방법
④ 상대습도를 70% 이상 높이는 방법

 정전기가 발생할 우려가 있는 설비에는 다음에 해당하는 방법으로 정전기를 유효하게 제거할 수 있는 설비를 설치하여야 한다.
- 접지할 것
- 공기 중의 상대습도를 70% 이상으로 할 것
- 공기를 이온화할 것

정답 ②

16 정전기를 유효하게 제거하는 방법에서 공기 중의 상대습도는 몇 % 이상되게 하여야 하는가?

① 50%   ② 60%
③ 70%   ④ 80%

 습도를 높여 상대습도 70% 이상으로 한다.

정답 ③

17 정전기를 유효하게 제거할 수 있는 설비를 설치하고자 할 때 위험물안전관리법령에서 정한 정전기 제거방법의 기준으로 옳은 것은?

① 공기의 상대습도를 70% 이상으로 하는 방법
② 공기의 상대습도를 70% 이하로 하는 방법
③ 공기의 절대습도를 70% 이상으로 하는 방법
④ 공기의 절대습도를 70% 이하로 하는 방법

 정전기를 유효하게 제거할 수 있는 설비를 설치하고자 할 때 공기의 상대습도를 70% 이상으로 하는 방법이 주요하다.

정답 ①

02 옥내저장소의 위치 · 구조 및 설비기준

1 안전거리(요약 재정리)

안전거리	대상 시설
3m 이상	사용전압이 7,000V 초과 35,000V 이하의 특고압가공전선
5m 이상	사용전압이 35,000V를 초과하는 특고압가공전선
10m 이상	일반 건축물 그 밖의 공작물로서 주거용으로 사용되는 것(제조소가 설치된 부지내에 있는 것을 제외)
20m 이상	고압가스, 액화석유가스 또는 도시가스를 저장 또는 취급하는 시설
30m 이상	학교 · 병원 · 극장 그 밖에 다수인을 수용하는 시설
50m 이상	유형문화재와 기념물 중 지정문화재

■ **안전거리 규정의 예외**(다음에 해당하는 옥내저장소는 안전거리를 두지 않을 수 있음)

① 제4석유류 또는 동식물유류의 위험물을 저장 또는 취급하는 옥내저장소로서 그 최대수량이 지정수량의 20배 미만인 것
② 제6류 위험물을 저장 또는 취급하는 옥내저장소
③ 지정수량의 20배(하나의 저장창고의 바닥면적이 $150m^2$ 이하인 경우에는 50배) 이하의 위험물을 저장 또는 취급하는 옥내저장소로서 다음의 기준에 적합한 것
   • 저장창고의 벽 · 기둥 · 바닥 · 보 및 지붕이 내화구조인 것
   • 출입구에 수시로 열 수 있는 자동폐쇄방식의 갑종방화문이 설치되어 있을 것
   • 저장창고에 창을 설치하지 아니할 것

2 보유공지와 저장창고 기준

1. 보유공지

저장 또는 취급하는 위험물의 최대수량	공지의 너비	
	벽 · 기둥 및 바닥이 내화구조로 된 건축물	그 밖의 건축물
지정수량의 5배 이하		0.5m 이상
지정수량의 5배 초과 10배 이하	1m 이상	1.5m 이상
지정수량의 10배 초과 20배 이하	2m 이상	3m 이상
지정수량의 20배 초과 50배 이하	3m 이상	5m 이상
지정수량의 50배 초과 200배 이하	5m 이상	10m 이상
지정수량의 200배 초과	10m 이상	15m 이상

비고
지정수량의 20배를 초과하는 옥내저장소와 동일한 부지 내에 있는 다른 옥내저장소와의 사이에는 공지의 너비의 **3분의 1**(당해 수치가 3m 미만인 경우에는 3m)의 공지를 보유할 수 있다.

2. 옥내저장소의 표시

옥내저장소에는 보기 쉬운 곳에 "위험물 옥내저장소"라는 표시를 한 표지와 방화에 관하여 필요한 사항을 게시한 게시판을 설치하여야 함

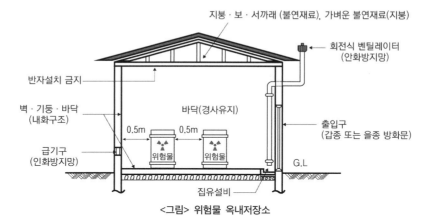

지붕·보·서까래 (불연재료), 가벼운 불연재료(지붕)

회전식 벤틸레이터
(안화방지망)

반자설치 금지

벽·기둥·바닥
(내화구조)

바닥(경사유지)

0.5m   0.5m

출입구
(갑종 또는 을종 방화문)

급기구
(인화방지망)

위험물   위험물

G.L

집유설비

<그림> 위험물 옥내저장소

3. 저장창고

(1) **구조** : 저장창고는 위험물의 저장을 전용으로 하는 독립된 건축물로 하여야 함

(2) **높이(지면 ~ 처마까지)** : 6m 미만인 단층 건물(바닥은 지반면보다 높게 할 것)

※ 단, **제2류** 또는 **제4류**의 위험물만을 저장하는 창고로서 다음의 기준에 적합한 창고의 경우에는 **20m 이하**로 할 수 있음

- 벽·기둥·보 및 바닥을 내화구조로 한 것
- 출입구에 갑종방화문을 설치한 것
- 피뢰침을 설치할 것

(3) **바닥면적** : 하나의 저장창고의 바닥면적(2 이상의 구획된 실이 있는 경우에는 각 실의 바닥면적의 합계)은 다음의 구분에 의한 면적 이하로 하여야 함

바닥면적	적용 위험물
① 1,000m²	• 제1류 위험물 중 아염소산염류, 염소산염류, 과염소산염류, 무기과산화물 그 밖에 지정수량이 50kg인 위험물 • 제3류 위험물 중 칼륨, 나트륨, 알킬알루미늄, 알킬리튬 그 밖에 지정수량이 10kg인 위험물 및 황린 • 제4류 위험물 중 특수인화물, 제1석유류 및 알코올류 • 제5류 위험물 중 유기과산화물, 질산에스터류(질산에스테르류) 그 밖에 지정수량이 10kg인 위험물 • 제6류 위험물
② 2,000m²	①항 외의 위험물을 저장하는 창고
③ 1,500m²	• 내화구조의 격벽으로 완전히 구획된 실에 각각 저장하는 창고 • 단, ①항의 위험물을 저장하는 실의 면적은 500m²를 초과할 수 없음

(4) **바닥의 구조**

① 저장창고의 바닥을 물이 스며 나오거나 스며들지 않는 구조로 해야 하는 것

- 제1류 위험물 중 알칼리금속의 과산화물 또는 이를 함유하는 것
- 제2류 위험물 중 철분·금속분·마그네슘을 함유하는 것
- 제3류 위험물 중 금수성 물질
- 제4류 위험물

② 저장창고의 바닥이 물이 스며들지 않는 구조로 해야 하는 것
- 액상의 위험물의 저장창고
- 적당하게 경사지게 하여 그 최저부에 집유설비를 할 것

(5) 벽과 기둥

① **벽 · 기둥 및 바닥** : 내화구조로 할 것
② **보와 서까래** : 불연재료로 할 것[다만, 지정수량의 10배 이하의 위험물의 저장창고 또는 제2류와 제4류의 위험물(인화성 고체 및 인화점이 70℃ 미만인 제4류 위험물을 제외)만의 저장창고에 있어서는 연소의 우려가 없는 벽 · 기둥 및 바닥은 불연재료로 할 수 있음]

(6) 지붕

① 저장창고는 지붕을 폭발력이 위로 방출될 정도의 가벼운 불연재료로 하고, 천장을 만들지 말 것
② 다만, 제2류 위험물(분상의 것과 인화성 고체를 제외)과 제6류 위험물만의 저장창고에 있어서는 지붕을 내화구조로 할 수 있음
제5류 위험물만의 저장창고에 있어서는 당해 저장창고 내의 온도를 저온으로 유지하기 위하여 난연재료 또는 불연재료로 된 천장을 설치할 수 있음

(7) 출입구

① 저장창고의 출입구에는 갑종방화문 또는 을종방화문을 설치할 것
② 연소의 우려가 있는 외벽에 있는 출입구에는 수시로 열 수 있는 자동폐쇄식의 갑종방화문을 설치하여야 함
③ 저장창고의 창 또는 출입구에 유리를 이용하는 경우 → 망입유리로 할 것

(8) 선반 · 수납장

① 수납장은 불연재료로 만들어 견고한 기초 위에 고정할 것
② 수납장은 당해 수납장 및 그 부속설비의 자중, 저장하는 위험물의 중량 등의 하중에 의하여 생기는 응력에 대하여 안전한 것으로 할 것
③ 수납장에는 위험물을 수납한 용기가 쉽게 떨어지지 아니하게 하는 조치를 할 것

(9) 조명 · 채광 · 환기

① 저장창고에는 규정에 준하는 채광 · 조명 및 환기의 설비를 구비할 것
② 인화점이 70℃ 미만인 위험물의 저장창고에 있어서는 내부에 체류한 가연성의 증기를 지붕 위로 배출하는 설비를 갖출 것

(10) 피뢰침 설치

① 지정수량의 10배 이상의 저장창고(제6류 위험물의 저장창고 제외)에는 피뢰침을 설치할 것
② 다만, 저장창고의 주위의 상황에 따라 안전상 지장이 없는 경우에는 피뢰침을 설치하지 아니할 수 있음

3 위험물의 성질에 따른 옥내저장소의 특례

1. 의의 : 다음에 해당하는 위험물을 저장 또는 취급하는 옥내저장소에 있어서는 앞에서 기술된 옥내저장소의 기준의 규정에 의하되, 당해 위험물의 성질에 따라 강화되는 기준을 적용하여야 한다.

- 제5류위험물 중 유기과산화물 또는 이를 함유하는 것으로서 지정수량이 10kg인 것(지정과산화물)
- 알킬알루미늄
- 하이드록실아민

2. 지정과산화물

(1) **안전거리 확보** : 옥내저장소는 당해 옥내저장소의 외벽으로부터 건축물의 외벽 또는 이에 상당하는 공작물의 외측까지의 사이에 규정하는 안전거리를 두어야 함

(2) **공지확보** : 옥내저장소의 저장창고 주위에는 규정된 너비의 공지를 보유하여야 한다. 다만, 2 이상의 옥내저장소를 동일한 부지 내에 인접하여 설치하는 때에는 당해 옥내저장소의 상호간 공지의 너비를 규정된 공지 너비의 3분의 2로 할 수 있음

(3) **옥내저장소 저장창고의 기준**

① **격벽설치** : 저장창고는 $150m^2$ 이내마다 격벽으로 완전하게 구획할 것. 이 경우 당해 격벽은 두께 30cm 이상의 철근콘크리트조 또는 철골철근콘크리트조로 하거나 두께 40cm 이상의 보강콘크리트 블록조로 하고, 당해 저장창고의 양측의 외벽으로부터 1m 이상, 상부의 지붕으로부터 50cm 이상 돌출하게 하여야 함

② **외벽 강화** : 저장창고의 외벽은 두께 20cm 이상의 철근콘크리트조나 철골철근콘크리트조 또는 두께 30cm 이상의 보강콘크리트 블록조로 할 것

③ **지붕 강화** : 저장창고의 지붕은 다음에 적합하게 할 것
- 중도리 또는 서까래의 간격은 30cm 이하로 할 것
- 지붕의 아래쪽 면에는 한 변의 길이가 45cm 이하의 환강(丸鋼)·경량형강(輕量形鋼) 등으로 된 강제(鋼製)의 격자를 설치할 것
- 지붕의 아래쪽 면에 철망을 쳐서 불연재료의 도리·보 또는 서까래에 단단히 결합할 것
- 두께 5cm 이상, 너비 30cm 이상의 목재로 만든 받침대를 설치할 것

④ **출입문 강화** : 저장창고의 출입구에는 갑종방화문을 설치할 것

⑤ **창문 강화**
- 저장창고의 창은 바닥면으로부터 2m 이상의 높이에 둘 것
- 하나의 벽면에 두는 창의 면적의 합계를 당해 벽면의 면적의 80분의 1 이내로 할 것
- 하나의 창의 면적을 $0.4m^2$ 이내로 할 것

(4) 다층 건물의 옥내저장소의 기준 내지 소규모 옥내저장소의 특례 규정은 적용하지 않음

3. 알킬알루미늄

(1) 옥내저장소에는 누설범위를 국한하기 위한 설비 및 누설한 알킬알루미늄등을 안전한 장소에 설치된 조(槽)로 끌어들일 수 있는 설비를 설치하여야 함

(2) 다층 건물의 옥내저장소의 기준 내지 소규모 옥내저장소의 특례 규정은 적용하지 않음

4. 하이드록실아민 : 강화되는 기준은 하이드록실아민 등의 온도의 상승에 의한 위험한 반응을 방지하기 위한 조치를 강구하는 것으로 함

출제예상문제

01 옥내저장소에서 안전거리 기준이 적용되는 경우는?

① 지정수량 20배 미만의 제4석유류를 저장하는 것

② 제2류 위험물 중 덩어리상태의 유황을 저장하는 것

③ 지정수량 20배 미만의 동식물유류를 저장하는 것

④ 제6류 위험물을 저장하는 것

정답분석 ②는 옥내저장소의 안전거리 기준을 적용하지 않을 수 있는 조건에 해당하지 않는다.

정답 ②

02 위험물 옥내저장소의 피뢰설비는 지정수량의 최소 몇 배 이상인 저장창고에 설치하도록 하고 있는가? (단, 제6류 위험물의 저장창고를 제외한다.)

① 10　　　　　　② 15

③ 20　　　　　　④ 30

정답분석 지정수량의 10배 이상의 저장창고(제6류 위험물의 저장창고 제외)에는 피뢰침을 설치하여야 한다.

정답 ①

03 다음 그림은 제5류 위험물 중 유기과산화물을 저장하는 옥내저장소의 저장창고를 개략적으로 보여주고 있다. 창과 바닥으로부터 높이(a)와 하나의 창의 면적(b)은 각각 얼마로 하여야 하는가? (단, 이 저장창고의 바닥면적은 150m² 이내이다.)

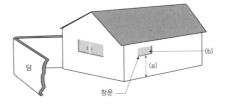

① (a) 2m 이상, (b) 0.6m² 이내

② (a) 3m 이상, (b) 0.4m² 이내

③ (a) 2m 이상, (b) 0.4m² 이내

④ (a) 3m 이상, (b) 0.6m² 이내

정답분석 옥내저장소의 저장창고의 창은 바닥면으로부터 2m 이상의 높이에 두되, 하나의 벽면에 두는 창의 면적의 합계를 당해 벽면의 면적의 80분의 1 이내로 하고, 하나의 창의 면적을 0.4m² 이내로 하여야 한다.

정답 ③

03 옥외탱크저장소의 위치·구조 및 설비기준

1 안전거리(요약하여 재정리)

안전거리	대상 시설
3m 이상	사용전압이 7,000V 초과 35,000V 이하의 특고압가공전선
5m 이상	사용전압이 35,000V를 초과하는 특고압가공전선
10m 이상	일반 건축물 그 밖의 공작물로서 주거용으로 사용되는 것(제조소가 설치된 부지 내에 있는 것을 제외)
20m 이상	고압가스, 액화석유가스 또는 도시가스를 저장 또는 취급하는 시설
30m 이상	학교·병원·극장 그 밖에 다수인을 수용하는 시설
50m 이상	유형문화재와 기념물 중 지정문화재

2 보유공지

저장 또는 취급하는 위험물의 최대수량	공지의 너비
지정수량의 500배 이하	3m 이상
지정수량의 500배 초과 1,000배 이하	5m 이상
지정수량의 1,000배 초과 2,000배 이하	9m 이상
지정수량의 2,000배 초과 3,000배 이하	12m 이상
지정수량의 3,000배 초과 4,000배 이하	15m 이상
지정수량의 4,000배 초과	당해 탱크의 수평단면의 최대지름(횡형인 경우에는 긴 변)과 높이 중 큰 것과 같은 거리 이상. 다만, 30m 초과의 경우에는 30m 이상으로 할 수 있고, 15m 미만의 경우에는 15m 이상으로 하여야 한다.

- **특례**

(1) 취급 위험물·시설에 따른 특례
- 제6류 위험물을 저장 또는 취급하는 옥외저장탱크 ➡ 앞의 [표]의 "02. 보유공지"에서 규정하는 보유공지의 3분의 1 이상의 너비로 할 수 있다. 이 경우 보유공지의 너비는 1.5m 이상이 되어야 한다.
- 제6류 위험물을 저장 또는 취급하는 옥외저장탱크를 동일구 내에 2개 이상 인접하여 설치하는 경우 ➡ 위의 보유공지 너비의 3분의 1 이상의 너비로 할 수 있다. 이 경우 보유공지의 너비는 1.5m 이상이 되어야 한다.
- 제6류 위험물 외의 위험물을 저장 또는 취급하는 옥외저장탱크(지정수량의 4,000배를 초과하여 저장 또는 취급하는 옥외저장탱크를 제외)를 동일한 방유제 안에 2개 이상 인접하여 설치하는 경우 그 인접하는 방향의 보유공지 ➡ 앞의 [표]에서 규정하는 보유공지의 3분의 1 이상의 너비로 할 수 있다. 이 경우 보유공지의 너비는 3m 이상이 되어야 한다.

(2) **방호조치에 따른 특례** : 공지단축 옥외저장탱크에 다음에 적합한 물분무설비로 방호조치를 하는 경우 → 앞의 [표]에서 규정하는 보유공지의 2분의 1 이상의 너비(최소 3m 이상)로 할 수 있다.

- 탱크의 표면에 방사하는 물의 양은 탱크의 원주길이 1m에 대하여 분당 37L 이상으로 할 것
- 수원의 양은 20분 이상 방사할 수 있는 수량으로 할 것
- 탱크에 보강링이 설치된 경우에는 보강링의 아래에 분무헤드를 설치하되, 분무헤드는 탱크의 높이 및 구조를 고려하여 분무가 적정하게 이루어 질 수 있도록 배치할 것
- 물분무소화설비의 설치기준에 준할 것

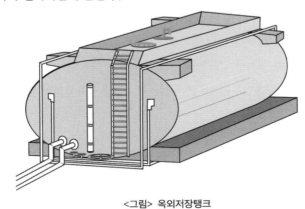

<그림> 옥외저장탱크

3 기초지반

1. **특정옥외저장탱크** : 옥외탱크저장소 중 그 저장 또는 취급하는 액체위험물의 최대수량이 100만L 이상의 것 (특정옥외탱크저장소)의 옥외저장탱크의 기초 및 지반

   (1) 기초의 표면으로부터 3m 이내의 기초 직하의 지반부분이 기초와 동등 이상의 견고성이 있고, 지표면으로부터의 깊이가 15m 까지의 지질이 **표준관입시험 및 평판재하시험**에 의하여 각각 표준관입시험치가 20 이상 및 평판재하시험치가 1m³당 100MN 이상의 **값일 것**

   (2) 점성토 지반은 압밀도시험에서, 사질토 지반은 표준관입시험에서 각각 압밀하중에 대하여 압밀도가 90% 이상 또는 표준관입시험치가 평균 15 이상의 값일 것

2. **준특정옥외저장탱크** : 옥외탱크저장소 중 그 저장 또는 취급하는 액체위험물의 최대수량이 50만L 이상 100만L 미만의 것의 옥외저장탱크(준특정옥외저장탱크)의 기초 및 지반은 탱크하중에 의하여 발생하는 응력에 대하여 안전한 것으로 할 것

4 옥외저장탱크의 구조기준

1. 탱크의 강도와 기밀성

(1) **탱크의 두께 및 재질**

① **특정옥외저장탱크 및 준특정옥외저장탱크 외의 탱크** → 두께 3.2mm 이상의 강철판 또는 소방청장이 정하여 고시하는 규격에 적합한 재료로 할 것

② **특정옥외저장탱크 및 준특정옥외저장탱크** → 소방청장이 정하여 고시하는 규격에 적합한 강철판 또는 이와 동등 이상의 기계적 성질 및 용접성이 있는 재료로 제작할 것

(2) **기밀성 및 강도** : 압력탱크 외의 탱크는 충수시험, 압력탱크는 최대상용압력의 1.5배의 압력으로 10분간 실시하는 수압시험에서 각각 새거나 변형되지 않을 것

(3) **용접부** : 특정옥외저장탱크의 용접부는 방사선투과시험, 진공시험 등의 비파괴시험에 있어서 기준에 적합한 것일 것

2. 탱크의 안전성

(1) **내진 · 내풍압 구조** : 탱크는 지진 및 풍압 · 풍하중에 견딜 수 있는 구조로 하고 그 지주는 철근콘크리트조, 철골콘크리트조 그 밖에 이와 동등 이상의 내화성능이 있는 것이어야 한다. 풍하중(kN/m^2)은 다음의 계산식으로 산정함

$$\text{풍하중}(q) = 0.588k\sqrt{h} \begin{cases} k : \text{풍력계수} = \text{원통형 탱크는 } 0.7 \\ \qquad\qquad\qquad\quad \text{이외 탱크는 } 1.0 \\ h : \text{지반면으로부터 높이(m)} \end{cases}$$

(2) **폭발방지** : 옥외저장탱크는 위험물의 폭발 등에 의하여 탱크 내의 압력이 비정상적으로 상승하는 경우에 내부의 가스 또는 증기를 상부로 방출할 수 있는 구조로 할 것

(3) **부식방지** : 옥외저장탱크의 외면에는 녹을 방지하기 위한 도장을 할 것. 다만, 탱크의 재질이 부식의 우려가 없는 스테인리스 강판 등인 경우에는 그렇지 않음

- 탱크의 밑판 부식을 유효하게 방지할 수 있도록 아스팔트샌드 등의 방식재료를 댈 것
- 탱크의 밑판에 전기방식의 조치를 강구할 것

3. 통기관의 설치 : 옥외저장탱크(압력탱크 제외) 중 제4류 위험물의 옥외저장탱크는 밸브없는 통기관 또는 대기밸브 부착 통기관을 다음에 정하는 바에 의하여 설치하여야 함

(1) **밸브없는 통기관**

① **직경** : 30mm 이상일 것

② **선단의 구조**
- 수평면보다 45도 이상 구부려 빗물 등의 침투를 막는 구조로 할 것
- 가는 눈의 구리망 등으로 인화방지장치를 할 것

③ **기타** : 가연성의 증기를 회수하기 위한 밸브를 통기관에 설치하는 경우에 있어서는 당해 통기관의 밸브는 저장탱크에 위험물을 주입하는 경우를 제외하고는 항상 개방되어 있는 구조로 하는 한편, 폐쇄하였을 경우에 있어서는 10kPa 이하의 압력에서 개방되는 구조로 할 것. 이 경우 개방된 부분의 유효단면적은 777.15mm² 이상이어야 함

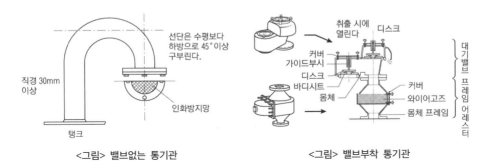

<그림> 밸브없는 통기관   <그림> 밸브부착 통기관

(2) **대기밸브 부착 통기관**

① **작동압력** : 5kPa 이하의 압력차이로 작동할 수 있을 것

② **선단의 구조** : 가는 눈의 구리망 등으로 인화방지장치를 할 것

4. 계량장치의 설치 : 액체위험물의 옥외저장탱크에는 위험물의 양을 자동적으로 표시할 수 있도록 계량장치를 설치하여야 함

- 기밀부유식 계량장치, 부유식 계량장치(증기가 비산하지 않는 구조)
- 전기압력자동방식이나 방사성동위원소를 이용한 자동계량장치
- 유리게이지(금속관으로 보호된 경질유리 등으로 되어 있고 게이지가 파손되었을 때 위험물의 유출을 자동적으로 정지할 수 있는 장치가 되어 있는 것에 한함)

5. 주입구(액체위험물의 옥외저장탱크의 주입구)의 설치기준

(1) 화재예방상 지장이 없는 장소에 설치할 것

(2) 주입호스 또는 주입관과 결합할 수 있고, 결합하였을 때 위험물이 새지 아니할 것

(3) 주입구에는 밸브 또는 뚜껑을 설치할 것

(4) 휘발유, 벤젠 그 밖에 정전기에 의한 재해가 발생할 우려가 있는 액체위험물의 옥외저장탱크의 주입구 부근에는 정전기를 유효하게 제거하기 위한 접지전극을 설치할 것

(5) 주입구 주위에는 새어나온 기름 등 액체가 외부로 유출되지 아니하도록 방유턱을 설치하거나 집유설비 등의 장치를 설치할 것

6. 게시판의 설치 : 인화점이 21℃ 미만인 위험물의 옥외저장탱크의 주입구에는 보기 쉬운 곳에 다음의 기준에 의한 게시판을 설치하여야 함

(1) 게시판은 한 변이 0.3m 이상, 다른 한 변이 0.6m 이상인 직사각형으로 할 것

(2) 게시판에는 "옥외저장탱크 주입구"라고 표시하는 것 외에 취급하는 위험물의 유별, 품명 및 별 주의사항을 표시할 것

(3) 게시판은 백색바탕에 흑색문자(단, 주의사항은 적색문자)로 할 것

7. 피뢰침 설치 : 지정수량의 10배 이상인 옥외탱크저장소(제6류 위험물의 옥외탱크저장소를 제외)에는 피뢰침을 설치하여야 한다. 다만, 탱크에 저항이 5Ω 이하인 접지시설을 설치하거나 인근 피뢰설비의 보호범위 내에 들어 가는 등 안전상 지장이 없는 경우에는 피뢰침을 설치하지 않을 수 있음

8. 취급위험물에 따른 보강기준

(1) 제3류 위험물 중 금수성 물질(고체에 한함)의 옥외저장탱크에는 방수성의 불연재료로 만든 피복설비를 설치 하여야 함

(2) 이황화탄소의 옥외저장탱크는 벽 및 바닥의 두께가 0.2m 이상이고 누수가 되지 아니하는 철근콘크리트의 수조에 넣어 보관하여야 함. 이 경우 보유공지·통기관 및 자동계량장치는 생략할 수 있음

⑤ 펌프(옥외저장탱크의 펌프설비)의 설치기준

1. 주변공지 : 펌프설비의 주위에는 너비 3m 이상의 공지를 보유할 것

※ 다만, 방화상 유효한 **격벽을 설치**하는 경우와 **제6류 위험물** 또는 **지정수량의 10배 이하** 위험물의 옥외저장탱크의 펌프설비 에 있어서는 그렇지 않음

2. 이격거리 : 펌프설비로부터 옥외저장탱크까지의 사이에는 당해 옥외저장탱크의 보유공지 너비의 3분의 1 이상 의 거리를 유지할 것

3. 펌프실의 구조

- 펌프실의 벽·기둥·바닥 및 보는 불연재료로 할 것
- 펌프실의 지붕을 폭발력이 위로 방출될 정도의 가벼운 불연재료로 할 것
- 펌프실의 창 및 출입구에는 갑종방화문 또는 을종방화문을 설치할 것
- 펌프실의 창 및 출입구에 유리를 이용하는 경우에는 망입유리로 할 것
- 펌프실의 바닥의 주위에는 높이 0.2m 이상의 턱을 만들고 바닥은 콘크리트 등 위험물이 스며들지 아니하는 재료로 적당히 경사지게 하여 그 최저부에는 집유설비를 설치할 것
- 펌프실에는 위험물을 취급하는데 필요한 채광, 조명 및 환기의 설비를 설치할 것
- 가연성 증기가 체류할 우려가 있는 펌프실에는 그 증기를 옥외의 높은 곳으로 배출하는 설비를 설치할 것

⑥ 방유제의 설치기준 [인화성 액체위험물(이황화탄소 제외)의 옥외탱크저장소의 탱크 주위]

1. 방유제의 용량

(1) **탱크가 하나인 때** : 탱크용량의 110% 이상으로 할 것

(2) **탱크가 2기 이상인 때** : 탱크 중 최대인 것의 용량의 110% 이상으로 할 것

2. 방유제의 높이와 매설깊이

(1) 방유제는 높이 0.5m 이상 3m 이하, 두께 0.2m 이상으로 할 것

(2) 방유제의 지하매설깊이 1m 이상으로 할 것

3. 방유제의 면적과 수용 탱크

(1) 방유제 내의 면적은 8만m² 이하로 할 것

(2) 방유제 내의 설치하는 옥외저장탱크의 수는 10이하로 할 것(다만, 옥외저장탱크의 용량이 20만L 이하이고, 당해 옥외저장탱크에 저장 또는 취급하는 위험물의 인화점이 70℃ 이상 200℃ 미만인 경우에는 20이하로 할 수 있음)

4. 접근로 : 방유제 외면의 2분의 1 이상은 자동차 등이 통행할 수 있는 3m 이상의 노면폭을 확보한 구내도로(옥외저장탱크가 있는 부지 내의 도로)에 직접 접하도록 할 것

5. 간막이 : 용량이 1,000만L 이상인 옥외저장탱크의 주위에 설치하는 방유제에는 다음에 따라 당해 탱크마다 간막이 둑을 설치할 것

(1) 간막이 둑의 높이는 0.3m(방유제 내에 설치되는 옥외저장탱크의 용량의 합계가 2억 L를 넘는 방유제에 있어서는 1m) 이상으로 하되, 방유제의 높이보다 0.2m 이상 낮게 할 것

(2) 간막이 둑은 흙 또는 철근콘크리트로 할 것

(3) 간막이 둑의 용량은 간막이 둑 안에 설치된 탱크용량의 10% 이상일 것

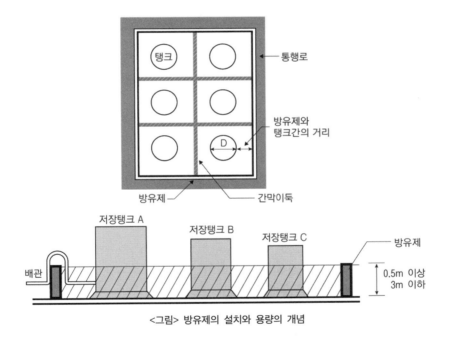

\<그림\> 방유제의 설치와 용량의 개념

출제예상문제

 01 위험물안전관리법령상 지정수량의 3천배 초과 4천배 이하의 위험물을 저장하는 옥외탱크저장소에 확보하여야 하는 보유공지는 얼마인가?

① 6m 이상　　　② 9m 이상
③ 12m 이상　　④ 15m 이상

> **정답분석** 지정수량의 3천배 초과 4천배 이하의 위험물을 저장하는 옥외탱크저장소에 확보하여야 하는 보유공지는 15m 이상이다.

저장 또는 취급하는 위험물의 최대수량	공지의 너비
지정수량의 500배 이하	3m 이상
지정수량의 500배 초과 1,000배 이하	5m 이상
지정수량의 1,000배 초과 2,000배 이하	9m 이상
지정수량의 2,000배 초과 3,000배 이하	12m 이상
지정수량의 3,000배 초과 4,000배 이하	15m 이상
지정수량의 4,000배 초과	당해 탱크의 수평단면의 최대지름과 높이 중 큰 것과 같은 거리 이상

정답 ④

 02 지정수량에 따른 제4류 위험물 옥외탱크저장소 주위의 보유공지 너비의 기준으로 틀린 것은?

① 지정수량의 500배 이하 −3m 이상
② 지정수량의 500배 초과 1,000배 이하 −5m 이상
③ 지정수량의 1,000배 초과 2,000배 이하 −9m 이상
④ 지정수량의 2,000배 초과 3,000배 이하 −15m 이상

> **정답분석** 지정수량의 2,000배 초과 3,000배 이하는 12m 이상으로 한다.

정답 ④

 03 특정옥외탱크저장소라 함은 저장 또는 취급하는 액체위험물의 최대수량이 얼마 이상의 것을 말하는가?

① 50만 리터 이상　② 100만 리터 이상
③ 150만 리터 이상　④ 200만 리터 이상

> **정답분석** 옥외탱크저장소 중 그 저장 또는 취급하는 액체위험물의 최대수량이 100만L 이상의 것을 "특정옥외탱크저장소"라 한다.

정답 ②

 04 준특정옥외탱크저장소에서 저장 또는 취급하는 액체위험물의 최대수량 범위를 옳게 나타낸 것은?

① 50만L 미만
② 50만L 이상 100만L 미만
③ 100만L 이상 200만L 미만
④ 200만L 이상

> **정답분석** 옥외탱크저장소 중 그 저장 또는 취급하는 액체위험물의 최대수량이 50만L 이상 100만L 미만의 것을 "준특정옥외탱크저장소"라 한다.

정답 ②

 05 표준입관시험 및 평판재하시험을 실시하여야 하는 특정옥외저장탱크의 지반의 범위는 기초의 외측이 지표면과 접하는 선의 범위 내에 있는 지반으로서 지표면으로부터 깊이 몇 m까지로 하는가?

① 10　　　　② 15
③ 20　　　　④ 25

> **정답분석** 지반의 범위는 기초의 표면으로부터 3m 이내의 기초 직하의 지반부분이 기초와 동등 이상의 견고성이 있고, 지표면으로부터의 깊이가 15m까지의 지질(기초의 표면으로부터 3m 이내의 기초 직하의 지반부분을 제외한다)이 소방청장이 정하여 고시하는 것 외의 것이어야 한다.

정답 ②

06 특정옥외저장탱크를 원통형으로 설치하고자 한다. 지반면으로부터의 높이가 16m일 때 이 탱크가 받는 풍하중은 1m²당 얼마 이상으로 계산하여야 하는가? (단, 강풍을 받을 우려가 있는 장소에 설치하는 경우는 제외한다.)

① 0.7640kN ② 1.2348kN
③ 1.6464kN ④ 2.348kN

정답분석 특정옥외저장탱크에 관계된 풍하중의 계산방법은 다음과 같다. 1m²당 풍하중은 다음 식에 의한다.

계산 풍하중$(q) = 0.588\,k\sqrt{h}$

$\begin{cases} k : 풍력계수(원통형\ 탱크는\ 0.7,\ \ 이외\ 탱크는\ 1.0) \\ h : 지반면으로부터\ 높이(m) \end{cases}$

$\therefore$ 풍하중 $= 0.588 \times 0.7\sqrt{16} = 1.6464\ kN/m^2$

정답 ③

 07 옥외저장탱크를 강철판으로 제작할 경우 두께기준은 몇 mm 이상인가? (단, 특정옥외저장탱크 및 준특정옥외저장탱크는 제외한다.)

① 1.2 ② 2.2
③ 3.2 ④ 4.2

정답분석 옥외저장탱크는 특정옥외저장탱크 및 준특정옥외저장탱크 외에는 두께 3.2mm 이상의 강철판 또는 소방청장이 정하여 고시하는 규격에 적합한 재료로 제작하여야 한다.

정답 ③

 08 다음 ( ) 안에 알맞은 수치는? (단, 인화점이 200℃ 이상인 위험물은 제외)

옥외저장탱크의 지름이 15m 미만인 경우에 방유제는 탱크의 옆판으로부터 탱크 높이의 ( ) 이상 이격하여야 한다.

① $\dfrac{1}{3}$ ② $\dfrac{1}{2}$
③ $\dfrac{1}{4}$ ④ $\dfrac{2}{3}$

정답분석 방유제는 옥외저장탱크의 지름에 따라 그 탱크의 옆판으로부터 다음에 정하는 거리를 유지하여야 한다. 다만, 인화점이 200℃ 이상인 위험물을 저장 또는 취급하는 것에 있어서는 그러하지 아니하다.
• 지름이 15m 미만인 경우에는 탱크 높이의 3분의 1 이상
• 지름이 15m 이상인 경우에는 탱크 높이의 2분의 1 이상

정답 ①

 09 다음 ( ) 안에 알맞은 수치와 용어를 옳게 나열한 것은?

이황화탄소의 옥외저장탱크는 벽 및 바닥의 두께가 ( )m 이상이고, 누수가 되지 아니하는 철근콘크리트의 ( )에 넣어 보관하여야 한다.

① 0.2, 수조 ② 0.1, 수조
③ 0.2, 진공탱크 ④ 0.1, 진공탱크

정답분석 이황화탄소의 옥외저장탱크는 벽 및 바닥의 두께가 0.2m 이상이고, 누수가 되지 아니하는 철근콘크리트의 수조에 넣어 보관하여야 한다. 이 경우 보유공지·통기관 및 자동계량장치는 생략할 수 있다.

정답 ①

 10 위험물안전관리법령상 옥외탱크저장소의 위치·구조 및 설비의 기준에서 간막이 둑을 설치할 경우, 그 용량의 기준으로 옳은 것은?

① 간막이 둑 안에 설치된 탱크의 용량이 110% 이상일 것
② 간막이 둑 안에 설치된 탱크의 용량 이상일 것
③ 간막이 둑 안에 설치된 탱크의 용량의 10% 이상일 것
④ 간막이 둑 안에 설치된 탱크의 간막이 둑 높이 이상 부분의 용량 이상일 것

정답분석 간막이 둑은 흙 또는 철근콘크리트로 하며, 용량은 간막이 둑 안에 설치된 탱크의 용량의 10% 이상으로 한다.

정답 ③

04 옥내탱크저장소의 위치 · 구조 및 설비기준

1 저장소 및 저장탱크의 구조

1. 옥내탱크저장소의 기준

(1) 옥내탱크는 단층 건축물에 설치된 탱크전용실에 설치할 것

(2) 벽과의 사이 및 옥내저장탱크의 상호간에는 0.5m 이상의 간격을 유지할 것

(3) "위험물 옥내탱크저장소"라는 표시를 한 표지와 게시판을 설치할 것

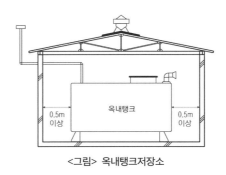

<그림> 옥내탱크저장소

2. 저장탱크의 기준

(1) **탱크의 용량**
- 옥내저장탱크의 용량은 지정수량의 40배 이하로 한다.
- 제4석유류 및 동식물유류 외의 제4류 위험물에 있어서 당해 수량이 20,000L를 초과할 때에는 20,000L 이하로 한다.

(2) **탱크의 구조** : 옥외저장탱크의 구조의 기준을 준용함

(3) **부식방지** : 옥내저장탱크의 외면에는 녹을 방지하기 위한 도장을 할 것

3. 탱크전용실의 기준

(1) 탱크전용실은 벽 · 기둥 및 바닥을 내화구조로 하고, 보를 불연재료로 하며, 연소의 우려가 있는 외벽은 출입구 외에는 개구부가 없도록 할 것

(2) 탱크전용실은 지붕을 불연재료로 하고, 천장을 설치하지 아니할 것

(3) 탱크전용실의 창 및 출입구에는 갑종방화문 또는 을종방화문을 설치하는 동시에, 연소의 우려가 있는 외벽에 두는 출입구에는 수시로 열 수 있는 자동폐쇄식의 갑종방화문을 설치할 것

(4) 탱크전용실의 창 또는 출입구에 유리를 이용하는 경우에는 망입유리로 할 것

(5) 액상의 위험물의 옥내저장탱크를 설치하는 탱크전용실의 바닥은 위험물이 침투하지 아니하는 구조로 하고, 적당한 경사를 두는 한편 집유설비를 설치할 것

(6) 옥내탱크저장소 중 탱크전용실을 단층 건물 외의 건축물에 설치할 경우 제2류 위험물 중 황화인 · 적린 및 덩어리 유황, 제3류 위험물 중 황린, 제6류 위험물 중 질산의 탱크전용실은 건축물의 1층 또는 지하층에 설치할 것

2 설비기준

1. 통기관 설치 : 밸브없는 통기관 또는 대기밸브 부착 통기관을 설치할 것

  (1) **밸브없는 통기관 규격**
- 직경은 30mm 이상일 것
- 선단은 수평면보다 45도 이상 구부려 빗물 등의 침투를 막는 구조로 할 것
- 통기관의 선단은 건축물의 창·출입구 등의 개구부로부터 1m 이상 떨어진 옥외의 장소에 지면으로부터 4m 이상의 높이로 설치할 것
- 인화점이 40℃ 미만인 위험물의 탱크에 설치하는 통기관에 있어서는 부지경계선으로부터 1.5m 이상 이격할 것
- 다만, 고인화점 위험물만을 100℃ 미만의 온도로 저장 또는 취급하는 탱크에 설치하는 통기관은 그 선단을 탱크전용실 내에 설치할 것
- 통기관은 가스 등이 체류할 우려가 있는 굴곡이 없도록 할 것

  (2) **대기밸브 부착 통기관**
- ① **작동압력** : 5kPa 이하의 압력차이로 작동할 수 있을 것
- ② **선단의 구조** : 가는 눈의 구리망 등으로 인화방지장치를 할 것

2. 계량장치의 설치 : 액체 위험물의 양을 자동적으로 표시하는 장치를 설치할 것

3. 주입구 표시 : 옥외저장탱크의 주입구의 기준을 준용할 것

4. 펌프설비 : 옥외저장탱크의 펌프설비의 기준을 준용할 것

5. 탱크의 밸브, 배수관 : 옥외저장탱크의 시설기준을 준용할 것

6. 탱크의 전용실의 채광 및 환기 : 옥내저장소의 채광·환기 및 배출의 설비의 기준을 준용할 것

05 지하탱크저장소의 위치 · 구조 및 설비기준

1 지하탱크의 구조기준

1. 탱크의 설치위치 및 간격

  (1) 지하철·지하가 또는 지하터널로부터 수평거리 10m 이내의 장소 또는 지하건축물 내의 장소에 설치하지 아니할 것

  (2) 당해 탱크를 그 수평투영의 세로 및 가로보다 각각 0.6m 이상 크고, 두께가 0.3m 이상인 철근콘크리트조의 뚜껑으로 덮을 것

  (3) 뚜껑에 걸리는 중량이 직접 당해 탱크에 걸리지 아니하는 구조일 것

(4) 당해 탱크를 견고한 기초 위에 고정할 것

(5) 당해 탱크를 지하의 가장 가까운 벽·피트·가스관 등의 시설물 및 대지경계선으로부터 0.6m 이상 떨어진 곳에 매설할 것

(6) 탱크전용실은 지하의 가장 가까운 벽·피트·가스관 등의 시설물 및 대지경계선으로부터 0.1m 이상 떨어진 곳에 설치하고, 지하저장탱크와 탱크전용실의 안쪽과의 사이는 0.1m 이상의 간격을 유지하도록 하며, 당해 탱크의 주위에 마른 모래 또는 습기 등에 의하여 응고되지 아니하는 입자지름 5mm 이하의 마른 자갈분을 채울 것

(7) 지하저장탱크의 윗부분은 지면으로부터 0.6m 이상 아래에 있을 것

(8) 지하저장탱크를 2 이상 인접해 설치하는 경우에는 그 상호간에 1m(당해 2 이상의 지하저장탱크의 용량의 합계가 지정수량의 100배 이하인 때에는 0.5m) 이상의 간격을 유지할 것

(9) 철근콘크리트 구조의 벽과 바닥은 두께 0.3m 이상일 것

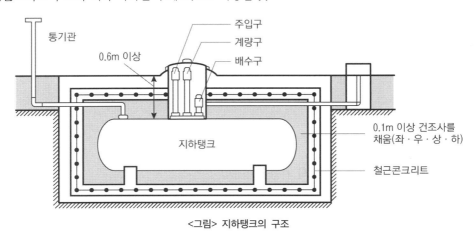

<그림> 지하탱크의 구조

2. 탱크의 용량과 두께

(1) **강철판의 최소두께** : 3.2mm

(2) **수압시험** : 압력탱크 외의 탱크에 있어서는 70kPa의 압력으로, 압력탱크에 있어서는 최대상용압력의 1.5배의 압력으로 각각 10분간 수압시험을 실시하여 새거나 변형되지 않을 것

(3) **탱크의 용량과 최대직경** : 저장탱크는 용량에 따라 다음 표에 정하는 기준에 적합하게 강철판 또는 동등 이상의 성능이 있는 금속재질로 할 것

탱크용량 (단위 L)	탱크의 최대직경 (단위 mm)	강철판의 최소두께 (단위 mm)
1,000 이하	1,067	3.20
1,000 초과 2,000 이하	1,219	3.20
2,000 초과 4,000 이하	1,625	3.20
4,000 초과 15,000 이하	2,450	4.24
15,000 초과 45,000 이하	3,200	6.10
45,000 초과 75,000 이하	3,657	7.67
75,000 초과 189,000 이하	3,657	9.27
189,000 초과	–	10.00

3. 탱크의 외면보호

(1) 탱크의 외면에 방청도장을 할 것

(2) 탱크의 외면에 방청제 및 아스팔트프라이머의 순으로 도장을 한 후 아스팔트루핑 및 철망의 순으로 탱크를 피복하고, 그 표면에 두께가 2cm 이상에 이를 때까지 모르타르를 도장할 것

(3) 탱크의 외면에 방청도장을 실시하고, 그 표면에 아스팔트 및 아스팔트루핑에 의한 피복을 두께 1cm에 이를 때까지 교대로 실시할 것

(4) 탱크의 외면에 프라이머를 도장하고, 그 표면에 복장재를 휘감은 후 에폭시수지 또는 타르에폭시수지에 의한 피복을 탱크의 외면으로부터 두께 2mm 이상에 이를 때까지 실시할 것

(5) 탱크의 외면에 프라이머를 도장하고, 그 표면에 유리섬유 등을 강화재로 한 강화플라스틱에 의한 피복을 두께 3mm 이상에 이를 때까지 실시할 것

2 부속시설 설치기준

1. **통기관의 설치** : 제4류 위험물의 탱크에 있어서는 밸브없는 통기관 또는 대기밸브 부착 통기관을 다음의 구분에 따른 기준에 적합하게 설치하고, 압력탱크는 제조소의 안전장치의 기준을 준용하여야 함

(1) 통기관은 지하저장탱크의 윗부분에 연결할 것

(2) 통기관 중 지하부분은 그 상부의 지면에 걸리는 중량이 직접 해당 부분에 미치지 아니하도록 보호하고, 해당 통기관의 접합부분에 대하여는 해당 접합부분의 손상유무를 점검할 수 있는 조치를 할 것

(3) 제4류 제1석유류를 저장하는 탱크는 다음의 압력 차이에서 작동할 것
- 정압 : 0.6kPa 이상 1.5kPa 이하
- 부압 : 1.5kPa 이상 3kPa 이하

2. **계량구 설치** : 액체위험물의 지하저장탱크에는 위험물의 양을 자동적으로 표시하는 장치 및 계량구를 설치하고, 계량구 직하에 있는 탱크의 밑판에 그 손상을 방지하기 위한 조치를 하여야 함

3. **펌프설비** : 지하저장탱크의 펌프 또는 전동기를 지하저장탱크 안에 설치하는 펌프설비(액중 펌프설비)는 다음의 기준에 따라 설치하여야 함

(1) **액중 펌프설비의 전동기의 구조**
- 고정자는 위험물에 침투되지 아니하는 수지가 충전된 금속제의 용기에 수납되어 있을 것
- 운전 중에 고정자가 냉각되는 구조로 할 것
- 전동기의 내부에 공기가 체류하지 아니하는 구조로 할 것

(2) **액중 펌프설비의 접합 및 보호조치**
- 액중 펌프설비는 지하저장탱크와 플랜지접합으로 할 것
- 액중 펌프설비 중 지하저장탱크 내에 설치되는 부분은 보호관 내에 설치할 것
- 액중 펌프설비 중 지하저장탱크의 상부에 설치되는 부분은 위험물의 누설을 점검할 수 있는 조치가 강구된 안전상 필요한 강도가 있는 피트 내에 설치할 것

4. 배관 및 누설검사 설비

(1) **배관설비** : 지하저장탱크의 배관은 제조소의 배관의 기준을 준용하여야 하고, 배관은 당해 탱크의 윗부분에 설치하여야 함

(2) **누설검사설비** : 지하저장탱크의 주위에는 당해 탱크로부터의 액체위험물의 누설을 검사하기 위한 관을 다음의 기준에 따라 4개소 이상 적당한 위치에 설치하여야 함
  - 이중관으로 할 것(단, 소공이 없는 상부는 단관으로 할 수 있다.)
  - 재료는 금속관 또는 경질합성수지관으로 할 것
  - 관은 탱크전용실의 바닥 또는 탱크의 기초까지 닿게 할 것
  - 관의 밑부분으로부터 탱크의 중심 높이까지의 부분에는 소공이 뚫려 있을 것
  - 상부는 물이 침투하지 아니하는 구조로 하고, 뚜껑은 검사 시에 쉽게 열 수 있도록 할 것

③ 탱크전용실의 기준

1. 구조 : 탱크전용실은 벽·바닥 및 뚜껑은 다음에 정한 기준에 적합한 철근콘크리트구조 또는 이와 동등 이상의 강도가 있는 구조로 설치하여야 함

(1) 벽·바닥 및 뚜껑의 두께는 0.3m 이상일 것
(2) 벽·바닥 및 뚜껑의 내부에는 직경 9mm부터 13mm까지의 철근을 가로 및 세로로 5cm부터 20cm까지의 간격으로 배치할 것
(3) 벽·바닥 및 뚜껑의 재료에 수밀콘크리트를 혼입하거나 벽·바닥 및 뚜껑의 중간에 아스팔트층을 만드는 방법으로 적정한 방수조치를 할 것

2. 과충전 방지장치 : 지하저장탱크에는 다음에 해당하는 방법으로 과충전을 방지하는 장치를 설치하여야 함

(1) 탱크용량을 초과하는 위험물이 주입될 때 자동으로 그 주입구를 폐쇄하거나 위험물의 공급을 자동으로 차단하는 방법
(2) 탱크용량의 90%가 찰 때 경보음을 울리는 방법

3. 맨홀 설치 : 지하탱크저장소에는 다음의 기준에 의하여 맨홀을 설치하여야 한다.

(1) 맨홀은 지면까지 올라오지 아니하도록 하되, 가급적 낮게 할 것
(2) 보호틀을 다음에 정하는 기준에 따라 설치할 것
  - 보호틀을 탱크에 완전히 용접하는 등 보호틀과 탱크를 기밀하게 접합할 것
  - 보호틀의 뚜껑에 걸리는 하중이 직접 보호틀에 미치지 아니하도록 설치하고, 빗물 등이 침투하지 아니하도록 할 것
  - 배관이 보호틀을 관통하는 경우에는 당해 부분을 용접하는 등 침수를 방지하는 조치를 할 것

06 간이탱크저장소의 위치·구조 및 설비기준

1 간이탱크의 구조기준

1. 탱크의 설치위치 및 구조

(1) **설치위치** : 간이저장탱크는 옥외에 설치하여야 함(기준에 적합한 전용실 안에 설치하는 경우에는 예외)

(2) **전용실의 구조** : 옥내탱크저장소의 탱크전용실의 구조의 기준에 적합할 것
- **전용실의 창 및 출입구** : 옥내탱크저장소의 창 및 출입구의 기준에 적합할 것
- **전용실의 바닥** : 옥내탱크저장소의 탱크전용실의 바닥의 구조의 기준에 적합할 것
- **전용실의 채광·조명·환기 및 배출의 설비** : 옥내저장소의 채광·조명·환기 및 배출의 설비의 기준에 적합할 것

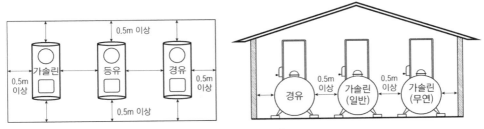

<그림> 간이탱크저장소

2. 간이저장탱크의 수 : 간이저장탱크 수는 3 이하로 하고, 동일한 품질의 위험물의 간이저장탱크를 2 이상 설치하지 않아야 함

3. 공지확보 및 용량

(1) **공지확보** : 간이저장탱크는 움직이거나 넘어지지 아니하도록 지면 또는 가설대에 고정시키되, 옥외에 설치하는 경우에는 그 탱크의 주위에 너비 1m 이상의 공지를 두고, 전용실 안에 설치하는 경우에는 탱크와 전용실의 벽과의 사이에 0.5m 이상의 간격을 유지하여야 함

(2) **탱크용량** : 간이저장탱크의 용량은 600L 이하이어야 함

(3) **탱크의 강도와 기밀성** : 간이저장탱크는 두께 3.2mm 이상의 강판으로 흠이 없도록 제작하여야 하며, 70kPa 압력으로 10분간의 수압시험을 실시하여 새거나 변형되지 않아야 함

2 부속시설 기준

1. **통기관 설치** : 밸브없는 통기관 또는 대기밸브 부착 통기관을 설치하여야 함
    - **(1) 밸브없는 통기관**
        - 통기관의 지름은 25mm 이상으로 할 것
        - 통기관은 옥외에 설치하되, 그 선단의 높이는 지상 1.5m 이상으로 할 것
        - 통기관 선단은 아래로 45도 이상 구부려 빗물 등이 침투하지 아니하도록 할 것
        - 가는 눈의 구리망 등으로 인화방지장치를 할 것
    - **(2) 대기밸브 부착 통기관**
        - 통기관은 옥외에 설치하되, 그 선단의 높이는 지상 1.5m 이상으로 할 것
        - 가는 눈의 구리망 등으로 인화방지장치를 할 것
        - 5kPa 이하의 압력차이로 작동할 수 있을 것

2. **주유설비** : 간이저장탱크에 고정주유설비 또는 고정급유설비를 설치하는 경우에는 고정주유설비 또는 고정급유설비의 기준에 적합하여야 함

07 이동탱크저장소의 위치·구조 및 설비기준

1 상치장소

1. **옥외상치장소** : 화기를 취급하는 장소 또는 인근의 건축물로부터 5m 이상(인근의 건축물이 1층인 경우에는 3m 이상)의 거리를 확보하여야 함(다만, 하천의 공지나 수면, 내화구조 또는 불연재료의 담 또는 벽 그 밖에 이와 유사한 것에 접하는 경우를 제외)

2. **옥내상치장소** : 벽·바닥·보·서까래 및 지붕이 내화구조 또는 불연재료로 된 건축물의 1층에 설치하여야 한다.

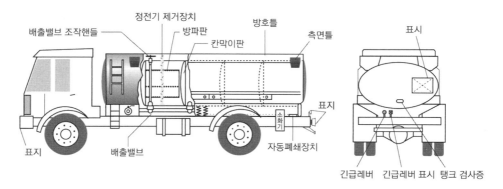

2 이동저장탱크의 구조

1. **두께** : 탱크의 두께 3.2mm 이상의 강철판

2. **내압강도와 기밀성** : 압력탱크 외의 탱크는 70kPa의 압력으로, 압력탱크는 최대상용압력의 1.5배의 압력으로 각각 10분간의 수압시험을 실시하여 새거나 변형되지 아니할 것. 이 경우 수압시험은 용접부에 대한 비파괴시험과 기밀시험으로 대신할 수 있다.

3. **칸막이** : 이동저장탱크는 그 내부에 4,000L 이하마다 3.2mm 이상의 강철판 또는 이와 동등 이상의 강도·내열성 및 내식성이 있는 금속성의 것으로 칸막이를 설치하여야 함(다만, 고체인 위험물을 저장하거나 고체인 위험물을 가열하여 액체상태로 저장하는 경우에는 그렇지 않음)

4. **측면틀과 방호틀** : 맨홀·주입구 및 안전장치 등이 탱크의 상부에 돌출되어 있는 탱크에 있어서는 부속장치의 손상을 방지하기 위한 측면틀 및 방호틀을 설치하여야 함(다만, 피견인자동차에 고정된 탱크에는 측면틀을 설치하지 않을 수 있음)

   (1) **측면틀** : 탱크의 전단 또는 후단으로부터 각각 1m 이내의 위치에 설치할 것

   (2) **방호틀** : 두께 2.3mm 이상의 강철판으로 산모양의 형상으로 하거나 이와 동등 이상의 강도가 있는 형상으로 하고, 정상부분은 부속장치보다 50mm 이상 높게 할 것

5. **안전장치 및 방파판** : 칸막이로 구획된 각 부분마다 맨홀과 다음의 기준에 의한 안전장치 및 방파판을 설치하여야 함(다만, 칸막이로 구획된 부분의 용량이 2,000L 미만인 부분에는 방파판을 설치하지 아니할 수 있음)

   (1) **안전장치**
   - **상용압력 20kPa 이하인 탱크** : 20kPa 이상 24kPa 이하의 압력에서 작동하는 것으로 할 것
   - **상용압력 20kPa 초과하는 탱크** : 상용압력의 1.1배 이하의 압력에서 작동하는 것으로 할 것

   (2) **방파판**
   - 두께 1.6mm 이상의 강철판 또는 이와 동등 이상의 강도·내열성 및 내식성이 있는 금속성의 것으로 할 것
   - 하나의 구획부분에 2개 이상의 방파판을 이동탱크저장소의 진행방향과 평행으로 설치하되, 각 방파판은 그 높이 및 칸막이로부터의 거리를 다르게 할 것
   - 하나의 구획부분에 설치하는 각 방파판의 면적의 합계는 당해 구획부분의 최대 수직단면적의 50% 이상으로 할 것(다만, 수직단면이 원형이거나 짧은 지름이 1m 이하의 타원형일 경우에는 40% 이상으로 할 수 있음)

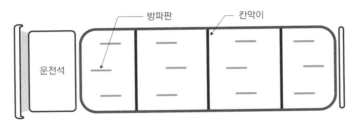

<그림> 이동저장탱크의 칸막이와 방파판

3 위험물의 성질에 따른 이동탱크저장소의 특례

1. 알킬알루미늄등을 저장 또는 취급하는 이동탱크저장소(강화되는 기준)

(1) 이동저장탱크는 두께 10mm 이상의 강판 또는 이와 동등 이상의 기계적 성질이 있는 재료로 기밀하게 제작되고 1MPa 이상의 압력으로 10분간 실시하는 수압시험에서 새거나 변형하지 아니하는 것일 것

(2) 이동저장탱크의 용량은 1,900L 미만일 것

(3) 안전장치는 이동저장탱크의 수압시험의 압력의 3분의 2를 초과하고 5분의 4를 넘지 아니하는 범위의 압력으로 작동할 것

(4) 이동저장탱크의 맨홀 및 주입구의 뚜껑은 두께 10mm 이상의 강판 또는 이와 동등 이상의 기계적 성질이 있는 재료로 할 것

(5) 이동저장탱크의 배관 및 밸브 등은 당해 탱크의 윗부분에 설치할 것

(6) 이동탱크저장소에는 이동저장탱크하중의 4배의 전단하중에 견딜 수 있는 걸고리 체결 금속구 및 모서리 체결 금속구를 설치할 것

(7) 이동저장탱크는 불활성의 기체를 봉입할 수 있는 구조로 할 것

(8) 이동저장탱크는 그 외면을 적색으로 도장하는 한편, 백색문자로서 동판(胴板)의 양측면 및 경판(鏡板)에 주의사항을 표시할 것

2. 아세트알데하이드등을 저장 또는 취급하는 이동탱크저장소(강화되는 기준)

(1) 이동저장탱크는 불활성의 기체를 봉입할 수 있는 구조로 할 것

(2) 이동저장탱크 및 그 설비는 은·수은·동·마그네슘 또는 이들을 성분으로 하는 합금으로 만들지 아니할 것

4 위험물의 취급 시 준수사항

1. 이동저장탱크로부터 위험물을 저장 또는 취급하는 탱크에 인화점이 40℃ 미만인 위험물을 주입할 때에는 이동탱크저장소의 원동기를 정지시킬 것

2. 휘발유·벤젠 그 밖에 정전기에 의한 재해발생의 우려가 있는 액체의 위험물을 이동저장탱크에 주입하거나 이동저장탱크로부터 배출하는 때에는 도선으로 이동저장탱크와 접지전극 등과의 사이를 긴밀히 연결하여 당해 이동저장탱크를 접지할 것

3. 휘발유·벤젠·그 밖에 정전기에 의한 재해발생의 우려가 있는 액체의 위험물을 이동저장탱크의 상부로 주입하는 때에는 주입관을 사용하되, 당해 주입관의 선단을 이동저장탱크의 밑바닥에 밀착할 것

4. 휘발유를 저장하던 이동저장탱크에 등유나 경유를 주입할 때 또는 등유나 경유를 저장하던 이동저장탱크에 휘발유를 주입할 때에는 다음의 기준에 따라 정전기 등에 의한 재해를 방지하기 위한 조치를 할 것

(1) 이동저장탱크의 상부로부터 위험물을 주입할 때에는 위험물의 액표면이 주입관의 선단을 넘는 높이가 될 때까지 그 주입관 내의 유속을 초당 1m 이하로 할 것

(2) 이동저장탱크의 밑부분으로부터 위험물을 주입할 때에는 위험물의 액표면이 주입관의 정상부분을 넘는 높이가 될 때까지 그 주입배관 내의 유속을 초당 1m 이하로 할 것

08 옥외저장소의 위치 · 구조 및 설비기준

① 옥외저장소 저장 대상 위험물

1. 제2류 위험물 중 유황 또는 인화성 고체(인화점이 섭씨 0도 이상인 것에 한함)

2. 제4류 위험물 중 제1석유류(인화점이 섭씨 0도 이상인 것에 한함) · 알코올류 · 제2석유류 · 제3석유류 · 제4석유류 및 동식물유류

3. 제6류 위험물

4. 제2류 위험물 및 제4류 위험물 중 특별시 · 광역시 또는 도의 조례에서 정하는 위험물

5. 「국제해사기구에 관한 협약」에 의하여 설치된 국제해사기구가 채택한 국제해상위험물 규칙에 적합한 용기에 수납된 위험물

② 옥외저장소의 위치 · 구조 기준

1. **안전거리** : 옥외저장소의 안전거리는 제조소의 기준에 따를 것

2. **설치장소**
   (1) 습기가 없고 배수가 잘 되는 장소에 설치할 것
   (2) 위험물을 저장 또는 취급하는 장소의 주위에는 경계표시를 하여 명확하게 구분할 것

3. **보유공지** : 경계표시의 주위에는 그 저장 또는 취급하는 위험물의 최대수량에 따라 다음 표에 의한 너비의 공지를 보유할 것. 다만, 제4류 위험물 중 제4석유류와 제6류 위험물을 저장 또는 취급하는 옥외저장소의 보유공지는 다음 표에 의한 공지의 너비의 3분의 1 이상의 너비로 할 수 있다.

저장 또는 취급하는 위험물의 최대수량	공지의 너비
지정수량의 10배 이하	3m 이상
지정수량의 10배 초과 20배 이하	5m 이상
지정수량의 20배 초과 50배 이하	9m 이상
지정수량의 50배 초과 200배 이하	12m 이상
지정수량의 200배 초과	15m 이상

4. **선반 설치** : 옥외저장소에 선반을 설치하는 경우에는 다음의 기준에 의할 것
   - 선반은 불연재료로 만들고 견고한 지반면에 고정할 것
   - 선반은 당해 선반 및 그 부속설비의 자중 · 저장하는 위험물의 중량 · 풍하중 · 지진의 영향 등에 의하여 생기는 응력에 대하여 안전할 것
   - 선반의 높이는 6m를 초과하지 아니할 것
   - 선반에는 위험물을 수납한 용기가 쉽게 낙하하지 아니하는 조치를 강구할 것

5. 가림막 설치

(1) 과산화수소 또는 과염소산을 저장하는 옥외저장소에는 불연성 또는 난연성의 천막 등을 설치하여 햇빛을 가릴 것

(2) 눈·비 등을 피하거나 차광 등을 위하여 옥외저장소에 캐노피 또는 지붕을 설치하는 경우에는 환기 및 소화활동에 지장을 주지 아니하는 구조로 할 것. 이 경우 기둥은 내화구조로 하고, 캐노피 또는 지붕을 불연재료로 하며, 벽을 설치하지 않아야 함

6. 덩어리상태의 유황만 취급할 경우 : 옥외저장소 중 덩어리상태의 유황만을 지반면에 설치한 경계표시의 안쪽에서 저장 또는 취급할 경우 구조 및 설비의 기술기준은 다음과 같음

- 하나의 경계표시의 내부의 면적은 $100m^2$ 이하일 것
- 2 이상의 경계표시를 설치하는 경우에 있어서는 각각의 경계표시 내부의 면적을 합산한 면적은 $1,000m^2$ 이하로 할 것. 다만, 저장 또는 취급하는 위험물의 최대수량이 지정수량의 200배 이상인 경우에는 10m 이상으로 하여야 한다.
- 경계표시는 불연재료로 만드는 동시에 유황이 새지 아니하는 구조로 할 것
- 경계표시의 높이는 1.5m 이하로 할 것
- 경계표시에는 유황이 넘치거나 비산하는 것을 방지하기 위한 천막 등을 고정하는 장치를 설치하되, 천막 등을 고정하는 장치는 경계표시의 길이 2m마다 한 개 이상 설치할 것
- 유황을 저장 또는 취급하는 장소의 주위에는 배수구와 분리장치를 설치할 것

3 인화성 고체, 제1석유류 또는 알코올류의 옥외저장소의 특례

1. 대상 : 제2류 위험물 중 인화성 고체(인화점이 21℃ 미만인 것에 한함) 또는 제4류 위험물 중 제1석유류 또는 알코올류를 저장 또는 취급하는 옥외저장소에 있어서는 위험물의 성질에 따라 다음에 정하는 기준에 의함

2. 살수설비 : 인화성 고체, 제1석유류 또는 알코올류를 저장 또는 취급하는 장소에는 당해 위험물을 적당한 온도로 유지하기 위한 살수설비 등을 설치하여야 함

3. 집유설비, 유수분리장치 : 제1석유류 또는 알코올류를 저장 또는 취급하는 장소의 주위에는 배수구 및 집유설비를 설치하여야 함. 이 경우 제1석유류(온도 20℃의 물 100g에 용해되는 양이 1g 미만인 것에 한함)를 저장 또는 취급하는 장소에 있어서는 집유설비에 유분리장치를 설치하여야 함

09 암반탱크저장소의 위치 · 구조 및 설비기준

1 설치위치 및 구조기준

1. 암반탱크는 암반투수계수가 1초당 10만분의 1m 이하인 천연암반 내에 설치할 것

2. 암반탱크는 저장할 위험물의 증기압을 억제할 수 있는 지하수면하에 설치할 것

3. 암반탱크의 내벽은 암반균열에 의한 낙반을 방지할 수 있도록 볼트 · 콘크리트 등으로 보강할 것

4. 암반탱크에 가해지는 지하수압은 저장소의 최대운영압보다 항상 크게 유지할 것

5. 암반탱크의 상부로 물을 주입하여 수압을 유지할 필요가 있는 경우에는 수벽공을 설치할 것

6. 암반탱크 내로 유입되는 지하수의 양은 암반 내의 지하수 충전량보다 적을 것
   • 암반탱크의 공간 용적은 암반탱크에 있어서는 당해 탱크 내에 용출하는 7일간의 지하수의 양에 상당하는 용적과 당해 탱크의 내용적의 100분의 1의 용적 중에서 보다 큰 용적을 공간용적으로 함

2 부속시설 기준

1. **지하수 관측공** : 암반탱크저장소 주위에는 지하수위 및 지하수의 흐름 등을 확인 · 통제할 수 있는 관측공을 설치하여야 함

2. **계량장치** : 암반탱크저장소에는 위험물의 양과 내부로 유입되는 지하수의 양을 측정할 수 있는 계량구와 자동측정이 가능한 계량장치를 설치하여야 함

3. **배수시설** : 암반탱크저장소에는 주변 암반으로부터 유입되는 침출수를 자동으로 배출할 수 있는 시설을 설치하고 침출수에 섞인 위험물이 직접 배수구로 흘러 들어가지 아니하도록 유분리장치를 설치하여야 함

4. **펌프설비** : 암반탱크저장소의 펌프설비는 점검 및 보수를 위하여 사람의 출입이 용이한 구조의 전용 공동에 설치하여야 함(다만, 액중펌프를 설치한 경우 그렇지 않음)

10 주유취급소의 위치 · 구조 및 설비기준

1 위험물 취급소의 구분

1. **주유취급소** : 고정된 주유설비(항공기에 주유하는 경우에는 차량에 설치된 주유설비를 포함)에 의하여 자동차 · 항공기 또는 선박 등의 연료탱크에 직접 주유하기 위하여 위험물을 취급하는 장소(위험물을 용기에 옮겨 담거나 차량에 고정된 5,000L 이하의 탱크에 주입하기 위하여 고정된 급유설비를 병설한 장소를 포함)

2. **판매취급소** : 점포에서 위험물을 용기에 담아 판매하기 위하여 지정수량의 40배 이하의 위험물을 취급하는 장소

3. **이송취급소** : 배관 및 이에 부속된 설비에 의하여 위험물을 이송하는 장소. 다만, 다음에 해당하는 경우의 장소를 제외한다.
   (1) 송유관에 의하여 위험물을 이송하는 경우
   (2) 제조소등에 관계된 시설(배관 제외) 및 그 부지가 같은 사업소 안에 있고 당해 사업소 안에서만 위험물을 이송하는 경우
   (3) 사업소와 사업소의 사이에 도로(폭 2m 이상의 일반교통에 이용되는 도로)만 있고 사업소와 사업소 사이의 이송배관이 그 도로를 횡단하는 경우
   (4) 사업소와 사업소 사이의 이송배관이 제3자(당해 사업소와 관련이 있거나 유사한 사업을 하는 자에 한함)의 토지만을 통과하는 경우로서 당해 배관의 길이가 100미터 이하인 경우
   (5) 해상 구조물에 설치된 배관(이송되는 위험물이 제4류 위험물 중 제1석유류인 경우에는 배관의 내경이 30cm 미만인 것에 한함)으로서 당해 해상 구조물에 설치된 배관이 길이가 30m 이하인 경우
   (6) 사업소와 사업소 사이의 이송배관이 위의 2 이상에 해당하는 경우
   (7) 자가발전시설에 사용되는 위험물을 이송하는 경우

2 주유공지 및 급유공지

1. 주유취급소의 고정주유설비의 주위에는 주유를 받으려는 자동차 등이 출입할 수 있도록 너비 15m 이상, 길이 6m 이상의 콘크리트 등으로 포장한 공지를 보유하여야 하고, 고정급유설비를 설치하는 경우에는 고정급유설비의 호스 기기의 주위에 필요한 공지를 보유하여야 함

2. 공지의 바닥은 주위 지면보다 높게 하고, 그 표면을 적당하게 경사지게 하여 새어나온 기름 그 밖의 액체가 공지의 외부로 유출되지 아니하도록 배수구 · 집유설비 및 유분리장치를 하여야 함

3 표지 및 게시판

1. 주유취급소에는 보기 쉬운 곳에 "위험물 주유취급소"라는 표시를 한 표지를 설치하여야 한다.
   (1) 표지는 길이가 0.3m 이상, 다른 변의 길이가 0.6m 이상인 직사각형으로 할 것
   (2) 표지의 바탕은 백색으로, 문자는 흑색으로 할 것

2. 방화에 관하여 필요한 사항을 게시한 게시판 및 "주유 중 엔진정지"라는 표시를 한 게시판을 설치하여야 함
   (1) 게시판은 한 변의 길이가 0.3m 이상, 다른 한 변의 길이가 0.6m 이상인 직사각형으로 할 것
   (2) 게시판의 바탕은 황색으로, 문자는 흑색으로 할 것

4 탱크의 용량제한(주유취급소에는 아래 규정 탱크 이외는 설치할 수 없음)

1. 자동차 등에 주유하기 위한 고정주유설비에 직접 접속하는 전용탱크로서 50,000L 이하의 것

2. 고정급유설비에 직접 접속하는 전용탱크로서 50,000L 이하의 것

3. 보일러 등에 직접 접속하는 전용탱크로서 10,000L 이하의 것

4. 자동차 등을 점검 · 정비하는 작업장 등(주유취급소 안에 설치된 것에 한함)에서 사용하는 폐유 · 윤활유 등의 위험물을 저장하는 탱크(폐유탱크)로서 용량이 2,000L 이하인 탱크

5. 고정주유설비 또는 고정급유설비에 직접 접속하는 3기 이하의 간이탱크
   - **고속국도 주유취급소의 특례** : 고속국도의 도로변에 설치된 주유취급소에 있어서는 탱크의 용량을 60,000L까지 할 수 있음

5 고정주유설비

주유취급소에는 자동차 등의 연료탱크에 직접 주유하기 위한 고정주유설비를 설치하여야 한다. 주유취급소의 고정주유설비 또는 고정급유설비는 하나의 탱크만으로부터 위험물을 공급받을 수 있도록 하고, 다음의 기준에 적합한 구조로 하여야 한다.

1. 최대토출량

(1) 제1석유류 : 분당 50L 이하
(2) 경유 : 분당 180L 이하
(3) 등유 : 분당 80L 이하

2. 주유관의 길이 : 주유관의 길이는 5m(현수식의 경우에는 지면위 0.5m의 수평면에 수직으로 내려 만나는 점을 중심으로 반경 3m) 이내

3. 주유설비의 설치위치 : 고정주유설비 또는 고정급유설비는 다음에 적합한 위치에 설치하여야 한다.

(1) 주변거리
  ㉠ **고정주유설비의 중심선을 기점으로 하여**
    - 도로경계선까지 4m 이상
    - 부지경계선 · 담 및 건축물의 벽까지 2m(개구부가 없는 벽까지는 1m) 이상
  ㉡ **고정급유설비의 중심선을 기점으로 하여**
    - 도로경계선까지 4m 이상
    - 부지경계선 및 담까지 1m 이상
    - 건축물의 벽까지 2m(개구부가 없는 벽까지는 1m) 이상

(2) **설비간 거리** : 고정주유설비와 고정급유설비의 사이에는 4m 이상의 거리를 유지할 것

4. 탱크의 위치 : 탱크(용량 1,000L를 초과하는 것)는 옥외의 지하 또는 캐노피 아래의 지하(캐노피 기둥의 하부를 제외)에 매설하여야 함

6 부대설비 및 장치

1. **캐노피** : 주유취급소에 캐노피를 설치하는 경우에는 다음의 기준에 의하여야 한다.
   - 배관이 캐노피 내부를 통과할 경우에는 1개 이상의 점검구를 설치할 것
   - 캐노피 외부의 점검이 곤란한 장소에 배관을 설치하는 경우에는 용접이음으로 할 것
   - 캐노피 외부의 배관이 일광열의 영향을 받을 우려가 있는 경우에는 단열재로 피복할 것

2. **펌프실** : 주유취급소 펌프실 그 밖에 위험물을 취급하는 실을 설치하는 경우에는 다음의 기준에 적합하게 하여야 한다.
   - 바닥은 위험물이 침투하지 아니하는 구조로 하고 적당한 경사를 두어 집유설비를 설치할 것
   - 펌프실에는 위험물을 취급하는데 필요한 채광·조명 및 환기의 설비를 할 것
   - 가연성 증기가 체류할 우려가 있는 펌프실에는 그 증기를 옥외에 배출하는 설비를 설치할 것
   - 고정주유설비 또는 고정급유설비 중 펌프 기기를 호스 기기와 분리하여 설치하는 경우에는 펌프실의 출입구를 주유공지 또는 급유공지에 접하도록 하고, 자동폐쇄식의 갑종방화문을 설치할 것
   - 펌프실에는 보기 쉬운 곳에 "위험물 펌프실", "위험물 취급실" 등의 표시를 한 표지와 방화에 관하여 필요한 사항을 게시한 게시판을 설치하여야 함
   - 출입구에는 바닥으로부터 0.1m 이상의 턱을 설치할 것

11 판매취급소의 위치·구조 및 설비기준

1 1종 판매취급소의 기준

저장 또는 취급하는 위험물의 수량이 지정수량의 20배 이하인 판매취급소(제1종 판매취급소)의 위치·구조 및 설비의 기준은 다음과 같음

1. 제1종 판매취급소는 건축물의 1층에 설치할 것
2. 보기 쉬운 곳에 "위험물 판매취급소(제1종)"라는 표시를 한 표지와 방화에 관하여 필요한 사항을 게시한 게시판을 설치할 것
3. 건축물의 부분은 내화구조 또는 불연재료로 하고, 판매취급소로 사용되는 부분과 다른 부분과의 격벽은 내화구조로 할 것
4. 제1종 판매취급소의 창 및 출입구에는 갑종방화문 또는 을종방화문을 설치할 것
5. 위험물을 배합하는 실은 다음에 의할 것
   - 바닥면적은 6m² 이상 15m² 이하로 할 것
   - 내화구조 또는 불연재료로 된 벽으로 구획할 것
   - 바닥은 위험물이 침투하지 아니하는 구조로 하여 적당한 경사를 두고 집유설비를 할 것
   - 출입구에는 수시로 열 수 있는 자동폐쇄식의 갑종방화문을 설치할 것

- 출입구 문턱의 높이는 바닥면으로부터 0.1m 이상으로 할 것
- 내부에 체류한 가연성의 증기 또는 가연성의 미분을 지붕 위로 방출하는 설비를 할 것

2 2종 판매취급소의 기준

저장 또는 취급하는 위험물의 수량이 지정수량의 40배 이하인 판매취급소(제2종 판매취급소)의 위치·구조 및 설비의 기준은 다음의 기준에 의함

1. 제2종 판매취급소의 용도로 사용하는 부분은 벽·기둥·바닥 및 보를 내화구조로 하고, 천장이 있는 경우에는 이를 불연재료로 하며, 판매취급소로 사용되는 부분과 다른 부분과의 격벽은 내화구조로 할 것
2. 상층이 있는 경우에 있어서는 상층의 바닥을 내화구조로 하는 동시에 상층으로의 연소를 방지하기 위한 조치를 강구하고, 상층이 없는 경우에는 지붕을 내화구조로 할 것
3. 연소의 우려가 없는 부분에 한하여 창을 두되, 당해 창에는 갑종방화문 또는 을종방화문을 설치할 것
4. 출입구에는 갑종방화문 또는 을종방화문을 설치할 것. 다만, 당해 부분 중 연소의 우려가 있는 벽 또는 창의 부분에 설치하는 출입구에는 수시로 열 수 있는 자동폐쇄식의 갑종방화문을 설치할 것

12 이송취급소의 위치·구조 및 설비기준

1 설치장소의 규제

1. **설치제한** : 이송취급소는 다음의 장소 외의 장소에 설치하여야 함
   - 철도 및 도로의 터널 안
   - 고속국도 및 자동차전용도로의 차도·길어깨 및 중앙분리대
   - 호수·저수지 등으로서 수리의 수원이 되는 곳
   - 급경사지역으로서 붕괴의 위험이 있는 지역

2. **특례** : 위의 규정에 불구하고 다음에 해당하는 경우에는 이송취급소를 설치할 수 있다.
   - 지형상황 등 부득이한 사유가 있고 안전에 필요한 조치를 하는 경우
   - 고속국도·자동차전용 차도, 호수·저수지 등을 횡단하여 설치하는 경우

2 배관의 구조 및 부식방지

1. 배관의 구조기준

(1) **응력에 대한 안전성** : 하중에 의하여 생기는 응력에 대한 안전성이 있어야 함
- 주하중에 대한 안전성 : 위험물의 중량, 내압, 배관 등과 그 부속설비의 자중, 토압, 수압, 열차하중, 자동차하중 및 부력 등
- 종하중에 대한 안전성 : 풍하중, 설하중, 온도변화의 영향, 진동의 영향, 지진의 영향, 배의 닻에 의한 충격의 영향, 파도와 조류의 영향, 설치공정상의 영향 및 다른 공사에 의한 영향 등

(2) **기타 안전성** : 교량에 설치하는 배관은 교량의 굴곡 · 신축 · 진동 등에 대하여 안전한 구조일 것

2. 배관의 외경에 따른 두께기준 : 배관의 두께는 배관의 외경에 따라 다음에 정한 것 이상으로 하여야 함

배관의 외경 (단위 mm)	배관의 두께 (단위 mm)
114.3 미만	4.5
114.3 이상 139.8 미만	4.9
139.8 이상 165.2 미만	5.1
165.2 이상 216.3 미만	5.5
216.3 이상 355.6 미만	6.4
356.6 이상 508.0 미만	7.9
508.0 이상	9.5

3. 배관의 부식방지 기준 : 지상 · 지하 · 해상에 설치한 배관에는 외면부식을 방지하기 위한 도장을 실시하여야 함

(1) **도장 및 복장** : 지하 또는 해저에 설치한 배관의 외면부식을 방지하기 위한 조치를 하여야 하고, 도장재 및 복장재는 다음의 기준 이상의 방식효과를 갖는 것으로 할 것
- 도장재 : 아스팔트 에나멜, 콜타르 에나멜
- 복장재 : 비니론크로즈, 글라스크로즈, 글라스매트 또는 폴리에틸렌, 헤시안크로즈, 타르에폭시, 페트로라튬테이프, 경질염화비닐라이닝강관, 폴리에틸렌열수축튜브, 나이론12수지

(2) **전기방식** : 지하 또는 해저에 설치한 배관 등에는 다음에 의하여 전기방식조치를 하여야 함
- 방식전위는 포화황산동전극 기준으로 마이너스 $0.8V$ 이하로 할 것
- 적절한 간격($200 \sim 500m$)으로 전위측정단자를 설치할 것
- 전기철로 부지 등 전류의 영향을 받는 장소에 배관 등을 매설하는 경우에는 강제배류법 등에 의한 조치를 할 것

3 배관의 설치기준

1. 지하매설 깊이 및 기초

(1) 배관은 동결로 인한 손상을 받지 아니하는 적절한 깊이로 매설할 것

(2) 배관의 하부에는 사질토 또는 모래로 20cm(자동차 등의 하중이 없는 경우에는 10cm) 이상, 배관의 상부에는 사질토 또는 모래로 30cm(자동차 등의 하중에 없는 경우에는 20cm) 이상 채울 것

2. 지하매설 안전거리 : 배관을 지하에 매설하는 경우에는 다음에 의하여야 한다.

(1) 건물 · 지하가 · 터널 · 수도시설과의 안전거리
- 건축물(지하가 내의 건축물 제외) : 1.5m 이상
- 지하가 및 터널 : 10m 이상
- 수도시설 : 300m 이상

(2) 공작물과의 안전거리 : 0.3m 이상의 거리를 보유할 것

(3) 산이나 들 : 산이나 들에 있어서는 0.9m 이상, 그 밖의 지역에 있어서는 1.2m 이상으로 할 것

(4) 도로 밑 매설
- 배관은 그 외면으로부터 도로의 경계에 대하여 1m 이상의 안전거리를 둘 것
- 시가지 도로의 노면 아래에 매설하는 경우에는 배관 외면과 노면과의 거리는 1.5m 이상, 보호판 또는 방호구조물의 외면과 노면과의 거리는 1.2m 이상으로 할 것
- 시가지 외의 도로의 노면 아래에 매설하는 경우에는 배관의 외면과 노면과의 거리는 1.2m 이상으로 할 것

4 비파괴시험과 내압시험

1. 비파괴시험 : 배관 등의 용접부는 비파괴시험을 실시하여 합격할 것. 이 경우 이송기지 내의 지상에 설치된 배관 등은 전체 용접부의 20% 이상을 발췌하여 시험할 수 있음

2. 내압시험 : 배관 등은 최대상용압력의 1.25배 이상의 압력으로 4시간 이상 수압을 가하여 누설 그 밖의 이상이 없을 것. 다만, 수압시험을 실시한 배관 등의 시험구간 상호간을 연결하는 부분 또는 수압시험을 위하여 배관 등의 내부공기를 뽑아낸 후 폐쇄한 곳의 용접부는 비파괴시험으로 갈음할 수 있음

13 일반취급소의 위치 · 구조 및 설비기준

1 일반취급소

일반취급소란 주유취급소, 판매취급소(지정수량의 40배 이하), 이송취급소를 제외한 장소(가짜석유제품에 해당하는 위험물을 취급하는 경우의 장소 제외)를 말함

2 일반취급소의 구분

1. **분무도장작업 등의 일반취급소** : 도장, 인쇄 또는 도포를 위하여 제2류 위험물 또는 제4류 위험물(특수인화물 제외)을 취급하는 일반취급소로서 지정수량의 30배 미만의 취급소

2. **세정작업의 일반취급소** : 세정을 위하여 위험물(인화점이 40℃ 이상인 제4류 위험물에 한함)을 취급하는 일반취급소로서 지정수량의 30배 미만의 취급소

3. **열처리작업 등의 일반취급소** : 열처리작업 또는 방전가공을 위하여 위험물(인화점이 70℃ 이상인 제4류 위험물에 한함)을 취급하는 일반취급소로서 지정수량의 30배 미만의 취급소

4. **보일러 등으로 위험물을 소비하는 일반취급소** : 보일러, 버너 그 밖의 이와 유사한 장치로 위험물(인화점이 38℃ 이상인 제4류 위험물에 한함)을 소비하는 일반취급소로서 지정수량의 30배 미만의 취급소

5. **충전하는 일반취급소** : 이동저장탱크에 액체위험물(알킬알루미늄등, 아세트알데하이드등 및 하이드록실아민 등을 제외)을 주입하는 일반취급소

6. **옮겨 담는 일반취급소** : 고정급유설비에 의하여 위험물(인화점이 38℃ 이상인 제4류 위험물에 한함)을 용기에 옮겨 담거나 4,000L 이하의 이동저장탱크(용량이 2,000L를 넘는 탱크에 있어서는 그 내부를 2,000L 이하마다 구획한 것에 한함)에 주입하는 일반취급소로서 지정수량의 40배 미만의 취급소

7. **유압장치 등을 설치하는 일반취급소** : 위험물을 이용한 유압장치 또는 윤활유 순환장치를 설치하는 일반취급소(고인화점 위험물만을 100℃ 미만의 온도로 취급하는 것에 한함)로서 지정수량의 50배 미만의 취급소

8. **절삭장치 등을 설치하는 일반취급소** : 절삭유의 위험물을 이용한 절삭장치, 연삭장치 그 밖의 이와 유사한 장치를 설치하는 일반취급소(고인화점 위험물만을 100℃ 미만의 온도로 취급하는 것에 한함)로서 지정수량의 30배 미만의 취급소

9. **열매체유 순환장치를 설치하는 일반취급소** : 위험물 외의 물건을 가열하기 위하여 위험물(고인화점 위험물에 한함)을 이용한 열매체유 순환장치를 설치하는 일반취급소로서 지정수량의 30배 미만의 취급소

10. **화학실험의 일반취급소** : 화학실험을 위하여 위험물을 취급하는 일반취급소로서 지정수량의 30배 미만의 취급소

01 옥내탱크전용실에 설치하는 탱크 상호 간에는 얼마의 간격을 두어야 하는가?

① 0.1m 이상   ② 0.3m 이상

③ 0.5m 이상   ④ 0.6m 이상

정답분석 옥내저장탱크와 탱크전용실의 벽과의 사이 및 옥내저장탱크의 상호간에는 0.5m 이상의 간격을 유지할 것. 다만, 탱크의 점검 및 보수에 지장이 없는 경우에는 그러하지 아니하다.

정답 ③

02 제4석유류를 저장하는 옥내탱크저장소의 기준으로 옳은 것은? (단, 단층 건축물에 탱크전용실을 설치하는 경우이다.)

① 옥내저장탱크의 용량은 지정수량의 40배 이하일 것

② 탱크전용실은 벽, 기둥, 바닥, 보를 내화구조로 할 것

③ 탱크전용실에는 창을 설치하지 아니할 것

④ 탱크전용실에 펌프설비를 설치하는 경우에는 그 주위에 0.2m 이상의 높이로 턱을 설치할 것

 정답분석 옥내저장탱크의 용량(동일한 탱크전용실에 옥내저장탱크를 2 이상 설치하는 경우에는 각 탱크의 용량의 합계를 말한다)은 지정수량의 40배(제4석유류 및 동식물유류 외의 제4류 위험물에 있어서 당해 수량이 20,000L를 초과할 때에는 20,000L) 이하일 것

정답 ①

03 제4석유류를 저장하는 옥내탱크저장소의 기준으로 옳은 것은? (단, 단층 건축물에 탱크전용실을 설치하는 경우이다.)

① 옥내저장탱크의 용량은 지정수량의 40배 이하일 것

② 탱크전용실은 벽, 기둥, 바닥, 보를 내화구조로 할 것

③ 탱크전용실에는 창을 설치하지 아니할 것

④ 탱크전용실에 펌프설비를 설치하는 경우 주위에 0.2m 이상의 높이로 턱을 설치할 것

 정답분석 옥내저장탱크의 용량(동일한 탱크전용실에 옥내저장탱크를 2 이상 설치하는 경우에는 각 탱크의 용량의 합계를 말함)은 지정수량의 40배(제4석유류 및 동식물유류 외의 제4류 위험물에 있어서 당해 수량이 20,000L를 초과할 때에는 20,000L) 이하일 것

정답 ①

04 위험물 지하탱크저장소의 탱크전용실 설치기준으로 틀린 것은?

① 철근콘크리트 구조의 벽은 두께 0.3m 이상으로 한다.

② 지하저장탱크와 탱크전용실의 안쪽과의 사이는 50cm 이상의 간격을 유지한다.

③ 철근콘크리트 구조의 바닥을 두께 0.3m 이상으로 한다.

④ 벽, 바닥 등에 적정한 방수 조치를 강구한다.

 정답분석 탱크전용실의 지하저장탱크와 탱크전용실의 안쪽과의 사이는 0.1m 이상의 간격을 유지하도록 해야 한다. 탱크전용실은 지하의 가장 가까운 벽·피트·가스관 등의 시설물 및 대지경계선으로부터 0.1m 이상 떨어진 곳에 설치하고, 당해 탱크의 주위에 마른 모래 또는 습기 등에 의하여 응고되지 아니하는 입자지름 5mm 이하의 마른 자갈분을 채워야 한다.

정답 ②

05

위험물안전관리법령상 간이탱크저장소의 위치·구조 및 설비의 기준에서 간이 저장탱크 1개의 용량은 몇 L 이하이어야 하는가?

① 300　　　　　② 600
③ 1,000　　　　④ 1,200

간이저장탱크의 용량은 600L 이하이어야 한다.

정답 ②

06

위험물 간이탱크저장소의 간이저장탱크 수압시험 기준으로 옳은 것은?

① 50kPa의 압력으로 7분간의 수압시험
② 70kPa의 압력으로 7분간의 수압시험
③ 50kPa의 압력으로 10분간의 수압시험
④ 70kPa의 압력으로 10분간의 수압시험

간이저장탱크는 두께 3.2mm 이상의 강판으로 흠이 없도록 제작하여야 하며, 70kPa의 압력으로 10분간의 수압시험을 실시하여 새거나 변형되지 아니하여야 한다.

정답 ④

07

이동저장탱크에 저장할 때 불연성 가스를 봉입하여야 하는 위험물은?

① 메틸에틸케톤퍼옥사이드
② 아세트알데하이드
③ 아세톤
④ 트리나이트로톨루엔

이동저장탱크에 아세트알데하이드 등을 저장하는 경우에는 항상 불활성의 기체를 봉입하여 두어야 한다.

정답 ②

08

이동저장탱크로부터 위험물을 저장 또는 취급하는 탱크에 인화점이 몇 ℃ 미만인 위험물을 주입할 때에는 이동탱크저장소의 원동기를 정지시켜야 하는가?

① 21　　　　　② 40
③ 71　　　　　④ 200

이동저장탱크로부터 위험물을 저장 또는 취급하는 탱크에 인화점이 40℃ 미만인 위험물을 주입할 때에는 이동탱크저장소의 원동기를 정지시켜야 한다.

정답 ②

09

옥외저장소에서 저장할 수 없는 위험물은? (단, 시·도 조례에서 별도로 정하는 위험물 또는 국제해상위험물 규칙에 적합한 용기에 수납된 위험물은 제외한다.)

① 과산화수소　　　② 아세톤
③ 에탄올　　　　　④ 유황

옥외저장소에 저장할 수 있는 제4류 위험물 중 제1석유류는 인화점 0℃ 이상인 것에 한한다. 아세톤의 인화점은 −18℃이므로 옥외저장소에 저장할 수 없다.

정답 ②

10 위험물안전관리법령상 옥외저장소에 저장할 수 없는 위험물은? (단, 국제해상위험물 규칙에 적합한 용기에 수납된 위험물인 경우를 제외한다.)

① 질산에스터류(질산에스테르류)
② 질산
③ 제2석유류
④ 동식물유류

정답분석 질산에스테르류는 제5류 위험물로 옥외저장소에 저장 가능한 위험물이 아니다. 옥외저장소에는 다음에 해당하는 위험물을 저장할 수 있다.

• 제2류 위험물 중 유황 또는 인화성 고체(인화점이 섭씨 0도 이상인 것에 한함)
• 제4류 위험물 중 제1석유류(인화점이 섭씨 0도 이상인 것에 한함)·알코올류·제2석유류·제3석유류·제4석유류 및 동식물유류
• 제6류 위험물
• 제2류 위험물 및 제4류 위험물 중 특별시·광역시 또는 도의 조례에서 정하는 위험물(「관세법」 제154조의 규정에 의한 보세구역 안에 저장하는 경우에 한한다)
• 「국제해사기구에 관한 협약」에 의하여 설치된 국제해사기구가 채택한 국제해상위험물 규칙에 적합한 용기에 수납된 위험물

정답 ①

11 위험물안전관리법령상 다음 암반탱크의 공간 용적은 얼마인가?

> • 암반탱크의 내용적 100억리터
> • 탱크 내에 용출하는 1일 지하수의 양 2천만리터

① 2천만리터
② 1억리터
③ 1억4천만리터
④ 100억리터

정답분석 암반탱크 내용적의 1/100인 값과 7일 기준 지하수 양 중에서 큰 값을 공간용적으로 한다.

산정 $\begin{cases} 100,000,000,000 \times \dfrac{1}{100} = 1,000,000,000\,L \\ 20,000,000 \times 7일 = 140,000,000\,L \end{cases}$

∴ 공간용적 = 1억4천만L

정답 ③

 12 위험물안전관리법령상 취급소에 해당되지 않는 것은?

① 주유취급소
② 옥내취급소
③ 이송취급소
④ 판매취급소

정답분석 취급소라함은 지정수량 이상의 위험물을 제조 외의 목적으로 취급하기 위한 대통령령이 정하는 장소로, 취급소의 종류에는 주유취급소, 이송취급소, 판매취급소, 일반취급소가 해당된다.

정답 ②

 13 위험물주유취급소의 주유 및 급유 공지의 바닥에 대한 기준으로 옳지 않은 것은?

① 주위 지면보다 낮게 할 것
② 표면을 적당하게 경사지게 할 것
③ 배수구, 집유설비를 할 것
④ 유분리장치를 할 것

정답분석 급유공지의 바닥은 주위 지면보다 높게 하고, 그 표면을 적당하게 경사지게 하여 새어나온 기름 그 밖의 액체가 공지의 외부로 유출되지 아니하도록 배수구·집유설비 및 유분리장치를 하여야 한다.

정답 ①

14 주유취급소의 고정주유설비는 고정주유설비의 중심선을 기점으로 하여 도로경계선까지 몇 m 이상 떨어져 있어야 하는가?

① 2
② 3
③ 4
④ 5

정답분석 고정주유설비의 중심선을 기점으로 하여 도로경계선까지 4m 이상, 부지경계선·담 및 건축물의 벽까지 2m(개구부가 없는 벽까지는 1m) 이상의 거리를 유지하고, 고정급유설비의 중심선을 기점으로 하여 도로경계선까지 4m 이상, 부지경계선 및 담까지 1m 이상, 건축물의 벽까지 2m(개구부가 없는 벽까지는 1m) 이상의 거리를 유지하여야 한다.

정답 ③

15 주유취급소에 캐노피를 설치하고자 한다. 위험물안전관리법령에 따른 캐노피의 설치기준이 아닌 것은?

① 캐노피의 면적은 주유취급소 공지면적의 1/2 이하로 할 것
② 배관이 캐노피 내부를 통과할 경우에는 1개 이상의 점검구를 설치할 것
③ 캐노피 외부의 배관이 일광열의 영향을 받을 우려가 있는 경우에는 단열재로 피복할 것
④ 캐노피 외부의 점검이 곤란한 장소에 배관을 설치하는 경우에는 용접이음으로 할 것

정답분석 주유취급소의 캐노피를 설치할 때에 배관이 캐노피 내부를 통과할 경우에는 1개 이상의 점검구를 설치하여야 하며, 캐노피 외부의 배관이 일광열의 영향을 받을 우려가 있는 경우에는 단열재로 피복하여야 하며, 캐노피 외부의 점검이 곤란한 장소에 배관을 설치하는 경우에는 용접이음으로 하여야 한다.

정답 ①

16 위험물안전관리법령에서는 위험물을 제조 외의 목적으로 취급하기 위한 장소와 그에 따른 취급소의 구분을 4가지로 정하고 있다. 다음 중 법령에서 정한 취급소의 구분에 해당되지 않는 것은?

① 주유취급소
② 특수취급소
③ 일반취급소
④ 이송취급소

정답분석 취급소는 일반취급소, 이송취급소, 주유취급소, 판매취급소로 구분한다.

정답 ②

17 위험물의 취급 중 소비에 관한 기준으로 틀린 것은?

① 열처리 작업은 위험물이 위험한 온도에 이르지 아니하도록 하여 실시하여야 한다.
② 담금질 작업은 위험물이 위험한 온도에 이르지 아니하도록 하여 실시하여야 한다.
③ 분사도장 작업은 방화상 유효한 격벽 등으로 구획한 안전한 장소에서 하여야 한다.
④ 버너를 사용하는 경우에는 버너의 역화를 유지하고 위험물이 넘치지 아니하도록 하여야 한다.

정답분석 버너를 사용하는 경우에는 버너의 역화를 방지하고 위험물이 넘치지 않도록 하여야 한다.

정답 ④

18 위험물을 저장하기 위해 제작한 이동저장탱크의 내용적이 20,000L인 경우 위험물 허가를 위해 산정할 수 있는 이 탱크의 최대용량은 지정수량의 몇 배인가? (단, 저장하는 위험물은 비수용성 제2석유류이며 비중은 0.8, 차량의 최대적재량은 15톤이다.)

① 21배 ② 18.75배
③ 12배 ④ 9.375배

 차량의 최대적재량을 토대로 위험물 허가를 위해 산정할 수 있는 탱크의 최대용량을 정한다. 제2석유류 비수용성 지정수량은 1,000L이므로 다음과 같이 계산된다.

[계산] 배수 $= \dfrac{\text{최대적재량}}{\text{지정수량}}$

- 최대적재량 $= 15\text{톤} \times \dfrac{10^3\text{kg}}{\text{톤}} = 15,000\,\text{kg}$

- 지정수량 $= 1,000\,\text{L} \times \dfrac{0.8\,\text{kg}}{\text{L}} = 800\,\text{kg}$

$\therefore$ 배수 $= \dfrac{15,000}{800} = 18.75$

정답 ②

19 위험물안전관리법령상 이송취급소 배관 등의 용접부는 비파괴시험을 실시하여 합격하여야 한다. 이 경우 이송기지 내의 지상에 설치되는 배관 등은 전체 용접부의 몇 % 이상 발췌하여 시험할 수 있는가?

① 10 ② 15
③ 20 ④ 25

 배관 등의 용접부는 비파괴시험을 실시하여 합격하여야 한다. 이 경우 이송기지 내의 지상에 설치된 배관 등은 전체 용접부의 20% 이상을 발췌하여 시험할 수 있다.

정답 ③

안전관리 예방규제

01 위험물시설의 설치 · 변경 · 폐지

1 위험물시설의 설치 및 변경

[위험물안전관리법 제6조] → 제조소등을 설치하고자 하는 자는 대통령령이 정하는 바에 따라 그 설치장소를 관할하는 특별시장 · 광역시장 · 특별자치시장 · 도지사 또는 특별자치도지사의 허가를 받아야 함

1. **변경신고** : 제조소등의 위치 · 구조 또는 설비의 변경없이 당해 제조소등에서 저장하거나 취급하는 위험물의 품명 · 수량 또는 지정수량의 배수를 변경하고자 하는 자는 변경하고자 하는 날의 1일 전까지 행정안전부령이 정하는 바에 따라 시 · 도지사에게 신고하여야 함

2. **특례** : 다음의 어느 하나에 해당하는 제조소등의 경우에는 허가를 받지 아니하고 당해 제조소등을 설치하거나 그 위치 · 구조 또는 설비를 변경할 수 있으며, 신고를 하지 아니하고 위험물의 품명 · 수량 또는 지정수량의 배수를 변경할 수 있다.
   - 주택의 난방시설(공동주택의 중앙난방시설 제외)을 위한 저장소 또는 취급소
   - 농예용 · 축산용 또는 수산용으로 필요한 난방시설 또는 건조시설을 위한 지정수량 20배 이하의 저장소

2 제조소등의 폐지

[위험물안전관리법 제11조] → 제조소등의 관계인(소유자 · 점유자 또는 관리자)은 당해 제조소등의 용도를 폐지한 때에는 행정안전부령이 정하는 바에 따라 제조소등의 용도를 폐지한 날부터 14일 이내에 시 · 도지사에게 신고하여야 함

02 위험물시설의 안전관리

1 위험물안전관리자

[위험물안전관리법 제15조] → 제조소등의 관계인은 위험물의 안전관리에 관한 직무를 수행하게 하기 위하여 제조소마다 대통령령이 정하는 위험물의 취급에 관한 자격이 있는 자(위험물취급자격자)를 위험물안전관리자(안전관리자)로 선임하여야 함

- 안전관리자를 선임한 제조소등의 관계인은 그 안전관리자를 해임하거나 안전관리자가 퇴직한 때에는 해임하거나 퇴직한 날부터 30일 이내에 다시 안전관리자를 선임하여야 함
- 제조소등의 관계인은 안전관리자를 선임한 경우에는 선임한 날부터 14일 이내에 행정안전부령으로 정하는 바에 따라 소방본부장 또는 소방서장에게 신고하여야 함
- 제조소등의 관계인이 안전관리자를 해임하거나 안전관리자가 퇴직한 경우 그 관계인 또는 안전관리자는 소방본부장이나 소방서장에게 그 사실을 알려 해임되거나 퇴직한 사실을 확인받을 수 있음
- 안전관리자를 선임한 제조소등의 관계인은 안전관리자가 여행·질병 그 밖의 사유로 인하여 일시적으로 직무를 수행할 수 없거나 안전관리자의 해임 또는 퇴직과 동시에 다른 안전관리자를 선임하지 못하는 경우에는 국가기술자격법에 따른 위험물의 취급에 관한 자격취득자 또는 위험물안전에 관한 기본지식과 경험이 있는 자로서 행정안전부령이 정하는 자를 대리자(代理者)로 지정하여 그 직무를 대행하게 하여야 함이 경우 대리자가 안전관리자의 직무를 대행하는 기간은 30일을 초과할 수 없다.
- 제조소등에 있어서 위험물취급자격자가 아닌 자는 안전관리자 또는 대리자가 참여한 상태에서 위험물을 취급하여야 함
- 다수의 제조소등을 동일인이 설치한 경우에는 대통령령이 정하는 바에 따라 1인의 안전관리자를 중복하여 선임할 수 있음이 경우 제조소등의 관계인은 대리자의 자격이 있는 자를 각 제조소별로 지정하여 안전관리자를 보조하게 하여야 함
- 제조소등의 종류 및 규모에 따라 선임하여야 하는 안전관리자의 자격은 대통령령으로 정함

■ 위험물안전관리자로 선임할 수 있는 위험물취급자격자 → 시행령 제11조

위험물취급자격자의 구분	취급할 수 있는 위험물
위험물기능장, 위험물산업기사, 위험물기능사의 자격을 취득한 사람	모든 위험물
안전관리자교육이수자	제4류 위험물
소방공무원 경력자(소방공무원으로 근무한 경력이 3년 이상인 자)	제4류 위험물

■ 1인의 안전관리자를 중복하여 선임할 수 있는 저장소 → 시행규칙 제56조
- 10개 이하의 옥내저장소, 10개 이하의 옥외저장소
- 30개 이하의 옥외탱크저장소
- 10개 이하의 암반탱크저장소
- 옥내탱크저장소, 지하탱크저장소, 간이탱크저장소

2 안전교육

[위험물안전관리법 제28조] → 안전관리자·탱크시험자·위험물운송자 등 위험물의 안전관리와 관련된 업무를 수행하는 자로서 대통령령이 정하는 자는 해당 업무에 관한 능력의 습득 또는 향상을 위하여 소방청장이 실시하는 교육을 받아야 함

• 제조소등의 관계인은 제1항의 규정에 따른 교육대상자에 대하여 필요한 안전교육을 받게 하여야 함
• 교육의 과정 및 기간과 그 밖에 교육의 실시에 관하여 필요한 사항은 행정안전부령으로 정함
• 시·도지사, 소방본부장 또는 소방서장은 제1항의 규정에 따른 교육대상자가 교육을 받지 아니한 때에는 그 교육대상자가 교육을 받을 때까지 이 법의 규정에 따라 그 자격으로 행하는 행위를 제한할 수 있음

■ **안전교육대상자** → [시행령 제20조] 대통령령이 정하는 자라 함은 다음에 해당하는 자를 말함
  • 안전관리자로 선임된 자
  • 탱크시험자의 기술인력으로 종사하는 자
  • 위험물운송자로 종사하는 자
  • 위험물운반자로 종사하는 자

■ **안전교육의 구분과 교육기간** → [시행규칙 제78조] 소방청장은 안전교육을 강습교육과 실무교육으로 구분하여 실시함

교육 과정	교육대상자	교육시간	교육시기	교육 기관
강습 교육	안전관리자가 되고자 하는 자	24시간	신규 종사 전	협회
	위험물운송자가 되고자 하는 자	16시간		협회
실무 교육	안전관리자	8시간 이내	신규 종사 후 2년마다 1회	협회
	위험물운송자	8시간 이내	신규 종사 후 3년마다 1회	협회
	탱크시험자의 기술인력	8시간 이내	• 신규 종사 후 6개월 이내 • 신규교육을 받은 후 2년마다 1회	기술원

3 탱크안전성능검사

[위험물안전관리법 제8조] → 위험물을 저장 또는 취급하는 탱크는 완공검사를 받기 전에 규정에 따른 기술기준에 적합한지의 여부를 확인하기 위하여 시·도지사가 실시하는 탱크안전성능검사를 받아야 함탱크안전성능검사의 내용은 대통령령으로 정하고, 탱크안전성능검사의 실시 등에 관하여 필요한 사항은 행정안전부령으로 정함

1. **탱크안전성능검사의 대상** : 탱크안전성능검사는 기초·지반검사, 충수·수압검사, 용접부검사 및 암반탱크검사로 구분하며, 탱크안전성능검사를 받아야 하는 위험물탱크는 다음과 같음
   • **기초·지반검사** : 옥외탱크저장소의 액체위험물탱크 중 그 용량이 100만L 이상인 탱크
   • **충수(充水)·수압검사** : 액체위험물을 저장 또는 취급하는 탱크
   • **용접부검사**
   • **암반탱크검사** : 액체위험물을 저장 또는 취급하는 암반 내의 공간을 이용한 탱크

2. 탱크안전성능검사의 신청시기

- 기초 · 지반검사 : 위험물탱크의 기초 및 지반에 관한 공사의 개시 전
- 충수 · 수압검사 : 위험물을 저장 또는 취급하는 탱크에 배관 그 밖의 부속설비를 부착하기 전
- 용접부검사 : 탱크 본체에 관한 공사의 개시 전
- 암반탱크검사 : 암반탱크의 본체에 관한 공사의 개시 전

4 예방규정

[위험물안전관리법 제17조] → 대통령령이 정하는 제조소등의 관계인은 당해 제조소등의 화재예방과 화재 등 재해 발생 시의 비상조치를 위하여 행정안전부령이 정하는 바에 따라 예방규정을 정하여 당해 제조소등의 사용을 시작하기 전에 시 · 도지사에게 제출하여야 함예방규정을 변경한 때에도 또한 같음

1. 관계인이 예방규정을 정하여야 하는 제조소등(시행령 제15조) : 대통령령이 정하는 제조소등이라 함은 다음
에 해당하는 제조소등을 말함
- 지정수량의 10배 이상의 위험물을 취급하는 제조소
- 지정수량의 100배 이상의 위험물을 저장하는 옥외저장소
- 지정수량의 150배 이상의 위험물을 저장하는 옥내저장소
- 지정수량의 200배 이상의 위험물을 저장하는 옥외탱크저장소
- 암반탱크저장소
- 이송취급소
- 지정수량의 10배 이상의 위험물을 취급하는 일반취급소(아래의 예외 참조)

2. 예방규정에 관한 예외 : 제4류 위험물(특수인화물 제외)만을 지정수량의 50배 이하로 취급하는 일반취급소(제
1석유류 · 알코올류의 취급량이 지정수량의 10배 이하인 경우에 한함)로서 다음에 해당하는 것을 제외함
- 보일러 · 버너 또는 이와 비슷한 것으로서 위험물을 소비하는 장치로 이루어진 일반취급소
- 위험물을 용기에 옮겨 담거나 차량에 고정된 탱크에 주입하는 일반취급소

5 정기점검 및 검사

[위험물안전관리법 제18조] → 대통령령이 정하는 제조소등의 관계인은 그 제조소등에 대하여 행정안전부령이 정하는 바에 따라 규정에 따른 기술기준에 적합한지의 여부를 정기적으로 점검하고 점검결과를 기록하여 보존하여야 함 정기점검의 대상이 되는 제조소등의 관계인 가운데 대통령령이 정하는 제조소등의 관계인은 행정안전부령이 정하는 바에 따라 소방본부장 또는 소방서장으로부터 당해 제조소등이 규정에 따른 기술기준에 적합하게 유지되고 있는지의 여부에 대하여 정기적으로 검사를 받아야 함

① 정기점검 대상인 제조소(시행령 제16조) : 대통령령이 정하는 제조소등이라 함은 다음에 해당하는 제조소등을 말함
  - 제조소
  - 지하탱크저장소
  - 이동탱크저장소
  - 위험물을 취급하는 탱크로서 지하에 매설된 탱크가 있는 제조소 · 주유취급소 또는 일반취급소
② 정기검사 대상인 제조소 : 대통령령이 정하는 제조소등이라 함은 액체위험물을 저장 또는 취급하는 50만L 이상의 옥외탱크저장소를 말함

03 과징금 처분

[위험물안전관리법 제13조] → 시 · 도지사는 제조소등에 대한 사용의 정지가 그 이용자에게 심한 불편을 주거나 그 밖에 공익을 해칠 우려가 있는 때에는 사용정지처분에 갈음하여 2억원 이하의 과징금을 부과할 수 있음

출제예상문제

01 제조소등의 관계인은 당해 제조소등의 용도를 폐지한 때에는 행정안전부령이 정하는 바에 따라 제조소등의 용도를 폐지한 날부터 며칠 이내에 시·도지사에게 신고하여야 하는가?

① 5일　　　　　② 7일
③ 10일　　　　　④ 14일

 정답 분석 제조소등의 관계인(소유자·점유자 또는 관리자)은 당해 제조소등의 용도를 폐지(장래에 대하여 위험물시설로서의 기능을 완전히 상실시키는 것)한 때에는 행정안전부령이 정하는 바에 따라 제조소등의 용도를 폐지한 날부터 14일 이내에 시·도지사에게 신고하여야 한다.

정답 ④

02 위험물 이동탱크저장소 관계인은 해당 제조소등에 대하여 연간 몇 회 이상 정기점검을 실시하여야 하는가? (단, 구조안전점검 외의 정기점검인 경우이다.)

① 1회　　　　　② 2회
③ 4회　　　　　④ 6회

 정답 분석 제조소등의 관계인은 당해 제조소등에 대하여 연 1회 이상 정기점검을 실시하여야 한다.

정답 ①

03 다음은 위험물안전관리법령에 관한 내용이다. ( )에 알맞은 수치의 합은?

> • 위험물안전관리자를 선임한 제조소등의 관계인은 그 안전관리자를 해임하거나 안전관리자가 퇴직한 때에는 해임하거나 퇴직한 날부터 (㉠)일 이내에 다시 안전관리자를 선임하여야 한다.
> • 제조소등의 관계인은 당해 제조소등의 용도를 폐지한 때에는 행정안전부령이 정하는 바에 따라 제조소등의 용도를 폐지한 날부터 (㉡)일 이내에 시·도지사에게 신고하여야 한다.

① 30　　　　　② 44
③ 49　　　　　④ 62

 정답 분석 제시된 수치의 합은 30+14=44이다. 안전관리자를 선임한 제조소등의 관계인은 그 안전관리자를 해임하거나 안전관리자가 퇴직한 때에는 해임하거나 퇴직한 날부터 30일 이내에 다시 안전관리자를 선임하여야 한다. 한편, 제조소등의 관계인(소유자·점유자 또는 관리자)은 당해 제조소등의 용도를 폐지(장래에 대하여 위험물시설로서의 기능을 완전히 상실시키는 것을 말한다)한 때에는 행정안전부령이 정하는 바에 따라 제조소등의 용도를 폐지한 날부터 14일 이내에 시·도지사에게 신고하여야 한다.

정답 ②

04 위험물안전관리법령에 따라 관계인이 예방규정을 정하여야 할 옥외탱크저장소에 저장되는 위험물의 지정수량 배수는?

① 100배 이상　　　② 150배 이상
③ 200배 이상　　　④ 250배 이상

 정답 분석 관계인이 예방규정을 정하여야 할 옥외탱크저장소에 저장되는 위험물의 지정수량은 200배 이상이다. 관계인이 예방규정을 정하여야 할 대상은 다음과 같다.
• 지정수량의 10배 이상의 위험물을 취급하는 제조소
• 지정수량의 100배 이상의 위험물을 저장하는 옥외저장소
• 지정수량의 150배 이상의 위험물을 저장하는 옥내저장소
• 지정수량의 200배 이상의 위험물을 저장하는 옥외탱크저장소
• 암반탱크저장소
• 이송취급소
• 지정수량의 10배 이상의 위험물을 취급하는 일반취급소

정답 ③

2025 최신판

해커스
**위험물
산업기사**
필기
한권완성 기본이론

1판 1쇄 발행 2025년 3월 27일

지은이	이승원
펴낸곳	㈜챔프스터디
펴낸이	챔프스터디 출판팀

주소	서울특별시 서초구 강남대로61길 23 ㈜챔프스터디
고객센터	02-537-5000
교재 관련 문의	publishing@hackers.com
동영상강의	pass.Hackers.com

ISBN	기본이론: 978-89-6965-609-4 (14570)
	세트: 978-89-6965-608-7 (14570)
Serial Number	01-01-01

자격증 교육 1위

해커스자격증
pass.Hackers.com

· 위험물산업기사 **전문 선생님의 본 교재 인강** (교재 내 할인쿠폰 수록)
· **무료 특강&이벤트, 최신 기출 문제** 등 다양한 학습 콘텐츠

* 주간동아 선정 2022 올해의 교육브랜드 파워 온·오프라인 자격증 부문 1위

해커스자격증

쉽고 빠른 합격의 비결,
해커스자격증 전 교재
베스트셀러 시리즈

해커스 산업안전기사 · 산업기사 시리즈

해커스 전기기사

해커스 전기기능사

해커스 소방설비기사 · 산업기사 시리즈

해커스 일반기계기사 시리즈

해커스 식품안전기사 · 산업기사 시리즈

해커스 스포츠지도사 시리즈

해커스 사회조사분석사

해커스 KBS한국어능력시험/실용글쓰기

해커스 한국사능력검정

해커스
위험물
산업기사
필기
한권완성 기본이론

2025 최신판

해커스
위험물
산업기사
필기
한권완성

이승원

기출문제

최신
출제기준
반영

해커스자격증 | pass.Hackers.com

· 본 교재 인강(할인쿠폰 수록)   · 무료 특강

위험물산업기사의 모든 것,
해커스자격증이 알려드립니다.

Q1. 위험물산업기사 왜 취득해야 할까?

위험물안전관리법에서 위험물 자격에 대한 의무적인 조항을 정하고 있어 위험물을 취급하는 대부분의 기업에서
위험물 자격 취득자의 채용은 필수입니다.
위험물산업기사 자격증 취득에 대한 수요가 높아지고 있으며, 취업, 승진, 이직 시
우대하는 사업장 및 공공기관이 늘어나고 있습니다.
위험물산업기사 자격증은 다양한 산업 분야에서 활용되고 있으며, 반드시 필요한 자격증이기 때문에 취득이 필수입니다.

Q2. 합격까지 얼마나 걸릴까?

필기+실기 짧게는 3개월, 길게는 5개월 내에 최종 합격합니다.
합격 기간은 개인차가 있기 때문에 본인의 학습 패턴을 만드는 것이 가장 중요합니다.
해커스자격증과 함께 학습하여 사소한 내용이라도 궁금하다면 해커스 위험물산업기사 선생님에게 질문해주세요.
선생님과 함께 시험에 나오는 내용을 체계적이고 효율적으로 학습한다면 2개월 단기 합격도 충분히 가능합니다.

Q3. 취득 후, 진로가 궁금합니다.

위험물 관련 법령 및 소방시행령을 기준으로 다양한 분야에서 위험물취급자격자, 위험물안전관리자, 위험물운반자로
취업이 가능합니다.
위험물안전관리법에서 정한 위험물 제1류~제6류에 속하는 모든 위험물을 관리하는 정유, 석유화학, 정밀화학, 자동차,
반도체 등 다양한 분야로 취업이 가능한 대표 자격증입니다.
또한 환경직/기술직 공무원 분야로도 진출이 가능하며, 자격증 취득 후 2년 이상의 실무경력이 있을 시
국가직 소방공무원 분야 지원이 가능합니다.

해커스 위험물산업기사
동영상 강의
100% 무료!

지금 바로 시청하고
단기 합격하기 ▶

▲ 무료강의 바로가기

이동경 선생님　**황현숙 선생님**

합격이 시작되는 다이어리, 시험 플래너 받고 합격!

무료로 다운받기 ▶

| 다이어리 속지 무료 다운로드 | > | 합격생&선생님의 합격 노하우 및 과목별 공부법 확인 | > | 직접 필기하며 공부시간/성적관리 등 학습 계획 수립하고 최종 합격하기 |

자격증 재도전&환승으로, 할인받고 합격!

이벤트 바로가기 ▶

| 시험 응시/ 타사 강의 수강/ 해커스자격증 수강 이력이 있다면? | > | 재도전&환승 이벤트 참여 | > | 50% 할인받고 자격증 합격하기 |

2025 최신판

해커스
위험물
산업기사
필기
한권완성 기출문제

해커스

목차

기출문제

위험물산업기사 기출문제

무료 특강 · 학습 콘텐츠 제공
pass.Hackers.com

* CBT 문제는 모든 수험생의 기억에 따라 복원된 것이며, 실제 기출문제와 동일하지 않을 수 있습니다.

제1과목 일반화학

01 어떤 기체의 확산속도가 $SO_2(g)$의 2배이다. 이 기체의 분자량은 얼마인가? (단, 원자량은 S＝32, O＝16이다.)

① 8 　　　　② 16
③ 32 　　　　④ 64

정답분석 SO_2의 분자량은 64이므로 그레이엄의 법칙에 이를 적용하여 문제를 푼다.

계산 기체의 분자량은 다음과 같이 산정된다.

$$\cdot \frac{v_2}{v_1} = \frac{K\dfrac{1}{\sqrt{M_{w(2)}}}}{K\dfrac{1}{\sqrt{64}}} = \frac{\dfrac{1}{\sqrt{M_{w(2)}}}}{0.125} = 2$$

$$\therefore M_{w(2)} = 16$$

정답 ②

02 $KMnO_4$에서 Mn의 산화수는 얼마인가?

① ＋3 　　　　② ＋5
③ ＋7 　　　　④ ＋9

정답분석 과망가니즈산칼륨(과망간산칼륨, $KMnO_4$)의 전체 산화수는 0이고, 칼륨(K)의 산화수는 1, 산소(O)의 산화수는 −2이므로 다음과 같이 망가니즈(망간, Mn)의 산화수를 구할 수 있다.

계산 $KMnO_4 \rightarrow 0 = (1) + (x) + (-2 \times 4)$, $x = 7$

　∴ Mn 산화수＝＋7

정답 ③

03 다음 물질 중 물에 가장 잘 녹는 것은?

① 과망가니즈산나트륨($NaMnO_4$)
② 아염소산나트륨($NaClO_2$)
③ 브로민산나트륨($NaBrO_3$)
④ 과아이오딘산칼륨(KIO_4)

정답분석 대부분 극성을 가진 물질들이 물에 잘 녹는다. 특히 탄소 수가 4개 미만인 극성 유기화합물은 거의 대부분 물과 잘 섞인다. 반면에 비금속 원소나 벤젠고리를 포함하는 유기화합물 및 금속이온과 결합된 무기염류는 대부분 물과 잘 섞이지 않는다.

· $NaMnO_4$의 물에 대한 용해도는 90g/100mL으로 물에 매우 잘 녹는다.
· $NaClO_2$의 물에 대한 용해도는 39g/100mL으로 39g/100mL로 비교적 잘 녹는다.
· $NaBrO_3$의 물에 36.4g/100mL으로 비교적 잘 녹는 편이다.
· KIO_4는 과아이오딘산 이온이 칼륨 이온과 결합한 무기 염류이므로 물에 대한 용해도가 0.17g/100mL로 낮다.

정답 ④

04 산성 산화물에 해당하는 것은?

① CaO 　　　　② Na_2O
③ CO_2 　　　　④ MgO

정답분석 산성 산화물(酸性酸化物, Acidic Oxide)은 물(H_2O)과 반응하여 산소산(酸素酸, Oxygen Acid)이 되고, 염기(鹽基)와 반응하여 염(鹽)을 형성하는 물질이다. 탄산가스(CO_2)는 물과 반응하여 탄산(H_2CO_3)을 형성하므로 산성 산화물에 해당한다.

참고
· 산성 산화물 : SiO_2, P_4O_{10}, SO_3, HCl, CO_2, NO_2, Cl_2O_7 등
· 염기성 산화물 : Na_2O, CaO, BaO, MgO 등
· 양쪽성 산화물 : Al_2O_3, ZnO, PbO, BeO, Bi_2O_3 등

정답 ③

05 에텐(에틸렌, C_2H_4)을 원료로 하지 않은 것은?

① 아세트산   ② 염화비닐

③ 에탄올   ④ 메탄올

 정답분석 에텐(에틸렌, Ethene)은 가장 간단한 구조를 가진 탄화수소의 하나로 주로 다른 화합물 합성원료로 이용된다.

- 에텐이 산화되면 → 아세트알데하이드 생성
  $$CH_2 = CH_2 + 0.5O_2 \rightarrow CH_3CHO$$
- 염화수소와 반응 → 염화에틸 생성
  $$CH_2 = CH_2 + HCl \rightarrow CH_3 - CH_2Cl$$
- 물과 첨가반응을 하면 → 에탄올 생성
  $$CH_2 = CH_2 + H_2O \rightarrow C_2H_5OH$$
- 에탄올로 전환시켜 발효하면 → 아세트산 생성
  $$C_2H_5OH + O_2 \rightarrow CH_3COOH + H_2O$$
- 부가중합반응 → 폴리에텐(폴리에틸렌) 생성
  $$nCH_2 = CH_2 \xrightarrow[\text{중합반응}]{\text{촉매}} -(CH_2 - CH_2)_n -$$
- 에틸아세테이트와 반응 → 아세트산비닐 생성
  $$C_2H_4 + CH_3CO_3H + 0.5O_2 \rightarrow CH_3CO_2C_2H_4 + H_2O$$
- 폴리염화비닐 생성 : 에텐(에틸렌) 분자의 수소 하나를 염소로 치환하여 중합시킴

④의 메탄올(CH_3OH)은 일산화탄소(CO)와 수소(H_2)를 원료로 이용한다. 에탄올의 공업적 생산은 고온에서 촉매(ZnO/Cr_2O_3 등)의 존재 하에서 일산화탄소와 수소를 반응시켜 얻는다.

정답 ④

06 다음 화합물의 수용액 농도가 모두 0.5M일 때 끓는점이 가장 높은 것은 무엇인가?

① $C_6H_{12}O_6$(포도당)

② $C_{12}H_{22}O_7$(설탕)

③ $CaCl_2$(염화칼슘)

④ $NaCl$(염화나트륨)

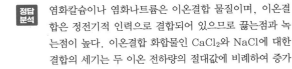 **정답분석** 염화칼슘이나 염화나트륨은 이온결합 물질이며, 이온결합은 정전기적 인력으로 결합되어 있으므로 끓는점과 녹는점이 높다. 이온결합 화합물인 $CaCl_2$와 $NaCl$에 대한 결합의 세기는 두 이온 전하량의 절대값에 비례하여 증가한다.

반응 $CaCl_2 \rightarrow Ca^{2+} + 2Cl^- \rightarrow 2 \times 1 = 2$

$NaCl \rightarrow Na^+ + Cl^- \rightarrow 1 \times 1 = 1$

정답 ③

07 1패러데이(Faraday)의 전기량으로 물을 전기분해하였을 때 생성되는 기체 중 산소 기체는 0℃, 1기압에서 몇 L인가?

① 5.6   ② 11.2

③ 22.4   ④ 44.8

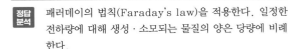 **정답분석** 패러데이의 법칙(Faraday's law)을 적용한다. 일정한 전하량에 대해 생성·소모되는 물질의 양은 당량에 비례한다.

계산 생성되는 산소 기체의 양은 다음과 같이 산출된다.

$$m_V(L) = \frac{\text{가해진 전기량}(F)}{\text{기준 전기량}(1F)} \times \frac{M}{\text{전자가}} \times \frac{22.4}{M_w}$$

- m_V : 산소 생성(석출)량(L)

  가해진 전기량 = 1F

  산소 원자량(M) = 16

  산소 전자가 = 2

  산소 분자량(M_w) = 32

$$\therefore m_V(L) = \frac{1F}{1F} \times \frac{16}{2} \times \frac{22.4L}{32g} = 5.6L$$

정답 ①

08 지시약으로 사용되는 페놀프탈레인 용액은 산성에서 어떤 색을 띠는가?

① 적색   ② 청색

③ 무색   ④ 황색

 정답분석 페놀프탈레인(Phenolphthalein)은 트라이페닐메테인계(트리페닐메탄계)의 색소로서 산성(酸性) 용액에서 무색, 염기성(鹽基性) 용액에서는 적색으로 변한다. pH 변색 범위는 약 8.3 ~ 10이다.

정답 ③

09 다음 중 용해도의 정의로 옳은 것은?

① 용매 1L에 녹는 용질의 몰 수

② 용매 1,000g에 녹는 용질의 몰 수

③ 용매 100g 중에 녹아 있는 용질의 g 수

④ 용매 100g 중에 녹아 있는 용질의 g 당량수

정답분석 용해도(溶解度, solubility)는 용매 100g 중에 녹아 있는 용질의 g 수로 정의된다.

공식 $\text{용해도 (g/100g)} = \dfrac{\text{용질(g)}}{\text{용매의 양(g)}} \times 100$

정답 ③

10 한 원자에서 4가지 양자수가 똑같은 전자 2개 이상 있을 수 없다는 이론은?

① 네른스트의 식

② 플랑크의 양자론

③ 패러데이의 법칙

④ 파울리의 배타원리

정답분석 파울리(Pauli)의 배타원리란 한 원자에서 어떠한 두 전자도 같은 값의 양자수(주양자수, 부양자수, 자기양자수, 스핀양자수)를 가질 수 없으므로, 하나의 궤도 함수는 오직 2개의 전자만 수용할 수 있으며, 이들은 서로 반대 스핀을 가져야 한다는 원리이다.

정답 ④

11 콜로이드 입자에 대한 Tyndall 현상에 대한 옳은 설명은?

① 콜로이드 용액에 광선을 비추게 되면 입자들이 빛을 산란시켜서 광선의 진로를 알 수 있는 현상

② 콜로이드 입자는 표면적이 질량에 비해 매우 크기 때문에 흡착되는 현상

③ 콜로이드 입자가 전극에 끌려오는 현상

④ 콜로이드 입자가 끊임없이 불규칙적 직선운동을 하는 현상

정답분석 틴들(Tyndall)현상은 입자에 의해 빛이 산란되는 콜로이드(Colloid)의 특성을 나타낸다.

②는 흡착(吸着, Adsorption) 특성을 설명하고 있다. 2개의 상이 접할 때, 경계면에 농축되는 현상이다.

③은 전기이동(電氣移動, cataphoresis)에 대한 설명이다. 콜로이드 용액 속에 전극을 넣고 직류 전압을 가했을 때 콜로이드 입자가 어느 한쪽의 전극을 향해서 이동하는 현상으로 전기영동(電氣泳動)이라고도 한다.

④는 브라운(Brownian) 운동에 대한 설명이다. 브라운 운동은 콜로이드의 작은 입자들의 불규칙한 운동을 말한다.

정답 ①

12 다음 핵화학반응식에서 산소(O)의 원자번호는 얼마인가?

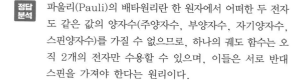

$$^{14}_{7}N + ^{4}_{2}He(\alpha) \rightarrow O + ^{1}_{1}H$$

① 6

② 7

③ 8

④ 9

정답분석 질소(N) 핵에 헬륨(He) 핵이 충돌하여 핵반응을 일으키는 핵변환 반응에서 좌우항의 질량수와 원자번호의 합산 값이 동일하여야 하므로 다음의 핵변환 반응식을 만들 수 있다.

반응 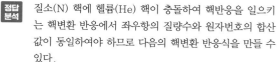 $^{14}_{7}N + ^{4}_{2}He \rightarrow ^{17}_{8}O + ^{1}_{1}H$

정답 ③

13

다음 중 물이 산으로 작용하는 반응은?

① $NH_4^+ + H_2O \rightarrow NH_3 + H_3O$

② $CHCOO^- + H_2O \rightarrow CH_3COOH + OH^-$

③ $HCOOH + H_2O \rightarrow HCOO^- + H_3O^+$

④ $HCl + H_2O \rightarrow H_3O^+ + Cl^-$

 수용액(水溶液)에서 H^+을 내놓는 물질이 산(酸, Acid)이며, CH_3COO^-이 H^+을 받아 CH_3COOH로 생성되었기 때문에 ②의 물이 산(酸)으로 작용하였다.

정답 ②

14

사방황과 단사황이 서로 동소체임을 알 수 있는 실험 방법은 무엇인가?

① 광학현미경으로 본다.

② 색과 맛을 비교해 본다.

③ 이황화탄소에 녹여 본다.

④ 태웠을 때 생기는 물질을 분석해 본다.

 동소체(同素體, Allotropy)란 같은 원소로 되어 있으나 모양과 성질이 다른 홑원소 물질로 물리적 성질이 서로 다른 것을 말한다. 같은 원소로 되어 있는 물질은 연소할 경우 생성되는 연소생성 물질이 동일하다. 따라서, 동소체임을 알 수 있는 실험 방법은 연소법이다. 고무상황, 단사황, 사방황을 연소시켰을 때 연소생성물은 SO_2로 동일하다.

정답 ④

15

이산화황이 산화제로 작용하는 화학반응은?

① $SO_2 + H_2O \rightarrow H_2SO_4$

② $SO_2 + NaOH \rightarrow NaHSO_3$

③ $SO_2 + 2H_2S \rightarrow 3S + 2H_2O$

④ $SO_2 + Cl_2 + 2H_2O \rightarrow H_2SO_4 + 2HCl$

 두 화학종이 반응할 때 어느 물질이 발생기 산소를 내어놓는지를 구분할 수 있다면 그것이 바로 산화제로 작용한 물질이다. 그리고 발생기 수소를 내어놓는 화학종이 환원제로 추정하면 된다. 판단이 애매할 때는 이산화황(SO_2)에서 황(S)의 산화수를 증가시키는데 기여한 반응물질이 산화제이고, 그 반대로 산화수를 감소시킨 물질은 환원제이로 판단하면 된다.

반응

$$\boxed{+4 \rightarrow 0}$$
- $SO_2 + 2H_2S \rightarrow 3S + 2H_2O$

발생기 산소 제공
(산화제)

정답 ③

16

다이클로로벤젠의 구조 이성질체의 개수는?

① 5 ② 4

③ 3 ④ 2

 다이클로로벤젠(디클로로벤젠)은 벤젠고리에 염소(cl)가 2개 존재하는 물질이므로 $o-$다이클로로벤젠, $m-$다이클로로벤젠, $p-$다이클로로벤젠 3가지가 존재할 수 있다.

<그림> 1, 2-다이클로로벤젠

정답 ③

17 다음 이온 중 반지름이 가장 작은 것은?

① S^{2-} ② Cl^-

③ K^+ ④ Ca^{2+}

 이온 반지름은 같은 족에서 주기율표의 아래로(주기 증가) 갈수록 증가하며, 음이온 및 양이온의 반지름은 주기율표에서 왼쪽에서 오른쪽으로 갈수록 작아진다. 따라서, S(3주기), Cl(3주기), K(4주기), Ca(4주기)이고, 동일한 양이온일 때 같은 주기의 이온은 원자번호가 클수록 작아진다. K(원자번호 19), Ca(원자번호 20)이다.

정답 ④

18 다음 물질 중 비전해질에 해당하는 것은?

① CH_3COOH

② $NaOH$

③ C_2H_5OH

④ HCl

 전해질(電解質, Electrolyte)은 물에 용해되었을 때 전기를 전도(傳導)하는 물질을 말하며, 비전해질(非電解質, Nonelectrolyte)은 전기를 전도하지 않는 물질을 말한다. 즉, 용매에 녹았을 때 전하를 띠는 입자가 생기지 않는 물질을 비전해질이라 한다.

설탕 수용액, 포도당, 에탄올 등의 알코올, 벤젠용액 등은 물은 용매에 녹았을 때 이온화하지 않는 물질(전하를 띠지 않는 분자상태)로 존재하므로 전류가 흐르지 못하므로 비전해질이다. 반면에 소금(NaCl), 산(酸), 초산, 황산, 염산, 과염소산 등)이나 알칼리 및 알칼리 토족의 금속 수산화물[NaOH, NH₄OH, Ca(OH)₂ 등]은 물에 녹아 이온을 만들기 때문에 전해질이다.

정답 ③

19 원자번호가 19이며 원자량이 39인 K원자의 중성자수와 양성자수는 각각 몇 개인가?

① 중성자 19, 양성자 19

② 중성자 20, 양성자 19

③ 중성자 19, 양성자 20

④ 중성자 20, 양성자 20

 K원자의 원자번호(19)＝양성자 수와 같다. 그러므로 정답 범위는 ①과 ②로 좁혀진다. 질량수＝원자량＝39이고 중성자 수는 질량수－양성자 수이므로 39－19＝20이 된다.

$$_{19}^{39}\text{K}$$

질량 수＝양성자 수＋중성자 수

원소 기호

원자 번호＝양성자 수＝원자의 전자 수

정답 ②

20 수소분자 1mol 중의 양성자 수와 같은 것은 다음 중 무엇인가?

① $1/4O_2$mol 중 양성자수

② NaCl 1mol 중 ion 의 총수

③ 수소원자 1/2mol 중의 원자수

④ CO_2 1mol 중의 원자수

 원자핵에 존재하는 양성자의 수는 원자번호와 같다. 수소원자 2개가 모여 하나의 수소분자(H_2)를 구성하므로 수소분자 1mol에는 수소원자 2개, 즉 2mol의 수소원자가 있으며, 수소의 원자번호(＝양성자 수)는 1이므로 수소분자 1mol 중에 존재하는 양성자는 2, 즉 2mol이다.

①에서 $1/4O_2$ mol 중 양성자수 → 산소의 원자번호(＝양성자수)는 8, 산소분자(O_2)에는 산소원자 2개가 존재하므로 양성자수＝$(1/4)$mol $\times (8 \times 2) = 4$

②에서 NaCl 1mol 중 ion의 총수 → NaCl이 전리되면 Na^+와 Cl^- 각 1mol 씩 생성되므로 ion의 총수는 2, 즉 2mol이 된다.

③에서 수소원자 1/2mol 중의 원자수 → 수소의 원자번호는 1, 그러므로 수소원자 1/2mol 중의 원자수는 1/2, 즉 1/2mol이다.

④에서 CO_2 1mol 중의 원자수 → CO_2분자 1mol에는 C 원자1개, O 원자 2개 존재하므로 CO_2분자 1mol 중 원자의 전체 mol수는 3mol이 된다.

정답 ②

21 BLEVE 현상에 대한 설명으로 가장 옳은 것은?

① 대기 중에 대량의 가연성 가스가 유출하여 발생된 증기가 폭발하는 현상이다.
② 대량의 수증기가 상층의 유류를 밀어올려 다량의 유류를 탱크 밖으로 배출하는 현상이다.
③ 고온층 아래의 저온층의 기름이 급격하게 열팽창하여 기름이 탱크 밖으로 분출하는 현상이다.
④ 가연성 액화가스 저장탱크 주위에 화재가 발생하여 탱크가 파열되고 폭발하는 현상이다.

[정답분석] 블레비(BLEVE) 현상은 가연성 액화가스 저장탱크 주위에 화재가 발생하여 탱크가 파열되고 폭발하는 현상을 말한다.

[참고] BLEVE(Boiling Liquid Expanded Vapor Explosion)는 비등액체 팽창증기 폭발이라고도 하는데 액체탱크 및 액화가스 저장탱크가 외부화재에 의해 열을 받을 때, 액면 상부의 금속부분이 약화되고 내부의 발생증기에 의한 과압(過壓)을 견디지 못하여 약화된 금속이 파열되면서 폭발이 일어나는 현상이다.

블레비 현상으로 분출된 액화가스의 증기가 공기와 혼합하여 연소범위가 형성되어서 공 모양의 대형화염이 상승하는 형상을 화이어볼(Fire Ball)이라 한다.

BLEVE가 화재에 기인한 것이 아닐 때에는 증기운이 형성되어 그 결과 증기운 폭발(VCE ; Vapor Cloud Explosion)을 일으킬 수 있다.

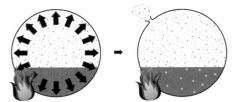

<그림> BLEVE(Boiling Liquid Expanded Vapor Explosion)

정답 ④

22 할로젠화합물(할로겐화합물) 소화약제가 전기화재에 사용될 수 있는 이유에 대한 다음 설명 중 가장 적합한 것은?

① 액체의 유동성이 좋다.
② 탄산가스와 반응하여 포스겐을 생성한다.
③ 증기의 비중이 공기보다 작다.
④ 전기적으로 부도체이다.

[정답분석] ④만 올바르다. 할로젠화합물(할로겐화합물) 소화약제는 전기적으로 부도체이기 때문에 전기화재에 적합하다. 또한 큰 비중을 가지고 있어 공기보다 무거워 질식소화작용이 가능하다. 이외에 전기화재에 적응성이 있는 소화약제에는 이산화탄소 소화약제, 분말 소화약제 등이 있다.

[정리] 할로젠화합물 소화약제의 장단점

장점
• 부촉매효과에 의한 소화능력이 우수함
• 공기보다 5.1배 이상 무거워 심부화재에 효과적임
• 전기적 부도체이므로 C급 화재에 효과적임
• 저농도 소화가 가능하며, 질식의 우려가 없음
• 금속에 대한 부식성이 적고, 독성이 비교적 낮음
• 진화 후 소화약제에 의한 오손이 없음

단점
• CFC계열은 오존층 파괴의 원인물질임
• 사용제한 규제에 따른 수급이 불안정함
• 가격이 고가임

정답 ④

23 위험물 제조소등에 옥내소화전이 1층에 6개, 2층에 5개, 3층에 4개가 설치되었다. 이때 수원의 수량은 몇 m³ 이상이 되도록 설치하여야 하는가?

① 32.7 　　② 39.0
③ 49.2 　　④ 56.3

[정답분석] 옥내소화전의 수원수량은 소화전이 가장 많이 설치된 층을 기준으로 하며, 옥내소화전의 개수(n)는 최대 5개이다.

[계산] 수원의 수량은 다음과 같이 산정한다.
수원의 수량(Q)＝소화전 개수(n)×7.8
설치개수가 가장 많은 1층은 6개이지만 소화전 개수는 최대 5개까지 유효하므로 → $n = 5$
∴ $Q = 5 \times 7.8 \text{m}^3 = 39 \text{m}^3$

정답 ②

24 분말소화약제인 제1인산암모늄(인산이수소 암모늄)의 열분해 반응을 통해 생성되는 물질로 부착성 막을 만들어 공기를 차단시키는 역할을 하는 것은?

① HPO_3　　　　② PH_3

③ NH_3　　　　④ P_2O_3

 제3종 분말소화약제의 주성분은 제1인산암모늄(=인산이수소암모늄, $NH_4H_2PO_4$)으로 열분해 반응을 통해 생성되는 HPO_3는 부착성 막을 만들어 공기를 차단시키는 역할을 한다. 제3종 분말소화약제는 일반화재(A급), 유류화재(B급), 전기화재(C급)에 적응성이 있다.

구분	주성분	적용 화재
제1종	$NaHCO_3$	B, C
제2종	$KHCO_3$	B, C
제3종	$NH_4H_2PO_4$ (인산이수소암모늄)	A, B, C
제4종	$KHCO_3 + (NH_2)_2CO$	B, C

정답 ①

25 위험물안전관리법령상 옥외소화전설비는 모든 옥외소화전을 동시에 사용할 경우 각 노즐 선단의 방수압력이 얼마 이상이어야 하는가?

① 100kPa　　　　② 170kPa

③ 350kPa　　　　④ 520kPa

 옥외소화전설비는 모든 옥외소화전을 동시에 사용할 경우 각 노즐 선단의 방수압력이 350kPa 이상이어야 한다.

[참고] 옥내 – 옥외 소화전설치 관련규정(비교정리)

- 호스접속구까지 높이
  - 옥내소화전 : 1.5m 이하
  - 옥외소화전 : 1.5m 이하
- 호스접속구까지의 수평거리
  - 옥내소화전 : 25m 이하
  - 옥외소화전 : 40m 이하
- 수원량(Q, m³)
  - 옥내소화전 : 소화전 개수(최대 5)×7.8m³
  - 옥외소화전 : 소화전 개수(최대 4)×13.5m³
- 방수압력(kPa) : 옥내–옥외 공통 350kPa 이상
- 방수능력(L/min)
  - 옥내소화전 : 1분당 260L이상
  - 옥외소화전 : 1분당 450L이상
- 방수량(L/min) 계산
  - 옥내소화전 : 소화전 개수(최대 5)×260
  - 옥외소화전 : 소화전 개수(최대 4)×450
- 가압송수장치 토출량
  - 옥내소화전 : 소화전 개수(최대 5)×130
  - 옥외소화전 : 옥외소화전의 노즐선단에서의 방수압력 0.25MPa 이상, 방수량 350L/min 이상

정답 ③

26 위험물안전관리법령상 제6류 위험물에 적응성이 있는 소화설비는?

① 옥내소화전설비

② 불활성가스 소화설비

③ 할로젠화합물 소화설비

④ 탄산수소염류분말 소화설비

 제6류 위험물에 적응성이 있는 소화설비는 옥내소화전설비이다. 제6류 위험물에 적응성이 없는 것은 불활성가스, 할로젠화합물, 이산화탄소, 분말소화설비(인산염류만 적응성이 있음)이다.

정답 ①

27

위험물 제조소등에 옥내소화전설비를 압력수조를 이용한 가압송수장치로 설치하는 경우 압력수조의 최소압력은 몇 MPa인가? (단, 소방용 호스의 마찰손실 수두압은 3.2MPa, 배관의 마찰 손실수두압은 2.2MPa, 낙차의 환산수두압은 1.79MPa이다.)

① 5.4
② 3.99
③ 7.19
④ 7.54

 압력수조란 소화용수와 공기를 채우고 일정압력 이상으로 가압하여 그 압력으로 물을 공급하는 수조를 말한다. 압력수조를 이용한 가압송수장치는 다음 식에 의하여 구한 수치 이상으로 하여야 한다.

$$□ 압력 (P) = p_1 + p_2 + p_3 + 0.35\text{MPa}$$

[계산] 압력수조의 최소압력은 다음과 같이 산정된다.

 $\begin{cases} p_1 : \text{소방용 호스의 마찰손실 수두압} = 3.2\text{MPa} \\ p_2 : \text{배관의 마찰손실 수두압} = 2.2\text{MPa} \\ p_3 : \text{낙차의 환산수두압} = 1.79\text{MPa} \end{cases}$

 $\therefore P = 3.2 + 2.2 + 1.79 + 0.35 = 7.54\text{MPa}$

정답 ④

28

위험물안전관리법령상 위험물 저장·취급 시 화재 또는 재난을 방지하기 위하여 자체소방대를 두어야 하는 경우가 아닌 것은?

① 지정수량의 3천 배 이상의 제4류 위험물을 저장·취급하는 제조소
② 지정수량의 3천 배 이상의 제4류 위험물을 저장·취급하는 일반취급소
③ 지정수량의 2천 배의 제4류 위험물을 취급하는 일반취급소와 지정수량이 1천 배의 제4류 위험물을 취급하는 제조소가 동일한 사업소에 있는 경우
④ 지정수량의 3천 배 이상의 제4류 위험물을 저장·취급하는 옥외탱크저장소

[정답분석] 자체소방대 설치대상은 제4류 위험물을 취급하는 제조소 또는 일반취급소 등이 있는 동일한 사업소에서 지정수량의 3천배 이상의 위험물을 저장 또는 취급하는 경우이다.

[참고] 자체소방대 설치 제외대상은 다음과 같다.
• 위험물을 소비하는 일반취급소
• 위험물을 주입하는 일반취급소
• 위험물을 옮겨 담는 일반취급소
• 유압장치, 윤활유 순환장치로 위험물을 취급하는 일반취급소
• 「광산보안법」의 적용을 받는 일반취급소

정답 ④

29

연소의 3요소 중 하나에 해당하는 역할이 나머지 셋과 다른 위험물은?

① 과산화수소
② 과산화나트륨
③ 질산칼륨
④ 황린

 연소의 3요소는 가연물, 점화원, 산소공급원이다. 보기의 항목에서 과산화수소는 제6류 위험물로서 열분해될 때 산소(산소공급원)를 발생하고, 과산화나트륨과 질산칼륨은 제1류 위험물로서 열분해될 때 산소를 발생한다. 그러나 황린은 가연물질로 공기 중에서 연소하여 오산화인(P_2O_5)을 발생한다.

정답 ④

30 위험물 제조소등에 설치하는 포 소화설비에 있어서 포헤드 방식의 포헤드는 방호대상물의 표면적 (m²) 얼마 당 1개 이상의 헤드를 설치하여야 하는가?

① 3
② 5
③ 9
④ 12

 포 소화설비의 포 헤드는 방호대상물의 표면적 $9m^2$당 1개 이상의 헤드를 설치하여야 한다.

정답 ③

31 수성막 포소화약제를 수용성 알코올 화재 시 사용하면 소화효과가 떨어지는 가장 큰 이유는?

① 유독가스가 발생하므로
② 화염의 온도가 높으므로
③ 알코올은 포와 반응하여 가연성 가스를 발생하므로
④ 알코올이 포 속의 물을 탈취하여 포가 파괴되므로

 아세톤이나 아세트알데하이드와 같은 수용성 액체의 화재에 수성막포를 이용하면 알코올이 포 속의 물에 녹아 거품이 사라지는 소포(消泡)작용이 나타나 포가 소멸된다. 수용성 액체의 화재에는 알코올형 포 소화약제가 적응성이 있으며, 이 포를 내알코올포 또는 수용성 액체용포라고 한다.

정답 ④

32 제3종 분말소화약제의 제조 시 사용되는 실리콘 오일의 용도로 옳은 것은?

① 착색제
② 탈색제
③ 발수제
④ 경화제

 제3종 분말 소화약제의 주성분인 제1인산암모늄($NH_4H_2PO_4$)을 건조분말로 분쇄한 후 첨가제와 함께 교반 · 가열하면서 방습가공제인 실리콘 오일과 경화제인 철올레이트를 분무하는데 입자 표면에 도포된 실리콘 오일이 열과 경화제에 의해 방습과 발수성이 높은 피막(皮膜)으로 형성되어진다.

정답 ③

33 위험물안전관리법령상 옥내소화전설비에 적응성이 있는 위험물의 유별로만 나열된 것은?

① 제1류 위험물, 제4류 위험물
② 제2류 위험물, 제4류 위험물
③ 제4류 위험물, 제5류 위험물
④ 제5류 위험물, 제6류 위험물

 옥내소화전 또는 옥외소화전설비에 적응성이 있는 위험물은 제1류 위험물 중 알칼리금속의 과산화물 이외의 것, 제2류 위험물 중 인화성 고체, 제3류 위험물 중 금수성 물질 이외의 것, 제5류 위험물, 제6류 위험물에 적응성이 있다.

정답 ④

34 불활성가스 소화약제 중 "IG−55"의 성분 및 그 비율을 올바르게 나타낸 것은? (단, 용량비 기준이다)

① 질소 : 이산화탄소=55 : 45
② 질소 : 이산화탄소=50 : 50
③ 질소 : 아르곤=55 : 45
④ 질소 : 아르곤=50 : 50

 IG−55는 질소와 아르곤(N_2−Ar)의 용량비가 50 대 50인 혼합물이다.

[정리] IG−100 : N_2 100%
IG−55 : N_2−Ar=50 대 50
IG−541 : N_2−Ar−CO_2=52 대 40 대 8

정답 ④

35 Halon 1301에 해당하는 할로젠화합물의 분자식을 올바르게 나타낸 것은?

① CBr_3F
② CF_3Br
③ CH_3Cl
④ CCl_3H

 할로젠화합물인 Halon류의 명명체계가 C, F, Cl, Br, I의 순서로 각각의 개수를 나타내어 명명하며, 해당 원소가 없는 경우는 0으로 표시된다. 따라서, Halon 1301의 분자식은 CF_3Br이며, 이것의 명칭은 브로모삼불화메탄(Bromotrifluoromethane)이 된다.

정답 ②

36

다음 중 공기포 소화약제가 아닌 것은?

① 단백포 소화약제

② 합성계면활성제포 소화약제

③ 화학포 소화약제

④ 수성막포 소화약제

 정답분석

공기포는 기계포를 말한다. 공기포의 발생원리와 소화작용은 다음과 같다.

소화약제 원액+물+흡입공기 → 기계적 동력 → 포핵생성, 공기포 → 방사 → 질식·냉각·유화·희석작용

소화약제 원액은 단백포, 계면활성제포, 수성막포, 불화단백포, 내알코올포 등

정답 ③

37

다음 중 알코올형 포소화약제를 이용한 소화가 가장 효과적인 것은?

① 아세톤   ② 휘발유

③ 톨루엔   ④ 벤젠

 정답분석

알코올형포(=내알코올포) 소화약제는 수용성 가연물인 알코올류, 에테르류(에터류), 케톤류, 알데하이드류, 아민류, 유기산, 특수인화물, 피리딘 등에 적합하다. 아세톤은 케톤류에 해당된다.

정답 ①

38

물을 소화약제로 사용하는 가장 큰 이유는?

① 물은 가연물과 화학적으로 결합하기 때문

② 물은 분해되어 질식성 가스를 방출하므로

③ 물은 기화열이 커서 냉각 능력이 크기 때문에

④ 물은 산화성이 강하기 때문에

 정답분석

물은 액체 중 기화열(539kcal/kg)이 가장 크므로 다른 물질에 비해 냉각효과가 뛰어나다. 그리고 물이 액체에서 기체로 증발하여 수증기를 형성할 경우 대기압 하에서 그 체적은 1,670배로 증가하는데 그 팽창된 수증기가 연소면을 덮어 산소의 공급을 차단한다.

정답 ③

39

유기과산화물의 화재 예방상 주의사항으로 옳지 않은 것은?

① 직사일광을 피하고 찬 곳에 저장한다.

② 모든 열원으로부터 멀리한다.

③ 용기의 파손에 의하여 누출 위험이 있으므로 정기적으로 점검한다.

④ 환원제는 상관없으나 산화제와는 멀리한다.

 정답분석

제5류 위험물에 속하는 유기과산화물은 매우 불안정한 과산화수소($H-O-O-H$)의 유도체로 산소-산소 결합에 의해 다른 물질을 산화시키는 특성(산화성)을 갖고 있어 환원제나 산화제와의 접촉을 피해야 하고, 직사일광을 피하고 찬 곳에 저장하여야 하며, 모든 열원으로부터 멀리 이격하여야 한다.

정답 ④

40

탄소 1mol이 완전 연소하는 데 필요한 최소 이론 공기량은 약 몇 L인가? (단, 0℃, 1기압 기준이며, 공기 중 산소의 농도는 21vol%이다.)

① 10.7   ② 22.4

③ 107   ④ 224

 정답분석

이론공기량의 부피는 이론산소량의 부피를 토대로 다음과 같이 계산한다.

$$A_o = O_o \times \frac{1}{0.21} \begin{cases} A_o : \text{이론공기량} \\ O_o : \text{이론산소량} \\ 0.21 : \text{공기 중 산소비} \end{cases}$$

[계산] 이론공기량은 다음과 같이 계산한다.

□ $O_o = $ 탄소량×산소와의 반응비$\left(\dfrac{\text{산소량}}{\text{탄소량}}\right)$

• $\begin{cases} C \ + \ O_2 \rightarrow CO_2 \\ 1\text{mol} \ : \ 22.4\text{L} \end{cases}$

∴ $A_o = 1\text{mol} \times \left(\dfrac{22.4\text{L}}{1\text{mol}}\right) \times \dfrac{1}{0.21} = 106.67 \text{ L}$

정답 ③

41 제5류 위험물 중 나이트로화합물에서 나이트로기(Nitro Group)를 옳게 나타낸 것은?

① $-NO$ ② $-NO_2$
③ $-NO_3$ ④ $-NO_4$

정답분석

나이트로기(Nitro Group)는 한 개의 질소 원자와 두 개의 산소 원자가 결합한 일가(一價)의 원자단을 말하므로 ②가 올바르다.

<그림> 나이트로화합물

정답 ②

42 제2류 위험물과 제5류 위험물의 공통점에 해당하는 것은?

① 자연발화성 물질이다.
② 산소를 포함하고 있는 물질이다.
③ 유기화합물이다.
④ 가연성 물질이다.

정답분석

제2류 위험물(가연성 고체)과 제5류 위험물(자기반응성 물질)은 공통적으로 가연성이다.
제2류 위험물(가연성 고체)은 황화인, 적린, 유황, 철분, 금속분, 마그네슘 등의 인화성고체이고 산화제와 접촉하면 마찰 또는 충격으로 급격하게 폭발할 수 있는 가연성물질이다.
제5류 위험물(자기반응성 물질)은 유기과산화물, 질산에스터류(질산에스테르류), 나이트로화합물(니트로화합물), 나이트로소화합물(니트로소화합물), 아조화합물, 다이아조화합물(디아조화합물), 하이드라진 유도체(히드라진 유도체), 하이드록실아민(히드록실아민), 하이드록실아민염류(히드록실아민염류) 등으로 모두 유기질화물이므로 가열, 충격, 마찰 등으로 인한 폭발위험이 있다.
제5류 위험물(자기반응성 물질)은 내부에 산소를 포함하지만 제2류 위험물(가연성 고체)은 내부에 산소를 포함하지 않는다.

정답 ④

43 다음 중 비중이 1보다 큰 물질은?

① 이황화탄소
② 에틸알코올
③ 아세트알데하이드
④ 테레핀유

정답분석

제4류 위험물 중 특수인화물인 이황화탄소(CS_2)는 비중이 1.26으로 독성이 있으며, 물보다 무겁다. 물에 녹지 않아 가연성 증기발생을 억제하기 위해 물속에 저장한다.

참고 수험대비에 도움되는 "비중(比重)"관한 포인트 정리

□ **제1류 위험물**(산화성 고체＝아염소산염류, 염소산염류, 과염소산염류, 무기과산화물, 브로민산염류, 질산염류, 아이오딘산염류, 과망가니즈산염류, 다이크로뮴산염류 등)은 대부분 무색의 결정 또는 백색분말로 대체로 비중이 1보다 크고, 물에 잘 녹는다.

□ **제2류 위험물**(가연성 고체＝황화인, 적린, 유황, 철분, 금속분, 마그네슘 등)은 강한 환원제로서 대체로 비중이 1보다 크다.

□ **제3류 위험물**(자연발화성 물질 및 금수성 물질) 중 특히, 인화칼슘(Ca_3P_2)의 비중은 2.5, 탄화칼슘(CaC_2)의 비중은 2.2로 물보다 무겁다.

□ **제4류 위험물**(인화성 액체)은 물에는 녹지 않는 것이 많고, 액체의 비중은 대체로 1보다 작은 것이 많다. 그러나 이황화탄소(CS_2)는 비중이 1.26, 에틸브로마이드는 1.46, 글리세린 1.26, 폼산($HCOOH$) 1.2 에틸렌글리콜 1.1, 아세트산(CH_3COOH) 1.05 등 물보다 무거운 것이 있다.

□ **제5류 위험물**(자기반응성 물질＝유기과산화물, 질산에스터류, 나이트로화합물, 나이트로소화합물 등) 중 특히, 나이트로글리세린[$C_3H_5(NO_3)_3$]은 점성이 있는 무색의 액체로 비중이 1.6으로 물보다 무겁다.

□ **제6류 위험물**(산화성 액체＝과염소산, 과산화수소, 질산)은 모두 강산(强酸)류인 동시에 강산화제(强酸化劑)이지만 모두 불연성이며, 물에 잘 녹고 비중이 1보다 크며 물과 반응 시 발열한다. 특히, 위험물안전관리법령에서 정한 질산은 비중이 1.49 이상인 것에 한하여 위험물로 간주된다.

정답 ①

44 적린과 황린의 공통점이 아닌 것은?

① 화재발생 시 물을 이용한 소화가 가능하다.
② 이황화탄소에 잘 녹는다.
③ 연소 시 P_2O_5의 흰 연기가 생긴다.
④ 원소는 같은 P이지만 비중은 다르다.

 적린(赤燐, P)은 황린(黃燐, P_4)과는 달리 자연발화성, 인광, 맹독성이 아니며, 물, 이황화탄소, 알칼리, 에터(에테르)에 녹지 않는다.
반면에 황린(黃燐, P_4)은 자연발화성 물질로 물과 반응하지 않으나 이황화탄소, 벤젠 등에 잘 녹는다. 황린은 물과 반응하지 않기 때문에 물 속에 보관할 수 있다. 실제로 황린의 자연 발화를 막기 위해서 물 속에 보관하는 방법을 채용한다.
□ 연소반응
　• 황린(백린) : $P_4 + 5O_2 \rightarrow 2P_2O_5$
　• 적린 : $2P + 2.5O_2 \rightarrow P_2O_5$

정답 ②

45 질산나트륨 90kg, 유황 70kg, 클로로벤젠 2,000L, 각각의 지정수량의 배수의 총합은?

① 2　　　　　　② 3
③ 4　　　　　　④ 5

 각 물질의 지정수량은 질산염류 : 300kg, 유황 : 100kg, 클로로벤젠 1000L이다.

계산 지정수량의 배수 총합은 다음과 같이 산정된다.

$$\therefore \text{배수} = \frac{90kg}{300kg} + \frac{70kg}{100kg} + \frac{2000L}{1000L} = 3$$

정답 ②

46 아세톤을 최대 150톤을 저장할 수 있는 옥외탱크저장소의 보유공지 너비는 몇 m 이상으로 하여야 하는가? (단, 아세톤의 비중은 0.79이다.)

① 3　　　　　　② 5
③ 9　　　　　　④ 12

 비중(Specific gravity)은 단위가 없는 무차원 수이며, 대상밀도/물의 밀도로 나타낼 수 있다. 그러므로 아세톤의 비중을 밀도단위로 전환하면 0.79kg/L이다.

계산 아세톤의 무게(질량)를 부피로 전환하여 다음과 같이 지정수량의 배수를 구할 수 있다.

□ 부피 $= 질량 \times \dfrac{1}{밀도}$

□ 저장수량 $= 150톤 \times \dfrac{1,000kg}{톤} \times \dfrac{1L}{0.79kg}$
　　　　　　$= 189,873L$

□ 지정수량의 배수 $= \dfrac{저장수량}{지정수량}$

　{ 아세톤 지정수량 : 400L

⇨ 지정수량의 배수 $= \dfrac{189,873L}{400L} = 474.69배$

∴ 지정수량의 500배 이하이므로 공지의 너비는 3m 이상으로 하여야 한다.

정답 ①

47 제5류 위험물 제조소에 설치하는 표지 및 주의사항을 표시한 게시판의 바탕색상과 각각 올바르게 나타낸 것은?

① 청색바탕에 백색문자
② 백색바탕에 청색문자
③ 백색바탕에 적색문자
④ 적색바탕에 백색문자

 제5류 위험물 제조소 표지의 바탕은 백색으로, 문자는 흑색으로, 주의사항은 적색바탕에 백색문자로 하여야 한다.

정답 ④

48 물에 녹지 않고 물보다 무거워 물 속에 저장하는 위험물은?

① 이황화탄소
② 산화프로필렌
③ 다이에틸에터(디에틸에테르)
④ 아세트알데하이드(아세트알데히드)

정답분석 제4류 위험물 중 특수인화물인 이황화탄소의 비중은 1.26으로 물보다 무겁고, 물에 녹지 않아 가연성 증기발생을 억제하기 위해 물속에 저장한다. 산화프로필렌(C_3H_6O)의 비중은 0.83, 다이에틸에터[$(C_2H_5)_2O$]의 비중은 0.71, 아세트알데하이드(CH_3CHO)의 비중은 0.79로 나머지 위험물은 모두 물보다 가볍다.

정리 위험물의 특이한 저장(보호액)(꼭 정리 해 둘 것!!)
□ 물에 안전하고, 불용성이며, 물속에 저장하는 위험물 → 황린(P_4), 이황화탄소(CS_2)
□ 등유(석유)에 저장하는 위험물 → 금속 칼륨(K), 나트륨(Na), 리튬(Li)
□ 알코올에 저장하는 위험물 → 나이트로셀룰로오스(니트로셀룰로오스), 인화칼슘(인화석회)
□ 알킬알루미늄, 알킬리튬은 물 또는 공기와 접촉하면 폭발한다. → 헥세인(헥산) 속에 저장
□ 알킬알루미늄, 탄화칼슘 → 질소 등 불활성가스 충진

정답 ①

49 위험물안전관리법령에 따른 위험물제조소의 안전거리 기준으로 틀린 것은?

① 주택으로부터 10m 이상
② 학교, 병원, 극장으로부터는 30m 이상
③ 유형문화재와 기념물 중 지정문화재로부터는 70m 이상
④ 고압가스 등을 저장, 취급하는 시설로부터는 20m 이상

정답분석 유형문화재와 기념물 중 지정문화재로부터는 50m 이상으로 하여야 한다.

정답 ③

50 다음 중 금수성 물질로만 나열된 것은?

① K, CaC_2, Na
② $KClO_3$, Na, S
③ KNO_3, CaO_2, Na_2O_2
④ $NaNO_3$, $KClO_3$, CaO_2

정답분석 금수성 물질로만 나열된 것은 ①의 K(제3류), CaC_2(제3류), Na(제3류)이다.
금수성 물질(禁水性物質)이라 함은 공기중의 수분이나 물과 접촉시 발화하거나 가연성가스의 발생 위험성이 있는 물질을 말한다.
□ 제1류 위험물 중 무기과산화물류
  • 과산화나트륨, 과산화칼륨, 과산화마그네슘
  • 과산화칼슘, 과산화바륨, 과산화리튬, 과산화베릴륨
□ 제2류 위험물 중 마그네슘, 철분, 금속분, 황화인
□ 제3류 위험물
  • 칼륨, 나트륨, 알킬알루미늄, 알킬리튬
  • 알칼리금속 및 알칼리토금속류
  • 유기금속화합물류, 금속수소화합물류
  • 금속인화물류, 칼슘 또는 알루미늄의 탄화물류
□ 제4류 위험물 중 특수인화물인 다이에틸에테르, 콜로디온 등
□ 제6류 위험물 : 과염소산, 과산화수소, 황산, 질산

정답 ①

51 피리딘에 대한 설명 중 틀린 것은?

① 물보다 가벼운 액체이다.
② 인화점은 30℃보다 낮다.
③ 제1석유류이다.
④ 지정수량이 200리터이다.

정답분석 피리딘(C_5H_5N)의 지정수량은 400L이다. 피리딘은 제4류 위험물 중 제1석유류(인화점 21℃, 비중 0.982)에 속하며, 무색의 수용성의 염기성 액체로 약알칼리성이며, 인화성이 높고, 불쾌한 생선 냄새가 난다.

<그림> pyridine

정답 ④

52 다음 중 인화점이 가장 낮은 것은?

① C_6H_6
② CH_3COCH_3
③ CS_2
④ $C_2H_5OC_2H_5$

 정답분석 인화점(引火點, Flash Point)이란 가연물을 외부로부터 직접 점화하여 가열하였을 때 불꽃에 의해 연소되는 최저온도를 말한다. 제시된 위험물에서 제4석유류 중 특수인화물인 다이에틸에터(디에틸에테르, $C_2H_5OC_2H_5$)와 이황화탄소(CS_2)가 특히 인화점이 낮다. 다이에틸에터(디에틸에테르)의 인화점은 $-45℃$, 이황화탄소(CS_2)의 인화점은 $-43℃$이므로 $C_2H_5OC_2H_5$의 인화점이 가장 낮다. 벤젠(C_6H_6)의 인화점은 $11℃$, 아세톤(CH_3COCH_3)의 인화점은 $-18.5℃$이다.

정답 ④

53 짚, 헝겊 등을 다음의 물질과 적셔서 대량으로 쌓아 두었을 경우 자연발화의 위험성이 제일 높은 것은?

① 동유
② 야자유
③ 올리브유
④ 피마자유

 정답분석 아이오딘가(요오드가)가 클수록 자연발화하기 쉽다. 동유(오동기름)는 건성유로 아이오딘가 130 이상이며, 야자유 · 올리브유 · 피마자유는 반건성유로 아이오딘가 100 ~ 130이다.

정리 동 · 식물유의 종류와 아이오딘가
- 건성유 → 아이오딘가 130 이상 : 정어리유, 해바라기유, 아마인유, 동유, 들기름 등
- 반건성유 → 아이오딘가 100 ~ 130 : 쌀겨기름, 면실유, 옥수수기름, 참기름, 콩기름 등
- 불건성유 → 아이오딘가 100 이하 : 피마자유, 올리브유, 야자유 등

정답 ①

54 다음 물질 중 발화점이 가장 낮은 것은?

① CS_2
② C_6H_6
③ CH_3COCH_3
④ CH_3COOCH_3

 정답분석 발화점(發火點, Ignition Point)은 외부의 직접적인 점화원이 없이 가열된 열의 축적에 의하여 발화가 되고, 연소가 되는 최저의 온도, 즉 점화원이 없는 상태에서 가연성 물질을 가열함으로써 발화되는 최저온도를 말하며, 착화점(着火點) 또는 착화온도(着火溫度)라고도 한다. 이황화탄소(CS_2)는 특수인화물로서 발화점이 $100℃$ 이하의 위험물로 분류된다. 이황화탄소(CS_2)의 발화점은 $90℃$이다. 반면에 벤젠과 아세톤, 아세트산메틸은 제1석유류로서 벤젠(C_6H_6)의 발화점은 $498℃$, 아세톤(CH_3COCH_3)은 $465℃$, 아세트산메틸(CH_3COOCH_3)의 발화점은 $440℃$이다.

정답 ①

55 위험물안전관리법령상 HCN의 품명으로 올바른 것은?

① 제1석유류
② 제2석유류
③ 제3석유류
④ 제4석유류

 정답분석 사이안화수소(시안화수소, HCN)는 제4류 위험물 중 제1석유류에 속한다.

정답 ①

56 제1류 위험물에 속하지 않는 것은?

① 질산염류
② 브로민산염류
③ 과망가니즈산염류
④ 유기과산화물

 정답분석 제1류 위험물은 산화성고체로 무기과산화물, 염소산염류, 아염소산염류, 과염소산염류, 질산염류, 퍼옥소이황산염류, 아이오딘산염류, 브로민산염류, 과망가니즈산염류, 다이크로뮴산염류 등이다.
유기과산화물은 제5류 위험물(자기반응성 물질)에 속한다. $-O-O-$ 결합의 양 끝단에 유기화합물이 붙으면 유기과산화물, 무기화합물이 붙으면 무기과산화물이 된다.

정답 ④

57 나이트로셀룰로오스에 대한 설명으로 틀린 것은?

① 직사일광을 피해서 저장한다.
② 알코올 수용액 또는 물로 습윤시켜 저장한다.
③ 질화도가 클수록 위험도가 증가한다.
④ 화재 시에는 질식소화가 효과적이다.

 나이트로셀룰로오스(니트로셀룰로오스)는 제5류 위험물로 화재 시에는 다량의 물에 의한 냉각소화가 효과적이다. 나이트로셀룰로오스(니트로셀룰로오스)의 질소 농도(질화도)가 클수록 폭발성, 분해도, 위험도가 증가하고, 건조한 상태에서는 폭발하기 쉬우므로 저장·운반 시에는 물 또는 알코올 수용액에 습윤시킨다.

정답 ④

58 KClO₄의 성질로 옳지 않은 것은?

① 황색 또는 갈색의 사방정계 결정이다.
② 에테르에 녹지 않는다.
③ 에탄올에 녹지 않는다.
④ 열분해하면 산소와 염화칼륨으로 분해된다.

 과염소산칼륨($KClO_4$)은 무색 또는 흰색의 사방정계 결정이다.

정답 ①

59 제1류 위험물과 제6류 위험물의 성질 중 공통점으로 옳은 것은?

① 산화성 물질이며 다른 물질을 환원시킨다.
② 환원성 물질이며 다른 물질을 환원시킨다.
③ 산화성 물질이며 다른 물질을 산화시킨다.
④ 환원성 물질이며 다른 물질을 산화시킨다.

 제1류 위험물과 제6류 위험물은 산화력이 강한 물질로서 제1류 위험물은 산화성고체, 제6류 위험물은 산화성 액체이다. 산화성 물질은 다른 물질을 산화시키며, 가열·충격 등으로 인하여 격렬히 분해되거나 반응하는 물질이다. 반면에 제2류 위험물(가연성 고체)은 강력한 환원성 물질이기 때문에 제1류 위험물과 제6류 위험물과의 혼합, 혼촉을 피하여야 한다.

정답 ③

60 위험물 지정수량의 낮은 순서가 맞는 것을 고르시오.

① 나이트로화합물(니트로화합물) > 브로민산염류 > 하이드록실아민(히드록실아민)
② 나이트로화합물(니트로화합물) > 하이드록실아민(히드록실아민) > 브로민산염류
③ 브로민산염류 > 하이드록실아민(히드록실아민) > 나이트로화합물(니트로화합물)
④ 브로민산염류 > 나이트로화합물(니트로화합물) > 하이드록실아민(히드록실아민)

 문제에서 제시된 품목에 대한 위험물 지정수량의 크기를 살펴보면 ; 브로민산염류(300kg) > 나이트로화합물(니트로화합물)(200kg) > 하이드록실아민(히드록실아민)(100kg)이다.

정답 ④

2024년 제2회(CBT)

* CBT 문제는 모든 수험생의 기억에 따라 복원된 것이며, 실제 기출문제와 동일하지 않을 수 있습니다.

제1과목 일반화학

01 다음 중 포화탄화수소에 해당하는 것은?

① 톨루엔
② 에텐(에틸렌)
③ 프로페인(프로판)
④ 에타인(아세틸렌)

정답분석 포화탄화수소(飽和炭化水素, Saturated Hydrocarbon)는 탄소와 수소로만 구성되어 있는 화합물인 탄화수소 중에서 이중결합이나 삼중결합 등의 불포화 결합이 하나도 포함되어 있지 않은 것을 말한다. 사슬형 포화탄화수소는 C_nH_{2n+2}의 분자식을 지니고, 한 개의 고리로 이루어진 고리형 포화탄화수소는 C_nH_{2n}의 분자식을 갖는다. 포화탄화수소는 알케인이라고 부르는데 사슬구조인 경우 탄소원자의 개수에 따라 메테인(메탄, Methane, CH_4), 에테인(에탄, Ethane, C_2H_6), 프로페인(프로판, Propane, C_3H_8) 등이 이에 해당한다.

정답 ③

02 불꽃반응 결과 노란색을 나타내는 미지의 시료를 녹인 용액에 $AgNO_3$ 용액을 넣으니 백색침전이 생겼다. 이 시료의 성분은?

① KCl
② NaCl
③ $CaCl_2$
④ Na_2SO_4

정답분석 염화나트륨은 불꽃반응에서 노란색을 나타내며, 질산은 용액과 반응하여 백색침전을 생성한다.

반응 $NaCl + AgNO_3 \rightarrow NaNO_3 + AgCl$(백색침전)

정답 ②

03 같은 분자식을 거치면서 각각을 서로 겹치게 할 수 없는 거울상의 구조를 갖는 분자를 무엇이라 하는가?

① 구조이성질체
② 기하이성질체
③ 광학이성질체
④ 분자이성질체

정답분석 거울상 이성질체는 광학 이성질체라고도 말하는데 분자식은 같지만 입체중심에서 반대되는 배열을 갖기 때문에 서로를 포갤 수 없는 구조이다.

참고

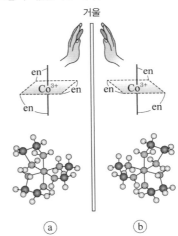

거울

$\langle$그림$\rangle$ 광학 이성질체의 보기 ; $[Co(en)_3]^{3+}$

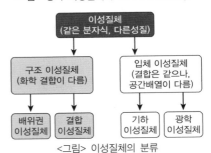

$\langle$그림$\rangle$ 이성질체의 분류

정답 ③

04 다음 중 동소체 관계가 아닌 것은?

① 적린과 황린

② 산소와 오존

③ 물과 과산화수소

④ 다이아몬드와 흑연

정답분석 동소체(同素體, Allotropy)란 한 종류의 원소로 구성되어 있지만, 그 원자의 배열 상태나 결합 방법이 달라 성질이 서로 다른 성질의 물질로 존재할 때를 말한다. 다이아몬드 – 흑연, 적린 – 황린, 산소 – 오존 등이 동소체에 해당한다. 과산화수소(H_2O_2)는 물(H_2O)에 산소 원자가 하나 더 붙어서 만들어진 무기화합물물로서 이들은 한 종류의 원소로 구성되어 있지 않으므로 화합물이다.

정답 ③

 05 25℃의 포화용액 90g 속에 어떤 물질이 30g 녹아있다. 이 온도에서 물질의 용해도는 얼마인가?

① 10　　　　② 25

③ 36　　　　④ 50

정답분석 용해도의 관계식을 이용한다.

□ 용해도$(g/100g) = \dfrac{용질(g)}{용매의\ 양(g)} \times 100$

[계산] 용질의 용해도는 다음과 같이 계산된다.

$\begin{cases} 용매 = 용액 - 용질 = 60\,g \\ 용질 = 30\,g \\ 용액 = 90\,g \end{cases}$

∴ 용해도 $= \dfrac{30\,g}{60\,g} \times 100 = 50\,g/100g \cdot 용매$

정답 ④

 06 벤젠에 관한 설명으로 틀린 것은?

① 물보다 가볍다.

② 화학식은 C_6H_{12}이다.

③ 알코올, 에테르에 잘 녹는다.

④ 추운 겨울날씨에 응고될 수 있다.

정답분석 벤젠(Benzene, C_6H_6)은 탄소 원자 6개가 이어져서 이루어지는 육각형의 고리로 된 구조식을 가진다.

벤젠의 비중은 0.88로 물보다 가볍고, 무색의 휘발성 액체로 독특한 냄새가 난다.

물에 대한 용해도는 0.18g/100mL(25℃)로 매우 낮으나 알코올, 에테르, 이황화탄소, 아세톤, 클로로폼, 오일류, 사염화탄소 및 대부분의 유기 용매류에 잘 녹는다. 녹는점이 5.5℃이므로 이 온도 이상에서는 액체로 존재하지만 5.56℃ 이하에서는 고체로 응고(凝固)된다. 인화점이 −11.63℃로 낮기 때문에 추운 겨울날씨에도 연소 위험이 따른다.

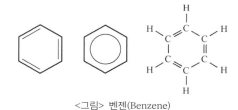

<그림> 벤젠(Benzene)

정답 ②

 07 다음 중 불균일 혼합물인 것은?

① 공기　　　　② 사이다

③ 소금물　　　④ 화강암

정답분석 불균일 혼합물은 혼합되어 있지만 혼합물 개개의 형태를 육안으로 구별이 가능한 것을 말한다. 예를 들면, 화강암, 우유, 흙탕물 등이다. 나머지 항목은 혼합물 개개의 형태를 육안으로 구별이 가능하지 않으므로 균일 혼합물이다.

정답 ④

08

96wt% H_2SO_4(A)와 60wt% H_2SO_4(B)를 혼합하여 80wt% H_2SO_4 100kg을 만들려고 한다. 각 황산을 몇 kg씩 혼합하여야 하는가?

① A : 30, B : 70
② A : 70, B : 30
③ A : 44.4, B : 55.6
④ A : 55.6, B : 44.4

정답분석 혼합식을 이용한다.

□ 혼합량 $= M_A X_A + M_B X_B$

•
- 혼합량 $= 100\text{kg} \times 0.8 = 80\text{kg}$
- $M_A X_A = M_A \times 0.96$
- $M_B X_B = M_B \times 0.6$

계산 다음과 같이 80%의 황산에 초점을 맞추어 계산한다.

□ $80 = M_A \times 0.96 + M_B \times 0.6$

← $(M_A + M_B = 100\text{kg})$

□ $80 = (100 - M_B) \times 0.96 + M_B \times 0.6$

•
$\begin{cases} M_B = \dfrac{100 \times 0.96 - 80}{0.96 - 0.6} = 44.444\text{kg} \\ M_A = 100 - 44.444 = 55.556\text{kg} \end{cases}$

∴ $M_A = 55.556\text{kg}$　　$M_B = 44.444\text{kg}$

정답 ④

09

H_2O가 H_2S보다 비등점이 높은 이유는?

① 분자량이 적기 때문에
② 수소결합을 하고 있기 때문에
③ 공유결합을 하고 있기 때문에
④ 이온결합을 하고 있기 때문에

정답분석 수소결합(水素結合, Hydrogen Bond)을 갖는 분자 (H…F, O, N)는 분자간의 인력이 강해 분자 사이의 인력을 끊기 위해서는 많은 에너지가 필요하기 때문에 유사한 분자량을 가진 화합물과 비교할 때 녹는점, 끓는점이 높다.

정답 ②

10

8g의 메테인(메탄)을 완전연소시키는 데 필요한 산소 분자의 수는?

① 6.023×10^{23}
② 6.023×10^{24}
③ 1.204×10^{23}
④ 1.204×10^{24}

정답분석 아보가드로의 법칙에 따르면 기체의 종류가 다르더라도 온도와 압력이 같다면 일정 부피 안에 들어있는 기체의 입자수는 같다.

계산 메테인(메탄)의 연소반응 식을 토대로 다음과 같이 계산한다.

$CH_4 + 2O_2 \rightarrow CO_2 + 2H_2O$

$1\text{mol} : 2\text{mol} = 8\text{g} \times \dfrac{\text{mol}}{16\text{g}} : x, \quad x = 1\text{mol}$

∴ O_2 분자수 $= 6.023 \times 10^{23}$ 개

정답 ①

11

다음 중 나이트로벤젠을 수소로 환원하여 만드는 물질은 무엇인가?

① 페놀　　　　② 아닐린
③ 톨루엔　　　④ 벤젠술폰산

정답분석 아닐린(Aniline)은 나이트로벤젠을 금속과 염산으로 환원시켜 만든 방향족 아민($C_6H_5NO_2 \rightarrow C_6H_5NH_2$)이다. 즉, 아닐린은 나이트로벤젠을 주석 또는 철과 염산에 의해 환원시키거나 니켈 등 금속 촉매를 써서 접촉수소 첨가법으로 생성시킨다. 아닐린($C_6H_5NH_2$)은 제4류 위험물 중 제3석유류이다.

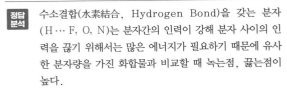

정답 ②

12 다음 반응속도식에서 2차 반응인 것은?

① $v = [A][B]^2$
② $v = k[A][B]$
③ $v = k[A]^2[B]^2$
④ $v = k[A]^{\frac{1}{2}}[B]^{\frac{1}{2}}$

 정답 분석 반응속도$(v) = k[A]^x[B]^y$이고 2차 반응인 것은 ②이다. 농도가 동일한 경우, 즉 농도[A]=농도[B]이면 2차 반응 속도 식은 $v = k[A]^2$으로 된다. 2차 반응의 속도상수 단위(k) = L/mol·sec이다. 참고로, 이때 반응차수는 반응물의 농도로 결정되며, 생성물의 농도와는 무관하며, 반응식에서 화학양론적 계수를 이용하는 것이 아니라 "반드시 반응속도 실험을 통해서 결정되어야 한다."는 것이다.

정답 ②

13 20개의 양성자와 20개의 중성자를 가지고 있는 것은?

① Zr   ② Ca
③ Ne   ④ Zn

정답 분석 원자번호는 원소의 원자핵에 있는 양성자의 수를 나타낸다. 그러므로 20개의 양성자를 가진 것은 원자번호 20번의 칼슘(Ca)이다.

참고 양성자의 수는 전자의 수와 같기 때문에 원자번호는 원자에 있는 전자의 수를 가리키기도 한다.
질량 수는 원소의 원자핵에 있는 양성자의 수(원자번호)에 중성자의 수를 합한 수이다. 따라서 20개의 양성자와 20개의 중성자를 가지고 있다면 질량수는 40이다.

정답 ②

14 다음은 열역학 제 몇 법칙에 대한 내용인가?

0K(절대온도)에서 물질의 엔트로피는 0이다.

① 열역학 제0법칙
② 열역학 제1법칙
③ 열역학 제2법칙
④ 열역학 제3법칙

 정답 분석 엔트로피(Entropy)에 대한 법칙은 열역학 제3법칙이다.
• 제1법칙 : 우주의 에너지는 일정하다.
• 제2법칙 : 자발적인 과정에서 우주의 엔트로피는 항상 증가한다.
• 제3법칙 : 0K(절대영도)에서 물질의 엔트로피는 0이다.

정답 ④

15 주기율표에서 제2주기에 있는 원소의 성질 중 왼쪽에서 오른쪽으로 갈수록 감소하는 것은?

① 원자 반지름
② 전자껍질의 수
③ 원자핵의 하전량
④ 원자가 전자의 수

정답 분석 제2주기에 있는 원소의 특성에서 왼쪽에서 오른쪽으로 갈수록 감소하는 것은 원자 반지름이다.

참고 원자 반지름은 한 가지 물질로 이루어진 물질에서 가장 가까운 원자간의 거리로 측정하여 반으로 나눈 값을 의미한다.
주기율표의 같은 주기에서는 → 왼쪽에서 오른쪽으로 갈수록 반지름은 작아진다.
주기율표의 같은 족에서는 → 아래로 갈수록 반지름은 커진다.

정답 ①

16

다음 중 반응이 정반응으로 진행되는 것은?

① $Pb^{2+}+Zn \rightarrow Zn^{2+}+Pb$

② $I_2+2Cl^- \rightarrow 2I^-+Cl_2$

③ $2Fe^{3+}+3Cu \rightarrow 3Cu^{2+}+2Fe$

④ $Mg^{2+}+Zn \rightarrow Zn^{2+}+Mg$

 환원력(還元力, Reducing Power)의 세기는
$F_2 > Cl_2 > Br_2 > Fe^{3+} > I_2 > Cu_2^+ > H^+ > Pb_2^+ >$
$Ni_2^+ > Fe_2^+ > Zn_2^+ > Mg_2^+ > Na^+ > Ca_2^+ > K^+ >$
Li^+의 순서이다.
산화력(酸化力, Oxidizing Power)의 세기는 환원력
세기의 반대가 된다.
금속의 이온화 경향(반응성)의 크기는
K(칼륨) > Ca(칼슘) > Na(나트륨) > Mg(마그네슘) >
Al(알루미늄) > Zn(아연) > Fe(철) > Ni(니켈) >
Sn(주석) > Pb(납) > H(수소) > Cu(구리) > Hg(수은) >
Ag(은) > Pt(백금) > Au(금)의 순서로 감소한다.
따라서,
①은 납(Pb)이 환원 – 아연(Zn)은 산화되는 반응이며,
반응성의 크기가 Zn > Pb이므로 정반응(正反應, forward
reaction)으로 진행된다.
②는 염소(Cl_2)가 환원 – 요오드(아이오딘, I_2)가 산화되
는 반응이며, 반응성의 크기가 Cl_2 > I_2이므로 역반응(逆
反應, reverse reaction)으로 진행된다.
③은 철(Fe)이 환원 – 구리(Cu)가 산화되는 반응이며,
반응성의 크기가 Fe > Cu이므로 역반응(逆反應)으로 진
행된다.
④는 마그네슘(Mg)이 환원 – 아연(Zn)이 산화되는 반응
이며, Mg > Zn이므로 역반응(逆反應)으로 진행된다.

정답 ①

17

**NaOH 1g이 250mL 메스플라스크에 녹아 있을
때, NaOH 수용액의 농도는?**

① 0.1N   ② 0.3N

③ 0.5N   ④ 0.7N

 규정 농도(Normality, N)는 용액 1L에 용해되어 있는
용질의 당량(當量, equivalent, eq) 수로 정의된다.
가성소다(NaOH)는 1가의 염기이므로 1mol 질량(분자
량)=1당량($1eq$)=40g이다.

$$\square\ N\,(eq/L) = \frac{용질\,(eq)}{용액\,(L)}$$

계산 NaOH용액의 규정 농도(규정도)는 다음과 같이 계산한다.

$$\therefore\ N = \frac{1g}{250mL} \times \frac{eq}{40g} \times \frac{10^3mL}{L} = 0.1\,eq/L$$

정답 ①

18

다음 중 아세토페논의 화학식은?

① C_2H_5OH ② $C_6H_5NO_2$

③ $C_6H_5CH_3$ ④ $C_6H_5COCH_3$

 아세토페논(Acetophenone, C_8H_8O or $C_6H_5COCH_3$)
은 제4류 위험물의 제3석유류(비수용성 액체)로 분류되며,
독특한 냄새가 나는 무색의 점성이 있는 유기화합물로 가장
단순한 형태의 방향성 케톤이다. 산화성 물질 또는 강염기
와 반응할 경우 화재나 폭발 위험이 있으며, 증기는 공기보
다 4배 정도 무거우며, 인화점은 77℃이다.

<그림> Acetophenone

정답 ④

19 다음 중 펩타이드 결합(−CO−NH−)을 가진 물질은?

① 포도당   ② 지방산

③ 아미노산   ④ 글리세린

정답 ③

20 Ca²⁺의 전자배치를 옳게 나타낸 것은?

① $1s^2 2s^2 2p^6 3s^2 3p^6 3d^2$

② $1s^2 2s^2 2p^6 3s^2 3p^6 4s^2$

③ $1s^2 2s^2 2p^6 3s^2 3p^6 4s^2 3d^2$

④ $1s^2 2s^2 2p^6 3s^2 3p^6$

정답 ④

제2과목 화재예방과 소화방법

21 알코올 화재 시 수성막포 소화약제는 내알코올포 소화약제에 비하여 소화효과가 낮다. 그 이유로서 가장 옳은 것은?

① 수용성 알코올로 인해 포가 소멸되기 때문에

② 소화약제와 섞이지 않아서 연소면을 확대하기 때문에

③ 알코올은 포와 반응하여 가연성가스를 발생하기 때문에

④ 알코올이 연료로 사용되어 불꽃의 온도가 올라가기 때문에

정답 ①

22 다음 중 고체의 일반적인 연소형태에 대한 설명으로 틀린 것은?

① 숯은 표면연소를 한다.

② 목재는 분해연소를 한다.

③ 양초는 자기연소를 한다.

④ 나프탈렌은 증발연소를 한다.

정답 ③

23 위험물안전관리법령상 이동탱크저장소에 의한 위험물의 운송 시 위험물운송자가 위험물안전카드를 휴대하지 않아도 되는 물질은?

① 경유
② 휘발유
③ 과산화수소
④ 벤조일퍼옥사이드

 위험물(제4류 위험물에 있어서는 특수인화물 및 제1석유류에 한함)을 운송하게 하는 자는 위험물안전카드를 위험물운송자로 하여금 휴대하게 하여야 한다. 경유는 제4류 위험물 중 제2석유류에 속하므로 이에 해당하지 않는다.

정답 ①

24 다음 보기의 물질 중 위험물안전관리법령상 제1류 위험물에 해당하는 것의 지정수량을 모두 합산한 값은?

<보기>	
• 아이오딘산	• 차아염소산염류
• 과염소산	• 퍼옥소이황산염류

① 350kg
② 400kg
③ 650kg
④ 1,350kg

 제1류 위험물에 해당하는 물질은 퍼옥소이황산염류(300kg), 차아염소산염류(50kg)이다.

[참고] 지정수량 총합 = 300 + 50 = 350kg

정답 ①

25 BLEVE 현상에 대한 설명으로 가장 옳은 것은?

① 대기 중에 대량의 가연성 가스가 유출하여 발생된 증기가 폭발하는 현상이다.
② 대량의 수증기가 상층의 유류를 밀어올려 다량의 유류를 탱크 밖으로 배출하는 현상이다.
③ 가연성 액화가스 저장탱크 주위에 화재가 발생하여 탱크가 파열되고 폭발하는 현상이다.
④ 고온층 아래의 저온층의 기름이 급격하게 열팽창하여 기름이 탱크 밖으로 분출하는 현상이다.

블레비(BLEVE) 현상은 가연성 액화가스 저장탱크 주위에 화재가 발생하여 탱크가 파열되고 폭발하는 현상을 말한다.

[참고] BLEVE(Boiling Liquid Expanded Vapor Explosion)는 비등액체 팽창증기 폭발이라고도 하는데 액체탱크 및 액화가스 저장탱크가 외부화재에 의해 열을 받을 때, 액면 상부의 금속부분이 약화되고 내부의 발생증기에 의한 과압(過壓)을 견디지 못하여 약화된 금속이 파열되면서 폭발이 일어나는 현상이다.
블레비 현상으로 분출된 액화가스의 증기가 공기와 혼합하여 연소범위가 형성되어서 공 모양의 대형화염이 상승하는 형상을 화이어볼(Fire Ball)이라 한다.
BLEVE가 화재에 기인한 것이 아닐 때에는 증기운이 형성되어 그 결과 증기운 폭발(VCE ; Vapor Cloud Exposion)을 일으킬 수 있다.

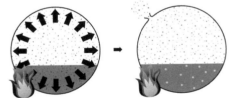
<그림> BLEVE(Boiling Liquid Expanded Vapor Explosion)

정답 ③

26 불활성가스 소화약제 중 "IG-55"의 성분 및 그 비율을 옳게 나타낸 것은? (단, 용량비를 기준으로 한다)

① 질소 : 아르곤＝55 : 45
② 질소 : 아르곤＝50 : 50
③ 질소 : 이산화탄소＝55 : 45
④ 질소 : 이산화탄소＝50 : 50

 불활성가스 소화약제 중 IG−55의 조성은 질소(N_2) 50%, 아르곤(Ar) 50%이다.

[참고] **불활성기체 청정 소화약제**(암기할 것)
　IG−100 : 질소 100%
　IG−55 : 질소와 아르곤의 용량비가 50 : 50인 혼합물
　IG−541 : 질소와 아르곤과 이산화탄소의 용량비가 52 : 40 : 8인 혼합물

정답 ②

28 제6류 위험물인 질산에 대한 설명으로 틀린 것은?

① 강산이다.
② 불연성 물질이다.
③ 물과 접촉 시 발열한다.
④ 열분해 시 수소를 발생한다.

 질산(HNO_3)이 금속(Mg, Mn 등)과 반응할 경우 수소를 발생한다. 질산(HNO_3)이 열분해 할 경우, 적갈색의 이산화질소(NO_2) 가스를 발생시키므로 갈색의 유리병에 넣어 냉암소에 보관하여야 한다. 질산은 불연성 액체로, 부식성이 있고, 물과 접촉시 발열하며, 발연성이 있는 대표적인 강산(强酸)이다. 질산은 화재 및 폭발 위험은 없지만 과산화소소, 질소산화물, 질산 흄(fume) 등의 부식성·독성 흄이 생성된다.

정답 ④

27 위험물안전관리법령상 위험물저장소 건축물의 외벽이 내화구조인 것은 연면적 얼마를 1소요단위로 하는가?

① 50m²
② 75m²
③ 100m²
④ 150m²

 저장소의 건축물은 외벽이 내화구조인 것은 연면적 150m²를 1소요단위로 하고, 외벽이 내화구조가 아닌 것은 연면적 75m²를 1소요단위로 한다.

정답 ④

29 위험물안전관리법령상 제6류 위험물에 적응성이 있는 소화설비는?

① 옥외소화전설비
② 불활성가스 소화설비
③ 할로젠화합물 소화설비
④ 분말소화설비(탄산수소염류)

제6류와 제5류 위험물에 적응성이 있는 소화설비는 옥외소화전설비이다.

[참고] 이산화탄소와 할로젠화합물 소화설비는 가스계 소화설비로 제6류 위험물에 적응성이 없다.
탄산수소염류분말 소화설비는 제6류 위험물에 적응성이 없는 반면에 인산염류 분말소화설비는 적응성이 있다.
옥외소화전 또는 옥내소화전설비에 적응성이 있는 위험물은 제1류 위험물 중 알칼리금속의 과산화물 이외의 것, 제2류 위험물 중 인화성 고체, 제3류 위험물 중 금수성 물질 이외의 것, 제5류 위험물, 제6류 위험물에 적응성이 있다.

정답 ①

30 분말소화기에 사용되는 소화약제 주성분이 아닌 것은?

① NaOH
② $KHCO_3$
③ $NaHCO_3$
④ $NH_3H_2PO_4$

정답분석 NaOH(가성소다)는 분말 소화약제에 속하지 않는다.

제1종 분말 소화약제 : $NaHCO_3$(탄산수소나트륨)

제2종 분말 소화약제 : $KHCO_3$(탄산수소칼륨)

제3종 분말 소화약제 $NH_4H_2PO_4$(인산이수소암모늄)

제4종 분말 소화약제 : $KHCO_3+(NH_2)_2CO$

참고 분말 소화약제는 탄산수소나트륨($NaHCO_3$), 탄산수소칼륨($KHCO_3$), 제1인산암모늄($NH_4H_2PO_4$) 등의 물질을 미세한 분말로 만들어 유동성을 높인 후 이를 질소 또는 이산화탄소의 가스압으로 분출·소화하는 약제이다. 분출되는 분말의 입자는 $10 \sim 70\mu m$범위이지만 최적의 소화효과를 나타내는 입자는 $20 \sim 25\mu m$범위이다.

구분	1종	2종	3종	4종
주성분	$NaHCO_3$	$KHCO_3$	$NH_4H_2PO_4$	$KHCO_3$ $(NH_2)_2CO$
착색	백색	보라색 담회색	담홍색	회색

정답 ①

31 다음 중 비중이 가장 큰 것은?

① 중유
② 경유
③ 아세톤
④ 이황화탄소

정답분석 이황화탄소(CS_2)는 비중 1.26으로 제시된 항목 중 비중이 가장 크다.

참고 비중의 크기

에틸브로마이드(1.46) > 이황화탄소(1.26) > 글리세린(1.22) > 나이트로벤젠(1.2) > 클로로벤젠(1.1) > 클레오소트유(1.05) > 중유(0.92 ~ 1.0) > 초산메틸(0.93) > 의산메틸(0.97) > 경유(0.82 ~ 0.84) > 아세톤(0.79)

정답 ④

32 위험물안전관리법령상 마른 모래(삽 1개 포함) 50L의 능력단위는?

① 0.3
② 0.5
③ 1.0
④ 1.5

정답분석 위험물안전관리법령상 마른모래(삽 1개 포함) 50L의 능력단위는 0.5단위이다.

참고

소화설비	용량	능력단위
소화전용(轉用) 물통	8L	0.3
수조(소화전용 물통 3개 포함)	80L	1.5
수조(소화전용 물통 6개 포함)	190L	2.5
마른 모래(삽 1개 포함)	50L	0.5
팽창질석 또는 팽창진주암(삽 1개 포함)	160L	1.0

정답 ②

33 특정옥외탱크저장소라 함은 옥외탱크저장소 중 저장 또는 취급하는 액체 위험물의 최대수량이 얼마 이상인 것인가?

① 30만리터 이상
② 50만리터 이상
③ 100만리터 이상
④ 200만리터 이상

정답분석 특정옥외저장탱크 : 옥외탱크저장소 중 그 저장 또는 취급하는 액체위험물의 최대수량이 100만L 이상의 것(특정옥외탱크저장소)의 옥외저장탱크의 기초 및 지반은 당해 기초 및 지반상에 설치하는 특정옥외저장탱크 및 그 부속설비의 자중, 저장하는 위험물의 중량 등의 하중에 의하여 발생하는 응력에 대하여 안전한 것으로 하여야 한다.

정답 ③

34 위험물안전관리법령상 옥내소화전설비의 비상전원은 자가발전설비 또는 축전지 설비로 옥내소화전 설비를 유효하게 몇 분 이상 작동할 수 있어야 하는가?

① 10분
② 20분
③ 45분
④ 60분

정답분석 옥내소화전설비, 옥외소화전설비, 물분무 소화설비의 비상전원은 자가발전설비 또는 축전지설비로 옥내소화전설비를 유효하게 45분 이상 작동할 수 있어야 한다.

정답 ③

35

위험물안전관리법령상 지정수량의 3천배 초과 4천배 이하의 위험물을 저장하는 옥외탱크저장소에 확보하여야 하는 보유공지의 너비는?

① 6m 이상 ② 9m 이상
③ 12m 이상 ④ 15m 이상

 정답분석 옥외탱크저장소에서 지정수량의 3천배 초과 4천배 이하의 위험물을 저장하는 보유공지의 너비는 15m 이상으로 한다.

[참고] 보유공지(비교정리)

□ 제조소 $\begin{cases} \circ \text{ 지정수량 10배 이하 : 3m} \\ \circ \text{ 지정수량 10배 초과 : 5m} \end{cases}$

□ 옥내저장소(내화구조물)

지정수량의 5배 ~ 10배 이하	1m 이상
지정수량의 10배 ~ 20배 이하	2m 이상
지정수량의 20배 ~ 50배 이하	3m 이상
지정수량의 50배 ~ 200배 이하	5m 이상
지정수량의 200배 초과	10m 이상

□ 옥외저장소

지정수량의 10배 이하	3m 이상
지정수량의 10배 ~ 20배 이하	5m 이상
지정수량의 20배 ~ 50배 이하	9m 이상
지정수량의 50배 ~ 200배 이하	12m 이상
지정수량의 200배 초과	15m 이상

□ 옥외탱크저장소

지정수량의 500배 이하	3m 이상
지정수량의 500배 ~ 1000배 이하	5m 이상
지정수량의 1000배 ~ 2000배 이하	9m 이상
지정수량의 2000배 ~ 3000배 이하	12m 이상
지정수량의 3000배 ~ 4000배 이하	15m 이상

정답 ④

36

다음 중 화재 시 주수소화를 하면 위험성이 증가하는 것은?

① 염소산칼륨 ② 과산화칼륨
③ 과염소산나트륨 ④ 과산화수소

 정답분석 과산화칼륨(K_2O_2)은 제1류 위험물 중 무기과산화물에 속한다. 과산화물 분자구조는 과산화결합($-O-O-$)을 가지는데 양 끝단에 무기화합물이 결합하여 무기과산화물이 된다. 이 때 산소와 산소 사이에 결합이 매우 약하기 때문에 가열이나 충격 또는 마찰에 의해 분해가 되면 산소가스를 발생하여 위험성이 있다. 과산화칼륨에 의한 화재 시 주수소화가 적합하지 않은 이유는 산소가스가 발생하기 때문이다.

□ $2K_2O_2 + 2H_2O \rightarrow 4KOH + O_2$

정답 ②

37

강화액 소화기에 대한 설명으로 옳은 것은?

① 산·알칼리 액을 주성분으로 하는 소화기이다.
② 물의 소화효과를 높이기 위해 염류를 첨가한 소화기이다.
③ 물의 유동성을 강화하기 위한 유화제를 첨가한 소화기이다.
④ 물의 표면장력을 강화하기 위해 탄소를 첨가한 소화기이다.

 정답분석 강화액 소화기는 동절기 물 소화약제의 어는 단점을 보완하기 위해 물에 염류를 첨가한 것으로 탄산칼륨(K_2CO_3) 또는 인산암모늄[$(NH_4)_2PO_4$]을 첨가하여 약알칼리성(pH 11 ~ 12)으로 개발되었다.

정답 ②

38

전역방출방식 분말소화 설비의 분사헤드는 기준에서 정하는 소화약제의 양을 몇 초 이내에 균일하게 방사해야 하는가?

① 15　　　　　② 30
③ 45　　　　　④ 60

 분말소화설비의 소화약제 저장량은 30초 이내에 방사할 수 있는 것으로 하여야 한다.

참고로 "전역방출방식"이란 고정식 발생장치로 구성되어 포 수용액이 방호대상물 주위가 막혀진 공간이나 밀폐 공간 속으로 방출되도록 된 설비방식을 말한다.

• 방사된 소화약제가 방호구역의 전역에 균일하고 신속하게 확산할 수 있도록 설치할 것
• 분사헤드의 방사압력은 0.1MPa 이상일 것
• 소화약제의 양을 30초 이내에 균일하게 방사할 수 있을 것

정답 ②

39

과산화칼륨에 의한 화재 시 주수소화가 적합하지 않은 이유로 가장 타당한 것은?

① 가연물이 발생하기 때문에
② 산소가스가 발생하기 때문에
③ 수소가스가 발생하기 때문에
④ 금속칼륨이 발생하기 때문에

 과산화칼륨(K_2O_2)에 의해 발생한 화재 시 주수소화가 적합하지 않은 이유는 산소가스가 발생하기 때문이다.

과산화칼륨(K_2O_2)은 제1류 위험물 중 무기과산화물에 속한다. 분자구조는 과산화결합($-O-O-$)을 가지는데 양 끝단에 무기화합물이 결합하여 무기과산화물이 된다. 이때 산소와 산소 사이에 결합이 매우 약하기 때문에 가열이나 충격 또는 마찰에 의해 분해가 되면 산소가스를 발생하여 위험성이 있다.

무기과산화물은 알칼리금속의 과산화물과 알칼리금속 이외의 과산화물로 분류되는데, 알칼리금속의 과산화물에는 과산화칼륨(K_2O_2), 과산화나트륨(Na_2O_2), 과산화리튬(Li_2O_2) 등이 있다.

과산화칼륨은 알칼리금속의 과산화물로 화재 시 물을 주수하게 되면 산소가스를 발생하기 때문에 건조사, 팽창질석 또는 팽창진주암 등으로 질식소화 하는 것이 적합하다.

정답 ②

40

보관시 인산 등의 분해방지 안정제를 첨가하는 제6류 위험물에 해당하는 것은?

① 염소산칼륨　　　② 인화칼슘
③ 황린　　　　　　④ 과산화수소

 과산화수소(H_2O_2)는 제6류 위험물(산화성 액체)로 농도가 36wt% 이상의 것만 위험물로 취급하는데, 보통 시판용은 30 ~ 35%의 농도이며, 분해될 때 산소를 발생하기 때문에 내압에 의해 파열될 수 있으므로 저장 용기는 밀전하지 않고 구멍이 뚫린 마개를 사용한다. 분해를 방지하기 위해 햇빛이 투과하지 않는 갈색 병에 보관하며, 인산이나 요산의 분해방지 안정제를 첨가한다.

▫ 염소산칼륨($KClO_3$)은 제1류 위험물로 지정수량 50kg의 위험등급 Ⅰ등급 물질이다.
▫ 인화칼슘(＝인화석회, Ca_3P_2)은 제3류 위험물 중 금수성 물질로 지정수량 300kg이며, 위험등급 Ⅲ등급 물질이다.
▫ 황린(P_4)은 제3류 위험물 중 자연발화성물질로 지정수량 20kg이며, 위험등급 Ⅰ등급 물질이다.
▫ 과산화수소(H_2O_2)는 제6류 위험물(산화성 액체)로 지정수량 300kg으로 위험등급 Ⅰ등급 물질이다.

정답 ④

제3과목 위험물의 성질과 취급

41 적린에 대한 설명으로 옳지 않은 것은?

① 성냥, 화약 등에 이용된다.
② 연소생성물은 황린과 같다.
③ 자연발화를 막기 위해 물 속에 보관한다.
④ 황린의 동소체이고 황린에 비하여 안전하다.

 자연발화를 막기 위해 물 속에 보관하는 것은 황린(P₄)이다. 황린은 제3류 위험물로 분류되고, 발화점(착화온도)이 34℃ 낮아 공기 중에서 자연발화의 우려가 있기 때문에 통상 물 속(pH 약 9 정도)에 저장한다.

[참고] 황린(P_4)은 제3류 위험물로 분류되고, 발화점(착화온도)이 약 30℃ 정도로 낮아 공기 중에서 자연발화의 우려가 있기 때문에 통상 물 속(pH 약 9 정도)에 저장한다.
적린(P)은 제2류 위험물(가연성 고체)로 분류되고 상온의에서도 화학적으로 안정하므로 성냥 등에 이용된다.
황린(P_4)과 적린(P)의 연소하면 마늘 냄새가 나는 오산화인이 생성된다.

$$P_4(황린) + 5O_2 → 2P_2O_5 \;;\; 발화점 \; 약 \; 30℃$$
$$2P(적린) + 2.5O_2 → P_2O_5 \;;\; 발화점 \; 약 \; 260℃$$

인(P)은 4가지의 동소체(같은 원소로 되어 있으나 모양과 성질이 다른 홀원소물질)가 존재하는데, 색깔에 따라 백린(白燐), 황린(黃燐), 적린(赤燐), 자린(紫燐) 등으로 분류된다.
백린(白燐=황린)은 가장 불안정하고, 화학적 반응성이 크며, 공기 중에 노출된 상태로 35℃ 이상이 되면 자연발화되며, 이 과정에서 생성된 소량의 적린이 섞여 들어가 백린은 대부분 황린(黃燐)으로 변한다. 황린은 인화성과 독성이 강하고, 폭탄(백린탄), 농약 등에 이용된다.
황린(백린)을 270 ~ 300℃의 온도로 가열하거나 태양광에 노출시키면 적린(赤燐)이 된다. 적린은 황린과 분자구조가 완전히 달라지면서 공기 중 발화점이 260℃로 높아지고 반응성이 낮은 물질로 변환된다. 황린(백린)에 비해 적린은 안정적이며 독성이 없으며, 성냥이나 화약(연막탄) 등에 이용된다.
적린이 강알칼리와 반응할 경우, 포스핀(PH₃) 가스를 발생한다.

$$4P + 3KOH + 3H_2O → PH_3(포스핀) + 3KH_2PO_2$$

적린을 550℃ 이상의 온도에서 장시간 가열하면 인의 또 다른 동소체인 자린(紫燐)으로 변환된다.

정답 ③

42 질산에틸에 대한 설명으로 틀린 것은?

① 무색투명한 액체이다.
② 물에 거의 녹지 않는다.
③ 증기는 공기보다 무겁다.
④ 상온에서 인화하기 어렵다.

 질산에틸($C_2H_5NO_3$)은 향기를 갖는 무색 투명한 폭발성 액체(액체비중 1.11)로 물에는 거의 녹지 않으나(약간 녹음), 에테르와 알코올에 녹으며 로켓 추진제로 사용되고 있다. 인화점이 10℃로서 대단히 낮고 연소하기 쉬우며, 증기비중은 3.14로 공기보다 무겁고, 비점 이상으로 가열하면 폭발의 위험이 있다.

정답 ④

43 취급하는 장치가 구리나 마그네슘으로 되어 있을 때 반응을 일으키면서 폭발성의 아세틸라이트를 생성하는 물질은?

① 아세톤
② 이황화탄소
③ 산화프로필렌
④ 소프로필알코올

정답 분석 산화프로필렌(C_3H_6O)은 제4류 위험물 중 특수인화물로 구리, 마그네슘, 수은, 은 등과 반응 시 폭발성의 아세틸라이드(Acetylide)를 생성하기 때문에 저장용기에는 불연성 가스를 주입하여야 한다.

[참고] 산화프로필렌은 프로페인(프로판)의 1,2-자리가 산소 원자로 결합된 구조가 있는 하나의 3원고리 에테르(에터)이다.
▫ 에테르(에터)와 같은 냄새를 가진 액체이며, 끓는점은 35℃, 인화점 −37℃, 발화점은 449℃이다.
▫ 산화프로필렌 액체의 비중은 0.82, 증기의 비중은 2.0이며, 물에 비교적 잘 녹고, 에탄올, 에테르와도 혼합된다.
▫ 산화프로필렌을 알루미나와 가열하면 프로피온알데하이드가 되고 물과 가열하면 프로필렌글리콜이 된다.
▫ 산화프로필렌의 연소범위는 2.5 ~ 38.5%로 구리, 은, 마그네슘과 접촉시 폭발성의 아세틸라이드(Acetylide)를 만든다.

정답 ③

44 위험물안전관리법령상 제2류 위험물 중 철분의 화재에 적응성이 있는 소화설비는?

① 포 소화설비

② 물분무 소화설비

③ 할로젠화합물 소화설비

④ 탄산수소염류 분말소화설비

 정답 분석 제2류 위험물인 철분은 금수성 물질이므로 건조분말(탄산수소염류) 소화설비, 건조사, 팽창질석에 적응성이 있다. 이외에 금속분, 마그네슘, 황화인도 건조사, 건조분말(탄산수소염류 소화설비) 등으로 질식소화하는 것이 바람직하다.

철분, 금속분, 마그네슘의 연소 시 주수하면 급격한 수증기 압력이나 분해에 의해, 발생된 수소에 의한 폭발위험과 연소 중인 금속의 비산(飛散)으로 인하여 화재면적을 확대시킬 수 있다.

정답 ④

45 산화프로필렌 600L, 메탄올 400L, 벤젠 400L를 저장하고 있는 경우 각각 지정수량배수의 총합은 얼마인가?

① 4

② 6

③ 8

④ 15

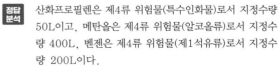 **정답 분석** 산화프로필렌은 제4류 위험물(특수인화물)로서 지정수량 50L이고, 메탄올은 제4류 위험물(알코올류)로서 지정수량 400L, 벤젠은 제4류 위험물(제1석유류)로서 지정수량 200L이다.

계산 다음 관계식을 이용하여 지정수량 배수의 총합을 구한다.

$$\text{지정수량 배수합} = \frac{\text{A의 수량}}{\text{A지정수량}} + \frac{\text{B의 수량}}{\text{B지정수량}} + \cdots +$$

$$\therefore \text{배수} = \frac{600L}{50L} + \frac{400L}{400L} + \frac{400L}{200L} = 15$$

정답 ④

46 다음 중 인화점이 가장 낮은 것은?

① 벤젠

② 가솔린

③ 실린더유

④ 메틸알코올

 정답 분석 항목 중 인화점이 가장 낮은 것은 인화점이 −43℃인 가솔린(휘발유)이다.

① 벤젠 : −11℃

③ 실린더유 : 200℃ ~ 250℃

④ 메틸알코올(메탄올) : 11℃

정답 ②

47 위험물 제조소등에 옥내소화전이 1층에 6개, 2층에 5개, 3층에 4개가 설치되었다. 이때 수원의 수량은 몇 m³ 이상이 되도록 설치하여야 하는가?

① 32.7

② 39.0

③ 49.2

④ 56.3

 정답 분석 옥내소화전의 수원수량은 소화전이 가장 많이 설치된 층을 기준으로 하며, 옥내소화전의 개수(n)는 최대 5개이다.

계산 수원의 수량은 다음과 같이 산정한다.

수원의 수량(Q) = 소화전 개수(n) × 7.8

설치개수가 가장 많은 1층은 6개이지만 소화전 개수는 최대 5개까지 유효 → $n = 5$

$$\therefore Q = 5 \times 7.8m^3 = 39m^3$$

정답 ②

48 제4류 위험물인 동식물유류의 취급 방법이 잘못된 것은?

① 액체의 누설을 방지하여야 한다.
② 화기 접촉에 의한 인화에 주의하여야 한다.
③ 가열할 때 증기는 인화되지 않도록 조치하여야 한다.
④ 아마인유는 섬유 등에 흡수되어 있으면 매우 안정하므로 취급하기 편리하다.

 아마인유는 건성유로 아이오딘가가 높아 산화되기 쉬우며 자연발화의 위험이 있다.

[참고] 아마인유는 건성유(아이오딘가 130 이상)로 열이나 빛, 공기로부터 산화하기 쉬우므로 자연발화의 위험이 크다. 그러므로 액체의 누설방지, 화기접촉에 의한 인화에 주의하여야 하고, 가열할 때 증기는 인화되지 않도록 조치하여야 한다.
아마인유를 공기 중에 두면 산소를 흡수해서 축중합(산소 흡수에 의한 중량 증가는 1주일 동안에 약 20%정도)하여, 탄력성 있는 내수성(耐水性) 반투명의 고분자 물질인 리녹신을 발생한다.
그러므로 아마인유는 고온이 아닌 상온상태에서 어두운 곳에 저장하여야 한다.

정답 ④

49 위험물 제조소는 문화재보호법에 의한 유형문화재로부터 몇 m 이상의 안전거리를 두어야 하는가?

① 20m   ② 30m
③ 40m   ④ 50m

 위험물제조소는 유형문화재와 50m 이상의 안전거리를 두어야 한다.

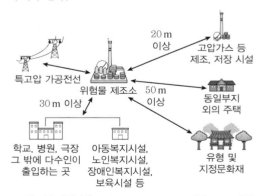

※ 특고압 가공전선 7,000V ~ 35,000V 이하 : 3m 이상
   사용전압 35,000V 초과 : 5m 이상

정답 ④

50 과산화수소의 저장방법으로 옳은 것은?

① 분해를 막기 위해 요산을 넣고 완전히 밀전하여 보관한다.
② 분해를 막기 위해 하이드라진을 넣고 완전히 밀전하여 보관한다.
③ 분해를 막기 위해 요산을 넣고 가스가 빠지는 구조로 마개를 하여 보관한다.
④ 분해를 막기 위해 하이드라진을 넣고 가스가 빠지는 구조로 마개를 하여 보관한다.

 과산화수소(H_2O_2)는 열과 빛에 의해 분해될 경우 산소 기체를 발생하기 때문에 가스가 빠지는 구멍 뚫린 마개를 사용하며, 분해방지 안정제인 인산, 요산을 넣어 저장 및 보관하여야 한다.

정답 ③

51 트라이에틸알루미늄(triethyl aluminium) 분자식에 포함된 탄소의 개수는?

① 2   ② 3
③ 5   ④ 6

 트라이에틸알루미늄은 알루미늄에 3개의 알킬기가 붙어 있는 $(C_2H_5)_3Al$의 화학식을 가지므로 분자 내에 포함된 탄소 개수는 6개임을 알 수 있다.

정답 ④

52 다음 물질 중 지정수량이 400L인 것은?

① 벤젠   ② 톨루엔
③ 폼산메틸   ④ 벤즈알데하이드

 폼산메틸(포름산메틸)은 제4류 위험물 중 1석유류 – 수용성 액체이므로 지정수량이 400L이다.
①은 1석유류로서 비수용성이며, 지정수량 200L
②는 1석유류로서 비수용성이며, 지정수량 200L
④는 2석유류로서 비수용성이며, 지정수량 2,000L

정답 ③

53

인화칼슘이 물 또는 염산과 반응하였을 때 공통적으로 생성되는 물질은?

① H_2

② PH_3

③ $CaCl_2$

④ $Ca(OH)_2$

 인화칼슘(Ca_3P_2)이 물 또는 산과 반응할 경우, 유독성의 포스핀(PH_3)가스를 생성한다.

반응 $Ca_3P_2 + 6H_2O \rightarrow 3Ca(OH)_2 + 2PH_3$

정답 ②

54

다음 중 연소범위가 가장 넓은 위험물은?

① 톨루엔

② 휘발유

③ 에틸알코올

④ 다이에틸에테르

 톨루엔($C_6H_5CH_3$)의 연소범위는 1.27 ~ 7%, 휘발유(가솔린)는 1.2 ~ 7.6%, 에틸알코올(C_2H_5OH)은 3.5 ~ 20%, 다이에틸에테르[$(C_2H_5)_2O$]의 연소범위는 1.9 ~ 48%이다. 따라서 다이에틸에테르의 연소범위가 가장 넓다.

정답 ④

55

'화기, 물기엄금, 충격금지'라고 외부에 써야하는 위험물은?

① 제1류 위험물 중 알칼리금속 과산화물

② 제2류 위험물 중 철분 · 금속분 · 마그네슘

③ 제3류 위험물 중 자연발화성물질

④ 제5류 위험물

 "화기 · 충격주의", "물기엄금" 및 "가연물접촉주의"라고 써야 하는 위험물은 제1류 위험물 중 알칼리금속 과산화물이다.

정답 ①

56

CaO_2와 K_2O_2의 공통성질로 옳은 것은?

① 물에 잘 녹는다.

② 물과 반응하여 가연성 또는 유독성 가스를 발생한다.

③ 조해성이 있으며 흑색화약의 주된 원료로 이용된다.

④ 불연성이며, 무기화합물로서 강산화제로 작용한다.

 과산화칼슘(CaO_2)은 제1류 위험물 중 무기과산화물로서 물에 잘 녹지 않고, 에탄올, 에테르에도 녹지 않는 특성이 있으며, 불연성으로 강산화제로 작용한다.

과산화칼륨(K_2O_2)은 제1류 위험물 중 무기과산화물로 물에 쉽게 분해되는 금수성물질로 물과 접촉하거나 가열하면 산소를 발생시킨다. 불연성으로 강산화제로 작용한다.

정답 ④

57

다음 중 액체 위험물 중 외부용기로 적절치 못한 것은?

① 유리

② 나무

③ 파이버판

④ 플라스틱

 유리는 액체위험물의 내부용기로 사용된다. 외부용기로 사용할 수 있는 것은 다음과 같다.

• 나무 · 플라스틱 상자(불활성의 완충재를 채울 것)

• 파이버판 상자(불활성의 완충재를 채울 것)

• 금속제용기, 금속제드럼(뚜껑고정식, 뚜껑탈착식)

• 플라스틱용기 및 플라스틱 또는 파이버드럼(플라스틱 내 용기부착의 것)

정답 ①

58 다음 중 물과 접촉했을 때, 연소범위의 하한 값이 2.5vol%인 가연가스가 생기는 물질은?

① 금속나트륨
② 인화칼슘
③ 과산화칼륨
④ 탄화칼슘

 정답분석 물과 접촉하여 연소범위 2.5 ~ 81vol%인 에타인(아세틸렌, C_2H_2)가스를 발생하는 물질은 제3류 위험물 중 금수성물질인 탄화칼슘(CaC_2)이다.

□ $CaC_2 + H_2O \rightarrow C_2H_2 + Ca(OH)_2$

정답 ④

59 다음 중 탄화알루미늄이 물과 반응할 때 생성되는 가스는?

① H_2 ② CH_4
③ O_2 ④ C_2H_2

 정답분석 탄화알루미늄(Al_4C_3)은 물(H_2O)과 반응하여 메테인(메탄, CH_4)가스를 발생한다.

□ $Al_4C_3 + 12H_2O \rightarrow 4Al(OH)_3 + 3CH_4$

정답 ②

60 제4류 위험물의 일반적인 성질 또는 취급 시 주의사항에 대한 설명 중 가장 거리가 먼 것은?

① 액체의 비중은 물보다 가벼운 것이 많다.
② 대부분의 증기는 공기보다 무겁다.
③ 제1석유류와 제2석유류는 비점으로 구분한다.
④ 정전기 발생에 주의하여 취급해야 한다.

 정답분석 제1석유류 ~ 제4석유류는 인화점(引火點)으로 구분하며, 액체의 비중이 물보다 가벼운 것이 많고, 대부분의 증기는 공기보다 무거우며 인화되기 쉬우므로 정전기 제거설비를 하여 정전기 발생에 주의하여야 한다.

정답 ③

제1과목 일반화학

01 다음 중 $KMnO_4$의 Mn의 산화수는?

① +1   ② +3

③ +5   ④ +7

정답분석 $KMnO_4 \rightarrow 0 = (1) + (x) + (-2 \times 4)$

∴ Mn = +7

정답 ④

02 1패러데이(Faraday)의 전기량으로 물을 전기분해하였을 때 생성되는 기체 중 산소 기체는 0℃, 1기압에서 몇 L인가?

① 5.6   ② 11.2

③ 22.4   ④ 44.8

정답분석 패러데이의 법칙(Faraday's law)을 적용한다. 일정한 전하량에 대해 생성·소모되는 물질의 양은 당량에 비례한다.

계산 생성되는 산소 기체의 양은 다음과 같이 산출된다.

$$m_V(\text{L}) = \frac{\text{가해진 전기량(F)}}{\text{기준 전기량(1F)}} \times \frac{M}{\text{전자가}} \times \frac{22.4}{M_w}$$

- $\begin{cases} m_V : \text{산소 생성(석출)량(L)} \\ \text{가해진 전기량} = 1F \\ \text{산소 원자량}(M) = 16 \\ \text{산소 전자가} = 2 \\ \text{산소 분자량}(M_w) = 32 \end{cases}$

∴ $m_V(\text{L}) = \frac{1\text{F}}{1\text{F}} \times \frac{16}{2} \times \frac{22.4\text{L}}{32\,\text{g}} = 5.6\text{L}$

정답 ①

03 100mL 메스플라스크로 10ppm 용액 100mL를 만들려고 한다. 1,000ppm 용액 몇 mL를 취해야 하는가?

① 0.1   ② 1

③ 10   ④ 100

정답분석 희석식을 이용한다.

계산 $CV = C'V'$ $\begin{cases} CV = \text{희석 전 용질의 양} \\ C'V' = \text{희석 후 용질의 양} \end{cases}$

⇒ $1,000\,\text{ppm} \times x(\text{mL}) = 10\,\text{ppm} \times 100\,\text{mL}$

∴ $x = 1\,\text{mL}$

정답 ②

04 0.01N-NaOH 용액 100mL에 0.02N HCl 55mL를 넣고 증류수를 넣어 전체 용액을 1,000mL로 한 용액의 pH는?

① 3   ② 4

③ 10   ④ 11

정답분석 산과 염기의 비평형 중화식을 적용한다.

계산 $N_o(V_1 + V_2 + V_3) = N_1 V_1 - N_2 V_2$

- $\begin{cases} V_1 + V_2 + V_3 = 1,000 \\ N_1 V_1 = 0.02 \times 55 = 1.1 \\ N_2 V_2 = 0.01 \times 100 = 1 \end{cases}$

⇒ $N_o(1,000) = 1.1 - 1$, $N_o = 10^{-4}\ eq/\text{L}$

∴ $\text{pH} = \log \frac{1}{[\text{H}^+]} = \log \frac{1}{10^{-4}} = 4$

정답 ②

05 96wt% H_2SO_4(A)와 60wt% H_2SO_4(B)를 혼합하여 80wt% H_2SO_4 100kg을 만들려고 한다. 각 황산을 몇 kg씩 혼합하여야 하는가?

① A : 30, B : 70

② A : 70, B : 30

③ A : 44.4, B : 55.6

④ A : 55.6, B : 44.4

혼합식을 이용한다.

▫ 혼합량 $= M_A X_A + M_B X_B$

- 혼합량 $= 100\,kg \times 0.8 = 80kg$
- $M_A X_A = M_A \times 0.96$
- $M_B X_B = M_B \times 0.6$

[계산] 다음과 같이 80%의 황산에 초점을 맞추어 계산한다.

▫ $80 = M_A \times 0.96 + M_B \times 0.6$

← $(M_A + M_B = 100\,kg)$

▫ $80 = (100 - M_B) \times 0.96 + M_B \times 0.6$

$M_B = \dfrac{100 \times 0.96 - 80}{0.96 - 0.6} = 44.444\,kg$

$M_A = 100 - 44.444 = 55.556\,kg$

∴ $M_A = 55.556\,kg$ $M_B = 44.444\,kg$

정답 ④

06 다음 물질 중 발화점이 가장 낮은 것은?

① CS_2

② C_6H_6

③ CH_3COCH_3

④ CH_3COOCH_3

발화점(發火點, Ignition Point)은 외부의 직접적인 점화원이 없이 가열된 열의 축적에 의하여 발화가 되고, 연소가 되는 최저의 온도, 즉 점화원이 없는 상태에서 가연성 물질을 가열함으로써 발화되는 최저온도를 말하며, 착화점(着火點) 또는 착화온도(着火溫度)라고도 한다.
이황화탄소(CS_2)는 특수인화물로서 발화점이 100℃ 이하(90℃)이다. 반면에 벤젠과 아세톤, 아세트산메틸은 제1석유류며, 벤젠(C_6H_6)의 발화점은 498℃, 아세톤(CH_3COCH_3)은 465℃, 아세트산메틸(CH_3COOCH_3)의 발화점은 440℃이다.

정답 ①

07 다이클로로벤젠의 구조 이성질체수는 몇 개인가?

① 5

② 4

③ 3

④ 2

다이클로로벤젠(디클로로벤젠)은 벤젠고리에 염소가 2개 존재하는 물질이므로 o-다이클로로벤젠, m-다이클로로벤젠, p-다이클로로벤젠 3가지가 존재할 수 있다.

〈그림〉1, 2 - 다이클로로벤젠

정답 ③

08 다음 물질 중 이온결합을 하고 있는 것은?

① 얼음

② 흑연

③ 다이아몬드

④ 염화나트륨

이온결합(Ionic Bond)은 전자의 이동으로 형성되는 결합으로 금속 원소＋비금속 원소 간의 결합에 의해 형성된다. NaCl, CaO, CaF_2 등이 있다.

정답 ④

09 다음 중 2차 알코올이 산화되었을 때 생성되는 물질은?

① CH_3COCH ② $C_2H_5OC_2H_5$

③ CH_3OH ④ CH_3OCH_3

 정답분석 알코올의 일반식은 ROH(R=알킬기)로 나타내는데, 하이드록시기(-OH)가 결합하고 있는 탄소에 붙어 있는 알킬기의 수에 따라, 1개가 붙어 있을 경우 1차알코올, 2개일 경우 2차알코올이라 한다.

2차 알코올(RCHR-OH)이 산화되면 R-CO-R'의 일반식으로 표현되는 케톤[Ketone, 2개의 알킬기(R)가 결합된 카보닐기를 갖는 유기화합물. 예를 들면 아세톤($CH_3-CO-CH_3$)]을 형성한다.

반면에 1차 알코올은 한번 산화되면(H원자 2개 잃음) 포르밀기(-CHO)를 가지고 있는 알데하이드(알데히드, RCHO)가 된다.

$$RCHR-OH \longrightarrow R-\overset{\overset{\displaystyle O}{\|}}{C}-R$$

$$RCH_2-OH \longrightarrow R-\overset{\overset{\displaystyle O}{\|}}{C}-H$$

정답 ①

10 어떤 기체는 표준상태에서 부피가 2.8L일 때 질량은 3.5g이었다. 이 물질의 분자량과 같은 것은?

① He   ② N_2

③ H_2O ④ N_2H_4

정답분석 기체의 분자량은 "질량×22.4÷부피"로 산출할 수 있다.

$\rho(기체밀도) = \dfrac{M}{22.4}, \quad m(질량) = V(부피) \times \dfrac{M}{22.4}$

계산 기체 분자량(M)은 다음과 같이 추정할 수 있다.

기체 분자량 $= \dfrac{질량 \times 22.4}{부피} = \dfrac{3.5 \times 22.4}{2.8} = 28$

∴ 분자량이 28인 것은 질소(N_2)이다.

정답 ②

11 다음 중 아세토페논의 화학식은?

① C_2H_5OH ② $C_6H_5NO_2$

③ $C_6H_5CH_3$ ④ $C_6H_5COCH_3$

정답분석 아세토페논(Acetophenone, C_8H_8O or $C_6H_5COCH_3$)은 제4류 위험물의 제3석유류(비수용성 액체)로 분류되며, 독특한 냄새가 나는 무색의 점성이 있는 유기화합물로 가장 단순한 형태의 방향성 케톤이다. 산화성 물질 또는 강염기와 반응할 경우 화재나 폭발 위험이 있으며, 증기는 공기보다 4배 정도 무거우며, 인화점은 77℃이다.

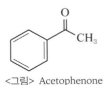

<그림> Acetophenone

정답 ④

12 다음 중 침전을 형성하는 조건은?

① 이온곱=용해도곱

② 이온곱 > 용해도곱

③ 이온곱 < 용해도곱

④ 이온곱+용해도곱=1

정답분석 침전을 형성하는 조건은 용해도곱에 비해 이온곱이 큰 상태, 즉 과포화상태이어야 한다.

이온곱(Q)>용해도곱(K_{sp}) : 과포화상태(침전형성)

이온곱(Q)<용해도곱(K_{sp}) : 불포화상태

이온곱(Q)=용해도곱(K_{sp}) : 포화상태

정답 ②

13 다음 중 일반적으로 루이스 염기로 작용하는 것은?

① CO_2 ② BF_3

③ NH_3 ④ $AlCl_3$

정답분석 루이스 염기(Lewis Base)로 작용하는 것은 암모니아(NH_3)이다. 루이스(Lewis)는 한 쌍의 전자를 제공하여 공유결합을 형성하는 물질을 염기(鹽基, Base)라고 하였으며, 한 쌍의 전자를 받아들여 공유결합을 하는 물질을 산(酸, Acid)이라고 정의하였다.

정답 ④

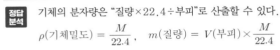

14 다음 화합물 중 질소를 포함한 것은?

① 나일론

② 이황화탄소

③ 다이에틸에터(디에틸에테르)

④ 아세트알데하이드(아세트알데히드)

 ①의 나일론 화학식은 $C_{12}H_{22}N_2O_2$이다. 이 화학식은 나일론 분자가 12개의 탄소, 22개의 수소, 2개의 질소, 2개의 산소 원자로 이루어져 있음을 나타낸다.

②의 이황화탄소 화학식은 CS_2이다. 질소를 포함하지 않는다.

③의 다이에틸에터(디에틸에테르) 화학식은 $C_4H_{10}O$이다. 질소를 포함하지 않는다.

④의 아세트알데하이드 화학식은 CH_3CHO이다. 질소를 포함하지 않는다.

정답 ①

15 수소분자 1mol에 포함된 양성자 수와 같은 것은?

① CO_2 1mol 중의 원자수

② $1/4O_2$ mol 중 양성자 수

③ NaCl 1mol 중 이온의 총 수

④ 수소 원자 1/2mol 중의 원자수

 원자핵에 존재하는 양성자의 수는 원자번호와 같다. 수소원자 2개가 모여 수소분자(H_2)를 구성하므로 수소분자 1mol에는 수소원자 2개, 즉 2mol의 수소원자가 있으며, 수소의 원자번호는 1이므로 수소분자 1mol 중에 존재하는 양성자는 2, 즉 2mol이다.

①에서 CO_2 1mol 중의 원자수 → CO_2분자 1mol에는 C 원자1개, O 원자 2개 존재하므로 CO_2분자 1mol 중 원자의 전체 mol수는 3mol이 된다.

②에서 $1/4O_2$ mol 중 양성자수 → 산소의 원자번호(= 양성자수)는 8, 산소분자(O_2)에는 산소원자 2개가 존재하므로 양성자수$=(1/4)mol \times (8 \times 2)=4$

③에서 NaCl 1mol 중 ion의 총수 → NaCl이 전리되면 Na^+와 Cl^- 각 1mol이 생성되므로 ion의 총수 는 2, 즉 2mol이 된다.

④에서 수소원자 1/2mol 중의 원자수 → 수소의 원자번호는 1, 그러므로 수소원자 1/2mol 중의 원자수는 1/2, 즉 1/2mol이다.

정답 ③

16 다음 물질 중 분진폭발의 위험성이 가장 낮은 것은?

① 석탄 ② 밀가루

③ 시멘트 ④ 알루미늄

 제시된 항목 중 시멘트가 분진폭발 위험성이 가장 적다. 분진폭발은 석탄가루에 의한 탄진폭발이 가장 잘 알려져 있으며, 그 밖에 밀가루(소맥분)·설탕·철가루·플라스틱 가루·커피분말·유황·폴리에텐(폴리에틸렌)·페놀수지·금속가루(마그네슘 등)·세제 등 다양한 가연성의 물질들이 분진폭발을 일으킨다.

분진폭발은 가스폭발이나 화약폭발에 비해 발화에 필요로 하는 에너지가 훨씬 큰 것이 특징이다.

특히, 분진폭발은 증기폭발에 비해 충격량(Total Impulse)이 크고, 과압지속시간이 길며, 느린 화염속도를 가지는 경향이 있으므로 더 심각한 폭발피해를 야기할 수 있다.

정답 ③

17 237/93(Np) 방사선원소가 β선을 1회 방출한 경우 생성되는 원소는?

① Pa ② U

③ Th ④ Pu

 β입자는 전자($\frac{0}{-1}e$)이다. 위 첨자가 0으로 나타내는 것은 전자의 질량이 너무 작기 때문이며, 아래 첨자가 -1인 것은 양성자와 반대로 음의 전하를 띠고 있음을 의미한다. β입자가 방출되면 핵 속에 있는 중성자가 양성자로 변하므로 핵의 원자번호는 1만큼 증가한다.

$$\frac{239}{93}NP \rightarrow \frac{239}{94}Pu + \frac{1}{0}e$$

정답 ④

18 산의 일반적인 성질을 옳게 나타낸 것은?

① 미끈거리고, 쓴맛을 낸다.

② 금속과 반응하지 않는다.

③ 페놀프탈레인 용액에 적색반응을 보인다.

④ 청색 리트머스 종이를 붉게 변화시킨다.

 ①, ②, ③은 염기(鹽基, base)의 일반적인 성질을 나타낸 것이다.

정답 ④

19 사방황과 단사황이 서로 동소체임을 알 수 있는 실험 방법은 무엇인가?

① 광학현미경으로 본다.
② 색과 맛을 비교해 본다.
③ 이황화탄소에 녹여 본다.
④ 태웠을 때 생기는 물질을 분석해 본다.

정답 분석 동소체(同素體, Allotropy)란 같은 원소로 되어 있으나 모양과 성질이 다른 홑원소 물질로 물리적 성질이 서로 다른 것을 말한다. 같은 원소로 되어 있는 물질은 연소할 경우 생성되는 연소생성 물질이 동일하다. 동소체임을 알 수 있는 실험 방법은 연소법이다. 고무상황, 단사황, 사방황의 연소생성물은 SO_2로 동일하다.

정답 ④

20 원자번호가 19이며 원자량이 39인 K원자의 중성자수와 양성자수는 각각 몇 개인가?

① 중성자 19, 양성자 19
② 중성자 20, 양성자 19
③ 중성자 19, 양성자 20
④ 중성자 20, 양성자 20

정답 분석 K원자의 원자번호(19)=양성자 수와 같다. 그러므로 정답범위는 ①과 ②로 좁혀진다. 질량수=원자량=39이므로 중성자 수는 질량수-양성자 수이므로 39-19=20이 된다.

┌── 질량 수=양성자 수+중성자 수

$$^{39}_{19}\text{K}$$ ── 원소 기호

└── 원자 번호=양성자 수=원자의 전자 수

정답 ②

21 질식효과를 위해 포의 성질로서 갖추어야 할 조건으로 가장 거리가 먼 것은?

① 기화성이 좋을 것
② 부착성이 있을 것
③ 유동성이 좋을 것
④ 바람 등에 견디고 응집성과 안정성이 있을 것

정답 분석 포소화약제는 안정성이 좋아야 한다. 그러므로 쉽게 기화되지 않는 즉, 기화성이 낮아야 한다.

참고 포소화약제의 구비조건
• 포의 안정성이 좋아야 한다.
• 포의 내유성, 유동성이 좋아야 한다.
• 포의 소포성이 적어야 한다(내열성이 좋을 것).
• 유류와의 점착성(부착성)이 좋고, 유류의 표면에 잘 분산되어야 한다.
• 독성이 없어 인체에 무해해야 한다.
• 바람 등에 견디고, 응집성과 안정성이 있어야 한다.

정답 ①

22 제6류 위험물인 질산에 대한 설명으로 틀린 것은?

① 강산이다.
② 불연성 물질이다.
③ 물과 접촉 시 발열한다.
④ 열분해 시 수소를 발생한다.

정답 분석 질산(HNO_3)이 금속(Mg, Mn 등)과 반응할 경우 수소를 발생한다. 질산(HNO_3)이 열분해 할 경우, 적갈색의 이산화질소(NO_2) 가스를 발생시키므로 갈색의 유리병에 넣어 냉암소에 보관하여야 한다. 질산은 불연성 액체로, 부식성이 있고, 물과 접촉시 발열하며, 발연성이 있는 대표적인 강산(强酸, strong acid)이다. 질산은 화재 및 폭발 위험은 없지만 과산화질소, 질소산화물, 질산 흄(fume) 등의 부식성ㆍ독성 흄이 생성된다.

정답 ④

23 위험물안전관리법령상 위험물저장소 건축물의 외벽이 내화구조인 것은 연면적 얼마를 1소요단위로 하는가?

① 50m² ② 75m²
③ 100m² ④ 150m²

 저장소의 건축물은 외벽이 내화구조인 것은 연면적 150m²를 1소요단위로 하고, 외벽이 내화구조가 아닌 것은 연면적 75m²를 1소요단위로 한다.

정답 ④

24 위험물안전관리법령상 이동탱크저장소에 의한 위험물의 운송 시 위험물운송자가 위험물안전카드를 휴대하지 않아도 되는 물질은?

① 경유
② 휘발유
③ 과산화수소
④ 벤조일퍼옥사이드

 위험물(제4류 위험물에 있어서는 특수인화물 및 제1석유류에 한함)을 운송하게 하는 자는 위험물안전카드를 위험물운송자로 하여금 휴대하게 하여야 한다. 경유는 제4류 위험물 중 제2석유류에 속하므로 이에 해당하지 않는다.

정답 ①

25 금속분의 화재 시 주수소화를 할 수 없는 이유는?

① 산소가 발생하기 때문에
② 수소가 발생하기 때문에
③ 질소가 발생하기 때문에
④ 이산화탄소가 발생하기 때문에

 금속분의 화재 시 주수소화를 하게 되면 수소가 발생한다.

[계산] 알루미늄과 물의 반응
$Al + 2H_2O \rightarrow Al(OH)_2 + H_2$
아연과 물의 반응
$Zn + H_2O \rightarrow ZnO + H_2$

정답 ②

26 제1류 위험물 중 알칼리금속 과산화물의 화재에 적응성이 있는 소화약제는?

① 이산화탄소
② 할로젠화합물
③ 인산염류 분말
④ 탄산수소염류 분말

 제1류 위험물에서 알칼리금속 과산화물은 물과 접촉을 피해야 하는 금수성 물질이다. 대표적인 물질로 과산화칼륨, 과산화나트륨 등이 속하며, 탄산수소염류 분말소화기, 건조사(마른 모래), 팽창질석 또는 팽창진주암으로 질식소화 하여야 한다. 탄산수소염류 분말소화설비는 제6류 위험물에 적응성이 없는 반면에 인산염류 분말소화설비는 적응성이 있다.

정답 ④

27 BLEVE 현상에 대한 설명으로 가장 옳은 것은?

① 대기 중에 대량의 가연성 가스가 유출하여 발생된 증기가 폭발하는 현상이다.
② 대량의 수증기가 상층의 유류를 밀어올려 다량의 유류를 탱크 밖으로 배출하는 현상이다.
③ 고온층 아래의 저온층의 기름이 급격하게 열 팽창하여 기름이 탱크 밖으로 분출하는 현상이다.
④ 가연성 액화가스 저장탱크 주위에 화재가 발생하여 탱크가 파열되고 폭발하는 현상이다.

정답분석 블레비(BLEVE) 현상은 가연성 액화가스 저장탱크 주위에 화재가 발생하여 탱크가 파열되고 폭발하는 현상을 말한다.

참고 BLEVE(Boiling Liquid Expanded Vapor Explosion)는 비등액체 팽창증기 폭발이라고도 하는데 액체탱크 및 액화가스 저장탱크가 외부화재에 의해 열을 받을 때, 액면 상부의 금속부분이 약화되고 내부의 발생증기에 의한 과압(過壓)을 견디지 못하여 약화된 금속이 파열되면서 폭발이 일어나는 현상이다.
블레비 현상으로 분출된 액화가스의 증기가 공기와 혼합하여 연소범위가 형성되어서 공 모양의 대형화염이 상승하는 현상을 화이어볼(Fire Ball)이라 한다.
BLEVE가 화재에 기인한 것이 아닐 때에는 증기운이 형성되어 그 결과 증기운 폭발(VCE ; Vapor Cloud Exposion)을 일으킬 수 있다.

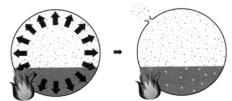

<그림> BLEVE(Boiling Liquid Expanded Vapor Explosion)

정답 ④

28 위험물 제조소등의 스프링클러설비의 기준에 있어 개방형 스프링클러헤드는 스프링클러헤드의 반사판으로부터 하방 및 수평방향으로 각각 몇 m의 공간을 보유하여야 하는가?

① 하방 0.3m, 수평방향 0.3m
② 하방 0.45m, 수평방향 0.3m
③ 하방 0.3m, 수평방향 0.45m
④ 하방 0.45m, 수평방향 0.45m

정답분석 개방형 스프링클러는 스프링클러헤드의 반사판으로부터 하방으로 0.45m, 수평방향으로 0.3m의 공간을 보유하여야 하고, 헤드(head)의 축심이 당해 헤드의 부착면에 대하여 직각이 되도록 설치하여야 한다.

정답 ②

29 소화약제로서 물이 가지는 특성에 대한 설명으로 옳지 않은 것은?

① 기화팽창률이 커서 질식효과가 있다.
② 용융잠열이 커서 주수 시 냉각효과가 뛰어나다.
③ 증발잠열이 커서 기화 시 다량의 열을 제거한다.
④ 유화효과(Emudification Effect)도 기대할 수 있다.

정답분석 물의 냉각효과가 뛰어난 것은 액체 중 가장 큰 증발잠열(기화잠열, 539cal/g)을 가지기 때문이다.
물의 소화작용은 냉각작용, 질식작용, 유화작용, 희석작용이며 이외에 봉상주수법에 의한 타격 소화작용 등은 A급 화재에 이용될 수 있다.
물의 냉각효과는 이산화탄소, 할로젠 소화약제, 청정 소화약제 등에 비해 월등하게 우수하다.
물이 액체에서 기체로 증발하여 수증기를 형성할 경우 대기압 하에서 그 체적은 1,670배로 증가하는데 그 팽창된 수증기가 연소면을 덮어 산소의 공급을 차단하는 질식효과가 크다.

정답 ②

30 강화액 소화기에 대한 설명으로 옳은 것은?

① 물의 유동성을 강화하기 위한 유화제를 첨가한 소화기이다.

② 물의 표면장력을 강화하기 위해 탄소를 첨가한 소화기이다.

③ 산·알칼리 액을 주성분으로 하는 소화기이다.

④ 물의 소화효과를 높이기 위해 염류를 첨가한 소화기이다.

정답분석 강화액(强化液, Loaded Stream Charge) 소화기는 동절기 물 소화약제의 어는 단점을 보완하기 위해 물에 염류(鹽類, Salts)를 첨가한 것으로 탄산칼륨(K_2CO_3) 또는 인산암모늄[$(NH_4)_2PO_4$]을 첨가하여 약알칼리성(pH 11 ~ 12)으로 개발되었다.

정답 ④

31 제1류 위험물 중 알칼리금속 과산화물을 저장 또는 취급하는 위험물제조소에 표시하여야 하는 주의사항은?

① 화기엄금   ② 물기엄금

③ 화기주의   ④ 물기주의

정답분석 제1류 위험물 중 알칼리금속 과산화물, 제3류 위험물 중 금수성 물질은 "물기엄금" 주의표시를 하여야 한다.

정답 ②

32 주된 소화효과가 산소공급원의 차단에 의한 소화가 아닌 것은?

① 건조사

② 포소화기

③ CO_2소화기

④ Halon 1211 소화기

정답분석 할론(Halon) 1211(CF_2ClBr) 소화기의 주된 소화기능은 연쇄반응을 억제시켜 소화하는 부촉매 효과(負觸媒效果, Negative Catalyst Effect)이다. 분자식에서 F(플루오린)은 불활성과 안정성을 높여주고 Br(브로민)은 부촉매 소화효과를 증대시켜 주는 기능을 한다.

참고
□ 부촉매는 활성화 에너지를 증가시켜 연소 반응속도를 감소시키는 억제작용을 한다.

□ 상온, 상압에서 Halon 1301, Halon 1211은 기체 상태로, Halon 2402, Halon 1011, Halon 104는 액체상태로 존재한다.

□ Halon 1301은 전체 Halon 중에서 가장 소화효과가 크고, 독성은 가장 적다.

정답 ④

33 화재예방 시 자연발화를 방지하기 위한 일반적인 방법으로 옳지 않은 것은?

① 통풍을 방지한다.

② 열의 축적을 막는다.

③ 저장실의 온도를 낮춘다.

④ 습도가 높은 장소를 피한다.

정답분석 자연발화를 방지하기 위해서는 통풍을 잘 하여 열이 축적되지 않도록 하여야 하며, 온도와 습도가 모두 낮은 곳에 저장하여야 한다.

유기과산화물류, 셀룰로이드, 하이드라진 유도체류 모두 제5류 위험물(자기반응성 물질)에 속하는 물질은 화재 시에는 다량의 물에 의한 주수(注水) 소화가 가장 효과적이며, 소량일 경우 소화분말, 건조사 등으로 질식소화를 하는 것이 바람직하다.

정답 ①

34 다량의 비수용성 제4류 위험물의 화재 시 물로 소화하는 것이 적합하지 않은 이유로 올바른 것은?

① 물이 열분해한다.
② 연소면을 확대한다.
③ 인화점이 내려간다.
④ 가연성 가스가 발생한다.

 제4류 위험물 중 비수용성인 것은 1석유류에서 휘발유, 벤젠, 톨루엔, 초산에틸 등이고, 2석유류에서는 등유, 경유, 자일렌, 클로로벤젠 등이며, 3석유류에서는 중유, 아닐린, 벤질알코올, 나이트로벤젠 등이 비수용성이다. 이 중에서 몇몇을 제외하면 액체의 비중은 1보다 작다(물보다 가볍다). 즉, 물위에 뜬다. 예를 들면, 나이트로벤젠(비중 1.2), 클로로벤젠(1.11), 아닐린(비중 1.06) 등을 제외한 제4류 위험물은 대체로 비중이 물보다 작다. 제4류 위험물은 인화성이고, 액체로서 유동성을 가지고 있기 때문에 비수용성 제4류 위험물의 화재시 물을 소화제로 사용하게 되면 소화약제와 섞이지 않고, 연소면을 확대시킬 위험이 있다.
따라서 제4류 위험물 화재 시 적절한 조치방법은 질식소화가 효과적이며, 그 수단으로 연소위험물에 대한 소화와 화면 확대방지에 집중하여야 한다.
소화에는 포, 분말, CO₂ 가스, 건조사 등이 주로 사용되고 있으며, 연소면의 확대를 방지하기 위해 토사 등을 유효하게 활용하여 위험물의 유동을 차단하는 조치를 취하고 있다.

정답 ②

35 전역방출방식의 할로젠화물소화설비 중 할론 1301을 방사하는 분사헤드의 방사압력은 얼마 이상이어야 하는가?

① 0.1MPa   ② 0.2MPa
③ 0.5MPa   ④ 0.9MPa

 전역방출방식의 분사헤드 방사압력은 할론 1301을 방사하는 경우 0.9MPa 이상, 할론 2402를 방사하는 것은 0.1MPa 이상, 할론 1211을 방사하는 것은 0.2MPa 이상으로 하여야 한다.

중요 **분사헤드 방사압력**(비교정리)
분말소화설비 : 0.1MPa 이상
CO₂소화설비 : 2.1MPa 이상(고압식),
1.05MPa 이상(저압식)
기타 불활성 가스(IG-100, IG-55, IG-541)를 방사하는 분사헤드는 1.9MPa 이상

정답 ④

36 위험물안전관리법령상 인화성 고체와 질산에 공통적으로 적응성이 있는 소화설비는?

① 포소화설비
② 불활성가스 소화설비
③ 할로젠화합물 소화설비
④ 탄산수소염류 분말소화설비

 제6류 위험물인 질산(HNO₃)은 가스계 소화설비(이산화탄소 소화설비, 불활성가스 소화설비, 할로젠화합물 소화설비 등)와 탄산수소염류 분말소화설비에 적응성이 없다. 제2류 위험물인 인화성 고체와 제6류 위험물인 질산(HNO₃)에 공통적으로 적응성이 있는 소화설비는 포소화설비이다.

정답 ①

37 메탄올에 대한 설명으로 틀린 것은?

① 무색투명한 액체이다.
② 비중 값이 물보다 작다.
③ 완전 연소하면 CO₂와 H₂O가 생성된다.
④ 산화하면 폼산을 거쳐 최종적으로 폼알데하이드가 된다.

 메탄올(메틸알코올, CH₃OH)이 1차 산화되면 폼알데하이드 및 아세트알데하이드가 되고, 폼알데하이드가 산소에 의해 다시 산화(2차 산화)되면 폼산(Formic Acid)으로 된다.

참고 메탄올(CH₃OH) 가장 간단한 알코올 화합물로 무색의 휘발성, 가연성, 유독성 액체, 극성 분자이고, 수소 결합한다.
메탄올(CH₃OH)이 완전 연소하면 CO₂와 H₂O가 생성된다.
$CH_3OH + 1.5O_2 \rightarrow CO_2 + 2H_2O$
메탄올(CH₃OH)의 비중은 0.792로 물보다 작고, 물과 동일한 수소결합을 하지만 끓는점은 64.7℃로 물보다 낮으며, 에탄올(C₂H₅OH) 보다도 낮다.
그것은 메탄올(CH₃OH)이 에탄올(C₂H₅OH)에 비해 탄소와 수소를 적게 포함하고 있기 때문이다.

정답 ④

38 다음 설명하는 소화약제에 해당하는 것은 어느 것인가?

- 무색, 무취이며 비전도성이다.
- 기체상태의 비중은 약 1.5이다.
- 임계온도는 약 31℃이다.

① 탄산수소나트륨
② 이산화탄소
③ 할론 1301
④ 황산알루미늄

 정답 분석
이산화탄소(CO_2)는 무색, 무취이며 비전도성이다. 기체상태의 비중은 약 1.5(=44/29)이고, 임계온도는 약 31℃이다.
완전산화상태의 물질이므로 불연성(不燃性)이고, 더 이상 산소에 의해 산화되지 않는 안정된 물질이다. 주된 소화작용은 질식작용과 냉각작용이며, 일반가연물 화재의 경우 피복소화가 가능하다.
적응화재의 종류는 유류화재(B급), 전기화재(C급), 가스화재(E급)이며 전역방출방식의 경우에는 일반화재(A급)에도 소화작용을 나타낸다.

정답 ②

39 소화기와 주된 소화효과가 옳게 짝지어진 것은?

① 포 소화기 - 제거소화
② 할로젠화합물 소화기 - 냉각소화
③ 탄산가스 소화기 - 억제소화
④ 분말 소화기 - 질식소화

 정답 분석
④만 올바르다.
① 제거소화는 가연물을 연소반응의 진행으로부터 제거·차단·희석하는 소화법으로 CO_2소화기를 사용하여 화재를 진압할 경우 주로 희석·차단·질식에 의한 메커니즘으로 제거효과를 얻는다. (예 기체 가연물의 경우 → 다량의 이산화탄소 기체를 분사할 경우, 질식효과 및 연소범위 이하로 희석효과, 액체 가연물의 경우 → 알코올류 저장탱크 화재에서 다량의 물을 탱크 내로 주입할 경우, 알코올의 농도를 연소범위 이하로 낮추는 희석효과) ※ 분말, 포 약제는 가연물 희석과는 거리가 멀다.
② 냉각소화는 가연물의 온도를 낮추어 연소의 진행을 억제(점화원 및 점화에너지 차단, 흡열반응, 기화열)하는 것으로 가장 냉각효과가 큰 것은 물을 뿌리는 방법이다.
③ 억제소화는 연쇄반응을 차단하는 소화법으로 부촉매소화라고도 한다. 연소과정에서 발생되는 라디칼(radical)을 감소시키거나 제거함으로써 연소반응을 억제하는 방법(분말, 할로젠, 강화액)이다.
④ 질식소화는 가연물 주위의 공기 중 산소 농도를 낮추거나 차단하기 위해위해 수막형성, CO_2, 할론가스, 분말, 포(foam) 소화제를 분사하거나 건조사 등으로 산소공급원을 차단하는 방법 등이 이에 해당한다.

정답 ④

40 제1종 분말소화약제가 1차 열분해되어 표준상태를 기준으로 2m³의 탄산가스가 생성되었다. 몇 kg의 탄산수소나트륨이 사용되었는가? (단, 나트륨의 원자량은 23이다.)

① 15
② 18.75
③ 56.25
④ 75.83

정답분석 제1종 분말소화약제의 주성분은 탄산수소나트륨($NaHCO_3$)이며, 저온(270℃)에서 탄산수소나트륨이 1차 열분해 반응으로 생성되는 탄산가스는 2:1 mol비율이다. 탄산수소나트륨($NaHCO_3$)의 분자량은 84, 탄산가스(CO_2)의 분자량은 44이다.

반응 : $2NaHCO_3 \rightarrow CO_2 + Na_2CO_3 + H_2O$

계산 $NaHCO_3$량 = CO_2의 양 × 반응비 $\left(\dfrac{NaHCO_3}{CO_2} \right)$

$$\begin{cases} CO_2의\ 양(kg) = 2m^3 \times \dfrac{44\,kg}{22.4\,m^3} = 3.93\,kg \\ 반응비 : 2NaHCO_3 \rightarrow CO_2 + Na_2CO_3 + H_2O \\ \qquad\qquad 2 \times 84 \qquad : \quad 44 \end{cases}$$

∴ $NaHCO_3$의 양(kg) = $3.93\,kg \times \dfrac{2 \times 84}{44} = 15kg$

정답 ①

41 다음 물질 중 위험물안전관리법령상 제6류 위험물에 해당하는 것은 모두 몇 개인가?

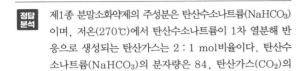

⊙ 비중 1.49인 질산
ⓒ 비중 1.7인 과염소산
ⓒ 물 60g+과산화수소 40g 혼합 수용액

① 1개
② 2개
③ 3개
④ 없음

정답분석 질산은 비중이 1.49 이상인 것을, 과산화수소의 농도는 36중량% 이상(40/100=40%)인 것을 위험물로 취급하며, 과염소산에 대한 기준은 제한이 없으므로 제6류 위험물에 해당하는 것은 총 3개이다.

정답 ③

42 질산나트륨 90kg, 유황 70kg, 클로로벤젠 2,000L, 각각의 지정수량의 배수의 총합은?

① 2
② 3
③ 4
④ 5

정답분석 각 물질의 지정수량은 질산염류 : 300kg, 유황 : 100kg, 클로로벤젠 1000L이다.

계산 지정수량의 배수 총합은 다음과 같이 산정된다.

∴ 배수 = $\dfrac{90kg}{300kg} + \dfrac{70kg}{100kg} + \dfrac{2000L}{1000L} = 3$

정답 ②

43 옥내저장소에서 안전거리 기준이 적용되는 경우는?

① 제6류 위험물을 저장하는 것
② 제2류 위험물 중 덩어리 상태의 유황을 저장하는 것
③ 지정수량 20배 미만의 동식물유류를 저장하는 것
④ 지정수량 20배 미만의 제4석유류를 저장하는 것

 옥내저장소는 규정에 준하여 안전거리를 두어야 한다. 다만, 다음에 해당하는 옥내저장소는 안전거리를 두지 않을 수 있다. ②는 이와 관련성이 없다.

▫ 제4석유류 또는 동식물유류의 위험물을 저장 또는 취급하는 옥내저장소로서 그 최대수량이 지정수량의 20배 미만인 것
▫ 제6류 위험물을 저장 또는 취급하는 옥내저장소
▫ 지정수량의 20배(하나의 저장창고의 바닥면적이 150m² 이하인 경우에는 50배) 이하의 위험물을 저장 또는 취급하는 옥내저장소

정답 ②

44 다음 중 발화점이 가장 높은 것은?

① 등유
② 벤젠
③ 휘발유
④ 다이에틸에터

 제시된 물질 중 벤젠의 발화점이 약 500℃로 가장 높다. 등유의 발화점은 약 220℃, 다이에틸에터(디에틸에테르)의 발화점은 약 160℃, 휘발유는 약 300℃이다.

정답 ②

45 다음 중 제4류 위험물에 해당하는 것은?

① N_2H_4
② NH_2OH
③ $Pb(N_3)_2$
④ CH_3ONO_2

 제4류 위험물로 분류되는 것은 인화성 액체이므로 N_2H_4(하이드라진)만 해당된다.

CH_3ONO_2는 질산메틸(Methyl Nitrate)로서 자기반응성을 갖는 제5류 위험물로 분류되는 질산에스터류(질산에스테르류)이고, NH_2OH는 하이드록실아민(히드록실아민, Hydroxylamine)으로 제5류 위험물로 분류된다. N_2H_4는 하이드라진(히드라진, Hydrazine)으로 제4류 위험물로 분류된다.

여기서 주의할 점은 염산하이드라진, 황산하이드라진, 다이메틸하이드라진 등과 같은 하이드라진 유도체들은 제5류 위험물(자기반응성 물질)로 분류된다는 것이다.

$Pb(N_3)_2$는 아지화 납(Lead Azide)으로 -N=N결합이 있는 유기화합물이므로 제5류 위험물의 아조화합물이다. 다이아조화합물(디아조화합물)은 N=N결합의 양 끝에 지방족 또는 방향족의 원자단을 지니고 있다.

$$
\underset{N^-}{\overset{N}{\|}} N^+ - Pb - N^+ \underset{N^-}{\overset{N}{\|}}
$$

<그림> 아조화합물[$Pb(N_3)_2$]

$$
\underset{R'}{\overset{R}{\diagup}} N = N
$$
<그림> 다이아조화합물

$$
\underset{H}{\overset{H}{\diagup}} N - N \underset{H}{\overset{H}{\diagdown}}
$$
<그림> 하이드라진

정답 ①

46 아세트알데하이드의 저장 시 주의할 사항으로 틀린 것은?

① 찬 곳에 저장한다.

② 용기의 파손에 유의한다.

③ 화기를 가까이 하지 않는다.

④ 구리나 마그네슘 합금 용기에 저장한다.

 정답분석 아세트알데하이드(CH_3CHO)는 제4류 위험물 중 특수인화물이며, 수용성이다.

저장탱크의 설비는 동·마그네슘·은·수은 또는 이들을 성분으로 하는 합금은 위험물 제조설비의 재질로 사용하지 못한다.

압력탱크에 저장하는 아세트알데하이드 또는 다이에틸에테르의 온도는 40℃ 이하로 유지하여야 하고, 압력탱크 외의 탱크에 저장할 경우 아세트알데하이드 또는 이를 함유한 것은 15℃ 이하로 유지하여야 한다.

아세트알데하이드(CH_3CHO)의 연소범위가 4 ~ 60%로 매우 넓다. 그러므로 보냉장치가 없는 이동저장탱크에 저장하는 아세트알데하이드 또는 다이에틸에테르 등의 온도는 40℃ 이하로 유지하여야 한다.

반면, 보냉장치가 있는 이동저장탱크에 저장하는 아세트알데하이드 또는 다이에틸에테르 등의 온도는 당해 위험물의 비점(沸點, Boiling Point) 이하로 유지하여야 한다.

정답 ④

47 과산화수소의 성질에 대한 다음 설명 중 틀린 것은?

① 물보다 무겁다.

② 에테르에 녹지 않으며, 벤젠에 녹는다.

③ 산화제이지만 환원제로서 작용하는 경우도 있다.

④ 분해방지 안정제로 인산, 요산 등을 사용할 수 있다.

 정답분석 과산화수소(H_2O_2)는 물과 에테르(에터), 알코올에 잘 녹으며, 석유와 벤젠에는 녹지 않는다. 위험물안전관리법령에서 정한 과산화수소의 농도는 36%(wt) 이상의 것만 위험물로 취급하며, 알칼리성이 되면 격렬하게 분해되어 산소를 발생시킨다. 이러한 분해를 방지하기 위하여 인산(H_3PO_4), 요산($C_5H_4N_4O_3$) 등의 안정제를 첨가하여 보관한다. 과산화수소는 일반적으로 강력한 산화제이지만 강산화물과 공존할 경우 환원제로 작용하는 양쪽성 물질(兩性物質, Amphoteric Substance)이다.

정답 ②

48 다음 중 물과 반응하여 산소를 발생하는 것은?

① CaC_2 ② Na_2O_2

③ $KClO_4$ ④ $KClO_3$

 정답분석 과산화나트륨(Na_2O_2)은 제1류 위험물 중 무기과산화물(알칼리금속의 과산화물)로서 물과 접촉하면 발열반응과 함께 산소를 방출하므로 주수소화를 금한다.

반응 $2Na_2O_2 + 2H_2O \rightarrow 4NaOH + O_2$

정답 ④

49 적린에 대한 설명으로 옳지 않은 것은?

① 성냥, 화약 등에 이용된다.

② 연소생성물은 황린과 같다.

③ 자연발화를 막기 위해 물 속에 보관한다.

④ 황린의 동소체이고 황린에 비하여 안전하다.

 자연발화를 막기 위해 물 속에 보관하는 것은 황린(P_4)이다. 황린은 제3류 위험물로 분류되고, 발화점(착화온도)이 34℃ 낮아 공기 중에서 자연발화의 우려가 있기 때문에 통상 물 속(pH 약 9 정도)에 저장한다.

[참고] 황린(P_4)은 제3류 위험물로 분류되고, 발화점(착화온도)이 약 30℃ 정도로 낮아 공기 중에서 자연발화의 우려가 있기 때문에 통상 물 속(pH 약 9 정도)에 저장한다.
적린(P)은 제2류 위험물(가연성 고체)로 분류되고 상온의에서도 화학적으로 안정하므로 성냥 등에 이용된다.
황린(P_4)과 적린(P)의 연소하면 마늘 냄새가 나는 오산화인이 생성된다.

$P_4(황린) + 5O_2 \rightarrow 2P_2O_5$; 발화점 약 30℃

$2P(적린) + 2.5O_2 \rightarrow P_2O_5$; 발화점 약 260℃

인(P)은 4가지의 동소체(같은 원소로 되어 있으나 모양과 성질이 다른 홑원소물질)가 존재하는데, 색깔에 따라 백린(白燐), 황린(黃燐), 적린(赤燐), 자린(紫燐) 등으로 분류된다.
백린(白燐＝황린)은 가장 불안정하고, 화학적 반응성이 크며, 공기 중에 노출된 상태로 35℃ 이상이 되면 자연발화되며, 이 과정에서 생성된 소량의 적린이 섞여 들어가 백린은 대부분 황린(黃燐)으로 변한다. 황린은 인화성과 독성이 강하고, 폭탄(백린탄), 농약 등에 이용된다.
황린(백린)을 270 ~ 300℃의 온도로 가열하거나 태양광에 노출시키면 적린(赤燐)이 된다.
적린은 황린과 분자 구조가 완전히 달라지면서 공기 중 발화점이 260℃로 높아지고 반응성이 낮은 물질로 변환된다. 황린(백린)에 비해 적린은 안정적이며 독성이 없으며, 성냥이나 화약(연막탄) 등에 이용된다.
적린이 강알칼리와 반응할 경우, 포스핀(PH_3) 가스를 발생한다.

$4P + 3KOH + 3H_2O \rightarrow PH_3(포스핀) + 3KH_2PO_2$

적린을 550℃ 이상의 온도에서 장시간 가열하면 인의 또다른 동소체인 자린(紫燐)으로 변환된다.

정답 ③

---

50 동식물유류에 대한 설명으로 틀린 것은?

① 건성유에는 아마인유, 들기름 등이 있다.

② 인화점이 물의 비점보다 낮은 것도 있다.

③ 아이오딘가(아이오딘화 값)이 130 이상인 것은 건성유이다.

④ 아이오딘가(아이오딘화 값)가 작을수록 자연발화의 위험성이 높아진다.

동식물유류는 아이오딘가(아이오딘화 값)가 따라서 건성유, 반건성유, 불건성유로 분류되며, 아이오딘가가 클수록 자연발화의 위험성이 높다.

[참고] 동식물유류의 아이오딘가

▫ 건성유 → 아이오딘 130 이상 : 정어리유, 해바라기유, 아마인유, 동유, 들기름 등

▫ 반건성유 → 아이오딘 100 ~ 130 : 쌀겨기름, 면실유, 옥수수기름, 참기름, 콩기름 등

▫ 불건성유 → 아이오딘 100 이하 : 피마자유, 올리브유, 야자유 등

정답 ④

---

 51 묽은 질산에 녹고, 비중이 약 2.7인 은백색 금속은?

① 아연분   ② 안티몬분

③ 마그네슘분   ④ 알루미늄분

알루미늄분은 제2류 위험물(가연성 고체)로 은백색이고, 융점(融點) 660℃, 비중 2.7의 금속이며, 염산 및 수분과 접촉 시 수소가스를 발생한다. 진한 질산은 금·백금·로듐·이리듐 등의 귀금속 이외의 금속과 격렬히 반응하고 이들을 녹이지만, 철·크로뮴·알루미늄·칼슘 등은 부동상태(不動狀態, Passivity)를 만들므로 침식되지 않는다.

정답 ④

52 트라이나이트로페놀의 성질에 대한 설명 중 틀린 것은?

① 휘황색을 띤 침상 결정이다.
② 비중이 약 1.8로 물보다 무겁다.
③ 물과 반응하여 수소를 발생시킨다.
④ 단독으로는 충격, 마찰에 둔감한 편이다.

 정답분석 트라이나이트로페놀[TNP, 피크르산, $C_6H_2(NO_2)_3OH$]은 물과 반응하여 수소를 발생시키지 않는다.
TNP는 강산화제이면서 환원성물질이며, 물에 전리하여 강한 산이 되며, 쓴맛을 가진다. 비극성 용매에 용해되고 극성 용매에는 잘 녹지 않는 특성이 있지만 대표적인 극성 용매인 물에 녹으며, 알코올, 아세톤에도 녹는다. 수용액은 강산성을 나타내며, 불안정하고 폭발성을 가진 가연성 물질이기 때문에 예전에는 화약으로도 사용되었다. TNP는 휘황색을 띤 침상 결정으로 비중이 약 1.8로 물보다 무겁다. 단독으로는 충격, 마찰에 둔감한 편이지만 저장할 때는 철, 납, 구리, 아연으로 된 용기를 사용할 경우 충격, 마찰에 의해 피크린산염을 생성하면서 폭발할 위험이 있다.

<그림> TNP

정답 ③

53 위험물을 저장 또는 취급하는 탱크의 용량은?

① 탱크의 내용적으로 한다.
② 탱크의 공간용적으로 한다.
③ 탱크의 내용적에 공간용적을 더한 용적으로 한다.
④ 탱크의 내용적에서 공간용적을 뺀 용적으로 한다.

정답분석 위험물의 저장탱크 용량은 탱크의 내용적에서 공간용적을 뺀 용적으로 한다.

정답 ④

54 아세톤과 아세트알데하이드에 대한 설명으로 옳은 것은?

① 증기비중은 아세톤이 아세트알데하이드보다 작다.
② 위험물안전관리법령상 품명은 서로 다르지만 지정수량은 같다.
③ 인화점과 발화점 모두 아세트알데하이드가 아세톤보다 낮다.
④ 아세톤의 비중은 물보다 작지만, 아세트알데하이드는 물보다 크다.

정답분석 ③만 올바르다. 증기비중은 아세톤(CH_3COCH_3, 비중 2)이 아세트알데하이드(CH_3CHO, 비중 1.53)보다 크다. 아세톤은 제1석유류로 지정수량 400L, 아세트알데하이드는 특수인화물로서 지정수량 50L이다. 아세톤의 비중은 0.7899, 아세트알데하이드의 비중은 0.7893으로 모두 물보다 작다.

정답 ③

55 다음 위험물 중 보호액으로 물을 사용하는 것은?

① 황린   ② 적린
③ 루비듐   ④ 오황화인

 정답분석 황린은 공기와 접촉하면 자연발화하기 때문에 pH 9의 물속에 저장한다.

참고 보호액 정리
칼륨, 나트륨, 알칼리금속, 알칼리토금속 보호액 → 석유(등유·경유·유동파라핀)
알킬알루미늄, 알킬리튬의 보호액 → 헥세인(헥산)
이황화탄소, 황린의 보호액 → 물
나이트로셀룰로오스, 인화석회의 보호액 → 알코올

정답 ①

56
다음 중 금속칼륨의 성질에 대한 설명으로 옳은 것은?

① 물 속에 보관한다.
② 중금속류에 속한다.
③ 이온화경향이 큰 금속이다.
④ 고광택을 내므로 장식용으로 많이 쓰인다.

 금속의 이온화경향에서 칼륨(K)의 이온화경향이 가장 크고, 이온화경향이 클수록 산화되려는 성질이며, 화학적 활성이 강하고, 나트륨보다 반응성이 크다. 따라서 칼륨, 나트륨, 알칼리금속, 알칼리토금속 등은 석유(등유 · 경유 · 유동파라핀)에 보관한다.
금속칼륨(K)은 4주기 1족 알칼리 금속(은백색의 무른 금속 = 경금속)이다. 중금속(重金屬, Heavy Metal)이라 할 때는 일반적으로 주기율표에서 구리와 납 사이에 있는 금속원소로 비중이 4.5보다 큰 원소집합을 말한다.

정답 ③

57
연소생성물로 이산화황이 생성되지 않는 것은?

① 황
② 황린
③ 오황화인
④ 삼황화인

 황린(P₄)이 연소할 때 흰색의 연기를 내며 오산화인이 발생한다.

[참고] 황린의 연소 반응 : $P_4 + 5O_2 \rightarrow 2P_2O_5$

정답 ②

58
위험물안전관리법령상 옥외저장소에 저장할 수 없는 위험물은? (단, 시 · 도 조례에서 별도로 정하는 위험물 또는 국제해상위험물 규칙에 적합한 용기에 수납된 위험물은 제외한다.)

① 질산
② 알코올류
③ 제2석유류
④ 질산에스터류

 질산에스터류는 제5류 위험물(자기반응성물질)로 옥외저장소에 저장할 수 없다. 질산에스터류(질산에스테르류, 제5류 위험물), 질산(제6류 위험물), 제2석유류 및 알코올류(제4류 위험물)이다.

[참고] 옥외저장소에 저장할 수 있는 위험물은 다음과 같다.
□ 제2류 위험물 중 유황 또는 인화성고체(인화점이 섭씨 0도 이상인 것에 한함)
□ 제4류 위험물 중
　• 제1석유류(인화점이 0℃ 이상인 것에 한함)
　• 알코올류
　• 제2석유류 · 제3석유류 · 제4석유류 및 동식물유류
□ 제6류 위험물
□ 제2류 위험물 및 제4류 위험물 중 특별시 · 광역시 또는 도의 조례에서 정하는 위험물(보세구역 안에 저장하는 경우에 한함)
□ 국제해사기구에 관한 협약에 의하여 설치된 국제해사기구가 채택한 「국제해상위험물규칙」에 적합한 용기에 수납된 위험물계산식 있는 경우 추가

정답 ④

59
다음 중 발화점이 가장 높은 것은?

① 등유
② 벤젠
③ 휘발유
④ 다이에틸에터

정답분석 제시된 물질 중 벤젠의 발화점이 약 500℃로 가장 높다. 등유의 발화점은 약 220℃, 다이에틸에터(디에틸에테르)의 발화점은 약 160℃, 휘발유는 약 300℃이다.

정답 ②

60
과망가니즈산칼륨(과망간산칼륨)의 성질에 대한 설명 중 틀린 것은?

① 흑자색의 결정이다.
② 물에 녹으면 살균력을 나타낸다.
③ 가열하면 약 240℃에서 분해한다.
④ 가열, 분해 시 이산화망간과 물이 생성된다.

정답분석 KMnO₄는 흑자색의 결정으로 물에 녹으면 살균력을 가지며, 가열하면 약 240℃에서 분해하여 망가니즈산칼륨(K_2MnO_4)과 이산화망간(MnO_2), 산소(O_2)를 발생한다.

□ $2KMnO_4 \xrightarrow[\text{산소 발생}]{240℃ \text{ 이상}} O_2 + MnO_2 + K_2MnO_4$

정답 ④

제1과목 일반화학

01 0.1N의 농도를 갖는 HCl 1.0mL를 물로 희석하여 1,000mL로 하면 pH는 얼마가 되는가?

① 2   ② 3

③ 4   ④ 5

정답분석 표준상태에서 발생된 수소 560mL를 질량으로 환산한 다음 다음의 관계식으로 금속의 원자가를 구한다.

계산 희석 수용액의 pH는 다음과 같이 산출한다.

□ 희석 전 : $0.1N-HCl \rightarrow [H^+]=0.1mol/L$

□ 1,000배 희석 : $\left(\dfrac{10^3 mL}{1mL}\right) \rightarrow [H^+]=1\times10^{-4}mol/L$

∴ $pH = \log \dfrac{1}{1\times10^{-4}} = 4.0$

정답 ③

02 벤젠에 관한 설명으로 틀린 것은?

① 화학식은 C_6H_{12}이다.

② 알코올, 에테르에 잘 녹는다.

③ 물보다 가볍다.

④ 추운 겨울날씨에 응고될 수 있다.

정답분석 벤젠(Benzene, C_6H_6)은 탄소 원자 6개가 이어져서 이루어지는 육각형의 고리로 된 구조식을 가진다.

벤젠의 비중은 0.88로 물보다 가볍고, 무색의 휘발성 액체로 독특한 냄새가 난다.

물에 대한 용해도는 0.18g/100mL(25℃)로 매우 낮으나 알코올, 에테르, 이황화탄소, 아세톤, 클로로폼, 오일류, 사염화탄소 및 대부분의 유기 용매류에 잘 녹는다.

녹는점이 5.5℃이므로 이 온도 이상에서는 액체로 존재하지만 5.56℃ 이하에서는 고체로 응고(凝固)된다. 인화점이 -11.63℃로 낮기 때문에 추운 겨울날씨에도 연소 위험이 따른다.

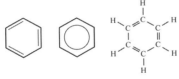

<그림> 벤젠(Benzene)

정답 ①

03 다이크로뮴산칼륨에서 크로뮴의 산화수는?

① 2   ② 4

③ 6   ④ 8

정답분석 다이크로뮴산칼륨(중크롬산칼륨, $K_2Cr_2O_7$)의 전체 산화수는 0이고, 칼륨(포타슘, K)의 산화수는 1, 산소(O)의 산화수는 -2이므로 다음과 같이 크로뮴(Cr)의 산화수를 구할 수 있다.

계산 $K_2Cr_2O_7 \rightarrow 0 = (1\times2) + (x\times2) + (-2\times7)$,

$x = +6$

∴ Cr 산화수 = +6

정답 ③

04 $KMnO_4$에서 Mn의 산화수는 얼마인가?

① +3   ② +5

③ +7   ④ +9

정답분석 과망가니즈산칼륨(과망간산칼륨, $KMnO_4$)의 전체 산화수는 0이고, 칼륨(K)의 산화수는 1, 산소(O)의 산화수는 -2이므로 다음과 같이 망가니즈(망간, Mn)의 산화수를 구할 수 있다.

계산 $KMnO_4 \rightarrow 0 = (1) + (x) + (-2\times4)$, $x = 7$

∴ Mn 산화수 = +7

정답 ③

05 Mg^{2+}의 전자수는 몇 개인가?

① 2
② 10
③ 12
④ 6×10^{23}

정답분석 마그네슘(Mg, 3주기,2족)의 원자번호는 12, 준위(準位)별 전자 수는 2,8,2이고, 질량수(원자량)는 ≒24이다. 원자번호=양성자 수이므로 양성자 수는 12, 중성자 수는 질량수−양성자 수이므로 24−12=12가 된다. 마그네슘 2가이온(Mg^{2+})은 Mg에서 전자 2개가 떨어져 나간 것이므로 준위별 전자 수는 2,8로 전환되면서 전자 수는 10개가 되지만 중성자수는 질량수−양성자 수이므로 24−12=12로 불변이다.

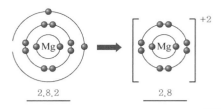

2.8.2   2.8

정답 ②

 06 다름 중 침전을 형성하는 조건은?

① 이온곱=용해도곱
② 이온곱 > 용해도곱
③ 이온곱 < 용해도곱
④ 이온곱+용해도곱=1

정답분석 침전을 형성하는 조건은 용해도곱에 비해 이온곱이 큰 상태(과포화상태)이어야 한다.
□ 이온곱(Q) > 용해도곱(K_{sp}) : 과포화상태(침전성)
□ 이온곱(Q) < 용해도곱(K_{sp}) : 불포화상태
□ 이온곱(Q) = 용해도곱(K_{sp}) : 포화상태

정답 ②

 07 다음 중 산소와 같은 족의 원소가 아닌 것은?

① S
② Se
③ Bi
④ Te

정답분석 산소(O)는 16족으로 O(산소), S(황), Se(셀레늄), Te(텔루륨), Po(폴로늄) 등이 이에 속한다. Bi(비스무트)는 15족 원소이다.

정답 ③

 08 반투막을 이용해서 콜로이드 입자를 전해질이나 작은 분자로부터 분리 정제하는 것을 무엇이라 하는가?

① 투석
② 틴들현상
③ 전기영동
④ 브라운 운동

정답분석 콜로이드(Colloid)는 반투막(半透膜, Semipermeable Membrane)을 통과하지 못한다. 따라서 이러한 원리를 이용하여 콜로이드 입자를 전해질이나 작은 분자로부터 분리 · 정제하는 것을 투석(透析, Dialysis)이라 한다.

정답 ①

09 물 500g 중에 설탕($C_{12}H_{22}O_{11}$) 171g이 녹아 있는 설탕물의 몰랄농도(m)는?

① 0.5
② 1.0
③ 2.0
④ 2.5

정답분석 몰랄농도(Molality)는 용매 1kg에 용해되어 있는 용질의 몰(mol) 수로 정의된다. 용질은 설탕이고, 설탕 1mol의 질량(분자량)은 제시된 분자식($C_{12}H_{22}O_{11}$)을 기준으로 342g($=12 \times 12 + 1 \times 22 + 16 \times 11$)을 이용, 용매는 물이며, 제시된 물의 질량은 0.5kg이다.

$$\square \ m(\text{mol/kg}) = \frac{\text{용질(mol)}}{\text{용매(kg)}}$$

계산 설탕물의 몰랄농도 계산

$$\bullet \begin{cases} \text{용질}(=\text{설탕}) = \text{질량(g)} \times \dfrac{\text{mol}}{\text{분자량(g)}} \\ \qquad\qquad = 171g \times \dfrac{\text{mol}}{342g} = 0.5\,\text{mol} \\ \text{용매} = \text{물} = 500g \times \dfrac{10^{-3}\,\text{kg}}{g} = 0.5\,\text{kg} \end{cases}$$

$$\therefore \ m = \frac{0.5\,\text{mol}}{0.5\,\text{kg}} = 1\,\text{mol/kg}$$

정답 ②

10 H₂O가 H₂S보다 끓는 점이 높은 이유는?

① 분자량이 적기 때문에

② 공유결합을 하고 있기 때문에

③ 이온결합을 하고 있기 때문에

④ 수소결합을 하고 있기 때문에

정답분석 수소결합(水素結合, Hydrogen bond)을 갖는 분자 (H ··· F, O, N)는 분자간의 인력이 강해 분자 사이의 인력을 끊기 위해서는 많은 에너지가 필요하기 때문에 유사한 분자량을 가진 화합물과 비교할 때 녹는점, 끓는점이 높다.

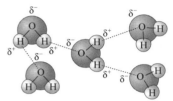

<그림> 물(H₂O)의 수소결합

정답 ④

11 어떤 용액의 pH가 4일 때, 이 용액을 1,000배 희석시킨 용액의 pH를 옳게 나타낸 것은?

① pH=3

② pH=4

③ pH=5

④ 6 < pH < 7

정답분석 pH 계산식을 이용한다.

 □ $pH = \log \dfrac{1}{[H^+]}$

계산 희석용액의 pH는 다음과 같이 계산한다.

$$\begin{cases} 희석 전 : pH\ 4.0\ \rightarrow\ [H^+] = 10^{-4}\,mol/L \\ 1,000\ 배\ 희석 \rightarrow [H^+] = 10^{-4} \times \dfrac{1}{1,000} \\ \qquad\qquad\qquad = 1 \times 10^{-7}\,mol/L \end{cases}$$

$\therefore\ pH = \log \dfrac{1}{1 \times 10^{-7}} = 7$

정답 ④

12 기하이성질체 때문에 극성 분자와 비극성 분자를 가질 수 있는 것은?

① C₂H₄   ② C₂H₃Cl

③ C₂H₂Cl₂   ④ C₂HCl₃

정답분석 기하이성질체(幾何異性質體, Geometrical Isomer)는 원소의 종류와 개수는 같고, 화학결합도 같으나 공간적인 배열이 달라 확연히 다른 물리적, 화학적 성질이 다른 화합물을 말한다. 시스(cis)형태와 트랜스(trans)형태로 배열되어야 한다. 따라서 분자식으로 판단할 때는 작용기가 되는 원소가 2개 존재하여야 하므로 ③(다이클로로에텐, C₂H₂Cl₂)이 기하 이성질체를 형성할 수 있는 화합물이다.

<그림> cis형태   <그림> trans형태

정답 ③

13 불꽃 반응 시 보라색을 나타내는 금속은?

① Li   ② K

③ Na   ④ Ba

정답분석 불꽃 반응 시 보라색을 나타내는 금속은 칼륨(K)염이다.

참고 □ 리튬(Li)은 공기 중에서 잘 연소하며, 아름다운 붉은 색을 띰

□ 스트론튬(Sr)은 아름다운 심홍색을 띰

□ 칼슘(Ca) 염은 주황색(벽돌색)을 띰

□ 나트륨(Na) 염은 밝은 노란색을 띰

□ 바륨(Ba) 염은 황록색을 띰

□ 구리(Cu) 염은 청록색을 띰

□ 마그네슘(Mg) 염은 청색을 띰

정답 ②

14

에탄올 20g과 물 40g을 함유한 용액에서 에탄올의 몰분율은 약 얼마인가?

① 0.087   ② 0.164

③ 0.349   ④ 0.739

 정답분석 몰 분율은 용질의 몰 수를 용액의 몰 수로 나눈 값이다. 에탄올(C_2H_5OH)의 분자량은 $12\times2+1\times5+16+1=46$, 물($H_2O$)의 분자량은 18이다.

□ 몰 분율(mol/mol) $= \dfrac{용질(mol)}{용액(mol)}$

계산 에탄올의 몰분율은 다음과 같이 계산한다.

$$\begin{cases} 용질(에탄올)의\ mol = 20g\times\dfrac{mol}{46g}=0.435\,mol \\ 용매(물)의\ mol = 40g\times\dfrac{mol}{18g}=2.22\,mol \end{cases}$$

$\therefore$ 몰 분율 $= \dfrac{0.435\,mol}{(0.435+2.22)\,mol}=0.164\,mol/mol$

정답 ②

15

다음 중 금속의 반응성이 큰 것부터 작은 순서대로 바르게 나열된 것은?

① Mg, K, Sn, Ag

② Au, Ag, Na, Zn

③ Fe, Ni, Hg, Mg

④ Ca, Na, Pb, Pt

 정답분석 알칼리 금속은 다른 금속 원소에 비해 이온화에너지가 작기 때문에 반응성이 크다. 금속의 이온화 경향(반응성)의 크기는 K > Ca > Na > Mg > Al > Zn > Fe > Ni > Sn(주석) > Pb(납) > H(수소) > Cu(구리) > Hg(수은) > Ag(은) > Pt(백금) > Au(금)의 순서로 감소한다.
1족 원소에서는 주기가 높을수록 반응성이 좋다. 즉, 1족 (Fr > Cs > Rb > K > Na > Li) > 2족(Ra > Ba > Sr > Ca > Mg > Be)의 순서이다.

정답 ④

16

황산구리 용액에 10A의 전류를 1시간 통하면 구리(원자량 63.54)를 몇 g 석출하는가?

① 7.2g   ② 11.85g

③ 23.7g   ④ 31.77g

정답분석 패러데이의 법칙(Faraday's law)을 적용한다.

$$m_c(g) = \dfrac{가해진\ 전기량(F)}{1F(기준\ 전기량)}\times\dfrac{원자량(M)}{전자가(e^-)}$$
$$= \dfrac{가해진\ 전하량(C)}{기준\ 전하량(96,500\,C)}\times\dfrac{M}{전자가}$$

계산 석출되는 구리의 양은 다음과 같이 산출된다.

$$m_c(g) = \dfrac{가해진\ 전하량(C)}{기준\ 전하량(96,500\,C)}\times\dfrac{M}{전자가}$$

$$\begin{cases} m_c : 석출\ 금속량(g) \\ 전하량(C) = 전류\times시간(초) = 10A\times3,600초 \\ 원자량 : 63.54 \\ 전자가 : 2 \end{cases}$$

$\therefore m_c(g) = \dfrac{10\times3,600\,C}{96,500\,C}\times\dfrac{63.54}{2}=11.85\,g$

정답 ②

17

표준상태에서 수소의 밀도는 몇 g/L인가?

① 0.389   ② 0.289

③ 0.189   ④ 0.089

 정답분석 표준상태(0℃, 1기압)에서 모든 기체의 밀도는 분자량을 1mol의 부피(22.4)로 나누어 산정한다. 수소(H_2)의 분자량은 2이고, 1mol의 질량은 2g이다.

계산 수소의 밀도는 다음과 같이 산정한다.

□ 기체 밀도 $= \dfrac{분자량}{22.4}$

$\therefore$ 수소의 밀도 $= \dfrac{2g}{22.4L}=0.089\,g/L$

정답 ④

18 할로젠화수소의 결합에너지 크기를 비교하였을 때 옳은 것은?

① HI > HBr > HCl > HF
② HBr > HI > HF > HCl
③ HF > HCl > HBr > HI
④ HCl > HBr > HF > HI

 정답 분석 할로젠화수소 수용액의 결합 세기는 HF(약산) ≫ HCl > HBr > HI(강산)이다. 수소결합의 결합 세기와 산(酸)의 세기는 서로 반대경향을 가진다.

정답 ③

19 다음 중 양쪽성 산화물에 해당하는 것은?

① NO_2　　　　② Al_2O_3
③ MgO　　　　④ Na_2O

 정답 분석 산화물의 중간적인 성질(양쪽성, Amphoteric)은 주기율표의 주기 내에서 중간에 위치한 원소에서 주로 나타난다. Al_2O_3가 양쪽성 산화물이다. NO_2는 산성 산화물, MgO는 염기성 산화물, Na_2O는 산성 산화물이다.

정답 ②

20 황산 수용액 400mL에는 순수 황산이 98g 녹아 있다. 이 용액의 규정 농도는 몇 N인가?

① 3　　　　② 4
③ 5　　　　④ 6

정답 분석 규정 농도(N)는 용액 1L에 용해되어 있는 용질의 당량(eq) 수를 말한다. 그리고 황산(H_2SO_4)은 2가의 산(酸)이므로 1mol 질량(분자량)=1당량($1eq$)=98/2=49g임을 고려하도록!!

계산 황산의 규정농도(N)는 다음과 같이 산정된다.

$$N(eq/L) = \frac{용질(eq)}{용액(L)}$$

$$\therefore N = \frac{98g}{400mL} \times \frac{eq}{49g} \times \frac{10^3mL}{L} = 5eq/L$$

정답 ③

제2과목 화재예방과 소화방법

21 다음 제1류 위험물 중 물과의 접촉이 가장 위험한 것은?

① 아염소산나트륨
② 과산화나트륨
③ 과염소산나트륨
④ 다이크로뮴산암모늄

 정답 분석 Na_2O_2, K_2O_2는 알칼리금속의 과산화물로 금수성 물질이기 때문에 화재 시 탄산수소염류 소화기, 건조사, 팽창질석 또는 팽창진주암 등으로 질식소화 하는 것이 적합하다.
ㅁ $2Na_2O_2 + 2H_2O \rightarrow 4NaOH + O_2$
　 $2K_2O_2 + 2H_2O \rightarrow 4KOH + O_2$
ㅁ 과산화나트륨(Na_2O_2)은 황색-백색 분말로 물과 잘 반응하며, NaOH와 산소를 생성하고 강한 산화제이면서 가연성이고, 환원제와는 신속하게 반응한다. 과산화칼륨(K_2O_2)은 흰색~녹색(연두색) 결정성 고체로 수용성이며, 비중은 물보다 무거운 약 2.14이다.
ㅁ 과산화나트륨(Na_2O_2)은 제1류 위험물 중 무기과산화물(알칼리금속의 과산화물)로 가연성은 없지만 다른 물질의 연소를 도와주며, 가연성 물질과 접촉할 경우, 화재 및 폭발 위험이 있다.

참고 물과 접촉하면 격렬한 발열반응, 화재 또는 폭발 등을 일으키는 물질은 다음과 같다.
ㅁ 제1류 위험물 중 무기과산화물류 : 과산화나트륨, 과산화칼륨, 과산화칼슘, 과산화마그네슘, 과산화바륨, 과산화리튬, 과산화베릴륨 등
ㅁ 제2류 위험물 중 금속분, 마그네슘, 철분, 황화인
ㅁ 제3류 위험물 : 칼륨, 나트륨, 알킬알루미늄, 알킬리튬, 유기금속화합물류, 금속수소화합물류, 금속인화물류, 칼슘 또는 알루미늄의 탄화물류 등
ㅁ 제6류 위험물 : 과염소산, 과산화수소, 황산, 질산
ㅁ 특수인화물 : 다이에틸에터, 콜로디온 등

정답 ②

22 분말 소화약제에 해당하는 착색으로 옳은 것은?

① 탄산수소칼륨 - 청색
② 제1인산암모늄 - 담홍색
③ 탄산수소칼륨 - 담홍색
④ 제1인산암모늄 - 청색

 분말소화약제로 사용할 수 있는 것은 탄산수소나트륨($NaHCO_3$), 탄산수소칼륨($KHCO_3$), 제1인산암모늄(인산이수소암모늄, $NH_4H_2PO_4$), 첨가물로 투입되는 요소수[$(NH_2)_2CO$]이다.

[참고] 분말소화약제 종별 주성분과 적응 화재등급(암기요)

구분	주성분	착색	사용가능 화재등급
제1종	$NaHCO_3$	백색	B, C
제2종	$KHCO_3$	담회색	B, C
제3종	$NH_4H_2PO_4$ (제1인산암모늄)	담홍색 (분홍)	A, B, C
제4종	$KHCO_3 + (NH_2)_2CO$	회색	B, C

정답 ②

23 위험물안전관리법령상 옥내소화전설비에 적응성이 있는 위험물의 유별로만 나열된 것은?

① 제1류 위험물, 제4류 위험물
② 제2류 위험물, 제4류 위험물
③ 제4류 위험물, 제5류 위험물
④ 제5류 위험물, 제6류 위험물

 옥내소화전 또는 옥외소화전설비에 적응성이 있는 위험물은 제1류 위험물 중 알칼리금속의 과산화물 이외의 것, 제2류 위험물 중 인화성 고체, 제3류 위험물 중 금수성 물질 이외의 것, 제5류 위험물, 제6류 위험물에 적응성이 있다.

정답 ④

24 연소의 3요소 중 하나에 해당하는 역할이 나머지 셋과 다른 위험물은?

① 과산화수소
② 과산화나트륨
③ 질산칼륨
④ 황린

 연소의 3요소는 가연물, 점화원, 산소공급원이다. 보기의 항목에서 과산화수소는 제6류 위험물로서 열분해될 때 산소(산소공급원)를 발생하고, 과산화나트륨과 질산칼륨은 제1류 위험물로서 열분해될 때 산소를 발생한다. 그러나 황린은 가연물질로 공기 중에서 연소하여 오산화인(P_2O_5)을 발생한다.

정답 ④

25 스프링클러설비의 장점이 아닌 것은?

① 소화약제로 물을 사용하므로 비용이 절감된다.
② 초기 시공비가 적게 든다.
③ 화재 시 사람의 조작 없이 작동이 가능하다.
④ 초기화재의 진화에 효과적이다.

 스프링클러설비는 초기 시공비가 많이 든다.

[참고] 스프링클러설비의 장·단점

장점	단점
• 초기화재 진화에 효과적이다.	• 초기 시공비가 많이 든다.
• 소화약제가 물이므로 가격이 저렴하다.	• 다른 소화설비보다 시공이 복잡하다.
• 사람의 조작없이 자동적으로 화재를 감지하여 작동한다.	• 물로 인한 피연소 물질에 2차 피해를 유발한다.

정답 ②

26 위험물안전관리법령상 분말소화설비의 기준에서 가압용 또는 축압용 가스로 사용하도록 지정한 것은?

① 헬륨   ② 질소

③ 아르곤   ④ 일산화탄소

 분말소화설비의 기준에서 가압용 또는 축압용 가스로 사용하는 것은 질소 또는 이산화탄소이다.

정답 ②

27 착화점에 대한 설명으로 옳은 것은?

① 연소가 지속될 수 있는 최저온도

② 외부의 점화원 없이 발화하는 최저온도

③ 점화원과 접촉했을 때 발화하는 최저온도

④ 액체 가연물에서 증기가 발생할 때의 온도

 착화점(着火點=발화점)이란 외부의 점화원 없이 가열된 열만 가지고 스스로 연소가 시작되는 최저온도이며, 이 온도가 낮을수록 연소하기가 쉽다.

정답 ②

28 이산화탄소 소화설비의 배관의 설치기준으로 옳은 것은?

① 원칙적으로 겸용이 가능하도록 할 것

② 동관의 배관은 고압식인 경우 16.5MPa 이상의 압력에 견딜 수 있을 것

③ 관이음쇠는 저압식의 경우 5.0MPa 이상의 압력에 견딜 수 있을 것

④ 배관의 가장 높은 곳과 낮은 곳의 수직거리는 30m 이하일 것

 동관(銅管)의 배관은 이음이 없는 동합금판으로 고압식인 것은 16.5MPa 이상, 저압식인 것은 3.75MPa 이상의 압력에 견딜 수 있는, 것을 사용하여야 한다.

[참고] 이산화탄소를 방사하는 배관 설치기준

▫ **강관배관** : 압력배관용 탄소강관 중에서 고압식인 것은 스케줄 80 이상, 저압식인 것은 스케줄 40 이상의 것 또는 이와 동등 이상의 강도를 갖는 것으로서 아연도금 등에 의한 방식처리를 한 것을 사용할 것

▫ **동관배관** : 이음매 없는 구리 및 구리합금관 또는 이와 동등 이상의 강도를 갖는 것으로서 고압식인 것은 16.5MPa 이상, 저압식인 것은 3.75MPa 이상의 압력에 견딜 수 있는 것을 사용할 것

▫ **관이음쇠** : 고압식인 것은 16.5MPa 이상, 저압식인 것은 3.75MPa 이상의 압력에 견딜 수 있는 것으로서 적절한 방식처리를 한 것을 사용할 것

▫ **낙차**(배관의 가장 높은 곳과 낮은 곳의 수직거리) : 50m 이하일 것

정답 ②

29 화재발생 시 물을 사용하여 소화할 수 있는 물질인 것은?

① P_4 ② CaC_2

③ K_2O_2 ④ Al_4C_3

 황린(=백린, P_4)은 제3류 위험물 자연발화성 물질로 화재발생 시 물 또는 강화액 포와 같은 물계통의 소화제를 사용하여 소화한다.

① 과산화칼륨(K_2O_2)은 제1류 위험물(산화성 고체)로 물과 반응 시 산소를 방출한다.

② 탄화칼슘(CaC_2)은 제3류 위험물(자연발화성 물질·금수성 물질)로 물과 반응 시 아세틸렌(에타인)가스를 방출한다.

③ 탄화알루미늄(Al_4C_3)은 제3류 위험물(자연발화성 물질·금수성 물질)로 물과 반응 시 메테인(메탄)가스를 방출한다.

정답 ①

30 위험물안전관리법령상 간이소화용구(기타 소화설비)인 팽창질석은 능력단위 1.0이 되려면 몇 L가 필요한가? (단, 삽을 상비한 경우이다)

① 50L
② 100L
③ 120L
④ 160L

 팽창질석 또는 팽창진주암은 삽 1개를 포함하여 1단위를 160L으로 한다.

참고 **소화설비의 능력단위**

소화설비	용량	능력단위
소화전용(轉用) 물통	8L	0.3
수조(소화전용 물통 3개 포함)	80L	1.5
수조(소화전용 물통 6개 포함)	190L	2.5
마른 모래(삽 1개 포함)	50L	0.5
팽창질석 또는 팽창진주암(삽 1개 포함)	160L	1.0

정답 ④

31 탱크 내 액체가 급격히 비등하고 증기가 팽창하면서 폭발을 일으키는 현상은?

① Fire ball
② Back draft
③ BLEVE
④ Flash over

 탱크 내 액체가 급격히 비등하고 증기가 팽창하면서 폭발을 일으키는 현상을 BLEVE(Boiling Liquid Expanding Vapor Explosion) 현상이라고 한다.
①의 Fire ball은 BLEVE가 발생할 때 동반되는 현상으로 폭발적으로 발생된 화염이 구형의 모양을 이루며 공기 중으로 상승하는 것을 말한다.
②의 Back draft는 역화(逆火)라고도 하는데 산소의 부족으로 불이 꺼졌을 때 대류에 의한 산소의 유입에 의해 화재가 재발하며 연소가스가 순간적으로 발화하는 현상을 말하며, 강한 폭발력을 가진다. 주로 폐쇄된 공간이나 지하실에서 화재가 진행될 때 발생한다.
④의 Flash over는 화재 발생 시 열에 의한 복사현상으로 화염이 옮겨 붙어 그 불길이 확대될 때 일어나는 데, 일정 공간 안에 축적된 가연성 가스가 발화온도에 도달하여 급속하게 공간 전체에 화염이 휩싸이는 현상을 말한다.

정답 ③

32 네슬러 시약에 의하여 적갈색으로 검출되는 물질은?

① 질산이온
② 암모늄이온
③ 아황산이온
④ 일산화탄소

 네슬러 시약은 암모늄이온(NH_4^+)의 검출에 사용되는 시약으로 적갈색의 침전이 생긴다.

정답 ②

33 탄산수소나트륨은 제 몇 종 분말소화약제의 주성분인가?

① 제1종
② 제2종
③ 제3종
④ 제4종

 1종 분말약제의 주성분은 $NaHCO_3$(탄산수소나트륨)으로 유류화재(B급), 전기화재(C급)에 적응성이 있다.

참고 **분말소화약제 종별 주성분과 적응 화재등급(표 암기요)**

구분	주성분	착색	사용가능 화재등급
제1종	$NaHCO_3$	백색	B, C
제2종	$KHCO_3$	담회색	B, C
제3종	$NH_4H_2PO_4$ (인산이수소암모늄)	담홍색 (분홍)	A, B, C
제4종	$KHCO_3 + (NH_2)_2CO$	회색	B, C

정답 ①

34 다음 중 증발잠열이 가장 큰 것은?

① 물
② 아세톤
③ 이산화탄소
④ 사염화탄소

 수소결합(水素結合, Hydrogen Bond)을 하고 있는 물(H_2O)은 증발잠열이 539cal/g으로 크기 때문에 소화약제로서 가장 큰 냉각효과를 일으킬 수 있다.

정답 ①

35
물은 주된 소화작용은 냉각소화이다. 물의 소화 효과를 높이기 위하여 무상주수함으로써 부가적으로 작용하는 소화효과로 나열된 것은?

① 질식소화, 제거소화
② 질식소화, 유화소화
③ 타격소화, 유화소화
④ 타격소화, 피복소화

 정답 분석 물의 소화작용(消火作用)은 냉각작용, 질식작용, 유화작용, 희석작용, 타격작용이다. 물은 주수형태에 따라 봉상(棒狀), 적상(滴狀), 무상(霧狀)으로 분류할 수 있는데, 무상주수(霧狀注水)를 함으로써 부가적으로 작용하는 소화효과는 질식소화 작용과 유화소화(乳化消火) 효과이다.

참고 소화시 물의 주수형태(注水形態)

▫ **무상주수**(霧狀注水)란 고압으로 방수되어 물방울의 평균 직경은 0.1 ~ 10mm정도로 방사하는 방법이다. 중질유(윤활유, 아스팔트 등과 같은 비점이 높은 유류)의 경우에 무상주수를 하면 급속한 증발과 함께 질식효과와 에멀전 효과(Emulsion Effect, 유화효과)를 나타낸다.
에멀전 효과란 물의 미립자와 기름이 섞여 유화상이 만들어지면 기름의 증발능력이 떨어지게 되고 이로 인해 연소성을 상실시키는 효과이다.
무상주수는 전기전도성이 좋지 않아 전기화재에도 유효하다. 다만, 감전의 우려가 있기 때문에 일정한 거리를 유지하여 방사하여야 한다.

▫ **적상주수**(滴狀注水)란 물방울을 흩뿌리는 스프링클러 소화설비 헤드의 주수형태로 살수(撒水)라고도 하는데 저압으로 방출되며 물방울의 평균 직경은 0.5 ~ 6mm 정도로 일반적으로 실내 고체 가연물의 화재에 사용된다.

▫ **봉상주수**(棒狀注水)란 막대모양의 물줄기를 가연물에 직접 주수하는 방법으로 소방용 노즐을 이용한 주수가 대부분 여기에 속한다. 열용량이 큰 일반 고체 가연물(A급)의 대규모 화재에 유효게 사용되는 주수형태이다.

정답 ②

36
경보설비는 지정수량 몇 배 이상의 위험물을 저장, 취급하는 제조소등에 설치하는가?

① 2　　　② 4
③ 8　　　④ 10

 정답 분석 경보설비는 지정수량 10배 이상의 제조소등에 설치한다. 경보설비의 종류는 단독경보형 감지기, 비상경보설비(비상벨설비, 자동식 사이렌설비), 시각경보기, 자동화재탐지설비, 비상방송설비, 자동화재속보설비, 통합감시시설, 누전경보기, 가스누설경보기 등이 있다.

참고 피뢰설비 설치기준 : 지정수량 10배 이상

정답 ④

37
인화성 액체의 화재 분류로 옳은 것은?

① A급 화재
② B급 화재
③ C급 화재
④ D급 화재

 정답 분석 인화성 액체의 화재는 B급 화재로 분류된다. 유류화재는 연소 후 아무것도 남기지 않는 화재로 휘발유, 경유, 가솔린, LPG 등의 인화성 액체 및 기체 등의 화재를 말하며, 유류표면에 유증기의 증발 방지층을 만들어 산소를 제거하는 질식소화 방법이 가장 효과적이다.
화재는 소화 적응성에 따라 다음과 같이 분류된다.

▫ A급 화재(일반화재) - 섬유, 종이, 목재 등
▫ B급 화재(유류화재) - 유류, 인화성 액체 및 제4류 위험물 등
▫ C급 화재(전기화재)
▫ D급 화재(금속화재)

정답 ②

38 특정옥외탱크저장소라 함은 옥외탱크저장소 중 저장 또는 취급하는 액체 위험물의 최대수량이 얼마 이상인 것인가?

① 30만리터 이상
② 50만리터 이상
③ 100만리터 이상
④ 200만리터 이상

 특정옥외저장탱크 : 옥외탱크저장소 중 그 저장 또는 취급하는 액체위험물의 최대수량이 100만L 이상의 것(특정옥외탱크저장소)의 옥외저장탱크의 기초 및 지반은 당해 기초 및 지반상에 설치하는 특정옥외저장탱크 및 그 부속설비의 자중, 저장하는 위험물의 중량 등의 하중에 의하여 발생하는 응력에 대하여 안전한 것으로 하여야 한다.

정답 ③

40 위험물안전관리법령상 제2류 위험물 중 철분의 화재에 적응성이 있는 소화설비는?

① 포 소화설비
② 물분무 소화설비
③ 할로젠화합물 소화설비
④ 탄산수소염류 분말 소화설비

 제2류 위험물인 철분은 금수성 물질이므로 건조분말(탄산수소염류) 소화설비, 건조사, 팽창질석에 적응성이 있다. 이외에 금속분, 마그네슘, 황화인도 건조사, 건조분말(탄산수소염류 소화설비) 등으로 질식소화하는 것이 바람직하다.
철분, 금속분, 마그네슘의 연소 시 주수하면 급격한 수증기 압력이나 분해에 의해, 발생된 수소에 의한 폭발위험과 연소 중인 금속의 비산(飛散)으로 화재면적을 확대시킬 수 있다.

정답 ④

39 제5류 위험물 저장소에 화재가 발생하였을 경우, 일반적인 조치사항으로 가장 옳은 것은?

① 다량의 주수에 의한 냉각소화가 효과적이다.
② 이산화탄소를 이용한 질식소화가 효과적이다.
③ 분말소화약제를 사용한 질식소화가 효과적이다.
④ 할로젠화합물 소화약제를 이용한 냉각소화가 효과적이다.

 제5류 위험물은 자기연소성 물질(산소함유 물질)이기 때문에 CO_2, 분말, 할론, 포 등에 의한 질식소화는 효과가 없으며, 다량의 물로 냉각하는 것이 적당하다. 초기화재 또는 소량화재 시에는 분말로 일시에 화염을 제거하여 소화할 수 있으나 재발화가 염려되므로 최종적으로는 물로 냉각소화하여야 한다.

정답 ①

41 옥내저장소에 위험물을 저장할 때 내부에 체류한 가연성의 증기를 지붕 위로 배출하는 설비를 갖추어야 하는 위험물은?

① 피리딘

② 과산화수소

③ 마그네슘

④ 실린더유

정답분석 저장창고에는 규정에 준하는 채광·조명 및 환기의 설비를 갖추어야 하고, 인화점이 70℃ 미만인 위험물의 저장창고에 있어서는 내부에 체류한 가연성의 증기를 지붕 위로 배출하는 설비를 갖추어야 한다.

▫특수인화물 : 인화점 섭씨 −20℃ 미만

▫제1석유류 : 인화점 섭씨 21℃ 미만

▫제2석유류 : 인화점 섭씨 21℃ 이상 70℃ 미만

문제에서 피리딘(제4류 1석유류), 과산화수소(제6류), 마그네슘(제2류), 실린더유(제4류 4석유류)이므로 피리딘이 해당된다.

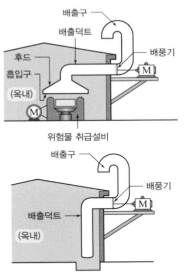

정답 ①

42 다음 중 분자량이 가장 큰 위험물은 어느 것인가?

① 과염소산

② 과산화수소

③ 질산

④ 하이드라진

정답분석 분자량(分子量, Molecular Weight)은 원자량의 합(合)이며, 원자량은 H(1), Cl(35.5), N(14), O(16)이다. 따라서, 분자량은 분자식만 대충 짐작하면 쉽게 그 크기를 비교·판단할 수 있다.

과염소산의 분자식은 $HClO_4$(제6류 위험물), 과산화수소의 분자식은 H_2O_2(제6류 위험물), 질산의 분자식은 HNO_3(제6류 위험물), 하이드라진의 분자식은 N_2H_4(제4류 위험물 제2석유류)이다.

따라서 제시된 물질 중 분자량이 가장 큰 것은 과염소산($HClO_4$)이다.

일반적으로 이러한 문제 유형에서는 다염소화 된 물질과 과산화된 물질의 분자량이 크다는 것을 알면 쉽게 정답을 골라낼 수 있다.

정답 ①

43 위험물안전관리법령상 위험물제조소에 설치하는 "물기엄금"의 주의사항 표지색으로 옳은 것은?

① 청색바탕 백색글자

② 배색바탕 청색글자

③ 황색바탕 청색글자

④ 청색바탕 황색글자

정답분석 물기엄금은 청색바탕에 백색문자로 하여야 한다.

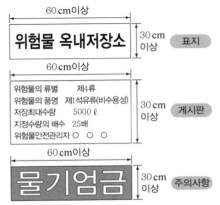

정답 ①

44 다음 제4류 위험물에 해당하는 것은?

① CH_3ONO_2

② NH_2OH

③ N_2H_4

④ $Pb(N_3)_2$

정답분석 제4류 위험물로 분류되는 것은 인화성 액체이므로 N_2H_4 (하이드라진, 히드라진)만 해당된다.

CH_3ONO_2는 질산메틸(Methyl Nitrate)로서 자기반응성을 갖는 제5류 위험물로 분류되는 질산에스터류(질산에스테르류)이고, NH_2OH는 하이드록실아민(히드록실아민, Hydroxylamine)으로 제5류 위험물로 분류된다. N_2H_4는 하이드라진(히드라진, Hydrazine)으로 제4류 위험물로 분류된다.

여기서 주의할 점은 염산하이드라진, 황산하이드라진, 다이메틸하이드라진 등과 같은 하이드라진 유도체들은 제5류 위험물(자기반응성 물질)로 분류된다는 것이다.

$Pb(N_3)_2$는 아지화 납(Lead Azide)으로 $-N=N$결합이 있는 유기화합물이므로 제5류 위험물의 아조화합물이다. 다이아조화합물(디아조화합물)은 $N=N$결합의 양 끝에 지방족 또는 방향족의 원자단을 지니고 있다.

<그림> 아조화합물[$Pb(N_3)_2$]

<그림> 다이아조화합물   <그림> 하이드라진

정답 ③

45 자연발화의 위험성이 제일 높은 것은?

① 야자유

② 피마자유

③ 올리브유

④ 아마인유

정답분석 아이오딘(요오드가)값이 클수록 자연발화하기 쉽다. 아마인유는 건성유로 아이오딘가가 130 이상이다.

참고 동·식물유의 종류와 아이오딘값(요오드가)

□ 건성유 → 아이오딘가 130 이상 : 아마인유, 동유, 정어리유, 해바라기유, 들기름 등

□ 반건성유 → 아이오딘가 100 ~ 130 : 쌀겨기름, 면실유, 옥수수기름, 참기름, 콩기름 등

□ 불건성유 → 아이오딘가 100 이하 : 피마자유, 올리브유, 야자유 등

정답 ④

46 과염소산칼륨과 아염소산나트륨의 공통 성질이 아닌 것은?

① 지정수량이 50kg이다.

② 상온에서 고체의 형태이다.

③ 열분해 시 산소를 방출한다.

④ 강산화성 물질이며 가연성이다.

정답분석 과염소산칼륨($KClO_4$)과 아염소산나트륨($NaClO_2$)은 강산화성 물질이며 불연성이다. 아염소산나트륨($NaClO_2$)은 백색 결정 또는 박편의 고체로 비중 2.5로서 물보다 무겁다. 제1류 위험물 아염소산염류로 지정수량은 50kg이다. 강산화제로 작용하며, 분해온도는 200℃이고, 불연성으로 약간의 흡습성을 가진다. 물에 소량 용해되며(39g/100mL), 메탄올에도 약간 용해된다. 습한 공기나 물의 접촉을 피하여야 하며, 과도한 열을 가하거나 가연성 물질 및 환원제와 접촉할 경우 화재 및 폭발 위험성이 있다.

정답 ④

47 적재 시 일광의 직사를 피하기 위하여 차광성이 있는 피복으로 가려야 하는 것은?

① 메탄올
② 철분
③ 가솔린
④ 과산화수소

 정답 분석 과산화수소의 저장 용기는 구멍이 뚫린 마개를 사용하여 분해되는 가스를 방출시켜야 한다. 또한 직사광선이 닿지 않도록 갈색 유리병에 저장하며, 운반 시 차광성이 있는 피복으로 가려야 한다.
메탄올(메틸알코올)은 제4류 위험물(알코올류), 철분은 제2류 위험물, 가솔린은 제4류 위험물(제1석유류), 과산화수소는 제6류 위험물로 분류된다. 이 중에서 차광성이 있는 피복으로 가려야 하는 것은 제6류 위험물인 과산화수소이다.

정리 이동저장소 및 운반용기의 덮개 및 온도관리
□ 차광성이 있는 피복으로 가려야 하는 것 : 2류제외
• 제1류 위험물
• 제3류 위험물 중 자연발화성 물질
• 제4류 위험물 중 특수인화물
• 제5류 위험물
• 제6류 위험물
□ 방수성 피복으로 덮어야 하는 것 : 4, 5, 6류제외
• 제1류 위험물 중 알칼리금속의 과산화물 또는 이를 함유한 것
• 제2류 위험물 중 철분·금속분·마그네슘 또는 이들 중 어느 하나 이상을 함유한 것
• 제3류 위험물 중 금수성 물질
□ 보냉 컨테이너에 수납하는 등 적정한 온도관리를 해야 하는 것 : 5류만 해당 → 제5류 위험물 중 55℃ 이하의 온도에서 분해될 우려가 있는 것

정답 ④

48 위험물안전관리법령상 운반 시 적재하는 위험물에 차광성이 있는 피복으로 가리지 않아도 되는 것은?

① 제5류 위험물
② 제6류 위험물
③ 제2류 위험물 중 철분
④ 제4류 위험물 중 특수인화물

 정답 분석 차광성이 있는 피복으로 가려야 하는 위험물에서 제2류 위험물은 제외된다. 차광성이 있는 피복으로 가려야 하는 위험물은 다음과 같다.
□ 제1류 위험물
□ 제3류 위험물 중 자연발화성 물질
□ 제4류 위험물 중 특수인화물
□ 제5류 위험물
□ 제6류 위험물

정답 ③

49 다음 제4류 위험물 중 연소범위가 가장 넓은 것은?

① 아세트알데하이드
② 산화프로필렌
③ 휘발유
④ 아세톤

 정답 분석 아세트알데하이드(CH_3CHO)의 연소범위가 4 ~ 60%로 가장 넓다. 산화프로필렌(CH_3CHCH_2O or C_3H_6O)은 2.5 ~ 39%, 휘발유(가솔린)는 1.2 ~ 7.6%, 아세톤(CH_3COCH_3)은 2 ~ 13%이다.

정답 ①

50

다음 물질 중 발화점이 가장 낮은 것은?

① CS_2 ② C_6H_6
③ CH_3COCH_3 ④ CH_3COOCH_3

 정답분석 발화점(發火點, Ignition Point)은 외부의 직접적인 점화원이 없이 가열된 열의 축적에 의하여 발화가 되고, 연소가 되는 최저의 온도, 즉 점화원이 없는 상태에서 가연성 물질을 가열함으로써 발화되는 최저온도를 말하며, 착화점(着火點) 또는 착화온도(着火溫度)라고도 한다.
이황화탄소(CS_2)는 특수인화물로서 발화점이 100℃ 이하의 위험물로 분류된다. 이황화탄소(CS_2)의 발화점은 90℃이다. 반면에 벤젠과 아세톤, 아세트산메틸은 제1석유류로서 벤젠(C_6H_6)의 발화점은 498℃, 아세톤(CH_3COCH_3)은 465℃, 아세트산메틸(CH_3COOCH_3)의 발화점은 440℃이다.

정답 ①

51

연면적이 1,000m²이고 외벽이 내화구조인 위험물취급소의 소화설비 소요단위는 얼마인가?

① 5 ② 10
③ 20 ④ 100

 정답분석 위험물취급소의 경우, 건축물의 외벽이 내화구조인 것은 연면적 100m²를 1소요단위로 하고, 외벽이 내화구조가 아닌 것은 연면적 50m²를 1소요단위로 한다.

[계산] 소요단위는 다음과 같이 산정한다.

$$\square\ 소요단위 = 건축물\ 연면적 \times \frac{1단위}{100m^2}$$

$$\therefore\ 소요단위 = 1,000m^2 \times \frac{1단위}{100m^2} = 10$$

[참고] 1소요단위 산정기준

□ **제조소 또는 취급소** : 건축물 외벽이 내화구조인 것은 연면적 100m²를 1소요단위로 하며, 외벽이 내화구조가 아닌 것은 연면적 50m²를 1소요단위로 한다.
□ **저장소** : 건축물 외벽이 내화구조인 것은 연면적 150m²를 1소요단위로 하고, 외벽이 내화구조가 아닌 것은 연면적 75m²를 1소요단위로 한다.
□ **제조소등의 옥외에 설치된 공작물** : 외벽이 내화구조인 것으로 간주하고 공작물의 최대수평투영면적을 연면적으로 간주하여 규정에 따른 소요단위로 산정한다.
□ **위험물** : 지정수량의 10배를 1소요단위로 한다.

정답 ②

52

과산화나트륨의 위험성에 대한 설명으로 틀린 것은?

① 이산화탄소와 반응을 일으킨다.
② 가열하면 분해하여 산소를 방출한다.
③ 부식성 물질이므로 취급 시 주의해야 한다.
④ 물과 접촉하면 가연성 수소가스를 방출한다.

 정답분석 과산화나트륨(Na_2O_2)은 제1류 위험물 중 무기과산화물(알칼리금속의 과산화물)로 물과 접촉하면 발열반응과 함께 산소를 방출하므로 주수소화를 금한다.

□ $2Na_2O_2 + 2H_2O \rightarrow 4NaOH + O_2$

정답 ④

53

산화프로필렌 600L, 메탄올 400L, 벤젠 400L를 저장하고 있는 경우 각각 지정수량배수의 총합은 얼마인가?

① 4 ② 6
③ 8 ④ 15

정답분석 산화프로필렌은 제4류 위험물(특수인화물)로서 지정수량 50L이고, 메탄올은 제4류 위험물(알코올류)로서 지정수량 400L, 벤젠은 제4류 위험물(제1석유류)로서 지정수량 200L이다.

[계산] 다음 관계식을 이용하여 지정수량 배수의 총합을 구한다.

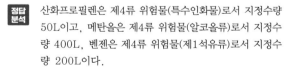

$$\therefore\ 배수 = \frac{600L}{50L} + \frac{400L}{400L} + \frac{400L}{200L} = 15$$

정답 ④

54 자연발화를 방지하는 방법으로 가장 거리가 먼 것은?

① 통풍이 잘되게 할 것
② 열의 축적이 용이하지 않게 할 것
③ 저장실의 온도를 낮게 할 것
④ 습도를 높게 할 것

정답분석 자연발화를 방지하기 위해서는 통풍을 잘 하여 열이 축적되지 않도록 하여야 하며, 온도와 습도가 모두 낮은 곳에 저장하여야 한다.
주위의 온도가 높을수록, 표면적이 클수록, 열전도율이 낮을수록, 발열량이 높을수록 자연발화가 잘 일어난다.
정답 ④

55 위험물안전관리법령상 제5류 위험물 중 질산에스터류(질산에스테르류)에 해당하는 것은?

① 나이트로벤젠
② 트라이나이트로페놀
③ 나이트로셀룰로오스
④ 트라이나이트로톨루엔

정답분석 질산에스터류(질산에스테르류)는 질산의 수소 원자를 알킬기로 치환한 화합물(일반식, RONO$_2$)로 표시되는 화합물로 질산메틸, 질산에틸, 나이트로셀룰로오스, 나이트로글리세린, 셀룰로이드, 나이트로글리콜 등이 이에 속한다.
정답 ③

56 위험물 운반용기 외부에 표시하는 주의사항을 잘못 나타낸 것은?

① 적린 : 화기주의
② 과산화수소 : 화기주의
③ 아세톤 : 화기엄금
④ 탄화칼슘 : 물기엄금

정답분석 과산화수소(H_2O_2)는 제6류 위험물이므로 운반용기에 "가연물접촉주의" 표시를 하여야 한다. 적린(赤燐)은 제2류 위험물(화기주의), 아세톤은 제4류 – 제1석유류(화기엄금), 탄화칼슘은 제3류 위험물 중 금수성 물질로(화기엄금) 표시를 하여야 한다.

참고 □ 제1류 위험물
 • 알칼리금속의 과산화물 → "화기·충격주의", "물기엄금" 및 "가연물접촉주의"
 • 그 밖의 것 → "화기·충격주의", "가연물접촉주의"
□ 제2류 위험물
 • 철분·금속분·마그네슘 → "화기주의", "물기엄금"
 • 인화성 고체(소디움메틸레이트, 마그네슘에틸레이트 등) → "화기엄금"
 • 그 밖의 것 → "화기주의"
□ 제3류 위험물
 • 자연발화성 물질 → "화기엄금" 및 "공기접촉엄금"
 • 금수성 물질 → "물기엄금"
□ 제4류 위험물 → "화기엄금"
□ 제5류 위험물 → "화기엄금" 및 "충격주의"
□ 제6류 위험물 → "가연물접촉주의"
정답 ②

57 마그네슘 리본에 불을 붙여 이산화탄소 기체 속에 넣었을 때 일어나는 현상으로 옳은 것은?

① 즉시 소화된다.
② 연소를 지속하며 유독성의 기체가 발생한다.
③ 연소를 지속하며 수소 기체가 발생한다.
④ 산소가 발생하며 서서히 소화된다.

정답분석 마그네슘은 이산화탄소와 반응하여 산화마그네슘을 생성한다. 이때 발생되는 탄소(C)는 가연물질이므로 연소가 지속되면서 CO 등의 유독성의 기체와 매연을 발생시킨다.
□ $2Mg + CO_2 \rightarrow 2MgO + C$
마그네슘이 공기 중에서 연속되는 경우 산화마그네슘이 생성되는데, 이중 약75%는 공기중 산소(O_2)와 결합하여 산화마그네슘이 되고, 약 25%는 질소(N_2)와 결합하여 질화마그네슘을 생성한다.
□ $2Mg + O_2 \rightarrow 2MgO$
□ $3Mg + N_2 \rightarrow Mg_3N_2$

참고 마그네슘과 물의 반응 : 마그네슘은 실온에서는 물과 서서히 반응하지만 물의 온도가 높아지면 격렬하게 반응하면서 수소가스를 발생시킨다.
□ $Mg + 2H_2O \rightarrow Mg(OH)_2 + H_2$

정답 ②

58 과염소산칼륨과 적린을 혼합하는 것이 위험한 이유로 가장 타당한 것은?

① 마찰열이 발생하여 과염소산칼륨이 자연발화할 수 있기 때문에
② 과염소산칼륨이 연소하면서 생성된 연소열이 적린을 연소시킬 수 있기 때문에
③ 산화제인 과염소산칼륨과 가연물인 적린이 혼합하면 가열, 충격 등에 의해 연소·폭발할 수 있기 때문에
④ 혼합하면 용해되어 액상 위험물이 되기 때문에

정답분석 과염소산칼륨($KClO_4$)은 제1류 위험물로 분류되는 강력한 산화제이다. 이러한 산화제가 가연물인 적린이 혼합하면 가열, 충격 등에 의해 연소·폭발할 수 있기 때문에 혼합해서는 안된다. 과염소산칼륨은 물과 알코올 등에 녹기 어렵기 때문에 물과 반응하여도 유독성의 가스를 발생하지 않지만 제2류 위험물 인 가연성 고체(적린, 황화인, 유황, 철분, 금속분, 마그네슘 등)의 인화성 고체와 접촉·마찰할 경우, 가열, 충격 등에 의해 착화, 연소·폭발할 수 있다. 따라서 위험물 운송시 제1류 위험물은 제6류 위험물 이외의 물질과 혼재해서는 안된다.

참고 위험물의 혼재기준

구분	제1류	제2류	제3류	제4류	제5류	제6류
제1류		×	×	×	×	○
제2류	×		×	○	○	×
제3류	×	×		○	×	×
제4류	×	○	○		○	×
제5류	×	○	×	○		×
제6류	○	×	×	×	×	

비고
• "×" 표시는 혼재할 수 없음을 표시한다.
• "○" 표시는 혼재할 수 있음을 표시한다.

정답 ③

59 다음 중 TNT가 폭발·분해하였을 때 생성되는 가스가 아닌 것은?

① N_2 ② H_2
③ CO ④ SO_2

 정답분석 TNT의 화학식은 $C_7H_5(NO_2)_3$이고, 폭발·분해할 경우 생성되는 물질은 CO, H_2, N_2, C이다.
□ $C_7H_5(NO_2)_3 \rightarrow 6CO + 2.5H_2 + 1.5N_2 + C$

정답 ④

60 지정수량에 따른 제4류 위험물 옥외탱크저장소 주위의 보유공지 너비의 기준으로 틀린 것은?

① 지정수량의 500배 이하 - 3m 이상
② 지정수량의 500배 초과 1,000배 이하 - 5m 이상
③ 지정수량의 1,000배 초과 2,000배 이하 - 9m 이상
④ 지정수량의 2,000배 초과 3,000배 이하 - 15m 이상

정답분석 지정수량의 2,000배 초과 3,000배 이하는 12m 이상으로 하여야 한다.

참고 옥외탱크 저장소의 구분

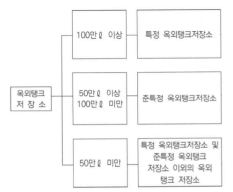

저장 또는 취급하는 위험물의 최대수량	공지의 너비
지정수량의 500배 이하	3m 이상
지정수량의 500 ~ 1,000배 이하	5m 이상
지정수량의 1,000 ~ 2,000배 이하	9m 이상
지정수량의 2,000 ~ 3,000배 이하	12m 이상
지정수량의 3,000 ~ 4,000배 이하	15m 이상

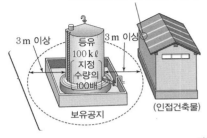

정답 ④

2023년 제2회(CBT)

*CBT 문제는 모든 수험생의 기억에 따라 복원된 것이며, 실제 기출문제와 동일하지 않을 수 있습니다.

제1과목 일반화학

01 다음 중 카르보닐기를 가지는 화합물은?

① $C_6H_5CH_3$

② $C_6H_5NH_2$

③ CH_3OCH_3

④ CH_3COOCH_3

정답분석 카보닐기(Carbonyl Group, $>C=O$) 화합물은 분자 내에 산소원자(O)와 이중결합으로 결합된 탄소원자(C)가 있는 작용기(作用基)를 가진 화합물로서 케톤류, 알데하이드류, 카복시산의 유도체인 에스터(Ester), 아미드와 유기산류 등이 이에 속한다. 제시된 항목 중 카르보닐기를 갖는 것은 카르복실레이트 에스테르인 프로피온산(메틸 아세테이트, CH_3COOCH_3)이다.

참고

구조	화합물
	Ketone
	Aldehyde
	Amide
	Ester

정답 ④

02 다음 중 올레핀계 탄화수소에 해당하는 것은?

① CH_4

② $CH_2=CH_2$

③ $CH\equiv CH$

④ CH_3CHO

정답분석 올레핀(Olefin)은 에틸렌계(Ethylene Serie) 불포화 탄화수소로서 $C=C$ 이중결합을 가진 알켄(Alkene)이므로 ②(에틸렌, C_2H_4)가 이에 해당한다.

올레핀계 탄화수소는 파라핀계와 같은 직선 사슬구조이며, 프로펜(C_3H_6), 부텐(C_4H_8), 펜텐(C_5H_{10}), 헥센(C_6H_{12}), 이소프렌(C_5H_8) 등이 이에 속한다. 모노-올레핀(mono-olefin)은 탄소원자 간의 이중결합이 1개이고, 다이-올레핀(di-olefin)은 이중결합이 2개라는 점에서 다르다. 한편, 아세틸렌(에타인) 계열은 $C\equiv C$ 삼중결합을 가진 불포화 탄화수소이다.

□ 모노올레핀의 분자식 : C_nH_{2n}

□ 다이올레핀의 분자식 : C_nH_{2n-2}

정답 ②

03 밑줄 친 원소의 산화수가 +5인 것은?

① $H_3\underline{P}O_4$

② $K\underline{Mn}O_4$

③ $K_2\underline{Cr}_2O_7$

④ $K_3[\underline{Fe}(CH)_6]$

정답분석

$H_3\underline{P}O_4 \rightarrow 0=(1\times3)+(x)+(-2\times4),\ x=5$

$K\underline{Mn}O_4 \rightarrow 0=(1)+(x)+(-2\times4),\ x=7$

$K_2\underline{Cr}_2O_7 \rightarrow 0=(1\times2)+(x\times2)+(-2\times7),\ x=6$

$K_3[\underline{Fe}(CH)_6] \rightarrow 0=(1\times3)+x+(-1\times6),\ x=3$

정답 ①

04 다음 ( ) 안에 알맞은 말을 차례대로 옳게 나열한 것은?

> 납축전지는 (㉠)극은 납으로, (㉡)극은 이산화납으로 되어 있는데 방전시키면 두 극이 다 같이 회백색의 (㉢)로 된다. 따라서 용액 속의 (㉣)은 소비되고 용액의 비중이 감소한다.

① ㉠ : +, ㉡ : −, ㉢ : PbSO₄, ㉣ : H₂SO₄

$①\ ㉠ : +,\ ㉡ : -,\ ㉢ : PbSO_4,\ ㉣ : H_2SO_4$

$②\ ㉠ : -,\ ㉡ : +,\ ㉢ : PbSO_4,\ ㉣ : H_2SO_4$

$③\ ㉠ : +,\ ㉡ : -,\ ㉢ : H_2SO_4,\ ㉣ : PbSO_4$

$④\ ㉠ : -,\ ㉡ : +,\ ㉢ : H_2SO_4,\ ㉣ : PbSO_4$

정답분석 납축전지는 산화전극인 납(Pb)과 환원전극인 이산화납(PbO_2)이 황산(H_2SO_4) 수용액에 들어 있다. 음(−)극의 납은 황산이온에 의해 산화되면서 전자를 내어놓고 황산납으로 산화되고, 양(+)극의 이산화납은 음극으로부터 전자를 받아들여 황산납으로 환원되면서 음(−)극 측으로 전류를 흐르게 한다.

▫ 산화전극(−)

$$Pb(s) + SO_4{}^{2-}(aq) \rightarrow PbSO_4(s) + 2e^-$$

▫ 환원전극(+)

$$PbO_2(s) + 4H^+(aq) + SO_4{}^{2-} + 2e^-$$
$$\rightarrow PbSO_4(s) + 2H_2O(l)$$

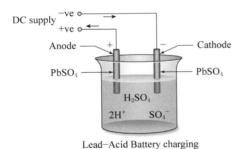

Lead−Acid Battery charging

정답 ②

05 어떤 기체는 표준상태에서 부피가 2.8L일 때 질량은 3.5g이었다. 이 물질의 분자량과 같은 것은?

① He

② N₂

③ H₂O

④ N₂H₄

정답분석 기체의 분자량은 "질량×22.4÷부피"로 산출할 수 있다.

계산 기체 분자량은 다음과 같이 추정할 수 있다.

▫ 기체 분자량 $= \dfrac{질량 \times 22.4}{부피} = \dfrac{3.5 \times 22.4}{2.8} = 28$

∴ 분자량이 28인 것은 질소(N_2)이다.

정답 ②

06 다음 중 동소체 관계가 아닌 것은?

① 적린과 황린

② 산소와 오존

③ 물과 과산화수소

④ 다이아몬드와 흑연

정답분석 동소체(同素體, Allotropy)란 한 종류의 원소로 구성되어 있지만, 그 원자의 배열 상태나 결합 방법이 달라 성질이 서로 다른 성질의 물질로 존재할 때를 말한다. 다이아몬드 − 흑연, 적린 − 황린, 산소 − 오존 등이 동소체에 해당한다. 과산화수소(H_2O_2)는 물(H_2O)에 산소 원자가 하나 더 붙어서 만들어진 무기화합물로서 이들은 한 종류의 원소로 구성되어 있지 않으므로 화합물이다.

정답 ③

07

공기중에 포함되어 있는 질소와 산소의 부피비는 0.79 : 0.21이므로 질소와 산소의 분자수의 비도 0.79 : 0.21이다. 이와 관계있는 법칙으로 옳은 것은?

① 질량보존의 법칙
② 아보가드로 법칙
③ 배수비례의 법칙
④ 일정성분비의 법칙

 아보가드로의 법칙(Avogadro's law)에 따르면 기체의 종류가 다르더라도 온도와 압력이 같다면 일정 부피 안에 들어있는 기체의 입자수는 같다.

정답 ②

08

다음 중 결합력이 큰 것부터 작은 순서로 나열한 것은?

① 수소결합 > 반데르발스결합 > 공유결합
② 수소결합 > 공유결합 > 반데르발스결합
③ 공유결합 > 수소결합 > 반데르발스결합
④ 반데르발스결합 > 공유결합 > 수소결합

 결합력(結合力, Coherence)의 세기는 공유결합 > 이온결합 > 금속결합 > 수소결합 > 반 데르 발스 결합 순서이다.

정답 ③

09

질산칼륨을 물에 용해시키면 용액의 온도가 떨어진다. 다음 사항 중 옳지 않은 것은?

① 용해시간과 용해도는 무관하다.
② 질산칼륨의 용해 시 열을 흡수한다.
③ 온도가 상승할수록 용해도는 증가한다.
④ 질산칼륨 포화용액을 냉각시키면 불포화용액이 된다.

 문제에서 "질산칼륨(KNO_3)을 물에 용해시키면 용액의 온도가 떨어진다"는 것은 질산칼륨(KNO_3)이 물에 용해될 때, 흡열반응이 일어난다는 것을 의미한다. 따라서 온도를 낮추면 용해도가 감소하기 때문에 질산칼륨 포화용액을 냉각시키면 과포화(過飽和)용액으로 전환된다.

[참고] 용해도(溶解度, Solubility)
□ 개념 : 용매(溶媒) 100g에 최대로 녹을 수 있는 용질(溶質)의 g 수로 정의된다.
□ 영향인자 : 용해도는 일반적으로 온도, 용매와 용질의 종류(성질) 등에 영향을 받으며, 용해시간과는 용해도는 무관하다.
□ 고체물질의 용해도
  • 고체 물질의 녹는 과정은 통상 흡열(吸熱)과정
  • 엔트로피(Entropy)가 증가하는 방향
  • 온도가 높아질수록 고체의 용해도는 증가함
□ 기체물질의 용해도
  • 기체 물질이 녹는 과정은 통상 발열(發熱)과정
  • 엔트로피가 감소하는 방향
  • 온도가 높아질수록 기체의 용해도는 감소함
  • 기체의 용해도는 압력이 높아질수록 증가함

정답 ④

10 다음 중 수용액의 pH가 가장 작은 것은?

① 0.1N HCl
② 0.01N HCl
③ 0.1N NaOH
④ 0.01N CH₃COOH

정답 분석 pH 계산식을 이용한다.

ㅁ 산의 pH = $\log \dfrac{1}{[H^+]}$

ㅁ 염기의 pH = $14 - \log \dfrac{1}{[OH^-]}$

계산 각 항목 수용액의 pH는 다음과 같이 비교한다.

① 0.01N−HCl → [H⁺]=0.01mol/L ➡ pH=2
② 0.1N−HCl → [H⁺]=0.1mol/L ➡ pH=1
③ 0.01N−CH₃COOH → [H⁺]=0.01mol/L ➡ pH=2
④ 0.1N−NaOH → [OH⁻]=0.1mol/L ➡ pH=13

∴ pH가 가장 낮은 것은 0.1N−HCl

정답 ①

---

 11 p 오비탈에 대한 설명 중 옳은 것은?

① 원자핵에서 가장 가까운 오비탈이다.
② X, Y 2방향을 축으로 한 원형 오비탈이다.
③ S 오비탈보다는 약간 높은 모든 에너지 준위에서 발견된다.
④ 오비탈의 수는 3개, 들어갈 수 있는 최대 전자 수는 6개이다.

정답 분석 p오비탈은 X, Y, Z 3방향을 축으로 하는 아령형의 오비탈이며, 최대로 들어갈 수 있는 전자수는 6개이다. S오비탈은 최대 2개의 전자를 수용하고, p오비탈은 최대 6개, d 오비탈은 최대 10개, f오비탈은 최대 14개의 전자를 수용할 수 있다. 반드시 암기해 두어야 한다.

참고 오비탈(Orbital) : 오비탈(Orbital)은 원자핵 주위에서 전자가 발견될 확률을 나타내거나, 전자가 어떤 공간을 차지하는가를 보여주는 함수로서 s, p, d, f 등으로 구분하며, 오비탈에 따른 특성은 다음과 같다.

ㅁ s 오비탈

모형	특성
핵(원자)	• 공모양, 모든 전자껍질에 존재함 • 핵으로부터 거리가 같으면 방향에 관계없이 전자가 발견될 확률이 같음 • s오비탈 크기 : $1s < 2s < 3s$

ㅁ p 오비탈

모형	특성
핵(원자)	• 아령모양으로 L전자껍질($n=2$)부터 존재함 • 방향성이 있으므로 핵으로부터 거리와 방향에 따라 전자가 발견될 확률이 다름 • 동일 전자껍질에 에너지 준위가 같은 p_x, p_y, p_z오비탈이 존재함

ㅁ d 오비탈과 f오비탈

모형	특성
d_{xy}	• d오비탈은 M 전자껍질($n=3$)부터 존재함 • 방향성이 있으며, 동일 전자껍질에 에너지 준위가 같은 5개의 오비탈이 존재함
	• f 오비탈은 N 전자껍질($n=4$)부터 존재함 • 방향성이 있으며, 동일 전자껍질에 에너지 준위가 같은 7개의 오비탈이 존재함

정답 ④

12 실제 기체는 어떤 상태일 때 이상기체방정식에 잘 맞는가?

① 온도가 높고 압력이 낮을 때
② 온도가 낮고 압력이 높을 때
③ 온도가 높고 압력이 높을 때
④ 온도가 낮고 압력이 낮을 때

정답분석 이상기체(理想氣體, Ideal Gas)는 부피가 없으며 질량만 있고, 탄성충돌 외에 다른 상호작용이 없으며, 온도와 압력에 따라 상변화를 일으키지 않기 때문에 모든 조건에서 기체로만 존재하는 가상적인 기체를 말한다. 그러나 실제기체(實際氣體, Real Gas)는 이상기체 법칙에서 벗어나는 기체, 즉 실제로 존재하는 기체를 말하는 것으로 기체분자는 일정한 공간을 차지하며, 분자의 종류에 따라 형태가 다르고, 상호작용을 하며, 일정한 조건 하에서 액체 등 다른 상(相)으로 변화되기도 한다. 그러나, 실제기체도 **압력이 낮고 온도가 높은 환경**하에서는 이상기체와 거의 유사한 양상을 보인다. 그것은 분자간의 거리가 멀고 분자가 빠르게 움직이기 때문에, 실제기체도 분자간에 작용하는 인력이나 반발력이 거의 없어져 이상기체에 가깝게 된다.

정답 ①

13 지방이 글리세린과 지방산으로 되는 것과 관련이 깊은 반응은?

① 산화
② 아미노화
③ 가수분해
④ 에스터화

정답분석 가수분해(加水分解, Hydrolysis)란 거대한 유기분자가 물 분자에 의해 분해되는 것을 말한다. 지방(脂肪)은 통상 1분자의 글리세롤에 3분자의 지방산(脂肪酸)이 에스터 결합을 통해 연결된 글리세라이드의 부류이므로 가수분해될 경우 글리세린(글리세롤, $CH_2OH-CHOH-CH_2OH$)과 지방산(R_3COOH)으로 분해된다.

정답 ③

 14 20℃에서 4L를 차지하는 기체가 있다. 동일한 압력의 40℃에서는 몇 L을 차지하는가?

① 0.23
② 1.23
③ 4.27
④ 5.27

정답분석 온도와 압력이 제시될 때에는 보일 – 샤를의 법칙(Boyle-Charles' Law)을 적용하되, 온도와 압력보정은 "부피" 단위에 중점하여 보정한다. 20℃에서 부피 4L인 것을 40℃ 상태의 부피로 환산한다고 생각하고 문제를 푼다.

$$ \Box \ V_2 = V_1 \times \frac{273 + t_2}{273 + t_1} \times \frac{P_1}{P_2} \quad \begin{cases} V_1 = 4L \\ t_1 = 20\text{℃} \\ t_2 = 40\text{℃} \\ P_1 = P_2 \end{cases} $$

계산 40℃에서 기체부피는 다음과 같이 산출한다.
∴ $V_2 = 4L \times 273 + 40/273 + 20 = 4.27L$

정답 ③

 15 다음 중 포화탄화수소에 해당하는 것은?

① 에틸렌
② 프로페인
③ 톨루엔
④ 아세틸렌(에타인)

정답분석 포화탄화수소(飽和炭化水素, Saturated Hydrocarbon)는 탄소와 수소로만 구성되어 있는 화합물인 탄화수소 중에서 이중결합이나 삼중결합 등의 불포화 결합이 하나도 포함되어 있지 않은 것을 말한다. 사슬형 포화탄화수소는 C_nH_{2n+2}의 분자식을 지니고, 한 개의 고리로 이루어진 고리형 포화탄화수소는 C_nH_{2n}의 분자식을 갖는다. 포화탄화수소는 알케인이라고 부르는데 사슬구조인 경우 탄소원자의 개수에 따라 메테인(Methane, CH_4), 에테인(Ethane, C_2H_6), 프로페인(Propane, C_3H_8) 등이 이에 해당한다.

정답 ③

16 다음 중 아세토페논의 화학식은?

① C_2H_5OH ② $C_6H_5NO_2$

③ $C_6H_5CH_3$ ④ $C_6H_5COCH_3$

 정답 분석 아세토페논(Acetophenone, C_8H_8O or $C_6H_5COCH_3$) 은 제4류 위험물의 제3석유류(비수용성 액체)로 분류되며, 독특한 냄새가 나는 무색의 점성이 있는 유기화합물로 가장 단순한 형태의 방향성 케톤이다. 산화성 물질 또는 강염기와 반응할 경우 화재나 폭발 위험이 있으며, 증기는 공기보다 4배 정도 무거우며, 인화점은 $77°C$이다.

<그림> Acetophenone

정답 ④

---

18 다음 중 이소프로필알코올에 해당하는 것은?

① C_2H_5OH

② CH_3CHO

③ CH_3COOH

④ $(CH_3)_2CHOH$

정답 분석 이소프로필알코올(아이소프로필알코올, Isopropyl Alcohol) 은 알킬기 2개를 가지므로 2차 알코올이며, 2 - 프로판올 이라고도 한다. 화학식은 $C_3H_8O[$ $(CH_3)_2CHOH]$이고, 프로판올의 이성질체(異性質體)이며, 에탄올과 비슷한 반응성을 보인다. 산화되면 아세톤(Acetone, CH_3COCH_3) 이 된다.

<그림> i-프로필알코올

정답 ④

---

17 25°C의 포화용액 90g 속에 어떤 물질이 30g 녹아있다. 이 온도에서 물질의 용해도는 얼마인가?

① 20 ② 35

③ 50 ④ 63

 정답 분석 용해도의 관계식을 이용한다.

□ 용해도$(g/100g) = \dfrac{용질(g)}{용매의\ 양(g)} \times 100$

[계산] 용질의 용해도는 다음과 같이 계산된다.

$\begin{cases} 용매 = 용액 - 용질 = 60\,g \\ 용질 = 30\,g \\ 용액 = 90\,g \end{cases}$

$\therefore\ 용해도 = \dfrac{30\,g}{60\,g} \times 100 = 50\,g/100g \cdot 용매$

정답 ③

---

19 농도 단위에서 N의 의미를 가장 옳게 나타낸 것은?

① 용액 1L 속에 녹아있는 용질의 몰 수

② 용액 1L 속에 녹아있는 용질의 g 당량수

③ 용매 1,000g 속에 녹아있는 용질의 몰 수

④ 용매 1,000g 속에 녹아있는 용질의 g 당량수

정답 분석 "N"(규정 농도)는 단위로 사용되는 것이 아니라 표시 기호로 사용되는 것이다. N을 단위로 나타내면 "당량/L" 또는 "eq/L"이 되어야 한다. 규정 농도(Normality, equivalent/L)는 노르말 농도라고도 하며, 용액 1L당 용질의 g당량 수를 말한다.

정답 ②

20 다음은 열역학 제 몇 법칙에 대한 내용인가?

0K(절대온도)에서 물질의 엔트로피는 0이다.

① 열역학 제0법칙
② 열역학 제1법칙
③ 열역학 제2법칙
④ 열역학 제3법칙

 **정답
분석** 엔트로피(Entropy)에 대한 법칙은 열역학 제3법칙이다.

□ 제1법칙 : 우주의 에너지는 일정하다.
□ 제2법칙 : 자발적인 과정에서 우주의 엔트로피는 항상
   증가한다.
□ 제3법칙 : 0K(절대영도)에서 물질의 엔트로피는 0이다.

정답 ④

제2과목 화재예방과 소화방법

21 드라이아이스의 성분을 옳게 나타낸 것은?

① CO_2
② H_2O
③ H_2O+CO_2
④ $N_2+H_2O+CO_2$

 **정답
분석** 고압의 기체를 저압으로 하게 되면 온도가 급격히 냉각되어지는 줄－톰슨(Joule-Thomson) 효과에 의해 CO_2에서 고체상태인 드라이아이스가 만들어진다. 드라이아이스가 주위의 열을 흡수하여 승화(昇華)하면서 이산화탄소 소화기의 냉각소화 작용을 하는 것이다.

정답 ①

22 위험물안전관리법령상 물분무등 소화설비에 포함되지 않는 것은?

① 포소화설비
② 분말소화설비
③ 스프링클러설비
④ 불활성가스 소화설비

 **정답
분석** 물분무등 소화설비에는 물분무 소화설비, 미분무소화설비(분말소화설비), 포소화설비, 이산화탄소 소화설비, 할로젠화합물 소화설비, 청정소화약제 소화설비, 분말소화설비, 강화액소화설비, 옥외소화전설비가 포함된다.
스프링클러설비, 소화기(대형·소형수동식 소화기 포함)는 별도로 분류된다. 기타 소화설비로는 물통 또는 수조, 건조사, 팽창질석 또는 팽창진주암 등이 있다.

정답 ③

23 제4류 위험물을 저장하는 방법으로 옳지 않은 것은?

① 냉암소에 저장한다.
② 액체의 누설을 방지한다.
③ 정전기가 축적되도록 저장한다.
④ 화기 및 점화원으로부터 멀리 저장한다.

[정답분석] 제4류 위험물은 정전기가 축적되지 않도록 저장하여야 한다.

[참고] **제4류 위험물의 저장 · 취급 방법**
□ 용기는 밀전하여 통풍이 잘 되는 냉암소에 저장한다.
□ 화기 및 점화원으로부터 먼 곳에 저장한다.
□ 증기 및 액체의 누설에 주의하여 저장한다.
□ 인화점 이상 가열하지 않도록 해야 한다.
□ 정전기의 발생에 주의하여 저장 · 취급한다. → 디에틸에테르 등을 저장할 때는 정전기 생성방지를 위해 약간의 $CaCl_2$를 넣어준다.

정답 ③

24 위험물 제조소등에 옥내소화전설비의 압력수조를 이용한 가압송수장치로 설치 시 압력수조의 최소압력은 몇 MPa인가? (단, 소방용 호스의 마찰손실 수두압은 3.7MPa, 배관의 마칠손실 수두압은 2.1MPa, 낙차의 환산수두압은 1.34MPa 이다)

① 5.04   ② 5.8
③ 7.14   ④ 7.49

[정답분석] 압력수조란 소화용수와 공기를 채우고 일정압력 이상으로 가압하여 그 압력으로 물을 공급하는 수조를 말한다. 압력수조를 이용한 가압송수장치는 다음 식에 의하여 구한 수치 이상으로 한다.
□ 압력 (P) $(MPa) = p_1 + p_2 + p_3 + 0.35MPa$

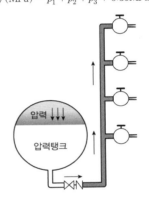

[계산] 가압송수장치의 압력수조 최소압력은 다음과 같이 계산한다.

$\begin{cases} p_1 : \text{소방용 호스의 마찰손실 수두압} = 3.7\,MPa \\ p_2 : \text{배관의 마찰손실 수두압} = 2.1\,MPa \\ p_3 : \text{낙차의 환산수두압} = 1.34\,MPa \end{cases}$

$\therefore P = 3.7 + 2.1 + 1.34 + 0.35 = 7.49MPa$

정답 ④

25 분말소화약제로 사용할 수 있는 것을 모두 옳게 나타낸 것은?

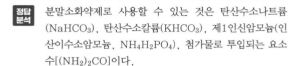

　　㉠ 탄산수소나트륨
　　㉡ 탄산수소칼륨
　　㉢ 황산구리
　　㉣ 제1인산암모늄

① ㉠, ㉡, ㉢, ㉣　　　　② ㉠, ㉣
③ ㉠, ㉡, ㉢　　　　　　④ ㉠, ㉡, ㉣

정답분석 분말소화약제로 사용할 수 있는 것은 탄산수소나트륨($NaHCO_3$), 탄산수소칼륨($KHCO_3$), 제1인산암모늄(인산이수소암모늄, $NH_4H_2PO_4$), 첨가물로 투입되는 요소수[$(NH_2)_2CO$]이다.

참고 분말소화약제 종별 주성분과 적응 화재등급(표 암기요)

구분	주성분	착색	사용가능 화재등급
제1종	$NaHCO_3$	백색	B, C
제2종	$KHCO_3$	담회색	B, C
제3종	$NH_4H_2PO_4$ (제1인산암모늄)	담홍색 (분홍)	A, B, C
제4종	$KHCO_3 + (NH_2)_2CO$	회색	B, C

정답 ④

26 BLEVE 현상에 대한 설명으로 가장 옳은 것은?

① 대기 중에 대량의 가연성 가스가 유출하여 발생된 증기가 폭발하는 현상이다.
② 대량의 수증기가 상층의 유류를 밀어올려 다량의 유류를 탱크 밖으로 배출하는 현상이다.
③ 고온층 아래의 저온층의 기름이 급격하게 열팽창하여 기름이 탱크 밖으로 분출하는 현상이다.
④ 가연성 액화가스 저장탱크 주위에 화재가 발생하여 탱크가 파열되고 폭발하는 현상이다.

정답분석 블레비(BLEVE) 현상은 가연성 액화가스 저장탱크 주위에 화재가 발생하여 탱크가 파열되고 폭발하는 현상을 말한다.

참고 BLEVE(Boiling Liquid Expanded Vapor Explosion)는 비등액체 팽창증기 폭발이라고도 하는데 액체탱크 및 액화가스 저장탱크가 외부화재에 의해 열을 받을 때, 액면 상부의 금속부분이 약화되고 내부의 발생증기에 의한 과압(過壓)을 견디지 못하여 약화된 금속이 파열되면서 폭발이 일어나는 현상이다.
블레비 현상으로 분출된 액화가스의 증기가 공기와 혼합하여 연소범위가 형성되어서 공 모양의 대형화염이 상승하는 형상을 화이어볼(Fire Ball)이라 한다.
BLEVE가 화재에 기인한 것이 아닐 때에는 증기운이 형성되어 그 결과 증기운 폭발(VCE ; Vapor Cloud Exposion)을 일으킬 수 있다.

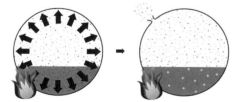

<그림> BLEVE(Boiling Liquid Expanded Vapor Explosion)

정답 ④

27 제1종 분말 소화약제 저장용기의 충전비는 얼마 이상으로 해야 하는가?

① 0.85   ② 1.05

③ 1.50   ④ 2.05

 정답분석 제1종 분말소화약제 저장용기의 충전비는 0.85 이상 1.45 이하로 하여야 한다. 저장용기의 충전비는 다음 표에 정한 소화약제의 종별에 따라 충전되어야 한다.

소화약제의 종별	충전비의 범위
제1종 분말	0.85 이상 1.45 이하
제2종 분말 또는 제3종 분말	1.05 이상 1.75 이하
제4종 분말	1.50 이상 2.50 이하

참고 분말소화약제 기동용 가스의 충전비는 1.5이상으로 하여야 한다.

정답 ①

28 벤젠과 톨루엔의 공통점으로 옳지 않은 것은?

① 휘발성 액체이다.

② 냄새가 없다.

③ 물에 녹지 않는다.

④ 증기는 공기보다 무겁다.

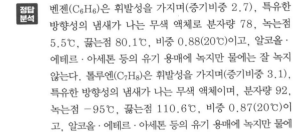 **정답분석** 벤젠(C_6H_6)은 휘발성을 가지며(증기비중 2.7), 특유한 방향성의 냄새가 나는 무색 액체로 분자량 78, 녹는점 5.5℃, 끓는점 80.1℃, 비중 0.88(20℃)이고, 알코올·에테르·아세톤 등의 유기 용매에 녹지만 물에는 잘 녹지 않는다. 톨루엔(C_7H_8)은 휘발성을 가지며(증기비중 3.1), 특유한 방향성의 냄새가 나는 무색 액체이며, 분자량 92, 녹는점 −95℃, 끓는점 110.6℃, 비중 0.87(20℃)이고, 알코올·에테르·아세톤 등의 유기 용매에 녹지만 물에는 잘 녹지 않는다.

정답 ②

29 다음 중 화재 시 다량의 물에 의한 냉각소화가 가장 효과적인 것은?

① 금속의 수소화물

② 알칼리금속 과산화물

③ 유기과산화물

④ 금속분

 정답분석 유기과산화물은 제5류 위험물로 다량의 물에 의한 냉각소화가 가장 효과적이다. 따라서 적응성이 있는 소화설비에는 옥내소화전 또는 옥외소화전설비, 스프링클러설비, 물분무 소화설비, 포소화설비 등이다.

제1류 위험물 중 알칼리금속 과산화물, 제3류 위험물 중 금수성 물질인 금속의 수소화물, 제2류 위험물 중 철분·금속분·마그네슘 등은 금수성 물질이기 때문에 물에 의한 소화는 적합하지 않으며, 건조사 또는 팽창질석, 팽창진주암 등으로 질식소화 하여야 한다.

정답 ③

30 위험물제조소 등에 옥내소화전이 1층에 6개, 2층에 5개, 3층에 4개가 설치되었다. 이때 수원의 수량은 몇 m³ 이상이 되도록 설치하여야 하는가?

① 32.7   ② 39.0

③ 49.2   ④ 56.3

 정답분석 옥내소화전의 수원수량은 소화전이 가장 많이 설치된 층을 기준으로 하며, 옥내소화전의 개수(n)는 최대 5개이다.

계산 수원의 수량은 다음과 같이 산정한다.

▫ 수원의 수량(Q) = 소화전 개수(n) × 7.8

▫ 설치개수가 가장 많은 1층은 6개이지만 소화전 개수는 최대 5개까지 유효 → $n = 5$

∴ $Q = 5 \times 7.8 m^3 = 39 m^3$

정답 ②

해커스 **위험물산업기사 필기** 한권완성 기본이론+기출문제

31 다음은 제4류 위험물에 해당하는 물품의 소화방법을 설명한 것이다. 소화효과가 가장 떨어지는 것은?

① 아세톤 : 수성막포를 이용하여 질식소화한다.

② 산화프로필렌 : 알코올형 포로 질식소화한다.

③ 다이에틸에테르 : 이산화탄소 소화설비를 이용하여 질식소화한다.

④ 이황화탄소 : 탱크 또는 용기 내부에서 연소하고 있는 경우에는 물을 사용하여 질식소화한다.

───────────────

 아세톤이나 아세트알데하이드와 같은 수용성 액체의 화재에 수성막포를 이용하면 알코올이 포 속의 물에 녹아 거품이 사라지는 소포(消泡)작용이 나타나 포가 소멸된다. 수용성 액체의 화재에는 알코올형 포 소화약제가 적응성이 있으며, 이 포를 내알코올포 또는 수용성 액체용포라고 한다.

정답 ①

32 수성막 포소화약제에 대한 설명으로 옳은 것은?

① 내열성이 뛰어나고 고온의 화재일수록 효과적이다.

② 일반적으로 불소계 계면활성제를 사용한다.

③ 물보다 가벼운 유류의 화재에는 사용할 수 없다.

④ 계면활성제를 사용하지 않고 수성의 막을 이용한다.

───────────────

 ②만 올바르다. ①의 경우, 내열성이 약해 고온의 화재 시 윤화(Ring fire)현상이 일어나며, 이를 보완하기 위해 내열성이 강한 불화단백포 소화약제를 사용한다. ③의 경우, 수성막 포소화약제는 물보다 가벼운 유류의 화재에 적응성이 있으며, 수용성 알코올의 화재에 적응성이 없다. ④의 경우, 수성막 포소화약제는 계면활성제를 주로 사용하며, 불소계 계면활성제가 주 원료로 사용되고 있다.

정답 ②

33 메틸알코올(메탄올)에 대한 설명으로 옳지 않은 것은?

① 무색투명한 액체이다.

② 완전연소하면 CO_2와 H_2O가 생성된다.

③ 비중 값이 물보다 작다.

④ 산화하면 폼산을 거쳐 최종적으로 폼알데하이드가 된다.

───────────────

 메탄올(Methanol, CH_3OH)이 산화하면 폼알데하이드를 거쳐 최종적으로 폼산이 된다.

[정리] **1차 알코올류의 산화**

▫ 메탄올이 1차적으로 산화(H원자 2개 잃음)되면 폼알데하이드가 되고, 2차적으로 산화하면 최종적으로 폼산(Formic Acid)으로 된다.

$$CH_3OH \xrightarrow[-2H]{산화} HCHO \xrightarrow[1/2\ O_2]{산화} HCOOH$$

▫ 에탄올이 1차적으로 산화(H원자 2개 잃음)되면 아세트알데하이드가 되고, 2차적으로 산화하면 최종적으로 아세트산(Acetic Acid)으로 된다.

$$C_2H_5OH \xrightarrow[-2H]{산화} CH_3CHO \xrightarrow[1/2\ O_2]{산화} CH_3COOH$$

[참고] 메탄올(Methanol)은 메틸 알코올 또는 목정(wood spirit)이라고도 한다. 알코올 중에서 가장 간단한 구조로 되어 있으며, 비중은 0.792로 물보다 가볍고, 무색의 가연성이 있는 극성을 띠는 액체이며, 완전연소하면 탄산가스와 물이 생성되므로 청정연료로 이용되기도 한다. 맛과 냄새는 술의 주성분인 에탄올과 비슷하다.

알코올의 용해도

알코올은 물과 어떠한 비율로 혼합해도 완벽히 섞이므로(miscible) 용해도의 의미가 없으나 분자내의 −OH기는 물에 잘 녹게 해 주는 특성을 가진다. 그러나 메탄올·에탄올·프로판올 같은 작은 분자는 물에 용해되지만 더 큰 분자는 탄소 사슬이 우세하기 때문에 탄소 수가 7개 이상인 알코올은 물에 용해되지 않는 것으로 간주한다.

정답 ④

34 위험물의 운반용기 외부에 표시하여야 하는 주의사항에 '화기엄금'이 포함되지 않는 것은?

① 제1류 위험물 중 알칼리금속의 과산화물
② 제2류 위험물 중 인화성 고체
③ 제3류 위험물 중 자연발화성 물질
④ 제5류 위험물

정답분석 제1류 위험물 중 알칼리금속의 과산화물은 "화기 · 충격주의", "물기엄금" 및 "가연물접촉주의"로 표시한다.

참고 □ 제1류 위험물
• 알칼리금속의 과산화물 → "화기 · 충격주의", "물기엄금" 및 "가연물접촉주의"
• 그 밖의 것 → "화기 · 충격주의", "가연물접촉주의"
□ 제2류 위험물
• 철분 · 금속분 · 마그네슘 → "화기주의", "물기엄금"
• 인화성 고체(소디움메틸레이트, 마그네슘에틸레이트 등) → "화기엄금"
• 그 밖의 것 → "화기주의"
□ 제3류 위험물
• 자연발화성 물질 → "화기엄금" 및 "공기접촉엄금"
• 금수성 물질 → "물기엄금"
□ 제4류 위험물 → "화기엄금"
□ 제5류 위험물 → "화기엄금" 및 "충격주의"
□ 제6류 위험물 → "가연물접촉주의"

정답 ①

35 분말 소화약제 중 제1인산암모늄의 특징이 아닌 것은?

① 백색으로 착색되어 있다.
② 전기화재에 사용할 수 있다.
③ 유류화재에 사용할 수 있다.
④ 목재화재에 사용할 수 있다.

정답분석 제1인산암모늄 분말 소화약제는 담홍색으로 착색되어 있다.

참고 분말소화약제 종별 주성분과 적응 화재등급(암기요)

구분	주성분	착색	사용가능 화재등급
제1종	$NaHCO_3$	백색	B, C
제2종	$KHCO_3$	담회색	B, C
제3종	$NH_4H_2PO_4$ (제1인산암모늄)	담홍색 (분홍)	A, B, C
제4종	$KHCO_3 + (NH_2)_2CO$	회색	B, C

정답 ①

36 물을 소화약제로 사용하는 장점이 아닌 것은?

① 구입이 용이하다.
② 취급이 간편하다.
③ 기화잠열이 크다.
④ 피연소 물질에 대한 피해가 없다.

정답분석 물 소화약제는 피연소 물질에 2차 피해를 유발한다는 단점이 있다.

장점
• 비열과 증발(기화)잠열이 커서 냉각효과가 크다.
• 비교적 구하기 쉽고, 취급과 이송이 간편하다.
• 가격이 저렴하다.

단점
• 피연소 물질에 대한 습윤피해가 있다.
• 동파의 우려가 있어 저온이나 동절기에 사용이 어렵다.

정답 ④

37 위험물안전관리법에 따라 폐쇄형 스프링클러헤드를 설치하는 장소의 평상시 최고 주위온도가 28℃ 이상 39℃ 미만일 경우 헤드 표시온도는?

① 58℃ 미만

② 58℃ 이상 79℃ 미만

③ 79℃ 이상 121℃ 미만

④ 121℃ 이상 162℃ 미만

 폐쇄형 스프링클러헤드는 그 부착장소의 평상시의 최고 주위온도에 따라 다음 표에 정한 표시온도를 갖는 것을 설치하여야 한다.

부착장소 최고 주위온도	표시온도
28℃ 미만	58℃ 미만
28 ~ 39℃ 미만	58 ~ 79℃ 미만
39 ~ 64℃ 미만	79 ~ 121℃ 미만
64 ~ 106℃ 미만	121 ~ 162℃ 미만
106℃ 이상	162℃ 이상

정답 ②

38 제3류 위험물의 소화방법에 대한 설명으로 옳지 않은 것은?

① 제3류 위험물은 모두 물에 의한 소화가 불가능하다.

② 팽창질석은 제3류 위험물에 적응성이 있다.

③ K, Na의 화재 시에는 물을 사용할 수 없다.

④ 할로젠화합물 소화설비는 제3류 위험물에 적응성이 없다.

 제3류 위험물 중 자연발화성만 가진 위험물(예 황린)의 소화에는 물 또는 강화액 포와 같은 물계통의 소화제를 사용하는 것이 가능하다.

정답 ①

39 옥내소화전설비의 비상전원은 자가발전설비 또는 축전지설비로 옥내소화전설비를 유효하게 몇 분 이상 작동할 수 있어야 하는가?

① 10분　　　② 20분

③ 45분　　　④ 60분

 옥내소화전설비, 옥외소화전설비, 물분무 소화설비의 비상전원은 자가발전설비 또는 축전지설비로 옥내소화전설비를 유효하게 45분 이상 작동할 수 있어야 한다.

정답 ③

40 위험물안전관리법상 옥외소화전설비의 옥외소화전이 3개 설치되었을 경우 수원의 수량은 몇 m³ 이상이 되어야 하는가?

① 7　　　　② 20.4

③ 40.5　　　④ 100

 옥외소화전의 수원의 수량은 소화전이 가장 많이 설치된 층을 기준으로 하며, 옥외소화전의 개수는 4개 이상일 때는 최대 4개를 적용하지만 현재 설치된 옥외소화전이 3개이므로 이를 적용하여 산정한다.

[계산] 수원의 수량은 다음과 같이 산정한다.

□ 옥외소화전 수원의 수량(Q)=개수×13.5m³

∴ $Q = 3 \times 13.5\text{m}^3 = 40.5\text{m}^3$

정답 ③

41
제2류 위험물과 제5류 위험물의 공통점에 해당하는 것은?

① 자연발화성 물질이다.
② 산소를 포함하고 있는 물질이다.
③ 유기화합물이다.
④ 가연성 물질이다.

정답 분석
제2류 위험물(가연성 고체)과 제5류 위험물(자기반응성 물질)은 공통적으로 가연성이다.
제2류 위험물은 황화인, 적린, 유황, 철분, 금속분, 마그네슘 등의 인화성 고체이고 산화제와 접촉하면 마찰 또는 충격으로 급격하게 폭발할 수 있는 가연성 물질이다.
제5류 위험물(자기반응성 물질)은 유기과산화물, 질산에스터류, 나이트로화합물, 나이트로소화합물, 아조화합물, 다이아조화합물(디아조화합물), 하이드라진 유도체, 하이드록실아민(히드록실아민), 하이드록실아민염류(히드록실아민염류) 등으로 모두 유기질화합물이므로 가열, 충격, 마찰 등으로 인한 폭발위험이 있다.
제5류 위험물(자기반응성 물질)은 내부에 산소를 포함하지만 제2류 위험물(가연성 고체)은 내부에 산소를 포함하지 않는다.

정답 ④

42
다음 [그림]과 같은 위험물을 저장하는 탱크의 내용적은 약 몇 m³인가? (단, r은 10m, l은 25m 이다.)

① 3,612   ② 4,712
③ 5,812   ④ 7,850

정답 분석
종(縱)으로 설치한 원통형 탱크의 내용적은 다음과 같이 계산한다.

내용적 $= \pi r^2 l$

계산 탱크의 내용적은 산정은 다음과 같이 한다.

□ 내용적 $= \pi r^2 l$ $\begin{cases} r : 반지름 = 10m \\ l : 높이 = 25\ m \end{cases}$

∴ 내용적 $= 3.14 \times 10^2 \times 25 = 7,850 m^3$

정리 탱크의 내용적 계산공식

□ 양쪽이 볼록한 것 : $\forall = \dfrac{\pi ab}{4}\left(l + \dfrac{l_1 + l_2}{3}\right)$

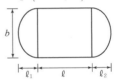

□ 원통형으로 횡으로 설치한 것 : $\forall = \pi r^2\left(l + \dfrac{l_1 + l_2}{3}\right)$

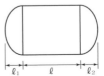

□ 원통형으로 종으로 설치한 것 : $\forall = \pi r^2 l$

□ 한쪽은 볼록, 한쪽은 오목 : $\forall = \dfrac{\pi ab}{4}\left(l + \dfrac{l_1 + l_2}{3}\right)$

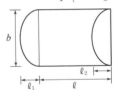

정답 ④

43 다음 중 연소범위가 가장 넓은 위험물은?

① 톨루엔
② 휘발유
③ 에틸알코올
④ 다이에틸에터

 톨루엔($C_6H_5CH_3$)의 연소범위는 $1.27 \sim 7\%$, 휘발유(가솔린)는 $1.2 \sim 7.6\%$, 에틸알코올(C_2H_5OH)은 $3.5 \sim 20\%$, 다이에틸에터[$(C_2H_5)_2O$]의 연소범위는 $1.9 \sim 48\%$이다. 따라서 다이에틸에터의 연소범위가 가장 넓다.

정답 ④

44 물과 접촉하면 위험한 물질로만 나열된 것은?

① CH_3CHO, CaC_2, $NaClO_4$
② K_2O_2, $K_2Cr_2O_7$, CH_3CHO
③ K_2O_2, Na, CaC_2
④ Na, $K_2Cr_2O_7$, $NaClO_4$

 물과 접촉하면 위험한 물질로만 나열된 것은 ③이다. K_2O_2는 알칼리금속의 과산화물로 금수성 물질이고, 가연성 금속류인 나트륨, 칼륨, 마그네슘은 물과 반응하여 수소가스를 발생하며, 탄화칼슘(CaC_2)은 물과 반응하여 에틸렌을 발생시킨다. 아세트알데하이드(아세트알데히드, CH_3CHO)는 특수인화물로 분류되며, 과염소산나트륨($NaClO_4$), 다이크로뮴산칼륨(중크롬산칼륨, $K_2Cr_2O_7$)은 물에 일부 용해되는 제1류 위험물이다.

정답 ③

45 알루미늄의 연소생성물로 옳은 것은?

① Al_2O_3
② $Al(OH)_3$
③ Al_2O_3, H_2O
④ $Al(OH)_3$, H_2O

 금속 알루미늄(Al)은 산소와 반응하여 산화알루미늄이 되면서 연소열을 발생시킨다.
□ $4Al + 3O_2 \rightarrow 2Al_2O_3$

정답 ①

46 위험물의 품목에 따른 운반용기 외부에 표시하는 주의사항이 잘못 된 것은?

① 적린 : 화기주의
② 과산화수소 : 화기주의
③ 아세톤 : 화기엄금
④ 탄화칼슘 : 물기엄금

 과산화수소(H_2O_2)는 제6류 위험물이므로 운반용기에 "가연물접촉주의" 표시를 하여야 한다. 적린(赤燐)은 제2류 위험물(화기주의), 아세톤은 제4류−제1석유류(화기엄금), 탄화칼슘은 제3류 위험물 중 금수성 물질로(화기엄금) 표시를 하여야 한다.

참고 □ 제1류 위험물
• 알칼리금속의 과산화물 → "화기 · 충격주의", "물기엄금" 및 "가연물접촉주의"
• 그 밖의 것 → "화기 · 충격주의", "가연물접촉주의"
□ 제2류 위험물
• 철분 · 금속분 · 마그네슘 → "화기주의", "물기엄금"
• 인화성 고체(소디움메틸레이트, 마그네슘에틸레이트 등) → "화기엄금"
• 그 밖의 것 → "화기주의"
□ 제3류 위험물
• 자연발화성 물질 → "화기엄금" 및 "공기접촉엄금"
• 금수성 물질 → "물기엄금"
□ 제4류 위험물 → "화기엄금"
□ 제5류 위험물 → "화기엄금" 및 "충격주의"
□ 제6류 위험물 → "가연물접촉주의"

정답 ②

47 옥내저장소에서 안전거리 기준이 적용되는 경우는?

① 지정수량 20배 미만의 제4석유류를 저장하는 것
② 제2류 위험물 중 덩어리 상태의 유황을 저장하는 것
③ 지정수량 20배 미만의 동식물유류를 저장하는 것
④ 제6류 위험물을 저장하는 것

 옥내저장소는 규정에 준하여 안전거리를 두어야 한다. 다만, 다음에 해당하는 옥내저장소는 안전거리를 두지 않을 수 있다. ②는 이와 관련성이 없다.
▫제4석유류 또는 동식물유류의 위험물을 저장 또는 취급하는 옥내저장소로서 그 최대수량이 지정수량의 20배 미만인 것
▫제6류 위험물을 저장 또는 취급하는 옥내저장소
▫지정수량의 20배(하나의 저장창고의 바닥면적이 150m² 이하인 경우에는 50배) 이하의 위험물을 저장 또는 취급하는 옥내저장소

정답 ②

48 질산나트륨($NaNO_3$) 90kg, 클로로벤젠(C_6H_5Cl) 2,000L, 유황(S) 70kg을 취급하고 있다. 각각의 지정수량의 배수의 총합은?

① 2 　② 3
③ 4 　④ 6

 질산나트륨($NaNO_3$)은 제1류 위험물로서 지정수량 300kg이고, 유황은 제2류 위험물로서 지정수량 100kg, 클로로벤젠은 제4류 위험물(제2석유류)로서 지정수량 1000L이다.

[계산] 다음의 관계식을 이용하여 지정수량 배수의 총합을 구한다.

$$지정수량\ 배수합 = \frac{A의\ 수량}{A지정수량} + \frac{B의\ 수량}{B지정수량} + \cdots +$$

$$\therefore\ 배수 = \frac{90kg}{300kg} + \frac{70kg}{100kg} + \frac{2,000L}{1,000L}$$
$$= 3$$

정답 ②

49 P_4S_7에 고온의 물을 가하면 분해된다. 이때 주로 발생하는 유독물질은?

① 아황산
② 인화수소
③ 오산화인
④ 황화수소

 칠황화사인(P_4S_7)은 담황색 결정으로 조해성(潮解性, Deliquescence; 고체가 공기 중의 습기를 흡수하여 녹는 성질)이 있고, 찬물에서는 서서히 분해되지만 더운물에서는 급격히 분해하여 황화수소(H_2S)를 발생시킨다. 칠황화사인은 황화인 중 가장 가수분해 되기 쉬운 물질이다.

□ $aP_4S_7 + bH_2O \rightarrow xH_2S + zH_3PO + 기타$

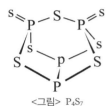

<그림> P_4S_7

정답 ④

50 자연발화를 방지하는 방법으로 가장 거리가 먼 것은?

① 통풍이 잘되게 할 것
② 열의 축적을 용이하지 않게 할 것
③ 저장실의 온도를 낮게 할 것
④ 습도를 높게 할 것

[정답분석] 자연발화를 방지하기 위해서는 온도와 습도를 모두 낮추어야 한다.

[참고] **자연발화(自然發火, Spontaneous Combustion) 방지**
□ 자연발화에 영향을 주는 인자는 수분, 발열량, 열전도율, 온도, 표면적, 퇴적상태, 공기의 유동상태(환기) 등이다.
□ 주위의 온도가 높을수록, 표면적이 클수록, 열전도율이 낮을수록, 발열량이 높을수록 자연발화가 잘 일어난다.
□ 주변온도가 높으면 물질의 반응속도가 빨라지고 열의 발생은 증가되므로 자연발화가 발생하기 쉽다.
□ 통상 열이 물질의 내부에 축적되지 않으면 내부 온도가 상승하지 않으므로 자연발화는 일어나기 어렵다.
□ 열의 축적 여부는 발화와 깊은 관계가 있으며 열의 축적에 영향을 주는 인자는 열전도율, 퇴적상태, 공기의 유동 상태 및 열의 발생속도 등이다.
□ 자연발화를 방지하기 위해서는 통풍을 잘 하여 열이 축적되지 않도록 하여야 하며, 온도와 습도가 모두 낮은 곳에 저장하여야 한다.

정답 ④

51 메틸알코올과 에틸알코올의 공통성질이 아닌 것은?

① 무색투명한 휘발성 액체이다.
② 물에 잘 녹는다.
③ 비중은 물보다 작다.
④ 인체에 대한 유독성이 없다.

[정답분석] 메틸알코올(CH_3OH)은 인체에 대한 유독성이 있고, 에틸알코올(C_2H_5OH)은 없다. 메틸알코올의 연소범위는 6 ~ 36%, 에틸알코올의 연소범위는 3.3 ~ 19%로 메틸알코올의 연소범위가 넓다. 메틸알코올의 인화점은 11℃, 에틸알코올의 인화점은 13℃이다. 메틸알코올과 에틸알코올의 비중은 모두 0.79이고 물보다 작다.

[참고] 메틸알코올, 에틸알코올, 이소프로필알코올은 알코올류로 분류되지만 부틸알코올은 제2석유류로 분류된다.

정답 ④

52 염소는 2가지 동위원소로 구성되어 있다. 원자량이 35인 염소는 75% 존재하고, 원자량이 37인 염소는 25% 존재한다고 가정하면 염소의 평균원자량은 얼마인가?

① 35
② 35.5
③ 36.5
④ 37

[정답분석] 2가지 동위원소에 대한 원자량과 함유비율이 제시되어 있으므로 이를 토대로 다음과 같이 계산한다.
$$M_m = M_1 X_1 + M_2 X_2 + \cdots + M_n X_n$$

[계산] 염소의 평균원자량 산정
$$\therefore \ M_m = 35 \times 0.75 + 37 \times 0.25 = 35.5$$

정답 ②

53 염소산나트륨의 성질에 속하지 않는 것은?

① 환원력이 강하다.
② 무색결정이다.
③ 주수소화가 가능하다.
④ 강산과 혼합하면 폭발할 수 있다.

정답분석 염소산나트륨($NaClO_3$)은 제1류 위험물(산화성 고체)이므로 산화력($酸化力$)이 강하다. 무색, 무취의 입방정계 주상결정으로 물, 알코올 등에 잘 녹고 강산과 혼합하면 폭발성의 과산화수소(H_2O_2)와 이산화염소(ClO_2)를 발생시킨다.

□ $3NaClO_3 \xrightarrow{\text{저온분해}} NaClO_4 + 2ClO_2 + Na_2O$

□ $NaClO_3 \xrightarrow[\text{접촉}]{\text{HCl과}} H_2O_2 + 2ClO_2 + 2NaCl$

정답 ①

54 위험물안전관리법령에서 정의한 철분의 정의로 옳은 것은?

① 철의 분말로 53마이크로미터의 표준체를 통과하는 것이 50중량퍼센트 미만인 것은 제외
② 철의 분말로 50마이크로미터의 표준체를 통과하는 것이 53중량퍼센트 미만인 것은 제외
③ 철의 분말로 53마이크로미터의 표준체를 통과하는 것이 50부피퍼센트 미만인 것은 제외
④ 철의 분말로 50마이크로미터의 표준체를 통과하는 것이 53부피퍼센트 미만인 것은 제외

정답분석 위험물안전관리법령에서 정의한 철분의 정의는 철의 분말로서 53마이크로미터의 표준체를 통과하는 것이 50중량퍼센트 미만인 것은 제외한다.

정답 ①

55 다음 중 금수성 물질로만 나열된 것은?

① K, CaC_2, Na
② $KClO_3$, Na, S
③ KNO_3, CaO_2, $Na2O_2$
④ $NaNO_3$, $KClO_3$, CaO_2

정답분석 금수성 물질로만 나열된 것은 ①의 K(제3류), CaC_2(제3류), Na(제3류)이다.
금수성 물질($禁水性物質$)이라 함은 공기중의 수분이나 물과 접촉시 발화하거나 가연성가스의 발생 위험성이 있는 물질을 말한다.
□ 제1류 위험물 중 무기과산화물류
  • 과산화나트륨, 과산화칼륨, 과산화마그네슘
  • 과산화칼슘, 과산화바륨, 과산화리튬, 과산화베릴륨
□ 제2류 위험물 중 마그네슘, 철분, 금속분, 황화인
□ 제3류 위험물
  • 칼륨, 나트륨, 알킬알루미늄, 알킬리튬
  • 알칼리금속 및 알칼리토금속류
  • 유기금속화합물류, 금속수소화합물류
  • 금속인화물류, 칼슘 또는 알루미늄의 탄화물류
□ 제4류 위험물 중 특수인화물인 다이에틸에터, 콜로디온 등
□ 제6류 위험물 : 과염소산, 과산화수소, 황산, 질산

정답 ①

56 벤젠의 성질에 대한 설명 중 틀린 것은?

① 증기는 유독하다.

② 물에 녹지 않는다.

③ CS_2보다 인화점이 낮다.

④ 독특한 냄새가 있는 액체이다.

[정답분석] 벤젠은 휘발성을 갖는 무채색의 특유의 냄새가 나는 액체이다. 벤젠의 인화점은 $-11℃$로 이황화탄소의 인화점 $(-30℃)$보다 높다.

[참고] 벤젠(Benzene, C_6H_6)은 제4류 위험물 중 제1석유류로 분류되는 무색 투명한 방향족 화합물의 액체이며, 휘발성이 강하여 쉽게 증발하며 물에 약간 용해된다.

진한 황산과 질산으로 나이트로화 시키면 나이트로벤젠이 된다. 높은 가연성을 가지며, 불을 붙이면 그을음을 많이 내고 연소한다.

녹는점 $7℃$, 끓는점 $79℃$로 추운 겨울날씨에는 응고될 수 있지만 인화점이 $-11℃$로 낮기 때문에 겨울철에도 인화위험이 높은 물질이다.

증기밀도는 2.8로서 공기보다 무겁고, 마취성과 독성이 있고, 액체비중은 0.95로 물보다 가볍다.

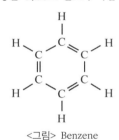

<그림> Benzene

정답 ③

57 물에 녹지 않고 물보다 무거워 물 속에 저장하는 위험물은?

① 이황화탄소

② 산화프로필렌

③ 다이에틸에터

④ 아세트알데하이드

[정답분석] 제4류 위험물 중 특수인화물인 이황화탄소의 비중은 1.26으로 물보다 무겁고, 물에 녹지 않아 가연성 증기발생을 억제하기 위해 물속에 저장한다. 산화프로필렌(C_3H_6O)의 비중은 0.83, 다이에틸에테르[$(C_2H_5)_2O$]의 비중은 0.71, 아세트알데하이드(CH_3CHO)의 비중은 0.79로 나머지 위험물은 모두 물보다 가볍다.

[정리] 위험물의 특이한 저장(보호액)(꼭 정리 해 둘 것!!)

□ 물에 안전하고, 불용성이며, 물속에 저장하는 위험물
→ 황린(P_4), 이황화탄소(CS_2)

□ 등유(석유)에 저장하는 위험물 → 금속 칼륨(K), 나트륨(Na), 리튬(Li)

□ 알코올에 저장하는 위험물 → 나이트로셀룰로오스(니트로셀룰로오스), 인화칼슘(인화석회)

□ 알킬알루미늄, 알킬리튬은 물 또는 공기와 접촉하면 폭발한다. → 헥사인(헥산) 속에 저장

□ 알킬알루미늄, 탄화칼슘 → 질소 등 불활성가스 충진

정답 ①

58 일반취급소 1층에 옥내소화전 6개, 2층에 옥내소화전 5개, 3층에 옥내소화전 5개를 설치하고자 한다. 위험물안전관리법령상 이 일반취급소에 설치되는 옥내소화전에 있어서 수원의 수량은 얼마 이상이어야 하는가?

① $7.8m^3$ ② $13.5m^3$

③ $39m^3$ ④ $52m^3$

[정답분석] 옥내소화전의 수원수량은 소화전이 가장 많이 설치된 층을 기준으로 하며, 옥내소화전의 개수(n)는 최대 5개이다.

□ 수원의 수량(Q)＝소화전 개수(n)×7.8

[계산] 설치개수가 가장 많은 1층은 6개이지만 소화전 개수는 최대 5개까지 유효하므로 다음과 같이 산정한다.

→ $n=5$

∴ $Q=5×7.8m^3=39m^3$

정답 ③

59 최대 아세톤 150톤을 옥외탱크저장소에 저장할 경우 보유공지의 너비는 몇 m 이상으로 하여야 하는가? (단, 아세톤의 비중은 0.79이다.)

① 3 ② 6
③ 8 ④ 12

 정답분석 비중(比重, Specific Gravity)은 물질의 고유특성으로 "대상물질의 밀도÷물의 밀도"로 표현되는 단위가 없는 무차원 수이지만 비중을 밀도 단위로 전환하여 부피를 질량으로, 질량을 부피로 환산하는데 쓸 수 있다.
아세톤(CH_3COCH_3)의 지정수량이 400L이므로 밀도 0.79kg/L를 이용하여 저장수량을 부피로 먼저 환산한다.

□ 부피 = 질량 $\times \dfrac{1}{밀도}$

□ 저장수량 = 150톤 $\times \dfrac{1,000kg}{톤} \times \dfrac{1L}{0.79kg}$
= 189,873L

참고 지정수량의 배수(倍數)부터 알아야만 이를 토대로 옥외저장탱크의 보유공지를 결정할 수 있다.

□ 지정수량의 배수 = $\dfrac{저장수량}{지정수량}$

{ 아세톤 지정수량 : 400L

$\Rightarrow \dfrac{189,873L}{400L}$ = 474.69

∴ 지정수량의 500배 이하이므로 공지의 너비는 3m 이상으로 하여야 한다.

저장 또는 취급하는 위험물의 최대수량	공지의 너비
지정수량의 500배 이하	3m 이상
지정수량의 500 ~ 1,000배 이하	5m 이상
지정수량의 1,000 ~ 2,000배 이하	9m 이상
지정수량의 2,000 ~ 3,000배 이하	12m 이상
지정수량의 3,000 ~ 4,000배 이하	15m 이상

방유제는 제조소의 보유공지 내에 있을 수 없음

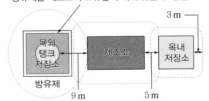

정답 ①

60 적린에 대한 설명으로 옳지 않은 것은?

① 성냥, 화약 등에 이용된다.
② 연소생성물은 황린과 같다.
③ 자연발화를 막기 위해 물 속에 보관한다.
④ 황린의 동소체이고 황린에 비하여 안전하다.

정답분석 자연발화를 막기 위해 물 속에 보관하는 것은 황린(P_4)이다. 황린은 제3류 위험물로 분류되고, 발화점(착화온도)이 34℃ 낮아 공기 중에서 자연발화의 우려가 있기 때문에 통상 물 속(pH 약 9 정도)에 저장한다.

참고 황린(P_4)은 제3류 위험물로 분류되고, 발화점(착화온도)이 약 30℃ 정도로 낮아 공기 중에서 자연발화의 우려가 있기 때문에 통상 물 속(pH 약 9 정도)에 저장한다.
적린(P)은 제2류 위험물(가연성 고체)로 분류되고 상온의에서도 화학적으로 안정하므로 성냥 등에 이용된다.
황린(P_4)과 적린(P)의 연소하면 마늘 냄새가 나는 오산화인이 생성된다.

□ P_4(황린)$+5O_2 \rightarrow 2P_2O_5$; 발화점 약 30℃
□ $2P$(적린)$+2.5O_2 \rightarrow P_2O_5$; 발화점 약 260℃

인(P)은 4가지의 동소체(같은 원소로 되어 있으나 모양과 성질이 다른 홑원소물질)가 존재하는데, 색깔에 따라 백린(白燐), 황린(黃燐), 적린(赤燐), 자린(紫燐) 등으로 분류된다.

□ 백린(白燐=황린)은 가장 불안정하고, 화학적 반응성이 크며, 공기 중에 노출된 상태로 35℃ 이상이 되면 자연 발화되며, 이 과정에서 생성된 소량의 적린이 섞여 들어가 백린은 대부분 황린(黃燐)으로 변한다. 황린은 인화성과 독성이 강하고, 폭탄(백린탄), 농약 등에 이용된다.

□ 황린(백린)을 270 ~ 300℃의 온도로 가열하거나 태양광에 노출시키면 적린(赤燐)이 된다. 적린은 황린과 분자 구조가 완전히 달라지면서 공기 중 발화점이 260℃로 높아지고 반응성이 낮은 물질로 변환된다. 황린(백린)에 비해 적린은 안정적이며 독성이 없으며, 성냥이나 화약(연막탄) 등에 이용된다.

적린이 강알칼리와 반응할 경우, 포스핀(PH_3) 가스를 발생한다.

$4P+3KOH+3H_2O \rightarrow PH_3$(포스핀)$+3KH_2PO_2$

□ 적린을 550℃ 이상의 온도에서 장시간 가열하면 인의 또 다른 동소체인 자린(紫燐)으로 변환된다.

정답 ③

제1과목 일반화학

01 Be의 원자핵에 α 입자를 충격하였더니 중성자 n이 방출되었다. 다음 반응식을 완성하기 위하여 ( ) 안에 알맞은 것은?

$$Be + {}_{2}^{4}He \rightarrow (\quad) + {}_{0}^{1}n$$

① Be ② B
③ C ④ N

정답분석 베릴륨(Be)은 2족, 2주기 원자번호 4번이다. 반응계에서 비활성 원소 헬륨의 충격으로 α붕괴가 일어날 경우 질량수는 4 감소하고, 원자번호는 2 감소하여 생성계에서는 중성자 n이 방출되면서 질량변화 1(위 첨자), 원자번호의 변화는 0(아래 첨자)이므로 다음과 같이 원자번호 보전 법칙을 적용하여 해당 원소를 추정할 수 있다.

□ $4 + = x + 0$, $x = 6$

∴ 원자번호 $6 = C$

정답 ③

02 어떤 물질이 산소 50wt%, 황 50wt%로 구성되어 있다. 이 물질의 실험식을 옳게 나타낸 것은?

① SO ② SO_2
③ SO_3 ④ SO_4

정답분석 질량백분율 100%는 화합물 100g당 각 원소의 그램 수를 의미하며, 실험식을 나타낼 때는 각 몰 값의 가장 작은 정수로 나타낸다.

계산 다음과 같이 기본식을 만들고, 문제의 조건에 따라 조성분율을 구하여 실험식을 작성한다.

□ S_aO_b

$$\begin{cases} \circ\ S \rightarrow 50\,g \times \dfrac{1mol}{32\,g} = 1.563\,mol\ S \\ \qquad (※\ 32 = 황의\ 원자량) \\ \circ\ O \rightarrow 50\,g \times \dfrac{1mol}{16\,g} = 3.125\,mol\ O \\ \qquad (※\ 16 = 산소의\ 원자량) \end{cases}$$

· 최소 정수비로 나누면 $\begin{cases} \circ\ S = \dfrac{1.563}{1.563} = 1 \\ \circ\ O = \dfrac{3.125}{1.563} = 1.999 = 2 \end{cases}$

□ a 및 b 값 $\begin{cases} a = 1 \\ b = 2 \end{cases}$

∴ $S_aO_b = SO_2$

정답 ②

03 다음 중 올레핀계 탄화수소에 해당하는 것은?

① CH_4 ② $CH_2=CH_2$
③ $CH\equiv CH$ ④ CH_3CHO

정답분석 올레핀(Olefin)은 에틸렌계(Ethylene Serie) 불포화 탄화수소로서 C=C 이중결합을 가진 알켄(Alkene)이므로 ②(에틸렌, C_2H_4)가 이에 해당한다.
올레핀계 탄화수소는 파라핀계와 같은 직선 사슬구조이며, 프로펜(C_3H_6), 부텐(C_4H_8), 펜텐(C_5H_{10}), 헥센(C_6H_{12}), 이소프렌(C_5H_8) 등이 이에 속한다. 모노 – 올레핀(mono-olefin)은 탄소원자 간의 이중결합이 1개이고, 다이 – 올레핀(di-olefin)은 이중결합이 2개라는 점에서 다르다. 한편, 아세틸렌(에타인) 계열은 C≡C 삼중결합을 가진 불포화 탄화수소이다.

□ 모노올레핀의 분자식 : C_nH_{2n}
□ 다이올레핀의 분자식 : C_nH_{2n-2}

정답 ②

04 다음 중 몰랄농도의 정의로 옳은 것은?

① 용액 1,000L에 녹아 있는 용질의 몰수

② 용매 1,000g에 녹아 있는 용질의 몰수

③ 용액 1,000L에 녹아 있는 용매의 몰수

④ 용매 1,000g에 녹아 있는 용액의 몰수

정답분석 몰랄농도(molality, mol/kg)는 용매 1,000g에 녹아 있는 용질의 몰수로 정의된다.

$$□ \ m = \frac{용해되어 \ 있는 \ 용질의 \ 양(mol)}{용매의 \ 양(kg)}$$

정답 ②

05 다음 중 불균일 혼합물인 것은?

① 공기　　　　② 사이다

③ 소금물　　　④ 화강암

정답분석 불균일 혼합물은 혼합되어 있지만 혼합물 개개의 형태를 육안으로 구별이 가능한 것을 말한다. 예를 들면, 화강암, 우유, 흙탕물 등이다. 나머지 항목은 혼합물 개개의 형태를 육안으로 구별이 가능하지 않으므로 균일 혼합물이다.

정답 ④

06 헥세인(C_6H_{14})의 구조이성질체 수는 몇 개인가?

① 2개　　　　② 4개

③ 5개　　　　④ 7개

정답분석 헥세인(헥산, C_6H_{14})의 구조이성질체는 5개이다. 구조이성질체(構造異性質體, Structural Isomer)는 분자식(分子式)이 같지만 구조가 다르므로 다른 성질을 갖는 화합물을 말한다.

탄소 사슬의 모양이 다른 경우, 작용기의 위치가 다른 경우 등이 이에 해당한다.

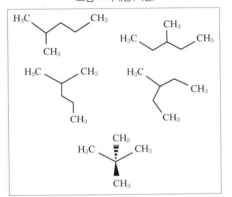

<그림> 헥세인(헥산)

정답 ③

07 다음 화학반응식 중 실제로 반응이 오른쪽으로 진행되는 것은?

① $2KI + F_2 \rightarrow 2KF + I_2$

② $2KBr + I_2 \rightarrow 2JI + Br_2$

③ $2KF + Br_2 \rightarrow 2KBr + F_2$

④ $2KCl + Br_2 \rightarrow 2KBr + Cl_2$

정답분석 기체분자의 반응은 반응성의 크기가 큰 반응계에서 낮은 반응계로 진행된다. 반응성의 크기는 불소 – 염소 – 브로민 – 아이오딘($F_2 > Cl_2 > Br_2 > I_2$)의 순서이다. 따라서 ①은 오른쪽, ②는 왼쪽, ③은 왼쪽, ④는 왼쪽으로 반응이 진행된다.

정답 ①

08 페놀 수산기($-OH$)의 특성에 대한 설명으로 옳은 것은?

① 수용약이 강알칼리성이다.
② 카르복실산과 반응하지 않는다.
③ $FeCl_3$용액과 정색반응을 한다.
④ $-OH$기가 하나 더 첨가되면 물에 대한 용해도가 작아진다.

정답분석 페놀은 염화철($FeCl_3$)에 의해 짙은 청자색 발색반응을 하고, 브로민수에는 백색 침전이 생긴다.
□① 페놀 수용액은 약산성이다.
□② 페놀은 카복실산($-COOH$)과 반응하여 에스터를 형성한다.
□④ 2가 페놀 수산기의 수가 많은 것은 물에 대한 용해도가 증가한다.

정답 ③

09 원소의 주기율표에서 같은 족에 속하는 원소들의 성질에 유사한 점이 많다. 이것과 관련 있는 설명으로 옳은 것은?

① 핵의 양하전의 크기가 같다.
② 같은 크기의 반지름을 가지는 이온이 된다.
③ 원자 번호를 8a＋b라는 일반식으로 나타낼 수 있다.
④ 제일 바깥의 전자 궤도에 들어 있는 전자의 수가 같다.

정답분석 주기율표에서 같은 족에 속하는 원소들은 최외각 전자수(＝제일 바깥의 전자궤도에 들어 있는 전자의 수)가 동일하기 때문에 화학적 성질이 비슷하다.

정답 ④

10 27℃에서 500mL에 6g의 비전해질을 녹인 용액의 삼투압은 7.4기압(atm)이었다. 이 물질의 분자량은 약 얼마인가?

① 20.78   ② 39.63
③ 58.16   ④ 77.65

정답분석 삼투압의 크기는 용액의 농도와 절대온도에 비례하여 증가하므로 다음과 같이 계산한다.

계산
$$\pi = RT$$

□ $R = \dfrac{1\text{atm} \times 22.4\text{L}}{1\text{mol} \times 273\text{K}} = 0.0821 \text{ atm} \cdot \text{L/mol} \cdot \text{K}$

$$\begin{cases} \pi : \text{삼투압}(\text{atm}) = 7.4 \text{ atm} \\ m : \text{몰 농도}(\text{mol/L}) = \dfrac{6\,\text{g}}{500\,\text{mL}} \times \dfrac{\text{mol}}{M} \times \dfrac{10^3\text{mL}}{\text{L}} \\ \qquad\qquad\qquad\quad = 12 \times \dfrac{1}{M} \text{ mol/L} \\ R : \text{기체상수}(0.082) \\ T : \text{절대온도}(\text{K}) = 273 + 25 = 298 \text{ K} \end{cases}$$

$\therefore M = \dfrac{12 \times 0.082 \times 298}{7.4} = 39.63$

정답 ②

11 다음에서 설명하는 물질의 명칭은?

- HCl과 반응하며 염산염을 만든다.
- 나이트로벤젠을 수소로 환원하여 만든다.
- $CaOCl_2$ 용액에서 붉은 보라색을 띤다.

① 페놀   ② 아닐린
③ 톨루엔   ④ 벤젠술폰산

정답분석 아닐린(Aniline, $C_6H_5NH_2$)은 나이트로벤젠(Nitrobenzene, $C_6H_5NO_2$)을 금속과 염산(HCl)으로 환원시켜 만든 방향족 아민($C_6H_5NO_2 \rightarrow C_6H_5NH_2$)이다. 즉, 아닐린은 나이트로벤젠을 주석 또는 철과 염산에 의해 환원시키거나 니켈 등 금속 촉매를 써서 접촉수소 첨가법으로 생성시킨다. 아닐린($C_6H_5NH_2$)은 $CaOCl_2$ 용액에서 붉은 보라색을 띠는 특성이 있으며, 염료 산업에서 이를 응용하고 있다. 아닐린은 제4류 위험물 중 제3석유류로 분류되고 있다.

나이트로벤젠   아닐린

정답 ②

12 다음 중 반응이 정반응으로 진행되는 것은?

① $Pb^{2+}+Zn \rightarrow Zn^{2+}+Pb$

② $I_2+2Cl^- \rightarrow 2I^-+Cl_2$

③ $2Fe^{3+}+3Cu \rightarrow 3Cu^{2+}+2Fe$

④ $Mg^{2+}+Zn \rightarrow Zn^{2+}+Mg$

 환원력(還元力, Reducing Power)의 세기는 $F_2 > Cl_2 > Br_2 > Ag^+ > Fe^{3+} > I_2 > Cu^{2+} > H^+ > Pb^{2+} > Ni^{2+} > Fe^{2+} > Zn^{2+} > Mg^{2+} > Na^+ > Ca^{2+} > K^+ > Li^+$의 순서이고, 산화력(酸化力, Oxidizing Power)의 세기는 환원력 세기의 반대가 된다.

금속의 이온화 경향(반응성)의 크기는 K(칼륨) > Ca(칼슘) > Na(나트륨) > Mg(마그네슘) > Al(알루미늄) > Zn(아연) > Fe(철) > Ni(니켈) > Sn(주석) > Pb(납) > H(수소) > Cu(구리) > Hg(수은) > Ag(은) > Pt(백금) > Au(금)의 순서로 감소한다.

따라서,

①은 납(Pb)이 환원 – 아연(Zn)은 산화되는 반응이며, 반응성의 크기가 Zn > Pb 이므로 정반응(正反應)으로 진행된다.

②는 염소(Cl_2)가 환원 – 아이오딘(I_2)가 산화되는 반응이며, 반응성의 크기가 $Cl_2 > I_2$ 이므로 역반응(逆反應)으로 진행된다.

③은 철(Fe)이 환원 – 구리(Cu)가 산화되는 반응이며, 반응성의 크기가 Fe > Cu 이므로 역반응(逆反應)으로 진행된다.

④는 마그네슘(Mg)이 환원 – 아연(Zn)이 산화되는 반응이며, Mg > Zn 이므로 역반응(逆反應)으로 진행된다.

정답 ①

13 알칼리 금속이 다른 금속 원소에 비해 반응성이 큰 이유와 밀접한 관련이 있는 것은?

① 밀도와 녹는점이 낮기 때문이다.

② 은백색의 금속이기 때문이다.

③ 이온화 에너지가 작기 때문이다.

④ 같은 주기에서 다른 족 원소에 비해 원자반지름이 작기 때문이다.

 알칼리 금속은 다른 금속 원소에 비해 이온화에너지가 작기 때문에 반응성이 크다. 금속의 이온화 경향(반응성)의 크기는 K(칼륨) > Ca(칼슘) > Na(나트륨) > Mg(마그네슘) > Al(알루미늄) > Zn(아연) > Fe(철) > Ni(니켈) > Sn(주석) > Pb(납) > H(수소) > Cu(구리) > Hg(수은) > Ag(은) > Pt(백금) > Au(금)의 순서로 감소한다.

정답 ③

14 다음 중 수성가스(Water Gas)의 주성분으로 옳은 것은?

① CO_2, CH_4

② CO, H_2

③ CO_2, H_2, O_2

④ H_2, H_2O

 수성가스(Water Gas)는 백열된 석탄 또는 코크스에 수증기를 주입하여 얻어지는 기체연료로서 수소(45 ~ 50%), CO(45 ~ 50%)를 주성분으로 하는 단열화염온도가 높은 연료이다.

정답 ②

15 볼타전지의 기전력은 약 1.3V인데 전류가 흐르기 시작하면 곧 0.4V로 된다. 이러한 현상을 무엇이라 하는가?

① 감극

② 소극

③ 분극

④ 충전

 전지의 기전력이 낮아지고, 전압이 낮아지는 현상을 분극(分極, Polarization)이라고 한다. 분극은 주로 환원전극에서 발생한다. 분극이 일어나는 원인은 전극 표면의 피막 생성, 전극주변 용액의 농도변화(농도 분극), 전극반응속도의 지연(화학 분극)의 3가지로 나눌 수 있다.

참고 볼타전지의 구성은 묽은 황산 수용액에 아연판과 구리판을 넣고 도선으로 연결한 전지로, (−)극인 아연판에서 아연이온(Zn^{2+})이 녹아 들어가면서 산화반응이 일어나고 (+)극인 구리판에서는 수소(H_2)가 발생하면서 환원반응이 일어난다. 이때 발생한 수소가스로 인해 기전력이 약 1.3V에서 0.4V로 전압이 급격히 떨어지는 분극현상이 발생하는데 이를 방지하기 위해 감극제(MnO_2, $KMnO_4$ 등)를 사용한다.

정답 ③

16 산(酸, Acid)의 성질을 설명한 것으로 옳지 않은 것은?

① 수용액 속에서 H^+을 내는 화합물이다.
② pH 값이 작을수록 강산이다.
③ 금속과 반응하여 수소를 발생하는 것이 많다.
④ 붉은색 리트머스 종이를 푸르게 변화시킨다.

 정답 분석 산(酸, Acid)의 시약반응은 푸른색 리트머스 종이를 붉게 변화시킨다.

참고

구분	산의 성질	염기의 성질
감촉 및 맛	신맛을 냄	미끈거리고 쓴맛을 냄
금속과의 반응	금속을 용해 수소기체 발생	반응하지 않음
시약 반응	리트머스 시험지 청색 → 적색	리트머스 시험지 적색 → 청색
	BTB 용액 → 노란색	BTB 용액 → 청색
	페놀프탈레인 용액 → 변화 없음	페놀프탈레인 용액 → 적색

정답 ④

17 물 100g에 황산구리 결정($CuSO_4 \cdot 5H_2O$) 2g을 넣으면 몇 %(wt)용액이 되는가? (단, $CuSO_4$의 분자량은 160g/mol이다.)

① 1.25% ② 1.96%
③ 2.4% ④ 4.42%

 정답 분석 질량백분율(wt)은 용액 100g 중의 성분질량 g을 의미한다. 그러므로 다음의 계산식을 적용한다.

□ 농도(%) = $\dfrac{용질(g)}{용액(g)} \times 100$

계산 질량백분율은 다음과 같이 계산한다.

$$\begin{cases} 용질 = 2g\ CuSO_4 \cdot 5H_2O \times \dfrac{CuSO_4}{CuSO_4 \cdot 5H_2O} \\ \qquad = 2 \times \dfrac{160}{160 + (5 \times 18)} = 1.28g \\ 용액 = 100 + 2 = 102g \end{cases}$$

$\therefore$ 농도(%) = $\dfrac{1.28g}{102g} \times 100 = 1.25\%$

정답 ①

18 물과 반응하여 수소를 발생하는 물질로 불꽃 반응 시 노란색을 나타내는 것은?

① 칼륨
② 과산화칼륨
③ 과산화나트륨
④ 나트륨

정답 분석 노란색의 불꽃반응을 보이는 것은 나트륨염이다.

참고 불꽃 색은 다음과 같이 정리해 두는 것이 좋다.
□ 1족 금속
 • 칼륨염은 엷은 보라색 불꽃을 냄
 • 나트륨염은 밝은 노란색 불꽃을 냄
 • 리튬(Li)은 아름다운 붉은색 불꽃을 냄
□ 2족 금속
 • 마그네슘은 푸른색 불꽃을 냄
 • 칼슘염은 붉은 벽돌색 불꽃을 냄
 • 스트론튬염은 심홍색 불꽃을 냄
 • 바륨은 황록색의 불꽃을 냄

정답 ④

19 다음 물질 중 이온결합을 하고 있는 것은?

① 얼음 ② 흑연
③ 다이아몬드 ④ 염화나트륨

정답 분석 이온결합(Ionic Bond)은 전자의 이동으로 형성되는 결합으로 금속 원소+비금속 원소 간의 결합에 의해 형성된다. NaCl, CaO, CaF_2 등이 있다.

정답 ④

20 황산 수용액 400mL 속에 순황산이 98g 녹아있다면 이 용액의 농도는 몇 N인가?

① 3 ② 4
③ 5 ④ 6

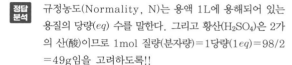 **정답 분석** 규정농도(Normality, N)는 용액 1L에 용해되어 있는 용질의 당량(eq) 수를 말한다. 그리고 황산(H_2SO_4)은 2가의 산(酸)이므로 1mol 질량(분자량)=1당량(1eq)=98/2=49g임을 고려하도록!!

계산 황산의 규정농도(N)는 다음과 같이 산정된다.

□ N (eq/L) = $\dfrac{용질(eq)}{용액(L)}$

$\therefore$ N = $\dfrac{98g}{400mL} \times \dfrac{eq}{49g} \times \dfrac{10^3 mL}{L} = 5\ eq/L$

정답 ③

제2과목 화재예방과 소화방법

21 할로겐화합물 소화약제가 전기화재에 사용될 수 있는 이유에 대한 다음 설명 중 가장 적합한 것은?

① 액체의 유동성이 좋다.
② 탄산가스와 반응하여 포스겐을 생성한다.
③ 증기의 비중이 공기보다 작다.
④ 전기적으로 부도체이다.

 정답분석 ④만 올바르다. 할로겐화합물 소화약제는 전기적으로 부도체이기 때문에 전기화재에 적합하다. 또한 큰 비중을 가지고 있어 공기보다 무거워 질식소화작용이 가능하다. 이외에 전기화재에 적응성이 있는 소화약제에는 이산화탄소 소화약제, 분말 소화약제 등이 있다.

[참고] 할로겐화합물 소화약제의 장단점

장점
• 부촉매효과에 의한 소화능력이 우수함
• 공기보다 5.1배 이상 무거워 심부화재에 효과적임
• 전기적 부도체이므로 C급 화재에 효과적임
• 저농도 소화가 가능하며, 질식의 우려가 없음
• 금속에 대한 부식성이 적고, 독성이 비교적 낮음
• 진화 후 소화약제에 의한 오손이 없음

단점
• CFC계열은 오존층 파괴의 원인물질임
• 사용제한 규제에 따른 수급이 불안정함
• 가격이 고가임

정답 ④

22 과산화칼륨에 의한 화재 시 주수소화가 적합하지 않은 이유로 가장 타당한 것은?

① 산소가스가 발생하기 때문에
② 수소가스가 발생하기 때문에
③ 가연물이 발생하기 때문에
④ 금속칼륨이 발생하기 때문에

 정답분석 과산화칼륨에 의한 화재 시 주수소화가 적합하지 않은 이유는 산소가스가 발생하기 때문이다.

산화칼륨(K_2O_2)은 제1류 위험물 중 무기과산화물에 속한다. 과산화물의 분자구조는 과산화결합($-O-O-$)을 가지는데 양 끝단에 무기화합물이 결합하여 무기과산화물이 된다. 이 때 산소와 산소 사이에 결합이 매우 약하기 때문에 가열이나 충격 또는 마찰에 의해 분해가 되면 산소가스를 발생하여 위험성이 있다. 무기과산화물은 알칼리금속의 과산화물과 알칼리금속 이외의 과산화물로 분류되는데, 알칼리금속의 과산화물에는 과산화칼륨(K_2O_2), 과산화나트륨(Na_2O_2), 과산화리튬(Li_2O_2) 등이 있다. 과산화칼륨은 알칼리금속의 과산화물로 화재 시 물을 주수하게 되면 산소가스를 발생하기 때문에 건조사, 팽창질석 또는 팽창진주암 등으로 질식소화 하는 것이 적합하다.

정답 ①

23 위험물안전관리법령에서 정한 다음의 소화설비 중 능력단위가 가장 큰 것은?

① 팽창질석 160L(삽 1개 포함)
② 마른 모래 50L(삽 1개 포함)
③ 팽창진주암 160L(삽 1개 포함)
④ 수조 80L(소화전용 물통 3개 포함)

 정답분석 능력단위가 가장 큰 것은 수조 80L(소화전용 물통 3개 포함)이다.

[참고]

소화설비	용량	능력단위
소화전용(轉用) 물통	8L	0.3
수조 (소화전용 물통 3개 포함)	80L	1.5
수조 (소화전용 물통 6개 포함)	190L	2.5
마른 모래(삽 1개 포함)	50L	0.5
팽창질석 또는 팽창진주암(삽 1개 포함)	160L	1.0

정답 ④

24 불활성가스 소화약제 중 IG-541의 구성성분이 아닌 것은?

① N_2　　　　　② Ar

③ Ne　　　　　④ CO_2

 IG-541은 질소와 아르곤과 이산화탄소의 용량비가 52 대 40 대 8인 혼합물이다.

[참고] **불활성가스 소화약제와 조성 비율**

종류	조성 비율
IG-01	Ar : 100%
IG-100	N_2 : 100%
IG-541	N_2 : 52%, Ar : 40%, CO_2 : 8%
IG-55	N_2 : 50, Ar : 50%

정답 ③

---

25 C_6H_6 화재의 소화약제로서 적합하지 않은 것은?

① 물(봉상수)

② 이산화탄소

③ 할로젠화합물

④ 인산염류 분말

 벤젠(C_6H_6)은 비수용성 액체로 물보다 비중이 작기 때문에 물로 소화하게 되면 화재면이 확대되어 위험성이 커지게 된다. 따라서 분말 소화약제, CO_2 소화약제, 포 소화약제 등으로 소화하여야 한다.

정답 ①

---

26 고정 지붕구조 위험물 옥외 탱크 저장소의 탱크 안에 설치하는 고정포 방출구가 아닌 것은?

① 특형 방출구

② Ⅰ형 방출구

③ Ⅱ형 방출구

④ 표면하 주입식 방출구

 "특형 방출구"는 부상지붕구조의 탱크 상부 포 주입법에 이용된다. 부상지붕의 부상부분상에 높이 0.9m 이상의 금속제의 칸막이(방출된 포의 유출을 막을 수 있고 충분한 배수능력을 갖는 배수구를 설치한 것에 한함)를 탱크 옆판의 내측으로부터 1.2m 이상 이격하여 설치하고 탱크 옆판과 칸막이에 의하여 형성된 환상부분에 포를 주입하는 것이 가능한 구조의 반사판을 갖는 포 방출구를 가진다.

정답 ①

---

27 전기설비에 화재가 발생하였을 경우에 위험물안전관리법상 적응성을 가지는 소화설비는?

① 이산화탄소 소화기

② 포 소화기

③ 봉상강화액 소화기

④ 마른 모래

이산화탄소 소화기는 전기설비, 제2류 위험물 중 인화성 고체, 제4류 위험물의 화재에 적응성을 가진다.

정답 ①

---

28 자체소방대에 두어야 하는 화학소방자동차 중 포 수용액을 방사하는 화학소방자동차는 전체 법정 화학소방자동차 대수의 얼마 이상으로 하여야 하는가?

① 1/3　　　　　② 2/3

③ 1/5　　　　　④ 2/5

포 수용액을 방사하는 화학소방자동차의 대수는 화학소방자동차 대수의 3분의 2 이상으로 하여야 한다.

정답 ②

29 가연물이 되기 쉬운 조건으로 가장 거리가 먼 것은?

① 열전도율이 클수록
② 화학적 친화력이 클수록
③ 산소와 접촉이 잘 될수록
④ 활성화 에너지가 작을수록

열전도율이 크면 열의 축적되지 않으므로 가연물의 요구 조건과 거리가 멀다. 열전도의 값이 적을수록 가연물로서 유용하게 된다.

보충 **가연물(연료)의 구비조건**
□ 단위량(중량, 용적)당 발열량이 높을 것
□ 구입이 용이하고, 가격이 저렴할 것
□ 저장 및 취급이 용이할 것
□ 대기오염을 유발하는 물질이 발생되지 않을 것
□ 산소와의 친화력이 좋을 것
□ 열의 축적이 용이하고, 열전도의 값이 적을 것
□ 점화 및 소화가 용이할 것
□ 부하변동에 따른 연소조절이 용이할 것
□ 연쇄반응을 일으킬 수 있을 것
□ 비표면적이 클 것

참고 **가연물이 될 수 없는 물질**
□ **비활성 기체** : 주기율표 0족(18족) 원소인 비활성 기체 헬륨(He), 네온(Ne), 아르곤(Ar) 등은 최외각 전자수가 모두 채워진 안정한 상태를 이루기 때문에 다른 원소들과 쉽게 결합하지 못하므로 가연물이 될 수 없다.
□ **흡열반응을 하는 물질** : 산소와 화합하여 산화물을 생성하나 발열반응을 하지 않고, 흡열반응을 하는 물질인 질소 및 그 산화물(N_2, NO 등)은 물질의 에너지가 상대적으로 작고, 생성물질의 에너지가 크기 때문에 반응이 진행될수록 주변의 온도가 낮아지게 되므로 가연물질이 될 수 없다.
□ **반응이 완결된 물질** : 물(H_2O), 이산화탄소(CO_2), 산화알루미늄(Al_2O_3), 오산화인(P_2O_5) 등 산소와 반응이 완결된 물질은 더 이상 산소와 결합하지 않으므로 가연물이 될 수 없다.

정답 ①

30 제3종 분말 소화약제의 제조 시 사용되는 실리콘 오일의 용도는?

① 착색제
② 탈색제
③ 발수제
④ 경화제

제3종 분말 소화약제의 주성분인 제1인산암모늄($NH_4H_2PO_4$)을 건조분말로 분쇄한 후 첨가제와 함께 교반·가열하면서 방습가공제인 실리콘 오일과 경화제인 철올레이트를 분무하는데 입자 표면에 도포된 실리콘 오일이 열과 경화제에 의해 방습과 발수성이 높은 피막(皮膜)으로 형성되어진다.

정답 ③

31 강화액 소화기에 대한 설명으로 옳은 것은?

① 물의 유동성을 크게 하기 위한 유화제를 첨가한 소화기이다.
② 물의 표면장력을 강화한 소화기이다.
③ 산 알칼리 액을 주성분으로 한다.
④ 물의 소화효과를 높이기 위해 염류를 첨가한 소화기이다.

강화액 소화기는 동절기 물 소화약제의 어는 단점을 보완하기 위해 물에 염류를 첨가한 것으로 탄산칼륨(K_2CO_3) 또는 인산암모늄[$(NH_4)_2PO_4$]을 첨가하여 약알칼리성(pH 11 ~ 12)으로 개발되었다.

정답 ④

32 이산화탄소 소화설비의 배관에 대한 기준으로 옳은 것은?

① 원칙적으로 겸용이 가능하도록 한다.
② 관이음쇠는 저압식의 경우 5.0MPa 이상의 압력에 견뎌야 한다.
③ 동관의 배관은 고압식인 경우 16.5MPa 이상의 압력에 견뎌야 한다.
④ 배관의 가장 높은 곳과 낮은 곳의 수직거리는 30m 이하이어야 한다.

 동관(銅管)의 배관은 이음이 없는 동합금판으로 고압식인 것은 16.5MPa 이상, 저압식인 것은 3.75MPa 이상의 압력에 견딜 수 있는 것을 사용하여야 한다.

참고 **이산화탄소를 방사하는 배관 설치기준**

□ **강관배관** : 압력배관용 탄소강관 중에서 고압식인 것은 스케줄 80 이상, 저압식인 것은 스케줄 40 이상의 것 또는 이와 동등 이상의 강도를 갖는 것으로서 아연도금 등에 의한 방식처리를 한 것을 사용할 것
□ **동관배관** : 이음매 없는 구리 및 구리합금관 또는 이와 동등 이상의 강도를 갖는 것으로서 고압식인 것은 16.5MPa 이상, 저압식인 것은 3.75MPa 이상의 압력에 견딜 수 있는 것을 사용할 것
□ **관이음쇠** : 고압식인 것은 16.5MPa 이상, 저압식인 것은 3.75MPa 이상의 압력에 견딜 수 있는 것으로서 적절한 방식처리를 한 것을 사용할 것
□ **낙차(배관의 가장 높은 곳과 낮은 곳의 수직거리)** : 50m 이하일 것

정답 ③

33 위험물 제조소등에 설치하는 옥외소화전설비에 있어서 옥외소화전함은 옥외소화전으로부터 보행거리 몇 m 이하의 장소에 설치하는가?

① 1.5m ② 3m
③ 5m ④ 8m

 방수용 기구를 격납하는 함(옥외소화전함)은 불연재료로 제작하고 옥외소화전으로부터 보행거리 5m 이하의 장소로서 화재발생 시 쉽게 접근가능하고 화재 등의 피해를 받을 우려가 적은 장소에 설치하여야 한다.

정답 ③

34 제1석유류를 저장하는 옥외탱크저장소에 특형 포 방출구를 설치하는 경우, 방출률은 액표면적 1m²당 1분에 몇 리터 이상이어야 하는가?

① 9.5L ② 8.0L
③ 6.5L ④ 3.7L

정답분석 제1석유류를 저장하는 옥외탱크저장소에 특형 포 방출구를 설치하는 경우, 방출률은 액표면적 1m²당 1분에 몇 8리터 이상이어야 한다.

참고

포 방출구의 종류 / 위험물의 구분	특형	
	포 수용액 (L/m²)	방출률 (L/m² · min)
제4류 위험물 중 인화점 21℃ 미만 (제1석유류)	240	8
제4류 위험물 중 인화점 21 ~ 70℃ (제2석유류)	160	8
제4류 위험물 중 인화점 70℃ 이상 (제3,4석유류)	120	8

정답 ②

35

소화설비의 설치기준에 있어서 위험물저장소의 건축물로서 외벽이 내화구조로 된 것은 연면적 몇 m²를 1 소요단위로 하는가?

① 50   ② 75
③ 100   ④ 150

 정답분석 위험물저장소의 건축물의 외벽이 내화구조인 것은 연면적 150m²를 1소요단위로 한다. 외벽이 내화구조가 아닌 것은 연면적 75m²를 1소요단위로 한다.

참고 소요단위와 그 산정기준 : 소요단위는 소화설비의 설치대상이 되는 건축물·공작물의 규모 또는 위험물의 양의 기준단위를 의미하며, 건축물 그 밖의 공작물 또는 위험물의 소요단위의 산정방법은 다음 기준에 따른다.

□ **제조소 또는 취급소의 건축물**
 • 외벽이 내화구조인 것 : 연면적 100m²를 1소요단위로 한다.
 • 외벽이 내화구조가 아닌 것 : 연면적 50m²를 1소요단위로 한다.
□ **저장소의 건축물**
 • 외벽이 내화구조인 것 : 연면적 150m²를 1소요단위로 한다.
 • 외벽이 내화구조가 아닌 것 : 연면적 75m²를 1소요단위로 한다.
□ **위험물의 양** : 지정수량의 10배를 1소요단위로 한다.

정답 ④

36

할로젠화물소화에서 할론 2402를 가압식 저장용기에 저장하는 경우 충전비로 옳은 것은?

① 0.51 이상 0.67 이하
② 0.7 이상 1.4 미만
③ 0.9 이상 1.6 이하
④ 0.67 이상 2.75 이하

 정답분석 저장용기의 충전비는 소화약제 중량(kg)에 대한 용기 내용적(L)의 비율로서 할론 2402를 저장하는 것 중 가압식 저장용기는 0.51 이상 0.67 미만, 축압식 저장용기는 0.67 이상 2.75 이하로 하여야 한다.

정리 할론류의 충전비
□ 할론 2402($C_2F_4Br_2$)
 • 가압식 : 0.51 이상 0.67 미만
 • 축압식 : 0.67 이상 2.75 이하
□ 할론 1211(CF_2ClBr) : 0.7 이상 1.4 이하
□ 할론 1301(CF_3Br) : 0.9 이상 1.6 이하

정답 ①

37

이산화탄소 소화설비의 저압식 저장용기에 설치하는 압력경보장치의 작동압력은?

① 0.9MPa 이하, 1.3MPa 이상
② 1.9MPa 이하, 2.3MPa 이상
③ 0.9MPa 이하, 2.3MPa 이상
④ 1.9MPa 이하, 1.3MPa 이상

 정답분석 이산화탄소 소화설비의 저압식 저장용기에 설치하는 압력경보장치의 작동압력은 2.3MPa 이상의 압력 및 1.9MPa 이하의 압력이다.

참고
□ 저압식 저장용기에는 액면계, 압력계, 파괴판, 방출밸브를 설치하여야 한다.
□ 저압식 저장용기에는 2.3MPa 이상의 압력 및 1.9MPa 이하의 압력에서 작동하는 압력경보장치를 설치하여야 한다.
□ 저압식 용기 내부의 온도를 영하 20℃ 이상, 영하 18℃ 이하로 유지할 수 있는 자동냉동기를 설치하여야 하고, 영하 18℃ 이하에서 2.1MPa의 압력을 유지할 수 있어야 한다.
□ 저장용기의 충전비는 고압식은 1.5 이상 1.9 이하, 저압식은 1.1 이상 1.4 이하로 한다.
□ 저장용기는 고압식은 25MPa 이상, 저압식은 3.5MPa 이상의 내압시험압력에 합격한 것으로 한다.

정답 ②

38 트라이에틸알루미늄 저장소에 화재가 발생하였을 경우, 물을 이용한 주수소화가 위험하다. 그 이유를 옳게 설명한 것은?

① 가연성의 수소가스가 발생하기 때문에
② 유독성의 포스핀가스가 발생하기 때문에
③ 유독성의 포스겐가스가 발생하기 때문에
④ 가연성의 에테인가스가 발생하기 때문에

 트라이에틸알루미늄[$(C_2H_5)_3Al$]은 무색 · 투명한 액체로 자연발화성이 강하여 공기와 접촉하면 흰 연기를 내며 연소하고, 물과 접촉하면 폭발적으로 반응하여 가연성의 에테인(에탄, C_2H_6) 가스를 발생시키며 폭발의 위험이 있기 때문에 물을 사용하는 주수소화가 위험하다. 따라서 마른 모래, 팽창질석 또는 팽창진주암 등으로 질식소화 하는 것이 좋다.

▫ $(C_2H_5)_3Al + 3H_2O \rightarrow Al(OH)_3 + 3C_2H_6$
▫ $2(C_2H_5)_3Al + 21O_2 \rightarrow 12CO_2 + Al_2O_3 + 15H_2O$

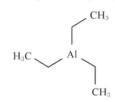

<그림> 트리에틸알루미늄

정답 ④

---

39 이산화탄소를 이용한 질식소화에 있어서 아세톤의 한계산소농도(vol%)에 가장 가까운 것은?

① 15   ② 18
③ 21   ④ 29

 아세톤(Acetone, CH_3COCH_3)의 한계산소농도(vol%, Limited Oxygen Concentration)는 약 15%이다.

[참고] 가연물질의 한계산소농도(LOC)

물질명	LOC (vol%)
프로페인(프로판)	14.7
헥세인(헥산), 아세톤	14.91
뷰테인(부탄)	15.12
펜테인(펜탄)	14.91
가솔린	15.12
윤활유	15.12
메틸알코올	15.65
메테인(메탄)	15.96

정답 ①

---

40 탄산수소칼륨 소화약제가 열분해 반응 시 생성되는 물질이 아닌 것은?

① CO_2 ② H_2O
③ KNO_3 ④ K_2CO_3

 제2종 분말 소화약제의 주성분은 탄산수소칼륨($KHCO_3$)이므로 열분해 될 경우, 탄산가스와 물, 탄산칼륨을 생성한다.

▫ $2KHCO_3 \rightarrow CO_2 + H_2O + K_2CO_3$

정답 ③

제3과목 위험물의 성질과 취급

41

인화칼슘(인화석회)가 물과 반응하여 생성하는 기체로 옳은 것은?

① 포스핀
② 아세틸렌(에타인)
③ 수산화칼슘
④ 이산화탄소

[정답분석] 인화칼슘(=인화석회)은 제3류 위험물 중 금수성 물질로 Ca_3P_2 자체는 불연성(不燃性)이지만 물, 습한 공기, 염산(鹽酸) 등의 산(酸)과 접촉할 경우, 격렬하게 반응하여, 가연성(可燃性, 인화성)의 유독한 포스핀(Phosphine, PH_3) 가스를 발생하기 때문에 화재 및 독성위험이 아주 높은 물질이다.

[참고] 인화칼슘(Ca_3P_2)은 강한 산화제와도 격렬하게 반응하므로 화재 및 폭발 위험이 높다.
- $Ca_3P_2 + 6H_2O \rightarrow 2PH_3 + 3Ca(OH)_2$
- $Ca_3P_2 + 6HCl \rightarrow 2PH_3 + 3CaCl_2$
- $PH_3 + 2O_2 \rightarrow H_3PO_4$

[정리] 위험물의 특이한 저장(보호액)(꼭 정리 해 둘 것!!)
- 물에 안전하고, 불용성이며, 물속에 저장하는 위험물 → 황린(P_4), 이황화탄소(CS_2)
- 등유(석유)에 저장하는 위험물 → 금속 칼륨(K), 나트륨(Na), 리튬(Li)
- 알코올에 저장하는 위험물 → 나이트로셀룰로오스(니트로셀룰로오스), 인화칼슘(인화석회)
- 알킬알루미늄, 알킬리튬은 물 또는 공기와 접촉하면 폭발한다. → 헥세인(헥산) 속에 저장
- 알킬알루미늄, 탄화칼슘 → 질소 등 불활성가스 충진

정답 ①

42

피리딘에 대한 설명 중 틀린 것은?

① 물보다 가벼운 액체이다.
② 인화점은 30℃보다 낮다.
③ 제1석유류이다.
④ 지정수량이 200리터이다.

[정답분석] 피리딘(C_5H_5N)의 지정수량은 400L이다. 피리딘은 제4류 위험물 중 제1석유류(인화점 21℃, 비중 0.982)에 속하며, 무색의 수용성의 염기성 액체로 약알칼리성이며, 인화성이 높고, 불쾌한 생선 냄새가 난다.

<그림> Pyridine

정답 ④

43

황린을 밀폐용기 속에서 260℃로 가열하여 얻은 물질을 연소시킬 때 주로 생성되는 물질은?

① CO_2
② CuO
③ PO_2
④ P_2O_5

[정답분석] 황린(黃燐, 백린)은 제3류 위험물(지정수량 20kg)로 분류되며, 인(P) 동소체들 중 가장 불안정하고 가장 반응성이 크며, 밀도는 가장 작고 다른 동소체에 비해 독성이 매우 크다.
황린을 260℃정도로 가열하면 적린(赤燐)이 되며, 가연성 고체로 제2류 위험물로 분류된다. 적린(P)은 황린에 비하여 화학반응성은 비활성으로 고온이 되지 않으면 반응하지 않는다. 공기 중에서 발화온도는 260℃이며, 연소되면 오산화 인을 발생한다.
- $2P + 2.5O_2 \rightarrow P_2O_5$

[참고] 적린(P)이 강알칼리와 반응할 경우, 포스핀(PH_3) 가스를 발생한다.
- $4P + 3KOH + 3H_2O \rightarrow PH_3(포스핀) + 3KH_2PO_2$
과염소산칼륨($KClO_4$)과 같은 산화제와 혼합하면 마찰·충격에 의해서 발화한다.
- $6P + 5KClO_3 \rightarrow 3P_2O_5 + 5KCl$
황린(백린)은 공기 중에서 자연발화하기 쉬운 반면, 적린은 공기 중에서도 안정되어있기 때문에 상온에서는 자연발화하지 않는다.

정답 ④

44 염소산칼륨의 성질에 대한 설명으로 틀린 것은?

① 비중은 약 2.3으로 물보다 무겁다.
② 강산과의 접촉은 위험하다.
③ 열분해되면 산소를 방출한다.
④ 냉수에도 잘 녹는다.

 정답분석 염소산칼륨($KClO_3$)은 제1류 위험물(산화성 고체)로 불연성이며, 무기화합물로서 강산화제로 작용한다. 다량의 산소를 함유하고 있는 강력한 산화제로서 분해하면 산소를 방출하며, 비중이 2.3으로 물보다 무겁고, 강산과의 접촉은 위험하다. 온수, 글리세린에 녹지만 냉수, 알코올에는 잘 녹지 않는다.

$$6KClO_3 + H_2SO_4 \xrightarrow[\text{산소, 이산화염소 가스 발생}]{\text{강산}(H_2SO_4 \text{ 존재 시})} 2H_2O + 4ClO_2 + 3K_2SO_4 + 2HClO_4$$

정리 제1류 위험물의 주요 특성 정리

□ 물에 잘 녹는 것 : 아염소산나트륨($NaClO_2$), 과염소산나트륨($NaClO_4$), 과염소산암모늄(NH_4ClO_4), 브로민산나트륨($NaBrO_3$), 질산나트륨($NaNO_3$), 아이오딘산칼륨(KIO_3), 과망가니즈산나트륨($NaMnO_4$), 과망가니즈산암모늄(NH_4MnO_4)
□ 물에 불용성 : 과아이오딘산칼륨(KIO_4)
□ 물에는 잘 녹으나 에테르, 알코올에는 잘 녹지 않는 것 : 염소산칼륨($KClO_3$), 아이오딘산나트륨($NaIO_3$)
□ 온수, 글리세린에 녹지만 냉수, 알코올에 잘 안 녹는 것 : 염소산칼륨($KClO_2$)
□ 물, 에테르, 알코올에 모두 잘 녹는 것 : 염소산나트륨($NaClO_3$)
□ 물에 잘 녹지 않고, 에탄올, 에테르에도 녹지 않는 것 : 과산화칼슘(CaO_2)

정답 ④

45 위험물안전관리법령상 HCN의 품명으로 옳은 것은?

① 제1석유류
② 제2석유류
③ 제3석유류
④ 제4석유류

 정답분석 사이안화수소(시안화수소, HCN)는 제4류 위험물 중 제1석유류에 속한다.

정답 ①

46 아세트알데하이드의 저장 시 주의할 사항으로 틀린 것은?

① 구리나 마그네슘 합금 용기에 저장한다.
② 화기를 가까이 하지 않는다.
③ 용기의 파손에 유의한다.
④ 찬 곳에 저장한다.

 정답분석 아세트알데하이드(CH_3CHO)는 제4류 위험물 중 특수인화물이며, 수용성이다. 저장탱크의 설비는 동·마그네슘·은·수은 또는 이들을 성분으로 하는 합금은 위험물 제조설비의 재질로 사용하지 못한다.

압력탱크에 저장하는 아세트알데하이드 또는 다이에틸에터의 온도는 40℃ 이하로 유지하여야 하고, 압력탱크 외의 탱크에 저장할 경우 아세트알데하이드 또는 이를 함유한 것은 15℃ 이하로 유지하여야 한다.

아세트알데하이드(CH_3CHO)의 연소범위가 4 ~ 60%로 매우 넓다. 그러므로 보냉장치가 없는 이동저장탱크에 저장하는 아세트알데하이드 또는 다이에틸에터 등의 온도는 40℃ 이하로 유지하여야 한다.

반면, 보냉장치가 있는 이동저장탱크에 저장하는 아세트알데하이드 또는 다이에틸에터 등의 온도는 당해 위험물의 비점 이하로 유지하여야 한다.

정답 ①

47 제2류 위험물과 제5류 위험물의 공통점에 해당하는 것은?

① 가연성 물질이다.
② 강한 산화제이다.
③ 액체 물질이다.
④ 산소를 함유한다.

 정답분석 제2류 위험물(가연성 고체)과 제5류 위험물(자기반응성 물질)은 공통적으로 가연성이다.

제2류 위험물(가연성 고체)은 황화인, 적린, 유황, 철분, 금속분, 마그네슘 등의 인화성 고체이고 산화제와 접촉하면 마찰 또는 충격으로 급격하게 폭발할 수 있는 가연성 물질이다.

제5류 위험물(자기반응성 물질)은 유기과산화물, 질산에스터류, 나이트로화합물, 나이트로소화합물, 아조화합물, 다이아조화합물(디아조화합물), 하이드라진 유도체, 하이드록실아민(히드록실아민), 하이드록실아민염류(히드록실아민염류) 등으로 모두 유기질화물이므로 가열, 충격, 마찰 등으로 인한 폭발위험이 있다.

제5류 위험물(자기반응성 물질)은 내부에 산소를 포함하지만 제2류 위험물(가연성 고체)은 내부에 산소를 포함하지 않는다.

정답 ①

48 위험물안전관리법령상 다음 (　　) 안에 들어갈 내용으로 옳은 것은?

> 이동저장탱크로부터 위험물을 저장 또는 취급하는 탱크에 인화점이 (　　)℃ 미만인 위험물을 주입할 때에는 이동탱크 저장소의 원동기를 정지시킬 것

① 30 　　　② 40
③ 50 　　　④ 60

 정답분석 이동저장탱크로부터 위험물을 저장 또는 취급하는 탱크에 인화점이 40℃ 미만인 위험물을 주입할 때에는 이동탱크 저장소의 원동기를 정지시켜야 한다.

정답 ②

49 옥내저장소에서 위험물 용기를 겹쳐 쌓는 경우에 있어서 제4류 위험물 중 제3석유류만을 수납하는 용기를 겹쳐 쌓을 수 있는 높이는 최대 몇 m 인가?

① 1m 　　　② 2m
③ 4m 　　　④ 5m

 정답분석 제4류 위험물 중 제3석유류, 제4석유류 및 동식물유류를 수납하는 용기만을 겹쳐 쌓는 경우 쌓을 수 있는 높이는 최대 4m이고, 그 밖의 경우에 있어서는 3m이다.

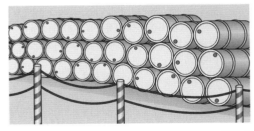

정답 ③

50 휘발유를 저장하던 이동저장탱크에 탱크의 상부로부터 등유나 경유를 주입할 때 액표면이 주입관의 선단을 넘는 높이가 될 때까지 그 주입관내의 유속을 몇 m/s 이하로 하여야 하는가?

① 1 　　　② 2
③ 3 　　　④ 5

 정답분석 이동저장탱크의 밑부분으로부터 위험물을 주입할 때에는 위험물의 액표면이 주입관의 정상부분을 넘는 높이가 될 때까지 그 주입배관 내의 유속을 초당 1m 이하로 하여야 한다.

정답 ①

51 다음 중 조해성이 있는 황화인만 모두 선택하여 나열한 것은?

> P_4S_3, P_2S_5, P_4S_7

① P_4S_3, P_2S_5
② P_4S_3, P_4S_7
③ P_2S_5, P_4S_7
④ P_4S_3, P_2S_5, P_4S_7

정답분석 조해성(潮解性, Deliquescence)이 있는 황화인은 오황화인(P_2S_5), 칠황화인(P_4S_7)이다.

[참고]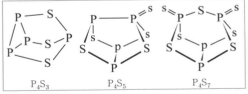

정답 ③

52 소화난이도 등급 I 의 제조소에서 화재발생 시 연기가 충만할 우려가 있는 장소에 설치해야 하는 소화설비는?

① 강화액소화기
② 옥외소화전설비
③ 옥내소화전설비
④ 스프링클러설비

 정답분석 소화난이도 등급 I 의 제조소 또는 일반취급소에는 옥내소화전설비, 옥외소화전설비, 스프링클러설비 또는 이동식 외의 물분무등 소화설비를 설치해야 하는데, 이 중 화재발생 시 연기가 충만할 우려가 있는 장소에는 스프링클러설비 또는 이동식 외의 물분무등 소화설비를 설치하여야 한다.

정답 ④

53 화재 시 이산화탄소를 방출하여 산소의 농도를 13vol%로 낮추어 소화를 하려면 공기 중의 이산화탄소는 몇 vol%가 되어야 하는가?

① 28.1
② 38.1
③ 42.86
④ 48.36

 정답분석 연소가 일어나지 않는 공기중 산소농도의 한계를 한계산소농도(LOC ; Limiting Oxygen Concentration)라고 한다. 한계 산소농도(LOC)와 이산화탄소 농도의 관계는 다음 관계식이 성립되고 있다.

□ CO_2농도(%) $= \dfrac{21-LOC}{21} \times 100$

계산 문제에서 제시한 한계산소농도(LOC, %)는 13%이므로 이를 이산화탄소의 농도(%)의 관계식에 대입하여 다음과 같이 문제를 푼다.

$$CO_2(\%) = \frac{21-LOC}{21} \times 100$$

$$\therefore CO_2(\%) = \frac{21-13}{21} \times 100 = 38.09\%$$

정답 ②

54 마그네슘 리본에 불을 붙여 이산화탄소 기체 속에 넣었을 때 일어나는 현상은?

① 즉시 소화된다.
② 산소가 발생하며 서서히 소화된다.
③ 연소를 지속하며 수소 기체가 발생한다.
④ 연소를 지속하며 유독성의 기체가 발생한다.

정답분석 마그네슘은 이산화탄소와 반응하여 산화마그네슘을 생성한다. 이때 발생되는 탄소(C)는 가연물질이므로 연소가 지속되면서 CO 등의 유독성의 기체와 매연을 발생시킨다.
□ $2Mg + CO_2 \rightarrow 2MgO + C$
마그네슘이 공기 중에서 연속되는 경우 산화마그네슘이 생성되는데, 이중 약75%는 공기중 산소(O_2)와 결합하여 산화마그네슘이 되고, 약 25%는 질소(N_2)와 결합하여 질화마그네슘을 생성한다.
□ $2Mg + O_2 \rightarrow 2MgO$
□ $3Mg + N_2 \rightarrow Mg_3N_2$

참고 마그네슘과 물의 반응 : 마그네슘은 실온에서는 물과 서서히 반응하지만 물의 온도가 높아지면 격렬하게 반응하면서 수소가스를 발생시킨다.
□ $Mg + 2H_2O \rightarrow Mg(OH)_2 + H_2$

정답 ④

55 어떤 공장에서 아세톤과 메탄올을 18L 용기에 각각 10개, 등유를 200L 드럼으로 3드럼을 저장하고 있다면 각각의 지정수량 배수의 총합은 얼마인가?

① 1.3
② 1.5
③ 2.3
④ 2.5

정답분석 지정수량의 배수합은 다음의 관계식으로 산정한다.

□ 지정수량 배수합 $= \dfrac{A의\ 수량}{A지정수량} + \dfrac{B의\ 수량}{B지정수량} + \cdots +$

 계산 각 위험물의 지정수량은 아세톤은 제4류 위험물, 1석유류로서 수용성이므로 지정수량은 400L, 메탄올은 제4류 위험물 알코올류로서 지정수량 400L, 등유는 제4류 위험물, 2석유류로서 비수용성이므로 지정수량은 1,000L이다.

지정수량 배수 $= \sum \dfrac{저장수량}{지정수량}$

$\therefore$ 배수 $= \left(\dfrac{18L}{400L} + \dfrac{18L}{400L}\right) \times 10 + \dfrac{200L}{1,000L} \times 3 = 1.5$

정답 ②

56 연면적 1,000m²이고 외벽이 내화구조인 위험물 취급소의 소화설비 소요단위는 얼마인가?

① 3 　　　　　② 8
③ 10 　　　　　④ 20

정답분석 내화구조인 취급소의 소화설비 소요단위는 다음과 같이 산정된다.

$$소요단위 = \frac{연면적}{100\,m^2} = \frac{1000\,m^2}{100\,m^2} = 10$$

참고 ▶ 법령보기 ◀ 소요단위 계산기준

- 제조소 또는 취급소의 건축물은 외벽이 내화구조인 것은 연면적(제조소등의 용도로 사용되는 부분 외의 부분이 있는 건축물에 설치된 제조소등에 있어서는 당해 건축물중 제조소등에 사용되는 부분의 바닥면적의 합계) 100m²를 1소요단위로 하며, 외벽이 내화구조가 아닌 것은 연면적 50m²를 1소요단위로 할 것
- 저장소의 건축물은 외벽이 내화구조인 것은 연면적 150m²를 1소요단위로 하고, 외벽이 내화구조가 아닌 것은 연면적 75m²를 1소요단위로 할 것
- 제조소등의 옥외에 설치된 공작물은 외벽이 내화구조인 것으로 간주하고 공작물의 최대수평투영면적을 연면적으로 간주하여 소요단위를 산정할 것
- 위험물은 지정수량의 10배를 1소요단위로 할 것

정답 ③

57 알킬알루미늄에 대한 설명 중 틀린 것은?

① 물과 폭발적인 반응을 한다.
② 이동저장탱크는 외면을 적색으로 도장하고, 용량은 1,900L 미만으로 한다.
③ 탄소수가 4개까지는 안전하나 5개 이상으로 증가할수록 자연발화의 위험성이 증가한다.
④ 화재 시 발생하는 흰 연기는 인체에 유해하다.

정답분석 알킬알루미늄[$(C_nH_{2n+1})Al$]에는 트라이에틸알루미늄, 트라이메틸알루미늄 등이 있는데, $C_1 \sim C_4$까지는 공기와 접촉하면 자연발화 위험성이 높으나 5개 이상으로 증가할수록 자연발화의 위험성이 감소한다.

그렇지만 탄소수 5개의 화합물은 점화원을 가했을 때 연소될 수 있으며, 탄소수 6개 이상은 공기 중에서 서서히 산화하여 흰 연기를 발생시키며, 흰 연기는 인체에 유해하다.

참고 알킬알루미늄은 제3류 위험물(금수성 물질 및 자연발화성 물질)로 공기와 접촉하면 발화하는 위험성이 있다. 물과 접촉할 경우 에테인(C_2H_6) 등의 가연성 가스가 발생되고, 특히 탄소수 1 ~ 4개인 것은 발화성이 강하여 공기 중에 노출하면 백연을 내며 연소한다.

- $2(CH_3)_3Al + 12O_2 \rightarrow Al_2O_3 + 6CO_2 + 9H_2O$
- $2(C_2H_5)_3Al + 21O_2 \rightarrow Al_2O_3 + 12CO_2 + 15H_2O$
- $(C_2H_5)_3Al + 3H_2O \rightarrow 3C_2H_6 + Al(OH)_3$

정답 ③

58 다음 중 증기비중이 가장 큰 물질은?

① 벤젠
② 아세톤
③ 아세트알데하이드
④ 톨루엔

정답분석 증기의 비중은 공기(29/22.4)를 표준물질로 한 대상물질의 밀도(기체 분자량/22.4)의 배수로 산출할 수 있다.

$$증기비중 = \frac{분자량/22.4}{29/22.4}$$

$$분자량 = \begin{cases} 벤젠(C_6H_6) = 78 \\ 아세톤(CH_3COCH_3) = 58 \\ 아세트알데하이드(CH_3CHO) = 44 \\ 톨루엔(C_6H_5CH_3) = 92 \end{cases}$$

29 : 공기의 분자량, 22.4 : 표준상태의 기체 부피

∴ 증기의 비중이 가장 큰 것은 톨루엔(메틸벤젠)이다.

정답 ④

59 위험물안전관리법령에 따른 위험물제조소의 안전거리 기준으로 옳지 않은 것은?

① 주택으로부터 10m 이상

② 35,000V 초과의 특고압가공전선으로부터 5m 이상

③ 유형문화재와 기념물 중 지정문화재로부터 50m 이상

④ 고압가스 등을 저장·취급하는 시설로부터 50m 이상

정답분석 위험물제조소와 고압가스, 액화석유가스 또는 도시가스를 저장 또는 취급하는 시설 간의 안전거리는 20m 이상이다. 다만, 당해 시설의 배관 중 제조소가 설치된 부지 내에 있는 것은 제외한다.

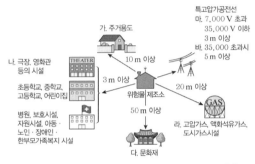

정답 ④

60 위험물안전관리법령에 근거한 위험물 운반 및 수납 시 주의사항에 대한 설명 중 틀린 것은?

① 위험물을 수납하는 용기는 위험물이 누설되지 않게 밀봉시켜야 한다.

② 고체 위험물은 운반용기 내용적의 98% 이하의 수납율로 수납하여야 한다.

③ 액체 위험물은 운반용기 내용적의 98% 이하의 수납율로 수납하되 55℃의 온도에서 누설되지 아니하도록 충분한 공간용적을 유지하도록 하여야 한다.

④ 온도 변화로 가스가 발생해 운반용기 안의 압력이 상승할 우려가 있는 경우(발생 가스가 위험성이 있는 경우 제외)에는 가스 배출구가 설치된 운반용기에 수납할 수 있다.

정답분석 고체위험물은 운반용기 내용적의 95% 이하의 수납률로 수납하여야 한다.

참고 액체위험물은 운반용기 내용적의 98% 이하의 수납률로 수납하되, 55℃의 온도에서 누설되지 아니하도록 충분한 공간용적을 유지하도록 하여야 한다.

정답 ②

* CBT 문제는 모든 수험생의 기억에 따라 복원된 것이며, 실제 기출문제와 동일하지 않을 수 있습니다.

제1과목 일반화학

01 어떤 물질이 산소 50wt%, 황 50wt%로 구성되어 있다. 이 물질의 실험식을 올바르게 나타낸 것은?

① SO
② SO₂
③ SO₃
④ SO₄

정답분석 질량백분율 100%는 화합물 100g당 각 원소의 그램 수를 의미하며, 실험식을 나타낼 때는 각 몰 값의 가장 작은 정수로 나타낸다.

계산 다음과 같이 기본식을 만들고, 문제의 조건에 따라 조성분율을 구하여 실험식을 작성한다.

□ S_aO_b

•
$$\begin{cases} \circ\ S \rightarrow 50\,g \times \dfrac{1\,mol}{32\,g} = 1.563\,mol\ S \\ \quad (※\ 32 = 황의\ 원자량) \\ \circ\ O \rightarrow 50\,g \times \dfrac{1\,mol}{16\,g} = 3.125\,mol\ O \\ \quad (※\ 16 = 산소의\ 원자량) \end{cases}$$

• 최소 정수비로 나누면
$$\begin{cases} \circ\ S = \dfrac{1.563}{1.563} = 1 \\ \circ\ O = \dfrac{3.125}{1.563} = 1.999 = 2 \end{cases}$$

□ a 및 b 값 $\begin{cases} a = 1 \\ b = 2 \end{cases}$

∴ $S_aO_b = SO_2$

정답 ②

02 프리델 - 크래프츠 반응에서 사용하는 촉매로 옳은 것은?

① $HNO_3 + H_2SO_4$
② SO_3
③ Fe
④ $AlCl_3$

정답분석 프리델 – 크래프츠 반응(Friedel-Crafts Reaction)은 벤젠 등의 방향고리가 염화알루미늄 무수물 존재 하에 할로겐화알킬에 의해 알킬화하는 반응이다.

프리델 – 크래프츠 반응에 주로 사용되는 촉매는 할로겐화알루미늄($AlCl_3$)이며, 이 외에 염화안티몬(Ⅴ) · 염화철(Ⅲ) · 염화주석(Ⅳ) 등의 금속 할로겐화물도 사용할 수 있다.

정답 ④

03 다음 (   ) 안에 알맞은 말을 차례대로 올바르게 나열한 것은?

> 납축전지는 (㉠)극은 납으로, (㉡)극은 이산화납으로 되어 있는데 방전시키면 두 극이 다 같이 회백색의 (㉢)로 된다. 따라서 용액 속의 (㉣)은 소비되고 용액의 비중이 감소한다.

① ㉠ : +, ㉡ : −, ㉢ : $PbSO_4$, ㉣ : H_2SO_4

② ㉠ : −, ㉡ : +, ㉢ : $PbSO_4$, ㉣ : H_2SO_4

③ ㉠ : +, ㉡ : −, ㉢ : H_2SO_4, ㉣ : $PbSO_4$

④ ㉠ : −, ㉡ : +, ㉢ : H_2SO_4, ㉣ : $PbSO4$

 정답 분석 납축전지는 산화전극인 납(Pb)과 환원전극인 이산화납(PbO_2)이 황산(H_2SO_4) 수용액에 들어 있다. 음(−)극의 납은 황산이온에 의해 산화되면서 전자를 내어놓고 황산납으로 산화되고, 양(+)극의 이산화납은 음극으로부터 전자를 받아들여 황산납으로 환원되면서 음(−)극 측으로 전류를 흐르게 한다.

ㅁ 산화전극(−)

$$Pb(s) + SO_4^{2-}(aq) \rightarrow PbSO_4(s) + 2e^-$$

ㅁ 환원전극(+)

$$PbO_2(s) + 4H^+(aq) + SO_4^{2-} + 2e^- \rightarrow PbSO_4(s) + 2H_2O(l)$$

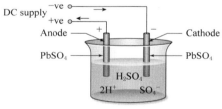

Lead−Acid Battery charging

정답 ②

04 96wt% H_2SO_4(A)와 60wt% H_2SO_4(B)를 혼합하여 80wt% H_2SO_4 100kg을 만들려고 한다. 각 황산을 몇 kg씩 혼합하여야 하는가?

① A : 55.6, B : 44.4

② A : 30, B : 70

③ A : 44.4, B : 55.6

④ A : 70, B : 30

정답 분석 혼합식을 이용한다.

ㅁ 혼합량 $= M_A X_A + M_B X_B$

$$\begin{cases} \text{혼합량} = 100\,\text{kg} \times 0.8 = 80\,\text{kg} \\ M_A X_A = M_A \times 0.96 \\ M_B X_B = M_B \times 0.6 \end{cases}$$

계산 다음과 같이 80%의 황산에 초점을 맞추어 계산한다.

ㅁ $80 = M_A \times 0.96 + M_B \times 0.6$

← $(M_A + M_B = 100\,\text{kg})$

ㅁ $80 = (100 - M_B) \times 0.96 + M_B \times 0.6$

$$\begin{cases} M_B = \dfrac{100 \times 0.96 - 80}{0.96 - 0.6} = 44.444\,\text{kg} \\ M_A = 100 - 44.444 = 55.556\,\text{kg} \end{cases}$$

∴ $M_A = 55.556\,\text{kg}$ $M_B = 44.444\,\text{kg}$

정답 ①

05 다음 중 몰랄농도의 정의로 올바른 것은?

① 용액 1,000L에 녹아 있는 용질의 몰수이다.

② 용매 1,000g에 녹아 있는 용질의 몰수이다.

③ 용액 1,000L에 녹아 있는 용매의 몰수이다.

④ 용매 1,000g에 녹아 있는 용액의 몰수이다.

정답 분석 몰랄농도(molality, mol/kg)는 용매 1,000g에 녹아 있는 용질의 몰수로 정의된다.

ㅁ $m = \dfrac{\text{용해되어 있는 용질의 양(mol)}}{\text{용매의 양(kg)}}$

 정답 ②

06 분자구조에 대한 설명으로 올바른 것은?

① BCl_3는 삼각 피라미드형이고, NH_3는 선형이다.

② BCl_3는 평면 정삼각형이고, NH_3는 삼각 피라미드형이다.

③ BCl_3는 굽은형(V형)이고, NH_3는 삼각 피라미드형이다.

④ BCl_3는 평면 정삼각형이고, NH_3는 선형이다.

정답 분석

BCl_3는 중심원자(B)에 비공유 전자쌍이 없는 분자로서 공유 전자쌍이 3개(Cl_3)이다. 따라서 평면 삼각형의 중앙에 중심원자가 있고, 삼각형의 꼭짓점방향으로 120°로 전자쌍이 배치되어 전자간의 반발력을 최소화하고 있다. 그러므로 BCl_3는 **평면 삼각형 구조**를 갖는다.

NH_3는 중심원자(N)의 공유 전자쌍이 3개(H_3), 비공유 전자쌍 1개이며, 비공유 전자쌍 – 결합 전자쌍간의 반발력이 결합 전자쌍 – 결합 전자쌍간의 반발력보다 크기 때문에 N–H 결합 전자쌍은 비공유 결합쌍의 반발력에 의해 밀려서 결합각이 좁혀지기 때문에 이상적 사면체의 각도(109.5°)보다 작은 107.3°가 된다. 그러므로 NH_3는 **삼각뿔 모양**(삼각 피라미드형, 정사면체형)을 갖는다.

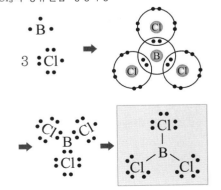

X···E···X (120°) 삼각평	X···E···X (<109°) 삼각뿔
BCl_3, BF_3	BCl_3, BF_3
X···E···X (109°) 4 면	X—E—X (180°) 직선
CH_4, CF_4	CO_2, $BeCl_2$

참고 BCl_3의 공유결합 형성과정

참고 NH_3의 공유결합 형성과정

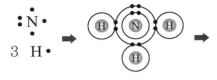

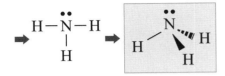

참고 NH_3의 공유결합 형성과정

분자의 기하형태		
선형 BeF_2, $HgCl_2$		180°
삼각평면 BF_3, BCl_3, SO_3		120°
정사면체 CH_4, NH_3, H_2O		109.5°
삼각쌍뿔/시소형 PF_5, SF_4, BrF_3		90° 120°
정팔면체 SF_6, XeF_4, ClF_5		90° 90°

정답 ②

해커스 위험물산업기사 필기 한권완성 기본이론 + 기출문제

07

0.1N의 농도를 갖는 HCl 1.0mL를 물로 희석하여 1,000mL로 하면 pH는 얼마가 되는가?

① 2 ② 3
③ 4 ④ 5

 희석식을 이용한다.

□ $NV = N'V'$

$\begin{cases} NV = \text{희석 전 용질의 당량}(eq) \text{ 수} \\ N'V' = \text{희석 후 용질의 당량}(eq) \text{ 수} \end{cases}$

[계산] 희석 수용액의 pH는 다음과 같이 산출한다.

□ 희석 전 : $0.1N - HCl \rightarrow [H^+] = 0.1\,mol/L$

□ 1,000배 희석 : $\left(\dfrac{10^3 mL}{1mL}\right) \rightarrow [H^+] = 1 \times 10^{-4}\,mol/L$

$\therefore \ pH = \log \dfrac{1}{1 \times 10^{-4}} = 4.0$

정답 ③

08

벤젠을 약 300℃, 높은 압력에서 Ni 촉매로 수소와 반응(수소 첨가 반응)시켰을 때 얻어지는 물질은?

① Cyclopropane
② Cyclohexane
③ Cyclobutane
④ Cyclopentane

 벤젠을 니켈 촉매의 존재 하에 수소를 첨가하여 고온(300℃)으로 가열하면 첨가반응에 의해 사이클로헥세인(Cyclohexane, C_6H_{12})이 생성된다. 수소 첨가반응(수소화 반응)은 불포화 결합에 수소를 첨가시키는 반응으로 환원반응의 일종이다.

정답 ②

09

1기압, 27℃에서 어떤 기체 2g의 부피가 0.82L이었다면 이 기체의 분자량은 약 얼마인가?

① 16 ② 32
③ 60 ④ 72

[정답분석] 온도와 압력이 제시될 때에는 보일 – 샤를의 법칙(Boyle-Charles' Law)을 적용하되, 온도와 압력보정은 "부피" 단위에만 집중하도록 한다.

□ $V_2 = V_1 \times \dfrac{T_2}{T_1} \times \dfrac{P_1}{P_2}$

[계산] 27℃에서 부피 0.82L를 표준상태(0℃, 1기압 상태)의 부피로 환산한다 생각하고 문제를 푼다.

□ 기체질량 $=$ 부피 $\times \dfrac{\text{분자량}}{22.4} \times \dfrac{273}{273 + t}$

$\begin{cases} \text{부피} = 0.82\,L \\ \text{질량} = 2\,g \\ t\,(\text{온도}) = 27℃ \end{cases}$

$\Rightarrow \ 2g = 0.82L \times \dfrac{\text{분자량}}{22.4} \times \dfrac{273}{273 + 27}$

$\therefore \ \text{분자량} = \dfrac{2 \times 22.4 \times (273 + 27)}{0.82 \times 273} = 60$

정답 ③

10

다이크로뮴산이온($Cr_2O_7^{2-}$)에서 Cr의 산화수는?

① +2 ② +4
③ +6 ④ +8

[정답분석] 다이크로뮴산이온(중크롬산이온, $Cr_2O_7^{2-}$)의 전체 산화수는 -2이고, 산소(O)의 산화수는 -2이므로 다음과 같이 크로뮴의 산화수를 구할 수 있다.

[계산] $Cr_2O_7^{2-} \rightarrow -2 = (x \times 2) + (-2 \times 7), \quad x = +6$

$\therefore \ Cr \text{ 산화수} = +6$

정답 ③

11 27℃에서 500mL에 6g의 비전해질을 녹인 용액의 삼투압은 7.4기압이었다. 이 물질의 분자량은 약 얼마인가?

① 20.78   ② 39.63

③ 58.16   ④ 77.65

정답 분석 삼투압의 크기는 용액의 농도와 절대온도에 비례하여 증가하므로 다음과 같이 계산한다.

계산 $\pi = MRT$

$\square\ R = \dfrac{1\text{atm} \times 22.4\text{L}}{1\text{mol} \times 273\text{K}} = 0.0821\ \text{atm} \cdot \text{L/mol} \cdot \text{K}$

$\begin{cases} \pi : \text{삼투압(atm)} = 7.4\ \text{atm} \\ m : \text{몰 농도(mol/L)} = \dfrac{6\text{g}}{500\text{mL}} \times \dfrac{\text{mol}}{M} \times \dfrac{10^3\text{mL}}{\text{L}} \\ \qquad\qquad\qquad\qquad = 12 \times \dfrac{1}{M}\ \text{mol/L} \\ R : \text{기체상수}(0.082) \\ T : \text{절대온도(K)} = 273 + 25 = 298\ \text{K} \end{cases}$

$\therefore\ M = \dfrac{12 \times 0.082 \times 298}{7.4} = 39.63$

정답 ②

 12 황산구리 용액에 10A의 전류를 1시간 통하면 구리(원자량 63.54)를 몇 g 석출하겠는가?

① 7.2g   ② 11.85g

③ 23.7g   ④ 31.77g

정답 분석 패러데이의 법칙(Faraday's law)을 적용한다.

$\square\ m_c(\text{g}) = \dfrac{\text{가해진 전기량(F)}}{1\text{F(기준 전기량)}} \times \dfrac{\text{원자량(M)}}{\text{전자가}(e^-)}$

$\qquad\qquad = \dfrac{\text{가해진 전하량(C)}}{\text{기준 전하량}(96,500\,\text{C})} \times \dfrac{\text{M}}{\text{전자가}}$

계산 석출되는 구리의 양은 다음과 같이 산출된다.

$\square\ m_c(\text{g}) = \dfrac{\text{가해진 전하량(C)}}{\text{기준 전하량}(96,500\,\text{C})} \times \dfrac{\text{M}}{\text{전자가}}$

$\begin{cases} m_c : \text{석출 금속량(g)} \\ \text{전하량(C)} = \text{전류} \times \text{시간(초)} = 10\text{A} \times 3,600\text{초} \\ \text{원자량} : 63.54 \\ \text{전자가} : 2 \end{cases}$

$\therefore\ m_c(\text{g}) = \dfrac{10 \times 3,600\,\text{C}}{96,500\,\text{C}} \times \dfrac{63.54}{2} = 11.85\ \text{g}$

정답 ②

 13 pH＝9인 수산화나트륨 용액 100mL 속에는 나트륨이온이 몇 개 들어있는가? (단, 아보가드로수는 6.02×10^{23}이다)

① 6.02×10^9개

② 6.02×10^{17}개

③ 6.02×10^{18}개

④ 6.02×10^{21}개

정답 분석 NaOH 1mol이 완전히 전리되면 Na^+ 1mol과 OH^- 1mol이 생성(1 : 1 : 1)되는데, NaOH 수용액의 pH＝9이므로 $OH^-(\text{mol/L}) = 10^{-pOH} = 10^{-(14-9)} = 1 \times 10^{-5}\text{mol/L}$이 된다.

NaOH의 전리(電離)에서 전리되는 OH^-와 Na^+mol비는 1 : 1로 동일하므로 나트륨이온(Na^+)의 mol농도 역시 $1 \times 10^{-5}\text{mol/L}$이 된다.

$\square\ \text{NaOH} \xrightarrow{\text{완전}}{\text{전리}}\ Na^+ + OH^-$

$\qquad 1\text{mol} \quad : \quad 1\text{mol} : 1\text{mol}$

계산 NaOH 용액 100mL에 존재하는 Na이온의 개수는 다음과 같이 산정한다.

$\square\ OH^- = 100\text{mL} \times \dfrac{1 \times 10^{-5}\text{mol}}{\text{L}} \times \dfrac{\text{L}}{10^3\text{mL}}$

$\qquad\qquad = 1 \times 10^{-6}\text{mol}$

$\square\ Na^+\text{mol} = OH^-\text{mol} = 1 \times 10^{-6}\text{mol}$

$\therefore\ \text{Na개수} = 1 \times 10^{-6} \times 6.02 \times 10^{23} = 6.02 \times 10^{17}$

정답 ②

14 알루미늄 이온(Al³⁺) 한 개에 대한 설명으로 틀린 것은?

① 질량수는 27이다.
② 양성자수는 13이다.
③ 중성자수는 13이다.
④ 전자수는 10이다.

정답분석 알루미늄(Al)의 원자번호는 13, 준위별 전자 수는 2,8,3 이고, 알루미늄의 질량수(원자량)은 27이다. 원자번호＝ 양성자 수이므로 양성자 수는 13, 중성자 수는 질량수－양 성자 수이므로 27－13＝14가 된다.
알루미늄 3가이온(Al³⁺)은 Al에서 전자 3개가 떨어져 나 간 것이므로 준위별 전자 수는 2,8로 전환되면서 전자수 는 10개가 되지만 중성자수는 질량수－양성자 수이므로 27－13＝14로 불변이다.

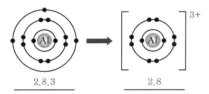

2.8.3   2.8

정답 ③

 15 화약제조에 사용되는 물질인 질산칼륨에서 N의 산화수는 얼마인가?

① ＋1   ② ＋3
③ ＋5   ④ ＋7

정답분석 $KNO_3 \rightarrow 0 = (1) + (x) + (-2 \times 3)$ 이므로 N의 산화수 는 ＋5이다.

정답 ③

 16 최외각 전자가 2개 또는 8개로써 불활성인 것은?

① Na과 Br   ② N와 Cl
③ C와 B   ④ He와 Ne

정답분석 최외각 전자가 2개로서 불활성인 것은 18족의 헬륨(He) 이고, 최외각 전자가 8개로서 불활성인 것은 18족의 네 온(Ne), 아르곤(Ar), 크립톤(Kr), 제논(Xe) 등이다.

정답 ④

 17 표준상태에서 수소의 밀도는 몇 g/L인가?

① 0.389   ② 0.289
③ 0.189   ④ 0.089

정답분석 표준상태(0℃, 1기압)에서 모든 기체의 밀도는 분자량을 1mol의 부피(22.4)로 나누어 산정한다. 수소(H_2)의 분자량은 2이고, 1mol의 질량은 2g이다.

계산 수소의 밀도는 다음과 같이 산정한다.

□ 기체 밀도 $= \dfrac{분자량}{22.4}$

∴ 수소의 밀도 $= \dfrac{2g}{22.4L} = 0.089\,g/L$

정답 ④

 18 [H⁺]＝2×10⁻⁶M인 용액의 pH는?

① 5.7   ② 4.7
③ 3.7   ④ 2.7

정답분석 pH 계산식을 이용한다.

□ $pH = \log \dfrac{1}{[H^+]}$

∴ $pH = \log \dfrac{1}{2 \times 10^{-6}} = 5.7$

정답 ①

19 주기율표에서 제2주기에 있는 원소의 성질 중 왼쪽에서 오른쪽으로 갈수록 감소하는 것은?

① 원자 반지름
② 전자껍질의 수
③ 원자핵의 하전량
④ 원자가 전자의 수

정답분석 제2주기에 있는 원소의 특성에서 왼쪽에서 오른쪽으로 갈수록 감소하는 것은 원자 반지름이다.

참고 원자 반지름은 한 가지 물질로 이루어진 물질에서 가장 가까운 원자간의 거리로 측정하여 반으로 나눈 값을 의미한다.
  □ 주기율표의 같은 주기에서는 → 왼쪽에서 오른쪽으로 갈수록 반지름은 작아진다.
  □ 주기율표의 같은 족에서는 → 아래로 갈수록 반지름은 커진다.

정답 ①

20 다음 중 물에 대한 소금의 용해가 물리적 변화라고 할 수 있는 근거로 가장 적절한 것은?

① 소금과 물이 결합한다.
② 용액이 증발하면 소금이 남는다.
③ 용액이 증발할 때 다른 물질이 생성된다.
④ 소금이 물에 녹으면 보이지 않게 된다.

정답분석 **물리적 변화**는 고체에서 액체로 또는 액체에서 기체로 물질이 다른 단계로 이동하더라도 물질의 본질은 변하지 않고 상태나 모양이 변하는 것을 말한다.
따라서, 물리적 변화는 물질의 성질을 바꾸지 않기 때문에 증류, 고화 등의 공정을 통해 회수할 수 있다.
  □ 용해 과정(1) : 용액이 증발하면 소금이 남는 것은 소금의 용해가 물리적 변화라고 할 수 있는 근거가 될 수 있다.
  □ 용해 과정(2) : 설탕을 물에 녹이거나 옥탄을 벤젠에 녹일 때와 같이 이온화되지 않는 분자 용질을 녹일 때 용질 분자는 이를 구성하는 원자 사이의 화학 결합을 끊거나 형성하지 않으므로 물리적 변화가 된다.
  □ 기타 : 알코올의 증발, 물의 끓임, 얼음의 녹음
반면에 **화학적 변화**는 물질의 본질이 변하여 전혀 다른 물질로 변하는 것을 말한다. 산(酸) - 염기(鹽基)의 혼합, 연소(燃燒), 부식(腐蝕), 부패(腐敗), 전지의 충전 - 방전 등
  □ 전자가 반응물과 생성물이 다른 화학 물질인 화학 반응식으로 표현될 수 있는 것
  □ 물에 염이 용해되는 것은 화합물을 구성 이온으로 해리하는 것을 포함하므로 화학적 과정이다.
  □ 화학적 변화가 일어날 때 부수적으로 관찰 가능한 현상 : 온도 및 pH 변화, 색깔이나 빛의 변화, 가스(기포) 발생 및 석출되는 침전물 발생 등

정답 ②

제2과목 화재예방과 소화방법

21 연소의 3요소 중 하나에 해당하는 역할이 나머지 셋과 다른 위험물은?

① 과산화수소
② 과산화나트륨
③ 질산칼륨
④ 황린

 정답분석 연소의 3요소는 가연물, 점화원, 산소공급원이다. 보기의 항목에서 과산화수소(H_2O_2)는 제6류 위험물로서 열분해될 때 산소(산소공급원)를 발생하고, 과산화나트륨(Na_2O_2)과 질산칼륨(KNO_3)은 제1류 위험물로서 열분해될 때 산소(O_2)를 발생한다. 그러나 황린은 가연물질로 공기 중에서 연소하여 오산화인(P_2O_5)을 발생한다.

정답 ④

22 분말 소화약제에 해당하는 착색으로 올바른 것은?

① 탄산수소칼륨 - 청색
② 제1인산암모늄 - 담홍색
③ 탄산수소칼륨 - 담홍색
④ 제1인산암모늄 - 청색

 정답분석 ②만 올바르다. 제3종 분말 소화약제의 주성분인 $NH_4H_2PO_4$ (제1인산암모늄)의 착색은 담홍색이다.

참고

구분	주성분	착색
제1종	$NaHCO_3$	백색
제2종	$KHCO_3$	담회색
제3종	$NH_4H_2PO_4$ (인산이수소암모늄)	담홍색(분홍)
제4종	$KHCO_3 + (NH_2)_2CO$	회색

정답 ②

23 착화점에 대한 설명으로 올바른 것은?

① 연소가 지속될 수 있는 최저온도
② 외부의 점화원 없이 발화하는 최저온도
③ 점화원과 접촉했을 때 발화하는 최저온도
④ 액체 가연물에서 증기가 발생할 때의 온도

 정답분석 착화점(着火點=발화점)이란 외부의 점화원 없이 가열된 열만 가지고 스스로 연소가 시작되는 최저온도이며, 이 온도가 낮을수록 연소하기가 쉽다.

정답 ②

24 위험물안전관리법령상 옥내소화전설비에 적응성이 있는 위험물의 유별로만 나열된 것은?

① 제5류 위험물, 제6류 위험물
② 제2류 위험물, 제4류 위험물
③ 제4류 위험물, 제5류 위험물
④ 제1류 위험물, 제4류 위험물

 정답분석 옥내소화전 또는 옥외소화전설비에 적응성이 있는 위험물은 제1류 위험물 중 알칼리금속의 과산화물 이외의 것, 제2류 위험물 중 인화성 고체, 제3류 위험물 중 금수성 물질 이외의 것, 제5류 위험물, 제6류 위험물에 적응성이 있다.

정답 ①

25 다음 중 고체의 일반적인 연소형태에 대한 설명으로 틀린 것은?

① 숯은 표면연소를 한다.
② 나프탈렌은 증발연소를 한다.
③ 양초는 자기연소를 한다.
④ 목재는 분해연소를 한다.

 정답분석 자기연소(自己燃燒)는 자체 내에 산소를 포함하고 있어 공기 중의 산소 없이 연소할 수 있는 형태로 제5류 위험물인 피크르산, 질산에스터류, 셀룰로이드류, 나이트로 화합물, 하이드라진 유도체류 등의 연소형태가 이에 해당한다. 촛불(파라핀)이나 유황, 나프탈렌, 장뇌 등과 같은 승화성 물질이나 제4류 위험물(인화성 액체) 등은 가열에 의해 열분해를 일으키지 않고 증발하여 그 증기가 연소되거나 먼저 융해된 액체가 기화하여 증기가 된 후 연소되는 증발연소를 한다.

정답 ③

26 위험물안전관리법령상 물분무등 소화설비에 포함되지 않는 것은?

① 포소화설비
② 분말소화설비
③ 스프링클러설비
④ 불활성가스 소화설비

 정답분석 물분무등 소화설비에는 물분무 소화설비, 미분무소화설비(분말소화설비), 포소화설비, 이산화탄소 소화설비, 할로젠화합물소화설비, 청정소화약제 소화설비, 분말소화설비, 강화액소화설비, 옥외소화전설비가 포함된다. **스프링클러설비, 소화기(대형·소형수동식 소화기 포함)는 별도로 분류된다.** 기타 소화설비로는 물통 또는 수조, 건조사, 팽창질석 또는 팽창진주암 등이 있다.

참고 물분무등 소화설비 설치대상
▫ 항공기 및 자동차 관련 시설 중 항공기격납고
▫ 주차용 건축물로서 연면적 800m² 이상
▫ 건축물 내부에 설치된 차고 또는 주차장으로 바닥면적의 합계가 200m² 이상
▫ 기계식 주차시설로 20대 이상의 주차하는 시설
▫ 전기실·발전실·변전실·축전지실·통신기기실 또는 전산실은 바닥면적이 300m² 이상
▫ 지하가 중 예상 교통량, 경사도 등 터널의 특성을 고려하여 행정안전부령으로 정하는 터널
▫ 지정문화재 중 소방청장이 문화재청장과 협의하여 정하는 것

정답 ③

27 화재의 위험성이 감소한다고 판단할 수 있는 경우는?

① 주변의 온도가 낮을수록
② 폭발 하한값이 작아지고 폭발범위가 넓을수록
③ 산소농도가 높을수록
④ 착화온도가 낮아지고 인화점이 낮을수록

 정답분석 주변온도가 낮아지면 열 축적이 어려워지게 되어 화재의 위험성이 감소하게 된다.

정답 ①

28 제1종 분말소화약제 저장용기의 충전비는 얼마 이상으로 해야 하는가?

① 0.85   ② 1.05
③ 1.50   ④ 2.05

 정답분석 제1종 분말소화약제 저장용기의 충전비는 0.85 이상 1.45 이하로 하여야 한다. 저장용기의 충전비는다음 표에 정한 소화약제의 종별에 따라 다음과 같이 충전되어야 한다.

소화약제의 종별	충전비의 범위
제1종 분말	0.85 이상 1.45 이하
제2종 분말 또는 제3종 분말	1.05 이상 1.75 이하
제4종 분말	1.50 이상 2.50 이하

참고 분말소화약제 기동용 가스의 충전비는 1.5 이상으로 하여야 한다.

정답 ①

29 BLEVE 현상의 의미를 가장 잘 설명한 것은?

① 가연성 액화가스 저장탱크 주위에 화재가 발생하여 탱크가 파열되고 폭발하는 현상이다.

② 대기 중에 대량의 가연성 가스가 유출하여 발생된 증기가 폭발하는 현상이다.

③ 대량의 수증기가 상층의 유류를 밀어올려 다량의 유류를 탱크 밖으로 배출하는 현상이다.

④ 고온층 아래의 저온층의 기름이 급격하게 열팽창하여 기름이 탱크 밖으로 분출하는 현상이다.

정답분석 블레비(BLEVE) 현상은 가연성 액화가스 저장탱크 주위에 화재가 발생하여 탱크가 파열되고 폭발하는 현상을 말한다.

참고 BLEVE(Boiling Liquid Expanded Vapor Explosion)는 비등액체 팽창증기 폭발이라고도 하는데 액체탱크 및 액화가스 저장탱크가 외부화재에 의해 열을 받을 때, 액면 상부의 금속부분이 약화되고 내부의 발생증기에 의한 과압(過壓)을 견디지 못하여 약화된 금속이 파열되면서 폭발이 일어나는 현상이다.

블레비 현상으로 분출된 액화가스의 증기가 공기와 혼합하여 연소범위가 형성되어서 공 모양의 대형화염이 상승하는 현상을 화이어볼(Fire Ball)이라 한다.

BLEVE가 화재에 기인한 것이 아닐 때에는 증기운이 형성되어 그 결과 증기운 폭발(VCE ; Vapor Cloud Exposion)을 일으킬 수 있다.

<그림> BLEVE(Boiling Liquid Expanded Vapor Explosion)

정답 ①

30 자체소방대에 두어야 하는 화학소방자동차 중 포수용액을 방사하는 화학소방자동차는 전체 법정 화학소방자동차 대수의 얼마 이상으로 하여야 하는가?

① 1/3 ② 2/3
③ 1/5 ④ 2/5

정답분석 자체소방대는 제4류 위험물을 대량으로 취급하는 사업소에 있어서 화재가 발생한 경우에 초기에 소화하고 또한 연소확대를 방지하기 위해서 사업주가 스스로 조직하는 인적·물적 조직이다.

이때 포수용액을 방사하는 화학소방자동차의 대수는 화학소방자동차의 대수의 3분의 2 이상으로 하여야 한다.

정답 ②

31 강화액 소화기에 대한 설명으로 올바른 것은?

① 물의 유동성을 크게 하기 위한 유화제를 첨가한 소화기이다.

② 물의 표면장력을 강화한 소화기이다.

③ 산·알칼리 액을 주성분으로 한다.

④ 물의 소화효과를 높이기 위해 염류를 첨가한 소화기이다.

정답분석 ④만 올바르게 설명되어 있다. 강화액 소화기(强化液消火器, Loaded Stream Extinguisher)는 동절기 물 소화약제가 빙결(氷結)되는 단점을 보완하고 소화효과를 높이기 위해 물에 염류(鹽類)를 첨가한 것으로 탄산칼륨(K_2CO_3) 또는 인산암모늄[$(NH_4)_2PO_4$]을 첨가하여 약알칼리성(pH 11 ~ 12)으로 개발되었다.

참고
□ 강화액의 사용온도범위는 -20℃ ~ 40℃ 이하
□ 동절기, 한랭지에서도 동결되지 않음
□ 탈수·탄화작용이 있어 목재, 종이 등을 불연화하고, 재연소방지 효과가 있음

<그림> 강화액 소화기

정답 ④

32 소화설비의 설치기준에 있어서 위험물저장소의 건축물로서 외벽이 내화구조로 된 것은 연면적 몇 m²를 1 소요단위로 하는가?

① 50
② 75
③ 100
④ 150

정답분석 위험물저장소의 건축물의 외벽이 내화구조인 것은 연면적 150m²를 1소요단위로 한다. 외벽이 내화구조가 아닌 것은 연면적 75m²를 1소요단위로 한다.

참고 소요단위와 그 산정기준 : 소요단위는 소화설비의 설치대상이 되는 건축물·공작물의 규모 또는 위험물의 양의 기준단위를 의미하며, 건축물 그 밖의 공작물 또는 위험물의 소요단위의 산정방법은 다음 기준에 따른다.
  □ 제조소 또는 취급소의 건축물
    • 외벽이 내화구조인 것 : 연면적 100m²를 1소요단위로 한다.
    • 외벽이 내화구조가 아닌 것 : 연면적 50m²를 1소요단위로 한다.
  □ 저장소의 건축물
    • 외벽이 내화구조인 것 : 연면적 150m²를 1소요단위로 한다.
    • 외벽이 내화구조가 아닌 것 : 연면적 75m²를 1소요단위로 한다.
  □ 위험물의 양 : 지정수량의 10배를 1소요단위로 한다.

정답 ④

33 이산화탄소 소화설비에 있어 저압식 저장용기에 설치하는 압력경보장치의 작동압력 기준은?

① 0.9MPa 이하, 1.3MPa 이상
② 1.9MPa 이하, 2.3MPa 이상
③ 0.9MPa 이하, 2.3MPa 이상
④ 1.9MPa 이하, 1.3MPa 이상

정답분석 이산화탄소 소화설비의 저압식 저장용기에 설치하는 압력경보장치의 작동압력은 2.3MPa 이상의 압력 및 1.9MPa 이하의 압력이다.

참고
  □ 저압식 저장용기에는 액면계, 압력계, 파괴판, 방출밸브를 설치하여야 한다.
  □ 저압식 저장용기에는 2.3MPa 이상의 압력 및 1.9MPa 이하의 압력에서 작동하는 압력경보장치를 설치하여야 한다.
  □ 저압식 용기 내부의 온도를 영하 20℃ 이상, 영하 18℃ 이하로 유지할 수 있는 자동냉동기를 설치하여야 하고, 영하 18℃ 이하에서 2.1MPa의 압력을 유지할 수 있어야 한다.
  □ 저장용기의 충전비는 고압식은 1.5 이상 1.9 이하, 저압식은 1.1 이상 1.4 이하로 한다.
  □ 저장용기는 고압식은 25MPa 이상, 저압식은 3.5MPa 이상의 내압시험압력에 합격한 것으로 한다.

정답 ②

34 가연성 고체 위험물의 화재에 대한 설명으로 틀린 것은?

① 적린과 유황은 물에 의한 냉각소화를 한다.
② 금속분, 철분, 마그네슘이 연소하고 있을 때에는 주수해서는 안 된다.
③ 금속분, 철분, 마그네슘, 황화인은 마른 모래, 팽창질석 등으로 소화를 한다.
④ 금속분, 철분, 마그네슘의 연소 시에는 수소와 유독가스가 발생하므로 충분한 안전거리를 확보해야 한다.

정답분석 금속분, 철분, 마그네슘의 연소 시에는 발생되는 유독가스의 흡입방지를 위해 공기호흡기를 착용해야 한다. 금속분, 철분, 마그네슘, 황화인은 건조사, 건조분말(탄산수소염류) 등으로 질식소화하며, 적린과 유황은 물에 의한 냉각소화가 적당하다. 금속분, 철분, 마그네슘의 연소 시 주수하면 급격한 수증기 압력이나 분해에 의해, 발생된 수소에 의한 폭발위험과 연소 중인 금속의 비산(飛散)으로 화재면적을 확대시킬 수 있다.

정답 ④

35 트라이에틸알루미늄의 화재 발생 시 물을 이용한 소화가 위험한 이유를 올바르게 설명한 것은?

① 가연성의 수소가스가 발생하기 때문에
② 유독성의 포스핀가스가 발생하기 때문에
③ 유독성의 포스겐가스가 발생하기 때문에
④ 가연성의 에테인가스가 발생하기 때문에

 트라이에틸알루미늄의 화재 발생 시 물을 이용한 소화가 위험한 이유를 올바르게 설명한 것은 ④이다.
트라이에틸알루미늄[Triethylaluminium, $(C_2H_5)_3Al$]은 제3류 위험물의 금수성 물질로 물과 반응하여 에테인 (에탄, C_2H_6) 가스를 발생시킨다.
□ $(C_2H_5)_3Al + 3H_2O \rightarrow 3C_2H_6 + Al(OH)_3$

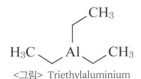
<그림> Triethylaluminium

정답 ④

36 과산화수소의 화재예방 방법으로 옳지 않은 것은?

① 암모니아의 접촉은 폭발의 위험이 있으므로 피한다.
② 완전히 밀전·밀봉하여 외부 공기와 차단한다.
③ 불투명 용기를 사용하여 직사광선이 닿지 않게 한다.
④ 분해를 막기 위해 분해방지 안정제를 사용한다.

 과산화수소(H_2O_2)는 제6류 위험물(산화성 액체)로 농도가 36wt% 이상의 것만 위험물로 취급하는데, 보통 시판용은 30 ~ 35%의 농도이며, 분해될 때 산소를 발생하기 때문에 내압에 의해 파열될 수 있으므로 저장 용기는 밀전하지 않고, 구멍이 뚫린 마개를 사용한다. 분해를 방지하기 위해 햇빛이 투과하지 않는 갈색 병에 보관하며, 인산이나 요산의 분해방지 안정제를 첨가한다.

정답 ②

37 다음 중 물분무 소화설비가 적응성이 없는 대상물은?

① 전기설비
② 제4류 위험물
③ 알칼리금속의 과산화물
④ 인화성 고체

 제1류 위험물 중 알칼리금속의 과산화물은 금수성 물질로 물분무 소화설비를 포함한 수계(水系) 소화설비와 이산화탄소, 할로젠화합물 소화설비 등에 적응성이 없기 때문에 탄산수소염류 분말소화기, 건조사, 팽창질석 또는 팽창진주암 등으로 질식소화 하여야 한다.

정답 ③

38 유기과산화물의 화재 예방상 주의사항으로 옳지 않은 것은?

① 직사일광을 피하고 찬 곳에 저장한다.
② 모든 열원으로부터 멀리한다.
③ 용기의 파손에 의하여 누출 위험이 있으므로 정기적으로 점검한다.
④ 환원제는 상관없으나 산화제와는 멀리한다.

 제5류 위험물에 속하는 유기과산화물은 매우 불안정한 과산화수소($H-O-O-H$)의 유도체로 산소 - 산소 결합에 의해 다른 물질을 산화시키는 특성(산화성)을 갖고 있어 환원제나 산화제와의 접촉을 피해야 하고, 직사일광을 피하고 찬 곳에 저장하여야 하며, 모든 열원으로부터 멀리 이격하여야 한다.

정답 ④

39 가연성 가스의 폭발범위에 대한 설명으로 옳지 않은 것은?

① 가스의 온도가 높아지면 폭발 범위는 넓어진다.

② 공기중에서보다 산소중에서 폭발 범위가 넓어진다.

③ 폭발한계농도 이하에서 폭발성 혼합가스를 생성한다.

④ 가스압이 높아지면 하한값은 크게 변하지 않으나 상한값은 높아진다.

 폭발한계농도 이내에서 폭발성 혼합가스를 생성한다.

정답 ③

40 다음 보기의 물질 중 위험물안전관리법령상 제1류 위험물에 해당하는 것의 지정수량을 모두 합산한 값은?

<보기>
질산나트륨, 아이오딘산,
과염소산, 과산화나트륨

① 350kg
② 400kg
③ 650kg
④ 1,350kg

 제1류 위험물(산화성 고체)에 해당하는 것은 아염소산염류, 염소산염류, 과염소산염류, 무기과산화물, 브로민산염류, 질산염류, 아이오딘산염류, 과망가니즈산염류, 중크롬산염류 등이다.

□ 제1류 위험물의 지정수량
• 50kg인 것 : 무기과산화물(과산화칼륨, 과산화나트륨), 아염소산염류(아염소산나트륨, 아염소산칼륨), 과염소산염류(과염소산나트륨, 과염소산칼륨), 차아염소산염류
• 300kg인 것 : 질산염류(질산나트륨, 질산칼륨, 질산암모늄), 아질산염류, 퍼옥소이황산염류, 퍼옥소붕산염류, 아이오딘산염류, 과요오드산, 브로민산염류, 염소화이소시아눌산
• 100kg인 것 : 과망가니즈산염류, 다이크로뮴산염류

[계산] 제시된 물질 중 제1류 위험물에 해당하는 것은 질산나트륨($NaNO_3 - 300kg$), 과염소산나트륨($NaClO_4 - 50kg$)이다.

∴ 지정수량 총합 = 300 + 50 = 350kg

정답 ①

제3과목 위험물의 성질과 취급

41 위험물안전관리법령상 제4류 위험물 옥외저장탱크의 대기밸브 부착 통기관은 몇 kPa 이하의 압력차이로 작동할 수 있어야 하는가?

① 2
② 3
③ 4
④ 5

 대기밸브 부착 통기관은 5kPa 이하의 압력차이로 작동할 수 있어야 한다.

정답 ④

42 제5류 위험물 중 상온(25℃)에서 동일한 물리적 상태(고체, 액체, 기체)로 존재하는 것으로만 나열한 것은?

① 질산메틸, 나이트로글리세린

② 트라이나이트로톨루엔, 질산케틸

③ 나이트로글리콜, 트라이나이트로톨루엔

④ 나이트로글리세린, 나이트로셀룰로오스

 제5류 위험물 중 상온(25℃)에서 동일한 물리적 상태(고체, 액체, 기체)로 존재하는 것으로만 나열된 것은 ①이다. 트라이나이트로톨루엔, 나이트로셀룰로오스는 상온에서 고체로 존재하는 물질이다.

정답 ①

43 물과 접촉하면 위험한 물질로만 나열된 것은?

① CH_3CHO, CaC_2, $NaClO_4$

② K_2O_2, $K_2Cr_2O_7$, CH_3CHO

③ K_2O_2, Na, CaC_2

④ Na, $K_2Cr_2O_7$, $NaClO_4$

 물과 접촉하면 위험한 물질로만 나열된 것은 ③이다. K_2O_2는 알칼리금속의 과산화물로 금수성 물질이고, 가연성 금속류인 나트륨, 칼륨, 마그네슘은 물과 반응하여 수소(H_2)가스를 발생하며, 탄화칼슘(CaC_2)은 물과 반응하여 에틸렌(C_2H_4)을 발생시킨다. 아세트알데하이드(CH_3CHO)는 특수인화물로 분류되며, 과염소산나트륨($NaClO_4$), 다이크로뮴산나트륨(중크롬산칼륨, $K_2Cr_2O_7$)은 물에 일부 용해되는 제1류 위험물이다.

정답 ③

44 제2류 위험물과 제5류 위험물의 공통점으로 올바른 것은?

① 자연발화성 물질이다.
② 산소를 포함하고 있는 물질이다.
③ 유기화합물이다.
④ 가연성 물질이다.

 제2류 위험물(가연성 고체)과 제5류 위험물(자기반응성 물질)은 공통적으로 가연성이다.
제2류 위험물(가연성 고체)은 황화인, 적린, 유황, 철분, 금속분, 마그네슘 등의 인화성 고체이고 산화제와 접촉하면 마찰 또는 충격으로 급격하게 폭발할 수 있는 가연성 물질이다.
제5류 위험물(자기반응성 물질)은 유기과산화물, 질산에스터류, 나이트로화합물, 나이트로소화합물, 아조화합물, 다이아조화합물(디아조화합물), 하이드라진 유도체, 하이드록실아민(히드록실아민), 하이드록실아민염류(히드록실아민염류) 등으로 모두 유기질화물이므로 가열, 충격, 마찰 등으로 인한 폭발위험이 있다.
제5류 위험물(자기반응성 물질)은 내부에 산소를 포함하지만 제2류 위험물(가연성 고체)은 내부에 산소를 포함하지 않는다.

정답 ④

45 알루미늄의 연소생성물을 올바르게 나타낸 것은?

① Al_2O_3
② $Al(OH)_3$
③ Al_2O_3, H_2O
④ $Al(OH)_3$, H_2O

 금속 알루미늄(Al)은 산소와 반응하여 연소열을 발생시킨다.
▫ $4Al + 3O_2 \rightarrow 2Al_2O_3$

정답 ①

46 위험물안전관리법령상 위험물별 적응성이 있는 소화설비가 올바르게 연결되지 않은 것은?

① 제4류 및 제5류 위험물 - 할로젠화합물 소화기
② 제4류 및 제6류 위험물 - 인산염류
③ 제1류 알칼리금속 과산화물 - 탄산수소염류 분말소화기
④ 제2류 및 제3류 위험물 - 팽창질석

 제4류 위험물은 할로젠화합물 소화기에 적응성이 있으나, 제5류 위험물은 할로젠화합물 소화기에 적응성이 없고, 옥내·옥외 소화전설비, 스프링클러설비, 물분무 소화설비, 포 소화설비, 건조사, 팽창질석 또는 팽창진주암 등으로 질식소화에 적응성이 있다.

정답 ①

47 P_4S_7에 고온의 물을 가하면 분해된다. 이때 주로 발생하는 유독물질의 명칭은?

① 아황산
② 황화수소
③ 인화수소
④ 오산화인

 칠황화사인(P_4S_7)은 담황색 결정으로 조해성(潮解性, Deliquescence; 고체가 공기 중의 습기를 흡수하여 녹는 성질)이 있고, 찬물에서는 서서히 분해되지만 더운물에서는 급격히 분해하여 황화수소(H_2S)를 발생시킨다. 칠황화사인은 황화인 중 가장 가수분해 되기 쉬운 물질이다.
▫ $aP_4S_7 + bH_2O \rightarrow xH_2S + zH_3PO_4 + 기타$

<그림> P_4S_7

정답 ②

48
다음 중 제6류 위험물이 아닌 것은?

① 삼불화브로민

② 오불화아이오딘

③ 질산

④ 질산구아니딘

 정답분석 제6류 위험물은 산화성 액체(液體)이다. 그러나 질산구아니딘(Guanidine Nitrate, $CH_5N_3 \cdot HNO_3$)은 고체(固體)로서 강한 산화제이고, 가연성이며, 백색의 폭발성 있는 물질이다.

제6류 위험물(산화성 액체)에는 과염소산, 과산화수소, 질산, 할로젠간화합물(플루오르화브로민, 염화아이오딘, 브로민화아이오딘, 플루오르화브로민, 염화브로민, 플루오르화염소, IF_5, BrF_5, ICl_3, BrF_3, ClF_3, ICl, IBr, BrF, $BrCl$, ClF) 등이 있다.

질산은 비중이 1.49 이상인 것을, 과산화수소의 농도는 36중량% 이상인 것을 위험물로 취급한다.

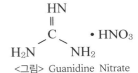

<그림> Guanidine Nitrate

정답 ④

49
오황화인이 물과 작용하여 발생하는 기체는?

① 이황화탄소

② 황화수소

③ 포스겐가스

④ 인화수소

 정답분석 오황화인(P_2S_5)은 담황색 고체로 조해성, 흡습성을 가지며, 물과 알칼리에 녹는다. 물 또는 산과 반응하여 가연성 기체인 황화수소(H_2S)가 발생된다. 황화수소(H_2S)는 가연성의 무색의 기체로 달걀 썩는 냄새가 나며 유독하다.

□ $P_2S_5 + 8H_2O \rightarrow 5H_2S + 2H_3PO_4$

공기 중 오황화인의 발화온도는 약 140℃이므로 자연발화 하지 않는다.

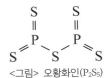

<그림> 오황화인(P_2S_5)

정답 ②

50
짚, 헝겊 등을 다음의 물질과 적셔서 대량으로 쌓아 두었을 경우 자연발화의 위험성이 제일 높은 것은?

① 동유

② 야자유

③ 올리브유

④ 피마자유

 정답분석 아이오딘값(요오드가)이 클수록 자연발화하기 쉽다. 동유(오동기름)는 건성유로 아이오딘가가 130 이상이며, 야자유·올리브유·피마자유는 반건성유로 아이오딘가가 100 ~ 130이다.

참고 동·식물유의 종류와 요오드 값

□ 건성유 → 아이오딘가 130 이상 : 정어리유, 해바라기유, 아마인유, 동유, 들기름 등

□ 반건성유 → 아이오딘가 100 ~ 130 : 쌀겨기름, 면실유, 옥수수기름, 참기름, 콩기름 등

□ 불건성유 → 아이오딘가 100 이하 : 피마자유, 올리브유, 야자유 등

정답 ①

51
옥내저장소에서 위험물 용기를 겹쳐 쌓는 경우에 있어서 제4류 위험물 중 제3석유류만 수납하는 용기를 겹쳐 쌓을 수 있는 높이는 최대 몇 m인가?

① 1.5m   ② 2m

③ 4m   ④ 5m

 정답분석 제4류 위험물 중 제3석유류, 제4석유류 및 동식물유류를 수납하는 용기만을 겹쳐 쌓는 경우 쌓을 수 있는 높이는 최대 4m이고, 그 밖의 경우에 있어서는 3m이다.

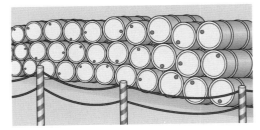

정답 ③

52

염소산칼륨의 성질에 대한 설명으로 틀린 것은?

① 비중은 약 2.3으로 물보다 무겁다.

② 강산과의 접촉은 위험하다.

③ 열분해되면 산소를 방출한다.

④ 냉수에도 잘 녹는다.

 염소산칼륨($KClO_3$)은 제1류 위험물(산화성 고체)로 불연성이며, 무기화합물로서 강산화제로 작용한다. 다량의 산소를 함유하고 있는 강력한 산화제로서 분해하면 산소를 방출하며, 비중이 2.3으로 물보다 무겁고, 강산과의 접촉은 위험하다. 온수, 글리세린에 녹지만 냉수, 알코올에는 잘 녹지 않는다.

$$6KClO_3 + H_2SO_4 \xrightarrow[\text{산소, 이산화염소 가스 발생}]{\text{강산}(H_2SO_4 \text{ 존재 시})}$$
$$2H_2O + 4ClO_2 + 3K_2SO_4 + 2HClO_4$$

 제1류 위험물의 주요 특성 정리

- 물에 잘 녹는 것 : 아염소산나트륨($NaClO_2$), 과염소산나트륨($NaClO_4$), 과염소산암모늄(NH_4ClO_4), 브로민산나트륨($NaBrO_3$), 질산나트륨($NaNO_3$), 아이오딘산칼륨(KIO_3), 과망가니즈산나트륨($NaMnO_4$), 과망간산암모늄(NH_4MnO_4)
- 물에 불용성 : 과요오드산칼륨(KIO_4)
- 물에는 잘 녹으나 에테르, 알코올에는 잘 녹지 않는 것 : 염소산칼륨($KClO_3$), 아이오딘산나트륨($NaIO_3$)
- 온수, 글리세린에 녹지만 냉수, 알코올에 잘 안 녹는 것 : 염소산칼륨($KClO_2$)
- 물, 에테르, 알코올에 모두 잘 녹는 것 : 염소산나트륨($NaClO_3$)
- 물에 잘 녹지 않고, 에탄올, 에테르에도 녹지 않는 것 : 과산화칼슘(CaO_2)

정답 ④

53

다음 중 조해성이 있는 황화인만 모두 선택하여 나열한 것은?

$$P_4S_3, \ P_2S_5, \ P_4S_7$$

① P_4S_3, P_2S_5

② P_4S_3, P_4S_7

③ P_2S_5, P_4S_7

④ P_4S_3, P_2S_5, P_4S_7

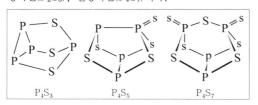 조해성(潮解性, Deliquescence)이 있는 황화인은 오황화인(P_2S_5), 칠황화인(P_4S_7)이다.

정답 ③

54

마그네슘 리본에 불을 붙여 이산화탄소 기체 속에 넣었을 때 일어나는 현상은?

① 즉시 소화된다.

② 연소를 지속하며 유독성의 기체가 발생한다.

③ 연소를 지속하며 수소 기체가 발생한다.

④ 산소가 발생하며 서서히 소화된다.

 마그네슘은 이산화탄소와 반응하여 산화마그네슘을 생성한다. 이때 발생되는 탄소(C)는 가연물질이므로 연소가 지속되면서 CO 등의 유독성의 기체와 매연을 발생시킨다.

- $2Mg + CO_2 \rightarrow 2MgO + C$

마그네슘이 공기 중에서 연속되는 경우 산화마그네슘이 생성되는데, 이중 약 75%는 공기중 산소(O_2)와 결합하여 산화마그네슘이 되고, 약 25%는 질소(N_2)와 결합하여 질화마그네슘을 생성한다.

- $2Mg + O_2 \rightarrow 2MgO$
- $3Mg + N_2 \rightarrow Mg_3N_2$

참고 마그네슘과 물의 반응 : 마그네슘은 실온에서는 물과 서서히 반응하지만 물의 온도가 높아지면 격렬하게 반응하면서 수소가스를 발생시킨다.

- $Mg + 2H_2O \rightarrow Mg(OH)_2 + H_2$

정답 ②

55 지정수량 이상의 위험물을 차량으로 운반하는 경우에 차량에 설치하는 표지의 색상에 관한 내용으로 올바른 것은?

① 흑색바탕에 청색의 도료로 "위험물"이라고 표기할 것
② 흑색바탕에 황색의 반사도료로 "위험물"이라고 표기할 것
③ 적색바탕에 흰색의 반사도료로 "위험물"이라고 표기할 것
④ 적색바탕에 흑색의 도료로 "위험물"이라고 표기할 것

 지정수량 이상의 위험물을 차량으로 운반하는 경우에는 길이 0.3m 이상, 다른 변의 길이 0.6m 이상인 직사각형의 판으로 표지를 설치하여야 한다. 바탕은 흑색으로 하고, 황색의 반사도료 또는 그 밖의 반사성이 있는 재료로 "위험물"이라고 표시하여야 한다.

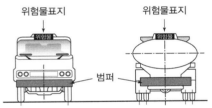

위험물표지   위험물표지

범퍼

정답 ②

56 연면적이 1,500m²이고 외벽이 내화구조인 위험물취급소의 소화설비 소요단위는 얼마인가?

① 5
② 10
③ 20
④ 100

 위험물취급소의 경우, 건축물의 외벽이 내화구조인 것은 연면적 100m²를 1소요단위로 하고, 외벽이 내화구조가 아닌 것은 연면적 50m²를 1소요단위로 한다.

[계산] 소요단위는 다음과 같이 산정한다.

□ 소요단위 = 건축물 연면적 × $\dfrac{1단위}{100m^2}$

∴ 소요단위 = $1,000m^2 × \dfrac{1단위}{100m^2} = 10$

정답 ②

[참고] 1소요단위 산정기준

□ **제조소 또는 취급소** : 건축물 외벽이 내화구조인 것은 연면적 100m²를 1소요단위로 하며, 외벽이 내화구조가 아닌 것은 연면적 50m²를 1소요단위로 한다.

□ **저장소** : 건축물 외벽이 내화구조인 것은 연면적 150m²를 1소요단위로 하고, 외벽이 내화구조가 아닌 것은 연면적 75m²를 1소요단위로 한다.

□ **제조소등의 옥외에 설치된 공작물** : 외벽이 내화구조인 것으로 간주하고 공작물의 최대수평투영면적을 연면적으로 간주하여 규정에 따른 소요단위로 산정한다.

□ **위험물** : 지정수량의 10배를 1소요단위로 한다.

정답 ②

57 다음 제4류 위험물 중 연소범위가 가장 넓은 것은?

① 아세트알데하이드
② 산화프로필렌
③ 휘발유
④ 아세톤

 아세트알데하이드(CH_3CHO)의 연소범위가 4 ~ 60%로 가장 넓다. 산화프로필렌(CH_3CHCH_2O or C_3H_6O)은 2.5 ~ 39%, 휘발유(가솔린)는 1.2 ~ 7.6%, 아세톤(CH_3COCH_3)은 2 ~ 13%이다.

정답 ①

58 과염소산칼륨과 적린을 혼합하는 것이 위험한 이유로 가장 타당한 것은?

① 마찰열이 발생하여 과염소산칼륨이 자연발화할 수 있기 때문에

② 과염소산칼륨이 연소하면서 생성된 연소열이 적린을 연소시킬 수 있기 때문에

③ 산화제인 과염소산칼륨과 가연물인 적린이 혼합하면 가열, 충격 등에 의해 연소·폭발할 수 있기 때문에

④ 혼합하면 용해되어 액상 위험물이 되기 때문에

 정답 분석 과염소산칼륨($KClO_4$)은 제1류 위험물로 분류되는 강력한 산화제이다. 이러한 산화제가 가연물인 적린(赤燐)이 혼합하면 가열, 충격 등에 의해 연소·폭발할 수 있기 때문에 혼합해서는 안된다. 과염소산칼륨은 물과 알코올 등에 녹기 어렵기 때문에 물과 반응하여도 유독성의 가스를 발생하지 않지만 제2류 위험물인 가연성 고체(적린, 황화인, 유황, 철분, 금속분, 마그네슘 등)의 인화성 고체와 접촉·마찰할 경우, 가열, 충격 등에 의해 착화, 연소·폭발할 수 있다. 따라서 위험물 운송시 제1류 위험물은 제6류 위험물 이외의 물질과 혼재해서는 안 된다.

정답 ③

59 다음 중 TNT가 폭발·분해하였을 때 생성되는 가스가 아닌 것은?

① N_2 ② H_2

③ CO   ④ SO_2

 정답 분석 TNT의 화학식은 $C_7H_5(NO_2)_3$이고, 폭발·분해할 경우 생성되는 물질은 CO, H_2, N_2, C이다.

□ $C_7H_5(NO_2)_3 \rightarrow 6CO + 2.5H_2 + 1.5N_2 + C$

정답 ④

60 지정수량에 따른 제4류 위험물 옥외탱크저장소 주위의 보유공지 너비의 기준으로 틀린 것은?

① 지정수량의 500배 이하 - 3m 이상

② 지정수량의 500배 초과 1,000배 이하 - 5m 이상

③ 지정수량의 1,000배 초과 2,000배 이하 - 9m 이상

④ 지정수량의 2,000배 초과 3,000배 이하 - 15m 이상

 정답 분석 지정수량의 2,000배 초과 3,000배 이하는 12m 이상으로 한다.

참고

저장 또는 취급하는 위험물의 최대수량	공지의 너비
지정수량의 500배 이하	3m 이상
지정수량의 500~1,000배 이하	5m 이상
지정수량의 1,000~2,000배 이하	9m 이상
지정수량의 2,000~3,000배 이하	12m 이상
지정수량의 3,000~4,000배 이하	15m 이상

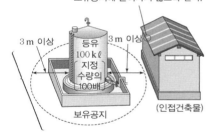

보유공지에 들어가지 않도록 한다.

정답 ④

제1과목 일반화학

01 물 100g에 황산구리 결정($CuSO_4 \cdot 5H_2O$) 2g을 넣으면 몇 % 용액이 되는가? (단, $CuSO_4$의 분자량은 160g/mol이다.)

① 1.25%　　　　② 1.96%

③ 2.4%　　　　④ 4.42%

정답분석 질량백분율 계산식을 적용한다.

□ 농도(%) $= \dfrac{\text{용질}}{\text{용액}} \times 100$

계산 용액 중 용질의 농도는 다음과 같이 계산한다.

$$\begin{cases} \text{용질} = 2g\, CuSO_4 \cdot 5H_2O \times \dfrac{CuSO_4}{CuSO_4 \cdot 5H_2O} \\ \qquad = 2 \times \dfrac{160}{160 + (5 \times 18)} = 1.28g \\ \text{용액} = 100 + 2 = 102g \end{cases}$$

$\therefore$ 농도(%) $= \dfrac{1.28g}{102g} \times 100 = 1.25\%$

정답 ①

02 같은 분자식을 거치면서 각각을 서로 겹치게 할 수 없는 거울상의 구조를 갖는 분자를 무엇이라 하는가?

① 구조이성질체

② 기하이성질체

③ 광학이성질체

④ 분자이성질체

정답분석 거울상 이성질체는 광학 이성질체라고도 말하는데 분자식은 같지만 입체중심에서 반대되는 배열을 갖기 때문에 서로를 포갤 수 없는 구조이다.

참고 광학 이성질체의 보기 ; $[Co(en)_3]^{3+}$

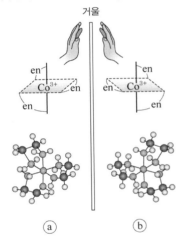

ⓐ　　　　　　ⓑ

참고 이성질체의 분류

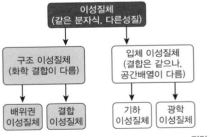

정답 ③

03
20°C에서 4L를 차지하는 기체가 있다. 동일한 압력 40°C에서는 몇 L를 차지하는가?

① 0.23 ② 1.23
③ 4.27 ④ 5.27

 정답 분석 온도와 압력이 제시될 때에는 보일 – 샤를의 법칙(Boyle-Charles' Law)을 적용하되, 온도와 압력보정은 "부피" 단위에 중점하여 보정한다. 20°C에서 부피 4L인 것을 40°C 상태의 부피로 환산한다고 생각하고 문제를 푼다.

$$V_2 = V_1 \times \frac{273 + t_2}{273 + t_1} \times \frac{P_1}{P_2} \quad \begin{cases} V_1 = 4\,\mathrm{L} \\ t_1 = 20\,°\mathrm{C} \\ t_2 = 40\,°\mathrm{C} \\ P_1 = P_2 \end{cases}$$

[계산] 40°C에서 기체부피는 다음과 같이 산출한다.

$$\therefore \ V_2 = 4\,\mathrm{L} \times \frac{273 + 40}{273 + 20} = 4.27\,\mathrm{L}$$

정답 ③

04
메테인에 염소를 작용시켜 클로로포름을 만드는 반응을 무엇이라 하는가?

① 환원반응
② 치환반응
③ 부가반응
④ 탈수소반응

정답 분석 메테인(메탄, CH_4)에 달려있는 수소 원자 중 세 개를 염소 원자로 치환한 물질. 즉 트라이할로메테인(트리할로메탄, THM)의 일종인 클로로폼(클로로포름, $CHCl_3$)은 극성을 띠고 있기 때문에 물에 잘 용해된다. 테프론이나 냉매를 만드는 데 사용되기도 하는데, 유기물에 오염된 물을 염소소독할 때도 발생한다. 클로로폼을 염소가스와 한 번 더 반응시키면 맹독성을 가진 사염화탄소(CCl_4)가 발생된다.

[반응] 반응의 개념은 다음과 같다.

□ $CH_4 + xCl^- \rightarrow \{\circ\ CH_3Cl, \ CH_2Cl_2, \ CHCl_3$

□ $CHCl_3 + Cl^- \rightarrow CCl_4 + H^+$

정답 ②

05
98g의 H_2SO_4로 0.5M 황산용액을 몇 mL 조제할 수 있는가?

① 1,000mL
② 1,500mL
③ 2,000mL
④ 3,000mL

정답 분석 희석식을 이용한다. 황산(H_2SO_4) 1mol 질량(분자량)은 98이다.

□ $MV = M'V'$ $\begin{cases} MV = \text{희석 전 용질의 mol 수} \\ M'V' = \text{희석 후 용질의 mol 수} \end{cases}$

[계산] 조제할 수 있는 0.5M 황산용액의 양은 다음과 같이 계산한다.

□ $98\,\mathrm{g} \times \dfrac{\mathrm{mol}}{98\,\mathrm{g}} = \dfrac{0.5\,\mathrm{mol}}{\mathrm{L}} \times x(\mathrm{mL}) \times \dfrac{10^{-3}\,\mathrm{L}}{\mathrm{mL}}$

$\therefore \ x = 2,000\ \mathrm{mL}$

정답 ③

06
다음 중 올레핀계 탄화수소에 해당하는 것은?

① CH_4
② $CH_2 = CH_2$
③ $CH \equiv CH$
④ CH_3CHO

정답 분석 올레핀(Olefin)은 에틸렌계(Ethylene Serie) 불포화 탄화수소로서 $C = C$ 이중결합을 가진 알켄(Alkene)이므로 ②(에틸렌, C_2H_4)가 이에 해당한다.

올레핀계 탄화수소는 파라핀계와 같은 직선 사슬구조이며, 프로펜(C_3H_6), 부텐(C_4H_8), 펜텐(C_5H_{10}), 헥센(C_6H_{12}), 이소프렌(C_5H_8) 등이 이에 속한다. 모노 – 올레핀(mono-olefin)은 탄소원자 간의 이중결합이 1개이고, 다이 – 올레핀(di-olefin)은 이중결합이 2개라는 점에서 다르다. 한편, 아세틸렌(에타인) 계열은 $C \equiv C$ 삼중결합을 가진 불포화 탄화수소이다.

□ 모노올레핀의 분자식 : C_nH_{2n}

□ 다이올레핀의 분자식 : C_nH_{2n-2}

정답 ②

07 Mg^{2+}의 전자수는 몇 개인가?

① 2 　　　　　② 10

③ 12 　　　　　④ 6×10^{23}

정답분석 마그네슘(Mg, 3주기, 2족)의 원자번호는 12, 준위(準位)별 전자 수는 2,8,2이고, 질량수(원자량)는 ≒24이다. 원자번호＝양성자 수이므로 양성자 수는 12, 중성자 수는 질량수−양성자 수이므로 24−12＝12가 된다. 마그네슘 2가이온(Mg^{2+})은 Mg에서 전자 2개가 떨어져 나간 것이므로 준위별 전자 수는 2,8로 전환되면서 전자 수는 10개가 되지만 중성자수는 질량수−양성자 수이므로 24−12＝12로 불변이다.

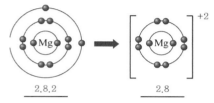

2.8.2 　　　　　2.8

정답 ②

08 농도를 모르는 황산 용액 20mL가 있다. 이것을 중화시키려면 0.2N의 NaOH 용액이 10mL가 필요하다. 황산의 몰 농도는 몇 M인가?

① 0.2 　　　　　② 0.5

③ 0.1 　　　　　④ 0.05

정답분석 중화적정식을 이용한다. 황산(H_2SO_4) 용액 20mL를 중화하는데 0.2N의 NaOH 용액이 10mL를 사용하였으므로 다음과 같이 기본식을 작성하여 문제를 푼다.

$\square$ $NV = N'V'$

$\begin{cases} NV = H_2SO_4의\ 규정\ 농도 \times H_2SO_4의\ 양 \\ N'V' = NaOH의\ 규정\ 농도 \times NaOH의\ 양 \end{cases}$

계산 황산의 몰 농도는 다음과 같이 계산한다. 이때 황산은 2가의 산이므로 몰농도×가수(2)를 하여 규정 농도로 전환하여야 한다는 것에 유의해야 한다.

$\square$ $NV = N'V'$

$= x(M) \times 2 \times 20mL = 0.2N \times 10mL$

$\therefore x(M) = 0.05$

정답 ④

09 질산칼륨을 물에 용해시키면 용액의 온도가 떨어진다. 다음 사항 중 옳지 않은 것은?

① 용해시간과 용해도는 무관하다.

② 질산칼륨의 용해 시 열을 흡수한다.

③ 온도가 상승할수록 용해도는 증가한다.

④ 질산칼륨 포화용액을 냉각시키면 불포화용액이 된다.

정답분석 문제에서 "질산칼륨(KNO_3)을 물에 용해시키면 용액의 온도가 떨어진다"는 것은 질산칼륨(KNO_3)이 물에 용해될 때, 흡열반응이 일어난다는 것을 의미한다. 따라서 온도를 낮추면 용해도가 감소하기 때문에 질산칼륨 포화용액을 냉각시키면 과포화용액으로 전환된다.

참고 용해도(溶解度, Solubility)

$\square$ 개념 : 용매(溶媒) 100g에 최대로 녹을 수 있는 용질(溶質)의 g 수로 정의된다.

$\square$ 영향인자 : 용해도는 일반적으로 온도, 용매와 용질의 종류(성질) 등에 영향을 받으며, 용해시간과는 용해도는 무관하다.

$\square$ 고체물질의 용해도

• 고체 물질의 녹는 과정은 통상 흡열(吸熱)과정

• 엔트로피(Entropy)가 증가하는 방향

• 온도가 높아질수록 고체의 용해도는 증가함

$\square$ 기체물질의 용해도

• 기체 물질이 녹는 과정은 통상 발열(發熱)과정

• 엔트로피가 감소하는 방향

• 온도가 높아질수록 기체의 용해도는 감소함

• 기체의 용해도는 압력이 높아질수록 증가함

정답 ④

10 어떤 주어진 양의 기체의 부피가 21℃, 1.4atm에서 250mL이다. 온도가 49℃로 상승되었을 때의 부피가 300mL라고 하면 이 기체의 압력은 약 얼마인가?

① 1.35atm ② 1.28atm

③ 1.21atm ④ 1.16atm

 온도와 압력이 제시될 때에는 보일-샤를의 법칙(Boyle-Charles' Law)을 적용하되, 온도와 압력보정은 "부피" 단위에만 집중하도록 한다.

$$\square \ V_2 = V_1 \times \frac{T_2}{T_1} \times \frac{P_1}{P_2}$$

[계산] 21℃, 1atm에서 부피 0.25L를 49℃상태의 부피 0.3mL이므로 이를 토대로 압력을 구한다

$$\square \ 0.3L = 0.25L \times \frac{273+49}{273+21} \times \frac{1.4}{P}$$

$$\therefore \ P = \frac{0.25 \times (273+49) \times 1.4}{0.3 \times (273+21)} = 1.28 \text{ atm}$$

정답 ②

11 0℃, 1기압에서 1g의 수소가 들어 있는 용기에 산소 32g을 넣었을 때 용기의 총 내부 압력은? (단, 온도는 일정하다.)

① 1기압 ② 2기압

③ 3기압 ④ 4기압

 이러한 유형의 문제는 이상기체 상태방정식(PV=nRT)으로 풀어 낼 것이 아니라 단순한 개념으로 접근하여 풀어내는 좋다.

□ 모든 기체 1mol의 체적은 22.4L이고, 이 기체의 질량은 해당기체의 g분자량과 같다.

그러므로 수소 분자(H_2)는 2g이 1mol이고, 기화체적은 22.4L이며, 산소 분자(O_2)는 32g이 1mol이고, 기화체적은 22.4L 되는 것이다.

□ 이것을 문제의 조건에 적용해 보면;

0℃, 1atm에서 수소 1g의 부피는 (22.4L/2)=11.2L이고, 이 부피는 용기의 부피(용적)와 같다. 그리고 용기의 부피(용적)는 불변이다.

□ 여기에 더하여 추가로 주입된 산소 32g의 부피는 22.4L이므로 용기에 충진되는 수소와 산소가 모두 기체로 존재한다고 할 때, 용기 내에 존재하는 기체의 총 부피는 11.2+22.4=33.6L가 된다.

□ 용기의 부피는 불변(11.2L)이니까 기체의 부피와 압력에 대하여 다음과 같이 비례식을 작성하면;

⇨ 11.2L : 1기압=33.6L : x기압

$$\therefore \ x = 3 \text{ atm}$$

정답 ③

12 다음에서 설명하는 물질의 명칭은?

> • HCl과 반응하여 염산염을 만든다.
> • 나이트로벤젠을 수소로 환원하여 만든다.
> • $CaOCl_2$ 용액에서 붉은 보라색을 띤다.

① 페놀
② 아닐린
③ 톨루엔
④ 벤젠술폰산

 아닐린(Aniline, $C_6H_5NH_2$)은 나이트로벤젠(Nitrobenzene, $C_6H_5NO_2$)을 금속과 염산(HCl)으로 환원시켜 만든 방향족 아민($C_6H_5NO_2 \rightarrow C_6H_5NH_2$)이다. 즉, 아닐린은 니트로벤젠을 주석 또는 철과 염산에 의해 환원시키거나 니켈 등 금속 촉매를 써서 접촉수소 첨가법으로 생성시킨다. 아닐린($C_6H_5NH_2$)은 $CaOCl_2$ 용액에서 붉은 보라색을 띠며, 제4류 위험물 중 제3석유류로 분류되고 있다.

정답 ②

13 다음 중 알칼리금속의 반응성이 강한 이유로 가장 적절한 것은?

① 밀도와 녹는점이 낮기 때문이다.
② 은백색의 금속이기 때문이다.
③ 이온화 에너지가 작기 때문이다.
④ 같은 주기에서 다른 족 원소에 비해 원자반지름이 작기 때문이다.

 알칼리 금속은 다른 금속 원소에 비해 이온화에너지가 작기 때문에 반응성이 크다. 금속의 이온화 경향(반응성)의 크기는 K(칼륨) > Ca(칼슘) > Na(나트륨) > Mg(마그네슘) > Al(알루미늄) > Zn(아연) > Fe(철) > Ni(니켈) > Sn(주석) > Pb(납) > H(수소) > Cu(구리) > Hg(수은) > Ag(은) > Pt(백금) > Au(금)의 순서로 감소한다.

정답 ③

14 밑줄 친 원자의 산화수 값이 나머지와 다른 것은?

① $H\underline{N}O_3$
② $H_3\underline{P}O_4$
③ $\underline{Cr}_2O_7{}^{2-}$
④ $H\underline{Cl}O_3$

 밑줄 친 원자의 산화수 값이 나머지 셋과 다른 하나는 다이크로뮴산이온(중크롬산이온, $Cr_2O_7{}^{2-}$)에서 크로뮴이다. 크로뮴의 산화수는 +6이다.
H_3PO_4에서 P의 산화수는 +5, HNO_3에서 N의 산화수는 +5, $HClO_3$에서 Cl의 산화수는 +5이다.

정답 ③

15 불꽃 반응 시 보라색을 나타내는 금속은?

① Li
② K
③ Na
④ Ba

정답
분석 불꽃 반응 시 보라색을 나타내는 금속은 칼륨(K)염이다.

참고
□ 리튬(Li)은 공기 중에서 잘 연소하며, 아름다운 붉은색을 띰
□ 스트론튬(Sr)은 아름다운 심홍색을 띰
□ 칼슘(Ca) 염은 주황색(벽돌색)을 띰
□ 나트륨(Na) 염은 밝은 노란색을 띰
□ 바륨(Ba) 염은 황록색을 띰
□ 구리(Cu) 염은 청록색을 띰
□ 마그네슘(Mg) 염은 청색을 띰

정답 ②

16 1패러데이(Faraday)의 전기량으로 물을 전기분해하였을 때, 생성되는 기체 중 산소는 0℃, 1기압에서 몇 L인가?

① 5.6 ② 11.2

③ 22.4 ④ 44.8

정답분석 패러데이의 법칙(Faraday's law)을 적용한다. 일정한 전하량에 대해 생성·소모되는 물질의 양은 당량에 비례한다.

계산 생성되는 산소량은 다음과 같이 계산한다.

$$\Box\ m_V(\text{L}) = \frac{\text{가해진 전기량(F)}}{\text{기준 전기량(1F)}} \times \frac{\text{M}}{\text{전자가}} \times \frac{22.4}{M_w}$$

- $\begin{cases} m_V : \text{산소 생성(석출)량(L)} \\ \text{가해진 전기량} = 1F \\ \text{산소 원자량}(M) = 16 \\ \text{산소 전자가} = 2 \\ \text{산소 분자량}(M_w) = 32 \end{cases}$

$$\therefore\ m_V(\text{L}) = \frac{1F}{1F} \times \frac{16}{2} \times \frac{22.4\text{L}}{32\text{g}} = 5.6\text{L}$$

정답 ①

---

17 다음 중 쌍극자 모멘트가 0인 것은?

① $CHCl_3$ ② NCl_3

③ H_2S ④ BF_3

정답분석 비극성 공유결합(Nonpolar Covalent Bond)을 형성하는 분자는 전기음성도가 같은 원자간에 결합되었거나 전기음성도가 다르지만 대칭구조를 갖는 분자들이다.

비극성 공유결합 분자들은 전자의 대칭적 분포에 의하여 결합분자에 양극 또는 음극이 없으며, 극성분자(極性分子, Polar Molecule)에 비해 일반적으로 분자간의 인력(引力)이 적고, 반 데르 발스의 힘이라는 유사극성으로 결합력이 강화되기도 한다.

쌍극자 모멘트(Dipole Moment)는 같은 분자식에서 서로 다른 구조를 갖는 분자를 구별하기 위하여 사용된다. 비극성 공유결합을 형성하고 있는 분자는 물에 잘 용해되지 않으며, 전자가 고르게 분포되어 있고, 쌍극자 모멘트가 0이다.

여기에 속하는 분자는 CO_2, O_2, N_2, I_2, CH_4, BF_3, BCl_3, C_6H_6, CCl_4, PF_5 등이 있다. 영구 쌍극자 모멘트가 없는 비극성 분자들은 런던 분산력을 통해 서로 끌어당기는 힘이 작용한다.

참고 크기가 같은 양(陽)과 음(陰) 두 극(極)이 아주 가까운 거리를 두고 마주하고 있을 때, 이 두 극을 쌍극자(雙極子, Dipole)라고 하는데, 이때 두 극의 세기와 거리를 곱한 것을 쌍극자 모멘트(Dipole Moment)라고 한다. 이는 음극에서 양극으로 향하는 벡터(Vector)로 나타낸다. 따라서 쌍극자 모멘트는 한 분자의 음전하의 무게중심과 양전하의 무게중심이 정확히 일치되지 않을 때 생기게 되므로 분자 내 화학결합의 극성의 정도를 나타내는 척도로 이용되고, 분자의 이온성과 전기음성도차를 측정하는 데에도 유용하다.

두 원자의 전기음성도(Electro Negativity) 차가 커지면, 결합의 극성이 커지고, 결합 쌍극자모멘트 또한 커진다.

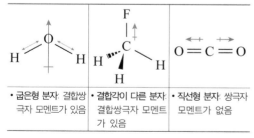

• 굽은형 분자: 결합쌍극자 모멘트가 있음	• 결합각이 다른 분자: 결합쌍극자 모멘트가 있음	• 직선형 분자: 쌍극자 모멘트가 없음

정답 ④

18 다음 중 할로젠원소에 대한 설명 중 옳지 않은 것은?

① 아이오딘드의 최외각 전자는 7개이다.

② 브로민은 상온에서 적갈색 기체로 존재한다.

③ 염화이온은 염화은의 흰색 침전 생성에 관여한다.

④ 할로젠 원소 중 원자 반지름이 가장 작은 원소는 F이다.

 정답분석 상온에서 액체로 존재하는 원소는 금속인 수은(Hg)과 비금속인 브로민(브롬, Br)이다. 브로민은 상온에서 액체로 존재하며, 적갈색을 띠고 부식성, 독성, 휘발성이 크며, 증기는 강한 자극적인 냄새가 난다. 할로젠 원소는 주기율표 17족 원소로 F(플루오르), Cl(염소), Br(브로민), I(아이오딘) 등이 이에 해당한다. 17족 원소의 원자가 전자는 모두 7개이고, 할로젠 원소 중 원자 반지름이 가장 작은 원소는 F이다. 염화이온(Cl^-)은 은이온(Ag^+)과 반응하여 염화은의 흰색 앙금을 형성한다. (Ag^+ + Cl^- → $AgCl\downarrow$)

정답 ②

19 다음 중 물이 산으로 작용하는 반응은?

① $NH_4^+ + H_2O \rightarrow NH_3 + H_3O^+$

② $CH_3COO^- + H_2O$

  $\rightarrow CH_3COOH + OH^-$

③ $HCOOH + H_2O$

  $\rightarrow HCOO^- + H_3O^+$

④ $HCl + H_2O \rightarrow H_3O^+ + Cl^-$

 정답분석 수용액(水溶液)에서 H^+을 내놓는 물질이 산(酸, Acid)이며, CH_3COO^-이 H^+을 받아 CH_3COOH로 생성되었기 때문에 ②의 물이 산(酸)으로 작용한다.

정답 ②

20 다음 중 나이트로벤젠을 수소로 환원하여 만드는 물질은 무엇인가?

① 페놀   ② 아닐린

③ 톨루엔   ④ 벤젠술폰산

 정답분석 나이트로벤젠(Nitrobenzene, $C_6H_5NO_2$)을 수소로 환원하여 만든 물질은 방향족 아민, 즉 아닐린($C_6H_5NO_2$ → $C_6H_5NH_2$)이다.

아닐린($C_6H_5NH_2$)은 제4류 위험물 중 제3석유류로 분류되고 있다.

$$\text{NO}_2 \quad + \quad 3\,H_2 \quad \xrightarrow[\text{촉매환원}]{\text{Catalyst}} \quad \text{NH}_2 \quad + \quad 2\,H_2O$$

니트로벤젠   아닐린

정답 ②

21

위험물제조소 등에 옥내소화전이 1층에 6개, 2층에 5개, 3층에 4개가 설치되었다. 이때 수원의 수량은 몇 m³ 이상이 되도록 설치하여야 하는가?

① 23.4   ② 31.8

③ 39.0   ④ 46.8

정답분석 옥내소화전의 수원수량은 소화전이 가장 많이 설치된 층을 기준으로 하며, 옥내소화전의 개수(n)는 최대 5개이다.

계산 수원의 수량은 다음과 같이 산정한다.

    ▫ 수원의 수량(Q) = 소화전 개수(n) × 7.8

    ▫ 설치개수가 가장 많은 2층은 6개이지만 소화전 개수는 최대 5개까지 유효 → $n = 5$

$$\therefore \ Q = 5 \times 7.8\text{m}^3 = 39\,\text{m}^3$$

정답 ③

22

드라이아이스의 성분을 올바르게 나타낸 것은?

① H_2O

② CO_2

③ $H_2O + CO_2$

④ $N_2 + H_2O + CO_2$

정답분석 고압의 기체를 저압으로 하게 되면 온도가 급격히 냉각되어지는 줄 – 톰슨(Joule-Thomson) 효과에 의해 CO_2에서 고체상태인 드라이아이스가 만들어진다. 드라이아이스가 주위의 열을 흡수하여 승화하면서 이산화탄소 소화기의 냉각소화 작용을 하는 것이다.

정답 ②

23

소화약제로서 물이 가지는 특성에 대한 설명으로 옳지 않은 것은?

① 기화팽창률이 커서 질식효과가 있다.

② 증발잠열이 커서 기화 시 다량의 열을 제거한다.

③ 용융잠열이 커서 주수 시 냉각효과가 뛰어나다.

④ 유화효과(Emudification Effect)도 기대할 수 있다.

정답분석 물의 냉각효과가 뛰어난 것은 액체 중 가장 큰 증발잠열(기화잠열, 539cal/g)을 가지기 때문이다.

정답 ④

24

제4류 위험물을 저장하는 방법으로 옳지 않은 것은?

① 액체의 누설을 방지한다.

② 통풍이 잘 되는 냉암소에 저장한다.

③ 화기 및 점화원으로부터 먼 곳에 저장한다.

④ 정전기가 축적되도록 저장한다.

정답분석 제4류 위험물은 정전기가 축적되지 않도록 저장하여야 한다.

참고 제4류 위험물의 저장·취급 방법

    ▫ 용기는 밀전하여 통풍이 잘 되는 냉암소에 저장한다.

    ▫ 화기 및 점화원으로부터 먼 곳에 저장한다.

    ▫ 증기 및 액체의 누설에 주의하여 저장한다.

    ▫ 인화점 이상 가열하지 않도록 해야 한다.

    ▫ 정전기의 발생에 주의하여 저장·취급한다. → 다이에틸에터 등을 저장할 때는 정전기 생성방지를 위해 약간의 $CaCl_2$를 넣어준다.

정답 ④

25 위험물취급소의 건축물 연면적이 500m²인 경우 소요단위는? (단, 외벽은 내화구조이다.)

① 2단위   ② 5단위

③ 10단위   ④ 50단위

[정답분석] 제조소 또는 취급소의 건축물로 외벽이 내화구조인 것은 연면적 100m²를 1소요단위로 한다.

[참고] 위험물취급소의 소요단위는 다음과 같이 산정한다.

□ 소요단위 = 연면적 × $\dfrac{1단위}{100m^2}$

∴ 소요단위 = $500m^2 × \dfrac{1단위}{100m^2} = 5$

[참고] **소요단위와 그 산정기준** : 소요단위는 소화설비의 설치대상이 되는 건축물·공작물의 규모 또는 위험물의 양의 기준단위를 의미하며, 건축물 그 밖의 공작물 또는 위험물의 소요단위의 산정방법은 다음 기준에 따른다.

□ **제조소 또는 취급소의 건축물**
  - 외벽이 내화구조인 것 : 연면적 100m²를 1소요단위로 한다.
  - 외벽이 내화구조가 아닌 것 : 연면적 50m²를 1소요단위로 한다.

□ **저장소의 건축물**
  - 외벽이 내화구조인 것 : 연면적 150m²를 1소요단위로 한다.
  - 외벽이 내화구조가 아닌 것 : 연면적 75m²를 1소요단위로 한다.

□ **위험물의 양** : 지정수량의 10배를 1소요단위로 한다.

정답 ②

26 위험물안전관리법령상 옥내소화전설비의 비상전원은 자가발전설비 또는 축전지 설비로 옥내소화전 설비를 유효하게 몇 분 이상 작동할 수 있어야 하는가?

① 10분   ② 20분

③ 45분   ④ 60분

[정답분석] 옥내소화전설비, 옥외소화전설비, 물분무 소화설비의 비상전원은 자가발전설비 또는 축전지설비로 옥내소화전설비를 유효하게 45분 이상 작동할 수 있어야 한다.

정답 ③

27 분말소화기에 사용되는 소화약제 주성분이 아닌 것은?

① NaHCO₃

② KHCO₃

③ NH₄H₂PO₄

④ NaOH

[정답분석] NaOH(가성소다)는 분말 소화약제에 속하지 않는다.
□ 제1종 분말 소화약제 : $NaHCO_3$(탄산수소나트륨)
□ 제2종 분말 소화약제 : $KHCO_3$(탄산수소칼륨)
□ 제3종 분말 소화약제 : $NH_4H_2PO_4$(인산이수소암모늄)
□ 제4종 분말 소화약제 : $KHCO_3 + (NH_2)_2CO$

[참고] 분말 소화약제는 탄산수소나트륨($NaHCO_3$), 탄산수소칼륨($KHCO_3$), 제1인산암모늄($NH_4H_2PO_4$) 등의 물질을 미세한 분말로 만들어 유동성을 높인 후 이를 질소 또는 이산화탄소의 가스압으로 분출·소화하는 약제이다. 분출되는 분말의 입자는 $10 \sim 70\mu m$범위이지만 최적의 소화효과를 나타내는 입자는 $20 \sim 25\mu m$범위이다.

구분	1종	2종	3종	4종
주성분	$NaHCO_3$	$KHCO_3$	$NH_4H_2PO_4$	$KHCO_3$ $(NH_2)_2CO$
착색	백색	보라색 담회색	담홍색	회색

정답 ④

28 제3종 분말소화약제 사용 시 발생되는 것으로 방염성과 부착성이 좋은 막을 형성하는 물질은?

① HPO_3

② Na_2CO_3

③ K_2CO_3

④ CH_3COOH

 제3종 분말 소화약제의 주성분은 제1인산암모늄(인산이수소암모늄, $NH_4H_2PO_4$)이다. 제1인산암모늄이 고온의 화염과 접촉하여 1차 열분해 할 때 올소인산(H_3PO_4)이 생성되고, 올소인산(H_3PO_4)이 다시 고온에서 2차 분해되면 최종적으로 가장 안정된 유리상의 메타인산(HPO_3)이 된다. 이 메타인산은 가연성 물질이 숯불형태로 연소하는 것을 방지하는 작용으로 숯불에 융착하여 유리상의 피막을 이루어 산소의 유입을 차단하는 소화효과를 발휘하는데 이를 방진효과라 한다.

□ $NH_4H_2PO_4 \rightarrow HPO_3 + NH_3 + H_2O$(360℃ 이상)

[참고] **제3종 분말소화약제($NH_4H_2PO_4$)**

□ A, B, C급 소화에 적응성이 있는 분말소화제

□ $NH_4H_2PO_4 \xrightarrow[\text{흡 열 반 응}]{\text{저 온 (166℃)}} H_3PO_4 + NH_3$

□ $NH_4H_2PO_4 \xrightarrow[\text{흡 열 반 응}]{\text{고 온 (360℃↑)}} HPO_3 + NH_3 + H_2O$

• 올소인산(H_3PO_4) : 섬유소의 탈수·탄화 효과를 유발하여 난연성(難燃性)으로 전환시키는 작용을 함
• 메타인산(HPO_3) : 가연성 물질이 숯불형태로 연소하는 것을 방지하는 작용을 하는(방염성·부착성 향상) 막을 형성함
• 암모늄이온(NH_4^+) : 부촉매효과
• H_2O : 냉각효과

정답 ①

---

29 스프링클러 설비의 장점이 아닌 것은?

① 소화약제가 물이므로 비용이 절감된다.

② 초기 시공비가 적게 든다.

③ 화재 시 사람의 조작 없이 작동이 가능하다.

④ 초기화재의 진화에 효과적이다.

 스프링클러설비는 초기 시공비가 많이 든다.

[참고] **스프링클러설비의 장·단점**

장 점	단 점
• 초기화재의 진화에 효과적이다.	• 초기 시공비가 많이 든다.
• 소화약제가 물이므로 가격이 저렴하다.	• 다른 소화설비보다 시공이 복잡하다.
• 사람의 조작없이 자동적으로 화재를 감지하여 작동한다.	• 물로 인한 피연소 물질에 2차 피해를 유발한다.

정답 ②

30
다음 제1류 위험물 중 물과의 접촉이 가장 위험한 것은?

① 아염소산나트륨
② 과산화나트륨
③ 과염소산나트륨
④ 다이크로뮴산암모늄

 Na_2O_2, K_2O_2는 알칼리금속의 과산화물로 금수성 물질이기 때문에 화재 시 탄산수소염류 소화기, 건조사, 팽창질석 또는 팽창진주암 등으로 질식소화 하는 것이 적합하다.

□ $2Na_2O_2 + 2H_2O \rightarrow 4NaOH + O_2$

   $2K_2O_2 + 2H_2O \rightarrow 4KOH + O_2$

□ Na_2O_2는 황색~백색 분말로 물과 잘 반응하며, NaOH와 산소를 생성하고 강한 산화제이면서 가연성이고, 환원제와는 신속하게 반응한다. 과산화칼륨 (K_2O_2)은 흰색 ~ 녹색(연두색) 결정성 고체로 수용성이며, 비중은 물보다 무거운 약 2.14이다.

□ 과산화나트륨(Na_2O_2)은 제1류 위험물 중 무기과산화물(알칼리금속의 과산화물)로 가연성은 없지만 다른 물질의 연소를 도와주며, 가연성 물질과 접촉할 경우, 화재 및 폭발 위험이 있다.

[참고] 물과 접촉하면 격렬한 발열반응, 화재 또는 폭발 등을 일으키는 물질은 다음과 같다.

□ 제1류 위험물 중 무기과산화물류 : 과산화나트륨, 과산화칼륨, 과산화칼슘, 과산화마그네슘, 과산화바륨, 과산화리튬, 과산화베릴륨 등
□ 제2류 위험물 중 금속분, 마그네슘, 철분, 황화인
□ 제3류 위험물 : 칼륨, 나트륨, 알킬알루미늄, 알킬리튬, 유기금속화합물류, 금속수소화합물류, 금속인화물류, 칼슘 또는 알루미늄의 탄화물류 등
□ 제6류 위험물 : 과염소산, 과산화수소, 황산, 질산
□ 특수인화물 : 다이에틸에터, 콜로디온 등

정답 ②

31
다음 보기의 물질 중 위험물안전관리법령상 제1류 위험물에 해당하는 것의 지정수량을 모두 합산한 값은?

<보기>
퍼옥소이황산염류, 아이오딘산, 과염소산, 차아염소산염류

① 350kg
② 400kg
③ 650kg
④ 1,350kg

 제1류 위험물(산화성 고체)에 해당하는 것은 아염소산염류, 염소산염류, 과염소산염류, 무기과산화물, 브로민산염류, 질산염류, 아이오딘산염류, 과망가니즈산염류, 다이크로뮴산염류 등이다.

□ 제1류 위험물의 지정수량

• 50kg인 것 : 무기과산화물(과산화칼륨, 과산화나트륨), 아염소산염류(아염소산나트륨, 아염소산칼륨), 과염소산염류(과염소산나트륨, 과염소산칼륨), 차아염소산염류

• 300kg인 것 : 질산염류(질산나트륨, 질산칼륨, 질산암모늄), 아질산염류, 퍼옥소이황산염류(과황산나트륨), 퍼옥소붕산염류, 아이오딘산염류, 과아이오딘산, 브로민산염류, 염소화이소시아눌산

• 100kg인 것 : 과망가니즈산염류, 다이크로뮴산염류

[계산] 제시된 물질 중 제1류 위험물에 해당하는 것은 퍼옥소이황산염류(과황산나트륨, $Na_2S_2O_8 - 300kg$), 차염소산염류 - 50kg이다.

∴ 지정수량 총합 = 300 + 50 = 350kg

정답 ①

32 이산화탄소 소화설비의 배관의 설치기준으로 올바른 것은?

① 원칙적으로 겸용이 가능하도록 한다.
② 동관의 배관은 고압식인 경우 16.5MPa 이상의 압력에 견뎌야 한다.
③ 관이음쇠는 저압식의 경우 5.0MPa 이상의 압력에 견뎌야 한다.
④ 배관의 가장 높은 곳과 낮은 곳의 수직거리는 30m 이하이어야 한다.

정답분석 동관(銅管)의 배관은 이음이 없는 동합금판으로 고압식인 것은 16.5MPa 이상, 저압식인 것은 3.75MPa 이상의 압력에 견딜 수 있는 것을 사용하여야 한다.

참고 이산화탄소를 방사하는 배관 설치기준
□ 강관배관 : 압력배관용 탄소강관 중에서 고압식인 것은 스케줄 80 이상, 저압식인 것은 스케줄 40 이상의 것 또는 이와 동등 이상의 강도를 갖는 것으로서 아연도금 등에 의한 방식처리를 한 것을 사용할 것
□ 동관배관 : 이음매 없는 구리 및 구리합금관 또는 이와 동등 이상의 강도를 갖는 것으로서 고압식인 것은 16.5MPa 이상, 저압식인 것은 3.75MPa 이상의 압력에 견딜 수 있는 것을 사용할 것
□ 관이음쇠 : 고압식인 것은 16.5MPa 이상, 저압식인 것은 3.75MPa 이상의 압력에 견딜 수 있는 것으로서 적절한 방식처리를 한 것을 사용할 것
□ 낙차(배관의 가장 높은 곳과 낮은 곳의 수직거리) : 50m 이하일 것

정답 ②

33 불활성가스 소화약제 중 "IG-55"의 성분 및 그 비율을 올바르게 나타낸 것은? (단, 용량비 기준이다)

① 질소 : 이산화탄소=55 : 45
② 질소 : 이산화탄소=50 : 50
③ 질소 : 아르곤=55 : 45
④ 질소 : 아르곤=50 : 50

정답분석 IG-55는 질소와 아르곤(N_2-Ar)의 용량비가 50 대 50인 혼합물이다.

정리 □ IG-100 : N_2 100%
□ IG-55 : N_2-Ar=50 대 50
□ IG-541 : $N_2-Ar-CO_2$=52 대 40 대 8

정답 ④

34 강화액 소화약제에 첨가하는 물질은 무엇인가?

① $KClO_3$
② Na_2CO_3
③ K_2CO_3
④ CH_3COOH

정답분석 강화액 약제는 물(H_2O) 소화약제의 동결현상을 극복하고, 소화능력을 증대시키기 위해 탄산칼륨(K_2CO_3), 중탄산나트륨($NaHCO_3$), 황산암모늄[$(NH_4)_2SO_4$], 인산암모늄[$(NH_4)H_2PO_4$] 및 침투제 등을 첨가한 약알칼리성 약제이다.

참고 강화액의 조건과 화재 적응성
□ 강화액의 조건
• 강화액 소화약제는 알칼리 금속염류의 수용액인 경우에는 알칼리성 반응을 나타내어야 하며, 응고점이 영하 20℃ 이하이어야 한다.
• 방사되는 강화액은 방염성이 있고, 또한 응고점(동결점)이 영하 20℃ 이하이어야 한다.
• 소화작용으로는 부촉매효과에 의한 화염의 억제작용과 재연소방지 작용이 있어야 한다.
□ 화재 적응성 : 적응화재는 입자형태에 따라 봉상일 때는 A급 화재(일반화재), 무상일 경우에는 A, B, C급(일반, 유류, 전기) 화재에 적용된다.

정답 ③

35 할로젠화합물 소화설비 기준에서 할론 2402를 가압식 저장용기에 저장하는 경우 충전비로 올바른 것은?

① 0.51 이상 0.67 이하
② 0.7 이상 1.4 미만
③ 0.9 이상 1.6 이하
④ 0.67 이상 2.75 이하

정답분석 저장용기의 충전비는 소화약제 중량(kg)에 대한 용기 내용적(L)의 비율로서 할론 2402를 저장하는 것 중 가압식 저장용기는 0.51 이상 0.67 미만, 축압식 저장용기는 0.67 이상 2.75 이하로 하여야 한다.

정리 할론류의 충전비
□ 할론 2402($C_2F_4Br_2$)
• 가압식 : 0.51 이상 0.67 미만
• 축압식 : 0.67 이상 2.75 이하
□ 할론 1211(CF_2ClBr) : 0.7 이상 1.4 이하
□ 할론 1301(CF_3Br) : 0.9 이상 1.6 이하

정답 ①

36 위험물의 저장액(보호액)으로 틀린 것은?

① 금속나트륨 - 등유
② 황린 - 물
③ 나이트로셀룰로오스 - 알코올
④ 인화칼슘 - 물

정답분석 인화칼슘(Ca_3P_2=인화석회)는 물과 격렬히 반응하여 폭발성 가스인 포스핀(Phosphine, PH_3)을 발생시킨다. 인화석회의 보호액은 알코올이다.

□ $Ca_3P_2 + 6H_2O \rightarrow 2PH_3 + 3Ca(OH)_2$

정리 위험물의 특이한 저장(보호액)(꼭 정리 해 둘 것!!)

□ 물에 안전하고, 불용성이며, 물속에 저장하는 위험물
→ 황린(P_4), 이황화탄소(CS_2)
□ 등유(석유)에 저장하는 위험물 → 금속 칼륨(K), 나트륨(Na), 리튬(Li)
□ 알코올에 저장하는 위험물 → 나이트로셀룰로오스(니트로셀룰로오스), 인화칼슘(인화석회)
□ 알킬알루미늄, 알킬리튬은 물 또는 공기와 접촉하면 폭발한다. → 헥세인(헥산) 속에 저장
□ 알킬알루미늄, 탄화칼슘 → 질소 등 불활성가스 충진

정답 ④

37 프로페인 2m³이 완전연소할 때 필요한 이론 공기량은 약 몇 m³인가? (단, 공기 중 산소농도는 21vol%이다)

① 23.27 ② 35.52
③ 47.62 ④ 69.43

정답분석 이론공기량의 부피는 이론산소량의 부피를 토대로 다음과 같이 계산한다.

□ $A_o = O_o \times \dfrac{1}{0.21}$ $\begin{cases} A_o : \text{이론공기량} \\ O_o : \text{이론산소량} \\ 0.21 : \text{공기 중의 산소 함량비} \end{cases}$

계산 프로페인(프로판)의 이론 공기량은 다음과 같이 산출한다.

□ $O_o = \text{프로판량} \times \text{산소와의 반응비}\left(\dfrac{\text{산소량}}{\text{프로판}}\right)$

□ $\begin{cases} C_3H_8 + 5O_2 \rightarrow 3CO_2 + 4H_2O \\ 22.4m^3 : 5 \times 22.4m^3 \end{cases}$

$\therefore A_o = 2m^3 \times \left(\dfrac{5 \times 22.4m^3}{22.4m^3}\right) \times \dfrac{1}{0.21} = 47.62m^3$

정답 ③

38 포 소화약제의 주된 소화효과를 바르게 나열한 것은?

① 냉각소화, 질식소화
② 억제소화, 질식소화
③ 냉각소화, 억제소화
④ 제거소화, 질식소화

정답분석 포 소화약제는 냉각, 질식, 유화, 희석작용이 소화 메커니즘으로 작용한다. 여기서, 단순히 포 소화약제라고 할 경우는 기계포 소화약제를 의미한다.

정답 ①

39 위험물안전관리법령상 이동탱크저장소에 의한 위험물의 운송 시 위험물운송자가 위험물안전카드를 휴대하지 않아도 되는 물질은?

① 휘발유
② 과산화수소
③ 경유
④ 벤조일퍼옥사이드

정답분석 위험물(제4류 위험물에 있어서는 특수인화물 및 제1석유류에 한함)을 운송하게 하는 자는 위험물안전카드를 위험물운송자로 하여금 휴대하게 하여야 한다. 경유는 제4류 위험물 중 제2석유류에 속하므로 이에 해당하지 않는다.

정답 ③

40 과산화수소의 화재예방 방법으로 옳지 않은 것은?

① 암모니아의 접촉은 폭발의 위험이 있으므로 피한다.
② 완전히 밀전·밀봉하여 외부 공기와 차단한다.
③ 불투명 용기를 사용하여 직사광선이 닿지 않게 한다.
④ 분해를 막기 위해 분해방지 안정제를 사용한다.

정답분석 과산화수소(H_2O_2)는 제6류 위험물(산화성 액체)로 농도가 36wt% 이상의 것만 위험물로 취급하는데, 보통 시판용은 30~35%의 농도이며, 분해될 때 산소를 발생하기 때문에 내압에 의해 파열될 수 있으므로 저장 용기는 밀전하지 않고, 구멍이 뚫린 마개를 사용한다. 분해를 방지하기 위해 햇빛이 투과하지 않는 갈색 병에 보관하며, 인산이나 요산의 분해방지 안정제를 첨가한다.

정답 ②

41 다음 중 질산나트륨에 대한 설명으로 틀린 것은?

① 검은색의 분말 형태이다.
② 조해성이 크고 흡습성이 강하다.
③ 가열하면 산소를 방출한다.
④ 충격, 마찰, 타격 등을 피해야 한다.

정답분석 질산나트륨($NaNO_3$)은 제1류위험물(산화성 고체)의 질산염류(지정수량 300kg)이다. 외관은 무색 또는 담황색, 백색을 띤다. 냄새가 없고, 물에 잘 녹으며, 에탄올에는 약간 녹는다. 조해성이 크고 흡습성이 강하며, 비중은 2.26으로 물보다 무겁다.
질산나트륨($NaNO_3$)은 불연성이고, 조해성이 있으며, 다량의 산소를 함유하고 있는 강력한 산화제(강산화제)로서 가열·분해하면 산소를 방출하므로 충격, 마찰, 타격 등을 피해야 한다.
일명 칠레초석으로 불리며, 유기물과 혼합되면 저온에서도 폭발한다.

$$□\ 2NaNO_3 \xrightarrow[\text{산소 발생}]{380℃\ 이상} O_2 + 2NaNO_2$$

참고 제1류 위험물 중 검은색 계열의 색깔을 갖는 것은 NH_4MnO_4(흑자색)과 PbO_2(흑갈색)이 있다.

참고 질산나트륨($NaNO_3$)은 제1류 위험물 중 알칼리금속의 과산화물 이외의 것으로 불활성 가스 소화설비, 이산화탄소 소화기, 할로젠화합물소화기, 탄산수소염류 분말소화기에는 적응성이 없다.

참고 제1류 위험물(산화성 고체)의 용해도 특성
□ 물에 잘 녹는 것 : 아염소산나트륨($NaClO_2$), 과염소산나트륨($NaClO_4$), 과염소산암모늄(NH_4ClO_4), 브로민산나트륨($NaBrO_3$), 질산나트륨($NaNO_3$), 아이오딘산칼륨(KIO_3), 과망가니즈산나트륨($NaMnO_4$), 과망가니즈산암모늄(NH_4MnO_4)
□ 물에 녹지 않는 것 : 과아이오딘산칼륨(KIO_4)
□ 냉수, 알코올에는 녹지 않지만 온수, 글리세린에 녹는 것 : 염소산칼륨($KClO_2$)
□ 물, 알코올에도 녹지 않는 것 : 과산화칼슘(CaO_2)

참고 제1류 위험물(산화성 고체)의 공통적인 성질
□ 불연성이며, 무기화합물로서 강산화제로 작용한다.
□ 다량의 산소를 함유하고 있는 강력한 산화제로서 분해하면 산소를 방출한다.
□ 열·충격·마찰 또는 분해를 촉진하는 약품과 접촉할 경우 폭발할 위험성이 있다.
□ 다른 약품과 접촉할 경우 분해하면서 다량의 산소를 방출하기 때문에 다른 가연물의 연소를 촉진하는 성질이 있다.

정답 ①

42 다음 중 위험물의 유(類)별 구분이 나머지 셋과 다른 하나는?

① 다이크로뮴산나트륨
② 과염소산마그네슘
③ 과염소산칼륨
④ 과염소산

정답분석 과염소산($HClO_4$)은 제6류 위험물(산화성 액체, 지정수량 300kg)이고, 나머지는 제1류위험물(산화성 고체)로 분류되는 물질이다.

정답 ④

43 제4류 위험물 중 제1석유류를 저장, 취급하는 장소에서 정전기를 방지하기 위한 방법으로 볼 수 없는 것은?

① 가급적 습도를 낮춘다.
② 주위 공기를 이온화시킨다.
③ 위험물을 저장, 취급설비를 접지시킨다.
④ 사용기구 등은 도전성 재료를 사용한다.

정답분석 정전기가 발생할 우려가 있는 장소는 가급적 습도를 높게(상대습도 70% 이상) 유지하여야 한다.

참고 정전기 대책 : 일반적인 대책으로서는 접지하는 방법을 취하고 있지만 취급하는 물질 및 작업형태 등에 의해서 단독으로 혹은 다음의 방법을 조합해서 이용한다.
□ 폭발성분위기의 회피(불활성가스에 의한 봉인 등)
□ 전도성 구조(유동하거나 분출하고 있는 액체는 일반적으로 전도율에 관계없이 접지에 의해서 대전을 방지할 수 없다)
□ 액체 전도율의 증가(첨가제 등)
□ 정전기의 중화(주위 공기의 이온화 등)
□ 유속제한
□ 습도조정(상대습도 70% 이상)
□ 인체의 대전방지

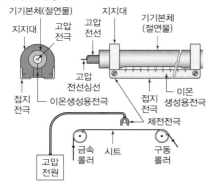

<그림> 정전기의 중화(주위 공기의 이온화 방법)

정답 ①

44 위험물안전관리법령상 $C_6H_2(NO_2)_3OH$의 품명에 해당하는 것은?

① 유기과산화물

② 질산에스터류

③ 나이트로화합물

④ 아조화합물

정답분석 $C_6H_2(NO_2)_3OH$는 제5류 위험물(자기반응성 물질)로 분류되는 나이트로화합물(Nitro Compound) 중 트라이나이트로페놀(피크린산, TNP)으로 불리는 위험물(지정수량 200kg)이다. 300℃ 이상으로 가열할 경우 폭발한다.

<그림> Trinitrophenol(Picric acid)

정답 ③

45 오황화인이 물과 작용하여 발생하는 기체로 올바른 것은?

① 이황화탄소 ② 황화수소

③ 포스겐가스 ④ 인화수소

정답분석 오황화인(P_2S_5)은 담황색 고체로 조해성, 흡습성을 가지며, 물과 알칼리에 녹는다. 물 또는 산과 반응하여 가연성 기체인 황화수소(H_2S)가 발생된다. 황화수소(H_2S)는 가연성의 무색의 기체로 달걀 썩는 냄새가 나며 유독하다.

▫ $P_2S_5 + 8H_2O \rightarrow 5H_2S + 2H_3PO_4$

<그림> 오황화인(P_2S_5)

공기 중 오황화인의 발화온도는 약 140℃이므로 자연발화 하지 않는다.

정답 ②

46 다음 중 물과 반응하면 에테인 가스가 발생하는 것은?

① $(C_2H_5)_3Al$

② Li

③ C_2H_5OH

④ $C_2H_5OC_2H_5$

정답분석 트라이에틸알루미늄$[(C_2H_5)_3Al]$은 무색·투명한 액체로 자연발화성이 강하여 공기와 접촉하면 흰 연기를 내며 연소하고, 물과 접촉하면 폭발적으로 반응하여 가연성의 에테인(에탄)가스를 발생시키며 폭발의 위험이 있기 때문에 주수소화가 위험하다. 따라서 마른 모래, 팽창질석 또는 팽창진주암 등으로 질식소화 한다.

▫ $2(C_2H_5)_3Al + 21O_2 \rightarrow 12CO_2 + Al_2O_3 + 15H_2O$

▫ $(C_2H_5)_3Al + 3H_2O \rightarrow Al(OH)_3 + 3C_2H_6$

에틸리튬(C_2H_5Li)도 물과 반응하면 에테인(에탄)가스를 발생시킨다.

▫ $(C_2H_5)Li + H_2O \rightarrow C_2H_6 + LiOH$

정답 ①

47 옥외탱크저장소에서 취급하는 위험물의 최대수량에 따른 보유 공지너비가 틀린 것은? (단, 원칙적인 경우에 한한다)

① 지정수량 500배 이하 - 3m 이상

② 지정수량 500배 초과 1,000배 이하 - 5m 이상

③ 지정수량 1,000배 초과 2,000배 이하 - 9m 이상

④ 지정수량 2,000배 초과 3,000배 이하 - 15m 이상

정답분석 지정수량의 2,000배 초과 3,000배 이하는 12m 이상으로 하여야 한다.

정답 ④

48 질산나트륨을 저장하고 있는 옥내저장소(내화구
조의 격벽으로 완전히 구획된 실이 2이상 있는
경우에는 동일한 실)이 함께 저장하는 것이 법적
으로 허용되는 것은? (단, 위험물을 유별로 정리
하여 서로 1m 이상의 간격을 두는 경우이다.)

① 적린
② 인화성 고체
③ 동식물유류
④ 과염소산

 정답분석 원칙적으로 유별을 달리하는 위험물은 동일한 저장소(내
화구조의 격벽으로 완전히 구획된 실이 2 이상 있는 저장
소에 있어서는 동일한 실)에 저장하지 아니하여야 한다.
다만, 옥내저장소 또는 옥외저장소에 있어서 다음의 규정
에 의한 위험물을 저장하는 경우로서 위험물을 유별로 정
리하여 저장하는 한편, 서로 1m 이상의 간격을 두는 경우
에는 그러하지 아니하다(중요기준).

◻제1류 위험물
　•제1류 위험물(알칼리금속의 과산화물 제외)과 제5류
　위험물을 저장하는 경우
　•제1류 위험물(산화성 고체)과 제6류 위험물(산화성
　액체)을 저장하는 경우
　•제1류 위험물과 제3류 위험물 중 자연발화성 물질
　(황린을 함유한 것에 한함)을 저장하는 경우
◻제2류 위험물 중 인화성 고체와 제4류 위험물을 저장하
　는 경우
◻제3류 위험물 중 알킬알루미늄 등과 제4류 위험물(알킬
　알루미늄 또는 알킬리튬에 한함)을 저장하는 경우
◻제4류 위험물 중 유기과산화물 또는 이를 함유하는 것
　과 제5류 위험물 중 유기과산화물 또는 이를 함유한
　것을 저장하는 경우

[참고] **위험물의 혼재기준**

구분	제1류	제2류	제3류	제4류	제5류	제6류
제1류		×	×	×	×	○
제2류	×		×	○	○	×
제3류	×	×		○	×	×
제4류	×	○	○		○	×
제5류	×	○	×	○		×
제6류	○	×	×	×	×	

비고
• "×" 표시는 혼재할 수 없음을 표시한다.
• "○" 표시는 혼재할 수 있음을 표시한다.
질산나트륨($NaNO_3$)은 산화성 고체로서 제1류 위험물이
다. 따라서 산화성 액체인 과염소산($HClO_4$)은 제6류 위
험물이므로 혼재가능하다는 것을 참조하면 어려운 유형의
문제에 대한 정답을 찾는데 도움이 된다.

정답 ④

49 위험물안전관리법령상 옥내저장탱크의 상호 간
에는 몇 m 이상의 간격을 유지하여야 하는가?
(단, 탱크의 점검 및 보수에 지장이 없는 경우는
제외한다.)

① 0.3　　　　② 0.5
③ 1.0　　　　④ 1.5

 정답분석 옥내탱크저장소에서 탱크와 탱크전용실의 벽과의 사이
및 옥내저장탱크의 상호간에는 0.5m 이상의 간격을 유
지하여야 한다.

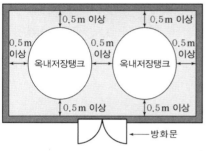

정답 ②

50 질산나트륨 90kg, 유황 70kg, 클로로벤젠
2,000L 각각의 지정수량의 배수의 총합은?

① 2　　　　② 3
③ 4　　　　④ 5

 정답분석 질산나트륨($NaNO_3$)은 제1류 위험물로서 지정수량
300kg이고, 유황은 제2류 위험물로서 지정수량 100kg,
클로로벤젠은 제4류 위험물(제2석유류)로서 지정수량
1000L이다.

[계산] 다음 관계식을 이용하여 지정수량 배수의 총합을 구한다.

◻ 지정수량 배수합 $= \dfrac{A의\ 수량}{A지정수량} + \dfrac{B의\ 수량}{B지정수량} + \cdots +$

∴ 배수 $= \dfrac{90kg}{300kg} + \dfrac{70kg}{100kg} + \dfrac{2,000L}{1,000L} = 3$

정답 ②

51 자연발화를 방지하는 방법으로 가장 거리가 먼 것은?

① 통풍이 잘되게 할 것
② 열의 축적을 용이하지 않게 할 것
③ 저장실의 온도를 낮게 할 것
④ 습도를 높게 할 것

 자연발화를 방지하기 위해서는 통풍을 잘 하여 열이 축적되지 않도록 하여야 하며, 온도와 습도가 모두 낮은 곳에 저장하여야 한다.
주위의 온도가 높을수록, 표면적이 클수록, 열전도율이 낮을수록, 발열량이 높을수록 자연발화가 잘 일어난다.

정답 ④

52 위험물 운반용기 외부에 표시하는 주의사항을 잘못 나타낸 것은?

① 적린 : 화기주의
② 과산화수소 : 화기주의
③ 아세톤 : 화기엄금
④ 탄화칼슘 : 물기엄금

 과산화수소(H_2O_2)는 제6류 위험물이므로 운반용기에 "가연물접촉주의" 표시를 하여야 한다. 적린(赤燐)은 제2류 위험물(화기주의), 아세톤은 제4류 – 제1석유류(화기엄금), 탄화칼슘은 제3류 위험물 중 금수성 물질로(화기엄금) 표시를 하여야 한다.

참고 □ 제1류 위험물
  • 알칼리금속의 과산화물 → "화기 · 충격주의", "물기엄금" 및 "가연물접촉주의"
  • 그 밖의 것 → "화기 · 충격주의", "가연물접촉주의"
□ 제2류 위험물
  • 철분 · 금속분 · 마그네슘 → "화기주의", "물기엄금"
  • 인화성 고체(소디움메틸레이트, 마그네슘에틸레이트 등) → "화기엄금"
  • 그 밖의 것 → "화기주의"
□ 제3류 위험물
  • 자연발화성 물질 → "화기엄금" 및 "공기접촉엄금"
  • 금수성 물질 → "물기엄금"
□ 제4류 위험물 → "화기엄금"
□ 제5류 위험물 → "화기엄금" 및 "충격주의"
□ 제6류 위험물 → "가연물접촉주의"

정답 ②

53 염소산나트륨의 성질에 속하지 않는 것은?

① 환원력이 강하다.
② 무색결정이다.
③ 주수소화가 가능하다.
④ 강산과 혼합하면 폭발할 수 있다.

 염소산나트륨($NaClO_3$)은 제1류 위험물(산화성 고체)이므로 산화력(酸化力)이 강하다. 무색, 무취의 입방정계 주상결정으로 물, 알코올 등에 잘 녹고 강산과 혼합하면 폭발성의 과산화수소(H_2O_2)와 이산화염소(ClO_2)를 발생시킨다.

□ $3NaClO_3 \xrightarrow{\text{저온분해}} NaClO_4 + 2ClO_2 + Na_2O$

□ $NaClO_3 \xrightarrow[\text{접촉}]{\text{HCl과}} H_2O_2 + 2ClO_2 + 2NaCl$

정답 ①

54

다음 중 물과 접촉하였을 때 위험성이 가장 높은 것은?

① S
② CH₃COOH
③ C₂H₅OH
④ K

 정답분석

칼륨(K)은 제3류 위험물 중 금수성 물질로 물과 접촉할 경우 수산화칼륨(KOH)과 수소가스(H₂)를 발생하며 발열 · 폭발반응을 한다.

정리 **물과 반응하여 수소가스 발생 위험물**

- $2K + 2H_2O \rightarrow 2KOH + H_2$
- $2Na + 2H_2O \rightarrow H_2 + 2NaOH$
- $Mg + 2H_2O \rightarrow H_2 + Mg(OH)$
- $Ca + 2H_2O \rightarrow H_2 + Ca(OH)$
- $2Al + 3H_2O \rightarrow 3H_2 + Al_2O_3$
- $2Li + 2H_2O \rightarrow H_2 + 2LiOH$
- $Li(AlH_4) + 4H_2O \rightarrow 4H_2 + LiOH + Al(OH)_3$
- $NaH + H_2O \rightarrow H_2 + NaOH$
- $CaH_2 + 2H_2O \rightarrow 2H_2 + Ca(OH)_2$

정리 **물과 반응하여 메테인(메탄)가스 발생 위험물**

- 탄화알루미늄
  $Al_4C_3 + 12H_2O \rightarrow 3CH_4 + 2Al(OH)$
- 트라이메틸알루미늄
  $(CH_3)_3Al + 3H_2O \rightarrow 3CH_4 + Al(OH)_3$
- 메틸리튬
  $(CH_3)Li + H_2O \rightarrow CH_4 + LiOH$
- 탄화망간
  $Mn_3C + 6H_2O \rightarrow CH_4 + H_2 + 3Mn(OH)_2$

정리 **물과 반응하여 에테인(에탄)가스 발생 위험물**

- 트라이에틸알루미늄
  $(C_2H_5)_3Al + 3H_2O \rightarrow 3C_2H_6 + Al(OH)_3$
- 에틸리튬
  $(C_2H_5)Li + H_2O \rightarrow C_2H_6 + LiOH$

정리 **물과 반응하여 아세틸렌(에타인) 발생 위험물**

- 탄화칼슘
  $CaC_2 + 2H_2O \rightarrow C_2H_2 + Ca(OH)_2$

참고 **중요한 반응**(꼭 정리해둘 것!!)

① 과산화칼륨(K_2O_2)은 제1류 위험물(산화성 고체)로 물과 반응 시 산소를 방출한다.
  - $2K_2O_2 + 2H_2O \rightarrow 4KOH + O_2$

② 인화칼슘(Ca_3P_2)는 제3류 위험물(자연발화성 물질 · 금수성 물질)로 물과 반응하여 폭발성 가스인 포스핀(Phosphine, PH_3)을 발생시킨다. 인화석회의 보호액은 알코올이다.
  - $Ca_3P_2 + 6H_2O \rightarrow 2PH_3 + 3Ca(OH)_2$

정답 ④

55

다음 중 금수성 물질로만 나열된 것은?

① K, CaC₂, Na
② KClO₃, Na, S
③ KNO₃, CaO₂, Na₂O₂
④ NaNO₃, KClO₃, CaO₂

 정답분석

금수성 물질로만 나열된 것은 ①의 K(제3류), CaC₂(제3류), Na(제3류)이다.

금수성 물질(禁水性物質)이라 함은 공기중의 수분이나 물과 접촉시 발화하거나 가연성가스의 발생 위험성이 있는 물질을 말한다.

- 제1류 위험물 중 무기과산화물류
  - 과산화나트륨, 과산화칼륨, 과산화마그네슘
  - 과산화칼슘, 과산화바륨, 과산화리튬, 과산화베릴륨
- 제2류 위험물 중 마그네슘, 철분, 금속분, 황화인
- 제3류 위험물
  - 칼륨, 나트륨, 알킬알루미늄, 알킬리튬
  - 알칼리금속 및 알칼리토금속류
  - 유기금속화합물류, 금속수소화합물류
  - 금속인화물류, 칼슘 또는 알루미늄의 탄화물류
- 제4류 위험물 중 특수인화물인 다이에틸에터, 콜로디온 등
- 제6류 위험물 : 과염소산, 과산화수소, 황산, 질산

정답 ①

56 황린을 밀폐용기 속에서 260℃로 가열하여 얻은 물질을 연소시킬 때 주로 생성되는 물질은?

① CO_2 ② CuO

③ PO_2 ④ P_2O_5

 황린(黃燐, 백린)은 제3류 위험물(지정수량 20kg) 로 분류되며, 인(P) 동소체들 중 가장 불안정하고 가장 반응성이 크며, 밀도는 가장 작고 다른 동소체에 비해 독성이 매우 크다.

황린을 260℃정도로 가열하면 적린(赤燐)이 되며, 가연성 고체로 제2류 위험물(지정수량 100kg)로 분류된다. 적린(P)은 황린에 비하여 화학반응성은 비활성으로 고온이 되지 않으면 반응하지 않는다. 공기 중에서 발화온도는 260℃이며, 연소되면 오산화인(P_2O_5)이 발생한다.

□ $2P + 2.5O_2 \rightarrow P_2O_5$

[참고] 적린(P)이 강알칼리와 반응할 경우, 포스핀(PH_3) 가스를 발생한다.

□ $4P + 3KOH + 3H_2O \rightarrow PH_3$(포스핀) + $3KH_2PO_2$

적린은 물에는 잘 녹지 않기 때문에 물속에 보관할 경우, 유독성의 포스핀(PH_3)가스의 발생을 방지할 수 있다. 그러나 과염소산칼륨($KClO_4$)과 같은 산화제와 혼합하면 마찰·충격에 의해서 발화한다.

□ $6P + 5KClO_3 \rightarrow 3P_2O_5 + 5KCl$

황린(백린)은 공기 중에서 자연발화하기 쉬운 반면, 적린은 공기 중에서도 안정되어있기 때문에 상온에서는 자연발화하지 않는다.

정답 ④

57 메틸에틸케톤의 취급 방법에 대한 설명으로 틀린 것은?

① 쉽게 연소하므로 화기 접근을 금한다.

② 직사광선을 피하고 통풍이 잘되는 곳에 저장한다.

③ 탈지작용이 있으므로 피부에 접촉하지 않도록 주의한다.

④ 유리용기를 피하고 수지, 섬유소 등의 재질로 된 용기에 저장한다.

 메틸에틸케톤(MEK, $CH_3COC_2H_5$)을 취급할 때는 플라스틱, 합성수지, 고무용기 등은 손상될 수 있으므로 유리용기에 보관해야 한다.

MEK는 비수용성으로 제4류 위험물 중 1석유류로 분류되며, 끓는점이 79.6℃로 상온 및 상압에서 안정한 상태이지만 가연성 액체, 증기는 열이나 불꽃에 노출되면 화재 위험이 있다.

증기는 밀도 2.5로 공기보다 무거우며 많은 거리를 이동하여 점화원에까지 이른 후 역화(逆火)될 수 있으므로 화기 접근을 엄금하여야 하고, 직사광선을 피하고 통풍이 잘되는 곳에 저장하여야 한다.

MEK는 탈지작용(脫脂作用)이 있으므로 피부에 접촉하지 않도록 주의하여야 한다. 화학적으로 MEK는 Acetone(아세톤)과 유사한 구조로 되어있어 아세톤과 유사한 냄새가 나며, 아세톤이 물과 잘 섞이는 반면 물에 대한 용해도는 27.5%로 물과 대체로 잘 섞이지 않는 특성이 있다.

정답 ④

해커스 **위험물산업기사 필기** 안권양성 기본이론+기출문제

58 어떤 공장에서 아세톤과 메탄올을 18L 용기에 각각 10개, 등유를 200L 드럼으로 3드럼을 저장하고 있다면 각각의 지정수량 배수의 총합은 얼마인가?

① 1.3   ② 1.5
③ 2.3   ④ 2.5

정답분석 지정수량의 배수합은 다음의 관계식으로 산정한다.

□ 지정수량 배수합 = $\dfrac{A의\ 수량}{A지정수량} + \dfrac{B의\ 수량}{B지정수량} + \cdots +$

계산 각 위험물의 지정수량은 아세톤은 제4류 위험물, 1석유류로서 수용성이므로 지정수량은 400L, 메탄올은 제4류 위험물 알코올류로서 지정수량 400L, 등유는 제4류 위험물, 2석유류로서 비수용성이므로 지정수량은 1,000L이다.

□ 지정수량 배수 = $\sum \dfrac{저장수량}{지정수량}$

∴ 배수 = $\left(\dfrac{18L}{400L} + \dfrac{18L}{400L} \right) \times 10 + \dfrac{200L}{1,000L} \times 3 = 1.5$

정답 ②

59 알킬알루미늄에 대한 설명으로 틀린 것은?

① 물과 폭발적 반응을 일으켜 발화되므로 비산하는 위험이 있다.
② 이동저장탱크는 외면을 적색으로 도장하고, 용량은 1,900L 미만으로 한다.
③ 탄소수가 4개까지는 안전하나 5개 이상으로 증가할수록 자연발화의 위험성이 증가한다.
④ 화재 시 발생하는 흰 연기는 인체에 유해하다.

정답분석 알킬알루미늄[$(C_nH_{2n+1})Al$]에는 트라이에틸알루미늄, 트라이메틸알루미늄 등이 있는데, $C_1 \sim C_4$까지는 공기와 접촉하면 자연발화 위험성이 높으나 5개 이상으로 증가할수록 자연발화의 위험성이 감소한다.
그렇지만 탄소수 5개의 화합물은 점화원을 가했을 때 연소될 수 있으며, 탄소수 6개 이상은 공기 중에서 서서히 산화하여 흰 연기를 발생시키며, 흰 연기는 인체에 유해하다.

참고 알킬알루미늄(알킬기와 알루미늄의 화합물)은 제3류 위험물(금수성 물질 및 자연발화성 물질)로 공기와 접촉하면 발화하는 위험성이 있다. 물과 접촉할 경우 에테인(에탄, C_2H_6) 등의 가연성 가스가 발생되고, 특히 탄소수 1 ~ 4개인 것은 발화성이 강하여 공기 중에 노출하면 백연을 내며 연소한다.

□ $2(CH_3)_3Al + 12O_2 \rightarrow Al_2O_3 + 6CO_2 + 9H_2O$
□ $2(C_2H_5)_3Al + 21O_2 \rightarrow Al_2O_3 + 12CO_2 + 15H_2O$
□ $(C_2H_5)_3Al + 3H_2O \rightarrow 3C_2H_6 + Al(OH)_3$

정답 ③

60 위험물안전관리법령에 따른 위험물제조소의 안전거리 기준으로 옳지 않은 것은?

① 주택으로부터 10m 이상
② 35,000V 초과의 특고압가공전선으로부터 5m 이상
③ 유형문화재와 기념물 중 지정문화재로부터 50m 이상
④ 고압가스 등을 저장·취급하는 시설로부터 50m 이상

정답분석 위험물제조소와 고압가스, 액화석유가스 또는 도시가스를 저장 또는 취급하는 시설 간의 안전거리는 20m 이상이다. 다만, 당해 시설의 배관 중 제조소가 설치된 부지 내에 있는 것은 제외한다.

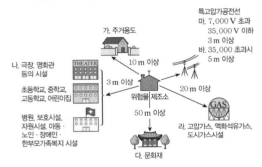

특고압가공전선
마. 7,000 V 초과 35,000 V 이하 3 m 이상
바. 35,000 초과시 5 m 이상

가. 주거용도
10 m 이상

나. 극장, 영화관 등의 시설

초등학교, 중학교, 고등학교, 어린이집
3 m 이상

위험물 제조소

20 m 이상

병원, 보호시설, 자원시설, 아동·노인·장애인·한부모가족복지 시설

50 m 이상

라. 고압가스, 액화석유가스, 도시가스시설

다. 문화재

정답 ④

해커스 위험물산업기사 필기 안전완성 기본이론+기출문제

제1과목 일반화학

01 0℃의 얼음 20g을 100℃의 수증기로 만드는 데 필요한 열량은? (단, 융해열은 80cal/g, 기화열은 539cal/g이다.)

① 3,600cal
② 11,600cal
③ 12,380cal
④ 14,380cal

정답 분석 총 열량은 얼음의 융해열(Q_1)과 100℃의 물로 가열하는 데 필요한 현열(Q_2), 100℃의 물을 증발시키는데 소요되는 열량(잠열)(Q_3)을 합산한 열량(Q)으로 산정한다.
□ $Q = Q_1 + Q_2 + Q_3$

계산 각 열량을 합산한 열량하여 계산하면;
□ 0℃의 얼음 20g → 0℃의 물(융해열)
$Q_1(\text{cal}) = 80\text{cal/g} \times 20\text{g} = 1{,}600\text{cal}$

□ 0℃의 물 20g → 100℃의 물(현열)
$Q_2(\text{cal}) = 1\text{cal/g} \times 20\text{g} \times 100 = 2{,}000\text{cal}$

□ 100℃의 물 20g → 100℃의 수증기(기화열)
$Q_3(\text{cal}) = 539\text{cal/g} \times 20\text{g} = 10{,}780\text{cal}$

∴ $Q = 1{,}600 + 2{,}000 + 10{,}780 = 14{,}380\text{cal}$

정답 ④

02 벤젠에 관한 설명으로 틀린 것은?

① 화학식은 C_6H_{12}이다.
② 알코올, 에테르에 잘 녹는다.
③ 물보다 가볍다.
④ 추운 겨울날씨에 응고될 수 있다.

정답 분석 벤젠(Benzene, C_6H_6)은 탄소 원자 6개가 이어져서 이루어지는 육각형의 고리로 된 구조식을 가진다.

벤젠의 비중은 0.88로 물보다 가볍고, 무색의 휘발성 액체로 독특한 냄새가 난다.

물에 대한 용해도는 0.18g/100mL(25℃)로 매우 낮으나 알코올, 에테르, 이황화탄소, 아세톤, 클로로폼, 오일류, 사염화탄소 및 대부분의 유기 용매류에 잘 녹는다. 녹는점이 5.5℃이므로 이 온도 이상에서는 액체로 존재하지만 5.56℃ 이하에서는 고체로 응고(凝固)된다. 인화점이 -11.63℃로 낮기 때문에 추운 겨울날씨에도 연소 위험이 따른다.

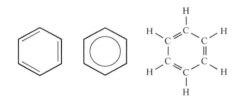

<그림> 벤젠(Benzene)

정답 ①

03

$CO + 2H_2 \rightarrow CH_3OH$의 반응에 있어서 평형상수 K를 나타내는 식은?

① $K = \dfrac{[CH_3OH]}{[CO][H_2]}$

② $K = \dfrac{[CH_3OH]}{[CO][H_2]^2}$

③ $K = \dfrac{[CO][H_2]}{[CH_3OH]}$

④ $K = \dfrac{[CO][H_2]^2}{[CH_3OH]}$

 평형상수는 반응물과 생성물의 농도관계를 나타낸 상수이며 반응물 및 생성물의 초기농도에 관계없이 항상 같은 값을 지니는데 반응계와 생성계의 몰농도 곱의 비로 나타낸다. 이때 반응계수는 몰농도의 지수로 나타내기 때문에 ②가 올바르다.

□ $CO + 2H_2 \rightarrow CH_3OH$

□ $K = \dfrac{\text{생성계 M농도 곱}}{\text{반응계 M농도 곱}}$

$\therefore K = \dfrac{[CH_3OH]}{[CO][H_2]^2}$

정답 ②

04

반감기가 5일인 미지의 시료가 2g이 있을 때 10일이 경과하면 남는 양은 몇 g인가?

① 2 ② 1
③ 0.5 ④ 0.25

 반감기는 1차 반응속도식에 따른다.

□ $\ln \dfrac{N_t}{N_o} = -Kt$

$\begin{cases} N_t : \text{붕괴 후 잔류하는 질량} = 2g \times 0.5 = 1g \\ N_o : \text{초기의 질량} = 2g \\ K : \text{반응속도상수} \\ t : \text{경과시간} = 5\,day \end{cases}$

[계산] 10일 후 잔류하는 양을 계산하면;

□ $\ln \dfrac{1g}{2g} = -K \times 5\,day$, $K = 0.139\,day^{-1}$

$\therefore N_t^* = N_o \times e^{-Kt} = 2g \times e^{-0.139 \times 10} = 0.5g$

정답 ③

05

d오비탈이 수용할 수 있는 최대 전자의 총수는?

① 6 ② 8
③ 10 ④ 14

---

 s오비탈은 최대 2개, p오비탈은 최대 6개, d오비탈은 최대 10개, f오비탈은 최대 14개의 전자를 수용할 수 있다.

[참고] 오비탈(Orbital) : 오비탈(Orbital)은 원자핵 주위에서 전자가 발견될 확률을 나타내거나, 전자가 어떤 공간을 차지하는가를 보여주는 함수로서 s, p, d, f 등으로 구분하며, 오비탈에 따른 특성은 다음과 같다.

□ s 오비탈

모형	특성
	• 공모양으로, 모든 전자껍질에 존재함 • 핵으로부터 거리가 같으면 방향에 관계없이 전자가 발견될 확률이 같음 • s오비탈 크기 : $1s < 2s < 3s$

□ p 오비탈

모형	특성
	• 아령모양으로 L전자껍질($n=2$)부터 존재함 • 방향성이 있으므로 핵으로부터 거리와 방향에 따라 전자가 발견될 확률이 다름 • 동일 전자껍질에 에너지 준위가 같은 p_x, p_y, p_z 오비탈이 존재함

□ d오비탈과 f오비탈

모형	특성
	• d오비탈은 M 전자껍질($n=3$)부터 존재함 • 방향성이 있으며, 동일 전자껍질에 에너지 준위가 같은 5개의 오비탈이 존재함
	• f 오비탈은 N 전자껍질($n=4$)부터 존재함 • 방향성이 있으며, 동일 전자껍질에 에너지 준위가 같은 7개의 오비탈이 존재함

정답 ③

06 H₂O가 H₂S보다 비등점이 높은 이유는?

① 이온결합을 하고 있기 때문에
② 수소결합을 하고 있기 때문에
③ 공유결합을 하고 있기 때문에
④ 분자량이 적기 때문에

정답분석 수소결합(水素結合, Hydrogen bond)을 갖는 분자(H … F, O, N)는 분자간의 인력이 강해 분자 사이의 인력을 끊기 위해서는 많은 에너지가 필요하기 때문에 유사한 분자량을 가진 화합물과 비교할 때 녹는점, 끓는점이 높다.

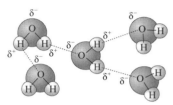

<그림> 물(H₂O)의 수소결합

정답 ②

 07 밑줄 친 원소의 산화수가 +5인 것은?

① H₃$\underline{P}$O₄
② K$\underline{Mn}$O₄
③ K₂$\underline{Cr}$₂O₇
④ K₃[$\underline{Fe}$(CH)₆]

정답분석 H₃$\underline{P}$O₄ → $0 = (1 \times 3) + (x) + (-2 \times 4)$, $x = 5$
K$\underline{Mn}$O₄ → $0 = (1) + (x) + (-2 \times 4)$, $x = 7$
K₂$\underline{Cr}$₂O₇ → $0 = (1 \times 2) + (x \times 2) + (-2 \times 7)$, $x = 6$
K₃[$\underline{Fe}$(CH)₆] → $0 = (1 \times 3) + x + (-1 \times 6)$, $x = 3$

정답 ①

 08 볼타전지에 관한 설명으로 틀린 것은?

① 이온화 경향이 큰 쪽의 물질이 (−)극이다.
② (+)극에서는 산화반응이 일어난다.
③ 전자는 도선을 따라 (−)극에서 (+)극으로 이동한다.
④ 전류의 방향은 전자의 이동 방향과 반대이다.

정답분석 볼타전지(Volta cell)는 1800년에 이탈리아의 A.볼타가 발명한 세계 최초의 1차 전지로서 현재는 묽은 황산 속에 구리와 아연을 담근 것을 볼타전지의 개념(Zn ∣ H₂SO₄용액 ∣ Cu)이라 한다.
ㅁ 아연(Zn)이 구리(Cu)에 비해 이온화 경향이 크므로 산화반응을 하면서 전자를 내어놓고, (−)극이 된다.
ㅁ 전자는 도선을 따라 아연판의 (−)극에서 구리판의 (+)극으로 이동한다.
ㅁ (+)극에서는 방전 시 환원반응이 일어나면서 수소 기체를 생성시킨다.
ㅁ 전류는 전자의 흐름과 반대방향으로 흐른다.
 · (−)극(아연판 − 산화전극)
  $Zn(s) \rightarrow Zn^{2+}(aq) + 2e^-$ (산화반응)
 · (+)극(구리판 − 환원전극)
  $2H^+(aq) + 2e^- \rightarrow H_2(s)$ (환원반응)

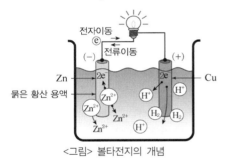

<그림> 볼타전지의 개념

정답 ②

09 물 100g에 황산구리 결정($CuSO_4 \cdot 5H_2O$) 2g을 넣으면 몇 %(wt)용액이 되는가? (단, $CuSO_4$의 분자량은 160g/mol이다.)

① 1.25% ② 1.96%

③ 2.4% ④ 4.42%

정답 분석 질량백분율(wt)은 용액 100g 중의 성분질량 g을 의미한다. 그러므로 다음의 계산식을 적용한다.

□ 농도(%) = $\dfrac{\text{용질(g)}}{\text{용액(g)}} \times 100$

계산 질량백분율은 다음과 같이 계산한다.

$$\begin{cases} \text{용질} = 2g\ CuSO_4 \cdot 5H_2O \times \dfrac{CuSO_4}{CuSO_4 \cdot 5H_2O} \\[2mm] \qquad = 2 \times \dfrac{160}{160 + (5 \times 18)} = 1.28g \\[2mm] \text{용액} = 100 + 2 = 102g \end{cases}$$

$\therefore$ 농도(%) = $\dfrac{1.28g}{102g} \times 100 = 1.25\%$

정답 ①

10 다음 중에서 염기성인 물질은?

① $C_6H_5NH_2$

② $C_6H_5NO_2$

③ C_6H_5OH

④ C_6H_5COOH

정답 분석 아닐린($C_6H_5NH_2$)은 암모니아보다 약염기 물질에 속한다.

나이트로벤젠($C_6H_5NO_2$)은 중성, 벤조산(C_6H_5COOH)은 탄산(炭酸, H_2CO_3) 보다는 강한 산성을 띤다.

페놀(C_6H_5OH)은 석탄산(石炭酸)이라고도 하는데, 이름에서 알 수 있듯이 약산성을 띤다. 페놀은 알코올과 비슷한 면을 가지고 있지만 -OH기가 포화탄소 원자에 결합되어 있는 알코올과 다르게 페놀은 방향족 고리의 공명(共鳴, Resonance)을 통한 짝염기의 안정화 때문에 알코올 보다는 산성을 띠고 있다.

통상, 알코올의 작용기(-OH)는 공유결합성이므로 염기로 작용하지 않으며, 매우 약한 산성(대체로 중성에 가까움)이므로 NaOH와 같은 강염기와는 반응하지 않는 특징이 있다.

<그림> 아닐린

<그림> 나이트로벤젠

<그림> 페놀

<그림> 벤조산

정답 ①

11 다음 반응식에 관한 사항 중 올바른 것은?

$$SO_2 + 2H_2S \rightarrow 2H_2O + 3S$$

① SO_2는 산화제로 작용
② H_2S는 산화제로 작용
③ SO_2는 촉매로 작용
④ H_2S는 촉매로 작용

정답 분석 두 화학종이 반응할 때 어느 물질이 발생기(發生期, Nascent State)산소를 내어 놓는지를 구분할 수 있다면 그것이 바로 산화제(酸化劑)로 작용한 물질이다. 그리고 발생기 수소를 내어놓는 화학종이 환원제(還元劑)로 추정하면 된다. 판단이 애매할 때는 이산화황(SO_2)에서 황(S)의 산화수를 증가시키는 데 기여한 물질인 SO_2가 산화제이고, 그 반대로 산화수를 감소시킨 물질인 H_2S는 환원제로 작용한 것으로 판단하면 된다.

```
┌─── +4 → 0 ───┐
SO₂+2H₂S → 3S+2H₂O
    발생기 산소 제공
      (산화제)
```

정답 ①

12 다음 중 주양자수가 4일 때 이 속에 포함된 오비탈의 수는 무엇인가?

① 4 ② 9
③ 16 ④ 32

정답 분석 주양자수(主量子數, Principal Quantum Number)는 전자가 채워지는 주 에너지의 준위 및 껍질을 나타낸다. 주양자수가 4일 때 오비탈(궤도 함수)은 $n^2 = 4^2 = 16$이다.

참고 주양자수(n) : 주양자수가 4일 때, 수용전자의 최대 수는 껍질 하나당 $2n^2$개이다. 관계식을 혼동하지 않게 잘 숙지해 두어야 한다. 오비탈의 수는 전자가 쌍을 이루고 들어가는 방의 수를 말한다. 방 하나에는 전자가 둘씩 다른 방향을 가지고 배치된다.

▫ 각 껍질에는 껍질 1당 최대 $2n^2$개의 전자가 들어감
▫ 원자궤도 함수, 즉 오비탈의 수는 n^2개가 포함됨
▫ 전자의 에너지를 결정하는데 가장 중요함
▫ n에 비례하여 에너지는 증가함
▫ n이 증가하면 전자는 핵으로부터의 더 먼 위치에서 발견됨

정답 ③

13 분자식 $HClO_2$의 명명으로 올바른 것은?

① 염소산
② 아염소산
③ 차아염소산
④ 과염소산

정답 분석 무기화합물을 명명(命名, Naming)할 때, 음이온을 먼저 명명한 다음 양이온을 명명한다. (다만, 영어 이름의 경우는 양이온을 먼저 명명한 후 음이온을 명명한다.) 다원자(多原子, Polyatom) 음이온에서는 두 종류의 산소산(酸素酸, Oxyacid) 음이온이 존재할 때, 산소원자를 더 많이 포함하는 산소산 음이온을 -산(-ate) 이온이라고 이름을 붙이고, 산소원자를 적게 포함하는 산소산 음이온을 아-산(-ite) 이온이라고 명명하며, 두 종류 이상의 산소산 음이온이 존재할 경우는 산소원자를 가장 적게 포함하는 이온은 접두사 하이포-(hypo-), 산소원자를 가장 많이 포함하는 이온은 접두사 과-(per-)를 붙여 명명한다.

따라서 염소산의 경우 ➡ ClO^-는 하이포아염소산이온, ClO_2^-는 아염소산이온, ClO_3^-는 염소산이온, ClO_4^-는 과염소산이온으로 명명한다.

그러므로 $HClO_2$는 아염소산으로 명명하여야 한다.

정답 ②

14 방사선에서 γ선과 비교한 α선에 대한 설명으로 옳지 않은 것은?

① γ선보다 투과력이 약하다.
② γ선보다 감광작용이 강하다.
③ γ선보다 전리작용이 약하다.
④ γ선보다 형광작용이 강하다.

 α선은 투과력(Penetrating Power)이 가장 약하나 전리작용(Ionization Reaction)은 가장 강하다.
γ선(감마선)은 전하를 띠지 않고, 질량이 없으며, 파장이 가장 짧고, 전기장의 영향을 받지 않아 휘어지지 않으며, α선(알파선)보다 1,000배의 투과력을 가지고, 방사선(放射線)의 본질은 높은 에너지의 광자(光子)이다.
전리방사선(電離放射線, Ionizing Radiation)은 방사선에너지가 커서 물체에 도달하면 물질을 구성하는 원자들을 이온화(전리)시키는 능력을 가진 방사선이다.
전리방사선에는 X선, α, β, γ, 중성자, 양성자 등이 있다.

[참고] **방사선의 투과력과 전리작용**
□ 방사선의 투과력(외기 중에서)
 • 중성자 $> X(\gamma) > \beta > \alpha$
 • α입자는 피부를 통과하지 못하기 때문에 투과력은 크게 문제되지 않음
□ 방사선의 전리작용
 • $X(\gamma) < \beta < \alpha$ 순서임
 • 방사능 물질이 인체에 침투한 경우를 가정하면 α입자가 가장 위험함

정답 ③

15 원자번호가 34번인 Se이 반응할 때, 다음 중 어떤 원소의 전자수와 같아지려고 하는가?

① He   ② Ne
③ Ar   ④ Kr

옥텟규칙(Octet Rule)은 원자가 최외각 껍질을 완전히 채우거나 전자 8개(4쌍)를 가질 때 가장 안정하다는 규칙으로 팔전자 규칙이라고도 한다.
18족 이외의 원자는 화학결합(공유결합)을 통해 18족(0족) 기체와 같은 전자배치를 가지려고 한다. 따라서 셀레늄(Se)은 16족 34번 원소로서 원자가 전자는 6개이다.
셀레늄(Se)이 반응한다면, 전자 2개를 받아들여 최외각 전자 8개를 가득 채움으로써 18족 36번 원소인 크립톤(Kr)과 같은 원자가 전자를 가지려고 한다.

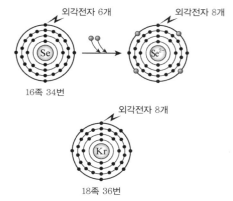

정답 ④

다음 중 아세토페논의 화학식은?

① C_2H_5OH

② $C_6H_5NO_2$

③ $C_6H_5CH_3$

④ $C_6H_5COCH_3$

정답분석 아세토페논(Acetophenone, C_8H_8O or $C_6H_5COCH_3$)은 제4류 위험물의 제3석유류(비수용성 액체)로 분류되며, 독특한 냄새가 나는 무색의 점성이 있는 유기화합물로 가장 단순한 형태의 방향성 케톤이다. 산화성 물질 또는 강염기와 반응할 경우 화재나 폭발 위험이 있으며, 증기는 공기보다 4배 정도 무거우며, 인화점은 77℃이다.

<그림> Acetophenone

정답 ④

 $Fe(CN)_6^{4-}$과 4개의 K^+으로 이루어진 물질 $K_4Fe(CN)_6$을 무엇이라 하는가?

① 착화합물

② 할로젠화합물

③ 유기혼합물

④ 수소화합물

정답분석 $K_4Fe(CN)_6$는 철(Fe)을 중심 금속으로 두고 주변에 1자리 리간드(Ligand)인 시안이온 6개가 둘러싸서 착이온(Complex Ion)을 형성하고 여기에 배우자 이온인 칼륨이온(K^+)이 결합되어 있으므로 착화합물(錯化合物, Complex Compound)이다.

$K_4Fe(CN)_6$을 페로시안화 칼륨 또는 황혈염(黃血鹽)이라고도 하며, 밝고 붉은 빛을 내는 염으로 물에 녹으면 약간의 녹색 – 황색의 형광을 보인다.

참고 착화합물 또는 착염

□ 착염(錯鹽, Complex Salt)은 착이온을 함유한 염(鹽)을 말한다. 착이온이란 하나의 중심 금속 양이온에 하나 이상의 분자나 이온이 결합하여 생성된 이온을 말한다.

□ 착염(착화합물)에는 $K_4Fe(CN)_6$, $[Co(NH_3)_6]Cl_3$, $K_3[CrCl_6]$, $[Cr_2(OH)(NH_3)_{10}]Cl_5$ 등이 있다.

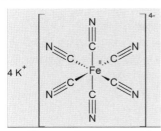

<그림> Potassium Ferrocyanide

정답 ①

18 다음 중 금속의 반응성이 큰 것부터 작은 순서대로 바르게 나열된 것은?

① Mg, K, Sn, Ag
② Au, Ag, Na, Zn
③ Fe, Ni, Hg, Mg
④ Ca, Na, Pb, Pt

 정답분석 알칼리 금속은 다른 금속 원소에 비해 이온화에너지가 작기 때문에 반응성이 크다. 금속의 이온화 경향(반응성)의 크기는 K > Ca > Na > Mg > Al > Zn > Fe > Ni > Sn(주석) > Pb(납) > H(수소) > Cu(구리) > Hg(수은) > Ag(은) > Pt(백금) > Au(금)의 순서로 감소한다.
1족 원소에서는 주기가 높을수록 반응성이 좋다. 즉, 1족 (Fr > Cs > Rb > K > Na > Li) > 2족(Ra > Ba > Sr > Ca > Mg > Be)의 순서이다.

정답 ④

19 다음 물질 중 이온결합을 하고 있는 것은?

① 얼음
② 흑연
③ 다이아몬드
④ 염화나트륨

 정답분석 이온결합(Ionic Bond)은 전자의 이동으로 형성되는 결합으로 금속 원소+비금속 원소 간의 결합에 의해 형성된다. $NaCl$, CaO, CaF_2 등이 있다.

정답 ④

20 주기율표에서 원소를 차례대로 나열할 때 기준이 되는 것은?

① 원자의 부피
② 원자의 전자수
③ 원자핵의 양성자 수
④ 원자 반지름의 크기

 정답분석 현재 사용되고 있는 주기율표는 1913년 모즐리(Moseley)가 X선 연구를 통해 원자핵의 양성자 수를 결정하는 방법으로 원자번호를 결정한 것을 사용하고 있다.

정답 ③

제2과목 화재예방과 소화방법

21 Halon 1301에 해당하는 할로젠화합물의 분자식을 올바르게 나타낸 것은?

① CBr₃F
② CF₃Br
③ CH₃Cl
④ CCl₃H

 정답분석 할로젠화합물인 Halon류의 명명체계가 C, F, Cl, Br, I의 순서로 각각의 개수를 나타내어 명명하며, 해당 원소가 없는 경우는 0으로 표시된다. 따라서, Halon 1301의 분자식은 CF_3Br이며, 이것의 명칭은 브로모화삼불화메탄(Bromotrifluoromethane)이 된다.

정답 ②

22 위험물안전관리법령에 따른 이동식 할로젠화합물 소화설비의 기준에 의하면 20℃에서 하나의 노즐이 할론 2404를 방사할 경우 1분당 몇 kg의 소화약제를 방사할 수 있어야 하는가?

① 35
② 40
③ 45
④ 50

정답분석 이동식 할로젠화합물 소화설비는 하나의 노즐마다 온도 20℃에서 1분당 다음 표에 정한 소화약제의 종류에 따른 양 이상을 방사할 수 있도록 하여야 한다. 이때 이동식 할로젠화합물 소화설비의 소화약제는 할론2402, 할론 1211 또는 할론1301로 하여야 한다. (위험물안전관리에 관한 세부기준, 소방청고시 제2023-21호)

소화약제 종별	소화약제의 양(kg)
할론 2402	45
할론 1211	40
할론 1301	35

구분 이동식 불활성가스 소화설비 : 노즐은 온도 20℃에서 하나의 노즐마다 90kg/min 이상의 소화약제를 방사할 수 있어야 한다.

구분 이동식 분말 소화설비 : 하나의 노즐마다. 분사되는 소화약제 방사량은 1분당 다음 표에 정한 소화약제의 종류에 따른 양 이상을 방사할 수 있도록 하여야 한다.

소화약제 종류	소화약제의 양(kg)
제1종 분말	45kg/min (전체 50)
제2종 및 제3종 분말	27kg/min (전체 30)
제4종 분말	18kg/min (전체 20)

정답 ③

23 할로젠화합물 소화약제가 전기화재에 사용될 수 있는 이유에 대한 다음 설명 중 가장 적합한 것은?

① 액체의 유동성이 좋다.
② 탄산가스와 반응하여 포스겐을 생성한다.
③ 증기의 비중이 공기보다 작다.
④ 전기적으로 부도체이다.

 할로젠화합물 소화약제는 전기적으로 부도체이기 때문에 전기화재에 적합하다. 또한 큰 비중을 가지고 있어 공기보다 무거워 질식소화작용이 가능하다. 이외에 전기화재에 적응성이 있는 소화약제에는 이산화탄소 소화약제, 분말 소화약제 등이 있다.

정답 ④

24 불활성가스 소화약제 중 IG-541의 구성성분이 아닌 것은?

① N_2 ② Ar
③ Ne   ④ CO_2

 IG-541은 질소와 아르곤과 이산화탄소의 용량비가 52 대 40 대 8인 혼합물이다.

[정리] **불활성가스 소화약제와 조성 비율**

종 류	조성 비율
IG-01	Ar : 100%
IG-100	N_2 : 100%
IG-541	N_2 : 52%, Ar : 40%, CO_2 : 8%
IG-55	N_2 : 50, Ar : 50%

정답 ③

25 다량의 비수용성 제4류 위험물의 화재 시 물로 소화하는 것이 적합하지 않은 이유로 올바른 것은?

① 물이 열분해한다.
② 연소면을 확대한다.
③ 인화점이 내려간다.
④ 가연성 가스가 발생한다.

 제4류 위험물 중 비수용성인 것은 1석유류에서 휘발유, 벤젠, 톨루엔, 초산에틸 등이고, 2석유류에서는 등유, 경유, 자일렌, 클로로벤젠 등이며, 3석유류에서는 중유, 아닐린, 벤질알코올, 나이트로벤젠 등이 비수용성이다. 이 중에서 몇몇을 제외하면 액체의 비중은 1보다 작다(물보다 가볍다). 즉, 물위에 뜬다. 예를 들면, 나이트로벤젠(비중 1.2), 클로로벤젠(1.11), 아닐린(비중 1.06) 등을 제외한 제4류 위험물은 대체로 비중이 물보다 작다. 제4류 위험물은 인화성이고, 액체로서 유동성을 가지고 있기 때문에 비수용성 제4류 위험물의 화재시 물을 소화제로 사용하게 되면 소화약제와 섞이지 않고, 연소면을 확대시킬 위험이 있다.

따라서 제4류 위험물 화재 시 적절한 조치방법은 질식소화가 효과적이며, 그 수단으로 연소위험물에 대한 소화와 화면 확대방지에 집중하여야 한다.

소화에는 포, 분말, CO_2 가스, 건조사 등이 주로 사용되고 있으며, 연소면의 확대를 방지하기 위해 토사 등을 유효하게 활용하여 위험물의 유동을 차단하는 조치를 취하고 있다.

정답 ②

26 벤조일퍼옥사이드의 화재 예방상 주의사항에 대한 설명 중 틀린 것은?

① 열, 충격 및 마찰에 의해 폭발할 수 있으므로 주의한다.

② 진한 질산, 진한 황산과의 접촉을 피한다.

③ 비활성의 희석제를 첨가하면 폭발성을 낮출 수 있다.

④ 수분과 접촉하면 폭발의 위험이 있으므로 주의한다.

 과산화벤조일(＝벤조일퍼옥사이드) 등의 유기과산화물은 제5류 위험물로서 자기반응성 물질이면서 물에 녹지 않는 특성을 가지고 있으므로, 화재 시 다량의 물을 이용한 주수소화하는 것이 바람직하다.
특히, 자기연소성을 가진 유기과산화물들은 CO_2, 분말, 할론, 포 등에 의한 질식소화에는 적응성이 없으므로 화재 시 다량의 물을 이용한 주수소화를 하는 것이 바람직하다.

정답 ④

27 고체 가연물의 일반적인 연소형태에 해당하지 않는 것은?

① 등심연소　　② 증발연소

③ 분해연소　　④ 표면연소

 등심연소(Wick Combustion)는 액체연료를 모세관 현상에 의해 등심선단으로 빨아올려 등심의 표면에서 증발시켜 확산연소를 행하는 방법으로 심지식 연소법이라고도 한다.

정답 ①

28 자연발화에 영향을 주는 인자로 가장 거리가 먼 것은?

① 수분　　　　② 증발열

③ 발열량　　　④ 열전도율

 자연발화에 영향을 주는 인자는 수분, 발열량, 열전도율, 온도, 표면적, 퇴적상태, 공기의 유동상태(환기) 등이다. 주변온도가 높으면 물질의 반응속도가 빨라지고 열의 발생은 증가되므로 자연발화가 발생하기 쉽다.
일반적으로 열이 물질의 내부에 축적되지 않으면 내부 온도가 상승하지 않으므로 자연발화는 일어나기 어렵다.
열의 축적 여부는 발화와 깊은 관계가 있으며 열의 축적에 영향을 주는 인자는 열전도율, 퇴적상태, 공기의 유동상태 및 열의 발생속도 등이다.

정답 ②

29 화재를 잘 일으킬 수 있는 일반적인 경우에 대한 설명 중 틀린 것은?

① 온도가 상승하면 연소가 잘 된다.

② 산소화 친화력이 클수록 연소가 잘 된다.

③ 연소범위가 넓을수록 연소가 잘 된다.

④ 발화점이 높을수록 연소가 잘 된다.

 발화점이 낮을수록 연소가 잘 된다. 연소가 잘 일어나려면 주변온도가 높아야 열 축적에 용이하고, 열전도율이 낮을수록 분산되는 열은 작아지고 축적되는 열이 늘어나 연소가 잘 일어나며, 공기와 접촉할 수 있는 표면적이 클수록 산화가 쉬워지므로 연소가 잘 일어난다. 작은 값의 활성화에너지(화학반응을 일으키는데 필요한 최소한의 에너지)일수록 즉, 작은 에너지로도 화학반응을 일으킬 수 있으므로 활성화에너지는 작을수록 연소가 잘 일어나게 된다. 발화점(＝착화점)이란 외부의 점화원 없이 가열된 열만 가지고 스스로 연소가 시작되는 최저온도이며, 이 온도가 낮을수록 연소하기가 쉽다.

정답 ④

30

 위험물안전관리법상 물분무 소화설비의 제어밸브는 바닥으로부터 어느 위치에 설치하여야 하는가?

① 0.5m 이상, 1.5m 이하

② 0.8m 이상, 1.5m 이하

③ 1m 이상, 1.5m 이하

④ 1.5m 이상

정답분석 물분무 소화설비의 제어밸브는 바닥으로부터 0.8m 이상 1.5m 이하의 높이에 설치하여야 한다.

정답 ②

31

Halon 1011 속에 함유되지 않은 원소는?

① H　　　　　② Cl

③ Br　　　　　④ F

정답분석 할로젠화합물인 Halon류의 명명체계는 C, F, Cl, Br, I의 순서로 각각의 개수를 나타내어 명명한다.

그러므로 Halon 1011의 구성원소는 C 1개, F 0개, Cl 1개, Br 1개, 나머지는 중심원소(탄소)에 2개의 수소가 결합되어 그림과 같은 구조를 갖게 된다.

따라서 Halon 1011의 분자식은 CH_2ClBr이며, 이것의 명칭은 브로모클로로메탄(Bromochloromethane)이 된다.

<그림> Halon 1011

정답 ④

32

 위험물안전관리법령에 따른 불활성 가스 소화설비의 저장용기 설치기준으로 틀린 것은?

① 방호구역 외의 장소에 설치할 것

② 저장용기에는 안전장치(용기밸브에 설치되어 있는 것은 제외)를 설치할 것

③ 저장용기의 외면에 소화약제의 종류와 양, 제조년도 및 제조자를 표시할 것

④ 온도가 섭씨 40도 이하이고 온도 변화가 적은 장소에 설치할 것

정답분석 저장용기에는 안전장치(용기밸브에 설치되어 있는 것을 포함)를 설치하여야 한다.

참고 저장용기의 설치기준
ㅁ 방호구역 외의 장소에 설치할 것
ㅁ 온도가 40℃ 이하이고, 온도변화가 적은 장소에 설치할 것
ㅁ 직사일광 및 빗물이 침투할 우려가 적은 장소에 설치할 것
ㅁ 저장용기에는 안전장치(용기밸브에 설치되어 있는 것을 포함)를 설치할 것
ㅁ 저장용기의 외면에 소화약제의 종류와 양, 제조년도 및 제조자를 표시할 것

정답 ②

33

 다음 중 화재 시 다량의 물에 의한 냉각소화가 가장 효과적인 것은?

① 금속의 수소화물

② 알칼리금속 과산화물

③ 유기과산화물

④ 금속분

정답분석 유기과산화물은 제5류 위험물로 다량의 물에 의한 냉각소화가 가장 효과적이다. 따라서 적응성이 있는 소화설비에는 옥내소화전 또는 옥외소화전설비, 스프링클러설비, 물분무 소화설비, 포소화설비 등이 사용된다.

제1류 위험물 중 알칼리금속 과산화물, 제3류 위험물 중 금수성 물질인 금속의 수소화물, 제2류 위험물 중 철분·금속분·마그네슘 등은 금수성 물질이기 때문에 물에 의한 소화는 적합하지 않으며, 건조사 또는 팽창질석, 팽창진주암 등으로 질식소화 하여야 한다.

정답 ③

34 분말소화약제로 사용할 수 있는 것을 모두 올바르게 나타낸 것은?

㉠ 탄산수소나트륨
㉡ 탄산수소칼륨
㉢ 황산구리
㉣ 제1인산암모늄

① ㉠, ㉡, ㉢, ㉣
② ㉠, ㉣
③ ㉠, ㉡, ㉢
④ ㉠, ㉡, ㉣

 정답분석 분말소화약제로 사용할 수 있는 것은 탄산수소나트륨 ($NaHCO_3$), 탄산수소칼륨($KHCO_3$), 제1인산암모늄 (인산이수소암모늄, $NH_4H_2PO_4$), 첨가물로 투입되는 요소수[$(NH_2)_2CO$]이다.

참고 분말소화약제 종별 주성분과 적응 화재등급(표 암기요)

구분	주성분	착색	사용가능 화재등급
제1종	$NaHCO_3$	백색	B, C
제2종	$KHCO_3$	담회색	B, C
제3종	$NH_4H_2PO_4$ (제1인산암모늄)	담홍색 (분홍)	A, B, C
제4종	$KHCO_3 + (NH_2)_2CO$	회색	B, C

정답 ④

35 물을 소화약제로 사용하는 장점이 아닌 것은?

① 구하기 쉽다.
② 취급이 간편하다.
③ 기화잠열이 크다.
④ 피연소 물질에 대한 피해가 없다.

 정답분석 물 소화약제는 피연소 물질에 2차 피해를 유발한다는 단점이 있다.

장점
• 비열과 증발(기화)잠열이 커서 냉각효과가 크다.
• 비교적 구하기 쉽고, 취급과 이송이 간편하다.
• 가격이 저렴하다.

단점
• 피연소 물질에 대한 습윤피해가 있다.
• 동파의 우려가 있어 저온이나 동절기에 사용이 어렵다.

정답 ④

36 위험물안전관리법에 따라 폐쇄형 스프링클러헤드를 설치하는 장소의 평상시 최고 주위온도가 28℃ 이상 39℃ 미만일 경우 헤드 표시온도는?

① 58℃ 미만
② 58℃ 이상 79℃ 미만
③ 79℃ 이상 121℃ 미만
④ 121℃ 이상 162℃ 미만

 정답분석 폐쇄형 스프링클러헤드는 그 부착장소의 평상시의 최고 주위온도에 따라 다음 표에 정한 표시온도를 갖는 것을 설치하여야 한다.

부착장소 최고 주위온도	표시온도
28℃ 미만	58℃ 미만
28 ~ 39℃ 미만	58 ~ 79℃ 미만
39 ~ 64℃ 미만	79 ~ 121℃ 미만
64 ~ 106℃ 미만	121 ~ 162℃ 미만
106℃ 이상	162℃ 이상

정답 ②

37 인화알루미늄의 화재 시 주수소화를 하면 발생하는 가연성 기체는?

① 아세틸렌(에타인)
② 메탄(메테인)
③ 포스겐
④ 포스핀

 정답분석 인화알루미늄(AlP)은 암회색 또는 황색의 결정 또는 분말이며, 제3류 위험물 중 금수성 물질로 물과 반응하여 맹독성의 포스핀(PH_3)(인화수소) 가스를 발생한다.
□ $AlP + 3H_2O \rightarrow Al(OH)_3 + PH_3$

정답 ④

38 물은 냉각소화에 주로 사용되는 소화약제이다. 물의 소화효과를 높이기 위하여 무상주수함으로써 부가적으로 작용하는 소화효과로 나열된 것은?

① 질식소화, 제거소화

② 질식소화, 유화소화

③ 타격소화, 유화소화

④ 타격소화, 피복소화

 물의 소화작용은 냉각작용, 질식작용, 유화작용, 희석작용, 타격작용이다. 물은 주수형태에 따라 봉상(棒狀), 적상(滴狀), 무상(霧狀)으로 분류할 수 있는데, 무상주수(霧狀注水)를 함으로써 부가적으로 작용하는 소화효과는 질식소화 작용과 유화소화(乳化消火) 효과이다.

참고 **소화시 물의 주수형태(注水形態)**

□ **무상주수(霧狀注水)**란 고압으로 방수되어 물방울의 평균 직경은 0.1 ~ 10mm정도로 방사하는 방법이다. 중질유(윤활유, 아스팔트 등과 같은 비점이 높은 유류)의 경우에 무상주수를 하면 급속한 증발과 함께 질식효과와 에멀젼 효과(Emulsion Effec, 유화효과)를 나타낸다.

에멀젼 효과란 물의 미립자와 기름이 섞여 유화상이 만들어지면 기름의 증발능력이 떨어지게 되고 이로 인해 연소성을 상실시키는 효과이다.

무상주수는 전기전도성이 좋지 않아 전기화재에도 유효하다. 다만, 감전의 우려가 있기 때문에 일정한 거리를 유지하여 방사하여야 한다.

□ **적상주수(滴狀注水)**란 물방울을 흩뿌리는 스프링클러 소화설비 헤드의 주수형태로 살수(撒水)라고도 하는데 저압으로 방출되며 물방울의 평균 직경은 0.5 ~ 6mm 정도로 일반적으로 실내 고체 가연물의 화재에 사용된다.

□ **봉상주수(棒狀注水)**란 막대모양의 물줄기를 가연물에 직접 주수하는 방법으로 소방용 노즐을 이용한 주수가 대부분 여기에 속한다. 열용량이 큰 일반 고체 가연물(A급)의 대규모 화재에 유효게 사용되는 주수형태이다.

정답 ②

39 다음 중 공기포 소화약제가 아닌 것은?

① 단백포 소화약제

② 합성계면활성제포 소화약제

③ 화학포 소화약제

④ 수성막포 소화약제

 공기포는 기계포를 말한다. 공기포의 발생원리와 소화작용은 다음과 같다.

□ 소화약제 원액+물+흡입공기 → 기계적 동력 → 포핵 생성, 공기포 → 방사 → 질식·냉각·유화·희석작용

□ 소화약제 원액은 단백포, 계면활성제포, 수성막포, 불화단백포, 내알코올포 등

정답 ③

40 위험물안전관리법령상 연소의 우려가 있는 위험물제조소의 외벽기준으로 올바른 것은?

① 개구부가 없는 내화구조의 벽으로 하여야 한다.

② 개구부가 없는 불연재료의 벽으로 하여야 한다.

③ 출입구 외의 개구부가 없는 내화구조의 벽으로 하여야 한다.

④ 출입구 외의 개구부가 없는 불연재료의 벽으로 하여야 한다.

 위험물안전관리법령상 연소의 우려가 있는 위험물제조소의 시설기준은 벽·기둥·바닥·보·서까래 및 계단을 불연재료로 하고, 연소의 우려가 있는 외벽은 출입구 외의 개구부가 없는 내화구조의 벽으로 하여야 한다.

[참고] 제조소의 건축물 구조기준

▫ 지하층이 없도록 하여야 한다.

▫ 벽·기둥·바닥·보·서까래 및 계단을 불연재료로 하고, 연소(延燒)의 우려가 있는 외벽은 출입구 외의 개구부가 없는 내화구조의 벽으로 하여야 한다. 이 경우 제6류 위험물을 취급하는 건축물에 있어서 위험물이 스며들 우려가 있는 부분에 대하여는 아스팔트 그 밖에 부식되지 아니하는 재료로 피복하여야 한다.

▫ 지붕은 폭발력이 위로 방출될 정도의 가벼운 불연재료로 덮어야 한다.

▫ 출입구와 비상구에는 갑종방화문 또는 을종방화문을 설치하되, 연소의 우려가 있는 외벽에 설치하는 출입구에는 수시로 열 수 있는 자동폐쇄식의 갑종방화문을 설치하여야 한다.

▫ 위험물을 취급하는 건축물의 창 및 출입구에 유리를 이용하는 경우에는 망입유리(두꺼운 판유리에 철망을 넣은 것)로 하여야 한다.

▫ 액체의 위험물을 취급하는 건축물의 바닥은 위험물이 스며들지 못하는 재료를 사용하고, 적당한 경사를 두어 그 최저부에 집유설비를 하여야 한다.

정답 ③

제3과목 위험물의 성질과 취급

41 칼륨과 나트륨의 공통 성질이 아닌 것은?

① 물보다 비중 값이 작다.

② 수분과 반응하여 수소를 발생한다.

③ 광택이 있는 무른 금속이다.

④ 지정수량이 50kg이다.

 금속칼륨의 지정수량은 10kg, 금속나트륨의 지정수량도 10kg이다. 또한 두 금속 모두 물보다 비중 값이 작고, 광택이 있는 무른 금속이다. 칼륨과 나트륨은 제3류 위험물 중 대표적인 금수성 물질로 물과 접촉할 경우 발열반응을 하면서 수산화물과 수소가스를 발생시킨다.

▫ $2K + 2H_2O \rightarrow 2KOH + H_2$

▫ $2Na + 2H_2O \rightarrow 2NaOH + H_2$

정답 ④

42 탄화칼슘은 물과 반응하면 어떤 기체가 발생하는가?

① 과산화수소

② 일산화탄소

③ 아세틸렌(에타인)

④ 에틸렌

 탄화칼슘은 물과 반응하여 폭발성의 아세틸렌(에타인)가스를 발생시킨다.

▫ $CaC_2 + 2H_2O \rightarrow C_2H_2 + Ca(OH)_2$

정답 ③

43 다음 중 인화점이 가장 낮은 것은?

① C_6H_6
② CH_3COCH_3
③ CS_2
④ $C_2H_5OC_2H_5$

정답 분석
인화점(引火點, Flash Point)이란 가연물을 외부로부터 직접 점화하여 가열하였을 때 불꽃에 의해 연소되는 최저온도를 말한다. 제시된 위험물에서 제4석유류 중 특수인화물인 다이에틸에테르($C_2H_5OC_2H_5$)와 이황화탄소(CS_2)가 특히 인화점이 낮다. 다이에틸에테르의 인화점은 $-45℃$, 이황화탄소(CS_2)의 인화점은 $-43℃$이므로 $C_2H_5OC_2H_5$의 인화점이 가장 낮다.
벤젠(C_6H_6)의 인화점은 $11℃$, 아세톤(CH_3COCH_3)의 인화점은 $-18.5℃$이다.

참고 제4류 위험물의 인화점에 따른 분류

특수인화물	제1석유류	제2석유류
-20℃ 미만	21℃ 미만	21~70℃

제3석유류	제4석유류	동식물유류
70~200℃	200~250℃	250℃ 미만

정답 ④

44 위험물안전관리법령상 HCN의 품명으로 올바른 것은?

① 제1석유류
② 제2석유류
③ 제3석유류
④ 제4석유류

정답 분석
사이안화수소(시안화수소, HCN)는 제4류 위험물 중 제1석유류에 속한다.

정답 ①

45 제2류 위험물과 제5류 위험물의 공통적인 성질로 올바른 것은?

① 가연성 물질이다.
② 강한 산화제이다.
③ 액체 물질이다.
④ 산소를 함유한다.

정답 분석
제2류 위험물(가연성 고체)과 제5류 위험물(자기반응성 물질)은 공통적으로 가연성이다.
제2류 위험물(가연성 고체)은 황화인, 적린, 유황, 철분, 금속분, 마그네슘 등의 인화성 고체이고 산화제와 접촉하면 마찰 또는 충격으로 급격하게 폭발할 수 있는 가연성 물질이다.
제5류 위험물(자기반응성 물질)은 유기과산화물, 질산에스터류, 나이트로화합물, 나이트로소화합물, 아조화합물, 다이아조화합물(디아조화합물), 하이드라진 유도체, 하이드록실아민(히드록실아민), 하이드록실아민염류(히드록실아민염류) 등으로 모두 유기질화물이므로 가열, 충격, 마찰 등으로 인한 폭발위험이 있다.
제5류 위험물(자기반응성 물질)은 내부에 산소를 포함하지만 제2류 위험물(가연성 고체)은 내부에 산소를 포함하지 않는다.

정답 ①

46 피리딘에 대한 설명 중 틀리게 설명한 것은?

① 물보다 가벼운 액체이다.
② 인화점은 30℃보다 낮다.
③ 제1석유류이다.
④ 지정수량이 200리터이다.

정답 분석
피리딘(C_5H_5N)은 제4류 위험물 중 제1석유류(인화점 21℃, 비중 0.982)에 속하며, 지정수량은 400L이다. 피리딘은 무색의 수용성의 염기성 액체로 약알칼리성이며, 인화성이 높고, 불쾌한 생선 냄새가 난다.

<그림> Pyridine

정답 ④

47 아세트알데하이드 저장 시 주의할 사항으로 틀리게 설명한 것은?

① 구리나 마그네슘 합금 용기에 저장한다.

② 화기를 가까이 하지 않는다.

③ 용기의 파손에 유의한다.

④ 찬 곳에 저장한다.

 아세트알데하이드(CH_3CHO)는 제4류 위험물 중 특수인화물이며, 수용성이다. 저장탱크의 설비는 동·마그네슘·은·수은 또는 이들을 성분으로 하는 합금은 위험물 제조설비의 재질로 사용하지 못한다.

압력탱크에 저장하는 아세트알데하이드 또는 다이에틸에테르의 온도는 40℃이하로 유지하여야 하고, 압력탱크 외의 탱크에 저장할 경우 아세트알데하이드 또는 이를 함유한 것은 15℃ 이하로 유지하여야 한다.

아세트알데하이드(CH_3CHO)의 연소범위가 4 ~ 60%로 매우 넓다. 그러므로 보냉장치가 없는 이동저장탱크에 저장하는 아세트알데하이드 또는 다이에틸에테르 등의 온도는 40℃ 이하로 유지하여야 한다.

반면, 보냉장치가 있는 이동저장탱크에 저장하는 아세트알데하이드 또는 다이에틸에테르 등의 온도는 당해 위험물의 비점 이하로 유지하여야 한다.

정답 ①

48 옥내저장소에서 안전거리 기준이 적용되는 경우는?

① 지정수량 20배 미만의 제4석유류를 저장하는 것

② 제2류 위험물 중 덩어리 상태의 유황을 저장하는 것

③ 지정수량 20배 미만의 동식물유류를 저장하는 것

④ 제6류 위험물을 저장하는 것

 옥내저장소는 규정에 준하여 안전거리를 두어야 한다. 다만, 다음에 해당하는 옥내저장소는 안전거리를 두지 않을 수 있다. ②는 이와 관련성이 없다.

□ 제4석유류 또는 동식물유류의 위험물을 저장 또는 취급하는 옥내저장소로서 그 최대수량이 지정수량의 20배 미만인 것

□ 제6류 위험물을 저장 또는 취급하는 옥내저장소

□ 지정수량의 20배(하나의 저장창고의 바닥면적이 150m² 이하인 경우에는 50배) 이하의 위험물을 저장 또는 취급하는 옥내저장소

정답 ②

49 위험물안전관리법령상 운반 시 적재하는 위험물에 차광성이 있는 피복으로 가리지 않아도 되는 것은?

① 제5류 위험물

② 제6류 위험물

③ 제2류 위험물 중 철분

④ 제4류 위험물 중 특수인화물

 차광성이 있는 피복으로 가려야 하는 것은 제1류 위험물, 제3류 위험물 중 자연발화성 물질, 제4류 위험물 중 특수인화물, 제5류 위험물 또는 제6류 위험물이다.

[정리] **이동저장소(운반용기)의 덮개 및 온도관리**

□ 차광성이 있는 피복으로 가려야 하는 것 : 2류는 제외
• 제1류 위험물
• 제3류 위험물 중 자연발화성 물질
• 제4류 위험물 중 특수인화물
• 제5류 위험물
• 제6류 위험물

□ 방수성이 있는 피복으로 덮어야 하는 것 : 4, 5, 6류제외
• 제1류 위험물 중 알칼리금속의 과산화물 또는 이를 함유한 것
• 제2류 위험물 중 철분·금속분·마그네슘 또는 이들 중 어느 하나 이상을 함유한 것
• 제3류 위험물 중 금수성 물질

□ 보냉 컨테이너에 수납하는 등 적정한 온도관리를 해야 하는 것 : 5류만 해당 → 제5류 위험물 중 55℃ 이하의 온도에서 분해될 우려가 있는 것

정답 ②

50 다음 물질 중 발화점이 가장 낮은 것은?

① CS_2

② C_6H_6

③ CH_3COCH_3

④ CH_3COOCH_3

정답분석 발화점(發火點, Ignition Point)은 외부의 직접적인 점화원이 없이 가열된 열의 축적에 의하여 발화가 되고, 연소가 되는 최저의 온도, 즉 점화원이 없는 상태에서 가연성 물질을 가열함으로써 발화되는 최저온도를 말하며, 착화점(着火點) 또는 착화온도(着火溫度)라고도 한다.
이황화탄소(CS_2)는 특수인화물로서 발화점이 100℃ 이하의 위험물로 분류된다. 이황화탄소(CS_2)의 발화점은 90℃이다. 반면에 벤젠과 아세톤, 아세트산메틸은 제1석유류로서 벤젠(C_6H_6)의 발화점은 498℃, 아세톤(CH_3COCH_3)은 465℃, 아세트산메틸(CH_3COOCH_3)의 발화점은 440℃이다.

정답 ①

51 다음 위험물질 중 분자량이 가장 큰 것은?

① 과염소산

② 과산화수소

③ 질산

④ 하이드라진

정답분석 분자량(分子量, Molecular Weight)은 원자량의 합(合)이며, 원자량은 H(1), Cl(35.5), N(14), O(16)이다. 따라서, 분자량은 해당물질의 분자식(分子式)만 대충 짐작하면 그 크기 정도는 충분하게 비교·판단할 수 있다.
과염소산의 분자식은 $HClO_4$(제6류 위험물), 과산화수소의 분자식은 H_2O_2(제6류 위험물), 질산의 분자식은 HNO_3(제6류 위험물), 하이드라진의 분자식은 N_2H_4(제4류 위험물 제2석유류)이다.
따라서 제시된 물질 중 분자량이 가장 큰 것은 과염소산($HClO_4$)이다.
일반적으로 이러한 문제 유형에서는 다염소화 된 물질과 과산화된 물질의 분자량이 크다는 것을 알면 쉽게 정답을 골라낼 수 있다.

정답 ①

52 다음 제4류 위험물에 해당하는 것은?

① CH_3ONO_2

② NH_2OH

③ N_2H_4

④ $Pb(N_3)_2$

정답분석 제4류 위험물로 분류되는 것은 인화성 액체이므로 N_2H_4(하이드라진, 히드라진)만 해당된다.
CH_3ONO_2(질산메틸, Methyl Nitrate)은 자기반응성을 갖는 제5류 위험물의 질산에스터류(질산에스테르류)이고, NH_2OH는 하이드록실아민(Hydroxylamine)으로 제5류 위험물로 분류된다. N_2H_4는 하이드라진(히드라진, Hydrazine)으로 제4류 위험물로 분류된다.
여기서 주의할 점은 염산하이드라진, 황산하이드라진, 다이메틸하이드라진 등과 같은 하이드라진 유도체들은 제5류 위험물(자기반응성 물질)로 분류된다는 것이다.
$Pb(N_3)_2$는 아지화납(Lead Azide)으로 −N=N결합이 있는 유기화합물이므로 제5류 위험물의 아조화합물이다.
다이아조화합물(디아조화합물)은 N=N결합의 양 끝에 지방족 또는 방향족의 원자단을 지니고 있다.

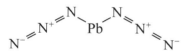

<그림> 아조화합물[$Pb(N_3)_2$]

<그림> 다이아조화합물   <그림> 하이드라진

참고 제4류 위험물의 분류
ㅁ 특수인화물 : 이황화탄소, 산화프로필렌, 아세트알데하이드(아세트알데히드) 등
ㅁ 제1석유류
• 비수용성인휘발유, 벤젠, 톨루엔, 초산에틸 등
• 수용성인 아세톤, 사이안화수소(시안화수소, HCN), 피리딘 등
ㅁ 알코올류
ㅁ 제2석유류
• 비수용성인 등유, 경유, 자일렌, 클로로벤젠 등
• 수용성인 아크릴산, 하이드라진(히드라진), 에틸렌다이아민 등
ㅁ 제3석유류
• 비수용성인 중유, 아닐린, 벤질알코올, 나이트로벤젠 등
• 수용성인 에틸렌글리콜, 글리세린, 올레인산 등
ㅁ 제4석유류 : 윤활기유, 트라이벤질페놀, 메탄술폰산 등
ㅁ 동식물유류 : 아마인유, 피마자유, 야자유, 채종유 등

정답 ③

53 제5류 위험물 제조소에 설치하는 표지 및 주의사항을 표시한 게시판의 바탕색상과 각각 올바르게 나타낸 것은?

① 청색바탕에 백색문자
② 백색바탕에 청색문자
③ 백색바탕에 적색문자
④ 적색바탕에 백색문자

 제5류 위험물 제조소 표지의 바탕은 백색으로, 문자는 흑색으로, 주의사항은 적색바탕에 백색문자로 하여야 한다.

정답 ④

54 위험물안전관리법령상 제조소 등의 관계인이 정기적으로 점검해야 할 대상이 아닌 것은?

① 지정수량의 10배 이상의 위험물을 취급하는 제조소
② 지하탱크저장소
③ 이동탱크저장소
④ 지정수량의 100배 이상의 위험물을 저장하는 옥외탱크저장소

 옥외탱크저장소의 경우 지정수량의 200배 이상의 위험물을 저장하는 곳이 정기점검 대상이 된다. 정기점검 대상인 제조소등은 다음과 같다.
▫ 지정수량의 10배 이상의 위험물을 취급하는 제조소
▫ 지정수량의 100배 이상의 위험물을 저장하는 옥외저장소
▫ 지정수량의 150배 이상의 위험물을 저장하는 옥내저장소
▫ 지정수량의 200배 이상의 위험물을 저장하는 옥외탱크저장소
▫ 암반탱크저장소
▫ 이송취급소
▫ 지하탱크저장소
▫ 이동탱크저장소
▫ 지정수량의 10배 이상의 위험물을 취급하는 일반취급소
▫ 위험물을 취급하는 탱크로서 지하에 매설된 탱크가 있는 제조소·주유취급소 또는 일반취급소

[참고] 정기검사 대상 제조소 : 액체위험물을 저장 또는 취급하는 100만L 이상의 옥외탱크저장소를 말한다.

[참고] 관계인이 예방규정을 정하여야 하는 곳
▫ 지정수량의 10배 이상의 위험물을 취급하는 제조소
▫ 지정수량의 100배 이상의 위험물을 저장하는 옥외저장소
▫ 지정수량의 150배 이상의 위험물을 저장하는 옥내저장소
▫ 지정수량의 200배 이상의 위험물을 저장하는 옥외탱크저장소
▫ 암반탱크저장소
▫ 이송취급소
▫ 지정수량의 10배 이상의 위험물을 취급하는 일반취급소

정답 ④

해커스 위험물산업기사 필기 안전왕수 기본이론+기출문제

55 과산화벤조일에 대한 설명으로 틀린 것은?

① 발화점이 약 425℃로 매우 높아 상온에서는 비교적 안전하다.

② 상온에서 고체로 존재한다.

③ 산소를 포함하는 산화성 물질이다.

④ 물을 혼합하면 폭발성이 줄어든다.

정답분석 과산화벤조일은 제5류 위험물의 유기과산화물로 벤조일 퍼옥사이드(Benzoyl Peroxide, BPO)라고도 하며, 투명한 백색의 고체로 산소를 다량 포함하는 폭발성이 매우 강한 강산화제로서 유기물 환원성물질 가연성물질이며, 발화점은 125℃이다

BPO는 100℃ 전후에서도 폭발의 위험이 있으며, 일단 착화되면 순간적으로 분해하여 유독성의 검은 연기(다이페닐)를 발생시키면서 연소한다.

□ $H_6C_5CO - OO - COC_6H_5 \rightarrow H_5C_6 - C_6H_5 + 2CO_2$

<그림> 과산화벤조일($C_6H_5CO \cdot O_2 \cdot COC_6H_5$)

BPO는 다이메틸아민 황화다이메틸 과 접촉하면 화재 폭발을 일으킨다. 특히 건조상태일 때는 약간의 열 또는 충격 마찰에 의해 폭발적으로 분해가 일어나지만 물을 혼합하면 폭발성이 줄어든다.

과산화벤조일은 제5류 위험물 중 유기과산화물로 물에 녹지 않으므로, 화재 발생 시 다량의 물을 이용한 주수소화가 적합하다.

정답 ①

56 메틸알코올과 에틸알코올의 공통성질이 아닌 것은?

① 무색투명한 휘발성 액체이다.

② 물에 잘 녹는다.

③ 비중은 물보다 작다.

④ 인체에 대한 유독성이 없다.

정답분석 메틸알코올(CH_3OH)이 있고, 에틸알코올(C_2H_5OH) 없다. 메틸알코올의 연소범위는 6 ~ 36%, 에틸알코올의 연소범위는 3.3 ~ 19%로 메틸알코올의 연소범위가 넓다. 메틸알코올의 인화점은 11℃, 에틸알코올의 인화점은 13℃이다. 메틸알코올과 에틸알코올의 비중은 모두 0.79이고 물보다 작다.

참고 메틸알코올, 에틸알코올, 이소프로필알코올은 알코올류로 분류되지만 부틸알코올은 제2석유류로 분류된다.

정답 ④

57 벤젠의 성질에 대한 설명 중 틀린 것은?

① 증기는 유독하다.

② 물에 녹지 않는다.

③ CS_2보다 인화점이 낮다.

④ 독특한 냄새가 있는 액체이다.

정답분석 벤젠은 휘발성을 갖는 무채색의 특유의 냄새가 나는 액체이다. 벤젠의 인화점은 −11℃로 이황화탄소의 인화점(−30℃)보다 높다.

참고 벤젠(Benzene, C_6H_6)은 제4류 위험물 중 제1석유류로 분류되는 무색 투명한 방향족 화합물의 액체이며, 휘발성이 강하여 쉽게 증발하며 물에 약간 용해된다.

진한 황산과 질산으로 나이트로화 시키면 나이트로벤젠이 된다. 높은 가연성을 가지며, 불을 붙이면 그을음을 많이 내고 연소한다.

녹는점 7℃, 끓는점 79℃로 추운 겨울날씨에는 응고될 수 있지만 인화점이 −11℃로 낮기 때문에 겨울철에도 인화위험이 높은 물질이다.

증기밀도는 2.8로서 공기보다 무겁고, 마취성과 독성이 있고, 액체비중은 0.95로 물보다 가볍다.

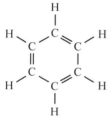

<그림> Benzene

정답 ③

58 다음 중 건성유에 해당하지 않는 것은?

① 아마인유

② 해바라기유

③ 야자유

④ 들기름

[정답분석] 아마인유, 동유, 들기름, 해바라기유, 정어리유 등은 건성유에 해당하며 야자유, 올리브유, 피마자유는 불건성유에 해당한다.

[참고] 동·식물유의 종류와 아이오딘값(요오드가)

□ 건성유 → 아이오딘가 130 이상 : 정어리유, 해바라기유, 아마인유, 동유, 들기름 등

□ 반건성유 → 아이오딘가 100 ~ 130 : 쌀겨기름, 면실유, 옥수수기름, 참기름, 콩기름 등

□ 불건성유 → 아이오딘가 100 이하 : 피마자유, 올리브유, 야자유 등

정답 ③

59 일반취급소 1층에 옥내소화전 6개, 2층에 옥내소화전 5개, 3층에 옥내소화전 5개를 설치하고자 한다. 위험물안전관리법령상 이 일반취급소에 설치되는 옥내소화전에 있어서 수원의 수량은 얼마 이상이어야 하는가?

① 7.8m³

② 13.5m³

③ 39m³

④ 52m³

[정답분석] 옥내소화전의 수원수량은 소화전이 가장 많이 설치된 층을 기준으로 하며, 옥내소화전의 개수(n)는 최대 5개이다.

□ 수원의 수량(Q) = 소화전 개수(n) ×7.8

[계산] 설치개수가 가장 많은 1층은 6개이지만 소화전 개수는 최대 5개까지 유효하므로 다음과 같이 산정한다.

→ $n = 5$

∴ $Q = 5 \times 7.8\text{m}^3 = 39\text{m}^3$

정답 ③

60 원자량이 35인 염소가 75% 존재하고, 원자량이 37인 염소는 25% 존재한다고 할 때 염소의 평균원자량은?

① 35

② 35.5

③ 36.5

④ 37

[정답분석] 2가지 동위원소에 대한 원자량과 함유비율이 제시되어 있으므로 이를 토대로 다음과 같이 계산한다.

□ $M_m = M_1 X_1 + M_2 X_2 + \cdots + M_n X_n$

[계산] 염소의 평균원자량 산정

∴ $M_m = 35 \times 0.75 + 37 \times 0.25 = 35.5$

정답 ②

2021년 제1회(CBT)

*CBT 문제는 모든 수험생의 기억에 따라 복원된 것이며, 실제 기출문제와 동일하지 않을 수 있습니다.

제1과목 일반화학

01 자철광 제조법으로 빨갛게 달군 철에 수증기를 통할 때의 반응식으로 옳은 것은?

① $3Fe + 4H_2O \rightarrow Fe_3O_4 + 4H_2$

② $2Fe + 3H_2O \rightarrow Fe_2O_3 + 3H_2$

③ $Fe + H_2O \rightarrow FeO + H_2$

④ $Fe + 2H_2O \rightarrow FeO_2 + 2H_2$

정답분석 자석광(磁石鑛)의 주성분은 FeO_4(72%)이며, 220℃로 가열하여 빨갛게 달군 철에 수증기를 통과시키면 "$3Fe + 4H_2O \rightarrow Fe_3O_4 + 4H_2$"의 반응에 의해 산화철 Fe_2O_4로 바뀌게 된다. 이때 색깔은 변하지만 자성(磁性)이나 결정 구조에는 변함이 없다. 575℃이상이 되면 적철석으로 변하여 자성이 없어진다.

정답 ①

02 다음 중 −CONH− 결합이 존재하는 것은?

① 나이트로셀룰로오스

② 염화비닐

③ 단백질

④ 트라이나이트로톨루엔

정답분석 보기의 항목 중 아미드결합(−CONH−)으로 연결된 것은 단백질이다. 단백질은 아미노산이 펩티드 결합을 하여 생긴 여러 개의 아미노산으로 이루어진 고분자 화합물이다. 아미노산은 탄소 원자에 아미노기(−NH₂), 카복시기(−COOH), 수소원자, 결사슬(R)이 결합된 구조이며, 이와 같은 결합 반응이 연속적으로 일어나 여러 개의 아미노산이 연결되어 폴리펩타이드를 형성하면 하나의 커다란 단백질 분자(폴리펩티드)가 된다.

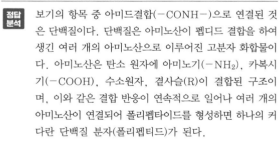

결사슬

정답 ③

03 다이크로뮴산칼륨에서 크롬의 산화수는?

① 2   ② 4

③ 6   ③ 8

정답분석 다이크로뮴산칼륨($K_2Cr_2O_7$)의 전체 산화수는 0이므로 다음과 같이 크롬의 산화수를 산정할 수 있다.

계산 $0 = (1 \times 2) + (x \times 2) + (-2 \times 7)$, $x = 6$

정답 ③

04 다음 중 일반적으로 루이스 염기로 작용하는 것은?

① CO_2 ② BF_3

③ $AlCl_3$ ④ NH_3

정답분석 루이스 염기로 작용하는 것은 암모니아이다. 루이스(Lewis)는 한 쌍의 전자를 제공하여 공유결합을 형성하는 물질을 염기(鹽基)라고 하였으며, 한 쌍의 전자를 받아들여 공유결합을 하는 물질을 산(酸)이라고 정의하였다.

정답 ④

05 어떤 기체가 표준상태에서 2.8L일 때 3.5g이다. 이 물질의 분자량과 같은 것은?

① He   ② N_2

③ H_2O ④ N_2H_4

정답분석 기체의 분자량은 "질량×22.4÷부피"로 산출할 수 있다.

계산 기체 분자량은 다음과 같이 추정할 수 있다.

□ 기체 분자량 $= \dfrac{질량 \times 22.4}{부피} = \dfrac{3.5 \times 22.4}{2.8} = 28$

∴ 분자량이 28인 것은 질소(N_2)이다.

정답 ②

06 어떤 기체 2g이 100℃에서 압력이 730mmHg, 부피가 600mL일 때 이 기체의 분자량은 얼마인가?

① 98   ② 100

③ 102   ④ 106

정답분석 온도와 압력이 제시될 때에는 보일 – 샤를의 법칙을 "부피" 단위에만 집중하여 보정한다. 100℃에서 부피 600mL (=0.6L)를 0℃, 760mmHg 상태의 부피로 환산한다고 생각하고 문제를 푼다.

계산 기체 분자량은 다음과 같이 추정할 수 있다.

$$\text{기체질량} = \text{부피} \times \frac{\text{분자량}}{22.4} \times \frac{273}{273+t} \times \frac{P}{760}$$

$$\begin{cases} \text{부피} = 0.6\,\text{L} \\ \text{질량} = 2\,\text{g} \\ t\,(\text{온도}) = 100℃ \\ P\,(\text{압력}) = 730\text{mmHg} \end{cases}$$

$$\Rightarrow 2\text{g} = 0.6\text{L} \times \frac{\text{분자량}}{22.4} \times \frac{273}{273+100} \times \frac{730}{760}$$

$$\therefore \text{분자량} = \frac{2 \times 22.4 \times (273+100)}{0.6 \times 273}\frac{760}{730} = 106.21$$

정답 ④

07 다음 중 비공유 전자쌍을 가장 많이 가지고 있는 것은?

① CO_2 ② CH_4

③ H_2O ④ NH_3

정답분석 비공유 전자쌍을 가장 많이 가지고 있는 것은 CO_2이다. 최외각 전자는 C(4), N(5), O(6), F(7)이므로 이를 토대로 구조식을 만들어 보면 다음과 같이 공유 전자쌍과 비공유 전자쌍의 수를 알 수 있다.

참고

구조	공유전자쌍	비공유전자쌍
$\ddot{\text{O}} = \text{C} = \ddot{\text{O}}$	4	4
H―C―H (with H above and below)	4	0
H = $\ddot{\text{O}}$ = H	2	2
H―N―H (with H below)	3	1

정답 ①

08 수소 1.2몰과 염소 2몰이 반응할 경우 생성되는 염화수소의 몰수는?

① 1.2   ② 2

③ 2.4   ④ 4.8

정답분석 수소와 염소는 1 : 1의 mol비율로 반응하여 2mol의 염화수소를 생성한다. 현재 제시된 비율을 보면 수소에 대한 염소가 과잉으로 존재하기 때문에 수소가 전체 반응을 좌우하는 제한 물질이 된다. 따라서 염소를 아무리 많이 주입하더라도 수소와 동일한 1.2mol 만큼만 반응하고, 나머지는 미반응 물질의 염소로 잔류하게 된다.

계산 염화수소의 몰수는 다음과 같이 계산된다.

$$\text{H}_2 \quad + \quad \text{Cl}_2 \quad \rightarrow \quad 2\text{HCl}$$
$$1\text{mol} \;:\; 1\text{mol} \;:\; 2\text{mol}$$
$$1.2\text{mol} : 2\text{mol} \;:\; (2\times1.2)\,\text{mol} + (2-1.2)\text{mol}$$

※ (2−1.2)는 미반응 염소의 mol수

$$\therefore \text{HCl} = 2\times1.2 = 2.4\,\text{mol}$$

정답 ③

09 8g의 메테인(메탄)을 완전연소시키는 데 필요한 산소 분자의 수는?

① 6.02×10^{23}

② 1.204×10^{23}

③ 6.02×10^{24}

④ 1.204×10^{24}

정답분석 아보가드로의 법칙에 따르면 기체의 종류가 다르더라도 온도와 압력이 같다면 일정 부피 안에 들어있는 기체의 입자수는 같다.

계산 메테인(메탄)의 연소반응 식을 토대로 다음과 같이 계산한다.

$$\text{CH}_4 + 2\text{O}_2 \rightarrow \text{CO}_2 + 2\text{H}_2\text{O}$$

$$1\text{mol} : 2\text{mol} = 8\text{g} \times \frac{\text{mol}}{16\text{g}} : x, \quad x = 1\text{mol}$$

$$\therefore \text{O}_2 \text{ 분자수} = 6.023 \times 10^{23} \text{개}$$

정답 ①

10 포화탄화수소에 해당하는 것은?

① 톨루엔
② 에틸렌(에텐)
③ 프로페인(프로판)
④ 아세틸렌(에타인)

 정답 분석 포화탄화수소(飽和炭化水素, Saturated Hydrocarbon)는 탄소와 수소로만 구성되어 있는 화합물인 탄화수소 중에서 이중결합이나 삼중결합 등의 불포화 결합이 하나도 포함되어 있지 않은 것을 말한다. 사슬형 포화탄화수소는 C_nH_{2n+2}의 분자식을 지니고, 한 개의 고리로 이루어진 고리형 포화탄화수소는 C_nH_{2n}의 분자식을 갖는다. 포화탄화수소는 알케인이라고 부르는데 사슬구조인 경우 탄소원자의 개수에 따라 메테인(Methane, CH_4), 에테인(Ethane, C_2H_6), 프로페인(Propane, C_3H_8) 등이 이에 해당한다.

정답 ③

11 볼타 기전력은 약 1.3V인데 전류가 흐르기 시작하면 곧 0.4V로 된다. 이러한 현상을 무엇이라 하는가?

① 감극   ② 소극
③ 분극   ④ 충전

정답 분석 볼타전지의 구성은 묽은 황산 수용액에 아연판과 구리판을 넣고 도선으로 연결한 전지로, (−)극인 아연판에서 아연이온(Zn^{2+})이 녹아 들어가면서 산화반응이 일어나고, (+)극인 구리판에서는 수소(H_2)가 발생하면서 환원반응이 일어난다. 이때 발생한 수소가스로 인해 기전력이 약 1.3V에서 0.4V로 전압이 급격히 떨어지는 분극(分極, Polarization)현상이 발생한다.
분극은 주로 환원전극에서 발생한다. 분극이 일어나는 원인은 전극 표면의 피막 생성, 전극주변 용액의 농도변화(농도 분극), 전극 반응속도의 지연(화학 분극)의 3가지로 나눌 수 있다.

정답 ③

12 다음 중 카르보닐기를 갖는 화합물은?

① $C_6H_5CH_3$
② $C_6H_5NH_2$
③ CH_3OCH_3
④ CH_3COCH_3

 정답 분석 카보닐기(Carbonyl Group, $>C=O$) 화합물은 분자 내에 산소원자(O)와 이중결합으로 결합된 탄소원자(C)가 있는 작용기(作用基)를 가진 화합물로서 케톤류, 알데하이드류, 카복시산의 유도체인 에스터(ester), 아미드와 유기산류 등이 이에 속한다. 제시된 항목 중 카르보닐기를 갖는 것은 CH_3COCH_3이다.

참고

구조	화합물
$\begin{array}{c} O \\ \parallel \\ R^1{-}C{-}R^2 \end{array}$	Ketone
$\begin{array}{c} O \\ \parallel \\ R{-}C{-}H \end{array}$	Aldehyde
$\begin{array}{c} O \\ \parallel \\ R{-}C{-}NH_2 \end{array}$	Amide
$\begin{array}{c} O \\ \parallel \\ R^1{-}C{-}O{-}R^2 \end{array}$	Ester

정답 ④

13 귀금속인 금이나 백금 등을 녹이는 왕수의 제조 비율로 옳은 것은?

① 질산 3부피＋염산 1부피
② 질산 3부피＋염산 2부피
③ 질산 1부피＋염산 3부피
④ 질산 2부피＋염산 3부피

 정답 분석 금(Au)은 진한 질산(窒酸, HNO_3)에도 녹지 않으나 왕수(王水, Aqua Regia)에는 약간 녹는데, 그것은 금이온이 염소이온과 착이온(Complex Ion)을 형성하기 때문이다. 왕수는 진한 질산(窒酸)과 진한 염산(鹽酸)을 각각 1：3 비율로 혼합하여 제조한다.

정답 ③

14 집기병 속에 물에 적신 빨간 꽃잎을 넣고 어떤 기체를 채웠더니 얼마 후 꽃잎이 탈색되었다. 이와 같이 색을 탈색(표백)시키는 성질을 가진 기체는?

① He
② CO_2
③ N_2
④ Cl_2

차아염소산나트륨(NaOCl, Sodium Hypochlorite)은 무색 혹은 엷은 녹황색(담록황색)의 염소(鹽素) 냄새가 있는 수용액으로 표백제 및 살균제, 로켓 연료의 하이드라진 제조용 등으로 이용되며, 염소가스를 25 ~ 30%의 수산화나트륨에 통과시켜 제조한다. 부식성이 강하여 금속 용기와 접촉하지 않도록 해야 한다.

$$Na^+ \left[O-\overset{\cdot\cdot}{\underset{O}{\overset{\parallel}{Cl}}}-O^- \right]$$

<그림> NaClO

정답 ④

15 미지농도의 염산 용액 100mL를 중화하는데 0.2N NaOH 용액 250mL가 소모되었다. 이 염산의 농도는 몇 N인가?

① 0.05
② 0.2
③ 0.25
④ 0.5

중화적정식을 이용한다. 중화(中和, Neutralization)에 사용한 알칼리는 NaOH(가성소다)로서 0.2N, 250mL 이므로 이에 상당하는 염산(鹽酸)의 당량(當量, Equivalent)을 토대로 염산의 규정 농도(N, Normality)를 구한다.

[계산] 염산의 농도는 다음과 같이 산정한다.

$$NV = N'V'$$

$$\Rightarrow N \times 100\,\text{mL} = \frac{0.2\,eq}{L} \times 250\,\text{mL}$$

$$\therefore N = 0.5$$

정답 ④

16 이온결합물질의 일반적인 성질에 관한 설명 중 틀린 것은?

① 녹는점이 비교적 높다.
② 단단하며 부스러지기 쉽다.
③ 고체와 액체 상태에서 모두 도체이다.
④ 물과 같은 극성용매에 용해되기 쉽다.

이온결정(Ionic Crystal)의 이온은 다른 이온들로부터 둘러싸여 있어서 이동할 수 없기 때문에 전기전도성(電氣傳導性)이 거의 없는 부도체(不導體, Nonconductor)가 된다.
이온결정의 경우, 고체에서는 전기전도성이 없으나 액체 상태로 되면 전기전도성을 갖는다. 한편, 이온결합 물질은 쉽게 부스러지는 특성을 가지며, 끓는점, 녹는점이 높은 특성이 있다.

정답 ③

17 황산구리 결정 $CuSO_4 \cdot 5H_2O$ 25g을 100g의 물에 녹였을 때 몇 wt% 농도의 황산구리($CuSO_4$) 수용액이 되는가? (단, 분자량은 160이다)

① 1.28%
② 1.60%
③ 12.8%
④ 16.0%

wt%의 기호는 질량백분율 뜻한다. 수용액의 질량백분율은 용액 100g중의 용질 g수를 의미한다.

[계산] 다음의 관계식을 적용하여 농도를 구한다.

$$\Box\ 농도(\%) = \frac{용질}{용액} \times 100$$

$$\begin{cases} 용질 = 25g\ CuSO_4 \cdot 5H_2O \times \dfrac{CuSO_4}{CuSO_4 \cdot 5H_2O} \\ \qquad = 25 \times \dfrac{160}{160 + (5 \times 18)} = 16g \\ 용액 = 100 + 25 = 125g \end{cases}$$

$$\therefore\ 농도(\%) = \frac{16g}{125g} \times 100 = 12.8\%$$

정답 ③

18 기하이성질체 때문에 극성 분자와 비극성 분자를 가질 수 있는 것은?

① C_2H_4 　② C_2H_3Cl

③ $C_2H_2Cl_2$ 　④ C_2HCl_3

정답분석 기하이성질체(幾何異性質體, Geometrical Isomer)는 원소의 종류와 개수는 같고, 화학결합도 같으나 공간적인 배열이 달라 확연히 다른 물리적, 화학적 성질이 다른 화합물을 말한다.

이와 같이 되기 위해서는 시스(cis)형태와 트랜스($trans$)형태로 배열되어야 한다. 따라서 분자식으로 판단할 때는 작용기(作用基)가 되는 원소가 2개 존재하여야 하므로 제시된 지문 항목에서 다이클로로에틴(Dichloroethene, $C_2H_2Cl_2$)이 기하 이성질체를 형성할 수 있는 화합물이다.

<그림> cis형태 　　　<그림> $trans$형태

정답 ③

19 CO_2 44g을 만들려면 C_3H_8 분자 약 몇 개가 완전연소해야 하는가?

① 2.01×10^{23}

② 2.01×10^{22}

③ 6.02×10^{22}

④ 6.02×10^{23}

정답분석 어보가드로수(Avogadro's number), 즉 아보가드로 상수는 모든 기체 1mol의 분자 수는 6.023×10^{23}개이므로 프로페인(프로판)의 연소반응에 의해 생성되는 44g의 이산화탄소(분자량 44)의 몰수를 산정하고, 이에 대응하여 연소하는 C_3H_8 mol수를 산출한 다음, 이 값에 6.02×10^{23}을 곱하면 프로페인(프로판)의 분자 수를 구할 수 있다.

계산 다음의 관계식을 적용하여 프로페인(프로판)의 분자 수를 구한다.

$$\begin{cases} \text{연소반응} \\ C_3H_8 \rightarrow 3CO_2 \\ 1\text{mol} \ : \ 3\text{mol} = x \ : \ 44g \times \dfrac{1\text{mol}}{44g} \end{cases}$$

$x = 0.333\,\text{mol}$

$$\therefore \text{분자 수} = 0.333\,\text{mol} \times \left(\frac{6.023 \times 10^{23}}{\text{mol}}\right)$$
$$= 2.01 \times 10^{23}$$

정답 ①

 20 황산 수용액 400mL 속에 순황산이 98g 녹아있다면 이 용액의 농도는 몇 N인가?

① 3 　② 4

③ 5 　④ 6

정답분석 규정농도(N, Normality)는 용액 1L에 용해되어 있는 용질의 당량(eq) 수를 말한다. 그리고 황산(H_2SO_4)은 2가의 산(酸)이므로 1mol 질량(분자량)＝1당량($1eq$)＝$98/2＝49$g임을 고려하도록!!

계산 황산의 규정농도(N)는 다음과 같이 산정된다.

$$\square\ N\,(eq/\text{L}) = \frac{\text{용질}(eq)}{\text{용액}(\text{L})}$$

$$\therefore N = \frac{98g}{400\text{mL}} \times \frac{eq}{49g} \times \frac{10^3\text{mL}}{\text{L}} = 5\,eq/\text{L}$$

정답 ③

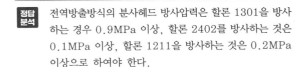

제2과목 화재예방과 소화방법

21
전역방출방식의 할로젠화합물소화설비 중 할론 1301을 방사하는 분사헤드의 방사압력은 얼마 이상이어야 하는가?

① 0.1MPa   ② 0.2MPa

③ 0.5MPa   ④ 0.9MPa

정답분석 전역방출방식의 분사헤드 방사압력은 할론 1301을 방사하는 경우 0.9MPa 이상, 할론 2402를 방사하는 것은 0.1MPa 이상, 할론 1211을 방사하는 것은 0.2MPa 이상으로 하여야 한다.

중요 분사헤드 방사압력(비교정리)
- 분말소화설비 : 0.1MPa 이상
- CO_2소화설비 : 2.1MPa 이상(고압식), 1.05MPa 이상(저압식)
- 기타 불활성 가스(IG-100, IG-55, IG-541)를 방사하는 분사헤드는 1.9MPa 이상

정답 ④

22
다음 위험물의 저장창고에서 화재가 발생하였을 때 주수에 의한 냉각소화가 적절치 않은 위험물은?

① $NaClO_3$ ② Na_2O_2

③ $NaNO_3$ ④ $NaBrO_3$

정답분석 Na_2O_2(과산화나트륨)은 제1류 위험물로서 금수성 물질(禁水性物質)이다.

- $Na_2O_2 + H_2O \rightarrow 2NaOH + \frac{1}{2}O_2$

과산화나트륨은 제1류 위험물 중 무기과산화물로 건조사, 팽창질석 또는 팽창진주암 등으로 질식소화 하는 것이 적합하며, 할로젠화합물 소화기는 적용성이 없다.

참고 물과 접촉하면 격렬한 발열반응, 화재 또는 폭발 등을 일으키는 물질은 다음과 같다.
- 제1류 위험물 중 무기과산화물류 : 과산화나트륨, 과산화칼륨, 과산화칼슘, 과산화마그네슘, 과산화바륨, 과산화리튬, 과산화베릴륨 등
- 제2류 위험물 중 금속분, 마그네슘, 철분, 황화인
- 제3류 위험물 : 칼륨, 나트륨, 알킬알루미늄, 알킬리튬, 유기금속화합물류, 금속수소화합물류, 금속인화물류, 칼슘 또는 알루미늄의 탄화물류 등
- 제6류 위험물 : 과염소산, 과산화수소, 황산, 질산
- 특수인화물 : 다이에틸에테르, 콜로디온 등

정답 ②

23
소화약제로서 물이 가지는 특성에 대한 설명으로 옳지 않은 것은?

① 유화효과도 기대할 수 있다.
② 증발잠열이 커서 기화 시 다량의 열을 제거한다.
③ 기화팽창률이 커서 질식효과가 있다.
④ 용융잠열이 커서 주수 시 냉각효과가 뛰어나다.

정답분석 물의 냉각효과가 뛰어난 것은 액체 중 가장 큰 증발잠열(기화잠열, 539cal/g)을 가지기 때문이다.

정답 ①

24
제조소 등에 전기설비(전기배선, 조명기구 등은 제외함)가 설치된 장소의 바닥면적이 200m²인 경우 설치해야 하는 소형수동식 소화기의 최소개수는?

① 1개   ② 2개

③ 3개   ④ 4개

정답분석 제조소 등에 전기설비(전기배선, 조명기구 등은 제외)가 설치된 경우에는 당해 장소의 면적 100m²마다 소형수동식 소화기를 1개 이상 설치하여야 한다.

정답 ①

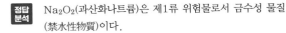

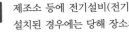

2021년

해커스 위험물산업기사 필기 한권완성 기본이론+기출문제

25

탱크 내 액체가 급격히 비등하고 증기가 팽창하면서 폭발을 일으키는 현상은?

① Fire ball
② Back draft
③ BLEVE
④ Flash over

 정답분석 탱크 내 액체가 급격히 비등하고 증기가 팽창하면서 폭발을 일으키는 현상을 BLEVE(Boiling Liquid Expanding Vapor Explosion) 현상이라고 한다.

[참고] ①의 Fire ball은 BLEVE가 발생할 때 동반되는 현상으로 폭발적으로 발생된 화염이 구형의 모양을 이루며 공기 중으로 상승하는 것을 말한다.

②의 Back draft는 역화(逆火)라고도 하는데 산소의 부족으로 불이 꺼졌을 때 대류에 의한 산소의 유입에 의해 화재가 재발하며 연소가스가 순간적으로 발화하는 현상을 말하며, 강한 폭발력을 가진다. 주로 폐쇄된 공간이나 지하실에서 화재가 진행될 때 발생한다.

④의 Flash over는 화재 발생 시 열에 의한 복사현상으로 화염이 옮겨 붙어 그 불길이 확대될 때 일어나는 데, 일정 공간 안에 축적된 가연성 가스가 발화온도에 도달하여 급속하게 공간 전체에 화염이 휩싸이는 현상을 말한다.

정답 ③

26

네슬러 시약에 의하여 적갈색으로 검출되는 물질은?

① 질산이온
② 암모늄이온
③ 아황산이온
④ 일산화탄소

정답분석 네슬러 시약(Nessle's reagent)은 아이오딘화수은(Ⅱ)과 아이오딘화칼륨을 수산화칼륨 수용액에 용해한 것으로 암모니아 및 암모늄 이온의 검출과 비색분석에 쓰이는 고감도 시약이다. 암모니아(NH_3) 및 암모늄 이온(NH_4^+)에는 소량인 경우 황갈색이 되고, 다량인 경우에는 적갈색 침전을 생성한다.

정답 ②

27

주성분이 탄산수소나트륨인 소화약제는 제 몇 종 분말소화약제인가?

① 제1종   ② 제2종
③ 제3종   ④ 제4종

정답분석 제1종 분말소화제의 주성분은 탄산수소나트륨($NaHCO_3$)은 고온(270 ~ 850℃)에서 흡열반응을 통해 CO_2와 H_2O를 생성시키고 유리된 나트륨 이온(Na^+)은 부촉매효과를 발휘한다. 1종 분말약제의 주성분은 $NaHCO_3$(탄산수소나트륨)으로 유류화재(B급), 전기화재(C급)에 적응성이 있다.

[참고]
□ 제1종 분말소화제 : $NaHCO_3$
□ 제2종 분말소화제 : $KHCO_3$
□ 제3종 분말소화제 : $NH_4H_2PO_4$
□ 제4종 분말소화제 : $KHCO_3 + (NH_2)_2CO$

정답 ①

28

클로로벤젠 300,000L의 소요단위는 얼마인가?

① 20   ② 30
③ 200   ④ 300

정답분석 클로로벤젠은 제4류 위험물 중 제2석유류이며, 지정수량은 1,000L이다.

[계산] 소요단위는 다음과 같이 산정된다.

$$□ \text{ 소요단위} = \frac{\text{저장수량}}{\text{지정수량} \times 10}$$

$$\therefore \text{ 소요단위} = \frac{30000}{1000 \times 10} = 30$$

정답 ②

29

위험물안전관리법령상 인화성 고체와 질산에 공통적으로 적응성이 있는 소화설비는?

① 불활성가스 소화설비
② 할로젠화합물 소화설비
③ 탄산수소염류 분말소화설비
④ 포 소화설비

 정답분석 제6류 위험물인 질산(HNO_3)은 가스계 소화설비(이산화탄소 소화설비, 불활성 가스소화설비, 할로젠화합물소화설비 등)와 탄산수소염류 분말소화설비에 적응성이 없다. 제2류 위험물인 인화성 고체와 제6류 위험물인 질산(HNO_3)에 공통적으로 적응성이 있는 소화설비는 포 소화설비이다.

정답 ④

30 위험물안전관리법령상 옥내소화전설비의 기준에서 옥내소화전의 개폐밸브 및 호스접속구의 바닥면으로부터 설치 높이 기준으로 옳은 것은?

① 1.2m 이하

② 1.2m 이상

③ 1.5m 이하

④ 1.5m 이상

 옥내소화전의 개폐밸브 및 호스접속구는 바닥면으로부터 1.5m 이하의 높이에 설치하여야 한다.

정답 ③

31 위험물안전관리법령에서 정한 다음의 소화설비 중 능력단위가 가장 큰 것은?

① 팽창진주암 160L(삽 1개 포함)

② 수조 80L(소화전용 물통 3개 포함)

③ 마른 모래 50L(삽 1개 포함)

④ 팽창질석 160L(삽 1개 포함)

 능력단위가 가장 큰 것은 수조 80L(소화전용 물통 3개 포함)이다.

[참고]

소화설비	용 량	능력단위
소화전용(專用) 물통	8L	0.3
수조(소화전용 물통 3개 포함)	80L	1.5
수조(소화전용 물통 6개 포함)	190L	2.5
마른 모래(삽 1개 포함)	50L	0.5
팽창질석 또는 팽창진주암(삽 1개 포함)	160L	1.0

정답 ②

32 트라이에틸알루미늄의 화재 발생 시 물을 이용한 소화가 위험한 이유를 옳게 설명한 것은?

① 가연성의 수소가스가 발생하기 때문에

② 유독성의 포스핀가스가 발생하기 때문에

③ 유독성의 포스겐가스가 발생하기 때문에

④ 가연성의 에테인가스가 발생하기 때문에

 트라이에틸알루미늄은 제3류 위험물의 금수성 물질로 물과 반응하여 에테인(에탄, C_2H_6) 가스를 발생시킨다.
□ $(C_2H_5)_3Al + 3H_2O \rightarrow 3C_2H_6 + Al(OH)_3$

정답 ④

33 제1석유류를 저장하는 옥외탱크저장소에 특형 포 방출구를 설치하는 경우, 방출률은 액표면적 1m²당 1분에 몇 리터 이상이어야 하는가?

① 9.5L

② 8.0L

③ 6.5L

④ 3.7L

 제1석유류를 저장하는 옥외탱크저장소에 특형 포 방출구를 설치하는 경우, 방출률은 액표면적 1m²당 1분에 8리터 이상이어야 한다.

[참고]

포 방출구의 종류 위험물의 구분	특형	
	포 수용액 (L/m²)	방출률 (L/m² · min)
제4류 위험물 중 인화점 21℃ 미만 (제1석유류)	240	8
제4류 위험물 중 인화점 21 ~ 70℃ (제2석유류)	160	8
제4류 위험물 중 인화점 70℃ 이상 (제3,4석유류)	120	8

정답 ②

34 이산화탄소 소화기는 어떤 현상에 의해서 온도가 내려가 드라이아이스를 생성하는가?

① 줄 - 톰슨 효과

② 사이펀

③ 표면장력

④ 모세관

 고압의 기체를 저압으로 하게 되면 온도가 급격히 냉각되어지는 줄-톰슨(Joule-Thomson) 효과에 의해 CO_2에서 고체상태인 드라이아이스가 만들어진다. 드라이아이스가 주위의 열을 흡수하여 승화하면서 이산화탄소 소화기의 냉각소화 작용을 하는 것이다.

정답 ①

35 위험물안전관리법령상 지정수량의 3천배 초과 4천배 이하의 위험물을 저장하는 옥외탱크저장소에 확보하여야 하는 보유공지의 너비는?

① 6m 이상
② 9m 이상
③ 12m 이상
④ 15m 이상

정답분석 옥외탱크저장소에서 지정수량의 3천배 초과 4천배 이하의 위험물을 저장하는 보유공지의 너비는 15m 이상으로 한다.

중요 보유공지(비교정리)

□ 제조소 { · 지정수량 10배 이하 : 3m
             · 지정수량 10배 초과 : 5m

□ 옥내저장소(내화구조물)

지정수량의 5배 ~ 10배 이하	1m 이상
지정수량의 10배 ~ 20배 이하	2m 이상
지정수량의 20배 ~ 50배 이하	3m 이상
지정수량의 50배 ~ 200배 이하	5m 이상
지정수량의 200배 초과	10m 이상

□ 옥외저장소

지정수량의 10배 이하	3m 이상
지정수량의 10배 ~ 20배 이하	5m 이상
지정수량의 20배 ~ 50배 이하	9m 이상
지정수량의 50배 ~ 200배 이하	12m 이상
지정수량의 200배 초과	15m 이상

□ 옥외탱크저장소

지정수량의 500배 이하	3m 이상
지정수량의 500배 ~ 1000배 이하	5m 이상
지정수량의 1000배 ~ 2000배 이하	9m 이상
지정수량의 2000배 ~ 3000배 이하	12m 이상
지정수량의 3000배 ~ 4000배 이하	15m 이상

정답 ④

---

 36 메탄올에 대한 설명으로 틀린 것은?

① 무색투명한 액체이다.
② 완전 연소하면 CO_2와 H_2O가 생성된다.
③ 비중 값이 물보다 작다.
④ 산화하면 폼산을 거쳐 최종적으로 폼알데하이드가 된다.

정답분석 메탄올(CH_3OH)이 1차 산화되면 폼알데하이드 및 아세트알데하이드가 되고, 폼알데하이드가 산소에 의해 다시 산화(2차 산화)되면 폼산(Formic Acid)으로 된다.

참고 메탄올(CH_3OH) 가장 간단한 알코올 화합물로 무색의 휘발성, 가연성, 유독성 액체, 극성 분자이고, 수소 결합한다.

메탄올(CH_3OH)이 완전 연소하면 CO_2와 H_2O가 생성된다.

□ $CH_3OH + 1.5O_2 \rightarrow CO_2 + 2H_2O$

메탄올(CH_3OH)의 비중은 0.792로 물보다 작고, 동일한 수소결합을 하지만 끓는점은 $64.7°C$로 물보다 낮으며, 에탄올(C_2H_5OH) 보다도 낮다.

그것은 메탄올(CH_3OH)이 에탄올(C_2H_5OH)에 비해 탄소와 수소를 적게 포함하고 있기 때문이다.

정답 ④

---

 37 제3류 위험물의 소화방법에 대한 설명으로 옳지 않은 것은?

① 제3류 위험물은 모두 물에 의한 소화가 불가능하다.
② 팽창질석은 제3류 위험물에 적응성이 있다.
③ K, Na의 화재 시에는 물을 사용할 수 없다.
④ 할로젠화합물 소화설비는 제3류 위험물에 적응성이 없다.

정답분석 제3류 위험물 중 자연발화성만 가진 위험물(예 황린)의 소화에는 물 또는 강화액 포와 같은 물계통의 소화제를 사용하는 것이 가능하다.

정답 ①

38
위험물의 운반용기 외부에 표시하여야 하는 중의 사항에 '화기엄금'이 포함되지 않는 것은?

① 제1류 위험물 중 알칼리금속의 과산화물
② 제2류 위험물 중 인화성 고체
③ 제3류 위험물 중 자연발화성 물질
④ 제5류 위험물

정답분석 제1류 위험물 중 알칼리금속의 과산화물의 운반용기 외부에는 화기 · 충격주의, 물기엄금 및 가연물접촉주의 표시를 하여야 한다.

참고
□ **제1류 위험물 − 알칼리금속의 과산화물**
→ "화기 · 충격주의", "물기엄금" 및 "가연물접촉주의"
· 그 밖의 것 → "화기 · 충격주의" 및 "가연물접촉주의"
□ **제2류 위험물 − 철분 · 금속분 · 마그네슘**
→ "화기주의" 및 "물기엄금"
· 인화성 고체 → "화기엄금"
· 그 밖의 것 → "화기주의"
□ **제3류 위험물 − 자연발화성 물질**
→ "화기엄금" 및 "공기접촉엄금"
· 금수성 물질 → "물기엄금"
□ **제4류 위험물** → "화기엄금"
□ **제5류 위험물** → "화기엄금" 및 "충격주의"
□ **제6류 위험물** → "가연물접촉주의"

정답 ①

39
고체가연물에 있어서 덩어리 상태보다 분말일 때 화재 위험성이 증가하는 이유는?

① 공기와의 접촉면적이 증가하기 때문이다.
② 열전도율이 증가하기 때문이다.
③ 흡열반응이 진행되기 때문이다.
④ 활성화에너지가 증가하기 때문이다.

정답분석 입자가 작아지면 공기와 접촉하는 비표면적은 증가하고, 화재위험성은 더 높아진다.

정답 ①

40
분말 소화약제 중 제1인산암모늄의 특징이 아닌 것은?

① 백색으로 착색되어 있다.
② 전기화재에 사용할 수 있다.
③ 유류화재에 사용할 수 있다.
④ 목재화재에 사용할 수 있다.

정답분석 제1인산암모늄은 담홍색(분홍)으로 착색되어 있다.

참고

구분	주성분	착색
제1종	$NaHCO_3$	백색
제2종	$KHCO_3$	담회색
제3종	$NH_4H_2PO_4$ (인산이수소암모늄)	담홍색(분홍)
제4종	$KHCO_3 + (NH_2)_2CO$	회색

정답 ①

41 다음 위험물을 옥내저장소에 저장할 때 내부에 체류한 가연성의 증기를 지붕 위로 배출하는 설비를 갖추어야 하는 것은?

① 피리딘
② 과산화수소
③ 마그네슘
④ 실린더유

정답분석 피리딘(제4류 위험물 중 제1석유류) 저장창고에는 규정에 의거하여 채광·조명 및 환기의 설비를 갖추어야 하고, 인화점이 70℃ 미만인 위험물의 저장창고에 있어서는 내부에 체류한 가연성의 증기를 지붕 위로 배출하는 설비를 갖추어야 한다.

정답 ①

42 과염소산칼륨과 적린을 혼합하는 것이 위험한 이유로 가장 타당한 것은?

① 마찰열이 발생하여 과염소산칼륨이 자연발화할 수 있기 때문에
② 과염소산칼륨이 연소하면서 생성된 연소열이 적린을 연소시킬 수 있기 때문에
③ 산화제인 과염소산칼륨과 가연물인 적린이 혼합하면 가열, 충격 등에 의해 연소, 폭발할 수 있기 때문에
④ 혼합하면 용해되어 액상 위험물이 되기 때문에

정답분석 과염소산칼륨($KClO_4$)은 제1류 위험물로 분류되는 강력한 산화제이다. 이러한 산화제가 가연물인 적린이 혼합하면 가열, 충격 등에 의해 연소·폭발할 수 있기 때문에 혼합해서는 안된다. 과염소산칼륨은 물과 알코올 등에 녹기 어렵기 때문에 물과 반응하여도 유독성의 가스를 발생하지 않지만 제2류 위험물인 가연성 고체(적린, 황화인, 유황, 철분, 금속분, 마그네슘 등)의 인화성 고체와 접촉·마찰할 경우, 가열, 충격 등에 의해 착화, 연소·폭발할 수 있다. 따라서 위험물 운송 시 제1류 위험물은 제6류 위험물 이외의 물질과 혼재해서는 안 된다.

참고 위험물의 혼재기준

구분	제1류	제2류	제3류	제4류	제5류	제6류
제1류		×	×	×	×	○
제2류	×		×	○	○	×
제3류	×	×		○	×	×
제4류	×	○	○		○	×
제5류	×	○	×	○		×
제6류	○	×	×	×	×	

비고
• "×" 표시는 혼재할 수 없음을 표시한다.
• "○" 표시는 혼재할 수 있음을 표시한다.

정답 ③

43 적재 시 일광의 직사를 피하기 위하여 차광성이 있는 피복으로 가려야 하는 것은?

① 황　　　　　② 마그네슘

③ 벤젠　　　　④ 과산화수소

 정답분석　차광성이 있는 피복으로 가려야 하는 위험물은 제1류 위험물, 제3류 위험물 중 자연발화성 물질, 제4류 위험물 중 특수인화물, 제5류 위험물 또는 제6류 위험물이다.
S(황)과 Mg(마그네슘)은 제2류 위험물
C_6H_6(벤젠)은 제4류 제1석유류
H_2O_2(과산화수소)는 제6류 위험물이므로 ④가 정답이다.

정답 ④

44 오황화인이 습한 공기 중에서 분해하여 발생하는 가스에 대한 설명으로 옳은 것은?

① 물에 녹지 않는다.

② 냄새가 나지 않는다.

③ 불연성이다.

④ 독성이 있다.

 정답분석　오황화인(P_2S_5)은 독특한 냄새가 나는 담황색(황색 – 녹색) 고체로 조해성, 흡습성을 가지며, 물과 알칼리에 녹는다.
오황화인은 공기 중의 수분을 흡수하는 성질이 있어 유독성의 황화수소 가스를 발생한다. 황화수소(H_2S)는 가연성의 무색의 기체로 달걀 썩는 냄새가 나며 유독하며 물에 대한 용해도는 0℃에서 437mL/100 mL이고, 공기보다 약 1.2배 무겁다.

참고　오황화인(P_2S_5)은 인화성 물질로 화재 시 자극성 또는 독성 연기(또는 기체) 발생하며, 물과 접촉할 경우 화재 및 폭발 위험이 있다. 미세 입자가 공기 중에 분산되어 있을 경우, 폭발성 혼합물을 생성하기도 한다. 공기 중 오황화인의 발화온도는 약 140℃이므로 자연발화 하지는 않는다.

정답 ③

45 다음 보기의 물질 중 위험물안전관리법령상 제1류 위험물에 해당하는 것의 지정수량을 모두 합산한 값은?

<보기>
퍼옥소이황산염류, 아이오딘산
과염소산, 차아염소산염류

① 350kg　　　② 400kg

③ 650kg　　　④ 1,350kg

 정답분석　제1류 위험물에 해당하는 물질은 퍼옥소이황산염류(300kg), 차아염소산염류(50kg)이다.

계산　지정수량 총합 = 300 + 50 = 350kg

정답 ①

46 그림과 같은 위험물을 저장하는 탱크의 내용적은 약 몇 m³인가? (단, r은 10m, l은 25m 이다.)

① 3,610　　　② 4,710

③ 5,810　　　④ 7,850

정답분석　종(縱)으로 설치한 원통형 탱크의 내용적은 다음과 같이 계산한다.

□ 내용적 = $\pi r^2 l$

계산　저장탱크의 내용적은 다음과 같이 산정한다.

□ $\begin{cases} r : 반지름 = 10m \\ l : 높이 = 25\,m \end{cases}$

∴ $3.14 \times 10^2 \times 25 = 7,850 m^3$

참고　타원형 탱크의 내용적 계산

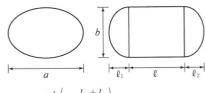

□ 내용적 $= \dfrac{\pi ab}{4}\left(l + \dfrac{l_1 + l_2}{3}\right)$

정답 ④

47 위험물안전관리법령상 제4류 위험물 옥외저장 탱크의 대기밸브 부착 통기관은 몇 kPa 이하의 압력차이로 작동할 수 있어야 하는가?

① 2
② 3
③ 4
④ 5

 대기밸브 부착 통기관은 5kPa 이하의 압력차이로 작동할 수 있어야 한다.

정답 ④

48 옥내저장소에서 안전거리 기준이 적용되는 경우는?

① 지정수량 20배 미만의 제4석유류를 저장하는 것
② 제2류 위험물 중 덩어리 상태의 유황을 저장하는 것
③ 지정수량 20배 미만의 동식물유류를 저장하는 것
④ 제6류 위험물을 저장하는 것

 옥내저장소는 규정에 준하여 안전거리를 두어야 한다. 다만, 다음에 해당하는 옥내저장소는 안전거리를 두지 않을 수 있다. ②는 이와 관련성이 없다.
□ 제4석유류 또는 동식물유류의 위험물을 저장 또는 취급하는 옥내저장소로서 그 최대수량이 지정수량의 20배 미만인 것
□ 제6류 위험물을 저장 또는 취급하는 옥내저장소
□ 지정수량의 20배(하나의 저장창고의 바닥면적이 150m² 이하인 경우에는 50배) 이하의 위험물을 저장 또는 취급하는 옥내저장소

정답 ②

49 옥내저장창고의 바닥을 물이 스며나오거나 스며들지 않는 구조로 해야 하는 위험물은?

① 과염소산칼륨
② 나이트로셀룰로오스
③ 적린
④ 트라이에틸알루미늄

 옥내저장창고의 바닥을 물이 스며나오거나 스며들지 않는 구조로 해야 하는 것에 대한 관련 규정[위험물안전관리법 시행규칙(별표 5)]은 다음과 같다.
□ 제1류 위험물(산화성 고체) 중 알칼리금속의 과산화물 또는 이를 함유하는 것
□ 제2류 위험물(가연성 고체) 중 **철분·금속분·마그네슘** 또는 이중 어느 하나 이상을 함유하는 것
□ 제3류 위험물(자연발화성 물질 및 금수성 물질) 중 금수성물질
　• 알칼리금속(K, Na, Li 등), 알칼리토금속(칼슘, 베릴륨, 바륨 등)
　• 알킬알루미늄(트라이메틸알루미늄, 트라이에틸알루미늄, 트라이이소부틸알루미늄 등), 알킬리튬
　• 유기금속화합물, 금속의 수소화물, 금속의 인화물, 칼슘 또는 알루미늄의 탄화물 등
□ 제4류 위험물(인화성 액체)의 저장창고의 바닥

[참고] 제1류 위험물(산화성 고체)에서 과산화물의 분류
□ 알칼리금속의 과산화물 : 나트륨(Na), 칼륨(K), 리튬(Li), 루비듐(Rb), 세슘(Cs) 등의 과산화물을 말함
　－ 과산화나트륨(Na_2O_2)
　－ 과산화칼륨(K_2O_2)
　－ 과산화리튬(Li_2O_2) 등
□ 알칼리금속 이외의 과산화물 : 알칼리금속 이외 과산화물로서 무기과산화물과 유기과산화물로 분류된다.
　－ 무기과산화물 : 과산화물 이온(O_2^{2-})을 함유한 화합물 ➡ 과산화수소(H_2O_2), 알칼리토금속(Ca, Mg, Ba, Sr)의 과산화물이 이에 해당함
　－ 유기과산화물 : 퍼옥사이드 구조(－O－O－)를 포함하고 있는 물질 ➡ 과산화벤조일 등이 이에 해당함

[참고] 제3류 위험물 중 "금수성물질"
□ 알칼리금속(K, Na, Li 등), 알칼리토금속(칼슘, 베릴륨, 바륨 등)
□ 알킬알루미늄(트라이메틸알루미늄, 트라이에틸알루미늄, 트라이이소부틸알루미늄 등), 알킬리튬
□ 유기금속화합물, 금속의 수소화물, 금속의 인화물, 칼슘 또는 알루미늄의 탄화물 등
※ **황린은 제외**

참고 금수성물질(禁水性物質)에 대하여

▫정의 : 금수성물질이라 함은 공기중의 수분이나 물과 접촉시 발화하거나 가연성가스의 발생 위험성이 있는 물질을 말함

▫종류

· 제1류 위험물 중 무기과산화물류
  – 과산화나트륨, 과산화칼륨, 과산화마그네슘
  – 과산화칼슘, 과산화바륨, 과산화리튬, 과산화베릴륨 등
· 제2류 위험물 중 마그네슘, 철분, 금속분, 황화인
· 제3류 위험물
  – 칼륨, 나트륨, 알킬알루미늄, 알킬리튬
  – 알칼리금속 및 알칼리토금속류
  – 유기금속화합물류, 금속수소화합물류
  – 금속인화물류, 칼슘 또는 알루미늄의 탄화물류
· 제4류 위험물 중 특수인화물인 다이에틸에테르, 콜로디온 등
· 제6류 위험물
  – 과염소산, 과산화수소
  – 황산, 질산

정답 ④

50 다음 중 비중이 1보다 큰 물질은?

① 이황화탄소
② 에틸알코올
③ 아세트알데하이드
④ 테레핀유

정답분석 제4류 위험물 중 특수인화물인 이황화탄소(CS_2)는 비중이 1.26으로 독성이 있으며, 물보다 무겁다. 물에 녹지 않아 가연성 증기발생을 억제하기 위해 물속에 저장한다.

참고 수험대비에 도움되는 "비중(比重)"관한 포인트 정리

▫제1류 위험물(산화성 고체 = 아염소산염류, 염소산염류, 과염소산염류, 무기과산화물, 브로민산염류, 질산염류, 아이오딘산염류, 과망가니즈산염류, 다이크로뮴산염류 등)은 대부분 무색의 결정 또는 백색분말로 대체로 비중이 1보다 크고, 물에 잘 녹는다.

▫제2류 위험물(가연성 고체 = 황화인, 적린, 유황, 철분, 금속분, 마그네슘 등)은 강한 환원제로서 대체로 비중이 1보다 크다.

▫제3류 위험물(자연발화성 물질 및 금수성 물질) 중 특히, 인화칼슘(Ca_3P_2)의 비중은 2.5, 탄화칼슘(CaC_2)의 비중은 2.2로 물보다 무겁다.

▫제4류 위험물(인화성 액체)은 물에는 녹지 않는 것이 많고, 액체의 비중은 대체로 1보다 작은 것이 많다. 그러나 이황화탄소(CS_2)는 비중이 1.26, 에틸브로마이드는 1.46, 글리세린 1.26, 폼산($HCOOH$) 1.2 에틸렌글리콜 1.1, 아세트산(CH_3COOH) 1.05 등 물보다 무거운 것이 있다.

▫제5류 위험물(자기반응성 물질=유기과산화물, 질산에스터류, 나이트로화합물, 나이트로소화합물 등) 중 특히, 나이트로글리세린[$C_3H_5(NO_3)_3$]은 점성이 있는 무색의 액체로 비중이 1.6으로 물보다 무겁다.

▫제6류 위험물(산화성 액체=과염소산, 과산화수소, 질산)은 모두 강산(强酸)류인 동시에 강산화제(强酸化劑)이지만 모두 불연성이며, 물에 잘 녹고 비중이 1보다 크며 물과 반응 시 발열한다. 특히, 위험물안전관리법령에서 정한 질산은 비중이 1.49 이상인 것에 한하여 위험물로 간주된다.

정답 ①

51

51 제1석유류, 제2석유류, 제3석유류를 구분하는 주요 기준이 되는 것은?

① 인화점
② 발화점
③ 비등점
④ 비중

 석유류의 분류기준은 인화점이다.

 □ **제1석유류** : 아세톤, 휘발유 그 밖에 1기압에서 인화점이 21℃ 미만인 것을 말한다.

□ **제2석유류** : 등유, 경유 그 밖에 1기압에서 인화점이 21℃ 이상 70℃ 미만인 것을 말한다. 다만, 도료류 그 밖의 물품에 있어서 가연성 액체량이 40중량퍼센트 이하이면서 인화점이 40℃ 이상인 동시에 연소점이 60℃ 이상인 것은 제외한다.

□ **제3석유류** : 중유, 클레오소트유 그 밖에 1기압에서 인화점이 70℃ 이상 200℃ 미만인 것을 말한다. 다만, 도료류 그 밖의 물품은 가연성 액체량이 40중량퍼센트 이하인 것은 제외한다.

□ **제4석유류** : 기어유, 실린더유 그 밖에 1기압에서 인화점이 200℃ 이상 250℃ 미만의 것을 말한다. 다만 도료류 그 밖의 물품은 가연성 액체량이 40중량퍼센트 이하인 것은 제외한다.

□ **동식물유류** : 동물의 지육(枝肉 : 머리, 내장, 다리를 잘라 내고 아직 부위별로 나누지 않은 고기) 등 또는 식물의 종자나 과육으로부터 추출한 것으로서 1기압에서 인화점이 250℃ 미만인 것을 말한다.

□ **특수인화물** : 이황화탄소, 디에틸에테르 그 밖에 1기압에서 발화점이 100℃ 이하인 것 또는 인화점이 영하 20℃ 이하이고 비점이 40℃ 이하인 것을 말한다.

정답 ①

52 1기압에서 인화점이 21℃ 이상 70℃ 미만인 품명에 해당하는 것은?

① 벤젠
② 경유
③ 나이트로벤젠
④ 실린더유

 1기압에서 인화점이 21℃ 이상 70℃ 미만인 위험물은 제2석유류(등유, 경유 등)이다.

□ 등유, 경유, 아세트산($CHCOOH$), 폼산($HCOOH$)
□ 뷰테인올, 아릴알코올, *p*-크실렌, 클로로벤젠, 스티렌
□ 아크릴산, 프로피온산

정답 ②

53 인화칼슘의 성질이 아닌 것은?

① 적갈색의 고체이다.
② 물과 반응하여 포스핀 가스를 발생한다.
③ 물과 반응하여 유독한 불연성 가스를 발생한다.
④ 산과 반응하여 포스핀 가스를 발생한다.

 인화칼슘(=인화석회)은 제3류 위험물 중 금수성 물질로 Ca_3P_2 자체는 불연성(不燃性)이지만 물, 습한 공기, 염산(鹽酸) 등의 산(酸)과 접촉할 경우, 격렬하게 반응하여, 가연성(可燃性, 인화성)의 유독한 포스핀(Phosphine, PH_3) 가스를 발생하기 때문에 화재 및 독성위험이 아주 높은 물질이다.

인화칼슘(Ca_3P_2)은 강한 산화제와도 격렬하게 반응하므로 화재 및 폭발 위험이 높다.

□ $Ca_3P_2 + 6H_2O \rightarrow 2PH_3 + 3Ca(OH)_2$
□ $Ca_3P_2 + 6HCl \rightarrow 2PH_3 + 3CaCl_2$
□ $PH_3 + 2O_2 \rightarrow H_3PO_4$

정답 ③

54 다음과 같이 위험물을 저장할 경우 각각의 지정수량 배수의 총합은?

- 클로로벤젠 : 1,000L
- 동식물유류 : 5,000L
- 제4석유류 : 12,000L

① 2.5   ② 3.0
③ 3.5   ④ 4.0

 지정수량의 배수합은 다음의 관계식으로 산정한다.

□ 지정수량 배수합 $= \dfrac{A의\ 수량}{A지정수량} + \dfrac{B의\ 수량}{B지정수량} + \cdots +$

 각 위험물의 지정수량은 클로로벤젠 : 1,000L, 동·식물유류 : 10,000L, 제4석유류 : 6,000L이다.

□ 배수 $= \dfrac{1,000L}{1,000L} + \dfrac{5,000L}{10,000L} + \dfrac{12,000L}{6,000L} = 3.5$

정답 ③

55 탄화칼슘과 물이 반응하였을 때 생성되는 가스는?

① C_2H_2 ② C_2H_4

③ C_2H_6 ④ CH_4

정답분석 탄화칼슘(CaC_2, 카바이드)은 제3류 위험물의 금수성 물질이며, 물과 반응 시 가연성의 아세틸렌(에타인, C_2H_2) 가스를 발생시킨다.

□ $CaC_2 + 2H_2O \rightarrow C_2H_2 + Ca(OH)_2$

참고 수험대비에 도움되는 **"물과 반응"** 관한 포인트 정리

□ **수소가스(H_2)를 발생시키는 것**

• 금속 리튬 : $2Li + 2H_2O \rightarrow H_2 + 2LiOH$

• 금속 Na : $2Na + 2H_2O \rightarrow H_2 + 2NaOH$

• 금속 K : $2K + 2H_2O \rightarrow H_2 + 2KOH$

• 금속 Mg : $Mg + 2H_2O \rightarrow H_2 + Mg(OH)$

• 금속 Ca : $Ca + 2H_2O \rightarrow H_2 + Ca(OH)$

• 분말 Al : $2Al + 3H_2O \rightarrow 3H_2 + Al_2O_3$

• 수소화리튬 : $LiH + H_2O \rightarrow H_2 + LiOH$

• 수소화알루미늄리튬
$Li(AlH_4) + 4H_2O \rightarrow 4H_2 + LiOH + Al(OH)_3$

• 수소화나트륨 : $NaH + H_2O \rightarrow H_2 + NaOH$

• 수소화칼슘 : $CaH_2 + 2H_2O \rightarrow 2H_2 + Ca(OH)_2$

□ **메테인(메탄, CH_4) 가스를 발생시키는 것**

• 탄화알루미늄
$Al_4C_3 + 12H_2O \rightarrow 3CH_4 + 2Al(OH)$

• 트라이메틸알루미늄(트리메틸알루미늄)
$(CH_3)_3Al + 3H_2O \rightarrow 3CH_4 + Al(OH)_3$

• 메틸리튬
$(CH_3)Li + H_2O \rightarrow CH_4 + LiOH$

• 탄화망간
$Mn_3C + 6H_2O \rightarrow CH_4 + H_2 + 3Mn(OH)_2$

□ **에테인(에탄, C_2H_6) 가스를 발생시키는 것**

• 트라이에틸알루미늄
$(C_2H_5)_3Al + 3H_2O \rightarrow 3C_2H_6 + Al(OH)_3$

• 에틸리튬
$(C_2H_5)Li + H_2O \rightarrow C_2H_6 + LiOH$

□ **아세틸렌(에타인, C_2H_2)을 발생시키는 것**

• 탄화칼슘
$CaC_2 + 2H_2O \rightarrow C_2H_2 + Ca(OH)_2$

정답 ①

---

 56 위험물안전관리법령에 따른 위험물제조소의 안전거리 기준으로 틀린 것은?

① 주택으로부터 10m 이상

② 학교, 병원, 극장으로부터는 30m 이상

③ 유형문화재와 기념물 중 지정문화재로부터는 70m 이상

④ 고압가스 등을 저장, 취급하는 시설로부터는 20m 이상

정답분석 유형문화재와 기념물 중 지정문화재로부터는 50m 이상으로 하여야 한다.

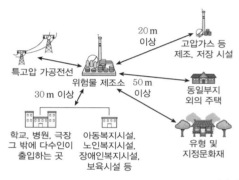

정답 ③

---

57 트라이나이트로페놀의 성질에 대한 설명으로 틀린 것은?

① 폭발에 대비하여 철, 구리로 만든 용기에 저장한다.

② 휘황색을 띤 침상 결정이다.

③ 비중이 약 1.8로 물보다 무겁다.

④ 단독으로는 충격, 마찰에 둔감한 편이다.

정답분석 트라이나이트로페놀(TNP, 피크르산)은 휘황색을 띤 침상 결정으로 비중이 약 1.8로 물보다 무겁다. 단독으로는 충격, 마찰에 둔감한 편이지만 저장할 때는 철, 납, 구리, 아연으로 된 용기를 사용할 경우 충격, 마찰에 의해 피크린산염을 생성하면서 폭발할 위험이 있다.

〈그림〉 TNP

정답 ①

58 아세트알데하이드의 저장 시 주의할 사항으로 틀린 것은?

① 구리나 마그네슘 합금 용기에 저장한다.
② 화기를 가까이 하지 않는다.
③ 용기의 파손에 유의한다.
④ 찬 곳에 저장한다.

 아세트알데하이드(CH_3CHO), 산화프로필렌(C_3H_6O) 등의 옥외저장탱크의 설비는 동(Cu) · 마그네슘(Mg) · 은(Ag) · 수은(Hg) 또는 이들을 성분으로 하는 합금(슴슖)은 위험물 제조설비의 재질로 사용하지 못한다. 산화프로필렌은 마그네슘 등과 반응할 경우, 폭발성의 아세틸라이드(Acetylide)를 생성한다.

정답 ①

59 위험물안전관리법령상 주유취급소에서의 위험물 취급기준에 따르면 자동차 등에 인화점 몇 ℃ 미만의 위험물을 주유할 때에는 자동차 등의 원동기를 정지시켜야 하는가? (단, 원칙적인 경우에 한한다)

① 21   ② 25
③ 40   ④ 80

 자동차 등에 인화점 40℃ 미만의 위험물을 주유할 때에는 자동차 등의 원동기를 정지시켜야 한다.

정답 ③

60 질산에틸에 대한 설명으로 틀린 것은?

① 물에 거의 녹지 않는다.
② 상온에서 인화하기 어렵다.
③ 증기는 공기보다 무겁다.
④ 무색투명한 액체이다.

 질산에틸($C_2H_5NO_3$)은 향기를 갖는 무색 투명한 폭발성 액체(액체비중 1.11)로 물에는 거의 녹지 않으나(약간 녹음), 에테르와 알코올에 녹으며 로켓 추진제로 사용되고 있다. 인화점이 10℃로서 대단히 낮고 연소하기 쉬우며, 증기비중은 3.14로 공기보다 무겁고, 비점 이상으로 가열하면 폭발의 위험이 있다.

정답 ②

제1과목 일반화학

01 질소 2몰과 산소 3몰의 혼합기체가 나타내는 전압력이 10기압일 때 질소의 분압은 얼마인가?

① 2기압
② 4기압
③ 8기압
④ 10기압

정답분석 특정 기체의 부분압력은 전체압력에서 체적비를 곱하여 산출한다.

계산 질소의 분압계산은 다음과 같이 산출한다.
- 질소 압력(기압) = 전체 압력(기압) × 체적비

$$\therefore \text{질소 압력} = 10\text{기압} \times \frac{2}{2+3} = 4\text{기압}$$

정답 ②

02 다음 중 질소를 포함한 화합물은?

① 폴리에틸렌
② 폴리염화비닐
③ 나일론
④ 프로페인(프로판)

정답분석 나일론(Nylon)은 펩타이드 결합으로 고분자를 형성하는 폴리아마이드계 합성 섬유에 붙여진 일반명이다. 나일론의 단위체는 $(-NH-R-CO-)_n$이다.

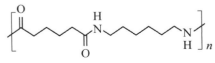

<그림> 나일론 66

정답 ③

03 옥텟규칙에 따라 Ge가 반응할 때 다음 중 어떤 원소의 전자수와 같아지려고 하는가?

① He
② Ne
③ Ar
④ Kr

정답분석 옥텟규칙(Octet Rule)은 원자가 최외각 껍질을 완전히 채우거나 전자 8개(4쌍)를 가질 때 가장 안정하다는 규칙으로 팔전자 규칙이라고도 한다. 18족 이외의 원자는 화학결합(공유결합)을 통해 18족(0족) 기체와 같은 전자배치를 가지려고 한다. 따라서 저마늄(Ge)은 14족 32번 원소로서 원자가 전자는 4개이다. 저마늄(Ge)이 반응한다면, 전자 4개를 받아들여 최외각 전자 8개를 가득 채움으로써 14족 36번 원소인 크립톤(Kr)과 같은 원자가 전자를 가지려고 한다.

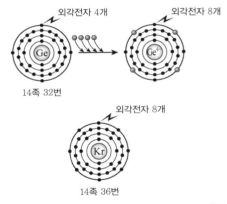

정답 ④

04 60℃에서 KNO₃의 포화용액 100g을 10℃로 냉각시키면 몇 g의 KNO₃가 석출하는가? (단, 용해도는 60℃에서 100g KNO₃/100g H₂O, 10℃에서 20g KNO₃/100g H₂O이다)

① 4   ② 40
③ 80   ④ 120

정답분석 용해도의 관계식을 이용한다.

$$\square\ 용해도\,(g/100g) = \frac{용질(g)}{용매의\ 양(g)} \times 100$$

$$\begin{cases} 용매 : H_2O \\ 용질 : KNO_3 \end{cases}$$

계산 냉각에 의해 석출되는 KNO₃량은 다음과 같이 계산된다.

㉠ 60℃에서

$$\begin{cases} \bullet\ 용질 = 포화용액 \times \dfrac{용질}{용매+용질} \\[2mm] \qquad = 100g \times \dfrac{100g}{100g+100g} = 50g \\[2mm] \bullet\ 용매 = 포화용액 \times \dfrac{용매}{용매+용질} \\[2mm] \qquad = 100g \times \dfrac{100g}{100g+100g} = 50g \end{cases}$$

㉡ 10℃에서

$$\begin{cases} \bullet\ 용질 = 50g\,(\because 용질은\ 온도에\ 관계없이\ 일정) \\ \bullet\ 용매의\ 양에\ 따른\ 용질량의\ 변화(비례식으로) \\ \quad \rightarrow\ 100g : 20g = 50g : x(g) \\ \quad x = 10g(10℃\ 용매에\ 용해되어\ 있는\ 용질의\ 양) \end{cases}$$

∴ 석출되는 KNO₃의 양 = 50g − 10g = 40g

정답 ②

---

05 금속의 산화물 3.2g을 환원시켜 금속 2.24g을 얻었다. 이 금속의 산화물의 실험식은 무엇인가? (단, 금속의 원자량은 56이다)

① MO   ② M₂O₃
③ M₃O₂   ④ M₃O₄

정답분석 금속(M)의 산소(O)에 의한 산화반응을 이용하여 계산한다.

$$\square\ xM + yO\ \rightarrow\ M_xO_y$$

계산 실험식은 다음과 같이 추정한다.

㉠ 각 원소의 mol수를 구한다.

$$\begin{cases} \bullet\ M\ \rightarrow\ 2.24g \times \dfrac{1mol}{56g} = 0.04\,mol\,(M) \\ \quad (\text{※}\ 56 = 금속원소(M)의\ 원자량) \\[2mm] \bullet\ O\ \rightarrow\ (3.2-2.24)\,g \times \dfrac{1mol}{16g} = 0.06\,mol\,(O) \\ \quad (\text{※}\ 16 = 산소의\ 원자량) \end{cases}$$

㉡ 최소 정수비로 나누면

$$\begin{cases} \bullet\ M = \dfrac{0.04}{0.04} = 1\ \rightarrow\ 2배수 \rightarrow 2 \times 1 = 2 \\[2mm] \bullet\ O = \dfrac{0.06}{0.04} = 1.5\ \rightarrow\ 2배수 \rightarrow 2 \times 1.5 = 3 \end{cases}$$

㉢ x 및 y 값 $\begin{cases} x = 2 \\ y = 3 \end{cases}$

∴ $M_xO_y = M_2O_3$

정답 ②

---

06 95wt% 황산의 비중은 1.84이다. 이 황산의 몰농도는 약 얼마인가?

① 4.5   ② 8.9
③ 17.8   ④ 35.6

정답분석 몰농도(M, Molarity)는 용액 1L에 용해되어 있는 용질의 몰(mol) 수를 말하므로 다음과 같이 계산한다.

$$\square\ M(mol/L) = \frac{용질(mol)}{용액(L)}$$

계산 황산(H_2SO_4) 1mol 질량(분자량)은 98이고, 비중 1.84를 밀도(密度) 단위로 전환하면 1.84g/mL이다.

$$\therefore\ M = \frac{1.84g}{mL} \times \frac{95g}{100g} \times \frac{mol}{98g} \times \frac{10^3 mL}{L}$$
$$= 17.84\,mol/L$$

정답 ③

07 다음 중 양쪽성 산화물에 해당하는 것은?

① NO_2　　② Al_2O_3
③ MgO　　④ Na_2O

정답분석 산화물의 중간적인 성질(양쪽성, Amphoteric)은 주기 율표의 주기 내에서 중간에 위치한 원소에서 주로 나타난 다. 항목 중 양쪽성 산화물에 해당하는 것은 Al_2O_3이다. NO_2는 산성 산화물, MgO는 염기성 산화물, Na_2O는 산성 산화물이다.

정답 ②

 08 다음 중 밑줄 친 원자의 산화수 값이 나머지 셋과 다른 하나는?

① $\underline{Cr}_2O_7{}^{2-}$　　② $H_3\underline{P}O_4$
③ $H\underline{N}O_3$　　④ $HCl\underline{O}_3$

정답분석 밑줄 친 원자의 산화수 값이 나머지 셋과 다른 하나는 다이 크로뮴산이온($Cr_2O_7{}^{2-}$) 중의 크로뮴이다. 크로뮴의 산 화수는 $+6$이다.

H_3PO_4에서 P의 산화수는 $+5$, HNO_3에서 N의 산화수 는 $+5$, $HClO_3$에서 Cl의 산화수는 $+5$이다.

정답 ①

 09 다음 중 2차 알코올이 산화되었을 때 생성되는 물질은?

① CH_3COCH_3
② $C_2H_5OC_2H_5$
③ CH_3OH
④ CH_3OCH_3

정답분석 알코올의 일반식은 ROH(R=알킬기)로 나타내는데, 하 이드록시기($-OH$)가 결합하고 있는 탄소에 붙어 있는 알 킬기의 수에 따라, 1개가 붙어 있을 경우 1차알코올, 2개 일 경우 2차알코올이라 한다.

2차 알코올($RCHR-OH$)이 산화되면 $R-CO-R'$의 일 반식으로 표현되는 케톤[Ketone, 2개의 알킬기(R)가 결합된 카보닐기를 갖는 유기화합물. 예를 들면 아세톤 ($CH_3-CO-CH_3$]을 형성한다.

반면에 1차 알코올은 한번 산화되면(H원자 2개 잃음) 포르 밀기($-CHO$)를 가지고 있는 알데하이드($RCHO$)가 된다.

$$RCHR-OH \longrightarrow R-\overset{\displaystyle O}{\overset{\|}{C}}-R$$

$$RCH_2-OH \longrightarrow R-\overset{\displaystyle O}{\overset{\|}{C}}-H$$

정답 ①

10 $CuCl_2$의 용액에 5A 전류를 1시간 동안 흐르게 하면 몇 g의 구리가 석출되는가? (단, Cu의 원자량은 63.54이며, 전자 1개의 전하량은 1.602×10^{-19}이다)

① 3.17   ② 4.83
③ 5.93   ④ 6.35

정답분석 패러데이의 법칙(Faraday's law)을 적용한다. 패러데이의 법칙에 따르면 전기분해에 의해 석출되는 물질의 양은 전류와 시간의 곱에 비례한다. 석출되는 물질의 질량은 원자량(M)에 비례하고, 원자가(전자가)에 반비례, 즉 금속원소의 당량에 비례한다.

□ $m_c(g) = \dfrac{\text{가해진 전하량}(C)}{\text{기준 전하량}(96{,}500\,C)} \times \dfrac{M}{\text{전자가}}$

계산 석출되는 구리의 양은 다음과 같이 산출한다.

□ $m_c(g) = \dfrac{\text{가해진 전하량}(C)}{\text{기준 전하량}(96{,}500\,C)} \times \dfrac{M}{\text{전자가}}$

$\begin{cases} m_c : \text{석출 금속량}(g) \\ \text{가해진 전하량} = \text{전류} \times \text{시간(초)} = 5A \times 3{,}600초 \\ \text{원자량} : 63.54 \\ \text{전자가} : 2 \end{cases}$

$\therefore\ m_c(g) = \dfrac{5 \times 3{,}600\,C}{96{,}500\,C} \times \dfrac{63.54}{2} = 5.93\ g$

정답 ③

11 H_2O가 H_2S보다 비등점이 높은 이유는?

① 이온결합을 하고 있기 때문에
② 수소결합을 하고 있기 때문에
③ 공유결합을 하고 있기 때문에
④ 분자량이 적기 때문에

정답분석 수소결합(水素結合, Hydrogen Bond)을 갖는 분자($H \cdots F$, O, N)는 분자간의 인력이 강하다. 따라서 분자 사이의 인력을 끊기 위해서는 많은 에너지가 필요하기 때문에 유사한 분자량을 가진 화합물과 비교할 때 녹는점, 끓는점이 높다.

정답 ②

12 다음 중 나이트로벤젠을 수소로 환원하여 만드는 물질은 무엇인가?

① 페놀
② 아닐린
③ 톨루엔
④ 벤젠술폰산

정답분석 아닐린(Aniline)은 나이트로벤젠을 금속과 염산으로 환원시켜 만든 방향족 아민($C_6H_5NO_2 \rightarrow C_6H_5NH_2$)이다. 즉, 아닐린은 나이트로벤젠을 주석 또는 철과 염산에 의해 환원시키거나 니켈 등 금속 촉매를 써서 접촉수소 첨가법으로 생성시킨다. 아닐린($C_6H_5NH_2$)은 제4류 위험물 중 제3석유류이다.

나이트로벤   아닐린

정답 ②

13 볼타전지에서 갑자기 전류가 약해지는 현상을 분극현상이라 한다. 분극현상을 방지해주는 감극제로 사용되는 물질은?

① MnO_2

② $CuSO_3$

③ $NaCl$

④ $Pb(NO_3)_2$

 정답 분석
분극현상(分極現象, Polarization Phenomenon)이란 수소 기체(H_2)가 환원반응이 일어나는 것을 막아 전압이 떨어지는 현상을 말한다.

볼타전지의 구성은 묽은 황산 수용액에 아연판과 구리판을 넣고 도선으로 연결한 전지($Zn \,|\, H_2SO_4 \,|\, Cu$)로, 아연판에서 아연이온($Zn^{2+}$)이 녹아 들어가면서 산화반응이 일어나고, 구리판에서는 수소(H_2)가 발생하면서 환원반응이 일어난다. 이때 발생한 수소가스로 인해 기전력이 약 1.3V에서 0.4V로 전압이 급격히 떨어지는 분극현상이 발생하는데 이를 방지하기 위해 감극제(MnO_2, $KMnO_7$ 등)를 사용한다.

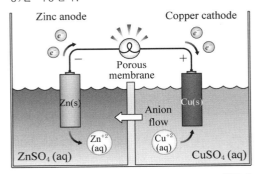

정답 ①

14 다음 중 수용액의 pH가 가장 작은 것은?

① 0.01N HCl

② 0.1N HCl

③ 0.01N CH_3COOH

④ 0.1N NaOH

 정답 분석
pH 계산식을 이용한다.

ㅁ 산의 $pH = \log \dfrac{1}{[H^+]}$

ㅁ 염기의 $pH = 14 - \log \dfrac{1}{[OH^-]}$

[계산] 각 항목 수용액의 pH는 다음과 같이 비교한다.

$\begin{cases} ① 0.01N - HCl \rightarrow [H^+] = 0.01\,mol/L \Rightarrow pH = 2 \\ ② 0.1N - HCl \rightarrow [H^+] = 0.1\,mol/L \Rightarrow pH = 1 \\ ③ 0.01N - CH_3COOH \rightarrow [H^+] = 0.01\,mol/L \\ \quad \Rightarrow pH = 2 \\ ④ 0.1N - NaOH \rightarrow [OH^-] = 0.1\,mol/L \Rightarrow pH = 13 \end{cases}$

∴ pH가 가장 낮은 것은 0.1N − HCl

정답 ②

15 다음 물질 중 sp^3 혼성궤도함수와 가장 관계가 있는 것은?

① CH_4 ② $BeCl_2$

③ BF_3 ④ HF

 정답 분석
sp^3 혼성혼성궤도함수(오비탈)을 갖는 분자는 CH_4, NH_3, H_2O, NH_4 등이 있다.

 [참고] ② $BeCl_2 : sp$

③ $BF_3 : sp^2$

④ HF : H와 F는 $1s$ 오비탈과 $2p_z$ 오비탈이 결합하여 반결합성 σ오비탈을 이루고, 이 오비탈에 전자가 채워진다. 따라서 HF는 두 원자의 번호 차이가 너무 크기 때문에 결합을 하지 않는 오비탈이 발생하게 되는데, 이러한 오비탈을 비결합성 오비탈이라고 한다.

정답 ①

16 고체 유기물질을 정제하는 과정에서 그 물질이 순물질인지 알기 위해 가장 적합한 방법은 무엇인가?

① 광학현미경 이용
② 육안으로 관찰
③ 녹는점 측정
④ 전기전도도 측정

 정답분석 순물질(純物質, Pure Substance)의 경우는 물질의 특성인 녹는점, 끓는점, 밀도, 용해도, 색, 맛 등이 일정하지만 혼합물(混合物, Mixture)은 성분 물질의 혼합 비율에 따라 녹는점(Melting Point)과 끓는점 (Boiling Point)등이 변한다. 어떤 물질이 순물질인지 혼합물인지를 알아보려면 그 물질의 녹는점이나 끓는점 등을 조사하면 된다.

정답 ③

17 고체상의 물질이 액체상과 평형에 있을 때의 온도와 액체의 증기압과 외부 압력이 같게 되는 온도를 각각 옳게 표시한 것은?

① 끓는점과 어는점
② 전이점과 끓는점
③ 어는점과 끓는점
④ 용융점과 어는점

 정답분석 어는점(Freezing Point)은 고체상의 물질이 액체상과 평형에 있을 때의 온도를 말하며, 응고점(凝固點)이라고도 한다. 끓는점(Boiling Point)은 액체의 증기압이 외부의 압력과 같아지는 온도로 정의되며, 외부의 압력이 커질수록 끓는점은 높아지고, 외부압력이 낮아지면 끓는점도 낮아진다.

정답 ③

18 다음의 반응 중 평형상태가 압력의 영향을 받지 않는 것은?

① $N_2 + O_2 \rightleftarrows 2NO$
② $NH_3 + HCl \rightleftarrows NH_4Cl$
③ $2CO + O_2 \rightleftarrows 2CO_2$
④ $2NO_2 \rightleftarrows N_2O_4$

 정답분석 르 샤틀리에의 원리(Le Chatelier's principle)에서 압력을 증가시키면 부피가 큰 쪽에서 작은 쪽으로 평형이 이동되는데 제시된 반응에서 반응계의 부피비 : 생성계 부피비＝(1＋1＝2) : 2인 ①의 반응은 평형상태가 압력의 영향을 받지 않는다.

정답 ①

19 1몰의 질소와 3몰의 수소를 촉매와 같이 용기 속에 밀폐하고 일정한 온도로 유지하였더니 반응물질의 50%가 암모니아로 변하였다. 이때의 압력은 최초 압력의 몇 배가 되는가? (단, 용기의 부피는 변하지 않는다)

① 0.5
② 0.75
③ 1.25
④ 변하지 않는다.

 정답분석 온도와 부피가 일정할 때 기체의 몰수는 압력에 비례한다. 1몰의 질소와 3몰의 수소반응, 즉 $N_2 + 3H_2 \rightarrow 2NH_3$의 반응에서 반응 전 반응계의 몰수는 4mol이다. 반응물질이 50% 반응하여 암모니아로 전환되었다고 하였으므로 0.5mol의 N_2와 1.5mol의 H_2가 반응하여 1mol의 NH_3가 발생한 것이 된다. 따라서 기체의 몰수는 4mol (반응전)에서 3mol(반응후)로 3/4만큼 변화한다. 따라서 압력은 최초 압력의 0.75배가 된다.

정답 ②

20 25℃에서 Cd(OH)₂ 염의 몰용해도는 1.7×
10⁻⁵mol/L이다. Cd(OH)₂염의 용해도곱상수
K_{sp}를 구하면 약 얼마인가?

① 2.0×10^{-14}

② 2.2×10^{-12}

③ 2.4×10^{-10}

④ 2.6×10^{-8}

 정답 분석 몰용해도(Molar Solubility)와 용해도곱상수(Solubility Product Constant)의 관계식을 적용한다.

[계산] Cd(OH)₂염(鹽)이 전리되어 생성하는 카드뮴이온은 1mol,
수산화이온은 2mol이므로 다음의 관계식이 성립된다.

□ $L_m = \sqrt[3]{K_{sp}/4}$ { ← Cd(OH)$_2$ → Cd^{2+} + 2OH$^-$

⇨ $1.7 \times 10^{-5} = \sqrt[3]{K_{sp}/4}$

∴ $K_{sp} = 2 \times 10^{-14}$

정답 ①

 제2과목 화재예방과 소화방법

21 가연성 고체 위험물의 화재에 대한 설명으로 틀
린 것은?

① 적린과 유황은 물에 의한 냉각소화를 한다.

② 금속분, 철분, 마그네슘이 연소하고 있을 때
에는 주수해서는 안 된다.

③ 금속분, 철분, 마그네슘, 황화인은 마른 모래,
팽창질석 등으로 소화를 한다.

④ 금속분, 철분, 마그네슘의 연소 시에는 수소
와 유독가스가 발생하므로 충분한 안전거리
를 확보해야 한다.

정답 분석 금속분, 철분, 마그네슘은 산(酸), 물, 염기(鹽基)와 반응
할 때 수소가 발생한다. 연소 시에는 발생되는 유독가스가
발생하므로 흡입방지를 위해 공기호흡기를 착용해야 한
다. 금속분, 철분, 마그네슘, 황화인은 건조사, 건조분말
(탄산수소염류) 등으로 질식소화하며, 적린과 유황은 물
에 의한 냉각소화가 적당하다. 금속분, 철분, 마그네슘의
연소 시 주수하면 급격한 수증기 압력이나 분해에 의해,
발생된 수소에 의한 폭발위험과 연소 중인 금속의 비산(飛
散)으로 인하여 화재면적을 확대시킬 수 있다.

정답 ④

22 다음 중 고체의 일반적인 연소형태에 대한 설명
으로 틀린 것은?

① 숯은 표면연소를 한다.

② 나프탈렌은 증발연소를 한다.

③ 양초는 자기연소를 한다.

④ 목재는 분해연소를 한다.

 정답 분석 양초(파라핀), 유황(硫黃)을 비롯하여 나프탈렌, 장뇌 등
과 같은 승화성 물질이나 제4류 위험물(인화성 액체) 등이
가열에 의해 열분해(熱分解, Pyrolysis)를 일으키지 않고
증발(蒸發)하여 그 증기(蒸氣)가 연소되거나 먼저 용해(融
解)된 액체가 기화(氣化)하여 증기가 된 후 연소되는 형태를
증발연소(蒸發燃燒, Evaporative Combustion)라고
한다.

자기연소(自己燃燒)는 피크르산, 질산에스터류, 셀룰로
이드류, 나이트로 화합물, 하이드라진 유도체류 등과 같
은 제5류 위험물은 자체 내에 산소를 포함하고 있어 공기
중의 산소 없이 연소할 수 있는 위험물이다.

정답 ③

해커스 위험물산업기사 필기 안전완성 기본이론+기출문제

23 다음 중 탄산수소칼륨을 주성분으로 하는 분말 소화약제의 착색은 무엇인가?

① 백색
② 담회색
③ 담홍색
④ 회색

 제2종 분말 소화약제의 주성분인 $KHCO_3$(탄산수소칼륨)의 착색 색상은 담회색이다.

구분	주성분	착색
제1종	$NaHCO_3$	백색
제2종	$KHCO_3$	담회색
제3종	$NH_4H_2PO_4$ (인산이수소암모늄)	담홍색(분홍)
제4종	$KHCO_3 + (NH_2)_2CO$	회색

정답 ②

24 불활성가스 소화약제 중 IG-541의 구성성분이 아닌 것은?

① He
② Ar
③ CO_2
④ N_2

 IG-541은 질소와 아르곤과 이산화탄소의 용량비가 52 대 40 대 8인 혼합물이다.

[참고] ▫ IG-100 : N_2 100%
▫ IG-55 : $N_2 - Ar = 50$ 대 50
▫ IG-541 : $N_2 - Ar - CO_2 = 52$ 대 40 대 8

정답 ①

25 알코올 화재 시 수성막포 소화약제는 내알코올포 소화약제에 비하여 소화효과가 낮다. 그 이유로 서 가장 타당한 것은?

① 소화약제와 섞이지 않아서 연소면을 확대하기 때문에
② 알코올은 포와 반응하여 가연성가스를 발생하기 때문에
③ 알코올이 연료로 사용되어 불꽃의 온도가 올라가기 때문에
④ 수용성 알코올로 인해 포가 소멸되기 때문에

 알코올(Alcohol)과 같은 수용성(水溶性) 액체의 화재에 수성막포 소화약제를 사용하면 알코올이 포(泡)에 함유되어 있는 수분에 녹아 거품을 제거하는 소포(消泡)작용이 일어난다.

정답 ④

26 위험물취급소의 건축물 연면적이 500m²인 경우 소요단위는? (단, 외벽은 내화구조이다)

① 2단위
② 5단위
③ 10단위
④ 50단위

[정답분석] 제조소 또는 취급소의 건축물로 외벽이 내화구조인 것은 연면적 100m²를 1소요단위로 한다.

[계산] 소요단위는 다음과 같이 산정한다.

$$□ \text{ 소요단위} = \text{연면적} \times \frac{1단위}{100m^2}$$

$$\therefore \text{ 소요단위} = 500m^2 \times \frac{1단위}{100m^2} = 5$$

정답 ②

27 위험물안전관리법령에서 정한 다음의 소화설비 중 능력단위가 가장 큰 것은?

① 팽창진주암 160L(삽 1개 포함)

② 수조 80L(소화전용 물통 3개 포함)

③ 마른 모래 50L(삽 1개 포함)

④ 팽창질석 160L(삽 1개 포함)

 항목 중 소화설비 중 능력단위가 가장 큰 것은 수조 80L (소화전용 물통 3개 포함)이다.

[참고]

소화설비	용량	능력단위
소화전용(轉用) 물통	8L	0.3
수조(소화전용 물통 3개 포함)	80L	1.5
수조(소화전용 물통 6개 포함)	190L	2.5
마른 모래(삽 1개 포함)	50L	0.5
팽창질석 또는 팽창진주암(삽 1개 포함)	160L	1.0

정답 ②

28 소화기에 'B−2'라고 표시되어 있었다. 이 표시의 의미를 가장 옳게 나타낸 것은?

① 일반화재에 대한 능력단위 2단위에 적용되는 소화기

② 일반화재에 대한 무게단위 2단위에 적용되는 소화기

③ 유류화재에 대한 능력단위 2단위에 적용되는 소화기

④ 유류화재에 대한 무게단위 2단위에 적용되는 소화기

 소화기에 'B−2'라고 표시된 의미는 B는 유류화재(B급)를 뜻하며, 숫자 2는 소화기의 능력단위를 나타낸다.

[참고] ▫ B급 화재에 적용하는 것에 있어서는 능력단위가 20단위 이상이어야 한다.

▫ A−2의 표시에서 A는 일반화재(A급)를 뜻하며, 숫자 2는 소화기의 능력단위를 나타낸다.

정답 ③

29 다음 중 알코올형 포소화약제를 이용한 소화가 가장 효과적인 것은?

① 아세톤   ② 휘발유

③ 톨루엔   ④ 벤젠

[정답분석] 알코올형포(=내알코올포) 소화약제는 수용성 가연물인 알코올류, 에테르류, 케톤류, 알데하이드류, 아민류, 유기산, 특수인화물, 피리딘 등에 적합하다. 아세톤은 케톤류에 해당된다.

정답 ①

30 위험물안전관리법령상 다이에틸에테르의 화재에 적응성이 없는 소화기는?

① 이산화탄소 소화기

② 포소화기

③ 봉상강화액소화기

④ 할로겐화합물 소화기

[정답분석] 다이에틸에테르($C_2H_5OC_2H_5$)는 봉상(棒狀)이 아닌 무상(霧狀)강화액소화기에 적응성이 있다.

다이에틸에테르($C_2H_5OC_2H_5$)는 제4류 위험물로 인화점이 −40℃, 제4류 위험물 중 인화점이 가장 낮다. CO_2, 포소화기를 사용하거나 질식소화 시 건조사(마른 모래), 팽창질석 또는 팽창진주암을 이용하여 소화하여야 한다.

정답 ③

31 다음 중 연소의 3요소를 모두 갖춘 것은?

① 휘발유, 공기, 수소
② 적린, 수소, 성냥불
③ 성냥불, 황, 염소산암모늄
④ 알코올, 수소, 염소산암모늄

 연소의 3요소는 가연물, 점화원, 산소공급원이다. 보기의 항목에서 가연물에 해당하는 것은 휘발유, 수소, 황(S)이며, 적린(P)은 황린에 비하여 화학반응성은 비활성으로 고온이 되지 않으면 반응하지 않는다. 공기 중에서 발화온도는 260℃이다.
그리고, 점화원이 될 수 있는 것은 성냥불, 정전기불꽃, 산화열 등이고, 산소공급원이 될 수 있는 것은 공기, O_2, $KClO_4$, H_2O_2 등이다.
염소산암모늄(NH_4ClO_3), 염소산나트륨($NaClO_3$), 염소산칼륨($KClO_3$) 등의 염소산염류(鹽素酸鹽類)는 그 자체는 불연성 고체이지만 강력한 산화제로서 분해하면 산소를 방출한다. 따라서 연소의 3요소를 모두 충족하고 있는 것은 ③이다.

정답 ③

32 폐쇄형 스프링클러 헤드는 부착장소의 평상시 최고 주위온도에 따라서 결정된 표시온도의 것을 사용해야 한다. 평상시 최고 주위온도가 28℃ 이상 39℃ 미만일 경우 헤드 표시온도는?

① 58℃ 미만
② 58℃ 이상 79℃ 미만
③ 79℃ 이상 121℃ 미만
④ 121℃ 이상 162℃ 미만

 폐쇄형 스프링클러헤드는 그 부착장소의 평상시 최고 주위온도에 따라 다음 표에 정한 표시온도를 갖는 것을 설치하여야 한다.

부착장소의 최고 주위온도(℃)	표시온도 (℃)
28℃ 미만	58℃ 미만
28℃ 이상 39℃ 미만	58℃ 이상 79℃ 미만
39℃ 이상 64℃ 미만	79℃ 이상 121℃ 미만
64℃ 이상 106℃ 미만	121℃ 이상 162℃ 미만
106℃ 이상	162℃ 이상

정답 ②

33 처마의 높이가 6m 이상인 단층건물에 설치된 옥내저장소의 소화설비로 고려될 수 없는 것은?

① 고정식 포소화설비
② 옥내소화전설비
③ 고정식 불활성가스 소화설비
④ 고정식 분말소화설비

 처마 높이가 6m 이상인 단층 건물 또는 다른 용도의 부분이 있는 건축물에 설치한 옥내저장소에는 스프링클러설비 또는 이동식 외의 물분무등 소화설비를 갖추어야 한다. 물분무등 소화설비에는 물분무 소화설비, 포 소화설비, 불활성 가스 소화설비, 할로겐화합물 소화설비, 분말소화설비가 이에 해당한다.

정답 ②

34 다음 중 피뢰설비를 설치하지 않아도 되는 위험물 제조소는 몇 류 위험물을 취급하는 제조소인가? (단, 지정수량의 10배 이상의 위험물)

① 제2류 위험물
② 제3류 위험물
③ 제5류 위험물 ·
④ 제6류 위험물

 지정수량의 10배 이상의 위험물을 취급하는 제조소(제6류 위험물을 취급하는 위험물제조소를 제외)에는 피뢰침을 설치하여야 한다. 다만, 제조소의 주위의 상황에 따라 안전상 지장이 없는 경우에는 피뢰침을 설치하지 아니할 수 있다.

정답 ④

35 표준관입시험 및 평판재하시험을 실시하여야 하는 특정옥외저장탱크의 지반의 범위는 기초의 외축이 지표면과 접하는 선의 범위 내에 있는 지반으로서 지표면의 깊이 몇 m까지로 하는가?

① 10   ② 15
③ 20   ④ 25

 표준관입시험 및 평판재하시험을 실시하여야 하는 특정옥외저장탱크의 지반의 범위는 기초의 외축이 지표면과 접하는 선의 범위 내에 있는 지반으로서 지표면으로부터 깊이 15m 까지로 하여야 한다.

정답 ②

36 화재예방 시 자연발화를 방지하기 위한 일반적인 방법으로 옳지 않은 것은?

① 통풍을 방지한다.
② 저장실의 온도를 낮춘다.
③ 습도가 높은 장소를 피한다.
④ 열의 축적을 막는다.

 자연발화를 방지하기 위해서는 통풍을 잘 하여 열이 축적되지 않도록 하여야 하며, 온도와 습도가 모두 낮은 곳에 저장하여야 한다.
유기과산화물류, 셀룰로이드, 하이드라진 유도체류 모두 제5류 위험물(자기반응성 물질)에 속하는 물질은 화재 시에는 다량의 물에 의한 주수(注水) 소화가 가장 효과적이며, 소량일 경우 소화분말, 건조사 등으로 질식소화를 하는 것이 바람직하다.

정답 ①

37 탄화칼슘 60,000kg을 소요단위로 산정하면?

① 10단위 ② 20단위
③ 30단위 ④ 40단위

 위험물은 지정수량의 10배가 1소요단위이다. 탄화칼슘은 제3류 위험물의 칼슘 또는 알루미늄의 탄화물로 지정수량이 300kg이다.

[계산] 소요단위는 다음과 같이 산정한다.

□ 소요단위 = $\dfrac{저장수량}{지정수량 \times 10}$

∴ 소요단위 = $\dfrac{60,000kg}{300kg \times 10} = 20$

정답 ②

38 위험물안전관리법령상 전역방출방식 또는 국소방출방식의 분말소화설비의 기준에서 가압식의 분말소화설비에는 얼마 이하의 압력으로 조정할 수 있는 압력조정기를 설치하여야 하는가?

① 2.0MPa ② 2.5MPa
③ 3.0MPa ④ 5MPa

 가압식의 분말소화설비에는 2.5MPa 이하의 압력으로 조정할 수 있는 압력조정기를 설치하여야 한다.

정답 ②

39 인화성 액체의 소화방법에 대한 설명으로 틀린 것은?

① 질식소화가 가장 효과적이다.
② 물분무소화도 적용성이 있다.
③ 수용성인 가연성 액체의 화재에는 수성막포에 의한 소화가 효과적이다.
④ 비중이 물보다 작은 위험물의 경우는 주수소화 효과가 떨어진다.

 제4류 위험물(인화성 액체) 중 아세톤이나 아세트알데하이드와 같은 수용성 액체의 화재에 수성막포를 이용하면 알코올이 포 속의 물에 녹아 거품이 사라지는 소포(消泡) 작용이 나타나 포가 소멸된다.
수용성 액체의 화재에는 알코올형 포 소화약제가 적용성이 있으며, 이 포를 내알코올포 또는 수용성 액체용포라고 한다.

정답 ③

40 위험물제조소 등에 설치하는 전역방출방식의 이산화탄소 소화설비 분사헤드의 방사압력은 고압식의 경우 몇 MPa 이상이어야 하는가?

① 1.05 ② 1.7
③ 2.1 ④ 2.6

 위험물제조소 등에 설치하는 전역방출방식의 이산화탄소 소화설비 분사헤드의 방사압력은 고압식의 경우 2.1MPa 이상, 저압식의 경우 1.05MPa 이상으로 한다.

[참고] 경보장치의 작동압력 : 이산화탄소 소화설비의 저압식 저장용기에 설치하는 압력경보장치의 작동압력은 2.3MPa 이상의 압력 및 1.9MPa 이하의 압력이다.
□ 저압식 저장용기에는 액면계, 압력계, 파괴판, 방출밸브를 설치하여야 한다.
□ 저압식 저장용기에는 2.3MPa 이상의 압력 및 1.9MPa 이하의 압력에서 작동하는 압력경보장치를 설치하여야 한다.
□ 저압식 용기 내부는 영하 20℃ 이상, 영하 18℃ 이하로 유지할 수 있는 자동냉동장치를 설치하여야 하고, 영하 18℃ 이하에서 2.1MPa의 압력을 유지할 수 있어야 한다.
□ 저장용기의 충전비는 고압식은 1.5 이상 1.9 이하, 저압식은 1.1 이상 1.4 이하로 한다.
□ 저장용기는 고압식은 25MPa 이상, 저압식은 3.5MPa 이상의 내압시험압력에 합격한 것으로 한다.

정답 ③

제3과목 위험물의 성질과 취급

41 다음 물질 중 위험물안전관리법령상 제6류 위험물에 해당하는 것은 모두 몇 개인가?

- ㉠ 비중 1.49인 질산
- ㉡ 비중 1.7인 과염소산
- ㉢ 물 60g+과산화수소 40g 혼합 수용액

① 1개   ② 2개
③ 3개   ④ 없음

 질산은 비중이 1.49 이상인 것을, 과산화수소의 농도는 36중량% 이상(40/100=40%)인 것을 위험물로 취급하며, 과염소산에 대한 기준은 제한이 없으므로 제6류 위험물에 해당하는 것은 총 3개이다.

정답 ③

42 다음 중 철분을 수납하는 운반용기 외부에 표기해야 할 주의사항은?

① 화기엄금
② 화기주의 및 물기주의
③ 화기주의 및 물기엄금
④ 화기엄금 및 충격주의

 제2류 위험물인 철분, 마그네슘, 금속분류는 물, 산과 접촉하면 발열한다. 따라서 철분·금속분·마그네슘 운반용기 외부에 표기해야 할 주의사항은 "화기주의" 및 "물기엄금"이다.

정답 ③

43 질산에틸에 대한 설명 중 틀린 것은?

① 비점 이상으로 가열하면 폭발한다.
② 무색투명하고 향긋한 냄새가 난다.
③ 비수용성이고, 인화성이 있다.
④ 증기는 공기보다 가볍다.

 질산에틸($C_2H_5NO_3$)의 증기비중은 3.14로 공기보다 무겁다. 증기의 비중은 공기를 표준물질로 한 밀도(기체 분자량/22.4)의 배수로 산출할 수 있다.

$$\text{증기비중} = \frac{\text{분자량}/22.4}{29/22.4}$$

따라서 공기의 분자량은 약 29, 질산에틸의 분자량은 약 91이다. 그러므로 증기비중은 공기의 3.14배에 상당한다.

질산에틸($C_2H_5NO_3$)은 제5류 위험물(자기반응성물질) 중 질산에스터류로 무색, 휘발성, 폭발성 및 극도로 인화성인 강한 액체이므로 폭약이나 로켓용 액체연료로 사용된다.

정리 (개념정리에 도움되는)폭발성 물질 및 유기과산화물

- 질산에스터류($RONO_2$) : 질산메틸(액), 질산에틸(액), 나이트로셀룰로오스(고), 나이트로글리세린(액), 셀룰로이드(고), 나이트로글리콜(액)
    - ※ (액) : 상온에서 액체로 존재
    - ※ (고) : 상온에서 고체로 존재
- 나이트로화합물 : 유기화합물을 알킬기 페닐기 등의 탄소원자에 나이트로기($-NO_2$)가 직접 결합한 화합물로 방향족의 나이트로화합물은 화약류로 주로 사용됨 → 나이트로에테인(니트로에탄), 나이트로벤젠, 다이나이트로나프탈린 등
- 나이트로소화합물 : 하나의 나이트로소기($-NO$)가 아민, 혹은 아미드의 질소(N)에 붙어 있는 화합물로 주로 장약이나 폭발물로 사용됨 → 테트릴(뇌관의 첨장약), 피크린산(TNP), 2,4,6-트라이나이트로톨루엔(TNT), 1,3,5-트라이나이트로벤젠(폭발물) 등
- 아조화합물 : 아조기($-N=N-$)를 갖는 화합물을 말하며, 강한 발색단(發色團)을 가지고 있으므로 주료 염료(染料)에 이용된다.
- 다이아조화합물 : 질소 2개가 연결된 다이아조기($=N_2$)를 가지는 화합물로서 반응성이 풍부하므로 농약, 살충제 등 다양한 화학원료로 이용된다.
- 히드라진(하이드라진) 유도체 : 4류 위험물 중 제2석유류로 분류되는 하이드라진(H_2N-NH_2)의 유도체들이 이에 해당한다. 하이드라진은 발연성의 액체로 열(熱)에 불안정하며, 공기 중에서 가열하면 약 180℃에서 분해하여 수소, 암모니아, 질소가스를 발생한다. 또한 강한 환원성 물질로 산소가 존재하지 않아도 열, 화염, 기타 점화원과의 접촉에 의해 폭발할 수 있다.
- 유기과산화물 : $H-O-O-H$에서 수소(H)원자를 유기원자단(R)으로 치환된 화합물, 즉, 퍼옥시(peroxy, $-O-O-$)기의 양 끝에 유기원자단(R)이 붙어 ROOR의 화학식 형태를 가지므로 유기과산화물은 가연성·인화성 액체이다. → 벤조일퍼옥사이드, 메틸에틸케톤퍼옥사이드, 과산화벤조일, 과산화아세트산 등이 이에 해당한다.

정답 ④

44 물과 접촉했을 때 동일한 가스를 발생시키는 물질을 나열한 것은?

① 인화칼슘, 수소화칼슘

② 트라이에틸알루미늄, 탄화알루미늄

③ 수소화알루미늄리튬, 금속리튬

④ 탄화칼슘, 금속칼슘

 정답분석 수소화알루미늄리튬, 금속리튬은 공통적으로 물과 접촉했을 때 수소가스를 발생시킨다.

▫ $2Li + 2H_2O \rightarrow H_2 + 2LiOH$

▫ $Li(AlH_4) + 4H_2O \rightarrow 4H_2 + LiOH + Al(OH)_3$

[정리] 수험대비에 도움되는 "물과 반응" 관한 포인트 정리

▫ **수소가스(H_2)를 발생시키는 것**

• 금속 리튬 : $2Li + 2H_2O \rightarrow H_2 + 2LiOH$

• 금속 Na : $2Na + 2H_2O \rightarrow H_2 + 2NaOH$

• 금속 K : $2K + 2H_2O \rightarrow H_2 + 2KOH$

• 금속 Mg : $Mg + 2H_2O \rightarrow H_2 + Mg(OH)$

• 금속 Ca : $Ca + 2H_2O \rightarrow H_2 + Ca(OH)$

• 분말 Al : $2Al + 3H_2O \rightarrow 3H_2 + Al_2O_3$

• 수소화리튬 : $LiH + H_2O \rightarrow H_2 + LiOH$

• 수소화알루미늄리튬

$Li(AlH_4) + 4H_2O \rightarrow 4H_2 + LiOH + Al(OH)_3$

• 수소화나트륨 : $NaH + H_2O \rightarrow H_2 + NaOH$

• 수소화칼슘 : $CaH_2 + 2H_2O \rightarrow 2H_2 + Ca(OH)_2$

▫ **메테인(메탄, CH_4) 가스를 발생시키는 것**

• 탄화알루미늄

$Al_4C_3 + 12H_2O \rightarrow 3CH_4 + 2Al(OH)$

• 트라이메틸알루미늄

$(CH_3)_3Al + 3H_2O \rightarrow 3CH_4 + Al(OH)_3$

• 메틸리튬

$(CH_3)Li + H_2O \rightarrow CH_4 + LiOH$

• 탄화망간

$Mn_3C + 6H_2O \rightarrow CH_4 + H_2 + 3Mn(OH)_2$

▫ **에테인(에탄, C_2H_6) 가스를 발생시키는 것**

• 트라이에틸알루미늄

$(C_2H_5)_3Al + 3H_2O \rightarrow 3C_2H_6 + Al(OH)_3$

• 에틸리튬

$(C_2H_5)Li + H_2O \rightarrow C_2H_6 + LiOH$

▫ **아세틸렌(에타인, C_2H_2)을 발생시키는 것**

• 탄화칼슘

$CaC_2 + 2H_2O \rightarrow C_2H_2 + Ca(OH)_2$

정답 ③

45 과산화수소의 성질에 관한 설명으로 옳지 않은 것은?

① 농도에 따라 위험물에 해당하지 않는 것도 있다.

② 분해 방지를 위해 보관 시 안정제를 가할 수 있다.

③ 에테르에 녹지 않으며, 벤젠에 잘 녹는다.

④ 산화제이지만 환원제로서 작용하는 경우도 있다.

 정답분석 과산화수소(H_2O_2)는 물과 에테르, 알코올에 잘 녹으며, 석유와 벤젠에는 녹지 않는다. 위험물안전관리법령에서 정한 과산화수소의 농도는 36%(wt) 이상의 것만 위험물로 취급하며, 알칼리성이 되면 격렬하게 분해되어 산소를 발생시킨다. 이러한 분해를 방지하기 위하여 인산(H_3PO_4), 요산($C_5H_4N_4O_3$) 등의 안정제를 첨가하여 보관한다. 과산화수소는 일반적으로 강력한 산화제이지만 강산화물과 공존할 경우 환원제로 작용하는 양쪽성 물질이다.

정답 ③

46 위험물안전관리법령상 1기압에서 제3석유류의 인화점 범위로 옳은 것은?

① 21℃ 이상 70℃ 미만

② 70℃ 이상 200℃ 미만

③ 200℃ 이상 300℃ 미만

④ 300℃ 이상 400℃ 미만

정답분석 제3석유류의 인화점 범위는 70℃ 이상 200℃ 미만이다.

[참고] 제4류 위험물의 인화점에 따른 분류

특수인화물	제1석유류	제2석유류
-20℃ 미만	21℃ 미만	21~70℃

제3석유류	제4석유류	동식물유류
70~200℃	200~250℃	250℃ 미만

정답 ②

47 주유취급소의 고정주유설비는 고정주유설비의 중심선을 기점으로 하여 도로경계선까지 몇 m 이상 떨어져 있어야 하는가?

① 2
② 3
③ 4
④ 5

 고정주유설비의 중심선을 기점으로 하여 도로경계선까지 4m 이상, 부지경계선·담 및 건축물의 벽까지 2m(개구부가 없는 벽까지는 1m) 이상의 거리를 유지하고, 고정급유설비의 중심선을 기점으로 하여 도로경계선까지 4m 이상, 부지경계선 및 담까지 1m 이상, 건축물의 벽까지 2m(개구부가 없는 벽까지는 1m) 이상의 거리를 유지하여야 한다.

정답 ③

48 트라이니트로페놀의 성질에 대한 설명 중 틀린 것은?

① 물과 반응하여 수소를 발생시킨다.
② 휘황색을 띤 침상 결정이다.
③ 비중이 약 1.8로 물보다 무겁다.
④ 단독으로는 충격, 마찰에 둔감한 편이다.

 트라이니트로페놀[TNP, 피크르산, $C_6H_2(NO_2)_3OH$]은 물과 반응하여 수소를 발생시키지 않는다.
TNP는 강산화제이면서 환원성물질이며, 물에 전리하여 강한 산이 되며, 쓴맛을 가진다. 비극성 용매에 용해되고 극성 용매에는 잘 녹지 않는 특성이 있지만 대표적인 극성 용매인 물에 녹으며, 알코올, 아세톤에도 녹는다.
수용액은 강산성을 나타내며, 불안정하고 폭발성을 가진 가연성 물질이기 때문에 예전에는 화약으로도 사용되었다. TNP는 휘황색을 띤 침상 결정으로 비중이 약 1.8로 물보다 무겁다. 단독으로는 충격, 마찰에 둔감한 편이지만 저장할 때는 철, 납, 구리, 아연으로 된 용기를 사용할 경우 충격, 마찰에 의해 피크린산염을 생성하면서 폭발할 위험이 있다.

<그림> TNP

정답 ①

49 황린을 약 몇 도 정도로 가열하면 적린이 되는가?

① 260℃
② 300℃
③ 320℃
④ 360℃

 황린(黃燐, 백린)은 인(P) 동소체들 중 가장 불안정하고 가장 반응성이 크며, 밀도는 가장 작고 다른 동소체에 비해 독성이 매우 크다.
황린(백린)은 적린으로 변환되는 성질이 있으므로 백린 속에는 항상 소량의 적린(붉은색 인)이 존재하며, 이로 인해 황린은 **노란색**을 띤다.
황린은 공기 중에서는 산화되어 발화하므로 수중에 저장하며, 유독하다.
적린(赤燐)은 황린(백린)을 250℃ 이상으로 가열하거나 태양광에 노출시킴으로서 만들 수 있으며, 그 이상 가열하면 인 결정(고체)이 생성된다.
적린(P, 붉은색 인)은 가연성 고체로 제2류 위험물로 분류되며, 강알칼리와 반응할 경우, 포스핀(PH_3) 가스를 발생한다. 물에는 잘 녹지 않기 때문에 물속에 보관할 경우, 유독성의 포스핀(PH_3)가스의 발생을 방지할 수 있다. 과염소산칼륨($KClO_4$)과 같은 산화제와 혼합하면 마찰·충격에 의해서 발화한다. 황린(백린)은 공기 중에서 자연발화하기 쉬운 반면, 적린은 공기 중에서도 안정되어있기 때문에 상온에서는 자연발화하지 않는다.

정답 ①

50 P_4S_7에 고온의 물을 가하면 분해된다. 이때 주로 발생하는 유독물질의 명칭은?

① 아황산
② 황화수소
③ 인화수소
④ 오산화인

 칠황화사인(P_4S_7)은 담황색 결정으로 조해성(潮解性, Deliquescence; 고체가 공기 중의 습기를 흡수하여 녹는 성질)이 있고, 찬물에서는 서서히 분해되지만 더운물에서는 급격히 분해하여 황화수소(H_2S)를 발생시킨다. 칠황화사인은 황화인 중 가장 가수분해되기 쉬운 물질이다.
□ $aP_4S_7 + bH_2O \rightarrow xH_2S + zH_3PO_4 + $ 기타

<그림> P_4S_7

정답 ②

51 과산화나트륨에 관한 설명 중 옳지 않은 것은?

① 가열하면 산소를 방출한다.

② 순수한 것은 엷은 녹색이지만 시판품은 진한 청색이다.

③ 아세트산과 반응하여 과산화수소가 발생한다.

④ 표백제, 산화제로 사용한다.

 정답 분석 과산화나트륨(Na_2O_2, Sodium peroxid)은 황색 - 백색 분말이다.

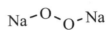 

참고 과산화나트륨(Na_2O_2, Sodium peroxid) 특성

▫ Na_2O_2는 황색 - 백색 분말로 물과 잘 반응하며, NaOH와 산소를 생성하고 강한 산화제이면서 가연성이고, 환원제와는 신속하게 반응한다.

▫ 과산화나트륨(Na_2O_2)은 제1류 위험물 중 무기과산화물(알칼리금속의 과산화물)로 가연성은 없지만 다른 물질의 연소를 도와주며, 가연성 물질과 접촉할 경우, 화재 및 폭발 위험이 있다.

따라서, 물과 접촉하면 발열반응과 함께 산소를 방출하므로 주수소화(注水消火)를 금한다.

$$2Na_2O_2 + 2H_2O \longrightarrow 4NaOH + O_2$$

$$2Na_2O_2 \xrightarrow{\text{가열}} 2NaO + O_2 \uparrow$$

▫ 과산화나트륨(Na_2O_2)은 묽은 산용액(酸溶液)이나 아세트산(CH_3COOH)과 반응하여 제6류 위험물인 과산화수소(H_2O_2)를 발생시킨다.

$$Na_2O_2 + 2CH_3COOH \longrightarrow H_2O_2 + 2CH_3COONa$$

▫ 반응에 의해 발생된 산소(O_2)나 과산화수소(H_2O_2)는 표백작용을 한다.

정답 ②

52 다음 중 비중이 가장 큰 것은?

① 중유

② 경유

③ 아세톤

④ 이황화탄소

 정답 분석 이황화탄소(CS_2)는 비중 1.26으로 제시된 항목 중 비중이 가장 크다.

참고 비중의 크기

에틸브로마이드(1.46) > 이황화탄소(1.26) > 글리세린(1.22) > 나이트로벤젠(1.2) > 클로로벤젠(1.1) > 클레오소트유(1.05) > 중유(0.92 ~ 1.0) > 초산메틸(0.93) > 의산메틸(0.97) > 경유(0.82 ~ 0.84) > 아세톤(0.79)

정답 ④

53 위험물제조소는 문화재보호법에 의한 유형문화재로부터 몇 m 이상의 안전거리를 두어야 하는가?

① 20m

② 30m

③ 40m

④ 50m

 정답 분석 위험물제조소는 유형문화재와 50m 이상의 안전거리를 두어야 한다.

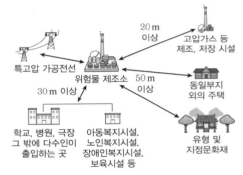

정답 ④

54 질산암모늄이 가열분해하여 폭발하였을 때 발생되는 물질이 아닌 것은?

① 질소

② 물

③ 산소

④ 수소

 정답 분석 질산암모늄(NH_4NO_3)은 제1류 위험물의 질산염류(窒酸鹽類)로 무색, 무취의 결정으로 조해성(潮解性, Deliquescence; 고체가 공기 중의 습기를 흡수하여 녹는 성질)이 있다. 열을 가하면 산소, 질소, 수증기가 발생하거나 산소, 아산화 질소(N_2O), 수증기가 생성되고 유기물이 혼합되면 가열, 충격 등에 의해 폭발한다.

▫ $2NH_4NO_3 \xrightarrow[\text{산소 발생, 폭발}]{200℃ \ 이상} O_2 + 2N_2 + 4H_2O$

물과 반응할 때 흡열반응(吸熱反應)을 하며, 반응 후 수산화암모늄과 질산으로 된다.

▫ $NH_4NO_3 + H_2O \longrightarrow HNO_3 + NH_4OH$

정답 ④

55 동식물유류에 대한 설명으로 틀린 것은?

① 아이오딘화 값이 작을수록 자연발화의 위험성이 높아진다.

② 아이오딘화 값이 130 이상인 것은 건성유이다.

③ 건성유에는 아마인유, 들기름 등이 있다.

④ 인화점이 물의 비점보다 낮은 것도 있다.

 정답분석 동식물유류는 아이오딘화 값이 높은 순서로 건성유, 반건성유, 불건성유로 분류되며, 아이오딘화 값이 클수록 자연발화의 위험성이 높다.

[참고] 동식물유류의 아이오딘화 값
- 건성유 → 아이오딘화 값 130 이상 : 정어리유, 해바라기유, 아마인유, 동유, 들기름 등
- 반건성유 → 아이오딘화 값 100 ~ 130 : 쌀겨기름, 면실유, 옥수수기름, 참기름, 콩기름 등
- 불건성유 → 아이오딘화 값 100 이하 : 피마자유, 올리브유, 야자유 등

정답 ①

56 다음 중 위험물의 품명과 지정수량이 잘못 연결된 것은?

① 하이드록실아민염류(2종) - 100kg

② 다이크로뮴산염류 - 500kg

③ 제2석유류(비수용성) - 1,000L

④ 제4석유류 - 6,000L

 정답분석 하이드록실아민염류(히드록실아민염류)는 제5류 위험물(자기반응성 물질)로 1종 지정수량은 10kg, 2종 지정수량은 100kg이다. 다이크로뮴산염류는 제1류 위험물(산화성 고체)로 지정수량은 1000kg, 제2석유류(비수용성)은 제4류 위험물로 지정수량은 1,000L, 제4석유류는 제4류 위험물로 지정수량은 6,000L이다. 따라서 위험물의 품명과 지정수량이 잘못 연결된 것은 ②이다.

[참고] 위험물의 품명과 지정수량
- 제1류 위험물(산화성 고체)

품명	지정수량
• 아염소산염류, 염소산염류 • 과염소산염류, 무기과산화물류	50kg
• 브로민산염류, 질산염류, 아이오딘산염류	300kg
• 과망가니즈산염류, 다이크로뮴산염류	1,000kg

- 제2류 위험물(가연성 고체)

품명	지정수량
• 황화인, 적린, 유황	100kg
• 철분, 금속분, 마그네슘	500kg
• 인화성 고체	1,000kg

- 제3류 위험물(자연발화성 물질 및 금수성 물질)

품명	지정수량
• 칼륨, 나트륨 • 알킬알루미늄, 알킬리튬	10kg
• 황린	20kg
• 알칼리금속, 알칼리토금속	50kg
• 유기금속화합물	50kg
• 금속의 수소화물 • 금속의 인화물 • 칼슘 또는 알루미늄의 탄화물	300kg

- 제4류 위험물(인화성 액체)

품명		지정수량
• 특수인화물		50L
• 제1석유류	비수용성 액체	200L
	수용성 액체	400L
• 알코올류		400L
• 제2석유류	비수용성 액체	1,000L
	수용성 액체	2,000L
• 제3석유류	비수용성 액체	2,000L
	수용성 액체	4,000L
• 제4석유류		6,000L
• 동 · 식물유류		10,000L

- 제5류 위험물(자기반응성 물질)

품명	지정수량
• 유기과산화물, 질산에스터류	
• 나이트로화합물, 나이트로소화합물 • 아조화합물, 다이아조화합물 • 하이드라진 유도체	1종(10kg) 2종(100kg)
• 하이드록실아민, 하이드록실아민염류	

- 제6류 위험물(산화성 액체)

품명	지정수량
• 과염소산, 과산화수소 • 질산, 할로젠간화합물	300kg

정답 ②

57 금속칼륨이 물과 반응했을 때 생성되는 물질로 옳은 것은?

① 산화칼륨+수소

② 산화칼륨+산소

③ 수산화칼륨+수소

④ 수산화칼륨+산소

 금속칼륨의 지정수량은 10kg이다. 또한 물보다 비중 값이 작고, 광택이 있는 무른 금속이다. 칼륨과 나트륨은 제3류 위험물 중 대표적인 금수성 물질로 물과 접촉할 경우 발열반응을 하면서 수산화물과 수소가스를 발생시킨다.

□ $2K + 2H_2O \rightarrow 2KOH + H_2$

정답 ③

58 황린에 대한 설명으로 틀린 것은?

① 비중은 약 1.82이다.

② 물속에 보관한다.

③ 저장 시 pH를 9 정도로 유지한다.

④ 연소 시 포스핀 가스를 발생한다.

 황린(P_4)이 연소하면 오산화인이 발생한다.

□ P_4(황린) $+ 5O_2 \rightarrow 2P_2O_5$

황린(黃燐, P_4, 제3류 위험물)의 비중은 약 1.82이고, 적린(赤燐, P, 제2류 위험물)의 비중은 2.34이다. 황린은 적린에 비해 비중이 작지만 인(P)의 동소체들 중 가장 불안정하고 가장 반응성이 크며, 다른 동소체에 비해 독성이 강하다.

황린(P_4)의 녹는점은 44℃인데 반해 적린(P)의 녹는점은 416℃이다.

황린(P_4)은 제3류 위험물로 분류되고, 발화점(착화온도)이 34℃ 낮아 공기 중에서 자연발화의 우려가 있기 때문에 통상 물 속(pH 약 9 정도)에 저장한다. 그러나 적린은 상온 공기중에서도 화학적으로 안정하므로 성냥 등에 이용된다.

황린(＝백린)은 적린(赤燐)으로 변환되는 성질이 있으므로 황린 속에는 항상 소량의 적린이 존재하며, 이로 인해 황린은 노란색을 띤다.

참고 황린(화학식 표기 : P_4)과 적린(화학식 표기 : P)

황린 (백린)   적린

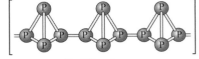

Red Phosphorous

적린(Red Phosphorous)은 한쪽 면이 부착된 두 개의 사면체 인(P) 그룹으로 구성된다는 점을 제외하면 황린(백린)과 유사함. 이는 가열되거나 빛이 있을 때 천천히 적린으로 변하는 백색 동소체보다 더 안정적이기 때문임

참고 포스핀(PH_3)을 발생하는 위험물

□ 적린(P)의 반응 ➡ 포스핀(PH_3) 발생

• $4P + 3KOH + 3H_2O \rightarrow PH_3 + 3KH_2PO_2$

• $4P + 3NaOH + 3H_2O \rightarrow PH_3 + 3NaH_2PO_2$

□ 황린(P_4)의 반응 ➡ 포스핀(PH_3) 발생

• $P_4 + 3NaOH + 3H_2O \rightarrow PH_3 + 3NaH_2PO_2$

• $P_4 + 3KOH + 3H_2O \rightarrow PH_3 + 3KH_2PO_2$

□ 금속 인화물의 반응 ➡ 포스핀(PH_3) 발생

• $Ca_3P_2 + 6H_2O \rightarrow 2PH_3 + 3Ca(OH)_2$

• $AlP + 3H_2O \rightarrow PH_3 + Al(OH)_3$

• $Zn_3P_2 + 6HCl \rightarrow 2PH_3 + 3ZnCl_2$

참고 위험물 저장(보호)물질

□ 물에 안전하고, 불용성이며, 물속에 저장하는 위험물 ➡ 황린(P_4), 이황화탄소(CS_2)

□ 등유(석유)에 저장하는 위험물 ➡ 금속 칼륨(K), 금속 나트륨(Na), 금속 리튬(Li)

□ 알코올에 저장하는 위험물 ➡ 나이트로셀룰로오스, 인화칼슘(인화석회)

□ 알킬알루미늄, 알킬리튬은 물 또는 공기와 접촉하면 폭발함 ➡ 헥세인(헥산, C_6H_{14}) 속에 저장

□ 알킬알루미늄, 탄화칼슘 ➡ 질소 등 불활성가스 충진

정답 ④

59 보기의 물질이 K_2O_2와 반응하였을 때 주로 생성되는 가스의 종류가 같은 것으로만 나열된 것은?

> 물, 이산화탄소, 아세트산, 염산

① 물, 이산화탄소
② 물, 이산화탄소, 염산
③ 물, 아세트산
④ 이산화탄소, 아세트산, 염산

 정답 분석 제1류 위험물인 과산화칼륨(K_2O_2)은 흰색 ~ 녹색(연두색) 결정성 고체로 수용성이며, 비중은 물보다 무거운 약 2.14이다.

반응 과산화칼륨은 물, CO_2와 반응하거나 가열할 경우 산소를 생성하기 때문에 위험하다.

▫ 산소 발생
- $2K_2O_2 + 2H_2O \rightarrow 4KOH + O_2$
- $2K_2O_2 + 2CO_2 \rightarrow 2K_2CO_3 + O_2$
- $2K_2O_2 \xrightarrow{\text{가열}} 2K_2O + O_2 \uparrow$

▫ 과산화수소 발생
- $K_2O_2 + 2HCl \rightarrow H_2O_2 + 2KCl$
- $K_2O_2 + 2C_2H_5OH \rightarrow H_2O_2 + 2CH_3COOK$
- $K_2O_2 + H_2SO_4 \rightarrow H_2O_2 + K_2SO_4$
- $K_2O_2 + CH_3COOH \rightarrow H_2O_2 + 2CH_3COOK$

정답 ①

60 산화프로필렌 300L, 메탄올 400L, 벤젠 200L를 저장하고 있는 경우 각각 지정수량 배수의 총합은 얼마인가?

① 4
② 8
③ 10
④ 13

정답 분석 각 위험물의 지정수량은 산화프로필렌 : 50L, 메탄올 : 400L, 벤젠 : 200L이다.

▫ 지정수량 배수합 $= \dfrac{\text{A의 수량}}{\text{A지정수량}} + \dfrac{\text{B의 수량}}{\text{B지정수량}} + \cdots +$

계산 지정수량 배수의 총합은 다음과 같이 산정된다.

$\therefore$ 배수 $= \dfrac{300L}{50L} + \dfrac{400L}{400L} + \dfrac{200L}{200L} = 8$

정답 ②

2021년 제4회(CBT)

*CBT 문제는 모든 수험생의 기억에 따라 복원된 것이며, 실제 기출문제와 동일하지 않을 수 있습니다.

제1과목 일반화학

01 불꽃 반응 시 보라색을 나타내는 금속은?

① Li   ② K
③ Na   ④ Ba

 정답분석 불꽃 반응 시 보라색을 나타내는 금속은 칼륨(K)염이다.

[참고]
□ 리튬(Li)은 공기 중에서 잘 연소하며, 아름다운 붉은 색을 띰
□ 스트론튬(Sr)은 아름다운 심홍색을 띰
□ 칼슘(Ca) 염은 주황색(벽돌색)을 띰
□ 나트륨(Na) 염은 밝은 노란색을 띰
□ 바륨(Ba) 염은 황록색을 띰
□ 구리(Cu) 염은 청록색을 띰
□ 마그네슘(Mg) 염은 청색을 띰

정답 ④

02 원자에서 복사되는 빛은 선 스펙트럼을 만드는데 이것으로부터 알 수 있는 사실은?

① 빛에 의한 광전자의 방출
② 빛이 파동의 성질을 가지고 있다는 사실
③ 전자껍질의 에너지의 불연속성
④ 원자핵 내부의 구조

정답분석 원자에서 복사되는 빛은 선 스펙트럼을 만드는데 이것으로부터 알 수 있는 사실은 전자가 갖는 에너지 준위 사이의 에너지 차이에 따라 특정 에너지만 방출하기 때문에 전자껍질에 따른 에너지의 불연속성을 알 수 있다.

정답 ③

03 염소는 2가지 동위원소로 구성되어 있는데, 원자량이 35인 염소는 75% 존재하고, 37인 염소는 25% 존재한다고 가정할 때, 이 염소의 평균 원자량은 얼마인가?

① 34.5   ② 35.5
③ 36.5   ④ 37.5

정답분석 평균원자량은 각 원자량에 함유 비율을 각각 곱하여 산출한다.

[계산] 염소의 평균 원자량은 다음과 같이 산정한다.
□ 평균 원자량 = $\sum$ 원자량 × 함유 비율
∴ 평균 원자량 = $35 \times 0.75 + 37 \times 0.25 = 35.5$

정답 ②

04 다음 중 반응이 정반응으로 진행되는 것은?

① $Pb^{2+} + Zn \rightarrow Zn^{2+} + Pb$
② $I_2 + 2Cl^- \rightarrow 2I^- + Cl_2$
③ $2Fe^{2+} + 3Cu \rightarrow 3Cu^{2+} + 2Fe$
④ $Mg^{2+} + Zn \rightarrow Zn^{2+} + Mg$

정답분석 환원력(還元力, Reducing Power)의 세기는 $F_2 > Cl_2 > Br_2 > Ag^+ > Fe^{3+} > I_2 > Cu^{2+} > H^+ > Pb^{2+} > Ni^{2+} > Fe^{2+} > Zn^{2+} > Mg^{2+} > Na^+ > Ca^{2+} > K^+ > Li^+$의 순서이고, 산화력(酸化力, Oxidizing Power)의 세기는 환원력 세기의 반대가 된다.
금속의 이온화 경향(반응성)의 크기는 K(칼륨) > Ca(칼슘) > Na(나트륨) > Mg(마그네슘) > Al(알루미늄) > Zn(아연) > Fe(철) > Ni(니켈) > Sn(주석) > Pb(납) > H(수소) > Cu(구리) > Hg(수은) > Ag(은) > Pt(백금) > Au(금)의 순서로 감소한다.
따라서,
①은 납은 환원 – 아연은 산화되는 반응이며, 반응성의 크기가 Zn > Pb 이므로 정반응으로 진행된다.
②는 염소가 환원 – 아이오딘이 산화되는 반응이며, 반응성의 크기가 $Cl_2 > I_2$이므로 역반응으로 진행된다.
③은 철이 환원 – 구리가 산화되는 반응이며, 반응성의 크기가 Fe > Cu 이므로 역반응으로 진행된다.
④는 마그네슘이 환원 – 아연이 산화되는 반응이며, Mg > Zn 이므로 역반응으로 진행된다.

정답 ①

2021년

해커스 위험물산업기사 필기 한권완성 기본이론+기출문제

05 다음 산화수에 대한 설명 중 틀린 것은?

① 화학결합이나 반응에서 산화, 환원을 나타내는 척도이다.
② 자유원소 상태의 원자의 산화수는 0이다.
③ 이온결합 화합물에서 각 원자의 산화수는 이온전하의 크기와 관계없다.
④ 화합물에서 각 원자의 산화수는 총합이 0이다.

정답분석 이온결합 화합물에서 각 원자의 산화수는 그 이온의 전하수와 같다. 즉, 하나의 원자로 이루어진 이온에서의 산화수는 이온의 전하와 같다.

참고 이온결합(Ionic Bond)은 전자를 서로 공유하는 형태가 아닌 양이온과 음이온이 정전기적 인력으로 결합하여 생기는 화학결합이다.
이온결합은 주로 주기율표의 1족 원소인 알칼리 금속과 7족 원소인 할로젠 원소 간에 잘 이루어지는데, 알칼리 금속 원소는 전자를 잃어 양이온이 되고, 비금속 원소의 할로젠은 전자를 얻어 음이온으로 되어 화합물을 구성하게 된다.
이온결합물은 전하를 띤 상태의 이온으로 결합되어 있기 때문에 통상 결정구조를 이루고 있으며, 전기 전도성이 없는 특성을 지니고 있다.

정답 ③

06 다음 중 3차 알코올에 해당되는 것은?

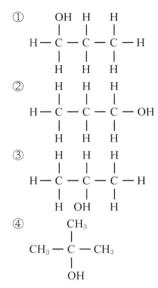

정답분석 탄소를 중심으로 메틸기($-CH_3$)가 3개가 붙어 있는 ④의 뷰탄올(C_4H_9OH)이 3차 알코올이다.
①,②,③은 프로판올(Propanol, Propyl alcohol)으로 1차 알코올이다.
알코올은 하이드록시기($-OH$)를 가지는 것이 특징인데 1차, 2차, 3차 알코올은 탄소에 결합된 알킬기(R) 수에 따라서 분류된다. 0차 알코올은 탄소 원자에 알킬기가 결합하지 않은 알코올을 말하며, 1, 2, 3차 알코올까지만 존재하고, 4차 알코올은 없다.

참고 한편, 알코올을 형성하고 있는 탄소(C) 원자에 결합하는 $-OH$(하이드록시기)의 숫자에 따라 1가, 2가, 3가, 4가 알코올 등의 다가 알코올 등으로 분류한다. 대표적인 1가 알코올은 메탄올, 에탄올이 있다.
메탄올(CH_3OH)은 연소 시 밝은 흰색을 나타내지만 에탄올(C_2H_5OH)은 밝은 파란색을 띤다. 에탄올은 주류의 원료로 사용되나 메탄올은 소량이라도 섭취할 경우 실명을 초래할 수 있는 위험한 물질이다.

정답 ④

07 1기압에서 2L의 부피를 차지하는 어떤 이상기체를 온도의 변화없이 압력을 4기압으로 하면 부피는 얼마가 되겠는가?

① 2.0L ② 1.5L

③ 1.0L ④ 0.5L

정답분석 보일의 법칙(Boyle's law)에 따르면 일정한 온도에서 기체의 부피는 압력에 반비례한다.

계산 4기압에서의 기체의 부피는 다음과 같이 산출한다.

$$\square\ V_2 = V_1 \times \frac{P_1}{P_2} \begin{cases} V_1 = 2\text{ L} \\ P_1 = 1\text{기압} \\ P_2 = 2\text{기압} \end{cases}$$

$$\therefore\ V_2 = 2\text{ L} \times \frac{1\text{기압}}{4\text{기압}} = 0.5\text{L}$$

정답 ④

 08 60℃ KNO₃의 포화용액 100g을 10℃로 냉각시키면 몇 g의 KNO₃가 석출되는가? (단, 용해도는 60℃에서 100g KNO₃/100g H₂O, 10℃에서 20g KNO₃/100g H₂O)

① 4 ② 40

③ 80 ④ 120

정답분석 용해도의 관계식을 이용한다.

$$\square\ \text{용해도(g/100g)} = \frac{\text{용질(g)}}{\text{용매의 양(g)}} \times 100$$

$$\begin{cases} \text{용매 : 물}(H_2O) \\ \text{용질 : 질산칼륨}(KNO_3) \end{cases}$$

계산 석출되는 질산칼륨은 다음과 같이 계산한다.

㉠ 60℃에서

$$\begin{cases} \bullet\ \text{용질} = \text{포화용액} \times \dfrac{\text{용질}}{\text{용매+용질}} \\ \qquad = 100\text{g} \times \dfrac{100\text{g}}{100\text{g}+100\text{g}} = 50\text{g} \\ \bullet\ \text{용매} = \text{포화용액} \times \dfrac{\text{용매}}{\text{용매+용질}} \\ \qquad = 100\text{g} \times \dfrac{100\text{g}}{100\text{g}+100\text{g}} = 50\text{g} \end{cases}$$

㉡ 10℃에서

$$\begin{cases} \text{용질} = 50\text{g}(\because \text{용질은 온도에 관계없이 일정}) \\ \text{용매의 양에 따른 용질량의 변화(비례식)} \\ \rightarrow\ 100\text{g} : 20\text{g} = 50\text{g} : x\,(\text{g}) \\ x = 10\text{g}(10℃\ \text{용매에 용해되어 있는 용질}) \end{cases}$$

$$\therefore\ \text{석출되는 } KNO_3\text{의 양} = 50\text{g} - 10\text{g} = 40\text{g}$$

정답 ②

 09 다음은 에탄올의 연소반응이다. 반응식의 계수 x, y, z를 순서대로 옳게 표시한 것은?

$$C_2H_5OH + xO_2 \rightarrow yH_2O + zCO_2$$

① 4, 4, 3

② 4, 3, 2

③ 5, 4, 3

④ 3, 3, 2

정답분석 에탄올의 분자식은 C_2H_5OH이고, 탄소(C)는 2개이므로 연소생성물 CO_2는 2mol, 즉 $2CO_2$가 생성된다. 그러므로 $z=2$가 된다. 수소(H)는 6개이므로 연소생성물 H_2O는 3mol, 즉 $3H_2O$가 생성된다. 그러므로 $y=3$이 된다. 이렇게 $2CO_2$, $3H_2O$를 발생시키면서 소모된 산소수는 $2 \times 2 + 3 \times 1 = 7$개가 되는데, 가연물질인 에탄올($C_2H_5OH$) 분자 자체에 산소가 1개 있으므로 이를 보정하면 $7-1=6$개의 산소가 요구된다. 따라서 산소(O_2)로 mol수는 3mol, 즉 $3O_2$를 필요로 하므로 $x=3$이 된다. 이를 종합하여 반응식을 완결지우면;

$$\therefore\ C_2H_5OH + 3O_2 \rightarrow 3H_2O + 2CO_2$$

정답 ④

 10 H₂O가 H₂S보다 비등점이 높은 이유는?

① 이온결합을 하고 있기 때문에

② 수소결합을 하고 있기 때문에

③ 공유결합을 하고 있기 때문에

④ 분자량이 적기 때문에

정답분석 수소결합(水素結合, Hydrogen Bond)을 갖는 분자(H···F, O, N)는 분자간의 인력이 강해 분자 사이의 인력을 끊기 위해서는 많은 에너지가 필요하기 때문에 유사한 분자량을 가진 화합물과 비교할 때 녹는점, 끓는점이 높다.

정답 ②

11 다음 중 비공유 전자쌍을 가장 많이 가지고 있는 것은?

① CH_4 ② NH_3

③ H_2O ④ CO_2

정답분석 비공유 전자쌍을 가장 많이 가지고 있는 것은 CO_2이다.

참고

구조	공유전자쌍	비공유전자쌍
$\ddot{O}=C=\ddot{O}$	4	4
H | H — C — H | H	4	0
$H=\ddot{O}=H$	2	2
H — $\ddot{N}$ — H | H	3	1

정답 ④

12 다음 중 $FeCl_3$과 반응하면 색깔이 보라색으로 되는 현상을 이용해서 검출하는 것은?

① CH_3OH

② C_6H_5OH

③ $C_6H_5NH_2$

④ $C_6H_5CH_3$

정답분석 페놀(C_6H_5OH)은 염화철($FeCl_3$)과 반응하여 보라색의 정색반응을 한다.

정답 ②

13 비누화 값이 작은 지방에 대한 설명으로 옳은 것은?

① 분자량이 작으며, 저급 지방산의 에스터이다.

② 분자량이 작으며, 고급 지방산의 에스터이다.

③ 분자량이 크며, 저급 지방산의 에스터이다.

④ 분자량이 크며, 고급 지방산의 에스터이다.

정답분석 분자량이 큰 고급 지방산(高級脂肪酸)의 에스터, 고급알코올 또는 탄화수소, 불순물이 많이 들어 있는 유지(Fats and Oils)의 경우에는 비누화 값이 작아진다.

정답 ④

14 산성 산화물에 해당하는 것은?

① CaO ② Na_2O

③ CO_2 ④ MgO

정답분석 산성 산화물(酸性酸化物, Acidic Oxide)은 물(H_2O)과 반응하여 산소산(酸素酸, Oxygen Acid)이 되고, 염기(鹽基)와 반응하여 염(鹽)을 형성하는 물질이다. 탄산가스(CO_2)는 물과 반응하여 탄산(H_2CO_3)을 형성하므로 산성 산화물에 해당한다.

참고 □ 산성 산화물 : SiO_2, P_4O_{10}, SO_3, HCl, CO_2, NO_2, Cl_2O_7 등
□ 염기성 산화물 : Na_2O, CaO, BaO, MgO 등
□ 양쪽성 산화물 : Al_2O_3, ZnO, PbO, BeO, Bi_2O_3 등

정답 ③

15 다음 중 침전을 형성하는 조건은?

① 이온곱 > 용해도곱

② 이온곱 = 용해도곱

③ 이온곱 < 용해도곱

④ 이온곱 + 용해도곱 = 1

정답분석 침전을 형성하는 조건은 용해도곱에 비해 이온곱이 큰 상태이어야 한다.
□ 이온곱(Q) > 용해도곱(K_{sp}) : 과포화상태(침전형성)
□ 이온곱(Q) < 용해도곱(K_{sp}) : 불포화상태
□ 이온곱(Q) = 용해도곱(K_{sp}) : 포화상태

정답 ①

16 다음 중 배수비례의 법칙이 성립하는 화합물을 나열한 것은?

① CH_4, CCl_4

② SO_2, SO_3

③ H_2O, H_2S

④ NH_3, BH_3

 배수비례의 법칙(Law of Multiple Proportions, 돌턴, 1803)은 2종류 이상의 원소가 화합하여 2종 이상의 화합물을 만들 때, 한 원소의 일정량과 결합하는 다른 원소의 질량비는 항상 간단한 정수비(整數比)를 나타낸다는 법칙이다. 이때, 이 법칙이 성립되기 위해서는 2가지 종류의 원소이어야 하며, 화합물과 화합물 사이에서 성립하여야 한다는 조건이 필요하다.

②의 SO_2, SO_3의 경우, 황(S)과 화합하는 산소의 질량은 32g, 48g이다. 따라서 일정 질량의 황과 결합하는 산소의 질량비는 2 : 3으로 배수비례(倍數比例)의 법칙이 성립된다.

정답 ②

17 다음 물질 중 감광성이 가장 큰 것은?

① HgO

② CuO

③ $NaNO_3$

④ AgCl

 감광성(感光性, Photo-sensitivity)은 광선이나 자외선, X선과 같은 것을 받으면 파장의 빛을 흡수해서 분해되는 등의 화학반응을 일으키는 성질을 말한다.

은(Ag)의 할로겐화물인 AgCl, AgBr, AgI 등은 감광성이 우수하기 때문에 사진필름이나 인화지 제조에 다량으로 이용된다.

정답 ④

18 헥세인(C_6H_{14})의 구조이성질체의 수는 몇 개인가?

① 3개

② 4개

③ 5개

④ 9개

 헥세인(헥산, C_6H_{14})의 구조이성질체는 5개이다. 구조이성질체(構造異性質體, Structural Isomer)는 분자식(分子式)이 같지만 구조가 다르므로 다른 성질을 갖는 화합물을 말한다.

탄소 사슬의 모양이 다른 경우, 작용기의 위치가 다른 경우 등이 이에 해당한다.

<그림> 헥세인(헥산)

정답 ③

19 다음 반응식은 산화 - 환원 반응이다. 산화된 원자와 환원된 원자를 순서대로 옳게 표현한 것은?

$$3Cu + 8HNO_3 \rightarrow 3Cu(NO_3)_2 + 2NO + 4H_2O$$

① Cu, N
② N, H
③ O, Cu
④ N, Cu

정답 분석 구리(Cu)는 산화수가 증가하면서 전자를 잃었으므로 산화(酸化)하였고, 질소(N)는 산화수가 감소(減少)하였으므로 환원되었다.

정답 ①

20 화학반응속도를 증가시키는 방법으로 옳지 않은 것은?

① 온도를 높인다.
② 부촉매를 가한다.
③ 반응물 농도를 높게 한다.
④ 반응물 표면적을 크게 한다.

정답 분석 부촉매(負觸媒, Negative Catalyst/inhibitor)는 활성화에너지(Activation Energy)를 높여 반응속도를 느리게 하는 작용을 한다.
촉매(觸媒, Catalyst)는 자기 자신은 변하지 않으면서 다른 물질의 화학적 변화를 빠르게(정촉매) 하거나, 혹은 느리게(부촉매) 진행되도록 만들어주는 물질이다. 화학반응이 모두 끝난 후에도 촉매의 질량은 변하지 않는다.

정답 ②

21 화재를 잘 일으킬 수 있는 일반적인 경우에 대한 설명 중 틀린 것은?

① 산소와 친화력이 클수록 연소가 잘 된다.
② 온도가 상승하면 연소가 잘 된다.
③ 연소범위가 넓을수록 연소가 잘 된다.
④ 발화점이 높을수록 연소가 잘 된다.

정답 분석 연소가 잘 일어나려면 주변온도가 높아야 열 축적에 용이하고, 열전도율이 낮을수록 분산되는 열은 작아지고 축적되는 열이 늘어나 연소가 잘 일어나며, 공기와 접촉할 수 있는 표면적이 클수록 산화가 쉬워지므로 연소가 잘 일어난다. 작은 값의 활성화에너지(화학반응을 일으키는데 필요한 최소한의 에너지)일수록 즉, 작은 에너지로도 화학반응을 일으킬 수 있으므로 활성화에너지는 작을수록 연소가 잘 일어나게 된다. 발화점(=착화점)이란 외부의 점화원 없이 가열된 열만 가지고 스스로 연소가 시작되는 최저온도이며, 이 온도가 낮을수록 연소하기가 쉽다.

정답 ④

22 가연성의 증기 또는 미분(微粉)이 체류할 우려가 있는 건축물에는 배출설비를 하여야 하는데, 배출능력은 1시간당 배출장소 용적의 몇 배 이상인 것으로 하여야 하는가? (단, 국소방식의 경우이다.)

① 5배   ② 10배
③ 15배   ④ 20배

정답 분석 국소방식의 경우 배출능력은 1시간당 배출장소 용적의 20배 이상인 것으로 하여야 한다. 다만, 전역방식의 경우에는 바닥면적 $1m^2$당 $18m^3$ 이상으로 할 수 있다.

정답 ④

23 외벽이 내화구조인 위험물저장소 건축물의 연면적이 1,500m²인 경우 소요단위는?

① 6 　　　　 ② 10
③ 13 　　　　 ④ 14

정답분석 위험물저장소의 건축물은 외벽이 내화구조인 것은 연면적 150m²를 1소요단위로 하고, 외벽이 내화구조가 아닌 것은 연면적 75m²를 1소요단위로 한다.

계산 소요단위는 다음과 같이 산정한다.

□ 소요단위 = 건축물 연면적 $\times \dfrac{1단위}{150m^2}$

∴ 소요단위 = $1,500m^2 \times \dfrac{1단위}{150m^2} = 10$

참고 1소요단위 산정기준

□ 제조소 또는 취급소의 건축물은 외벽이 내화구조인 것은 연면적 100m²를 1소요단위로 하며, 외벽이 내화구조가 아닌 것은 연면적 50m²를 1소요단위로 한다.
□ 저장소의 건축물은 외벽이 내화구조인 것은 연면적 150m²를 1소요단위로 하고, 외벽이 내화구조가 아닌 것은 연면적 75m²를 1소요단위로 한다.
□ 제조소등의 옥외에 설치된 공작물은 외벽이 내화구조인 것으로 간주하고 공작물의 최대수평투영면적을 연면적으로 간주하여 규정에 따른 소요단위로 산정한다.
□ 위험물은 지정수량의 10배를 1소요단위로 한다.

정답 ②

24 다음은 위험물안전관리법령에서 정한 제조소등에서의 위험물의 저장 및 취급에 관한 기준 중 위험물의 유별 저장·취급 공통 기준의 일부이다. (　　) 안에 알맞은 위험물은?

(　　)위험물은 가연물과의 접촉·혼합이나 분해를 촉진하는 물품과의 접근 또는 과열을 피하여야 한다.

① 제2류 　　　　 ② 제3류
③ 제5류 　　　　 ④ 제6류

 정답분석 위험물의 유별 저장·취급의 공통기준에서 제6류 위험물은 가연물과의 접촉·혼합이나 분해를 촉진하는 물품과의 접근 또는 과열을 피하여야 한다.

정답 ④

25 위험물 제조소등에 설치하는 옥내소화전설비의 설명 중 틀린 것은?

① 개폐밸브 및 호스 접속구는 바닥으로부터 1.5m 이하에 설치
② 함의 표면에 "소화전"이라고 표시할 것
③ 축전지설비는 설치된 벽으로부터 0.2m 이상 이격할 것
④ 비상전원의 용량은 45분 이상일 것

 정답분석 축전지설비는 설치된 실의 벽으로부터 0.1m 이상 이격하여야 한다.

참고 "옥내소화전설비" 관련규정

□ 옥내소화전함 표면에 "소화전"이라고 표시할 것
□ 옥내소화전함의 상부의 벽면에 적색의 표시등을 설치하되, 당해 표시등의 부착면과 15° 이상의 각도가 되는 방향으로 10m 떨어진 곳에서 용이하게 식별이 가능하도록 할 것
□ 축전지설비는 설치된 실의 벽으로부터 0.1m 이상 이격할 것
□ 축전지설비를 동일실에 2 이상 설치하는 경우에는 축전지설비의 상호간격은 0.6m 이상 이격할 것(높이가 1.6m 이상인 선반을 설치한 경우에는 1m)
□ 비상전원의 용량은 45분 이상일 것

정답 ③

26 위험물안전관리법령상 옥외소화전설비는 모든 옥외소화전을 동시에 사용할 경우 각 노즐 선단의 방수압력이 얼마 이상이어야 하는가?

① 100kPa ② 170kPa
③ 350kPa ④ 520kPa

정답분석 옥외소화전설비는 모든 옥외소화전을 동시에 사용할 경우 각 노즐 선단의 방수압력이 350kPa 이상이어야 한다.

참고 **옥내 – 옥외 소화전설치 관련규정**(비교정리)
□ 호스접속구까지 높이
• 옥내소화전 : 1.5m 이하
• 옥외소화전 : 1.5m 이하
□ 호스접속구까지의 수평거리
• 옥내소화전 : 25m 이하
• 옥외소화전 : 40m 이하
□ 수원량(Q, m³)
• 옥내소화전 : 소화전 개수(최대 5)×7.8m³
• 옥외소화전 : 소화전 개수(최대 4)×13.5m³
□ 방수압력(kPa) : 옥내 – 옥외 공통 350kPa 이상
□ 방수능력(L/min)
• 옥내소화전 : 1분당 260L이상
• 옥외소화전 : 1분당 450L이상
□ 방수량(L/min) 계산
• 옥내소화전 : 소화전 개수(최대 5)×260
• 옥외소화전 : 소화전 개수(최대 4)×450
□ 가압송수장치 토출량
• 옥내소화전 : 소화전 개수(최대 5)×130
• 옥외소화전 : 옥외소화전의 노즐선단에서의 방수압력 0.25MPa 이상, 방수량 350L/min 이상

정답 ③

27 위험물안전관리법령상 옥내소화전설비의 비상전원은 자가발전설비 또는 축전지 설비로 옥내소화전 설비를 유효하게 몇 분 이상 작동할 수 있어야 하는가?

① 10분 ② 20분
③ 45분 ④ 60분

정답분석 옥내소화전설비, 옥외소화전설비, 물분무 소화설비의 비상전원은 자가발전설비 또는 축전지설비로 옥내소화전설비를 유효하게 45분 이상 작동할 수 있어야 한다. 반복 출제될 수 있다.

정답 ③

28 이산화탄소 소화기에 관한 설명으로 옳지 않은 것은?

① 소화작용은 질식효과와 냉각효과에 의한다.
② A급, B급 및 C급 화재 중 A급 화재에 가장 적응성이 있다.
③ 소화약제 자체의 유독성은 적으나, 공기 중 산소 농도를 저하시켜 질식의 위험이 있다.
④ 소화약제의 동결, 부패, 변질 우려가 적다.

정답분석 이산화탄소 소화기는 B급(유류화재) 및 C급 화재(전기화재)에 적응성이 있으며, A급 화재(일반화재)에는 적응성이 없다.
이산화탄소의 소화작용은 방사할 때 기화잠열에 의하여 드라이아이스 모양이 되므로 그 냉각효과와 이산화탄소가스에 의한 질식작용에 의하여 B급 화재(유류화재) 및 C급 화재(전기화재)에 적응성이 있다. 특히, 유류탱크 화재(B급)처럼 불타는 물질에 직접 방출하는 경우에 가장 효과적으로 작용된다.

참고 **이산화탄소(CO_2) 소화기 적응대상물**(꼭 정리해 둘것)
□ 전기설비
□ 인화성 고체
□ 제4류 위험물

참고 **탄산가스(CO_2) 소화재의 비적응 장소**
□ 인명 피해가 우려되는 밀폐된 장소
□ 금속물질(Na, K, Al, Mg 등)을 저장·취급하는 장소
□ 금속의 수소화합물(NaH, CaH_2 등)을 저장·취급하는 장소
□ 제5류 위험물(자기반응성 물질)을 저장·취급하는 장소(나이트로셀룰로오스 등)

정답 ②

29

일반적으로 고급 알코올황산에스터염을 기포제로 사용하며 냄새가 없는 황색의 액체로서 밀폐 또는 준밀폐 구조물의 화재 시 고팽창포로 사용하여 화재를 진압할 수 있는 양친매성포소화약제는?

① 단백포소화약제
② 합성계면활성제포소화약제
③ 알코올형포소화약제
④ 수성막 포소화약제

 고팽창포로 사용하는 것은 합성계면활성제포 소화약제이다. 양친매성을 갖는 것은 단백포와 합성계면활성제포이고, 합성계면활성제를 주원료로 하는 포 소화약제로 발포를 위한 기포제, 발포된 기포의 지속성 유지를 위한 기포안정제, 빙점을 낮추기 위한 유동점 강하제로 구성되어 있다.

냄새가 없는 황색의 액체로 음이온계 계면활성제인 고급 알코올황산에스터염(ROSO₃Na)을 기포제로 많이 이용한다. 최종 발생한 포 체적을 원래 포 수용액 체적으로 나눈 값을 팽창비라 하는데 포는 팽창비에 따라 팽창비가 80배 이상 1,000배 미만인 것은 고발포용, 20배 이하인 것은 저발포용으로 분류하는데 합성계면활성제포는 저발포용 및 고발포용 포소화약제 모두에 적합한 것으로 보고, 그 이외의 포 소화약제는 저발포용 포 소화약제에만 적합한 것으로 본다.

정답 ②

30

불활성가스 소화약제 중 "IG-55"의 성분 및 그 비율을 옳게 나타낸 것은? (단, 용량비 기준이다)

① 질소 : 이산화탄소=55 : 45
② 질소 : 이산화탄소=50 : 50
③ 질소 : 아르곤=55 : 45
④ 질소 : 아르곤=50 : 50

 불활성가스 소화약제 중 IG-55의 조성은 질소(N_2) 50%, 아르곤(Ar) 50%이다.

[참고] 불활성기체 청정 소화약제(암기할 것)

ㅁIG-100 : 질소 100%
ㅁIG-55 : 질소와 아르곤의 용량비가 50 : 50인 혼합물
ㅁIG-541 : 질소와 아르곤과 이산화탄소의 용량비가
 52 : 40 : 8인 혼합물

정답 ②

31

위험물안전관리법령에서 정한 다음의 소화설비 중 능력단위가 가장 큰 것은?

① 팽창진주암 160L(삽 1개 포함)
② 수조 80L(소화전용 물통 3개 포함)
③ 마른 모래 50L(삽 1개 포함)
④ 팽창질석 160L(삽 1개 포함)

 위험물안전관리법령에서 정한 다음의 소화설비 중 능력단위가 가장 큰 것은 수조 80L(소화전용 물통 3개 포함)이다.

[참고] 소화설비의 능력단위(표 암기할 것)

소화설비	용량	능력단위
소화전용(轉用) 물통	8L	0.3
수조(소화전용 물통 3개 포함)	80L	1.5
수조(소화전용 물통 6개 포함)	190L	2.5
마른 모래(삽 1개 포함)	50L	0.5
팽창질석 또는 팽창진주암(삽 1개 포함)	160L	1.0

정답 ②

32

위험물안전관리법령상 방호 대상물의 표면적이 70m²인 경우 물분무 소화설비의 방사구역은 몇 m²로 하여야 하는가?

① 35   ② 70
③ 150   ④ 300

 물분무 소화설비의 방사구역은 150m² 이상(방호대상물의 표면적이 150m² 미만인 경우에는 당해 표면적)으로 한다.

정답 ③

33 양초(파라핀)의 연소형태는?

① 표면연소
② 분해연소
③ 자기연소
④ 증발연소

정답분석 양초(파라핀)의 연소형태는 증발연소(蒸發燃燒)이다.

참고 **연소의 주요 형태**(개념 정리 확실히 할 것)

□ **표면연소** : 휘발분이 거의 함유되지 않은 숯이나 코크스, 목탄, 금속가루 등이 연소될 때 가연성 가스를 발생하지 않고 표면의 탄소로부터 직접 연소되는 형태

□ **분해연소** : 열분해 온도가 증발온도보다 낮은 목재나 연탄, 종이, 석탄, 중유 등이 가열에 의해 휘발분이 생성되고 이것이 연소되는 형태

□ **증발연소** : 유황, 나프탈렌, 장뇌 등과 같은 승화성 물질이나 촛불(양초, 파라핀), 제4류 위험물(인화성 액체) 등이 가열에 의해 열분해를 일으키지 않고 증발하여 그 증기가 연소되거나 먼저 융해된 액체가 기화하여 증기가 된 후 연소되는 형태

□ **자기연소** : 피크르산, 질산에스터류, 셀룰로이드류, 나이트로 화합물, 하이드라진 유도체류 등과 같은 제5류 위험물은 자체 내에 산소를 포함하고 있어 공기 중의 산소 없이 연소할 수 있는 형태

정답 ④

34 자연발화가 일어나는 물질과 대표적인 에너지원의 관계로 옳지 않은 것은?

① 셀룰로이드 - 흡착열에 의한 발열
② 활성탄 - 흡착열에 의한 발열
③ 퇴비 - 미생물에 의한 발열
④ 먼지 - 미생물에 의한 발열

정답분석 자연발화는 인위적으로 가열하지 않았지만 일정한 장소에 장시간 저장할 때 내부의 열이 축적됨으로서 발화점에 도달하여 부분적으로 발화되는 현상을 말하는데 석탄, 금속가루, 고무분말, 셀룰로이드, 플라스틱 등의 자연발화 가능성이 높은 물질이다.

참고 **자연발화 에너지원**(Energy Source)
- 산화열 : 불포화성 유지, 금속분말, 석탄 등
- 분해열 : 질화연, 셀룰로이드 등
- 흡착열 : 활성탄 등
- 중합열 : 액화 시안화수소 등
- 발열 : 퇴비, 먼지, 건초 등

참고 **가연물질의 점화원**(點火原, Ignition Source)
- 화기(직접화염)
- 고온(발화온도의 80%)
- 충격, 마찰열, 단열압축열
- 정전기 불꽃, 아크열
- 연소열, 산화열, 분해열, 흡착열

정답 ①

35 전역방출방식 또는 국소방출방식의 가압식 분말 소화설비에는 얼마 이하의 압력으로 조정할 수 있는 압력조정기를 설치하여야 하는가?

① 2.0MPa ② 2.5MPa
③ 3.0MPa ④ 5MPa

 가압식의 분말소화설비는 2.5MPa 이하의 압력으로 조정할 수 있는 압력조정기를 설치하여야 한다.

[참고] **기동용 가스용기와 가압용·축압용 가스**(규정 비교)
▫ **기동용 가스용기** : 내용적은 0.27L 이상으로 하고 당해 용기에 저장하는 가스의 양은 145g 이상, 충전비는 1.5 이상으로 할 것
▫ **가압용 가스** : 가압용 가스는 질소 또는 이산화탄소로 할 것
  • 질소 사용 : 소화약제 1kg당 온도 35℃에서 0MPa의 상태로 환산한 체적 40L 이상일 것
  • 이산화탄소 사용 : 소화약제 1kg당 20g에 배관의 청소에 필요한 양을 더한 양 이상일 것
  • 가압식의 분말소화설비에는 2.5MPa 이하의 압력으로 조정할 수 있는 압력조정기를 설치할 것
▫ **축압용 가스** : 축압용 가스는 질소 또는 이산화탄소로 할 것
  • 질소 사용 : 소화약제 1kg당 온도 35℃에서 0MPa의 상태로 환산한 체적 10L에 배관의 청소에 필요한 양을 더한 양 이상일 것
  • 이산화탄소 사용 : 소화약제 1kg당 20g에 배관의 청소에 필요한 양을 더한 양 이상일 것
  • 축압식의 분말소화설비에는 사용압력의 범위를 녹색으로 표시한 지시압력계를 설치할 것

정답 ②

36 위험물안전관리법령상 옥내소화전 설비의 설치 기준에 따르면 수원의 수량은 옥내소화전이 가장 많이 설치된 층의 옥내소화전 설치개수(5개 이상인 경우는 5개)에 몇 m³를 곱한 양 이상이 되도록 설치하여야 하는가?

① 2.3 ② 2.6
③ 7.8 ④ 13.5

 옥내소화전 설비 수원의 수량은 옥내소화전이 가장 많이 설치된 층의 옥내소화전 설치개수(설치개수가 5개 이상인 경우는 5개)에 7.8m³를 곱한 양 이상이 되도록 설치하여야 한다.

[참고] **옥내 - 옥외 소화전설치 관련규정**(비교정리)
▫ **수원량**(Q, m³)
  • 옥내소화전 : 소화전 개수(최대 5)×7.8m³
  • 옥외소화전 : 소화전 개수(최대 4)×13.5m³
▫ **방수압력**(kPa) : 옥내 - 옥외 공통 350kPa 이상
▫ **방수능력**(L/min)
  • 옥내소화전 : 1분당 260L이상
  • 옥외소화전 : 1분당 450L이상
▫ **방수량**(L/min) 계산
  • 옥내소화전 : 소화전 개수(최대 5)×260
  • 옥외소화전 : 소화전 개수(최대 4)×450

정답 ③

37 다음은 위험물안전관리법령상 위험물 제조소등에 설치하는 옥내소화전설비의 설치표시 중 일부이다. (   )에 알맞은 수치를 차례대로 옳게 나타낸 것은?

> 옥내소화전함의 상부 벽면에 적색의 표시등을 설치하되, 당해 표시등의 부착면과 (   ) 이상의 각도가 되는 방향으로 (   ) 떨어진 곳에서 용이하게 식별이 가능하도록 할 것

① 5°, 5m
② 5°, 10m
③ 15°, 5m
④ 15°, 10m

 정답 분석 옥내소화전함의 상부의 벽면에 적색의 표시등을 설치하되, 당해 표시등의 부착면과 15° 이상의 각도가 되는 방향으로 10m 떨어진 곳에서 용이하게 식별이 가능하도록 하여야 한다.

참고 "옥내소화전설비" 관련규정(고딕부분 암기할 것)
□ 옥내소화전함 표면에 "소화전"이라고 표시할 것
□ 옥내소화전함의 상부의 벽면에 **적색**의 표시등을 설치하되, 당해 표시등의 부착면과 **15°이상**의 각도가 되는 방향으로 **10m 떨어진** 곳에서 용이하게 식별이 가능하도록 할 것
□ **축전지설비**는 설치된 실의 벽으로부터 **0.1m 이상** 이격할 것
□ 축전지설비를 **동일실에 2 이상** 설치하는 경우에는 축전지설비의 상호간격은 **0.6m 이상** 이격할 것(높이가 1.6m 이상인 선반을 설치한 경우에는 1m)
□ **비상전원의 용량은 45분 이상**일 것

참고 "옥외소화전설비" 관련규정(비교정리)
□ 옥외소화전함은 **보행거리 5m 이하**의 장소로서 화재발생 시 쉽게 접근 가능하고 화재 등의 피해를 받을 우려가 적은 장소에 설치할 것
□ 옥외소화전함에는 그 표면에 "호스 격납함"이라고 표시할 것. 다만, 호스접속구 및 개폐밸브를 옥외소화전함의 내부에 설치하는 경우에는 "소화전"이라고 표시할 수도 있다.
□ 옥외소화전에는 직근의 보기 쉬운 장소에 "소화전"이라고 표시할 것

정답 ④

38 포소화설비의 가압송수장치에서 압력수조의 필요압력을 산출할 때 필요없는 것은?

① 낙차의 환산수두압
② 배관의 마찰손실 수두압
③ 노즐의 마찰손실 수두압
④ 소방용 호스의 마찰손실 수두압

 정답 분석 포소화설비의 가압송수장치에서 압력수조의 압력 산출 시 필요없는 것은 "노즐의 마찰손실 수두압"이다.
□ 압력수조 가압송수장치 : $P = p_1 + p_2 + p_3 + p_4$
$\begin{cases} P : 필요압력(MPa) \\ p_1 : 방출구의 압력 또는 노즐의 방사압력(MPa) \\ p_2 : 배관의 마찰손실 수두압(MPa) \\ p_3 : 낙차의 환산수두압(MPa) \\ p_4 : 소방용 호스의 마찰손실 수두압(MPa) \end{cases}$

참고 **포소화설비의 압력 및 펌프양정" 관련규정**(비교정리)
□ 압력수조 가압송수장치 : $P = p_1 + p_2 + p_3 + p_4$
$\begin{cases} P : 필요압력(MPa) \\ p_1 : 방출구의 압력 또는 노즐의 방사압력(MPa) \\ p_2 : 배관의 마찰손실 수두압(MPa) \\ p_3 : 낙차의 환산수두압(MPa) \\ p_4 : 소방용 호스의 마찰손실 수두압(MPa) \end{cases}$

□ 고가수조 가압송수장치 : $H = h_1 + h_2 + h_3$
$\begin{cases} H : 필요낙차(m) \\ h_1 : 방출구 압력환산수두(m) \\ h_2 : 배관의 마찰손실수두(m) \\ h_3 : 소방용 호스의 마찰손실수두(m) \end{cases}$

□ 펌프 가압송수장치 : $H = h_1 + h_2 + h_3 + h_4$
$\begin{cases} H : 펌프의 전양정(m) \\ h_1 : 방출구 환산압력수두(m) \\ h_2 : 배관의 마찰손실수두(m) \\ h_3 : 낙차(m) \\ h_4 : 소방호스의 마찰손실수두(m) \end{cases}$

• 펌프의 토출량이 정격토출량의 150%인 경우에는 전양정은 정격전양정의 65% 이상일 것
• 펌프시동 후 5분 이내에 포 수용액을 포 방출구 등까지 송액할 수 있도록 하거나 또는 펌프로부터 포 방출구 등까지의 수평거리를 500m 이내로 할 것

정답 ③

39 분말소화약제로 사용할 수 있는 것을 모두 옳게 나타낸 것은?

> ⊙ 탄산수소나트륨
> ⓒ 탄산수소칼륨
> ⓒ 황산구리
> ⓒ 제1인산암모늄

① ⊙, ⓒ, ⓒ, ⓒ   ② ⊙, ⓒ

③ ⊙, ⓒ, ⓒ   ④ ⊙, ⓒ, ⓒ

정답 분석 분말소화약제로 사용할 수 있는 것은 탄산수소나트륨($NaHCO_3$), 탄산수소칼륨($KHCO_3$), 제1인산암모늄(인산이수소암모늄, $NH_4H_2PO_4$), 첨가물로 투입되는 요소수$[(NH_2)_2CO]$이다.

참고 분말소화약제 종별 주성분과 적응 화재등급(암기요망)

구분	주성분	착색	사용가능 화재등급
제1종	$NaHCO_3$	백색	B, C
제2종	$KHCO_3$	담회색	B, C
제3종	$NH_4H_2PO_4$ (제1인산암모늄)	담홍색 (분홍)	A, B, C
제4종	$KHCO_3 + (NH_2)_2CO$	회색	B, C

정답 ④

40 다음 각 위험물의 저장소에서 화재가 발생하였을 때 물을 사용하여 소화할 수 있는 물질은?

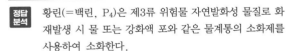

① K_2O_2 ② CaC_2

③ Al_4C_3 ④ P_4

정답 분석 황린(=백린, P_4)은 제3류 위험물 자연발화성 물질로 화재발생 시 물 또는 강화액 포와 같은 물계통의 소화제를 사용하여 소화한다.

참고 중요한 반응(꼭 정리해둘 것!!)
① 과산화칼륨(K_2O_2)은 제1류 위험물(산화성 고체)로 물과 반응 시 산소를 방출한다.
　□ $2K_2O_2 + 2H_2O \rightarrow 4KOH + O_2$
② 탄화칼슘(CaC_2)은 제3류 위험물(자연발화성 물질·금수성 물질)로 물과 반응 시 아세틸렌(에타인, 에틴)가스를 방출한다.
　□ $CaC_2 + 2H_2O \rightarrow C_2H_2 + Ca(OH)_2$
③ 탄화알루미늄(Al_4C_3)은 제3류 위험물(자연발화성 물질·금수성 물질)로 물과 반응 시 메테인(메탄)가스를 방출한다.
　□ $Al_4C_3 + 12H_2O \rightarrow 3CH_4 + 4Al(OH)_3$

정답 ④

제3과목 위험물의 성질과 취급

41 다음에 설명하는 위험물은?

> • 순수한 것은 무색·투명한 액체이다.
> • 물에 녹지 않고, 벤젠에는 녹는다.
> • 물보다 무겁고, 독성이 있다.

① 다이에틸에테르
② 에탄올
③ 이황화탄소
④ 나이트로셀룰로오스

정답 분석 제4류 위험물 중 특수인화물인 이황화탄소(CS_2)는 독성이 있으며, 비중이 1.26으로 물보다 무겁다. 물에 녹지 않기 때문에 가연성 증기발생을 억제하기 위해 물 속에 저장한다.

참고 위험물의 특이한 저장방식(보호액)(꼭 정리 해 둘 것!!)
▫ 물에 안전하고, 불용성이며, 물속에 저장하는 위험물 → 황린(P_4), 이황화탄소(CS_2)
▫ 등유(석유)에 저장하는 위험물 → 금속 칼륨(K), 금속 나트륨(Na), 금속 리튬(Li)
▫ 알코올에 저장하는 위험물 → 나이트로셀룰로오스(니트로셀룰로오스), 인화칼슘(인화석회)
▫ 알킬알루미늄, 알킬리튬은 물 또는 공기와 접촉하면 폭발함 → 헥세인(헥산, C_6H_{14}) 속에 저장
▫ 알킬알루미늄, 탄화칼슘 → 질소 등 불활성가스 충진

정답 ③

42 위험물의 저장액(보호액)으로서 잘못된 것은?

① 황린 - 물
② 인화석회 - 물
③ 금속나트륨 - 등유
④ 나이트로셀룰로오스 - 함수알코올

정답 분석 인화석회(=인화칼슘)는 물과 격렬히 반응하여 폭발성 가스인 포스핀(PH_3)을 발생시킨다. 인화석회의 보호액은 알코올이다.
　□ $Ca_3P_2 + 6H_2O \rightarrow 3Ca(OH)_2 + 2PH_3$

정답 ②

43 휘발유를 저장하는 이동저장탱크의 탱크 상부로부터 등유나 경유를 주입할 때 액표면이 주입관의 선단을 넘는 높이가 될 때까지 그 주입관 내의 유속을 몇 m/s 이하로 하여야 하는가?

① 1   ② 2
③ 3   ④ 5

정답분석 휘발유를 저장하는 이동저장탱크의 탱크 상부로부터 등유나 경유를 주입할 때, 이동저장탱크의 밑부분으로부터 위험물을 주입하는 경우 위험물의 액표면이 주입관의 정상부분을 넘는 높이가 될 때까지 그 주입배관 내의 유속을 초당 1m 이하로 하여야 한다.

참고 추가로 정리해야 할 주요 사항
□ 이동저장탱크로부터 위험물을 저장 또는 취급하는 탱크에 인화점이 40℃ 미만인 위험물을 주입할 때에는 이동탱크저장소의 **원동기를 정지**시킬 것
□ 위험물의 저장 및 취급제한 : 시 · **도의 조례**가 정하는 바에 따라 관할소방서장의 승인을 받아 지정수량 이상의 위험물을 90일 이내의 기간동안 임시로 저장 또는 취급할 수 있다.

정답 ①

44 다음 중 C_5H_5N에 대한 설명으로 틀린 것은?

① 순수한 것은 무색이고 악취가 나는 액체이다.
② 상온에서 인화의 위험이 있다.
③ 물에 녹는다.
④ 강한 산성을 나타낸다.

정답분석 피리딘(C_5H_5N)은 pH 8.5정도의 약한 알칼리성을 나타낸다. 피리딘은 제4류 위험물 중 제1석유류에 속하며, 악취(비린내)가 나는 무색 또는 담황색의 액체이다.

참고 **피리딘(C_5H_5N)의 특성**
□ 피리딘은 고리 안에 질소원자가 1개 함유하는 헤테로 고리화합물로서 방향족성(芳香族性)이 있다.
□ 피리딘의 녹는점은 −42℃, 끓는점은 115.5℃, 액체비중은 약 0.99 정도로 물보다 가볍지만 증기비중은 2.73으로 공기보다 무겁다. 인화점은 16℃이다.
□ 피리딘은 약한 염기성을 가지고 있으므로 산에는 염(鹽)을 만들며 녹는다.
□ 피리딘(Pyridine)은 물에 잘 용해되고, 에탄올 · 에테르와도 섞인다.

<그림> pyridine

정답 ④

45

적린과 황린의 공통점이 아닌 것은?

① 화재발생 시 물을 이용한 소화가 가능하다.
② 이황화탄소에 잘 녹는다.
③ 연소 시 P_2O_5의 흰 연기가 생긴다.
④ 원소는 같은 P이지만 비중은 다르다.

 정답분석 적린(赤燐, P)은 황린(黃燐, P_4)과는 달리 자연발화성, 인광, 맹독성이 아니며, 물, 이황화탄소, 알칼리, 에테르에 녹지 않는다.

반면에 황린(黃燐, P_4)은 자연발화성 물질로 물과 반응하지 않으나 이황화탄소, 벤젠 등에 잘 녹는다. 황린은 물과 반응하지 않기 때문에 물 속에 보관할 수 있다. 실제로 황린의 자연 발화를 막기 위해서 물 속에 보관하는 방법을 채용한다.

□ 연소반응
- 황린(백린) : $P_4 + 5O_2 \rightarrow 2P_2O_5$
- 적린 : $2P + 2.5O_2 \rightarrow P_2O_5$

[참고] **황린과 적린에 대한 주요 내용**

□ 위험물 구분
- 황린(백린) : 제3류 위험물(자연발화성물질, 지정수량 20kg, 착화온도 34℃, 비중 약 1.82)
- 적린 : 제2류 위험물(가연성 고체, 지정수량 100kg, 착화온도 260℃, 비중 약 2.34)

□ 화학식 표기 및 구조
- 황린(화학식 표기 : P_4), 적린(화학식 표기 : P)
- 구조

황린 (백린)   적린

Red Phosphorous

□ 연소반응
- 황린(백린) : $P_4 + 5O_2 \rightarrow 2P_2O_5$
- 적린 : $2P + 2.5O_2 \rightarrow P_2O_5$

□ 포스핀(PH_3) 발생
- $4P + 3KOH + 3H_2O \rightarrow PH_3 + 3KH_2PO_2$
- $4P + 3NaOH + 3H_2O \rightarrow PH_3 + 3NaH_2PO_2$
- $P_4 + 3NaOH + 3H_2O \rightarrow PH_3 + 3NaH_2PO_2$
- $P_4 + 3KOH + 3H_2O \rightarrow PH_3 + 3KH_2PO_2$

□ 소화방법
- 적린(P)은 제2류 위험물로 화재 시 다량의 물에 의한 주수소화가 가장 효과적이며, 소량인 경우 건조사, CO_2 등의 질식소화도 효과도 있다. 연소 시 유독한 오산화인(P_2O_5)을 생성하기 때문에 공기 호흡기 등의 보호장구를 착용하여야 한다.
- 황린(P_4)은 자연발화성이 있으므로 소화에는 물 또는 강화액 포와 같은 물계통의 소화제를 사용하는 것이 가능하다. 자연발화성이 있으므로 가연물, 유기과산화물, 산화제와는 격리하고, 고온체와의 접촉을 방지하고, 직사광선을 차단하여야 한다.

정답 ②

46

다음 중 3개의 이성질체가 존재하는 물질은?

① 아세톤   ② 톨루엔
③ 벤젠   ④ 자일렌

 정답분석 자일렌(크실렌)은 이성질체 분리에 의해 p-자일렌, o-자일렌, m-자일렌 3개의 이성질체가 존재한다.

[참고] 자일렌(크실렌) [Xylene, $C_6H_4(CH_3)_2$]의 특성 비교

구분	오쏘자일렌	메타자일렌	파라자일렌
색상	무색, 투명	무색, 투명	무색, 투명
냄새	달콤한 냄새	달콤한 냄새	달콤한 냄새
끓는점	144℃	139℃	138℃
인화점	32℃	25℃	25℃
발화점	106.2℃	528℃	529℃
액체비중	0.88	0.86	0.86
증기비중	3.7	3.7	3.7

정답 ④

47 위험물안전관리법령상 옥외저장소에 저장할 수 없는 위험물은? (단, 시ㆍ도 조례에서 별도로 정하는 위험물 또는 국제해상위험물 규칙에 적합한 용기에 수납된 위험물은 제외한다.)

① 질산에스터류
② 질산
③ 제2석유류
④ 알코올류

정답 분석 질산에스터류(질산에스테르류)는 제5류 위험물(자기반응성물질)로 옥외저장소에 저장할 수 없다. 질산에스터류(제5류 위험물), 질산(제6류 위험물), 제2석유류 및 알코올류(제4류 위험물)이다.

참고 옥외저장소에 저장할 수 있는 위험물은 다음과 같다.
▫ 제2류 위험물 중 유황 또는 인화성고체(인화점이 섭씨 0℃ 이상인 것에 한함)
▫ 제4류 위험물 중
　· 제1석유류(인화점이 0℃ 이상인 것에 한함)
　· 알코올류
　· 제2석유류ㆍ제3석유류ㆍ제4석유류 및 동식물유류
▫ 제6류 위험물
▫ 제2류 위험물 및 제4류 위험물 중 특별시ㆍ광역시 또는 도의 조례에서 정하는 위험물(보세구역 안에 저장하는 경우에 한함)
▫ 「국제해사기구에 관한 협약」에 의하여 설치된 국제해사기구가 채택한 「국제해상위험물규칙」에 적합한 용기에 수납된 위험물

정답 ①

48 특정옥외저장탱크를 원통형으로 설치하고자 한다. 지반면으로부터의 높이가 16m일 때, 이 탱크가 받는 풍하중은 1m²당 얼마 이상으로 계산하여야 하는가? (단, 강풍을 받을 우려가 있는 장소에 설치하는 경우는 제외한다)

① 0.7640kN
② 1.2348kN
③ 1.6464kN
④ 2.348kN

정답 분석 특정옥외저장탱크에 관계된 풍하중의 계산방법은 다음과 같다. 1m²당 풍하중은 다음 식에 의한다.
▫ 풍하중$(q) = 0.588\, k\sqrt{h}$

계산 풍하중은 다음과 같이 계산한다.
$$\begin{cases} k : \text{풍력계수(원통형 탱크는 0.7, 이외 탱크는 1.0)} \\ h : \text{지반면으로부터 높이(m)} \end{cases}$$
∴ 풍하중 $= 0.588 \times 0.7\sqrt{16} = 1.6464\ kN/m^2$

정답 ③

49 마그네슘의 위험성에 관한 설명으로 틀린 것은?

① 연소 시 양이 많은 경우 순간적으로 맹렬히 폭발할 수 있다.
② 가열하면 가연성 가스를 발생한다.
③ 산화제와의 혼합물은 위험성이 높다.
④ 공기 중의 습기와 반응하여 열이 축적되면 자연발화의 위험이 있다.

정답 분석 마그네슘을 가열하면 백색광을 내면서 연소하여 산화마그네슘(MgO)으로 변한다.
▫ $2Mg + O_2 \rightarrow 2MgO$
가열된 마그네슘은 CO_2의 산화작용을 받았을 때 가연성 가스인 CO를 발생한다. 또한 물과 접촉하면 가연성의 수소가스를 발생시킨다.
▫ $Mg + CO_2$(산화제) $\rightarrow MgO + CO$
▫ $Mg + 2H_2O \rightarrow H_2 + Mg(OH)_2$

정답 ②

50

다음의 2가지 물질을 혼합하였을 때 위험성이 증가하는 경우가 아닌 것은?

① 과망가니즈산칼륨＋황산

② 나이트로셀룰로오스＋알코올수용액

③ 질산나트륨＋유기물

④ 질산＋에틸알코올

 정답분석 나이트로셀룰로오스(니트로셀룰로오스)는 제5류 자기반응성 물질의 질산에스테르류로 분류되는 물질이지만 제4류 위험물인 알코올 수용액과의 혼합은 발화·폭발의 위험성은 증가되지 않는다.

나이트로셀룰로오스(니트로셀룰로오스)에 알코올 수용액(에탄올)을 가하는 것은 산업용으로 흔히 이용되고 있다. 예를 들면, 나이트로셀룰로오스(니트로셀룰로오스)에 알코올 수용액과 에테르(다이에틸에테르)를 가하면 끈적끈적한 콜로디온(Collodion)용액이 형성되는데, 이 때 생성된 콜로디온은 붕대재료, 투석막, 감광막, 탁구공, 완구 등의 원재료로 사용된다.

참고 위험물의 혼재기준

구분	제1류	제2류	제3류	제4류	제5류	제6류
제1류		×	×	×	×	○
제2류	×		×	○	○	×
제3류	×	×		○	×	×
제4류	×	○	○		○	×
제5류	×	○	×	○		×
제6류	○	×	×	×	×	

비고
• "×" 표시는 혼재할 수 없음을 표시한다.
• "○" 표시는 혼재할 수 있음을 표시한다.

정답 ②

51

다음과 같이 위험물을 저장할 경우 각각의 지정수량 배수의 총합은 얼마인가?

- 클로로벤젠 : 1,000L
- 동·식물유류 : 5,000L
- 제4석유류 : 12,000L

① 2.5 ② 3.0
③ 3.5 ④ 4.0

 정답분석 각 위험물의 지정수량은 클로로벤젠 : 1,000L, 동·식물유류 : 10,000L, 제4석유류 : 6,000L이므로 지정수량의 배수는 다음과 같이 산정한다.

□ 배수 = $\dfrac{A\ 수량}{A\ 지정수량} + \dfrac{B\ 수량}{B\ 지정수량} + \cdots +$

계산 지정수량 배수의 총합의 산정은 다음과 같이 한다.

$$\therefore\ 배수 = \frac{1,000L}{1,000L} + \frac{5,000L}{10,000L} + \frac{12,000L}{6,000L} = 3.5$$

정답 ③

52

위험물안전관리법령에 따른 위험물제조소의 안전거리 기준으로 틀린 것은?

① 주택으로부터 10m 이상

② 학교로부터 30m 이상

③ 유형문화재와 기념물 중 지정문화재로부터는 30m 이상

④ 병원으로부터 30m 이상

 정답분석 위험물제조소는 유형문화재와 50m 이상의 안전거리를 두어야 한다.

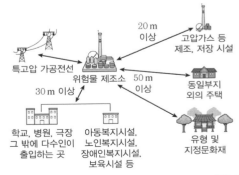

정답 ③

53 다음 중 조해성이 있는 황화인만 모두 선택하여 나열한 것은?

$$P_4S_3 \qquad P_2S_5 \qquad P_4S_7$$

① P_4S_3, P_2S_5

② P_4S_3, P_4S_7

③ P_2S_5, P_4S_7

④ P_4S_3, P_2S_5, P_4S_7

 조해성이 있는 황화인은 오황화인(P_2S_5), 칠황화인(P_4S_7)이다.

참고

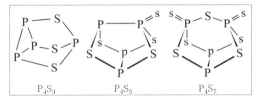

정답 ③

54 염소산나트륨이 열분해하였을 때 발생하는 기체는?

① 나트륨 ② 염화수소

③ 염소 ④ 산소

 염소산나트륨($NaClO_3$)은 제1류 위험물(산화성 고체)의 염소산염류로 300℃ 이상의 고온에서 열분해하면 산소(O_2)와 염화나트륨($NaCl$)이 생성된다.

□ $2NaClO_3 \rightarrow 3O_2 + 2NaCl$

정답 ④

55 황의 연소생성물과 그 특성을 옳게 나타낸 것은?

① SO_2, 유독가스

② SO_2, 청정가스

③ H_2S, 유독가스

④ H_2S, 청정가스

정답분석 황(S)이 연소되면 유독가스인 이산화황(SO_2)을 생성시킨다.

□ $S + O_2 \rightarrow SO_2$

정답 ①

56 다음 중 아이오딘값(요오드가)이 가장 작은 것은?

① 아마인유

② 들기름

③ 정어리기름

④ 야자유

 야자유는 불건성유(야자유, 피마자유, 올리브유)로서 아이오딘값(요오드가) 100 이하이다.

참고 동·식물유의 종류와 아이오딘값(요오드가)

□ 건성유 → 아이오딘값(요오드가) 130 이상 : 정어리유, 해바라기유, 아마인유, 동유, 들기름 등

□ 반건성유 → 아이오딘값(요오드가) 100 ~ 130 : 쌀겨기름, 면실유, 옥수수기름, 참기름, 콩기름 등

□ 불건성유 → 아이오딘값(요오드가) 100 이하 : 피마자유, 올리브유, 야자유 등

정답 ④

57 위험물취급소의 연면적 1,000m²이고, 외벽이 내화구조로 된 경우, 해당 시설의 소화설비 소요단위는 얼마인가?

① 5   ② 10
③ 20   ④ 100

 제조소 또는 취급소의 건축물은 외벽이 내화구조인 것은 연면적 100m²를 1소요단위로 하며, 외벽이 내화구조가 아닌 것은 연면적 50m²를 1소요단위로 한다.

□ 소요단위 $= 연면적 \times \dfrac{1단위}{100m^2}$

[계산] 해당 소화설비의 소요단위는 다음과 같이 산정한다.

∴ 소요단위 $= 1000 \times \dfrac{1단위}{100m^2} = 10$

[참고] **소화설비의 소요단위 관련규정**

□ 소요단위 : 소요단위는 소화설비의 설치대상이 되는 건축물·공작물의 규모 또는 위험물의 양의 기준단위를 의미한다.

반면에 능력단위는 소요단위에 대응하는 소화설비의 소화능력의 기준단위를 의미한다.

□ 소요단위의 기준 : 건축물 그 밖의 공작물 또는 위험물의 소요단위의 계산방법은 다음의 기준에 의한다.

• 제조소 또는 취급소의 건축물은 외벽이 내화구조인 것은 연면적 100m²를 1소요단위로 하며, 외벽이 내화구조가 아닌 것은 연면적 50m²를 1소요단위로 할 것

• 저장소의 건축물은 외벽이 내화구조인 것은 연면적 150m²를 1소요단위로 하고, 외벽이 내화구조가 아닌 것은 연면적 75m²를 1소요단위로 할 것

• 제조소 등의 옥외에 설치된 공작물은 외벽이 내화구조인 것으로 간주하고 공작물의 최대수평투영면적을 연면적으로 간주하여 위의 ①, ②의 규정에 의하여 소요단위를 산정할 것

• 위험물은 지정수량의 10배를 1소요단위로 할 것

정답 ②

58 외부의 산소공급이 없어도 연소하는 물질이 아닌 것은?

① 알루미늄의 탄화물
② 과산화벤조일
③ 유기과산화물
④ 질산에스터

 외부의 산소공급이 없어도 연소할 수 있는 위험물은 제5류 자기반응성 위험물이다. 알루미늄의 탄화물은 제3류 위험물로 자연발화성 물질 및 금수성 물질이이다.

유기과산화물, 질산에스터류(질산에스테르류), 과산화벤조일(유기과산화물)은 제5류 위험물(자기반응성 물질)이다.

자기반응성 위험물은 가연물의 분자 내에 산소를 함유하고 있어 열분해에 의해서 가연성 가스와 산소를 동시에 발생시키므로 공기 및 산소 없이 연소할 수 있는 위험물이다.

자기반응성 물질에는 피크르산, 질산에스터류, 셀룰로이드류, 나이트로글리세린(NG) 등의 나이트로화합물(니트로화합물)과 하이드라진 유도체 등이 있는데, 이러한 제5류 위험물은 자체 내에 산소를 포함하고 있어 외부로부터 산소공급이 없어도 연소할 수 있다.

정답 ①

59 메틸에틸케톤의 취급 방법에 대한 설명으로 틀린 것은?

① 쉽게 연소하므로 화기 접근을 금한다.
② 직사광선을 피하고 통풍이 잘 되는 곳에 저장한다.
③ 탈지작용이 있으므로 피부에 접촉하지 않도록 주의한다.
④ 유리 용기를 피하고, 수지, 섬유소 등의 재질로 된 용기에 저장한다.

 메틸에틸케톤(MEK)을 취급할 때는 플라스틱, 합성수지, 고무용기 등은 손상될 수 있으므로 유리용기에 보관해야 한다.

메틸에틸케톤(MEK, $CH_3COC_2H_5$)은 비수용성으로 제4류 위험물 중 1석유류이다.

MEK는 끓는점이 79.6℃로 상온 및 상압에서 안정한 상태이지만 가연성 액체, 증기는 열이나 불꽃에 노출되면 화재위험이 있다. 증기는 밀도 2.5로 공기보다 무거우며 많은 거리를 이동하여 점화원까지 이른 후 역화(逆火)될 수 있으므로 화기 접근을 엄금하여야 하고, 직사광선을 피하고 통풍이 잘되는 곳에 저장하여야 한다.

MEK는 탈지작용(脫脂作用)이 있으므로 피부에 접촉하지 않도록 주의하여야 한다.

화학적으로는 Acetone(아세톤)과 유사한 구조로 되어 있어 아세톤과 유사한 냄새가나며, 아세톤이 물과 잘 섞이는 반면 물에 대한 용해도는 27.5%로 물과 대체로 잘 섞이지 않는 특성이 있다.

정답 ④

60 제5류 위험물 중 상온(25℃)에서 동일한 물리적 상태(고체, 액체, 기체)로 존재하는 것으로만 나열된 것은?

① 나이트로글리세린, 나이트로셀룰로오스
② 질산메틸, 나이트로글리세린
③ 트라이나이트로톨루엔, 질산메틸
④ 나이트로글라콜, 트라이나이트로톨루엔

 제5류 위험물 중 상온(25℃)에서 동일한 물리적 상태(고체, 액체, 기체)로 존재하는 것으로만 나열된 것은 ②이다. 나이트로셀룰로오스(니트로셀룰로오스), 트라이나이트로톨루엔(트리니트로톨루엔)은 상온에서 고체로 존재하는 물질이다.

정답 ②

제1과목 일반화학

01 구리줄을 불에 달구어 약 50℃ 정도의 메탄올에 담그면 자극성 냄새가 나는 기체가 발생한다. 이 기체는 무엇인가?

① 폼알데히드   ② 아세트알데하이드
③ 프로페인(프로판)   ④ 메틸에테르

정답분석 1차 알코올(메탄올, 에탄올 등 ; 탄소에 붙어 있는 알킬기의 수가 1개) 중에 메탄올이 H원자 2개 잃으면서(산화)되어 폼알데하이드(포름알데하이드)가 된다. 그러나 동일한 방법으로 에탄올에 적용하면 에탄올은 H원자 2개 잃으면서(산화)되어 아세트알데하이드(아세트알데히드)가 된다.

정답 ①

02 다음과 같은 기체가 일정한 온도에서 반응을 하고 있다. 평형에서 기체 A, B, C가 각각 1몰, 2몰, 4몰이라면 평형상수 K의 값은 얼마인가?

$$A+3B \rightarrow 2C+열$$

① 0.5   ② 2
③ 3   ④ 4

정답분석 평형상수는 반응물과 생성물의 농도 관계를 나타낸 상수이며, 반응물 및 생성물의 초기 농도에 관계없이 항상 같은 값을 지니는데 반응계와 생성계의 몰 농도 곱의 비로 나타낸다.

계산 평형상수는 다음과 같이 산정된다.

$$\text{ㅁ } K = \frac{\text{생성계 몰 농도 곱}}{\text{반응계 몰 농도 곱}} \leftarrow A+3B \rightleftharpoons 2C$$

$$\therefore K = \frac{[C]^2}{[A][B]^3} = \frac{[4]^2}{[1][2]^3} = 2.0$$

정답 ②

03 "기체의 확산속도는 기체의밀도(또는 분자량)의 제곱근에 반비례한다."라는 법칙과 연관성이 있는 것은?

① 미지의 기체 분자량을 측정에 이용할 수 있는 법칙이다.
② 보일 - 샤를이 정립한 법칙이다.
③ 기체상수 값을 구할 수 있는 법칙이다.
④ 이 법칙은 기체상태방정식으로 표현된다.

정답분석 그레이엄의 법칙(Graham's Law)에 따르면 기체의 확산속도(V)는 그 분자량(M_w)의 제곱근에 반비례한다. 그레이엄의 법칙은 미지의 기체 분자량을 측정에 이용할 수 있는 법칙이다.

계산 기체의 확산속도는 다음과 같이 산정된다.

$$\cdot \text{확산속도}(V) = K\frac{1}{\sqrt{M_w}} \begin{cases} K : \text{비례상수} \\ M_w : \text{분자량} \end{cases}$$

정답 ①

04 다음 중 파장이 가장 짧으면서 투과력이 가장 강한 것은?

① α-선   ② β-선
③ γ-선   ④ X-선

정답분석 전리방사선은 방사선에너지가 커서 물체에 도달하면 물질을 구성하는 원자들을 이온화(전리)시키는 능력을 가진 방사선이다. 전리방사선에는 엑스선, 알파입자, 베타입자, 감마선, 중성자, 양성자 등이 이에 속한다. 이들의 투과력의 크기는 중성자가 가장 크고, $X(\gamma) > \beta > \alpha$ 선의 순서이다. 이중에서 X-선보다 γ-선이 파장이 짧으므로 파장이 가장 짧고, 투과력이 강한 것은 γ-선이다.

정답 ③

05 98% H_2SO_4 50g에서 H_2SO_4에 포함된 산소 원자수는?

① 3×10^{23}개   ② 6×10^{23}개

③ 9×10^{24}개   ④ 1.2×10^{24}개

정답분석 1몰(mol)의 원자수는 6.022×10^{23}개이다. 황산 중의 산소에 대한 정확한 mol수를 산출하여 이 값을 곱하면 된다.

계산 산소 원자수 $=$ 산소 mol수 $\times 6.0221367 \times 10^{23}$

• 산소 mol $= 50\text{g} \times \dfrac{98}{100} \times \dfrac{(16 \times 4)\text{g}}{98\text{g}} \times \dfrac{1\text{mol}}{16\text{g}} = 2$

$\therefore$ 산소 원자수 $= 2\text{mol} \times 6.022 \times 10^{23}$ (개/mol)
$= 1.2 \times 10^{24}$

정답 ④

06 질소와 수소로 암모니아를 합성하는 반응의 화학 반응식은 다음과 같다. 암모니아의 생성률을 높이기 위한 조건은?

$$N_2 + 3H_2 \rightarrow 2NH_3 + 22.1\text{kcal}$$

① 온도와 압력을 낮춘다.
② 온도는 낮추고, 압력은 높인다.
③ 온도를 높이고, 압력은 낮춘다.
④ 온도와 압력을 높인다.

정답분석 제시된 반응은 발열반응이기 때문에 온도를 낮추고, 압력을 높여야만 평형을 오른쪽으로 이동시켜 암모니아의 생성률을 높일 수 있다.

정답 ②

07 다음 그래프는 어떤 고체물질의 온도에 따른 용해도 곡선이다. 이 물질의 포화용액을 80℃에서 0℃로 내렸더니 20g의 용질이 석출되었다. 80℃에서 이 포화용액의 질량은 몇 g인가?

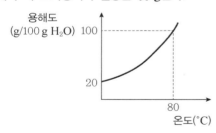

① 50g   ② 75g
③ 100g   ④ 150g

정답분석 용해도의 관계식을 이용한다.

▫ 용해도 $(\text{g}/100\text{g}) = \dfrac{\text{용질(g)}}{\text{용매의 양(g)}} \times 100$

※ 이론상(그림) 포화용액

용해도$(100\text{g}/100\text{g} \cdot H_2O) = \dfrac{\text{용질} 100(\text{g})}{\text{용매} 100(\text{g})} \times 100$

계산 80℃에서 포화용액의 질량은 다음과 같이 계산한다.

Ⓐ 이론상 석출되어야 할 용질의 양
$=$ 용질 100g(80℃) $-$ 용질 20g(0℃) $=$ 용질 80g

Ⓑ 실제 실험에서 석출된 용질의 양
(80℃ $\rightarrow$ 0℃) $= 20\text{g}$

Ⓑ$\div$Ⓐ $= 1/4$

※ 이론량에 비해 실제 용질의 양이 1/4이므로 용매량도 1/4이 됨

$\therefore$ 실험의 포화 용액량(g)
$= [$용질$100(\text{g}) + $용매$100(\text{g})] \times \dfrac{1}{4} = 50\text{g}$

정답 ①

08 1패러데이(Faraday)의 전기량으로 물을 전기분해 하였을 때 생성되는 수소기체는 0℃, 1기압에서 얼마의 부피를 갖는가?

① 5.6L
② 11.2L
③ 22.4L
④ 44.8L

[정답분석] 패러데이의 법칙(Faraday's law)을 적용한다. 일정한 전하량에 대해 생성·소모되는 물질의 양은 당량에 비례한다.

[계산] 생성되는 수소량은 다음과 같이 계산한다.

$$\square\ m_V(\text{L}) = \frac{\text{가해진 전기량(F)}}{\text{기준 전기량(1F)}} \times \frac{\text{M}}{\text{전자가}} \times \frac{22.4}{M_w}$$

- $\begin{cases} m_V : \text{수소 생성(석출)량(L)} \\ \text{가해진 전기량} = 1F \\ \text{수소 원자량}(M) = 1 \\ \text{수소 전자가} = 1 \\ \text{수소 분자량}(M_w) = 2 \end{cases}$

$$\therefore\ m_V(\text{L}) = \frac{1F}{1F} \times \frac{1}{1} \times \frac{22.4L}{2g} = 11.2L$$

정답 ②

09 물 200g에 A 물질 2.9g을 녹인 용액의 어는점은? (단, 물의 어는점 내림 상수는 1.86℃·kg/mol이고, A 물질의 분자량은 58이다.)

① −0.017℃
② −0.465℃
③ 0.932℃
④ −1.871℃

[정답분석] 어는점 내림의 관계식을 이용한다.
$$\square\ \Delta T_f = \Delta T_{f(\text{용매})} - \Delta T_{f(\text{용액})} = K_f \times m$$

- $\begin{cases} \Delta T_f : \text{용액의 어는점 내림(℃)} \\ K_f : \text{내림상수(℃/몰랄 농도)} \\ m : \text{몰랄 농도(용질 mol/용매 kg)} \end{cases}$

[계산] 용액의 어는점은 다음과 같이 계산한다.

$$\square\ m = \frac{\text{용질의 양(mol)}}{\text{용매의 양(kg)}}$$

- $\begin{cases} \text{용질(mol)} = \text{질량(g)} \times \dfrac{\text{mol}}{\text{분자량}} = 2.9g \times \dfrac{1mol}{58g} \\ \qquad\qquad = 0.05mol \\ \text{용매(kg)} = \text{물(kg)} = 200g \times \dfrac{10^{-3}kg}{g} = 0.2kg \end{cases}$

$$\square\ \Delta T_f = 1.86℃ \cdot kg/mol \times \frac{0.05mol}{0.2kg} = 0.465℃$$

$$\therefore\ \text{어는점}[t(℃)] = \text{용매의 어는점(℃)} - \Delta T_f$$
$$= 0℃ - 0.465℃ = -0.465℃$$

정답 ②

10 다음 물질 중에서 염기성인 것은?

① $C_6H_5NH_2$
② $C_6H_5NO_2$
③ C_6H_5OH
④ C_6H_5COOH

[정답분석] 아닐린($C_6H_5NH_2$)은 암모니아보다 약염기에 속한다. 벤조산(C_6H_5COOH)은 탄산(H_2CO_3)보다는 강한 산성을 띠고, 알코올의 작용기(−OH)는 공유결합성이므로 염기로 작용하지 않으며, 매우 약한 산성(대체로 중성에 가까움)이므로 NaOH와 같은 강염기와는 반응하지 않는 특성이 있다.

정답 ①

11 다음은 표준 수소전극과 짝지어 얻은 반쪽반응 표준환원 전위값이다. 이들 반쪽 전지를 짝지었을 때 얻어지는 전지의 표준 전위차 $E°$는?

$$Cu^{2+} + 2e^- \rightarrow Cu \quad E° = +0.34V$$
$$Ni^{2+} + 2e^- \rightarrow Cu \quad E° = -0.23V$$

① +0.11V
② −0.11V
③ +0.57V
④ −0.57V

[정답분석] 표준 전위차는 환원전위 값 − 산화전위 값으로 산출한다. 금속의 이온화 경향은 Zn(아연) > Fe(철) > Ni(니켈) > Sn(주석) > Pb(납) > H(수소) > Cu(구리) > Hg(수은) > Ag(은) > Pt(백금) > Au(금)의 순서이므로 니켈이 산화전극, 구리가 환원전극이 된다.

[계산] 전지의 표준 전위차는 다음과 같이 산출한다.

$$\square\ E°_{(\text{표준 전위차})} = E°_{(\text{환원})} - E°_{(\text{산화})}$$
$$\therefore\ E°_{(\text{표준 전위차})} = +0.34 - (-0.23) = 0.57V$$

정답 ③

12 0.01N CH₃COOH의 전리도가 0.01이면 pH
는 얼마인가?

① 2　　　　　　② 4
③ 6　　　　　　④ 8

정답 분석 pH는 수소이온 몰농도(mol/L) 역수의 상용대수(log)
값으로 정의된다

□ $pH = \log \dfrac{1}{[H^+]}$

계산 0.01 전리된 초산(CH₃COOH) 용액의 pH는 다음과 같
이 산출한다.

□ $pH = \log \dfrac{1}{[H^+]}$

$\begin{cases} 0.01\,N - CH_3COOH의 \ 전리도가 \ 1.0일 \ 때 \\ \quad \rightarrow \ [H^+] = 0.01\,mol/L \\ 0.01\,N - CH_3COOH가 \ 0.01 \ 전리할 \ 때 \\ \quad \rightarrow \ [H^+] = 0.01 \times 0.01 = 1 \times 10^{-4}\,mol/L \end{cases}$

∴ $pH = \log \dfrac{1}{1 \times 10^{-4}} = 4$

정답 ②

---

 13 액체나 기체 안에서 미소(微小) 입자가 불규칙적
으로 계속 움직이는 것을 무엇이라 하는가?

① 틴들 현상　　　② 다이알리시스
③ 브라운 운동　　④ 전기영동

정답 분석 콜로이드(Colloid)와 같이 분산매(分散媒) 중에 분산된
입자(粒子)는 육안으로는 거의 식별이 불가능할 정도로
미세하다. 입자의 크기특성 때문에 나타나는 현상은 틴들
현상, 브라운 운동, 투석, 흡착 등이다.
이 중에서 브라운(Brownian) 운동은 작은 입자의 불규
칙한 운동을 말하며, 틴들(Tyndall)현상은 입자에 의해
빛이 산란되는 현상을 말한다. 다이알리시스 (Dialysis)
는 투석(透析)을 말하는데, 미세한 콜로이드 입자는 반투
막을 통과하지 못하는 특성이 있으므로 이를 이용하여 분
리·정제기술에 사용되기도 한다.

정답 ③

---

 14 ns^2np^5의 전자구조를 가지지 않는 것은?

① F(원자번호 9)
② Cl(원자번호 17)
③ Se(원자번호 34)
④ I(원자번호 53)

정답 분석 ns^2np^5의 전자배치를 갖는다면 $2+5=7$, 즉 원자가 전
자가 7개인 17족의 원소가 아닌 것을 고르면 된다. 17족
원소는 할로젠 원소로서 F, Cl, Br, I이다.

정답 ③

---

 15 pH가 2인 용액은 pH가 4인 용액과 비교하면
수소이온농도가 몇 배인 용액이 되는가?

① 100배　　　　② 2배
③ 10⁻¹배　　　④ 10⁻²배

정답 분석 pH 계산식을 응용한다. 몇 배인가를 묻는 것은 산(酸)이
나 염기(鹽基)의 강도(세기)를 묻는 것이며, 강도를 비교
할 때 별도의 조건이 없는 한 산성 용액은 $[H^+]$의 mol
농도로, 염기성 용액은 $[OH^-]$의 mol 농도로, 비교한다
는 것을 염두에 두도록!!

계산 현재 문제는 pH 7 미만의 산성 용액에 대한 강도를 비교
하는 것이므로 $[H^+]$의 mol 농도로 세기의 배수를 산출
해야 한다.

□ $pH = \log \dfrac{1}{[H^+]}$

$\begin{cases} [H^+]_2 = 10^{-pH} = 10^{-2}\,mol/L \\ [H^+]_4 = 10^{-pH} = 10^{-4}\,mol/L \end{cases}$

∴ 세기 $= \dfrac{[H^+]_2}{[H^+]_4} = \dfrac{10^{-2}}{10^{-4}} = 100배$

정답 ①

---

16 다음의 반응에서 환원제로 쓰인 것은?

$$MnO_2 + 4HCl \rightarrow MnCl_2 + 2H_2O + Cl_2$$

① Cl_2　　　　　② $MnCl_2$

③ HCl　　　　　④ MnO_2

 MnO_2는 발생기 산소를 내어놓고 $MnCl_2$로 전환되었으므로 산화제이고, HCl은 발생기 수소를 내어놓고 Cl_2 및 $MnCl_2$로 전환하였으므로 환원제이다.

정답 ③

17 중성원자가 무엇을 잃으면 양이온으로 되는가?

① 중성자　　　　② 핵전하

③ 양성자　　　　④ 전자

 원자가 이온이 되는 것을 전리(電離) 또는 이온화(Ionization)라 한다. 중성의 원자에서 한개 이상의 전자를 잃으면, 원자는 양전하를 띠고, 한개 이상의 전자를 얻으면 음전하를 띠게 된다. 양전하를 띤 이온을 양이온(Cation), 음전하를 띤 이온을 음이온(Anion)이라 부른다.

정답 ④

18 2차 알코올을 산화시켜서 얻어지며, 환원성이 없는 물질은?

① CH_3COCH_3　　② $C_2H_5OC_2H_5$

③ CH_3OH　　　　④ CH_3OCH_3

 제시된 항목 중 산화(酸化)에 의하여 카보닐기를 가진 화합물을 만들 수 있는 것은 1차 및 2차 알코올이다. 2차 알코올인 이소프로필알코올[$(CH_3)_2CHOH$]을 산화시키면 다이메틸케톤(CH_3COCH_3) 즉, 아세톤이 된다.

정답 ①

19 다이에틸에테르는 에탄올과 진한 황산의 혼합물을 가열하여 제조할 수 있는데 이것을 무슨 반응이라고 하는가?

① 중합 반응　　　② 축합 반응

③ 산화 반응　　　④ 에스터화 반응

 에틸알코올(ROH)은 강산(強酸)과 촉매의 접촉하에 축합반응을 통해 에틸에터(에틸에테르)로 전환된다. 이를 에틸알코올의 탈수·축합 반응이라 한다.

▫ $C_2H_5OH + C_2H_5OH$

$$\xrightarrow[\text{촉매(130~140℃)}]{\text{진한 황산(}H_2SO_4\text{)}} C_2H_5OC_2H_5 + H_2O$$

정답 ②

20 다음의 금속원소를 반응성이 큰 순서부터 나열한 것은?

Na, Li, Cs, K, Rb

① Cs > Rb > K > Na > Li

② Li > Na > K > Rb > Cs

③ K > Na > Rb > Cs > Li

④ Na > K > Rb > Cs > Li

 금속의 반응성은 1족 원소에서 주기가 높을수록 반응성이 좋다. 1족(Fr > Cs > Rb > K > Na > Li) > 2족(Ra > Ba > Sr > Ca > Mg > Be)의 순서이다.

정답 ①

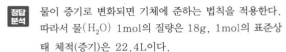

21
1기압, 100°C에서 물 36g이 모두 기화되었다. 생성된 기체는 약 몇 L인가?

① 11.2   ② 22.4

③ 44.8   ④ 61.2

정답 분석 물이 증기로 변화되면 기체에 준하는 법칙을 적용한다. 따라서 물(H_2O) 1mol의 질량은 18g, 1mol의 표준상태 체적(증기)은 22.4L이다.

계산 기화된 기체의 부피는 다음과 같이 산정한다.

□ 기화된 기체부피 $= 질량 \times \dfrac{22.4}{분자량} \times \dfrac{온도보정}{압력보정}$

$$\therefore \ 수증기 \ 부피 = 36g \times \frac{22.4\text{L}}{18\,g} \times \frac{273+100}{273}$$
$$= 61.21\text{L}$$

정답 ④

22
위험물안전관리법령상 분말소화설비의 기준에서 가압용 또는 축압용 가스로 알맞은 것은?

① 산소 또는 수소

② 수소 또는 질소

③ 질소 또는 이산화탄소

④ 이산화탄소 또는 산소

정답 분석 분말소화설비의 기준에서 가압용 또는 축압용 가스로 사용하는 것은 질소 또는 이산화탄소이다.

정답 ③

23
소화 효과에 대한 설명으로 옳지 않은 것은?

① 산소공급원 차단에 의한 소화는 제거효과이다.

② 가연물질의 온도를 떨어뜨려서 소화하는 것은 냉각효과이다.

③ 촛불을 입으로 바람을 불어 끄는 것은 제거효과이다.

④ 물에 의한 소화는 냉각효과이다.

정답 분석 연소시 공급되는 산소를 차단하는 소화방법은 질식효과이며, 정상 공기 중의 산소 농도가 21%인 것을 차단하여 11 ~ 15%이하로 낮춤으로써 연소를 중단시키는 효과 즉, 질식소화 메커니즘이다.

정답 ①

24
위험물안전관리법령에 따른 옥내소화전설비의 기준에서 펌프를 이용한 가압송수장치의 경우 펌프의 전양정(H)을 구하는 식으로 옳은 것은? (단, h_1은 소방용 호스의 마찰손실수두, h_2는 배관의 마찰손실수두, h_3는 낙차이며, h_1, h_2, h_3의 단위는 모두 m이다.)

① $H = h_1 + h_2 + h_3$

② $H = h_1 + h_2 + h_3 + 0.35m$

③ $H = h_1 + h_2 + h_3 + 35m$

④ $H = h_1 + h_2 + 0.35m$

정답 분석 양정(揚程, Pump-up Head)이란 펌프가 물을 끌어 올릴 수 있는 수직높이(m)로 관의 마찰에 따른 손실과 낙차를 고려하여 전양정(total head)을 구할 수 있다.

계산 전양정 계산식은 다음과 같다.

□ 전양정(H, m) $= h_1 + h_2 + h_3 + 35m$

$\begin{cases} h_1 : 소방용 \ 호스의 \ 마찰손실수두 \\ h_2 : 배관의 \ 마찰손실수두 \\ h_3 : 낙차 \end{cases}$

정답 ③

25 이산화탄소의 특성에 관한 내용으로 틀린 것은?

① 전기의 전도성이 있다.
② 냉각 및 압축에 의하여 액화될 수 있다.
③ 공기보다 약 1.52배 무겁다.
④ 일반적으로 무색, 무취의 기체이다.

 정답분석 이산화탄소는 비전도성(非電導性, Non-Conducting)이다. CO_2는 일반적으로 무색, 무취의 기체로 냉각 및 압축에 의하여 액화될 수 있으며, 분자량이 44로 공기(29)보다 약 1.52배 무겁다.

정답 ①

26 다음 물질의 화재 시 내알코올포를 사용하지 못하는 것은?

① 아세트알데하이드   ② 알킬리튬
③ 아세톤   ④ 에탄올

 정답분석 알킬리튬은 제3류 위험물 중 금수성 물질로 질식소화 하여야 하며, 내알코올포는 수용성 위험물의 화재 진압 시 사용하므로 ①, ③, ④는 내알코올포로 소화가 가능하다.

정답 ②

27 스프링클러설비에 관한 설명으로 옳지 않은 것은?

① 초기화재 진화에 효과가 있다.
② 살수밀도와 무관하게 제4류 위험물에는 적응성이 없다.
③ 제1류 위험물 중 알칼리금속 과산화물에는 적응성이 없다.
④ 제5류 위험물에는 적응성이 있다.

 정답분석 스프링클러설비는 초기화재 진화에 효과가 있는데, 특히 유효한 대상 위험물은 제5류 위험물과 제6류 위험물이다. 이외에 부분적으로 적응성이 있는 대상은 건축물·그 밖의 공작물(A급화재), 제1류 위험물 중 알칼리 금속과산화물을 제외한 것, 제2류 위험물 중 철분·금속분·마그네슘을 제외한 것, 제3류 위험물 중 금수성 물품을 제외한 것 등이다. 제4류 위험물에는 소화전과 더불어 적응성이 없지만 규정 살수밀도 이상일 때는 적응성이 있는 것으로 규정되고 있다.

정답 ②

28 위험물제조소에서 옥내소화전이 1층에 4개, 2층에 6개가 설치되어 있을 때, 수원의 수량은 몇 L 이상이 되도록 설치하여야 하는가?

① 13,000   ② 15,600
③ 39,000   ④ 46,800

 정답분석 옥내소화전의 수원수량은 소화전이 가장 많이 설치된 층을 기준으로 하며, 옥내소화전의 개수(n)는 최대 5개이다.

계산 옥내소화전 수원의 수량은 다음과 같이 계산된다.
ㅁ 수원의 수량(Q) = 소화전 개수(n) × 7.8
※ 설치개수가 가장 많은 2층은 6개이지만 소화전 개수는 최대 5개까지 유효 → $n = 5$

$\therefore Q = 5 \times 7.8 \text{m}^3 \times \dfrac{1,000\,\text{L}}{\text{m}^3} = 39,000\,\text{L}$

정답 ③

29 다음 중 고체 가연물로서 증발연소를 하는 것은?

① 숯

② 나무

③ 나프탈렌

④ 나이트로셀룰로오스

 나프탈렌, 유황, 장뇌 등과 같은 승화성 물질이나 촛불(파라핀), 제4류 위험물(인화성 액체) 등이 가열에 의해 열분해를 일으키지 않고 증발하여 그 증기가 연소되거나 먼저 융해된 액체가 기화하여 증기가 된 후 연소되는 형태를 "증발연소"라 한다.

정답 ③

30 위험물안전관리법령상 제조소등에서의 위험물의 저장 및 취급에 관한 기준에 따르면 보냉장치가 있는 이동저장탱크에 저장하는 다이에틸에터(디에틸에테르)의 온도는 얼마 이하로 유지하여야 하는가?

① 비점　　　　② 인화점

③ 40℃　　　　④ 30℃

 보냉장치가 있는 이동저장탱크에 저장하는 아세트알데하이드(아세트알데히드) 또는 다이에틸에터(디에틸에테르) 등의 온도는 당해 위험물의 비점 이하로 유지하여야 한다. 반면에 보냉장치가 없는 이동저장탱크에 저장하는 아세트알데하이드 또는 다이에틸에터(디에틸에테르) 등의 온도는 40℃ 이하로 유지하여야 한다.

참고 압력탱크에 저장하는 아세트알데하이드(아세트알데히드) 등 또는 다이에틸에터(디에틸에테르) 등의 온도는 40℃ 이하로 유지하여야 한다. 한편, 압력탱크 외의 탱크에 저장하는 다이에틸에터(디에틸에테르) 등 또는 아세트알데하이드 등의 온도는 산화프로필렌과 이를 함유한 것 또는 다이에틸에터(디에틸에테르) 등은 30℃ 이하로, 아세트알데하이드 또는 이를 함유한 것은 15℃ 이하로 각각 유지하여야 한다.

정답 ①

31 Halon 1301에 대한 설명 중 틀린 것은?

① 비점은 상온보다 낮다.

② 액체 비중은 물보다 크다.

③ 기체 비중은 공기보다 크다.

④ 100℃에서도 압력을 가해 액화시켜 저장할 수 있다.

 상온, 상압에서 Halon 1301, Halon 1211은 기체상태로, Halon 2402, Halon 1011, Halon 104는 액체상태로 존재한다.

Halon 1301은 무색, 무취, 비전도성 가스로 공기밀도보다 약 5배로 무겁다. 21℃, 상온에서 약 1.4MPa의 압력으로 가압하면 쉽게 액화시킬 수 있으나 67℃ 이상의 온도에서는 액화되지 않는다. 액체 할론 1301의 밀도는 1.60g/cm³으로 물보다 상대적으로 크며, 비점(沸點)은 -57.75℃로 상온보다 낮다.

할론가스 중 유독성이 약한 편이며, 액화가스로서 소화기 내 충전할 때 별도의 방출압력용 질소기체가 필요치 않다. 몬트리올 의정서에 의해 선진국에서는 1994년부터 생산이 중단되었고, 한국은 개발도상국 조항으로 이보다 10년의 유예를 받았으나, 이후 2010년부터 할론의 생산 및 수입을 전면 금지하고 있다.

정답 ④

32 일반적으로 다량의 주수를 통한 소화가 가장 효과적인 화재는?

① A급화재　　　② B급화재

③ C급화재　　　④ D급화재

 A급 화재는 섬유, 종이, 목재 등의 화재로 일반적으로 다량 주수를 통한 소화가 가장 효과적이다.

정답 ①

33 인화점이 70℃ 이상인 제4류 위험물을 저장·취급하는 소화난이도 등급 I의 옥외탱크저장소(지중탱크 또는 해상탱크 외의 것)에 설치하는 소화설비는?

① 스프링클러소화설비

② 물분무 소화설비

③ 간이소화설비

④ 분말소화설비

정답분석 제4류 위험물을 저장·취급하는 소화난이도 등급 I 의 옥외탱크저장소의 소화설비는 물분무 소화설비 또는 고정식 포 소화설비를 갖추어야 한다. 물분무 소화설비의 적응성은 소화전설비와 유사하나 전기설비와 제4류 위험물에 적응성이 있는 것이 다르다. 반면에 물분무 소화설비의 비적응성은 소화전설비와 유사하게 알칼리금속 과산화물, 철분·금속분·마그네슘, 금수성 물질에 비적응성이다.

정답 ②

34 점화원 역할을 할 수 없는 것은?

① 기화열 ② 산화열

③ 정전기불꽃 ④ 마찰열

 정답분석 기화열은 점화원의 역할을 할 수 없다. 이외에 점화원이 될 수 없는 것에는 증발잠열, 온도, 압력, 중화열 등이 있다.

정답 ①

35 표준상태에서 프로페인(프로판) 2m³이 완전 연소할 때 필요한 이론 공기량은 약 몇 m³인가? (단, 공기 중 산소농도는 21vol%이다.)

① 23.81 ② 35.72

③ 47.62 ④ 71.43

 정답분석 이론공기량의 부피는 이론산소량의 부피를 토대로 다음과 같이 계산한다.

□ $A_o = O_o \times \dfrac{1}{0.21}$ $\begin{cases} A_o : \text{이론공기량} \\ O_o : \text{이론산소량} \\ 0.21 : \text{공기의 산소 함량} \end{cases}$

계산 프로페인의 이론공기량은 다음과 같이 산출된다.

연소반응 : $\begin{cases} C_3H_8 \ + \ 5O_2 \ \rightarrow \ 3CO_2 + 4H_2O \\ 22.4m^3 \ : \ 5 \times 22.4m^3 \end{cases}$

$\therefore A_o = 2m^3 \times \left(\dfrac{5 \times 22.4m^3}{22.4m^3} \right) \times \dfrac{1}{0.21} = 47.62\,m^3$

정답 ③

36 분말소화약제인 제1인산암모늄(인산이수소 암모늄)의 열분해 반응을 통해 생성되는 물질로 부착성 막을 만들어 공기를 차단시키는 역할을 하는 것은?

① HPO_3 ② PH_3

③ NH_3 ④ P_2O_3

정답분석 분말소화약제 중 제3종 분말소화약제의 주성분은 제1인산암모늄($NH_4H_2PO_4$)(＝인산이수소암모늄)으로 열분해 반응을 통해 생성되는 HPO_3는 부착성 막을 만들어 공기를 차단시키는 역할을 한다. 제3종 분말소화약제는 일반화재(A급), 유류화재(B급), 전기화재(C급)에 적응성이 있다.

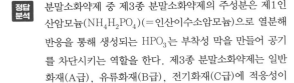

구분	주성분	적용 화재
제1종	$NaHCO_3$	B, C
제2종	$KHCO_3$	B, C
제3종	$NH_4H_2PO_4$ (인산이수소암모늄)	A, B, C
제4종	$KHCO_3 + (NH_2)_2CO$	B, C

정답 ①

37 Na₂O₂와 반응하여 제6류 위험물을 생성하는 것은?

① 아세트산   ② 물

③ 이산화탄소   ④ 일산화탄소

38 묽은 질산이 칼슘과 반응하였을 때 발생하는 기체는?

① 산소   ② 질소

③ 수소   ④ 수산화칼슘

39 과산화수소의 화재예방 방법으로 틀린 것은?

① 암모니아의 접촉은 폭발의 위험이 있으므로 피한다.

② 완전히 밀전·밀봉하여 외부 공기와 차단한다.

③ 불투명 용기를 사용하여 직사광선이 닿지 않게 한다.

④ 분해를 막기 위해 분해방지 안정제를 사용한다.

40 소화기와 주된 소화효과가 옳게 짝지어진 것은?

① 포 소화기 - 제거소화

② 할로젠화합물 소화기 - 냉각소화

③ 탄산가스 소화기 - 억제소화

④ 분말 소화기 - 질식소화

제3과목 위험물의 성질과 취급

41 적린에 대한 설명으로 옳은 것은?

① 발화 방지를 위해 염소산칼륨과 함께 보관한다.
② 물과 격렬하게 반응하여 열을 발생한다.
③ 공기 중에 방치하면 자연발화한다.
④ 산화제와 혼합한 경우 마찰·충격에 의해서 발화한다.

정답 분석 적린(P, 붉은색 인)은 가연성 고체(발화온도 260℃)로 제2류 위험물로 분류되며, 강알칼리와 반응할 경우, 포스 핀(PH₃) 가스를 발생한다. 물에는 잘 녹지 않기 때문에 물속에 보관할 경우, 유독성의 포스핀(PH₃)가스의 발생을 방지할 수 있다. 과염소산칼륨(KClO₄)과 같은 산화제와 혼합하면 마찰·충격에 의해서 발화한다. 백린은 공기 중에서 자연발화하기 쉬운 반면, 적린은 공기 중에서도 안정되어있기 때문에 상온에서는 자연발화하지 않는다.
정답 ④

42 옥내탱크저장소에서 탱크상호간에는 얼마 이상의 간격을 두어야 하는가? (단, 탱크의 점검 및 보수에 지장이 없는 경우는 제외한다.)

① 0.5m   ② 0.7m
③ 1.0m   ④ 1.2m

정답 분석 옥내탱크저장소에서 탱크와 탱크전용실의 벽과의 사이 및 옥내저장탱크의 상호간에는 0.5m 이상의 간격을 유지하여야 한다.
정답 ①

43 주유취급소에서 고정주유설비는 도로경계선과 몇 m 이상 거리를 유지하여야 하는가? (단, 고정 주유설비의 중심선을 기점으로 한다.)

① 2   ② 4
③ 6   ④ 8

정답 분석 고정주유설비의 중심선을 기점으로 하여 도로경계선까지 4m 이상, 부지경계선·담 및 건축물의 벽까지 2m(개구부가 없는 벽까지는 1m) 이상의 거리를 유지하고, 고정 급유설비의 중심선을 기점으로 하여 도로경계선까지 4m 이상, 부지경계선 및 담까지 1m 이상, 건축물의 벽까지 2m(개구부가 없는 벽까지는 1m) 이상의 거리를 유지하여야 한다.
정답 ②

44 인화칼슘의 성질에 대한 설명 중 틀린 것은?

① 적갈색의 괴상고체이다.
② 물과 격렬하게 반응한다.
③ 연소하여 불연성의 포스핀가스를 발생한다.
④ 상온의 건조한 공기중에서는 비교적 안정하다.

정답 분석 인화칼슘(Ca_3P_2)은 적갈색의 괴상고체로 제3류 위험물로 분류된다. 상온의 건조한 공기 중에서는 비교적 안정된 물질이며, 알코올, 에테르에는 녹지 않는다. 하지만 물, 묽은 염산(鹽酸), 습한 공기 등과 반응하여 유독성의 포스 핀(PH₃)을 생성한다. 특히 물과 격렬하게 반응, 자연적으로 발화하는 기체상의 인화수소(포스핀, PH₃)를 만들어 내는 특성을 이용하여 해상 신호용으로 사용되기도 한다.

• $Ca_3P_2 + 6H_2O \rightarrow 3Ca(OH)_2 + 2PH_3$
• $Ca_3P_2 + 6HCl \rightarrow 2PH_3 + 3CaCl_2$
정답 ③

45 칼륨과 나트륨의 공통 성질이 아닌 것은?

① 물보다 비중 값이 작다.

② 수분과 반응하여 수소를 발생한다.

③ 광택이 있는 무른 금속이다.

④ 지정수량이 50kg이다.

 금속칼륨의 지정수량은 10kg, 금속나트륨의 지정수량도 10kg이다. 또한 두 금속 모두 물보다 비중 값이 작고, 광택이 있는 무른 금속이다. 칼륨과 나트륨은 제3류 위험물 중 대표적인 금수성 물질로 물과 접촉할 경우 발열반응을 하면서 수산화물과 수소가스를 발생시킨다.

- $2K + 2H_2O \rightarrow 2KOH + H_2$
- $2Na + 2H_2O \rightarrow 2NaOH + H_2$

정답 ④

46 다음 중 제1류 위험물에 해당하는 것은?

① 염소산칼륨   ② 수산화칼륨

③ 수소화칼륨   ④ 아이오딘화칼륨

 염소산칼륨($KClO_3$)은 제1류 위험물(산화성 고체) 중 염소산염류에 속한다.

정답 ①

47 제1류 위험물로서 조해성이 있으며 흑색화약의 원료로 사용하는 것은?

① 염소산칼륨

② 과염소산나트륨

③ 과망가니즈산암모늄

④ 질산칼륨

 조해성이 있는 것은 질산염류, 염소산염류, 과염소산염류, 아염소산염류, 황화인, 칼륨, 수산화나트륨, 하이드록실아민 등이다. 이 중에서 제1류 위험물로 분류되고 있는 질산나트륨($NaNO_3$), 질산칼륨(KNO_3), 질산암모늄(NH_4NO_3) 등의 질산염류는 폭약 및 화약의 원료로 사용된다.

정답 ④

48 짚, 헝겊 등을 다음의 물질과 적셔서 대량으로 쌓아 두었을 경우 자연발화의 위험성이 가장 높은 것은?

① 동유   ② 야자유

③ 올리브유   ④ 피마자유

 아이오딘값(요오드가)이 클수록 자연발화하기 쉽다. 동유(오동기름)는 건성유로 아이오딘가가 130 이상이며, 야자유·올리브·피마자유는 반건성유로 아이오딘가가 100 ~ 130이다.

정답 ①

49 4몰의 나이트로글리세린(니트로글리세린)이 고온에서 열분해·폭발하여 이산화탄소, 수증기, 질소, 산소의 4가지 가스를 생성할 때 발생되는 가스의 총 몰수는?

① 28   ② 29

③ 30   ④ 31

 나이트로글리세린(니트로글리세린, Nitroglycerin)은 삼질산글리세롤이라고도 하는데 분자식은 $C_3H_5(NO_3)_3$이고, 제5류 위험물로 분류된다. 문제에서 나이트로글리세린(니트로글리세린) 4몰이 열분해·폭발하였을 때 생성되는 가스는 4가지(이산화탄소, 수증기, 질소, 산소)라고 제시하였으므로 이 조건을 토대로 다음과 같이 계산한다.

[계산] 나이트로글리세린의 분자식은 $C_3H_5(NO_3)_3$이므로 열분해에 의해 생성되는 가스는 이산화탄소, 수증기, 질소, 산소이다. 총 생성되는 가스는 $12 + 10 + 6 + 1 = 29mol$이 된다.

$$\square\ 4[C_3H_5(NO_3)_3] \begin{cases} 12C \\ 20H \\ 12N \\ 36O \end{cases}$$

$$\xrightarrow{\text{열분해}} 12CO_2 + 10H_2O + 6N_2 + O_2$$

정답 ②

50

물과 반응하였을 때 발생하는 가연성 가스의 종류가 나머지 셋과 다른 하나는?

① 탄화리튬 　　　② 탄화마그네슘

③ 탄화칼슘 　　　④ 탄화알루미늄

 탄화알루미늄은 물, 습기와 반응하여 메테인(메탄, CH_4)을 발생하지만 탄화칼슘, 탄화마그네슘, 탄화리튬은 아세틸렌(에틴, C_2H_2)을 발생시킨다.

- $Al_4C_3 + 12H_2O \rightarrow 3CH_4 + 4Al(OH)_3$
- $CaC_2 + 2H_2O \rightarrow C_2H_2 + Ca(OH)_2$
- $MgC_2 + 2H_2O \rightarrow C_2H_2 + Mg(OH)_2$
- $LiC_2 + 2H_2O \rightarrow C_2H_2 + Li(OH)_2$

정답 ④

51

트라이니트로페놀의 성질에 대한 설명 중 틀린 것은?

① 폭발에 대비하여 철, 구리로 만든 용기에 저장한다.

② 휘황색을 띤 침상결정이다.

③ 비중이 약 1.8로 물보다 무겁다.

④ 단독으로는 테트릴보다 충격, 마찰에 둔감한 편이다.

 트라이니트로페놀[$C_6H_2(NO_2)_3OH$, 피크린산]은 휘황색을 띤 침상결정으로 비중이 약 1.8로 물보다 무겁다. 단독으로는 충격, 마찰에 둔감하고 안정한 편이지만 저장할 때 철, 납, 구리, 아연으로 된 용기를 사용할 경우 충격, 마찰에 의해 피크린산염을 생성하여 폭발할 위험이 있다.

<그림> TNP 　　　<그림> TNT

정답 ①

52

제4류 위험물 중 제1석유류를 저장, 취급하는 장소에서 정전기를 방지하기 위한 방법으로 볼 수 없는 것은?

① 가급적 습도를 낮춘다.

② 주위 공기를 이온화시킨다.

③ 위험물 저장, 취급설비를 접지시킨다.

④ 사용기구 등은 도전성 재료를 사용한다.

 정전기를 방지하기 위해서는 ②, ③, ④ 이외에 가급적 습도를 높게(70%) 유지하여야 한다.

정답 ①

53

위험물안전관리법령상 위험물을 취급 중 소비에 관한 기준에 해당하지 않는 것은?

① 분사도장작업은 방화상 유효한 격벽 등으로 구획된 안전한 장소에서 실시할 것

② 버너를 사용하는 경우에는 버너의 역화를 방지할 것

③ 반드시 규격용기를 사용할 것

④ 열처리작업을 위험물이 위험한 온도에 이르지 아니하도록 하여 실시할 것

 위험물안전관리법령상 소비에 관한 기준에는 규격용기에 대하여 별도로 규정하고 있지 않다. 위험물의 취급 중 소비에 관한 기준(중요기준)은 다음 3가지이다.

- 분사도장작업은 방화상 유효한 격벽 등으로 구획된 안전한 장소에서 실시할 것
- 담금질 또는 열처리작업은 위험물이 위험한 온도에 이르지 아니하도록 하여 실시할 것
- 버너를 사용하는 경우에는 버너의 역화를 방지하고 위험물이 넘치지 아니하도록 할 것

정답 ③

54 제4류 위험물 중 제1석유류란 1기압에서 인화점이 몇 ℃인 것을 말하는가?

① 21℃ 미만   ② 21℃ 이상
③ 70℃ 미만   ④ 70℃ 이상

정답분석 제1석유류란 1기압에서 인화점이 21℃ 미만인 것을 말한다.

‖ 제4류 위험물의 인화점에 따른 분류 ‖

특수인화물	제1석유류	제2석유류
-20℃ 미만	21℃ 미만	21~70℃

제3석유류	제4석유류	동식물유류
70~200℃	200~250℃	250℃ 미만

정답 ①

56 주유취급소의 표지 및 게시판의 기준에서 "위험물 주유취급소" 표지와 "주유중엔진정지" 게시판의 바탕색을 차례대로 옳게 나타낸 것은?

① 백색, 백색   ② 백색, 황색
③ 황색, 백색   ④ 황색, 황색

정답분석 "위험물 주유취급소"라는 표시의 바탕은 백색, "주유중엔진정지" 게시판의 바탕은 황색으로 하여야 하고 문자는 흑색으로 하여여 한다.

정답 ②

55 위험물을 저장 또는 취급하는 탱크의 용량산정 방법에 관한 설명으로 옳은 것은?

① 탱크의 내용적에서 공간용적을 뺀 용적으로 한다.
② 탱크의 공간용적에서 내용적을 뺀 용적으로 한다.
③ 탱크의 공간용적에 내용적을 더한 용적으로 한다.
④ 탱크의 볼록하거나 오목한 부분을 뺀 용적으로 한다.

정답분석 위험물의 저장탱크 용량은 탱크의 내용적에서 공간용적을 뺀 용적으로 한다.

정답 ①

57 제6류 위험물인 과산화수소의 농도에 따른 물리적 성질에 대한 설명으로 옳은 것은?

① 농도와 무관하게 밀도, 끓는점, 녹는점이 일정하다.
② 농도와 무관하게 밀도는 일정하나, 끓는점과 녹는점이 농도에 따라 달라진다.
③ 농도와 무관하게 끓는점, 녹는점은 일정하나, 밀도는 농도에 따라 달라진다.
④ 농도에 따라 밀도, 끓는점, 녹는점이 달라진다.

정답분석 위험물안전관리법령에서 과산화수소(H_2O_2)의 농도는 36%(wt) 이상의 것만 위험물로 취급된다. 과산화수소는 농도에 따라 밀도, 끓는점, 녹는점이 달라진다. 과산화수소는 약산(弱酸)의 양쪽성 물질로 열역학적으로 불안정하여 물과 산소로 분해된다. 알칼리성이 되면 격렬하게 분해되어 산소를 발생시키는데, 이때 분해 속도는 온도, 농도 및 pH가 상승함에 따라 증가하므로 온도가 낮고, 희석된 산성용액에서 가장 안정하다. 강한 산화성이 있기 때문에 주로 섬유나 펄프 등의 표백, 로켓연료(85% 이상의 순도), 의약품 등에 이용된다.

정답 ④

58

 삼황화인과 오황화인의 공통 연소생성물을 모두 나타낸 것은?

① H_2S, SO_2 ② P_2O_5, H_2S

③ SO_2, P_2O_5 ④ H_2S, SO_2, P_2O_5

정답분석 삼황화인(린), 오황화인(린), 칠황화인(린)은 동소체 관계로 연소할 때 공통적으로 유독성의 기체인 아황산가스(SO_2)와 오산화인(P_2O_5)을 발생한다.

- 삼황화인 연소 : $P_4S_3 + 8O_2 \rightarrow 2P_2O_5 + 3SO_2$
- 오황화인 연소 : $P_2S_5 + 7.5O_2 \rightarrow P_2O_5 + 5SO_2$

<그림> 삼황화인(P_4O_5)   <그림> 오황화인(P_2O_5)

정답 ③

59

 다이에틸에테르 중의 과산화물을 검출할 때 그 검출시약과 정색반응의 색이 옳게 짝지어진 것은?

① 아이오딘화칼륨용액 - 적색

② 아이오딘화칼륨용액 - 황색

③ 브로민화칼륨용액 - 무색

④ 브로민화칼륨용액 - 청색

정답분석 다이에틸에터[디에틸에테르, $(C_2H_5)_2O$]는 제4류 위험물의 인화성 액체 중 특수인화물에 해당한다. 다이에틸에터(디에틸에테르) 중의 과산화물을 검출할 때는 10% 아이오딘화칼륨(KI)을 반응시켜 황색이 나타나는 것으로 과산화물의 존재여부를 파악할 수 있다. 다이에틸에테르는 공기 중에서 산화알데하이드 및 과산화물을 생성하여 폭발할 수 있다.

$\Box$ $C_2H_5OC_2H_5 + 3.5O_2$ (공기산화) $\rightarrow$
C_2H_5COOH(유독 · 가연성) $+ 2CO_2 + 2H_2O$

정답 ②

60

 다음 중 3개의 이성질체가 존재하는 물질은?

① 아세톤   ② 톨루엔

③ 벤젠   ④ 자일렌(크실렌)

정답분석 자일렌(크실렌, Xylene)$[C_6H_4(CH_3)_2]$은 이성질체 분리에 의해 o-자일렌, m-자일렌, p-자일렌 3개의 이성질체가 존재한다.

<그림> o-자일렌   <그림> m-자일렌   <그림> p-자일렌

정답 ④

제1과목 일반화학

01 액체 0.2g을 기화시켰더니 그 증기의 부피가 97℃, 740mmHg에서 80mL였다. 이 액체의 분자량에 가장 가까운 값은?

① 40
② 46
③ 78
④ 121

[정답분석] 온도와 압력이 제시될 때에는 보일–샤를의 법칙(기체부피는 절대온도에 비례하고, 압력에 반비례함)을 적용하여 부피 단위에만 집중하여 보정한다. 97℃, 740mmHg에서의 부피 80mL(=0.8L)를 → 0℃, 1기압(760mmHg)의 표준상태의 부피로 환산한다고 생각하고 문제를 푼다.

[계산] 분자량은 다음과 같은 방법으로 산정한다.

□ 기체부피 = 질량 × $\dfrac{22.4}{분자량}$ × $\dfrac{273+t}{273}$ × $\dfrac{760}{P}$

$$\bullet \begin{cases} 부피 = 80\,\text{mL} = 0.0.08\,\text{L} \\ 질량 = 0.2\text{g} \\ t\,(온도) = 97℃ \\ P(압력) = 740\,\text{mmHg} \\ 760 = 표준상태\ 압력(\text{mmHg}) \end{cases}$$

$$\Rightarrow\ 0.08\,\text{L} = 0.2\text{g} \times \dfrac{22.4}{분자량} \times \dfrac{273+97}{273} \times \dfrac{760}{740}$$

$$\therefore 분자량 = \dfrac{0.2 \times 22.4 \times (273+97) \times 760}{0.08 \times 273 \times 740}$$
$$= 77.95$$

정답 ③

02 원자량이 56인 금속 M 1.12g을 산화시켜 실험식이 M_xO_y인 산화물 1.60g을 얻었다. x, y는 각각 얼마인가?

① x=1, y=2
② x=2, y=3
③ x=3, y=2
④ x=2, y=1

[정답분석] 금속(M)의 산소(O)에 의한 산화반응을 이용하여 계산한다.

[계산] 금속의 산화반응에서 금속과 반응하는 산소의 mol을 산정한 후 최소정수비를 취하여 x 및 y 값을 구한다.

□ $x\text{M} + y\text{O} \rightarrow \text{M}_x\text{O}_y$

$$\begin{cases} \bullet\ \text{M} \rightarrow 1.12\text{g} \times \dfrac{1\text{mol}}{56\text{g}} = 0.02\,\text{mol}\,(\text{M}) \\ \qquad (※\ 56 = \text{M의 원자량}) \\ \bullet\ \text{O} \rightarrow (1.6-1.12)\text{g} \times \dfrac{1\text{mol}}{16\text{g}} = 0.03\,\text{mol}\,(\text{O}) \\ \qquad (※\ 16 = 산소의\ 원자량) \end{cases}$$

이것을 최소 정수비로 나누면;

$$\Rightarrow \begin{cases} \bullet\ \text{M} = \dfrac{0.02}{0.02} = 1 \rightarrow 2배수 \rightarrow 2 \times 1 = 2 \\ \bullet\ \text{O} = \dfrac{0.03}{0.02} = 1.5 \rightarrow 2배수 \rightarrow 2 \times 1.5 = 3 \end{cases}$$

x 및 y 값 $\begin{cases} x = 2 \\ y = 3 \end{cases}$

$$\therefore \text{M}_x\text{O}_y = \text{M}_2\text{O}_3$$

정답 ②

03

백금 전극을 사용하여 물을 전기분해할 때 (+)극에서 5.6L의 기체가 발생하는 동안 (−)극에서 발생하는 기체의 부피는?

① 2.8L
② 5.6L
③ 11.2L
④ 22.4L

정답분석 화학전지는 산화전극이 음(−)극이 되지만 전기분해를 할 때는 산화전극이 양(+)극이 되고, 환원전극이 음(−)극이 된다는 것을 유의해야 한다. 물을 전기분해하면 산화전극(+)에서는 산소(O_2)가 발생되고, 환원전극(−)에서는 수소(H_2)가 발생된다.

계산 음극에서 발생하는 기체량은 다음과 같이 계산한다.
- 음극 기체량(L) = 양극 기체량(L)×반응비

$$2H_2O \xrightarrow{\text{전기분해}} \underset{2\,mol}{2H_2}(+극) + \underset{1\,mol}{O_2}(-극)$$

∴ 음극의 기체량 = 5.6L×2 = 11.2L

정답 ③

04

방사성 원소인 U(우라늄)이 다음과 같이 변화되었을 때의 붕괴 유형은?

$$^{23S}_{92}U \rightarrow\, ^{234}_{90}Th + ^{4}_{2}He$$

① α 붕괴
② β 붕괴
③ γ 붕괴
④ R 붕괴

정답분석 비활성 원소 헬륨-4가 생성되는 붕괴는 α붕괴이다. 따라서 질량수가 4 감소하고, 원자번호는 2 감소한다.

정답 ①

05

다음 중 방향족 탄화수소가 아닌 것은?

① 에틸렌
② 톨루엔
③ 아닐린
④ 안트라센

정답분석 방향족 화합물(芳香族化合物)은 분자 내에 벤젠고리를 함유하는 유기화합물을 말한다. 모체가 되는 화합물은 벤젠이며, 방향족 화합물은 벤젠의 유도체이다.

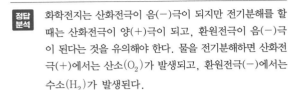

<그림> 톨루엔 　　　　　<그림> 아닐린

<그림> 안트라센

정답 ①

06

전자배치가 $1s^2 2s^2 2p^6 3s^2 3p^5$인 원자의 M껍질에는 몇 개의 전자가 들어 있는가?

① 2
② 4
③ 7
④ 17

정답분석 전자껍질에는 각 껍질 하나당 최대 $2n^2$개의 전자가 들어갈 수 있고, 전자껍질의 주양자수는 K = 1, L = 2, M = 3이다.

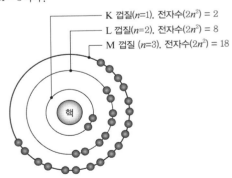

- K 껍질($n=1$), 전자수($2n^2$) = 2
- L 껍질($n=2$), 전자수($2n^2$) = 8
- M 껍질($n=3$), 전자수($2n^2$) = 18

▌M 껍질▐

$3s$	$3p$	$3d$
최대 2개	최대 6개	최대 10개

따라서 $1s^2 2s^2 2p^6 3s^2 3p^5$인 원자에서 M껍질에 들어갈 수 있는 전자수는 $3s$ 2개, $3p$ 5개이므로 총 전자수는 7개이다.

정답 ③

07 황산 수용액 400mL 속에 순수 황산이 98g 녹아 있다면 이 용액의 농도는 몇 N인가?

① 3   ② 4
③ 5   ④ 6

 규정농도(N)는 용액 1L에 용해되어 있는 용질의 당량(eq) 수로 정의된다. 황산(H_2SO_4)는 2가의 산(酸)이므로 1mol 질량(분자량)=1당량($1eq$)=98/2=49g임을 주지하도록!!!

계산 황산의 규정농도(N)는 다음과 같이 산정된다.

$$\square\ N\,(eq/L) = \frac{용질(eq)}{용액(L)}$$

$$\therefore\ N = \frac{98g}{400mL} \times \frac{eq}{49g} \times \frac{10^3mL}{L} = 5\ eq/L$$

정답 ③

08 다음 보기의 벤젠 유도체 가운데 벤젠의 치환반응으로부터 직접 유도할 수 없는 것은?

ⓐ $-Cl$ ⓑ $-OH$ ⓒ $-SO_3H$

① ⓐ   ② ⓑ
③ ⓒ   ④ ⓐ, ⓑ, ⓒ

정답분석 벤젠(C_6H_6)은 첨가반응을 하지 않고, 수소원자가 다른 원자로 치환되는 치환반응을 하는데, 치환반응의 작용기로는 $-Cl$, $-Br$, $-NO_2$, $-CH_3$, $-SO_3H$ 등이 있다. $-OH$는 알코올의 작용기이다. 페놀은 벤젠고리에 히드록시기($-OH$)가 치환된 방향족 탄소화합물이지만 벤젠의 치환반응으로부터 직접 유도할 수 없으며, 특수한 반응 조건을 필요로 한다.

정답 ②

09 다음 각 화합물 1mol이 완전연소할 때 3mol의 산소를 필요로 하는 것은?

① CH_3-CH_3 ② $CH_2=CH_2$
③ C_6H_6 ④ $CH \equiv CH$

정답분석 탄소와 수소로 구성된 화합물의 완전 연소반응(화학양론적 산화반응)에서 이론적으로 요하는 산소량은 탄소수+(수소수/4)의 산소 mol수이다. 따라서 1mol이 완전연소할 때 3mol의 산소를 필요로 하는 것은 ②이다.
$-$은 탄소간에 1중(단일)결합, $=$은 탄소간에 2중결합, $\equiv$은 탄소간에 3중결합을 의미하는 것으로 분자의 구조와 화학적 성질에는 영향을 미치지만 분자량이나 조성에는 영향을 미치지 않는다.

$$\square\ C_mH_n + \left(m+\frac{n}{4}\right)O_2 \rightarrow mCO_2 + \frac{n}{2}H_2O$$

$$\therefore\ CH_2 = CH_2 + \left(2+\frac{4}{4}\right)O_2 \rightarrow 2CO_2 + 2H_2O$$

정답 ②

10 원자번호가 7인 질소와 같은 족에 해당되는 원소의 원자번호는?

① 15   ② 16
③ 17   ④ 18

 질소(N)는 15족에 해당하는 원소이다. 주기율표의 15족에는 N(원자번호 7), P(원자번호 15), As(원자번호 33) 등이 있다. 15, 16, 17족 원소는 꼭 암기해 두도록!!

정답 ①

11

1패러데이(Faraday)의 전기량으로 물을 전기분해 하였을 때 생성되는 기체 중 산소 기체는 0℃, 1기압에서 몇 L 인가?

① 5.6 　　② 11.2
③ 22.4 　　④ 44.8

 패러데이의 법칙(Faraday's law)을 적용한다. 일정한 전하량에 대해 생성·소모되는 물질의 양은 당량에 비례한다.

[계산] 생성되는 산소량은 다음과 같이 계산한다.

$$\Box\ m_V(L) = \frac{\text{가해진 전기량(F)}}{\text{기준 전기량(1F)}} \times \frac{M}{\text{전자가}} \times \frac{22.4}{M_w}$$

$$\begin{cases} m_V : \text{산소 생성(석출)량(L)} \\ \text{가해진 전기량} = 1F \\ \text{산소 원자량(M)} = 16 \\ \text{산소 전자가} = 2 \\ \text{산소 분자량}(M_w) = 32 \end{cases}$$

$$\therefore\ m_V(L) = \frac{1F}{1F} \times \frac{16}{2} \times \frac{22.4L}{32g} = 5.6L$$

정답 ①

12

다음 화합물 중에서 가장 작은 결합각을 가지는 것은?

① BF$_3$ 　　② NH$_3$
③ H$_2$ 　　④ BeCl$_2$

[정답분석] 제시된 화합물 중에서 가장 작은 결합각을 가지는 것은 NH$_3$이다. 암모니아는 고립전자쌍 1개를 가지므로 109° 미만의 결합각을 유지한다. 참고로 수소분자와 같이 2원자가 결합한 경우는 직선 막대형의 구조를 가진다.

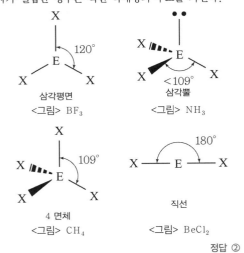

정답 ②

13

지방이 글리세린과 지방산으로 되는 것과 관련이 깊은 반응은?

① 에스터화 　　② 가수분해
③ 산화 　　④ 아미노화

 가수분해(加水分解, Hydrolysis)란 거대한 유기분자가 물 분자에 의해 분해되는 것을 말한다. 지방(脂肪)은 통상 1분자의 글리세롤에 3분자의 지방산(脂肪酸)이 에스터 결합을 통해 연결된 글리세라이드의 부류이므로, 가수분해 될 경우 글리세린(글리세롤, CH$_2$OH − CHOH − CH$_2$OH)과 지방산(R$_3$COOH)으로 분해된다.

한편, 지방이 글리세린과 알칼리(지방산의 니트륨 염)로 되는 가수분해를 비누화라 한다. 지방에 NaOH가 작용하여 글리세린과 지방산의 나트륨 염으로 분해되는 것을 비누화라 한다.

정답 ②

14

[OH]=1×10⁻⁵mol/L 인 용액의 pH와 액성으로 옳은 것은?

① pH=5, 산성 　　② pH=5, 알칼리성
③ pH=9, 산성 　　④ pH=9, 알칼리성

 [OH$^-$]이온의 몰농도를 이용하여 pH를 계산할 때는 14−pOH 값으로 계산하도록 하고, 계산결과 산출된 pH 값이 7.0이면 중성, 7.0 미만이면 산성, 7.0을 초과하면 알칼리성으로 판단하면 된다.

[계산] pH 계산식을 이용한다.

$$\Box\ pH = 14 - pOH = 14 - \log\left(\frac{1}{[OH^-]}\right)$$

$$\therefore\ pH = 14 - \log\left(\frac{1}{1 \times 10^{-5}}\right) = 9$$

pH > 7이므로 알칼리성

정답 ④

15 다음에서 설명하는 법칙은 무엇인가?

일정한 온도에서 비휘발성이며, 비전해질인 용질이 녹은 묽은 용액의 증기 압력 내림은 일정량의 용매에 녹아있는 용질의 몰 수에 비례한다.

① 헨리의 법칙
② 라울의 법칙
③ 아보가드로의 법칙
④ 보일 - 샤를의 법칙

일정한 온도에서 비휘발성이며, 비전해질인 용질이 녹은 묽은 용액의 "증기압력 내림은 일정량의 용매에 녹아 있는 용질의 몰(mol) 수에 비례한다."라는 것은 라울의 법칙(Raoult's Law)에 따름을 의미하고 있다.

정답 ②

16 질량수 52인 크로뮴의 중성자수와 전자수는 각각 몇 개인가? (단, 크로뮴의 원자번호는 24이다.)

① 중성자수 24, 전자수 24
② 중성자수 24, 전자수 52
③ 중성자수 28, 전자수 24
④ 중성자수 52, 전자수 24

원소의 질량수는 양성자 수와 중성자 수를 합산한 것이므로 52 = 24 + 중성자 수이다. 크로뮴의 중성자 수는 28, 전자수는 원자번호와 같다. 그러므로 크로뮴(Cr)의 원자번호 24가 전자수가 된다.

질량수 = 양성자 수 + 중성자

$$^{52}_{24}Cr$$ — 원소 기호

원자 번호 = 양성자 수 = 원자의 전자 수

정답 ③

17 다음 중 물이 산으로 작용하는 반응은?

① $NH_4^+ + H_2O \rightarrow NH_3 + H_3O^+$
② $HCOOH + H_2O \rightarrow HCOO^- + H_3O^+$
③ $CH_3COO^- + H_2O \rightarrow CH_3COOH + OH^-$
④ $HCl + H_2O \rightarrow H_3O^+ + Cl^-$

수용액에서 수소이온(H^+)을 내어 놓는 화학종이 산(酸)이다. 짝염기인 초산이온(CH_3COO^-)이 물로부터 수소이온(H^+)을 제공받아 초산(CH_3COOH)으로 되었기 때문에 ③의 물이 H^+을 내어 놓는 산(酸, acid)으로 작용한 것이다.

정답 ③

18 일정한 온도하에서 물질 A와 B가 반응을 할 때 A의 농도만 2배로 하면 반응속도가 2배가 되고 B의 농도만 2배로 하면 반응속도가 4배로 된다. 이 경우 반응속도식은? (단, 반응속도 상수는 k 이다.)

① $v = k[A][B]^2$ ② $v = k[A]^2[B]$
③ $v = k[A][B]^{0.5}$ ④ $v = k[A][B]$

반응속도는 반응물의 농도와 반응차수에 관계되므로 다음과 같이 관계식을 만들 수 있다.

□ 반응속도비 $(R) = \dfrac{v_2}{v_1} = \left(\dfrac{농도_2}{농도_1}\right)^m$

계산식에서 지수 m이 반응차수이므로 각 농도에 대하여 다음과 같이 반응차수를 구하여 반응속도식을 완성한다.

□ $2 = \dfrac{v_2}{v_1} = \dfrac{[2A_1]^x}{[A_1]^x} = (2)^m, \qquad m = 1$

□ $4 = \dfrac{v_2}{v_1} = \dfrac{[2B_1]^x}{[B_1]^x} = (2)^m, \qquad m = 2$

여기서, 반응차수는 A물질에 대하여 1차, B물질에 대하여 2차임을 알 수 있다.

$\therefore v = k[A]^1[B]^2$

정답 ①

19 다음 물질 1g 당 1kg의 물에 녹였을 때 빙점강하가 가장 큰 것은? (단, 빙점강하 상수값(어는점 내림상수)은 동일하다고 가정한다.)

① CH_3OH
② C_2H_5OH
③ $C_3H_5(OH)_3$
④ $C_6H_{12}O_6$

 정답분석 빙점강하 상수(어는점 내림상수)가 동일한 조건에서의 빙점 강하 온도는 몰랄 농도(mol/kg)에 비례하기 때문에 분자량이 가장 작은 CH_3OH의 빙점 강하가 가장 크다.

□ $\Delta T_f = \Delta T_{f(용매)} - \Delta T_{f(용액)} = K_f \times m$

여기서, $\begin{cases} \Delta T_f : 빙점 강하(℃) \\ K_f : 내림상수(℃/몰랄 농도) \\ m : 몰랄 농도(용질 mol/용매 kg) \end{cases}$

정답 ①

20 다음 밑줄 친 원소 중 산화수가 +5 인 것은?

① $Na_2\underline{Cr}_2O_7$
② $K_2\underline{S}O_4$
③ $K\underline{N}O_3$
④ $\underline{Cr}O_3$

정답분석 분자상태에 있는 물질의 총 산화수는 0이므로 다음과 같은 방식으로 산화수를 판단한다.

□ $Na_2\underline{Cr}_2O_7 \rightarrow 0 = (1\times2)+(x\times2)+(-2\times7)$
□ $K_2\underline{S}O_4 \rightarrow 0 = (1\times2)+(x)+(-2\times4)$
□ $K\underline{N}O_3 \rightarrow 0 = (1)+(x)+(-2\times3)$
□ $\underline{Cr}O_3 \rightarrow 0 = (x)+(-2\times3)$

정답 ③

제2과목 화재예방과 소화방법

21 위험물안전관리법령상 이동탱크저장소에 의한 위험물의 운송 시 위험물운송자가 위험물안전카드를 휴대하지 않아도 되는 물질은?

① 휘발유
② 과산화수소
③ 경유
④ 벤조일퍼옥사이드

정답분석 위험물(제4류 위험물에 있어서는 특수인화물 및 제1석유류에 한함)을 운송하게 하는 자는 위험물안전카드를 위험물운송자로 하여금 휴대하게 하여야 한다. 경유는 제4류 위험물 중 제2석유류에 속하므로 이에 해당하지 않는다.

정답 ③

22 분말소화약제인 탄산수소나트륨 10kg이 1기압, 270℃에서 방사되었을 때 발생하는 이산화탄소의 양은 약 몇 m³인가?

① 2.65
② 3.65
③ 18.22
④ 36.44

정답분석 제1종 분말 소화약제의 주성분은 탄산수소나트륨($NaHCO_3$)이며, 저온(270℃)에서 탄산수소나트륨이 1차 열분해 반응으로 생성되는 탄산가스는 2 : 1 mol 비율이다. 탄산수소나트륨($NaHCO_3$)의 분자량은 84, 탄산가스(CO_2)의 분자량은 44이다. 이때, 온도 및 압력이 제시되면 보일-샤를 법칙을 적용한 보정을 한다.

[계산] 탄산가스의 양은 다음과 같이 산출된다.

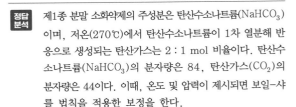

□ $CO_2(m^3) = NaHCO_3(kg) \times 반응비\left(\dfrac{CO_2\,(m^3)}{NaHCO_3\,(kg)}\right)$

· $NaHCO_3$의 양(kg) = 10kg
· 반응 : $2NaHCO_3 \rightarrow CO_2 + Na_2CO_3 + H_2O$
  $2\times84\,kg$: $22.4\,m^3$

∴ CO_2의 양(m^3) = $10\,kg \times \dfrac{22.4\,Sm^3}{2\times84\,kg} \times \dfrac{273+270}{273}$
  $= 2.65\,am^3$

정답 ①

23 주된 연소형태가 분해연소인 것은?

① 금속분　　② 유황
③ 목재　　　④ 피크르산

 연소의 형태는 가연성 물질의 상태에 따라 기체연료의 연소, 액체연료의 연소, 고체연료의 연소로 분류한다. 제시된 문제의 보기는 고체연료에 해당하는데, 고체연료의 연소는 표면연소, 분해연소, 증발연소, 자기연소로 구분할 수 있다.

□ **표면연소** : 휘발분이 거의 함유되지 않은 숯이나 코크스, 목탄, 금속가루 등이 연소될 때 가연성 가스를 발생하지 않고 표면의 탄소로부터 직접 연소되는 형태
□ **분해연소** : 열분해 온도가 증발온도보다 낮은 목재나 연탄, 종이, 석탄, 중유 등이 가열에 의해 휘발분이 생성되고 이것이 연소되는 형태
□ **증발연소** : 유황, 나프탈렌, 장뇌 등과 같은 승화성 물질이나 촛불(파라핀), 제4류 위험물(인화성 액체) 등이 가열에 의해 열분해를 일으키지 않고 증발하여 그 증기가 연소되거나 먼저 융해된 액체가 기화하여 증기가 된 후 연소되는 형태
□ **자기연소** : 피크르산, 질산에스터류, 셀룰로이드류, 나이트로 화합물, 하이드라진 유도체류 등과 같은 제5류 위험물은 자체 내에 산소를 포함하고 있어 공기 중의 산소 없이 연소할 수 있는 형태

정답 ③

24 포 소화약제의 종류에 해당되지 않는 것은?

① 단백포소화약제
② 합성계면활성제포소화약제
③ 수성막 포소화약제
④ 액표면포소화약제

 단순히 포(foam) 소화약제라고 할 경우는 기계포 소화약제를 말하는 것이며, 기계포 소화약제는 크게 단백계와 계면활성제계로 나누어지며, 단백계에는 단백포, 불화단백포가 있고 계면활성제계에는 합성계면활성제포, 수성막포, 내알코올형포 소화약제가 있다.

정답 ④

25 전역방출방식의 할로젠화물소화설비 중 하론 1301을 방사하는 분사헤드의 방사압력은 얼마 이상이어야 하는가?

① 0.1 MPa　　② 0.2 MPa
③ 0.5 MPa　　④ 0.9 MPa

 분사헤드의 방사압력은 할론 2402를 방사하는 것은 0.1MPa 이상, 할론 1211을 방사하는 것은 0.2MPa 이상, 할론 1301을 방사하는 것은 0.9MPa 이상으로 한다.

정답 ④

26 드라이아이스 1kg 이 완전히 기화하면 약 몇 몰의 이산화탄소가 되겠는가?

① 22.7　　② 51.3
③ 230.1　　④ 515.0

 드라이아이스(dry ice)는 이산화탄소(CO_2)를 압축·냉각하여 만든 흰색의 고체이므로 1mol의 질량(분자량)은 44g이고, 기화할 경우 체적은 22.4L이다.

[계산] 탄산가스의 양은 다음과 같이 산출된다.

$$□ \; CO_2(mol) = CO_2(g) \times \frac{mol}{44g}$$

$$∴ \; CO_2(mol) = 1\,kg \times \frac{1,000g}{kg} \times \frac{mol}{44g} = 22.7\,mol$$

정답 ①

27 위험물안전관리법령상 전역방출방식 또는 국소방출방식의 분말소화설비의 기준에서 가압식의 분말소화설비에는 얼마 이하의 압력으로 조정할 수 있는 압력조정기를 설치하여야 하는가?

① 2.0 MPa　　② 2.5 MPa
③ 3.0 MPa　　④ 5 MPa

 가압식의 분말소화설비에는 2.5MPa 이하의 압력으로 조정할 수 있는 압력조정기를 설치하여야 한다.

정답 ②

28 다음 위험물의 저장창고에서 화재가 발생하였을 때 주수에 의한 냉각소화가 적절치 않은 위험물은?

① NaClO₃ ② Na₂O₂
③ NaNO₃ ④ NaBrO₃

 Na₂O₂(과산화나트륨)은 제1류 위험물로서 금수성이며, 물과 접촉하면 산소를 발생시킨다.

- $Na_2O_2 + H_2O \rightarrow 2NaOH + \frac{1}{2}O_2$

정답 ②

29 이산화탄소가 불연성인 이유를 옳게 설명한 것은?

① 산소와의 반응이 느리기 때문이다.
② 산소와 반응하지 않기 때문이다.
③ 착화되어도 곧 불이 꺼지기 때문이다.
④ 산화반응이 일어나도 열 발생이 없기 때문이다.

 이산화탄소(CO_2)는 산화반응이 완결된 완전산화상태의 물질이므로 불연성이며, 더 이상 산소와 반응하지 않기 때문에 연소성을 갖지 않는 불연성 물질이다.

정답 ②

30 특수인화물이 소화설비 기준 적용상 1 소요단위가 되기 위한 용량은?

① 50L ② 100L
③ 250L ④ 500L

 특수인화물의 지정수량은 50L이고, 위험물은 지정수량의 10배를 1소요단위로 하기 때문에 다음과 같이 산정된다.

[계산] 1소요단위 = 지정수량 × 10 = 50L × 10 = 500L

정답 ④

31 이산화탄소 소화기의 장·단점에 대한 설명으로 틀린 것은?

① 밀폐된 공간에서 사용 시 질식으로 인명피해가 발생할 수 있다.
② 전도성이어서 전류가 통하는 장소에서의 사용은 위험하다.
③ 자체의 압력으로 방출할 수가 있다.
④ 소화 후 소화약제에 의한 오손이 없다.

 이산화탄소 소화기는 비전도성이어서 C급 화재(전기화재)에 효과가 있다.

정답 ②

32 질산의 위험성에 대한 설명으로 옳은 것은?

① 화재에 대한 직·간접적인 위험성은 없으나 인체에 묻으면 화상을 입는다.
② 공기 중에서 스스로 자연발화 하므로 공기에 노출되지 않도록 한다.
③ 인화점 이상에서 가연성 증기를 발생하여 점화원이 있으면 폭발한다.
④ 유기물질과 혼합하면 발화의 위험성이 있다.

 질산은 무색의 액체로, 부식성과 발연성이 있는 대표적인 강산이며 범용적인 기초화학제품으로 자동차, 철강, 반도체 등에 많이 사용되고 있다. 질산(HNO_3)은 자극적인 냄새가 나는 무색 또는 황색의 액체로 환원성 물질이나 유기화합물과 접촉 시 폭발과 화재의 위험이 있다.
이온화경향이 작은 금속(Cu, Hg, Ag 등)과 반응하여 질산의 농도가 묽고 진함에 따라 NO_2, NO와 함께 그 금속의 질산염을 생성한다. 황산이나 염산과 달리 질산은 빛과 반응해서 광분해를 하는 성질이 있어 갈색 병에 넣어서 보관해야 한다. 그리고 다른 산(황산, 염산)은 금속을 넣었을 때 순수하게 수소만 발생시키지만 질산은 특이하게 질소 산화물을 발생시킨다.

정답 ④

33 분말소화기에 사용되는 소화약제의 주성분이 아닌 것은?

① $NH_4H_2PO_4$ ② Na_2SO_4

③ $NaHCO_3$ ④ $KHCO_3$

 Na_2SO_4 (황산나트륨)은 분말 소화약제에 속하지 않는다.
① $NH_4H_2PO_4$ (인산이수소암모늄)의 소화약제는 제3종 분말 소화약제이다.
③ $NaHCO_3$ (탄산수소나트륨)의 소화약제는 제1종 분말 소화약제이다.
④ $KHCO_3$ (탄산수소칼륨)의 소화약제는 제2종 분말 소화약제이다.

정답 ②

34 마그네슘 분말이 이산화탄소 소화약제와 반응하여 생성될 수 있는 유독기체의 분자량은?

① 26   ② 28

③ 32   ④ 44

 마그네슘 분말이 이산화탄소 소화약제와 반응하여 생성될 수 있는 유독기체는 일산화탄소(CO)이다.
□ $Mg + CO_2 \rightarrow CO + MgO$

정답 ②

35 위험물안전관리법령상 알칼리금속과산화물의 화재에 적응성이 없는 소화설비는?

① 건조사
② 물통
③ 탄산수소염류 분말소화설비
④ 팽창질석

 제1류 위험물 중 알칼리금속 과산화물은 분말(인산염류 제외), 건조사, 팽창질석 등이 적응성이 있다. 물을 사용하는 물통이나 소화전은 전기설비, 제4류 위험물, 알칼리금속 과산화물, 철분·금속분·마그네슘, 금수성 물질에 비적응이다.

정답 ②

36 위험물제조소의 환기설비 설치 기준으로 옳지 않은 것은?

① 환기구는 지붕위 또는 지상 2m 이상의 높이에 설치할 것
② 급기구는 바닥면적 150m² 마다 1개 이상으로 할 것
③ 환기는 자연배기방식으로 할 것
④ 급기구는 높은 곳에 설치하고 인화방지망을 설치할 것

 급기구는 낮은 곳에 설치하고 가는 눈의 구리망 등으로 인화방지망을 설치하여야 한다.

정답 ④

37 위험물 제조소등에 설치하는 옥외소화전설비에 있어서 옥외소화전함은 옥외소화전으로부터 보행거리 몇 m 이하의 장소에 설치하는가?

① 2   ② 3

③ 5   ④ 10

방수용 기구를 격납하는 함(옥외소화전함)은 불연재료로 제작하고 옥외소화전으로부터 보행거리 5m 이하의 장소로서 화재발생 시 쉽게 접근가능하고 화재 등의 피해를 받을 우려가 적은 장소에 설치하여야 한다.

정답 ③

38 화재 종류가 옳게 연결된 것은?

① A급화재 - 유류화재
② B급화재 - 섬유화재
③ C급화재 - 전기화재
④ D급화재 - 플라스틱화재

 ③만 올바르다. C급 화재(전기화재)는 물분무 소화설비, 불활성 가스 소화설비, 할로젠화합물소화기, 인산염류·탄산수소염류 등 분말소화기, 이산화탄소 소화기, 무상수소화기, 무상강화액 소화기 등에 적응성이 있다.

• A급 화재 - 섬유, 종이, 목재 등 - 소화기 : 백색
• B급 화재 - 유류, 제4류 위험물 등 - 소화기 : 황색
• C급 화재 - 전기 - 소화기 : 청색
• D급 화재 - 금속 - 소화기 : 무색

정답 ③

39 수성막 포소화약제에 대한 설명으로 옳은 것은?

① 물보다 비중이 작은 유류의 화재에는 사용할 수 없다.
② 계면활성제를 사용하지 않고 수성의 막을 이용한다.
③ 내열성이 뛰어나고 고온의 화재일수록 효과적이다.
④ 일반적으로 불소계 계면활성제를 사용한다.

 ①만 올바르다.

 ② 수성막 포소화약제는 계면활성제를 사용하며, 불소계 계면활성제가 주 원료로 사용되고 있다.
③ 수성막 포소화약제는 내열성이 약해 고온의 화재 시 윤화(Ring fire)현상이 일어나며, 이를 보완하기 위해 내열성이 강한 불화단백포 소화약제를 사용한다.
④ 수성막 포소화약제는 물보다 가벼운 유류의 화재에 적응성이 있으며, 수용성 알코올의 화재에 적응성이 없다.

정답 ④

40 다음 중 발화점에 대한 설명으로 가장 옳은 것은?

① 외부에서 점화했을 때 발화하는 최저온도
② 외부에서 점화했을 때 발화하는 최고온도
③ 외부에서 점화하지 않더라도 발화하는 최저온도
④ 외부에서 점화하지 않더라도 발화하는 최고온도

 ③이 올바르다. 발화점(착화점)은 외부의 직접적인 점화원이 없이 가열된 열의 축적에 의하여 발화가 되고, 연소가 지속되는 최저의 온도, 즉 점화원이 없는 상태에서 가연성 물질을 가열함으로써 발화되는 최저온도를 말한다.

정답 ③

제3과목 위험물의 성질과 취급

41 황린이 자연발화하기 쉬운 이유에 대한 설명으로 가장 타당한 것은?

① 끓는점이 낮고 증기압이 높기 때문에
② 인화점이 낮고 조연성 물질이기 때문에
③ 조해성이 강하고 공기 중의 수분에 의해 쉽게 분해되기 때문에
④ 산소와 친화력이 강하고 발화온도가 낮기 때문에

 정답분석 제3류 위험물인 황린(=백린, P_4)은 산소와 친화력이 강하고 발화온도가 34℃로 매우 낮다. 그리고 강알칼리성 용액과 반응할 때 가연성, 유독성의 포스핀(PH_3)(=인화수소) 가스를 발생한다.

정답 ④

42 보기 중 칼륨과 트라이에틸알루미늄의 공통 성질을 모두 나타낸 것은?

ⓐ 고체이다.
ⓑ 물과 반응하여 수소를 발생한다.
ⓒ 위험물안전관리법령상 위험등급이 I이다.

① ⓐ
② ⓑ
③ ⓒ
④ ⓑ, ⓒ

정답분석
- 트라이에틸알루미늄[$(C_2H_5)_3Al$]은 무색·투명한 액체이고, 칼륨은 은백색의 광택이 있는 금속이다.
- 트라이에틸알루미늄(트리에틸알루미늄)은 알코올 및 산과 접촉하면 폭발적으로 반응하여 가연성 가스(에테인, 에탄)를 형성하고 발열·폭발하지만, 칼륨은 흡습성, 조해성이 있고, 물, 알코올, 묽은 산과 반응하여 수소를 발생한다.
- 칼륨과 트라이에틸알루미늄(트리에틸알루미늄)은 모두 제3류 위험물로 분류되며, 위험등급 I등급으로 지정되어 있다.

정답 ③

43 탄화칼슘은 물과 반응하면 어떤 기체가 발생하는가?

① 과산화수소
② 일산화탄소
③ 아세틸렌
④ 에틸렌

 정답분석 탄화칼슘(CaC_2, 카바이드)은 제3류 위험물의 금수성 물질로 물과 접촉하면 아세틸렌(에타인, C_2H_2) 가스를 발생한다.
- $CaC_2 + 2H_2O \rightarrow C_2H_2 + Ca(OH)_2$

정답 ③

44 다음 중 물이 접촉되었을 때 위험성(반응성)이 가장 작은 것은?

① Na_2O_2
② Na
③ MgO_2
④ S

정답분석 황(S)은 가연성의 고체로 제2류 위험물로 분류되며, 비수용성(물에 녹지 않는) 물질이다. 다만, 이황화탄소에는 녹는다.
과산화나트륨(Na_2O_2)과 과산화마그네슘은 모두 금수성 물질로서 물과 반응하여 조연성분인 산소를 발생하고, 나트륨은 물과 접촉하여 가연성인 수소가스를 방출한다.

정답 ④

45 위험물안전관리법령상 제6류 위험물에 해당하는 물질로서 햇빛에 의해 갈색의 연기를 내며 분해할 위험이 있으므로 갈색병에 보관해야 하는 것은?

① 질산
② 황산
③ 염산
④ 과산화수소

 정답분석 질산(NHO_3)은 제6류 위험물에 해당하는 물질로서 햇빛에 의해 갈색의 연기를 내며 분해할 위험이 있으므로 갈색병에 보관해야 한다.
참고 과산화수소와 암모니아가 접촉하면 폭발의 위험이 있고, 과산화수소가 분해하여 산소가스를 발생하므로 인산, 요산 등을 가하여 직사광선이 닿지 않도록 갈색 병에 넣어 냉암소에 보관하여야 한다.

정답 ①

46 다이에틸에터(디에틸에테르)를 저장, 취급할 때의 주의사항에 대한 설명으로 틀린 것은?

① 장시간 공기와 접촉하고 있으면 과산화물이 생성되어 폭발의 위험이 생긴다.
② 연소범위는 가솔린보다 좁지만 인화점과 착화온도가 낮으므로 주의하여야 한다.
③ 정전기 발생에 주의하여 취급해야 한다.
④ 화재 시 CO_2 소화설비가 적응성이 있다.

 정답 분석 제4류 위험물 중 특수인화물인 다이에틸에터(디에틸에테르)의 발화점은 약 $160℃$, 가솔린의 발화점은 약 $300℃$ 보다 낮다. 장시간 공기와 접촉하고 있으면 과산화물이 생성되어 폭발의 위험이 생긴다.
다이에틸에터($C_2H_5OC_2H_5$)의 인화점은 $-40℃$로 아주 낮고, 폭발범위가 $1.9~48vol%$이다. 가솔린(휘발유)의 폭발범위($1.2 ~ 7.6vol%$) 보다 다이에틸에터의 폭발범위가 넓으므로 정전기 발생에 특히 주의하여 취급해야 한다. 다이에틸에터는 CO_2 소화설비, 불활성가스 소화설비에 의한 소화적응성이 있다.

정답 ②

47 다음 위험물 중 인화점이 약 $-37℃$ 인 물질로서 구리, 은, 마그네슘 등과 금속과 접촉하면 폭발성 물질인 아세틸라이드를 생성하는 것은?

① CH_3CHOCH_2
② $C_2H_5OC_2H_5$
③ CS_2
④ C_6H_6

 정답 분석 산화프로필렌(CH_3CHOCH_2, 프로필렌옥사이드)은 제4류 위험물 중 특수인화물에 해당하며, 인화점이 약 $-37℃$로 낮고, 구리, 은, 마그네슘 등의 금속(M)과 접촉하면 폭발성 물질인 아세틸라이드[Acetylide, 아세틸렌(에타인)결합의 탄소원자(C)에 알칼리금속 또는 중금속(M)을 결합한 형태, 예를 들면 M_2C_2형태 등]를 생성한다.

정답 ①

48 그림과 같은 위험물 탱크에 대한 내용적 계산방법으로 옳은 것은?

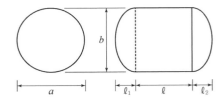

① $\dfrac{\pi ab}{3}(l+\dfrac{l_1+l_2}{3})$

② $\dfrac{\pi ab}{4}(l+\dfrac{l_1+l_2}{3})$

③ $\dfrac{\pi ab}{4}(l+\dfrac{l_1+l_2}{4})$

④ $\dfrac{\pi ab}{3}(l+\dfrac{l_1+l_2}{4})$

 정답 분석 양쪽이 볼록한 타원형 탱크의 내용적 계산식은 ②가 올바르다.

정답 ②

49 온도 및 습도가 높은 장소에서 취급할 때, 자연발화의 위험이 가장 큰 물질은?

① 아닐린
② 황화인
③ 질산나트륨
④ 셀룰로이드

 정답 분석 셀룰로이드(Celluloid)는 질산에스터류로서 제5류 위험물이며, 가소제로 장뇌를 함유하는 나이트로셀룰로오스(니트로셀룰로오스)로 이루어진 일종의 플라스틱(플라스틱의 원조, 영화필름 등에 사용)이다. 나이트로글리세린(니트로글리세린), TNT 등과 함께 자기반응성이 강하다. 그러므로 습도와 온도가 모두 낮은 냉암소 등에 저장하여야 한다.
한편, 제3류 위험물 중 금속(칼륨, 나트륨, 알킬알루미늄, 알킬리튬)과 황린도 자연발화성 물질이고, 고무분말, 플라스틱 등도 자연발화 가능성이 높은 물질이다.

정답 ④

50 위험물안전관리법령상 위험물의 취급기준 중 소비에 관한 기준으로 틀린 것은?

① 열처리 작업은 위험물이 위험한 온도에 이르지 아니하도록 하여 실시하여야 한다.

② 담금질 작업은 위험물이 위험한 온도에 이르지 아니하도록 하여 실시하여야 한다.

③ 분사도장 작업은 방화상 유효한 격벽 등으로 구획한 안전한 장소에서 하여야 한다.

④ 버너를 사용하는 경우에는 버너의 역화를 유지하고 위험물이 넘치지 아니하도록 하여야 한다.

 위험물의 취급기준 중 소비에 관한 기준에 정하는 바에 따라 버너를 사용하는 경우에는, 버너의 역화를 방지하고 위험물이 넘치지 않도록 하여야 한다.

정답 ④

51 저장·수송할 때, 타격 및 마찰에 의한 폭발을 막기 위해 물이나 알코올로 습면시켜 취급하는 위험물은?

① 나이트로셀룰로오스

② 과산화벤조일

③ 글리세린

④ 에틸렌글리콜

 나이트로셀룰로오스(니트로셀룰로오스)는 습도가 낮은 건조한 상태일 때 폭발위험이 있으므로 저장·수송할 때에는 타격 및 마찰에 의한 폭발을 막기 위해 알코올 수용액 또는 물로 습면(濕綿)하고 안정제를 가하여야 한다.

정답 ①

52 제4류 위험물을 저장하는 이동탱크저장소의 탱크 용량이 19,000L 일 때 탱크의 칸막이는 최소 몇 개를 설치해야 하는가?

① 2   ② 3

③ 4   ④ 5

 이동저장탱크는 그 내부에 4,000L 이하마다 3.2mm 이상의 강철판 또는 이와 동등 이상의 강도·내열성 및 내식성이 있는 금속성의 것으로 칸막이를 설치하여야 한다.

[계산] 설치하여야 할 칸막이 수는 다음과 같다.

□ 칸막이 수 $= \dfrac{19000L}{4000} = 4.75 = 5$개

정답 ③

53 위험물안전관리법령상 제4류 위험물 옥외저장 탱크의 대기밸브 부착 통기관은 몇 kPa 이하의 압력차이로 작동할 수 있어야 하는가?

① 2   ② 3

③ 4   ④ 5

 대기밸브 부착 통기관은 5kPa 이하의 압력차이로 작동할 수 있어야 한다.

정답 ④

54 위험물안전관리법령상 위험물제조소의 위험물을 취급하는 건축물의 구성부분 중 반드시 내화구조로 하여야 하는 것은?

① 연소의 우려가 있는 기둥

② 바닥

③ 연소의 우려가 있는 외벽

④ 계단

 벽·기둥·바닥·보·서까래 및 계단을 불연재료로 하고, 연소의 우려가 있는 외벽은 출입구 외의 개구부가 없는 내화구조의 벽으로 하여야 한다.

정답 ③

55 물보다 무겁고, 물에 녹지 않아 저장 시 가연성 증기발생을 억제하기 위해 수조 속의 위험물탱크에 저장하는 물질은?

① 다이에틸에테르　② 에탄올
③ 이황화탄소　④ 아세트알데하이드

 제4류 위험물 중 특수인화물인 이황화탄소(CS_2)는 비중이 1.26으로 독성이 있으며, 물보다 무겁다. 물에 녹지 않아 가연성 증기발생을 억제하기 위해 물속에 저장한다. 물에 안전하고, 불용성이며, 물속에 저장하는 위험물은 이황화탄소(CS_2), 황린(=백린, P_4)이다.

정답 ③

56 금속나트륨의 일반적인 성질로 옳지 않은 것은?

① 은백색의 연한 금속이다.
② 알코올 속에 저장한다.
③ 물과 반응하여 수소가스를 발생한다.
④ 물보다 비중이 작다.

 알코올에 저장하는 위험물은 나이트로셀룰로오스(니트로셀룰로오스)이다. 금속나트륨, 금속칼륨의 보호액은 등유, 경유, 석유 등이며, 주로 등유(Oil) 속에 저장한다. 금속나트륨은 은백색의 연한 금속(경도가 낮은 금속)으로 물보다 비중이 작으며, 녹는점이 100℃ 보다 낮고, 황색 불꽃을 내며 연소한다.
• 물과 접촉할 경우 : $Na + 2H_2O \rightarrow 2NaOH + H_2$

정답 ②

57 다음 위험물 중에서 인화점이 가장 낮은 것은?

① $C_6H_5CH_3$　② $C_6H_5CHCH_2$
③ CH_3OH　④ CH_3CHO

 CH_3CHO(아세트알데하이드)는 특수인화물로 분류되며, 인화점은 −20℃ 이하(−40℃)이다.
① $C_6H_5CH_3$ (톨루엔) → 제1석유류(4℃)
② $C_6H_5CHCH_2$ (스틸렌) → 제2석유류(32℃)
③ CH_3OH (메틸알코올) → 알코올류(11℃)

정답 ④

58 과염소산칼륨과 적린을 혼합하는 것이 위험한 이유로 가장 타당한 것은?

① 마찰열이 발생하여 과염소산칼륨이 자연발화할 수 있기 때문에
② 과염소산칼륨이 연소하면서 생성된 연소열이 적린을 연소시킬 수 있기 때문에
③ 산화제인 과염소산칼륨과 가연물인 적린이 혼합하면 가열, 충격 등에 의해 연소·폭발할 수 있기 때문에
④ 혼합하면 용해되어 액상 위험물이 되기 때문에

 과염소산칼륨($KClO_4$)은 제1류 위험물로 분류되는 강력한 산화제이다. 이러한 산화제가 가연물인 적린이 혼합하면 가열, 충격 등에 의해 연소·폭발할 수 있기 때문에 혼합해서는 안 된다. 과염소산칼륨은 물과 알코올 등에 녹기 어렵기 때문에 물과 반응하여도 유독성의 가스를 발생하지 않지만 제2류 위험물인 가연성 고체(적린, 황화인, 유황, 철분, 금속분, 마그네슘 등)의 인화성 고체와 접촉·마찰할 경우, 가열, 충격 등에 의해 착화, 연소·폭발할 수 있다. 따라서 위험물 운송시 제1류 위험물은 제6류 위험물 이외의 물질과 혼재해서는 안 된다.

정답 ③

59 1기압 27℃에서 아세톤 58g을 완전히 기화시키면 부피는 약 몇 L가 되는가?

① 22.4　　② 24.6

③ 27.4　　④ 58.0

 아세톤의 화학식은 C_3H_6O이고, 분자량은 58이며, 기화될 때 1mol의 표준상태 부피는 22.4L이다.

[계산] 아세톤의 기화 부피는 다음과 같이 계산한다.

□ $V = m \times \dfrac{22.4}{M} \times \dfrac{273+t}{273} \times \dfrac{760}{P}$

• $\begin{cases} m\,(질량) = 58g \\ M\,(분자량) = 58 \\ t\,(온도) = 27℃ \\ P = 760 \end{cases}$

∴ $V = 58g \times \dfrac{mol}{58g} \times \dfrac{22.4L}{mol} \times \dfrac{273+27}{273} \times \dfrac{760}{760}$

　　　$= 24.6L$

정답 ②

---

60 염소산칼륨에 대한 설명 중 틀린 것은?

① 촉매 없이 가열하면 약 400℃에서 분해한다.

② 열분해하여 산소를 방출한다.

③ 불연성물질이다.

④ 물, 알코올, 에테르에 잘 녹는다.

[정답분석] 염소산칼륨($KClO_3$)은 산화성의 고체로 불연성이며 제1류 위험물로 분류된다. 물에는 잘 녹으나 에테르, 알코올에는 잘 녹지 않는 특성을 가지고 있다.

정답 ④

제1과목 일반화학

01 다음 중 카르보닐기를 가지는 화합물은?

① $C_6H_5CH_3$

② $C_6H_5NH_2$

③ CH_3OCH_3

④ CH_3COOCH_3

정답분석 카보닐기(Carbonyl Group, $>C=O$) 화합물은 분자 내에 산소원자(O)와 이중결합으로 결합된 탄소원자(C)가 있는 작용기(作用基)를 가진 화합물로서 케톤류, 알데하이드류, 카복시산의 유도체인 에스터(ester), 아미드와 유기산류 등이 이에 속한다. 제시된 항목 중 카르보닐기를 갖는 것은 카르복실레이트 에스터인 프로피온산(메틸 아세테이트, CH_3COOCH_3)이다.

참고

구조	화합물
R^1—C(=O)—R^2	Ketone
R—C(=O)—H	Aldehyde
R—C(=O)—NH_2	Amide
R^1—C(=O)—O—R^2	Ester

정답 ④

02 $CH_4(g)+2O_2(g) \rightarrow CO_2(g)+2H_2O(g)$의 반응에서 메탄의 농도를 일정하게 하고 산소의 농도를 2배로 하면 동일한 온도에서 반응속도는 몇 배로 되는가?

① 2배

② 4배

③ 6배

④ 8배

정답분석 반응속도는 반응물의 농도와 반응차수에 관계되므로 다음과 같이 관계식을 만들 수 있다.

□ 반응속도$(v) = k[A]^x[B]^y = k[CH_4]^1[O_2]^2$

계산 반응속도$(v) = k[A]^x[B]^y = k[CH_4]^1[O_2]^2$

$$\begin{cases} k : 반응속도상수 \\ x, y : 반응차수(※ 반응계수가 아님) \end{cases}$$

□ $v_1 = k[CH_4]^1[O_2]^2$

□ $v_2 = k[CH_4]^1[2O_2]^2$

$$\therefore \frac{v_2}{v_1} = \frac{k[CH_4]^1[2O_2]^2}{k[CH_4]^1[O_2]^2} = (2)^2 = 4배$$

정답 ②

03 Be의 원자핵에 α 입자를 충격하였더니 중성자 n이 방출되었다. 다음 반응식을 완성하기 위하여 (   ) 안에 알맞은 것은?

$$Be + {}_2^4He \rightarrow (\quad) + {}_0^1n$$

① Be

② B

③ C

④ N

정답분석 베릴륨(Be)은 2족, 2주기 원자번호 4번이다. 반응계에서 비활성 원소 헬륨의 충격으로 α붕괴가 일어날 경우 질량수는 4 감소하고, 원자번호는 2 감소하여 생성계에서는 중성자 n이 방출되면서 질량변화 1(위 첨자), 원자번호의 변화는 0(아래 첨자)이므로 다음과 같이 원자번호 보전 법칙을 적용하여 해당 원소를 추정할 수 있다.

□ $4 + = x + 0$, $x = 6$

$\therefore$ 원자번호 $6 = C$

$$※ \frac{9}{4}Be + \frac{4}{2}He \rightarrow \frac{12}{6}C + \frac{1}{0}n$$

정답 ③

4 CuCl₂ 용액에 5A 전류를 1시간 동안 흐르게 하면 몇 g의 구리가 석출되는가? (단, Cu의 원자량은 63.54이며 전자 1개의 전하량은 1.602×10^{-19}이다)

① 3.17   ② 4.83

③ 5.93   ④ 6.35

정답분석 패러데이의 법칙(Faraday's law)을 적용한다.

$$m_c(g) = \frac{\text{가해진 전기량}(F)}{1F(\text{기준 전기량})} \times \frac{\text{원자량}(M)}{\text{전자가}(e^-)}$$
$$= \frac{\text{가해진 전하량}(C)}{\text{기준 전하량}(96,500\,C)} \times \frac{M}{\text{전자가}}$$

계산 $m_c(g) = \dfrac{\text{가해진 전하량}(C)}{\text{기준 전하량}(96,500\,C)} \times \dfrac{M}{\text{전자가}}$

$\begin{cases} m_c : \text{석출 금속량}(g) \\ \text{가해진 전하량} = \text{전류} \times \text{시간(초)} = 5A \times 3{,}600\text{초} \\ \text{원자량} : 63.54 \\ \text{전자가} : 2 \end{cases}$

$$\therefore\ m_c(g) = \frac{5 \times 3{,}600\,C}{96{,}500\,C} \times \frac{63.54}{2} = 5.93\,g$$

정답 ③

 5 KMnO₄에서 Mn의 산화수는 얼마인가?

① +3   ② +5

③ +7   ④ +9

정답분석 $KMnO_4 \rightarrow 0 = (1) + (x) + (-2 \times 4)$, $x = 7$

정답 ③

 6 H₂S + I₂ → 2HI + S에서 I₂의 역할은?

① 산화제이다.

② 환원제이다.

③ 산화제이면서 환원제이다.

④ 촉매역할을 한다.

정답분석 I_2는 H_2S로부터 발생기 수소를 받아 HI로 전환하였으므로 산화제로 작용하였고, H_2S는 발생기 수소를 내어놓고, HI 및 S로 전환되었으므로 환원제로 작용하였다. 굳이 특정 원소를 대상으로 산화수를 직접 계산하지 않아도 그 원리만 알면 이러한 유형의 문제를 쉽게 풀어낼 수 있다.

정답 ①

7 이온화에너지에 대한 설명으로 옳은 것은?

① 바닥상태에 있는 원자로부터 전자를 제거하는데 필요한 에너지이다.

② 들뜬상태에서 전자를 하나 받아들일 때 흡수하는 에너지이다.

③ 일반적으로 주기율표에서 왼쪽으로 갈수록 증가한다.

④ 일반적으로 같은 족에서 아래로 갈수록 증가한다.

정답분석 이온화에너지는 바닥상태의 기체상태 원자에서 1개의 전자를 제거하기가 얼마나 어려운가를 나타내는 척도이다. 이온화에너지는 주기율표에서 왼쪽으로 갈수록 감소하고, 같은 족에서는 아래로 갈수록 감소한다.

정답 ①

 8 원자에서 복사되는 빛은 선 스펙트럼을 만드는데 이것으로부터 알 수 있는 사실은?

① 빛에 의한 광전자의 방출

② 빛이 파동의 성질을 가지고 있다는 사실

③ 전자껍질의 에너지의 불연속성

④ 원자핵 내부의 구조

정답분석 전자가 갖는 에너지 준위 사이의 에너지 차이에 따라 특정 에너지만 방출하기 때문에 전자껍질에 따른 에너지의 불연속성을 알 수 있다.

정답 ③

어떤 용기에 산소 16g과 수소 2g을 넣었을 때
산소와 수소의 압력의 비는?

① 1 : 2　　　　② 1 : 1

③ 2 : 1　　　　④ 4 : 1

정답분석 특정 기체의 부분압력은 전체압력에서 체적비를 곱하여
산출한다.

□ $P_{i(분압)} = P_{(전압)} \times X_{i(체적비)}$

산소 체적 $= 16g \times (22.4L/32g) = 11.2L$
수소 체적 $= 2g \times (22.4L/2g) = 22.4L$
전체압력 = 1기압(가정)

계산 산소와 수소의 압력의 비는 다음과 같이 계산된다.

□ 산소 분압 $= 1기압 \times \dfrac{11.2}{22.4 + 11.2} = 0.333$ 기압

□ 수소 분압 $= 1기압 \times \dfrac{22.4}{22.4 + 11.2} = 0.666$ 기압

∴ $P_{O_2} : P_{H_2} = 0.333 : 0.666 = 1 : 2$

정답 ①

10 커플링(Coupling) 반응 시 생성되는 작용기는?

① $-NH_2$　　　　② $-CH_3$

③ $-COOH$　　　　④ $-N=N-$

정답분석 커플링(Coupling) 반응은 방향족 디아조늄화합물이 방
향족 화합물의 활성이 있는 수소와 치환되어 새로운 공유
결합을 이루는 아조화합물을 만드는 반응이다. 디아조늄
화합물로는 보통 방향족 일차아민의 디아조늄이 사용되고
반응을 받는 커플링 성분으로서는 방향족 아민·페놀류·
방향족 에테르 등이 알려져 있다. 이 반응은 아조염료합성
의 중요한 반응단계이며, p-다이메틸아미노벤젠·오렌
지 I · 오렌지 Ⅳ 등의 많은 염료색소가 합성된다.

정답 ④

11 NH_4Cl에서 배위결합을 하고 있는 부분을 옳게
설명한 것은?

① NH_3의 N-H 결합

② NH_3와 H^+와의 결합

③ $NH4+$와 Cl^-와의 결합

④ $H+$와 Cl^-와의 결합

정답분석 배위결합(Covalent Bond)이란 비공유 전자쌍을 지니고
있는 분자나 이온이 결합에 필요한 전자쌍을 제공하는 결합
을 말한다. N과 H는 공유결합, NH_3와 H^+의 결합은 배위
결합이다. 배위결합물에는 NH_4^+, H_3O^+, BF_3NH_3,
SO_4^{2-}, PO_4^{3-} 등이 있다.

정답 ②

12 어떤 용액의 pH가 4일 때, 이 용액을 1,000배
희석시킨 용액의 pH를 옳게 나타낸 것은?

① pH=3

② pH=4

③ pH=5

④ 6 < pH < 7

정답분석 pH 계산식을 이용한다.

□ $pH = \log \dfrac{1}{[H^+]}$

계산 □ 희석 전 : pH 4.0 → $[H^+] = 10^{-4}$ mol/L

□ 1,000배 희석 → $[H^+] = \dfrac{10^{-4}}{1,000} = 1 \times 10^{-7}$ mol/L

∴ $pH = \log \dfrac{1}{[1 \times 10^{-7}]} = 7$

정답 ④

13 p 오비탈에 대한 설명 중 옳은 것은?

① 원자핵에서 가장 가까운 오비탈이다.
② s 오비탈보다는 약간 높은 모든 에너지 준위에서 발견된다.
③ X, Y 2방향을 축으로 한 원형 오비탈이다.
④ 오비탈의 수는 3개, 들어갈 수 있는 최대 전자 수는 6개이다.

 p오비탈은 X, Y, Z 3방향을 축으로 하는 아령형의 오비탈이며, 최대로 들어갈 수 있는 전자수는 6개이다. s오비탈은 최대 2개의 전자를 수용하고, p오비탈은 최대 6개, d오비탈은 최대 10개, f오비탈은 최대 14개의 전자를 수용할 수 있다. 반드시 암기해 두어야 한다.

정답 ④

14 다음 반응식에서 브뢴스테드의 산·염기 개념으로 볼 때 산에 해당하는 것은?

$$H_2O + NH_3 \rightleftarrows OH^- + NH_4^+$$

① NH_3와 NH_4^+
② NH_3와 OH^-
③ H_2O와 OH^-
④ H_2O와 NH_4^+

 브뢴스테드 로우리는 양성자의 제공하는 것을 산(酸), 양성자를 받아들이는 것을 염기라고 하였다. 물(H_2O)의 독특한 성질 중의 하나는 산과 염기로 작용할 수 있는 양쪽성을 갖는다는 것인데, HCl이나 CH_3COOH와 같은 산과 반응할 때는 염기로, NH_3와 같은 염기와 반응할 때는 산으로 작용한다. 물(H_2O)은 산과 염기 양쪽으로 작용하는 양쪽성 물질이지만 히드로늄이온(H_3O^+)은 강산으로 작용하며, 암모니아(NH_3)는 약한 염기이지만 암모늄이온(NH_4^+)은 약산이고, 초산(HCOOH)은 약산이지만 초산이온($HCOO^-$)은 약염기로 작용한다는 것을 알아두도록!!

정답 ④

15 탄산음료수의 병마개를 열면 거품이 솟아소르는 이유를 가장 올바르게 설명한 것은?

① 수증기가 생성되기 때문이다.
② 이산화탄소가 분해되기 때문이다.
③ 용기 내부압력이 줄어들어 기체의 용해도가 감소하기 때문이다.
④ 온도가 내려가게 되어 기체가 생성물의 반응이 진행되기 때문이다.

 탄산음료수의 병마개를 열면 거품이 솟아소르는 이유용기 내부압력이 줄어들어 기체의 용해도가 감소하기 때문이다.

정답 ③

16 다음 중 양쪽성 산화물에 해당하는 것은?

① NO_2
② AlO_2O_3
③ MgO
④ Na_2O

 산화물의 중간적인 성질(양쪽성, Amphoteric)은 주기율표의 주기 내에서 중간에 위치한 원소에서 주로 나타난다. NO_2는 산성 산화물, MgO는 염기성 산화물, Na_2O는 산성 산화물이다.

정답 ②

17 A는 B 이온과 반응하나 C 이온과는 반응하지 않고, D는 C 이온과 반응한다고 할 때 A, B, C, D의 환원력 세기를 큰 것부터 차례대로 나타낸 것은? (단 A, B, C, D 모두 금속이다)

① A > B > D > C
② D > C > A > B
③ C > D > B > A
④ B > A > C > D

 반응하는 상대이온보다 환원력이 강한 이온일수록 반응하기 어렵다. A는 B이온과 반응하나 C이온과는 반응하지 않는다는 것은 A이온이 B이온보다는 환원력이 강하고, C보다는 환원력이 약함을 의미한다. 또한 D는 C이온과 반응한다고 하였으므로 C이온의 환원력에 비해 D이온의 환원력이 더 크다는 것을 알 수 있다. 따라서 환원력의 세기는 D > C > A > B의 순서로 된다.

정답 ②

18 다음과 같은 반응에서 평형을 왼쪽으로 이동시킬 수 있는 조건은?

$$A_2(g) + 2B_2(g) \rightleftarrows 2AB_2(g) + 열$$

① 압력감소, 온도감소
② 압력증가, 온도증가
③ 압력감소, 온도증가
④ 압력증가, 온도감소

 제시된 반응은 발열반응이므로 평형을 왼쪽으로(역반응) 이동시키려면 온도를 높이고, 압력을 낮추어야 한다.
정답 ③

19 다음 반응식을 이용하여 구한 $SO_2(g)$의 몰 생성열은?

$$S(s) + 1.5O_2(g)$$
$$\rightarrow SO_3(g) \quad \triangle H^0 = -94.5Kcal$$
$$2SO_2(s) + O_2(g)$$
$$\rightarrow 2SO_3(g) \quad \triangle H^0 = -47Kcal$$

① $-71kcal$
② $-47.5kcal$
③ $71kcal$
④ $47.5kcal$

 $SO_2(g)$의 생성열을 직접 산정하기 어렵기 때문에 헤스의 법칙(Hess' law)을 적용하여 경로를 분석하고, 이를 기초로 열화학식을 더하거나 빼서 목적으로 하는 생성열을 산출한다.

□ 경로(Ⅰ) : $S + 1.5O_2 \rightarrow SO_3$
$$\triangle H_f^o = -94.5 \, kcal$$
□ 경로(Ⅱ) : $S + O_2 \rightarrow SO_2$
$$\triangle H_1^o = (?) \, kcal$$
$$SO_2 + 0.5O_2 \rightarrow SO_3$$
$$\triangle H_2^o = -47/2 = -23.5 \, kcal$$

[계산] 헤스의 법칙(Hess' law)을 적용한다.

□ $\triangle H_f^o = \triangle H_1^o + \triangle H_2^o \begin{cases} \triangle H_f^o = -94.5 \, kcal \\ \triangle H_1^o = (?) \\ \triangle H_2^o = -23.5 \, kcal \end{cases}$

$\therefore \triangle H_1^o = \triangle H_f^o - \triangle H_2^o = (-)94.54 - (-)23.5$
$\qquad = (-)71.04 \, kcal$

정답 ①

20 다음은 열역학 제 몇 법칙에 대한 내용인가?

0K(절대온도)에서 물질의 엔트로피는 0이다.

① 열역학 제0법칙
② 열역학 제1법칙
③ 열역학 제2법칙
④ 열역학 제3법칙

 엔트로피에 대한 법칙은 열역학 제3법칙이다.
□ 제1칙 : 우주의 에너지는 일정하다.
□ 제2법칙 : 자발적인 과정에서 우주의 엔트로피는 항상 증가한다.
□ 제3법칙 : 0K(절대영도)에서 물질의 엔트로피는 0이다.
정답 ④

제2과목 화재예방과 소화방법

21 과산화칼륨에 의한 화재 시 주수소화가 적합하지 않은 이유로 가장 타당한 것은?

① 산소가스가 발생하기 때문에
② 수소가스가 발생하기 때문에
③ 가연물이 발생하기 때문에
④ 금속칼륨이 발생하기 때문에

정답분석 과산화칼륨(K_2O_2)은 제1류 위험물 중 무기과산화물에 속한다. 과산화물의 분자구조는 과산화결합($-O-O-$)을 가지는데 양 끝단에 무기화합물이 결합하여 무기과산화물이 된다.

이 때 산소와 산소 사이에 결합이 매우 약하기 때문에 가열이나 충격 또는 마찰에 의해 분해가 되면 산소가스를 발생하여 위험성이 있다.

무기과산화물은 알칼리금속의 과산화물과 알칼리금속 이외의 과산화물로 분류되는데, 알칼리금속의 과산화물에는 과산화칼륨(K_2O_2), 과산화나트륨(Na_2O_2), 과산화리튬(Li_2O_2) 등이 있다.

과산화칼륨은 알칼리금속의 과산화물로 화재 시 물을 주수하게 되면 산소가스를 발생하기 때문에 건조사, 팽창질석 또는 팽창진주암 등으로 질식소화 하는 것이 적합하다.

참고 과산화칼륨(K_2O_2)은 물과 접촉하거나 가열하면 산소를 발생시킨다.

□ $2K_2O_2 + 4H_2O \rightarrow 4KOH + 2H_2O + O_2 \uparrow$

□ $2K_2O_2 \xrightarrow{\text{가열}} 2K_2O + O_2 \uparrow$

정답 ①

22 고정 지붕구조 위험물 옥외 탱크 저장소의 탱크 안에 설치하는 고정포 방출구가 아닌 것은?

① 특형 방출구
② Ⅰ형 방출구
③ Ⅱ형 방출구
④ 표면하 주입식 방출구

정답분석 "특형 방출구"는 부상지붕구조의 탱크 상부 포 주입법에 이용된다.

참고 고정식 포 소화설비의 포방출구는 Ⅰ형, Ⅱ형, 특형, Ⅲ형, Ⅳ형으로 분류되는데, 이 중에서 특형은 부상지붕구조의 탱크에 적합하다. 부상지붕구조의 탱크(Floating Roof Tank)란 액면 위에 지붕이 떠 있는 상태로 탱크 내 석유류의 양에 의해 부상 또는 하강하는 형태이다. 부상지붕의 부상부상에 높이 0.9m 이상의 금속제의 칸막이(방출된 포의 유출을 막을 수 있고 충분한 배수능력을 갖는 배수구를 설치한 것에 한함)를 탱크 옆판의 내측으로부터 1.2m 이상 이격하여 설치하고 탱크 옆판과 칸막이에 의하여 형성된 환상부분에 포를 주입하는 것이 가능한 구조의 반사판을 갖는 포방출구를 가진다.

정답 ①

23 전기설비에 화재가 발생하였을 경우에 위험물안전관리법령상 적응성을 가지는 소화기는?

① 이산화탄소 소화기
② 포소화기
③ 봉상강화액소화기
④ 마른 모래

정답분석 이산화탄소 소화기는 전기설비, 제2류 위험물 중 인화성 고체, 제4류 위험물의 화재에 적응성을 가진다.

정답 ①

24 가연물의 주된 연소형태에 대한 설명으로 옳지 않은 것은?

① 유황의 연소형태는 증발연소이다.
② 목재의 연소형태는 분해연소이다.
③ 에테르의 연소형태는 표면연소이다.
④ 숯의 연소형태는 표면연소이다.

 에테르의 연소형태는 증발연소이다. 증발연소는 유황, 나프탈렌, 장뇌 등과 같은 승화성 물질이나 촛불(파라핀), 제4류 위험물(석유, 에테르 등 인화성 액체) 등이 가열에 의해 열분해를 일으키지 않고 증발하여 그 증기가 연소되거나 먼저 융해된 액체가 기화하여 증기가 된 후 연소되는 형태이다.

정답 ③

25 제조소 건축물로 외벽이 내화구조인 것의 1소요단위는 연면적이 몇 m²인가?

① 50 　　　　② 100
③ 150 　　　　④ 1,000

 제조소 또는 취급소의 건축물로 외벽이 내화구조인 것은 연면적 100m²를 1소요단위로 한다.

정답 ②

26 위험물제조소등에 설치하는 옥내소화전설비가 설치된 건축물에 옥내소화전이 1층에 5개, 2층에 6개가 설치되어 있다. 이때 수원의 수량은 몇 m³ 이상으로 하여야 하는가?

① 19 　　　　② 29
③ 39 　　　　④ 49

정답 분석 옥내소화전의 수원수량은 소화전이 가장 많이 설치된 층을 기준으로 하며, 옥내소화전의 개수(n)는 최대 5개이다.

계산 수원의 수량은 다음과 같이 산정한다.
　□ 수원의 수량(Q) = 소화전 개수(n) × 7.8
　□ 설치개수가 가장 많은 2층은 6개이지만 소화전 개수는 최대 5개까지 유효 → $n = 5$
　∴ $Q = 5 \times 7.8\text{m}^3 = 39\text{m}^3$

정답 ③

27 Halon 1301에 해당하는 할론의 분자식을 옳게 나타낸 것은?

① CBr_3F 　　　　② CF_3Br
③ CH_3Cl 　　　　④ CCl_3H

정답 분석 Halon 1301의 분자식은 CF_3Br이다. 할론의 명명체계는 다음과 같다.

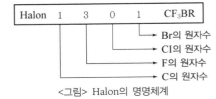

<그림> Halon의 명명체계

정답 ②

28 위험물안전관리법상 가솔린의 화재 시 적응성이 없는 소화기는?

① 봉상강화액소화기

② 무상강화액소화기

③ 이산화탄소소화기

④ 포소화기

정답 ①

29 위험물제조소등에 "화기주의"라고 표시한 게시판을 설치하는 경우 몇 류 위험물의 제조소인가?

① 제1류 위험물

② 제2류 위험물

③ 제4류 위험물

④ 제5류 위험물

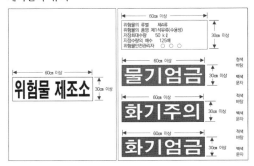

정답 ②

30 다음 각 종별 분말소화약제의 주성분의 연결로 옳은 것은?

① 1종 분말약제 - 탄산수소나트륨

② 2종 분말약제 - 인산암모늄

③ 3종 분말약제 - 탄산수소칼륨

④ 4종 분말약제 - 탄산수소칼륨 + 인산암모늄

정답 ①

31 불활성가스 소화약제 중 IG-100의 성분을 옳게 나타낸 것은?

① 질소 100%

② 질소 50%, 아르곤 50%

③ 질소 52%, 아르곤 40%, 이산화탄소 8%

④ 질소 52%, 이산화탄소 40%, 아르곤 8%

 정답 분석 IG-100은 질소 100%인 불활성가스 소화약제이다.
□ IG-55 : 질소와 아르곤의 용량비가 50 대 50
□ IG-541 : 질소와 아르곤과 이산화탄소의 용량비가 52 대 40 대 8

정리 불활성가스 소화약제의 종류와 조성 비율

종류	조성 비율
IG-01	Ar : 100%
IG-100	N_2 : 100%
IG-541	N_2 : 52%, Ar : 40%, CO_2 : 8%
IG-55	N_2 : 50, Ar : 50%

정답 ①

32 위험물안전관리법령에 따른 불활성 가스 소화설비의 저장용기 설치기준으로 틀린 것은?

① 방호구역 외의 장소에 설치할 것

② 온도가 40℃ 이하이고, 온도변화가 적은 장소에 설치할 것

③ 저장용기에는 안전장치(용기밸브에 설치되어 있는 것은 제외)를 설치할 것

④ 저장용기의 외면에 소화약제의 종류, 양, 제조년도 및 제조자를 표시할 것

정답 분석 저장용기에는 안전장치(용기밸브에 설치되어 있는 것을 포함)를 설치하여야 한다.

참고 저장용기의 설치
□ 방호구역 외의 장소에 설치할 것
□ 온도가 40℃ 이하이고, 온도변화가 적은 장소에 설치할 것
□ 직사일광 및 빗물이 침투할 우려가 적은 장소에 설치할 것
□ 저장용기에는 안전장치(용기밸브에 설치되어 있는 것을 포함)를 설치할 것
□ 저장용기의 외면에 소화약제의 종류와 양, 제조년도 및 제조자를 표시할 것

정답 ③

33 특정옥외탱크저장소라 함은 옥외탱크저장소 중 저장 또는 취급하는 액체 위험물의 최대수량이 얼마 이상인 것인가?

① 30만리터 이상

② 50만리터 이상

③ 100만리터 이상

④ 200만리터 이상

 정답 분석 특정옥외저장탱크 : 옥외탱크저장소 중 그 저장 또는 취급하는 액체위험물의 최대수량이 100만L 이상의 것(특정옥외탱크저장소)의 옥외저장탱크의 기초 및 지반은 당해 기초 및 지반상에 설치하는 특정옥외저장탱크 및 그 부속설비의 자중, 저장하는 위험물의 중량 등의 하중에 의하여 발생하는 응력에 대하여 안전한 것으로 하여야 한다.

정답 ③

34 경보설비는 지정수량의 몇 배 이상 위험물을 저장, 취급하는 제조소등에 설치하는가?

① 2 　　② 4

③ 8 　　④ 10

 정답 분석 경보설비는 지정수량 10배 이상의 제조소등에 설치한다. 경보설비의 종류는 단독경보형 감지기, 비상경보설비(비상벨설비, 자동식 사이렌설비), 시각경보기, 자동화재탐지설비, 비상방송설비, 자동화재속보설비, 통합감시시설, 누전경보기, 가스누설경보기 등이 있다.

참고 피뢰설비 설치기준 : 지정수량 10배 이상

정답 ④

35 인화성 액체의 화재 분류로 옳은 것은?

① A급 화재

② B급 화재

③ C급 화재

④ D급 화재

 정답분석 인화성 액체의 화재는 B급 화재로 분류된다. 유류화재는 연소 후 아무것도 남기지 않는 화재로 휘발유, 경유, 가솔린, LPG 등의 인화성 액체 및 기체 등의 화재를 말하며, 유류표면에 유증기의 증발 방지층을 만들어 산소를 제거하는 질식소화 방법이 가장 효과적이다.

화재는 소화 적응성에 따라 다음과 같이 분류된다.

□ A급 화재(일반화재) – 섬유, 종이, 목재 등

□ B급 화재(유류화재) – 유류, 인화성 액체 및 제4류 위험물 등

□ C급 화재(전기화재)

□ D급 화재(금속화재)

정답 ②

36 위험물안전관리법령상 제2류 위험물 중 철분의 화재에 적응성이 있는 소화설비는?

① 포소화설비

② 물분무소화설비

③ 할로겐화합물 소화설비

④ 탄산수소염류 분말소화설비

 정답분석 제2류 위험물인 철분은 금수성 물질이므로 건조분말(탄산수소염류) 소화설비, 건조사, 팽창질석에 적응성이 있다. 이외에 금속분, 마그네슘, 황화린도 건조사, 건조분말(탄산수소염류 소화설비) 등으로 질식소화하는 것이 바람직하다.

철분, 금속분, 마그네슘의 연소 시 주수하면 급격한 수증기 압력이나 분해에 의해, 발생된 수소에 의한 폭발위험과 연소 중인 금속의 비산(飛散)으로 화재면적을 확대시킬 수 있다.

정답 ④

37 위험물제조소등에 옥내소화전설비의 압력수조를 이용한 가압송수장치로 설치 시 압력수조의 최소압력은 몇 MPa인가? (단, 소방용 호스의 마찰손실수두압은 3.7MPa, 배관의 마찰손실 수두압은 2.1MPa, 낙차의 환산수두압은 1.34MPa 이다)

① 5.04

② 5.8

③ 7.14

④ 7.49

 정답분석 압력수조란 소화용수와 공기를 채우고 일정압력 이상으로 가압하여 그 압력으로 물을 공급하는 수조를 말한다. 압력수조를 이용한 가압송수장치는 다음 식에 의하여 구한 수치 이상으로 한다.

□ 압력 (P) (MPa) $= p_1 + p_2 + p_3 + 0.35$MPa

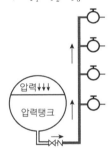

계산 가압송수장치의 압력수조 최소압력은 다음과 같이 계산한다.

$\begin{cases} p_1 : \text{소방용 호스의 마찰손실 수두압} = 3.7\text{MPa} \\ p_2 : \text{배관의 마찰손실 수두압} = 2.1\text{MPa} \\ p_3 : \text{낙차의 환산수두압} = 1.34\text{MPa} \end{cases}$

$\therefore P = 3.7 + 2.1 + 1.34 + 0.35 = 7.49\text{MPa}$

정답 ④

38 위험물안전관리법령상 전역방출방식 또는 국소방출방식의 분말소화설비의 기준에서 가압식의 분말소화설비에는 얼마 이하의 압력으로 조정할 수 있는 압력조정기를 설치하여야 하는가?

① 1.5MPa　　② 2.0MPa

③ 2.5MPa　　④ 4.0MPa

 정답 분석 가압식의 분말소화설비에는 2.5MPa 이하의 압력으로 조정할 수 있는 압력조정기를 설치하여야 한다.

계산 분말 소화설비의 가압용·축압용 가스(규정 비교)
▫ **가압용 가스**
 • 질소가스 사용 : 소화약제 1kg당 온도 35℃에서 0MPa의 상태로 환산한 체적 40L 이상일 것
 • 이산화탄소 사용 : 소화약제 1kg당 20g에 배관의 청소에 필요한 양을 더한 양 이상일 것
  ※ 가압식의 분말소화설비에는 2.5MPa 이하의 압력으로 조정할 수 있는 압력조정기를 설치할 것
▫ **축압용 가스**
 • 질소가스 사용 : 소화약제 1kg당 온도 35℃에서 0MPa의 상태로 환산한 체적 10L에 배관의 청소에 필요한 양을 더한 양 이상일 것
 • 이산화탄소 사용 : 소화약제 1kg당 20g에 배관의 청소에 필요한 양을 더한 양 이상일 것
  ※ 축압식의 분말소화설비에는 사용압력의 범위를 녹색으로 표시한 지시압력계를 설치할 것

정답 ③

39 제4류 위험물에 해당하는 물품의 소화방법 중 소화효과가 가장 낮은 것은?

① 아세톤 : 수성막포를 이용하여 질식소화한다.

② 산화프로필렌 : 알코올형 포로 질식소화한다.

③ 다이에틸에터(디에틸에테르) : 이산화탄소 소화설비를 이용하여 질식소화한다.

④ 이황화탄소 : 탱크 또는 용기 내부에서 연소하고 있는 경우에는 물을 사용하여 질식소화한다.

정답 분석 아세톤이나 아세트알데히드와 같은 수용성 액체의 화재에 수성막포를 이용하면 알코올이 포 속의 물에 녹아 거품이 사라지는 소포(消泡)작용이 나타나 포가 소멸된다.
수용성 액체의 화재에는 알코올형 포 소화약제응성이 있으며, 이 포를 내알코올포 또는 수용성 액체용포라고 한다.

정답 ①

40 전기불꽃에너지 공식에서 ( ) 안에 들어갈 내용으로 옳은 것은? (단, Q는 전기량, V는 방전전압, C는 전기용량이다)

$$E = \frac{1}{2}(\quad) = \frac{1}{2}(\quad)$$

① QV, CV

② QC, CV

③ QV, CV^2

④ QC, QV^2

 정답 분석 최소 착화에너지의 크기는 전기량 및 방전전압의 크기를 측정하여 다음 식으로 산정된다.

▫ $E = \frac{1}{2}QV = \frac{1}{2}(CV)V = \frac{1}{2}CV^2$

$\begin{cases} E : 착화에너지(\text{J}) \\ Q : 전기량 \\ C : 전기용량(\text{F}) \\ V : 방전전압(\text{V}) \end{cases}$

정답 ③

제3과목 위험물의 성질과 취급

41
인화석회가 물과 반응하여 생성하는 기체로 옳은 것은?

① 포스핀
② 아세틸렌
③ 수산화칼슘
④ 이산화탄소

[정답분석] 인화칼슘(= 인화석회)은 제3류 위험물 중 금수성 물질로 Ca_3P_2 자체는 불연성(不燃性)이지만 물, 습한 공기, 염산(鹽酸) 등의 산(酸)과 접촉할 경우, 격렬하게 반응하여, 가연성(可燃性, 인화성)의 유독한 포스핀(Phosphine, PH_3) 가스를 발생하기 때문에 화재 및 독성위험이 아주 높은 물질이다.

[참고] 인화칼슘(Ca_3P_2)은 강한 산화제와도 격렬하게 반응하므로 화재 및 폭발 위험이 높다.

- $Ca_3P_2 + 6H_2O \rightarrow 2PH_3 + 3Ca(OH)_2$
- $Ca_3P_2 + 6HCl \rightarrow 2PH_3 + 3CaCl_2$
- $PH_3 + 2O_2 \rightarrow H_3PO_4$

[정리] 위험물의 특이한 저장(보호액)(꼭 정리 해 둘 것!!)
- 물에 안전하고, 불용성이며, 물속에 저장하는 위험물
  → 황린(P_4), 이황화탄소(CS_2)
- 등유(석유)에 저장하는 위험물
  → 금속 칼륨(K), 나트륨(Na), 리튬(Li)
- 알코올에 저장하는 위험물
  → 나이트로셀룰로스(니트로셀룰로오스), 인화칼슘 (인화석회)
- 알킬알루미늄, 알킬리튬은 물 또는 공기와 접촉하면 폭발한다. → 헥세인(헥산) 속에 저장
- 알킬알루미늄, 탄화칼슘 → 질소 등 불활성가스 충진

정답 ①

42
위험물안전관리법령상 다음 (　) 안에 들어갈 내용으로 옳은 것은?

> 이동저장탱크로부터 위험물을 저장 또는 취급하는 탱크에 인화점이 (　)℃ 미만인 위험물을 주입할 때에는 이동탱크 저장소의 원동기를 정지시킬 것

① 30
② 40
③ 50
④ 60

[정답분석] 이동저장탱크로부터 위험물을 저장 또는 취급하는 탱크에 인화점이 40℃ 미만인 위험물을 주입할 때에는 이동탱크 저장소의 원동기를 정지시켜야 한다.

정답 ②

43
다음 물질 중 인화점이 가장 낮은 것은?

① 벤젠
② 아세톤
③ 이황화탄소
④ 다이에틸에터(디에틸에테르)

[정답분석] 특수인화물 중 인화점이 가장 낮은 것은 다이에틸에터(디에틸에테르)($C_2H_5OC_2H_5$)로 −45℃의 인화점을 갖는다.
① 벤젠 : −11℃
② 이세톤 : −18℃
③ 이황화탄소 : −30℃

정답 ④

44 제4류 위험물의 일반적인 성질 또는 취급 시 주의사항에 대한 설명 중 가장 거리가 먼 것은?

① 액체의 비중은 물보다 가벼운 것이 많다.
② 대부분의 증기는 공기보다 무겁다.
③ 제1석유류와 제2석유류는 비점으로 구분한다.
④ 정전기 발생에 주의하여 취급해야 한다.

정답분석 제1석유류 ~ 제4석유류는 인화점(引火點)으로 구분하며, 액체의 비중은 물보다 가벼운 것이 많고, 대부분의 증기는 공기보다 무거우며 인화되기 쉬우므로 정전기 제거설비를 하여 정전기 발생에 주의하여야 한다.

참고 제4류 위험물의 "인화점"에 따른 분류

구분	특수 인화물	제1 석유류	제2 석유류	제3 석유류	제4 석유류	동식물유
인화점	-20℃ 미만	21℃ 미만	21℃ ~ 70℃	70℃ ~ 200℃	200℃ ~ 250℃	250℃ 미만

참고 제4류 위험물의 일반적인 특성
▫ 물에는 녹지 않는 것이 많다.
▫ 화기 등에 의한 인화, 폭발의 위험이 크다.
▫ 액체 비중은 1보다 작은(물보다 가벼운) 것이 많다.
▫ 증기비중은 공기보다 무거우며, 1보다 커서 낮은 곳에 체류하고 낮게 멀리 이동한다.
▫ 전기부도체로 정전기가 축적되기 쉽고, 정전기 방전불꽃에 의하여 인화하는 것도 있다.
▫ 액체는 유동성이 있고, 화재발생 시 확대위험이 있다.

정답 ③

45 위험물지하탱크저장소의 탱크전용실 설치 기준으로 옳지 않은 것은?

① 철근콘크리트 구조의 벽은 두께 0.3m 이상으로 한다.
② 지하저장탱크와 탱크전용실 안쪽과의 사이는 50cm 이상의 간격을 유지한다.
③ 철근콘크리트 구조의 바닥은 두께 0.3m 이상으로 한다.
④ 벽, 바닥 등에 적정한 방수조치를 강구한다.

정답분석 탱크전용실의 지하저장탱크와 탱크전용실의 안쪽과의 사이는 0.1m 이상의 간격을 유지하도록 해야 한다.

참고 ▫ 탱크전용실의 벽·바닥 및 뚜껑은 철근콘크리트구조로 두께 0.3m 이상일 것
▫ 전용실의 벽·바닥 및 뚜껑의 재료는 적정한 방수조치를 할 것
▫ 지하저장탱크의 윗부분은 지면으로부터 0.6m 이상 아래에 있게 할 것
▫ 탱크는 지하철·지하가 또는 지하터널로부터 수평거리 10m 이내의 장소 또는 지하건축물 내의 장소에 설치하지 않을 것
▫ 탱크는 지하의 가장 가까운 벽·피트·가스관 등의 시설물 및 대지경계선으로부터 0.6m 이상 떨어진 곳에 매설할 것
▫ 지하저장탱크를 2이상 인접해 설치하는 경우에는 그 상호간에 1m(당해 2 이상의 지하저장탱크의 용량의 합계가 지정수량의 100배 이하인 때에는 0.5m) 이상의 간격을 유지할 것

정답 ②

46 위험물안전관리법령상 제6류 위험물에 해당하는 물질로서 햇빛에 의해 갈색의 연기를 내며 분해할 위험이 있으므로 갈색 병에 보관해야 하는 것은?

① 염산　　　　　② 질산
③ 황산　　　　　④ 과산화수소

 정답분석 황산이나 염산과 달리 질산은 빛과 반응해서 광분해를 하는 성질이 있어 갈색 병에 넣어서 보관해야 한다. 그리고 다른 산(황산, 염산)은 금속을 넣었을 때 순수하게 수소만 발생시키지만 질산은 특이하게 질소 산화물을 발생시킨다.

[참고] 과산화수소는 분해하여 산소가스를 발생하므로 인산, 요산 등을 가한 후 직사광선이 닿지 않도록 갈색 병에 넣어 냉암소에 보관한다.

정답 ②

47 위험물제조소등의 안전거리의 단축기준과 관련하여 $H \leq pD^2 + a$인 경우 방화상 유효한 담의 높이는 2m 이상으로 한다. 이때 D에 해당하는 것은?

① 인근 건축물의 높이(m)
② 제조소등의 외벽의 높이(m)
③ 제조소등과 공작물과의 거리(m)
④ 제조소등과 방화상 유효한 담과의 거리(m)

 정답분석 $H \leq pD^2 + a$의 관계는 주변건물의 높이가 낮은 경우에 적용되며, 이때 방화상 유효한 담의 높이(h)는 2m 이상으로 하여야 한다. 여기서, H는 인근 건축물 또는 공작물의 높이(m)이고, D는 제조소등과 인근 공작물(건축물)과의 거리(m)이고, a는 제조소등의 외벽의 높이(m), p는 상수(건축물의 방호안전에 따른 상수), d는 제조소등과 방화 담과의 거리(m)이다.

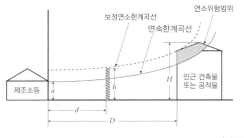

정답 ③

48 트라이에틸알루미늄 분자식에 포함된 탄소의 개수는?

① 1　　　　　② 3
③ 6　　　　　④ 8

 정답분석 트라이에틸알루미늄(Triethylaluminum)은 알루미늄(Al)에 3개의 알킬기($-CH_3$)가 붙어있는 $(C_2H_5)_3Al$의 화학식을 가지므로 분자 내에 포함된 탄소 개수는 6개임을 알 수 있다.

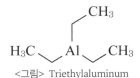

<그림> Triethylaluminum

정답 ③

49 위험물을 저장 또는 취급하는 탱크의 용량산정 방법에 대한 설명으로 옳은 것은?

① 탱크의 공간용적에서 내용적을 뺀 용적으로 한다.
② 탱크의 내용적에서 공간용적을 뺀 용적으로 한다.
③ 탱크의 공간용적에서 내용적을 더한 용적으로 한다.
④ 탱크의 볼록하거나 오목한 부분을 뺀 내용적으로 한다.

 정답분석 위험물의 저장탱크 용량은 탱크의 내용적에서 공간용적을 뺀 용적으로 한다.

정답 ②

50 물과 접촉되었을 때 연소범위의 하한값이 2.5vol% 인 가연성 가스가 발생하는 것은?

① 탄화칼슘
② 인화칼슘
③ 금속나트륨
④ 과산화칼륨

 물과 접촉하여 연소범위 2.5 ~ 81vol%인 아세틸렌(에타인, C_2H_2)가스를 발생하는 물질은 제3류 위험물 중 금수성 물질인 탄화칼슘(CaC_2)이다.
  □ $CaC_2 + H_2O \rightarrow C_2H_2 + Ca(OH)_2$

정답 ①

51 다음 위험물안전관리법에 대한 설명 중 ㉠과 ㉡에 들어갈 내용으로 옳은 것은?

> 위험물안전관리자를 선임한 제조소등의 관계인은 그 안전관리자를 해임하거나 안전관리자가 퇴직한 날부터 (㉠)일 이내에 다시 안전관리자를 선임하여야 한다.
> 제조소등의 관계인은 당해 제조소등의 용도를 폐지한 때에는 행정안전부령이 정하는 바에 따라 제조소등의 용도를 폐지한 날부터 (㉡)일 이내에 시·도지사에게 신고하여야 한다.

① ㉠ : 14, ㉡ : 14
② ㉠ : 14, ㉡ : 30
③ ㉠ : 30, ㉡ : 14
④ ㉠ : 30, ㉡ : 30

 안전관리자를 선임한 제조소등의 관계인은 그 안전관리자를 해임하거나 안전관리자가 퇴직한 때에는 해임하거나 퇴직한 날부터 30일 이내에 다시 안전관리자를 선임하여야 한다.
제조소등의 관계인은 안전관리자를 선임한 경우에는 선임한 날부터 14일 이내에 행정안전부령으로 정하는 바에 따라 소방본부장 또는 소방서장에게 신고하여야 한다.

정답 ③

52 물에 녹지 않고 물보다 무거워 안전한 저장을 위해 물 속에 저장하는 것은?

① 이황화탄소
② 산화프로필렌
③ 다이에틸에터(디에틸에테르)
④ 아세트알데하이드(아세트알데히드)

 이황화탄소(CS_2)는 제4류 위험물(인화성 액체) 중 특수인화물로 비수용성 액체이며, 물보다 무겁고, 휘발성이 강하므로 주로 수조(물탱크)에 보관하며, 액면을 물로 채워 증기의 발생을 억제시키고 있다.

 □ 물에 안전하고, 불용성이며, 물속에 저장하는 위험물 → 황린(P_4), 이황화탄소(CS_2)
□ 석유류(등유 등)에 저장하는 위험물 → 칼륨(K), 나트륨(Na), 리튬(Li)
□ 알코올에 저장하는 위험물 → 나이트로셀룰로오스(니트로셀룰로오스)

정답 ①

53 다음 물질 중 발화점이 가장 낮은 것은?

① CS_2
② C_6H_6
③ CH_3COCH_3
④ CH_3COOCH_3

 이황화탄소(CS_2)는 특수인화물로서 발화점이 100℃ 이하의 위험물로 분류된다. 이황화탄소(CS_2)의 발화점은 90℃이다. 반면에 벤젠, 아세톤, 아세트산메틸은 제1석유류로서 벤젠(C_6H_6)의 발화점은 498℃, 아세톤(CH_3COCH_3)은 465℃, 아세트산메틸(CH_3COOCH_3)의 발화점은 440℃이다.

참고 □ 황린(P_4)의 발화점 : 약 30℃
□ 삼황화인(P_4S_3)의 발화점 : 약 100℃
□ 오황화인(P_2S_5)의 발화점 : 약 140℃
□ 적린(P)의 발화점 : 약 260℃
□ 황(S)의 발화점 : 약 360℃

정답 ①

54 산화프로필렌 300L, 메탄올 400L, 벤젠 200L를 저장하고 있는 경우 각각 지정수량 배수의 총합은 얼마인가?

① 3 ② 5
③ 8 ④ 10

정답분석 산화프로필렌의 지정수량은 50L, 메탄올은 400L, 벤젠은 200L이다.

계산 지정수량의 배수는 다음과 같이 산정한다.

□ 지정수량 배수 $= \sum \dfrac{저장수량}{지정수량}$

∴ 배수 $= \dfrac{300L}{50L} + \dfrac{400L}{400L} + \dfrac{200L}{200L} = 8$

정답 ③

저장 또는 취급하는 위험물의 최대수량	공지의 너비
지정수량의 500배 이하	3m 이상
지정수량의 500 ~ 1,000배 이하	5m 이상
지정수량의 1,000 ~ 2,000배 이하	9m 이상
지정수량의 2,000 ~ 3,000배 이하	12m 이상
지정수량의 3,000 ~ 4,000배 이하	15m 이상

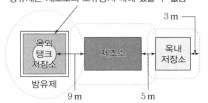

방유제는 제조소의 보유공지 내에 있을 수 없음

정답 ①

55 최대 아세톤 150톤을 옥외저장탱크에 저장할 경우 보유공지의 너비는 몇 m 이상으로 하여야 하는가? (단, 아세톤의 비중은 0.79이다)

① 3 ② 6
③ 8 ④ 12

정답분석 비중(比重, Specific Gravity)은 물질의 고유특성으로 "대상물질의 밀도 ÷ 물의 밀도"로 표현되는 단위가 없는 무차원 수이지만 비중을 밀도 단위로 전환하여 부피를 질량으로, 질량을 부피로 환산하는데 쓸 수 있다.
아세톤(CH_3COCH_3)의 지정수량이 400L이므로 밀도 0.79kg/L를 이용하여 저장수량을 부피로 먼저 환산한다.

□ 부피 $= 질량 \times \dfrac{1}{밀도}$

□ 저장수량 $= 150톤 \times \dfrac{1,000kg}{톤} \times \dfrac{1L}{0.79kg}$
   $= 189,873L$

참고 지정수량의 배수(倍數)부터 알아야만 이를 토대로 옥외저장탱크의 보유공지를 결정할 수 있다.

□ 지정수량의 배수 $= \dfrac{저장수량}{지정수량}$

{ 아세톤 지정수량 : 400L

⇨ $\dfrac{189,873L}{400L} = 474.69$

∴ 지정수량의 500배 이하이므로 공지의 너비는 3m 이상으로 하여야 한다.

56 취급하는 장치가 구리 또는 마그네슘으로 되어 있을 때 반응을 일으켜 폭발성의 아세틸라이드를 생성하는 것은?

① 아세톤
② 이황화탄소
③ 산화프로필렌
④ 이소프로팔알코올

정답분석 제4류 위험물의 제4석유류로 분류되는 산화프로필렌(CH_3CHOCH_2)의 연소범위는 2.5 ~ 38.5%로 취급하는 장치가 구리, 마그네슘, 은으로 되어 있을 때 폭발성의 아세틸라이드(Acetylide)를 만든다. 그러므로 저장용기에는 불연성 가스를 주입하여야 한다.

<그림> 산화프로필렌

아세틸라이드는 아세틸렌결합의 탄소원자에 알칼리금속 또는 중금속을 결합한 형태의 염과 비슷한 화합물(M_2C_2 등)을 총칭한다.

정답 ③

57 다음 위험물 중 운반 시 빗물의 침투 방지를 위해 방수성이 있는 피복으로 덮어야 하는 것은?

① TNT
② 마그네슘
③ 과염소산
④ 이황화탄소

정답분석 제1류 위험물 중 알칼리금속의 과산화물, 제2류 위험물 중 철분·금속분·마그네슘, 제3류 위험물 중 금수성 물질(禁水性物質, Water Reactive Chemical)은 방수성(防水性)이 있는 피복으로 덮어야 한다.

참고
□ **차광성**이 있는 피복으로 가려야 하는 것 : 제1류 위험물, 제3류 위험물 중 자연발화성 물질, 제4류 위험물 중 특수인화물, 제5류 위험물 또는 제6류 위험물
□ **방수성**이 있는 피복으로 덮어야 하는 것 : 제1류 위험물 중 알칼리금속의 과산화물 또는 이를 함유한 것, 제2류 위험물 중 철분·금속분·마그네슘 또는 이들 중 어느 하나 이상을 함유한 것 또는 제3류 위험물 중 금수성 물질
□ **보냉 컨테이너**에 수납하는 등 적정한 온도관리를 해야 하는 것 : 제5류 위험물 중 55℃ 이하의 온도에서 분해될 우려가 있는 것

정답 ②

58 자연발화의 위험성이 제일 높은 것은?

① 야자유
② 피마자유
③ 올리브유
④ 아마인유

정답분석 건성유는 아이오딘값(요오드가)이 130 이상으로 유지류의 불포화도가 높고, 자연발화의 위험성이 높다. 여기에 속하는 기름은 아마인유, 해바라기유, 동유(오동기름), 정어리유, 들기름 등이다.
아이오딘값(요오드가)이란 유지(油脂) 100g당 부가되는 요오드의 g 수를 말하며, 이 값이 클수록 유지류의 불포화도가 높으며, 자연발화의 위험성이 높다.

정리 건성유의 종류와 특성

구분	들기름	아마인유	정어리유	동유 (오동기름)	해바라기유
아이오딘가	192 ~ 208	170 ~ 204	154 ~ 196	145 ~ 176	113 ~ 146
인화점	279℃	222℃	223℃	289℃	235℃
비중	0.93	0.93	0.93	0.93	0.92

정답 ④

59 다음 설명 중 ( ) 안에 들어갈 내용으로 옳은 것은? (단, 인화점 200℃ 이상인 위험물은 제외한다)

> 옥외저장탱크 지름이 15m 미만인 경우 방유제는 탱크의 옆판으로부터 탱크 높이의 ( ) 이상 이격하여야 한다.

① $\frac{1}{3}$

② $\frac{1}{2}$

③ $\frac{1}{4}$

④ $\frac{2}{3}$

 방유제는 옥외저장탱크의 지름에 따라 그 탱크의 옆판으로부터 다음에 정하는 거리를 유지하여야 한다. 다만, 인화점이 200℃ 이상인 위험물을 저장 또는 취급하는 것에 있어서는 그렇지 않다.
▫ 지름이 15m 미만인 경우에는 탱크 높이의 3분의 1 이상
▫ 지름이 15m 이상인 경우에는 탱크 높이의 2분의 1 이상

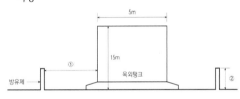

▫ 이격 간격 = 탱크높이 $\times \frac{1}{3} = 15 \times \frac{1}{3} = 5$m이상
▫ 방유제 최소높이 : 0.5m

정답 ①

60 위험물안전관리법령에 근거한 위험물 운반 및 수납 시 주의사항에 대한 설명으로 옳지 않은 것은?

① 위험물을 수납하는 용기는 위험물이 누설되지 않게 밀봉시켜야 한다.

② 온도변화로 가스가 발생해 운반용기 내의 압력이 상승할 우려가 있는 경우에는 가스 배출구가 설치된 운반용기에 수납할 수 있다.

③ 액체 위험물은 운반용기 내용적의 98% 이하의 수납율로 수납하되 55℃의 온도에서 누설되지 아니하도록 충분한 공간 용적을 유지하도록 하여야 한다.

④ 고체 위험물은 운반용기 내용적의 98% 이하의 수납율로 수납하여야 한다.

 고체위험물은 운반용기 내용적의 95% 이하의 수납률로 수납할 하여야 한다.

[참고] 액체위험물은 운반용기 내용적의 98% 이하의 수납률로 수납하되, 55℃의 온도에서 누설되지 아니하도록 충분한 공간용적을 유지하도록 하여야 한다.

정답 ④

2019년 제1회

제1과목 일반화학

01 기체상태의 염화수소는 어떤 화학결합으로 이루어진 화합물인가?

① 극성 공유결합
② 이온결합
③ 비극성 공유결합
④ 배위 공유결합

정답분석 기체상태의 염화수소(HCl)는 H와 Cl이 극성 공유결합을 하고 있다. 기체상태 HCl은 전기음성도가 다른 원자간의 결합(H−Cl)을 하고 있으며, 이로 인하여 분자 내에 부분적으로 하전되어 있다. 이러한 결합형태를 극성 공유결합(Polar Covalent Bond)이라 한다. HCl 이외에 극성 공유결합을 이루고 있는 분자는 NH_3, SO_2, H_2O, NO_2 등이 있다. 극성 공유결합을 이루고 있는 것들은 전자의 비대칭적 분포에 의하여 결합분자가 양극 또는 음극을 가지게 되며(극성의 정도는 결합된 원자들 간의 전기음성도 차이와 관련 있음), 원자간의 전기음성도 차이가 클수록 결합은 강한 극성을 띠게 된다. 이러한 물질의 이화학적 특징은 비교적 물에 잘 용해된다는 것과, 쌍극자 모멘트를 가지고 있기 때문에 정전기적 인력에 의한 이중극자간 상호작용 혹은 수소결합 등을 통한 상호작용을 하는 특성을 보인다는 것이다.

정답 ①

02 20%의 소금물을 전기분해하여 수산화나트륨 1몰을 얻는 데는 1A의 전류를 몇 시간 통해야 하는가?

① 13.4
② 26.8
③ 53.6
④ 104.2

정답분석 전기분해 공정에서 석출(析出, Eduction)되는 물질은 다음의 관계식을 적용한다. 이때 석출되는 NaOH 1mol의 질량(분자량)은 40g이며, NaOH는 1가의 염기(鹽基)이므로 전자가는 1.0을 적용하여 계산식에 대입하도록!!

$$\square\ m_c(\text{석출량 } g) = \frac{1A \times t(\sec)}{96{,}500\,C} \times \frac{\text{분자량}}{\text{전자가}}$$

계산 NaOH 1mol을 얻기 위한 전류 통과시간은 다음과 같이 산출된다.

- 석출량 $= 1\text{mol} \times \dfrac{40g}{1\text{mol}} = 40\,g$

- $\dfrac{\text{분자량}}{\text{전자가}} = \dfrac{40}{1}$ (∵ NaOH는 1가의 염기)

  $\Rightarrow 40g = \dfrac{1 \times t(\sec)}{96{,}500} \times \dfrac{40}{1}$

∴ $t = 96525.1\sec = 26.8\,hr$

정답 ②

03 다음 반응식은 산화-환원 반응이다. 산화된 원자와 환원된 원자를 순서대로 옳게 표현한 것은?

$$3Cu + 8HNO_3$$
$$\rightarrow 3Cu(NO_3)_2 + 2NO + 4H_2O$$

① Cu, N
② N, H
③ O, Cu
④ N, Cu

정답분석 구리(Cu)는 전자를 잃었으므로 산화하였고, 질소(N)는 산화수가 감소하였으므로 환원되었다.

04 메틸알코올과 에틸알코올이 각각 다른 시험관에 들어있다. 이 두 가지를 구별할 수 있는 실험 방법은?

① 금속 나트륨을 넣어본다.
② 환원시켜 생성물을 비교하여 본다.
③ KOH와 I₂의 혼합 용액을 넣고 가열하여 본다.
④ 산화시켜 나온 물질에 은거울 반응시켜 본다.

정답분석 두 시험관에 KOH와 I₂의 혼합 용액을 넣고 가열하면 아이오딘폼 반응에 의해 에틸알코올은 황색 침전물 생성되지만 메틸알코올은 아무런 반응을 보이지 않는다.

정답 ③

 05 다음 물질 중 벤젠 고리를 함유하고 있는 것은?

① 아세틸렌　　② 아세톤
③ 메테인　　④ 아닐린

정답분석 제시된 화학종 중에서 벤젠 고리를 함유하고 있는 것은 아닐린(Aniline, $C_6H_5NH_2$)이다.

<그림> Aniline

정답 ④

 06 분자식이 같으면서도 구조가 다른 유기화합물을 무엇이라고 하는가?

① 이성질체
② 동소체
③ 동위원소
④ 방향족화합물

정답분석 이성질체(異性質體, Isomer)는 분자식은 같으나 분자 내에 있는 구성원자의 연결방식이나 공간배열이 동일하지 않음으로써 서로 다른 이화학적 성질을 나타내는 2개 이상의 화학종을 말한다. 이성질체에는 크게 구조 이성질체와 입체 이성질체로 세분된다.

정답 ①

 07 다음 중 수용액의 pH가 가장 작은 것은?

① 0.01 NHCl
② 0.1N HCl
③ 0.01N CH_3COOH
④ 0.1N NaOH

정답분석 pH 계산식을 이용한다. 사실 HCl과 NaOH의 경우는 전리도가 95%이므로 완전히 전리(해리)한다는 조건이 타당하지만 초산(CH_3COOH)의 경우는 5% 미만으로 전리하는 약산이기 때문에 전리도의 전제조건이 없이 이런 문제가 반복적으로 출제된다는 것 자체가 화학의 기본개념을 도외시 하는 것이라 생각되지만 문제의 단서 조건 "(단, 완전히 전리하는 것으로 함)"에 따라 pH를 계산하여야 한다.

계산 pH 계산식을 이용하여 각 항목의 pH를 계산한다.

ㅁ 산의 $pH = \log \dfrac{1}{[H^+]}$

ㅁ 염기의 $pH = 14 - \log \dfrac{1}{[OH^-]}$

$\begin{cases} ① \ 0.01N - HCl \rightarrow [H^+] = 0.01\,mol/L \\ \qquad \Rightarrow pH = 2 \\ ② \ 0.1N - HCl \rightarrow [H^+] = 0.1\,mol/L \\ \qquad \Rightarrow pH = 1 \\ ③ \ 0.01N - CH_3COOH \rightarrow [H^+] = 0.01\,mol/L \\ \qquad \Rightarrow pH = 2 \\ ④ \ 0.1N - NaOH \rightarrow [OH^-] = 0.1\,mol/L \\ \qquad \Rightarrow pH = 13 \end{cases}$

∴ pH가 가장 낮은 것은 0.1N − HCl

정답 ②

08 물 500g 중에 설탕($C_{12}H_{22}O_{11}$) 171g이 녹아 있는 설탕물의 몰랄농도(m)는?

① 2.0 ② 1.5
③ 1.0 ④ 0.5

정답분석 몰랄 농도는 용매 1kg에 용해되어 있는 용질의 몰(mol) 수로 정의된다. 용질은 설탕이고, 설탕 1mol의 질량(분자량)은 제시된 분자식을 기준으로 342g (=12×12+1×22+16×11)을 이용, 용매는 물이며, 제시된 물의 질량은 0.5kg이다.

$$m(mol/kg) = \frac{용질(mol)}{용매(kg)}$$

계산 설탕물의 몰랄농도 계산

$$\begin{cases} 용질(= 설탕) = 질량(g) \times \dfrac{mol}{분자량(g)} \\ = 171g \times \dfrac{mol}{342\,g} = 0.5\,mol \\ 용매 = 물 = 500g \times \dfrac{10^{-3}\,kg}{g} = 0.5\,kg \end{cases}$$

$$\therefore m = \frac{0.5\,mol}{0.5\,kg} = 1\,mol/kg$$

정답 ③

09 다음 중 불균일 혼합물은 어느 것인가?

① 공기 ② 소금물
③ 화강암 ④ 사이다

정답분석 불균일 혼합물은 혼합되어 있지만 혼합물 개개의 형태를 육안으로 구별이 가능한 것을 말한다. 예를 들면, 화강암, 우유, 흙탕물 등이다. 나머지 항목은 혼합물 개개의 형태를 육안으로 구별이 가능하지 않으므로 균일 혼합물이다.

10 다음은 원소의 원자번호와 원소기호를 표시한 것이다. 전이 원소만으로 나열된 것은?

① $_{20}Ca$, $_{21}Sc$, $_{22}Ti$

② $_{21}Sc$, $_{22}Ti$, $_{29}Cu$

③ $_{26}Fe$, $_{30}Zn$, $_{38}Sr$

④ $_{21}Sc$, $_{22}Ti$, $_{38}Sr$

정답분석 전이원소는 주기율표의 4주기 스칸듐(Sc, 21번) ~ 구리(Cu, 29번)까지와 5주기 이트륨(Y, 39번)에서 ~ 은(Ag, 47번)까지의 원소를 말하며, 천이원소(遷移元素)라고도 한다.

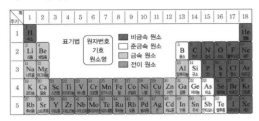

정답 ②

11 다음 중 동소체 관계가 아닌 것은?

① 적린과 황린
② 산소와 오존
③ 물과 과산화수소
④ 다이아몬드와 흑연

정답분석 동소체(同素體, Allotropy)란 한 종류의 원소로 구성되어 있지만, 그 원자의 배열 상태나 결합 방법이 달라 성질이 서로 다른 성질의 물질로 존재할 때를 말한다. 다이아몬드 – 흑연, 적린 – 황린, 산소 – 오존 등이 동소체에 해당한다. 과산화수소(H_2O_2)는 물(H_2O)에 산소 원자가 하나 더 붙어서 만들어진 무기화합물로서 이들은 한 종류의 원소로 구성되어 있지 않으므로 화합물이다.

정답 ③

12 다음 중 반응이 정반응으로 진행되는 것은?

① $Pb^{2+}+Zn \rightarrow Zn^{2+}+Pb$

② $I_2+2Cl^- \rightarrow 2I^-+Cl_2$

③ $2Fe^{3+}+3Cu \rightarrow 3Cu^{2+}+2Fe$

④ $Mg^{2+}+Zn \rightarrow Zn^{2+}+Mg$

 Pb(납)보다 Zn(아연)의 이온화 경향이 더 크므로, 전자를 더 잘 잃으려고 한다. 따라서 아연이 양이온으로 산화되면서 2개의 전자를 잃게 되고, 이때 납은 2개의 전자를 받아 환원되면서 고체의 납으로 석출하게 되므로 ①의 반응은 정반응으로 진행된다. 한편, 비금속에서는 F > Cl > Br > I 전기음성도의 크기를 비교한다. 전기음성도가 클수록 전자를 더 잘 얻으려고 한다. I(아이오딘)보다 Cl(염소)의 전기음성도가 더 크기 때문에 ②는 역반응으로 진행된다.

정답 ①

13 물이 브뢴스테드산으로 작용한 것은?

① $HCl+H_2O \rightleftarrows H_3O^++Cl^-$

② $HCOOH+H_2O \rightleftarrows HCOO^-+H_3O^+$

③ $NH_3+H_2O \rightleftarrows NH_4^++OH^-$

④ $3Fe+4H_2O \rightleftarrows Fe_3O_4+4H_2$

 브뢴스테드 로우리(Bronsted-Lowry)는 양성자(陽性子)를 제공하는 것을 산(酸), 양성자를 받아들이는 것을 염기(鹽基)라고 하였다. 물(H_2O)의 독특한 성질 중의 하나는 산과 염기로 작용할 수 있는 양쪽성을 갖는다는 것인데, HCl이나 CH_3COOH와 같은 산과 반응할 때는 염기로, NH_3와 같은 염기와 반응할 때는 산으로 작용한다. 물(H_2O)은 산과 염기 양쪽으로 작용하는 양쪽성 물질이지만 히드로늄이온(H_3O^+)은 강산으로 작용하며, 암모니아(NH_3)는 약한 염기이지만 암모늄이온(NH_4^+)은 약산이고, 초산(HCOOH)은 약산이지만 초산이온($HCOO^-$)은 약염기로 작용한다는 것을 알아두도록!!

정답 ③

14 수산화칼슘에 염소가스를 흡수시켜 만드는 물질은?

① 표백분

② 수소화칼슘

③ 염화수소

④ 과산화칼슘

 수산화칼슘에 염소가스를 흡수시킬 경우 하이포아염소산칼슘[$Ca(ClO)_2$]의 표백제를 얻을 수 있다.

▫ $2Ca(OH)_2 + 2Cl_2 \rightarrow Ca(ClO)_2 + CaCl_2 + 2H_2O$

정답 ①

15 질산칼륨 수용액 속에 소량의 염화나트륨이 불순물로 포함되어 있다. 용해도 차이를 이용하여 이 불순물을 제거하는 방법으로 가장 적당한 것은?

① 증류

② 막분리

③ 재결정

④ 전기분해

 소량의 불순물이 포함되어 순수한 물질을 얻을 수 없을 때는 불순물이 포함된 결정을 수용액에 용해시킨 후 용해도 차이를 이용하여 불순물을 제거하는 재결정법이 사용된다.

정답 ③

16 할로젠화수소의 결합에너지 크기를 비교하였을 때 옳게 표시한 것은?

① $HI > HBr > HCl > HF$

② $HBr > HI > HF > HCl$

③ $HF > HCl > HBr > HI$

④ $HCl > HBr > HF > HI$

 할로젠화수소의 결합세기는 HF(약산) ≫ HCl > HBr > HI(강산)이다. 수소결합의 결합세기와 산(酸)의 세기는 서로 반대경향을 가진다.

정답 ③

17 용매분자들이 반투막을 통해서 순수한 용매나 묽은 용액으로부터 좀 더 농도가 높은 용액 쪽으로 이동하는 알짜이동을 무엇이라 하는가?

① 총괄이동
② 등방성
③ 국부이동
④ 삼투

용매분자들이 반투막을 통해서 순수한 용매나 묽은 용액으로부터 좀 더 농도가 높은 용액 쪽으로 이동하는 알짜이동을 삼투(滲透, Osmosis)라고 한다.

정답 ④

18 다음 반응식을 이용하여 구한 $SO_2(g)$의 몰 생성열은?

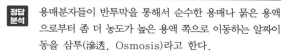

$S(s) + 1.5O_2(g)$
　　　　$\rightarrow SO_3(g)$　$\triangle H^0 = -94.5Kcal$
$2SO_2(s) + O_2(g)$
　　　　$\rightarrow 2SO_3(g)$　$\triangle H^0 = -47Kcal$

① $-71kcal$
② $-47.5kcal$
③ $71kcal$
④ $47.5kcal$

$SO_2(g)$의 생성열을 직접 산정하기 어렵기 때문에 헤스의 법칙(Hess' law)을 적용하여 경로를 분석하고, 이를 기초로 열화학식을 더하거나 빼서 목적으로 하는 생성열을 산출한다.
　□ $\Delta H_f^o = \Delta H_1^o + \Delta H_2^o$

계산 생성경로를 Ⅰ, Ⅱ로 구분하여 다음과 같이 계산한다.
　□ 경로(Ⅰ) : $S + 1.5O_2 \rightarrow SO_3$
　　　　$\Delta H_f^o = -94.5kcal$
　□ 경로(Ⅱ) : $S + O_2 \rightarrow SO_2$
　　　　$\Delta H_1^o = (?)\, kcal$
　　　　$SO_2 + 0.5O_2 \rightarrow SO_3$
　　　　$\Delta H_2^o = -47/2 = -23.5\, kcal$

　□ $\Rightarrow \Delta H_f^o = \Delta H_1^o + \Delta H_2^o \begin{cases} \Delta H_f^o = -94.5\, kcal \\ \Delta H_1^o = (?) \\ \Delta H_2^o = -23.5\, kcal \end{cases}$

∴ $\Delta H_1^o = \Delta H_f^o - \Delta H_2^o$
　　　　$= (-)94.54 - (-)23.5 = (-)71.04\, kcal$

정답 ①

19 27℃에서 부피가 2L인 고무풍선 속의 수소기체 압력이 1.23atm이다. 이 풍선 속에 몇 mole의 수소기체가 들어 있는가? (단, 이상기체라고 가정한다.)

① 0.01　　② 0.05
③ 0.10　　④ 0.25

이상기체상수를 알 수 없는 상태에서는 다음과 같이 개념적으로 문제를 푸는 것이 유리하다. "표준상태인 0℃, 1atm(기압)에서 기체 1mole의 부피는 22.4L이고, 기체의 부피(L, m³)는 절대온도에 비례하고, 압력에 반비례한다."는 개념을 적용한다.

계산 수소기체의 mol수는 표준상태의 부피(L)를 22.4로 나누어 산출한다.

　□ $m(mol) = \dfrac{표준상태하의\ 기체부피(L)}{22.4L}$

∴ $m(mol) = 2L \times \dfrac{273}{273+27} \times \dfrac{1.23}{1} \times \dfrac{1mol}{22.4L} = 0.1$

정답 ③

20 20℃에서 600mL의 부피를 차지하고 있는 기체를 압력의 변화 없이 온도를 40℃로 변화시키면 부피는 얼마로 변하겠는가?

① 300mL　　② 641mL
③ 836mL　　④ 1200mL

온도와 압력이 제시될 때에는 보일 - 샤를의 법칙을 "부피" 단위에만 집중하여 보정한다.

　□ $V_2 = V_1 \times \dfrac{273+t_2}{273+t_1} \times \dfrac{P_1}{P_2}$

계산 20℃에서 부피 600mL인 것을 40℃ 상태의 부피로 환산한다고 생각하고 문제를 푼다.

　□ $V_2 = V_1 \times \dfrac{273+t_2}{273+t_1} \times \dfrac{P_1}{P_2} \begin{cases} V_1 = 600mL \\ t_1 = 20℃ \\ t_2 = 40℃ \\ P_1 = P_2 \end{cases}$

∴ $V_2 = 600mL \times \dfrac{273+40}{273+20} = 641mL$

정답 ②

21 클로로벤젠 300000L의 소요단위는 얼마인가?

① 20 　　　　② 30
③ 200 　　　④ 300

 클로로벤젠은 제4류 위험물 중 제2석유류이며, 지정수량
은 1,000L이다.

$$\square \text{ 소요단위} = \frac{저장수량}{지정수량 \times 10}$$

[계산] 클로로벤젠 300000L의 소요단위는 다음과 같이 산정
한다.

$$\therefore \text{ 소요단위} = \frac{300000}{1000 \times 10} = 30$$

정답 ②

22 가연성 물질이 공기 중에서 연소할 때의 연소형태에 대한 설명으로 틀린 것은?

① 공기와 접촉하는 표면에서 연소가 일어나는 것을 표면연소라 한다.
② 유황의 연소는 표면연소이다.
③ 산소공급원을 가진 물질 자체가 연소하는 것을 자기연소라 한다.
④ TNT의 연소는 자기연소이다.

 유황의 연소형태는 증발연소(蒸發燃燒, Evaporative
Combustion)이다. 증발연소는 액면연소라고도 하는
데, 액체 가연물질이 액체 표면에 발생한 가연성 증기와
공기가 혼합된 상태에서 연소가 되는 형태(액면의 상부에
서 연소되는 반복적 현상)이다. 액체인 등유 등의 석유류,
알코올, 에터(에테르), 이황화탄소(CS_2) 등의 연소가 이
에 속하고, 고체 중에서는 황(S), 나프탈렌($C_{10}H_8$), 장
뇌(樟腦) 등과 같은 승화성(昇華性, Sublimation) 물질
이나 양초(파라핀) 등이 증발연소를 한다.

정답 ②

23 할로젠화합물 소화약제가 전기화재에 사용될 수 있는 이유에 대한 다음 설명 중 가장 적합한 것은?

① 전기적으로 부도체이다.
② 액체의 유동성이 좋다.
③ 탄산가스와 반응하여 포스겐가스를 만든다.
④ 증기의 비중이 공기보다 작다.

 할로젠화합물 소화약제는 전기적 부도체이므로 C급 화재
에 효과적이며, 저농도 소화가 가능하며, 질식의 우려가
없다. 할로젠화합물 소화약제는 비중이 공기보다 5배 이
상으로 무겁기 때문에 산소공급을 차단하여 질식소화 효
과를 유발한다. 유류화재(B급)에도 적응성이 있다.

정답 ①

24 소화약제로서 물이 갖는 특성에 대한 설명으로 옳지 않은 것은?

① 유화효과(Emulsification Effect)도 기대할 수 있다.
② 증발잠열이 커서 기화 시 다량의 열을 제거한다.
③ 기화팽창률이 커서 질식효과가 있다.
④ 용융잠열이 커서 주수 시 냉각효과가 뛰어나다.

 물의 냉각효과가 뛰어난 것은 액체 중 가장 큰 증발잠열
(기화잠열, 539cal/g)을 가지기 때문이다.

정답 ④

25 위험물안전관리법령상 정전기를 유효하게 제거하기 위해서는 공기 중의 상대습도를 몇 % 이상 되게 하여야 하는가?

① 40% 　　　② 50%
③ 60% 　　　④ 70%

 정전기를 유효하게 제거하기 위해서는 공기 중의 상대습
도를 70% 이상 되게 하여야 한다.

정답 ④

26 벤젠과 톨루엔의 공통점이 아닌 것은?

① 물에 녹지 않는다.

② 냄새가 없다.

③ 휘발성 액체이다.

④ 증기는 공기보다 무겁다.

정답 분석 벤젠과 톨루엔 모두 냄새가 난다. 벤젠(C_6H_6)은 휘발성을 가지며(증기비중 2.7), 특유한 방향성의 냄새가 나는 무색 액체로 분자량 78, 녹는점 5.5℃, 끓는점 80.1℃, 비중 0.88(20℃), 알코올·에테르·아세톤 등의 유기 용매에 녹지만 물에는 잘 녹지 않는다. 톨루엔((C_7H_8)은 휘발성을 가지며(증기비중 3.1), 특유한 방향성의 냄새가 나는 무색 액체이며, 분자량 92, 녹는점 −95℃, 끓는점 110.6℃, 비중 0.87(20℃), 알코올·에테르·아세톤 등의 유기 용매에 녹지만 물에는 잘 녹지 않는다.

정답 ②

27 제6류 위험물인 질산에 대한 설명으로 틀린 것은?

① 강산이다.

② 물과 접촉 시 발열한다.

③ 불연성 물질이다.

④ 열분해 시 수소를 발생한다.

정답 분석 질산(HNO_3)이 금속(Mg, Mn 등)과 반응할 경우 수소를 발생한다. 질산(HNO_3)이 열분해 할 경우, 적갈색의 이산화질소(NO_2) 가스를 발생시키므로 갈색의 유리병에 넣어 냉암소에 보관하여야 한다. 질산은 불연성 액체로, 부식성이 있고, 물과 접촉시 발열하며, 발연성이 있는 대표적인 강산이다. 질산은 화재 및 폭발 위험은 없지만 과산화질소, 질소산화물, 질산 흄(fume) 등의 부식성·독성 흄이 생성된다.

정답 ④

28 제1종 분말소화약제가 1차 열분해 되어 표준상태를 기준으로 2m³의 탄산가스가 생성되었다. 몇 kg의 탄산수소나트륨이 사용되었는가? (단, 나트륨의 원자량은 23이다.)

① 15　　　　② 18.75

③ 56.25　　　④ 75

정답 분석 제1종 분말 소화약제의 주성분은 탄산수소나트륨($NaHCO_3$)이며, 저온(270℃)에서 탄산수소나트륨이 1차 열분해 반응으로 생성되는 탄산가스는 2 : 1 mol비율이다. 탄산수소나트륨($NaHCO_3$)의 분자량은 84, 탄산가스(CO_2)의 분자량은 44이다.

계산 탄산수소나트륨의 사용량은 다음과 같이 계산된다.

▫ $NaHCO_3$의 양(kg) = CO_2의 양 × 반응비

• CO_2의 양(kg) $= 2m^3 \times \dfrac{44\,kg}{22.4\,m^3} = 3.93\,kg$

• $2NaHCO_3 \rightarrow CO_2 + Na_2CO_3 + H_2O$
$\quad 2\times84 \quad : \quad 44$

∴ $NaHCO_3$의 양(kg) $= 3.93\,kg \times \dfrac{2\times84}{44} = 15\,kg$

정답 ①

29 다음 A ~ D 중 분말소화약제로만 나타낸 것은?

A. 탄산수소나트륨
B. 탄산수소칼륨
C. 황산구리
D. 제1인산암모늄

① A, B, C, D

② A, D

③ A, B, C

④ A, B, D

정답 분석 황산구리는 분말소화약제로 사용되지 않는다. 분말소화제 제1종의 주성분은 탄산수소나트륨, 제2종은 탄산수소칼륨, 제3종은 제일인산암모늄, 제4종은 탄산수소칼륨과 요소와의 반응물을 주성분으로 한다.

정답 ④

30 이산화탄소 소화설비의 소화약제 방출방식 중 전역방출방식 소화설비에 대한 설명으로 옳은 것은?

① 발화위험 및 연소위험이 적고 광대한 실내에서 특정장치나 기계만을 방호하는 방식

② 일정 방호구역 전체에 방출하는 경우 해당 부분의 구획을 밀폐하여 불연성가스를 방출하는 방식

③ 일반적으로 개방되어 있는 대상물에 대하여 설치하는 방식

④ 사람이 용이하게 소화활동을 할 수 있는 장소에서는 호스를 연장하여 소화활동을 행하는 방식

 ②만 올바르다. 이산화탄소 소화설비는 방출방식에 따라 전역방출방식, 국소방출방식, 호스릴방식으로 분류된다.
전역방출방식이란 고정식 이산화탄소 공급장치에 배관 및 분사 헤드를 고정설치하여 밀폐방호구역 내에 이산화탄소를 방출하는 설비를 말한다.
국소방출방식이란 고정식 이산화탄소 공급장치에 배관 및 분사 헤드를 설치하여 직접 화점에 이산화탄소를 방출하는 설비로 화재발생부분에만 집중적으로 소화약제를 방출하도록 설치하는 방식을 말한다.
호스릴방식이란 이동식 방출방식이라고도 하며, 분사헤드가 배관에 고정되어 있지 않고 소화약제 저장용기에 호스를 연결하여 사람이 직접 화점에 소화약제를 방출하는 이동식 소화설비를 말한다.

정답 ②

31 알루미늄분의 연소 시 주수소화하면 위험한 이유를 옳게 설명한 것은?

① 물에 녹아 산이 된다.
② 물과 반응하여 유독가스가 발생한다.
③ 물과 반응하여 수소가스가 발생한다.
④ 물과 반응하여 산소가스가 발생한다.

 제2류 위험물의 금속분에 속하는 알루미늄분(Al)은 할로겐 원소와 접촉 시 자연발화의 위험이 있으며, 물과 반응 시 수소가스를 발생하기 때문에 주수소화를 금한다.

[반응] $Al + 2H_2O \rightarrow Al(OH)_2 + H_2$

정답 ③

32 인화알루미늄의 화재 시 주수소화를 하면 발생하는 가연성 기체는?

① 아세틸렌   ② 메테인
③ 포스겐   ④ 포스핀

 인화알루미늄(AlP)은 암회색 또는 황색의 결정 또는 분말이며, 제3류 위험물 중 금수성 물질로 물과 반응하여 맹독성의 포스핀(PH_3)(인화수소) 가스를 발생한다.

[반응] $AlP + 3H_2O \rightarrow Al(OH)_3 + PH_3$

정답 ④

33 강화액 소화약제에 소화력을 향상시키기 위하여 첨가하는 물질로 옳은 것은?

① 탄산칼륨   ② 질소
③ 사염화탄소   ④ 아세틸렌

 강화액 약제는 물 소화약제의 동결현상을 극복하고, 소화능력을 증대시키기 위해 탄산칼륨(K_2CO_3), 중탄산나트륨($NaHCO_3$), 황산암모늄[$(NH_4)_2SO_4$], 인산암모늄[$(NH_4)H_2PO_4$] 및 침투제 등을 첨가한 약알칼리성 약제이다.

정답 ①

34 일반적으로 고급 알코올 황산에스터염을 기포제로 사용하며 냄새가 없는 황색의 액체로서 밀폐 또는 준밀폐 구조물의 화재 시 고팽창포로 사용하여 화재를 진압할 수 있는 양친매성포 소화약제는?

① 단백포 소화약제

② 합성계면활성제포 소화약제

③ 알코올형포 소화약제

④ 수성막포 소화약제

 고팽창포로 사용하는 것은 합성계면활성제포 소화약제이다. 양친매성을 갖는 것은 단백포와 합성계면활성제포이고, 합성계면활성제를 주원료로 하는 포 소화약제로 발포를 위한 기포제, 발포된 기포의 지속성 유지를 위한 기포안정제, 빙점을 낮추기 위한 유동점 강하제로 구성되어 있다. 냄새가 없는 황색의 액체로 음이온계 계면활성제인 고급알코올황산에스터염($ROSO_3Na$)을 기포제로 많이 이용한다. 최종 발생한 포 체적을 원래 포 수용액 체적으로 나눈 값을 팽창비라 하는데 포는 팽창비에 따라 80배 이상 1,000배 미만인 것은 고발포용, 20배 이하인 것은 저발포용으로 분류하는데 합성계면활성제포용는 저발포용 및 고발포용 포소화약제 모두에 적합한 것으로 보고, 그 이외의 포 소화약제는 저발포용 포 소화약제에만 적합한 것으로 본다.

정답 ②

35 전기불꽃 에너지 공식에서 (   )에 알맞은 것은? (단, Q는 전기량, V는 방전전압, C는 전기용량을 나타낸다.)

$$E = \frac{1}{2}(\quad) = \frac{1}{2}(\quad)$$

① QV, CV

② QC, CV

③ QV, CV^2

④ QC, QV^2

 최소 착화에너지의 크기는 전기량 및 방전전압의 크기를 측정하여 다음 식으로 산정된다.

[계산] 전기불꽃 에너지 공식은 다음과 같다.

□ $E = \frac{1}{2}QV = \frac{1}{2}(CV)V = \frac{1}{2}CV^2$

$\begin{cases} E : 착화에너지(J) \\ Q : 전기량 \\ C : 전기용량(F) \\ V : 방전전압(V) \end{cases}$

정답 ③

36 위험물 제조소등의 스프링클러설비의 기준에 있어 개방형 스프링클러헤드는 스프링클러헤드의 반사판으로부터 하방 및 수평방향으로 각각 몇 m의 공간을 보유하여야 하는가?

① 하방 0.3m, 수평방향 0.45m

② 하방 0.3m, 수평방향 0.3m

③ 하방 0.45m, 수평방향 0.45m

④ 하방 0.45m, 수평방향 0.3m

 개방형 스프링클러는 스프링클러헤드의 반사판으로부터 하방으로 0.45m, 수평방향으로 0.3m의 공간을 보유하여야 하고, 헤드의 축심이 당해 헤드의 부착면에 대하여 직각이 되도록 설치하여야 한다.

정답 ④

37 적린과 오황화인의 공통 연소생성물은?

① SO_2

② H_2S

③ P_2O_5

④ $H3PO_4$

 제2류 위험물인 적린(P)과 오황화인(P_2S_5)은 연소할 때 공통적으로 유독성의 기체 P_2O_5를 발생한다. 적린은 연소하면 황린과 같이 유독성의 P_2O_5를 발생하고, 일부는 포스핀으로 전환된다.

[반응] □ $4P + 5O_2 \rightarrow 2P_2O_5$

□ $2P_2S_5 + 15O_2 \rightarrow 2P_2O_5 + 10SO_2$

정답 ③

38 제1류 위험물 중 알칼리금속 과산화물의 화재에 적응성이 있는 소화약제는?

① 인산염류 분말

② 이산화탄소

③ 탄산수소염류 분말

④ 할로겐화합물

 제1류 위험물에서 알칼리금속 과산화물은 물과 접촉을 피해야 하는 금수성 물질이다. 대표적인 물질로 과산화칼륨, 과산화나트륨 등이 속하며, 탄산수소염류 분말소화기, 건조사(마른 모래), 팽창질석 또는 팽창진주암으로 질식소화 하여야 한다. 탄산수소염류 분말소화설비는 제6류 위험물에 적응성이 없는 반면에 인산염류 분말소화설비는 적응성이 있다.

정답 ③

39 가연성 가스의 폭발 범위에 대한 일반적인 설명으로 틀린 것은?

① 가스의 온도가 높아지면 폭발 범위는 넓어진다.
② 폭발한계농도 이하에서 폭발성 혼합가스를 생성한다.
③ 공기 중에서보다 산소 중에서 폭발 범위가 넓어진다.
④ 가스압이 높아지면 하한값은 크게 변하지 않으나 상한값은 높아진다.

> **정답분석** 폭발한계농도 이하가 아닌 폭발한계농도 이내에서 폭발성 혼합가스를 생성한다.
>
> 정답 ②

40 위험물 제조소등에 설치하는 포소화설비의 기준에 따르면 포헤드방식의 포헤드는 방호대상물의 표면적 1m² 당 방사량이 몇 L/min 이상의 비율로 계산한 양의 포수용액을 표준방사량으로 방사할 수 있도록 설치하여야 하는가?

① 3.5   ② 4
③ 6.5   ④ 9

> **정답분석** 포헤드방식의 포헤드는 방호대상물의 표면적 1m²당의 방사량이 6.5L/min 이상의 비율로 계산한 양의 포 수용액을 표준방사량으로 방사할 수 있도록 설치하여야 한다.
>
> 정답 ③

41 동식물유류에 대한 설명으로 틀린 것은?

① 건성유는 자연발화의 위험성이 높다.
② 불포화도가 높을수록 아이오딘가가 크며 산화되기 쉽다.
③ 아이오딘값(요오드가)이 130 이하인 것이 건성유이다.
④ 1기압에서 인화점이 섭씨 250도 미만이다.

> **정답분석** 아이오딘값(요오드가)이 130 이하인 것은 반건성유이다. 건성유는 아이오딘가 130 이상으로 정어리유, 해바라기유, 동유, 들기름 등이다.
>
> 정답 ③

42 과산화나트륨이 물과 반응할 때의 변화를 가장 옳게 설명한 것은?

① 산화나트륨과 수소를 발생한다.
② 물을 흡수하여 탄산나트륨이 된다.
③ 산소를 방출하며 수산화나트륨이 된다.
④ 서서히 물에 녹아 과산화나트륨의 안정한 수용액이 된다.

> **정답분석** 금수성 물질인 과산화나트륨(Na_2O_2)과 물이 반응하면 산소를 방출하여 수산화나트륨이 생성된다.
>
> **반응** $2Na_2O_2 + 2H_2O \rightarrow 4NaOH + O_2$
>
> 정답 ③

43 다음 중 연소범위가 가장 넓은 위험물은?

① 휘발유
② 톨루엔
③ 에틸알코올
④ 다이에틸에터(디에틸에테르)

> **정답분석** 항목 중 다이에틸에터(디에틸에테르)의 연소범위가 1.9 ~ 48vol%로 가장 넓다.
>
> **참고** 휘발유의 연소범위는 1.2 ~ 7.6%, 톨루엔의 연소범위는 1.27 ~ 7%, 에틸알코올은 3.5 ~ 20%, 아세트알데하이드(아세트알데히드)는 4 ~ 60%, 산화프로필렌은 2.5 ~ 39%, 아세톤은 2 ~ 13%이다.
>
> 정답 ④

44 메틸에틸케톤의 취급 방법에 대한 설명으로 틀린 것은?

① 쉽게 연소하므로 화기 접근을 금한다.
② 직사광선을 피하고 통풍이 잘되는 곳에 저장한다.
③ 탈지작용이 있으므로 피부에 접촉하지 않도록 주의한다.
④ 유리 용기를 피하고 수지, 섬유소 등의 재질로 된 용기에 저장한다.

 메틸에틸케톤(MEK, $CH_3COC_2H_5$)을 취급할 때는 플라스틱, 합성수지, 고무용기 등은 손상될 수 있으므로 유리용기에 보관해야 한다.

MEK는 제1석유류로 분류되며, 끓는점이 79.6℃로 상온 및 상압에서 안정한 상태이지만 가연성 액체, 증기는 열이나 불꽃에 노출되면 화재위험이 있다. 증기는 밀도 2.5로 공기보다 무거우며 많은 거리를 이동하여 점화원에까지 이른 후 역화(逆火)될 수 있으므로 화기 접근을 엄금하여야 하고, 직사광선을 피하고 통풍이 잘되는 곳에 저장하여야 한다.

MEK는 탈지작용(脫脂作用)이 있으므로 피부에 접촉하지 않도록 주의하여야 한다. 화학적으로 MEK는 Acetone(아세톤)과 유사한 구조로 되어있어 아세톤과 유사한 냄새가 나며, 아세톤이 물과 잘 섞이는 반면 물에 대한 용해도는 27.5%로 물과 대체로 잘 섞이지 않는 특성이 있다.

정답 ④

45 유기과산화물에 대한 설명으로 틀린 것은?

① 소화방법으로는 질식소화가 가장 효과적이다.
② 벤조일퍼옥사이드, 메틸에틸케톤퍼옥사이드 등이 있다.
③ 저장 시 고온체나 화기의 접근을 피한다.
④ 지정수량은 10kg이다.

 유기과산화물(지정수량 10kg)은 제5류 위험물로서 자기반응성 물질이면서 물에 녹지 않는 특성을 가지고 있다. 과산화벤조일(=벤조일퍼옥사이드) 등과 같이 자기연소성을 가진 유기과산화물들은 저장 시 고온체나 화기의 접근을 피해야 하고, 화재발생 시 CO_2, 분말, 할론, 포 등에 의한 질식소화에는 적응성이 없으므로 다량의 물을 이용한 주수소화를 하는 것이 바람직하다.

정답 ①

46 위험물안전관리법령상 시·도의 조례가 정하는 바에 따르면 관할 소방서장의 승인을 받아 지정수량 이상의 위험물을 임시로 제조소등이 아닌 장소에서 취급할 때, 며칠 이내의 기간 동안 취급할 수 있는가?

① 7일 ② 30일
③ 90일 ④ 180일

 시·도의 조례가 정하는 바에 따르면, 관할 소방서장의 승인을 받아 지정수량 이상의 위험물을 90일 이내의 기간 동안은 제조소등이 아닌 장소에서 임시로 저장 또는 취급할 수 있다.

정답 ③

47 다음 물질 중 인화점이 가장 낮은 것은?

① 톨루엔 ② 아세톤
③ 벤젠 ④ 다이에틸에터

 제시된 항목 중 다이에틸에터(디에틸에테르, $C_2H_5OC_2H_5$)는 특수인화물로 인화점(引火點)이 −45℃로 가장 낮다.

참고 톨루엔($C_6H_5CH_3$) → 제1석유류(인화점 : 4℃)
아세톤(CH_3COCH_3) → 제1석유류(−18.5℃)
벤젠(C_6H_6) → 제1석유류(−11℃)

정답 ④

48 오황화인에 관한 설명으로 옳은 것은?

① 물과 반응하면 불연성기체가 발생된다.
② 담황색 결정으로서 흡습성과 조해성이 있다.
③ P_2S_5로 표현되며 물에 녹지 않는다.
④ 공기 중 상온에서 쉽게 자연발화 한다.

 제2류 위험물의 황화인 중 오황화인(P_2S_5)은 담황색 고체로 조해성(Deliquescence), 흡습성(Hygroscopicity)을 가지며, 물에 용해(溶解)되고, 알칼리에도 분해된다.
오황화인은 물 또는 산(酸, Acid)과 반응하여 가연성 기체인 황화수소(H_2S)를 발생시킨다.
오황화인(P_2S_5)의 발화온도(Ignition Temperature)는 약 140℃이므로 공기 중에서 자연발화 하지 않는다.

정답 ②

49 물과 접촉하였을 때 에테인(에탄)이 발생되는 물질은?

① CaC_2 ② $(C_2H_5)_3Al$
③ $C_6H_3(NO_2)_3$ ④ $C_2H_5ONO_2$

정답분석 물과 접촉·반응을 하여 에테인(에탄, C_2H_6) 가스를 발생시키는 것은 트라이에틸알루미늄[$(C_2H_5)_3Al$)]이다.

반응 $(C_2H_5)_3Al + 3H_2O \rightarrow 3C_2H_6 + Al(OH)_3$

정답 ②

50 아염소산나트륨이 완전 열분해하였을 때 발생하는 기체는?

① 산소 ② 염화수소
③ 수소 ④ 포스겐

정답분석 아염소산나트륨($NaClO_2$)이 완전 열분해하였을 때 발생하는 기체는 산소(O_2)이다.

반응 아염소산나트륨의 열분해 반응은 다음과 같다.

□ $3NaClO_2 \xrightarrow[\text{산소 발생}]{350℃ \text{ 이상}} 2O_2 + 2NaOCl + NaCl$

정답 ①

51 위험물안전관리법령에서 정한 위험물의 운반에 대한 설명으로 옳은 것은?

① 위험물을 화물차량으로 운반하면 특별히 규제받지 않는다.
② 승용차량으로 위험물을 운반할 경우에만 운반의 규제를 받는다.
③ 지정수량 이상의 위험물을 운반할 경우에만 운반의 규제를 받는다.
④ 위험물을 운반할 경우 그 양의 다소를 불문하고 운반의 규제를 받는다.

정답분석 위험물을 운반할 경우 그 양의 다소를 불문하고 운반의 규제를 받는다. 모든 위험물 또는 위험물을 수납한 운반용기가 현저하게 마찰 또는 동요를 일으키지 않도록 운반하여야 한다.

정답 ④

52 제6류 위험물의 취급 방법에 대한 설명 중 옳지 않은 것은?

① 가연성 물질과의 접촉을 피한다.
② 지정수량의 1/10을 초과할 경우 제2류 위험물과의 혼재를 금한다.
③ 피부와 접촉하지 않도록 주의한다.
④ 위험물제조소에는 "화기엄금" 및 "물기엄금" 주의사항을 표시한 게시판을 반드시 설치하여야 한다.

정답분석 위험물제조소의 제6류 위험물 게시판에는 주의사항 표시 규정이 없다. 제6류 위험물은 산화성 액체로서 과염소산, 과산화수소, 질산, 할로젠간화합물 등이 이에 해당한다. 따라서, 이들 물질은 가연성 물질과의 접촉을 피해야 하고, 지정수량의 1/10을 초과할 경우 제2류 위험물과의 혼재를 금하며, 피부와 접촉하지 않도록 주의하여야 한다.

참고 물기엄금 : 1류 과산화물, 3류 금수성 물질
화기주의 : 2류 위험물
화기주의 : 2류(인화성 고체), 3류(자연발화성), 4류, 5류 위험물

정답 ④

53 제2류 위험물과 제5류 위험물의 공통적인 성질은?

① 가연성 물질이다.
② 강한 산화제이다.
③ 액체 물질이다.
④ 산소를 함유한다.

정답분석 제2류 위험물(가연성 고체)과 제5류 위험물(자기반응성 물질)은 공통적으로 가연성이다. 제5류 위험물(자기반응성 물질)은 내부에 산소를 포함하지만 제2류 위험물(가연성 고체)은 내부에 산소를 포함하지 않는다.

정답 ①

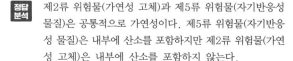

54 묽은 질산에 녹고, 비중이 약 2.7인 은백색 금속은?

① 아연분　　　　② 마그네슘분
③ 안티몬분　　　④ 알루미늄분

 알루미늄분은 제2류 위험물로 은백색의 융점(融點) 660℃, 비중 2.7의 금속이며, 염산 및 수분과 접촉 시 수소가스를 발생한다. 진한 질산은 금·백금·로듐·이리듐 등의 귀금속 이외의 금속과 격렬히 반응하고 이들을 녹이지만, 철·크로뮴·알루미늄·칼슘 등은 부동상태를 만들므로 침식되지 않는다.

정답 ④

55 황린에 대한 설명으로 틀린 것은?

① 백색 또는 담황색의 고체이며, 증기는 독성이 있다.
② 물에는 녹지 않고 이황화탄소에는 녹는다.
③ 공기 중에서 산화되어 오산화인이 된다.
④ 녹는점이 적린과 비슷하다.

 제3류 위험물인 황린(＝백린, P₄)과 제2류 위험물인 적린(P)의 녹는점은 각각 44℃, 416℃이다. 황린은 백색 또는 담황색의 고체이며, 증기는 독성이 있다. 물에는 녹지 않고 이황화탄소에는 녹으며, 공기 중에서 산화되어 오산화인이 된다.

정답 ④

56 다음은 위험물안전관리법령에서 정한 아세트알데하이드 등을 취급하는 제조소의 특례에 관한 내용이다. (　　) 안에 해당하지 않는 물질은?

> 아세트알데하이드 등을 취급하는 설비는 (　　)·(　　)·(　　)·마그네슘 또는 이들을 성분으로 하는 합금으로 만들지 아니할 것

① Ag　　　　② Hg
③ Cu　　　　④ Fe

 아세트알데하이드, 산화프로필렌 등의 옥외저장탱크의 설비는 동·마그네슘·은·수은 또는 이들을 성분으로 하는 합금으로 만들지 않아야 한다.

정답 ④

57 위험물안전관리법령에 근거한 위험물 운반 및 수납 시 주의사항에 대한 설명 중 틀린 것은?

① 위험물을 수납하는 용기는 위험물이 누설되지 않게 밀봉시켜야 한다.
② 온도 변화로 가스가 발생해 운반용기 안의 압력이 상승할 우려가 있는 경우(발생한 가스가 위험성이 있는 경우 제외)에는 가스 배출구가 설치된 운반용기에 수납할 수 있다.
③ 액체 위험물은 운반용기 내용적의 98% 이하의 수납률로 수납하되 55℃의 온도에서 누설되지 아니하도록 충분한 공간 용적을 유지하도록 하여야 한다.
④ 고체 위험물은 운반용기 내용적의 98% 이하의 수납률로 수납하여야 한다.

 고체 위험물은 운반용기 내용적의 95% 이하의 수납률로 수납하여야 한다.

[참고] 액체위험물은 운반용기 내용적의 98% 이하의 수납률로 수납하되, 55℃의 온도에서 누설되지 아니하도록 충분한 공간용적을 유지하도록 하여야 한다.

정답 ④

58 인화칼슘이 물과 반응하여 발생하는 기체는?

① 포스겐　　　　② 포스핀
③ 메테인　　　　④ 이산화황

 인화칼슘(Ca_3P_2)은 물과 반응하여 유독성의 포스핀(PH_3)가스를 생성한다.

[반응] $Ca_3P_2 + 6H_2O \rightarrow 3Ca(OH)_2 + 2PH_3$

정답 ②

59 위험물제조소의 배출설비 기준 중 국소방식의 경우 배출능력은 1시간당 배출장소 용적의 몇 배 이상으로 해야 하는가?

① 10배 　　　② 20배

③ 30배 　　　④ 40배

정답분석 위험물제조소의 배출설비 기준 중 국소방식의 경우 배출능력은 1시간당 배출장소 용적의 20배 이상인 것으로 하여야 한다.

참고 전역방식의 경우에는 바닥면적 1m²당 18m³ 이상으로 할 수 있다.

정답 ②

60 제1류 위험물 중 무기과산화물 150kg, 질산염류 300kg, 다이크로뮴산염류 3000kg을 저장하고 있다. 각각 지정수량의 배수 총합은 얼마인가?

① 5 　　　② 6

③ 7 　　　④ 8

정답분석 지정수량은 무기과산화물의 경우 50kg, 질산염류는 300kg, 다이크로뮴산염류는 1,000kg이다.

계산 지정수량의 배수 총합은 다음과 같이 산정된다.

□ 배수 $= \dfrac{150\text{kg}}{50\text{kg}} + \dfrac{300\text{kg}}{300\text{kg}} + \dfrac{3,000\text{kg}}{1,000\text{kg}} = 7$

정답 ③

제1과목 일반화학

 01 NH₄Cl에서 배위결합을 하고 있는 부분을 옳게 설명한 것은?

① NH_3의 N−H 결합

② NH_3와 H^+과의 결합

③ NH_4^+과 Cl^-

④ H^+과 Cl^-과의 결합

정답분석 배위결합(Covalent Bond)이란 비공유 전자쌍을 지니고 있는 분자나 이온이 결합에 필요한 전자쌍을 제공하는 결합을 말한다. N과 H는 공유결합, NH_3와 H^+의 결합은 배위결합이다. 배위결합물에는 NH_4^+, H_3O^+, BF_3NH_3, SO_4^{2-}, PO_4^{3-} 등이 있다.

정답 ②

 02 자철광 제조법으로 빨갛게 달군 철에 수증기를 통할 때의 반응식으로 옳은 것은?

① $3Fe+4H_2O \rightarrow Fe_3O_4+4H_2$

② $2Fe+3H_2O \rightarrow Fe_2O_3+3H_2$

③ $Fe+H_2O \rightarrow FeO+H_2$

④ $Fe+2H_2O \rightarrow FeO_2+2H_2$

정답분석 자석광(磁石鑛)의 주성분은 FeO_4(72%)이며, 220℃로 가열하여 빨갛게 달군 철에 수증기를 통과시키면 "$3Fe+4H_2O \rightarrow Fe_3O_4+4H_2$"의 반응에 의해 산화철 Fe_2O_4로 바뀌게 된다. 이때 색깔은 변하지만 자성(磁性)이나 결정구조에는 변함이 없다. 575℃이상이 되면 적철석으로 변하여 자성(磁性)이 없어진다.

정답 ①

 03 불꽃 반응 결과 노란색을 나타내는 미지의 시료를 녹인 용액에 $AgNO_3$ 용액을 넣으니 백색침전이 생겼다. 이 시료의 성분은?

① Na_2SO_4

② $CaCl_2$

③ NaCl

④ KCl

정답분석 염화나트륨은 불꽃반응에서 노란색을 나타내며, 질산은 용액과 반응하여 백색침전을 생성한다.

반응 $NaCl+AgNO_3 \rightarrow NaNO_3+AgCl$(백색침전)

정답 ③

 04 다음 화학반응 중 H_2O가 염기로 작용한 것은?

① $CH_3COOH+H_2O \rightarrow CH_3COO^-+H_3O^+$

② $NH_3+H_2O \rightarrow NH_4^++OH^-$

③ $CO_3^{2-}+2H_2O \rightarrow H_2CO_3+2OH^-$

④ $Na_2O+H_2O \rightarrow 2NaOH$

정답분석 수용액(水溶液)에서 OH^-을 내놓는 물질이 염기이며, CH_3COOH의 H^+를 빼앗아 CH_3COO^-로 전환시켰기 때문에 ①의 물이 염기로 작용한 것이다.

정답 ①

 05 AgCl의 용해도는 0.0016g/L이다. 이 AgCl의 용해도곱(Solubility Product)은 약 얼마인가? (단, 원자량은 각각 Ag 108, Cl 35.5이다.)

① 1.24×10^{-10}

② 2.24×10^{-10}

③ 1.12×10^{-5}

④ 4×10^{-4}

정답분석 고체의 mol 용해도와 K_{sp}의 관계식을 이용한다.

ㅁ 몰 용해도$(mol/L) = \sqrt{K_{sp}}$

계산 AgCl의 용해도곱은 다음과 같이 계산한다.

$$\cdot \text{mol 용해도} = \frac{0.0016\,g}{L} \times \frac{mol}{(108+35.5)\,g}$$
$$= 1.115 \times 10^{-5}\,mol/L$$

$$\therefore K_{sp} = (1.115 \times 10^{-5})^2 = 1.24 \times 10^{-10}$$

정답 ①

06 황이 산소와 결합하여 SO_2를 만들 때에 대한 설명으로 옳은 것은?

① 황은 환원된다.
② 황은 산화된다.
③ 불가능한 반응이다.
④ 산소는 산화되었다.

 황(S)이 산소와 결합하여 SO_2를 만들 때, 황(S)은 산화제인 산소에 의해 SO_2로 산화된다.

[반응] $S + O_2 \rightarrow SO_2$

정답 ②

07 다음 화합물 중에서 밑줄 친 원소의 산화수가 서로 다른 것은?

① $\underline{C}Cl_4$
② $Ba\underline{O}_2$
③ $\underline{S}O_2$
④ $Ag_2\underline{S}$

 ①,②,③의 밑줄 친 원소는 모두 $+4$이지만 ④는 -2이다.

[계산] $Ag_2S : 0 = (+1 \times 2) + x, \quad x = -2$

정답 ④

08 먹물에 아교나 젤라틴을 약간 풀어주면 탄소입자가 쉽게 침전되지 않는다. 이때 가해준 아교는 무슨 콜로이드로 작용하는가?

① 서스펜션
② 소수
③ 복합
④ 보호

 먹물은 안정성이 낮은 소수성(疏水性, Hydrophobe) 콜로이드(Colloid)이다. 친수성(親水性, Hydrophile)인 아교를 약간 풀어 줌으로써 탄소 입자가 쉽게 침전되지 않는데 이것은 불안정한 소수성 콜로이드 주변을 친수성인 아교가 둘러쌈으로써 콜로이드를 안정하게 하는데, 이때 탄소를 둘러싸는 친수성의 아교를 보호 콜로이드(Protective Colloid)라 부른다.

정답 ④

09 황의 산화수가 나머지 셋과 다른 하나는?

① Ag_2S
② H_2SO_4
③ SO_4^{2-}
④ $Fe_2(SO_4)_3$

[정답분석] ①의 황(S)만 -2이고, 나머지는 $+6$이다.

[참고] $Ag_2S ; (+1 \times 2) + x = 0, \quad x = -2$
$H_2SO_4 ; (+1 \times 2) + x + (-2 \times 4) = 0, \quad x = +6$
$SO_4^{2-} ; x + (-2 \times 4) = -2, \quad x = +6$
$Fe_2(SO_4)_3 ; (+3 \times 2) + (x \times 3) + (-2 \times 4 \times 3) = 0,$
$\qquad x = +6$

정답 ①

10 다음 물질 중 이온결합을 하고 있는 것은?

① 얼음
② 흑연
③ 다이아몬드
④ 염화나트륨

[정답분석] 이온결합(Ionic Bond)은 전자의 이동으로 형성되는 결합으로 금속 원소+비금속 원소 간의 결합에 의해 형성된다. $NaCl$, CaO, CaF_2 등이 이에 해당한다.

정답 ④

11 H_2O가 H_2S보다 끓는점이 높은 이유는?

① 이온결합을 하고 있기 때문에
② 수소결합을 하고 있기 때문에
③ 공유결합을 하고 있기 때문에
④ 분자량이 적기 때문에

[정답분석] 수소결합(水素結合, Hydrogen Bond)을 갖는 분자(H와 $\cdots$ F, O, N)는 분자간의 인력이 강해 분자 사이의 인력을 끊기 위해서는 많은 에너지가 필요하기 때문에 유사한 분자량을 가진 화합물과 비교할 때 녹는점, 끓는점이 높다.

정답 ②

12 황산구리 용액에 10A의 전류를 1시간 통하면 구리(원자량=63.54)를 몇 g 석출하겠는가?

① 7.2g
② 11.85g
③ 23.7g
④ 31.77g

정답분석 패러데이의 법칙(Faraday's law)을 적용한다.

□ $m_c(g) = \dfrac{\text{가해진 전하량}(C)}{\text{기준 전하량}(96,500\,C)} \times \dfrac{M}{\text{전자가}}$

- $\begin{cases} m_c : \text{석출 금속량}(g) \\ \text{가해진 전하량} = \text{전류} \times \text{시간}(초) \\ \text{원자량} : 63.54 \\ \text{전자가} : 2 \end{cases}$

반응 구리의 석출량(g)은 다음과 같이 산출한다.

∴ $m_c(g) = \dfrac{10 \times 3,600\,C}{96,500\,C} \times \dfrac{63.53}{2} = 11.85\,g$

정답 ②

 13 실제기체는 어떤 상태일 때, 이상기체 방정식에 잘 맞는가?

① 온도가 높고 압력이 높을 때
② 온도가 낮고 압력이 낮을 때
③ 온도가 높고 압력이 낮을 때
④ 온도가 낮고 압력이 높을 때

정답분석 실제기체는 온도가 높고 압력이 낮을 때 이상기체 방정식에 잘 맞는다.

이상기체(理想氣體, Ideal Gas)는 부피가 없고 질량만 있고, 탄성충돌 외에 다른 상호작용이 없으며, 온도와 압력에 따라 상변화를 일으키지 않기 때문에 모든 조건에서 기체로만 존재하는 가상적인 기체를 말한다.

실제기체(實際氣體, Real Gas)는 이상기체 법칙에서 벗어나는 기체, 즉 실제로 존재하는 기체를 말하는 것으로 기체분자는 일정한 공간을 차지하며, 분자의 종류에 따라 형태가 다르고, 상호작용을 하며, 일정한 조건 하에서 액체 등 다른 상(相)으로 변화되기도 한다.

그러나, 실제기체도 압력이 낮고 온도가 높은 환경하에서는 이상기체와 거의 유사한 양상을 보인다. 그것은 분자간의 거리가 멀고 분자가 빠르게 움직이기 때문에, 실제기체도 분자간에 작용하는 인력이나 반발력이 거의 없어져 이상기체에 가깝게 된다.

정답 ③

 14 네슬러 시약에 의하여 적갈색으로 검출되는 물질은 어느 것인가?

① 질산이온
② 암모늄이온
③ 아황산이온
④ 일산화탄소

정답분석 네슬러 시약(Nessle's Reagent)은 암모늄이온(NH_4^+)의 검출(Detection)에 사용되는 시약으로 적갈색의 침전(沈澱)이 생긴다.

정답 ②

 15 산(Acid)의 성질을 설명한 것 중 틀린 것은?

① 수용액 속에서 H^+를 내는 화합물이다.
② pH 값이 작을수록 강산이다.
③ 금속과 반응하여 수소를 발생하는 것이 많다.
④ 붉은색 리트머스 종이를 푸르게 변화시킨다.

정답분석 산(酸, Acid)은 푸른 리트머스 종이를 붉게 변화시킨다.

정답 ④

 16 다음 반응속도식에서 2차 반응인 것은?

① $v = k[A]^{\frac{1}{2}}[B]^{\frac{1}{2}}$
② $v = k[A][B]$
③ $v = [A][B]^2$
④ $v = k[A]^2[B]^2$

정답분석 반응속도$(v) = k[A]^x[B]^y$이고 2차 반응인 것은 ②이다. 농도가 동일한 경우, 즉 농도[A]=농도[B]이면 2차 반응속도 식은 $v = k[A]^2$으로 된다. 2차 반응의 속도상수 단위$(k) = $L/mol·sec이다. 참고로, 이때 반응차수는 반응물의 농도로 결정되며, 생성물의 농도와는 무관하며, 반응식에서 화학양론적 계수를 이용하는 것이 아니라 반드시 반응속도 실험을 통해서 결정되어야 한다.

정답 ②

17 0.1M 아세트산 용액의 해리도를 구하면 약 얼마인가? (단, 아세트산의 해리상수는 1.8×10^{-5}이다.)

① 1.8×10^{-5} ② 1.8×10^{-2}

③ 1.3×10^{-5} ④ 1.3×10^{-2}

계산 1가의 약산인 아세트산(초산) 용액의 전리평형에서 전리상수(K_a)와 전리도(α)의 관계식을 적용한다.

$$\square\ K_a (\text{산 전리상수}) = \frac{[\text{H}^+][\text{CH}_3\text{COO}^-]}{[\text{CH}_3\text{COOH}]_t}$$

- C : 아세트산의 몰 농도 = 0.1
- K_a : 아세트산의 전리상수 = 1.8×10^{-5}
- α 값은 1보다 아주 작으므로 무시($\alpha \ll 1$)

$$\Rightarrow K_a = \frac{[C\alpha][C\alpha]}{[C]} \xrightarrow{\text{각 항을 } C \text{로 나누어 정리하면}}$$

$$\Rightarrow \frac{K_a}{C} = \alpha^2 \Rightarrow \frac{1.8 \times 10^{-5}}{0.1} = \alpha^2$$

$$\therefore\ \alpha(\text{전리도}) = 0.0134$$

정답 ④

18 순수한 옥살산($C_2H_2O_4 \cdot 2H_2O$) 결정 6.3g을 물에 녹여서 500mL의 용액을 만들었다. 이 용액의 농도는 몇 M인가?

① 0.1 ② 0.2

③ 0.3 ④ 0.4

정답 분석 몰 농도는 용액 1L에 용해되어 있는 용질의 몰(mol) 수로 정의된다.

$$\square\ M(\text{mol/L}) = \frac{\text{용질(mol)}}{\text{용액(L)}}$$

계산 옥살산 이수화물($C_2H_2O_4 \cdot 2H_2O$, 분자량 126)에서 옥살산(수산) 순물질($C_2H_2O_4$, 분자량 90)의 비율을 보정하여 다음과 같이 몰농도를 구한다.

$$\therefore\ M = \frac{6.3\,\text{g} \times (90/126)}{500\,\text{mL}} \times \frac{\text{mol}}{90\text{g}} \times \frac{10^3\text{mL}}{\text{L}}$$

$$= 0.1\,\text{mol/L}$$

정답 ①

19 비금속 원소와 금속 원소 사이의 결합은 일반적으로 어떤 결합에 해당되는가?

① 공유결합 ② 금속결합

③ 비금속결합 ④ 이온결합

정답 ④

20 화학반응속도를 증가시키는 방법으로 옳지 않은 것은?

① 온도를 높인다.
② 부촉매를 가한다.
③ 반응물 농도를 높게 한다.
④ 반응물 표면적을 크게 한다.

정답 ②

제2과목 화재예방과 소화방법

21
위험물안전관리법령상 제6류 위험물에 적응성이 있는 소화설비는?

① 옥내소화전 설비
② 불활성가스 소화설비
③ 할로젠화합물 소화설비
④ 탄산수소염류 분말소화설비

정답분석 제6류 위험물에 적응성이 있는 소화설비는 옥내소화전설비이다. 제6류 위험물에 적응성이 없는 것은 불활성가스, 할로젠화합물, 이산화탄소, 분말소화설비(인산염류만 적응성이 있음)이다.

정답 ①

22
인산염 등을 주성분으로 한 분말소화약제의 착색은?

① 백색
② 담홍색
③ 검은색
④ 회색

정답분석 인산염 등을 주성분으로 한 분말소화약제(제3종)의 착색은 담홍색이다.

구분	주성분	착색	사용가능 화재등급
제1종	$NaHCO_3$	백색	B, C
제2종	$KHCO_3$	담회색	B, C
제3종	$NH_4H_2PO_4$ (인산이수소암모늄)	담홍색 (분홍)	A, B, C
제4종	$KHCO_3 + (NH_2)_2CO$	회색	B, C

정답 ②

23
위험물안전관리법령상 위험물과 적응성이 있는 소화설비가 잘못 짝지어진 것은?

① K - 탄산수소염류 분말소화설비
② $C_2H_5OC_2H_5$ - 불활성가스 소화설비
③ Na - 건조사
④ CaC_2 - 물통

정답분석 탄화칼슘(CaC_2)은 제3류 위험물 중 금수성 물질로 물과 반응하여 수산화칼슘과 아세틸렌(에타인, C_2H_2)가스가 생성하므로 물통은 적응성이 없다. 탄화칼슘(CaC_2)은 건조사, 팽창질석, 팽창진주암, 탄산수소염류 분말소화기에 적응성이 있으며, 이산화탄소 소화기에는 적응성이 없다.

반응 $CaC_2 + 2H_2O \rightarrow C_2H_2 + Ca(OH)_2$

정답 ④

24
다음 각 위험물의 저장소에서 화재가 발생하였을 때 물을 사용하여 소화할 수 있는 물질은?

① K_2O_2
② CaC_2
③ Al_4C_3
④ P_4

정답분석 황린(＝백린, P_4)은 제3류 위험물인 자연발화성 물질로 화재발생 시 물 또는 강화액 포와 같은 물계통의 소화제를 사용하여 소화한다. 이때, 황린(P_4)은 주수 소화 시 비산하여 연소가 확대될 위험이 있으므로 주의하여야 하고, 고온에서 산화될 경우 독성 가스인 오산화인(P_2O_5)을 발생시키므로 유의하여야 한다.

참고 ① 과산화칼륨(K_2O_2)은 제1류 위험물(산화성 고체)로서 물과 반응할 경우 산소를 방출한다.
② 탄화칼슘(CaC_2)은 제3류 위험물(자연발화성 물질·금수성 물질)로서 물과 반응할 경우 아세틸렌(에타인)가스를 방출한다.
③ 탄화알루미늄(Al_4C_3)은 제3류 위험물(자연발화성 물질·금수성 물질)로서 물과 반응할 경우 메테인(메탄)가스를 방출한다.

정답 ④

25 위험물안전관리법령상 소화설비의 설치기준에서 제조소등에 전기설비(전기배선, 조명기구 등은 제외)가 설치된 경우에는 해당 장소의 면적 몇 m² 마다 소형 수동식 소화기를 1개 이상 설치하여야 하는가?

① 50   ② 75

③ 100   ④ 150

 제조소 등에 전기설비(전기배선, 조명기구 등은 제외)가 설치된 경우에는 당해 장소의 면적 100m²마다 소형 수동식 소화기를 1개 이상 설치하여야 한다.

정답 ③

26 위험물안전관리법령상 이동저장탱크(압력탱크)에 대해 실시하는 수압시험은 용접부에 대한 어떤 시험으로 대신할 수 있는가?

① 비파괴시험과 기밀시험

② 비파괴시험과 충수시험

③ 충수시험과 기밀시험

④ 방폭시험과 충수시험

 이동저장탱크(압력탱크)의 수압시험은 압력탱크 외의 탱크는 70kPa의 압력으로, 압력탱크는 최대상용압력의 1.5배의 압력으로 각각 10분간의 수압시험을 실시하여 새거나 변형되지 않아야 한다. 이 경우 수압시험은 용접부에 대한 비파괴시험과 기밀시험으로 대신할 수 있다.

정답 ①

27 다음 보기에서 열거한 위험물의 지정수량을 모두 합산한 값은?

- 과아이오딘산
- 과아이오딘산염류
- 과염소산
- 과염소산염류

① 450kg   ② 500kg

③ 950kg   ④ 1200kg

 과아이오딘산(과요오드산), 과아이오딘산염류(과요오드산염류), 과염소산의 지정수량은 각각 300kg, 과염소산염류(과요오드산염류)의 지정수량은 50kg이다. 따라서 합산한 지정수량은 950kg이 된다.

정답 ③

28 다음 중 화재 시 다량의 물에 의한 냉각소화가 가장 효과적인 것은?

① 금속의 수소화물

② 알칼리금속 과산화물

③ 유기과산화물

④ 금속분

 유기과산화물은 제5류 위험물로 다량의 물에 의한 냉각소화가 가장 효과적이다. 따라서 적응성이 있는 소화설비에는 옥내소화전 또는 옥외소화전설비, 스프링클러설비, 물분무 소화설비, 포소화설비 등이 사용된다.

제1류 위험물 중 알칼리금속 과산화물, 제3류 위험물 중 금수성 물질인 금속의 수소화물, 제2류 위험물 중 철분·금속분·마그네슘 등은 금수성 물질이기 때문에 물에 의한 소화는 적합하지 않으며, 건조사 또는 팽창질석, 팽창진주암 등으로 질식소화 하여야 한다.

정답 ③

29 위험물안전관리법령상 옥내소화전설비의 기준으로 옳지 않은 것은?

① 소화전함은 화재발생 시 화재 등에 의한 피해의 우려가 많은 장소에 설치하여야 한다.

② 호스접속구는 바닥으로부터 1.5m 이하의 높이에 설치한다.

③ 가압송수장치의 시동을 알리는 표시등은 적색으로 한다.

④ 별도의 정해진 조건을 충족하는 경우는 가압송수장치의 시동표시등을 설치하지 않을 수 있다.

 소화전함은 화재발생 시 쉽게 접근 가능하고 화재 등의 피해를 받을 우려가 적은 장소에 설치하여야 한다.

정답 ①

30

불활성가스 소화약제 중 IG-55의 구성성분을 모두 나타낸 것은?

① 질소

② 이산화탄소

③ 질소와 아르곤

④ 질소, 아르곤, 아산화탄소

 불활성가스 소화약제 중 IG-55의 조성은 질소(N_2) 50%, 아르곤(Ar) 50%이다.

참고 불활성가스 소화약제의 조성비율은 다음과 같다

종류	조성 비율
IG-01	Ar : 100%
IG-100	N_2 : 100%
IG-541	N_2 : 52%, Ar : 40%, CO_2 : 8%
IG-55	N_2 : 50, Ar : 50%

정답 ③

31

ABC급 화재에 적응성이 있으며 열분해 되어 부착성이 좋은 메타인산을 만드는 분말소화약제는?

① 제1종   ② 제2종

③ 제3종   ④ 제4종

정답분석 ABC급 화재에 적응성이 있으며 열분해 되어 부착성이 좋은 메타인산을 만드는 분말소화약제는 제3종 인산이수소암모늄($NH_4H_2PO_4$)이다.

정답 ③

32

정전기를 유효하게 제거할 수 있는 설비를 설치하고자 할 때 위험물안전관리법령에서 정한 정전기 제거 방법의 기준으로 옳은 것은?

① 공기 중의 상대습도를 70% 이상으로 하는 방법

② 공기 중의 상대습도를 70% 미만으로 하는 방법

③ 공기 중의 절대습도를 70% 이상으로 하는 방법

④ 공기 중의 절대습도를 70% 미만으로 하는 방법

정답분석 위험물을 취급함에 있어서 정전기가 발생할 우려가 있는 설비에는 다음에 해당하는 방법으로 정전기를 유효하게 제거할 수 있는 설비(접지 방법, 공기 중의 상대습도를 70% 이상으로 하는 방법, 공기를 이온화하는 방법)를 갖추어야 한다.

정답 ①

33

자연발화가 일어날 수 있는 조건으로 가장 옳은 것은?

① 주위의 온도가 낮을 것

② 표면적이 작을 것

③ 열전도율이 작을 것

④ 발열량이 작을 것

 주위의 온도가 높을수록, 표면적이 클수록, 열전도율이 낮을수록, 발열량이 높을수록 자연발화가 잘 일어난다.

정답 ③

34 다음은 제4류 위험물에 해당하는 물품의 소화방법을 설명한 것이다. 소화효과가 가장 떨어지는 것은?

① 산화프로필렌 : 알코올형 포로 질식소화한다.
② 아세톤 : 수성막포를 이용하여 질식소화한다.
③ 이황화탄소 : 탱크 또는 용기 내부에서 연소하고 있는 경우에는 물을 사용하여 질식소화한다.
④ 다이에틸에터(디에틸에테르) : 이산화탄소 소화설비를 이용하여 질식소화한다.

 아세톤이나 아세트알데하이드와 같은 수용성 액체의 화재에 수성막포를 이용하면 알코올이 포 속의 물에 녹아 거품이 사라지는 소포(消泡)작용이 나타나 포가 소멸된다. 수용성 액체의 화재에는 알코올형 포 소화약제가 적응성이 있으며, 이 포를 내알코올포 또는 수용성 액체용포라고 한다.

정답 ②

35 피리딘 20000 리터에 대한 소화설비의 소요단위는?

① 5단위 　　② 10단위
③ 15단위 　　④ 100단위

 피리딘은 제4류 위험물 중 제1석유류이며, 지정수량은 400L이다.

[계산] 소요단위는 다음과 같이 산정한다.

□ 소요단위 $= \dfrac{\text{저장수량}}{\text{지정수량} \times 10}$

∴ 소요단위 $= \dfrac{20000}{400 \times 10} = 5$

정답 ①

36 위험물 제조소등에 설치하는 포 소화설비에 있어서 포헤드 방식의 포헤드는 방호대상물의 표면적(m²) 얼마 당 1개 이상의 헤드를 설치하여야 하는가?

① 3 　　② 5
③ 9 　　④ 12

 포 소화설비의 포 헤드는 방호대상물의 표면적 9m²당 1개 이상의 헤드를 설치하여야 한다.

정답 ③

37 탄소 1mol이 완전 연소하는 데 필요한 최소 이론 공기량은 약 몇 L인가? (단, 0℃, 1기압 기준이며, 공기 중 산소의 농도는 21vol%이다.)

① 10.7 　　② 22.4
③ 107 　　④ 224

 이론공기량의 부피는 이론산소량의 부피를 토대로 다음과 같이 계산한다.

□ $A_o = O_o \times \dfrac{1}{0.21}$ 　$\begin{cases} A_o : \text{이론공기량} \\ O_o : \text{이론산소량} \\ 0.21 : \text{공기 중 산소비} \end{cases}$

[계산] 이론공기량은 다음과 같이 계산한다.

□ $O_o = \text{탄소량} \times \text{산소와의 반응비} \left(\dfrac{\text{산소량}}{\text{탄소량}} \right)$

・ $\begin{cases} C \;\; + \;\; O_2 \rightarrow CO_2 \\ 1mol \;\; : \;\; 22.4L \end{cases}$

∴ $A_o = 1mol \times \left(\dfrac{22.4L}{1mol} \right) \times \dfrac{1}{0.21} = 106.67\ L$

정답 ③

38 위험물제조소에 옥내소화전 설비를 3개 설치하였다. 수원의 양은 몇 m³ 이상이어야 하는가?

① 7.8m³ 　　② 9.9m³
③ 10.4m³ 　　④ 23.4m³

 수원의 수량은 옥내소화전의 경우, 가장 많이 설치된 층의 옥내소화전 설치개수(설치개수가 5개 이상인 경우는 5개)에 7.8m³를 곱한 양 이상이 되도록 설치하여야 한다.

[계산] 수원의 양 = 3개 × 7.8m³ = 23.4m³

정답 ④

39 위험물안전관리법령상 옥내소화전설비의 비상전원은 자가발전설비 또는 축전지 설비로 옥내소화전 설비를 유효하게 몇 분 이상 작동할 수 있어야 하는가?

① 10분 　　② 20분
③ 45분 　　④ 60분

 옥내소화전설비, 옥외소화전설비, 물분무 소화설비의 비상전원은 자가발전설비 또는 축전지설비로 옥내소화전설비를 유효하게 45분 이상 작동할 수 있어야 한다.

정답 ③

40 수성막포 소화약제를 수용성 알코올 화재 시 사용하면 소화효과가 떨어지는 가장 큰 이유는?

① 유독가스가 발생하므로
② 화염의 온도가 높으므로
③ 알코올은 포와 반응하여 가연성 가스를 발생하므로
④ 알코올이 포 속의 물을 탈취하여 포가 파괴되므로

 아세톤이나 아세트알데히드와 같은 수용성 액체의 화재에 수성막포를 이용하면 알코올이 포 속의 물에 녹아 거품이 사라지는 소포(消泡)작용이 나타나 포가 소멸된다. 수용성 액체의 화재에는 알코올형 포 소화약제가 적응성이 있으며, 이 포를 내알코올포 또는 수용성 액체용포라고 한다.

정답 ④

41 금속 칼륨에 관한 설명 중 틀린 것은?

① 연해서 칼로 자를 수가 있다.
② 물속에 넣을 때 서서히 녹아 탄산칼륨이 된다.
③ 공기 중에서 빠르게 산화하여 피막을 형성하고 광택을 잃는다.
④ 등유, 경유 등의 보호액 속에 저장한다.

 칼륨(K)은 흡습성, 조해성(潮解性, Deliquescence)이 있고, 물과는 격렬히 반응하여 발열(發熱)하고, 수소를 발생한다. 그러므로 등유, 경유 등의 보호액 속에 저장한다.

정답 ②

42 과산화수소의 성질에 대한 설명 중 틀린 것은?

① 에테르에 녹지 않으며, 벤젠에 녹는다.
② 산화제이지만 환원제로서 작용하는 경우도 있다.
③ 물보다 무겁다.
④ 분해방지 안정제로 인산, 요산 등을 사용할 수 있다.

 과산화수소(H_2O_2)는 물과 에테르, 알코올에 잘 녹으며, 석유와 벤젠에는 녹지 않는다. 위험물안전관리법령에서 정한 과산화수소의 농도는 36%(wt) 이상의 것만 위험물로 취급하며, 알칼리성이 되면 격렬하게 분해되어 산소를 발생시킨다. 이러한 분해를 방지하기 위하여 인산(H_3PO_4), 요산($C_5H_4N_4O_3$) 등의 안정제를 첨가하여 보관한다. 과산화수소는 일반적으로 강력한 산화제이지만 강산화물과 공존할 경우 환원제로 작용하는 양쪽성 물질이다.

정답 ①

43 위험물안전관리법령상 $C_6H_2(NO_2)_3OH$의 품명에 해당하는 것은?

① 유기과산화물
② 질산에스터류
③ 나이트로화합물
④ 아조화합물

 $C_6H_2(NO_2)_3OH$는 자기반응성 물질인 나이트로화합물로 피크린산(트리나이트로페놀)이며, 제5류 위험물로 분류된다.

정답 ③

44 위험물을 저장 또는 취급하는 탱크의 용량은?

① 탱크의 내용적에서 공간용적을 뺀 용적으로 한다.
② 탱크의 내용적으로 한다.
③ 탱크의 공간용적으로 한다.
④ 탱크의 내용적에 공간용적을 더한 용적으로 한다.

 위험물의 저장탱크 용량은 탱크의 내용적에서 공간용적을 뺀 용적으로 한다.

정답 ①

45 P_4S_7에 고온의 물을 가하면 분해된다. 이때 주로 발생하는 유독물질의 명칭은?

① 아황산
② 황화수소
③ 인화수소
④ 오산화린

정답분석 칠황화사인(P_4S_7)은 냉수에서는 서서히 분해되지만 더운 물에서는 급격히 분해하여 황화수소(H_2S)를 발생시킨다.

반응 $aP_4S_7 + bH_2O \rightarrow xH_2S + zH_3PO_4 + $ 기타

정답 ②

46 과산화칼륨에 대한 설명으로 옳지 않은 것은?

① 염산과 반응하여 과산화수소를 생성한다.
② 탄산가스와 반응하여 산소를 생성한다.
③ 물과 반응하여 수소를 생성한다.
④ 물과의 접촉을 피하고 밀전하여 저장한다.

정답분석 과산화칼륨은 물, CO_2와 반응하거나 가열할 경우 산소를 생성하기 때문에 위험하다.

반응
$2K_2O_2 + 2H_2O \rightarrow 4KOH + O_2$
$2K_2O_2 + 2CO_2 \rightarrow 2K_2CO_3 + O_2$
$2K_2O_2 \xrightarrow{\text{가열}} 2K_2O + O_2 \uparrow$

정답 ③

47 염소산칼륨이 고온에서 완전 열분해할 때 주로 생성되는 물질은?

① 칼륨과 물 및 산소
② 염화칼륨과 산소
③ 이염화칼륨과 수소
④ 칼륨과 물

정답분석 염소산칼륨($KClO_3$)이 고온에서 완전 열분해하여 염화칼륨과 산소를 발생한다.

반응 $2KClO_3 \rightarrow 2KCl + 3O_2$

정답 ②

48 위험물안전관리법령상 위험물의 운반에 관한 기준에서 적재하는 위험물의 성질에 따라 직사일광으로부터 보호하기 위하여 차광성 있는 피복으로 가려야 하는 위험물은?

① S
② Mg
③ C_6H_6
④ $HClO_4$

 차광성이 있는 피복으로 가려야 하는 위험물은 제1류 위험물, 제3류 위험물 중 자연발화성 물질, 제4류 위험물 중 특수인화물, 제5류 위험물 또는 제6류 위험물이다. S(황)과 Mg(마그네슘)은 제2류, C_6H_6(벤젠)은 제4류 제1석유류, $HClO_4$(과염소산)은 제6류이므로 ④가 정답이다.

정답 ④

49 연소 시에는 푸른 불꽃을 내며, 산화제와 혼합되어 있을 때 가열이나 충격 등에 의하여 폭발할 수 있으며 흑색화약의 원료로 사용되는 물질은?

① 적린　　　　　② 마그네슘
③ 황　　　　　　④ 아연분

 연소 시 푸른 불꽃을 내며, 산화제와 혼합되어 있을 때 가열이나 충격 등에 의하여 폭발할 수 있으며 흑색화약의 원료로 사용되는 것은 황(S)이다.

정답 ③

50 다음과 같은 성질을 갖는 위험물로 예상할 수 있는 것은?

- 지정수량 : 400L　- 증기비중 : 2.07
- 인화점 : 12℃　　- 녹는점 : -89.5℃

① 메탄올
② 벤젠
③ 아이소프로필알코올
④ 휘발유

 지정수량이 400L인 것은 아세톤, 사이안화수소(시안화수소, HCN), 피리딘, 메틸알코올, 에틸알코올, 아이소프로필알코올(이소프로필알코올) 등이다. 이 중에서 증기비중이 2.07인 것은 아이소프로필알코올이다.

정답 ③

51 제5류 위험물 중 상온(25℃)에서 동일한 물리적 상태(고체, 액체, 기체)로 존재하는 것으로만 나열한 것은?

① 나이트로글리세린, 나이트로셀룰로오스
② 질산메틸, 나이트로글리세린
③ 트라이나이트로톨루엔, 질산메틸
④ 나이트로글리콜, 트라이나이트로톨루엔

 제5류 위험물 중 상온(25℃)에서 동일한 물리적 상태(고체, 액체, 기체)로 존재하는 것으로만 나열된 것은 ②이다. 나이트로셀룰로오스(니트로셀룰로오스), 트라이나이트로톨루엔은 상온에서 고체로 존재하는 물질이다.

정답 ②

52 아세톤과 아세트알데하이드에 대한 설명으로 옳은 것은?

① 증기비중은 아세톤이 아세트알데하이드보다 작다.
② 위험물안전관리법령상 품명은 서로 다르지만 지정수량은 같다.
③ 인화점과 발화점 모두 아세트알데하이드가 아세톤보다 낮다.
④ 아세톤의 비중은 물보다 작지만, 아세트알데하이드는 물보다 크다.

 ③만 올바르다. 증기비중은 아세톤(CH_3COCH_3, 비중 2)이 아세트알데하이드(CH_3CHO, 비중 1.53)보다 크다. 아세톤은 제1석유류로 지정수량 400L, 아세트알데하이드는 특수인화물로서 지정수량 50L이다. 아세톤의 비중은 0.7899, 아세트알데하이드의 비중은 0.7893으로 모두 물보다 작다.

정답 ③

53 다음 중 특수인화물이 아닌 것은?

① CS_2
② $C_2H_5OC_2H_5$
③ CH_3CHO
④ HCN

 특수인화물은 제4류 위험물중 이황화탄소, 다이에틸에테르 그 밖에 1기압에서 발화점이 100℃ 이하인 것 또는 인화점이 영하 20℃ 이하이고, 비점이 40℃ 이하인 것을 말하며, 이황화탄소, 다이에틸에터(디에틸에테르), 아세트알데하이드, 산화프로필렌, 프로필렌옥사이드 등이 이에 속한다. 사이안화수소(시안화수소, HCN)는 제4류 위험물 중 제1석유류에 속한다.

정답 ④

54 위험물안전관리법령상 주유취급소에서의 위험물 취급기준에 따르면 자동차 등에 인화점 몇 ℃ 미만의 위험물을 주유할 때에는 자동차 등의 원동기를 정지시켜야 하는가? (단, 원칙적인 경우에 한한다.)

① 21　　　　　② 25
③ 40　　　　　④ 80

 자동차 등에 인화점 40℃ 미만의 위험물을 주유할 때에는 자동차 등의 원동기를 정지시켜야 한다.

정답 ③

55 $C_2H_5OC_2H_5$의 성질 중 틀린 것은?

① 전기 양도체이다.
② 물에는 잘 녹지 않는다.
③ 유동성의 액체로 휘발성이 크다.
④ 공기 중 장시간 방치 시 폭발성 과산화물을 생성할 수 있다.

정답분석 에테르($C_2H_5OC_2H_5$, $CH_3OC_2H_5$)는 양도체(良導體)가 아니고 부도체(不導體)이며, 물에는 잘 녹지 않는다. 그러므로 특수인화물인 다이에틸에터(디에틸에테르) 등을 저장할 때는 정전기 생성방지를 위해 약간의 $CaCl_2$를 넣어준다. 석유류는 대부분 전도성이 낮으므로 정전기 제거 설비를 하여 정전기의 축적을 방지하여야 한다.

정답 ①

56 다음 중 자연발화의 위험성이 제일 높은 것은?

① 야자유　　　　② 올리브유
③ 아마인유　　　④ 피마자유

정답분석 아마인유는 보기 중 아이오딘가(요오드값)가 가장 높은 건성유로 자연발화의 위험성이 가장 크다. 동식물유류 중 건성유의 자연발화의 위험성이 제일 높다. 아마인유는 건성유에 해당하며 야자유, 올리브유, 피바자유는 불건성유에 해당한다.

정답 ③

57 고체위험물은 운반용기 내용적의 몇 % 이하의 수납률로 수납하여야 하는가?

① 90　　　　② 95
③ 98　　　　④ 99

정답분석 고체위험물의 경우 운반용기 내용적의 95% 이하의 수납률로 수납하여야 한다.

참고 액체위험물의 경우는 운반용기 내용적의 98% 이하의 수납률로 수납하되, 55℃의 온도에서 누설되지 않도록 충분한 공간용적을 유지하여야 한다.

정답 ②

58 황린이 연소할 때 발생하는 가스와 수산화나트륨 수용액과 반응하였을 때 발생하는 가스를 차례대로 나타낸 것은?

① 오산화인, 인화수소
② 인화수소, 오산화인
③ 황화수소, 수소
④ 수소, 황화수소

정답분석 황린(P_4)이 연소할 때는 오산화인(P_2O_5)이 발생되고, 수산화나트륨($NaOH$)과 반응할 때는 인화수소(PH_3)가 발생된다.

반응 $P_4 + 5O_2 \rightarrow 2P_2O_5$
$P_4 + 3NaOH + 3H_2O \rightarrow PH_3 + 3NaH_2PO_2$

정답 ①

59 제4류 위험물의 일반적인 성질에 대한 설명 중 가장 거리가 먼 것은?

① 인화되기 쉽다.
② 인화점, 발화점이 낮은 것은 위험하다.
③ 증기는 대부분 공기보다 가볍다.
④ 액체비중은 대체로 물보다 가볍고 물에 녹기 어려운 것이 많다.

정답분석 제4류 위험물의 증기는 대부분 공기보다 무겁다.

정답 ③

60 위험물안전관리법령상 지정수량의 10배를 초과하는 위험물을 취급하는 제조소에 확보하여야 하는 보유공지의 너비의 기준은?

① 1m 이상　　　② 3m 이상
③ 5m 이상　　　④ 7m 이상

정답분석 지정수량 10배 초과의 위험물을 취급하는 건축물이 보유하여야 할 공지는 5m 이상이다. 보유공지란 위험물을 취급하는 시설에서 화재 등이 발생하는 경우 초기 소화 등의 소화활동 공간과 피난상 확보해야 할 절대공지를 말하며, 위험물의 최대수량에 따라 규정하는 너비의 공지를 보유하여야 한다.

정답 ③

제1과목 일반화학

01 n그램(g)의 금속을 묽은 염산에 완전히 녹였더니 m몰의 수소가 발생하였다. 이 금속의 원자가를 2가로 하면 이 금속의 원자량은?

① $\dfrac{n}{m}$

② $\dfrac{2n}{m}$

③ $\dfrac{n}{2m}$

④ $\dfrac{2m}{n}$

정답분석 수소(H)는 1가의 원소이다. 금속의 원자가(原子價)가 2가이므로 이와 반응하는 수소이온은 금속이온과 동일한 가수로 반응해야 하므로 금속이온 : 염산=1 : 2로 반응한다.

계산 금속과 염산의 반응에 의한 수소의 생성반응과 금속원소의 원자량의 관계식은 다음과 같이 작성하여 문제를 푼다.

$$1M + 2HCl \rightarrow H_2 + 1MCl$$
$$1mol \quad : \quad 1mol$$

$$\Rightarrow H_2(mol) = n(g) \times \frac{\text{금속}\,mol}{\text{금속 원자량}(g)} \times \frac{1mol}{1mol}$$

$$\therefore \text{금속 원자량} = \frac{n}{m} \times \frac{1}{1}$$

정답 ①

02 질산나트륨의 물 100g에 대한 용해도는 80℃에서 148g, 20℃에서 88g이다. 80℃의 포화용액 100g을 70g으로 농축시켜서 20℃로 냉각시키면, 약 몇 g의 질산나트륨이 석출되는가?

① 29.4

② 40.3

③ 50.6

④ 59.7

정답분석 용해도의 관계식을 이용한다.

□ 용해도 (g/100g) $= \dfrac{\text{용질}(g)}{\text{용매의 양}(g)} \times 100$

• $\begin{cases} \text{용매 : 물}(H_2O) \\ \text{용질 : 질산나트륨}(NaNO_3) \end{cases}$

계산 석출되는 질산나트륨은 다음과 같이 계산한다.

㉠ 80℃에서

$\begin{cases} \text{용질 = 포화용액} \times \dfrac{\text{용질}}{\text{용매+용질}} \\ \quad = 100g \times \dfrac{148g}{100g+148g} = 59.68g \\ \text{• 농축 후 용매} = 70g - 59.677g = 10.323\,g \end{cases}$

㉡ 20℃에서

• 용질 $= 59.68g$
  (∵ 용질은 온도에 관계없이 일정하므로)

• 용매의 양에 따른 용질량의 변화(비례식)
  ➡ $100g : 88g = 10.323g : x(g)$,
  $x = 9.08g$(20℃ 용해되어 있는 용질)

$\therefore$ 석출 $NaNO_3 = 59.68\,g - 9.08\,g$
$= 50.6\,g$

정답 ③

03 다음과 같은 경향성을 나타내지 않는 것은?

$$Li < Na < K$$

① 원자번호
② 원자반지름
③ 제1차 이온화에너지
④ 전자수

  1차 이온화에너지는 같은 족에서 원자번호가 작아질수록 이온화에너지가 커진다.

[계산]
- 18족(0족) 원소(He>Ne>Ar>Kr>Xe)가 이온화에너지가 가장 높음
- 1족 원소(Li>Na>K>Rb>Cs)가 이온화에너지가 가장 낮음(수소 제외)
- 주기율표에서 왼쪽에서 오른쪽으로 갈수록 증가함
- 주기율표에서 아래에서 위로 갈수록 증가함
- 이온화에너지는 원자 반지름과 반비례 관계임

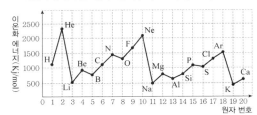

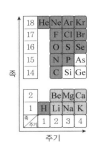

정답 ③

04 금속은 열, 전기를 잘 전도한다. 이와 같은 물리적 특성을 갖는 가장 큰 이유는?

① 금속의 원자 반지름이 크다.
② 자유전자를 가지고 있다.
③ 비중이 대단히 크다.
④ 이온화 에너지가 매우 크다.

 금속은 금속 양이온과 자유전자사이의 강한 인력으로 결합하게 되어 열과 전도성이 크다.

정답 ②

05 어떤 원자핵에서 양성자의 수가 3이고, 중성자의 수가 2일 때 질량수는 얼마인가?

① 1
② 3
③ 5
④ 7

 원자핵(原子核)의 양성자 수는 원자번호와 같고, 전자수와 같다. 중성자수와 양성자 수를 합하면 질량수가 된다.

[계산] 다음과 같이 질량수를 산정한다.
- 질량수 = 원자번호 + 중성자수
∴ 질량수 $= 3 + 2 = 5$

정답 ③

06 상온에서 1L의 순수한 물에는 H^+과 OH^-가 각각 몇 g 존재하는가? (단, H의 원자량은 1.0, 물의 이온곱 상수는 1×10^{-14}이다.)

① 1.0×10^{-7}, 17.0×10^{-7}
② $1000 \times (1/18)$, $1000 \times (17/18)$
③ 18.0×10^{-7}, 18.0×10^{-7}
④ 1.0×10^{-14}, 17.0×10^{-14}

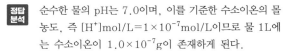 순수한 물의 pH는 7.0이며, 이를 기준한 수소이온의 몰 농도, 즉 $[H^+]$mol/L$=1 \times 10^{-7}$mol/L이므로 물 1L에는 수소이온이 1.0×10^{-7}g이 존재하게 된다.

[계산] H^+와 OH^-의 양은 다음과 같이 산정한다.

- K_w(물의 이온곱 상수) $= [H^+][OH^-]$

$$\begin{cases} pH = 7일 때 \rightarrow [H^+] = 10^{-pH} = 1 \times 10^{-7}\,mol/L \\ [OH^-] = \dfrac{K_w}{[H^+]} = \dfrac{1 \times 10^{-14}}{1 \times 10^{-7}} = 1 \times 10^{-7}\,mol/L \end{cases}$$

∴ $H^+ = \dfrac{1 \times 10^{-7}\,mol}{L} \times 1\,L \times \dfrac{1g}{mol}$
$= 1 \times 10^{-7}\,g$

∴ $OH^- = \dfrac{1 \times 10^{-7}\,mol}{L} \times 1\,L \times \dfrac{17g}{mol}$
$= 17 \times 10^{-7}\,g$

정답 ①

07 프로페인(프로판) 1kg을 완전 연소시키기 위해 표준상태의 산소가 약 몇 m³가 필요한가?

① 2.55
② 5
③ 7.55
④ 10

프로페인(프로판, C_3H_8)의 연소반응에서 이론산소량(O_o)을 산출한다.

$$\begin{cases} C_3H_8 + 5O_2 \rightarrow 3CO_2 + 4H_2O \\ 44kg \quad : 5 \times 22.4m^3 \end{cases}$$

[계산] 이론공기량의 부피는 다음과 같이 계산한다.

$$\therefore O_o = 1kg \times \frac{5 \times 22.4m^3}{44kg} = 2.55m^3$$

정답 ①

08 다음의 염을 물에 녹일 때 염기성을 띠는 것은?

① Na_2CO_3
② $CaCl$
③ NH_4Cl
④ $(NH_4)_2SO_4$

[정답분석] 가수분해 되어 염기성을 띠는 염(鹽)은 NaCN, Na_2CO_3, K_2CO_3 등이다.

정답 ①

09 콜로이드 용액을 친수콜로이드와 소수콜로이드로 구분할 때 소수성 콜로이드에 해당하는 것은?

① 녹말
② 아교
③ 단백질
④ 수산화철(Ⅲ)

[정답분석] 소수성 콜로이드에 해당하는 것은 금속 수산화물인 수산화철(Ⅲ)이다. 소수성 Colloid는 용액 중에 현탁상태(Suspensoid)로 존재하며, 물과 반발하는 성질이 있고, 염에 민감하여 양전하를 갖는 응집·전해질에 의해 쉽게 응결되는 특성을 가지고 있다. 대표적 물질로는 먹물, 점토, 금, 은, 금속 수산화물 등이다. 녹말과 아교는 보호 Colloid로 분류되며, 단백질은 친수성 Colloid로 용액 중에서 유탁상태(Emulsion)로 존재하는 특성이 있다.

정답 ④

10 기하 이성질체 때문에 극성 분자와 비극성 분자를 가질 수 있는 것은?

① C_2H_4
② C_2H_3Cl
③ $C_2H_2Cl_2$
④ C_2HCl_3

[정답분석] 기하 이성질체는 원소의 종류와 개수는 같고, 화학결합도 같으나 공간적인 배열이 달라 확연히 다른 물리적, 화학적 성질이 다른 화합물을 말한다. 시스(cis)형태와 트랜스($trans$)형태로 배열되어야 한다. 따라서 분자식으로 판단할 때는 작용기가 되는 원소가 2개 존재하여야 하므로 ③이 기하 이성질체를 형성할 수 있는 화합물이다.

<그림> cis형태   <그림> $trans$형태

정답 ③

11 메테인(메탄)에 염소를 작용시켜 클로로폼을 만드는 반응을 무엇이라 하는가?

① 중화반응
② 부가반응
③ 치환반응
④ 환원반응

[정답분석] 메테인(메탄, CH_4)에 달려있는 수소 원자 중 세 개를 염소 원자로 치환한 물질. 즉 트라이할로메테인(트리할로메탄, THM)의 일종인 클로로폼(클로로포름, $CHCl_3$)은 극성을 띠고 있기 때문에 물에 잘 용해된다. 테프론이나 냉매를 만드는 데 사용되기도 하는데, 유기물에 오염된 물을 염소소독할 때도 발생한다. 클로로폼을 염소가스와 한 번 더 반응시키면 맹독성을 가진 사염화탄소(CCl_4)가 발생된다.

정답 ③

12 제3주기에서 음이온이 되기 쉬운 경향성은? [단, 0족(18족)기체는 제외한다.]

① 금속성이 큰 것
② 원자의 반지름이 큰 것
③ 최외각 전자수가 많은 것
④ 염기성 산화물을 만들기 쉬운 것

[정답분석] 제3주기에서 비금속성이고, 원자가 껍질이 4개이상으로 많고, 최외각 전자수가 많으며, 산성 산화물을 만들기 쉬운 것, 전기음성도가 높은 것이 음이온이 되기 쉬운 경향성을 가진다.

정답 ③

13 황산구리(Ⅱ) 수용액을 전기분해할 때 63.5g의 구리를 석출시키는데 필요한 전기량은 몇 F인가? (단, Cu의 원자량은 63.5이다.)

① 0.635F   ② 1F
③ 2F   ④ 63.5F

───────────────

정답분석 패러데이의 법칙(Faraday's law)을 적용한다.

$$m_c(g) = \frac{\text{가해진 전기량(F)}}{1F(\text{기준 전기량})} \times \frac{\text{원자량(M)}}{\text{전자가}(e^-)}$$

계산 계산식에 조건을 대입하여 풀면;

$$\bullet \begin{cases} m_c : \text{석출 금속량} = 63.5\,g \\ \text{원자량} : 63.5 \\ \text{전자가} : 2 \end{cases}$$

$$\Rightarrow 63.5\,g = \frac{\text{가해진 전기량(F)}}{1F} \times \frac{63.5}{2}$$

∴ 가해진 전기량 $= 2.0\,F$

정답 ③

14 수성가스(water gas)의 주성분을 옳게 나타낸 것은?

① CO_2, CH_4
② CO, H_2
③ CO_2, H_2, O_2
④ H_2, H_2O

───────────────

정답분석 수성가스(water gas)는 백열된 석탄 또는 코크스에 수증기를 주입하여 얻어지는 기체연료로서 소수(45 ~ 50%), CO(45 ~ 50%)를 주성분으로 하는 단열화염온도가 높은 연료이다.

정답 ②

15 다음은 열역학 제 몇 법칙에 대한 내용인가?

0K(절대온도)에서 물질의 엔트로피는 0이다.

① 열역학 제0법칙
② 열역학 제1법칙
③ 열역학 제2법칙
④ 열역학 제3법칙

───────────────

정답분석 엔트로피에 대한 법칙은 열역학 제3법칙이다.
□제1법칙 : 우주의 에너지는 일정하다.
□제2법칙 : 자발적인 과정에서 우주의 엔트로피는 항상 증가한다.
□제3법칙 : 0K(절대영도)에서 물질의 엔트로피는 0이다.

정답 ④

16 다음과 같은 구조를 가진 전지를 무엇이라 하는가?

$$(-)\ Zn\ \|\ H_2SO_4\ \|\ Cu(+)$$

① 볼타전지   ② 다니엘전지
③ 건전지   ④ 납축전지

───────────────

정답분석 볼타전지(Volta cell)는 1800년에 이탈리아의 A.볼타가 발명한 세계 최초의 1차 전지로서 현재는 묽은 황산 속에 구리와 아연을 담근 것이 볼타전지의 개념(Zn | H_2SO_4용액 | Cu)이다.

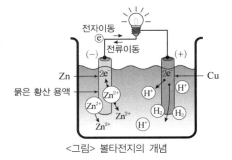

<그림> 볼타전지의 개념

정답 ①

17 20℃에서 NaCl 포화용액을 잘 설명한 것은? (단, 20℃에서 NaCl의 용해도는 36이다.)

① 용액 100g 중에 NaCl이 36g 녹아 있을 때
② 용액 100g 중에 NaCl이 136g 녹아 있을 때
③ 용액 136g 중에 NaCl이 36g 녹아 있을 때
④ 용액 136g 중에 NaCl이 136g 녹아 있을 때

───────────────

정답분석 용해도(溶解度 Solubility)란 용매 100g 중에 녹아 있는 용질의 g 수로서 일정한 온도와 용매에 녹는 용질의 최대량이다.

$$\text{□ 용해도}(g/100g) = \frac{\text{용질}(g)}{\text{용매의 양}(g)} \times 100$$

$$\text{□ } 36 = \frac{36g}{100g} \times 100$$

계산 NaCl의 20℃ 용해도 36을 용액중의 NaCl형태로 나타내면 다음과 같이 된다.

□ 용액 = 용매 + 용질 = 100g + 36g = 136g

∴ 용액중 NaCl $= \dfrac{36g}{136g}$

정답 ③

18 다음 중 KMnO₄의 Mn의 산화수는?

① +1 ② +3

③ +5 ④ +7

 KMnO₄ → $0 = (1) + (x) + (-2 \times 4)$

∴ $Mn = +7$

정답 ④

19 다음 중 배수비례의 법칙이 성립되지 않는 것은?

① H_2O와 H_2O_2

② SO_2와 SO_3

③ N_2O와 NO

④ O_2와 O_3

 배수비례의 법칙(돌턴, 1803)은 2종류 이상의 원소가 화합하여 2종 이상의 화합물을 만들 때, 한 원소의 일정량과 결합하는 다른 원소의 질량비는 항상 간단한 정수비(整數比)를 나타낸다는 법칙이다. 이때, 이 법칙이 성립되기 위해서는 2가지 종류의 원소이어야 하며, 화합물과 화합물 사이에서 성립하여야 한다는 조건이 필요하다. 그런데 ④의 경우는 다른 두 원소가 결합되는 분자가 아니므로 배수비례의 법칙이 성립되지 않는다.

정답 ④

20 [H⁺]=2×10⁻⁶M인 용액의 pH는 약 얼마인가?

① 5.7 ② 4.7

③ 3.7 ④ 2.7

 pH 계산식을 이용한다.

▫ $pH = \log \dfrac{1}{[H^+]}$

[계산] 제시된 수소이온 몰농도(M, mol/L) 값을 이용하여 다음과 같이 용액의 pH를 계산한다.

∴ $pH = \log \dfrac{1}{2 \times 10^{-6}} = 5.7$

정답 ①

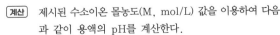
제2과목 화재예방과 소화방법

21 자연발화가 잘 일어나는 조건에 해당하지 않는 것은?

① 주위 습도가 높을 것

② 열전도율이 클 것

③ 주위 온도가 높을 것

④ 표면적이 넓을 것

 열전도율이 낮을수록 분산되는 열은 작아지고, 축적되는 열이 늘어나 연소가 잘 일어난다.

정답 ②

22 제조소 건축물로 외벽이 내화구조인 것의 1소요단위는 연면적이 몇 m²인가?

① 50 ② 100

③ 150 ④ 1000

 제조소 또는 취급소의 건축물로 외벽이 내화구조인 것은 연면적 100m²를 1소요단위로 한다.

정답 ②

23 종별 분말소화약제에 대한 설명으로 틀린 것은?

① 제1종은 탄산수소나트륨을 주성분으로 한 분말
② 제2종은 탄산수소나트륨과 탄산칼슘을 주성분으로 한 분말
③ 제3종은 제일인산암모늄을 주성분으로 한 분말
④ 제4종은 탄산수소칼륨과 요소와의 반응물을 주성분으로 한 분말

 정답분석 $KHCO_3$(탄산수소칼륨)의 소화약제는 제2종 분말 소화약제이다.

참고

구분	1종	2종
주성분	$NaHCO_3$	$KHCO_3$
착색	백색	보라색/담회색

구분	3종	4종
주성분	$NH_4H_2PO_4$	$KHCO_3 + (NH_2)_2CO$
착색	담홍색	회색

정답 ②

24 위험물 제조소등에 펌프를 이용한 가압송수장치를 사용하는 옥내소화전을 설치하는 경우 펌프의 전양정은 몇 m인가? (단, 소방용 호스의 마찰손실수두는 6m, 배관의 마찰손실수두는 1.7m, 낙차는 32m이다.)

① 56.7   ② 74.7
③ 64.7   ④ 39.87

정답분석 펌프의 전양정(全揚程, Total Head)은 다음의 계산식을 이용하여 산정한다.
□ 전양정$(H)(m) = h_1 + h_2 + h_3 + 35m$
$\begin{cases} h_1 : \text{소방용 호스의 마찰손실수두} = 6m \\ h_2 : \text{배관의 마찰손실수두} = 1.7m \\ h_3 : \text{낙차} = 32m \end{cases}$

계산 제시된 조건을 전양정 계산식에 대입한다.
∴ 전양정 $= 6 + 1.7 + 32 + 35m = 74.7\,m$

정답 ②

25 자체소방대에 두어야 하는 화학소방자동차 중 포수용액을 방사하는 화학소방자동차는 전체 법정 화학소방자동차 대수의 얼마 이상으로 하여야 하는가?

① 1/3   ② 2/3
③ 1/5   ④ 2/5

 정답분석 포 수용액을 방사하는 화학소방자동차의 대수는 화학소방자동차 대수의 3분의 2 이상으로 하여야 한다.

정답 ②

26 제1인산암모늄 분말 소화약제의 색상과 적응화재를 옳게 나타낸 것은?

① 백색, BC급
② 담홍색, BC급
③ 백색, ABC급
④ 담홍색 ABC급

 정답분석 제1인산암모늄 분말 소화약제(제3종)는 담홍색으로 착색되며, ABC급 화제에 적용된다.

참고

구분	주성분	착색	사용가능 화재등급
제1종	$NaHCO_3$	백색	B, C
제2종	$KHCO_3$	담회색	B, C
제3종	$NH_4H_2PO_4$ (인산이수소암모늄)	담홍색 (분홍)	A, B, C
제4종	$KHCO_3 + (NH_2)_2CO$	회색	B, C

정답 ④

27 과산화수소 보관장소에 화재가 발생하였을 때 소화방법으로 틀린 것은?

① 마른모래로 소화한다.
② 환원성 물질을 사용하여 중화 소화한다.
③ 연소의 상황에 따라 분무주수도 효과가 있다.
④ 다량의 물을 사용하여 소화할 수 있다.

 정답분석 환원성이 큰 물질인 알데하이드(알데히드) 등을 사용하는 것은 폭발위험을 증대시킨다. 과산화수소 등 제6류 위험물은 가스계 소화설비와 탄산수소염류 분말소화설비를 제외한 소화설비에 적응성이 있다. 마른 모래로 소화하거나 상황에 따라 분무주수 또는 다량의 물을 사용하여 희석소화 할 수 있다.

정답 ②

28 할로젠화합물 소화약제의 구비조건과 거리가 먼 것은?

① 전기절연성이 우수할 것
② 공기보다 가벼울 것
③ 증발 잔유물이 없을 것
④ 인화성이 없을 것

할로젠화합물 소화약제는 공기보다 무거워야 한다. 할로젠화합물 소화약제는 비중이 공기보다 5배 이상으로 무겁기 때문에 산소공급을 차단하여 질식소화 효과를 유발한다. 유류화재(B급)에 적응성이 있고, 전기절연성이 우수하여 전기화재(C급)에도 적응성이 있다.

정답 ②

29 강화액 소화기에 대한 설명으로 옳은 것은?

① 물의 유동성을 강화하기 위한 유화제를 첨가한 소화기이다.
② 물의 표면장력을 강화하기 위해 탄소를 첨가한 소화기이다.
③ 산·알칼리 액을 주성분으로 하는 소화기이다.
④ 물의 소화효과를 높이기 위해 염류를 첨가한 소화기이다.

강화액 소화기는 동절기 물 소화약제의 어는 단점을 보완하기 위해 물에 염류를 첨가한 것으로 탄산칼륨(K_2CO_3) 또는 인산암모늄[$(NH_4)_2PO_4$]을 첨가하여 약알칼리성(pH 11 ~ 12)으로 개발되었다.

정답 ④

30 불활성가스 소화약제 중 IG-541의 구성성분이 아닌 것은?

① 질소   ② 브로민
③ 아르곤   ④ 이산화탄소

불활성의 청정 소화약제 IG-541은 질소 52%, 아르곤 40%, 이산화탄소 8%로 구성되어 있다.

정답 ②

31 연소의 주된 형태가 표면연소에 해당하는 것은?

① 석탄   ② 목탄
③ 목재   ④ 유황

표면연소(表面燃燒, Surface Combustion)는 휘발분이 거의 함유되지 않은 숯이나 코크스, 목탄, 금속가루 등이 연소될 때 가연성 가스를 발생하지 않고 표면의 탄소로부터 직접 연소되는 형태이다.

정답 ②

32 마그네슘 분말의 화재 시 이산화탄소 소화약제는 소화적응성이 없다. 그 이유로 가장 적합한 것은?

① 분해반응에 의하여 산소가 발생하기 때문이다.
② 가연성의 일산화탄소 또는 탄소가 생성되기 때문이다.
③ 분해반응에 의하여 수소가 발생하고 이 수소는 공기 중의 산소와 폭명반응을 하기 때문이다.
④ 가연성의 아세틸렌가스가 발생하기 때문이다.

마그네슘 분말의 화재 시 이산화탄소 소화약제는 소화적응성이 없다. 그 이유는 가연성의 일산화탄소 또는 탄소가 생성되기 때문이다.

반응 $Mg + CO_2 \rightarrow CO + MgO$, $2Mg + CO_2 \rightarrow C + 2MgO$

정답 ②

33 분말소화약제 중 열분해 시 부착성이 있는 유리상의 메타인산이 생성되는 것은?

① Na_3PO_4 ② $(NH_4)_3PO_4$
③ $NaHCO_3$ ④ $NH_4H_2PO_4$

제3종 분말 소화약제($NH_4H_2PO_4$)는 열분해에 의해 부착성이 좋은 메타인산(HPO_3)을 생성하므로 A, B, C급 화재(일반, 유류, 전기)에 적용된다. 메타인산은 가연성 물질이 숯불형태로 연소하는 것을 방지하는 작용을 한다.

참고 제3종 분말 소화약제($NH_4H_2PO_4$)는 열분해 반응은 다음과 같다.

□ $NH_4H_2PO_4 \xrightarrow[\text{흡열 반응}]{166℃} NH_3 + H_3PO_4$

□ $NH_4H_2PO_4 \xrightarrow[\text{흡열 반응}]{360℃ \uparrow} NH_3 + H_2O + HPO_3$

정답 ④

34 제3류 위험물의 소화방법에 대한 설명으로 옳지 않은 것은?

① 제3류 위험물은 모두 물에 의한 소화가 불가능하다.
② 팽창질석은 제3류 위험물에 적응성이 있다.
③ K, Na의 화재 시에는 물을 사용할 수 없다.
④ 할로젠화합물 소화설비는 제3류 위험물에 적응성이 없다.

 정답분석 제3류 위험물 중 자연발화성만 가진 위험물(예 황린)의 소화에는 물 또는 강화액 포와 같은 물계통의 소화제를 사용하는 것이 가능하다.

정답 ①

35 이산화탄소 소화기 사용 중 소화기 방출구에서 생길 수 있는 물질은?

① 포스겐
② 일산화탄소
③ 드라이아이스
④ 수소가스

 정답분석 고압의 기체를 저압으로 낮추면 온도가 급격히 냉각되어지는 줄 – 톰슨(Joule-Thomson) 효과에 의해 CO_2에서 고체상태인 드라이아이스가 만들어진다. 드라이아이스가 주위의 열을 흡수하여 승화(昇華)하면서 냉각소화작용을 하게 된다.

정답 ③

36 위험물제조소에 옥내소화전을 각 층에 8개씩 설치하도록 할 때 수원의 최소 수량은 얼마인가?

① 13m³   ② 20.8m³
③ 39m³   ④ 62.4m³

정답분석 수원의 수량은 옥내소화전의 경우, 가장 많이 설치된 층의 옥내소화전 설치개수(설치개수가 5개 이상인 경우는 5개)에 7.8m³를 곱한 양 이상이 되도록 설치하여야 한다.

[계산] 수원 수량 = 5개 × 7.8m³ = 39m³

정답 ③

37 위험물안전관리법령상 위험물 저장·취급 시 화재 또는 재난을 방지하기 위하여 자체소방대를 두어야 하는 경우가 아닌 것은?

① 지정수량의 3천 배 이상의 제4류 위험물을 저장·취급하는 제조소
② 지정수량의 3천 배 이상의 제4류 위험물을 저장·취급하는 일반취급소
③ 지정수량의 2천 배의 제4류 위험물을 취급하는 일반취급소와 지정수량이 1천 배의 제4류 위험물을 취급하는 제조소가 동일한 사업소에 있는 경우
④ 지정수량의 3천 배 이상의 제4류 위험물을 저장·취급하는 옥외탱크저장소

 정답분석 자체소방대 설치대상은 제4류 위험물을 취급하는 제조소 또는 일반취급소 등이 있는 동일한 사업소에서 지정수량의 3천배 이상의 위험물을 저장 또는 취급하는 경우이다.

[참고] 자체소방대 설치 제외대상은 다음과 같다.
- 위험물을 소비하는 일반취급소
- 위험물을 주입하는 일반취급소
- 위험물을 옮겨 담는 일반취급소
- 유압장치, 윤활유 순환장치로 위험물을 취급하는 일반취급소
- 「광산보안법」의 적용을 받는 일반취급소

정답 ④

38 경보설비를 설치하여야 하는 장소에 해당되지 않는 것은?

① 지정수량 100배 이상의 제3류 위험물을 저장·취급하는 옥내저장소
② 옥내주유취급소
③ 연면적 500m²이고 취급하는 위험물의 지정수량이 100배인 제조소
④ 지정수량 10배 이상의 제4류 위험물을 저장·취급하는 이동탱크저장소

 정답분석 경보설비를 설치하여야 하는 장소 중 지정수량 10배 이상의 위험물을 저장, 취급하는 제조소등에서 이동탱크저장소는 제외한다.

정답 ④

39 위험물안전관리법령상 옥내소화전설비에 관한 기준에 대해 다음 (   )에 알맞은 수치를 옳게 나열한 것은?

옥내소화전설비는 각 층을 기준으로 하여 당해 층의 모든 옥내소화전(설치개수가 5개 이상인 경우는 5개의 옥내소화전)을 동시에 사용할 경우에 각 노즐선단의 방수압력이 (ⓐ)kPa 이상이고 방수량이 1분당 (ⓑ)L 이상의 성능이 되도록 할 것

① ⓐ 350, ⓑ 260
② ⓐ 450, ⓑ 260
③ ⓐ 350, ⓑ 450
④ ⓐ 450, ⓑ 450

 정답분석 옥내소화전 각 층을 기준으로 하여 해당 층의 모든 옥내소화전(설치개수가 5개 이상인 경우는 5개의 옥내소화전)을 동시에 사용할 경우에 각 노즐선단의 방수압력이 350kPa 이상이고, 방수량이 1분당 260L 이상의 성능이 되도록 하여야 한다.

참고

구 분	옥내 소화전설비	옥외 소화전설비	스프링 클러설비
방수압력	350kPa↑	350kPa↑	100kPa↑
방수량	260L/min↑	450L/min↑	80L/min↑

정답 ①

40 제1류 위험물 중 알칼리금속의 과산화물을 저장 또는 취급하는 위험물제조소에 표시하여야 하는 주의사항은?

① 화기엄금   ② 물기엄금
③ 화기주의   ④ 물기주의

 정답분석 제1류 위험물 중 알칼리금속의 과산화물, 제3류 위험물 중 금수성 물질은 "물기엄금" 주의표시를 하여야 한다.

정답 ②

제3과목 위험물의 성질과 취급

41 물과 접촉하면 위험한 물질로만 나열된 것은?

① CH_3CHO, CaC_2, $NaClO_4$
② K_2O_2, $K_2Cr_2O_7$, CH_3CHO
③ K_2O_2, Na, CaC_2
④ Na, $K_2Cr_2O_7$, $NaClO_4$

 정답분석 물과 접촉하였을 때, 위험한 물질로만 나열된 것은 ③이다.

 참고
□ K_2O_2는 알칼리금속의 과산화물로 금수성 물질이고, 가연성 금속류인 나트륨, 칼륨, 마그네슘은 물과 반응하여 수소가스를 발생한다.
□ 탄화칼슘(CaC_2)은 물과 반응하여 에틸렌을 발생시킨다.
□ 아세트알데하이드(CH_3CHO)는 인화성 액체로 제4류 위험물(특수인화물)로 분류되며, 과염소산나트륨($NaClO_4$), 다이크로뮴산칼륨($K_2Cr_2O_7$)은 물에 일부 용해되는 제1류 위험물이다.

정답 ③

42 위험물안전관리법령상 지정수량의 각각 10배를 운반할 때 혼재할 수 있는 위험물은?

① 과산화나트륨과 과염소산
② 과망가니즈산칼륨과 적린
③ 질산과 알코올
④ 과산화수소와 아세톤

 정답분석 지정수량의 1/10 초과하는 위험물에 대하여 제1류 위험물인 과산화나트륨(Na_2O_2)과 제6류 위험물인 과염소산은 혼재할 수 있다.

 참고
□ 과산화나트륨(Na_2O_2)은 산화성 고체로 물에 쉽게 분해되는 성질을 가진 제1류 위험물이다.
□ 과염소산($HClO_4$)은 산화성 액체로 제6류 위험물로 분류되는 물질로 강산류인 동시에 강산화제이고, 모두 불연성이지만 금속, 환원제류, 유기물과 접촉 시 폭발과 화재의 위험이 있다.
□ ②, ③, ④ 항목은 지정수량의 1/10 초과하는 위험물은 혼재할 수 없다.
  • 과망가니즈산칼륨(제1류) – 적린(제2류)
  • 질산(제6류) – 알코올류(제4류)
  • 과산화수소(제6류) – 아세톤(제4류)

정답 ①

43 다음 중 위험물의 저장 또는 취급에 관한 기술상의 기준과 관련하여 시·도의 조례에 의해 규제를 받는 경우는?

① 등유 2000L를 저장하는 경우
② 중유 3000L를 저장하는 경우
③ 윤활유 5000L를 저장하는 경우
④ 휘발유 400L를 저장하는 경우

 정답 분석 지정수량 미만인 위험물의 저장 또는 취급에 관한 기술상의 기준은 특별시·광역시·특별자치시·도 및 특별자치도(시·도)의 조례로 정한다. 제4석유류인 윤활유의 지정수량은 6,000L이므로 6,000L 이하로 저장하는 경우 시·도의 조례에 의해 규제를 받는다.

정답 ③

44 위험물 제조소등의 안전거리의 단축기준과 관련해서 $H \leq pD^2 + a$인 경우 방화상 유효한 담의 높이는 2m 이상으로 한다. 다음 중 a에 해당되는 것은?

① 인근 건축물의 높이(m)
② 제조소등의 외벽의 높이(m)
③ 제조소등과 공작물과의 거리(m)
④ 제조소등과 방화상 유효한 담과의 거리(m)

정답 분석 a는 제조소등의 외벽의 높이(m)이다. 방화상 유효한 담의 높이(H)는 다음에 의하여 산정한 높이 이상으로 한다.

공식 $H \leq pD^2 + a$

$\begin{cases} H : \text{인근 건축물 또는 공작물의 높이(m)} \\ D : \text{제조소} \leftrightarrow \text{인근 건축물, 공작물과의 거리(m)} \\ a : \text{제조소등의 외벽의 높이(m)} \\ p : \text{상수} \end{cases}$

정답 ②

45 위험물제조소는 문화재보호법에 의한 유형문화재로부터 몇 m 이상의 안전거리를 두어야 하는가?

① 20m ② 30m
③ 40m ④ 50m

정답 분석 위험물제조소는 유형문화재와 50m 이상의 안전거리를 두어야 한다.

참고 안전거리 정리
① 사용전압이 7,000V 초과 35,000V 이하의 특고압 가공전선 → 3m 이상
② 사용전압이 35,000V를 초과하는 특고압 가공전선 → 5m 이상
③ 일반 건축물 그 밖의 공작물로서 주거용으로 사용되는 것(제조소가 설치된 부지 내에 있는 것을 제외) → 10m 이상
④ 고압가스, 액화석유가스 또는 도시가스를 저장 또는 취급하는 시설 → 20m 이상
⑤ 학교·병원·극장 그 밖에 다수인을 수용하는 시설 → 30m 이상
⑥ 유형문화재와 지정문화재 → 50m 이상

정답 ④

46 황화인에 대한 설명으로 틀린 것은?

① 고체이다.
② 가연성 물질이다.
③ P_4S_3, P_2S_5 등의 물질이 있다.
④ 물질에 따른 지정수량은 50kg, 100kg 등이 있다.

 정답 분석 황화인의 지정수량은 모두 100kg이다.

정답 ④

47 아세트알데하이드의 저장 시 주의할 사항으로 틀린 것은?

① 구리나 마그네슘 합금 용기에 저장한다.
② 화기를 가까이 하지 않는다.
③ 용기의 파손에 유의한다.
④ 찬 곳에 저장한다.

 정답 분석 아세트알데하이드, 산화프로필렌 등의 옥외저장탱크의 설비는 동·마그네슘·은·수은 또는 이들을 성분으로 하는 합금으로 만들지 않아야 한다.

정답 ①

48 질산과 과염소산의 공통 성질로 옳은 것은?

① 강한 산화력과 환원력이 있다.

② 물과 접촉하면 반응이 없으므로 화재 시 주수소화가 가능하다.

③ 가연성이 없으며 가연물 연소 시에 소화를 돕는다.

④ 모두 산소를 함유하고 있다.

 질산과 과염소산은 모두 제6류 위험물(강산류, 강산화제, 불연성, 물에 잘 녹고, 물과 반응 시 발열)로 분류되는 물질이다. 질산의 분자식은 HNO_3, 과염소산의 분자식은 $HClO_4$로서 모두 산소를 함유하고 있으며, 이 산소가 가연성 물질의 전자를 빼앗아 산화시키는 작용을 한다. 가열 또는 금속 촉매와 접촉할 경우 화재 및 폭발성의 위험성이 있다.

정답 ④

49 가솔린에 대한 설명 중 틀린 것은?

① 비중은 물보다 작다.

② 증기비중은 공기보다 크다.

③ 전기에 대한 도체이므로 정전기 발생으로 인한 화재를 방지해야 한다.

④ 물에는 녹지 않지만 유기용제에 녹고 유지 등을 녹인다.

 가솔린(휘발유)은 제4류 위험물 중 제1석유류(1기압에서 인화점이 21℃ 미만인 것)로 전기적으로 부도체이며, 정전기 축적이 용이하기 때문에 정전기 발생으로 인한 화재를 방지해야 한다.

정답 ③

50 위험물을 적재, 운반할 때 방수성 덮개를 하지 않아도 되는 것은?

① 알칼리금속의 과산화물

② 마그네슘

③ 나이트로화합물

④ 탄화칼슘

 제1류 위험물 중 알칼리금속의 과산화물, 제2류 위험물 중 철분·금속분·마그네슘, 제3류 위험물 중 금수성 물질은 방수성이 있는 피복으로 덮어야 한다. 나이트로화합물(니트로화합물)은 제5류 위험물로 분류되는 자기반응성 물질로서 방수성 덮개를 하지 않아도 된다.

정리 적재, 운반기준

□ 방수성이 있는 피복으로 덮어야 하는 것 : 제1류 위험물 중 알칼리금속의 과산화물 또는 이를 함유한 것, 제2류 위험물 중 철분·금속분·마그네슘 또는 이들 중 어느 하나 이상을 함유한 것 또는 제3류 위험물 중 금수성 물질

□ 차광성이 있는 피복으로 가려야 하는 것 : 제1류 위험물, 제3류 위험물 중 자연발화성 물질, 제4류 위험물 중 특수인화물, 제5류 위험물 또는 제6류 위험물

□ 보냉 컨테이너에 수납하는 등 적정한 온도관리를 해야 하는 것 : 제5류 위험물 중 55℃ 이하의 온도에서 분해될 우려가 있는 것

정답 ③

51 질산암모늄이 가열분해하여 폭발이 되었을 때 발생되는 물질이 아닌 것은?

① 질소　　　　② 물

③ 산소　　　　④ 수소

 질산암모늄(NH_4NO_3)은 제1류 위험물의 질산염류로 무색, 무취의 결정으로 조해성이 있다. 물과 반응하여 흡열반응을 하며, 수산화암모늄과 질산이 발생한다. 무색, 무취의 결정으로 열을 가하면 산소가 발생하고 유기물이 혼합되면 가열, 충격 등에 의해 폭발한다.

반응 질산암모늄의 가열분해 반응은 다음과 같다.

$$\square\ 2NH_4NO_3 \xrightarrow[\text{산소 발생, 폭발}]{200℃ \text{ 이상}} O_2 + 2N_2 + 4H_2O$$

정답 ④

52 다음 중 과망가니즈산칼륨(과망간산칼륨)과 혼촉하였을 때 위험성이 가장 낮은 물질은?

① 물
② 디에틸에테르
③ 글리세린
④ 염산

 정답분석 과망가니즈산칼륨(과망간산칼륨, $KMnO_4$)은 흑자색 결정으로 제1류 위험물(산화성고체)로 분류되며, 물에 녹으면 보라색이 되고 살균력이 뛰어나기 때문에 살균, 소독용으로 많이 쓰인다. 강산화제(強酸化劑)이므로 알코올, 알데하이드(알데히드), 케톤, 올리핀 등을 산화한다. 과망가니즈산칼륨(과망간산칼륨)이 누출 시 석회와 소다회로 중화시키고 전 지역과 세정액을 희석된 아세트산으로 중화(中和)한다.

정답 ①

53 오황화인이 물과 작용해서 발생하는 기체는?

① 이황화탄소
② 황화수소
③ 포스겐가스
④ 인화수소

 정답분석 오황화인(P_2S_5)은 조해성과 흡습성이 있으며, 물과 알칼리에 분해하여 유독성인 황화수소(H_2S)와 인산(H_3PO_4)이 된다.

반응 $P_2S_5 + 8H_2O \rightarrow 5H_2S + 2H_3PO_4$

정답 ②

54 제5류 위험물에 해당하지 않는 것은?

① 나이트로셀룰로오스
② 나이트로글리세린
③ 나이트로벤젠
④ 질산메틸

 정답분석 나이트로벤젠($C_6H_5NO_2$)은 제4류 위험물(제3석유류)로 분류된다.

계산 벤젠류의 위험물 분류 특징
□ 제4류 위험물
• 제1석유류 : 벤젠, 에틸벤젠, 플루오르벤젠, 다이플루오르벤젠(1,3 -)
• 제2석유류 : 클로로벤젠, 브로모벤젠, 1,2 - 다이클로로벤젠, 클로로에틸벤젠, 부틸(2차)벤젠, 이소부틸벤젠, 다이에틸벤젠, 알릴벤젠 등
• 제3석유류 : 나이트로벤젠, 직쇄형 알킬벤젠, 다이메틸나이트로벤젠, 플로로나이트로벤젠, 트라이데실벤젠, 도데실벤젠, 다이메톡시벤젠 등
□ 제5류 위험물 : 다이나이트로벤젠, 1,3,5 - 트라이나이트로벤젠, 파라 - 다이나이트로벤젠, 벤젠설포닐히드라지드 등

정답 ③

55 질산칼륨에 대한 설명 중 틀린 것은?

① 무색의 결정 또는 백색분말이다.
② 비중이 약 0.81, 녹는점은 약 200℃이다.
③ 가열하면 열분해하여 산소를 방출한다.
④ 흑색화약의 원료로 사용된다.

 정답분석 질산칼륨(KNO_3)은 제1류 위험물로 분류되며, 무색의 결정으로 비중은 2.1이며, 녹는점은 333℃이다. 제1류 위험물의 공통적인 특성인 불연성, 강산화제, 분해시 산소방출, 무색의 결정 또는 백색분말, 비중이 1보다 크고, 물에 잘 녹으며, 열·충격·마찰 또는 분해를 촉진하는 유기물이나 금속분과 접촉할 경우 폭발할 위험성을 가지고 있다.

계산 질산칼륨의 반응은 다음과 같다.

□ $KNO_3 \xrightarrow[\text{흑색 화약효과 혼촉 발화 위험}]{\text{유기물 (C, S), Na 등 금속분과 반응}}$
$$xCO_2 + yH_2O + zN_2 + 기타$$

정답 ②

56
가연성 물질이며 산소를 다량 함유하고 있기 때문에 자기연소가 가능한 물질은?

① $C_6H_2CH_3(NO_2)_3$

② $CH_3COC_2H_5$

③ $NaClO_4$

④ HNO_3

 가연성 물질이며, 산소를 다량 함유하는 제5류 위험물(자기반응성 물질)에 대한 문제이다.

$C_6H_2CH_3(NO_2)_3$은 트라이니트로톨루엔(T.N.T)으로 폭약으로 사용되는 자기연소 물질이다.

② : $C_2H_5COCH_3$(메틸에틸케톤) → 제4류 인화성 액체의 제1석유류

③ : $NaClO_4$(과염소산나트륨) → 제1류 산화성 고체의 과염소산염류

④ : HNO_3(질산) → 제6류 산화성 액체

정답 ①

57
어떤 공장에서 아세톤과 메탄올을 18L 용기에 각각 10개, 등유를 200L 드럼으로 3드럼을 저장하고 있다면 각각의 지정수량 배수의 총합은 얼마인가?

① 1.3 　　② 1.5

③ 2.3 　　④ 2.5

 아세톤은 제4류 위험물, 1석유류로서 수용성이므로 지정수량은 400L, 메탄올은 제4류 위험물 알코올류로서 지정수량 400L, 등유는 제4류 위험물, 2석유류로서 비수용성이므로 지정수량은 1,000L이다.

[계산] 지정수량 배수는 다음과 같이 산정된다.

□ 지정수량 배수 $= \dfrac{\text{저장수량}}{\text{지정수량}}$

∴ 배수 $= \left(\dfrac{18L}{400L} + \dfrac{18L}{400L}\right) \times 10 + \dfrac{200L}{1,000L} \times 3 = 1.5$

정답 ②

58
위험물안전관리법령상 제4류 위험물 중 1기압에서 인화점이 21℃인 물질은 제 몇 석유류에 해당하는가?

① 제1석유류 　　② 제2석유류

③ 제3석유류 　　④ 제4석유류

 1기압에서 인화점이 21℃인 물질은 제2석유류(인화점 21 ~ 70℃)에 해당한다.

정답 ②

59
다음 중 증기비중이 가장 큰 물질은?

① C_6H_6

② CH_3OH

③ $CH_3COC_2H_5$

④ $C_3H_5(OH)_3$

 증기의 비중은 분자량 29 공기를 표준물질로 한 밀도(기체 분자량/22.4)의 배수로 산출할 수 있다.

□ 증기비중 $= \dfrac{\text{분자량}/22.4}{29/22.4}$

∴ 증기의 비중이 가장 큰 것은 분자량이 가장 큰 글리세롤 $[C_3H_5(OH)_3]$이다.

정답 ④

60
금속칼륨의 성질에 대한 설명으로 옳은 것은?

① 중금속류에 속한다.

② 이온화경향이 큰 금속이다.

③ 물 속에 보관한다.

④ 고광택을 내므로 장식용으로 많이 쓰인다.

 금속의 이온화경향에서 칼륨(K)의 이온화경향이 가장 크고, 이온화경향이 클수록 산화되려는 성질이며, 화학적 활성이 강하다.

정답 ②

제1과목 일반화학

01 1기압에서 2L의 부피를 차지하는 어떤 이상기체를 온도의 변화 없이 압력을 4기압으로 하면 부피는 얼마가 되겠는가?

① 8L
② 2L
③ 1
④ 0.5L

[정답분석] 온도의 변화 없이 압력만 변화하므로 보일의 법칙(Boyle's law)을 적용한다.

□ $V_2 = V_1 \times \dfrac{P_1}{P_2}$

[계산] 일정한 온도에서 기체의 부피는 압력에 반비례한다.

$\therefore V_2 = 2\,\text{L} \times \dfrac{1기압}{4기압} = 0.5\,\text{L}$

정답 ④

02 반투막을 이용하여 콜로이드 입자를 전해질이나 작은 분자로부터 분리 정제하는 것을 무엇이라 하는가?

① 틴들현상
② 브라운 운동
③ 투석
④ 전기영동

[정답분석] 분산질(分散質)인 콜로이드(Colloid, 1 ~ 1000nm)는 반투막(半透膜, Semipermeable Membrane)을 통과하지 못한다. 따라서 이 원리를 이용하여 반투막을 사용, 콜로이드 입자를 전해질이나 작은 분자로부터 분리·정제하는 것을 투석(透析, Dialysis)이라 한다.

[참고]
□ 틴들현상 : 입자에 의해 빛이 산란되는 현상
□ 브라운 운동 : 콜로이드가 불규칙 운동을 하는 현상
□ 전기영동 : 콜로이드 용액에 전극을 넣고 전압을 걸면 콜로이드 입자가 한쪽 극으로 이동하는 현상

정답 ③

03 불순물로 식염을 포함하고 있는 NaOH 3.2g을 물에 녹여 100mL로 한 다음 그 중 50mL를 중화하는데 1N의 염산이 20mL 필요했다. 이 NaOH의 농도(순도)는 약 몇 wt%인가?

① 10
② 20
③ 33
④ 50

[정답분석] 중화적정식을 이용한다.

□ $NV = N'V'$

$\begin{cases} NV = \text{HCl의 규정도} \times \text{HCl의 양} \\ N'V' = \text{NaOH의 규정 농도} \times \text{NaOH의 양} \end{cases}$

[계산] NaOH 3.2g을 녹여 100mL로 한 다음 그 중 1/2(50mL)를 중화하는데 소요된 1N의 염산의 양은 20mL를 적용하여 계산한다.

$\square\ \dfrac{1\,eq}{\text{L}} \times 20\,\text{mL} \times \dfrac{10^{-3}\,\text{L}}{\text{mL}}$

$= \dfrac{3.2\,\text{g}}{100\,\text{mL}} \times \dfrac{\text{wt}}{100} \times 50\,\text{mL} \times \dfrac{eq}{40\,\text{g}}$

$\therefore \text{wt} = 50\%$

정답 ④

04 지시약으로 사용되는 페놀프탈레인 용액은 산성에서 어떤 색을 띠는가?

① 적색
② 청색
③ 무색
④ 황색

[정답분석] 페놀프탈레인(Phenolphthalein)은 트라이페닐메탄계의 색소로서 산성(酸性) 용액에서 무색, 염기성(鹽基性) 용액에서는 적색으로 변한다. pH 변색 범위는 약 8.3 ~ 10이다.

정답 ③

05 다음 중 배수비례의 법칙이 성립하는 화합물을 나열한 것은?

① CH_4, CCl_4

② SO_2, SO_3

③ H_2O, H_2S

④ SN_3, BH_3

정답분석 배수비례의 법칙(돌턴, 1803)은 2종류 이상의 원소가 화합하여 2종 이상의 화합물을 만들 때, 한 원소의 일정량과 결합하는 다른 원소의 질량비는 항상 간단한 정수비(整數比)를 나타낸다는 법칙이다. 이때 이 법칙이 성립되기 위해서는 2가지 종류의 원소이어야 하며, 화합물과 화합물 사이에서 성립하여야 한다는 조건이 필요하다.

②의 SO_2, SO_3의 경우, 황(S)과 화합하는 산소의 질량은 32g, 48g이다. 따라서 일정 질량의 황과 결합하는 산소의 질량비는 2 : 3으로 배수비례(倍數比例)의 법칙이 성립된다.

참고 □ 질소의 산화물인 N_2O, NO, N_2O_3, NO_2, N_2O_5에 있어서 14g의 질소와 화합하는 산소의 질량은 차례대로 8g, 16g, 24g, 32g, 40g 이다. 따라서 일정 질량의 질소와 결합하는 산소의 질량비는 순서대로 1 : 2 : 3 : 4 : 5이다.

□ 탄소 산화물인 CO, CO_2의 경우도 탄소(C)와 화합하는 산소의 질량은 16g, 32g으로 일정 질량의 탄소와 결합하는 산소의 질량비는 1 : 2로 배수비례의 법칙이 성립된다.

정답 ②

06 결합력이 큰 것부터 작은 순서로 나열한 것은?

① 공유결합 > 수소결합 > 반데르발스결합

② 수소결합 > 공유결합 > 반데르발스결합

③ 반데르발스결합 > 수소결합 > 공유결합

④ 수소결합 > 반데르발스결합 > 공유결합

정답분석 결합력의 세기는 공유결합 > 이온결합 > 금속결합 > 수소결합 > 반데르발스결합 순서이다.

정답 ①

07 다음 중 CH_3COOH와 C_2H_5OH의 혼합물에 소량의 진한 황산을 가하여 가열하였을 때 주로 생성되는 물질은?

① 아세트산에틸

② 메테인산에틸

③ 글리세롤

④ 다이에틸에테르

정답분석 아세트산에틸($CH_3COOC_2H_5$)은 소량의 황산을 가해서 아세트산과 에탄올을 가열 증류하여 얻는다.

계산 에틸알코올은 산(酸) 촉매 하에 아세트산과 에스터화반응(에스테르화반응)을 하여 아세트산에틸을 생성시킨다.

□ $C_2H_5OH + CH_3COOH \xrightarrow[\text{촉매} + \text{가열}]{H_2SO_4}$

$$CH_3COOC_2H_5 + H_2O$$

정답 ①

08 다음 중 비극성 분자는 어느 것인가?

① HF　　　　② H_2O

③ NH_3　　　 ④ CH_4

정답분석 비극성 분자를 구성하고 있는 것은 CO_2, O_2, N_2, I_2, CH_4, C_6H_6, CCl_4 등이다. 비극성(非極性, Nonpolar Nature)이란 극성이 없다는 의미로 사용되는데 쌍극자 모멘트(Moment)가 없는 무극성 결합, 혹은 무극성 분자의 의미로 사용된다.

정답 ④

09 구리를 석출하기 위해 $CuSO_4$ 용액에 0.5F의 전기량을 흘렸을 때 약 몇 g의 구리가 석출되겠는가? (단, 원자량은 Cu 64, S 32, O 16이다.)

① 16
② 32
③ 64
④ 128

정답분석 패러데이의 법칙(Faraday's law)에 따르면 전기분해에 의해 석출되는 물질의 양은 전류와 시간의 곱에 비례한다. 석출되는 물질의 질량은 원자량(M)에 비례하고, 원자가(전자가)에 반비례, 즉 금속원소의 당량에 비례한다.

$$□ \; CuSO_4(l) \rightarrow \underbrace{Cu^{2+} + SO_4^{2-} + 2e^- \rightarrow Cu(s)}_{환원}$$

(위에 $+2 \rightarrow 0$ 표시)

[계산] 구리의 석출량은 다음과 같이 계산된다.

$$□ \; m_c(g) = \frac{가해진\,전기량(F)}{1F(기준\,전기량)} \times \frac{원자량(M)}{전자가(e^-)}$$

$$\therefore \; m_c = \frac{0.5F}{1F} \times \frac{64}{2} = 16\,g$$

정답 ①

10 다음 물질 중 비점이 약 197℃인 무색 액체이고, 약간 단맛이 있으며 부동액의 원료로 사용하는 것은?

① CH_3CHCl_2
② CH_3COCH_3
③ $(CH_3)_2CO$
④ $C_2H_4(OH)_2$

[정답분석] 에틸렌글리콜[$C_2H_4(OH)_2$]은 비점이 약 197℃, 무색의 액체로서, 약간 단맛이 있으며, 유독함. 자동차 부동액으로 주로 이용된다.

정답 ④

11 다음 중 양쪽성 산화물에 해당하는 것은?

① NO_2
② Al_2O_3
③ MgO
④ Na_2O

[정답분석] 양쪽성 원소(Al, Zn, Sn, Pb 등)와 산소가 결합한 물질을 양쪽성 산화물이라 한다. 산화물의 중간적인 성질(양쪽성, Amphoteric)은 주기율표의 주기 내에서 중간에 위치한 원소에서 주로 나타난다.

[참고] □ 비금속과 산소가 결합한 물질 → 산성 산화물
□ 금속과 산소가 결합한 물질 → 염기성 산화물

정답 ②

12 다음 중 아르곤(Ar)과 같은 전자수를 갖는 양이온과 음이온으로 이루어진 화합물은?

① $NaCl$
② MgO
③ KF
④ CaS

[정답분석] 비금속 – 금속의 결합에서 금속은 전자를 쉽게 내놓고, 비금속은 전자를 가져가려고 하는 성질이 강하므로 양이온과 음이온이 되어 이온화합물을 이루게 되는데 18번 원소인 아르곤(Ar)은 최외각 전자수가 8개이므로 $_{20}Ca^{2+}$, $_{16}S^{2-}$이 공유결합을 할 경우, 최외각 전자수는 각각 8개로 되어 안정된 물질을 이룬다.

[참고] □ $_{11}Na^{1족} + _{17}Cl^{7족}$ $_{12}Mg^{2족} + _8O^{6족}$
□ $_{19}K^{1족} + _9F^{7족}$ $_{20}Ca^{2족} + _{16}S^{6족}$

정답 ④

13 다음 중 방향족 화합물이 아닌 것은?

① 톨루엔
② 아세톤
③ 크레졸
④ 아닐린

[정답분석] 탄소 화합물의 구분하는 방법 중에 화합물의 구조에 따라 지방족 화합물과 방향족 화합물로 나누는데, 아세톤(Acetone, CH_3COCH_3)은 지방족 화합물이다. 방향족 화합물(芳香族化合物)은 분자 내에 벤젠고리를 함유하는 유기화합물(有機化合物)을 말한다. 모체가 되는 화합물은 벤젠이며, 방향족 화합물은 벤젠의 유도체이다.

정답 ②

산소의 산화수가 가장 큰 것은?

① O_2 ② $KClO_4$

③ H_2SO_4 ④ H_2O_2

정답분석 O_2에서 산소의 산화수는 0으로 가장 크다. ②, ③은 -2, ④는 -1이다.

정답 ①

 에탄올 20.0g과 물 40.0g을 함유한 용액에서 에탄올의 몰 분율은 약 얼마인가?

① 0.090   ② 0.164

③ 0.444   ④ 0.896

정답분석 몰 분율(Molar Fraction)은 용질(溶質)의 몰 수를 용액(溶液)의 몰 수로 나눈 값이다. 에탄올(C_2H_5OH)의 분자량은 $46(12×2+1×5+16+1)$, 물(H_2O)의 분자량은 18이다.

계산 에탄올의 몰 분율은 다음과 같이 산출한다.

□ 몰 분율(mol/mol) $= \dfrac{\text{용질(mol)}}{\text{용액(mol)}}$

$\begin{cases} \text{용질(에탄올)의 mol} = 20\,g × \dfrac{mol}{46g} = 0.435\,mol \\ \text{용매(물)의 mol} = 40\,g × \dfrac{mol}{18g} = 2.22\,mol \end{cases}$

∴ 몰 분율 $= \dfrac{0.435\,mol}{(0.435+2.22)\,mol} = 0.164\,mol/mol$

정답 ②

 다음 중 밑줄 친 원자의 산화수 값이 나머지 셋과 다른 하나는?

① $\underline{Cr}_2O_7{}^{2-}$ ② $H_3\underline{P}O_4$

③ $H\underline{N}O_3$ ④ $H\underline{Cl}O_3$

정답분석 다이크로뮴산이온($Cr_2O_7{}^{2-}$)의 전체 산화수는 -2이고, 산소(O)의 산화수는 -2이므로 다음과 같이 크로뮴의 산화수를 구할 수 있다.

□ $Cr_2O_7{}^{2-}$ ➞ $-2 = (x×2) + (-2×7)$, $x = +6$

∴ Cr 산화수 $= +6$

참고 ② $0 = (1×3) + x + (-2×4)$, $x = +5$
③ $0 = +1 + x + (-2×3)$, $x = +5$
④ $0 = +1 + x + (-2×3)$, $x = +5$

정답 ①

 어떤 금속(M) 8g을 연소시키니 11.2g의 산화물이 얻어졌다. 이 금속의 원자량이 140이라면 이 산화물의 화학식은?

① M_2O_3 ② MO

③ MO_2 ④ M_2O_7

정답분석 금속의 연소반응식을 적용하여 연소 후 생성된 산화물의 질량으로 부터 산화물의 화학식을 산정할 수 있다.

계산 산화물의 화학식은 다음과 같이 산정한다.

□ $(x)M + (y)O → M_xO_y$

• $x(= \text{금속 mol}) = \dfrac{8}{140} = 0.0571\,mol$

• $y(= \text{산소 mol}) = \dfrac{(11.2-8)}{16} = 0.2\,mol$

⇨ $\dfrac{0.0571}{0.0571} : \dfrac{0.2}{0.0571} = 1 : 3.503$

$\xrightarrow[\text{곱하기 2}]{\text{각 항에 정수가 나올때까지}} 2 : 7$

∴ $M_xO_y = M_2O_7$

정답 ④

 다음 중 전리도가 가장 커지는 경우는?

① 농도와 온도가 일정할 때
② 농도가 진하고 온도가 높을수록
③ 농도가 묽고 온도가 높을수록
④ 농도가 진하고 온도가 낮을수록

정답분석 전리도(電離度, Degree of Ionization)이란 전해질 용액 중 용질에 대해서 전리하여 이온화한 물질량이 차지하는 비율을 말하며, "이온화도"라고도 한다. 농도가 묽고, 온도가 높을수록 전리도는 증가한다.

정답 ③

19 Rn은 α선 및 β선을 2번씩 방출하고 다음과 같이 변했다. 마지막 Po의 원자번호는 얼마인가? (단, Rn의 원자번호는 86, 원자량은 222이다.)

$$Rn \xrightarrow{\alpha} Po \xrightarrow{\alpha} Pb \xrightarrow{\beta} Bi \xrightarrow{\beta} Po$$

① 78   ② 81
③ 84   ④ 87

[정답분석] α 붕괴는 질량수 4 감소, 원자번호는 2 감소하며, β 붕괴는 질량수의 변화가 없고 원자번호만 1 증가한다.

[반응] 라돈은 다음과 같이 변화된다.

$$^{222}_{86}Rn \xrightarrow[^4_2He]{\alpha} {}^{218}_{84}Po \xrightarrow[^4_2He]{\alpha} {}^{214}_{82}Pb \xrightarrow[\boxed{^0_{-1}e}]{\beta +} {}^{214}_{83}Bi \xrightarrow[\boxed{^0_{-1}e}]{\beta +} {}^{214}_{84}Po$$

정답 ③

20 어떤 기체의 확산속도가 $SO_2(g)$의 2배이다. 이 기체의 분자량은 얼마인가? (단, 원자량은 S = 32, O = 16이다.)

① 8   ② 16
③ 32   ④ 64

[정답분석] SO_2의 분자량은 64이므로 그레이엄의 법칙(Graham's law)에 이를 적용하여 문제를 푼다.

[계산] 기체의 분자량은 다음과 같이 산정된다.

$$\frac{V_2}{V_1} = \frac{K\dfrac{1}{\sqrt{M_{w(2)}}}}{K\dfrac{1}{\sqrt{64}}} = \frac{\dfrac{1}{\sqrt{M_{w(2)}}}}{0.125} = 2$$

$$\therefore M_{w(2)} = 16$$

정답 ②

제2과목 화재예방과 소화방법

21 위험물안전관리법령상 제3류 위험물 중 금수성 물질에 적응성이 있는 소화기는?

① 할로젠화합물소화기
② 인산염류 분말소화기
③ 이산화탄소 소화기
④ 탄산수소염류 분말소화기

[정답분석] 제3류 위험물 중 금수성 물질에 속하는 것은 칼륨, 나트륨, 알킬알루미늄, 황린, 알칼리금속 및 알칼리토금속, 유기금속화합물, 금속의 수소화물, 금속의 인화물, 칼슘 또는 알루미늄의 탄화물 등이며, 이러한 금수성 물질의 화재에는 탄산수소염류 분말소화기, 건조사(마른 모래), 팽창질석 또는 팽창진주암으로 질식소화 하여야 한다.

[참고] 제3류 위험물 중 금수성 물질 이외의 것은 자연발화성 물질에 해당되는데, 이러한 자연발화성 물질은 할로젠화합물, 불활성 가스, 이산화탄소 분말에 적응성이 없으며, 포소화설비에 적응성이 있다.

정답 ④

22 할로젠화합물 청정소화약제 중 HFC-23의 화학식은?

① CF_3I
② CHF_3
③ $CF_3CH_2CF_3$
④ C_4F_{10}

[정답분석] 소화약제 HFC-23기호에서 23+90=113이므로 차례로 탄소수 1, 수소수 1, 불소수 3이므로 소화약제의 화학식은 CHF_3와 같이 된다.

정답 ②

23 질식효과를 위해 포의 성질로서 갖추어야 할 조건으로 가장 거리가 먼 것은?

① 기화성이 좋을 것

② 부착성이 있을 것

③ 유동성이 좋을 것

④ 바람 등에 견디고 응집성과 안정성이 있을 것

포 소화약제는 안정성이 좋아야 한다. 따라서 쉽게 기화되지 않는 즉, 기화성이 낮아야 한다.

[참고] **포 소화약제의 구비조건**

□ 포의 안정성이 좋아야 한다.

□ 포의 내유성, 유동성이 좋아야 한다.

□ 포의 소포성이 적어야 한다(내열성이 좋을 것).

□ 유류와의 점착성(부착성)이 좋고, 유류의 표면에 잘 분산되어야 한다.

□ 독성이 없어 인체에 무해해야 한다.

□ 바람 등에 견디고, 응집성과 안정성이 있어야 한다.

정답 ①

24 인화성 액체의 화재의 분류로 옳은 것은?

① A급 화재　　② B급 화재

③ C급 화재　　④ D급 화재

[정답분석] 인화성 액체의 화재는 B급 화재로 분류된다. 화재는 소화 적응성에 따라 A급 화재(일반화재), B급 화재(유류화재), C급 화재(전기화재), D급 화재(금속화재)로 분류 및 구분한다.

유류화재는 연소 후 아무것도 남기지 않는 화재로 휘발유, 경유, 가솔린, LPG 등의 인화성 액체 및 기체 등의 화재를 말하며, 유류표면에 유증기의 증발 방지층을 만들어 산소를 제거하는 질식소화 방법이 가장 효과적이다.

[참고] **화재의 분류와 소화기의 착색**

□ A급 화재 – 섬유, 종이, 목재 등 – 백색

□ B급 화재 – 유류, 제4류 위험물 등 – 황색

□ C급 화재 – 전기 – 청색

□ D급 화재 – 금속 – 무색

정답 ②

25 수소의 공기 중 연소 범위에 가장 가까운 값을 나타내는 것은?

① 2.5 ~ 82.0vol%

② 5.3 ~ 13.9vol%

③ 4.0 ~ 74.5vol%

④ 12.5 ~ 55.0vol%

[정답분석] 수소의 연소범위는 4.0 ~ 74.5vol%에 가장 가깝다.

정답 ③

26 마그네슘 분말이 이산화탄소 소화약제와 반응하여 생성될 수 있는 유독기체의 분자량은?

① 28　　　　② 32

③ 40　　　　④ 44

[정답분석] 마그네슘 분말이 이산화탄소 소화약제와 반응하여 생성될 수 있는 유독기체는 일산화탄소(CO)이다.

[반응] $Mg + CO_2 \rightarrow CO + MgO$

정답 ①

27 위험물안전관리법령상 옥내소화전 설비의 설치 기준에 따르면 수원의 수량은 옥내소화전이 가장 많이 설치된 층의 옥내소화전 설치개수(설치개수가 5개 이상인 경우는 5개)에 몇 m³를 곱한 양 이상이 되도록 설치하여야 하는가?

① 2.3　　　　② 2.6

③ 7.8　　　　④ 13.5

[정답분석] 수원의 수량은 옥내소화전의 경우, 가장 많이 설치된 층의 옥내소화전 설치개수(설치개수가 5개 이상인 경우는 5개)에 7.8m³를 곱한 양 이상이 되도록 설치하여야 한다.

[계산] 수원의 수량 = 5개 × 7.8m³ = 39m³

정답 ③

28 물이 일반적인 소화약제로 사용될 수 있는 특징에 대한 설명 중 틀린 것은?

① 증발잠열이 크기 때문에 냉각시키는데 효과적이다.
② 물을 사용한 봉상수 소화기는 A급, B급 및 C급 화재의 진압에 적응성이 뛰어나다.
③ 비교적 쉽게 구해서 이용이 가능하다.
④ 펌프, 호스 등을 이용하여 이송이 비교적 용이하다.

 물의 소화작용은 냉각작용, 질식작용, 유화작용, 희석작용, 타격작용이다.
봉상주수(棒狀注水)란 막대모양의 물줄기를 가연물에 직접 주수하는 방법으로 소방용 노즐을 이용한 주수가 대부분 여기에 속하며, 냉각작용, 질식작용, 타격작용이 중심이 된다.
유류화재(B급)의 경우에는 봉상으로 주수하면 거품이 격렬하게 발생되기 때문에 부적합하고, .봉상주수를 하면 전기전도성이 있으므로 전기화재(C급화재)에도 부적합하다.

정답 ②

29 CO_2에 대한 설명으로 옳지 않은 것은?

① 무색, 무취 기체로서 공기보다 무겁다.
② 물에 용해 시 약알칼리성을 나타낸다.
③ 농도에 따라서 질식을 유발할 위험성이 있다.
④ 상온에서도 압력을 가해 액화시킬 수 있다.

 이산화탄소는 물에 용해 시 약산성을 나타낸다. 이산화탄소의 주된 소화작용은 질식소화와 냉각소화이며 일반화재의 경우 피복소화도 가능하다. 비중은 약 1.526으로 공기보다 무거워 산소의 공급을 차단시켜 소화하는 질식기능을 갖는다.

정답 ②

30 물리적 소화에 의한 소화효과(소화방법)에 속하지 않는 것은?

① 제거효과
② 질식효과
③ 냉각효과
④ 억제효과

 억제효과는 화학적 소화에 해당한다. 물리적 소화에 의한 소화효과(소화방법)는 제거효과, 질식효과, 냉각효과가 있다.

정답 ④

31 위험물안전관리법령상 간이소화용구(기타소화설비)인 팽창질석은 삽을 상비한 경우 몇 L가 능력단위 1.0인가?

① 70L
② 100L
③ 130L
④ 160L

 팽창질석 또는 팽창진주암은 삽 1개를 포함하여 1단위를 160L으로 한다.

정답 ④

32 위험물안전관리법령상 소화설비의 구분에서 물분무등 소화설비에 속하는 것은?

① 포소화설비
② 옥내소화전설비
③ 스프링클러설비
④ 옥외소화전설비

 물분무등 소화설비에는 물분무 소화설비, 미분무소화설비, 포소화설비, 이산화탄소 소화설비, 할로젠화합물 소화설비, 청정소화약제 소화설비, 분말소화설비, 강화액소화설비, 옥외소화전설비 등이다.

정답 ①

33 가연성고체 위험물의 화재에 대한 설명으로 틀린 것은?

① 적린과 유황은 물에 의한 냉각소화를 한다.
② 금속분, 철분, 마그네슘이 연소하고 있을 때에는 주수해서는 안 된다.
③ 금속분, 철분, 마그네슘, 황화인은 마른 모래, 창질석 등으로 소화를 한다.
④ 금속분, 철분, 마그네슘의 연소 시에는 수소와 유독가스가 발생하므로 충분한 안전거리를 확보해야 한다.

 금속분, 철분, 마그네슘이 물과 반응할 경우 수소가스가 발생한다. 그러므로 충분한 안전거리를 확보해야 한다. 금속분, 철분, 마그네슘의 화재에는 건조사(마른 모래), 팽창질석 또는 팽창진주암 등으로 질식소화 하는 것이 효과적이다.

정답 ④

34 과산화칼륨이 다음과 같이 반응하였을 때 공통적으로 포함된 물질(기체)의 종류가 나머지 셋과 다른 하나는?

① 가열하여 열분해 하였을 때
② 물(H_2O)과 반응하였을 때
③ 염산(HCl)과 반응하였을 때
④ 이산화탄소(CO_2)와 반응하였을 때

정답 분석 과산화칼륨(K_2O_2)은 물, CO_2와 반응, 가열할 경우 산소를 생성하지만 염산(HCl)과 반응하면 과산화수소(H_2O_2)를 발생한다.

□ $K_2O_2 + 2HCl \rightarrow H_2O_2 + 2KCl$

참고 과산화칼륨(K_2O_2)의 반응특성은 다음과 같다.

□ $2K_2O_2 \xrightarrow{\text{가열}} 2K_2O + O_2$

□ $2K_2O_2 + 2H_2O \rightarrow 4KOH + O_2$

□ $2K_2O_2 + 2CO_2 \rightarrow 2K_2CO_3 + O_2$

정답 ③

35 다음 중 보통의 포소화약제보다 알코올형 포소화약제가 더 큰 소화효과를 볼 수 있는 대상물질은?

① 경유
② 메틸알코올
③ 등유
④ 가솔린

정답 분석 알코올형포(＝내알코올포) 소화약제는 수용성 가연물인 알코올류, 에테르류, 케톤류, 알데하이드류, 아민류, 유기산, 특수인화물, 피리딘 등에 적합하다.

정답 ②

36 연소의 3요소 중 하나에 해당하는 역할이 나머지 셋과 다른 위험물은?

① 과산화수소
② 과산화나트륨
③ 질산칼륨
④ 황린

정답 분석 연소의 3요소는 가연물, 점화원, 산소공급원이다. 보기의 항목에서 과산화수소는 제6류 위험물로서 열분해될 때 산소(산소 공급원)를 발생하고, 과산화나트륨과 질산칼륨은 제1류 위험물로서 열분해될 때 산소를 발생한다. 그러나 황린은 가연물질로 공기 중에서 연소하여 오산화인을 발생한다.

정답 ④

37 위험물안전관리법령상 전역방출방식 또는 국소방출방식의 불활성가스 소화설비 저장용기의 설치기준으로 틀린 것은?

① 온도가 40℃ 이하이고 온도 변화가 적은 장소에 설치할 것
② 저장용기의 외면에 소화약제의 종류와 양, 제조연도 및 제조자를 표시할 것
③ 직사일광 및 빗물이 침투할 우려가 적은 장소에 설치할 것
④ 방호구역 내의 장소에 설치할 것

정답 분석 불활성가스 소화설비 저장용기는 방호구역 외의 장소에 설치하여야 한다.

정답 ④

38 칼륨, 나트륨, 탄화칼슘의 공통점으로 옳은 것은?

① 연소 생성물이 동일하다.

② 화재 시 대량의 물로 소화한다.

③ 물과 반응하면 가연성 가스를 발생한다.

④ 위험물안전관리법령에서 정한 지정수량이 같다.

---

 ③만 올바르다. 칼륨, 나트륨, 탄화칼슘은 공통적으로 금수성 물질이므로 물과 반응하여 가연성 가스(수소, 아세틸렌)를 발생한다.

칼륨, 나트륨은 제3류 위험물 중 자연발화성 물질에 속하며, 연소 시 많은 열을 발생한다.

나트륨(Na), 칼륨(K), 알루미늄(Al) 등은 발화점이 낮아 화재를 일으킬 위험성이 다른 금속에 비하여 높다. 칼륨과 나트륨은 금수성 물질로 물과 반응하여 가연성·폭발성이 있는 수소가스를 발생하고 탄화칼슘은 물과 반응하여 가연성·폭발이 있는 아세틸렌가스를 발생시킨다.

[참고] 칼륨, 나트륨, 탄화칼슘의 물과 반응

□ $2K + 2H_2O \xrightarrow[\text{수소가스}(H_2)\ \text{발생}]{\text{발열반응}} H_2 + 2KOH$

□ $2Na + 2H_2O \xrightarrow[\text{수소가스}(H_2)\ \text{발생}]{\text{발열반응}} H_2 + 2NaOH$

□ $CaC_2 + 2H_2O \rightarrow C_2H_2 + Ca(OH)_2$

정답 ③

39 공기포 발포배율을 측정하기 위해 중량 340g, 용량 1800mL의 포 수집 용기에 가득히 포를 채취하여 측정한 용기의 무게가 540g이었다면 발포배율은? (단, 포 수용액의 비중은 1로 가정한다.)

① 3배

② 5배

③ 7배

④ 9배

 포 소화제는 발포배율(팽창비)에 따라 저발포용과 고발포용으로 구분할 수 있는데 팽창비가 20이하인 것은 저발포용, 팽창비가 80이상인 것은 고발포용에 해당한다.

[참고] 공기포의 발포배율은 다음과 같이 산정된다.

□ 발포배율(팽창비) $= \dfrac{V}{W_2 - W_1}$

• $\begin{cases} V: \text{포 수집용기의 내용적} = 1,800\,\text{mL} \\ W_1: \text{포 수집용기의 중량} = 340\,\text{g} \\ W_2: \text{포 수집용기의 총 중량} = 540\,\text{g} \end{cases}$

∴ 발포배율(팽창비) $= \dfrac{1,800}{540 - 340} = 9$ 배

정답 ④

40 위험물안전관리법령상 위험물저장소 건축물의 외벽이 내화구조인 것은 연면적 얼마를 1소요단위로 하는가?

① 50m² ② 75m²

③ 100m² ④ 150m²

 저장소의 건축물은 외벽이 내화구조인 것은 연면적 150m²를 1소요단위로 하고, 외벽이 내화구조가 아닌 것은 연면적 75m²를 1소요단위로 한다.

정답 ④

제3과목 위험물의 성질과 취급

41
취급하는 장치가 구리나 마그네슘으로 되어 있을 때 반응을 일으켜서 폭발성의 아세틸라이트를 생성하는 물질은?

① 이황화탄소
② 이소프로필알코올
③ 산화프로필렌
④ 아세톤

정답분석 산화프로필렌(C_3H_6O)은 제4류 위험물 중 특수인화물로 구리, 마그네슘, 수은, 은 등과 반응 시 폭발성의 아세틸라이드(Acetylide)를 생성하기 때문에 저장용기에는 불연성 가스를 주입하여야 한다.

참고
□ 산화프로필렌은 프로페인(프로판)의 1, 2 – 자리가 산소원자로 결합된 구조가 있는 하나의 3원고리 에터(에테르)이다.
□ 에터(에테르)와 같은 냄새를 가진 액체이며, 끓는점이 35℃, 인화점 −37℃, 발화점은 449℃이다.
□ 산화프로필렌 액체의 비중은 0.82, 증기의 비중은 2.0이며, 물에 비교적 잘 녹고, 에탄올, 에터(에테르)와도 혼합된다.
□ 산화프로필렌을 알루미나와 가열하면 프로피온알데이드가 되고 물과 가열하면 프로필렌글리콜이 된다.
□ 산화프로필렌의 연소범위는 2.5 ~ 38.5%로 구리(Cu), 은(Ag), 마그네슘(Mg)과 접촉시 폭발성의 아세틸라이드(Acetylide)를 만든다.

정답 ③

42
휘발유를 저장하던 이동저장탱크에 탱크의 상부로부터 등유나 경유를 주입할 때, 액표면이 주입관의 선단을 넘는 높이가 될 때까지 그 주입관 내의 유속을 몇 m/s 이하로 하여야 하는가?

① 1
② 2
③ 3
④ 5

정답분석 이동저장탱크의 상부로부터 등유나 경유를 주입할 때, 액표면이 주입관의 선단을 넘는 높이가 될 때까지 주입관내의 유속을 1m/s 이하로 하여야 한다.

정답 ①

43
과산화벤조일에 대한 설명으로 틀린 것은?

① 벤조일퍼옥사이드라고도 한다.
② 상온에서 고체이다.
③ 산소를 포함하지 않는 환원성 물질이다.
④ 희석제를 첨가하여 폭발성을 낮출 수 있다.

정답분석 과산화벤조일은 제5류 위험물의 유기과산화물로 벤조일퍼옥사이드(BPO)라고도 하며, 투명한 백색의 고체로 산소를 다량 포함하는 산화성 물질이다. 열을 가하면 폭발하므로 화기에 주의해야 하며, 비활성의 프탈산다이메틸(DMP), 프탈산다이부틸(DBP)의 희석제를 첨가하면 폭발성을 낮출 수 있다.

정답 ③

44
이황화탄소를 물속에 저장하는 이유로 가장 타당한 것은?

① 공기와 접촉하면 즉시 폭발하므로
② 가연성 증기의 발생을 방지하므로
③ 온도의 상승을 방지하므로
④ 불순물을 물에 용해시키므로

정답분석 제4류 위험물 중 특수인화물인 이황화탄소(CS_2)는 비수용성이면서 물보다 비중이 크기 때문에 수조(물탱크)에 보관하며, 액면을 물로 채워 증기의 발생을 억제시켜야 한다.

정답 ②

45
다음 중 황린의 연소 생성물은?

① 삼황화인
② 인화수소
③ 오산화인
④ 오황화인

정답분석 황린(P_4)이 연소할 때 흰색의 연기를 내며 오산화인이 발생한다.

반응 $P_4 + 5O_2 \rightarrow 2P_2O_5$

정답 ③

46 위험물안전관리법령상 위험물의 지정수량이 틀리게 짝지어진 것은?

① 황화인 - 50kg

② 적린 - 100kg

③ 철분 - 500kg

④ 금속분 - 500kg

정답분석 황화인은 제2류 위험물(가연성 고체)로서 지정수량은 100kg이다.

정답 ①

47 다음 중 아이오딘값(요오드가)이 가장 작은 것은?

① 아마인유

② 들기름

③ 정어리기름

④ 야자유

정답분석 야자유는 불건성유(야자유, 피마자유, 올리브유)로서 아이오딘값(요오드가) 100 이하이다. 들기름, 아마인유, 정어리기름은 아이오딘가 100이상의 건성유이다.

정답 ④

48 다음 제4류 위험물 중 연소범위가 가장 넓은 것은?

① 아세트알데하이드

② 산화프로필렌

③ 휘발유

④ 아세톤

정답분석 아세트알데하이드(Acetaldehyde, CH_3CHO)의 연소범위는 4 ~ 60%로 가장 넓다. 산화프로필렌은 2.5 ~ 39%, 휘발유는 1.2 ~ 7.6%, 아세톤은 2 ~ 13%이다.

정답 ①

49 다음 위험물 중 보호액으로 물을 사용하는 것은?

① 황린

② 적린

③ 루비듐

④ 오황화인

정답분석 황린(P_4)은 공기와 접촉하면 자연발화하기 때문에 pH 9의 물속에 저장한다.

정리 보호액 정리

▫ 칼륨, 나트륨, 알칼리금속, 알칼리토금속 보호액 → 석유(등유 · 경유 · 유동파라핀)

▫ 알킬알루미늄, 알킬리튬의 보호액 → 헥세인(헥산)

▫ 이황화탄소, 황린의 보호액 → 물

▫ 나이트로셀룰로오스, 인화석회의 보호액 → 알코올

정답 ①

50 다음 위험물의 지정수량 배수의 총합은?

- 휘발유 : 2000L
- 경유 : 4000L
- 등유 : 40000L

① 18

② 32

③ 46

④ 54

정답분석 휘발유(제1석유류)의 지정수량은 200L, 경유와 등유(제2석유류)의 지정수량은 1,000L이다.

계산 지정수량의 배수는 다음과 같이 산정한다.

▫ 배수 $= \dfrac{2,000L}{200L} + \dfrac{4,000L}{1,000L} + \dfrac{40,000L}{1,000L} = 54$

정답 ④

51

위험물안전관리법령상 옥내저장소의 안전거리를 두지 않을 수 있는 경우는?

① 지정수량 20배 이상의 동식물유류
② 지정수량 20배 미만의 특수인화물
③ 지정수량 20배 미만의 제4석유류
④ 지정수량 20배 이상의 제5류 위험물

 옥내저장소는 규정에 준하여 안전거리를 두어야 한다. 다만, 다음에 해당하는 옥내저장소는 안전거리를 두지 아니할 수 있다.
▫ 제4석유류 또는 동식물유류의 위험물을 저장 또는 취급하는 옥내저장소로서 그 최대수량이 지정수량의 20배 미만인 것
▫ 제6류 위험물을 저장 또는 취급하는 옥내저장소
▫ 지정수량의 20배(하나의 저장창고의 바닥면적이 150m² 이하인 경우에는 50배) 이하의 위험물을 저장 또는 취급하는 옥내저장소

정답 ③

52

질산염류의 일반적인 성질에 대한 설명으로 옳은 것은?

① 무색 액체이다.
② 물에 잘 녹는다.
③ 물에 녹을 때 흡열반응을 나타내는 물질은 없다.
④ 과염소산염류보다 충격, 가열에 불안정하여 위험성이 크다.

---

 ②만 올바르다. 질산염류(窒酸鹽類)는 질산(HNO_3)의 수소(H)가 금속 또는 기타 양이온으로 치환된 형태의 화합물로서 제1류 위험물로 분류되는 질산나트륨($NaNO_3$), 질산칼륨(KNO_3), 질산암모늄(NH_4NO_3) 등이 이에 속한다.
이들 질산염류는 상온에서 무색의 고체이고, 조해성(공기 중의 수분을 흡수하려는 성질)이 강하며, 물에 잘 녹고, 물과 흡열반응을 하며, 열을 가하면 산소가 발생하고 유기물이 혼합되면 가열, 충격 등에 의해 폭발한다.

정답 ②

53

위험물안전관리법령에 따른 질산에 대한 설명으로 틀린 것은?

① 지정수량은 300kg이다.
② 위험등급은 Ⅰ이다.
③ 농도가 36wt% 이상인 것에 한하여 위험물로 간주된다.
④ 운반 시 제1류 위험물과 혼재할 수 있다.

 위험물안전관리법령에서 정한 질산은 비중이 1.49 이상인 것에 한하여 위험물로 간주된다. 제6류 위험물의 위험등급은 Ⅰ등급으로 지정수량은 300kg이며, 제1류 위험물과 혼재할 수 있다.
농도가 36wt% 이상인 것에 한하여 위험물로 간주되는 것은 과산화수소(H_2O_2)이다.

정답 ③

54

과산화수소 용액의 분해를 방지하기 위한 방법으로 가장 거리가 먼 것은?

① 햇빛을 차단한다.
② 암모니아를 가한다.
③ 인산을 가한다.
④ 요산을 가한다.

 과산화수소(H_2O_2)와 암모니아(NH_3)가 접촉하면 폭발의 위험이 있다. 과산화수소가 분해하여 산소가스를 발생하므로 인산(H_3PO_4), 요산($C_5H_4N_4O_3$) 등을 가하며, 직사광선이 닿지 않도록 갈색 병에 넣어 냉암소에 보관한다.

정답 ②

55

금속칼륨의 보호액으로 적당하지 않은 것은?

① 유동파라핀
② 등유
③ 경유
④ 에탄올

 칼륨(K)이 에탄올과 반응할 경우, 칼륨에틸레이트를 생성하며 가연성 기체인 수소를 발생한다. 금속칼륨의 보호액으로 사용되는 것은 등유, 경유, 유동파라핀 등이다.

[참고] 칼륨과 알코올과의 반응
▫ $2K + 2C_2H_5OH \xrightarrow[\text{H}_2 \text{ 발생}]{\text{발열반응}} H_2 + 2C_2H_5OK$

정답 ④

56 휘발유의 일반적인 성질에 대한 설명으로 틀린 것은?

① 인화점은 0℃ 보다 낮다.
② 액체비중은 1보다 작다.
③ 증기비중은 1보다 작다.
④ 연소범위는 약 1.4 ~ 7.6%이다.

 휘발유의 증기비중은 1보다 크다. 휘발유(가솔린)는 제4류 위험물 중 제1석유류로 인화점이 −43 ~ 20℃로 매우 낮고, 연소범위는 1.4 ~ 7.6%이며, 증기비중은 3 ~ 4범위로 공기보다 무겁고, 액체비중은 0.65 ~ 0.8범위로 물보다 가벼우며, 물에 잘 녹지 않는다.

정답 ③

57 인화칼슘이 물과 반응하였을 때 발생하는 기체는?

① 수소   ② 산소
③ 포스핀   ④ 포스겐

 인화칼슘(Ca_3P_2)이 물과 반응할 경우 유독성의 포스핀(PH_3)가스를 발생한다.

[반응] $Ca_3P_2 + 6H_2O \rightarrow 3Ca(OH)_2 + 2PH_3$

정답 ③

58 다음 위험물안전관리법령에서 정한 지정수량이 가장 작은 것은?

① 염소산염류
② 브로민산염류
③ 나이트로화합물
④ 금속의 인화물

정답 항목 중 위험물안전관리법령에서 정한 지정수량이 가장 작은 것은 염소산염류(50kg)이다. 브로민산염류(브롬산염류)는 300kg, 나이트로화합물(니트로화합물)은 200kg, 금속의 인화물은 300kg이다.

정답 ①

59 다음 중 발화점이 가장 높은 것은?

① 등유
② 벤젠
③ 디에틸에테르
④ 휘발유

정답 제시된 물질 중 벤젠의 발화점이 약 500℃로 가장 높다. 등유의 발화점은 약 220℃, 다이에틸에터(디에틸에테르)의 발화점은 약 160℃, 휘발유는 약 300℃이다.

정답 ②

60 제조소에서 위험물을 취급함에 있어서 정전기를 유효하게 제거할 수 있는 방법으로 가장 거리가 먼 것은?

① 접지에 의한 방법
② 공기 중의 상대습도를 70% 이상으로 하는 방법
③ 공기를 이온화하는 방법
④ 부도체 재료를 사용하는 방법

정답 정전기가 발생할 우려가 있는 설비에는 다음에 해당하는 방법으로 정전기를 유효하게 제거할 수 있는 설비를 설치하여야 한다.
ㅁ 접지할 것
ㅁ 공기 중의 상대습도를 70% 이상으로 할 것
ㅁ 공기를 이온화 할 것

정답 ④

제1과목 일반화학

01 A는 B 이온과 반응하나 C 이온과는 반응하지 않고, D는 C 이온과 반응한다고 할 때 A, B, C, D의 환원력 세기를 큰 것부터 차례대로 나타낸 것은? (단, A, B, C, D는 모두 금속이다.)

① A > B > D > C
② D > C > A > B
③ C > D > B > A
④ B > A > C > D

[정답분석] 반응하는 상대(相對) 이온보다 환원력(還元力)이 강한 이온일수록 반응하기 어렵다.

A는 B이온과 반응하나 C이온과는 반응하지 않는다는 것은 A이온이 B이온보다는 환원력이 강하고, C보다는 환원력이 약함을 의미한다.

또한 D는 C이온과 반응한다고 하였으므로 C이온의 환원력에 비해 D이온의 환원력이 더 크다는 것을 알 수 있다.

따라서 환원력의 세기는 D > C > A > B의 순서로 된다.

[참고] 환원력 및 산화력의 세기

□ 환원력의 세기 : $F_2 > Cl_2 > Br_2 > Ag^+ > Fe^{3+} > I_2 > Cu^{2+} > H^+ > Pb^{2+} > Ni^{2+} > Fe^{2+} > Zn^{2+} > Mg^{2+} > Na^+ > Ca^{2+} > K^+ > Li^+$의 순서이다.

□ 산화력의 세기 : 환원력 세기의 반대

정답 ②

02 1패러데이(Faraday)의 전기량으로 물을 전기분해하였을 때 생성되는 기체 중 산소 기체는 0℃, 1기압에서 몇 L인가?

① 5.6
② 11.2
③ 22.4
④ 44.8

[정답분석] 패러데이의 법칙(Faraday's law)을 적용한다. 일정한 전하량에 대해 생성·소모되는 물질의 양은 당량에 비례한다.

[계산] 생성되는 산소 기체의 양은 다음과 같이 산출된다.

$$m_V(\text{L}) = \frac{\text{가해진 전기량(F)}}{\text{기준 전기량(1F)}} \times \frac{M}{\text{전자가}} \times \frac{22.4}{M_w}$$

$$\begin{cases} m_V : \text{산소 생성(석출)량(L)} \\ \text{가해진 전기량} = 1\text{F} \\ \text{산소 원자량}(M) = 16 \\ \text{산소 전자가} = 2 \\ \text{산소 분자량}(M_w) = 32 \end{cases}$$

$$\therefore m_V(\text{L}) = \frac{1\text{F}}{1\text{F}} \times \frac{16}{2} \times \frac{22.4\text{L}}{32\text{g}} = 5.6\text{L}$$

정답 ①

03 메테인(메탄)에 직접 염소를 작용시켜 클로로포름을 만드는 반응을 무엇이라 하는가?

① 환원반응
② 부가반응
③ 치환반응
④ 탈수소반응

[정답분석] 메테인(메탄)에 염소를 작용시켜 클로로폼(클로로포름)을 만드는 반응을 치환반응(置換反應, Substitution Reaction)이라고 한다.

메테인(메탄, CH_4)에 달려있는 수소 원자 중 세 개를 염소 원자로 치환한 물질. 즉 트라이할로메테인(트리할로메탄, THM)의 일종인 클로로폼($CHCl_3$)은 극성을 띠고 있기 때문에 물에 잘 용해된다.

이러한 치환반응은 테프론(Teflon)이나 냉매(冷媒)를 만드는 데 사용되기도 하며, 유기물에 오염된 물을 염소소독할 때도 발생한다.

클로로폼을 염소가스와 한번 더 반응시키면 맹독성을 가진 사염화탄소(CCl_4)가 발생된다.

정답 ③

04 다음 물질 중 감광성이 가장 큰 것은?

① HgO　　　　② CuO

③ $NaNO_3$　　④ AgCl

정답분석 감광성(感光性, Photosensitivity)이란 빛을 받으면 어떤 파장의 빛을 흡수해서 분해되는 등의 화학반응을 일으키는 성질을 말한다.

은(Ag)의 할로젠화물인 AgCl, AgBr, AgI 등은 감광성이 우수하기 때문에 사진필름이나 인화지 제조에 많이 사용되고 있다.

정답 ④

 05 다음 중 산성 산화물에 해당하는 것은?

① BaO　　　　② CO_2

③ CaO　　　　④ MgO

정답분석 산성 산화물은 물과 반응하여 산소산이 되고, 염기와 반응하여 염을 형성하는 물질이다. 탄산가스는 물과 반응하여 탄산(H_2CO_3)을 형성하므로 산성 산화물에 해당한다.

정답 ②

 06 배수비례의 법칙이 적용 가능한 화합물을 옳게 나열한 것은?

① CO, CO_2

② HNO_3, HNO_2

③ H_2SO_4, H_2SO_3

④ O_2, O_3

정답분석 ①만 배수비례(倍數比例)의 법칙(Law of Multiple Proportions)이 성립된다. CO, CO_2의 경우, 탄소(C)와 화합하는 산소의 질량은 16g, 32g으로 일정 질량의 탄소와 결합하는 산소의 질량비는 1 : 2로 배수비례의 법칙이 성립된다.

배수비례의 법칙(돌턴, 1803)은 2종류 이상의 원소가 화합하여 2종 이상의 화합물을 만들 때, 한 원소의 일정량과 결합하는 다른 원소의 질량비는 항상 간단한 정수비(整數比)가 성립된다는 법칙이다.

이때, 이 법칙이 성립되기 위해서는 2가지 종류의 원소이어야 한다는 조건이 필요하다.

그런데 ②,③은 3가지 원소가 결합된 분자이고, ④의 경우는 1가지의 원소가 결합된 분자이므로 배수비례의 법칙이 성립되지 않는다.

정답 ①

 07 엿당을 포도당으로 변화시키는데 필요한 효소는?

① 말타아제

② 아밀라아제

③ 지마아제

④ 리파아제

정답분석 말타아제(Maltase)는 엿당을 2분자의 포도당(葡萄糖)으로 분해시키는 역할(촉매)을 한다.

반응 엿당 + 물 → 포도당

$C_{12}H_{22}O_{11} + H_2O → 2C_6H_{12}O_6$

참고
▫ 엿당($C_{12}H_{22}O_{11}$) : 녹말이 베타 아밀라아제의 촉매에 의해 가수분해 되어 생성되는 이당류의 하나로 물엿의 주성분이고, 무색의 고체이다.
▫ 말타아제(Maltase) : 엿당·맥아당을 두 분자의 포도당으로 가수 분해를 하는 효소이다.
▫ 아밀라아제(Amylase) : 녹말을 엿당, 포도당으로 가수분해 하는 효소이다.
▫ 지마아제(Zymase) : 당류를 발효시켜 알코올과 이산화탄소를 만들 수 있는 효소(맥주)이다.
▫ 리파아제(Lipase) : 중성 지방을 지방산과 글리세린으로 가수분해를 하는 효소이다.

정답 ①

 08 다음 중 가수분해가 되지 않는 염은?

① NaCl

② NH_4Cl

③ CH_3COONa

④ CH_3COONH_4

정답분석 강한 산(酸)과 염기(鹽基)의 중화반응에서 생성되는 염(鹽)은 거의 가수분해(加水分解)를 일으키지 않는다. 예를 들면, NaCl, KNO_3, $NaNO_3$, Na_2SO_3 등이다.

정답 ①

09 다음의 반응 중 평형상태가 압력의 영향을 받지 않는 것은?

① $N_2 + O_2 \leftrightarrow 2NO$

② $NH_3 + HCl \leftrightarrow NH_4Cl$

③ $2CO + O_2 \leftrightarrow 2CO_2$

④ $2NO_2 \leftrightarrow N_2O_4$

 르 샤틀리에(Le Chatelier)의 원리에서 압력을 증가시키면 부피가 큰 쪽에서 작은 쪽으로 평형이 이동되는데 제시된 반응에서 반응계의 부피비 : 생성계 부피비=(1+1=2) : 2인 ①의 반응은 평형상태가 압력의 영향을 받지 않는다.

정답 ①

10 공업적으로 에틸렌을 $PdCl_2$ 촉매하에 산화시킬 때 주로 생성되는 물질은?

① CH_3OCH_3

② CH_3CHO

③ $HCOOH$

④ C_3H_7OH

 에틸렌(C_2H_4)을 $PdCl_2$ 촉매(觸媒) 하에 산화시킬 경우 아세트알데하이드(CH_3CHO)가 생성된다. 공업적으로 아세트알데하이드(아세트알데히드)를 대량 생산하는 방법은 다음과 같다.
  ㅁ 에틸렌(에텐)의 산화에 의한 생산 : 에틸렌(C_2H_4)을 염화팔라듐($PdCl_2$)이나 염화구리($CuCl_2$)의 촉매 하에 산화시켜 생산한다.
  ㅁ 에탄올의 산화에 의한 생산 : 에탄올(C_2H_5OH)을 수은염 촉매 하에 다이크로뮴산나트륨($Na_2Cr_2O_7$)이나 클로로크로뮴산($CrClO_3^-$)으로 산화시켜 생산한다.

정답 ②

11 다음과 같은 전자배치를 갖는 원자 A와 B에 대한 설명으로 옳은 것은?

A : $1s^2 2s^2 2p^6 3s^2$

B : $1s^2 2s^2 2p^6 3s^1 3p^1$

① A와 B는 다른 종류의 원자이다.

② A는 홀원자이고, B는 이원자 상태인 것을 알 수 있다.

③ A와 B는 동위원소로서 전자배열이 다르다.

④ A에서 B로 변할 때 에너지를 흡수한다.

 A원소는 원자번호 12번이므로 Mg이고, B원소는 부껍질 $3s^2$ 에서 → $3s^1 3p^1$ 으로 들뜬상태의 마그네슘 이온이다. 따라서 이와 같이 A에서 B로 변할 때는 에너지를 흡수하게 된다.

정답 ④

12 $1N-NaOH$ 100mL 수용액으로 10wt% 수용액을 만들려고 할 때의 방법으로 다음 중 가장 적합한 것은?

① 36mL의 증류수 혼합

② 40mL의 증류수 혼합

③ 60mL의 수분 증발

④ 64mL의 수분 증발

 10wt%질량 백분율이므로 이를 단위로 풀면 → $10g/100g$ 으로 된다.

[계산] $1N-NaOH$ 100mL 수용액을 이용하여 10wt% 수용액을 조제하기 위해서는 다음과 같이 농축 수지식을 적용하여 문제를 푼다.

ㅁ $NaOH = \dfrac{1eq}{L} \times 0.1L \times \dfrac{(40g/1가)}{1eq} = 4g$

ㅁ $10g/100g = 4g \times \dfrac{1}{(4g + xg)} \times 100$, $x = 36g(물)$

∴ 현재 용액 100mL에서 증발시켜야 하는 물의 양은 $100 - 36 = 64g = 64mL$(∵ 물의 밀도 $1g/mL$)

정답 ④

13 다음 반응식에 관한 사항 중 옳은 것은?

$$SO_2 + 2H_2S \rightarrow 2H_2O + 3S$$

① SO_2는 산화제로 작용

② H_2S는 산화제로 작용

③ SO_2는 촉매로 작용

④ H_2S는 촉매로 작용

정답분석 SO_2가 황(S)이 되었으므로 산소를 잃는 환원반응을 하였고, 자신은 환원되면서 상대(H_2S)를 산화시키는 작용을 하였으므로 SO_2는 산화제(酸化劑)로 작용하였다.
두 화학종이 반응할 때 어느 물질이 발생기 산소를 내어놓는지를 구분할 수 있다면 그것이 바로 산화제로 작용한 물질이다. 그리고 발생기 수소를 내어놓는 화학종을 환원제로 추정하면 된다. 판단이 애매할 때는 이산화황(SO_2)에서 황(S)의 산화수를 증가시키는데 기여한 반응물질은 산화제이고, 그 반대로 산화수를 감소시킨 물질은 환원제가 된다.

개념
┌── +4 → 0 ──┐
$SO_2 + 2H_2S \rightarrow 3S + 2H_2O$

발생기 산소 제공
(산화제)

정답 ①

14 주기율표에서 3주기 원소들의 일반적인 물리·화학적 성질 중 오른쪽으로 갈수록 감소하는 성질들로만 이루어진 것은?

① 비금속성, 전자흡수성, 이온화에너지

② 금속성, 전자방출성, 원자반지름

③ 비금속성, 이온화에너지, 전자친화도

④ 전자친화도, 전자흡수성, 원자반지름

정답분석 3주기 원소들의 물리·화학적 성질 중 주기율표 상에서 오른쪽으로 갈수록 비금속성, 전자흡수성, 이온화에너지, 전자친화도가 커지며, 원자반지름은 감소한다.

정답 ②

15 30wt%인 진한 HCl의 비중은 1.1이다. 진한 HCl의 몰농도는 얼마인가? (단, HCl의 화학식량은 36.5이다.)

① 7.21   ② 9.04

③ 11.36   ④ 13.08

정답분석 몰농도(Molarity)는 용액 1L에 용해되어 있는 용질의 몰(mol) 수로 정의된다. 염산(HCl) 1mol 질량(분자량)은 36.5이고, 비중 1.1을 밀도단위로 전환하면 1.1g/mL이다.

$$\square \ M(mol/L) = \frac{용질(mol)}{용액(L)}$$

계산 염산의 몰농도는 다음과 같이 계산한다.

$$\therefore M = \frac{1.1\,g}{mL} \times \frac{30\,g}{100\,g} \times \frac{mol}{36.5\,g} \times \frac{10^3 mL}{L} = 9.04 \ mol/L$$

정답 ②

16 방사성 원소에서 방출되는 방사선 중 전기장의 영향을 받지 않아 휘어지지 않는 선은?

① α 선

② β 선

③ γ 선

④ α, β, γ 선

정답분석 방사선 중 γ선은 전기장의 영향을 받지 않으며, 투과력이 가장 강하다. (+)전하를 띠는 α선 전기장의 영향으로 (-)극으로 휘어지며, (-)전하를 띠는 β선은 (+)극으로 휘어진다.

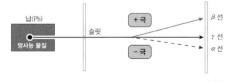

정답 ③

17 다음 중 산성염으로만 나열된 것은?

① $NaHSO_4$, $Ca(HCO_3)_2$

② $Ca(OH)Cl$, $Cu(OH)Cl$

③ $NaCl$, $Cu(OH)Cl$

④ $Ca(OH)Cl$, $CaCl_2$

정답 분석 산성염으로만 나열된 것은 ①이다. ②의 경우는 모두 염기성염, ③에서 $NaCl$은 중성염, $Cu(OH)Cl$은 염기성염, ④에서 $Ca(OH)Cl$은 염기성염, $CaCl$은 중성염이다.

정답 ①

18 어떤 기체의 확산 속도는 SO_2의 2배이다. 이 기체의 분자량은 얼마인가? (단, SO_2의 분자량은 64이다.)

① 4   ② 8

③ 16   ④ 32

정답 분석 SO_2의 분자량은 64(=32+16×2)이므로 그레이엄의 법칙(Graham's Law)에 이를 적용하여 문제를 푼다.

계산 임의 기체의 분자량은 다음과 같이 산정한다.

□ 속도비 $= \dfrac{V_2}{V_1} = \dfrac{K\dfrac{1}{\sqrt{M_w}}}{K\dfrac{1}{\sqrt{64}}} = \dfrac{\dfrac{1}{\sqrt{M_w}}}{0.125} = 2$

∴ M_w(임의 기체 분자량) = 16

다른 방법 □ $\dfrac{1}{\sqrt{x}} = \dfrac{1}{\sqrt{64}} × 2$배

∴ $x = 16$

정답 ③

19 다음 중 물의 끓는점을 높이기 위한 방법으로 가장 타당한 것은?

① 순수한 물을 끓인다.

② 물을 저으면서 끓인다.

③ 감압하에 끓인다.

④ 밀폐된 그릇에서 끓인다.

정답 분석 밀폐된 그릇에서 물을 끓이면 압력이 증가하고, 더 많은 물이 증발하면서 물의 끓는점이 더 올라가게 된다. 그리고, 순수한 물에 불순물이 첨가되어도 끓는점이 높아진다.

정답 ④

20 한 분자 내에 배위결합과 이온결합을 동시에 가지고 있는 것은?

① NH_4Cl ② C_6H_6

③ CH_3OH ④ $NaCl$

정답 분석 NH_3와 H^+ → NH_4^+(배위결합), NH_4^+과 Cl^- → NH_4Cl(이온결합)을 형성하고 있다. ②의 C_6H_6와 ③의 CH_3OH는 공유결합, ④의 $NaCl$은 이온결합을 하고 있다.

정답 ①

제2과목 화재예방과 소화방법

21 어떤 가연물의 착화에너지가 24cal일 때, 이것을 일에너지의 단위로 환산하면 약 몇 Joule인가?

① 24 ② 42
③ 84 ④ 100

정답분석 열량단위 1cal=4.19J이다. 가연물의 착화에너지 24cal를 Joule로 환산하면 된다.

계산 ∴ 24×4.19=100.56Joule

정답 ④

22 위험물 제조소등에 옥내소화전설비를 압력수조를 이용한 가압송수장치로 설치하는 경우 압력수조의 최소압력은 몇 MPa인가? (단, 소방용 호스의 마찰손실 수두압은 3.2MPa, 배관의 마찰손실 수두압은 2.2MPa, 낙차의 환산수두압은 1.79MPa이다.)

① 5.4 ② 3.99
③ 7.19 ④ 7.54

정답분석 압력수조란 소화용수와 공기를 채우고 일정압력 이상으로 가압하여 그 압력으로 물을 공급하는 수조를 말한다. 압력수조를 이용한 가압송수장치는 다음 식에 의하여 구한 수치 이상으로 하여야 한다.

□ 압력(P)(MPa) $= p_1 + p_2 + p_3 + 0.35$MPa

계산 압력수조의 최소압력은 다음과 같이 산정된다.

$\begin{cases} p_1 : \text{소방용 호스의 마찰손실 수두압} = 3.2\text{MPa} \\ p_2 : \text{배관의 마찰손실 수두압} = 2.2\text{MPa} \\ p_3 : \text{낙차의 환산수두압} = 1.79\text{MPa} \end{cases}$

∴ $P = 3.2 + 2.2 + 1.79 + 0.35 = 7.54$MPa

정답 ④

23 다이에틸에터 2000L와 아세톤 4000L를 옥내저장소에 저장하고 있다면 총 소요단위는 얼마인가?

① 5 ② 6
③ 50 ④ 60

정답분석 다이에틸에터는 제4류 위험물 중 특수인화물이며, 지정수량은 50L이다. 아세톤은 제4류 위험물 중 제1석유류이며, 지정수량은 400L이다.

계산 소요단위는 다음과 같이 산정된다.

□ 소요단위 $= \dfrac{\text{저장수량}}{\text{지정수량} \times 10}$

∴ 소요단위 $= \dfrac{2,000\text{L}}{50\text{L} \times 10} + \dfrac{4,000\text{L}}{400\text{L} \times 10} = 5$단위

정답 ①

24 연소이론에 대한 설명으로 가장 거리가 먼 것은?

① 착화온도가 낮을수록 위험성이 크다.
② 인화점이 낮을수록 위험성이 크다.
③ 인화점이 낮은 물질은 착화점도 낮다.
④ 폭발 한계가 넓을수록 위험성이 크다.

정답분석 인화점이 낮은 물질이 착화점도 낮지는 않다. 예를 들어, 경유와 휘발유를 비교해 보면 경유의 인화점은 41℃ 이상으로 휘발유의 인화점인 −43℃보다 높다. 하지만 경유의 착화점은 257℃로 휘발유의 착화점인 280 ~ 456℃보다는 낮으므로 인화점이 낮다고 해서 착화점이 낮다고 할 수 없다.

정답 ③

25 위험물안전관리법령상 염소산염류에 대해 적응성이 있는 소화설비는?

① 탄산수소염류 분말소화설비
② 포소화설비
③ 불활성가스 소화설비
④ 할로겐화합물 소화설비

정답분석 제1류 위험물로 분류되는 염소산염류는 산소를 함유하고 있기 때문에 포말소화, 건조사가 효과적이다. 분말소화제를 사용할 경우 인산염류로 제조한 것을 사용하여야 한다.

정답 ②

26 분말소화약제의 착색 색상으로 옳은 것은?

① $NH_4H_2PO_4$: 담홍색

② $NH_4H_2PO_4$: 백색

③ $KHCO_3$: 담홍색

④ $KHCO_3$: 백색

정답분석 ①만 올바르다. $NH_4H_2PO_4$는 제3종 분말소화약제로서 착색 색상은 담홍색이다.

참고

구분	주성분	착색
제1종	$NaHCO_3$	백색
제2종	$KHCO_3$	담회색
제3종	$NH_4H_2PO_4$ (인산이수소암모늄)	담홍색 (분홍)
제4종	$KHCO_3 + (NH_2)_2CO$	회색

정답 ①

27 불활성가스 소화설비에 의한 소화적응성이 없는 것은?

① $C_3H_5(ONO_2)_3$

② $C_6H_4(CH_3)_2$

③ CH_3COCH_3

④ $C_2H_5OC_2H_5$

 정답분석 나이트로글리세린[니트로글리세린, $C_3H_5(ONO_2)_3$]은 제5류 위험물로 질식소화는 효과가 없으므로 다량의 물로 주수소화 하여야 한다.
불성가스 소화설비에 의한 소화적응성이 있는 것은 전기설비, 제2류 위험물 중 인화성 고체, 제4류 위험물이다.
②의 자일렌Xylene, $C_6H_4(CH_3)_2$], ③의 아세톤(CH_3COCH_3), ④의 다이에틸에테르($C_2H_5OC_2H_5$)는 모두 제4류 위험물(인화성 액체)이므로 불활성가스 소화설비에 의한 소화적응성이 있다.

정답 ①

28 벤젠에 관한 일반적 성질로 틀린 것은?

① 무색투명한 휘발성 액체로 증기는 마취성과 독성이 있다.

② 불을 붙이면 그을음을 많이 내고 연소한다.

③ 겨울철에는 응고하여 인화의 위험이 없지만, 상온에서는 액체상태로 인화의 위험이 높다.

④ 진한 황산과 질산으로 나이트로화 시키면 나이트로벤젠이 된다.

 정답분석 벤젠(C_6H_6)의 경우, 기온이 낮은 겨울철에는 응고하지만 여전히 가연성 증기를 발생시키며, 인화점이 $-11℃$로 낮기 때문에 인화의 위험이 높다.

계산 벤젠(Benzene, C_6H_6)은 제4류 위험물 중 제1석유류로 분류되는 무색·투명한 방향족 화합물(芳香族化合物, Aromatic Compounds)의 액체이며, 휘발성이 강하여 쉽게 증발하고 물에는 약간 용해된다.
진한 황산(黃酸)과 질산(窒酸)으로 나이트로화(니트로화) 시키면 나이트로벤젠(니트로벤젠)이 된다. 높은 가연성을 가지며, 불을 붙이면 그을음을 많이 내며 연소한다. 녹는점 $7℃$, 끓는점 $79℃$로 추운 겨울날씨에는 응고될 수 있지만 인화점이 $-11℃$로 낮기 때문에 인화의 위험이 높다. 증기밀도는 2.8로서 공기보다 무겁고, 마취성과 독성이 있으며, 액체비중은 0.95로 물보다 가볍다.

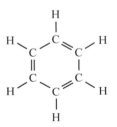

<그림> Benzene, C_6H_6

정답 ③

29 다음은 위험물안전관리법령상 위험물 제조소등에 설치하는 옥내소화전설비의 설치표시 기준 중 일부이다. ( )에 알맞은 수치를 차례로 옳게 나타낸 것은?

> 옥내소화전함의 상부의 벽면에 적색의 표시등을 설치하되, 당해 표시등의 부착면과 ( ) 이상의 각도가 되는 방향으로 ( ) 떨어진 곳에서 용이하게 식별이 가능하도록 할 것

① 5°, 5m
② 5°, 10m
③ 15°, 5m
④ 15°, 10m

 옥내소화전함의 상부의 벽면에 적색의 표시등을 설치하되, 당해 표시등의 부착면과 15°이상의 각도가 되는 방향으로 10m 떨어진 곳에서 용이하게 식별이 가능하도록 하여야 한다.

정답 ④

30 벤조일퍼옥사이드의 화재 예방상 주의 사항에 대한 설명 중 틀린 것은?

① 열, 충격 및 마찰에 의해 폭발할 수 있으므로 주의한다.
② 진한 질산, 진한 황산과의 접촉을 피한다.
③ 비활성의 희석제를 첨가하면 폭발성을 낮출 수 있다.
④ 수분과 접촉하면 폭발의 위험이 있으므로 주의한다.

 과산화벤조일(BPO)은 제5류 위험물 중 유기과산화물로 물에 녹지 않으므로, 화재 발생 시 다량의 물을 이용한 주수소화가 적합하다. 벤조일퍼옥사이드(Benzoyl peroxide)는 여드름 치료제로도 이용된다.

<그림> Benzoyl peroxide

정답 ④

31 전역방출방식의 할로겐화물 소화설비의 분사헤드에서 Halon 1211을 방사하는 경우의 방사압력은 얼마 이상으로 하여야 하는가?

① 0.1MPa
② 0.2MPa
③ 0.5MPa
④ 0.9MPa

 전역방출방식의 할로겐화물 소화설비분사헤드의 방사압력은 할론 2402를 방사하는 것은 0.1MPa 이상, 할론 1211을 방사하는 것은 0.2MPa 이상, 할론 1301을 방사하는 것은 0.9MPa 이상으로 한다.

참고

Halon 2402	0.1MPa
Halon 1211	0.2MPa
Halon 1301	0.9MPa

정답 ②

32 이산화탄소 소화약제의 소화작용을 옳게 나열한 것은?

① 질식소화, 부촉매소화
② 부촉매소화, 제거소화
③ 부촉매소화, 냉각소화
④ 질식소화, 냉각소화

 이산화탄소 소화약제는 산소공급을 차단하는 질식효과와 연소온도 미만으로 냉각시키는 작용을 하며, 기타 피복효과 등을 유발한다. 가장 주된 소화작용은 질식작용이다.

정답 ④

33 금속나트륨의 연소 시 소화방법으로 가장 적절한 것은?

① 팽창질석을 사용하여 소화한다.
② 분무상의 물을 뿌려 소화한다.
③ 이산화탄소를 방사하여 소화한다.
④ 물로 적힌 헝겊으로 피복하여 소화한다.

 금속나트륨은 제3류 위험물(자연발화성 물질 및 금수성 물질)로 분류되는 물질이다. 특별히 금속화재를 분류할 경우 D급 화재로 분류되므로 소화방법은 팽창질석, 팽창진주암, 마른 모래 등을 사용하여야 한다.

정답 ①

34 이산화탄소 소화기에 대한 설명으로 옳은 것은?

① C급 화재에는 적응성이 없다.
② 다량의 물질이 연소하는 A급 화재에 가장 효과적이다.
③ 밀폐되지 않은 공간에서 사용할 때 가장 소화효과가 좋다.
④ 방출용 동력이 별도로 필요치 않다.

 ④만 올바르다. 이산화탄소 소화기는 자체압으로 방사 및 소화가 가능하기 때문에 방출용 동력이 필요치 않다.

[참고] 이산화탄소(CO_2)의 이화학적 특성
□ CO_2는 공기보다 1.5배 정도 무거움
□ 압력을 가하면 쉽게 액화되기 때문에 고압가스 용기 속에서 액화시켜 보관할 수 있음
□ 자체 증기압이 21℃에서 57.8kg/cm² 정도로 매우 높기 때문에 자체압력으로 방사 가능함
□ 가스 자체의 변화가 없으므로 장기보존성이 있음

정답 ④

35 위험물안전관리법령상 제5류 위험물에 적응성 있는 소화설비는?

① 분말을 방사하는 대형소화기
② CO_2를 방사하는 소형소화기
③ 할로젠화합물을 방사하는 대형소화기
④ 스프링클러설비

 제5류 위험물은 다량의 물로 주수소화 하는 것이 가장 효과적이다. 제5류 위험물에 적응성이 있는 것은 스프링클러설비, 옥내소화전 또는 옥외소화전 설비, 물분무 소화설비, 포 소화설비, 물통 또는 수조, 건조사, 팽창질석 또는 팽창진주암 등이다.

[참고] 제5류 위험물에 적응성이 없는 소화설비는 탄산가스 및 불활성 가스 소화설비, 할로젠화합물 소화설비, 분말 소화설비(인산염류, 탄산수소염류 등)이다.

정답 ④

36 다음 중 자연발화의 원인으로 가장 거리가 먼 것은?

① 기화열에 의한 발열
② 산화열에 의한 발열
③ 분해열에 의한 발열
④ 흡착열에 의한 발열

 융해열, 기화열(=증발잠열) 등은 열을 흡수하여 주변의 온도를 낮추기 때문에 점화원이 될 수 없다. 자연발화의 원인이 될 수 있는 것은 산화열, 분해열, 흡착열, 중합열, 발효열 등이다.

정답 ①

37 과산화나트륨 저장 장소에서 화재가 발생하였다. 과산화나트륨을 고려하였을 때 다음 중 가장 적합한 소화약제는?

① 포소화약제
② 할로젠화합물
③ 건조사
④ 물

 과산화나트륨(Na_2O_2)은 제1류 위험물 중 무기과산화물로 건조사, 팽창질석 또는 팽창진주암 등으로 질식소화 하는 것이 적합하며, 금수성이므로 물, 포소화약제, 할로젠화합물은 적응성이 없다.

[반응] 과산화나트륨(Na_2O_2)의 수분과 반응
□ $Na_2O_2 + H_2O \rightarrow 2NaOH + \frac{1}{2}O_2$

정답 ③

38 10℃의 물 2g을 100℃의 수증기로 만드는 데 필요한 열량은?

① 180cal   ② 340cal

③ 719cal   ④ 1258cal

정답분석 물 2g을 100℃의 수증기로 만드는데 필요한 총 열량은 10℃의 물을 100℃의 물로 가열하는데 필요한 현열과 100℃의 물을 증발시키는데 소요되는 열량(잠열, 539cal/g)을 합산하여 산정한다.

- Q(총 열량) $= Q_1 + Q_2$
- 현열(Q_1) = 물질의 양×비열×(온도차)
- 잠열(Q_2) = 물질의 양×539 cal/g(물의 잠열)

계산
- 10℃의 물 2g → 100℃의 물로 전환(현열)

$$Q_1(\text{cal}) = 2g \times 1\text{cal/g·℃} \times (100-10)\text{℃}$$
$$= 180\text{cal}$$

- 100℃의 물 2g → 100℃의 수증기로(잠열)

$$Q_2(\text{cal}) = 2g \times 539\text{cal/g} = 1078\text{cal}$$

$$\therefore Q = 180 + 1078 = 1258\,\text{cal}$$

정답 ④

---

39 위험물안전관리법령상 마른 모래(삽 1개 포함) 50L의 능력단위는?

① 0.3   ② 0.5

③ 1.0   ④ 1.5

정답분석 마른모래(삽 1개 포함) 50L의 능력단위는 0.5단위이다.

참고

소화설비	용량	능력단위
소화전용(轉用) 물통	8L	0.3
수조(소화전용 물통 3개 포함)	80L	1.5
수조(소화전용 물통 6개 포함)	190L	2.5
마른 모래(삽 1개 포함)	50L	0.5
팽창질석 또는 팽창진주암(삽 1개 포함)	160L	1.0

정답 ②

---

40 불활성가스 소화약제 중 IG-541의 구성성분이 아닌 것은?

① N_2 ② Ar

③ Ne   ④ CO_2

정답분석 청정 소화약제인 IG-541은 질소(N_2) 52%, 아르곤(Ar) 40%, 이산화탄소(CO_2) 8%로 구성되어 있다.

참고 IG-100의 성분은 질소(N_2) 100%이며, 무색, 무취의 가스로 비전도성이다.

정답 ③

제3과목 위험물의 성질과 취급

41 위험물안전관리법령상 위험물의 운반에 관한 기준에 따르면 위험물은 규정에 의한 운반 용기에 법령에서 정한 기준에 따라 수납하여 적재하여야 한다. 다음 중 적용 예외의 경우에 해당하는 것은? (단, 지정수량의 2배인 경우이며, 위험물을 동일구내에 있는 제조소등의 상호간에 운반하기 위하여 적재하는 경우는 제외한다.)

① 덩어리 상태의 유황을 운반하기 위하여 적재하는 경우

② 금속분을 운반하기 위하여 적재하는 경우

③ 삼산화크로뮴(삼산화크롬)을 운반하기 위하여 적재하는 경우

④ 염소산나트륨을 운반하기 위하여 적재하는 경우

 적용 예외의 경우에 해당하는 것은 ①이다. 덩어리상태의 유황은 용기에 수납하지 않아도 된다. 옥내저장소에 있어서 위험물은 규정에 의한 바에 따라 용기에 수납하여 저장하여야 한다. 다만, 덩어리 상태의 유황과 별도의 규정에 의한 위험물에 있어서는 그렇지 않다.

정답 ①

42 제4류 위험물인 동식물유류의 취급 방법이 잘못된 것은?

① 액체의 누설을 방지하여야 한다.

② 화기 접촉에 의한 인화에 주의하여야 한다.

③ 아마인유는 섬유 등에 흡수되어 있으면 매우 안정하므로 취급하기 편리하다.

④ 가열할 때 증기는 인화되지 않도록 조치하여야 한다.

 아마인유는 건성유로 아이오딘값(요오드가)이 높아 산화되기 쉬우며 자연발화의 위험이 있다.

 아마인유는 건성유(아이오딘가 130 이상)로 열이나 빛, 공기로부터 산화하기 쉬우므로 자연발화의 위험이 크다. 그러므로 액체의 누설방지, 화기접촉에 의한 인화에 주의하여야 하고, 가열할 때 증기는 인화되지 않도록 조치하여야 한다.

아마인유를 공기 중에 두면 산소를 흡수해서 축중합(산소 흡수에 의한 중량 증가는 1주일 동안에 약 20%정도)하여, 탄력성 있는 내수성(耐水性) 반투명의 고분자 물질인 리녹신을 발생한다.

그러므로 아마인유는 고온이 아닌 상온상태에서 어두운 곳에 저장하여야 한다.

정답 ③

43 다음 중 메탄올의 연소범위에 가장 가까운 것은?

① 약 1.4 ~ 5.6vol%

② 약 7.3 ~ 36vol%

③ 약 20.3 ~ 66vol%

④ 약 42.0 ~ 77vol%

 메탄올의 연소범위는 하한 7.3% ~ 상한 36%이다.

정답 ②

44 금속 과산화물을 묽은 산에 반응시켜 생성되는 물질로서 석유와 벤젠에 불용성이고, 표백작용과 살균작용을 하는 것은?

① 과산화나트륨

② 과산화수소

③ 과산화벤조일

④ 과산화칼륨

정답분석 과산화수소(H_2O_2)는 물과 에테르, 알코올에 잘 녹으며, 석유에테르와 벤젠에는 녹지 않으며, 표백작용과 살균작용을 가지고 있다.

참고 과산화수소(H_2O_2)는 금속 과산화물을 묽은 산에 반응시켜 생성된다. 예를 들어 나트륨의 과산화물과 아세트산이 반응할 경우 다음과 같이 과산화수소가 발생된다.

□ $Na_2O_2 + 2CH_3COOH \rightarrow H_2O_2 + 2CH_3COONa$

정답 ②

45 연소범위가 약 2.5 ~ 38.5vol% 로 구리, 은, 마그네슘과 접촉 시 아세틸라이드를 생성하는 물질은?

① 아세트알데하이드

② 알킬알루미늄

③ 산화프로필렌

④ 콜로디온

정답분석 산화프로필렌(C_3H_6O)은 증기압이 높고, 넓은 연소범위 (2.5 ~ 38.5%)를 갖기 때문에 위험성이 크다. 특히, 구리, 은, 마그네슘과 접촉 시 폭발성의 아세틸라이드 (Acetylide)를 생성하기 때문에 저장용기에는 불연성 가스를 주입하여야 한다.

정답 ①②③④

46 제5류 위험물 제조소에 설치하는 표지 및 주의사항을 표시한 게시판의 바탕색상을 각각 옳게 나타낸 것은?

① 표지 : 백색

주의사항을 표시한 게시판 : 백색

② 표지 : 백색

주의사항을 표시한 게시판 : 적색

③ 표지 : 적색

주의사항을 표시한 게시판 : 백색

④ 표지 : 적색

주의사항을 표시한 게시판 : 적색

정답분석 제5류 위험물 제조소 표지의 게시판 바탕은 백색으로, 문자는 흑색으로, 주의사항을 표시한 게시판은 적색바탕에 백색문자로 하여야 한다.

정답 ②

47 최대 아세톤 150톤을 옥외탱크저장소에 저장할 경우 보유공지의 너비는 몇 m 이상으로 하여야 하는가? (단, 아세톤의 비중은 0.79이다.)

① 3   ② 5

③ 9   ④ 12

정답분석 비중은 단위가 없는 무차원 수이며, 대상밀도/물의 밀도로 나타낼 수 있다. 그러므로 아세톤의 비중을 밀도단위로 전환하면 0.79kg/L이다.

계산 아세톤의 무게를 부피로 전환하여 다음과 같이 지정수량의 배수를 구한다.

□ 부피 = 질량 × $\dfrac{1}{밀도}$

□ 저장수량 = $150톤 × \dfrac{1,000kg}{톤} × \dfrac{1L}{0.79kg}$
  $= 189,873L$

□ 지정수량의 배수 = $\dfrac{저장수량}{지정수량}$

{ 아세톤 지정수량 : 400L

 ⇨ 지정수량의 배수 = $\dfrac{189,873L}{400L} = 474.69배$

∴ 지정수량의 500배 이하이므로 공지의 너비는 3m 이상으로 한다.

참고

저장 또는 취급하는 위험물의 최대수량	공지의 너비
지정수량의 500배 이하	3m 이상
지정수량의 500 ~ 1,000배 이하	5m 이상
지정수량의 1,000 ~ 2,000배 이하	9m 이상
지정수량의 2,000 ~ 3,000배 이하	12m 이상
지정수량의 3,000 ~ 4,000배 이하	15m 이상

정답 ①

---

48 위험물이 물과 접촉하였을 때 발생하는 기체를 옳게 연결한 것은?

① 인화칼슘 - 포스핀

② 과산화칼륨 - 아세틸렌

③ 나트륨 - 산소

④ 탄화칼슘 - 수소

정답분석 위험물이 물과 접촉하였을 때 발생하는 기체를 옳게 연결한 것은 ①이다.

인화칼슘(=인화석회)은 제3류 위험물 중 금수성 물질로 물 또는 약산과 반응하면 유독성의 포스핀(PH_3)가스를 발생시킨다.

반응 $Ca_3P_2 + 6H_2O \rightarrow 2PH_3 + 3Ca(OH)_2$

참고
□ 과산화칼륨(K_2O_2)은 제1류 위험물(산화성 고체)로 물과 반응 시 산소를 방출한다.
□ 나트륨(Na)과 칼륨(K)은 제3류 위험물로 물과 접촉하여 수소(H_2)가스를 발생한다.
□ 탄화칼슘(CaC_2)은 제3류 위험물의 금수성 물질로 물과 접촉하면 아세틸렌(C_2H_2) 가스를 발생한다.

정답 ①

49 다음 위험물 중 물에 가장 잘 녹은 것은?

① 적린 ② 황
③ 벤젠 ④ 아세톤

정답분석 아세톤(CH_3COCH_3)은 방향성을 갖는 무색의 액체로 물에 잘 녹으며, 유기용매로서 다른 유기물질과도 잘 섞인다. 적린, 황, 벤젠은 물에 잘 녹지 않는 물질이다.

참고
□ 물에 녹는 물질 : 아세트알데하이드(아세트알데히드, CH_3CHO), 아세트산(초산, CH_3COOH), 폼산(포름산, $HCOOH$), 글리세린[$C_3H_5(OH)_3$], 알코올류, 에틸렌글리콜[$C_2H_4(OH)_2$], 아세톤(CH_3COCH_3), 메틸에틸케톤($CH_3COC_2H_5$), 아염소산염, 염소산염, 무기과산화물 등
□ 물에 잘 녹지않는 물질 : 황(S), 황린, 적린, 이황화탄소(CS_2), 벤젠(C_6H_6), 나이트로벤젠($C_6H_5NO_2$), 톨루엔($C_6H_5CH_3$), 에테르($C_2H_5OC_2H_5$, $CH_3OC_2H_5$), 과염소산염류 중 $KClO_4$, 질산에스터($C_2H_5ONO_2$), 클레오소트유, 등유, 경유, 중유 등

유의
• 알코올은 물과 어떠한 비율로 혼합해도 완벽히 섞이므로(Miscible) 용해도에 대한 큰 의미가 없으나 분자내의 −OH기는 물에 잘 녹게 해 주는 특성을 가진다.
• 그런데, 메탄올·에탄올·프로판올 같은 작은 분자는 물에 용해되지만 더 큰 분자는 탄소 사슬이 우세하기 때문에 탄소 수가 7개 이상인 알코올은 물에 용해되지 않는 것으로 간주한다.

정답 ④

---

50 다음 위험물 중 가열 시 분해온도가 가장 낮은 물질은?

① $KClO_3$ ② Na_2O_2
③ NH_4ClO_4 ④ KNO_3

정답분석 과염소산암모늄(NH_4ClO_4)은 백색 흡습성 결정으로 130℃이상 200℃미만에서 분해된다. 따라서 제시된 물질 중 분해온도의 크기는 NH_4ClO_4 < KNO_3 < $KClO_3$ < Na_2O_2 순서이다.

정답 ③

---

51 제5류 위험물 중 나이트로화합물에서 나이트로기(Nitro Group)를 옳게 나타낸 것은?

① −NO ② −NO₂
③ −NO₃ ④ −NON₃

※ ②의 NO₂는 $-NO_2$, ③의 NO₃은 $-NO_3$, ④의 NON₃은 $-NON_3$

정답분석 나이트로기(니트로기, Nitro Group)는 한 개의 질소 원자와 두 개의 산소 원자가 결합한 일가(一價)의 원자단을 말하므로 ②가 올바르다.

<그림> 나이트로화합물

정답 ②

---

52 다음 2가지 물질을 혼합하였을 때 그로 인한 발화 또는 폭발의 위험성이 가장 낮은 것은?

① 아염소산나트륨과 티오황산나트륨
② 질산과 이황화탄소
③ 아세트산과 과산화나트륨
④ 나트륨과 등유

정답분석 지정수량의 1/10 초과하는 위험물에 대하여 제3류 위험물인 나트륨(Na)과 제4류(제2석유류) 위험물인 등유는 혼재할 수 있다. 특히, 나트륨(Na)의 보호액으로 등유, 석유, 유동성 파라핀, 벤젠 등의 유기용매가 사용되는 점에 주목하면 된다.
①,②,③은 지정수량의 1/10 초과하는 위험물은 혼재할 수 없다.
특히, 아염소산나트륨(제1류 위험물)은 티오황산나트륨, 다이에틸에터(디에틸에테르), 목탄, 유황, 인 등과 혼합하면 폭발할 수 있다.
질산(제6류 위험물)은 강한 산화성이 있으므로 황화수소, 아세틸렌, 이황화탄소 등과 혼합하면 폭발할 수 있다.
과산화나트륨(제1류 위험물) − 아세트산(제4류 − 2석유류)가 혼합될 경우 과산화수소(H_2O_2)를 발생한다.

정답 ④

53

다음 중 황린이 자연발화하기 쉬운 가장 큰 이유는?

① 끓는점이 낮고 증기의 비중이 작기 때문에
② 산소와 결합력이 강하고 착화온도가 낮기 때문에
③ 녹는점이 낮고 상온에서 액체로 되어 있기 때문에
④ 인화점이 낮고 가연성 물질이기 때문에

 황린은 산소와 친화력이 강하고 착화온도가 상온 30℃로 낮기 때문에 자연발화하기 쉽다. 황린(P_4)은 산소와 결합하여 P_2O_5를 생성한다.

정답 ②

54

위험물안전관리법령에 따른 위험물 저장기준으로 틀린 것은?

① 이동탱크저장소에는 설치허가증과 운송허가증을 비치하여야 한다.
② 지하저장탱크의 주된 밸브는 위험물을 넣거나 빼낼 때 외에는 폐쇄하여야 한다.
③ 아세트알데하이드를 저장하는 이동저장탱크에는 탱크 안에 불활성 가스를 봉입하여야 한다.
④ 옥외저장탱크 주위에 설치된 방유제의 내부에 물이나 유류가 괴었을 경우에는 즉시 배출하여야 한다.

 이동탱크저장소에는 당해 이동탱크저장소의 완공검사필증 및 정기점검기록을 비치하여야 한다.

정답 ①

55

위험물의 저장 및 취급에 대한 설명으로 틀린 것은?

① H_2O_2 : 직사광선을 차단하고 찬 곳에 저장한다.
② MgO_2 : 습기의 존재하에서 산소를 발생하므로 특히 방습에 주의한다.
③ $NaNO_3$: 조해성이 있으므로 습기에 주의한다.
④ K_2O_2 : 물과 반응하지 않으므로 물속에 저장한다.

[정답분석] 과산화칼륨(K_2O_2)은 물(H_2O)과 반응하여 조연성(助燃性)의 산소를 발생한다.

[반응] $2K_2O_2 + 2H_2O \rightarrow 4KOH + O_2$

[참고] ▫ 물에 안전하고, 불용성이며, 물속에 저장하는 위험물
→ 황린(P_4), 이황화탄소(CS_2)
▫ 등유에 저장하는 위험물 → 칼륨(K), 나트륨(Na), 리튬(Li)
▫ 알코올에 저장하는 위험물 → 나이트로셀룰로오스

정답 ④

56

위험물안전관리법령상 제5류 위험물 중 질산에스터류에 해당하는 것은?

① 나이트로벤젠
② 나이트로셀룰로오스
③ 트라이나이트로페놀
④ 트라이나이트로톨루엔

[정답분석] 제5류 위험물 중 질산에스터류(질산에스테르류)에 해당하는 것은 나이트로셀룰로오스(니트로셀룰로오스)이다. 질산에스터류(질산에스테르류)는 질산(HNO_3)의 수소 원자를 알킬기로 치환한 화합물(일반식, $RONO_2$)로 질산메틸, 질산에틸, 나이트로셀룰로오스(니트로셀룰로오스), 나이트로글리세린(니트로글리세린), 셀룰로이드, 나이트로글리콜(니트로글리콜) 등이 이에 속한다.

[참고] ▫ 나이트로벤젠 : 제4류 위험물 중 제3석유류
▫ 트라이나이트로페놀, 트라이나이트로톨루엔 : 제5류 위험물 중 나이트로화합물

정답 ②

57 옥내저장소에서 위험물 용기를 겹쳐 쌓는 경우에 있어서 제4류 위험물 중 제3석유류만을 수납하는 용기를 겹쳐 쌓을 수 있는 높이는 최대 몇 m 인가?

① 3   ② 4

③ 5   ④ 6

정답분석 제3석유류, 제4석유류, 동·식물유를 겹쳐 쌓을 경우 최대 4m까지 가능하다.

정답 ②

58 연면적 1000m²이고 외벽이 내화구조인 위험물 취급소의 소화설비 소요단위는 얼마인가?

① 5   ② 10

③ 20   ④ 100

정답분석 외벽이 내화구조인 취급소 및 제조소는 100m²를 1소요단위로 한다.

$$\therefore \text{소요단위} = \frac{1000\,\text{m}^2}{100\,\text{m}^2} = 10\text{단위}$$

정답 ②

59 다음 중 물에 대한 용해도가 가장 낮은 물질은?

① $NaClO_3$

② $NaClO_4$

③ $KClO_4$

④ NH_4ClO_4

정답분석 과염소산칼륨($KClO_4$)은 물, 알코올, 에테르에 녹기 어렵다.

정답 ③

60 위험물안전관리법령상 다음 보기의 (   ) 안에 알맞은 수치는?

<보기>

이동저장탱크부터 위험물을 저장 또는 취급하는 탱크에 인화점이 (   )℃ 미만인 위험물을 주입할 때에는 이동탱크저장소의 원동기를 정지시킬 것

① 40   ② 50

③ 60   ④ 70

정답분석 이동저장탱크로부터 위험물을 저장 또는 취급하는 탱크에 인화점이 40℃ 미만인 위험물을 주입할 때에는 이동탱크저장소의 원동기를 정지시켜야 한다.

정답 ①

제1과목 일반화학

 01 물 450g에 NaOH 80g이 녹아 있는 용액에서 NaOH의 몰분율은? (단, Na의 원자량은 23이다.)

① 0.074
② 0.178
③ 0.200
④ 0.450

정답분석 몰분율(Mole Fraction)은 용질의 몰 수를 용액의 몰 수로 나눈 값으로 정의된다. 이때 NaOH의 분자량은 40(=23+16+1), 물(H₂O) 분자량은 18을 적용한다.

□ 몰 분율(mol/mol) $= \dfrac{\text{용질(mol)}}{\text{용액(mol)}}$

[계산] NaOH의 몰분율은 다음과 같이 계산된다.

$$\begin{cases} \text{용질(NaOH)의 mol} = 80\,\text{g} \times \dfrac{\text{mol}}{40\text{g}} = 2\,\text{mol} \\ \text{용매(H}_2\text{O)의 mol} = 450\,\text{g} \times \dfrac{\text{mol}}{18\text{g}} = 25\,\text{mol} \end{cases}$$

$\therefore$ 몰 분율 $= \dfrac{2\,\text{mol}}{(25+2)\,\text{mol}} = 0.074\,\text{mol/mol}$

정답 ①

02 다음 할로젠족 분자 중 수소와의 반응성이 가장 높은 것은?

① Br_2
② F_2
③ Cl_2
④ I_2

정답분석 비금속 원소의 반응성 크기는 주기율표의 오른쪽 위로 갈수록 커진다. $F_2 > Cl_2 > Br_2 > I_2$

정답 ②

 03 1몰의 질소와 3몰의 수소를 촉매와 같이 용기 속에 밀폐하고 일정한 온도로 유지하였더니 반응물질의 50%가 암모니아로 변하였다. 이때의 압력은 최초 압력의 몇 배가 되는가? (단, 용기의 부피는 변하지 않는다.)

① 0.5
② 0.75
③ 1.25
④ 변하지 않는다.

정답분석 온도와 부피가 일정할 때, 기체의 몰(mol)수는 압력에 비례한다.

$N_2 + 3H_2 \rightarrow 2NH_3$의 반응에서 반응 전 반응계의 몰수는 4mol이다. 반응물질이 50% 반응하여 암모니아로 전환되었다고 하였으므로 0.5mol의 N_2와 1.5mol의 H_2가 반응하여 1mol의 NH_3가 발생한 것이 된다. 따라서 기체의 몰수는 4mol(반응전)에서 3mol(반응후)로 3/4 만큼 변화한다. 따라서 압력의 변화는 최초 압력의 0.75 배가 된다.

정답 ②

 04 다음 pH 값에서 알칼리성이 가장 큰 것은?

① pH = 1
② pH = 6
③ pH = 8
④ pH = 13

정답분석 pH 값이 낮을수록 산성이 크며, 높을수록 알칼리성이 커진다. 즉, pH 값이 약 7인 중성상태(Neutral pH)를 기준으로 하여 7보다 값이 클수록 알칼리성(염기성)이 강하고, 7보다 작을수록 산성이 강하다.

정답 ④

05 다음 화합물 가운데 환원성이 없는 것은?

① 젖당   ② 과당
③ 설탕   ④ 엿당

 설탕을 제외한 단당류, 이당류는 모두 환원당에 해당한다.

[참고] 환원성을 갖는 물질은 산화·환원 반응에서 산화되기 쉬운 물질, 즉 다른 분자들에 전자를 주기 쉬운 성질을 가진 물질을 말한다. 따라서 환원성을 갖는 물질에 해당하는 것은 포도당(Glucose), 과당(Fructose), 갈락토오스(Galactose), 엿당(Maltose), 젖당(Lactose) 등이다.

정답 ③

06 주기율표에서 제2주기에 있는 원소 성질 중 왼쪽에서 오른쪽으로 갈수록 감소하는 것은?

① 원자핵의 하전량
② 원자의 전자의 수
③ 원자 반지름
④ 전자껍질의 수

[정답분석] 제2주기에 있는 원소의 특성에서 왼쪽에서 오른쪽으로 갈수록 감소하는 것은 원자 반지름이다.

[참고] 원자 반지름은 한 가지 물질로 이루어진 물질에서 가장 가까운 원자간의 거리로 측정하여 반으로 나눈 값을 의미한다.
□ 주기율표의 같은 주기에서는 → 왼쪽에서 오른쪽으로 갈수록 반지름은 작아진다.
□ 주기율표의 같은 족에서는 → 아래로 갈수록 반지름은 커진다.

정답 ③

07 95wt% 황산의 비중은 1.84이다. 이 황산의 몰 농도는 약 얼마인가?

① 4.5   ② 8.9
③ 17.8   ④ 35.6

[정답분석] 몰 농도(Molarity)는 용액 1L에 용해되어 있는 용질의 몰(mol) 수로 정의된다. 황산(H_2SO_4) 1mol 질량(분자량)은 98이고, 제시된 황산의 비중 1.84를 밀도단위로 전환하면 1.84g/mL 가 된다.

$$\square \; M(mol/L) = \frac{용질(mol)}{용액(L)}$$

[계산] 황산의 몰 농도(Molarity)는 다음과 같이 계산한다.

$$\therefore M = \frac{1.84\,g}{mL} \times \frac{95\,g}{100\,g} \times \frac{mol}{98g} \times \frac{10^3 mL}{L}$$
$$= 17.84 \; mol/L$$

정답 ③

08 우유의 pH는 25℃에서 6.4이다. 우유 속의 수소 이온 농도는?

① $1.98 \times 10^{-7} M$

② $2.98 \times 10^{-7} M$

③ $3.98 \times 10^{-7} M$

④ $4.98 \times 10^{-7} M$

 pH와 수소이온 농도의 관계식을 이용한다.

$$\square \; pH = \log \frac{1}{[H^+]} \;\rightarrow\; [H^+] = 10^{-pH}$$

[계산] 수소이온의 몰 농도는 다음과 같이 계산된다.

$$\therefore [H^+] = 10^{-6.4} = 3.98 \times 10^{-7} mol/L$$

정답 ③

09 20개의 양성자와 20개의 중성자를 가지고 있는 것은?

① Zr ② Ca

③ Ne ④ Zn

정답분석 원자번호는 원소의 원자핵에 있는 양성자의 수를 나타낸다. 그러므로 20개의 양성자를 가진 것은 원자번호 20번의 칼슘(Ca)이다.

참고 □ 양성자의 수는 전자의 수와 같기 때문에 원자번호는 원자에 있는 전자의 수를 가리키기도 한다.

□ 질량 수는 원소의 원자핵에 있는 양성자의 수(원자번호)에 중성자의 수를 합한 수이다. 따라서 20개의 양성자와 20개의 중성자를 가지고 있다면 질량수는 40이다.

정답 ②

10 벤젠의 유도체인 TNT의 구조식을 옳게 나타낸 것은?

①

②

③

④

정답분석 TNT[트라이나이트로톨루엔, $C_6H_2CH_3(NO_2)_3$]는 톨루엔을 나이트로화(니트로화) 반응, 즉 톨루엔을 황산 촉매 하에서 질산과 반응시켜 얻는다.

□ $C_6H_5CH_3 + 3HNO_3 \xrightarrow[\text{니트로화}]{c-H_2SO_4}$
$C_6H_2CH_3(NO_2)_3 + 3H_2O$

<그림> TNT(trinitrotoluene)

정답 ①

11 다음 물질 중 동소체의 관계가 아닌 것은?

① 흑연과 다이아몬드
② 산소와 오존
③ 수소와 중수소
④ 황린과 적린

정답 분석 수소와 중수소는 원자번호는 같지만 질량이 다른 동위원소의 관계이다. 동위원소는 화학적 성질이 같지만 밀도 등 물리적 성질이 다르다. 수소는 다음 3종류의 동위원소가 있다.
  □ 수소(프로튬, Protium) : 양성자 1개와 주위를 도는 전자 하나로 구성된 가장 간단한 구조를 가지고 있으며, 수소의 동위원소로 1H로 표기한다.
  □ 중수소(듀테륨, Deuterium) : 양성자 1개와 중성자 1개로 구성되어 있는 원자핵과 그 주위를 도는 전자 하나로 구성되어 있으며, 수소의 동위원소로 2H로 표기한다.
  □ 삼중수소(트리튬, Tritium) : 양성자 1개와 중성자 2개로 구성되어 있는 원자핵과 주위를 도는 전자 하나로 구성되어 있으며, 수소의 동위원소로 3H로 표기한다.

$$\underset{\substack{1\\1}}{H} \qquad \underset{\substack{2\\1}}{H} \qquad \underset{\substack{3\\1}}{H}$$

참고 □ 동소체 : 같은 원소로 이루어졌지만 구조와 성질이 다른 물질. 예 O_2와 O_3
  □ 동위원소 : 원자번호는 같으나 질량수가 다른 원소. 예 $3He-4He$, $^1H-^2H-^3H$

정답 ③

 12 헥세인(C_6H_{14})의 구조이성질체의 수는 몇 개인가?

① 3개   ② 4개
③ 5개   ④ 9개

정답 분석 헥세인(헥산, C_6H_{14})의 구조 이성질체는 5개이다. 구조 이성질체는 분자식이 같지만 구조가 다르므로 다른 성질을 갖는 화합물을 말한다. 탄소 사슬의 모양이 다른 경우, 작용기의 위치가 다른 경우 등이 이에 해당한다.

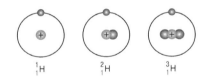

<그림> C_6H_{14}

참고 다음 표에 해당하는 탄화수소의 이성질체 수는 순환출제될 수 있으므로 반드시 암기해 두도록!!

탄화수소	분자식	구조 이성질체수
메테인(메탄)	CH_4	1
에테인(에탄)	C_2H_6	1
프로페인(프로판)	C_3H_8	1
뷰테인(부탄)	C_4H_{10}	2
펜테인(펜탄)	C_5H_{12}	3
헥세인(헥산)	C_6H_{14}	5

정답 ③

 13 다음과 같은 반응에서 평형을 왼쪽으로 이동시킬 수 있는 조건은?

$$A_2(g)+2B_2(g) \rightarrow 2AB_2(g)+열$$

① 압력감소, 온도감소
② 압력증가, 온도증가
③ 압력감소, 온도증가
④ 압력증가, 온도감소

정답 분석 제시된 반응은 발열반응이므로 평형을 왼쪽으로(역반응) 이동시키려면 온도를 높이고, 압력을 낮추어야 한다.

정답 ③

14 이상기체상수 R 값이 0.082라면 그 단위로 옳은 것은?

① $\dfrac{\text{atm·mol}}{\text{L·K}}$

② $\dfrac{\text{mmHg·mol}}{\text{L·K}}$

③ $\dfrac{\text{atm·L}}{\text{mol·K}}$

④ $\dfrac{\text{mmHg·L}}{\text{mol·K}}$

 이상기체 상태방정식을 적용한다.

□ $PV = nRT \Rightarrow R = \dfrac{PV}{nT}$

$\begin{cases} P : 압력(표준상태) = 1\text{atm} \\ V : 부피(표준상태) = 22.4\text{L} \\ n : 몰수 = 1\text{mol} \\ T : 절대온도(표준상태) = 273+0℃ = 273\text{K} \end{cases}$

∴ $R = \dfrac{1\text{atm} \times 22.4\text{L}}{1\text{mol} \times 273\text{K}} = 0.0821 \text{ atm} \cdot \text{L/mol} \cdot \text{K}$

정답 ③

15 $K_2Cr_2O_7$에서 Cr의 산화수는?

① +2   ② +4

③ +6   ④ +8

 다이크롬산칼륨(중크롬산칼륨, $K_2Cr_2O_7$)의 전체 산화수는 0이고, 산소(O)의 산화수는 −2이므로 다음과 같이 크로뮴(크롬)의 산화수를 구할 수 있다.

[계산] $K_2Cr_2O_7 \rightarrow 0 = (1\times2) + (x\times2) + (-2\times7)$

$x = +6$

∴ Cr 산화수 $= +6$

정답 ③

16 NaOH 1g이 250mL 메스플라스크에 녹아 있을 때 NaOH 수용액의 농도는?

① 0.1N   ② 0.3N

③ 0.5N   ④ 0.7N

 규정 농도(Normality, N)는 용액 1L에 용해되어 있는 용질의 당량(eq) 수로 정의된다. 가성소다($NaOH$)는 1가의 염기이므로 1mol 질량(분자량)=1당량($1eq$)= 40g이다.

□ $N(eq/\text{L}) = \dfrac{용질(eq)}{용액(\text{L})}$

[계산] 수산화나트륨($NaOH$) 용액의 규정 농도(규정도)는 다음과 같이 계산한다.

∴ $N = \dfrac{1\text{g}}{250\text{mL}} \times \dfrac{eq}{40\text{g}} \times \dfrac{10^3\text{mL}}{\text{L}} = 0.1 \; eq/\text{L}$

정답 ①

17 방사능 붕괴의 형태 중 $^{226}_{88}Ra$ 이 α붕괴할 때 생기는 원소는?

① $^{222}_{86}Rn$ ② $^{232}_{90}Th$

③ $^{231}_{91}Pa$ ④ $^{238}_{92}U$

 α붕괴는 비활성 원소 헬륨 −4인 핵의 흐름으로 α붕괴는 질량수가 4 감소하고, 원자번호는 2 감소한다.

$^{226}_{88}Ra \rightarrow {}^{222}_{86}Rn + {}^{4}_{2}He$

정답 ①

18 pH=9인 수산화나트륨 용액 100mL 속에는 나트륨이온이 몇 개 들어 있는가? (단, 아보가드로수는 6.02×10^{23}이다.)

① 6.02×10^9개

② 6.02×10^{17}개

③ 6.02×10^{18}개

④ 6.02×10^{21}개

 정답분석 NaOH 1mol이 완전히 전리되면 Na^+ 1mol과 OH^- 1mol이 생성(1 : 1 : 1)되고, NaOH 수용액의 pH=9이므로 OH^-(mol/L)$=10^{-pOH}=10^{-(14-9)}=1\times10^{-5}$mol/L이 된다.

NaOH의 전리에서 전리 OH^-와 Na^+mol비는 1 : 1로 동일하므로 Na^+mol농도 역시 1×10^{-5}mol/L이 된다.

□ $NaOH \xrightarrow[\text{전리}]{\text{완전}} Na^+ + OH^-$

   $1mol$: $1mol : 1mol$

계산 NaOH 용액 100mL에 존재하는 Na이온의 개수는 다음과 같이 산정한다.

$$\Box OH^- = 100mL \times \frac{1\times10^{-5}mol}{L} \times \frac{L}{10^3 mL}$$

$$= 1\times10^{-6}mol$$

$$\Box Na^+mol = OH^-mol = 1\times10^{-6}mol$$

$$\therefore Na개수 = 1\times10^{-6}\times6.02\times10^{23} = 6.02\times10^{17}$$

정답 ②

19 다음 반응식에서 산화된 성분은?

$$MnO_2 + 4HCl \rightarrow MnCl_2 + 2H_2O + Cl_2$$

① Mn   ② O

③ H   ④ Cl

정답분석 반응계에서 HCl과 결합하고 있는 염소(Cl) 산화수는 -1×4, 생성계에서 Cl_2의 산화수는 $-1\times2+0$으로 증가되었으므로 염소만 산화되었고, 망간은 환원되었다.

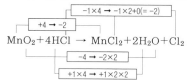

정답 ④

20 다음 중 기하 이성질체가 존재하는 것은?

① C_5H_{12}

② $CH_3CH = CHCH_3$

③ C_3H_7Cl

④ $CH \equiv CH$

 정답분석 기하 이성질체는 시스(cis)형태와 트랜스(trans)형태로 배열되어야 하므로 분자식으로 판단할 때는 작용기가 되는 원소가 2개 존재하여야 하므로 ②가 기하 이성질체를 형성할 수 있는 화합물이다.

<그림> cis의 뷰텐   <그림> $trans$의 뷰텐

정답 ②

21 가연물에 대한 일반적인 설명으로 옳지 않은 것은?

① 주기율표에서 0족의 원소는 가연물이 될 수 없다.

② 활성화 에너지가 작을수록 가연물이 되기 쉽다.

③ 산화 반응이 완결된 산화물은 가연물이 아니다.

④ 질소는 비활성 기체이므로 질소의 산화물은 존재하지 않는다.

───

정답 분석 질소는 비활성 기체이지만 비금속 원소와 반응하여 암모니아, 산화질소 등의 질소화합물을 만든다. 주기율표에서 0족의 원소는 가연물이 될 수 없으며, 활성화 에너지가 작을수록 가연물이 되기 쉽다. 그리고 산화 반응이 완결된 산화물은 가연물이 아니다.

정답 ④

22 소화설비의 가압송수 장치에서 압력수조의 압력 산출 시 필요 없는 것은?

① 낙차의 환산 수두압

② 배관의 마찰손실 수두압

③ 노즐선의 마찰손실 수두압

④ 소방용 호스의 마찰손실 수두압

───

정답 분석 포 소화설비의 가압송수장치는 고가수조방식, 압력수조방식, 펌프방식으로 나눌 수 있는데 압력수조의 압력은 노즐방사압력, 배관의 마찰손실 수두압, 낙차의 환산수두압, 이동식 포 소화설비의 소방용 호스의 마찰손실 수두압을 합산한 압력으로 한다.

[참고]

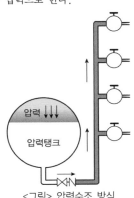

<그림> 압력수조 방식

$$P = p_1 + p_2 + p_3 + 0.35\,\text{MPa}$$

$\begin{cases} P : \text{필요압력(MPa)} \\ p_1 : \text{호스의 마찰손실 수두압(MPa)} \\ p_2 : \text{배관의 마찰손실 수두압(MPa)} \\ p_3 : \text{낙차의 환산수두압(MPa)} \end{cases}$

정답 ③

23 위험물안전관리법령상 제6류 위험물에 적응성이 있는 소화설비는?

① 옥외소화전설비
② 불활성가스 소화설비
③ 할로겐화합물 소화설비
④ 분말소화설비(탄산수소염류)

정답분석 제6류와 제5류 위험물에 적응성이 있는 소화설비는 옥외소화전설비이다.

참고
□ 이산화탄소와 할로겐화합물 소화설비는 가스계 소화설비로 제6류 위험물에 적응성이 없다.
□ 탄산수소염류 분말소화설비는 제6류 위험물에 적응성이 없는 반면에 인산염류 분말소화설비는 적응성이 있다.
□ 옥외소화전 또는 옥내소화전설비에 적응성이 있는 위험물은 제1류 위험물 중 알칼리금속의 과산화물 이외의 것, 제2류 위험물 중 인화성 고체, 제3류 위험물 중 금수성 물질 이외의 것, 제5류 위험물, 제6류 위험물에 적응성이 있다.

정답 ①

24 메탄올에 대한 설명으로 틀린 것은?

① 무색투명한 액체이다.
② 완전 연소하면 CO_2와 H_2O가 생성된다.
③ 비중 값이 물보다 작다.
④ 산화하면 폼산을 거쳐 최종적으로 폼알데하이드가 된다.

정답분석 1차 알코올인 메탄올(CH_3OH)이 1차 산화하면 폼알데하이드(포름알데히드)가 되고 2차 산화되면 최종적으로 폼산(포름산)이 된다.

메탄올   폼알데하이드   폼산(개미산)

정답 ④

25 물을 소화약제로 사용하는 가장 큰 이유는?

① 물은 가연물과 화학적으로 결합하기 때문
② 물은 분해되어 질식성 가스를 방출하므로
③ 물은 기화열이 커서 냉각 능력이 크기 때문에
④ 물은 산화성이 강하기 때문에

정답분석 물은 액체 중 기화열(539kcal/kg)이 가장 크므로 다른 물질에 비해 냉각효과가 뛰어나다. 그리고 물이 액체에서 기체로 증발하여 수증기를 형성할 경우 대기압 하에서 그 체적은 1,670배로 증가하는데 그 팽창된 수증기가 연소면을 덮어 산소의 공급을 차단한다.

정답 ③

26 위험물안전관리법령에서 정한 다음의 소화설비 중 능력단위가 가장 큰 것은?

① 팽창진주암 160L(삽 1개 포함)
② 수조 80L(소화전용물통 3개 포함)
③ 마른 모래 50L(삽 1개 포함)
④ 팽창질석 160L(삽 1개 포함)

정답분석 소화설비 중 능력단위가 가장 큰 것은 ②이다.
① 팽창진주암 160L(삽 1개 포함) : 능력단위 1
② 수조 80L(전용물통 3개 포함) : 능력단위 1.5
③ 마른 모래 50L(삽 1개 포함) : 능력단위 0.5
④ 팽창질석 160L(삽 1개 포함) : 능력단위 1

참고

소화설비	용 량	능력단위
소화전용(轉用) 물통	8L	0.3
수조(소화전용 물통 3개 포함)	80L	1.5
수조(소화전용 물통 6개 포함)	190L	2.5
마른 모래(삽 1개 포함)	50L	0.5
팽창질석 또는 팽창진주암(삽 1개 포함)	160L	1.0

정답 ②

27 "Halon 1301"에서 각 숫자가 나타내는 것을 틀리게 표시한 것은?

① 첫째 자리 숫자 "1" - 탄소의 수
② 둘째 자리 숫자 "3" - 불소의 수
③ 셋째 자리 숫자 "0" - 아이오딘의 수
④ 넷째 자리 숫자 "1" - 브로민의 수

정답분석 셋째자리 숫자는 염소의 수이다.

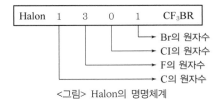

<그림> Halon의 명명체계

정답 ③

28 고체가연물의 일반적인 연소형태에 해당하지 않는 것은?

① 등심연소   ② 증발연소
③ 분해연소   ④ 표면연소

정답분석 등심연소(燈心燃燒, Wick Combustion)는 액체연료를 모세관 현상에 의해 등심선단으로 빨아올려 등심의 표면에서 증발시켜 확산연소를 행하는 방법으로 심지식 연소법이라고도 한다.

정답 ①

29 금속분의 화재 시 주수소화를 할 수 없는 이유는?

① 산소가 발생하기 때문에
② 수소가 발생하기 때문에
③ 질소가 발생하기 때문에
④ 이산화탄소가 발생하기 때문에

정답분석 금속분의 화재 시 주수소화를 하게 되면 수소가 발생한다.

참고 □ 알루미늄과 물의 반응
$Al + 2H_2O \rightarrow Al(OH)_2 + H_2$
□ 아연과 물의 반응
$Zn + H_2O \rightarrow ZnO + H_2$

정답 ②

30 다음 중 제6류 위험물의 안전한 저장·취급을 위해 주의할 사항으로 가장 타당한 것은?

① 가연물과 접촉시키지 않는다.
② 0℃ 이하에서 보관한다.
③ 공기와의 접촉을 피한다.
④ 분해방지를 위해 금속분을 첨가하여 저장한다.

정답분석 제6류 위험물은 과염소산, 과산화수소, 질산, 할로젠간화합물 등이다. 이들 자신은 불연성이지만 연소를 돕는 물질이므로 화재 시에는 가연물과 격리하도록 해야 한다.

참고 제6류 위험물의 저장·취급 방법
□ 물, 유기물, 가연물 및 산화제와의 접촉을 피해야 한다.
□ 저장용기는 내산성 용기를 사용하며, 흡습성이 강하므로 용기는 밀전, 밀봉하여 액체의 누설이 되지 않도록 한다.
□ 소량 화재 시는 다량의 물로 희석할 수 있지만 원칙적으로 주수는 하지 않아야 한다.
□ 열과 빛에 의해 분해될 수 있으므로 갈색 유리병에 넣어 냉암소에 보관하여야 한다.
□ 제6류 위험물을 운반할 때에는 제1류 위험물과 혼재할 수 있다.

정답 ①

31 제1종 분말소화 약제의 소화효과에 대한 설명으로 가장 거리가 먼 것은?

① 열분해 시 발생하는 이산화탄소와 수증기에 의한 질식효과

② 열분해 시 흡열반응에 의한 냉각효과

③ H^+ 이온에 의한 부촉매 효과

④ 분말 운무에 의한 열방사의 차단효과

 제1종 분말소화제는 나트륨이온(Na^+)에 의한 부촉매 효과 있다.

부촉매작용(anti-catalysis)의 의미는 촉매작용을 반대한다는 뜻으로 매우 빠른 화학반응의 진행을 방해하거나 저지하는 역할을 의미한다.

제1종 분말소화 약제의 주성분은 탄산수소나트륨($NaHCO_3$)이며, 소화시 분사되는 분말은 분말 운무에 의한 열방사의 차단효과를 일으키고, 고온(270 ~ 850℃)에서 흡열반응(냉각효과)을 통해 CO_2와 H_2O를 생성시키며(질식효과), 유리된 나트륨 이온(Na^+)은 부촉매효과를 발휘한다.

참고 부촉매효과의 크기 : Cs > Rb > K > Na > Li

□ 나트륨이온(Na^+)의 부촉매효과가 있는 것 → 제1종 분말소화제

□ 칼륨이온(K^+)의 부촉매효과가 있는 것 → 제2종 분말소화제

□ 암모늄이온(NH_4^+)의 부촉매효과가 있는 것 → 제3종 분말소화제

□ 기타 부촉매효과 유발 물질 → Br, I 등

정답 ③

32 표준관입시험 및 평판재하시험을 실시하여야 하는 특정옥외저장탱크의 지반의 범위는 기초의 외축이 지표면과 접하는 선의 범위 내에 있는 지반으로서 지표면으로부터 깊이 몇 m까지로 하는가?

① 10 ② 15

③ 20 ④ 25

정답 표준관입시험 및 평판재하시험을 실시하여야 하는 특정옥외저장탱크의 지반의 범위는 기초의 외축이 지표면과 접하는 선의 범위 내에 있는 지반으로서 지표면으로부터 깊이 15m 까지로 하여야 한다.

정답 ②

33 위험물안전관리법령상 제2류 위험물 중 철분의 화재에 적응성이 있는 소화설비는?

① 물분무 소화설비

② 포소화설비

③ 탄산수소염류 분말소화설비

④ 할로겐화합물 소화설비

정답 제2류 위험물 중 철분·금속분·마그네슘의 화재에 적응성 있는 소화설비는 분말소화설비(탄산수소염류), 건조사, 팽창질석 또는 팽창진주암이다. 물분무 소화설비, 포소화설비, 분말소화설비 중 인산염류, 할로겐화합물 소화설비는 적응성이 없다.

□ 알루미늄분은 물이나 할로겐소화약제는 사용할 수 없다.

□ 망간분은 물, 이산화탄소 혹은 폼을 사용할 수 없다. 모래, 불활성 건조분말로 덮어서 소화시킬 필요가 있다.

□ 적린과 유황은 물에 의한 냉각소화가 적당하다.

□ 금속분, 철분, 마그네슘의 연소 시 주수하면 급격한 수증기 압력이나 분해에 의해, 발생된 수소에 의한 폭발위험과 연소 중인 금속의 비산(飛散)으로 화재면적을 확대시킬 수 있다.

정답 ③

34 주된 소화효과가 산소공급원의 차단에 의한 소화가 아닌 것은?

① 포소화기

② 건조사

③ CO_2소화기

④ Halon 1211 소화기

 할론 1211(CF_2ClBr) 소화기의 주된 소화기능은 연쇄반응을 억제시켜 소화하는 부촉매 효과이다. 분자식에서 F(불소, 플루오르)는 불활성과 안정성을 높여주고 Br(브로민, 브롬)은 부촉매 소화효과를 증대시켜 주는 기능을 한다.

참고 □ 상온, 상압에서 Halon 1301, Halon 1211은 기체상태로, Halon 2402, Halon 1011, Halon 104는 액체상태로 존재한다.

□ Halon 1301은 전체 Halon 중에서 가장 소화효과가 크고, 독성은 가장 적다.

정답 ④

35

위험물 제조소등에 설치하는 이동식 불활성가스 소화설비의 소화약제 양은 하나의 노즐마다 몇 kg 이상으로 하여야 하는가?

① 30   ② 50
③ 60   ④ 90

 위험물 제조소등에 설치하는 이동식 불활성가스 소화설비 약제의 양(20℃)은 하나의 노즐마다 90kg/min 이상 방사할 수 있는 것으로 하여야 한다.

[참고] 이동식 불활성가스 소화설비 기준(위험물안전관리에 관한 세부기준 134조)
- 노즐은 온도 20℃에서 하나의 노즐마다 90kg/min 이상의 소화약제를 방사할 수 있을 것
- 저장용기의 용기밸브 또는 방출밸브는 호스의 설치장소에서 수동으로 개폐할 수 있을 것
- 저장용기는 호스를 설치하는 장소마다 설치할 것
- 저장용기의 직근의 보기 쉬운 장소에 적색등을 설치하고 이동식 불활성가스 소화설비 임을 알리는 표시를 할 것
- 화재시 연기가 현저하게 충만할 우려가 있는 장소 외의 장소에 설치할 것
- 이동식 불활성가스 소화설비에 사용하는 소화약제는 이산화탄소로 할 것

정답 ④

36

위험물안전관리법령상 옥외소화전설비의 옥외소화전이 3개 설치되었을 경우 수원의 수량은 몇 m³ 이상이 되어야 하는가?

① 7   ② 20.4
③ 40.5   ④ 100

 옥외소화전의 수원의 수량은 소화전이 가장 많이 설치된 층을 기준으로 하며, 옥외소화전의 개수는 4개 이상일 때는 최대 4개를 적용하지만 현재 설치된 옥외소화전이 3개이므로 이를 적용하여 산정한다.

[계산] 옥외소화전 수원수량은 다음과 같이 산정한다.
- 옥외소화전 수원의 수량(Q) = 개수 × 13.5m³

$$\therefore \quad Q = 3 \times 13.5 \text{m}^3 = 40.5 \text{m}^3$$

정답 ③

37

알코올 화재 시 보통의 포 소화약제는 알코올형 포 소화약제에 비하여 소화효과가 낮다. 그 이유로서 가장 타당한 것은?

① 소화약제와 섞이지 않아서 연소면을 확대하기 때문에
② 알코올은 포와 반응하여 가연성가스를 발생하기 때문에
③ 알코올이 연료로 사용되어 불꽃의 온도가 올라가기 때문에
④ 수용성 알코올로 인해 포(泡)가 파괴되기 때문에

 알코올과 같은 수용성 액체의 화재에 수성막포 소화약제를 사용하면 알코올이 포(泡)에 함유되어 있는 수분에 녹아 거품을 제거하는 소포(消泡)작용이 일어난다.

정답 ④

38

위험물의 취급을 주된 작업내용으로 하는 다음의 장소에 스프링클러설비를 설치할 경우 확보하여야 하는 1분당 방사밀도는 몇 L/m² 이상이어야 하는가? (단, 내화구조의 바닥 및 벽에 의하여 2개의 실로 구획되고, 각 실의 바닥면적은 500m²이다.)

- 취급하는 위험물 : 제4류 제3석유류
- 위험물을 취급하는 장소의 바닥면적 : 1,000m²

① 8.1 ② 12.2
③ 13.9 ④ 16.3

정답 분석 인화점이 38℃ 이상, 살수기준면적이 250m² 이하인 경우 확보하여야 하는 스프링클러의 1분당 방사밀도는 12.2L/m² 이상이어야 한다.

참고 스프링클러설비가 제4류 위험물에 대해 적응성이 있는지의 판단기준은 다음의 살수기준면적과 방사밀도의 기준에 따른다.

살수기준면적 (m²)	방사밀도(L/m²분)	
	인화점 38℃ 미만	인화점 38℃ 이상
279 미만	16.3 이상	12.2 이상
279 ~ 372 미만	15.5 이상	11.8 이상
372 ~ 465 미만	13.9 이상	9.8 이상
465 이상	12.2 이상	8.1 이상

비고 살수기준면적은 내화구조의 벽 및 바닥으로 구획된 하나의 실의 바닥면적을 말하고, 하나의 실의 바닥면적이 465m² 이상인 경우의 살수기준면적은 465m²로 한다.

정답 ①

39

다음 중 소화약제가 아닌 것은?

① CF_3Br ② $NaHCO_3$
③ C_4F_{10} ④ N_2H_4

정답 분석 ④의 하이드라진(히드라진, N_2H_4)은 제4류 위험물에 해당한다.

- CF_3Br : 할로젠화합물인 Halon 1301
- $NaHCO_3$: 제1종 분말소화제 주성분
- C_4F_{10} : 청정소화제 퍼플루오르뷰테인

정답 ④

40

열의 전달에 있어서 열전달면적과 열전도도가 각각 2배로 증가한다면, 다른 조건이 일정한 경우 전도에 의해 전달되는 열의 양은 몇 배가 되는가?

① 0.5배 ② 1배
③ 2배 ④ 4배

정답 분석 푸리에 법칙(Fourier's law)을 적용한다. 푸리에 법칙에 따르면 열전달량의 크기는 열전도도, 열전달면적, 온도차에는 비례하고, 두께에는 반비례한다.

□ 열전달량$(Q) = k \times A \dfrac{t_1 - t_2}{L}$

- $\begin{cases} k : 열전도도 \\ A : 열전달면적 \\ t_1 : 고온측 온도 \\ t_2 : 저온측 온도 \\ L : 열전도 거리(두께) \end{cases}$

계산 전도(傳導) 열전달 양은 다음과 같이 계산한다. 이때 열전달면적과 열전도도를 제외한 다른 조건은 일정한 것으로 가정한다.

$\therefore\ Q^* = 2k \times 2A \dfrac{t_1 - t_2}{L} = 4kA$

정답 ④

제3과목 위험물의 성질과 취급

41 위험물안전관리법령상 과산화수소가 제6류 위험물에 해당하는 농도 기준으로 옳은 것은?

① 36wt% 이상
② 36vol% 이상
③ 1.49wt% 이상
④ 1.49vol% 이상

 정답 분석 과산화수소(H_2O_2)는 제6류 위험물(산화성 액체)로 농도가 36wt% 이상의 것만 위험물로 취급한다.

정답 ①

42 나이트로소화합물의 성질에 관한 설명으로 옳은 것은?

① $-NO$ 기를 가진 화합물이다.
② 나이트로기를 3개 이하로 가진 화합물이다.
③ $-NO_2$기를 가진 화합물이다.
④ $N＝N$기를 가진 화합물이다.

정답 분석 $-NO$(나이트로소기)가 질소에 결합한 유기화합물을 나이트로소화합물(니트로소화합물)이라 한다. 나이트로소화합물은 자기반응성 물질로서 제5류 위험물 중의 하나이다. 나이트로소 화합물에는 나이트로메테인(니트로메탄), 피크린산, 다이나이트로벤젠, 나이트로에테인(니트로에탄), 테트릴, 테트라나이트로메테인, 트라이나이트로페놀, 트라이나이트로벤젠, 2,4,6 - 트라이나이트로톨루엔, 1,3,5 - 트라이나이트로벤젠, 피크린산암모늄, 트라이나이트로벤조산 등이 해당된다.

정답 ①

43 동식물유의 일반적인 성질로 옳은 것은?

① 자연발화의 위험은 없지만 점화원에 의해 쉽게 인화한다.
② 대부분 비중 값이 물보다 크다.
③ 인화점이 100℃보다 높은 물질이 많다.
④ 아이오딘값(요오드가)이 50 이하인 건성유는 자연발화 위험이 높다.

 정답 분석 동식물유류라 함은 동물의 지육 등 또는 식물의 종자나 과육으로부터 추출한 것으로서 1기압에서 인화점이 250℃ 미만인 것을 말한다.
유지류(油脂類)의 아이오딘가(Iodine Value)는 100g 당 부가되는 아이오딘의 g 수를 말하며, 이 값이 클수록 유지류의 불포화도가 높으며, 자연발화의 위험성이 높아진다.

참고 □ 건성유(아이오딘가 130 이상) : 해바라기유, 동유(오동기름), 정어리유, 아마인유, 들기름
□ 반건성유(아이오딘가 100 ~ 130) : 채종유(겨자), 쌀겨유, 면실유(목화), 참기름, 옥수수유, 콩기름
□ 불건성유(아이오딘가 100 미만) : 야자유, 올리브유, 피마자유, 낙화생기름

정답 ③

44 운반할 때 빗물의 침투를 방지하기 위하여 방수성이 있는 피복으로 덮어야 하는 위험물은?

① TNT
② 이황화탄소
③ 과염소산
④ 마그네슘

 정답 분석 제1류 위험물 중 알칼리금속의 과산화물, 제2류 위험물 중 철분·금속분·마그네슘, 제3류 위험물 중 금수성 물질은 방수성이 있는 피복으로 덮어야 한다.

참고 □ 차광성이 있는 피복으로 가려야 하는 것 : 제1류 위험물, 제3류 위험물 중 자연발화성 물질, 제4류 위험물 중 특수인화물, 제5류 위험물 또는 제6류 위험물
□ 방수성이 있는 피복으로 덮어야 하는 것 : 제1류 위험물 중 알칼리금속의 과산화물 또는 이를 함유한 것, 제2류 위험물 중 철분·금속분·마그네슘 또는 이들 중 어느 하나 이상을 함유한 것 또는 제3류 위험물 중 금수성 물질
□ 보냉 컨테이너에 수납하는 등 적정한 온도관리를 해야 하는 것 : 제5류 위험물 중 55℃ 이하의 온도에서 분해될 우려가 있는 것

정답 ④

45 연소생성물로 이산화황이 생성되지 않는 것은?

① 황린
② 삼황화인
③ 오황화인
④ 황

 황린이 연소할 때 흰색의 연기를 내며 오산화인이 발생한다.

참고 황린의 연소 반응 : $P_4 + 5O_2 \rightarrow 2P_2O_5$

정답 ①

46 다음 중 인화점이 가장 낮은 것은?

① 실린더유
② 가솔린
③ 벤젠
④ 메틸알코올

 항목 중 인화점이 가장 낮은 것은 인화점이 -43℃인 가솔린(휘발유)이다.

① 실린더유 : 200℃ ~ 250℃
③ 벤젠 : -11℃
④ 메틸알코올(메탄올) : 11℃

정답 ②

47 적린의 성상에 관한 설명 중 옳은 것은?

① 물과 반응하여 고열을 발생한다.
② 공기 중에 방치하면 자연발화한다.
③ 강산화제와 혼합하면 마찰·충격에 의해서 발화할 위험이 있다.
④ 이황화탄소, 암모니아 등에 매우 잘 녹는다.

 ③만 올바르다. 적린(赤燐)은 제2류 위험물이므로 강산화제와 혼합·접촉을 피하여야 한다.

참고 적린의 위험물 특성
□ 물, 이황화탄소, 알칼리, 에테르에 녹지 않는다.
□ 수산화칼륨 등의 강알칼리용액과 반응할 경우 가연성, 유독성의 포스핀가스를 발생한다.
$4P + 3KOH + 3H_2O \rightarrow PH_3(포스핀) + 3KH_2PO_2$
□ 연소하면 황린과 같이 유독성의 P_2O_5를 발생하고, 일부는 포스핀으로 전환된다.
$4P + 5O_2 \rightarrow 2P_2O_5$
□ 강산화제와 혼합하면 불안정한 폭발물과 같은 형태로 되어 가열·충격·마찰에 의해 폭발한다.
$6P + 5KClO_3 \rightarrow 3P_2O_5 + 5KCl$

정답 ③

48 위험물 지하탱크저장소의 탱크전용실 설치기준으로 틀린 것은?

① 철근콘크리트 구조의 벽은 두께 0.3m 이상으로 한다.
② 지하저장탱크와 탱크전용실의 안쪽과의 사이는 50cm 이상의 간격을 유지한다.
③ 철근콘크리트 구조의 바닥은 두께 0.3m 이상으로 한다.
④ 벽, 바닥 등에 적정한 방수 조치를 강구한다.

 위험물 지하탱크저장소의 지하저장탱크와 탱크전용실의 안쪽과의 사이는 0.1m 이상의 간격을 유지하도록 해야 한다. 탱크전용실은 지하의 가장 가까운 벽·피트·가스관 등의 시설물 및 대지경계선으로부터 0.1m 이상 떨어진 곳에 설치하고, 당해 탱크의 주위에 마른 모래 또는 습기 등에 의하여 응고되지 아니하는 입자지름 5mm 이하의 마른 자갈분을 채워야 한다.

정답 ②

49 제1류 위험물에 관한 설명으로 틀린 것은?

① 조해성이 있는 물질이 있다.
② 물보다 비중이 큰 물질이 많다.
③ 대부분 산소를 포함하는 무기화합물이다.
④ 분해하여 방출된 산소에 의해 자체 연소한다.

정답분석 제1류 위험물은 불연성이다. 내부 자체에 산소를 갖고 있어 자체적으로 연소가 가능한 물질은 제5류 위험물이다.

참고 제1류 위험물은 산화성 고체로서 아염소산염류, 염소산염류, 과염소산염류, 무기과산화물, 브로민산염류, 질산염류, 아이오딘산염류, 과망가니즈산염류, 다이크로뮴산염류 등이 이에 해당한다.
이들은 다량의 산소를 함유하고 있는 강력한 산화제로서 분해하면 산소를 방출한다. 다른 약품과 접촉할 경우 분해하면서 다량의 산소를 방출하기 때문에 다른 가연물의 연소를 촉진하는 성질이 있다.
따라서 가연물과의 접촉·혼합이나 분해를 촉진하는 물품과의 접근 또는 과열·충격·마찰 등을 피하는 한편, 알칼리금속의 과산화물 및 이를 함유한 것에 있어서는 물과의 접촉을 피하여야 한다.

정답 ④

50 탄화칼슘이 물과 반응했을 때 반응식을 옳게 나타낸 것은?

① 탄화칼슘+물 → 수산화칼슘+수소
② 탄화칼슘+물 → 수산화칼슘+아세틸렌
③ 탄화칼슘+물 → 칼슘+수소
④ 탄화칼슘+물 → 칼슘+아세틸렌

정답분석 탄화칼슘(CaC_2)은 물과 반응하여 수산화칼슘과 아세틸렌(에틴, C_2H_2)가스가 생성된다.

반응 $CaC_2 + 2H_2O \rightarrow Ca(OH)_2 + C_2H_2$

정답 ②

51 제4석유류를 저장하는 옥내탱크저장소의 기준으로 옳은 것은? (단, 단층건축물에 탱크전용실을 설치하는 경우이다.)

① 옥내저장탱크의 용량은 지정수량의 40배 이하일 것
② 탱크전용실은 벽, 기둥, 바닥, 보를 내화구조로 할 것
③ 탱크전용실에는 창을 설치하지 아니할 것
④ 탱크전용실에 펌프설비를 설치하는 경우에는 그 주위에 0.2m 이상의 높이로 턱을 설치할 것

정답분석 ①만 올바르다. 옥내저장탱크의 용량(동일한 탱크전용실에 옥내저장탱크를 2이상 설치하는 경우에는 각 탱크의 용량의 합계를 말함)은 지정수량의 40배(제4석유류 및 동식물유류 외의 제4류 위험물에 있어서 당해 수량이 20,000L를 초과할 때에는 20,000L) 이하여야 한다.

정답 ①

52 위험물안전관리법령에 따른 제4류 위험물 중 제1석유류에 해당하지 않는 것은?

① 등유   ② 벤젠
③ 메틸에틸케톤   ④ 톨루엔

정답분석 등유는 제2석유류 비수용성 위험물이다.

정답 ①

53 다음 중 물과 반응하여 산소를 발생하는 것은?

① $KClO_3$ ② Na_2O_2
③ $KClO_4$ ④ CaC_2

정답분석 과산화나트륨(Na_2O_2)은 제1류 위험물 중 무기과산화물(알칼리금속의 과산화물)로 물과 접촉하면 발열반응과 함께 산소를 방출하므로 주수소화를 금한다.

반응 $2Na_2O_2 + 2H_2O \rightarrow 4NaOH + O_2$

정답 ②

54 벤젠에 대한 설명으로 틀린 것은?

① 물보다 비중값이 작지만, 증기비중 값은 공기보다 크다.

② 공명구조를 가지고 있는 포화탄화수소이다.

③ 연소 시 검은 연기가 심하게 발생한다.

④ 겨울철에 응고된 고체상태에서도 인화의 위험이 있다.

정답분석 벤젠(C_6H_6)은 제4류 위험물의 제1석유류로 분류되며, 공명구조(共鳴構造, Resonance Structure)를 가지는 불포화탄화수소(Unsaturated Hydrocarbon)이다.

참고
- 벤젠(Benzene)은 sp^2혼성 공명구조(2개 이상의 구조식이 중첩으로 나타나는 구조)를 가진다.
- 벤젠은 2중 결합(C=C)이 3개 있고, 불포화도(不飽和度)가 높다.
- 벤젠은 불포화결합을 이루고 있어 반응성이 높을 것 같지만 사실은 전형적인 알켄(Alkene, C_nH_{2n})보다 더 안정하며, 반응성이 낮다.
- 벤젠은 탄소간의 결합이 단일결합과 이중결합의 중간인 1.5중 결합을 이루는 것으로 간주한다.

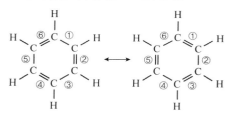

\<그림\> 벤젠의 공명구조

정답 ②

55 다음 물질 중 증기비중이 가장 작은 것은?

① 이황화탄소

② 아세톤

③ 아세트알데하이드

④ 다이에틸에터(디에틸에테르)

정답분석 증기의 비중은 공기를 표준물질로 한 밀도(기체 분자량/22.4)의 배수로 산출할 수 있다. "29"는 공기의 분자량이다.

$$\square\ 증기비중 = \frac{분자량/22.4}{29/22.4}$$

$$분자량 = \begin{cases} 이황화탄소(CS_2) = 76 \\ 벤젠(C_6H_6) = 78 \\ 아세톤(CH_3COCH_3) = 58 \\ 아세트알데하이드(CH_3CHO) = 44 \\ 톨루엔(C_6H_5CH_3) = 92 \\ 다이에틸에터(C_2H_5OC_2H_5) = 74 \end{cases}$$

∴ 증기비중이 가장 작은 것은 아세트알데하이드이다.

정답 ③

56 인화칼슘이 물 또는 염산과 반응하였을 때 공통적으로 생성되는 물질은?

① $CaCl_2$ ② $Ca(OH)_2$

③ PH_3 ④ H_2

정답분석 인화칼슘(Ca_3P_2)이 물 또는 산과 반응하면 유독성의 포스핀(PH_3)가스를 생성한다.

반응 $Ca_3P_2 + 6H_2O \longrightarrow 3Ca(OH)_2 + 2PH_3$

정답 ③

57 질산나트륨 90kg, 유황 70kg, 클로로벤젠 2,000L, 각각의 지정수량의 배수의 총합은?

① 2 ② 3

③ 4 ④ 5

정답분석 각 물질의 지정수량은 질산염류 : 300kg, 유황 : 100kg, 클로로벤젠 1000L이다.

계산 지정수량의 배수 총합은 다음과 같이 산정된다.

$$\therefore\ 배수 = \frac{90kg}{300kg} + \frac{70kg}{100kg} + \frac{2000L}{1000L} = 3$$

정답 ②

58 외부의 산소공급이 없어도 연소하는 물질이 아닌 것은?

① 알루미늄의 탄화물
② 과산화벤조일
③ 유기과산화물
④ 질산에스터(질산에스테르)

 정답 분석 외부의 산소공급이 없어도 연소하는 자기반응성 물질은 제5류 위험물(유기과산화물, 질산에스터, 나이트로화합물, 나이트로소화합물, 아조화합물, 다이아조화합물(디아조화합물), 하이드라진 유도체, 하이드록실아민, 하이드록실아민염류 등)이다. ①은 제3류 위험물에 해당한다.

정답 ①

59 위험물 제조소의 배출설비의 배출능력은 1시간 당 배출장소 용적의 몇 배 이상인 것으로 해야 하는가? (단, 전역방식의 경우는 제외한다.)

① 5 ② 10
③ 15 ④ 20

정답 분석 배출능력은 1시간당 배출장소 용적의 20배 이상인 것으로 하여야 한다. 다만, 전역방식의 경우에는 바닥면적 $1m^2$당 $18m^3$ 이상으로 할 수 있다.

정답 ④

60 위험물안전관리법령에서 정한 위험물의 지정수량으로 틀린 것은?

① 적린 : 100kg
② 황화인 : 100kg
③ 마그네슘 : 100kg
④ 금속분 : 500kg

 정답 분석 마그네슘의 지정수량은 500kg이다.

정답 ③

제1과목 일반화학

01 모두 염기성 산화물로만 나타낸 것은?

① CaO, Na_2O ② K_2O, SO_2

③ CO_2, SO_3 ④ Al_2O_3, P_2O_5

정답분석 금속과 산소가 결합하여 염기성 산화물을 만들며, 비금속과 산소가 결합하여 산성 산화물을 만든다. 양쪽성 원소(Al, Zn, Sn, Pb 등)와 산소가 결합하여 양쪽성 산화물을 만든다.

정답 ①

02 다음 이원자 분자 중 결합에너지 값이 가장 큰 것은?

① H_2 ② N_2

③ O_2 ④ F_2

정답분석 N_2는 삼중결합($N \equiv N$)을 가지므로 결합에너지가 가장 크고, 결합길이가 가장 짧다.
① H_2는 단일결합 $H - H$
③ O_2는 이중결합 $O = O$
④ F_2는 단일결합 $F - F$

정답 ②

03 액체공기에서 질소 등을 분리하여 산소를 얻는 방법은 다음 중 어떤 성질을 이용한 것인가?

① 용해도   ② 비등점

③ 색상   ④ 압축률

정답분석 액체공기는 액체질소와 액체산소의 혼합물로 비등점이 가장 낮은 질소부터 기체로 분리되어 최종적으로 산소를 얻을 수 있다.

정답 ②

04 CH_4 16g 중에는 C가 몇 mol 포함되어 있는가?

① 1   ② 4

③ 16   ④ 22.4

정답분석 메테인(메탄, CH_4)은 분자량이 16이므로 1mol의 질량은 16g이다. 따라서 메테인 16g(1mol)은 1몰의 탄소(C)와 4몰의 수소(H)가 결합한 화합물이다.

반응 $C + 4H \rightarrow CH_4$
1mol : 4mol : 1mol

정답 ①

05 $KMnO_4$에서 Mn의 산화수는 얼마인가?

① $+3$ ② $+5$

③ $+7$ ④ $+9$

정답분석 $KMnO_4$분자의 산화수는 0이고, K의 산화수는 $+1$, O의 산화수는 -2이므로 Mn에 대한 산화수는 다음과 같이 산정한다.

계산 $+1+(x)+(-2) \times 4 = 0$, $x = +7$

정답 ③

06

황산구리 결정($CuSO_4 \cdot 5H_2O$) 25g을 100g의
물에 녹였을 때 몇 wt% 농도의 황산구리($CuSO_4$)
수용액이 되는가? (단, $CuSO_4$ 분자량은 160이다.)

① 1.28% ② 1.60%

③ 12.8% ④ 16.0%

정답분석 wt% 농도는 질량백분율을 의미하므로 다음과 같이 계산한다.

산식 $농도(\%) = \dfrac{용질}{용액} \times 100$

• 용질 $= 25g\ CuSO_4 \cdot 5H_2O \times \dfrac{CuSO_4}{CuSO_4 \cdot 5H_2O}$

$= 25 \times \dfrac{160}{160 + (5 \times 18)} = 16g$

• 용액 $= 100 + 25 = 125g$

$\therefore 농도(\%) = \dfrac{16g}{125g} \times 100 = 12.8\%$

정답 ③

07

pH가 2인 용액은 pH가 4인 용액과 비교하면
수소이온 농도가 몇 배인 용액이 되는가?

① 100배 ② 2배

③ 10^{-1}배 ④ 10^{-2}배

정답분석 pH와 수소이온 농도(mol/L)의 관계식을 이용한다.

산식 $pH = \log \dfrac{1}{[H^+]} \rightarrow [H^+] = 10^{-pH}$

$\therefore \dfrac{[H^+]_2}{[H^+]_4} = \dfrac{10^{-2}}{10^{-4}} = 100배$

정답 ①

08

일정한 온도 하에서 물질 A와 B가 반응을 할 때
A의 농도만 2배로 하면 반응속도가 2배가 되고,
B의 농도만 2배로 하면 반응속도가 4배로 된다.
이 반응의 속도식은? (단, 반응속도상수는 k이다.)

① $v = k[A][B]^2$ ② $v = k[A]^2[B]$

③ $v = k[A][B]^{0.5}$ ④ $v = k[A][B]$

정답분석 반응속도는 반응물의 농도와 반응차수에 관계되므로 다음과 같이 관계식을 만들 수 있다.

산식 $반응속도(v) = k[A]^x[B]^y$ $\begin{cases} k: 반응속도상수 \\ x, y: 반응차수 \end{cases}$

$\Rightarrow 반응속도비(R) = \dfrac{v_2}{v_1} = \left(\dfrac{농도_2}{농도_1} \right)^m$

• $2 = \dfrac{v_2}{v_1} = \dfrac{[2A_1]^x}{[A_1]^x} = (2)^m,\ m = 1$

• $4 = \dfrac{v_2}{v_1} = \dfrac{[2B_1]^x}{[B_1]^x} = (2)^m,\ m = 2$

$\therefore$ 반응차수는 A물질에 대하여 1차, B물질에 대하여 2차이므로 $\rightarrow v = k[A]^1[B]^2$

정답 ①

09

$CH_3COOH \rightarrow CH_3COO^- + H^+$의 반응식에서
전리평형상수 K는 다음과 같다. K값을 변화시
키기 위한 조건으로 옳은 것은?

$$K = \dfrac{[CH_3COO^-][H^+]}{[CH_3COOH]}$$

① 온도를 변화시킨다.
② 압력을 변화시킨다.
③ 농도를 변화시킨다.
④ 촉매의 양을 변화시킨다.

정답분석 전리평형상수는 온도의 함수이므로 온도가 변화하면 K값이 변화한다.

정답 ①

10

다음 화합물 수용액 농도가 모두 0.5M일 때 끓는점이 가장 높은 것은?

① $C_6H_{12}O_6$(포도당)   ② $C_{12}H_{22}O_7$(설탕)
③ $CaCl_2$(염화칼슘)   ④ $NaCl$(염화나트륨)

 정답분석 염화칼슘이나 염화나트륨은 이온결합 물질이며, 이온결합은 정전기적 인력으로 결합되어 있으므로 끓는점과 녹는점이 높다. 이온결합 화합물인 $CaCl_2$와 $NaCl$에 대한 결합의 세기는 두 이온 전하량의 절대값에 비례하여 증가한다.

반응 $CaCl_2 \rightarrow Ca^{2+} + 2Cl^- \rightarrow 2 \times 1 = 2$
$NaCl \rightarrow Na^+ + Cl^- \rightarrow 1 \times 1 = 1$

정답 ③

11

$C-C-C-C$을 뷰테인(부탄, butane)이라고 한다면 $C=C-C-C$의 명명은? (단, C와 결합된 원소는 H이다.)

① 1-뷰테인   ② 2-뷰테인
③ 1,2-뷰테인   ④ 3,4-뷰테인

 정답분석 alkene을 명명할 때에는 이중결합과 가까이 있는 탄소부터 번호를 매기며, 이중결합이 존재하는 탄소 번호의 숫자와 전체 탄소 개수에 해당하는 어근에 '-ene'을 붙여 명명한다.

$C=C-C-C$
$1 \quad 2 \quad 3 \quad 4$ $\rightarrow \therefore$ 1-butane

정답 ①

12

포화탄화수소에 해당하는 것은?

① 톨루엔   ② 에틸렌
③ 프로페인   ④ 아세틸렌

 정답분석 포화탄화수소는 탄소와 탄소의 결합이 단일결합으로 된 탄화수소로서 사슬모양의 알케인(알칸)과 고리모양의 사이클로알케인(사이클로알칸)으로 구분된다. 알칸에는 메탄(CH_4), 에탄(C_2H_6), 프로판(C_3H_3), 부탄(C_4H_{10}) 등이 포화 탄화수소로 분류된다.

정답 ③

13

염화철(Ⅲ)($FeCl_3$) 수용액과 반응하여 정색반응을 일으키지 않는 것은?

 정답분석 페놀(C_6H_5OH)은 염화철($FeCl_3$)과 반응하여 보라색의 정색반응을 한다.

정답 ①

14

비누화 값이 작은 지방에 대한 설명으로 옳은 것은?

① 분자량이 작으며, 저급 지방산의 에스터이다.
② 분자량이 작으며, 고급 지방산의 에스터이다.
③ 분자량이 크며, 저급 지방산의 에스터이다.
④ 분자량이 크며, 고급 지방산의 에스터이다.

정답분석 분자량이 큰 고급 지방산의 에스터(에스테르), 고급알코올 또는 탄화수소, 불순물이 많이 들어 있는 유지의 경우에는 비누화 값이 작아진다.

정답 ④

15

p 오비탈에 대한 설명 중 옳은 것은?

① 원자핵에서 가장 가까운 오비탈이다.
② *s*오비탈보다는 약간 높은 모든 에너지 준위에서 발견된다.
③ X, Y의 2방향을 축으로 한 원형 오비탈이다.
④ 오비탈의 수는 3개, 들어갈 수 있는 최대 전자수는 6개이다.

 정답분석 *p*오비탈은 X, Y, Z 3방향을 축으로 하는 아령형의 오비탈이며, 최대로 들어갈 수 있는 전자수는 6개이다.

정답 ④

16

A 기체 5g은 27℃, 380mmHg에서 부피가 6,000mL이다. 이 기체의 분자량(g/mol)은 약 얼마인가? (단, 이상기체로 가정한다.)

① 24   ② 41

③ 64   ④ 123

정답분석 기체질량 5g의 부피가 27℃, 380mmHg에서 6,000mL, 즉, 6L이므로 다음의 관계식으로 기체의 분자량(M)을 산정할 수 있다.

계산 $6L = 5g \times \dfrac{22.4L}{M} \times \dfrac{273+27}{273} \times \dfrac{760}{380}$

∴ M(분자량) = 41

정답 ②

17

다음 중 완충용액에 해당하는 것은?

① CH_3COONa와 CH_3COOH

② NH_4Cl와 HCl

③ CH_3COONa와 $NaOH$

④ $HCOONa$와 Na_2SO_4

정답분석 완충용액은 일반적으로 약산에 그 짝염기를, 또는 약염기에 그 짝산을 약 1 : 1의 몰수 비로 혼합하여 만든다. $CH_3COOH - CH_3COONa$ 용액, $H_2CO_3 - NaHCO_3$ 용액, $NaH_2PO_4 - Na_2HPO_4$ 용액, $NH_3 - NH_4Cl$ 용액 등이 이에 해당한다.

정답 ①

18

다음 분자 중 가장 무거운 분자의 질량은 가장 가벼운 분자의 몇 배인가? (단, Cl의 원자량은 35.5이다.)

H_2, Cl_2, CH_4, CO_2

① 4배   ② 22배

③ 30.5배   ④ 35.5배

정답분석 가장 무거운 분자는 분자량이 가장 큰 것으로 Cl_2이며, 가장 가벼운 분자는 H_2이다.

계산 $\dfrac{Cl_2}{H_2} = \dfrac{71}{2} = 35.5$배

정답 ④

19

다음 물질의 수용액을 같은 전기량으로 전기분해시켜 금속을 석출한다고 가정할 때, 석출되는 금속의 질량이 가장 많은 것은? (단, 괄호 안의 값은 석출되는 금속의 원자량이다.)

① $CuSO_4$(Cu=64)

② $NiSO_4$(Ni=59)

③ $AgNO_3$(Ag=108)

④ $Pb(NO_3)_2$(Pb=207)

정답분석 패러데이의 법칙(Faraday's law)에 따르면 전기분해에 의해 석출되는 물질의 양(m_c)은 전류와 시간의 곱에 비례하고, 당량(금속원소의 1당량=원자량/전자가)에 비례한다.

계산 $m_c(g) = \dfrac{\text{가해진 전기량(F)}}{1F(\text{기준 전기량})} \times \dfrac{\text{원자량}(M)}{\text{전자가}(e^-)}$

- $\begin{cases} ① Cu^{2+} : 64/2 & ② Ni^{2+} : 59/2 \\ ③ Ag^- : 108/1 & ④ Pb^{2+} : 207/2 \end{cases}$

정답 ③

20

용액온도 25℃에서, $Cd(OH)_2$염의 몰용해도는 1.7×10^{-5}mol/L이다. $Cd(OH)_2$염의 용해도곱 상수, K_{sp}를 구하면 약 얼마인가?

① 2.0×10^{-14} ② 2.2×10^{-12}

③ 2.4×10^{-10} ④ 2.6×10^{-8}

정답분석 몰용해도와 용해도곱 상수의 관계식을 적용한다. $Cd(OH)_2$염이 전리될 경우 생성되는 카드뮴이온은 1mol, 수산화이온은 2mol이므로 다음의 관계식이 성립된다.

계산 $L_m = \sqrt[3]{K_{sp}/4}$

- $Cd(OH)_2 \rightarrow Cd^{2+} + 2OH^-$

⇒ $1.7 \times 10^{-5} = \sqrt[3]{K_{sp}/4}$

∴ $K_{sp} = 2 \times 10^{-14}$

정답 ①

제2과목 화재예방과 소화방법

21 특정옥외탱크저장소라 함은 옥외탱크저장소 중 저장 또는 취급하는 액체위험물의 최대수량이 얼마 이상의 것을 말하는가?

① 50만 리터 이상
② 100만 리터 이상
③ 150만 리터 이상
④ 200만 리터 이상

정답 분석 옥외탱크저장소 중 그 저장 또는 취급하는 액체위험물의 최대수량이 100만 리터 이상의 것을 "특정옥외탱크저장소"라 한다.

정답 ②

22 양초(파라핀)의 연소형태는?

① 표면연소
② 분해연소
③ 자기연소
④ 증발연소

정답 분석 고체의 증발연소를 하는 물질에는 나프탈렌, 유황, 양초(파라핀) 등이 있다.

정답 ④

23 다량의 비수용성 제4류 위험물의 화재 시 물로 소화하는 것이 적합하지 않은 이유는?

① 가연성 가스를 발생한다.
② 연소면을 확대한다.
③ 인화점이 내려간다.
④ 물이 열분해한다.

정답 분석 비수용성 제4류 위험물의 화재 시 주수소화하게 되면 연소면을 확대하기 때문에 위험하다. 따라서 이산화탄소, 할로겐화합물 등의 소화설비로 소화하여야 한다.

정답 ②

24 제4류 위험물을 취급하는 제조소에서 지정수량의 몇 배 이상을 취급할 경우 자체소방대를 설치하여야 하는가?

① 1,000배
② 2,000배
③ 3,000배
④ 4,000배

정답 분석 제4류 위험물을 취급하는 제조소에서 지정수량의 3천배 이상을 취급할 경우 자체소방대를 설치하여야 한다.

정답 ③

25 위험물안전관리법령상 제2류 위험물인 철분에 적응성이 있는 소화설비는?

① 포 소화설비
② 탄산수소염류 분말소화설비
③ 할로겐화합물 소화설비
④ 스프링클러설비

정답 분석 제2류 위험물의 철분은 금수성 물질이므로 탄산수소염류 분말소화설비, 건조사, 팽창질석에 적응성이 있다.

정답 ②

26 위험물제조소에 옥내소화전이 가장 많이 설치된 층의 옥내소화전 설치개수가 2개이다. 위험물안전관리법령의 옥내소화전설비 설치기준에 의하면 수원의 수량은 얼마 이상이 되어야 하는가?

① 7.8m³
② 15.6m³
③ 20.6m³
④ 78m³

정답 분석 수원의 수량은 옥내소화전이 가장 많이 설치된 층의 옥내소화전 설치개수(설치개수가 5개 이상인 경우는 5개)에 7.8m³를 곱한 양 이상이 되도록 하여야 한다.

계산 $Q = 2 \times 7.8 = 15.6m^3$

정답 ②

27 트라이에틸알루미늄이 습기와 반응할 때 발생되는 가스는?

① 수소 　　　　② 아세틸렌
③ 에탄 　　　　④ 메탄

 트라이에틸알루미늄[트리에틸알루미늄, $(C_2H_5)_3Al$]은 물과 반응하여 가연성의 에테인(에탄, C_2H_6)가스를 발생시킨다.

반응 $(C_2H_5)_3Al + 3H_2O \rightarrow Al(OH)_3 + 3C_2H_6$

정답 ③

28 일반적으로 다량의 주수를 통한 소화가 가장 효과적인 화재는?

① A급 화재 　　　② B급 화재
③ C급 화재 　　　④ D급 화재

 A급 화재는 일반화재이므로 다량의 주수를 통한 냉각소화가 효과적이다.

정답 ①

29 프로페인 2m³이 완전 연소할 때 필요한 이론공기량은 약 몇 m³인가? (단, 공기 중 산소농도는 21vol%이다.)

① 23.81 　　　② 35.72
③ 47.62 　　　④ 71.43

 프로페인(프로판)의 연소반응식으로부터 이론산소량을 계산하고, 이를 토대로 공기량을 구할 수 있다.

계산 $C_3H_8 + 5O_2 \rightarrow 3CO_2 + 4H_2O$
$22.4m^3 : 5 \times 22.4m^3$

$\therefore A_o = O_o \times \dfrac{1}{0.21}$

$= 2 \times \dfrac{5 \times 22.4}{22.4} \times \dfrac{1}{0.21}$

$= 47.62 \ m^3$

정답 ③

30 탄산수소칼륨 소화약제가 열분해 반응 시 생성되는 물질이 아닌 것은?

① K_2CO_3 　　　② CO_2
③ H_2O 　　　④ KNO_3

정답분석 분말소화약제의 주성분인 탄산수소칼륨($KHCO_3$)의 열분해 반응식은 다음과 같다.

반응 $2KHCO_3 \rightarrow K_2CO_3 + CO_2 + H_2O$

정답 ④

31 포 소화약제와 분말소화약제의 공통적인 주요 소화효과는?

① 질식효과 　　　② 부촉매효과
③ 제거효과 　　　④ 억제효과

정답분석 포 소화약제와 분말소화약제의 공통 소화효과는 질식효과이다.

정답 ①

32 위험물안전관리법령상 지정수량의 3천배 초과 4천배 이하의 위험물을 저장하는 옥외탱크저장소에 확보하여야 하는 보유공지의 너비는 얼마인가?

① 6m 이상 　　　② 9m 이상
③ 12m 이상 　　　④ 15m 이상

 옥외탱크저장소에서 지정수량의 3천배 초과 4천배 이하의 위험물을 저장하는 보유공지의 너비는 15m 이상으로 한다.

정답 ④

33 과산화나트륨의 화재 시 적응성이 있는 소화설비로만 나열된 것은?

① 포 소화기, 건조사
② 건조사, 팽창질석
③ 이산화탄소 소화기, 건조사, 팽창질석
④ 포 소화기, 건조사, 팽창질석

 과산화나트륨(Na_2O_2)은 알칼리금속의 과산화물로 금수성 물질이기 때문에 화재 시 건조사, 팽창질석, 팽창진주암, 탄산수소염류 분말소화기에 적응성이 있다.

정답 ②

34 소화약제의 종류에 해당하지 않는 것은?

① CF_2BrCl
② $NaHCO_3$
③ NH_4BrO_3
④ CF_3Br

 브로민산암모늄(브롬산암모늄, NH_4BrO_3)은 무색의 결정성 고체로 강한 산화제이며, 불안정하고, 가열하면 폭발하는 제1류 위험물로 분류된다. ①은 할론 1211, ②는 제1종 분말소화약제, ④는 할론 1301의 화학식이다.

정답 ③

35 화재예방 시 자연발화를 방지하기 위한 일반적인 방법으로 옳지 않은 것은?

① 통풍을 방지한다.
② 저장실의 온도를 낮춘다.
③ 습도가 높은 장소를 피한다.
④ 열의 축적을 막는다.

정답분석 자연발화를 방지하기 위해서 창문을 열어 통풍이 원활하게 하여야 한다.

정답 ①

36 청정소화약제 중 IG−541의 구성 성분을 옳게 나타낸 것은?

① 헬륨, 네온, 아르곤
② 질소, 아르곤, 이산화탄소
③ 질소, 이산화탄소, 헬륨
④ 헬륨, 네온, 이산화탄소

정답분석 청정소화약제 IG−541은 질소 52%, 아르곤 40%, 이산화탄소 8%로 구성되어 있다.

정답 ②

37 분말소화약제의 분해반응식이다. ( ) 안에 알맞은 것은?

$$2NaHCO_3 \rightarrow ( ) + CO_2 + H_2O$$

① $2NaCO$
② $2NaCO_2$
③ Na_2CO_3
④ Na_2CO_4

정답분석 제1종 분말소화약제(주성분 : $NaHCO_3$)의 분해 반응식은 다음과 같다.

반응 $2NaHCO_3 \rightarrow Na_2CO_3 + CO_2 + H_2O$

정답 ③

38 다음 소화설비 중 능력단위가 1.0인 것은?

① 삽 1개를 포함한 마른 모래 50L
② 삽 1개를 포함한 마른 모래 150L
③ 삽 1개를 포함한 팽창질석 100L
④ 삽 1개를 포함한 팽창질석 160L

정답분석 삽 1개를 포함한 팽창질석 160L의 소화설비 능력단위를 1.0으로 한다.

소화설비	용량	능력단위
소화전용(轉用) 물통	8L	0.3
수조 (소화전용 물통 3개 포함)	80L	1.5
수조 (소화전용 물통 6개 포함)	190L	2.5
마른 모래 (삽 1개 포함)	50L	0.5
팽창질석 또는 팽창진주암 (삽 1개 포함)	160L	1.0

정답 ④

39 폐쇄형 스프링클러헤드 부착장소의 평상시의 최고 주위온도가 39℃ 이상 64℃ 미만일 때 표시온도의 범위로 옳은 것은?

① 58℃ 이상 79℃ 미만

② 79℃ 이상 121℃ 미만

③ 121℃ 이상 162℃ 미만

④ 162℃ 이상

 폐쇄형 스프링클러헤드 부착장소의 평상시의 최고 주위온도가 39℃ 이상 64℃ 미만일 때 표시온도의 범위는 79℃ 이상 121℃미만으로 한다.

설치장소 및 최고 주위온도	표시온도	작동시간
39℃ 미만	79℃ 미만	1분 15초 이내
39℃ 이상 64℃ 미만	79℃ 이상 121℃ 미만	1분 45초 이내
64℃ 이상 106℃ 미만	121℃ 이상 161℃ 미만	3분 이내
106℃ 이상	162℃ 이상	5분 이내

정답 ②

40 제2류 위험물의 일반적인 특징에 대한 설명으로 가장 옳은 것은?

① 비교적 낮은 온도에서 연소하기 쉬운 물질이다.

② 위험물 자체 내에 산소를 갖고 있다.

③ 연소속도가 느리지만 지속적으로 연소한다.

④ 대부분 물보다 가볍고 물에 잘 녹는다.

 제2류 위험물은 가연성 고체로 비교적 낮은 온도에서 착화하기 쉬운 이연성(易燃性), 속연성(速燃性) 물질로 연소속도가 매우 빠르며, 연소열이 큰 편으로 초기 화재 시 발견이 용이하다.

정답 ①

41 옥외저장소에서 저장할 수 없는 위험물은? (단, 시·도 조례에서 별도로 정하는 위험물 또는 국제해상위험물 규칙에 적합한 용기에 수납된 위험물은 제외한다.)

① 과산화수소　　② 아세톤

③ 에탄올　　④ 유황

 옥외저장소에 저장할 수 있는 제4류 위험물 중 제1석유류는 인화점 0℃ 이상인 것에 한한다. 아세톤의 인화점은 -18℃이므로 옥외저장소에 저장할 수 없다.

□ 옥외저장소 저장 대상 위험물

• 제2류 위험물 중 유황 또는 인화성 고체(인화점 0℃ 이상인 것)

• 제4류 위험물 중 제1석유류(인화점 0℃ 이상인 것), 알코올류, 제2석유류, 제3석유류, 제4석유류 및 동식물유류

• 제6류 위험물

• 제2류 위험물 및 제4류 위험물 중 특별시·광역시 또는 시·도의 조례에서 정하는 위험물

• 국제해상위험물 규칙에 적합한 용기에 수납된 위험물

정답 ②

42 탄화칼슘에 대한 설명으로 틀린 것은?

① 화재 시 이산화탄소 소화기가 적응성이 있다.

② 비중은 약 2.2로 물보다 무겁다.

③ 질소 중에서 고온으로 가열하면 $CaCN_2$가 얻어진다.

④ 물과 반응하면 아세틸렌가스(에타인)가 발생한다.

 탄화칼슘(CaC_2)은 제3류 위험물 중 금수성 물질로 건조사, 팽창질석, 팽창진주암, 탄산수소염류 분말소화기에 적응성이 있으며 이산화탄소 소화기에는 적응성이 없다.

정답 ①

43 그림과 같은 타원형 탱크의 내용적은 약 몇 m³ 인가?

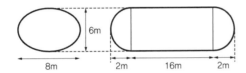

① 453　　　　　② 553
③ 653　　　　　④ 753

정답분석 양쪽이 볼록한 타원형 탱크의 내용적은 다음 식으로 산출된다.

[계산]
$$V(\text{m}^3) = \frac{\pi ab}{4} \times \left(l + \frac{l_1 + l_2}{3} \right)$$

$$\therefore\ V = \frac{\pi \times 8 \times 6}{4} \times \left(16 + \frac{2 + 2}{3} \right) = 653.12\text{m}^3$$

정답 ③

44 옥외탱크저장소에서 취급하는 위험물의 최대수량에 따른 보유공지 너비가 틀린 것은? (단, 원칙적인 경우에 한한다.)

① 지정수량 500배 이하 - 3m 이상
② 지정수량 500배 초과 1,000배 이하 - 5m 이상
③ 지정수량 1,000배 초과 2,000배 이하 - 9m 이상
④ 지정수량 2,000배 초과 3,000배 이하 - 15m 이상

정답분석 옥외탱크저장소에서 지정수량 2,000배 초과 3,000배 이하의 보유공지는 12m 이상으로 한다.

정답 ④

45 동식물유류에 대한 설명으로 틀린 것은?

① 아이오딘화 값이 작을수록 자연발화의 위험성이 높아진다.
② 아이오딘화 값이 130 이상인 것은 건성유이다.
③ 건성유에는 아마인유, 들기름 등이 있다.
④ 인화점이 물의 비점보다 낮은 것도 있다.

정답분석 동식물유류는 아이오딘화값(요오드가)이 높은 순서로 건성유, 반건성유, 불건성유로 분류되며, 아이오딘화 값이 클수록 자연발화의 위험성이 높다.

정답 ①

46 과산화수소의 저장방법으로 옳은 것은?

① 분해를 막기 위해 하이드라진을 넣고 완전히 밀전하여 보관한다.
② 분해를 막기 위해 하이드라진을 넣고 가스가 빠지는 구조로 마개를 하여 보관한다.
③ 분해를 막기 위해 요산을 넣고 완전히 밀전하여 보관한다.
④ 분해를 막기 위해 요산을 넣고 가스가 빠지는 구조로 마개를 하여 보관한다.

정답분석 과산화수소(H_2O_2)는 열과 빛에 의해 분해될 경우 산소 기체를 발생하기 때문에 가스가 빠지는 구멍 뚫린 마개를 사용하며, 분해방지 안정제인 인산, 요산을 넣어 저장 및 보관하여야 한다.

정답 ④

47 염소산칼륨에 대한 설명으로 옳은 것은?

① 점성이 있는 액체이다.

② 폭약의 원료로 사용된다.

③ 녹는점이 700℃ 이상이다.

④ 강한 산화제이며, 열분해하여 염소를 발생한다.

 염소산칼륨($KClO_3$)은 성냥, 폭약 등의 원료로 사용된다. 강한 산화제이며 열분해하여 염화칼륨과 산소를 발생한다. 염소산칼륨은 제1류 위험물로 산화성 고체이다. 녹는점은 368℃이다.

정답 ②

48 위험물 제조소등의 안전거리의 단축기준과 관련해서 $H ≤ pD_2 + a$인 경우 방화상 유효한 담의 높이는 2m 이상으로 한다. 다음 중 a에 해당되는 것은?

① 인근 건축물의 높이(m)

② 제조소등의 외벽의 높이(m)

③ 제조소등과 공작물과의 거리(m)

④ 제조소등과 방화상 유효한 담과의 거리(m)

 제시된 관계식의 기호는 다음과 같다.
- D : 제조소등과 인근 건축물과의 거리(m)
- H : 인근 건축물 또는 공작물의 높이(m)
- a : 제조소등의 외벽의 높이(m)
- d : 제조소등과 방화 담과의 거리(m)
- p : 상수(건축물의 방호안전에 따른 상수)

정답 ②

49 다음 물질 중 지정수량이 400L인 것은?

① 폼산메틸   ② 벤젠

③ 톨루엔   ④ 벤즈알데하이드

 폼산메틸(포름산메틸)은 제4류 위험물 중 1석유류 수용성 액체이므로 지정수량이 400L이다.

②는 1석유류로서 비수용성이며, 지정수량 200L

③은 1석유류로서 비수용성이며, 지정수량 200L

④는 2석유류로서 비수용성이며, 지정수량 2,000L

정답 ①

50 벤젠에 진한 질산과 진한 황산의 혼산을 반응시켜 얻어지는 화합물은?

① 피크린산   ② 아닐린

③ TNT   ④ 나이트로벤젠

 벤젠에 진한 질산과 진한 황산의 혼산을 반응시켜(나이트로화 반응) 나이트로벤젠을 얻을 수 있다.
- 페놀에 나이트로화(니트로화) 반응을 시켜 트라이나이트로페놀(피크린산)을 얻을 수 있다.
- 나이트로벤젠을 수소로 환원하여 아닐린을 얻을 수 있다.
- 톨루엔에 나이트로화 반응을 시켜 트라이나이트로톨루엔을 얻을 수 있다.

정답 ④

51 셀룰로이드의 자연발화 형태를 가장 옳게 나타낸 것은?

① 잠열에 의한 발화

② 미생물에 의한 발화

③ 분해열에 의한 발화

④ 흡착열에 의한 발화

 셀룰로이드(Celluloid)는 불안정하고 분해가 용이하여 분해열에 의한 자연발화를 한다.

정답 ③

52 다음과 같은 물질이 서로 혼합되었을 때 발화 또는 폭발의 위험성이 가장 높은 것은?

① 벤조일퍼옥사이드와 질산
② 이황화탄소와 증류수
③ 금속나트륨과 석유
④ 금속칼륨과 유동성 파라핀

 정답분석 벤조일퍼옥사이드는 제5류 위험물로 과산화기를 가지고 있어 제6류 위험물(산화성 액체)인 질산과 혼합될 경우 발화 또는 폭발의 위험성이 있다.
② 이황화탄소는 가연성 증기의 발생을 막기 위해 물을 덮어 수조에 보관한다.
③, ④ 알칼리금속은 석유, 경유, 등유, 유동성 파라핀 등에 보관한다.

정답 ①

53 다음 중 조해성이 있는 황화인만 모두 선택하여 나열한 것은?

$$P_4S_3, \ P_2S_5, \ P_4S_7$$

① $P_4S_3, \ P_2S_5$
② $P_4S_3, \ P_4S_7$
③ $P_2S_5, \ P_4S_7$
④ $P_4S_3, \ P_2S_5, \ P_4S_7$

정답분석 삼황화인(P_4S_3)은 조해성이 없는 황색 사방정계 결정으로 물에는 녹지 않으나 고온의 물에서 분해되어 황화수소 및 인의 산소산인 혼합물을 만든다.

정답 ③

54 위험물안전관리법령상 위험등급 Ⅰ의 위험물이 아닌 것은?

① 염소산염류
② 황화인
③ 알킬리튬
④ 과산화수소

정답분석 황화인은 제2류 위험물로 위험등급 Ⅱ에 해당한다.

정답 ②

55 가솔린 저장량이 2,000L일 때 소화설비 설치를 위한 소요단위는?

① 1
② 2
③ 3
④ 4

 정답분석 가솔린의 지정수량은 2,000L이므로 소요단위는 다음과 같이 산정된다.

[계산] $\text{소요단위} = \dfrac{\text{저장수량}}{\text{지정수량}\times 10} = \dfrac{2,000}{2,000} = 1$

정답 ①

56 위험물안전관리법령상 은, 수은, 동, 마그네슘 및 이의 합금으로 된 용기를 사용하여서는 안 되는 물질은?

① 이황화탄소
② 아세트알데하이드
③ 아세톤
④ 디에틸에테르

정답분석 아세트알데하이드의 저장 용기의 재질로 은, 수은, 동, 마그네슘 및 이의 합금의 사용을 금한다.

정답 ②

57 금속칼륨의 일반적인 성질로 옳지 않은 것은?

① 은백색의 연한 금속이다.
② 알코올 속에 저장한다.
③ 물과 반응하여 수소가스를 발생한다.
④ 물보다 가볍다.

 정답분석 금속칼륨은 석유, 등유, 경유, 유동성 파라핀, 벤젠 등에 저장 및 보관한다.

정답 ②

58 다음 중 물과 접촉했을 때 위험성이 가장 큰 것은?

① 금속칼륨　　　② 황린
③ 과산화벤조일　④ 다이에틸에테르

정답분석 금속칼륨은 물과 접촉하여 수소가스를 발생한다.

반응 $2K + 2H_2O \rightarrow 2KOH + H_2$

정답 ①

59 질산암모늄에 관한 설명 중 틀린 것은?

① 상온에서 고체이다.
② 폭약의 제조원료로 사용할 수 있다.
③ 흡습성과 조해성이 있다.
④ 물과 반응하여 발열하고 다량의 가스를 발생한다.

정답분석 제1류 위험물 중 질산염류는 물과 반응하여 흡열하는 성질을 가진다.

정답 ④

60 산화프로필렌 300L, 메탄올 400L, 벤젠 200L를 저장하고 있는 경우 각각 지정수량 배수의 총합은 얼마인가?

① 4　　　② 6
③ 8　　　④ 10

정답분석 산화프로필렌 지정수량 : 50L, 메탄올의 지정수량 : 400L, 벤젠의 지정수량 : 200L이므로 지정수량 배수는 다음과 같이 산정한다.

계산 지정수량 배수합 $= \dfrac{300}{50} + \dfrac{400}{400} + \dfrac{200}{200} = 8$

정답 ③

제1과목 일반화학

01 다음 화합물의 0.1mol 수용액 중에서 가장 약한 산성을 나타내는 것은?

① H_2SO_4 ② HCl

③ CH_3COOH ④ HNO_3

정답분석 제시된 항목 중 아세트산(초산, CH_3COOH)은 약산에 해당한다. 염산(HCl), 황산(H_2SO_4), 질산(HNO_3)은 3대 강산에 속한다.

정답 ③

02 탄소와 모래를 전기로에 넣어서 가열하면 연마제로 쓰이는 물질이 생성된다. 이에 해당하는 것은?

① 카보런덤

② 카바이드

③ 카본블랙

④ 규소

정답분석
• 카보런덤은 주로 금속이나 유리의 표면을 깎는 연마제로 이용되는데 규소와 탄소의 화합물인 탄화규소(SiC)를 고온의 전기로에서 가열하여 생산한다.
• 카바이드(탄화칼슘, CaC_2)는 생석회와 탄소의 혼합물로 고온에서 가열하여 얻는 물질이며, 카본블랙은 미세한 탄소분말로 탄소계 화합물의 불완전한 연소로 생성된다.

정답 ①

03 황산구리 수용액을 Pt 전극을 써서 전기분해하여 음극에서 63.5g의 구리를 얻고자 한다. 10A의 전류를 약 몇 시간 흐르게 하여야 하는가? (단, 구리의 원자량은 63.5이다.)

① 2.36 ② 5.36

③ 8.16 ④ 9.16

정답분석 전기분해로 석출되는 금속의 양은 다음의 관계식으로 산출된다.

계산
$$m_c(\text{석출량 } g) = \frac{1A \times t(\sec)}{96,500\,C} \times \frac{\text{분자량}}{\text{전자가}}$$

$$\Rightarrow 63.5\,g = \frac{10A \times t(\sec)}{96,500} \times \frac{63.5}{2}$$

$$\therefore\ t = 19,300\,\sec = 5.36\,hr$$

정답 ②

04 다음 화학식의 IUPAC 명명법에 따른 올바른 명명법은?

$$\begin{array}{c} CH_3 \\ | \\ CH_3 - CH_2 - CH - CH_2 - CH_3 \end{array}$$

① 3-메틸펜테인

② 2, 3, 5-트리메틸헥세인

③ 이소뷰테인

④ 1,4-헥세인

정답분석 가장 긴 탄소사슬에 번호를 매기면, 탄소수가 5개인 포화탄화수소 펜테인(펜탄, Pentane)의 3번 탄소에 메틸기가 치환되어 있음을 알 수 있다. 따라서 3-메틸펜테인(3-methyl pentane)이라 명명한다.

$$\begin{array}{c} \qquad\quad CH_3 \\ \qquad\quad | \\ CH_3 - CH_2 - CH - CH_2 - CH_3 \\ \ \ 1 \qquad\ 2 \qquad\ 3 \qquad\ 4 \qquad\ 5 \end{array}$$

정답 ①

05

어떤 금속 1.0g을 묽은 황산에 넣었더니 표준상태에서 560mL의 수소가 발생하였다. 이 금속의 원자가는 얼마인가? (단, 금속의 원자량은 40으로 가정한다.)

① 1가   ② 2가

③ 3가   ④ 4가

정답분석 반응계의 금속과 황산의 당량(eq)이 동일하고, 생성되는 수소의 당량(eq)도 금속의 당량과 동일하다. 따라서 다음의 관계식으로 금속의 원자가를 산출할 수 있다.

계산 $M + H_2SO_4 \rightarrow H_2 + MSO_4$

$1eq : 1eq \quad\quad : 1eq$

$$H_2 = 560\,mL \times \frac{10^{-3}L}{mL} \times \frac{2\,g}{22.4\,L} \times \frac{1eq}{1\,g}$$

$$= 0.05\,eq$$

$$\Rightarrow 0.05 = 1g \times \frac{1eq}{40/원자가}$$

$\therefore$ 원자가 $= 2$가

정답 ②

06

산성 용액 하에서 0.1N-KMnO₄ 용액 500mL를 만들려면 KMnO₄ 몇 g이 필요한가? (단, 원자량은 K : 39, Mn : 55, O : 16이다.)

① 15.8g   ② 7.9g

③ 1.58g   ④ 0.89g

정답분석 희석식을 이용한다. $KMnO_4$는 분자량 158이고, 5가의 산화제이므로 1당량(eq) $=158/5=31.6g$이다.

계산 $NV = N'V'$

$\begin{cases} NV = \dfrac{0.1eq}{L} \times 500\,mL \times \dfrac{10^{-3}L}{mL} \\[2mm] N'V' = x\,(g) \times \dfrac{eq}{31.6\,g} \end{cases}$

$\therefore x = 1.58\,g$

정답 ③

07

산성 산화물에 해당하는 것은?

① CaO   ② Na₂O

③ CO₂   ④ MgO

정답분석 산성 산화물이란 물과 반응하여 산소산이 되고, 염기와 반응하여 염을 형성하는 것을 총칭하는데 탄산가스는 물과 반응하여 탄산(H_2CO_3)을 형성하므로 산성 산화물에 해당한다. 나머지 항목은 금속과 산소가 결합하여 염기성 산화물(①, ②, ④)을 형성하므로 염기성 산화물이다.

정답 ③

08

표준상태에서 기체 A의 1L 무게는 1.964g이다. A의 분자량은?

① 44   ② 16

③ 4   ④ 2

정답분석 기체 1L의 무게가 1.964g이면 밀도가 1.964g/L이 된다. 따라서 기체밀도 관계식을 이용하여 분자량을 산정할 수 있다. 모든 기체 1mol의 체적은 22.4L임을 이용한다.

계산 $\rho(g/L) = \dfrac{M\,(g\ 분자량)}{22.4\,L}$

$$\Rightarrow 1.964\,g/L = \frac{M}{22.4\,L}$$

$\therefore M = 43.99$

정답 ①

나일론(Nylon 66)에는 다음 어느 결합이 들어 있는가?

① −S−S− ② −O−

③ −C−O−(with O double bond above C) ④ −C−N−(with O double bond above C and H above N)

정답 분석 나일론은 펩타이드 결합으로 고분자를 형성하는 폴리아마이드계 합성 섬유에 붙여진 일반명이다. 나일론의 단위체는 $(-NH-R-CO-)_n$이다.

<그림> 나일론 66

정답 ④

---

10 화약제조에 사용되는 물질인 질산칼륨에서 N의 산화수는 얼마인가?

① +1 ② +3

③ +5 ④ +7

정답 분석 산화수(Oxidation Number)의 규칙에서 화합물 안의 모든 원자수의 산화수 합은 0이므로 질소의 산화수는 다음과 같이 산정된다.

계산 $KNO_3 \longrightarrow K + N + 3O$

$\Rightarrow 0 = +1 + x + 3 \times (-2)$

$\therefore x = +5$

정답 ③

---

11 다음 반응식에서 브뢴스테드 산 - 염기 개념으로 볼 때 산에 해당하는 것은?

$$H_2O + NH_3 \rightleftarrows OH^- + NH_4^+$$

① NH_3와 NH_4^+ ② NH_3와 OH^-

③ H_2O와 OH^- ④ H_2O와 NH_4^+

정답 분석 브뢴스테드(Bronsted)에 따르면 다른 물질에 양성자를 줄 수 있는 물질을 산(酸)이라고 정의하였으며, 양성자를 받는 물질을 염기라고 하였다. 따라서 물과 암모니아의 반응에서 암모니아는 물로부터 양성자를 받는 물질이므로 염기이고, 물(H_2O)은 양성자를 제공하는 물질이므로 산(酸)으로 작용한다. 생성계에서 수산화이온(OH^-)은 염기이므로 대응하는 양이온인 NH_4^+는 짝산으로 작용한다.

정답 ④

---

12 주기율표에서 원소를 차례대로 나열할 때 기준이 되는 것은?

① 원자의 부피 ② 원자핵의 양성자수

③ 원자가 전자수 ④ 원자 반지름의 크기

정답 분석 현재 사용되고 있는 주기율표는 1913년 모즐리(Moseley)가 X선 연구를 통해 양전하수를 결정하는 방법으로 원자번호를 결정한 것을 사용하고 있다.

정답 ②

---

13 같은 몰 농도에서 비전해질 용액은 전해질 용액보다 비등점 상승도의 변화추이가 어떠한가?

① 크다.

② 작다.

③ 같다.

④ 전해질 여부와 무관하다.

정답 분석 비전해질 용액은 용매에 녹아 이온을 만드는 전해질이 존재하지 않아 전기를 통하지 못하는 용액을 말한다. 비등점은 이온화된 입자들이 많을수록 증가되기 때문에 비전해질 용액은 전해질 용액과는 달리 비등점 상승도가 작은 특성을 보인다.

정답 ②

14 불꽃 반응 시 보라색을 나타내는 금속은?

① Li   ② K

③ Na   ④ Ba

정답분석 금속은 불꽃 반응 시 색을 띠게 된다. 리튬(Li)은 붉은색, 칼륨(K)은 보라색, 나트륨(Na)은 노란색, 바륨(Ba)은 황록색 불꽃을 나타낸다.

정답 ②

15 이온결합 물질의 일반적인 성질에 관한 설명 중 틀린 것은?

① 녹는점이 비교적 높다.

② 단단하며 부스러지기 쉽다.

③ 고체와 액체 상태에서 모두 도체이다.

④ 물과 같은 극성 용매에 용해되기 쉽다.

정답분석 이온결합 물질은 액체 상태에서는 전류가 흐르나 고체상태에서는 전류가 흐르지 않는다. 또한 이온결합 물질은 쉽게 부스러지는 특성을 가지며, 끓는점, 녹는점이 높은 특성이 있다.

정답 ③

16 전형 원소 내에서 원소의 화학적 성질이 비슷한 것은?

① 원소의 족이 같은 경우

② 원소의 주기가 같은 경우

③ 원자번호가 비슷한 경우

④ 원자의 전자수가 같은 경우

정답분석 전형 원소에서 족이 같으면 최외각 전자도 동일하기 때문에 화학적 성질이 비슷하다.

정답 ①

17 다음 화학반응식 중 실제로 반응이 오른쪽으로 진행되는 것은?

① $2KI + F_2 \rightarrow 2KF + I_2$

② $2KBr + I_2 \rightarrow 2KI + Br_2$

③ $2KF + Br_2 \rightarrow 2KBr + F_2$

④ $2KCl + Br_2 \rightarrow 2KBr + Cl_2$

정답분석 전기음성도 순서는 $F > Cl > Br > I$이다. 따라서 ①의 반응은 F의 전기음성도가 I에 비해 크기 때문에 전자를 끌어당겨 양이온과 결합할 수 있으므로 실제로 반응이 오른쪽으로 진행하게 된다. 반면에 ②, ③, ④는 역반응이 진행된다.

정답 ①

18 C_3H_8 22.0g을 완전연소시켰을 때 필요한 공기의 부피는 약 얼마인가? (단, 0℃, 1기압 기준이며, 공기 중의 산소량은 21%이다.)

① 56L   ② 112L

③ 224L   ④ 267L

정답분석 프로페인(프로판, C_3H_8)의 연소반응에서 이론산소량(O_o)을 산정하고, 이를 토대로 이론공기량의 부피(A_o)를 산출한다.

계산
$$A_o = O_o \times \frac{1}{0.21}$$

$$C_3H_8 + 5O_2 \rightarrow 3CO_2 + 4H_2O$$
$$44g : 5 \times 22.4L$$

$$\therefore A_o = 22g \times \frac{5 \times 22.4L}{44g} \times \frac{1}{0.21} = 266.67L$$

정답 ④

19 물 2.5L 중에 어떤 불순물이 10mg 함유되어 있다면 약 몇 ppm으로 나타낼 수 있는가?

① 0.4 ② 1
③ 4 ④ 40

정답분석 용액 중의 오염물질의 농도 1ppm=1mg/L에 상당하므로 다음과 같이 불순물의 농도를 산출할 수 있다.

계산 $C = \dfrac{10\text{mg}}{2.5\text{L}} = 4\text{mg/L} (= \text{ppm})$

정답 ③

20 볼타 전지에 관한 설명으로 틀린 것은?

① 이온화 경향이 큰 쪽의 물질이 (−)극이다.
② (+)극에서는 방전 시 산화반응이 일어난다.
③ 전자는 도선을 따라 (−)극에서 (+)극으로 이동한다.
④ 전류의 방향은 전자의 이동방향과 반대이다.

정답분석 볼타전지(Volta cell)는 묽은 황산용액에 구리와 아연을 담근 것으로 Zn이 Cu에 비해 이온화 경향이 크므로 산화반응을 하면서 전자를 내어 놓고, (−)극이 된다. 전자는 도선을 따라 아연판의 (−)극에서 구리판의 (+)극으로 이동한다. (+)극에서는 방전 시 환원반응이 일어나면서 수소기체를 생성시킨다. 전류는 전자의 흐름과 반대방향으로 흐른다.

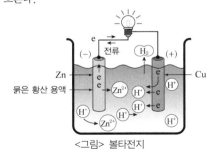

<그림> 볼타전지

정답 ②

21 탄화칼슘 60,000kg을 소요단위로 산정하면?

① 10단위 ② 20단위
③ 30단위 ④ 40단위

정답분석 소요단위는 소화설비의 설치대상이 되는 건축물·공작물의 규모 또는 위험물의 양의 기준단위를 의미하는데 위험물의 경우는 지정수량의 10배를 1소요단위로 하므로 다음과 같이 산정된다. 탄화칼슘은 제3류 위험물의 칼슘 또는 알루미늄의 탄화물로 지정수량이 300kg이다.

계산 소요단위 $= \dfrac{\text{저장수량}}{\text{지정수량}\times 10}$

지정수량 $= 300\text{kg}$

$\therefore$ 소요단위 $= \dfrac{60,000\text{kg}}{300\text{kg}\times 10} = 20$

정답 ②

22 위험물안전관리법령상 물분무등 소화설비에 포함되지 않는 것은?

① 포 소화설비
② 분말소화설비
③ 스프링클러설비
④ 불활성가스 소화설비

정답분석 물분무등 소화설비에는 물분무 소화설비, 미분무소화설비, 이산화탄소 소화설비, 할로젠화합물 소화설비, 청정 소화설비가 포함된다.

정답 ③

23 주된 연소형태가 표면연소인 것은?

① 황
② 종이
③ 금속분
④ 나이트로셀룰로오스

 정답분석 표면연소는 가연물이 열분해나 증발하지 않고, 표면에서 산소와 급격히 연소하는 현상으로 열분해에 의해서 가연성 가스를 발생하지 않고, 그 물질 자체가 연소하며, 불꽃이 거의 없는(무염연소) 것이 특징이다. 표면연소 형태로 연소되는 물질은 흑연, 목탄, 코크스, 숯, 금속가루 등이다.

- 증발연소 : 황
- 분해연소 : 종이, 중유
- 자기연소 : 나이트로셀룰로오스(니트로셀룰로오스)

정답 ③

24 고체의 일반적인 연소형태에 속하지 않는 것은?

① 표면연소   ② 확산연소
③ 자기연소   ④ 증발연소

 정답분석 확산연소는 기체의 대표적인 연소형태이다.

정답 ②

25 포 소화약제의 혼합 방식 중 포 원액을 송수관에 압입하기 위하여 포 원액용 펌프를 별도로 설치하여 혼합하는 방식은?

① 라인 프로포셔너 방식
② 프레져 프로포셔너 방식
③ 펌프 프로포셔너 방식
④ 프레셔 사이드 프로포셔너 방식

 정답분석 프레셔 사이드 프로포셔너 방식은 포 원액용 펌프를 별도로 설치한다는 점에서 프레셔 프로포셔너 방식과 구분되는 방식이다. Pressure side proportioner type은 송수 전용 펌프와 포 소화약제 압입용 전용 펌프를 각각 설치하는 방식으로 펌프의 토출관에 압입기를 설치하여 포 소화약제 압입용 펌프로 포 소화약제를 압입시켜 혼합한다.

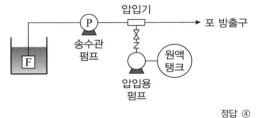

정답 ④

26 Halon 1301에 해당하는 화학식은?

① CH_3Br ② CF_3Br
③ CBr_3F ④ CH_3Cl

 정답분석 할론(Halon)은 C, F, Cl, Br, I의 순서로 개수를 숫자로 나타내므로 Halon 1301은 C 1개, F 3개, Cl은 없으며, Br 1개 존재하는 분자식을 갖는다.

정답 ②

27 다음에서 설명하는 소화약제에 해당하는 것은?

- 무색, 무취이며 비전도성이다.
- 증기상태의 비중은 약 1.5이다.
- 임계온도는 약 31℃이다.

① 탄산수소나트륨   ② 이산화탄소
③ 할론 1301   ④ 황산알루미늄

 정답분석 무색, 무취이며 비전도성이고, 증기상태의 비중은 약 1.5(분자량 약 44)인 것은 이산화탄소이다. 이산화탄소 소화약제는 비전도성이기 때문에 전기화재에도 적용성이 있으며, 증기 비중이 1보다 커 공기보다 무겁기 때문에 질식소화가 가능한 특징이 있다.

정답 ②

28 제5류 위험물의 화재 시 일반적인 조치사항으로 알맞은 것은?

① 분말소화약제를 이용한 질식소화가 효과적이다.

② 할로젠화합물 소화약제를 이용한 냉각소화가 효과적이다.

③ 이산화탄소를 이용한 질식소화가 효과적이다.

④ 다량의 주수에 의한 냉각소화가 효과적이다.

 제5류 위험물은 자체 내에 산소를 포함하고 있어 외부로부터 산소공급이 없어도 연소할 수 있는 자기반응성 물질이므로 화재 시에는 다량의 물에 의한 주수(注水)소화가 가장 효과적이며, 소량일 경우 소화분말, 건조사 등으로 질식소화를 하는 것이 바람직하다.

정답 ④

29 소화기와 주된 소화효과가 옳게 짝지어진 것은?

① 포 소화기 - 제거소화

② 할로젠화합물 소화기 - 냉각소화

③ 탄산가스 소화기 - 억제소화

④ 분말 소화기 - 질식소화

 ④만 올바르다. 분말소화약제의 소화작용은 질식작용, 냉각작용, 부촉매작용 등이므로 유류화재(B급 화재), 전기화재(C급 화재)를 소화하는 것을 기본으로 한다.
① 포 소화기 – 질식소화
② 할로젠 – 부촉매소화(=억제소화, 화학적 소화)
③ 탄산가스 소화기 – 질식소화

정답 ④

30 위험물안전관리법령상 소화설비의 적응성에서 이산화탄소 소화기가 적응성이 있는 것은?

① 제1류 위험물   ② 제3류 위험물

③ 제4류 위험물   ④ 제5류 위험물

 제4류 위험물은 인화성 액체(특수인화물, 제1석유류, 알코올류, 제2석유류, 제3석유류, 제4석유류, 동식물유류 등)이므로 소화방법은 질식소화가 효과적이며, 제4류 위험물의 화재에 적응성이 있는 대표적인 소화설비는 이산화탄소 소화기와 할론 소화기이다.

정답 ③

31 중유의 주된 연소의 형태는?

① 표면연소   ② 분해연소

③ 증발연소   ④ 자기연소

 액체의 가연성 물질은 대체로 증발연소를 하지만 점도가 높은 중유의 경우는 높은 온도에서 열분해한 가스가 연소되는 분해연소의 특성을 보인다. 분해연소를 하는 가연물질은 종이, 목재, 석탄, 중유 등이다.

정답 ②

32 자연발화가 일어나는 물질과 대표적인 에너지원의 관계로 옳지 않은 것은?

① 셀룰로이드 - 흡착열에 의한 발열

② 활성탄 - 흡착열에 의한 발열

③ 퇴비 - 미생물에 의한 발열

④ 먼지 - 미생물에 의한 발열

 자연발화는 인위적으로 가열하지 않았지만 일정한 장소에 장시간 저장할 때 내부의 열이 축적됨으로서 발화점에 도달하여 부분적으로 발화되는 현상을 말하는데 석탄, 금속가루, 고무분말, 셀룰로이드, 플라스틱 등의 자연발화 가능성이 높은 물질이다.

정답 ①

33 경보설비는 지정수량 몇 배 이상의 위험물을 저장, 취급하는 제조소등에 설치하는가?

① 2 ② 4

③ 8 ④ 10

정답분석 경보설비는 지정수량 10배 이상의 제조소등에 설치한다. 경보설비의 종류는 단독경보형 감지기, 비상경보설비(비상벨설비, 자동식 사이렌설비), 시각경보기, 자동화재탐지설비, 비상방송설비, 자동화재속보설비, 통합감시시설, 누전경보기, 가스누설경보기 등이 있다.

※ 비슷한 문제 : 피뢰설비 설치기준 – 지정수량 10배 이상

정답 ④

34 과염소산 1몰을 모두 기체로 변환하였을 때 질량은 1기압, 50°C를 기준으로 몇 g인가? (단, Cl의 원자량은 35.5이다.)

① 5.4 ② 22.4

③ 100.5 ④ 224

정답분석 과염소산의 분자식은 $HClO_4$이고, 1몰의 질량은 100.5g이다. 과염소산을 기화시키면 염화수소 1몰과 산소 2몰을 생성하는데 분해과정에 외부의 첨가물이 없기 때문에 질량보존의 법칙에 따라 생성되는 기체의 총 질량은 과염소산의 질량과 동일하다.

반응
$HClO_4 \rightarrow HCl + 2O_2$
1mol : 1mol : 2mol
100.5g : 36.5g : 2×32g

∴ $HCl + O_2 = 100.5\,g$

정답 ③

35 소화약제의 열분해 반응식으로 옳은 것은?

① $NH_4H_2PO_4 \xrightarrow{\Delta} HPO_3 + NH_3 + H_2O$

② $2KNO_3 \xrightarrow{\Delta} 2KNO_2 + O_2$

③ $KClO_4 \xrightarrow{\Delta} KCl + 2O_2$

④ $2CaHCO_3 \xrightarrow{\Delta} 2CaO + H_2CO_3$

정답분석 ①은 제3종 분말소화약제($NH_4H_2PO_4$)의 열분해 반응식으로 올바르다.
- 1종 : $NaHCO_3$
- 2종 : $KHCO_3$
- 4종 : $KHCO_3 + (NH_2)_2CO$

정답 ①

36 외벽이 내화구조인 위험물저장소 건축물의 연면적이 1,500m²인 경우 소요단위는?

① 6 ② 10

③ 13 ④ 14

정답분석 소요단위는 소화설비의 설치대상이 되는 건축물·공작물의 규모 또는 위험물의 양의 기준단위를 의미하는데 내화구조인 건축물 중 저장소의 경우 연면적 150m²을 1소요단위로 하므로 다음과 같이 소요단위를 산정할 수 있다.

계산 소요단위 = 연면적 × $\dfrac{1단위}{150\,m^2}$

∴ 소요단위 = $1,500\,m^2 \times \dfrac{1}{150\,m^2} = 10$

정답 ②

37 위험물에 화재가 발생하였을 경우 물과의 반응으로 인해 주수소화가 적당하지 않은 것은?

① CH_3ONO_2 ② $KClO_3$

③ Li_2O_2 ④ P

정답분석 과산화리튬(Li_2O_2)은 제1류 위험물 중 알칼리금속의 과산화물로 금수성 물질에 해당하므로 주수소화가 적당하지 않다. 금수성 물질은 탄산수소염류 분말소화기, 팽창질석, 팽창진주암 등으로 소화하는 것이 바람직하다.

정답 ③

38 자연발화에 영향을 주는 인자로 가장 거리가 먼 것은?

① 수분   ② 증발열

③ 발열량   ④ 열전도율

 자연발화에 영향을 주는 인자는 수분, 발열량, 열전도율, 온도, 표면적 등이다.
- 발열량이 높을수록 자연발화가 잘 일어난다.
- 열전도율이 낮을수록 자연발화가 잘 일어난다.
- 주위의 온도가 높을 때 자연발화가 일어나기 쉽다.
- 표면적 또는 비표면적이 큰 물질일수록 자연발화가 잘 일어난다.
- 습도가 높을 때 자연발화가 일어나기 쉽다.

정답 ②

39 할로젠화합물 소화약제의 조건으로 옳은 것은?

① 비점이 높을 것

② 기화되기 쉬울 것

③ 공기보다 가벼울 것

④ 연소성이 좋을 것

 ②만 올바르다. 할로젠화합물 소화약제의 조건은 비점이 낮아야 기화가 용이하며, 공기보다 무거워야 질식소화에 유리하고, 연소성이 없어야 한다.

정답 ②

40 위험물의 화재위험에 대한 설명으로 옳은 것은?

① 인화점이 높을수록 위험하다.

② 착화점이 높을수록 위험하다.

③ 착화에너지가 작을수록 위험하다.

④ 연소열이 작을수록 위험하다.

 ③만 올바르다. 착화에너지가 작을수록 화재위험성이 높다. 위험물의 화재위험성은 인화점이 낮을수록, 착화점이 낮을수록, 연소열이 클수록 위험성이 증가한다.

정답 ③

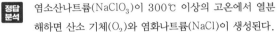

제3과목 위험물의 성질과 취급

41 염소산나트륨이 열분해하였을 때 발생하는 기체는?

① 나트륨   ② 염화수소

③ 염소   ④ 산소

정답분석 염소산나트륨($NaClO_3$)이 300℃ 이상의 고온에서 열분해하면 산소 기체(O_2)와 염화나트륨($NaCl$)이 생성된다.

반응 $2NaClO_3 \rightarrow 3O_2 + 2NaCl$

정답 ④

42 다음 중 에틸알코올의 인화점(℃)에 가장 가까운 것은?

① −4℃   ② 3℃

③ 13℃   ④ 27℃

정답분석 에틸알코올의 인화점은 13℃, 메틸알코올의 인화점은 11℃이다.

정답 ③

43 다음 중 일반적인 연소의 형태가 나머지 셋과 다른 하나는?

① 나프탈렌   ② 코크스

③ 양초   ④ 유황

 코크스는 표면연소를 한다. 나머지 나프탈렌, 양초, 유황은 증발연소를 하는 물질이다.

정답 ②

44 위험물안전관리법령상 유별을 달리하는 위험물의 혼재기준에서 제6류 위험물과 혼재할 수 있는 위험물의 유별에 해당하는 것은? (단, 지정수량의 1/10을 초과하는 경우이다.)

① 제1류
② 제2류
③ 제3류
④ 제4류

정답
분석
위험물 혼재기준에 따라 제6류 위험물은 제1류 위험물과 혼재가 가능하다.

정답 ①

45 충격마찰에 예민하고 폭발위력이 큰 물질로 뇌관의 첨장약으로 사용되는 것은?

① 테트릴
② 질산메틸
③ 나이트로글리콜
④ 나이트로셀룰로오스

정답
분석
테트릴(tetryl)은 제5류 위험물 중 나이트로소화합물(니트로소화합물)의 하나이며, 다이메틸아닐린을 진한 황산에 녹여 질산과 황산의 혼산(混酸)으로 나이트로화하여 제조하며, 공업뇌관과 첨장약으로 널리 사용된다.

<그림> 테트릴(tetryl)

정답 ①

46 알루미늄의 연소생성물을 옳게 나타낸 것은?

① Al_2O_3
② $Al(OH)_3$
③ Al_2O_3, H_2O
④ $Al(OH)_3$, H_2O

정답
분석
알루미늄(Al) 분말은 산소와 반응하여 연소열을 발생시킨다.

반응 $4Al + 3O_2 \rightarrow 2Al_2O_3$

정답 ①

47 자연발화를 방지하는 방법으로 가장 거리가 먼 것은?

① 습도를 높게 할 것
② 통풍이 잘 되게 할 것
③ 저장실의 온도를 낮게 할 것
④ 열의 축적을 용이하지 않게 할 것

정답
분석
자연발화를 방지하기 위해서는 온도와 습도를 모두 낮추어야 한다.

정답 ①

48 염소산칼륨의 성질에 대한 설명 중 옳지 않은 것은?

① 냉수에도 매우 잘 녹는다.
② 강산과의 접촉은 위험하다.
③ 비중은 약 2.3으로 물보다 무겁다.
④ 열분해 하면 산소와 염화칼륨이 생성된다.

정답
분석
염소산칼륨은 찬물과 알코올에 잘 녹지 않는다.

정답 ①

49 자기반응성 물질의 일반적인 성질로 옳지 않은 것은?

① 강산류와의 접촉은 위험하다.
② 연소속도가 대단히 빨라서 폭발성이 있다.
③ 물질 자체가 산소를 함유하고 있어 내부연소를 일으키기 쉽다.
④ 물과 격렬하게 반응하여 폭발성 가스를 발생한다.

정답
분석
제5류 위험물인 자기반응성 물질은 다량의 주수를 통해 소화시키기 때문에 물과 격렬하게 반응하지 않는다. 물과 격렬하게 반응하여 수소와 열을 발생시키므로 물로 소화할 수 없는 것은 칼륨과 나트륨 등의 금수성 물질이다.

정답 ④

50 다음은 위험물안전관리법령상 제조소등에서의 위험물의 저장 및 취급에 관한 기준 중 저장 기준의 일부이다. ( ) 안에 알맞은 것은?

> 옥내저장소에 있어서 위험물은 규정에 의한 바에 따라 용기에 수납하여 저장하여야 한다. 다만, ( )과 별도의 규정에 의한 위험물에 있어서는 그러하지 아니하다.

① 동식물유류
② 덩어리상태의 유황
③ 고체상태의 알코올
④ 고화된 제4석유류

 별도의 규정으로 덩어리상태의 유황은 용기에 수납하지 않아도 된다.

정답 ②

---

51 다음 중 C_6H_5N에 대한 설명으로 틀린 것은?

① 물에 녹는다.
② 강한 산성을 나타낸다.
③ 상온에서 인화의 위험이 있다.
④ 순수한 것은 무색이고, 악취가 나는 액체이다.

 피리딘(C_6H_5N)은 약한 염기성을 나타낸다.

정답 ②

---

52 다음 물질을 적셔서 얻은 헝겊을 대량으로 쌓아두었을 경우 자연발화의 위험성이 가장 큰 것은?

① 아마인유   ② 땅콩기름
③ 야자유   ④ 올리브유

 아마인유는 보기 중 아이오딘(요오드가)이 가장 높은 건성유로 자연발화의 위험성이 가장 크다.

정답 ①

---

53 과산화수소의 성질 또는 취급방법에 관한 설명 중 틀린 것은?

① 에탄올에 녹는다.
② 햇빛에 의하여 분해한다.
③ 인산, 요산 등의 분해방지 안정제를 넣는다.
④ 공기와의 접촉은 위험하므로 저장용기는 밀전(密栓)하여야 한다.

 저장용기는 구멍이 뚫린 마개를 사용하여 분해된 산소를 배출시켜야 한다.

정답 ④

---

54 [그림]과 같은 위험물을 저장하는 탱크의 내용적은 약 몇 m³인가? (단, r은 10m, L은 25m이다.)

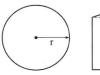 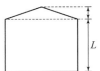

① 3,612   ② 4,754
③ 5,812   ④ 7,854

 원통형의 탱크이므로 다음과 같이 내용적을 산출한다.

계산 $V = \pi r^2 \times L$

$\therefore V = 3.14 \times 10^2 \times 25 = 7,850\,m^3$

정답 ④

55

트라이나이트로페놀의 성질에 대한 설명 중 틀린 것은?

① 폭발에 대비하여 철, 구리로 만든 용기에 저장한다.
② 휘황색을 띤 침상결정이다.
③ 비중이 약 1.8로 물보다 무겁다.
④ 단독으로는 테트릴보다 충격, 마찰에 둔감한 편이다.

 정답분석 트라이나이트로페놀(트리니트로페놀)은 제5류 위험물로 철, 구리, 납 등과 반응 시 위험하다.

정답 ①

56

메틸에틸케톤의 저장 또는 취급 시 유의할 점으로 가장 거리가 먼 것은?

① 통풍을 잘 시킬 것
② 찬곳에 저장할 것
③ 직사일광을 피할 것
④ 저장 용기에는 증기 배출을 위해 구멍을 설치할 것

 정답분석 메틸에틸케톤(MEK)은 비수용성으로 제4류 위험물 중 1 석유류이므로 통풍이 잘 되는 건조한 냉암소에 보관하며, 밀폐된 용기에 보관하여야 한다. 저장 용기에는 증기 배출을 위해 구멍을 설치하는 대표적인 위험물은 제6류 위험물 중 과산화수소이다.

정답 ④

57

금속칼륨 20kg, 금속나트륨 40kg, 탄화칼슘 600kg 각각의 지정수량 배수의 총합은 얼마인가?

① 2   ② 4
③ 6   ④ 8

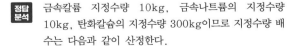 **정답분석** 금속칼륨 지정수량 10kg, 금속나트륨의 지정수량 10kg, 탄화칼슘의 지정수량 300kg이므로 지정수량 배수는 다음과 같이 산정한다.

[계산] 지정수량 배수 합 $= \dfrac{20}{10} + \dfrac{40}{10} + \dfrac{600}{300} = 8$

정답 ④

58

마그네슘 리본에 불을 붙여 이산화탄소 기체 속에 넣었을 때 일어나는 현상은?

① 즉시 소화된다.
② 연소를 지속하며 유독성의 기체를 발생한다.
③ 연소를 지속하며 수소 기체를 발생한다.
④ 산소를 발생하며 서서히 소화된다.

 정답분석 $2Mg + CO_2 \rightarrow 2MgO + C$
가연물인 탄소를 발생시키며 연소가 지속된다.

정답 ②

59

물에 녹지 않고 물보다 무거우므로 안전한 저장을 위해 물 속에 저장하는 것은?

① 다이에틸에터(디에틸에테르)
② 아세트알데하이드(아세트알데히드)
③ 산화프로필렌
④ 이황화탄소

 정답분석 이황화탄소는 비중이 1.26으로 물보다 무겁고, 물에 녹지 않아 수조에 저장한다.

정답 ④

60

금속나트륨에 대한 설명으로 옳은 것은?

① 청색 불꽃을 내며 연소한다.
② 경도가 높은 중금속에 해당한다.
③ 녹는점이 100℃보다 낮다.
④ 25% 이상의 알코올 수용액에 저장한다.

정답분석 알칼리 금속 내의 금속결합은 결합이 약하여 끓는점과 녹는점이 낮은 편이다.

 바르게 고쳐보기
① 황색 불꽃을 내며 연소한다.
② 경도가 낮은, 무른 금속인 경금속에 해당한다.
④ 석유, 경유, 등유, 유동성 파라핀 등에 저장한다.

정답 ③

제1과목 일반화학

01 밑줄 친 원소의 산화수가 +5인 것은?

① $H_3\underline{P}O_4$
② $K\underline{Mn}O_4$
③ $K_2\underline{Cr}_2O_7$
④ $K_3[\underline{Fe}(CN)_6]$

정답 분석 산화수(Oxidation Number)의 규칙에서 화합물 안의 모든 원자수의 산화수 합은 0이므로 각 원소의 산화수를 산정하면 다음과 같다.

① $(+1)\times3+x+(-2)\times4=0$ ∴ $x=+5$
② $+1+x+(-2)\times4=0$ ∴ $x=+7$
③ $(+1)\times2+2x+(-2)\times7=0$ ∴ $x=+6$
④ $(+1)\times3+x+(-1)\times6=0$ ∴ $x=+3$

(※ 리간드 CN^- 산화수 : -1)

정답 ①

02 탄소와 수소로 되어 있는 유기화합물을 연소시켜 CO_2 44g, H_2O 27g을 얻었다. 이 유기화합물의 탄소와 수소 몰비율(C : H)은 얼마인가?

① 1 : 3
② 1 : 4
③ 3 : 1
④ 4 : 1

정답 분석 탄화수소 연소반응식을 적용하여 연소 후 생성된 CO_2와 H_2O의 mol량으로 부터 유기화합물의 탄소와 수소 mol 비율을 산정할 수 있다.

계산 $C_mH_n + \left(m+\dfrac{n}{4}\right)O_2 \rightarrow mCO_2 + \dfrac{n}{2}H_2O$

• $m = 44g\times\dfrac{1mol}{44g} = 1$

• $\dfrac{n}{2} = 27g\times\dfrac{1mol}{18g} = 1.5$

∴ C : H $= m : n = 1 : 3$

정답 ①

03 미지 농도의 염산 용액 10mL를 중화하는데 0.2N-NaOH 용액 250mL가 소모되었다. 이 염산의 농도는 몇 N인가?

① 0.05
② 0.2
③ 0.25
④ 0.5

정답 분석 중화적정식을 이용한다.

계산 $NV = N'V'$

⇨ $N\times10 = 0.2\times250$

∴ $N = 0.5$

정답 ④

04 탄소수가 5개인 포화 탄화수소 펜테인의 구조 이성질체수는 몇 개인가?

① 2개
② 3개
③ 4개
④ 5개

정답 분석 펜테인(펜탄)의 구조 이성질체는 n-펜테인, iso-펜테인, neo-펜테인 3개이다. 알케인의 구조 이성질체수는 다음과 같다.

메테인(메탄, CH_4)	1개
에테인(에탄, C_2H_6)	1개
프로페인(프로판, C_3H_8)	1개
뷰테인(부탄, C_4H_{10})	2개
펜테인(펜탄, C_5H_{12})	3개
헥세인(헥산, C_6H_{14})	5개
헵탄(C_7H_{16})	9개

정답 ②

05

25℃의 포화 용액 90g 속에 어떤 물질이 30g 녹아 있다. 이 온도에서 이 물질의 용해도는 얼마인가?

① 30
② 3
③ 50
④ 63

정답분석 용매 100g 중 녹아 있는 용질의 g 수를 용해도로 나타낼 수 있다.

계산 용해도$(g/100g) = \dfrac{용질\,(g)}{용매\,(g)} \times 100$

$\therefore$ 용해도$(g/100g) = \dfrac{30\,g}{(90-30)\,g} \times 100$
$= 50$

정답 ③

06

다음 물질 중 산성이 가장 센 물질은?

① 아세트산
② 벤젠술폰산
③ 페놀
④ 벤조산

정답분석 벤젠술폰산은 벤젠을 100% 황산과 60 ~ 70℃로 가열하여 얻는 물질로 술폰기($-SO_3H$)를 가지므로 강산으로 작용한다.

정답 ②

07

다음 중 침전을 형성하는 조건은?

① 이온곱 > 용해도곱
② 이온곱 = 용해도곱
③ 이온곱 < 용해도곱
④ 이온곱 + 용해도곱

정답분석 침전물을 형성하는 조건은 이온곱이 용해도곱보다 커야한다.
• 이온곱$(Q) >$ 용해도곱(K_{sp}) : 과포화상태(침전)
• 이온곱$(Q) <$ 용해도곱(K_{sp}) : 불포화상태
• 이온곱$(Q) =$ 용해도곱(K_{sp}) : 포화상태

정답 ①

08

어떤 기체가 탄소원자 1개당 2개의 수소원자를 함유하고 0℃, 1기압에서 밀도가 1.25g/L일 때 이 기체에 해당하는 것은?

① CH_2
② C_2H_4
③ C_3H_6
④ C_4H_8

정답분석 기체의 밀도가 1.25g/L이므로 기체밀도 관계식을 이용하여 분자량을 산정할 수 있다. 모든 기체 1mol의 체적은 22.4L임을 이용한다.

계산 $\rho(g/L) = \dfrac{M(g\,분자량)}{22.4L}$

$\Rightarrow 1.25\,g/L = \dfrac{M}{22.4L}$, $M = 28$

$\therefore$ 분자량 28, 탄소가 2개인 기체는 C_2H_4이다.

정답 ②

09

집기병 속에 물에 적신 빨간 꽃잎을 넣고 어떤 기체를 채웠더니 얼마 후 꽃잎이 탈색되었다. 이와 같이 색을 탈색(표백)시키는 성질을 가진 기체는?

① He
② CO_2
③ N_2
④ Cl_2

정답분석 염소(Cl_2)는 자극성 냄새가 나는 황록색의 기체로 탈색(표백)작용과 살균효과가 있다.

정답 ④

10 방사선에서 γ선과 비교한 α선에 대한 설명 중 틀린 것은?

① γ선보다 투과력이 강하다.
② γ선보다 형광작용이 강하다.
③ γ선보다 감광작용이 강하다.
④ γ선보다 전리작용이 강하다.

정답분석 방사선 중 감마선(γ선)은 직진성과 투과력이 강하며, 형광작용, 감광작용, 전리작용은 가장 약하다.

정답 ①

11 탄산 음료수의 병마개를 열면 거품이 솟아오르는 이유를 가장 올바르게 설명한 것은?

① 수증기가 생성되기 때문이다.
② 이산화탄소가 분해되기 때문이다.
③ 용기 내부압력이 줄어들어 기체의 용해도가 감소하기 때문이다.
④ 온도가 내려가게 되어 기체가 생성물의 반응이 진행되기 때문이다.

정답분석 기체의 용해도는 온도에 비례, 압력에 반비례한다. 탄산 음료 병마개를 열면 내부압력이 줄어들어 CO_2 기체가 거품으로 솟아오르게 된다.

정답 ③

12 어떤 주어진 양의 기체의 부피가 21℃, 1.4atm에서 250mL이다. 온도가 49℃로 상승되었을 때의 부피가 300mL라고 하면 이 때의 압력은 약 얼마인가?

① 1.35atm ② 1.28atm
③ 1.21atm ④ 1.16atm

정답분석 보일 – 샤를의 법칙(Boyle–Charle's Law)을 적용한다.

계산
$$V_2 = V_1 \times \frac{T_2}{T_1} \times \frac{P_1}{P_2}$$

$$\Rightarrow 300 = 250 \times \frac{273+49}{273+21} \times \frac{1.4}{P_2}$$

$$\therefore P_2 = 1.28\,atm$$

정답 ②

13 다음과 같은 순서로 커지는 성질이 아닌 것은?

$$F_2 < Cl_2 < Br_2 < I_2$$

① 구성 원자의 전기음성도
② 녹는점
③ 끓는점
④ 구성 원자의 반지름

정답분석 전기음성도의 세기는 $F_2 > Cl_2 > Br_2 > I_2$이다.

정답 ①

14 금속의 특징에 대한 설명 중 틀린 것은?

① 상온에서 모두 고체이다.
② 고체 금속은 연성과 전성이 있다.
③ 고체상태에서 결정구조를 형성한다.
④ 반도체, 절연체에 비하여 전기전도도가 크다.

정답분석 금속 수은(Hg)은 유일하게 상온에서 액체로 존재한다.

정답 ①

15 다음 중 산소와 같은 족의 원소가 아닌 것은?

① S   ② Se

③ Te   ④ Bi

 산소는 16족 원소이다. 황(S), 셀레늄(Se), 텔루륨(Te)은 16족, 비스무트(Bi)는 15족 원소이다.

정답 ④

16 공기 중에 포함되어 있는 질소와 산소의 부피비는 0.79 : 0.21이므로 질소와 산소의 분자수의 비도 0.79 : 0.21이다. 이와 관계있는 법칙은?

① 아보가드로의 법칙

② 일정 성분비의 법칙

③ 배수비례의 법칙

④ 질량보존의 법칙

 아보가드로의 법칙에 따르면 기체의 종류가 다르더라도 온도와 압력이 같다면 일정 부피 안에 들어있는 기체의 입자수는 같다.

정답 ①

17 다음 중 두 물질을 섞었을 때 용해성이 가장 낮은 것은?

① C_6H_6과 H_2O ② NaCl과 H_2O

③ C_2H_5OH과 H_2O ④ C_2H_5OH과 CH_3OH

벤젠(C_6H_6)은 제1석유류 비수용성 물질로 휘발성이 있으며, 알코올·에테르·이황화탄소·아세톤 등의 유기용매에 녹지만, 물에는 잘 녹지 않는다. 벤젠은 매우 안정적인 분자에 속하기 때문에 반응성이 약하다. 특히 벤젠은 촉매를 사용하지 않는 한 첨가반응이 잘 일어나지 않으며 대부분의 반응은 치환반응에 의해 이루어진다.

정답 ①

18 다음 물질 1g을 각각 1kg의 물에 녹였을 때 빙점강하가 가장 큰 것은?

① CH_3OH ② C_2H_5OH

③ $C_3H_5(OH)_3$ ④ $C_6H_{12}O_6$

빙점강하는 몰랄 농도(mol/kg)에 비례하기 때문에 분자량이 가장 작은 CH_3OH의 빙점강하가 가장 크다.

정답 ①

19 [OH⁻]=$1×10^{-5}$mol/L인 용액의 pH와 액성으로 옳은 것은?

① pH=5, 산성   ② pH=5, 알칼리성

③ pH=9, 산성   ④ pH=9, 알칼리성

---

 pH 관계식을 적용한다.

계산 $pH = 14 - \log\left(\dfrac{1}{OH^-}\right)$

$\therefore \ pH = 14 - \log\left(\dfrac{1}{1×10^{-5}}\right) = 9$

pH>7이므로 액성은 알칼리성이다.

정답 ④

20 원자번호 11이고, 중성자수가 12인 나트륨의 질량수는?

① 11   ② 12

③ 23   ④ 24

질량수는 원소의 원자핵에 있는 양성자의 수(원자번호)에 중성자의 수를 합한 수이므로 다음과 같이 산정한다.

계산   질량수 = 원자번호 + 중성자수

$\therefore$ 질량수 = 11 + 12 = 23

정답 ③

21

불활성 가스 소화약제 중 IG−541의 구성 성분이 아닌 것은?

① N_2

② Ar

③ He

④ CO_2

 정답 분석 IG−541은 질소와 아르곤과 이산화탄소의 용량비가 52 대 40 대 8인 혼합물이다.

정답 ③

22

위험물안전관리법령에서 정한 물분무 소화설비의 설치기준에서 물분무 소화설비의 방사구역은 몇 m² 이상으로 하여야 하는가? (단, 방호대상물의 표면적이 150m² 이상인 경우이다.)

① 75

② 100

③ 150

④ 350

정답 분석 물분무 소화설비의 방사구역은 150m²이상(방호대상물의 표면적이 150m² 미만인 경우에는 당해 표면적)으로 한다.

정답 ③

23

이산화탄소 소화기는 어떤 현상에 의해서 온도가 내려가 드라이아이스를 생성하는가?

① 줄 - 톰슨 효과

② 사이펀

③ 표면장력

④ 모세관

정답 분석 이산화탄소(CO_2)가 방출될 때 소화기의 좁은 노즐에서 압축된 기체를 팽창시킬 때 온도가 급속히 내려가는 줄 - 톰슨(Joule-Thomson) 효과에 의해 드라이아이스가 만들어진다.

정답 ①

24

Halon 1301, Halon 1211, Halon 2402 중 상온·상압에서 액체상태인 Halon 소화약제로만 나열한 것은?

① Halon 1211

② Halon 2402

③ Halon 1301, Halon 1211

④ Halon 2402, Halon 1211

정답 분석 Halon 소화약제 중 상온·상압에서 Halon 1301, Halon 1211은 기체상태로, Halon 2402는 액체상태로 존재한다. Halon 1301은 전체 Halon 중에서 가장 소화효과가 크고, 독성은 가장 적다.

정답 ②

25

연소형태가 나머지 셋과 다른 하나는?

① 목탄

② 메탄올

③ 파라핀

④ 유황

정답 분석 제시된 항목 중 목탄만 표면연소를 하고, 나머지 항목(메탄올, 파라핀, 유황)은 증발연소를 하는 물질이다.

정답 ①

26 연소 시 온도에 따른 불꽃의 색상이 잘못된 것은?

① 적색 : 약 850℃

② 황적색 : 약 1,100℃

③ 휘적색 : 약 1,200℃

④ 백적색 : 약 1,300℃

 휘적색 불꽃의 온도는 약 950℃이다. 가연물질과 공기가 적절하게 혼합·교란되어 완전연소할 때의 연소불꽃은 휘백색으로 나타나고 온도는 약 1,500℃에 이르게 되지만 산소의 공급이 부족하여 불완전 연소할 때는 암적색으로 불꽃의 온도가 약 700℃로 급격이 떨어진다.

정답 ③

27 스프링클러설비의 장점이 아닌 것은?

① 초기화재의 진화에 효과적이다.

② 초기 시공비가 매우 적게 든다.

③ 화재 시 사람의 조작없이 작동이 가능하다.

④ 소화약제가 물이므로 소화약제의 비용이 절감된다.

 스프링클러설비의 장점은 ①, ③, ④ 이외에 오작동, 오보가 발생하지 않고, 조작이 간편하고 안전하며, 야간에도 자동적으로 감지·경보·소화할 수 있는 장점이 있다. 반면에 타 설비에 비해 시공이 복잡하고, 초기 시공비가 많이 드는 단점이 있다.

정답 ②

28 능력단위가 1단위의 팽창질석(삽 1개 포함)은 용량이 몇 L인가?

① 160

② 130

③ 90

④ 60

 능력단위는 소요단위에 대응하는 소화설비의 소화능력의 기준단위를 의미하는데 팽창질석 또는 팽창진주암(삽 1개 포함)의 경우는 용량 160L을 능력단위 1.0으로 한다.

정답 ①

29 할로젠화합물 중 CH_3I에 해당하는 할론 번호는?

① 1031

② 1301

③ 13001

④ 10001

 할론(Halon)은 C, F, Cl, Br, I의 순서로 개수를 숫자로 나타내므로 Halon CH_3I은 C 1개, F 0개, Cl 0개, Br 0개, I 1개이므로 Halon 10001의 번호를 부여한다.

정답 ④

30 물통 또는 수조를 이용한 소화가 공통적으로 적응성이 있는 위험물은 제 몇 류 위험물인가?

① 제2류 위험물

② 제3류 위험물

③ 제4류 위험물

④ 제5류 위험물

물통 또는 수조를 이용한 소화가 공통적으로 적응성이 있는 제시된 항목 중 제5류 위험물이다.

• 제1류 위험물 중 알칼리금속의 과산화물에는 적응성이 없다.

• 제2류 위험물은 인화성 고체만 적응성이 있다.

• 제3류 위험물은 금수성 물품 제외만 적응성이 있다.

• 제4류 위험물은 적응성이 없다.

• 제5류, 제6류 위험물은 적응성이 있다.

• 제5류 위험물은 자기연소성 물질이므로 CO_2, 분말, 할론, 포 등에 의한 질식소화는 효과가 없으며, 다량의 물로 냉각하는 것이 적당하다.

정답 ④

31

표준상태에서 벤젠 2mol이 완전연소하는데 필요한 이론 공기요구량은 몇 L인가? (단, 공기 중 산소는 21vol%이다.)

① 168   ② 336

③ 1,600   ④ 3,200

 벤젠의 연소반응식을 이용하여 이론산소량(O_o)의 부피를 구하고, 이를 토대로 이론공기량(A_o)의 부피를 산출한다.

[계산] $A_o = O_o \times \dfrac{1}{0.21}$

$\bullet \begin{cases} C_6H_6 \ + \ 7.5O_2 \ \rightarrow \ 6CO_2 + 3H_2O \\ 1mol \ \ : \ 7.5 \times 22.4L \end{cases}$

$\therefore A_o = 2mol \times \dfrac{7.5 \times 22.4L}{1mol} \times \dfrac{1}{0.21} = 1,600L$

정답 ③

32

제3종 분말소화약제에 대한 설명으로 틀린 것은?

① 제1인산암모늄이 주성분이다.

② 담홍색(또는 황색)으로 착색되어 있다.

③ A급을 제외한 모든 화재에 적응성이 있다.

④ 주성분은 $NH_4H_2PO_4$의 분자식으로 표현된다.

 제3종 분말소화약제의 주성분은 제1인산암모늄($NH_4H_2PO_4$) (=인산이수소암모늄)으로 일반화재(A급), 유류화재(B급), 전기화재(C급)에 모두 적응성이 있다.

정답 ③

33

위험물을 저장하기 위해 제작한 이동저장탱크의 내용적이 20,000L인 경우 위험물 허가를 위해 산정할 수 있는 이 탱크의 최대용량은 지정수량의 몇 배인가? (단, 저장하는 위험물은 비수용성 제2석유류이며 비중은 0.8, 차량의 최대적재량은 15톤이다.)

① 21배   ② 18.75배

③ 12배   ④ 9.375배

 차량의 최대적재량을 토대로 위험물 허가를 위해 산정할 수 있는 탱크의 최대용량을 정한다. 제2석유류 비수용성 지정수량은 1,000L이므로 다음과 같이 계산된다.

[계산] 배수 $= \dfrac{\text{최대적재량}}{\text{지정수량}}$

$\bullet$ 최대적재량 $= 15$톤 $\times \dfrac{10^3 kg}{\text{톤}} = 15,000\,kg$

$\bullet$ 지정수량 $= 1,000L \times \dfrac{0.8kg}{L} = 800\,kg$

$\therefore$ 배수 $= \dfrac{15,000}{800} = 18.75$

정답 ②

34

위험물안전관리법령상 전역방출방식 또는 국소방출방식의 분말소화설비의 기준에서 가압식의 분말소화설비에는 얼마 이하의 압력으로 조정할 수 있는 압력조정기를 설치하여야 하는가?

① 2.0MPa   ② 2.5MPa

③ 3.0MPa   ④ 5MPa

정답분석 가압식의 분말소화설비에는 2.5MPa 이하의 압력으로 조정할 수 있는 압력조정기를 설치하여야 한다.

정답 ②

35

다음 중 점화원이 될 수 없는 것은?

① 전기스파크 ② 증발잠열
③ 마찰열 ④ 분해열

 정답분석 점화원이 될 수 있는 것은 ①, ③, ④ 이외에 직접화염 등의 화기, 온도(최저 발화온도의 80% 이상), 기계적 에너지(단열 압축열, 충격 시 발생하는 불꽃 등), 화학적 에너지(화학반응에 따른 연소열, 융해열, 산화열 등), 전기적 에너지(정전기열, 저항열, 유도열 등)이다. 증발잠열은 등은 열을 흡수하여 주변의 온도를 낮추기 때문에 점화원 인자와는 거리가 있다.

정답 ②

36

그림과 같은 타원형 위험물탱크의 내용적은 약 얼마인가? (단, 단위는 m이다.)

① 5.03m³
② 7.52m³
③ 9.03m³
④ 19.05m³

 정답분석 타원형 위험물탱크의 내용적은 다음의 관계식으로 계산한다.

[계산]

$$V = \frac{\pi ab}{4} \times \left[l + \frac{(l_1 + l_2)}{3} \right]$$

$$\therefore \ V = \frac{3.14 \times 2 \times 1}{4} \times \left[3 + \frac{(0.3 + 0.3)}{3} \right]$$

$$= 5.03 \text{m}^3$$

정답 ①

37

대통령령이 정하는 제조소등의 관계인은 그 제조소등에 대하여 연 몇 회 이상 정기점검을 실시해야 하는가? (단, 특정 옥외탱크저장소의 정기점검은 제외한다.)

① 1 ② 2
③ 3 ④ 4

 정답분석 제조소등의 정기점검은 연 1회 이상 실시하여야 한다.

정답 ①

38

위험물의 화재발생 시 적응성이 있는 소화설비의 연결로 틀린 것은?

① 마그네슘 - 포 소화기
② 황린 - 포 소화기
③ 인화성 고체 - 이산화탄소 소화기
④ 등유 - 이산화탄소 소화기

 정답분석 제2류 위험물 중 철분, 마그네슘, 금속분류는 물과 산과 접촉하면 발열하므로 팽창질석, 팽창진주암, 건조사, 탄산수소염류 분말소화설비에 적응성이 있다.

정답 ①

39

위험물안전관리법령상 전역방출방식의 분말소화설비에서 분사 헤드의 방사압력은 몇 MPa 이상이어야 하는가?

① 0.1 ② 0.5
③ 1 ④ 3

 정답분석 전역방출방식의 분말소화설비 분사 헤드의 방사압력은 0.1MPa 이상으로 30초 이내 균일하게 방사하여야 한다.

정답 ①

40

전기설비에 화재가 발생하였을 경우에 위험물안전관리법령상 적응성을 가지는 소화설비는?

① 물분무 소화설비
② 포 소화기
③ 봉상강화액 소화기
④ 건조사

 정답분석 전기설비에 적응성이 없는 것은 옥내소화전 또는 옥외소화전설비, 스프링클러설비, 포 소화설비, 소화기 중 봉상수(棒狀水) 소화기, 봉상강화액 소화기, 포 소화기, 물통 또는 수조, 건조사, 팽창질석 또는 팽창진주암 등이다.

정답 ①

41

 황의 연소생성물과 그 특성을 옳게 나타낸 것은?

① SO_2, 유독가스 ② SO_2, 청정가스

③ H_2S, 유독가스 ④ H_2S, 청정가스

정답분석 황이 연소되면 유독가스인 이산화황(SO_2)을 생성시킨다.

반응 $S + O_2 \rightarrow SO_2$

정답 ①

42

위험물안전관리법령에 의한 위험물 제조소의 설치기준으로 옳지 않은 것은?

① 위험물을 취급하는 기계·기구 그 밖의 설비는 위험물이 새거나 넘치거나 비산하는 것을 방지할 수 있는 구조로 하여야 한다.

② 위험물을 가열하거나 냉각하는 설비 또는 위험물의 취급에 수반하여 온도변화가 생기는 설비에는 온도측정장치를 설치하여야 한다.

③ 위험물을 취급함에 있어서 정전기가 발생할 우려가 있는 설비에는 정전기를 유효하게 제거할 수 있는 설비를 설치하여야 한다.

④ 위험물을 취급하는 동관을 지하에 설치하는 경우에는 지진·풍압·지반침하 및 온도변화에 안전한 구조의 지지물에 설치하여야 한다.

정답분석 위험물을 취급하는 동관을 지상에 설치하는 경우에는 지진·풍압·지반침하 및 온도변화에 안전한 구조의 지지물에 설치하여야 한다.

정답 ④

43

다음 중 위험물안전관리법령상 제2석유류에 해당되는 것은?

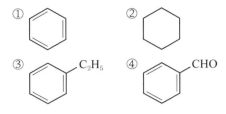

정답분석 위험물안전관리법령상 제2석유류에 해당되는 것은 ④의 벤즈알데하이드이다.

① 벤젠 – 제1석유류

② 사이클로헥세인 – 제1석유류

③ 에틸벤젠 – 제1석유류

정답 ④

44

 다음 중 위험물 중 가연성 액체를 옳게 나타낸 것은?

<보기>

HNO_3, $HClO_4$, H_2O_2

① $HClO_4$, HNO_3

② HNO_3, H_2O_2

③ HNO_3, $HClO_4$, H_2O_2

④ 모두 가연성이 아님

정답분석 <보기>는 제6류 위험물로 산화성 액체이며, 모두 불연성 물질이다.

정답 ④

45 산화프로필렌에 대한 설명으로 틀린 것은?

① 무색의 휘발성 액체이고, 물에 녹는다.

② 인화점이 상온 이하이므로 가연성 증기발생을 억제하여 보관해야 한다.

③ 은, 마그네슘 등의 금속과 반응하여 폭발성 혼합물을 생성한다.

④ 증기압이 낮고 연소범위가 좁아서 위험성이 높다.

정답분석 산화프로필렌은 증기압이 높고, 2.5 ~ 38.5%의 넓은 연소범위를 갖기 때문에 위험성이 크다.

정답 ④

46 황린과 적린의 공통점으로 옳은 것은?

① 독성   ② 발화점

③ 연소생성물   ④ CS_2에 대한 용해성

정답분석 황린(P_4)과 적린(P)은 동소체로서 연소생성물(P_2O_5)이 동일하다.

반응 • 황린 : $P_4 + 5O_2 \rightarrow 2P_2O_5$

• 적린 : $2P + 2.5O_2 \rightarrow P_2O_5$

정답 ③

47 질산나트륨을 저장하고 있는 옥내저장소(내화구조의 격벽으로 완전히 구획된 실이 2 이상 있는 경우에는 동일한 실)에 함께 저장하는 것이 법적으로 허용되는 것은? (단, 위험물을 유별로 정리하여 서로 1m 이상의 간격을 두는 경우이다.)

① 적린   ② 인화성 고체

③ 동식물유류   ④ 과염소산

정답분석 제1류 위험물(질산나트륨)과 제6류 위험물(과염소산)을 서로 1m 이상의 간격을 두어 저장하는 경우 함께 저장할 수 있다.

정답 ④

48 위험물안전관리법령상 옥외탱크저장소의 위치 · 구조 및 설비의 기준에서 간막이 둑을 설치할 경우, 그 용량의 기준으로 옳은 것은?

① 간막이 둑 안에 설치된 탱크의 용량이 110% 이상일 것

② 간막이 둑 안에 설치된 탱크의 용량 이상일 것

③ 간막이 둑 안에 설치된 탱크의 용량의 10% 이상일 것

④ 간막이 둑 안에 설치된 탱크의 간막이 둑 높이 이상 부분의 용량 이상일 것

정답분석 간막이 둑은 흙 또는 철근콘크리트로 하며, 용량은 간막이 둑 안에 설치된 탱크의 용량의 10% 이상으로 한다.

정답 ③

49 위험물을 저장 또는 취급하는 탱크의 용량산정 방법에 관한 설명으로 옳은 것은?

① 탱크의 내용적에서 공간용적을 뺀 용적으로 한다.

② 탱크의 공간용적에서 내용적을 뺀 용적으로 한다.

③ 탱크의 공간용적에 내용적을 더한 용적으로 한다.

④ 탱크의 볼록하거나 오목한 부분을 뺀 내용적으로 한다.

정답분석 위험물을 저장 또는 취급하는 탱크의 용량은 탱크의 내용적에서 공간용적을 뺀 용적으로 한다.

정답 ①

50

위험물안전관리법령상 지정수량이 나머지 셋과 다른 하나는?

① 질산에스터류(1종)
② 나이트로소화합물(1종)
③ 다이아조화합물(1종)
④ 하이드라진 유도체(2종)

 정답분석 제5류 위험물의 지정수량은 제1종 10kg이고, 제2종은 100kg이다.

정답 ④

51

금속칼륨의 일반적인 성질에 대한 설명으로 틀린 것은?

① 칼로 자를 수 있는 무른 금속이다.
② 에탄올과 반응하여 조연성 기체(산소)를 발생한다.
③ 물과 반응하여 가연성 기체를 발생한다.
④ 물보다 가벼운 은백색의 금속이다.

정답분석 칼륨이 에탄올과 반응하여 칼륨에틸레이트를 생성하며 가연성 기체인 수소를 발생한다.

반응 $2K + 2C_2H_5OH \rightarrow 2C_2H_5OK + H_2$

정답 ②

52

위험물을 지정수량이 큰 것부터 작은 순서로 옳게 나열한 것은?

① 나이트로화합물(1종) > 브로민산염류 > 하이드록실아민
② 나이트로화합물(1종) > 하이드록실아민 > 브로민산염류
③ 하이드록실아민 > 브로민산염류 > 나이트로화합물(1종)
④ 브로민산염류 > 하이드록실아민 > 나이트로화합물(1종)

정답분석 제시된 품목에 대한 위험물 지정수량의 크기는 브로민산염류(300kg) > 하이드록실아민(100kg) > 나이트로화합물(1종, 10kg)이다.

정답 ④

53

다음에서 설명하는 위험물을 옳게 나타낸 것은?

- 지정수량은 2,000L이다.
- 로켓의 연료, 플라스틱 발포제 등으로 사용된다.
- 암모니아와 비슷한 냄새가 나고, 녹는점은 약 2℃이다.

① N_2H_4
② $C_6H_5CH=CH_2$
③ NH_4ClO_4
④ C_6H_5Br

 정답분석 하이드라진(히드라진, N_2H_4)은 암모니아와 비슷한 냄새가 나는 액체이다. 제4류 위험물 중 제2석유류 수용성으로 지정수량은 2,000L이며, 발연성이 높아 로켓의 연료와 플라스틱 발포제로 쓰인다.

정답 ①

54

다음 중 물과 반응하여 산소와 열을 발생하는 것은?

① 염소산칼륨
② 과산화나트륨
③ 금속나트륨
④ 과산화벤조일

정답분석 과산화나트륨은 제1류 위험물 중 알칼리금속의 과산화물로 물과 반응할 경우 발열반응과 함께 산소를 발생시킨다.

반응 $2Na_2O_2 + 2H_2O \rightarrow 4NaOH + O_2$

정답 ②

55

동식물유류에 대한 설명 중 틀린 것은?

① 아이오딘가가 클수록 자연발화의 위험이 크다.
② 아마인유는 불건성유이므로 자연발화의 위험이 낮다.
③ 동식물유류는 제4류 위험물에 속한다.
④ 아이오딘가가 130 이상인 것이 건성유이므로 저장할 때 주의한다.

 정답분석 아마인유는 아이오딘가(요오드가)가 130 이상인 건성유이므로 자연발화의 위험이 크다.

정답 ②

56

다음 표의 빈칸(㉠, ㉡)에 알맞은 품명은?

품명	지정수량
㉠	100킬로그램
㉡	1,000킬로그램

① ㉠ 철분, ㉡ 인화성 고체
② ㉠ 적린, ㉡ 인화성 고체
③ ㉠ 철분, ㉡ 마그네슘
④ ㉠ 적린, ㉡ 마그네슘

 지정수량이 100kg인 것은 제시된 품목 중 적린이고, 지정수량이 1,000kg인 것은 제시된 품목 중 인화성 고체이다. 철분과 마그네슘의 지정수량은 500kg이다.

정답 ②

57

다음 위험물 중 인화점이 가장 높은 것은?

① 메탄올
② 휘발유
③ 아세트산메틸
④ 메틸에틸케톤

 제시된 위험물 중 인화점이 가장 높은 것은 메탄올이다.
① 메탄올 : 11℃
② 휘발유 : −43℃
③ 아세트산메틸 : −10℃
④ 메틸에틸케톤 : −7℃

정답 ①

58

다음 중 제1류 위험물의 과염소산염류에 속하는 것은?

① $KClO_3$
② $NaClO_4$
③ $HClO_4$
④ $NaClO_2$

 제1류 위험물의 과염소산염류에 속하는 것은 항목 중 $NaClO_4$이다.
① 제1류 위험물 − 염소산염류
③ 제6류 위험물 − 과염소산
④ 제1류 위험물 − 아염소산염류

정답 ②

59

다음 Ⓐ ~ ⓒ 물질 중 위험물안전관리법상 제6류 위험물에 해당하는 것은 모두 몇 개인가?

Ⓐ 비중 1.49인 질산
Ⓑ 비중 1.7인 과염소산
ⓒ 물 60g+과산화수소 40g 혼합 수용액

① 1개
② 2개
③ 3개
④ 없음

 질산은 비중이 1.49 이상인 것을, 과산화수소의 농도는 36중량% 이상인 것을 위험물로 취급하며, 과염소산에 대한 기준은 제한이 없으므로 제6류 위험물에 해당하는 것은 총 3개이다.

정답 ③

60

지정수량 이상의 위험물을 차량으로 운반하는 경우에는 차량에 설치하는 표지의 색상에 관한 내용으로 옳은 것은?

① 흑색바탕에 청색의 도료로 "위험물"이라고 표기할 것
② 흑색바탕에 황색의 도료로 "위험물"이라고 표기할 것
③ 적색바탕에 흰색의 도료로 "위험물"이라고 표기할 것
④ 적색바탕에 흑색의 도료로 "위험물"이라고 표기할 것

 이동탱크저장소의 후면에는 흑색바탕에 황색의 도료로 "위험물"이라고 표기하여야 한다.

정답 ②

2025 최신판

해커스
위험물
산업기사
필기
한권완성 　기출문제

1판 1쇄 발행 2025년 3월 27일

지은이	이승원
펴낸곳	㈜챔프스터디
펴낸이	챔프스터디 출판팀

주소	서울특별시 서초구 강남대로61길 23 ㈜챔프스터디
고객센터	02-537-5000
교재 관련 문의	publishing@hackers.com
동영상강의	pass.Hackers.com

ISBN	기출문제: 978-89-6965-610-0 (14570)
	세트: 978-89-6965-608-7 (14570)
Serial Number	01-01-01

자격증 교육 1위

해커스자격증
pass.Hackers.com

· 위험물산업기사 **전문 선생님의 본 교재 인강** (교재 내 할인쿠폰 수록)
· **무료 특강&이벤트, 최신 기출 문제** 등 다양한 학습 콘텐츠

* 주간동아 선정 2022 올해의 교육브랜드 파워 온·오프라인 자격증 부문 1위

쉽고 빠른 합격의 비결,
해커스자격증 전 교재
베스트셀러 시리즈

해커스 산업안전기사 · 산업기사 시리즈

해커스 전기기사

해커스 전기기능사

해커스 소방설비기사 · 산업기사 시리즈